lemente

Walter de Gruyter
Berlin · New York 1978

Eingeklammerte Werte sind die Massen-
zahlen (Nukleonenzahlen) der stabilsten
Isotope radioaktiver Elemente

rot = gasförmig ⎫
grün = flüssig ⎬ bei STP
schwarz = fest ⎭
licht = alle Isotope
        radioaktiv

IIIa	IVa	Va	VIa	VIIa	VIIIa
					2 · 4,003 / −268,6 / − / **He** / Helium / $1s^2$
5 · 10,81 / 2,0 / − / 2300 / **B** / Bor / $[He]2s^2p^1$	6 · 12,011 / 2,5 / 4827 / 3550 / **C** / Kohlenstoff / $[He]2s^2p^2$	7 · 14,007 / 3,1 / −195,8 / −209,9 / **N** / Stickstoff / $[He]2s^2p^3$	8 · 15,999 / 3,5 / −183,0 / −218,4 / **O** / Sauerstoff / $[He]2s^2p^4$	9 · 18,998 / 4,1 / −188,1 / −219,6 / **F** / Fluor / $[He]2s^2p^5$	10 · 20,179 / − / −246,1 / −248,7 / **Ne** / Neon / $[He]2s^2p^6$
13 · 26,982 / 1,5 / 2467 / 660,4 / **Al** / Aluminium / $[Ne]3s^2p^1$	14 · 28,086 / 1,7 / 2355 / 1410 / **Si** / Silicium / $[Ne]3s^2p^2$	15 · 30,974 / 2,1 / 280(P$_4$) / 44(P$_4$) / **P** / Phosphor / $[Ne]3s^2p^3$	16 · 32,06 / 2,4 / 444 / 114,6 / **S** / Schwefel / $[Ne]3s^2p^4$	17 · 35,453 / 2,8 / −34,6 / −101,0 / **Cl** / Chlor / $[Ne]3s^2p^5$	18 · 39,948 / − / −185,7 / −189,2 / **Ar** / Argon / $[Ne]3s^2p^6$

		Ib	IIb					

Ib	IIb	IIIa	IVa	Va	VIa	VIIa	VIIIa
28 · 58,70 / 1,8 / 2732 / 1453 / **Ni** / Nickel / $[Ar]3d^84s^2$	29 · 63,55 / 1,8 / 2595 / 1083 / **Cu** / Kupfer / $[Ar]3d^{10}4s^1$	30 · 65,38 / 1,7 / 907 / 419,6 / **Zn** / Zink / $[Ar]3d^{10}4s^2$	31 · 69,72 / 1,8 / 2403 / 29,8 / **Ga** / Gallium / $[Ar]3d^{10}4s^2p^1$	32 · 72,59 / 2,0 / 2830 / 937,4 / **Ge** / Germanium / $[Ar]3d^{10}4s^2p^2$	33 · 74,92 / 2,2 / subl. / **As** / Arsen / $[Ar]3d^{10}4s^2p^3$	34 · 78,96 / 2,5 / 685 / 217 / **Se** / Selen / $[Ar]3d^{10}4s^2p^4$	35 · 79,90 / 2,7 / 58,8 / −7,2 / **Br** / Brom / $[Ar]3d^{10}4s^2p^5$
							36 · 83,80 / − / −152,3 / −156,6 / **Kr** / Krypton / $[Ar]3d^{10}4s^2p^6$
46 · 106,4 / 1,4 / 3140 / 1552 / **Pd** / Palladium / $[Kr]4d^{10}$	47 · 107,87 / 1,4 / 2212 / 962 / **Ag** / Silber / $[Kr]4d^{10}5s^1$	48 · 112,41 / 1,5 / 765 / 320,9 / **Cd** / Cadmium / $[Kr]4d^{10}5s^2$	49 · 114,82 / 1,5 / 2080 / 156,6 / **In** / Indium / $[Kr]4d^{10}5s^2p^1$	50 · 118,69 / 1,7 / 2270 / 231,9 / **Sn** / Zinn / $[Kr]4d^{10}5s^2p^2$	51 · 121,75 / 1,8 / 1750 / 630,7 / **Sb** / Antimon / $[Kr]4d^{10}5s^2p^3$	52 · 127,60 / 2,0 / 890 / 449,5 / **Te** / Tellur / $[Kr]4d^{10}5s^2p^4$	53 · 126,90 / 2,2 / 184,4 / 113,5 / **I** / Iod / $[Kr]4d^{10}5s^2p^5$
							54 · 131,30 / − / −107 / −111,9 / **Xe** / Xenon / $[Kr]4d^{10}5s^2p^6$
78 · 195,1 / 1,4 / ≈3830 / 1772 / **Pt** / Platin / $[Xe]4f^{14}5d^96s^1$	79 · 196,97 / 1,4 / 2940 / 1064 / **Au** / Gold / $[Xe]4f^{14}5d^{10}6s^1$	80 · 200,59 / 1,4 / 356,6 / −38,9 / **Hg** / Quecksilber / $[Xe]4f^{14}5d^{10}6s^2$	81 · 204,37 / 1,4 / 1457 / 303,5 / **Tl** / Thallium / $[Xe]4f^{14}5d^{10}6s^2p^1$	82 · 207,2 / 1,6 / 1740 / 327,5 / **Pb** / Blei / $[Xe]4f^{14}5d^{10}6s^2p^2$	83 · 208,98 / 1,7 / 1560 / 271,3 / **Bi** / Bismut / $[Xe]4f^{14}5d^{10}6s^2p^3$	84 · (209) / 1,8 / 962 / 254 / **Po** / Polonium / $[Xe]4f^{14}5d^{10}6s^2p^4$	85 · (210) / 2,0 / − / − / **At** / Astat / $[Xe]4f^{14}5d^{10}6s^2p^5$
							86 · (222) / − / − / − / **Rn** / Radon / $[Xe]4f^{14}5d^{10}6s^2p^6$

63 · 151,96 / 1,0 / 1597 / 822 / **Eu** / Europium / $[Xe]4f^76s^2$	64 · 157,25 / 1,1 / 3233 / 1312 / **Gd** / Gadolinium / $[Xe]4f^75d^16s^2$	65 · 158,93 / 1,1 / 3041 / 1360 / **Tb** / Terbium / $[Xe]4f^96s^2$	66 · 162,50 / 1,1 / 2335 / 1409 / **Dy** / Dysprosium / $[Xe]4f^{10}6s^2$	67 · 164,93 / 1,1 / 2720 / 1470 / **Ho** / Holmium / $[Xe]4f^{11}6s^2$	68 · 167,26 / 1,1 / 2510 / 1522 / **Er** / Erbium / $[Xe]4f^{12}6s^2$	69 · 168,93 / 1,1 / 1727 / 1545 / **Tm** / Thulium / $[Xe]4f^{13}6s^2$	70 · 173,04 / 1,1 / 1193 / 824 / **Yb** / Ytterbium / $[Xe]4f^{14}6s^2$	71 · 174,97 / 1,1 / 3315 / 1656 / **Lu** / Lutetium / $[Xe]4f^{14}5d^16s^2$
95 · (243) / ≈1,2 / ≈1000 / − / **Am** / Americium / $[Rn]5f^77s^2$	96 · (247) / ≈1,2 / ≈1340 / − / **Cm** / Curium / $[Rn]5f^76d^17s^2$	97 · (247) / ≈1,2 / − / − / **Bk** / Berkelium / $[Rn]5f^97s^2$	98 · (251) / ≈1,2 / − / − / **Cf** / Californium / $[Rn]5f^{10}7s^2$	99 · (254) / ≈1,2 / − / − / **Es** / Einsteinium / $[Rn]5f^{11}7s^2$	100 · (257) / ≈1,2 / − / − / **Fm** / Fermium / $[Rn]5f^{12}7s^2$	101 · (258) / ≈1,2 / − / − / **Md** / Mendelevium / $[Rn]5f^{13}7s^2$	102 · (259) / − / − / **No** / Nobelium / $[Rn]5f^{14}7s^2$	103 · (260) / − / − / **Lr** / Lawrencium / $[Rn]5f^{14}6d^17s^2$

W0067531

Prinzipien der Chemie

U. Röhrig
10.81

Dickerson · Gray · Haight

Prinzipien der Chemie

übersetzt und bearbeitet von
Hans-Werner Sichting

Walter de Gruyter · Berlin · New York 1978

Titel der Originalausgabe
Chemical Principles
Second Edition
W.A. Benjamin, Inc., Menlo Park, California
Copyright © 1974, 1970 by W.A. Benjamin, Inc.

Autoren der Originalausgabe
Richard E. Dickerson, California Institute of Technology
Harry B. Gray, California Institute of Technology
Gilbert P. Haight, Jr., University of Illinois

Übersetzung und Bearbeitung der deutschsprachigen Ausgabe
Dr.-Ing. Hans-Werner Sichting, Technische Universität Berlin

Das Buch enthält zahlreiche Abbildungen und Tabellen.

CIP-Kurztitelaufnahme der Deutschen Bibliothek

Dickerson, Richard E.:
Prinzipien der Chemie / Dickerson–Gray–Haight.
Übers. u. bearb. von Hans-Werner Sichting. – 1. Aufl. –
Berlin, New York : de Gruyter, 1978.
ISBN 3-11-004499-4

NE: Gray, Harry B.:; Haight, Gilbert F.:;
Sichting, Hans-Werner [Bearb.]; Dickerson–Gray–Haight, ...

© Copyright 1978 by Walter de Gruyter & Co., vormals G.J. Göschen'sche Verlagshandlung, J. Guttentag, Verlagsbuchhandlung Georg Reimer, Karl J. Trübner, Veit & Comp., Berlin 30. Alle Rechte, insbesondere das Recht der Vervielfältigung und Verbreitung sowie der Übersetzung, vorbehalten. Kein Teil des Werkes darf in irgendeiner Form (durch Photokopie, Mikrofilm oder ein anderes Verfahren) ohne schriftliche Genehmigung des Verlages reproduziert oder unter Verwendung elektronischer Systeme verarbeitet, vervielfältigt oder verbreitet werden. Printed in Germany.
Einbandentwurf: Thomas Bonnie, Hamburg. Satz: Fotosatz Tutte, Salzweg-Passau. Druck: Karl Gerike, Berlin. Bindearbeiten: Lüderitz & Bauer, Buchgewerbe GmbH, Berlin.

Vorwort zur deutschen Ausgabe

Mit dem Erscheinen des hier in der Übersetzung vorliegenden Buches und einer ganzen Reihe ähnlicher Werke in den Vereinigten Staaten zeichnet sich das Ende einer Entwicklung ab, die über die sogenannte „Allgemeine Chemie" zu einer völligen Neuorientierung der Chemieausbildung im Grundstudium führte. Während bei uns zur Zeit ein Rückzug auf Altbewährtes stattzufinden scheint und die historische Wandlung der Chemie von einer empirisch angewandten zur theoretisch fundierten Naturwissenschaft im Rutherfordschen Sinne (siehe das Ende der Einführung) beinah nur widerwillig zur Kenntnis genommen wird, ist es den Autoren des vorliegenden Buches gelungen, im Zusammenhang mit den Begleitbüchern ein Lehrpaket zu entwickeln, mit dessen Hilfe es möglich sein sollte, den Studenten etwa die Hälfte des derzeitigen Wissensstandes, der für eine Diplomprüfung in der Fachrichtung Chemie erforderlich ist, in 2 Semestern zu vermitteln. Damit wäre eine solide Basis für eine Chemieausbildung zu legen, die trotz der heute so stark verkürzten Studiendauer nicht notwendigerweise zu einem Qualitätsverlust in der Ausbildung führen muß.

Der grundlegende Unterschied gegenüber den „klassischen" Lehrbüchern der Chemie, der dies überhaupt ermöglicht, beruht auf einer veränderten Darstellung des Lehrstoffes. Der Schwerpunkt liegt nicht mehr auf dem empirischen Stoffwissen, sondern auf der Erarbeitung von Denkmodellen, Beschreibungsweisen und Zusammenhängen, eben den Prinzipien der Chemie. Daß es dabei quer durch alle klassischen Kategorien der Chemie geht und noch ein gutes Teil Physik hinzukommt, läßt sich nach Lage der Dinge nun einmal nicht vermeiden. Und daß die „schweren" theoretischen Grundlagen an den Anfang der Chemieausbildung gestellt werden, ist heute auch schon nichts Neues mehr. Dieses neuartige Herangehen an die Chemie erfordert vom Studenten mehr Mitarbeit, Verständnis der Zusammenhänge und logisches Denken als früher. Um dieses vertiefte Erarbeiten des Stoffes zu ermöglichen, enthält das vorliegende Lehrbuch eine große Zahl von Fragen und Aufgaben, die jeweils am Ende eines Kapitels eine kritische Prüfung des gelernten Stoffes erlauben. Da dieses Lehrbuch nicht als Nachschlagewerk oder Stoffsammlung angelegt ist, sondern nach der Zielsetzung seiner Autoren ein „zweiter Lehrer" für den Studenten sein möchte, eignet es sich hervorragend zum Selbststudium.

Das erhöhte Maß von Mitarbeit, das dem Studenten hier gegenüber der „klassischen", mehr rezeptiven Aneignung von Stoffwissen abverlangt wird, kann sicher – nach Überwindung einer eventuell vorhandenen „Anregungsenergieschwelle" – sehr schnell durch eine weitaus höhere Lernmotivierung der Studenten bei dieser Darstellung der Chemie ausgeglichen werden. Aber ohne eine solche verstärkte Mitarbeit ist eine Leistungssteigerung ohnehin nicht zu erreichen, die die verkürzte Studiendauer kompensieren muß, wenn die Chemieausbildung keine Qualitätseinbußen hinnehmen soll.

Bei der Übersetzung und Bearbeitung des hier vorliegenden Lehrbuchs, des Kernstücks des Lehrpakets „*Prinzipien der Chemie*", lag der Schwerpunkt auf der durchgehenden Umstellung auf das seit 1969 gesetzlich eingeführte Internationale Einheitensystem (SI-System) und auf der Beachtung einer konsequenten Schreibung von Größengleichungen. Weiterhin wurden einige neue Abbildungen und Klarstellungen in den Text eingearbeitet. An dieser Stelle möchte ich denen danken, die mir bei meiner Arbeit halfen: Meine Frau, Brigitte Sichting, ertrug nicht nur mein zeitweiliges Einsiedlerleben geduldig, sondern erledigte auch die gesamte Umbruchkorrektur und die Aufstellung des Sachregisters. Fräulein Marie-Rose Dobler vom Verlag de Gruyter betreute die Herstellung des Buches in bewährt hervorragender Zusammenarbeit, während mein Freund, Joachim Pickardt, mir häufig hilfreich unter die Arme griff, wenn es mir als Physiker zu „chemisch" wurde.

Ich hoffe, daß dieses Buch einen Beitrag zur anerkannt nötigen Reform der Chemieausbildung liefern wird. Ich glaube, daß der leider immer stärker angestrebten und immer frühzeitiger einsetzenden Spezialisierung im weiteren Studiengang nur durch eine derartig geschlossene, die wesentlichen Prinzipien der Chemie betonende Grundausbildung entgegengewirkt werden kann und daß nur dadurch eine Gemeinsamkeit all der Menschen erhalten bleibt, die sich selbst Chemiker nennen. Auch lassen sich nur hier noch die übergreifenden, humanistischen Aspekte der Naturwissenschaft Chemie erkennen, auf deren Verdeutlichung das vorliegende Buch so großen Wert legt.

Berlin, Mai 1978   *Hans-Werner Sichting*

Vorwort zur amerikanischen Ausgabe

Diese zweite Auflage unterscheidet sich von der ersten durch eine vollständige Neuanlage und ein totales Umschreiben der Kapitel, die sich mit dem chemischen Gleichgewicht beschäftigen. Der ganz klare Eindruck, den wir aus Unterhaltungen und Briefwechseln mit einer großen Zahl von Chemielehrern gewonnen haben, war der, daß die meisten von ihnen eine elementare, nichtthermodynamische Einführung in das chemische Gleichgewicht möglichst früh im Lehrbuch wünschten, wo sie zur Unterstützung der Praktikumsarbeit herangezogen werden kann. Infolgedessen haben wir den Teil der Gleichgewichtstheorie und der Säure-Base-Gleichgewichte, der nicht von der Thermodynamik abhängig ist, in einem neuen Kapitel 5 zusammengefaßt. Das Kapitel, das dem über die Thermodynamik folgt, stellt nun nicht mehr eine Einführung in die Gleichgewichte, sondern eine Verknüpfung des Begriffs der freien Enthalpie mit den Vorstellungen aus Kapitel 5 dar. Die Behandlung der Löslichkeiten und Löslichkeitsprodukte wurde in Kapitel 5 gekürzt und vereinfacht aufgenommen, und das Kapitel über die Oxidations-Reduktions-Gleichgewichte und die Elektrochemie (Kapitel 17) ist völlig neu. Wir haben den Neusatz des Buches in einer anderen Schriftart dazu genutzt, an vielen Stellen kleinere Änderungen vorzunehmen und den Text auf den neuesten Stand zu bringen, aber der Rest des Buches ist gegenüber der ersten Ausgabe praktisch unverändert.

Wie wir schon in der ersten Ausgabe sagten, wurde dieser Text geschrieben, damit der Student mit seiner Hilfe die Chemie erlernen und ihre Bedeutung einschätzen kann. Daher ist dieses Buch kein Nachschlagewerk oder eine Ansammlung von Informationen, noch ist es ein Quellenwerk für Studenten oder Hochschullehrer. Beim Schreiben war es unser Ziel, klar zu sein und nicht erschöpfend. Wir meinen, daß ein gutes Lehrbuch für den Studenten ein zweiter Lehrer sein sollte; es sollte Gedankengänge diskutieren und Analogien aufweisen und nicht bloß Information tabellieren. Da wir wünschen, daß der Student diesen Text liest und dabei merkt, daß ihm jemand etwas über Chemie erzählt, sind wir an manchen Stellen etwas ausführlicher gewesen, als es ein Nachschlagewerk im allgemeinen ist. Die Chemie ist interessant, und die Leute, die sie betreiben, sind interessant. Wir haben versucht, die Chemie als ein lebendiges und wachsendes Gebiet darzustellen und nicht als eine trockene Anhäufung von Wissen. Der Text soll keine Geschichte der Chemie sein, aber wir haben nicht gezögert, auf die Geschichte zurückzugreifen, wenn sie dabei half, zu zeigen, wie Chemiker denken (und bei welchen Gelegenheiten sie nicht dachten).

Da dieser Text ein Lehrmittel ist, wird die Reihenfolge der Themen mehr von der Pädagogik als von irgendeiner systematischen Organisation der Chemie bestimmt. Nur wenige können einen neuen Begriff gleich bei der ersten Begegnung mit ihm richtig würdigen oder sogar behalten. Nur durch ständige Wiederholung, Vertiefung und Integration in das, was wir wissen und lernen, werden neue Gedanken Wirklichkeit. Zum Beispiel wird der zentrale Begriff der Atome und Moleküle im Buch dreimal auf drei Niveaus der Komplexität (und Schwierigkeit) vorgestellt. Die erste Darstellung handelt von dem Grundbegriff, wie er sich zu Daltons Zeit entwickelte. Wir zeigen dabei, wie leistungsfähig ein derart einfacher Gedanke bei der Erklärung von chemischen Vorgängen sein kann. Die zweite Darstellung behandelte das Atom vor der Quantenmechanik – das Atom von Cannizzaro, van't Hoff und G. N. Lewis. Dabei liegt der Schwerpunkt beim Periodensystem der Elemente, das nicht als eine Folge der Elektronenstruktur, sondern als eine beobachtete Tatsache angesehen wird, die erklärt werden muß. Schließlich wird das quantenmechanische Bild der Atome und Moleküle eingeführt. Zu diesem Zeitpunkt ist der Student darauf vorbereitet, die Quantentheorie zu akzeptieren. Die Schrödinger-Gleichung wird dann nicht als ein kompliziertes und abstruses Geheimnis angesehen, sondern als die logische Antwort auf ein Dilemma, das der Student selbst richtig einschätzen kann.

Die Themen der ersten Kapitel sind in die späteren Kapitel eingewoben. Dieses ist ein allgemein übliches Vorgehen, das unvermeidbar ist, wenn die Chemie eine logische Struktur hat. Aber schwierigere Themen, die notwendigerweise späteren Kapiteln überlassen werden müssen, werden an jedem möglichen Punkt im Anfangsstoff vorweg erwähnt. Sowohl die Terminologie als auch die Notwendigkeit für diesen Stoff werden eingeführt, bevor das Thema in allen Einzelheiten diskutiert wird.

Wir glauben, daß dieses Vorgehen durch gute Lehrpraxis gerechtfertigt ist. Wenn ein Kind lesen lernt, hält man es nicht von Büchern fern, bis sein Schulunterricht beginnt. Es sieht und lernt von Buchstaben und Wörtern; zu dem Zeitpunkt, an dem sein formaler Leseunterricht beginnt, besitzt es bereits eine Vorstellung von dem Prozeß, den es erlernen wird, und von den Vorteilen, die er bietet. Auf ähnliche Weise profitiert ein Studienanfänger davon, ein intuitives Verständnis der *Begriffe* der Thermodynamik (Energie, Entropie und Unordnung, freie Energie) zu erlangen, bevor er sich daranmacht, die Beziehungen zwischen ihnen systematisch zu behandeln. Es ist unfair, einen Studenten mit einer Reihe von fremdartigen Ausdrücken und Begriffen zu belasten und ihm zugleich eine ungewohnte Methode zu ihrer Handhabung vorzustellen. Aus diesem Grunde sind die Grundgedanken der Thermodynamik in den Anfangsteil des Buches eingestreut, und das Kapitel über Thermodynamik ist weniger eine geschlossene Darstellung des Gebiets als eine geordnete Zusammenfassung und ein Überblick über die Anwendungen in der Chemie. In derselben Weise werden die Eigenschaften der Metalle, die Chemie der Übergangsmetalle, das Wesen der kovalenten Bindung, die Strukturen der Koordinationsverbindungen und die Bindung bei Nichtmetallen alle an mehreren Stellen des Textes mit sich erhöhender Gründlichkeit diskutiert.

Der Kernchemie, der organischen Chemie und der Biochemie wird mehr Sorgfalt und Aufmerksamkeit als in den meisten Einführungstexten gewidmet. Einführungstexte in die Chemie betonen gewöhnlich zu stark die anorganische und physikalische Chemie und nehmen dabei an, daß die anderen Gebiete später studiert werden. Wenn der Einführungskurs jedoch die letzte Chemievorlesung ist, an der ein Nichtchemiker teilnimmt, kann er nicht über solche wichtigen Zweige der Chemie, wie Kernchemie, organische

Chemie und Biochemie, im Dunklen gelassen werden. Auch der Chemiestudent wird von seiner ersten Begegnung mit diesen Gebieten profitieren. Er wird dadurch besser für sein späteres Studium motiviert sein, daß er schon einiges von den Zielsetzungen dieser Gebiete kennt. Die Kapitel 11 und 12, die die Kernchemie, die organische Chemie und die Biochemie behandeln, erweitern die zyklische oder iterative Lehrmethode dieses Buches in Richtung auf die Kurse, die ein Chemiestudent später durchlaufen wird. Die Menge an neuem Material ist in diesen Kapiteln notwendigerweise groß und könnte auf dem unvorbereiteten Studenten einschüchternd wirken. Für ihn sei betont, daß diese Kapitel geschrieben wurden, um ihm einen Überblick über ein neues Gebiet zu geben, und daß der Inhalt dieser Kapitel nicht gelernt werden sollte. Es ist zu diesem Zeitpunkt besser, eine Verallgemeinerung richtig zu verstehen und dadurch drei von fünf Tatsachen richtig vorauszusagen, als alle fünf Tatsachen zu kennen, sie aber nicht zu verstehen.

Das Zurückkommen auf ein Thema an mehreren Stellen und das Verweben von Themen miteinander sind nicht nur wegen des einheitlichen Wesens der Chemie realistisch, sondern bedeuten auch gute Lehrpraxis. Dieser Plan ist vernünftiger als die Anlage eines Buches mit einem Kapitel von diesem, einem Kapitel von jenem, gefolgt von einem Kapitel etwas anderem. Unser Vorgehen macht das Nachschlagen eines speziellen Themas umständlicher, jedoch haben wir bereits gesagt, daß dieses Buch kein Nachschlagewerk, sondern ein Lehrmittel ist.

Prinzipien der Chemie ist in vier Teile gegliedert:

  I. Die Anfänge der Chemie
     Die Atomvorstellung
 II. Klassische Vorstellungen von Struktur und Bindung
III. Die Quantenrevolution
IV. Chemische Dynamik

Infolge dieser Gliederung kann der Text von Studenten mit einem breiteren Spektrum von Vorkenntnissen verwendet werden, als das gewöhnlich der Fall ist. Der Stoff in den Teilen I und II umfaßt die Themen Atome, Moleküle, Mole, Stöchiometrie, das Periodensystem, Struktur und Bindung, wie sie häufig den Kern eines guten Oberschulkurses in Chemie bilden. Obwohl das Niveau der Darstellung hier höher liegt, bedeutet diese Anlage des Buches, daß eine hervorragende Gruppe ungewöhnlich gut vorbereiteter Studienanfänger mit dem Teil III (Kapitel 8) beginnen können, wobei sie die ersten sechs Kapitel als Wiederholung benutzt. Umgekehrt werden Studienanfänger, die auf der Oberschule überhaupt keinen Chemieunterricht hatten, feststellen, daß sie sich mit Hilfe des Buches von Jean D. Lassila et al., *Begleitprogramm zu Prinzipien der Chemie*, auf den Stoff schnell einstellen können und ihre Kommilitonen einholen werden.

Genau so, wie *Prinzipien der Chemie* als ein zweiter Lehrer geplant wurde, ist Wilbert Huttons *Ein Studienführer zu Prinzipien der Chemie* als ein zweiter Wiederholungskurs gedacht. Der Studienführer geht näher auf die Punkte ein, die Reszensenten des Manuskripts dieses Buches für schwierig hielten. Er diskutiert Techniken zur Lösung von Problemen und mathematische Methoden. Er gibt Lösungen sowie Erklärungen für Aufgaben der Art an, wie sie im Text gestellt werden. Weitere Aufgaben sind in dem Buch

Ergänzungsaufgaben zu Prinzipien der Chemie von Jan S. Butler und Arthur E. Grosser zu finden.

Das Lehrsystem von *Prinzipien der Chemie* für den Chemieunterricht von Studienanfängern ist das Ergebnis eines Experiments: Was wird dabei herauskommen, wenn Sie die Autoren eines Lehrbuches, eines programmierten Begleitbuches zur Stärkung schwacher Vorkenntnisse, eines Studienführers und einer Sammlung von weiterführenden Aufgaben zusammenbringen und sie ihre betreffenden Beiträge in täglichem Kontakt und ständiger Beratung schreiben lassen? Wir glauben, daß das Experiment insoweit erfolgreich war, daß die Komponenten des Lehrsystems echt ineinander integriert sind. Kein Beitrag ist hinzugefügt, der nachträglich von jemandem geschrieben wurde, der nicht an der Vorbereitung des Originaltextes beteiligt war. Da viele Lehrer und Studenten die Ergebnisse unseres Experiments zu mögen scheinen, wurden alle Ergänzungen des Lehrsystems überarbeitet, so daß sie der zweiten Auflage von *Prinzipien der Chemie* folgen. Wir danken für die Beiträge der Autoren der anderen Komponenten des Lehrsystems – den Doktoren Lassila, Hutton, Butler und Grosser. Wir danken ferner Dr. Fred Anson für seine Ratschläge hinsichtlich der neuen Kapitel über das chemische Gleichgewicht und Dr. Richard L. Keiter, der viele neue Aufgaben für jedes Kapitel des Lehrbuches schrieb und der Koautor (zusammen mit Dr. Hutton und Ellen A. Keiter) des revidierten Begleitbuches für das Lehrpersonal ist.

Der im vorliegenden Buch vertretene Standpunkt ist der einer gesunden Empirie. Mit den Worten J. J. Thomsons: „… eine Theorie ist mehr eine Sache der Politik als des Glaubens." Zuerst werden die Ergebnisse vorgestellt, und dann wird die Theorie als ein Mittel zur Deutung der Ergebnisse eingeführt und nicht umgekehrt. Wenn Beobachtungen und Theorie miteinander verglichen werden, wird die Theorie überprüft und nicht die Beobachtungen. Dies ist ein Grund dafür, warum Themen wie die Atomtheorie in mehreren Zyklen behandelt werden: Die Unvollkommenheiten eines Zyklus verlangen nach einer Theorie, die den nächsten Zyklus ankündigt. Die Chemie entwickelt auf diese Weise eine Geschlossenheit und Unausweichbarkeit, die häufig bei einer stärker gegliederten Behandlung fehlt.

Dieses Buch wendet sich nicht nur an den, der die Chemie zu seinem Beruf machen will, sondern auch an alle, die Entscheidungen über chemische Probleme treffen müssen, die die Qualität und gelegentlich die Dauer ihres Lebens beeinflussen werden. Um ein altes Wort über Krieg und Politik abzuwandeln: Die Chemie ist eine zu wichtige Sache, um sie den Chemikern zu überlassen. Menschen, die niemals einen Reaktor bedienen, ein Insektenvernichtungsmittel synthetisieren, eine Wasserversorgung fluorieren oder eine Verbrennungskraftmaschine entwerfen werden, müssen die Konsequenzen – gute und böse – kennen, die sich ergeben werden, wenn andere Menschen sich dazu entschließen, derartiges zu tun oder zu lassen. Wir leben in einem sehr kleinen Raum auf diesem Planeten, und je mehr wir erkennen, daß die benachbarten Räume unbewohnbar sind, desto wichtiger wird es, daß wir genug wissen, um diesen hier bewohnbar zu erhalten.

Richard E. Dickerson
Harry B. Gray
Gilbert P. Haight, Jr.

Inhalt

Warum studieren Sie Chemie?

Wozu studiert man Chemie? Was tut ein Chemiker, das Sie dazu anregt, einer zu werden, oder Sie dazu bringt, etwas über das Gebiet zu lernen, selbst wenn Sie es nicht vorhaben, daraus einen Beruf zu machen? In der Vergangenheit wurde diese Frage häufig mit dem Hinweis auf die vielen wichtigen Produkte beantwortet, die den chemischen Laboratorien entstammen: Farben, petrochemische Produkte, Plastikwerkstoffe, Düngemittel, Arzneimittel, Kunstfasern. Ältere Lehrbücher sind voll von Photographien von Hochöfen und Kunstseidefabriken und voll des Lobes für das Haber-Bosch-Verfahren zur Ammoniakherstellung oder für das Solvay-Verfahren zur Natriumcarbonatgewinnung.

Aber die Zeiten ändern sich, und damit auch das Gefühl der Leute für Werte. Materielle Bequemlichkeit und ein buntes Plastiktelefon scheinen heute nicht mehr so eminent wichtig zu sein, wie sie es einst waren. Synthetischer Kautschuk scheint heute kaum noch eine der bedeutenderen Manifestationen des menschlichen Geistes zu sein. Tatsächlich zeigen uns viele der einst weithin gerühmten Erfolge heute ihre Schattenseiten. Wir können sehr schnell von einem Ort zum anderen reisen – auf Kosten der Reinheit unserer Luft und mit wachsender Lärmbelästigung. Wir können billig Papier herstellen, um eine breite Leserschaft zu befriedigen – zum Preis des Sterbens unserer Flüsse. Unsere Hoffnung auf einen Überfluß an Kernenergie wird von Problemen der thermischen Belastbarkeit unserer Umwelt überschattet. Wir lassen die Räder unserer Verkehrssysteme rollen, aber verpesten dabei unsere Küsten mit Ölresten. Wir vernichten Insekten, um unsere Ernten zu schützen, und stellen dann fest, daß wir auch die Rotkehlchen ausgerottet und die Lachse im Michigansee vergiftet haben. Der Genius der Chemie scheint ein böswilliger Geist zu sein, der jedes Geschenk mit einer Falle versieht, die uns für jedes Problem, das wir gelöst haben, ein neues hinterläßt.

Die meisten dieser Fallen haben sich gebildet, weil wir jeden technologischen Fortschritt isoliert betrachtet haben und weil wir den letztendlichen Auswirkungen einer jeder neuen Entwicklung zu wenig Aufmerksamkeit gewidmet haben. Die Begeisterung vergangener Generationen für die „Wunder der Chemie" war ehrlich, aber naiv. Wir sollten uns jetzt nicht enttäuscht von den Naturwissenschaften abwenden, sondern lernen, sie intelligenter anzuwenden. Wir brauchen unbedingt eine Generation von Naturwissenschaftlern, die sich verpflichtet fühlen, ihre Entdeckungen weise zu nutzen. Darüber hinaus brauchen wir eine Generation von Laien, die genug von Chemie und Physik verstehen, um die Resultate technischer Entscheidungen vorauszusehen und die Langzeitkosten und -renditen sowie die kurzfristigen Gewinne abzuschätzen. Es gab noch keine Zeit, in der es für den Laien wichtiger war, Chemie und Physik zu kennen, denn es gab noch keine Zeit, in der es so wahrscheinlich war, daß uns politische und wirtschaftliche Entscheidungen in wissenschaftlich erkennbare Schwierigkeiten bringen können.

Vielleicht wird in der nächsten Generation schon ein Diplom in allgemeinen Naturwissenschaften anstelle eines Staatsexamens in Jura als geeignete Ausgangsposition für
eine Laufbahn in Staatsdienst oder Politik angesehen.

Es ist eine der schmerzhaften Realitäten, die uns allen bevorstehen, daß wir die Ge-
borgenheit unserer Kindheit verlassen müssen. Als Kinder kümmerten wir uns nie darum,
wo unser Heim herkam oder wer uns mit Nahrung und Kleidung versorgte. Diese Dinge
waren eben einfach da und gehörten zur natürlichen Ordnung des Lebens. Wenn wir
unser Zimmer unaufgeräumt verließen, würde es schon irgenwie, auf welche Weise auch
immer, wieder in Ordnung gebracht werden.

Wir haben alle in einem sehr kleinen Raum gelebt, auf dem Planeten Erde. Wie Kinder
haben wir seine Schätze als unerschöpflich und kostenlos genommen. Wir haben unseren Raum mit Müll in fester, flüssiger und gasförmiger Form verschmutzt und haben
uns darauf verlassen, daß dieser schon irgendwohin verschwinden würde. Aber wir treten jetzt in einen schwierigen, intellektuellen Reifungsprozeß ein, in dem wir erkennen,
daß diese Annahmen nicht richtig waren. Wenn unser Planet bewohnbar bleiben soll,
muß ihn irgend jemand so erhalten. Es gibt eben keine unerschöpflichen Rohstoffquel-
len noch unbegrenzte Möglichkeiten der Abfallbeseitigung. Des einen Müll wird unvermeidlich der Rohstoff irgend eines anderen. Eine der Aufgaben für die Chemiker in den
kommenden Jahren wird es sein, arbeitsfähige Pläne zu entwickeln, nach denen wir auf
diesem Planeten zusammenleben können, und es ist die Aufgabe des wissenschaftlich gebildeten Bürgers, daß er es möglich macht, diese Pläne auch in die Tat umzusetzen. Die
Griechen waren äußerst erfindungsreich im Ausdenken von Foltern für ihre unterlege-
nen Helden, aber selbst sie stellten sich nicht vor, daß Prometheus letztendlich im Müll
ersticken würde.

Bislang haben wir nur davon geredet, was wir mit Hilfe der Chemie tun sollten. Aber
was kann die Chemie überhaupt tun? Genau so, wie wir beginnen, das Leben auf diesem
Planeten als Ganzes zu betrachten, beginnen wir, die Chemie eines ganzen, lebenden
Organismus zu betrachten. Endlich beginnen die Chemiker damit, konkrete Aussagen
über das komplizierteste aller chemischen Systeme zu machen, über ein Lebewesen.
Francis Crick, der zusammen mit James Watson die Molekülstruktur des Trägers der
Vererbungsmerkmale, DNS, aufklärte, war ein Physikochemiker. Die Entschlüsselung
des Nukleinsäurecodes oder des Systems, mit dessen Hilfe die Information für den Aufbau eines lebenden Organismus in der DNS gespeichert ist, war ein Triumph der Bio-
chemiker. Als es Arthur Kornberg und seinen Mitarbeitern gelang, die vollständige
DNS eines Virus zu kopieren und zu zeigen, daß dieses synthetische Erbmaterial genau
so wie natürliche DNS einen neuen Virus aufbauen konnte, gelang ihm dieses in enger
Zusammenarbeit mit Enzymchemikern und Molekularbiologen. Organische Chemiker
und Biochemiker können heute Vitamine, Hormone und Enzyme in einer Weise synthetisieren, die noch vor zehn Jahren unglaublich erschien. Penicillin, Insulin und sogar
das Enzym Ribonuclease sind synthetisch hergestellt worden, und der Kraftakt der
Vitamin B_{12}-Synthese ist bereits in Angriff genommen. Physikochemiker und Biochemiker können die dreidimensionalen Strukturen von Enzymen aufklären und von ihnen
Molekülmodelle konstruieren. Von diesen ausgehend können die Enzymchemiker
größere Fortschritte als je zuvor im Verstehen der Enzymkatalyse machen.

Warum wollen wir nun überhaupt etwas von der Chemie wissen? Das Ziel von Kenntnissen in der Chemie wie auf irgendeinem anderen Gebiet ist die Möglichkeit der Kontrolle. Wenn wir wissen, wie Hormone wirken, können wir vielleicht ihre Wirkung kontrollieren. Wenn wir die enzymatische Katalyse verstehen, können wir vielleicht metabolische Fehlentwicklungen korrigieren wie z. B. die Phenylketonurie, bei der die Unfähigkeit des Metabolismus, eine Schlüsselsubstanz zu produzieren, bei einem Kind zum Schwachsinn führen kann. Wenn wir genug von der Chemie der DNS und der genetischen Informationsweitergabe kennenlernen, können wir vielleicht den Mongolismus rechtzeitig entdecken und ihn heilen. Der Mongolismus wird durch ein überschüssiges Chromosom im Frühstadium der Entwicklung eines Embryos hervorgerufen. Sogar noch dramatischere Eingriffe in die Erbanlagen sind vorgeschlagen worden, aber wir müssen zwischen den Verben „können" und „sollen" unterscheiden. Wie R. S. Morison gesagt hat:

„In Kürze werden wir dazu in der Lage sein, die genetische Struktur eines guten Menschen zu entwerfen. Es gibt einige Unsicherheit darüber, wann es genau geschehen wird, aber es wird ohne Zweifel geschehen, bevor wir definiert haben, was ein guter Mensch ist"[1].

Neue Beispiele für chemische Einflüsse – sowohl natürlichen als auch künstlichen Ursprungs – auf das Verhalten von Lebewesen kommen laufend ans Licht. Zwei seltene Chemikalien im Blutkreislauf stehen in noch nicht bewiesenem Verdacht, einen Zusammenhang mit der Schizophrenie zu haben. Große Dosen der gewöhnlichen Milchsäure können beim Menschen Angstneurosen hervorrufen, und die verhaltensändernden Wirkungen von Meskalin und LSD gehen uns alle an. Bevor LSD ein Kult wurde, war es ein Forschungsmittel bei der Untersuchung künstlicher Schizophrenie.

Ratten sind dem Menschen in ihrem Hang zur Gruppenbildung und in ihrer Reaktion auf eine Überbevölkerung am ähnlichsten. Ihr Sinn für Gruppenzusammengehörigkeit und ihre Feindschaft gegenüber Fremden ist stark ausgeprägt (man ist versucht, hinzuzufügen „und menschlich"). Experimentatoren haben tatsächlich einen Rückgang in der Rattenpopulation im Bereich eines Häuserblocks erreicht, indem sie neue Ratten aussetzten. Interessant genug ist der Grund dafür ein chemischer: Die Gegenwart neuer, fremder Ratten auf dem Territorium einer bereits dort angesiedelten Gruppe führt zu Kämpfen, Anspannung und Angstgefühlen. Aber es sind nicht die Kämpfe, die die Zahl der Ratten vermindern. Wenn eine Ratte durch Konflikte und Überbevölkerung in eine Neurose versetzt wird, sondert ihr Körper ein Hormon ab, das die sexuelle Aggressivität der Männchen herabsetzt und die Schwangerschaft bei den Weibchen stört. Die Geburtsrate nimmt infolgedessen ab, und die Zwänge die zu den Angstgefühlen führten, werden dadurch abgebaut. Eine derartige chemische Regelung des Verhaltens ist offensichtlich anpassungsfähig und von Vorteil, wenigstens für wild lebende Rattenpopulationen. Unterliegt aber auch ein Teil unseres Verhaltens auf ähnliche Weise einer chemischen Regelung? Die Antwort lautet ganz sicher, ja. Was wir nun damit anfangen, ist eine schwierigere Frage. Jedem Beruhigungstabletten zu geben, löst das Problem nicht; sie beseitigen nicht einmal auf die Dauer die Symptome.

---

[1] R. S. Morison, „Science and Social Attitudes", *Science* 165, 150 (1969).

In einem gewissen Sinn wird der Sachverhalt schwieriger, wenn schnelle chemische Lösungen auf psychologische und gesellschaftliche Probleme folgen, denn sie können den Antrieb abschwächen, eine Lösung für die wirklichen Krankheiten zu finden. Alkohol als Ausflucht vor wirklichen Problemen ist weniger gefährlich als LSD, da die vom Alkohol hervorgerufene Euphorie so offensichtlich zweitrangig und flüchtig ist.

In der Vergangenheit blieb die Kontrolle unserer Umwelt genau so dem Zufall überlassen und unsicher wie unsere Kontrolle über die Chemie unseres eigenen Körpers. Heute bringt uns gerade die Dauerhaftigkeit der Produkte der chemischen Technologie in Schwierigkeiten. Solange wir mit Materialien arbeiteten, die eher gesammelt und nicht synthetisiert waren, bestand eine hohe Wahrscheinlichkeit dafür, daß unser Müll wieder von unserer Umwelt aufgenommen wurde, ohne bleibende Schädigungen zu hinterlassen. Holz und Stoff verrotten, organische Stoffe werden von Mikroorganismen aufgezehrt, Eisen verrostet und Glas zerbricht und vermengt sich mit den natürlichen Silikaten des Bodens. Aber Aluminium bleibt erhalten, lange nachdem Eisen bereits verschwunden ist. Polyethylen und die meisten anderen Kunststoffe werden sich weder zersetzen, noch werden sie von Mikroorganismen gefressen werden. Synthetische Detergentien bildeten flußabwärts von Kläranlagen Schaumberge, da sie nicht auf die gleiche Weise wie Seifen durch Bakterien abgebaut werden können. Es ist zwar möglich, biologisch abbaubare Detergentien herzustellen, aber diese sind teurer. An welchem Punkt entscheiden wir, daß die Kosten für diese biologisch abbaubaren Detergentien geringer sind als die Kosten für den Umweltschaden durch getötete Fische und verschmutzte Flüsse? Und wer soll diese Kosten tragen? Werden wir auf ähnliche Art die Benutzung und Beseitigung von inerten Stoffen wie Aluminium und Polyethylen regeln, oder werden wir Mikroorganismen finden, die Kunststoffe abbauen können? (Dieses ist eine schwierige Aufgabe. Was hätten Polyethylen fressende Mikroorganismen in den Millionen von Jahren vor Lavoisier tun können?)

Insektenvertilgungsmittel wie DDT haben sich als bestürzend wirksam erwiesen. Ihre Resistenz gegen einen chemischen Abbau ist für den Landwirt von Vorteil, der sich wünscht, daß ein einmaliges Spritzen recht lange vorreicht, aber zugleich ist diese Resistenz ein Nachteil für die höheren Organismen, in denen sich die DDT-Konzentration mit der Zeit bis zur nahezu tödlichen oder gar tödlichen Dosis aufbaut. Auf einer Sumpfwiese an der Küste von Long Island, die zur Moskito-Bekämpfung seit zwanzig Jahren mit DDT besprüht wird, hat sich im Plankton eine Menge von 0,04 ppm (Teile pro Million = 10^6) DDT bezogen auf das Naßgewicht akkumuliert. Aber die Muscheln, die das Plankton fressen, enthalten bereits 0,42 ppm DDT, die Fische 1,0 ppm und die Möwen, die sowohl Muscheln als auch Fische fressen, erreichen bis zu 75,0 ppm DDT. Eine weitere Erhöhung dieser Konzentration von Insektenvernichtungsmitteln in der Nahrungskette um einen Faktor zehn würde zum Tod führen, wie es bereits in Teilen des Mittelwestens der USA bei kleineren Vögeln geschehen ist. Die Hoffnungen der Fischer auf den Großen Seen, daß die Einführung des Coho-Lachses aus dem Nordwestpazifik eine Renaissance der Sportfischerei in dieser Gegend herbeiführen würde, wurden getrübt, als sich herausstellte, daß das Fleisch des Fisches infolge des Wasserzuflusses aus dem die Seen umgebenden Ackerbaugebiet eine hohe DDT-Konzentration besaß. Niemand wollte, daß die Möwen von Long Island oder die Coho-Lachse im Michigansee

DDT akkumulieren, aber das Unbeabsichtigte geschah. Ironisch genug haben viele Seuchen und Schädlinge die Eigenschaft, unter solchen Umständen zu gedeihen, da sie in der Nahrungskette weiter unten stehen und eine geringere Lebensdauer besitzen. Infolgedessen akkumulieren sie nicht unbedingt so viel Vernichtungsmittel. Die höheren Tiere aber, die sie früher unter Kontrolle hielten, sterben inzwischen aus.

Was machen wir nun mit dem DDT? Wie können wir das Anwachsen der insektenfreien Ernteerzeugung und das Zurückgehen der von Insekten verbreiteten Krankheiten wie Malaria gegen die Kontaminierung und den Tod höherer Tiere aufrechnen, die andere Schädlinge unter Kontrolle halten? Schulden wir einem Landwirt einen Ausgleich, wenn wir uns dazu entschließen, Handlungsweisen zu verbieten, die ihm einen sofortigen Gewinn versprechen, da der Schaden für die Gesellschaft letztendlich größer ist? Wenn ja, wer bezahlt es? Oder können wir ihn davon überzeugen, daß keine Entschädigung für ihn in Frage kommt, da er überhaupt kein Recht hat, zu seinem eigenen Gewinn die Umwelt zu verschmutzen? Unser hypothetischer „Landwirt" selbst ist eine trügerische Abstraktion: Ein an der Grenze des Lebensunterhalts wirtschaftender Landwirt in Bangladesch und ein auf die Erhaltung einer gesunden Umwelt bedachter Landwirt in Michigan rechnen getötete Wildtiere gegen gesteigerte Ernteerträge in etwas unterschiedlicher Weise auf.

Solche Fragen können nicht von einem Rat von Wissenschaftlern gelöst werden, seien sie auch noch so gut informiert. Aber sie können auch nicht gut von Regierungspolitikern, Parlamentariern oder Aufsichtsratsgremien der Industrie gelöst werden, die nicht auf dem Gebiet der Chemie sachkundig sind. In der Vergangenheit war Unwissenheit, wenn schon nicht die Seeligkeit, so doch verhältnismäßig harmlos. Heute kann sie verhängnisvoll werden. Wenn heute für die kommende Generation die Wahl getroffen werden müßte, Chemiker oder Nichtchemiker in Chemie auszubilden, könnten wir fast sagen, daß das letztere vorzuziehen wäre.

Nach den vorangegangenen Aussagen könnte es so aussehen, als ob die Chemie nur eine naturwissenschaftliche Methode zum Bewirtschaften unseres Planeten sei. Aber der Mensch lebt nicht nur von kohlendioxidgeschäumten Stärkeprodukten allein. Es gibt auch die Befriedigung durch das Wissen, was wir sind, wo wir sind und wo wir hergekommen sind. Wie entwickelte sich das Leben auf diesem Planeten aus unbelebten chemischen Substanzen? Und wie bildeten sich diese chemischen Substanzen? Wir können die Uhr nicht zurückdrehen und den Prozeß beobachten, aber wir können Bedingungen einstellen, von denen wir glauben, daß sie einem Frühstadium der Erdgeschichte entsprechen, und dann die Reaktionen beobachten, die wahrscheinlich dort stattgefunden haben. Wir können sehen, wie sich die Rohstoffe für die lebenden Systeme auf natürliche Weise gebildet haben könnten und warum komplexere chemische Gebilde stabil und langlebig waren. Wir können im Prinzip verstehen, wie Gebilde, die derart komplex sind, daß sie „lebendig" genannt werden müssen, sich entwickeln konnten. In begrenztem Umfang können wir unsere experimentelle Paleochemie anhand von Beweismaterial überprüfen, das in Mineralablagerungen aus den verschiedensten Stadien der Erdgeschichte zu finden ist. Die anscheinend unwirtschaftlichen Bedingungen für Leben auf dem Mond und möglicherweise auf Mars und Venus sind enttäuschend, aber sie beantworten nicht die Grundfrage: „Ist unter geeigneten Bedingungen die Entwicklung von Leben natürlich und praktisch unvermeidlich, oder ist sein Auftreten auf der Erde ein glücklicher Zufall?" Wir können Experimente planen und durchführen, die helfen, diese Frage zu beantworten, selbst wenn sich dabei herausstellt, daß nur ein Planet in unserem Sonnensystem die dazu geeigneten Bedingungen besitzt.

Selbst wenn der Mond nicht viel von den Geheimnissen des Lebens enthüllt, wird uns die Chemie seiner Gesteine erlauben, die Geschichte des Sonnensystems zu rekonstruieren. Die ersten Berichte über die Untersuchungen von Proben des Mondgesteins zeigen eine weitaus höhere Konzentration von hochschmelzenden Metallen als irgendwelche irdischen Erze. Bedeutet dies, daß sich der Mond bei hohen Temperaturen verfestigte, bei denen der größere Teil der leichteren Elemente wegdampfte und somit verlorenging? Bedeutet der Gegensatz zwischen Erde und Mond, daß der Mond ein Wanderer im Weltraum war, der von der Erde eingefangen wurde, und kein Tochterplanet ist, der sich gleichzeitig mit der Erde bildete? Die Antworten auf derartige Fragen werden zum Teil durch ins Einzelne gehende Vergleiche der chemischen Eigenschaften der auf Erde und Mond anzutreffenden Substanzen gegeben. Solche Anstrengungen werden es nicht verhindern, daß der Michigansee verschmutzt wird, noch machen sie es möglich, weitere 10 000 000 Menschen auf der Erde zu ernähren, aber sie werden eine Ausweitung des Horizontes des menschlichen Geistes mit sich bringen, die wir dringend nötig haben.

Das Wissen, woher wir kamen und wie wir uns entwickelten, hat seine Auswirkung auf unser Selbstbewußtsein. Die Revolution des Denkens, die gelegentlich durch die Namen Copernicus und Galilei symbolisiert wird und die den Menschen aus dem Mittelpunkt des Universums auf einen von mehreren Planeten eines recht unbedeutenden Sterns versetzte, formte die Denkweise der Bürger Europas für mehrere Generationen. Die Menschen leben mehr nach Ideen, als ihre pragmatischen Vertreter im Amerika der Mitte des zwanzigsten Jahrhunderts zugeben wollen. Wir sind jetzt dabei, langsam ein neues Bild des Menschen und seines Universums zusammenzusetzen, das auf dem beruht, was wir in der Kosmologie, Astronomie, Physik, Geochemie, Molekularbiochemie und Verhaltensbiologie lernen. Dieses neue Menschenbild wird zukünftige Generationen genau so beeinflussen, wie es das Menschenbild der Renaissance zu seiner Zeit tat. Die Chemie hat viel zu diesem Bild vom Wesen des Menschen und seines Ursprungs beizutragen.

Auf die Frage: „Warum studiert man Chemie?" gibt es eine praktische und eine nicht greifbare Antwort. Die praktische Antwort ist heute nicht mehr dieselbe wie vor einer Generation; zum Teil ist die Antwort von heute eine Folge der Notwendigkeit, vergangene Fehlleistungen wieder auszubügeln. Aber gerade weil die Aufgabe komplizierter ist, ist sie auch interessanter. Wir beginnen damit, Ganzheiten zu erkennen und nicht nur Teile, und das Ordnen eines Ganzen ist fast immer interessanter als das Einsammeln von Teilen. Die nicht greifbare Antwort entstammt den Dingen, die wir durch die Chemie kennengelernt haben und von denen wir vor einer Generation noch nicht zu hoffen wagten, sie kennenzulernen: Was Leben ist, woher es kommt, wie es funktioniert, wie unser Sonnensystem beschaffen ist und wie es entstand. Ein Mensch kann von der Fülle des Wissens überwältigt werden, aber Verstehen kann eine Quelle der Kraft sein. Erstmalig in der Chemie stehen wir auf der Schwelle zum Verstehen.

Ernest Rutherford bemerkte einmal in einem seiner weniger liebenswürdigen Momente, daß es zwei Arten von Wissenschaft gibt: Physik und Briefmarkensammeln. Lavoisier und Daltons Atomtheorie erhoben die Chemie auf eine Stufe über das Briefmarkensammeln. Die Quantenrevolution der 1920er bis 30er Jahre brachten die Chemie auf den Weg, eine Naturwissenschaft zu werden, und die gegenwärtigen Untersuchungen der Chemie des Lebens versprechen, das Fachgebiet auf das Niveau zu heben, auf dem Rutherfords parteiliche Redewendung revidiert werden muß.

Chemie ist niemals Selbstzweck. Wann immer wir sie in diesem Lichte betrachtet haben, endeten wir gewöhnlich bei ihrem Mißbrauch. Wir müssen unsere Ziele nach anderen Gesichtspunkten definieren. Aber die Methoden der Chemiker können uns, wenn sie weise und mit genug Weitsicht in Bezug auf die Nebeneffekte zweiter und dritter Ordnung bei der Anwendung der Chemie benutzt werden, dabei helfen, Ziele anzustreben, die sonst unerreichbar wären. Wir verschaffen uns kein besseres Leben durch die Anhäufung von besseren Dingen. Aber wir können mit Hilfe der Chemie für die ganze menschliche Familie bessere Lebensbedingungen erreichen, wenn wir sie weise genug einsetzen.

Teil I Die Anfänge der Chemie: Die Atomvorstellung

Der erste Schritt in Richtung auf die moderne Chemie war die Erkenntnis, daß es Atome gibt. Heute scheint dies keine besonders bemerkenswerte Entdeckung zu sein, aber noch der bedeutende Physikochemiker Wilhelm Ostwald (1853–1932) glaubte nicht an die Existenz von Atomen, und noch 1910 war es möglich, daß Alexander Smith, Chemieprofessor an der Universität von Chicago, in seinem Buch *Inorganic Chemistry* (Century Co., New York, 1910) schrieb:

„Die Sprache der Chemiker ist derart mit der Phraseologie der Atom- und Molekularhypothesen durchtränkt worden, daß wir von Atomen und Molekülen sprechen, als ob sie Objekte einer direkten Beobachtung wären. Es muß daher immer wieder gesagt werden, daß diese Sprache nur bildhaft ist und nicht wörtlich genommen werden darf. Die Atomhypothese liefert uns eine praktische Sprechweise, die gleichnishaft viele Tatsachen mit Erfolg beschreibt. Aber die gängige Art, in der sich die Atomhypothese für die Darstellung der charakteristischen Züge einer chemischen Veränderung anbietet, beweist noch lange nicht, „daß Atome in Wirklichkeit existieren".

Es ist dies der Standpunkt, der einige wohlbekannte Naturwissenschaftler und Naturphilosophen zu der Behauptung geführt hat, daß ein Elektron, ein Bestandteil der Atome, selbst kein reales Objekt ist, sondern einen Begriff darstellt, der von Experimentatoren erfunden wurde, um die Bewegungen von Zeigern auf Skalen zu erklären, und daß nur diese direkten Beobachtungen eine echte Realität besitzen.

Eine Weiterführung dieser Einstellung würde die Behauptung sein, daß ich allein das einzig reale Wesen im materiellen Universum bin, von dessen Existenz ich überzeugt bin; und dieses Papier und diese Schreibmaschine und alle anderen Gegenstände und Menschen um mich herum sind bestenfalls nur Konstruktionen meines Geistes oder theoretische Gebilde, mit deren Hilfe ich meine Sinneseindrücke miteinander in Zusammenhang bringen und erklären kann. Wenn es mir paßt, die Berührungsempfindungen an meinen Fingerspitzen, das klappernde Geräusch, das ich höre, den Geruch von Farbband und Gummi und die Gesichtseindrücke von braun emailliertem Metall und weißem Papier mit schwarzen Buchstaben als Beweise für eine „Schreibmaschine" anzusehen, dann ist „Schreibmaschine" ein praktischer Begriff für die Einordnung dieser Sinneseindrücke. Nichtsdestoweniger ist damit nicht die absolute Existenz einer Schreibmaschine bewiesen.

Diese Haltung konnte in philosophischen Kreisen seit dem Mittelalter und noch früher angetroffen werden und wird „Solipsismus" genannt. Der Solipsismus besitzt eine umfangreiche aber größtenteils sterile Geschichte; denn durch die Verleugnung der

Realität neigt er dazu, Bemühungen zu entmutigen, die Realität zu beeinflussen. Selbst wenn heute eine derart extreme Denkweise allgemein abgelehnt wird, mußte die Atomtheorie früher gegen ihre eigene Form von chemischen Solipsismus ankämpfen. Nach all den wissenschaftlichen Fortschritten der letzten dreißig Jahre in der Atom- und Kernphysik sowie in der Chemie und dem revolutionierenden Einfluß, den sie auf unser Leben hatten, ist jedoch das Beweismaterial für die Realität des Begriffes „Atom" genau so gesichert wie das für den Begriff „Schreibmaschine". Nur die Methoden der Bestimmung sind etwas komplizierter.

Die ersten beiden Kapitel handeln davon, wie sich die Atomvorstellung entwickelte und sich im Rahmen des vorhandenen Beweismaterials durchsetzte. Wir diskutieren, wie die Chemiker es lernten, die relativen Atommassen zu messen und den atomaren Aufbau einfacher Moleküle zu bestimmen, und wie eine sehr einfache Theorie sich bewegender Moleküle viele Eigenschaften der Gase erklären kann.

Nach allgemeiner Übereinkunft gibt es Süßes und Bitteres,
Heißes und Kaltes, und nach allgemeiner Übereinkunft
gibt es Ordnung. In Wahrheit gibt es Atome und eine Leere.

Demokritos (400 v. Chr.)

1 Atome, Moleküle und Mole

In der Gerichtsverhandlung in *Alice im Wunderland* fragt das Weiße Kaninchen, als es
in den Zeugenstand gerufen wird: „Wo, bitte, soll ich anfangen?" Die Antwort lautet
gerade heraus: „Beginn mit dem Anfang und mach weiter, bis du zum Ende kommst,
dann höre auf!" Wir aber werden in der Mitte beginnen mit einer Beschreibung dessen,
was Atome sind, *bevor* wir irgend etwas darüber sagen, woher wir überhaupt wissen,
daß Atome existieren. Wenn wir in späteren Abschnitten das Beweismaterial für den
atomaren Aufbau der Materie untersuchen, werden Sie wenigstens eine Vorstellung
vom Ziel dieser Anstrengungen haben. Wir hoffen, daß dadurch der vorliegende Text
verständlicher gemacht wird, als es die meisten Bücher von Lewis Carroll sind. (Der
Aussage des Weißen Kaninchens ging es nicht sehr gut: „Wenn irgend jemand von
denen sie erklären kann", sagte Alice, „werde ich ihm einen Sechser geben. *Ich* glaube
nicht, daß in ihr auch nur ein Atom von Bedeutung enthalten ist".)

1–1 Der Aufbau der Atome und der Molbegriff

Ein Atom (unseres, nicht Carrolls) besteht aus einem *Kern*, der von einem oder mehreren
negativ geladenen Teilchen umgeben ist, die *Elektronen* genannt werden. Der größte
Teil der Masse des Atoms befindet sich im Kern; ein Elektron besitzt nur $^1/_{1835}$ der
Masse des leichtesten Kerns, des Wasserstoffkerns. Der Kern ist im Vergleich zur
Gesamtgröße des Atoms sehr klein. Die zwischenatomaren Abstände in Kristallen und
die Bindungslängen in Molekülen lassen erkennen, daß der typische Radius eines Atoms
ungefähr 1 bis $2{,}5 \times 10^{-10}$ m beträgt (früher wurde für die Längeneinheit 10^{-10} m auch
die Bezeichung Angström mit dem Kurzzeichen Å verwendet: $1\text{Å} = 10^{-10}$ m), wogegen
Streuexperimente mit atomaren Teilchen die Kernradien in den Bereich von 10^{-15} m
verlegen (Abbildung 1–1). Wenn also ein Atom die Größe der Erde hätte, würde sein
Kern einen Durchmesser von ungefähr 60 m besitzen.

Der Kern eines Atoms enthält *Protonen* und *Neutronen*. Protonen und Neutronen
besitzen ähnliche Massen von ca. $1{,}67 \times 10^{-27}$ kg oder 1,01 *atomaren Masseneinheiten*
(u), aber sie unterscheiden sich in ihrer Ladung. Ein Proton besitzt eine positive Ladung,

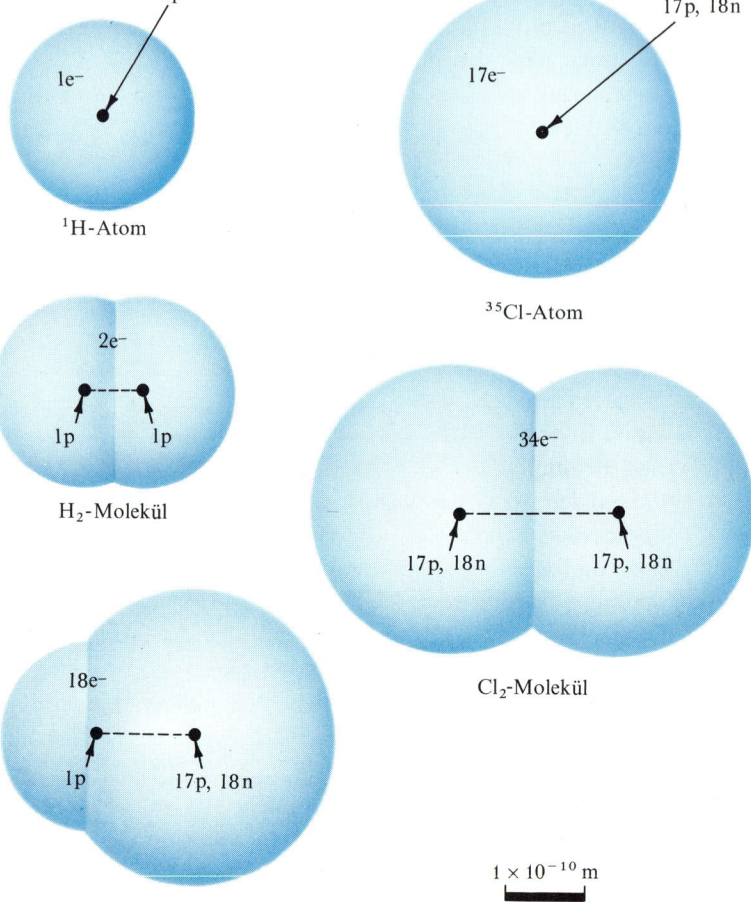

Abbildung 1–1   Relative Größen einiger Atome und einfacher Moleküle. Die effektiven Radien von H und Cl sind aus Messungen bestimmt worden, in denen untersucht wurde, wie dicht ungebundene Atome sich annähern können, wenn sie in einem Kristall zusammengepackt werden. Wir können die Abstände der Kerne voneinander in H_2, Cl_2 und HCl mit verschiedenen Methoden bestimmen, zu denen die Infrarotspektroskopie, die Mikrowellenspektroskopie und die Kristallstrukturanalyse mit Röntgenstrahlen gehören. Die Kerne sind in der vorliegenden Abbildung nicht maßstabsgetreu eingezeichnet; sie sind bei weiten zu groß. (p steht für Proton, n für Neutron und e^- für Elektron.)

die genau die Ladung eines Elektrons kompensiert, während ein Neutron keine Ladung besitzt. Da ein Atom elektrisch neutral ist, muß die Anzahl der Protonen im Kern gleich der Zahl der ihn umgebenden Elektronen sein. Diese Zahl wird *Ordnungszahl* genannt. Da die Zahl und Anordnung der Elektronen um den Atomkern herum für die chemischen Eigenschaften des Atoms verantwortlich sind, werden alle Atome mit derselben Ordnungszahl als zu demselben chemischen *Element* gehörend eingeordnet. Jedes Element wird durch ein ein- oder zweibuchstabiges Symbol gekennzeichnet, das gewöhnlich aus seinem lateinischen Namen abgeleitet wird. Wasserstoff z. B. trägt das Symbol H vom lateinischen ‚hydrogenium‘. Kohlenstoff, Sauerstoff und Stickstoff werden nach ihren lateinischen Namen ‚carbonium‘, ‚oxygenium‘ und ‚nitrogenium‘ durch die Symbole C, O und N gekennzeichnet. Calcium, Cer und Chrom erhalten dann zwei Buchstaben, um sie vom Kohlenstoff zu unterscheiden: Ca, Ce und Cr.

Isotope

Verschiedene Atome eines Elements können sich, obwohl sie dieselbe Zahl von Elektronen und Protonen besitzen, in der Zahl der Neutronen in ihren Kernen unterscheiden (Tabelle 1–1). Diese verschiedenen Arten von Atomen desselben Elements werden *Isotope* genannt. Chloratome besitzen 15 bis 23 Neutronen, obwohl die einzigen Chlorisotope, die in spürbaren Mengen in der Natur vorkommen, die mit 18 (75,5%) und 20 (24,5%) Neutronen sind. Die Gesamtmasse des Atoms oder seine *Atommasse* ist in sehr guter Näherung die Summe der Masse seiner Protonen und Neutronen. Da Protonen und Neutronen auf der Skala der atomaren Masseneinheiten nahezu die Masse 1 u besitzen, ist die Atommasse in atomaren Masseneinheiten nahezu gleich der Summe der Zahlen von Protonen und Neutronen im Kern.

In Tabelle 1–1 sind nun die experimentell bestimmten Atommassen der Isotope keine ganzen Zahlen, wie Sie nach der vorangehenden Argumentation eigentlich erwarten würden. Der Grund dafür ist der, daß ein Teil der Masse der Teilchen im Kern für die Energie verbraucht wird, die die Teilchen im Kern aneinander bindet. Ein weiterer, untergeordneter Faktor ist die Vernachlässigung der Massen der Elektronen bei unseren groben Berechnungen. Keiner der Faktoren spielt hier eine Rolle, solange Sie an dieser Stelle nur erkennen, warum die Atommassen nicht ihren idealen, ganzzahligen Wert erreichen. Die hier angewendete Skala der atomaren Masseneinheiten basiert auf einem Wert von 12,000 u für das Kohlenstoffisotop, das sechs Protonen und sechs Neutronen besitzt.

Ein bestimmtes Isotop wird durch das Symbol des Elements dargestellt, dem links unten die Ordnungszahl und links oben der Zahlenwert für die Atommasse in atomaren Masseneinheiten vorangestellt wird. Oder anders ausgedrückt: Links unten vor dem Symbol steht die Zahl der Protonen im Kern und links oben vor dem Elementsymbol die Summe von Protonen und Neutronen im Kern. Daher ist z. B. das Standardisotop des Kohlenstoffs $^{12}_{6}C$, und die beiden am häufigsten vorkommenden Chlorisotope sind $^{35}_{17}Cl$ und $^{37}_{17}Cl$. Da das Atomsymbol und die Ordnungszahl dasselbe aussagen und damit redundant sind, wird die letztere häufig weggelassen, und man schreibt ^{35}Cl und ^{37}Cl.

Die Atommasse eines Elements, so wie es in der Natur vorkommt, ist das gewogene Mittel über die Atommassen der Isotope. Für Chlor beträgt die durchschnittliche Atommasse

$$0,755 \times 34,97\,u + 0,245 \times 36,97\,u = 35,45\,u$$

Der Zahlenwert der Atommassen in atomaren Masseneinheiten wird als *relative Atommasse* bezeichnet. In den meisten Tabellen der ‚Atomgewichte‘ werden die relativen Atommassen, bezogen auf $^{12}C = 12,0000$, angegeben, so auch in der alphabetischen

Tabelle 1–1   Elementarteilchen und typische Atome

Teilchen	Anzahl Elektronen	Protonen	Neutronen	Ordnungszahl	Masse Atomare Masseneinheiten	Gramm	Gesamtladung (Elementarladungen)
Elektron[a], e^-	1	–	–	–	$\frac{1}{1823}$	$9{,}109 \times 10^{-28}$	-1
Proton, p	–	1	–	–	1,007	$1{,}673 \times 10^{-24}$	$+1$
Neutron, n	–	–	1	–	1,009	$1{,}675 \times 10^{-24}$	0
Wasserstoffatom, $^{1}_{1}H$ or H	1	1	0	1	1,008		0
Deuteriumatom, $^{2}_{1}H$ or D	1	1	1	1	2,014		0
Tritiumatom, $^{3}_{1}H$ or T	1	1	2	1	3,016		0
Wasserstoffion, H^+	0	1	0	1	1,007		$+1$
Heliumatom, $^{4}_{2}He$	2	2	2	2	4,003		0
Heliumkern oder Alphateilchen, He^{2+} oder α	0	2	2	2	4,002		$+2$
Lithiumatom, $^{7}_{3}Li$	3	3	4	3	7,016		0
Kohlenstoffatom, $^{12}_{6}C$	6	6	6	6	12,000[b]		0
Sauerstoffatom, $^{16}_{8}O$	8	8	8	8	15,995		0
Chloratom, $^{35}_{17}Cl$	17	17	18	17	34,969		0
Chloratom, $^{37}_{17}Cl$	17	17	20	17	36,966		0
Natürlich vorkommende Cl-Mischung	17	17	18 oder 20	17	35,453		0
Uranatom, $^{234}_{92}U$	92	92	142	92	234,04		0
Uranatom, $^{235}_{92}U$	92	92	143	92	235,04		0
Uranatom, $^{238}_{92}U$	92	92	146	92	238,05		0
Natürlich vorkommende U-Mischung	92	92	unterschiedlich	92	238,03		0

[a] Der Wert 1/1823 ist die Teilchenmasse in atomaren Masseneinheiten (u); 1/1836 ist das Elektron/Proton-Massenverhältnis.
[b] Exakt nach Definition.

Liste der Elemente, Symbole, Ordnungszahlen und relativen Atommassen auf der Innenseite des Einbandes am Ende dieses Buches. Wie Sie feststellen können, besitzen mehr als 40% der Elemente Atommassen, die sich um mehr als $\pm 0{,}1$ u von ganzzahligen Werten unterscheiden. Daraus folgt, daß bei diesen Elementen wenigstens zwei Isotope in beträchtlichen Mengen natürlich vorkommen. Die chemischen Eigenschaften von Isotopen eines Elements sind praktisch völlig identisch. Eine isotopische Zusammensetzung wird bei einer chemischen Reaktion nur selten verändert.

Grammatom (= 1 Mol Atome)

Die Anzahl von Gramm eines Elements, die numerisch gleich dem Zahlenwert seiner Atommasse in atomaren Masseneinheiten (oder gleich seiner relativen Atommasse) ist, wird ein *Grammatom* (g-Atom) genannt. 1,008 g Wasserstoff, 12,01 g Kohlenstoff, 35,45 g Chlor und 207,19 g Blei sind jeweils 1 Grammatom der betreffenden Substanzen. Da hierbei die *relativen* Atommassen der Atome eingehen, aus denen sich die Elemente aufbauen, wird jedes Grammatom eines beliebigen Elements *dieselbe Zahl von Atomen* enthalten. Die ist der Grund dafür, warum Grammatome so nützliche und praktische Maßeinheiten für die Elemente sind, selbst wenn wir nicht wissen, wieviel Atome in einem Grammatom enthalten sind. Wir könnten genau so gut Pfundatome oder Tonnenatome verwenden. 12,01 Tonnen Kohlenstoff und 207,19 Tonnen Blei würden je 1 Tonnenatom sein, und beide Massen würden dieselbe Zahl von Atomen enthalten (obwohl schon eine ganze Menge mehr, als 1 Grammatom enthält).

Wir kennen die Anzahl von Atomen in 1 Grammatom eines Elements mit einiger Genauigkeit. Es sind $6,022169 \times 10^{23}$ Atome pro Grammatom. Diese Zahl wird *Avogadrosche* oder *Loschmidtsche Zahl* genannt und durch den Buchstaben N dargestellt. Die Begründung für diesen Zahlenwert, wie die für alle anderen Aussagen in diesem Abschnitt, wird später gegeben werden. Nichtdestoweniger gibt es mehrere einfache Wege zur Berechnung der Loschmidtschen Zahl aus physikalischen Daten. (Wenn wir einmal den für N angegebenen Wert als richtig annehmen, wieviel Atome sind dann in einem Tonnenatom eines Elements enthalten?)

Wenn sich Atome miteinander verbinden und ein *Molekül* bilden, wird die Ansammlung aller derartigen Moleküle, oder die *Verbindung*, bestimmte chemische Eigenschaften zeigen, die nicht ohne weiteres mit den Eigenschaften der Elemente in Zusammenhang gebracht werden können, aus denen sie sich zusammensetzt. Mit anderen Worten, chemische Eigenschaften sind keine additiven Eigenschaften. Im Gegensatz dazu ist die *Molekülmasse* einer Verbindung einfach die Summe der Atommassen aller Atome in einem Molekül. Die *Molekülformel* eines Stoffes gibt an, wieviel Atome jeder Art in einem Molekül vorhanden sind. Die Molekülformel für Wasser lautet H_2O und die des Benzols C_6H_6. Näherungsweise beträgt die Molekülmasse des Wassers, H_2O, $1\,u + 1\,u + 16\,u = 18\,u$ und die des Benzols, C_6H_6, $6 \times 12\,u + 6 \times 1\,u = 78\,u$. Wenn wir mehr signifikante Stellen als eben verwenden, können wir die Molekülmasse des Vitamins B^1, $C_{12}H_{18}Cl_2N_4OS$, genauer berechnen zu

$$
\begin{aligned}
&\text{C:} & 12 \times 12{,}01\,\text{u} &= 144{,}12\,\text{u} \\
&\text{H:} & 18 \times 1{,}01\,\text{u} &= 18{,}18\,\text{u} \\
&\text{Cl:} & 2 \times 35{,}45\,\text{u} &= 70{,}90\,\text{u} \\
&\text{N:} & 4 \times 14{,}01\,\text{u} &= 56{,}04\,\text{u} \\
&\text{O:} & 1 \times 16{,}00\,\text{u} &= 16{,}00\,\text{u} \\
&\text{S:} & 1 \times 32{,}06\,\text{u} &= 32{,}06\,\text{u} \\
\hline
&& \text{Summe:} & 337{,}30\,\text{u}
\end{aligned}
$$

Mol

Die Masse einer Verbindung in Gramm, die zahlenmäßig gleich ihrer Molekülmasse in atomaren Masseneinheiten (der *relativen Molekülmasse*) ist, wird ein *Gramm-Molekül* oder üblicherweise als ein *Mol* bezeichnet. (Tonnenmole, Pfundmole usw. sind so selten, daß sie nicht weiter zu beachten sind.) Wieder bringen derartige Einheiten für die Mengen von chemischen Verbindungen den Vorteil mit sich, daß 1 Mol (mol) irgend einer Molekülverbindung dieselbe Zahl von Molekülen, nämlich $6,022 \times 10^{23}$, enthält. Heute ist das Mol – eine Basiseinheit des SI-Systems (siehe Anhang 1) – als die Stoffmenge eines Systems definiert, daß sich aus genauso viel elementaren Bestandteilen zusammensetzt, wie Atome in 0,012 kg oder 12 g des Kohlenstoffisotops ^{12}C enthalten sind, eben $6,022 \times 10^{23}$ Teilchen. Eine chemische Reaktion, bei der die Mengen der Reaktionspartner und Produkte in Molen ausgedrückt werden, kann man sich als eine Vergrößerung der molekularen Reaktion um das $6,022 \times 10^{23}$fache vorstellen. Die Reaktion von 2 Molen Wasserstoffgas mit 1 Mol Sauerstoffgas besitzt auf der Molekülebene eine Bedeutung, die die Reaktion von 2 g Wasserstoff mit 1 g Sauerstoff nicht hat.

Beispiel: Welche Komponente bleibt bei der Reaktion von 2,00 g Wasserstoff (H_2) mit 1,00 g Sauerstoff (O_2) im Überschuß zurück, und wie groß ist die überschüssige Menge?

Lösung: Beide Gase liegen als zweiatomige Moleküle, H_2 und O_2, vor. Die chemische Reaktion lautet

$$2H_2 + O_2 \rightleftarrows 2H_2O$$

Zwei Moleküle Wasserstoff werden mit einem Molekül Sauerstoff reagieren und zwei Moleküle Wasser bilden. Entsprechend werden 2 *Mole* Wasserstoff (4,00 g) mit 1 *Mol* Sauerstoff (32,0 g) reagieren und 2 *Mole* Wasser (36,0 g) bilden. Aber uns sind nur die folgenden Mengen gegeben[1]

$$\text{Wasserstoff:} \frac{2,00 \text{ g}}{2,00 \text{ g mol}^{-1}} = 1 \text{ mol } H_2$$

$$\text{Sauerstoff:} \frac{1,00 \text{ g}}{32,0 \text{ g mol}^{-1}} = 0,0313 \text{ mol } O_2$$

Da 0,0313 mol O_2 nur mit $2 \times 0,0313$ mol = 0,0626 mol H_2 reagieren werden, wird ein Überschuß von 0,9374 mol H_2 oder 0,9374 mol $\times$ 2,00 g mol^{-1} = 1,875 g H_2 übrigbleiben. Die chemische Reaktionsgleichung verlangt zwei Teile (Moleküle oder Mole) Wasserstoff auf einen Teil Sauerstoff. Im vorliegenden Beispiel gibt es einen Wasserstoffüberschuß, da die Maßeinheit Gramm nicht in direktem Zusammenhang mit der Zahl der Moleküle steht. Ein Gramm Wasserstoff enthält 16mal so viele Moleküle wie ein Gramm Sauerstoff.

---

[1] Negative Exponenten werden das ganze Buch hindurch zur Kennzeichnung einer Einheit im Nenner verwendet. So werden „Meter pro Sekunde" als „ms^{-1}", „Gramm pro Kubikzentimeter" als „gcm^{-3}" und „Joule pro Kelvin und pro Mol" als „JK^{-1}mol^{-1}" geschrieben.

Beispiel: Wieviel Gramm Wasserstoff reagieren mit 100 g Kohlenstoff bei der Bildung von Benzol, C_6H_6? Wieviel Benzol wird dabei erzeugt?

Lösung: Die Molekülmasse des Benzols beträgt $6 \times 1,01\,u + 6 \times 12,01\,u = 78,12\,u$. (Der vorher genannte Wert von 78 u ist nützlich für Überlegungen, die den Aufbau des Moleküls betreffen, aber für quantitative Berechnungen ist er nicht genau genug.) Die chemische Reaktion lautet

$$6\,C + 3\,H_2 \rightleftarrows C_6H_6$$

Die Menge des an der Reaktion beteiligten Kohlenstoffs ist

$$\frac{100\,g}{12,01\,g\,mol^{-1}} = 8,32 \text{ mol C-Atome}$$
$$(8,32 \text{ Grammatome C})$$

Nach der Reaktionsgleichung werden *halb* so viele Mole H_2-Gas, oder $4,16\,mol\,H_2$, benötigt. Die Gleichung ist also

$$4,16\,mol \times 2,02\,g\,mol^{-1} = 8,40\,g\,H_2$$

Nach der Reaktionsgleichung ergibt sich auch, daß ein sechstelmal so viel Mole Benzol gebildet werden, wie Mole Kohlenstoff umgesetzt werden. Somit beträgt die Menge des gebildeten Benzols $(8,32/6)\,mol = 1,386\,mol$ oder

$$1,386\,mol \times 78,12\,g\,mol^{-1} = 108,4\,g \text{ Benzol}$$

Beachten Sie zur Überprüfung der Berechnung, daß 100 g Kohlenstoff und 8,40 g Wasserstoff 108,4 g Benzol ergeben. Weiterhin wird innerhalb der Fehlergrenzen dieser Rechenschieberberechnung keine Materie neu gebildet oder vernichtet. Das wird damit gemeint, wenn gesagt wird, daß die Gleichung, wie sie oben angegeben ist, *ausgeglichen* oder *ausgewogen* ist: Dieselbe Zahl von Atomen jeder Art erscheint auf beiden Seiten der Gleichung.

Übung: Wieviel Gramm Silbersulfid (Ag_2S) können durch die Reaktion

$$2\,Ag + S \rightleftarrows Ag_2S$$

gebildet werden, wenn wir von 10,0 g Silber (Ag) und 1,00 g Schwefel (S) ausgehen? Welches Ausgangsmaterial und wieviel Gramm davon werden übrig bleiben?
(Antwort: 7,73 g Ag_2S; 3,27 g Ag bleiben übrig.)

Aufforderung: Zusätzliche Übungen zum Thema der Beziehung zwischen Molen und Massen in chemischen Reaktionsgleichungen finden sich bei Butler und Grosser, *Ergänzungsaufgaben zu Prinzipien der Chemie.*[2] Sie könnten sich einmal an den Aufgaben

---

[2] Das ganze Buch hindurch werden wir Sie auf den Ergänzungsband von Butler und Grosser verweisen, in dem Sie anspruchsvollere Aufgaben finden werden, die mit *Prinzipien der Chemie* in Zusammenhang stehen. Der vollständige Literaturhinweis lautet: Jan S. Butler und Arthur E. Grosser, *Ergänzungsaufgaben zu Prinzipien der Chemie* (Walter de Gruyter, Berlin, in Vorbereitung).

1–15 bis 1–20 versuchen, um zu sehen, ob Sie diese Beziehungen auf die Verwendung von Backpulver, die Herstellung von Weinflaschen, den Betrieb eines Gebläseofens und die Erforschung des Mondes anwenden können.

Woher wissen wir das?

Die vorangehenden Aussagen über den Aufbau der Atome und die relativen Atommassen sind, obwohl schon richtig, in recht dogmatischer Weise ausgedrückt worden, ohne daß Ihnen irgend eine Rechtfertigung dafür gegeben wurde. Woher wissen wir denn, daß ein Atom des Kohlenstoffs 12mal schwerer als ein Wasserstoffatom ist? Es ist nicht leicht, sich eine Methode auszudenken, mit deren Hilfe einzelne Atome gewogen werden können. Wie können wir feststellen, wann zwei Mengen zweier Elemente *dieselbe* Zahl von Atomen enthalten, damit wir durch Wiegen dieser beiden Mengen ihre relativen Atommassen bestimmen können? Es gibt keinen naheliegenden, geraden Weg, Atome in Häufchen zu zählen. Wie erhalten wir die Ordnungszahlen der Elemente? Warum sollten Atome der gleichen Ordnungszahl aber mit unterschiedlichen Atommassen (Isotope) so nahezu identische chemische Eigenschaften besitzen, daß wir ihnen dasselbe Symbol geben und sie alle als ein Element zusammenfassen. Anders ausgedrückt, warum ist die Ordnungszahl wichtiger für die Bestimmung der chemischen Eigenschaften eines Elements als die Atommasse? Woher wissen wir, daß die negativen Ladungen in einem Atom außen sitzen und die positiven Ladungen in einem zentralen Kern angeordnet sind? Woher wissen wir, daß dieser Kern relativ zur Größe des Atoms so klein ist? Und was meinen wir, wenn wir von dem Radius eines Atoms sprechen: Ist nicht die Größe eines Atoms genau so schwierig zu bestimmen wie seine Masse? Welche der Labormessungen können mit derart mikroskopischen Dimensionen in Zusammenhang gebracht werden? Und woher wissen wir, daß die Beziehung dann richtig ist?

Solange wir noch bei den Schwierigkeiten sind: Woher wissen wir überhaupt, daß es Atome gibt und daß alles von dem bisher Gesagten nicht nur das Produkt der überaktiven Einbildung der Chemiker ist? Die Alchemisten erklärten chemische Reaktionen mit Hilfe mythologischer Gestalten oder Planeten (der Unterschied war ihnen selbst nicht so recht klar), die sie mit den reagierenden Stoffen in Zusammenhang brachten: Gold mit der Sonne, Kupfer mit Venus, Eisen mit Mars, Zinn mit Jupiter und Blei mit Saturn. In welcher Hinsicht sind nun Atome erfolgreichere Modelle als griechische Götter? Und auf welche Weise sind Wasserstoff, Helium, Lithium, Beryllium usw. tatsächlich zufriedenstellender als Erde, Luft, Feuer und Wasser?

Der Rest dieses Kapitels stellt eine Rückkehr zu einem Stadium der Entwicklung der Chemie dar, das lange vor dem liegt, was in diesem ersten Abschnitt so summarisch zusammengefaßt wurde. Wir werden in die Zeit zweier Männer zurückgehen, die die Chemie revolutionierten: Antoine Lavoisier (1743–1794), der zeigte, daß die grundlegende Größe, die bei einer chemischen Reaktion verfolgt werden muß, die *Masse* ist, und John Dalton (1766–1844), der die *Atome* als die grundlegenden Einheiten von chemischen Reaktionen vorschlug. Dalton war nicht der erste, der die Atomvorstellung vorschlug, aber er war der erste, der auf überzeugende Weise zeigte, daß Atome existierten und daß sie eine nützliche Grundlage für das Verständnis von chemischen Reaktionen sind.

Bevor Sie weitermachen: Die Begriffe Mol und Grammatom sind äußerst wichtig und häufig schwierig zu verstehen. Sie können zusätzliches Lernmaterial bei Lassila et al., *Begleitprogramm zu Prinzipien der Chemie,* Abschnitte 1–1 und 1–2 finden.[3]

1–2 Der Elementbegriff

Einer der ältesten Gedanken in der Naturwissenschaft ist der, daß es Grundstoffe gibt, aus denen sich alles andere zusammensetzt. Empedokles (500 v. Chr.) führte in Griechenland etwas durch, was als erste überlieferte chemische Analyse bezeichnet werden könnte: Er beobachtete, daß bei der Verbrennung von Holz zuerst Rauch oder Luft aufsteigt, worauf sich dann Flammen oder Feuer entwickeln. Auf einer kalten Oberfläche, die in die Nähe einer Flamme gehalten wird, kondensiert sich Feuchtigkeit oder Wasser, und nach der Verbrennung bleibt Asche oder Erde zurück. Empedokles deutete die Verbrennung als eine Zersetzung des Holzes in seine vier Bestandteile (,Elemente'): Erde, Luft, Feuer und Wasser. Er und spätere Schriftsteller verallgemeinerten diese zu den vier Elementen, aus denen sich alle Stoffe in verschiedenen Verhältnissen zusammensetzen (Abbildung 1–2). Wenigstens ursprünglich sollten diese Gedanken keine Ausflüge in metaphysische Erfindungen sein, sondern waren Versuche, Beobachtungen zu erklären. Später aber wurden diese Ideen unter den griechischen, arabischen und mittelalterlichen Alche-

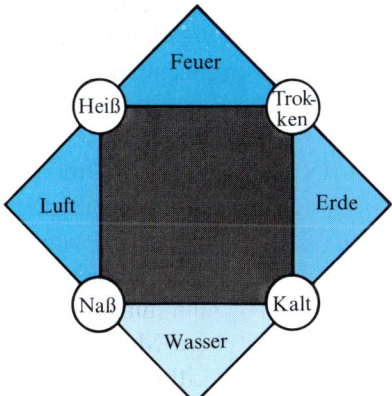

Abbildung 1–2 Die Griechen des fünften Jahrhunderts v. Chr. stellten sich vor, daß sich alle materiellen Stoffe in verschiedenen Verhältnissen aus den vier Grundelementen: Erde, Luft, Feuer und Wasser zusammensetzten. Diese Elemente teilten sich paarweise in die Eigenschaften Hitze oder Kälte und Nässe oder Trockenheit: Die Erde war kalt und trocken, das Wasser war kalt und naß, die Luft war heiß und naß und das Feuer war heiß und trocken.

---

[3] Dieser Ergänzungsband wurde speziell dazu geschrieben, Ihnen beim Verstehen der grundlegenden Prinzipien der Chemie zu helfen. Wenn es angebracht ist, werden wir Sie auf die betreffenden Abschnitte in Jean D. Lassila, Gordon M. Barrow, Malcolm E. Kenney, Robert L. Litle und Warren E. Thompson, *Begleitprogramm zu Prinzipien der Chemie* (Walter de Gruyter, Berlin, in Vorbereitung) verweisen.

misten mit Mystizismus durchtränkt, der uns hier, obwohl er interessant ist, nicht weiter beschäftigen soll. Erde, Luft, Feuer und Wasser wurden als Grundelemente aufgegeben, und die verschiedenen Alchemisten wählten sich die verschiedensten Sätze von – wie wir heute sagen würden – Elementen oder einfachen Verbindungen als ihre Grundstoffe der Natur aus.

Aristoteles (384–322 v. Chr.) lieferte eine theoretische Definition des Begriffes Element, die selbst heute kaum noch zu verbessern ist:

„Alles ist entweder ein Element oder setzt sich aus Elementen zusammen... Ein Element ist das, in das andere Körper zerlegt werden können und das in ihnen entweder potentiell oder tatsächlich enthalten ist, das aber selbst nicht weiter in etwas Einfacheres oder auf irgendeine Weise Verschiedenes zerlegt werden kann."

Diese Definition läßt jedoch die Frage offen, wie Sie ein Element erkennen können, wenn Sie einem begegnen. Robert Boyle (1627–1691) lieferte eine praktischere Definition, die in etwa sagte, *daß ein Element eine Substanz ist, die bei einer chemischen Veränderung immer an Gewicht zunimmt.* Diese Aussage muß in dem Sinne verstanden werden, in dem sie gemeint war. Wenn z. B. Eisen rostet, wiegt das gebildete Eisenoxid mehr als das ursprüngliche Eisen. Jedoch ist die Masse des Eisens *und* des Sauerstoffs, die sich miteinander verbinden, ganz genau so groß wie die Masse des gebildeten Eisenoxids. Umgekehrt gibt das rote Pulver des Quecksilberoxids bei seiner Erhitzung Sauerstoff ab, und die silbrige Flüssigkeit, Quecksilber, die übrig bleibt, wiegt weniger als das ursprünglich vorhandene, rote Pulver. Wenn die Zersetzung jedoch in einem abgeschlossenen Behälter stattfindet, erkennt man, daß es bei der Reaktion *im Ganzen* keinen Gewichtsverlust gibt. (Hundert Jahre nach Boyle führte Lavoisier seine sorgfältigen Wägungen durch, die die Erhaltung der Masse bei derartigen Reaktionen zeigten.)

Quecksilberoxid konnte nach der Boyleschen Definition kein Element sein, da es in verschiedene Bestandteile zerlegt werden konnte, von denen jeder leichter war als die ursprüngliche Substanz. Quecksilber konnte vorläufig als Element bezeichnet werden, wenigstens so lange, bis jemand anders es in weitere Komponenten zerlegen würde. Vor unserem jetzigen Jahrhundert der Spektroskopie und anderer Quantentechniken fiel es leicht, zu beweisen, daß eine Substanz *kein* Element war, jedoch war es unmöglich, zu beweisen, daß sie ein Element war. Wie der berühmte deutsche Chemiker Justus von Liebig 1857 schrieb: „Die Elemente gelten als einfache Substanzen, nicht weil wir wissen, daß sie es sind, sondern weil wir nicht wissen, daß sie es nicht sind."

Die seltenen Erden liefern ein gutes Beispiel für die Schwierigkeiten, mit rein chemischen Methoden zu beweisen, daß eine Substanz ein chemisches Element ist. 1839 isolierte Mosander ein neues Element aus Cernitrat und nannte es *Lanthan* (nach dem Griechischen „*lanthanein*", im Verborgenen liegen). Zwei Jahre später zeigte er, daß sein Lanthanpräparat eine weitere Substanz enthielt, die er als Element *Didymium* (nach dem Griechischen „didymos", Zwilling) bezeichnete. 1879 isolierte Lecoq de Boisbaudran einen weiteren Stoff aus dem Didymiumpräparat, *Samarium*, und alle diese Substanzen wurden als chemische Elemente akzeptiert. 1885 aber verschwand das Didymium aus den Listen der chemischen Elemente, als es von Welsbach in zwei neue Elemente zerlegte, *Neodym* („neuer Zwilling") und *Praseodym* („grüner Zwilling"). Nur weil uns heute das Periodensystem der Elemente bekannt ist, und wir seine Aufbauprinzipien verstehen, können wir sagen, daß es *keine* anderen, neuen Elemente zwischen Wasserstoff, $_1$H, und dem Element 105 geben kann.

Welche Arten von Stoffen sind Elemente? Die ersten, die als solche richtig erkannt wurden, waren die Metalle. Gold, Silber, Kupfer, Zinn, Eisen, Platin, Blei, Zink, Quecksilber, Nickel, Wolfram und Kobalt sind alle Elemente. Tatsächlich besitzen alle bis auf 22 der 105 bekannten Elemente metallische Eigenschaften. Fünf der Nichtmetalle (Helium, Neon, Argon, Krypton und Xenon) wurden in einer geringfügigen Restgasmischung entdeckt, die übrig bleibt, wenn der gesamte Stickstoff und Sauerstoff in der Luft entfernt wird. Die Chemiker glaubten, daß diese „Edelgase" sich gegenüber einer chemischen Bindung inert verhalten würden, bis 1962 gezeigt wurde, daß sich Xenon mit Fluor verbindet, das das chemisch aktivste Nichtmetall ist. Die anderen chemisch aktiven Nichtmetalle sind entweder Gase (wie Wasserstoff, Stickstoff, Sauerstoff und Chlor) oder spröde, kristalline Festkörper (wie Kohlenstoff, Schwefel, Phosphor, Arsen und Jod). Nur ein nichtmetallisches Element, Brom, ist unter Normalbedingungen flüssig.

1–3 Verbindungen, Verbrennung und die Erhaltung der Masse

Drei sehr bekannte Klassen von chemischen Verbindungen sind die *Salze*, die sich typisch beim Zusammenschluß von Metallen mit Nichtmetallen bilden (NaCl, $MgSO_4$, $CaCl_2$, KNO_3), die *Säuren*, die häufig Kombinationen von Wasserstoff mit Nichtmetallen oder von Nichtmetalloxiden mit Wasser sind (HCl, HNO_3, H_2SO_4, H_3PO_4), und die *Basen*, die sich typisch bei der Reaktion von Metalloxiden mit Wasser bilden (NaOH, $Ca(OH)_2$, KOH). Wir werden später noch genauer auf diese zu stark vereinfachende Klassifizierung von Verbindungen eingehen.

Nichtmetalle bilden sowohl miteinander als auch mit Metallen Verbindungen. Kohlenstoff, das vielseitigste der Nichtmetalle, ist Bestandteil von weit mehr als einer Million Verbindungen, die bisher isoliert und bestimmt wurden. Er ist das Schlüsselelement in den Verbindungen, die die organische und lebende Materie bilden. Verbindungen, die sich nur aus Nichtmetallen zusammensetzen, sind bei normalen Temperaturen und Drücken häufig, wenn sicherlich auch nicht immer, leicht flüchtige Flüssigkeiten, leicht schmelzende Festkörper oder Gase. Im Gegensatz dazu sind die meisten Salze harte, kristalline Verbindungen, die erst bei hohen Temperaturen schmelzen.

Verbindungen

Die meisten Chemiker des achtzehnten Jahrhunderts widmeten sich der Präparation und Beschreibung reiner Verbindungen und ihrer Zerlegung in die Elemente, aus denen sie sich zusammensetzen. Die großen Fortschritte fanden in der Chemie der Gase statt, die letzten Substanzen, die man gut verstand. Festkörper und Flüssigkeiten waren leicht zu identifizieren und zu unterscheiden, aber die Vorstellung, daß es verschiedene Arten von „Lüften" geben könnte, setzte sich nur langsam durch. 1756 änderte Joseph

Black die Vorstellungen der Chemiker von den „Lüften" völlig, als er in seiner medizinischen Doktorarbeit in Edinburgh zeigte, daß Kalkstein in Ätzkalk und ein Gas zersetzt werden konnte (das wir heute Kohlendioxid, CO_2, nennen) und *daß der Prozeß umgekehrt werden konnte.* Diese Demonstration bewies, daß es verschiedene Arten von Gasen gab und daß sie an chemischen Reaktionen teilnehmen konnten, genau so wie Flüssigkeiten und Festkörper. Einer seiner Zeitgenossen, John Robinson, schrieb dazu folgendes:

„Er hatte entdeckt, daß ein Kubikzoll Marmor zu ungefähr der Hälfte seines Gewichts aus reinem Kalk und soviel Luft bestand, daß sie ein Gefäß füllen würde, das sechs Gallonen Wein faßt... Was könnte einzigartiger sein, als herauszufinden, daß eine so flüchtige Substanz wie Luft in Form eines harten Steins vorliegen kann, und daß ihr Vorhandensein von einer derartigen Veränderung der Eigenschaften des Steins begleitet würde?"

In den folgenden Jahren entdeckte Henry Cavendish den Wasserstoff (1766), Daniel Rutherford fand den Stickstoff (1772) und Joseph Priestley erfand das carbonisierte Wasser und identifizierte das Distickstoffmonoxid („Lachgas"), Stickstoffmonoxid, Kohlenmonoxid, Schwefeldioxid, den Chlorwasserstoff, Ammoniak und Sauerstoff. 1781 bewies Cavendish, daß Wasser eine Verbindung von allein Wasserstoff und Sauerstoff war, nachdem er gesehen hatte, wie Priestley die beiden Gase in einem Experiment zur Explosion brachte, an das dieser sich später als „ein zufälliges Experiment zur Unterhaltung einiger philosophischer Freunde" erinnerte. Die Entdeckung des Sauerstoffs (Abbildung 1–3) führte Antoine Lavoisier zum Umsturz der vorherrschenden Idee der Chemie des achtzehnten Jahrhunderts, der Phlogistontheorie. Der Prozeß, durch den diese Theorie zum Einsturz gebracht wurde, zeigt die große Bedeutung von *quantitativen Messungen* in der Chemie.

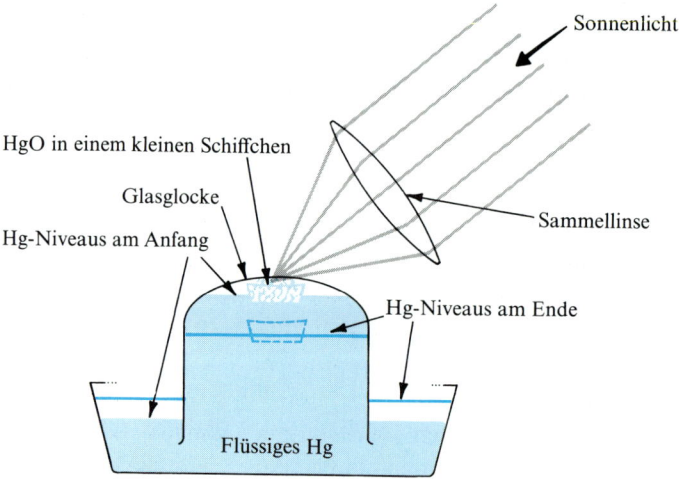

Abbildung 1–3 Priestleys Apparatur zur Herstellung von Sauerstoffgas. Quecksilberoxid, das in einem kleinen Schiffchen auf der Oberfläche des Quecksilberbades schwimmt, wird durch die Hitze der Sonnenstrahlung in flüssiges Quecksilber und Sauerstoff zersetzt. Die Anordnung des Quecksilberbades und der Glasglocke verhindert das Entweichen des gebildeten Gases.

Phlogiston

Als Empedokles die Verbrennung von Holz beobachtete, war er von dem Gedanken beeindruckt, daß irgend etwas das Holz *verläßt*, so daß nur eine leichte, flöckchenförmige Asche übrig bleibt. Es wurde allgemein angenommen, daß die Verbrennung die Zersetzung einer Substanz war, die von einem Gewichtsverlust begleitet wurde. Metalloxide sind gewöhnlich weniger dicht und weniger kompakt als die Metalle, aus denen sie sich bilden. Selbst als es bekannt war, daß das Oxid schwerer als das ursprüngliche Metall war, bestärkte eine Verwechslung zwischen Dichte (Masse pro Volumeneinheit) und Masse selbst den Irrtum. Die Deutschen Johann Becker und Georg Stahl schlugen 1702 vor, daß jeder brennbare Stoff ein gemeinsames Element, Phlogiston genannt, enthält, das entweicht, wenn das Material brennt. Nach ihrer Theorie galt:

1. Metalle verlieren bei ihrer Erhitzung Phlogiston und werden *Calces* (Kalke).
2. Calces nehmen bei der Erhitzung mit Holzkohle wieder Phlogiston auf und werden wieder Metalle. Die Holzkohle ist erforderlich, weil sich das ursprüngliche Phlogiston in der umgebenden Atmosphäre verteilt hat und dadurch verlorengegangen ist.
3. Holzkohle muß daher einen sehr hohen Gehalt an Phlogiston besitzen.

Nach dieser Theorie erlischt ein Streichholz, wenn es in eine geschlossene Flasche gebracht wird, weil die Luft in der Flasche mit Phlogiston gesättigt wird; ist die Atmung lebender Organismen ein Reinigungsprozeß, bei dem Phlogiston entfernt wird; erstickt eine Maus unter einer Glasglocke, sobald die sie umgebende Luft soviel Phlogiston aufgenommen hat, wie sie absorbieren kann.

Denken Sie einmal über diese Vorstellungen eine Weile nach. Solange Sie keine Massenbestimmungen durchführen, erklärt diese Theorie genau so gut wie unsere heutigen Ansichten die Verbrennung und scheint mit vernünftigen Beobachtungen über das Aussehen von Metallen und Calces übereinzustimmen. In Frankreich hatte Jean Rey gezeigt, daß Zinn an Gewicht zunimmt, wenn es verbrennt, aber die Chemiker waren noch nicht daran gewöhnt, der Masse eines Stoffes eine solche Bedeutung zuzuschreiben, wie wir es heute tun. Infolgedessen wurde die Bedeutung von Reys Arbeit übersehen. Stahl lieferte 1723 eine sogar noch ausgeklügeltere Antwort:

„Die Tatsache, daß Metalle bei der Umwandlung in ihre Calces an Gewicht zunehmen, ist kein Beweis gegen die Phlogistontheorie, sondern bestätigt sie im Gegenteil sogar, da Phlogiston leichter als Luft ist und bei seiner Verbindung mit Substanzen diese anzuheben versucht und somit deren Gewicht verringert. Infolge dessen muß eine Substanz, die Phlogiston verloren hat, schwerer als zuvor sein."

Es ist kein Wunder, daß der Wasserstoff bei seiner Entdeckung als das erste Präparat von reinem Phlogiston begrüßt wurde! Wieder trat hier eine Verwechslung zwischen den beiden Begriffen Masse und Dichte (im Sinne von Auftriebsfähigkeit) auf.

Massenerhaltung

Lavoisier entdeckte, daß Quecksilbercalx bei seiner Erhitzung an Gewicht verlor und freies Quecksilber und ein Gas bildete. Er maß das Volumen des freigesetzten Gases.

Dann zeigte er, daß bei der Rückumwandlung von Quecksilber zu Calx dasselbe Volumen dieses Gases wieder absorbiert wurde und eine Gewichtszunahme erfolgte, die gleich dem vorangegangenen Verlust war. Auf Grund dieser sorgfältigen Wägungen schlug Lavoisier vor, daß brennbare Stoffe unter *Aufnahme* von Sauerstoff verbrennen und somit an Gewicht zunehmen. (Er gab dem Gas den Namen „Oxygenium". Priestley nannte es „dephlogistizierte Luft", da es offensichtlich noch mehr Phlogiston absorbieren konnte als atmosphärische Luft.) Lavoisier zeigte, daß die Verbrennungsprodukte von Holz, Schwefel, Phorphor, Holzkohle und anderer Substanzen Gase waren, deren Gewicht stets das der Festkörper übertraf, die verbrannt wurden. Seine Ablehnung der metallurgischen Erklärungen von Becher und Stahl lautete, wie folgt:

1. Metalle verbinden sich mit Sauerstoff aus der Luft und bilden Calces, die Oxide sind.
2. Heiße Holzkohle entfernt Sauerstoff aus den Calces und bildet ein Metall und ein Gas, daß dann „fixierte Luft" (CO_2) genannt wurde.
3. Holzkohle verbindet sich daher nicht *mit* dem Metall, sondern sie entfernt vielmehr den Sauerstoff, der zuvor mit dem Metall im Calx verbunden war.

Der Schlüssel zu dieser Theorie war das chemische Massengleichgewicht. Lavoisier war der erste Chemiker, der die Bedeutung des Prinzips der Massenerhaltung erkannte. In seiner *Traité Elémentaire de Chimie* schrieb er:

„Wir müssen es als ein unbestreitbares Axiom anerkennen, daß bei allen künstlichen und natürlichen Operationen nichts neu erschaffen wird; eine gleiche Stoffmenge liegt sowohl vor als auch nach dem Experiment vor... Von diesem Prinzip hängt die ganze Kunst der Durchführung chemischer Experimente ab."

Lavoisier war in erster Linie Geschäftsmann und dann erst Chemiker. Er war als Mitglied der *Ferme générale* voll beschäftigt, einer Agentur, die auf Kommissionsbasis Steuern für die französische Regierung vor der Revolution eintrieb. Einer seiner Biographen nannte seinen Ausspruch über die Massenerhaltung das „Prinzip der Buchhaltung" und meinte, den Ursprung dieses Prinzips der Massenerhaltung in Lavoisiers Rolle als Steuereintreiber zu erkennen. Sei dies, wie es wolle, 1794 kostete ihm seine Verbindung mit der *Ferme générale* sein Leben.[4]

Lavoisier veröffentlichte sein Lehrbuch, *Traité Elémentaire de Chimie*, im Jahr 1789, und es wäre schwer, die Wirkung, die dieses Buch auf die Chemie hatte, überzubetonen. Zusätzlich zur Aufstellung des Prinzips der Massenerhaltung bei chemischen Reaktionen und des Sturzes der Phlogistontheorie enthielt das Buch in einem Anhang das, was im Wesentlichen unser heutiges Nomenklatursystem darstellt. Für eine Generation wurde damit die Chemie „die französische Wissenschaft" (dieser Name erhielt sich in Frankreich länger als anderswo).

---

[4] Als er wegen seiner früheren aristokratischen Verbindungen vor ein Revolutiontribunal geholt wurde, hörte Lavoisier, wie Coffinhal, Präsident des Tribunals, ein Gnadengesuch zurückwies: „Die Republik braucht keine Chemiker und Gelehrten. Der Lauf der Gerechtigkeit soll nicht aufgehalten werden." Dies bedeutete sicherlich einen der ernstesten Eingriffe einer Regierung in die Geschichte der Naturwissenschaften.

1–4 Besitzt eine Verbindung eine feste Zusammensetzung?

Nach Lavoisier begannen die Chemiker mit einer intensiven Untersuchung der Mengen bei chemischen Reaktionen, d. h. der Massen. Der Unterschied zwischen Verbindungen und Mischungen oder Lösungen wurde allmählich klar. Es brach ein Streit aus zwischen denen, die behaupteten, daß die Verhältnisse der Elemente in Verbindungen einen festen Wert besitzen, und jenen, die der Ansicht waren, daß ein kontinuierlicher Bereich von Verhältnissen möglich ist. Der französische Chemiker Berthollet führte Metall-Legierungen als Belege für die Vorstellung einer variablen Zusammensetzung an. Aber J. L. Proust in Madrid bestand auf Verbindungen mit einer festen Zusammensetzung und wies richtigerweise Legierungen als feste Lösungen und nicht Verbindungen zurück:

„Lassen Sie uns daher feststellen, daß die Eigenschaften echter Verbindungen so unveränderlich sind wie das Verhältnis ihrer Bestandteile. Zwischen Pol und Pol ergibt sich, daß sie in zweifacher Hinsicht identisch sind: Ihr Aussehen kann unterschiedlich sein je nach Art ihrer Herstellung, aber ihre [chemischen] Eigenschaften niemals. Bis heute wurden noch keine Unterschiede zwischen den Oxiden des Eisens aus dem Süden und denen aus dem Norden beobachtet. Der Zinnober aus Japan ist nach demselben Verhältnis wie der aus Spanien zusammengesetzt. Silber wird nicht anders oxidiert oder verbindet sich im Chlorid aus Peru nicht anders mit Chlor als im Chlorid aus Sibirien."

Der Streit zwischen Berthollet und Proust hatte die gute Wirkung, die Chemiker in die Labore zu treiben, um die Vorstellungen des einen oder anderen Lagers zu beweisen,[5] wodurch ganz nebenbei sehr schnell eine Menge Wissen über die chemische Zusammensetzung angesammelt wurde. Natürlich hatte Proust recht; dennoch gibt es feste, kristalline Stoffe, bei denen infolge von Defekten in der Kristallstruktur nicht ganz dasselbe Verhältnis von Atomen auftritt, wie von der idealen chemischen Formel vorhergesagt wird. Z. B. besitzt Eisensulfid reale Zusammensetzungen, die sich von $Fe_{1,1}S$ bis $FeS_{1,1}$ ändern je nachdem, wie die Probe präpariert wurde. Derartige Substanzen werden *nichtstöchiometrische Festkörper* genannt, obwohl auch vorgeschlagen wurde, sie nach dem Verlierer des gerade diskutierten Streits „Berthollide" zu nennen.

Äquivalentverhältnisse

Zwischen 1792 und 1802 machte ein kaum bekannter deutscher Chemiker namens Richter eine wichtige Entdeckung, die unter seinen Zeitgenossen nahezu völlig unbeachtet blieb. Die *Äquivalentverhältnisse* waren seine Idee: Dieselben, relativen Mengen zweier Elemente, die sich miteinander verbinden, werden sich auch mit einem dritten Element verbinden (vorausgesetzt, daß die Reaktionen überhaupt möglich sind). Dieser Begriff ist anhand einiger Beispiele leicht zu verstehen.

---

[5] Der orthodoxe Standpunkt dazu lautet, daß sie ins Laboratorium gingen, um zwischen zwei im Widerstreit stehende Theorien eine Entscheidung zu fällen. Lassen Sie uns ehrlich sein: Wissenschaftler sind Menschen, und Wissenschaft wird selten in einem solchen überparteilichen Vakuum betrieben.

1 g Wasserstoff verbindet sich mit 8 g Sauerstoff, um Wasser zu bilden.
1 g Wasserstoff verbindet sich mit 3 g Kohlenstoff, um Methan zu bilden.
1 g Wasserstoff verbindet sich mit 35,5 g Chlor, um Chlorwasserstoff zu bilden.
1 g Wasserstoff verbindet sich mit 25 g Arsen, um Arsenwasserstoff zu bilden.

Die chemischen Reaktionen und Formeln (die zu der damaligen Zeit noch nicht bekannt waren) lauten tatsächlich

$$2\,H_2 + O_2 \;\rightleftarrows\; 2\,H_2O$$
$$2\,H_2 + C \;\rightleftarrows\; CH_4$$
$$H_2 + Cl_2 \;\rightleftarrows\; 2\,HCl$$
$$3\,H_2 + 2\,As \;\rightleftarrows\; 2\,AsH_3$$

Sie sollten einmal mit Hilfe der modernen relativen Atommassen zeigen, daß die vorangehenden Aussagen über die an den Reaktionen beteiligten Massen richtig sind.

Richters Gesetz der Äquivalentverhältnisse sagt nun, daß, wenn sich Kohlenstoff und Sauerstoff miteinander verbinden, sie dies im Massenverhältniss 3 zu 8 tun sollten. Dies ist richtig für die Verbindung, die wir heute als CO_2 kennen. Kohlenstoff und Chlor sollten sich, wenn sie miteinander reagieren, im Verhältnis 3 zu 35,5 verbinden, und das gilt für die Flüssigkeit, die wir heute Kohlenstofftetrachlorid, CCl_4, nennen. Auf ähnliche Art bildet Arsen $AsCl_3$ und As_2O_3, und Chlor und Sauerstoff verbinden sich zu Cl_2O.

Äquivalentmassen

Als *Äquivalentmasse* kann für jedes Element die Masse des Elements definiert werden, die sich mit 1 g Wasserstoff verbindet. Oder sie ist, wenn keine Wasserstoffverbindung des

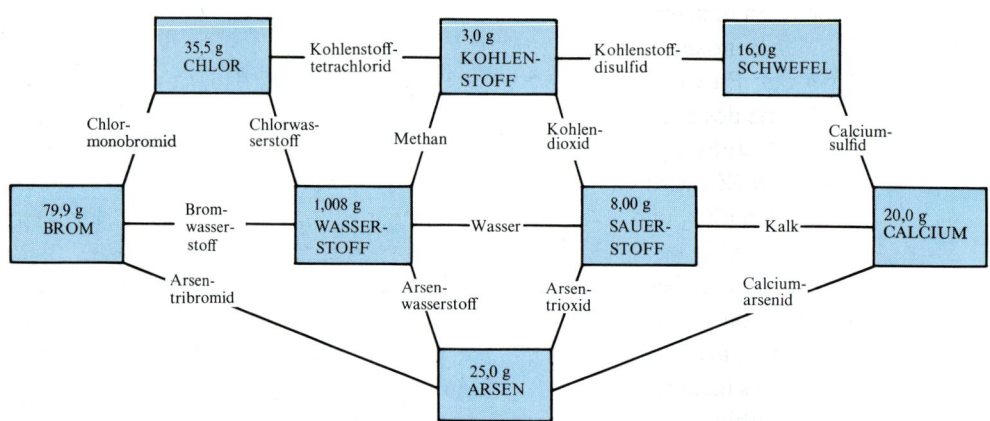

Abbildung 1–4 Massen der Elemente, die sich miteinander bei der Bildung der angegebenen Verbindungen verbinden. Wir können nach diesem Diagramm voraussagen, daß sich z. B. 25,0 g Arsen mit 35,5 g Chlor oder 16,0 g Schwefel verbinden werden. Dieses ist tatsächlich auch der Fall. Arsen und Chlor reagieren miteinander in dem vorhergesagten Massenverhältnis zu Arsentrichlorid ($AsCl_3$), während Arsen und Schwefel im vorhergesagten Verhältnis miteinander zu Arsentrisulfid (As_2S_3) reagieren.

Elements existiert, die Masse, die sich mit 8 g Sauerstoff oder mit der Äquivalentmasse irgendeines anderen Elements verbindet, das seinerseits wieder eine Wasserstoffverbindung bildet. Auf diese Weise kann ein sich verzweigendes Netzwerk von Reaktionen zu einer Tabelle der Äquivalentmassen aller Elemente führen. Wenn Richters Prinzip richtig ist, können wir sicher sein, daß innerhalb dieser Tabelle keine Widersprüche auftreten werden. Eine derartige Reihe von Äquivalentmassen zeigen die Abbildung 1–4 und die Tabelle 1–2.

Tabelle 1–2 Experimentell bestimmte Äquivalentmassen von einfachen Verbindungen

Element	Äquivalentmassen (und Quellen)[a]			
H	1 (nach Definition)			
O	8 (H_2O)			
C	3 (CH_4, CO_2)	4 (C_2H_6)	6 (CO, C_2H_4)	12 (C_2H_2)
Cl	$35\frac{1}{2}$ (HCl, CCl_4)			
Br	80 (HBr, CBr_4, ClBr)			
As	25 (AsH_3, As_2O_3, $AsBr_3$)			
S	16 (H_2S, CS_2)	8 (SO_2)	$5\frac{1}{3}$ (SO_3)	
Ca	20 (CaO, CaS, Ca_3As_2)			
N	$4\frac{2}{3}$ (NH_3)	$3\frac{1}{2}$ (NO_2)	7 (NO)	14 (N_2O)

[a] Obwohl die Verbindungen zu Daltons Zeiten bereits bekannt waren, waren es die chemischen Formeln noch nicht. Scheinbare Anomalien bei den Äquivalentmassen sind farbig eingetragen.

Es gibt gegen dieses Schema einen schwerwiegenden Einwand, dessentwegen auch niemand Richter sehr ernst nahm. Der Einwand lautet, daß viele Elemente *mehr als eine* Äquivalentmasse zu besitzen scheinen. Kohlenstoff bildet ein zweites Oxid (wir kennen es heute als Kohlenmonoxid, CO), bei dem das Verhältnis von Kohlenstoff zu Sauerstoff nur 3 zu 4 beträgt. Entweder hat sich dabei die Äquivalentmasse des Kohlenstoffs auf 6 g erhöht, oder die des Sauerstoffs auf 4 g erniedrigt. Im Äthan beträgt die Äquivalentmasse des Kohlenstoffs 4 g, in Äthylen 6 g und in Acetylen 12 g. Das zu erwartende Oxid des Schwefels, SO, wird nicht gefunden, und in den beiden am häufigsten auftretenden Schwefeloxiden (SO_2 und SO_3) besitzt der Schwefel die Äquivalentmassen 8 g bzw. $5\frac{1}{3}$ g (Abbildung 1–5).

Der Stickstoff bereitet besonders viele Schwierigkeiten. Im Ammoniak besitzt er eine Äquivalentmasse von $4\frac{2}{3}$ g, und in den drei Oxiden, die seit Priestleys Tagen bekannt waren, sind seine Äquivalentmassen $3\frac{1}{2}$ g, 7 g und 14 g. Wenn Sie die chemischen Formeln kennen, fällt es nicht schwer, die Äquivalentmassen zu berechnen, und Sie sollten in der Lage sein, die obigen Werte zu überprüfen. Aber wenn Sie *nur* die Äquivalentmassen kennen, könnten Sie dann die Formeln ableiten? Die Bedeutung der Massenverhältnisse von Elementen in Verbindungen wurde noch weiter durch die übliche Angabe der Zusammensetzung in Gewichtsprozent verschleiert. Es war John Dalton, der auf den Gedanken kam, die Zusammensetzung einer Verbindung durch die Verhältnisse zu einem weit verbreiteten Element zu beschreiben und Äquivalentmassentabellen aufzustellen, wie wir es noch heute tun. Als Sir Humphry Davy mitteilte, daß die drei Stickstoffoxide 29,50 Gewichtsprozent, 44,05 Gewichtsprozent und 63,30 Gewichtsprozent Stickstoff enthielten, bemerkte keiner, daß sich in diesen Oxiden der Stickstoff in den relativen Verhältnissen 1 zu 2 zu 4 mit dem Sauerstoff verbindet. (Diese Prozentangaben sind Davys Meßwerte. Wie sehen die richtigen Gewichtsprozente aus?) Um 1802 stand es fest, daß Verbindungen eine feste Zusammensetzung besitzen und daß mehrere solcher definierter Verbindungen zwischen denselben zwei Elementen bestehen können. Jedoch wußte noch niemand, warum dies so war noch wie es weitergehen sollte.

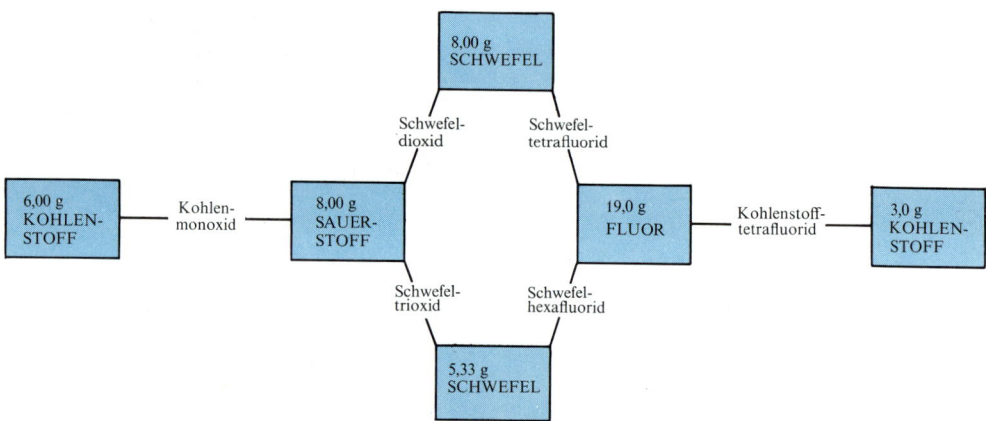

Abbildung 1–5   Sich ändernde Äquivalentmassen für Schwefel und Kohlenstoff. Beachten Sie, daß in dieser Abbildung und in Abbildung 1–4, drei Äquivalentmassen für Schwefel: $5,33\,\mathrm{g\,äquiv^{-1}}$, $8,00\,\mathrm{g\,äquiv^{-1}}$ und $16,00\,\mathrm{g\,äquiv^{-1}}$ auftreten. Diese Massen stehen zueinander im Verhältnis 2/3/6. Die Äquivalentmassen des Kohlenstoffs verhalten sich wie 1/2.

1–5 John Dalton und die Atomtheorie

John Dalton, ein Lehrer der Naturwissenschaft (oder „Naturphilosophie") an den Schulen von Manchester, wurde durch Meßergebnisse, wie die in Abschnitt 1–4 erwähnten, dazu angeregt, eine Atomtheorie vorzuschlagen, die er 1802 der Literarischen und Philosophischen Gesellschaft von Manchester vorstellte und die er drei Jahre später veröffentlichte. Seine Theorie besagte das Folgende:

1. Alle Materie setzt sich aus Atomen zusammen. Diese sind die letztendlichen Teilchen und sind unteilbar und unzerstörbar.
2. Alle Atome eines gegebenen Elements sind identisch sowohl in ihrer Masse als auch in ihren chemischen Eigenschaften.
3. Atome verschiedener Elemente besitzen verschiedene Massen und verschiedene chemische Eigenschaften.
4. Atome verschiedener Elemente können sich miteinander in einfachen, ganzen Zahlen verbinden und damit Verbindungen bilden.

5. Wenn eine Verbindung sich zersetzt, sind die so wiedergewonnenen Atome unverändert und können wieder dieselbe Verbindung oder andere Verbindungen bilden.

Dalton betonte auch wieder die Bedeutung der Masse, wie es bereits Lavoisier tat. Weiterhin erfand Dalton eine praktische, symbolische Darstellung für Atome, die in Abbildung 1–6 gezeigt ist und die in Abschnitt 2–10 diskutiert wird. Das Symbol für

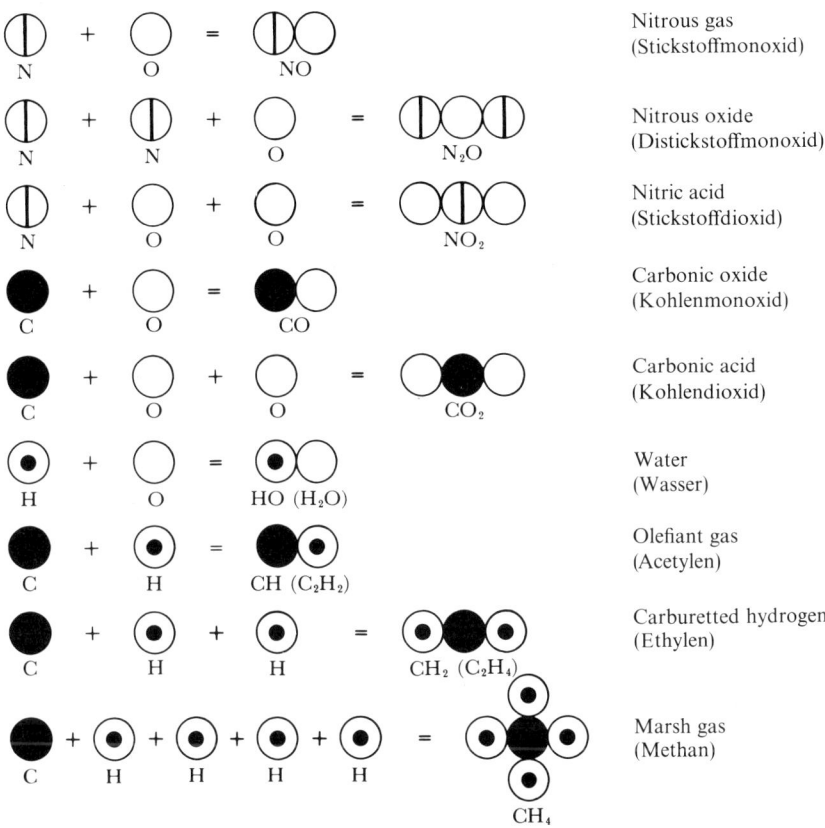

Abbildung 1–6 Daltons Originalsymbolismus für Reaktionen, die einfache Verbindungen bilden. Die modernen Symbole stehen jeweils darunter. Die Namen rechts daneben sind die von Dalton. Wenn die Formel des Produkts heute anders lautet, steht die moderne Formel in Klammern. Der deutsche Name für die Verbindungen steht ebenfalls in Klammern unter Daltons Bezeichnungen.

Wasserstoff stellt bei Dalton mehr als bloß eine nicht näher beschriebene Menge Wasserstoff dar. Es stellt entweder ein *Atom* Wasserstoff oder irgend eine Standardmasse von Wasserstoff dar, die eine Standardanzahl von Atomen enthält (wie z. B. die Grammatommasse, die eine Loschmidtsche Zahl von Atomen enthält). Chemische Formeln und Gleichungen sind daher nicht bloß symbolisch gemeint, sondern enthalten seitdem eine quantitative Aussage.

Eine alte Idee

Die Atomvorstellung war alles andere als neu. Demokritos und die Epikuräer in Griechenland hatten um 400 v. Chr. eine Atomtheorie vorgeschlagen, die im wesentlichen alle Gedanken Daltons enthielt. Die Originalschriften sind verlorengegangen, aber wir wissen von dieser Theorie aus den Angriffen ihrer Widersacher und aus einem langen Gedicht, das 55 v. Chr. von einem römischen Epikuräer, Lucretius, geschrieben wurde. (Das Gedicht heißt *De rerum natura* oder „Über das Wesen der Dinge.") In der Zeit danach traten die Gedanken des Atomismus über 200 Jahre lang in der Alchemie immer wieder auf, ohne daß sie irgendeine bemerkenswerte Wirkung auf sie hatten. Isaac Newton und Lavoisier glaubten beide, daß Atome existierten, aber mehr als philosophische Begriffe oder Sprachbilder, die hilfreich für das Nachdenken über Reaktionen waren, und nicht als eine Theorie, die eine experimentelle Überprüfung verlangte.

Es gibt hier einen wichtigen Punkt, der nicht stark genug betont werden kann: Eine Theorie in den Naturwissenschaften ist *dann und nur dann* von Bedeutung, wenn sie das Verstehen des Verhaltens der realen Welt klarer macht. Die Beschreibung der Bronze als Substitutionslegierung von Zinn und Kupfer ist der Beschreibung als Zusammenfluß von Jupiter und Venus nach alchemistischer Terminologie überlegen, weil die Zinn-Kupfer-Theorie der Bronze Experimente erkennen läßt, mit deren Hilfe die Eigenschaften der Bronze erklärt, vorhergesagt und vielleicht sogar verbessert werden könnten, wogegen die Theorie der „himmlischen Hochzeit" Sie nirgendwohin führt. Aber vielleicht ist es nicht ganz so offensichtlich, daß Demokritos' Atomtheorie und selbst Newtons kaum eine große Verbesserung gegenüber dieser Idee von der himmlischen Hochzeit waren. Es waren jedoch Daltons Messungen, Erklärungen und Vorhersagen, die die die Atomtheorie zu einem wertvollen Instrument der Naturwissenschaft machten.

Feste Verhältnisse

Dalton wählte die Tabelle der Äquivalentmassen zu seinem Ausgangspunkt und fragte, warum die Verhältnisse der Elemente in Verbindungen feste Werte besitzen sollten. Seine Antwort lautete: *Eine Verbindung besteht aus einer großen Anzahl von identischen Molekülen, von denen sich jedes aus derselben kleinen Zahl von Atomen aufbaut, die stets in derselben Weise angeordnet sind.* Jedoch fehlte Dalton noch die Kenntnis, wie viele Kohlenstoff- und Sauerstoffatome sich in jedem Molekül eines Kohlenstoffoxids und wie viele Wasserstoff- und Sauerstoffatome sich in einem Wassermolekül miteinander verbinden. Da ihm jede andere Richtschnur fehlte, schlug er eine „Regel der Einfachheit" vor, die ihn zwar auf den richtigen Weg brachte, ihm dann aber schließlich ernsthafte Schwierigkeiten bereitete. Er überlegte sich, daß das stabilste, aus zwei Elementen A und B gebildete Molekül das einfache, zweiatomige Molekül AB sein müßte. Wenn also nur eine Verbindung zwischen zwei Elementen bekannt ist, müßte es eine AB-Verbindung sein. Die nächststabilsten Verbindungen müßten dann die dreiatomigen Moleküle AB_2 und A_2B sein. Wenn nur zwei oder drei Verbindungen zweier Elemente bekannt sind, müßten sie also von diesen drei Typen sein. Diese Regel war eines jener Sparprinzipien wie die Minimierung der Energie in der Mechanik oder das Prinzip der kleinsten Wirkung in der Physik, die manchmal richtig und manchmal falsch sind. Daltons Regel der Einfachheit war falsch.

Dalton fing irrtümlicherweise damit an, auf Grund seiner Einfachheitsregel anzunehmen, daß Wasser eine zweiatomige Formel, HO, besitzt. Damit wurde die relative Atommasse des Sauerstoffs gleich seiner relativen Äquivalentmasse 8 (alles auf den Wert eins für Wasserstoff bezogen). Er wendete sich dann den Oxiden des Kohlenstoffs und des Stickstoffs zu; die Auswahlmöglichkeiten sind in Tabelle 1–3 dargestellt. (Alle relati-

Tabelle 1–3   Die Auswahlmöglichkeiten für die chemischen Formeln, die Dalton für die Oxide des Kohlenstoffs und Stickstoffs offenstanden

	C/O Massenverhältnis	Möglichkeit 1	Möglichkeit 2	
Oxid A	3/4	CO	C_2O	
Oxid B	3/8	CO_2	CO	
Relative Atommasse des C (angenommen O = 8)		6	3	

	N/O Massenverhältnis	Möglichkeit 1	Möglichkeit 2	Möglichkeit 3
Oxid A	$3\frac{1}{2}/8$	NO	NO_2	NO_4
Oxid B	7/8	N_2O	NO	NO_2
Oxid C	14/8	N_4O	N_2O	NO
Relative Atommasse des N (angenommen O = 8)		$3\frac{1}{2}$	7	14

ven Atommassen in dieser Diskussion beruhen auf den wirklichen Zahlenwerten und nicht auf Daltons Werten. Er war ein bekannt schlechter Experimentator: Die relative Atommasse des Sauerstoffs begann selbst nach seinen eigenen Angaben mit dem Wert 6,5 und arbeitete sich langsam auf den Wert 8 empor.) Ein Oxid des Kohlenstoffs hatte ein C/O-Verhältnis von 0,75 und das andere eines von 0,375. Wenn das erste Oxid CO wäre – er nahm ja an, daß eines von ihnen das sein müßte –, dann müßte das andere, wie Tabelle 1–3 zeigt, CO_2 sein. Somit würde die relative Atommasse des Kohlenstoffs den Wert 6 besitzen. Wenn das zweite Oxid CO wäre, müßte das erste C_2O sein. (Können Sie dies beweisen?) Dann würde der Kohlenstoff die relative Atommasse 3 haben. Da das Oxid A stabiler gegenüber der Zersetzung war, schloß Dalton, daß dies das CO sein müßte, und wählte richtigerweise die Möglichkeit 1. Für die Oxide des Stickstoffs schloß er auf ähnliche Weise die Möglichkeiten 1 und 3 aus, da die fünfatomigen Moleküle gegen seine Regel der Einfachheit verstießen; und wieder schrieb er richtigerweise dem Stickstoff eine relative Atommasse von 7 zu.

Dalton hätte Schwierigkeiten bemerken müssen, sobald er zum Ammoniak kam. Nach der Einfachheitsregel nahm er an, daß die Molekülformel NH wäre. Da sich $4\,{}^2\!/_3$ g Stickstoff mit 1 g Wasserstoff verbinden, würde diese Annahme jedoch für Stickstoff eine relative Atommasse von $4\,{}^2\!/_3$ bedeuten, einen Wert also, der im Widerspruch zur Zahl 7 steht, die aus den Oxiden berechnet wurde. Als Alternative hätte Dalton die relative Atommasse 7 beibehalten und damit die Formel für das Ammoniakmolekül ausrechnen können

$$\text{Wasserstoff:} \quad \frac{1\,\text{g Wasserstoff}}{1\,\text{g mol}^{-1}} = 1\,\text{mol Wasserstoffatome}$$

$$\text{Stickstoff:} \quad \frac{4\,{}^2\!/_3\,\text{g Stickstoff}}{7\,\text{g mol}^{-1}} = 0{,}667\,\text{mol Stickstoffatome}$$

Mit dem Moleverhältnis von Wasserstoff zu Stickstoff (und damit auch ebenso dem Verhältnis der Atome im Molekül) von 1/0,667 oder 3/2 würde die chemische Formel N_2H_3, N_4H_6 oder irgendein höheres Vielfaches sein müssen. Ein derartiges Ergebnis würde Daltons Glauben an die Einfachheitsregel erschüttert haben und hätte ihn auf den richtigen Weg zurückbringen können. Jedoch wurde ihm die schlechte Qualität seiner Meßergebnisse zum Verhängnis. Sein erster Wert für die Äquivalentmasse des Sauerstoffs war 6,5 g, und er erhöhte ihn 1808 auf 7 g. Davy erhöhte ihn auf 7,5 g, und Proust schließlich erhielt den richtigen Wert (unter Daltons Voraussetzungen) von 8 g. Dalton weigerte sich, ihre Werte anzuerkennen (ein recht dickköpfiges Verhalten für einen derart schlechten Experimentator), und alle hier beschriebenen Berechnungen für Stickstoff wurden von Dalton mit einer relativen Atommasse von 5 und nicht von 7 durchgeführt.

Gesetz der multiplen Proportionen

Es ist leicht, einen Mann zu kritisieren, der von ungenauen Meßdaten in die Irre geführt wurde. Aber die wirkliche Leistung der Atomtheorie, die die Leute dazu brachte, sie fast sofort zu akzeptieren, war nicht die Berechnung von relativen Atommassen. Es war vielmehr die Tatsache, daß die Atomtheorie vollständig eine Beziehung zwischen Elementen erklärt, die mehr als eine Verbindung miteinander bildeten, eine Erklärung, die unbeachtet über mehr als fünfzehn Jahre in der veröffentlichten wissenschaftlichen Literatur vorlag. Es war dies Daltons *Gesetz der multiplen Proportionen.*

Das Gesetz der multiplen Proportionen besagt, daß, wenn sich zwei Elemente zu mehr als einer Verbindung zusammenschließen können, die Mengen des einen Elements, die sich mit einer festen Menge des anderen Elements verbinden, sich nur um Faktoren unterscheiden, die die Verhältnisse kleiner, ganzer Zahlen sind. (Oder Sie können die Mengen mit einer geeigneten Konstanten multiplizieren und dadurch eine Reihe ganzer Zahlen erzeugen.) Da wir den Begriff der Äquivalentmasse verwendet haben, ist es vielleicht eine besser verständliche Formulierung, zu sagen, daß sich, wenn ein Element mehrere Äquivalentmassen besitzt, diese Massen nur im Verhältnis kleiner, ganzer Zahlen voneinander unterscheiden. Z. B. unterscheiden sich die relativen Äquivalentmassen des Kohlenstoffs in Tabelle 1–2 durch die Verhältnisse 3/4/6/12 oder noch klarer durch die Verhältnisse 1/4 zu 1/3 zu 1/2 zu 1. Die Äquivalentmassen des Schwefels verhalten sich wie 1 zu 1/2 zu 1/3 und die des Stickstoffs wie 1/4 zu 1/3 zu 1/2 zu 1 in NO_2, NH_3, NO und N_2O. Daltons Erklärung für diese einfachen Bruchteile war die, daß ein, zwei oder irgendeine andere kleine Zahl von Atomen sich mit einer anderen Atomart verbinden konnte, daß aber ein Molekül aus 1,369…Atomen verbunden mit 1 Atom einer anderen Art nach der Atomtheorie physikalisch unmöglich war. Die Äquivalentmassen unterscheiden sich durch die Bruchteile kleiner, ganzer Zahlen, da sich die Atome in kleinen, ganzen Zahlen miteinander verbinden.

Eine Überprüfung der chemischen Literatur zeigte, daß diesem Gesetz eine universelle Bedeutung zukam. Es ist eine Sache, Ihre Theorie mit Meßergebnissen zu beweisen, die Sie selbst zusammengestellt haben, aber es ist weitaus beeindruckender, sie mit den Meßergebnissen aller anderen zu beweisen. Genau das tat Dalton. Die Atomtheorie wurde infolgedessen schnell und nahezu einstimmig akzeptiert.

1–6 Gleiche Zahlen in gleichen Volumen: Gay-Lussac und Avogadro

Als Chemiker versuchten, die Formeln für immer kompliziertere Verbindungen abzuleiten, wurden die Mängel der Daltonschen Atommassen und seiner Regel der Einfachheit immer offensichtlicher. Niemand konnte ein verläßliches Verfahren zur Bestimmung der chemischen Formeln entwickeln. Von den drei Stücken der Information über Moleküle – Äquivalentmassen der Elemente, relative Atommassen der Elemente und Molekülformel – konnte jedes berechnet werden, wenn die anderen beiden bekannt waren. Aber nur eine der Größen konnte direkt gemessen werden, die Äquivalentmasse. Daltons falsche Annahmen über die Formeln führten zu falschen Atommassen, was seinerseits wiederum zu falschen Formeln für neue Verbindungen führt. Zwischen 1850 und 1860 wurden der Essigsäure mehr als 13 verschiedene Formeln zugeschrieben. Die Verwirrung war so groß, daß einige Chemiker an der Atomtheorie verzweifelten. So schrieb Jean Dumas:

„Wenn es nach mir ginge, würde ich das Wort Atom aus der Wissenschaft streichen, denn ich bin zu der Überzeugung gekommen, daß es weit über die Erfahrung hinausgeht, und in der Chemie darf man niemals über die Erfahrung hinausgehen."

Der große, deutsche Chemiker Friedrich Wöhler beklagte schon 1835, daß „… die organische Chemie derzeit ausreicht, einen in den Wahnsinn zu treiben. Sie macht auf mich den Eindruck eines vorzeitlichen tropischen Dschungels voll der merkwürdigsten Dinge, ein monströses und grenzenloses Dickicht ohne Ausweg, in das man sich wohl fürchten könnte einzudringen."

Gay-Lussac

Jedoch war der Ausweg aus diesem Dilemma bereits in der chemischen Literatur zu finden und befand sich dort seit 1811. 1808 begann Joseph Gay-Lussac (1778–1850) eine Reihe von Experimenten mit den *Volumen* von Gasen, die miteinander reagierten. Er stellte fest, daß gleiche Volumina von HCl-Gas und Ammoniak neutrales, festes Ammoniumchlorid bildeten. Ein anfänglicher Überschuß eines der beiden Gase bleibt nach Beendigung der Reaktion zurück. Zwei Volumina Wasserstoff reagieren mit einem Volumen Sauerstoff, um zwei Volumina Wasserdampf zu bilden; drei Volumina Wasserstoff mit einem Volumen Stickstoff ergeben zwei Volumina Ammoniak und ein Volumen Wasserstoff mit einem Volumen Chlor erzeugen zwei Volumina HCl-Gas. Bei diesen und anderen Experimenten, bei denen die Gasreaktionen gewöhnlich Explosionen waren, die durch einen Funken in einem geschlossenen Behälter gezündet wurden, fand Gay-Lussac stets, daß Gase in einfachen, ganzen Zahlen von Volumeneinheiten miteinander reagierten. Darüberhinaus besaßen die Reaktionsprodukte, sofern sie Gase waren, auch einfache, ganze Zahlen von Volumeneinheiten, vorausgesetzt, daß die Reaktionsprodukte nach der Explosion auf dieselbe Temperatur und denselben Druck zurückgebracht wurden, wie sie die Gase zu Beginn hatten. Gay-Lussac war ein vorsichtiger Mann und ein Schützling Berthollets, der nicht an Verbindungen mit fester Zusammensetzung glaubte. Gay-Lussac zog in seiner *Memoire* keine Schlußfolgerungen daraus, aber die Möglichkeit eines Zusammenhangs mit Daltons Atomtheorie war offensichtlich.

Avogadro

Dalton benutzte die Ergebnisse Gay-Lussacs, um zu „beweisen", daß gleiche Volumina Gas nicht gleiche Anzahlen von Molekülen enthalten, ein weiterer Irrtum wie seine Einfachheitsregel. Daltons Argumentation ist in Abbildung 1–7 dargestellt. Der italienische Physiker Amadeo Avogadro (1776–1856) sah einen anderen Weg. Er ging von der Annahme aus, daß gleiche Gasvolumina (bei gleicher Temperatur und gleichem Druck) eine *gleiche Zahl von Molekülen* enthalten. Diese Annahme verlangt, wie Abbildung 1–7 zeigt, daß die Gase der chemisch aktiven Elemente wie Wasserstoff, Sauerstoff, Chlor und Stickstoff sich aus zweiatomigen Molekülen zusammensetzen, anstatt aus einzelnen, isolierten Atomen zu bestehen. Wenn man Avogadro geglaubt hätte, als er 1811 seine Gedanken veröffentlichte, hätte man sich ein halbes Jahrhundert der Verwirrung in der Chemie erspart. Vielen erschienen jedoch seine Gedanken als eine recht fragwürdige Annahme (gleiche Zahlen in gleichen Volumen), die durch eine sogar noch fragwürdigere gestützt wurde (zweiatomige Moleküle). Zu jener Zeit beruhten die meisten Vorstellungen über die Natur der chemischen Bindung auf der Elektrizität, und es war schwierig, einzusehen, wie zwei *identische* Atome etwas anderes tun konnten, als sich abzustoßen. Und wenn sie sich schon anziehen, warum bilden sie dann z. B. nicht auch H_3, H_4 und höhere Aggregate? (Erinnern Sie sich an diesen Punkt; wir werden ihn auch erklären müssen!) Jöns Jakob Berzelius benutzte Daten über die Dämpfe von Schwefel und Phosphor, um Avogadro zu widerlegen. Jedoch bemerkte Berzelius nicht, daß gerade diese Dämpfe

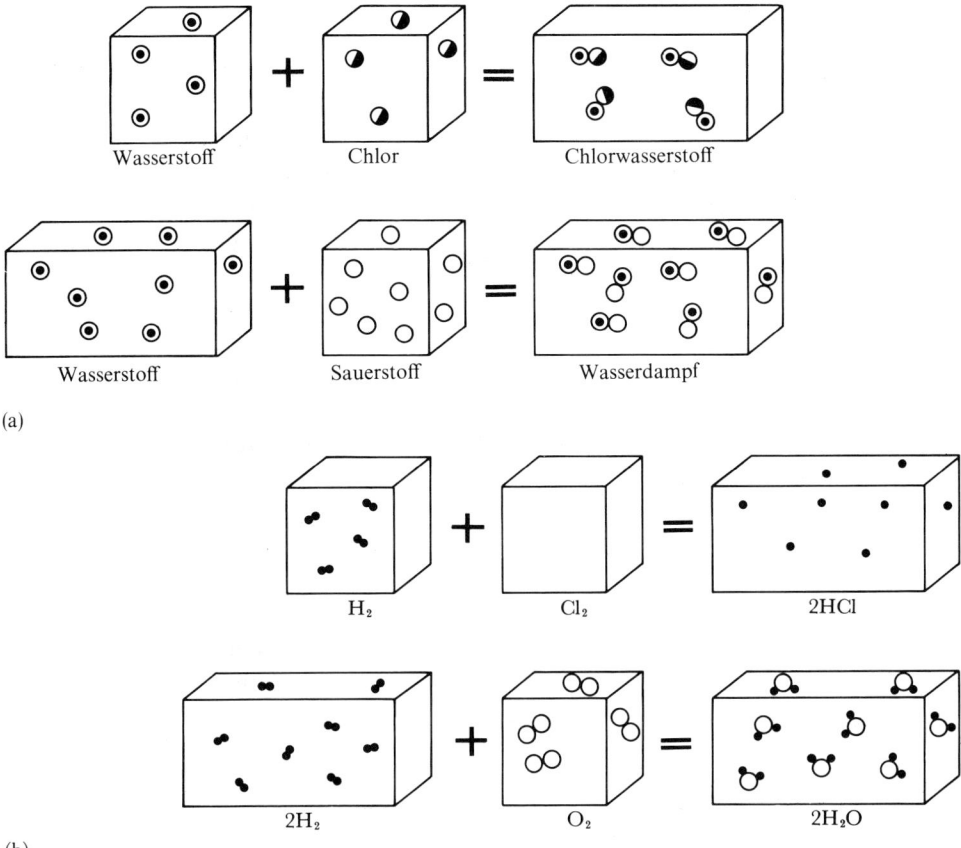

(a)

(b)

Abbildung 1–7 Gay-Lussacs Ergebnisse über die sich miteinander verbindenden Gasvolumen und die dazu von (a) Dalton und (b) Avogadro gelieferten Erklärungen. Gay-Lussac stellte fest, daß ein Volumen Wasserstoff und ein Volumen Chlor sich zu zwei Volumina HCl-Gas und zwei Volumina Wasserstoff und ein Volumen Sauerstoff sich zu zwei Volumina Wasserdampf verbinden. (a) Dalton argumentierte so: Wenn das Volumen von HCl zweimal so groß ist wie sowohl das des Wasserstoffs als auch des Chlors, dann müssen in dem HCl halb so viele Moleküle pro Volumeneinheit vorhanden sein wie in den Reaktionspartnern. Auf ähnliche Weise befinden sich dann auch N Moleküle pro Volumeneinheit im Wasserdampf, wenn es N Wasserstoffmoleküle pro Volumeneinheit gibt und wenn jedes von diesen ein Wassermolekül im selben Gesamtvolumen bildet. Aber es wird ein nur halb so großes Volumen von Sauerstoff benötigt, somit muß die Dichte des Sauerstoffs $2N$ Moleküle pro Volumeneinheit betragen. Infolgedessen betragen die Zahlen der Moleküle pro Volumeneinheit für Chlorwasserstoff, Wasserstoff, Chlor, Wasser und Sauerstoff nach Dalton $N/2$, N, N, N und $2N$. (b) Avogadro schlug vor, daß jedes Molekül von Wasserstoff, Chlor und Sauerstoff *zwei* Atome besitzt. Mit dieser Annahme haben alle Teilnehmer an der HCl-Reaktion dieselbe Zahl von Molekülen pro Volumeneinheit des Gases. Die Anwendung dieser gleichen Annahme auf die Wasserreaktion führt zu einer neuen Formel für Wasser, H_2O, und damit letztendlich zu einer vollständigen Revision der Skala der relativen Atommassen von Dalton.

Beispiele für solche höheren Aggregate (S_8 und P_4) waren. Avogadro selbst half seiner Sache kaum, indem er seine Terminologie so sehr durcheinanderbrachte, daß es manchmal so aussah, als ob er Wasserstoffatome spalten würde („Elementarmoleküle") und nicht ein zweiatomiges Molekül („integrale Moleküle") in Atome zerlegen wollte.

1–7 Cannizzaro und eine rationale Methode für die Berechnung von relativen Atommassen

Um 1860 war die Verwirrung über die relativen Atommassen so weit verbreitet, daß nahezu jeder Chemiker von einigem Ruf seine eigene, private Schreibweise für chemische Formeln besaß. August Kekulé (der Entdecker der Kekulé-Struktur des Benzols) rief eine Konferenz nach Karlsruhe zusammen, um zu versuchen, irgendeine Einigung zu erreichen. Der Mann, der schließlich das ganze Problem aus der Welt schaffte, war der Italiener Stanislao Cannizzaro (1826–1910), der eine exakte Methode zur Bestimmung der relativen Atommassen auf der lange vernachlässigten Arbeit seines Landsmannes Avogadro aufbaute.

Cannizzaros Verfahren zur Bestimmung der relativen Atommassen ist am Beispiel der Elemente Kohlenstoff und Chlor in Tabelle 1–4 dargestellt. Der erste Schritt dazu ist die Bestimmung der relativen Molekülmassen von so vielen Verbindungen wie möglich, die die zu untersuchenden Elemente enthalten. Avogadro hatte gezeigt, wie dies gemacht werden konnte; denn wenn gleiche Volumina aller Gase die gleiche Zahl von Molekülen enthalten (bei gleicher Temperatur und gleichem Druck), *dann ist die Dichte des Gases der relativen Molekülmasse proportional*

$$M = kD \qquad\qquad (1\text{--}1)$$

wobei M = relative Molekülmasse und D = Gasdichte in gl^{-1} sind. Die Proportionalitätskonstante k kann aus Gasen mit bekannter relativer Molekülmasse bestimmt werden. Dann wird dieser Ausdruck zur Ermittlung der relativen Molekülmassen von neuen Verbindungen verwendet, deren Gas- oder Dampfdichte gemessen werden kann.

Der zweite Schritt bei der Analyse ist die Verwendung analytischer Daten über die Massenverhältnisse der Zusammensetzung, um die *Masse pro Moleküleinheit* eines jeden Elements für jede Verbindung zu berechnen. Der dritte Schritt ist die Überprüfung der sich so ergebenden relativen Molekülmassen auf die Elemente, ein Element nach dem anderen, und die Auswahl des größten gemeinsamen Vielfachen für jedes Element. So sind z. B. in Tabelle 1–4 alle relativen Kohlenstoffmassen Vielfache von 12, alle die des Wasserstoffs Vielfache von 1 und alle die des Chlors Vielfache von 35,3. Diese Faktoren stellen dann entweder die richtigen relativen Atommassen von C, H und Cl dar, oder sie sind ganzzahlige Vielfache von ihnen. Wenn nach der Analyse weiterer Kohlenstoffverbindungen auf eine ähnliche Weise auch *nur eine* Verbindung für Kohlenstoff eine relative Atommasse von 6 liefert, dann muß die relative Atommasse des Kohlenstoffs auf 6 verkleinert werden. Damit ergäbe sich für die Formeln rechts in der Tabelle C_2H_4, C_4H_6, $C_{12}H_6$, C_2HCl_3 usw. Wenn jedoch viele Kohlenstoffverbindungen untersucht worden sind und der gemeinsame Faktor niemals unter 12 abgesunken ist, dann ist es verhältnismäßig sicher, anzunehmen, daß die relative Atommasse des Kohlenstoffs gleich 12 ist.

Tabelle 1–4 Cannizzaros Verfahren zur Bestimmung der Molmassen, Atommassen und Formeln. (Unter der Annahme, daß die Molmasse eines Gases proportional zur Gasdichte ist: $M = kD$.)

1. Nehmen Sie an, daß die relative Atommasse von H gleich 1,0 ist und die des zweiatomigen H_2-Moleküls gleich 2,0.
2. Nehmen Sie an, daß Avogadros Schlußfolgerungen richtig sind und Sauerstoff zweiatomig ist und die Formel des Wassers H_2O lautet. Da die Äquivalentmasse des Sauerstoffs in Wasser 8,0 g äquiv^{-1} beträgt, muß die relative Atommasse des Sauerstoffs gleich 16,0 sein und die Molmasse des O_2 32,0 g mol^{-1} betragen.
3. Bestimmen Sie die Konstante k aus den Gasdichten von H_2 und O_2:

Gas	Dichte, D $[g\,l^{-1}]$	Molmasse, M $[g\,mol^{-1}]$	$k = M/D$ $[l\,mol^{-1}]$
H_2	0,0899	2,0	22,25
O_2	1,429	32,0	22,40
Durchschnittswert:			22,33

4. Ermitteln Sie die Molmassen einer Reihe von Verbindungen, die die Elemente enthalten, deren relative Atommassen bestimmt werden sollen. Benutzen Sie analytische Daten über die prozentuale Zusammensetzung, um die relativen Massen der Elemente *pro Moleküleinheit* zu berechnen. Suchen Sie den größten, gemeinsamen Teiler der relativen Massen pro Moleküleinheit für jedes Element.

	Dichte, D $[g\,l^{-1}]$	Molmasse, M $M = kD$ $[g\,mol^{-1}]$	Elementzusammensetzung [Gewichtsprozent]			Relative Masse pro Moleküleinheit			Vermutliche Formel
			C	H	Cl	C	H	Cl	
Methan	0,715	16,0	74,8	25,0	–	12,0	4,03	–	CH_4
Ethan	1,340	29,9	79,8	20,2	–	23,9	6,04	–	C_2H_6
Benzol	3,48	77,8	92,3	7,7	–	71,8	6,00	–	C_6H_6
Chloroform	5,34	119,1	10,05	0,844	89,10	12,0	1,01	106,2	$CHCl_3$
Ethylchlorid	2,88	64,3	37,2	7,8	55,0	23,9	5,02	35,4	C_2H_5Cl
Kohlenstofftetrachlorid	6,83	152,6	7,8	–	92,2	11,9	–	141,0	CCl_4
Größter gemeinsamer Faktor:						12,0	1,0	35,3	

Kohlenstoff tritt nur in Vielfachen von 12,0 auf (Rechenschiebergenauigkeit), somit ist 12,0 ein akzeptabler Wert für seine relative Atommasse. Aber das sind auch die Werte 6,0, 4,0 oder irgendein anderer, gemeinsamer Faktor. Cannizzaros relative Atommassen werden also entweder die richtigen Werte sein oder, im schlimmsten Fall, ganzzahlige Vielfache der richtigen Werte.

Cannizzaros Leistung bedeutete das letzte Glied in der logischen Kette, die mit Proust und dem Gesetz der konstanten Zusammensetzung begann. Genaue Werte für die relativen Atommassen konnten jetzt für jedes beliebige Element bestimmt werden, das in Verbindungen auftrat, deren Dampfdichten meßbar waren. Mit diesen relativen Atommassen führte die prozentuale Zusammensetzung einer neuen Verbindung unzweideutig zur chemischen Formel dieser Verbindung. Das *Mol* wurde so definiert, wie wir es in Abschnitt 1–1 sagten, d. h. als die Zahl von Grammen einer Verbindung, die gleich ihrer relativen Molekülmasse auf Cannizzaros Skala ist (die wir auch heute noch – mit einer verbesserten Genauigkeit, natürlich – benutzen). Man erkannte, daß ein Mol irgendeiner beliebigen Verbindung die gleiche Zahl von Molekülen wie ein Mol irgendeiner anderen Verbindung enthalten wird. Obwohl der Wert dieser Zahl noch unbekannt war, wurde sie *Avogadrosche Zahl, N,* genannt in später Anerkennung seines Beitrages zur Entwicklung der Atomtheorie. Im deutschen Sprachraum wird diese Zahl *N* üblicherweise *Loschmidtsche Zahl* genannt. Der österreichische Physiker Joseph Loschmidt berechnete 1865 erstmalig mit Erfolg die Anzahl von Molekülen in 1 ml eines Gases.

Beispiel: Ein weißes Salz enthält 22,5% Schwefel, 32,4% Natrium, 45,1% Sauerstoff und keine anderen Elemente. Berechnen Sie die einfachste chemische Formel für das Salz mit Hilfe der relativen Atommassen aus der Tabelle hinten im Einbanddeckel.

Lösung: Am besten beginnen wir damit, irgendeine geeignete Menge des Stoffes als Berechnungsgrundlage anzunehmen. In 100 g des Stoffes sind z. B. enthalten

$$\text{Natrium:} \quad \frac{32{,}4\,\text{g Na}}{23{,}0\,\text{g mol}^{-1}} = 1{,}41\,\text{mol Na-Atome}$$

$$\text{Sauerstoff:} \quad \frac{45{,}1\,\text{g O}}{16{,}0\,\text{g mol}^{-1}} = 2{,}82\,\text{mol O-Atome}$$
$$(\textit{Nicht } O_2\text{-Moleküle!})$$

$$\text{Schwefel:} \quad \frac{22{,}5\,\text{g S}}{32{,}06\,\text{g mol}^{-1}} = 0{,}702\,\text{mol S-Atome}$$

Die drei Elemente stehen also im Verhältnis 2/4/1 zueinander (0,70 ist ein gemeinsamer Faktor). Somit ergibt sich die empirische Zusammensetzung zu Na_2O_4S oder, wie es üblicherweise geschrieben wird, Na_2SO_4, und der Stoff ist Natriumsulfat.

Übung: Ein rötlich-brauner Festkörper enthält 18,81% Kalium, 47,00% Platin und 34,30% Chlor. Wie lautet seine einfachste Formel?
(Antwort: K_2PtCl_4.)

1–8 Relative Atommassen für die schweren Elemente: Dulong und Petit

Ein Problem blieb ungelöst: Was macht man mit den schweren Elementen, insbesondere mit den Metallen, die nicht so einfach in gasförmige Verbindungen überführt werden können? Das Problem kann mit Hilfe einer Betrachtung des Bleis veranschaulicht werden.

Beispiel: Die Äquivalentmasse des Bleis in Bleioxid beträgt 51,8 g. Wie groß ist die relative Atommasse des Bleis?

Lösung: 103,6 g Blei verbinden sich mit 16 g oder 1 Grammatom ($^1/_2$ mol) Sauerstoff, aber wir können von hieraus nicht weitermachen, ohne die chemische Formel zu kennen. Infolgedessen sind wir in demselben Teufelskreis gefangen, aus dem es Cannizzaro für die leichten Atome auszubrechen gelang. *Wenn* die Formel PbO lautet, dann beträgt die relative Atommasse des Bleis 103,6. Wenn aber die Formel Pb_2O ist, beträgt die relative Atommasse 51,8 und wenn sie PbO_2 ist, 207,2. Können Sie ganz allgemein zeigen, daß die relative Atommasse des Bleis gleich 103,6 (y/x) ist, wenn die Formel des Bleioxids Pb_xO_y ist? Die Aufgabe besitzt mehrere Lösungsmöglichkeiten.

Beispiel: Silberoxid besteht zu 93,05 Gewichts-(Massen-)prozenten aus Silber. Wie groß ist die relative Atommasse des Silbers?

Lösung: Wenn wir aus Gründen der Einfachheit einmal annehmen, daß wir eine Probe von 100 g vorzuliegen haben, dann wird sie 93,05 g Silber und 6,95 Sauerstoff enthalten. Die Äquivalentmasse des Silbers (die Masse pro 8 g Sauerstoff) beträgt dann 93,05 g × (8,0 g/6,95 g) = 108,2 g. Ein Grammatom Sauerstoff verbindet sich mit der doppelten Menge oder 216,4 g Silber. Die Wahl der relativen Atommasse des Silbers ist jetzt auf eine Reihe von Vielfachen oder Bruchteilen des Wertes 108,2 begrenzt, je nachdem für welche Formel wir uns entscheiden

Formel:	Ag_2O	Ag_3O_2	AgO	Ag_2O_3	AgO_2
Relative Atommasse:	108,2	144,3	216,4	324,6	432,8

Wir brauchen also wieder eine Methode, mit deren Hilfe wir zwischen diesen Werten eine Entscheidung treffen können.

Pierre Dulong (1789–1838) und Alexis Petit (1791–1820) entdeckten eine derartige Methode im Jahr 1819, aber sie wurde zum größten Teil in der allgemeinen Verwirrung übersehen, die damals in der Chemie herrschte. Dulong und Petit führten eine systematische Untersuchung aller physikalischen Eigenschaften durch, die möglicherweise mit der relativen Atommasse eines Elements in Zusammenhang stehen könnten, und sie fanden eine gut geeignete in der spezifischen Wärme der Festkörper.

Die spezifische Wärme eines Stoffes ist nach der veralteten Schreibweise die Wärmemenge in Kalorien, die dazu erforderlich ist, die Temperatur von 1 g dieses Stoffes um 1 Grad Celsius oder Kelvin zu erhöhen (die Temperaturdifferenzen sind auf der Celsius- und Kelvinskala gleich groß). Als Kalorie (cal) wurde die Wärmemenge definiert, die dazu erforderlich war, um 1 g Wasser von 14,5 °C auf 15,5 °C zu erwärmen. Somit betrug die spezifische Wärme des Wassers $1 \, cal \, g^{-1} \, K^{-1}$. (Es gilt: 1 cal = 4,187 J.) Das Produkt aus relativer Atommasse in Gramm und spezifischer Wärme eines Elements würde die Wärmemenge ergeben, die erforderlich wäre, um 1 Grammatom dieses Elements um 1 Grad zu erwärmen. Diese Wärmemenge wird *molare Wärmekapazität* oder *Molwärme* genannt. Dulong und Petit bemerkten, daß für viele feste Elemente die molare Wärme-

Tabelle 1-5   Dulong und Petits Daten für die molaren Wärmekapazitäten fester Elemente [a,b]

Element	Spezifische Wärme $[\text{cal g}^{-1}\,^\circ\text{C}^{-1}]$	Relative Atommasse	Molare Wärmekapazität $[\text{cal}\,^\circ\text{C}^{-1}\,\text{mol}^{-1}]$
Bi	0,0288	212,8	6,128
Au	0,0298	198,9	5,926
Pt	0,0317	188,6	5,984
Sn	0,0514	117,6	6,046
Zn	0,0927	64,5	5,978
Ga	0,0912	64,5	5,880
Cu	0,0949	63,31	6,008
Ni	0,1035	59,0	6,110
Fe	0,1100	54,27	5,970
Ca	0,1498	39,36	5,896
S	0,1880	32,19	6,048

[a] Alle Daten sind die Originalwerte in den alten Einheiten (wobei die relativen Atommassen auf eine Skala mit O = 16,0 umgerechnet wurden). Werden sich die Werte für die molaren Wärmekapazitäten bei Verwendung moderner relativer Atommassen einander annähern?
[b] Wiedergegeben mit Erlaubnis aus J. B. Conant, *Harvard Case Histories in Experimental Science* (Harvard University Press, Cambridge, 1957), Band 1, S. 305.

kapazität sehr dicht bei einem Wert von $6\,\text{cal K}^{-1}\,\text{mol}^{-1}$ lag (Tabelle 1 − 5). Da ein Mol irgend einer Substanz stets dieselbe Zahl von Molekülen (oder ein Grammatom eines Metalls stets dieselbe Zahl von Atomen) enthält, ist dieses experimentelle Ergebnis ein Beweis dafür, daß der Vorgang der Wärmeaufnahme stärker mit der *Zahl von Molekülen* in der vorliegenden Materie als mit der *Masse* der Materie in Zusammenhang steht. Spätere Arbeiten über die Theorie der Wärmekapazitäten von Festkörpern haben gezeigt, daß es eine derartige, konstante molare Wärmekapazität für einfache Festkörper geben muß. Dulong und Petit gaben dafür jedoch keine Erklärung an.

Da keine Begründung für diese Erscheinung gegeben wurde, wurde sie in der damaligen Zeit von den meisten Chemikern als so fragwürdig wie die Einfachheitsregel (die wirklich falsch war) oder Avogadros Prinzip „gleiche Volumina/gleiche Zahlen" (das richtig war) angesehen. Erst nachdem Cannizzaro mit den leichten Atomen den Weg ebnete, wurde die Methode von Dulong und Petit für schwere Atome anerkannt.

Wir können jetzt zwischen den möglichen, genauen Werten für die relativen Atommassen, die aus den analytischen Daten abgeleitet wurden, mit Hilfe eines Näherungswertes nach der Methode von Dulong und Petit entscheiden.

Beispiel: Die spezifischen Wärmen von Blei und Silber betragen, wie sie von Dulong und Petit tabelliert worden sind: 0,0293 bzw. $0,0557\,\text{cal g}^{-1}\,\text{K}^{-1}$. Wählen Sie damit die richtigen relativen Atommassen für die vorangegangenen Beispiele aus.

Lösung:

$$\text{Angenäherte Molmasse des Bleis} = \frac{6\,\text{cal K}^{-1}\,\text{mol}^{-1}}{0,0293\,\text{cal g}^{-1}\,\text{K}^{-1}} \cong 200\,\text{g mol}^{-1}$$

$$\text{Angenäherte Molmasse des Silbers} = \frac{6\,\text{cal}\,\text{K}^{-1}\,\text{mol}^{-1}}{0,0557\,\text{cal}\,\text{g}^{-1}\text{K}^{-1}} \cong 100\,\text{g}\,\text{mol}^{-1}$$

Damit ergeben sich für die früheren Beispiele die richtigen Werte von 207,2 für die relative Atommasse des Bleis und 108,2 für die relative Atommasse des Silbers. Die chemischen Formeln lauten dann PbO_2 und Ag_2O.

Übung: Ein häufig vorkommendes, kobalthaltiges Mineral, Linneit, enthält 58,0% Kobalt und 42,0% Schwefel. Die spezifische Wärme des Metalls Kobalt beträgt 0,1037 $\text{cal}\,\text{g}^{-1}\text{K}^{-1}$. Bestimmen Sie die relative Atommasse des Kobalts und die richtige, empirische Formel für Linneit, vorausgesetzt, daß Ihnen die relative Atommasse des Schwefels von 32,06 bekannt ist.
(Antwort: 59, Co_3S_4.)

1–9 Valenzen und empirische Formeln

Durch Daltons Atomtheorie und die Beiträge von Avogadro, Dulong und Petit und Cannizzaro wurde es möglich, auf direktem Wege die relativen Atommassen der Elemente aus den Ergebnissen chemischer Analysen und aus physikalischen Daten wie den Dampfdichten und den spezifischen Wärmen abzuleiten. Berechnungen dieser Art führten schließlich zu der Tabelle der relativen Atommassen, wie sie auf der Innenseite des hinteren Einbanddeckels angegeben ist. Die nächste, große Aufgabe der Chemie war es nun, die chemischen Formeln zu erklären, die sich damit ableiten lassen.

Der primitivste Begriff in der Theorie der chemischen Bindung ist wahrscheinlich die Vorstellung von einer Verbindungsfähigkeit oder *Valenz* (gelegentlich auch als Wertigkeit oder Bindigkeit bezeichnet). Die Valenz eines Elements in einer vorgegebenen Verbindung ist definiert als das Verhältnis seiner Molmasse (eigentlich seiner Grammatommasse, aber wir werden künftig die Masse von N Teilchen stets als Molmasse bezeichnen) zu seiner Äquivalentmasse in dieser Verbindung:

$$\text{Valenz} = \frac{\text{Molmasse}}{\text{Äquivalentmasse}}. \qquad (1\text{--}2)$$

Wasserstoff besitzt nach Definition die Valenz eins. Sauerstoff hat in H_2O und den meisten anderen Verbindungen die Valenz zwei, zeigt aber im Wasserstoffperoxid, H_2O_2, eine Valenz von eins. In Tabelle 1–2 besitzen Cl und Br die Valenz eins, Ca die Valenz zwei und Arsen die Valenz drei. Der Kohlenstoff weist mehrere Valenzen auf: vier, drei, zwei und eins. Der Schwefel besitzt eine Valenz von zwei im H_2S, von vier im SO_2 und von sechs im SO_3. Stickstoff hat eine Valenz von drei im Ammoniak, von vier im NO_2, von zwei im NO und von eins im N_2O. Beachten Sie bei diesen Beispielen, wie die Gesamtvalenz des einen Elements in einer Verbindung die Gesamtvalenz des anderen Elements kompensiert. So heben sich z.B. im SO_3 ein Schwefelatom mit der Valenz sechs und drei Sauerstoffatome mit der Valenz zwei gegenseitig auf.

Dieser Begriff war der erste Schritt auf dem Wege zu einer Theorie der chemischen

Bindung. Der zweite Schritt, auf den wir in Kapitel 3 zurückkommen werden, war die Zuordnung von Plus- und Minuszeichen zu diesen Valenzen, so daß die *Summe* solcher mit einem Vorzeichen gekennzeichneten Valenzen für ein Molekül gleich null ist. Solche mit einem Vorzeichen versehenen Valenzen werden aus Gründen, die uns in Kapitel 3 klarer werden, *Oxidationszahlen* genannt.

Es ist jetzt ein relativ unkomplizierter Prozeß, aus den analytischen Daten und der Tabelle der relativen Atommassen die sogenannte *empirische Formel* oder *einfachste Formel* einer Verbindung zu bestimmen. Es ist dies die Formel für die relativen Zahlen von Atomen in einer Verbindung, die ohne einen gemeinsamen Faktor in den Zahlen der Atome ausgedrückt werden (d. h. das kleinste, ganzzahlige Verhältnis). H_2O ist eine richtige *Molekülformel*, denn sie besagt, daß sich in einem Wassermolekül zwei Wasserstoffatome mit einem Sauerstoffatom verbinden. Sie ist zugleich eine empirische Formel, denn die Atomzahlen in der Formel, zwei und eins, besitzen keinen (von eins verschiedenen) gemeinsamen Faktor. Die Molekülformel des Benzols ist C_6H_6; sechs Kohlenstoffatome bilden ein Sechseck, und jedes ist mit einem Wasserstoffatom verbunden. Aber dies läßt sich nicht allein aus analytischen Daten feststellen. Die *empirische Formel* des Benzols lautet CH.

Beispiel: 1,00 g metallisches Zinn verbrennt an Luft zu 1,270 g Zinnoxid. Wie lautet die empirische Formel des Oxids?

Lösung: Das eine Gramm Zinn verbindet sich mit 0,270 g Sauerstoff. Die Zahl der Mole eines jeden Elements ist gegeben durch

$$\frac{\text{Masse Sn}}{\text{Molmasse Sn}} = \frac{1,000 \text{ g}}{118,7 \text{ g mol}^{-1}} = 0,00843 \text{ mol Sn}$$

$$\frac{\text{Masse O}}{\text{Molmasse O}} = \frac{1,000 \text{ g}}{16,00 \text{ g mol}^{-1}} = 0,01686 \text{ mol O}$$
(Atome, nicht O_2-Moleküle!)

Damit entfallen 2 mol Sauerstoffatome auf jedes Mol Zinnatome oder zwei Sauerstoffatome auf jedes Zinnatom. So folgt für die *empirische Formel*: SnO_2. Wenn wir wissen wollen, ob dies die wirkliche Molekülformel ist oder ob das Molekül in Wirklichkeit SnO_2, Sn_2O_4, Sn_3O_6 oder irgendein höheres Vielfaches davon ist, müssen wir über die einfachen, analytischen Daten hinaus Zugang zu irgendwelchen physikalischen Messungen haben, die eine Entscheidung zwischen diesen Möglichkeiten zulassen.

Beispiel: Ein Gramm Butangas (das nur aus Kohlenstoff und Wasserstoff besteht) verbrennt an der Luft zu 3,03 g Kohlendioxid (CO_2) und 1,55 g Wasser (H_2O). Wie lautet die Molekülformel des Butans, und welche weitere Information benötigen Sie dazu?

Lösung: Die Reaktionsprodukte sind

$$\frac{\text{Masse } CO_2}{\text{Molmasse } CO_2} = \frac{3,03 \text{ g}}{44,01 \text{ g mol}^{-1}} = 0,0686 \text{ mol } CO_2$$

$$\frac{\text{Masse H}_2\text{O}}{\text{Molmasse H}_2\text{O}} = \frac{1,55\,\text{g}}{18,02\,\text{g}\,\text{mol}^{-1}} = 0,0860\,\text{mol}\,\text{H}_2\text{O}$$

Da jedes Mol CO_2 auch 1 mol Kohlenstoff und jedes Mol H_2O 2 mol Wasserstoffatome enthält, muß das ursprüngliche Verhältnis von Wasserstoff- zu Kohlenstoffatomen im Butan gleich

$$\frac{n_\text{H}}{n_\text{C}} = \frac{2 \times 0,0860\,\text{mol}}{0,0686\,\text{mol}} = 2,50$$

gewesen sein (n = Zahl der Atome), und die Formel könnte damit C_2H_5, C_4H_{10} oder irgendein Vielfaches hiervon sein. Die zusätzliche Information, mit deren Hilfe wir aus diesen Möglichkeiten die richtige Molekülformel auswählen können, liefert uns Cannizzaros Verfahren der Gasdichtebestimmung, das uns sagt, daß die Molmasse des Butans ungefähr 58 g betragen muß. Damit ist die Entscheidung für die Molekülformel C_4H_{10} gefallen.

Eine jüngst durchgeführte Reihe von Untersuchungen, die die Abspaltung von Sauerstoff aus der ziemlich gewöhnlichen Verbindung Kaliumperrhenat ($KReO_4$) einschloß, kam zu dem Ergebnis, daß eine Synthese von KRe gelungen war. Das Präparat konnte nicht leicht von den Verbindungen KOH und H_2O getrennt werden, aber die Forscher dachten, daß sie 95% reines KRe · 4 H_2O hergestellt hätten. Verbindungen, die mit Wasser in definierten Verhältnissen assoziiert sind, treten häufig auf. Die Verbindung KRe erregte unter den Naturwissenschaftlern großes theoretisches Interesse, so daß sie viele ausgeklügelte, physikalische Messungen an ihr vornahmen, um ihre Eigenschaften zu bestimmen. Eine dieser Messungen zeigte, daß die Verbindung einige chemische Bindungen enthielt, an denen nur Rhenium und Wasserstoff beteiligt waren. Die Analysen (immer noch an der verunreinigten Substanz) wurden mit Hilfe von Analogieschlüssen zu anderen, bekannten Metall-Wasserstoffverbindungen erneut ausgewertet, und der Verbindung wurden Formeln wie $KReH_4 \cdot 2\,H_2O$ und $K_6Re_2H_{14} \cdot 6\,H_2O$ zugeschrieben. Die Verbindung schien immer noch ungewöhnlich zu sein, und die Chemiker verstärkten ihre Anstrengungen, das reine Präparat zu isolieren. Ein verbessertes Präparationsverfahren lieferte eine Substanz, die die Formel K_2ReH_8 besaß. Die magnetischen Eigenschaften dieser Substanz waren anders, als sie für eine Verbindung mit dieser Formel zu erwarten waren. Schließlich fanden Chemiker an Forschungsinstituten Hinweise, die klar erkennen ließen, daß die Verbindung neun Wasserstoffatome pro Rheniumatom enthielt, und 1963 wurde die Formel K_2ReH_9 aufgestellt, mehr als 10 Jahre nach der ersten Präparation des sogenannten KRe.[6] Es war einfach zu schwierig, die Verbindung mit den Techniken, die zur Zeit ihrer Entdeckung allgemein zur Verfügung standen, genau zu präparieren und analysieren. Die genaue Bestimmung der Zahl der Wasserstoffatome in einer Formel ist recht schwierig, wenn ihre Zahl groß ist. Beim K_2ReH_9 würde ein Fehler von 0,4% in einer schwierigen Analyse das Ergebnis betreffs der Zahl der Wasserstoffatome von neun auf acht oder von neun auf zehn verändern.

[6] Sie können mehr über dieses Thema in A. P. Ginsburg, „Hydride Complexes of the Transition Metals", Kapitel 3, in *Transition Metal Chemistry*, R. L. Carlin, Ed. (Marcel Dekker, New York, 1965), Vol. I, nachlesen.

Sehen Sie sich einmal die Verbindung Heptan an, eine der vielen Verbindungen, die im Erdöl und Erdgas gefunden werden. Die Analyse zeigt, daß Heptan zu 83,9% aus Kohlenstoff und 16,1% Wasserstoff besteht

$$\frac{83,9\,\text{g}}{12,0\,\text{g}\,\text{mol}^{-1}} = 6,99\,\text{mol Kohlenstoffatome}$$

$$\frac{16,1\,\text{g}}{1,008\,\text{g}\,\text{mol}^{-1}} = 15,97\,\text{mol Wasserstoffatome}$$

Molverhältnis C/H $= 0,438$

Wenn wir uns dies einmal als Verhältnis ganzer Zahlen ansehen, können wir erkennen, daß dies einer Formel C_7H_{16} entspricht, aber der Wert liegt auch recht dicht bei C_3H_7 und C_4H_9. Bei den üblichen Unsicherheiten in Hinsicht auf die Reinheit der Verbindung und die Genauigkeit der Analyse wird es klar, daß die Analyse allein nicht ausreicht, um die Molekülformel zu bestimmen. Auf ähnliche Weise ergibt sich für die beiden Verbindungen Acetylen und Benzol eine Massenzusammensetzung von jweils 92,3% C und 7,7% H. Dieser Prozentsatz liefert ein Molverhältnis von 1/1 zwischen C und H und die empirische Formel CH.

Cannizzaros (in Wirklichkeit Avogadros) Methode der Dampfdichtebestimmungen ermöglicht es, die Formeln aller drei Verbindungen zu ermitteln. Messungen an vielen Gasen haben für das Molvlumen eines idealen Gases bei 0 °C und einem Druck von 1 Atmosphäre (atm) den Wert von 22,414 Liter pro Mol ergeben. (In SI-Einheiten gilt: 1 atm $= 1,013 \times 10^5$ Pascal (Pa) $= 1,013$ bar, wobei 1 Pa $= 1\,\text{N/m}^2$ ist.) Diese Größe ist die Konstante k aus Tabelle 1–4. Das Produkt von k mit der Dampfdichte ergibt die Molmasse (Gleichung (1–1) und Tabelle 1–6), und diese wiederum liefert im Zusammenhang mit den analytischen Daten immer die richtige Molekülformel.

Tabelle 1–6   Formeln aus Dampfdichten und Elementaranalysen [a)]

Verbindung	Dampfdichte $[\text{g}\,\text{l}^{-1}]$	Relative Molekülmasse	Masse pro Mol $[\text{g}\,\text{mol}^{-1}]$ C	H	Mol pro Mol der Verbindung C	H
Heptan	4,48	100	84	16,1	7	16
Acetylen	1,16	26	24	2,02	2	2
Benzol	3,48	78	72	6,05	6	6

[a)] Die Masse eines Elements pro Mol der Verbindung ist gleich dem Produkt aus Molmasse und Zusammensetzung in Gewichtsprozent. Die Zahlen in den beiden letzten Spalten ergeben sich durch Division der Masse des Elements pro Mol der Verbindung durch die Molmasse (die Grammatommasse) des Elements. Die Zahlen in den beiden letzten Spalten stellen die Indices in den Formeln C_7H_{16}, C_2H_2 und C_6H_6 dar.

Bevor Sie weitermachen: Wenn Sie der Ansicht sind, daß Sie von etwas mehr Übung in der Ableitung empirischer Formeln aus Massenverhältnissen profitieren könnten, finden Sie eine Reihe von Fragen und Antworten zu diesen Thema zum Selbststudium in Lassilas Buch, Abschnitt 1–3.

1–10 Zusammenfassung

Wir sind jetzt in der Lage, befriedigende Antworten auf eine Menge der Fragen zu geben, die sich uns am Ende des Abschnitts 1–1 stellten. Wir wissen jetzt, daß Atome existieren. (Oder wir wissen wenigstens, daß jemand, der weiterhin behaupten möchte, daß sich die Materie nur so benimmt „als ob Atome existierten", eine lange und komplizierte Liste von „als ob"-Aussagen auf irgendeine andere Weise zu erklären hat.) Wir wissen jetzt, Avogadro sei Dank, wie wir Atome verschiedener Elemente zu Häufchen mit gleichen Zahlen zu zählen haben. Und wir wissen dank Cannizzaro, wie wir die relativen Atommassen bestimmen können.

Ein Element ist eine Ansammlung von identischen Atomen, und eine Verbindung ist eine Ansammlung von identischen Molekülen, von denen sich jedes aus kleinen, ganzen Zahlen von Atomen zusammensetzt. Das Gesetz von der konstanten Zusammensetzung, das Gesetz der Äquivalentverhältnisse und das Gesetz von den multiplen Proportionen waren Versuche, das Verhalten zusammenzufassen und zu ordnen, das sich jetzt klar aus der Atomtheorie ergibt. Mit Analyseergebnissen und der Tabelle der relativen Atommassen können wir die empirische Formel einer Verbindung berechnen, und mit Hilfe zusätzlicher Informationen, wie z. B. über die Dampfdichte, können wir die wahre Molekülformel bestimmen.

Viele unserer ursprünglichen Fragen sind noch unbeantwortet geblieben. Bis jetzt haben wir den Ordnungszahlen und allen Fragen über den Aufbau der Atome noch keine Beachtung geschenkt, noch haben wir uns mit dem Mechanismus der chemischen Bindung und den Gründen für das individuell verschiedene Verhalten der Elemente beschäftigt. Dies sind einige der Probleme, die noch vor uns liegen.

1–11 Postskriptum: Joseph Priestley und Benjamin Franklin

Joseph Priestley (1733–1804) ist nach Lavoisier eine der interessantesten Persönlichkeiten dieser Periode der Chemie. Als Priester der unitarischen Kirche in Leeds und Birmingham im Norden Englands und später als mutmaßlicher Sympathisant mit der Französischen Revolution war er ständigen Angriffen wegen seiner ketzerischen religiösen und politischen Ansichten ausgesetzt. Er veröffentlichte viele Schriften sowohl auf dem Gebiet der Chemie (was ihm Ruhm einbrachte) als auch der Religion und Politik (was ihn bekannt machte). Obwohl er ein großer Erneuerer und sorgfältiger Experimentator war, besaß er nicht das theoretische Verständnis für die Prinzipien der Chemie, das seinen jüngeren, französischen Kollegen auszeichnete. Priestleys Experimente mit dem Sauerstoff regten Lavoisier an, mit den Forschungen zu beginnen, die die Phlogistontheorie stürzten, aber Priestley selbst blieb bis zu seinem Tode dickköpfig ein Anhänger der Phlogistontheorie.

Im Jahr 1791, am zweiten Jahrestag der Erstürmung der Bastille, brach in Birmingham ein Aufstand gegen die mutmaßlichen „Republikaner" aus. Die Stadt befand sich für drei Tage in der Hand des Pöbels. Priestleys Kirche, sein Haus, Laboratorium, Apparaturen und Manuskripte wurden verbrannt, und er selbst mußte verkleidet nach Worcester fliehen. Danach verbrachte er drei unglückliche Jahre in London und emigrierte schließlich in die Vereinigten Staaten. Ihm wurde sowohl eine Stelle als Professor als auch eine Kirche angeboten, aber er lehnte beides ab und zog es vor, seine letzten zehn Jahre in relativer Abgeschlossenheit zu verbringen.

Priestley und Benjamin Franklin pflegten einen ständigen Briefwechsel miteinander, der erstere über seine Gaschemie, der letztere über seine Voltaschen Säulen und Leydener Flaschen. In einem Brief an Benjamin Vaughan schrieb Franklin 1788:

„Empfehlen Sie mich in aller Zuneigung dem guten Dr. Price und dem ehrlichen Ketzer Dr. Priestley. Ich nenne ihn nicht *ehrlich*, um ihn damit auszuzeichnen, denn ich bin der Ansicht, daß alle Ketzer, die ich gekannt habe, tugendhafte Männer gewesen sind. Sie besitzen die Tugend des Mutes, oder sie würden es nicht wagen, sich zu ihrer Ketzerei zu bekennen, und sie können es sich nicht leisten, es an irgendeiner der anderen Tugenden mangeln zu lassen, da dies ihren Feinden von Nutzen sein würde; und sie haben nicht wie die rechten Sünder eine so große Zahl von Freunden, die sie entschuldigen oder rechtfertigen. Verstehen Sie mich jedoch nicht falsch. Ich mache nicht die Ketzerei meines guten Freundes für seine Ehrlichkeit verantwortlich. Im Gegenteil, es ist seine Ehrlichkeit, die ihm den Charakter eines Ketzers eingebracht hat."

William Cobbett, ein Royalist, der seinen antirepublikanischen Gefühlen während und nach der Amerikanischen Revolution in einer Breitseite, genannt *Peter Porcupine's Gazette*, Luft machte, beschrieb die Aufstände in Birmingham und ihre Auswirkungen folgendermaßen:

„Einige Zeit nach den Aufständen erhoben der Doktor [Joseph Priestley] und die anderen Revolutionäre, deren Eigentum zerstört worden war, Schadenersatzklage gegen die Stadt Birmingham. Der Doktor meldete Ansprüche in der Höhe von £ 4122 11 s 9 d Sterling an, in denen eine Summe von £ 420 15 s für Manuskripte von Arbeiten veranschlagt waren, die, wie er sagte, von den Flammen vernichtet worden waren. Die Verhandlung über diesen Fall dauerte neun Stunden: Das Gericht entschied zu seinen Gunsten, aber kürzte die Schadenssumme auf £ 2502 18 s. Es wurde richtig überlegt, daß der imaginäre Wert der Manuskripte nicht in die Schadenssumme hätte eingeschlossen werden dürfen, da der Doktor, der ja ihr Autor war, sie tatsächlich noch besaß und der Verlust nur wenig mehr sein konnte als ein paar Blätter schmutzigen Papiers. Außerdem bedeutete ihre Vernichtung, wenn sie nach jenen Arbeiten beurteilt werden sollten, die er seit einigen Jahren zuvor veröffentlicht hatte, eine Wohltat und keinen Verlust sowohl für ihn als auch für sein Vaterland. Wenn dann die Summe von £ 420 15 s abgezogen wird, bleibt eine Schadenssumme von £ 3701 16 s 9 d übrig, und es sollte nicht vergessen werden, daß selbst ein großer Teil dieser Summe für eine Apparatur philosophischer Instrumente [die Naturwissenschaften waren damals ein Teilgebiet der Philosophie!] veranschlagt wurde, die trotz der völlig unverzeihlichen Übertreibung des Philosophen („Sie haben die wahrhaftig wertvollste und nützlichste Apparatur philosophischer Instrumente zerstört, die vielleicht irgendjemand in diesem oder einem anderen Land jemals besessen hatte und für deren Benutzung ich jährlich große Summen ausgab, ohne auf irgendeinen Gewinn zu sehen, sondern nur im Interesse der Förderung der

Wissenschaft und zum Nutzen meines Vaterlandes und der Menschheit." – Brief an die Einwohner von Birmingham) nur als eine Sache von imaginärem Wert angesehen werden können und die nicht mehr nach ihrem Preis einzuschätzen sein dürften als eine Sammlung von Muschelschalen oder Insekten oder irgendwelche anderen Frivolitäten eines Liebhabers."

Elf Jahre vor der Tragödie in Birmingham schrieb Franklin einen Brief an Priestley, der sowohl weitsichtig in seinen Voraussagen als auch pessimistisch hinsichtlich seiner Zeitskala ist und der noch heute genauso bedeutungsvoll ist, wie er es 1780 war:

„Ich freue mich stets, wenn ich höre, daß Sie sich immer noch mit der experimentellen Erforschung der Natur beschäftigen und daß Sie dabei Erfolge haben. Der schnelle Fortschritt, den die *wahre* Wissenschaft jetzt macht, läßt mich manchmal bedauern, daß ich zu früh geboren wurde. Es ist unmöglich, sich vorzustellen, zu welchen Höhen die Macht des Menschen über die Materie in tausend Jahren emporgetragen sein dürfte. Wir könnten vielleicht lernen, große Massen von ihrer Schwere zu befreien und sie zum Schweben zu bringen, um sie leichter transportieren zu können. Die Landwirtschaft könnte ihre Mühen verringern und ihre Erzeugung verdoppeln; alle Krankheiten könnten durch sichere Mittel entweder verhindert oder geheilt werden, die des Alterns nicht ausgenommen, und unser Leben könnte verlängert werden, wie es uns beliebte, selbst über den vorsintflutlichen Standard hinaus. Wenn doch die Wissenschaft der Moral sich auch in einem derart hohen Stadium der Verbesserung befände, damit die Menschen aufhören würden, sich untereinander wie Wölfe zu benehmen, und damit die Menschen endlich einmal das lernen würden, was sie jetzt unrichtigerweise Menschlichkeit nennen."

Literaturhinweise

O.T. Benfey, Ed., Classics in the Theory of Chemical Combination (Dover, New York, 1963).

J. B. Conant and *L. K. Nash*, Harvard Case Histories in Experimental Science (Harvard University Press, Cambridge, 1957). Acht kritische Entwicklungsstadien in den experimentellen Naturwissenschaften werden als Fallstudien für Nichtwissenschaftler dargestellt. Umfangreiche Reproduktionen der Originalarbeiten sind in dem Buch enthalten, das sich vorzüglich zum Verstehen der menschlichen Seite des wissenschaftlichen Fortschritts eignet. Das Buch berichtet über Boyle, die Phlogistontheorie, das Wesen der Wärme, die Atomtheorie, Pasteur und die Fermentierung und das Wesen der Elektrizität.

W. F. Kieffer, The Mole Concept in Chemistry (Reinhold, New York, 1962).

H. M. Leicester, The Historical Background of Chemistry (Dover, New York, 1971). Eine sehr lesbare Einführung in das Gebiet, die auf die griechischen, arabischen und mittelalterlichen Alchemisten, den Aufstieg der neuen Chemie nach Lavoisier und Dalton und die Weiterentwicklung neuer chemischer Vorstellungen bis zu der Ära, die wir als die „Quantenrevolution" bezeichnen werden, eingeht.

Lucretius, The Nature of the Universe (De rerum natura) (Penguin Books, London, 1967). Eine gute Prosaübersetzung von R. E. Latham. Der beste Bericht, den wir von der

Atomtheorie des Demokritos und der Epikuräer haben. Deutsche Ausgabe: *Lucrez*, De rerum natura (Aschendorff, Münster, 1970).

D. McKie, Antoine Lavoisier: Economist, Social Reformer (Macmillan, New York, 1962). Ein guter Bericht über einen Wissenschaftler und einen Mann des öffentlichen Lebens inmitten einer Revolution.

J.W. Mellor, A Comprehensive Treatise on Inorganic and Theoretical Chemistry (Longmans Green, London, 1922). Eine mehrbändige Abhandlung, bei der die ersten sieben Kapitel des Bandes I eine gute Geschichte der Chemie abgeben. Darin sind mehr Einzelheiten und mehr Zitate aus Originalquellen enthalten als im Buch von Leicester.

T. Thomson, The History of Chemistry (Colburn and Bentley, London, 1830). Besonders interessant wegen der Darstellung der Alchemie und ihrer unmittelbaren Nachfahren, und weil Dalton und seine Atomtheorie das *letzte* Kapitel des Buches bilden. Es wurde von einem Freund und wissenschaftlichen Berater Daltons geschrieben.

Fragen

1. Welche Elemente werden durch die folgenden Symbole dargestellt: C, H, O, S, N, Cl, As, Pb, Na, K, Re, Ag? Welche davon sind Metalle und welche Nichtmetalle?

2. Was ist ein Isotop, und wie unterscheiden sich Isotope in ihrem chemischen Verhalten?

3. Was ist ein Mol, und warum sind Mole bei der Abmessung der Mengen von chemischen Stoffen so nützliche Einheiten?

4. Was ist der Unterschied zwischen einem Element, einer Verbindung und einer Lösung? Ordnen Sie die folgenden Substanzen in eine der drei Kategorien ein: Ammoniak, Eisen, Messing, Kupfer, Luft, Bronze.

5. A. D. Risteen wird von Mellor zitiert, daß er noch 1895 sagte: „Ich kann nicht sehen, welche Berechtigung für die Annahme vorliegt, daß, wenn sich ein Gewicht A einer Substanz mit einer anderen verbindet, deren Gewicht B beträgt, das Gewicht der sich ergebenen Verbindung universell und notwendig gleich A + B ist." Können Sie beweisen, daß Risteen sich irrte, wenn wir einmal die Feinheiten der nuklearen Masse-Energie Umwandlungen vernachlässigen? Warum sollte gerade die Masse erhalten bleiben und nicht irgendeine andere der vielen physikalischen Eigenschaften wie z. B. Volumen, Dichte oder Temperatur?

6. Auf welche Weise versetzte der Gedanke der Massenerhaltung der Phlogiston-theorie den Todesstoß?

7. Was ist ein nichtstöchiometrischer Festkörper?

8. Erklären Sie einem Skeptiker mit Hilfe der einfachen Atomtheorie das folgende, beobachtbare Verhalten:
   (a) Das Gesetz der konstanten Zusammensetzung.
   (b) Das Gesetz der Äquivalentverhältnisse.
   (c) Das Gesetz der multiplen Proportionen.

9. Was sagt Daltons „Einfachheitsregel"? Warum machte sie ihm Schwierigkeiten?

10. Einmal angenommen, daß Ihnen 1812 zwei sich widersprechende Hypothesen vorgelegt wurden:

(a) Die gasförmigen Elemente liegen als einzelne Atome vor. Nicht alle Gase besitzen bei vorgegebenem Druck und Temperatur notwendigerweise dieselbe Zahl von Molekülen pro Liter.

(b) Alle Gase besitzen beim selben Druck und derselben Temperatur dieselbe Zahl von Molekülen pro Liter. Die gewöhnlichen, gasförmigen Elemente haben Atome, die sich zu Paaren zusammenschließen.

Welche Alternative hätten Sie gewählt? Können Sie wirklich Ihre Wahl anders als im Nachhinein aus der Sicht des zwanzigsten Jahrhunderts rechtfertigen?

11. Was tat Cannizzaro mit Avogadros Hypothese, so daß diese akzeptiert wurde, als sie fünfzig Jahre später von Cannizzaro wieder vorgestellt wurde?

12. Warum beträgt der Wert für die relative Atommasse des Sauerstoffs auf Cannizzaros Skala sechzehn, während er auf Daltons Skala gleich acht ist?

13. Wie kann die Äquivalentmasse eines Elements aus den relativen Atommassen und den chemischen Formeln berechnet werden?

14. Wie kann eine chemische Formel nur aus der Kenntnis der relativen Atommassen und der Äquivalentmassen der Elemente in der Verbindung abgeleitet werden?

15. Wie kann die relative Atommasse eines Elements aus der Äquivalentmasse des Elements und der Formel der Verbindung abgeleitet werden, in der es vorliegt?

16. Warum kann Cannizzaros Methode nur eine obere Grenze für eine relative Atommasse und niemals eine untere Grenze feststellen?

17. Zeigen Sie, daß die relative Atommasse des Silbers gleich $216,4(y/x)$ ist, wenn die Äquivalentmasse des Silbers im Silberoxid 108,2 g beträgt und die Formel Ag_xO_y lautet.

18. Warum ist der konstante Wert des Produktes aus spezifischer Wärme und Molmasse bei Metallen ein Hinweis darauf, daß die Wärmeabsorption eine Eigenschaft ist, die eher von der Zahl der Moleküle des Stoffes als von der Zahl von Grammen abhängt?

19. Wie groß ist die Valenz des S-Atoms in den folgenden Verbindungen: H_2S, SO, SO_2, SO_3, S_8?

20. Welche der folgenden chemischen Formeln sind empirische Formeln: H_2S, N_2O_4, CH_4, C_2H_6, C_3H_8, C_6H_6?

21. Wie kann man eine chemische Formel nur aus analytischen Daten, prozentualer Zusammensetzung und den relativen Atommassen ermitteln? Welche weiteren Daten könnten dabei helfen, aus einer empirischen Formel eine Molekülformel abzuleiten?

Aufgaben

1. Wie viele Atome befinden sich in 0,00745 g eines Wolframdrahts?

2. Welche Masse besitzen $7,63 \times 10^{20}$ Atome des Arsens?

3. Die relative Atommasse des Thuliums beträgt 169. Welche Masse besitzt ein Durchschnittsatom des Thuliums?

4. Ein Kasten enthält 8,50 g Kohlenstofftetrabromid (CBr_4) dampf. Wie viele Moleküle CBr_4 befinden sich in dem Kasten?

5. Wie viele Stickstoffatome sind in 0,0150 mol N_2O_4 enthalten?

6. Die folgenden Isotope des Magnesiums kommen in der Natur vor:

Isotop	Relative Atommasse	Prozentualer Anteil
$^{24}_{12}$Mg	23,9850	78,70
$^{25}_{12}$Mg	24,9858	10,13
$^{26}_{12}$Mg	25,9826	11,17

Wie groß ist die Atommasse des natürlich vorkommenden Magnesiums?

7. Wenn 0,87 mol eines Stoffes 5,30 g wiegen, wie groß ist dann die Molmasse des Stoffes?

8. Wie groß ist die Masse von 3,20 mol Propangas (C_3H_8)? Wie viele Moleküle sind in dieser Masse enthalten?

9. Wie groß ist die Masse in Tonnen (10^3 kg) von einem Tonnenmol Schwefel? Wie viele Schwefelatome befinden sich in dieser Menge?

10. Wie groß ist die relative Molekülmasse der Aminosäure Alanin, $C_3H_7O_2N$?

11. Wie groß ist die relative Molekülmasse von H_2CO_3?

12. Bis 1961 basierte die Skala der relativen Atommassen auf der Zuordnung einer relativen Atommasse von genau 16 zu der Isotopenmischung des Sauerstoffs in der Erdatmosphäre. Gegenwärtig liegt der Skala der relativen Atommassen das Kohlenstoffisotop $^{12}_6$C zugrunde. Ist nun die Loschmidtsche Konstante heute dieselbe wie vor 1961? Wenn sie nicht mehr dieselbe ist, um wieviel unterscheidet sie sich vom alten Wert?

13. 1962 wurde die erste einer Reihe von Verbindungen des Xenons, Xe, mit Fluor und Sauerstoff entdeckt. Wie groß ist die relative Molekülmasse des Kaliumxenats, K_6XeO_6? Wie groß ist der Xenongehalt dieser Verbindung in Gewichts(Massen)-prozent?

14. Wie viele Gramm und wie viele Grammatome Sauerstoff, O, sind in 0,0100 mol Ascorbinsäure (Vitamin C), $C_6H_8O_6$, enthalten?

15. Wie groß ist der Gehalt von C in Gewichtsprozent im Äthan, C_2H_6?

16. Wie groß ist der Massenanteil eines jeden Elements in Prozent (Gewichtsprozent) im $K_2Cr_2O_7$?

17. Die Formel für Trinitrotoluol (TNT) lautet $C_7H_5N_3O_6$. Berechnen Sie die Gewichtsprozente eines jeden Elements im TNT.

18. Eine der Komponenten des Portlandzements enthält 52,7% Calcium, 12,3% Silizium und 35,0% Sauerstoff. Wie lautet die empirische Formel dieser Verbindung?

19. Wenn 5,00 g des Elements A vollständig mit 15,0 g des Elements B reagieren, entsteht die Verbindung AB. Wenn 3,00 g des Elements A mit 18,0 g des Elements C reagieren, bildet sich die Verbindung AC_2. Die relative Atommasse des Elements B ist 60,0. Berechnen Sie die relativen Atommassen der Elemente A und C.

20. Ein Metall, Me, bildet ein Oxid, Me_2O_3, das 68,4% des Metalls enthält. Berechnen Sie die relative Atommasse des Me.

21. Eine Verbindung besteht aus 22,9% Natrium, 21,5% Bor und 55,7% Sauerstoff. Wie lautet ihre empirische Formel?

22. Die relative Molekülmasse eines Phosphoroxids ist gleich 284. Eine Elementaranalyse

zeigt, daß die Verbindung 43,6% Phosphor enthält. Bestimmen Sie die Molekül-formel der Verbindung.

23. Wie viele Mole XeF_6 können aus 0,0320 g Xenon und 0,0304 g Fluor hergestellt werden?

24. Wenn metallisches Silber und pulverisierter Schwefel miteinander erhitzt werden, bildet sich festes, schwarzes Ag_2S. Eine Reaktionsmischung enthält 1,73 g Silber und 0,540 g Schwefel. Bestimmen Sie, ob ein Element zum Teil unverbraucht übrig bleibt, wenn das andere vollständig zu Ag_2S umgewandelt ist. Wie viele Gramm wel-chen Elements bleiben, wenn überhaupt, nach der Reaktion übrig?

25. Eisen reagiert mit Sauerstoff unter Bildung von Oxiden mit unterschiedlichen Zu-sammensetzungen, die von den experimentellen Bedingungen abhängen. Die pro-zentualen Gehalte des Eisens in drei von diesen Oxiden sind 77,73%, 72,36% und 69,94%. Veranschaulichen Sie mit Hilfe dieser Daten das Gesetz von den multiplen Proportionen.

26. Kupfer reagiert mit Brom und bildet dabei festes, schwarzes $CuBr_2$. Wie groß ist die Masse des gebildeten $CuBr_2$, wenn 2,13 g Cu mit 10,3 g Br reagieren? Wenn irgend-einer der Reaktionspartner übrigbleibt, wie viel von ihm ist dann nach der Reaktion noch vorhanden?

27. Wie viele Mole Ethanol, C_2H_5OH, können mit 3,00 g Kohlenstoff hergestellt wer-den?

28. Der Gehalt der verschiedenen Schad- und Schmutzstoffe in Luft, Wasser, Nahrungs-mitteln und so weiter wird häufig in ppm („pars per million") der Masse oder des Volumens ausgedrückt. Wie viele Mole Blei sind im menschlichen Blutkreislauf vor-handen, der 6,00 l Blut mit einer Bleikonzentration von 0,200 ppm der Masse nach bei einer Dichte von 1,05 g cm^{-3} enthält? (Das Blut des Durchschnittsamerikaners weist eine Bleikonzentration von 0,2 ppm auf; eine Bleikonzentration von 0,8 ppm wird als Anzeichen einer Bleivergiftung angesehen.)

29. Wie groß ist die Äquivalentmasse des Metalls, wenn 1,00 g eines Metalls mit 3,98 g Sauerstoff reagiert?

30. Wie groß wird das Volumen des gebildeten Wasserdampfs sein, wenn 10,0 l Wasser-stoff (H_2) und 10,0 l Sauerstoff (O_2) miteinander reagieren und wenn die Reaktion bei konstanter Temperatur und konstantem Druck durchgeführt wird? Welches Volu-men welches Reaktionspartners wird übrigbleiben?

31. Bei gleichem Druck und gleicher Temperatur ist Ethylengas (C_2H_4) um wie viele Male dichter als Heliumgas (He)?

32. Eine Verbindung enthält 40,0% Kohlenstoff, 53,3% Sauerstoff und 6,67% Wasser-stoff. Bei dem gleichen Druck und der gleichen Temperatur wie in Tabelle 1–4 be-trägt die Dampfdichte dieser Verbindung 2,68 g l^{-1}. Berechnen Sie die empirische Formel, die relative Molekülmasse und die Molekülformel.

33. Toluol (eine Verbindung von Kohlenstoff und Wasserstoff) kann zu Kohlendioxid und Wasserdampf verbrannt werden. Wenn diese Verbrennung erfolgt, reagiert eine Volumeneinheit Toluoldampf mit neun Volumeneinheiten O_2 unter Bildung von sieben Volumeneinheiten CO_2 und vier Volumeneinheiten Wasserdampf. Wie lautet die empirische Formel des Toluols?

34. Eine Verbindung enthält 65,45% Kohlenstoff, 29,06% Sauerstoff und 5,49% Wasserstoff. Eine 3,3 g schwere Probe der Verbindung ergibt 672 ml (1 ml $\equiv$ 1 cm^3) Dampf bei der gleichen Temperatur und dem gleichen Druck wie in Tabelle 1–4. Bestimmen Sie die empirische Formel, die relative Molekülmasse, die Molekülformel und die Anzahl der Mole in 3,3 g der Verbindung.

35. Drei Verbindungen zwischen Kohlenstoff und einem anderen Element, X, sind bekannt. Die Massenprozente von X und die Dampfdichten bei derselben Temperatur und demselben Druck wie in Tabelle 1–4 haben folgende Werte:

Verbindung	Massenprozente X	Dampfdichte (gl^{-1})
A	86,4	3,92
B	82,6	6,16
C	61,4	2,77

Wie groß ist die größtmögliche relative Atommasse für X? Wie sehen die Molekülformeln für die Verbindungen A, B und C aus, wenn dieser Wert richtig ist? Welche anderen Werte sind für die relative Atommasse von X noch möglich? Sehen Sie sich einmal das Periodensystem auf der Innenseite des Einbanddeckels vorne im Buch an, und versuchen Sie einmal, das Element X zu identifizieren. Welches sind die wahrscheinlichsten Angaben für die relative Atommassen des X und die Molekülformeln?

36. Eine Menge von 3,70 g eines Metalls verbindet sich mit 1,94 g O_2-Gas. Die spezifische Wärme des Metalls beträgt 0,14 cal g^{-1}. Wie groß ist die Äquivalentmasse des Metalls? Wie groß ist seine relative Atommasse? (0,14 cal g^{-1} = 0,59 J g^{-1}.)

37. Wenn 1,00 g eines Kupferoxids mit Wasserstoff reagieren, sind die Reaktionsprodukte Wasser und 0,799 g metallisches Kupfer. Die spezifische Wärme des Kupfers beträgt 0,386 Jg^{-1}K^{-1}. Wie groß ist die relative Atommasse des Kupfers?

38. Ein 1,00 g schwere Probe Uran reagiert mit 0,0126 g H_2-Gas. Wie groß ist die relative Atommasse des Urans, wenn die spezifische Wärme von U gleich 0,027 cal g^{-1} grd^{-1} ist? Welche Valenz besitzt U?

39. Die spezifische Wärme eines unbekannten Metalls, Me, beträgt 0,0295 cal g^{-1} grd^{-1}. Das Metall bildet ein Oxid, in dem sich 8,50 g des Metalls mit einem Gramm O_2 verbinden. Ermitteln Sie die Äquivalentmasse, die relative Atommasse und die Valenz des Metalls. Wie lautet die Formel des Metalloxids? Können Sie das Metall mit Hilfe des Periodensystems identifizieren?

> Naturwissenschaftliche Forschung besteht darin, etwas zu sehen, was jeder andere auch gesehen hat, aber das zu denken, was kein anderer zuvor gedacht hat.
>
> *A. Szent-Gyorgyi*

2 Die Gasgesetze und die Atomtheorie

Obwohl die Gase die letzten Substanzen waren, die man chemisch verstand, waren sie die ersten Stoffe, deren physikalische Eigenschaften mit Hilfe einfacher Gesetze erklärt werden konnten. Es ist ein glücklicher Umstand, daß dieser am stärksten verdünnte Zustand der Materie bei Temperaturänderungen sehr viel einfacheren Gesetzen gehorcht als Festkörper oder Flüssigkeiten. Die Bedeutung unserer Fähigkeit, Gase einzufangen und zu wiegen, wurde schon bei unserer Diskussion des Sturzes der Phlogistonhypothese demonstriert. Darüber hinaus ist es einer der besten Beweise für die Atomtheorie, daß sie in der Lage ist, das Verhalten von Gasen zu erklären: Dieses ist das Thema des vorliegenden Kapitels.

Wenn wir eine eingeschlossene Probe eines Gases haben, können wir ihre Masse, ihr Volumen, den Druck des Gases auf die Wände des Behälters, die Viskosität des Gases, seine Temperatur und seine Leitfähigkeit für Wärme und Schall messen. Wir können auch die Rate bestimmen, mit der es durch eine Öffnung in eine andere Kammer strömt, und auch die Rate, mit der es durch ein anderes Gas diffundiert. In diesem Kapitel werden wir zeigen, daß diese Eigenschaften einer Gasprobe nicht voneinander unabhängig sind. Weiterhin werden wir die Gesetze diskutieren, die die Ergebnisse einiger dieser Messungen miteinander in Zusammenhang bringen. Wir werden dann zeigen, wie eine Theorie, die von der Annahme ausgeht, daß Gase aus sich bewegenden Molekülen bestehen, das Verhalten eines Gases erklären kann.

2–1 Das Avogadrosche Gesetz

Im Kapitel 1 begegneten wir dem ersten Gesetz, das das Verhalten eines Gases beschreibt, in einer etwas verschleierten Form. Dieses Gesetz geht auf Avogadros Beobachtung zurück, daß bei vorgegebener Temperatur und vorgegebenem Druck die Anzahl von Molekülen *irgendeines Gases* in einem bestimmten Volumen stets die gleiche ist. Die Zahl der Moleküle und damit auch die Zahl der Mole, n, ist dann dem Volumen des Gases proportional

$$n = kV \text{ (bei konstantem } P \text{ und } T \text{)} \tag{2-1}$$

wobei k eine Proportionalitätskonstante ist. Wir werden uns nach anderen, derartigen Bezeichnungen umsehen, die für Gase den Druck, P, das Volumen, V, die Temperatur, T, und die Anzahl von Molen in einer Probe, n, miteinander in Zusammenhang bringen.

2–2 Der Druck eines Gases

Wenn ein an einem Ende verschlossenes Glasrohr mit Quecksilber gefüllt wird und dann mit seinem offenen Ende in ein mit Quecksilber gefülltes Gefäß umgekehrt wird, wie in Abbildung 2–1 (a) gezeigt ist, wird das Niveau des Quecksilbers im Rohr so weit absin-

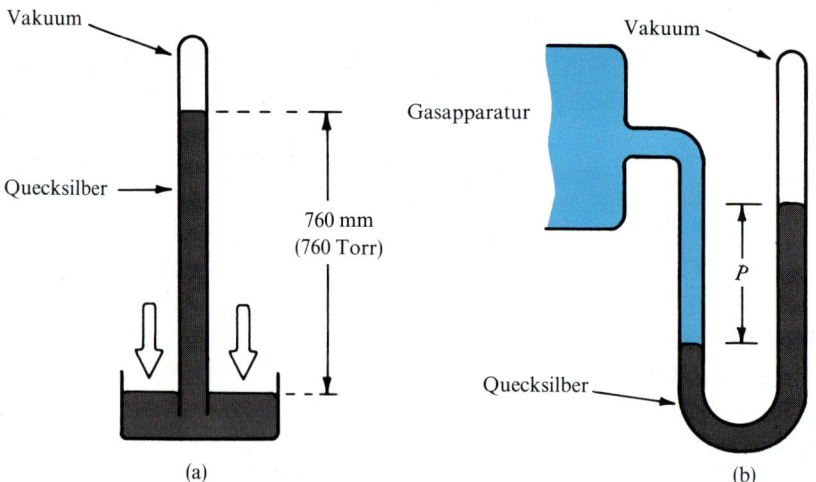

Abbildung 2–1 Messung von Gasdrücken. (a) Torricellisches Barometer: Wenn ein einseitig offenes, mit Quecksilber gefülltes Glasrohr von ausreichender Länge umgekehrt in eine mit Quecksilber gefüllte Schale gestellt wird, so daß keine Luft in das Rohr gelangt, sinkt das Quecksilberniveau im Glasrohr, und es entsteht ein Vakuum am oberen Ende des Rohres. In diesem Vakuum ist nur eine geringe Spur von Quecksilberdampf enthalten. Die Höhe der Quecksilbersäule wird durch den Druck der Atmosphäre (in mm Hg oder Torr gemessen) auf das Quecksilber in der Auffangschale bestimmt. (b) In einer Gasapparatur wird der Druck P (in mm Hg oder Torr; beide Einheiten sind veraltet!) dadurch bestimmt, daß der Höhenunterschied der beiden Quecksilbersäulen in einem Manometer gemessen wird. Wenn die Apparatur vollständig evakuiert wird, liegen die beiden Quecksilbermenisken auf gleicher Höhe.

ken, bis die Quecksilbersäule ungefähr 760 Millimeter (mm) über der Oberfläche des Quecksilbers im Gefäß steht. Der Druck, der durch das Gewicht der Quecksilbersäule auf dem Niveau der Oberfläche des Quecksilbers im Gefäß ausgeübt wird, wird genau durch den Druck der umgebenden Atmosphäre kompensiert. Da es dadurch ein Gleichgewicht zwischen einander entgegengesetzten Drücken gibt, fließt, nicht mehr Quecksilber aus dem Rohr heraus oder in das Rohr hinein. Eine derartige Vorrichtung gestattet es, den atmosphärischen Luftdruck zu messen, wie Evangelista Torricelli (1608–1674) als erster erkannte. Er zeigte, daß es der *Druck* am unteren Ende der Quecksilbersäule war, der von Bedeutung war, und nicht das Gesamtgewicht des Quecksilbers. Infolge dessen ist die Höhe der Quecksilbersäule in einem Barometerrohr unabhängig von der Größe oder der Form des Rohres. Der atmosphärische Luftdruck in Höhe des Meeresspiegels trägt eine Quecksilbersäule von 760 mm Höhe. Dieser Druck ist gleich 1 Atmosphäre (atm) oder gleich dem *Standarddruck*. Die Einheit von 1 mm Quecksilbersäule wurde zu Ehren Torricellis *Torr* genannt. (Mit der Dichte des Quecksilbers von 13,60 $g cm^{-3}$ sollte es Ihnen möglich sein, zu zeigen, daß der Druck von 1 atm oder 760 Torr einem Druck von $1,013 \times 10^5$ Newton pro Quadratmeter (Nm^{-2}) entspricht. Stellen Sie sich zur Hilfe vor, daß die Quecksilbersäule einen Querschnitt von $1,00 cm^2 = 1,00 \times 10^{-4} m^2$ besitzt.) Mit genauen Ablesevorrichtungen können wir die Höhe einer Quecksilbersäule auf Bruchteile eines Millimeters genau ablesen. Moderne experimentelle Methoden benutzen jedoch häufig Hochvakuumapparaturen, die Drücke in dem Bereich von 10^{-3} Torr bis 10^{-9} Torr aufrechterhalten können. Bei derartig niedrigen Drücken sind Quecksilbermanometer natürlich unbrauchbar, und man muß andere Verfahren zur Messung des Drucks finden.

Die hier bei der Darstellung der historischen Entwicklung noch benutzten, veralteten Druckeinheiten atm und Torr werden nur im Zusammenhang mit historischen Daten verwendet. Alle Größen in diesem Lehrbuch werden im Internationalen Einheitensystem (SI) geschrieben (siehe Vorwort zur deutschen Ausgabe und Anhang 1). Zwischen den alten Druckeinheiten und den SI-Einheiten gelten folgende Beziehungen

$$
\begin{aligned}
1 \text{ atm} &= 760 \text{ Torr} \\
&= 1,013 \times 10^5 \text{ Pa (Pascal)} \\
&= 1,013 \text{ bar} \\
1 \text{ Pa} &= 1 \text{ Nm}^{-2} \text{ (SI-Einheit)} \\
1 \text{ bar} &= 10^5 \text{ Pa}
\end{aligned}
$$

2–3 Das Boylesche Gesetz über die Verknüpfung von Druck und Volumen

Robert Boyle, der uns bereits eine Operationsdefinition eines Elements gab, war auch an Phänomenen interessiert, die in evakuierten Räumen auftraten. Bei der Entwicklung von Vakuumpumpen für das Entfernen der Luft aus Behältern beobachtete er eine Eigenschaft, die jedem vertraut ist, der einmal eine Handpumpe zum Aufblasen eines Reifens oder Fußballs benutzt hat oder der einen Ballon zusammengedrückt hat, ohne ihn dabei zum Platzen zu bringen: Wenn Luft komprimiert wird, übt sie einen ständig zunehmenden Gegendruck aus. Boyle nannte diese Erscheinung die „Feder der Luft" und maß sie mit Hilfe der einfachen Vorrichtung, die in Abbildung 2–2(a) und (b) dargestellt ist.

Boyle fing etwas Luft in dem geschlossenen Ende des J-förmigen Rohrs ein, wie Abbildung 2–2(a) zeigt, und komprimierte sie dann, indem er zunehmende Mengen von

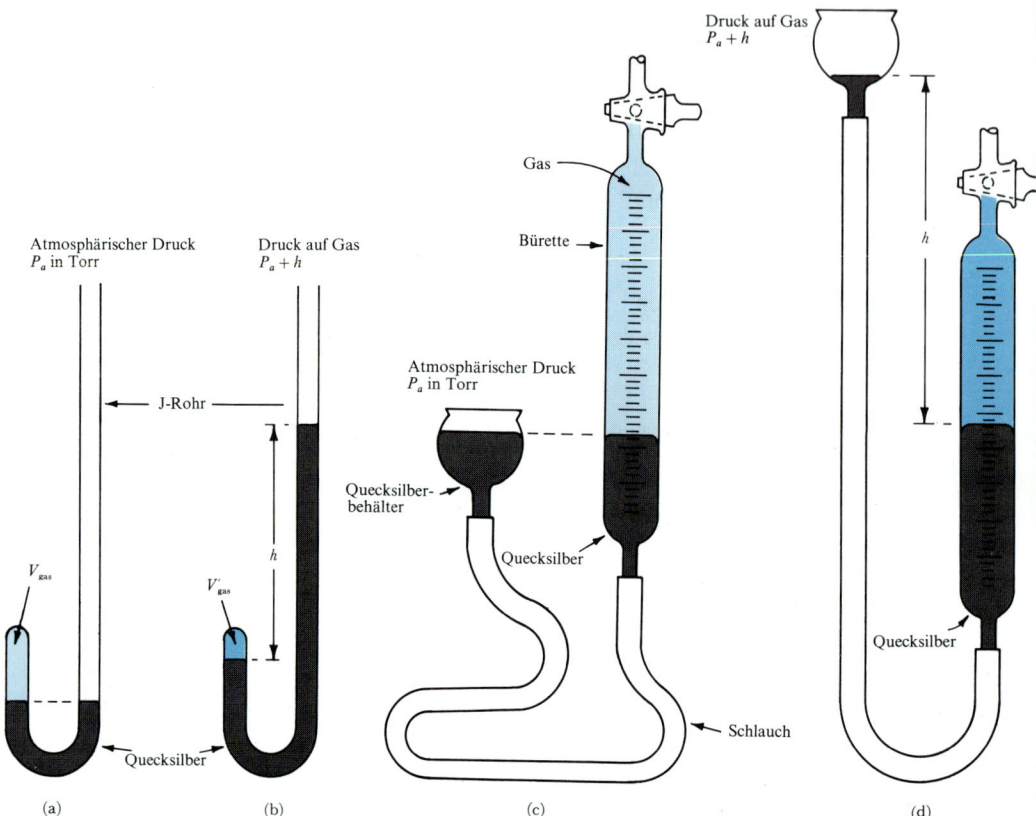

Abbildung 2–2 Die Abhängigkeit des Volumens einer Gasprobe vom Druck. (a) Die einfache J-Rohr-Apparatur, die Boyle zur Messung von Druck und Volumen verwendete. Wenn die Höhe der Quecksilbersäulen im offenen und im abgeschlossenen Schenkel des J-Rohrs gleich groß ist, dann ist der Druck, der auf die Gasprobe ausgeübt wird, gleich dem atmosphärischen Luftdruck. (b) Der Druck auf das eingeschlossene Gas wird erhöht, indem Quecksilber in das offene Rohrende gefüllt wird. (c) Die Gasbürette, ein Gerät, das nach demselben Prinzip wie die J-Rohr-Apparatur arbeitet. Das Gas steht im dargestellten Fall unter atmosphärischem Druck. (d) Der Druck auf das Gas wird durch Anheben des Quecksilberbehälters erhöht. Für (a) und (b) wird der Querschnitt des J-Rohrs als konstant angenommen, so daß die Höhe der Gasprobe ein Maß für ihr Volumen ist. In (c) und (d) wird das Gasvolumen durch die geeichte Bürette bestimmt.

Quecksilber in das offene Ende des Rohres einfüllte (b). An jedem Punkt ist der Gesamt-druck auf das eingeschlossene Gas gleich dem atmosphärischen Luftdruck *plus* dem Druck, der durch den Überschuß an Quecksilber im offenen Rohr erzeugt wird, der die Höhe h besitzt. Boyles Originalergebnisse für Drücke und Volumen bei Luft sind in Tabelle 2–1 angegeben. Obwohl er sich keine besondere Mühe gab, die Temperatur des Gases konstant zu halten, ändert sie sich wahrscheinlich nur geringfügig. Boyle stellte auch fest, daß die Hitze einer Kerzenflamme eine drastische Änderung im Verhalten der Luft hervorrief.

Analyse der Meßergebnisse

Nachdem ein Naturwissenschaftler Meßergebnisse wie die in Tabelle 2–1 erhalten hat, versucht er, eine mathematische Beziehung zu finden, die die beiden gegenseitig voneinander abhängigen Größen, die er gemessen hat, miteinander verknüpft. Ein Verfahren dazu ist es, verschiedene Potenzen einer jeden Größe gegeneinander aufzutragen, bis sich eine gerade Linie ergibt. Die allgemeine Gleichung für eine gerade Linie lautet

$$y = ax + b \tag{2–2}$$

wobei x und y die Variablen und a und b Konstanten sind. Wenn $b = 0$ ist, geht die Gerade durch den Ursprung des Koordinatensystems.

Tabelle 2–1 Boyles Originaldaten für den Zusammenhang zwischen Druck und Volumen von atmosphärischer Luft[a]

Volumen, V (Markierungen entlang Rohr mit gleichmäßigem Querschnitt)[b]	Druck, P (Zoll Quecksilbersäule)[c]	$P \times V$
A 48	$29\frac{2}{16}$	1400
46	$30\frac{9}{16}$	1406
44	$31\frac{15}{16}$	1408
42	$33\frac{8}{16}$	1410
40	$35\frac{5}{16}$	1412
38	37	1408
36	$39\frac{5}{16}$	1416
34	$41\frac{10}{16}$	1420
32	$44\frac{3}{16}$	1416
30	$47\frac{1}{16}$	1414
28	$50\frac{5}{16}$	1410
26	$54\frac{5}{16}$	1412
24	$58\frac{13}{16}$	1414
23	$61\frac{5}{16}$	1411
22	$64\frac{1}{16}$	1411
21	$67\frac{1}{16}$	1410
20	$70\frac{11}{16}$	1415
19	$74\frac{2}{16}$	1410
18	$77\frac{14}{16}$	1403
17	$82\frac{12}{16}$	1410
16	$87\frac{14}{16}$	1407
15	$93\frac{1}{16}$	1398
14	$100\frac{7}{16}$	1408
13	$107\frac{13}{16}$	1395
B 12	$111\frac{9}{16}$	1342

[a] Wiedergegeben mit Erlaubnis von J.B. Conant, *Harvard Case Histories in Experimental Science*, Harvard University Press, Cambridge, 1957, Vol. 1, p. 53.
[b] Datenendpunkte A und B entsprechen den Markierungen in Abbildung 2–3.
[c] Die Höhe h in Abbildung 2–2b plus $29\frac{1}{8}$ Zoll für den atmosphärischen Luftdruck.

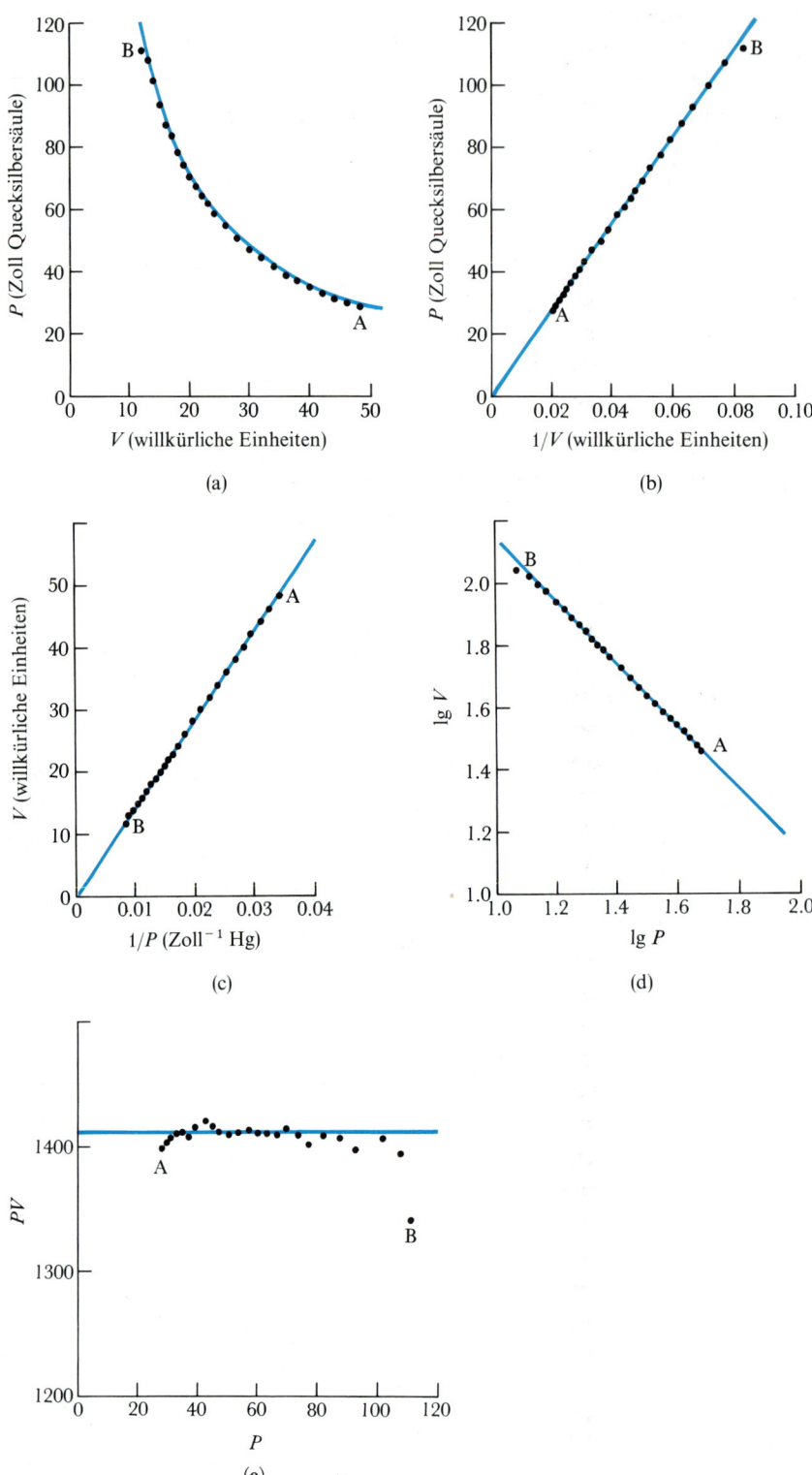

(a)

(b)

(c)

(d)

(e)

Abbildung 2–3 zeigt verschiedene Möglichkeiten der Darstellung der Meßergebnisse für den Druck, P, und das Volumen, V, die in Tabelle 2–1 angegeben sind. Die Darstellungen von P gegen $1/V$ und V gegen $1/P$ sind gerade Linien durch den Ursprung. Eine Auftragung des Logarithmus des Zahlenwerts von P, P*, gegen den Logarithmus des Zahlenwerts von V, V*, liefert ebenfalls eine Gerade mit dem negativen Anstieg – 1. Aus diesen Kurven können die ihnen entsprechenden Gleichungen abgeleitet werden

$$P = \frac{a}{V} \tag{2–3a}$$

$$V = \frac{a}{P} \tag{2–3b}$$

und

$$\log V^* = \log a - \log P^* \tag{2–3c}$$

Diese Gleichungen stellen Varianten der üblichen Formulierung des Boyleschen Gesetzes dar: *Für eine vorgegebene Masse eines Gases ist der Druck umgekehrt proportional zum Volumen, wenn die Temperatur konstant gehalten wird.*

Wenn die Beziehung zwischen zwei Meßgrößen so einfach wie diese hier ist, kann sie genau so gut numerisch abgeleitet werden. Wenn jeder Wert von P mit dem entsprechenden Wert von V multipliziert wird, besitzen die Produkte für eine einzelne Gasprobe alle nahezu denselben Wert, wenn die Temperatur konstant gehalten wird (Tabelle 2–1). Somit folgt

$$PV = a \approx 1410 \text{ Einheiten} \tag{2–3d}$$

Die Gleichung (2–3d) stellt die Hyperbel dar, die sich bei der Auftragung von P gegen V (Abbildung 2–3a) ergibt. Diese experimentell gefundene Funktion, die P mit V verknüpft, kann jetzt dadurch überprüft werden, daß PV gegen P aufgetragen wird, um feststellen zu können, ob sich eine horizontal verlaufende gerade Linie ergibt (Abbildung 2–3e).

Boyle fand nun, daß für eine vorgegebene Gasmenge bei konstanter Temperatur die Beziehung zwischen P und V mit recht vernünftiger Genauigkeit durch

$$PV = \text{const.} \quad \text{(bei konstantem } T \text{ und } n\text{)} \tag{2–4}$$

für alle Gase gegeben ist.

Bevor Sie weitermachen: Um sicherzustellen, daß Sie das Boylesche Gesetz verstehen, können Sie einmal versuchen, die Punkte 1–14 in Abschnitt 2–1 von Lassila et al., *Begleitprogramm zu Prinzipien der Chemie* durchzuarbeiten.

◀ **Abbildung 2–3** Auftragungen der Boyleschen Daten aus Tabelle 2–1 in verschiedenen Darstellungen. (a) P gegen V, was eine Hyperbel ergibt. (b) P gegen $1/V$. (c) V gegen $1/P$. (d) lg V gegen lg P. (e) PV gegen P. A und B kennzeichnen dieselben Enddatenpunkte in jeder Darstellung. Wenn die Daten in der Form P gegen $1/V$ (oder V gegen $1/P$) aufgetragen werden, gehorcht die Kurve der Geradengleichung $y = ax + b$, wobei $P(V)$ die y-Koordinate und $1/V$ ($1/P$) die x-Koordinate ist. Die Proportionalitätskonstante a kann aus dem Anstieg der geraden Linie in (b) oder aus der Höhe der horizontalen Linie in (e) bestimmt werden. Beachten Sie, wie empfindlich die Auftragung (e) mit ihrem unterdrückten Nullpunkt auf der vertikalen Achse gegen Fehler in den Meßdaten (und möglicherweise gegen unvermutete Abhängigkeiten) ist.

2–4 Das Charlessche Gesetz über die Verknüpfung von Volumen und Temperatur

Wir wissen, daß sich Luft bei ihrer Erwärmung ausdehnt, wodurch ihre Dichte abnimmt. Aus diesem Grunde steigen Ballons auf, wenn sie mit warmer Luft gefüllt werden. Annähernd 100 Jahre nachdem Boyle sein Gesetz abgeleitet hatte, maß Jacques Charles (1746–1823) die Auswirkung einer Temperaturänderung auf das Volumen einer Luftprobe. Diese Messung kann mit Hilfe der Vorrichtung aus Abbildung 2–4 ganz einfach

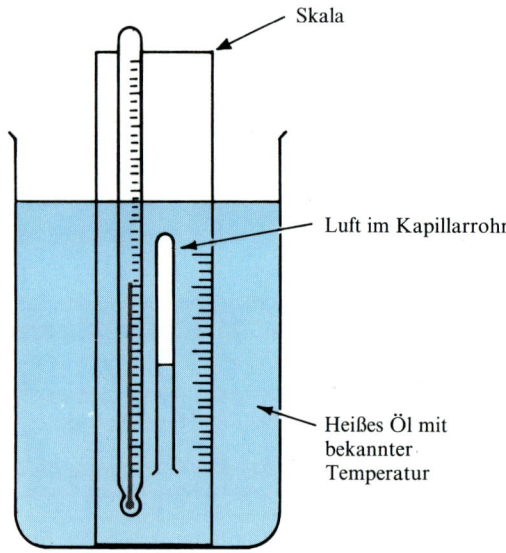

Skala

Luft im Kapillarrohr

Heißes Öl mit bekannter Temperatur

Abbildung 2–4 Experimentelle Bestimmung der Beziehung zwischen dem Volumen eines Gases und seiner Temperatur. Die Apparatur besteht aus einem kleinen Kapillarrohr und einem Thermometer, die auf einer Meßskala angebracht sind, die in ein heißes Ölbad eintaucht. Während sich das System abkühlt, steigt das Öl in der Kapillare empor, und die Länge des Gasraums und die Temperatur werden von Zeit zu Zeit gemessen. Für ein Kapillarrohr mit konstantem Querschnitt ist die Länge des Luftraums ein Maß für das Gasvolumen. Solange, wie das untere Ende des Luftraums in der Kapillare auf derselben Tiefe unter der Oberfläche des Ölbades gehalten wird, ist der Druck in der Kapillare konstant.

durchgeführt werden. Einige Beispiele der Meßergebnisse sind in Abbildung 2–5 aufgetragen. Diese zeigen, daß eine Darstellung von V gegen T eine gerade Linie liefert, die mit der Temperaturachse einen extrapolierten Schnittpunkt bei $-273\,°C$ auf der Celsiusskala hat. Charles drückte sein Gesetz in der Form

$$V = c\,(t + 273\,°C)$$

aus, wobei V das Volumen einer Gasprobe, t die Temperatur auf der Celsiusskala und c eine Proportionalitätskonstante ist.

Später schlug Lord Kelvin (1824–1907) vor, daß der Schnittpunkt bei $-273\,°C$ ein absolutes Minimum der Temperatur darstellte, das nicht unterschritten werden konnte. In Naturwissenschaft und Technik wird heute Kelvins absolute Temperaturskala verwendet, bei der $0\,K = -273{,}16\,°C$ und $273{,}16\,K = 0\,°C$ sind. Das Kelvin (K) ist eine der sechs Grundeinheiten des SI-Systems.

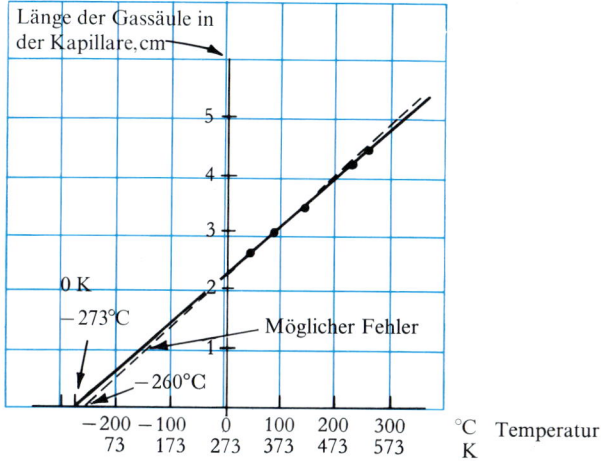

Abbildung 2–5 Eine Auftragung der Meßdaten, die mit der Apparatur aus Abbildung 2–4 erhalten wurden. Sie zeigt, daß das Volumen proportional zur absoluten Temperatur ist. Genau eine solche Auftragung unter Verwendung der Celsius-Skala wurde ursprünglich dazu benutzt, den absoluten Nullpunkt der Temperatur zu bestimmen. Beachten Sie, wie leicht ein kleiner Fehler im Anstieg der Geraden durch die Meßpunkte einen großen Fehler im Wert des absoluten Nullpunkts ergeben kann. Es sollte Ihnen daran klar werden, daß, wenn überhaupt möglich, derart weite Extrapolationen vermieden werden sollten.

Damit wird das Charlessche Gesetz ausgedrückt. als

$$V = cT \quad \text{(bei konstantem } P \text{ und } n\text{)} \tag{2–5}$$

wobei T die absolute Temperatur in Kelvin ist (d. h. gleich $t + 273\,°C$). Die Gleichung (2–5) läßt erkennen, *daß bei konstantem Druck das Volumen einer vorgegebenen Gasmenge der absoluten Temperatur direkt proportional ist.* Für die leichten Gase wie Wasserstoff und Helium ist das Charlessche Gesetz so genau erfüllt, daß Gasthermometer häufig für genaue Temperaturmessungen die Quecksilberthermometer ersetzen (siehe Abbildung 2–6). Ein Quecksilberthermometer, daß so kalibriert wurde, daß es 0 °C in einer Wasser-Eis-Mischung und 100 °C in siedendem Wasser anzeigt, ist an dazwischenliegenden Punkten bis auf 0,1 Grad ungenau, während ein Wasserstoffthermometer über diesen ganzen Bereich weitaus genauer ist.

Jacques Charles führte seine Experimente um das Jahr 1787 durch, aber veröffentlichte seine Meßergebnisse nicht. Seine Arbeit wurde 1802 von Joseph Gay-Lussac bestätigt, nach dem das Charlessche Gesetz auch als Gay-Lussacsches Gesetz bezeichnet wird.

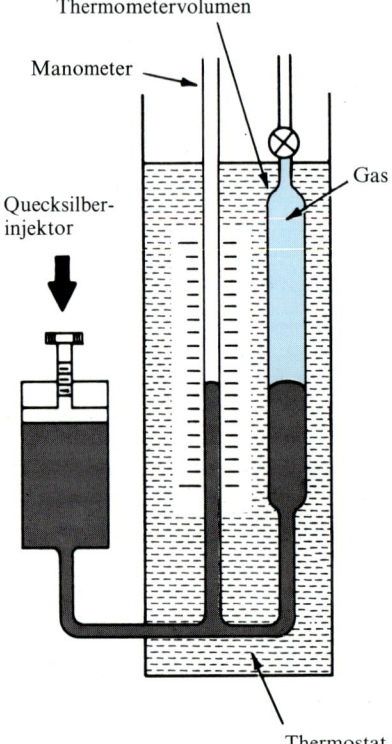

Thermometervolumen

Manometer

Gas

Quecksilber-
injektor

Thermostat

Abbildung 2–6 Ein einfaches Gasthermometer. Das Gasvolumen ist ein Maß für die absolute Temperatur. Die Thermometerskala kann mit Hilfe des Gefrierpunkts (0 °C) und des Siedepunkts (100 °C) von Wasser geeicht werden. Das Quecksilber wird mit dem Quecksilberinjektor in die Apparatur hineingedrückt oder aus ihr abgesaugt, um das Gas unter konstantem atmosphärischen Druck zu halten.

2–5 Zusammenfassung zum idealen Gasgesetz

Die drei Gasgleichungen, denen wir bis jetzt begegnet sind, können alle mit Hilfe der Proportionalität des Volumens zu einer anderen Größe ausgedrückt werden.

$V \sim n$ (bei konstantem P und T) Avogadrosches Gesetz

$V \sim \dfrac{1}{P}$ (bei konstantem T und n) Boylesches Gesetz

$V \sim T$ (bei konstantem P und n) Charlessches Gesetz

Daher muß das Volumen im allgemeinen Fall dem Produkt dieser drei Terme proportional sein

$$V \sim \frac{nT}{P}$$

oder

$$PV = nRT \tag{2–6}$$

wobei R die Proportionalitätskonstante ist. Diese letzte Gleichung ist als *ideales Gasgesetz* bekannt. Sie enthält alle unseren früheren Gesetze als Spezialfälle und sagt zusätzlich weitere Beziehungen voraus, die überprüft werden können. Gay-Lussac bestätigte z. B. die Voraussage, daß bei konstantem Volumen der Druck einer bestimmten Gasmenge proportional zu seiner absoluten Temperatur ist.

Das Gasgesetz ist häufig nützlich, wenn es in der Form von Verhältnissen der Variablen *vor* und *nach* einer Veränderung des Zustandes der Gasprobe ausgedrückt wird. Nehmen Sie z. B. einmal an, daß eine bestimmte Menge eines Gases bei konstanter Temperatur von einem Druck P_1 auf einen Druck P_2 komprimiert wird, wobei sich sein Volumen von V_1 auf V_2 verringert. Dann gilt $P_1 = nRT/V_1$ und $P_2 = nRT/V_2$, und das Verhältnis der Drücke steht mit dem Verhältnis der Volumina über folgende Beziehung in Zusammenhang

$$\frac{P_2}{P_1} = \frac{V_1}{V_2} \quad (T \text{ und } n \text{ konstant}) \tag{2–7}$$

Dies ist natürlich das Boylesche Gesetz in Verhältnisform. Auf ähnliche Weise besagt das Charlessche Gesetz, daß das Verhältnis der Volumina vor und nach einer Temperaturerhöhung bei konstantem Druck dem Temperaturverhältnis entspricht

$$\frac{V_1}{V_2} = \frac{T_1}{T_2} \quad (P \text{ und } n \text{ konstant}) \tag{2–8}$$

Wenn die Anzahl der Mole in einem Gas bei konstantem Druck und konstanter Temperatur erhöht wird, vergrößert sich das Volumen der Gasmenge um denselben Faktor

$$\frac{V_1}{V_2} = \frac{n_1}{n_2} \quad (P \text{ und } T \text{ konstant}) \tag{2–9}$$

und wenn die Zahl der Mole eines Gases bei konstanter Temperatur in einem Behälter mit festem Volumen um einen Faktor vergrößert wird, erhöht sich der Druck in diesem Tank um denselben Faktor

$$\frac{P_1}{P_2} = \frac{n_1}{n_2} \quad (T \text{ und } V \text{ konstant}) \tag{2–10}$$

Es sollte Ihnen nicht schwer fallen, diese Gleichungen aus dem idealen Gasgesetz abzuleiten und auch die analoge Gleichung zu ermitteln, die Gay-Lussacs Beobachtungen über Druck und Temperatur bei konstantem Volumen beschreibt.

Der Zahlenwert der Gaskonstanten, R, hängt von den Einheiten ab, in denen die im idealen Gasgesetz auftretenden Größen gemessen werden. Im Internationalen Einheitensystem (SI-System), das wir im vorliegenden Text fast ausschließlich verwenden werden, besitzt R den Wert

$$R = 8,314 \, \text{J K}^{-1} \, \text{mol}^{-1}$$

Wir werden in Kapitel 14 zeigen, daß das Produkt PV die Dimension (und damit auch die Einheiten) der Arbeit oder Energie besitzt. Im SI-System werden der Druck P in $\text{Nm}^{-2} = \text{Pa}$ oder bar ($= 10^5 \, \text{Pa}$), das Volumen V in m^3 und die Temperatur T in K gemessen (siehe Anhang 1).

Wenn wir auch jedem Studenten dringend empfehlen möchten, bei allen seinen Berechnungen stets strenges SI zu schreiben, seien in der nachfolgenden Aufstellung einige der noch häufig in der älteren Literatur anzutreffenden Werte für die Gaskonstante R angeführt (und sei es nur als heilsame Abschreckung)

$$R = 0{,}082054 \, l \, atm \, K^{-1} mol^{-1}$$
$$= 62{,}361 \, cm^3 \, Torr \, K^{-1} mol^{-1}$$
$$= 1{,}987 \, cal \, K^{-1} mol^{-1}$$
$$= 8{,}314 \times 10^7 \, erg \, K^{-1} mol^{-1}$$

Standardtemperatur und Standarddruck

Naturwissenschaftler haben festgestellt, daß es zweckmäßig ist, die Volumina von Gasen zu vergleichen, die an physikalischen oder chemischen Prozessen beteiligt sind. Solche Vergleiche lassen sich am besten dann interpretieren, wenn sie bei derselben Temperatur und demselben Druck gemacht werden, obwohl es im allgemeinen unpraktisch ist, alle *Messungen* unter derart sorgfältig kontrollierten Bedingungen durchzuführen. $0\,°C$ $(273{,}15 \, K)$ und $1{,}013 \times 10^5 \, Pa$ $(1{,}013 \, bar)$ sind willkürlich als *Standardtemperatur und ~ druck* (STP) oder *Normalbedingungen* festgelegt worden. (Der Wert für den Standard- oder Normaldruck geht dabei auf die alte Definition durch die physikalische Atmosphäre $1 \, atm = 760 \, Torr$ zurück; es ist jedoch zu erwarten, daß der Normaldruck in Kürze durch $1 \, bar = 10^5 \, Pa = 10^5 \, Nm^{-2}$ definiert wird.) Somit können wir, wenn wir das Volumen einer Gasprobe unter irgendwelchen Bedingungen messen, mit Hilfe des idealen Gasgesetzes leicht das Volumen berechnen, das die Gasprobe bei STP (Normalbedingungen) einnehmen würde. Das so berechnete Volumen ist für Vergleichszwecke sogar dann nützlich, wenn die Substanz selbst bei STP flüssig oder fest ist.

Beispiel: Bei einem Experiment befinden sich $300 \, cm^3$ Wasserdampf bei $1{,}013 \, bar$ und $150\,°C$. Wie groß ist das Idealvolumen unter Normalbedingungen?

Lösung: Aus Gleichung (2–8) folgt

$$V_{STP} = V_1 \frac{T_{STP}}{T_1} = 300 \, cm^3 \times \frac{273 \, K}{423 \, K}$$
$$= 194 \, cm^3$$

Dies ist das Volumen, das der Dampf unter Normalbedingungen (STP) einnehmen würde, *wenn* er sich wie ein ideales Gas verhielte anstatt zu kondensieren.

Unter Normalbedingungen nimmt 1 mol eines idealen Gases ein Volumen von $22{,}4141$ $= 2{,}2414 \times 10^{-2} \, m^3$ ein, wie man aus dem idealen Gasgesetz erkennen kann

$$\text{Volumen pro mol} = \frac{V}{n} = \frac{RT}{P}$$
$$= \frac{8{,}3143 \, J \, K^{-1} mol^{-1} \times 273{,}15 \, K}{1{,}013 \times 15^5 \, Pa}$$

$$= \frac{8,3143 \times 273,15 \, \mathrm{Nm \, mol^{-1}}}{1,013 \times 10^5 \, \mathrm{Nm^{-2}}}$$

$$= 2,2414 \times 10^{-2} \, \mathrm{m^3 \, mol^{-1}}$$

$$= 22,4141 \, \mathrm{mol^{-1}}$$

(Bei der Umformung der Einheiten beachten Sie bitte, daß gilt: $1 \, \mathrm{J} = 1 \, \mathrm{Nm}$ und $1 \, \mathrm{Pa} = 1 \, \mathrm{Nm^{-2}}$.) Dieses Volumen wird häufig als *Standardmolvolumen* bezeichnet und ist gleich der Konstanten k in den Berechnungen nach Cannizzaro in Kapitel 1.

Ideales und nichtideales Verhalten

Die Gleichungen, die die verschiedenen Gasgesetze beschreiben, sind exakte mathematische Ausdrücke. Messungen von Volumen, Druck und Temperatur, die mit einer größeren Genauigkeit als die von Boyle und Charles durchgeführt wurden, zeigen, daß reale Gase sich nur *angenähert* so verhalten, wie es die Gleichungen ausdrücken. Gase entfernen sich radikal vom sogenannten idealen Verhalten, wenn sie unter hohem Druck stehen oder sich auf Temperaturen befinden, die in der Nähe des Siedepunkts der entsprechenden Flüssigkeiten liegen. Somit beschreiben die Gasgesetze, oder genauer gesagt, die idealen Gasgesetze das tatsächliche Verhalten eines realen Gases nur bei niedrigen Drücken und Temperaturen, die weit über dem Siedepunkt der betreffenden Substanz liegen. In Abschnitt 2–8 werden wir auf das Problem zurückkommen, wie das einfache ideale Gasgesetz für die Beschreibung des Verhaltens von realen Gasen zu korrigieren ist.

Bevor Sie weitermachen: Ein gründliches Verständnis der Gesetze, die das Verhalten eines idealen Gases bestimmen, ist sowohl zur Einführung in die molekularkinetische Theorie der Gase als auch als Werkzeug in der praktischen Chemie unbedingt erforderlich. Wenn Sie irgendwelche Zweifel an Ihrer Fähigkeit haben, mit den Aufgaben zum Gasgesetz am Ende dieses Kapitels fertig zu werden, dann arbeiten Sie bitte den ganzen Wiederholungskurs 2 in Lassila et al., *Begleitprogramm zu Prinzipien der Chemie*, durch.

2–6 Molekularkinetische Theorie der Gase

Unter Normalbedingungen nimmt ein Mol Kohlendioxid ein Volumen von 22,2 Liter ein, wogegen dieselbe Menge Trockeneis ein Volumen von nur $28 \, \mathrm{cm^3}$ besitzt (eine Dichte von $1,56 \, \mathrm{g \, cm^{-3}}$ für Trockeneis vorausgesetzt). Dieses größere Volumen eines Gases plus die Tatsache, daß ein Gas so leicht komprimiert oder expandiert werden kann, läßt deutlich die Vermutung aufkommen, daß der größte Teil eines Gases aus leerem Raum besteht. Wie aber übt dann ein System, das zum größten Teil aus leerem Raum besteht, einen Druck auf seine Umgebung aus? Experimente, wie das aus Abbildung 2–7, lassen erkennen, daß sich Moleküle bewegen und daß sie sich auf geraden Linien bewegen. Sie stoßen auch mit den Wänden des Behälters zusammen sowie mit-

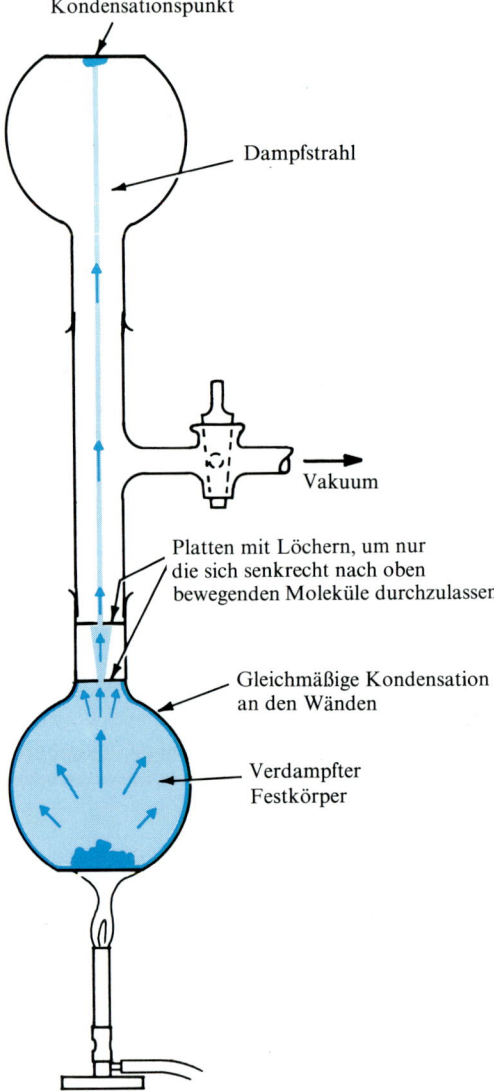

Abbildung 2–7 Ein Experiment zum Nachweis, daß sich Gasmoleküle geradlinig bewegen. Zwei Glaskolben werden durch ein gerades Rohr miteinander verbunden, das einen Ansatz mit Hahn zum Evakuieren besitzt. Der untere Kolben enthält eine Substanz, wie z. B. Jod, die durch Erwärmen verdampft (sublimiert) werden kann. Die Kolben werden evakuiert und die Substanz erhitzt, wodurch sich Dampf bildet. Die Moleküle verlassen den Festkörper in zufällig verteilten Richtungen, und im unteren Kolben tritt eine Kondensation auf, die sich gleichmäßig über seine gesamte Innenfläche erstreckt. Durch die Löcher in den beiden Platten (Blenden) im Hals des Kolbens können jedoch nur Moleküle, die sich senkrecht nach oben bewegen, in das Verbindungsrohr und den oberen Kolben austreten. Diese fliegen dann geradlinig weiter und bilden einen kleinen Fleck direkt gegenüber der Verdampfungsquelle. Für dieses Experiment ist Hochvakuum erforderlich, um zu verhindern, daß molekulare Zusammenstöße mit dem Restgas im Verbindungsrohr und im oberen Kolben die geradlinige Molekülbewegung stören.

einander und mit irgendwelchen anderen Gegenständen, die sich zusammen mit dem Gas im Behälter befinden (Abbildung 2–8). Wie wir sehen werden, erzeugen die Zusammenstöße mit den Behälterwänden den Druck des eingeschlossenen Gases. Es ist dabei unnötig, anzunehmen, daß zwischen den Molekülen und dem Behälter irgendwelche besonderen Kräfte wirken, um den Druck zu erklären.

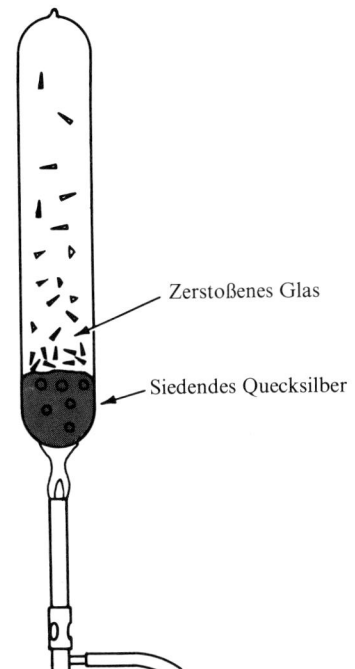

Zerstoßenes Glas

Siedendes Quecksilber

Abbildung 2–8 Ein Experiment, das die Zusammenstöße von Gasmolekülen mit großen, festen Teilchen demonstriert. Teilchen von zerstoßenem Glas werden, wie Staubteilchen in der Luft, durch das Bombardement der Quecksilbermoleküle im Gasraum suspendiert. Die schweren Moleküle (in der Hauptsache einatomiges Hg), die die Oberfläche des siedenden Quecksilbers verlassen, besitzen eine große kinetische Energie, von der sie einen Teil beim Zusammenstoß auf die Glasteilchen übertragen.

Wir können eine große Menge der beobachteten Eigenschaften von Gasen mit Hilfe einer einfachen Theorie des molekularen Verhaltens erklären, die in der zweiten Hälfte des neunzehnten Jahrhunderts von Ludwig Boltzmann (1844–1906), James Clerk Maxwell (1831–1879) und anderen entwickelt wurde. Diese *molekularkinetische Theorie* macht drei Annahmen:

1. Ein Gas setzt sich aus Molekülen zusammen, die im Vergleich mit ihren eigenen Abmessungen extrem weit voneinander entfernt sind. Sie können im wesentlichen als Punktobjekte oder kleine, harte Kugeln angesehen werden. (Die *Formen* der Moleküle werden hierbei nicht beachtet.)
2. Diese Gasmoleküle befinden sich in einem Zustand ständiger, zufälliger Bewegung, der nur durch Zusammenstöße der Moleküle untereinander und mit den Wänden des Behälters gestört wird.
3. Die Moleküle üben weder untereinander noch auf die Wände des Behälters irgendwelche Kräfte aus, ausgenommen beim unmittelbaren Zusammenstoß. Diese Zusam-

menstöße sind darüber hinaus *elastisch*, d. h. während des Zusammenstoßes geht keine Energie durch Reibung oder Verformung verloren.

Unsere Erfahrung mit miteinander zusammenstoßenden Körpern, wie z. B. mit einem auf der Straße springenden Tennisball, sagt uns, daß beim Zusammenstoß stets etwas kinetische Energie verlorengeht. Diese Energie wird in Wärme umgewandelt als Ergebnis dessen, was wir *Reibung* nennen. Ein auf den Boden hüpfender Tennisball kommt allmählich zur Ruhe, da seine Zusammenstöße mit dem Boden der Reibung unterliegen und damit *unelastisch* sind. Wenn die molekularen Zusammenstöße auch der Reibung unterlägen, würde sich die Bewegung der Moleküle allmählich verlangsamen, und sie würden kinetische Energie verlieren und infolgedessen die Wände mit ständig abnehmender Impulsänderung treffen, so daß der Druck langsam zu Null abnehmen würde. Dieses geschieht jedoch nicht, und wir müssen daher das Postulat aufstellen, daß *molekulare Zusammenstöße reibungslos erfolgen, d. h. vollkommen elastisch sind.* Mit anderen Worten, die Gesamtenergie von miteinander zusammenstoßenden Molekülen bleibt konstant.

Das Phänomen des Drucks und das Boylesche Gesetz

Dieses einfache Modell eines Gases reicht aus, das Phänomen des Drucks zu erklären und eine molekulare Erklärung des Boyleschen Gesetzes zu liefern. Sehen Sie sich einmal einen Behälter an, den wir aus Gründen der Einfachheit als kubisch annehmen, dessen Seiten die Länge *l* besitzen. Angenommen, dieser Behälter ist bis auf ein Molekül völlig evakuiert, das die Masse *m* und die Geschwindigkeit *v* besitzt, deren Komponenten v_x, v_y und v_z parallel zu den *x*-, *y*- und *z*-Kanten des Kastens verlaufen (siehe Abbildung 2–9).[1]

Lassen Sie uns zunächst einmal ansehen, was geschieht, wenn das Molekül nach einem Zusammenstoß mit einer der *YZ*-Wände des Behälters zurückprallt, die senkrecht zur *x*-Achse stehen.

Druck ist Kraft pro Flächeneinheit, und Kraft ist Änderung des Impulses mit der Zeit. Wenn ein Molekül von der schattierten Wand in Abbildung 2–9(b) zurückprallt, tauscht es einen Impuls von $2mv_x$ mit der Wand aus, denn das Teilchen kommt mit einem Impuls von $-mv_x$ in *x*-Richtung an der Wand an (negative *x*-Richtung!) und prallt

---

[1] Wenn Ihnen die Vorstellung von der Zerlegung eines Vektors, wie z. B. der Geschwindigkeit, in seine drei Komponenten v_x, v_y und v_z nicht vertraut ist, gibt es eine andere Erklärung, die, obwohl sie nicht ganz so exakt ist, zu derselben Antwort führt. Es wird dabei angenommen, daß wir uns die Moleküle als in drei Gruppen eingeteilt denken können, da die Bewegungen eines Moleküls in die *x*-, *y*- und *z*-Richtung voneinander unabhängig sind (d. h. seine Geschwindigkeit in *x*-Richtung hängt nicht von den Geschwindigkeiten in den beiden anderen Richtungen ab): Ein Drittel der Moleküle bewegt sich in *x*-Richtung, ein Drittel in *y*-Richtung und ein Drittel in *z*-Richtung; alle mit der Geschwindigkeit *v*. Der Druck, den ein Molekül auf die *YZ*-Wand ausübt, ist dann gleich $P_x = mv^2/V$ (analog Gleichung (2–11)). Der Druck, den alle Moleküle, die sich senkrecht zu dieser Wand bewegen, auf diese ausüben, ist dann das $N/3$-fache dieses Wertes

$$P_x = \frac{N}{3} \cdot \frac{m\overline{v^2}}{V}$$

wie in Gleichung (2–19). Der Rest der Beweisführung ist der gleiche.

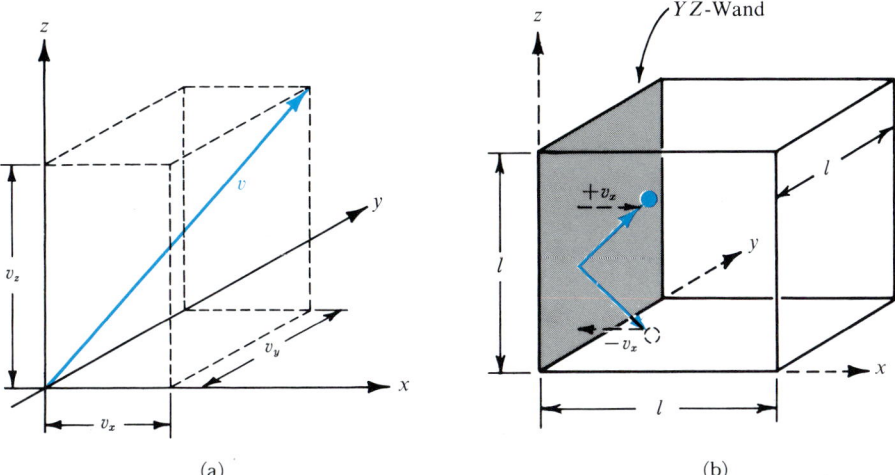

Abbildung 2–9 (a) Die Zerlegung der Geschwindigkeit **v** eines Gasmoleküls in ihre Komponenten im kartesischen Koordinatensystem. Wir bestimmen die Komponenten des Geschwindigkeitsvektors **v**, indem wir von der Spitze und dem Ende des Vektorpfeils Lote auf die Koordinatenachsen fällen. (b) Der elastische Zusammenstoß eines Moleküls mit einer YZ-Wand zeigt, daß sich nur die Richtung der x-Komponente der Geschwindigkeit ändert.

mit einem Impuls von $+ m v_x$ in positiver x-Richtung von ihr zurück. Die Geschwindigkeitskomponenten in y- und z-Richtung werden während eines Zusammenstoßes mit der YZ-Wand nicht verändert und gehen damit nicht in die Rechnung ein. Ganz gleich wie viele Zusammenstöße das Molekül mit einer XY- oder einer XZ-Wand längs seines Weges erleidet, wird das Molekül, wenn die x-Komponente seiner Geschwindigkeit gleich v_x ist, nach einer Zeit von $2l/v_x$ wieder mit der ursprünglichen YZ-Wand zusammenstoßen. Wenn nun das Molekül in der Zeit $2l/v_x$ einen Impuls von $2mv_x$ auf die Wand überträgt, dann ergibt sich für die Änderung des Impulses mit der Zeit oder die Kraft f_x der Betrag

$$f_x = \frac{2 m v_x}{2 l/v_x} = \frac{m v_x^2}{l}$$

Die Kraft pro Flächeneinheit oder der Druck P_x beträgt damit

$$P_x = \frac{m v_x^2}{l l^2} = \frac{m v_x^2}{l^3} = \frac{m v_x^2}{V} \tag{2–11}$$

da die Fläche der Wand gleich l^2 und das Gesamtvolumen des Kastens $V = l^3$ sind. Auf entsprechende Weise folgt für den Druck auf die anderen Wände

$$P_y = \frac{m v_y^2}{V} \tag{2–12}$$

$$P_z = \frac{m v_z^2}{V} \tag{2–13}$$

Wenn der Kasten nun N Moleküle statt des einen enthält, ergibt sich

$$P_x = N \frac{m\overline{v_x^2}}{V} \tag{2–14}$$

$$P_y = N \frac{m\overline{v_y^2}}{V} \tag{2–15}$$

$$P_z = N \frac{m\overline{v_z^2}}{V} \tag{2–16}$$

wobei die Größen $\overline{v^2}$ die *Mittelwerte* der Quadrate der Geschwindigkeitskomponenten über alle Moleküle sind, da wir ja nicht annehmen können, daß alle Moleküle dieselbe Geschwindigkeit besitzen.

Der Betrag der Gesamtgeschwindigkeit eines Moleküls steht mit den Geschwindigkeitskomponenten über die Beziehung

$$v^2 = v_x^2 + v_y^2 + v_z^2 \tag{2–17}$$

in Zusammenhang. Wenn die Bewegungen der Einzelmoleküle wirklich zufällig und unabhängig voneinander sind, wird der Mittelwert des Quadrates der Geschwindigkeitskomponenten in jeder Richtung derselbe sein. Im Gas wird es also keine bevorzugte Bewegungsrichtung geben

$$\overline{v_x^2} = \overline{v_y^2} = \overline{v_z^2} = \frac{1}{3}\,\overline{v^2} \tag{2–18}$$

(Die Striche über die v^2 sollen kennzeichnen, daß die Mittelwerte über alle Moleküle gebildet wurden.) Eine unmittelbare Folge dieser Zufälligkeit der Bewegung ist die, daß der Druck auf allen Wänden der gleiche ist, eine Tatsache, die ganz sicher mit dem übereinstimmt, was wir an realen Gasen beobachten. Wenn wir die Gleichungen (2–14), (2–15) und (2–16) mit Hilfe von $\overline{v^2}$ umschreiben, so erhalten wir

$$P_x = \frac{N}{3} \cdot \frac{m\overline{v^2}}{V}, P_y = \frac{N}{3} \cdot \frac{m\overline{v^2}}{V}, P_z = \frac{N}{3} \cdot \frac{m\overline{v^2}}{V}$$

und damit

$$P_x = P_y = P_z = \frac{N}{3} \cdot \frac{m\overline{v^2}}{V} = P \tag{2–19}$$

oder

$$PV = \frac{N}{3} m\overline{v^2} \tag{2–20}$$

Dieser letztere Ausdruck sieht dem Boyleschen Gesetz sehr ähnlich. Das Boylesche Gesetz besagt, daß das Produkt von Druck und Volumen für ein Gas konstant ist *bei konstanter Temperatur*. Unsere Ableitung aus der einfachen molekularkinetischen Theorie ergibt, daß das Produkt PV konstant ist, wenn die *mittlere Geschwindigkeit* der Gasmoleküle vorgegeben ist. Wenn die Theorie richtig ist, kann die mittlere Geschwindigkeit der Moleküle eines Gases weder vom Druck noch vom Volumen, sondern nur von der Temperatur des Gases abhängen. Die mittlere kinetische Energie der Moleküle beträgt $\bar{\varepsilon} = \dfrac{1}{2} m\overline{v^2}$; darüberhinaus ist die kinetische Energie von 1 mol Molekülen gleich $\overline{E}_k = N\bar{\varepsilon}$, wenn N die Loschmidtsche Zahl ist. Für ein Mol eines Gases ist das Produkt PV aus dem Boyleschen Gesetz proportional der kinetischen Energie pro Mol

$$\overline{E}_k = N\bar{\varepsilon} = \frac{1}{2} Nm\overline{v^2} \tag{2–21}$$

(Beachten Sie hier bitte die unterschiedliche Bedeutung der Überstreichung der Symbole von physikalischen Größen: Im weiteren Text werden wir stets *molare* Größen durch Überstreichen der üblichen Symbole kennzeichnen, also z. B. E = Energie in Joule; $\overline{E}$ = molare Energie in Joule pro Mol. Daneben bedeutet hier die Überstreichung jedoch auch eine Mittelwertbildung; in dieser Bedeutung tritt sie aber nur in diesem Kapitel auf.)

Durch Multiplikation und Division des Ausdruckes auf der rechten Seite mit drei und anschließende Umformung ergibt sich

$$\overline{E}_k = \left(\frac{3}{2}\right)\left(\frac{1}{3}\right) Nm\overline{v^2} = \left(\frac{3}{2}\right)\frac{N}{3} m\overline{v^2} \tag{2–22}$$

Der Vergleich mit Gleichung (2–20) zeigt

$$P\overline{V} = \frac{2}{3}\overline{E}_k \tag{2–23}$$

Die Kombination dieser Ableitung aus der kinetischen Theorie mit dem sich aus der Beobachtung ergebenden idealen Gasgesetz (Gleichung (2–6)) sagt uns nun, daß die kinetische Energie der Gasmoleküle pro Mol der Temperatur direkt proportional ist. Oder, wenn wir diese Aussage umgekehrt formulieren, die absolute Temperatur, T, ist ein Maß für die kinetische Energie der Gasmoleküle und damit letztendlich ein Maß für das mittlere Quadrat ihrer Geschwindigkeiten. Für 1 mol eines idealen Gases gilt $P\overline{V} = RT$. Wenn Sie jetzt den Ausdruck für $P\overline{V}$ aus Gleichung (2–23) in diese Gleichung einsetzen, ergibt sich

$$\overline{E}_k = \frac{3}{2} RT \tag{2–24}$$

Nun ist aber $\overline{E}_k = N\bar{\varepsilon}$ mit $\bar{\varepsilon} = \dfrac{1}{2} m\overline{v^2}$; daher folgt

$$T = \frac{2}{3} N \frac{1}{2} m\overline{v^2} = \frac{\overline{M}\overline{v^2}}{3R} \tag{2–25}$$

wobei $\overline{M} = Nm$ die Molmasse des Gases ist. Kurz gesagt, *die Temperatur ist ein Maß für die Bewegung der Moleküle*. Wenn wir ein Gas erwärmen und seine Temperatur erhöhen, tun wir dies, indem wir das mittlere Quadrat der Geschwindigkeiten seiner Moleküle erhöhen. Wenn sich ein Gas (oder irgendein anderer Stoff) abkühlt, nimmt die Bewegungsenergie seiner Moleküle ab. Diese Molekularbewegung beschränkt sich nun nicht nur auf die *translatorische* Bewegung ganzer Moleküle von einem Ort zum anderen, wie es bei dem Bild der Fall ist, das wir für ein ideales Gas gezeichnet haben, sondern sie kann auch *Rotationen* ganzer Moleküle oder von Gruppen von Atomen an einem Molekül sowie *Schwingungen* innerhalb eines Moleküls umfassen.

Wir können jetzt besser verstehen, was geschieht, wenn die kinetische Energie makroskopischer Körper sich in Wärme umwandelt. Wenn ein fahrendes Auto abgebremst wird, wird die Bremsung dadurch bewirkt, daß seine Bewegungsenergie in Reibungswärme umgewandelt wird. Aber diese Umwandlung bedeutet, daß die Bewegung eines großen Gegenstands – des Autos – in eine erhöhte Relativbewegung der Moleküle in den Bremsbelegen und der Bremstrommel sowie den Reifen und dem Straßenpflaster umgewandelt wird. Anstatt daß die Gummimoleküle in dem Reifen relativ langsam schwingen, sich aber im Ganzen schnell bewegen, haben wir nach der Bremsung einen erwärmten Reifen, dessen Moleküle sich relativ zueinander schneller bewegen, ohne jedoch noch eine Bewegung im Ganzen zu besitzen. Die Bewegungen der Moleküle sind weniger stark ausgerichtet und zufälliger geworden, die kinetische Energie des Autos verzettelte sich in ungeordnete Wärmebewegung.

Dieser Vorgang ist typisch für alle realen Prozesse. Es ist leicht, von einer kohärenten, gerichteten Bewegung (der rollende Reifen) auf eine inkohärente, ungeordnete Bewegung (der erwärmte, aber ruhende Reifen) überzugehen; es ist jedoch unmöglich, den Vorgang in der umgekehrten Richtung ablaufen zu lassen, ohne dafür einen Preis zu zahlen. Wie wir in Kapitel 14 sehen werden, wird sich bei jedem realen Prozeß die Unordnung des Untersuchungsgegenstandes plus die seiner ganzen Umgebung, mit der er in Wechselwirkung steht, stets erhöhen. Oder in anderen Worten, in dieser Welt werden die Dinge immer unordentlicher. Dieser Gedanke ist der einfache Inhalt des zweiten Hauptsatzes der Thermodynamik. Die Größe, die ein Maß für diese Unordnung ist und deren Anwendung auf chemische Sachverhalte wir später noch kennenlernen werden, wird *Entropie, S,* genannt.

2–7 Voraussagen der molekularkinetischen Theorie

Die Probe einer jeden Theorie ist nicht ihre Schönheit oder ihre innere Geschlossenheit, sondern ihre Fähigkeit, das Verhalten realer Systeme richtig vorauszusagen. Nach diesem Kriterium ist die molekularkinetische Theorie eine gute Theorie, wie wir sehen werden.

Molekülgröße

Die Dichte des festen CO_2 (Trockeneis) beträgt 1,56 g cm^{-3}, somit nimmt 1 mol festes CO_2 ein Volumen von 44,01 g mol^{-1}/1,56 g cm^{-3} = 28,3 cm^3 mol^{-1} ein. Das Volumen *pro Molekül* beträgt dann $(28,3/6,022 \times 10^{23})$ cm^3 oder $47,0 \times 10^{-30}$ m^3. Lassen Sie uns für den Augenblick einmal annehmen, daß die CO_2-Moleküle im Trockeneis durch dichtestgepackte Kugeln angenähert werden können. Wir werden im nächsten Kapitel zeigen, daß derart dichtestgepackte Kugeln 74% des zur Verfügung stehenden Raums ausfüllen, wobei 26% als leerer Raum zwischen den Molekülen übrig bleiben. Der Radius r solcher Kugeln mit einem Gesamtvolumen von $47{,}0 \times 10^{-30}\,m^3$ pro Kugel ist gegeben durch

$$0{,}74 \times 47{,}0 \times 10^{-30}\,m^3 = \frac{4}{3}\pi r^3 \tag{2–26}$$

woraus sich $r = 2{,}02 \times 10^{-10}\,m$ ergibt. Die beobachtete Dichte des festen CO_2 ist also die, die man erwarten würde, wenn das CO_2-Molekül eine Kugel mit einem Radius von $2 \times 10^{-10}\,m$ und einer relativen Molekülmasse von 44 wäre.

Der Sachverhalt beim gasförmigen CO_2 ist völlig anders. Die unter Normalbedingungen gemessene Dichte des CO_2-Gases beträgt $1{,}977\,gl^{-1}$. Das Molvolumen ist dann gleich $44{,}01\,gmol^{-1}/1{,}977\,gl^{-1} = 22{,}21\,mol^{-1}$. (Beachten Sie die Abweichung des CO_2

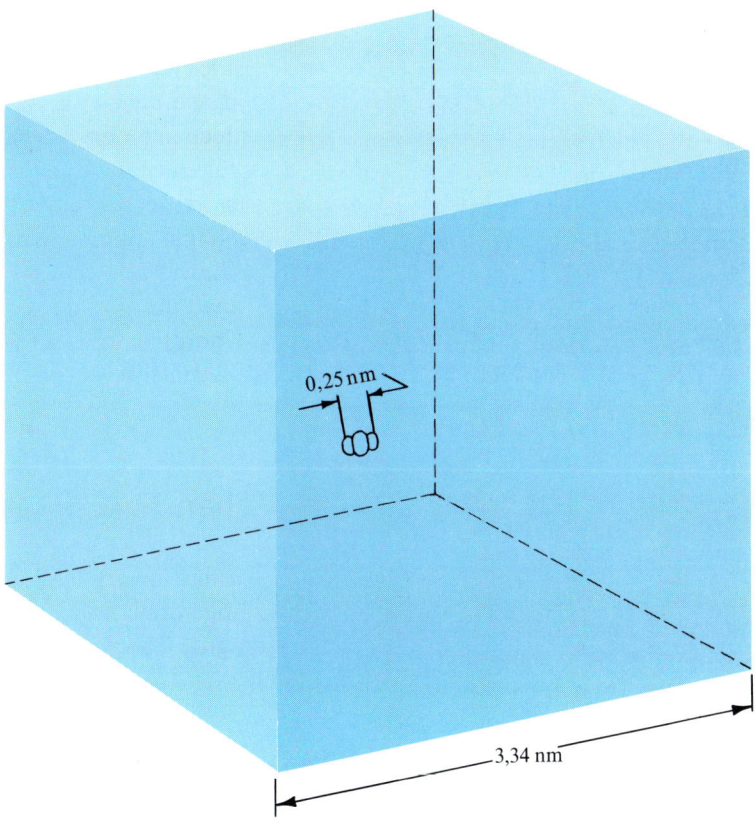

Abbildung 2–10 Die relative Größe eines CO_2-Moleküls und das pro Molekül zur Verfügung stehende Volumen im CO_2-Dampf unter Standardbedingungen (STP). Natürlich ist ein Molekül nicht in diesem Volumen eingeschlossen, noch sind andere Moleküle aus ihm ausgeschlossen. Das Bild stellt nur den Mittelwert der Moleküldichte dar.

vom Verhalten eines idealen Gases unter Normalbedingungen.) Das Volumen pro Molekül ist damit gleich

$$\frac{22\,200\;\text{cm}^3\,\text{mol}^{-1}}{6{,}022 \times 10^{23}\;\text{Moleküle mol}^{-1}} \times \frac{10^{-6}\,\text{m}^3}{1\,\text{cm}^3} = 36\,800 \times 10^{-30}\,\text{m}^3\;\text{Molekül}^{-1}$$

Das Gas besitzt also bei STP ein Molvolumen, das 785 mal größer ist als das Volumen des Festkörpers. Das *Volumen pro Molekül* in der Gasphase entspricht einem Würfel von der Kantenlänge $33{,}4 \times 10^{-10}$ m (Abbildung 2–10). Nur etwa ein Teil aus 800 des Gasvolumens ist tatsächlich von Molekülen erfüllt.

Molekulargeschwindigkeiten

Mit weiter nichts als der elementaren kinetischen Theorie, die Ihnen hier vorgestellt wurde, können wir die Wurzel aus dem mittleren Geschwindigkeitsquadrat über alle Moleküle, v_m, berechnen. Nach Gleichung (2–25) ergibt sich dafür

$$\sqrt{\overline{v^2}} = v_\text{m} = \sqrt{\frac{3\,RT}{\overline{M}}} \tag{2–27}$$

wobei R die Gaskonstante, T die absolute Temperatur und $\overline{M}$ die Molmasse sind. Diese Gleichung ist ein gutes Beispiel für die absolute Notwendigkeit, sorgfältigst die verwendeten Einheiten zu beachten. Wenn die Geschwindigkeit in ms^{-1} ausgedrückt werden soll, muß für R der Wert von $8{,}315\,\text{JK}^{-1}\,\text{mol}^{-1}$ eingesetzt werden und die Molmasse M in $\text{kg}\,\text{mol}^{-1}$ angegeben werden. Da gilt $1\,\text{J} = 1\,\text{Nm} = 1\,\text{kg}\,\text{m}^2\,\text{s}^{-2}$, ergibt sich für die Einheit des Ausdrucks $3\,RT/\overline{M}$

$$\frac{(\text{J}\,\text{K}^{-1}\,\text{mol}^{-1}) \times (\text{K})}{(\text{kg}\,\text{mol}^{-1})} = \frac{\text{J}}{\text{kg}}$$

$$= \frac{\text{kg}\,\text{m}^2\,\text{s}^{-2}}{\text{kg}}$$

$$= \text{m}^2\,\text{s}^{-2}$$

und v_m ergibt sich in der gewünschten Einheit. (Wenn Sie sich daran gewöhnen könnten, *alle* Größen *immer* in strengem SI, d. h. mit Hilfe der Grundgrößen ohne Vorsatzsilben für Zehnerpotenzen, zu schreiben, könnten Sie sich sehr viel Ärger mit Umrechnungsfaktoren ersparen.) Bei Normalbedingungen lautet der Ausdruck

$$v_\text{m} = \frac{82{,}5}{\sqrt{\overline{M}/\text{kg}\,\text{mol}^{-1}}}\;\text{ms}^{-1} \tag{2–28}$$

Sauerstoffmoleküle bewegen sich bei STP mit einer *mittleren quadratischen Geschwindigkeit*, v_m, von $460\,\text{ms}^{-1}$ oder $1660\,\text{kmh}^{-1}$.

Die mittlere quadratische Geschwindigkeit von Stickstoffmolekülen unter Normalbedingungen beträgt $493\,\text{ms}^{-1}$. Dies bedeutet nun jedoch nicht, daß sich alle Stickstoffmoleküle mit dieser Geschwindigkeit bewegen, sondern es liegt eine *Geschwindigkeits-*

verteilung vor mit Werten von Null bis zu beträchtlich höheren Werten als 493 ms^{-1}. Wenn Gasmoleküle zusammenstoßen und Energie miteinander austauschen, werden sich ihre Geschwindigkeiten ändern. Die tatsächliche Verteilung der Geschwindigkeiten in Stickstoffgas bei einem Druck von 1,013 bar und drei verschiedenen Temperaturen ist in Abbildung 2–11 dargestellt. Diese Kurven zeigen eine *Maxwell-Boltzmannsche Verteilung* der Geschwindigkeiten. Die Gleichungen für diese Kurven können aus der kinetischen Theorie mit Hilfe der Wahrscheinlichkeitsrechnung abgeleitet werden. Bei höheren Temperaturen nimmt die mittlere quadratische Geschwindigkeit zu, wie nach Gleichung (2–27) zu erwarten ist. Aber Abbildung 2–11 zeigt, daß die Verteilung der Geschwindigkeiten auch diffuser wird: Die Geschwindigkeitsverteilung wird breiter, und es gibt weniger Moleküle, die eine Geschwindigkeit in der Nähe des Durchschnittswertes besitzen.

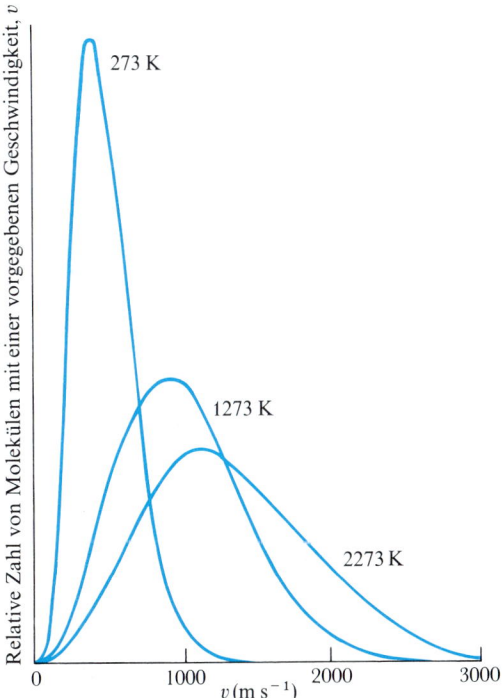

Abbildung 2–11   Die Geschwindigkeitsverteilung der Moleküle in Stickstoffgas bei drei verschiedenen Temperaturen. Bei höheren Temperaturen ist die Durchschnittsgeschwindigkeit höher, gibt es weniger Moleküle, die genau diese Durchschnittsgeschwindigkeit besitzen, und erstreckt sich die Geschwindigkeitsverteilung unter den Molekülen über einen breiteren Bereich.

Aus der Größe eines Moleküls, der Geschwindigkeit, mit der es sich fortbewegt, und der Dichte der anderen Moleküle, die es umgeben, können wir die *mittlere freie Weglänge* (die Strecke, die ein Molekül zwischen zwei Zusammenstößen im Mittel zurücklegt) und die *Stoßfrequenz* (die Zahl der Zusammenstöße, die es pro Sekunde erleidet) berechnen. Moleküle wie O_2 oder N_2 legen unter Normalbedingungen im Durchschnitt eine Strecke von 10^{-7} m zwischen zwei Zusammenstößen zurück und erleiden annähernd 5×10^9 Zusammenstöße pro Sekunde (Abbildung 2–12).

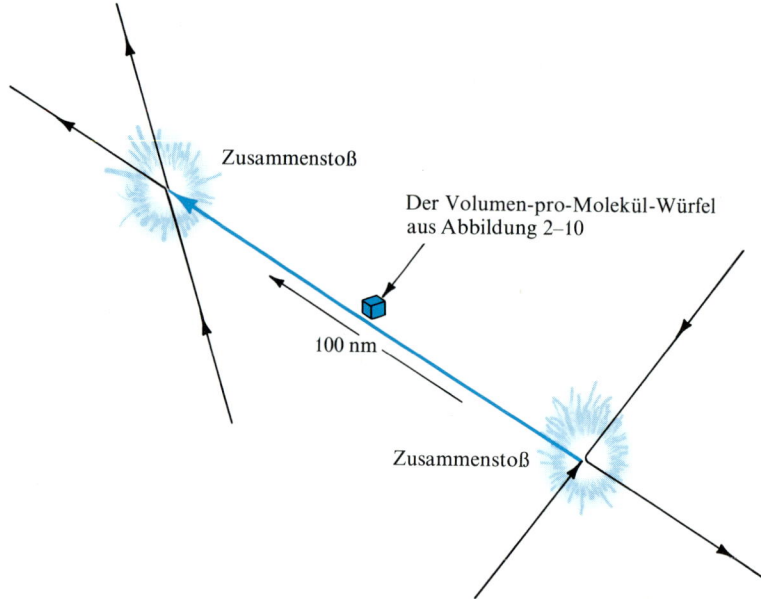

Abbildung 2–12 Die mittlere freie Weglänge oder die Entfernung, die von den Gasmolekülen im Mittel zwischen zwei aufeinanderfolgenden Zusammenstößen zurückgelegt wird, beträgt für Gasmoleküle, die sich wie ein ideales Gas verhalten, bei Standardtemperatur und -druck (STP) annähernd 100 nm oder 10^{-7} m. Wir können uns die Größe eines Moleküls in dieser Zeichnung vorstellen, wenn wir die Größe des 3,34 nm-Würfels in dieser Abbildung mit der desselben Würfels in Abbildung 2–10 vergleichen.

Aufforderung: Um zu sehen, wie sich die Prinzipien aus diesem Abschnitt auf planetarische Atmosphären anwenden lassen, versuchen Sie sich einmal an der Aufgabe 2–23 im Buch von Butler und Grosser, *Ergänzungsaufgaben zu Prinzipien der Chemie.*

Daltons Partialdruckgesetz

Wenn sich jedes Molekül in einem Gas von allen anderen unabhängig bewegt, ausgenommen in den Augenblicken des Zusammenstoßes, und wenn die Zusammenstöße elastisch sind, dann wird in einer Mischung von verschiedenen Gasen die kinetische Gesamtenergie aller der verschiedenen Gase zusammen gleich der Summe der kinetischen Energien der einzelnen Gase sein

$$E = E_1 + E_2 + E_3 + E_4 + \ldots$$

Da sich jedes Gasmolekül unabhängig von allen anderen bewegt, kann der Druck, den jedes Gas auf die Wände des Behälters ausübt, für jedes Gas getrennt abgeleitet werden (Gleichung (2–23))

$$p_1 = \frac{2E_1}{3V}, \ p_2 = \frac{2E_2}{3V}, \ p_3 = \frac{2E_3}{3V}, \quad \text{usw.} \tag{2–29}$$

Dieser Druck, den eine Komponente einer Gasmischung ausübt, wird als ihr *Partialdruck*, p, bezeichnet. Jede dieser Gleichungen kann nun umgeschrieben werden, um die kinetische Energie mit Hilfe des Drucks auszudrücken

$$E_1 = \frac{3}{2}p_1 V, \ E_2 = \frac{3}{2}p_2 V, \ E_3 = \frac{3}{2}p_3 V, \quad \text{usw.}$$

Wenn wir dies in den Ausdruck für die Energien einsetzen und die Faktoren $\frac{3}{2}V$ auf beiden Seiten der Gleichung kürzen, so erhalten wir

$$P = p_1 + p_2 + p_3 + p_4 + \ldots = \sum_j p_j \tag{2–30}$$

Das Sonderzeichen $\sum$ auf der rechten Seite der Gleichung ist das *Summenzeichen*, das eine Kurzform für die Anweisung ist: Summieren Sie alle Terme des Typs p_j für alle verschiedenen Werte von j. Wir werden es häufig benutzen.

Der *Gesamtdruck* ist damit also die *Summe der Partialdrücke* der einzelnen Komponenten der Gasmischung, von der jede so betrachtet wird, als ob sie allein in dem vorgegebenen Volumen vorhanden wäre. Daltons *Partialdruckgesetz* wurde während der Gasuntersuchungen formuliert, die ihn später zu seiner Atomtheorie führten.

Ein wichtiges Maß für Konzentrationen in einer Gasmischung (und genau so gut in Lösungen oder Festkörpern) ist der *Molenbruch*, X. Der Molenbruch der j-ten Komponente in einer Mischung von Stoffen ist definiert als die Zahl von Molen der j-ten Komponente dividiert durch die Gesamtmolzahl aller in der Mischung vorhandenen Substanzen

$$X_j = \frac{n_j}{n_1 + n_2 + n_3 + n_4 + \ldots} = \frac{n_j}{\sum_i n_i} \tag{2–31}$$

Eine andere Fassung des Daltonschen Partialdruckgesetzes besagt, daß der Partialdruck einer Komponente in einer Gasmischung gleich ihrer Konzentration im Molenbruch mal dem Gesamtdruck ist. Wenn es n_j Mole des Gases j in einer Mischung gibt, kann der Partialdruck dieses Gases aus dem idealen Gasgesetz berechnet werden

$$p_j = n_j \frac{RT}{V} = \frac{n_j}{n} \cdot \frac{nRT}{V}$$

wobei $n = n_1 + n_2 + n_3 + \ldots = \sum_i n_i$ ist. Da $n_j/n = X_j$ der Molenbruch der j-ten Komponente und $nRT/V = P$ gleich dem *Gesamt*druck der Gasmischung ist, wird aus dem Daltonschen Gesetz

$$p_j = X_j P \tag{2–32}$$

Beispiel: Eine Gasmischung enthält bei $100\,^\circ\mathrm{C}$ und 0,8 bar 50% Helium und 50% Xenon (Massenprozente). Wie groß sind die Partialdrücke der beiden Gase?

Lösung: Ermitteln Sie zunächst einmal die Molzahlen für Helium und Xenon in irgendeiner vorgegebenen Gasprobe. Als praktisches Beispiel sei eine Gasmenge von 100 g gewählt. Dann betragen die Molzahlen für die beiden Gase

$$n_{He} = \frac{50{,}0 \text{ g}}{4{,}00 \text{ g mol}^{-1}} = 12{,}5 \text{ mol He}$$

$$n_{Xe} = \frac{50{,}0 \text{ g}}{131{,}3 \text{ g mol}^{-1}} = 0{,}381 \text{ mol Xe}$$

Der nächste Schritt ist dann die Berechnung des Molenbruchs X_j einer jeden Komponente

$$X_{He} = \frac{12{,}5 \text{ mol}}{(12{,}5 + 0{,}381) \text{ mol}} = 0{,}970$$

$$X_{Xe} = \frac{0{,}381 \text{ mol}}{(12{,}5 + 0{,}381) \text{ mol}} = 0{,}030$$

Nach Daltons Partialdruckgesetz wird der Partialdruck einer jeden Komponente durch $p_j = X_j P$ gegeben. Somit erhalten wir

$$p_{He} = 0{,}970 \, P = 0{,}970 \times 0{,}8 \text{ bar} = 0{,}776 \text{ bar}$$

$$p_{Xe} = 0{,}030 \, P = 0{,}030 \times 0{,}8 \text{ bar} = 0{,}024 \text{ bar}$$

Beachten Sie, daß kein Gesamtgasvolumen angegeben worden ist und nur eine praktische aber willkürliche Probenmenge als Berechnungsgrundlage benutzt wurde. Warum ist die Lösung vom Volumen unabhängig? Wird sich die Antwort ändern, wenn die Temperatur geändert wird?

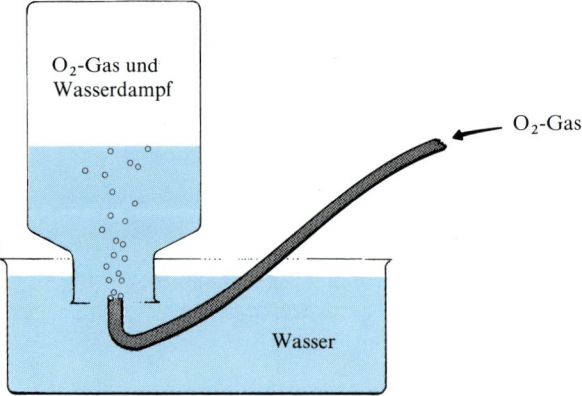

Abbildung 2–13 Wenn Sauerstoffgas durch Verdrängung von Wasser aus einer umgedrehten Flasche aufgefangen wird, muß das Vorhandensein von Wasserdampf im Gasraum der Sammelflasche berücksichtigt werden, wenn die Menge des aufgefangenen Sauerstoffs berechnet wird. Die Korrektur läßt sich mit Hilfe des Daltonschen Partialdruckgesetzes leicht vornehmen.

Häufig werden Gase über Flüssigkeiten wie Wasser oder Quecksilber aufgefangen, wie in Abbildung 2–13 gezeigt wird. Daltons Partialdruckgesetz muß in solchen Fällen darauf angewendet werden, die teilweise Verdampfung der Flüssigkeit in den vom Gas gefüllten Raum hinein zu berücksichtigen.

Beispiel: Sauerstoffgas, das in einem Experiment erzeugt wird, wird bei 25 °C in einer umgekehrt in eine Wasserwanne gestellte Flasche gesammelt (Abbildung 2–13). Wenn das Niveau des Wassers in der ursprünglich vollen Flasche bis auf das Niveau des Wassers im Tank abgesunken ist, beträgt das Volumen des aufgefangenen Gases 1750 Milliliter (ml). Wie viele Mole Sauerstoffgas befinden sich dann in der Flasche?

Lösung: Wenn die Wasserniveaus innerhalb und außerhalb der Flasche dieselben sind, dann ist der Gesamtdruck im Inneren der Flasche gleich dem atmosphärischen Luftdruck, den wir für diese Aufgabe einmal als 1,013 bar = $1,013 \times 10^5$ Pa annehmen (Normaldruck). Aber bei 25 °C beträgt der Dampfdruck des Wassers 0,032 bar, somit ist der Partialdruck des Sauerstoffgases in der Flasche nur gleich (1,013–0,032) bar = 0,981 bar. Der Molenbruch des Sauerstoffgases ergibt sich damit zu 0,981 bar/1,013 bar = 0,969 und nicht 1,000, wie es der Fall wäre, wenn kein Wasserdampf vorhanden wäre. Die Molzahl beträgt dann

$$n = \frac{PV}{RT} = \frac{0,981 \text{ bar} \times 1750 \text{ ml}}{8,314 \text{ JK}^{-1} \text{mol}^{-1} \times 298 \text{ K}}$$

$$= \frac{0,981 \times 10^5 \text{ Nm}^{-2} \times 1,75 \times 10^{-3} \text{ m}^3}{8,314 \text{ Nm K}^{-1} \text{mol}^{-1} \times 298 \text{ K}}$$

$$= 0,0694 \text{ mol}$$

Wie würde die Antwort lauten, wenn der Wasserdampfpartialdruck vernachlässigt worden wäre?

Übung: An einem feuchtwarmen Tag bei 43,3 °C in Galveston, Texas, beträgt der Dampfdruck des Wassers 0,088 bar = 88 mbar (Millibar). Wie hoch ist der Wassergehalt der Atmosphäre, ausgedrückt als Molenbruch? Wie hoch ist der Wassergehalt unter den obigen Bedingungen in Gewichts(Massen)prozent, wenn wir einmal annehmen, daß trockene Luft zu 20 Molprozent O_2 und 80 Molprozent N_2 besteht? (Antwort: 0,087; 5,62%.)

Aufforderung: Zur Überprüfung Ihrer Fähigkeit, einige der eben vorgestellten Begriffe auf die Luftverschmutzung und das Entwerfen von Lebenserhaltungssystemen anzuwenden, versuchen Sie einmal, die Aufgaben 2–25 und 2–27 bis 2–31 im Buch von Butler und Grosser zu lösen.

Andere Voraussagen der molekularkinetischen Theorie

Ableitungen aus der molekularkinetischen Theorie, die im Prinzip nicht wesentlich komplizierter sind als die, die wir am Beispiel des Gasdrucks kennengelernt haben, liefern uns eine Menge weiterer Voraussagen über das Verhalten von Gasen. Diese Voraussagen sind experimentell überprüft worden und haben das Vertrauen in die Theorie bestärkt. Eine Ableitung für die Wahrscheinlichkeit dafür, daß ein Molekül auf ein Loch in der Wand eines Behälters trifft, führt zum Grahamschen Effusionsgesetz, das besagt, daß die Leckrate eines Gases aus einem kleinen Loch in einem Tank umgekehrt proportional zur Quadratwurzel aus der Molmasse ist.

Thomas Graham (1805–1869) beobachtete 1846, daß die Effusionsraten von Gasen umgekehrt proportional zu den Quadratwurzeln aus ihren Dichten sind. Da nach Avogadros Hypothese die Dichte eines Gases seiner Molmasse proportional ist, stimmt Grahams Beobachtung mit der kinetischen Theorie überein, die voraussagt, daß die Ausströmungsrate proportional zur Molekulargeschwindigkeit oder umgekehrt proportional zur Quadratwurzel aus der Molmasse ist (Gleichung (2–28)). Jedoch beginnt das Gesetz bei hohen Gasdichten zu versagen, bei denen Moleküle mehrfach miteinander zusammenstoßen, während sie durch die Öffnung entweichen. Das Gesetz versagt auch, wenn Löcher vorliegen, die groß genug sind, um in dem Gas eine hydrodynamische Strömung auf das Loch zu hervorzurufen, und somit zur Ausbildung eines Strahls von entweichendem Gas führen. Aber so lange, wie einzelne Moleküle dadurch entweichen, daß sie während ihrer statistisch ungeordneten, zufälligen Bewegung durch ein ruhendes Gas auf das Loch treffen, ist die Voraussage der molekularkinetischen Theorie exakt erfüllt.

Die Theorie sagt auch richtig die Phänomene der Gasdiffusion, der Viskosität von Gasen und der Wärmeleitfähigkeit von Gasen, die drei sogenannten Transporteigenschaften, voraus. Bei der Moleculardiffusion diffundiert Masse aus Bereichen hoher Konzentration in Bereiche niedriger Konzentration oder einen Konzentrationsgradienten hinab. Viskosität eines Gases entsteht dadurch, daß sich langsam bewegende Moleküle in sich schnell bewegende Gasschichten eindiffundieren (und diese dadurch verlangsamen) und daß umgekehrt schnellere Moleküle in die langsamen Bereiche des Gases eindiffundieren (und diese dadurch beschleunigen). Dieses bedeutet den Transport von Impuls entlang eines Geschwindigkeitsgradienten. Die Wärmeleitung oder die thermische Diffusion ist das Eindiffundieren sich schnell bewegender Moleküle in Bereiche langsamerer Moleküle. Sie kann als ein Transport von kinetischer Energie einen Temperaturgradienten hinab beschrieben werden. In allen drei Fällen sagt die molekularkinetische Theorie den jeweiligen Diffusionskoeffizienten richtig voraus, wobei die beste Übereinstimmung mit den Meßergebnissen bei niedrigen Gasdrücken und hohen Temperaturen erreicht werden. Aber dies sind gerade die Fälle, auf die das einfache ideale Gasgesetz am besten anzuwenden ist.

Wir können den Sachverhalt zusammenfassen, indem wir feststellen, daß die elementare molekularkinetische Theorie, wie sie hier im groben Umriß dargestellt wurde, eine richtige Erklärung für das Verhalten von idealen Gasen liefert. Sie gibt uns Vertrauen in die Realität von Molekülen und ermutigt uns, nach Modifikationen der einfachen Theorie auf der molekularen Ebene zu suchen, die die Abweichungen vom Verhalten des idealen Gases erklären können.

2–8 Reale Gase weichen vom idealen Gasgesetz ab

Wenn alle Gase sich wie ideale Gase verhalten würden, müßte der Quotient PV/RT für 1 mol eines Gases stets gleich eins sein. Tatsächlich weichen alle realen Gase in gewissem Ausmaß vom idealen Verhalten ab; die Größe $Z = PV/RT$, die als *Kompressibilitätskoeffizient* bezeichnet wird, ist ein Maß für die Abweichung (Z ist gegen den Druck in Abbildung 2–14 für mehrere Gase bei 273 K und in Abbildung 2–15 für ein

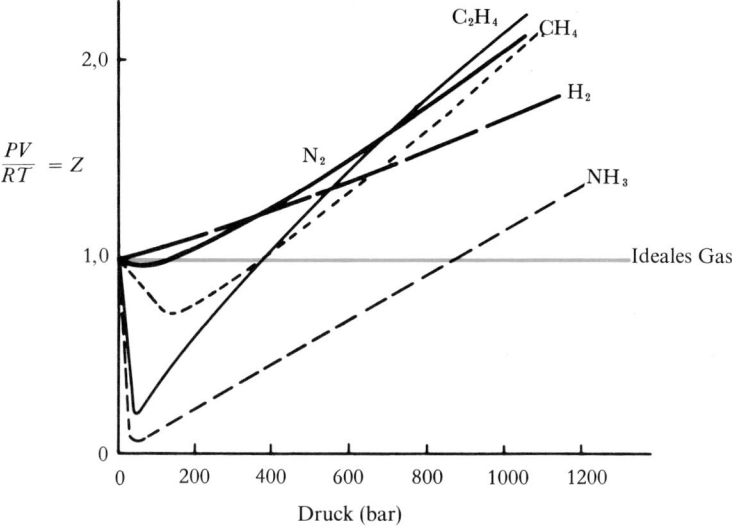

Abbildung 2–14 Abweichungen vom idealen Gasgesetz für verschiedene Gase bei 273 K, ausgedrückt durch den Kompressibilitätskoeffizienten $Z = P\bar{V}/RT$. Das Absinken des Wertes von Z unter eins bei niedrigen Drücken wird durch intermolekulare Anziehungskräfte verursacht; der Anstieg auf Werte über eins bei hohen Drücken beruht auf intermolekulare Abstoßungskräfte mit kürzerer Reichweite, die wirksam werden, wenn die Moleküle von endlicher Größe dicht aneinander gedrängt werden.

Gas bei mehreren Temperaturen aufgetragen.) Wir können nun das Verhalten von realen Gasen deuten als eine Kombination von intermolekularen Anziehungskräften (die über vergleichsweise große Entfernungen wirksam sind) und Abstoßungskräften, die auf den endlichen Größen der Moleküle beruhen (und die nur dann von Bedeutung sind, wenn die Moleküle bei hohen Drücken zusammengedrängt werden). Bei niedrigen Drücken – die aber immer noch zu hoch für ein ideales Verhalten sind – machen die intermolekularen Anziehungskräfte das Molvolumen kleiner, als nach dem idealen Gasgesetz zu erwarten ist, und der Kompressibilitätskoeffizient ist kleiner als eins. Bei genügend hohen Drücken beginnt jedoch das Zusammendrängen der Moleküle zu überwiegen, und das Molvolumen wird größer, als es sein würde, wenn die Moleküle Punktmassen wären. Je höher die Temperatur ist (Abbildung 2–15), desto weniger ausgeprägt wird die intermolekulare Anziehung im Vergleich mit der kinetischen Energie der Moleküle sein, und desto niedriger wird dann auch der Druck sein, bei dem der Raumerfüllungsfaktor überwiegt und Z über den Wert eins ansteigt.

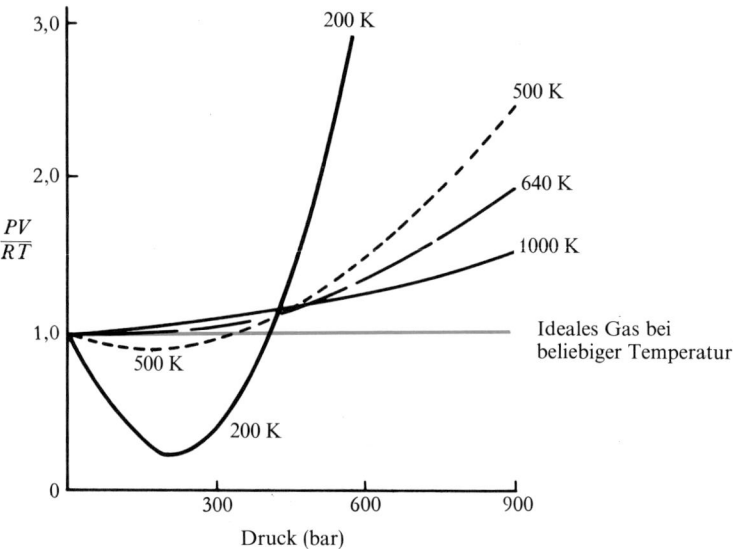

Abbildung 2–15   Der Wert von $P\bar{V}/RT$ für 1 mol Methangas bei verschiedenen Temperaturen. Beachten Sie, daß $P\bar{V}/RT$ bei niedrigen Drücken kleiner als 1,0 ist, während sein Wert bei hohen Drücken 1,0 übersteigt. Dabei nähern sich die Kurven dem Verhalten des idealen Gases mit zunehmender Temperatur immer mehr an. ($P\bar{V}/RT = Z$, der Kompressibilitätskoeffizient.)

Eine Gleichung wie das ideale Gasgesetz, $PV = nRT$, wird *Zustandsgleichung* genannt, da sie den Zustand eines Systems mit Hilfe der meßbaren Größen P, V und T beschreibt (Abbildung 2–16). Andere Zustandsgleichungen, die aufgestellt worden sind, beschreiben das Verhalten von realen Gasen besser als das ideale Gasgesetz. Die bekannteste und wichtigste dieser Gleichungen ist die von van der Waals 1873 vorgeschlagene Zustandsgleichung. Van der Waals ging davon aus, daß selbst für ein reales Gas ein idealer Druck, P^*, und ein ideales Volumen, V^*, definiert werden können, so daß die ideale Gasgleichung $P^*V^* = nRT$ auch dann angewendet werden kann. Aber infolge der Unvollkommenheiten der realen Gase waren diese nicht gleich dem gemessenen Druck P und dem gemessenen Volumen V. Das ideale Volumen, so argumentierte van der Waals, müßte kleiner sein als das gemessene, da die Moleküle eine endliche Größe besitzen und keine idealen Punktmassen sind. Infolgedessen steht der Teil des Behältervolumens, der von den anderen Molekülen eingenommen wird, irgendeinem beliebigen Molekül nicht mehr zur Verfügung. Daher müßte das „ideale" Volumen um einen konstanten Betrag b, der mit der Molekülgröße in Zusammenhang steht, kleiner sein als das gemessene Volumen. Es soll also gelten: $V^* = V - b$.

Der „ideale" Druck P^* sollte dagegen größer sein als der gemessene Druck P, da ein Gasmolekül, das den Anziehungskräften anderer Gasmoleküle unterliegt, mit geringerer Wucht auf die Wände des Behälters auftrifft, als wenn diese Anziehungskräfte nicht vorhanden wären. Denn während sich das Molekül der Wand nähert, befinden sich mehr Gasmoleküle hinter dem Molekül im Gesamtvolumen des Gases, als sich

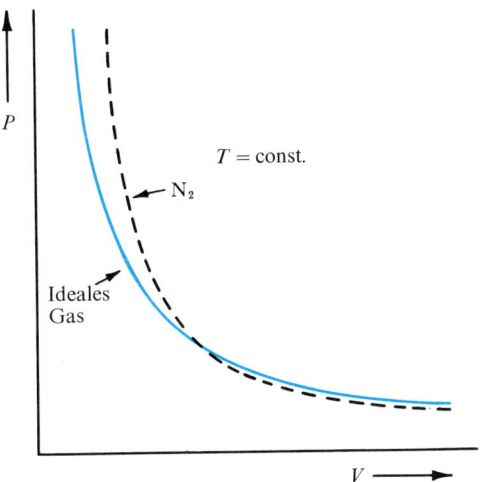

Abbildung 2–16 Druck-Molvolumen-Kurven für Stickstoff und ein ideales Gas bei konstanter Temperatur. Bei niedrigen Drücken ist das molare Volumen, $\overline{V}$, des N_2 kleiner als das Molvolumen eines idealen Gases, was auf der intermolekularen Anziehung beruht. Bei hohen Drücken macht sich dagegen die intermolekulare Abstoßung infolge des endlichen, von null verschiedenen Molekülvolumens bemerkbar und führt zu Werten des molaren Volumens für das reale Gas, die über denen des idealen Gases liegen.

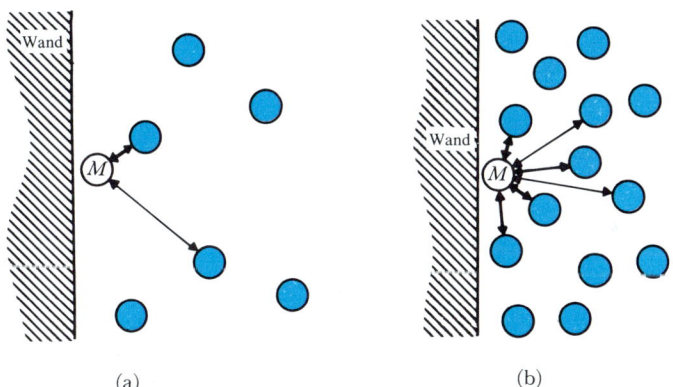

Abbildung 2–17 Die Erniedrigung des Druckes eines realen Gases infolge der intermolekularen Anziehungskräfte. (a) Gas von geringer Dichte. (b) Gas von hoher Dichte. Ein Molekül M, das wir hier betrachten, trifft in einem Gas von hoher Dichte mit einem kleineren Impuls auf die Wand auf als in einem Gas von niedriger Dichte, da die von seinen nächsten Nachbarn auf es ausgeübten Anziehungskräfte die Wucht seines Aufpralls vermindern.

zwischen ihm und der Wand aufhalten (Abbildung 2–17). Die Zahl der Zusammenstöße mit der Wand innerhalb eines bestimmten Zeitraums ist nun der Dichte des Gases proportional, und jeder dieser Zusammenstöße wird durch einen nach innen gerichteten Anziehungsfaktor abgeschwächt, der seinerseits wieder proportional zur Dichte der Moleküle ist, die diese Anziehungskraft ausüben. Der Korrekturterm für P ist daher dem Quadrat der Gasdichte proportional oder dem Quadrat des Volumens umgekehrt proportional, d. h. $P^* = P + a/V^2$.

Die vollständige van der Waals-Gleichung *für 1 mol* eines Gases lautet damit

$$\left(P + \frac{a}{\overline{V}^2}\right)(\overline{V} - \overline{b}) = RT \tag{2–33}$$

Tabelle 2–2   Maße für die Molekülgröße nach der molekularkinetischen Theorie

Gas	van der Waals-Konstanten		kugelförmige Moleküldurchmesser, d, in 10^{-10} m		
	a (l^2 bar mol^{-2})	b (cm^3 mol^{-1})	nach van der Waals[a]	aus der Gasviskosität	aus der Dichte der Flüssigkeit oder des Festkörpers[b]
Hg	8,20	17,0	2,38	3,60	3,26
He	0,0345	23,70	2,48	2,00	–
H$_2$	0,2476	26,61	2,76	2,18	–
H$_2$O	5,535	30,49	2,88	2,72	3,48
O$_2$	1,378	31,83	2,90	2,96	3,75
N$_2$	1,408	39,12	3,14	3,16	· 4,00
CO$_2$	3,639	42,67	3,24	4,60	4,54

[a] Dies ist eine schlechte Näherung für alle Teilchen mit der Ausnahme von Hg und He.
[b] Unter der Annahme, daß die Moleküle Kugeln sind, die in dichtester Packung 74% des zur Verfügung stehenden Raumes erfüllen. Wenn M die Molmasse und die Dichte des Stoffes sind, erhalten wir für das Molekülvolumen $V_{\text{Molekül}}$

$$V_{\text{Molekül}} = \frac{\pi}{6} d^3 = 0{,}74 \frac{M}{N\varrho}$$

Die Konstanten a und b werden empirisch so ausgewählt, daß sich die bestmögliche Übereinstimmung zwischen der Gleichung und dem tatsächlichen *PVT*-Verhalten eines Gases ergibt. Selbst dann stimmt die Molekülgröße, die aus diesem rein experimentellen $\overline{b}$-Wert berechnet wird, gut mit jenen überein, die auf anderen Wegen erhalten werden (Tabelle 2–2), und das wiederum gibt uns die Zuversicht, daß wir die richtige Erklärung für die Abweichungen vom idealen Verhalten gefunden haben. (Die überstrichenen Größen $\overline{V}$ und $\overline{b}$ kennzeichnen hier *molare*, d. h. auf 1 mol des Gases bezogene *Größen*.)

In Tabelle 2–2 sind für mehrere Gase die experimentell bestimmten Werte von a und $\overline{b}$ zusammen mit einigen für die Moleküldurchmesser berechneten Werten angegeben. Wir könnten vermuten, daß die Konstante $\overline{b}$ einfach das ausgeschlossene Volumen pro Mol ist, das von den Gasmolekülen beansprucht wird (wie in Abbildung 2–18 gezeigt ist): $\overline{b} = 8\,NVm = \frac{4}{3}\pi N d^3$, wobei d der Durchmesser eines Moleküls ist. Da ein Zusammenstoß jedoch ein Prozeß ist, der sich zwischen zwei Molekülen abspielt, gibt das nach Abbildung 2–18 berechnete Volumen das *pro Molekülpaar* ausgeschlossene Volumen an, und der obige Wert für $\overline{b}$ liegt damit um einen Faktor 2 zu hoch. Die nach van der Waals aus den $\overline{b}$-Werten berechneten Moleküldurchmesser in Tabelle 2–2 wurden

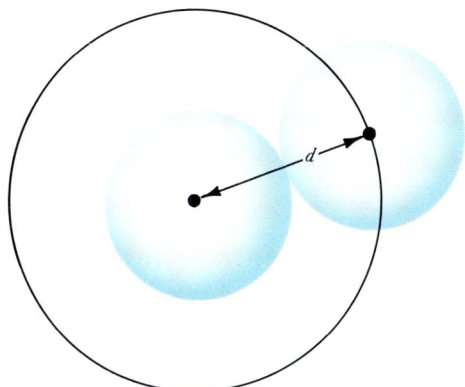

Abbildung 2–18 Der Mittelpunkt keines anderen Moleküls kann sich mehr als auf einen Molekül-durchmesser an den Mittelpunkt eines gegebenen Moleküls annähern. Damit ergibt sich für das Volumen um jedes Molekül herum, von dem andere Moleküle ausgeschlossen sind, der Wert $\frac{4}{3}\pi d^3$ oder der achtfache Wert des Molekülvolumens von $\frac{4}{3}\pi(d/2)^3$.

aus der Beziehung $b = 4NV_m$ ermittelt, wobei $V_m = (\pi d^3/6)$ das Volumen eines Mole-küls ist.

Die van der Waals-Gleichung läßt sich über einen weitaus größeren Temperatur- und Druckbereich anwenden als das ideale Gasgesetz. Sie läßt sich sogar mit der Kondensa-tion eines Gases zu einer Flüssigkeit in Einklang bringen.

2–9 Zusammenfassung

In diesem Kapitel haben wir die Atom- und Molekülvorstellung dadurch überprüft, daß wir untersuchten, in welchem Umfang eine einfache Molekulartheorie die Eigen-schaften von Gasen erklären kann. Gase sind im jetzigen Stadium unserer Diskussion der Prinzipien der Chemie ein besonders geeignetes Thema, da sich ihre Moleküle so weit voneinander entfernt befinden, daß die Kräfte zwischen den Molekülen minimal sind und somit in erster Näherung völlig vernachlässigt werden können.

Wir haben gesehen, wie die Beobachtung des Verhaltens von Gasen zu einer einfachen *Zustandsgleichung*, dem idealen Gasgesetz $P\overline{V} = RT$ für 1 mol eines Gases, führt. Wir haben weiterhin festgestellt, daß ein äußerst einfaches Modell eines Gases (das besagt, daß Gase sich aus Molekülen zusammensetzen, die sich schnell entlang gerader Linien fortbewegen und nur dann miteinander in Wechselwirkung treten, wenn sie mitein-ander zusammenstoßen) ausreicht, viele der meßbaren Eigenschaften von Gasen zu er-klären. Wir haben erkannt, daß die Temperatur ein Maß für die Molekularbewegung ist, was für Flüssigkeiten und Festkörper genau so gilt wie für Gase. Die Irreversibilität der Umwandlung von makroskopischer Bewegung in Molekularbewegung ist erwähnt worden als Vorschau auf das, was uns später in der Form des zweiten Hauptsatzes der Thermodynamik wiederbegegnen wird. Schließlich haben wir vernünftige Verbesserun-gen am idealen Gasgesetz vorgenommen, um den Druck- und Temperaturbereich aus-zudehnen, für den es sich auf das Verhalten von realen Gasen anwenden läßt.

2–10 Postskriptum zu den Gasgesetzen und der Atomtheorie

Wenn sich der Staub nach einer neuen Entdeckung wieder gelegt hat, ist es nur allzu leicht, zu vergessen, wieviel Streit und Mühe ihre Entwicklung gekostet hat. Thomas Thomson (1773–1852) war Regius Professor of Chemistry an der Universität von Glasgow und war der Mann, an den sich Dalton um Hilfe für die Veröffentlichung seiner neuen Atomtheorie wandte. 1830 veröffentlichte Thomson seine *History of Chemistry*, die deswegen besonders interessant ist, weil viele der Teilnehmer an der atomaren Revolution in der Chemie lebende, aktive Freunde Thomsons waren. Im letzten Kapitel seiner *History* beschreibt Thomson die Umstände, unter denen die Atomtheorie das Licht der Welt erblickte (die Kommentare in eckigen Klammern sind modern):

„Im Jahr 1804, am 26. August, verbrachte ich einen oder zwei Tage in Manchester und war lange mit Mr. Dalton zusammen. Während dieser Zeit erklärte er mir seine Gedanken betreffs der Zusammensetzung von Körpern. Ich schrieb mir damals seine Ansichten auf, wie er sie mir vortrug... [Eine kurze Darstellung der Daltonschen Atomtheorie folgte.]

Mr. Dalton informierte mich darüber, daß ihm die Atomtheorie zuerst während seiner Untersuchungen des olefianten Gases [Acetylen, C_2H_2] und des karbonisierten Wasserstoffgases [Ethylen, C_2H_4] einfiel, die zu dem Zeitpunkt noch unvollkommen verstanden wurden und deren Zusammensetzung erst von Mr. Dalton selbst voll aufgeklärt wurde. Es war nach den Experimenten, die er an ihnen durchführte, klar, daß die Bestandteile beider Kohlenstoff und Wasserstoff und nichts anderes waren. Er fand weiterhin, daß, wenn wir den Kohlenstoff in jedem als gleich ansehen, das karbonisierte Wasserstoffgas genau zweimal soviel Wasserstoff enthält wie olefiantes Gas. Dies brachte ihn darauf, die Verhältnisse dieser Bestandteile in Zahlen auszudrücken und das olefiante Gas als eine Verbindung von einem Atom Kohlenstoff und einem Atom Wasserstoff und den karbonisierten Wasserstoff als eine Verbindung von einem Atom Kohlenstoff und zwei Atomen Wasserstoff anzusehen. Der so entwickelte Gedanke wurde auf Kohlenoxid, Wasser, Ammoniak usw. angewendet, und Zahlen, die die Atomgewichte des Sauerstoffs, Azotes [Stickstoffs] usw. darstellen, wurden aus den besten analytischen Experimenten abgeleitet, die die Chemie zu der Zeit besaß. Der Leser sollte nicht annehmen, daß dies eine leichte Aufgabe war. Zu jener Zeit gab es in der Chemie nicht eine einzige Analyse, die auch nur als der Genauigkeit nahekommend angesehen werden konnte ...

In der dritten Ausgabe meines *System of Chemistry*, die 1807 veröffentlicht wurde, nahm ich eine kurze Darstellung von Mr. Daltons Theorie auf und machte sie damit der chemischen Welt bekannt ... Diese Tatsachen lenkten allmählich die Aufmerksamkeit der Chemiker auf Mr. Daltons Ansichten. Es gab jedoch einige unserer bedeutendsten Chemiker, die der Atomtheorie sehr feindselig gegenüberstanden. Der bekannteste unter ihnen war Sir Humphry Davy. Im Herbst des Jahres 1807 hatte ich mit ihm eine lange Unterhaltung an der Royal Institution, konnte ihn aber nicht davon überzeugen, daß auch nur irgendetwas Wahres an der Hypothese war. Einige Tage danach nahm ich mit ihm mein Mittagessen im Royal Society Club im Crown and Anchor an der Strand ein. Dr. Wollaston war während des Mittagessens anwesend. Nach dem Essen verließen alle Mitglieder des Clubs die Taverne, ausgenommen Dr. Wollaston, Mr. Davy und mich, die zurückblieben und Tee tranken. Wir saßen ungefähr eine und eine halbe Stunde zusammen, und unsere ganze Unterhaltung drehte sich um die Atomtheorie. Dr. Wollaston war genau wie ich ein Bekehrter, und wir versuchten, Davy von der Unrichtigkeit seiner Meinungen zu überzeugen; aber er ging fort, so weit davon entfernt, überzeugt zu sein, daß er, wenn es möglich wäre, noch stärker gegen sie eingenommen war als je zuvor. Bald danach traf Davy Mr. David Gilbert, den verstorbenen, hervorragenden Präsidenten der Royal Society, und amüsierte ihn mit einer karikierenden Beschreibung der Atomtheorie, die er in einem derart lächerlichen Licht darstellte, daß Mr. Gilbert erstaunt war, wie irgendein Mann von Vernunft oder Wissenschaft von einem solchen Gewebe von Absurditäten beeindruckt werden konnte ... [Wollaston überzeugte Gilbert schließlich von der Richtigkeit der Atomtheorie nach einer langen Aufzählung des chemischen Beweismaterials.]

Mr. Gilbert ging fort, zur Wahrheit der Atomtheorie bekehrt, und er hatte das Verdienst, Davy davon zu überzeugen, daß seine früheren Meinungen zu diesem Thema falsch waren. Welche Argumente er benutzte, weiß ich nicht, aber sie müssen überzeugend gewesen sein, denn Davy wurde danach ein eifriger Verfechter der Atomtheorie. Die einzige Änderung, die er vornahm, war das Einsetzen des Wortes *Proportion* für Daltons Wort *Atom*. Dr. Wollaston ersetzte es durch den Ausdruck *Äquivalent*. Der Zweck dieser Substitutionen war es, jedwede theoretischen Aussagen zu vermeiden. Aber tatsächlich sind diese Ausdrücke, *Proportion* und *Äquivalent*, beide nicht so praktisch wie der Ausdruck *Atom*; und wenn wir nicht die Hypothese akzeptieren, von der Dalton ausging, daß nämlich die letztendlichen Teilchen von Körpern *Atome* sind, die nicht weiter geteilt werden können, und daß chemische Verbindungen aus der Vereinigung dieser Atome miteinander bestehen, verlieren wir alles von dem neuen Licht, das die Atomtheorie auf die Chemie wirft, und gehen mit unseren Ansichten in die Dunkelheit der Tage von Bergman und Berthollet zurück."

Literaturhinweise

J. Hildebrand, An Introduction to Molecular Kinetic Theory (Reinhold, New York, 1963).

T.L. Hill, Lectures on Matter and Equilibrium (W.A. Benjamin, New York, 1966). Vordiplomniveau. Die ersten vier Kapitel über Zustände der Materie, Gase und intermolekulare Kräfte sind besonders nützlich.

W. Kauzmann, Kinetic Theory of Gases (W.A. Benjamin, New York, 1966). Gründlich und klar. Die Kapitel 1 und 2 über Zustandsgleichungen von Gasen sind besonders wichtig. Kapitel 4 setzt die Diskussion über die Verteilung von Molekulargeschwindigkeiten fort, erfordert aber Kenntnisse der Differential- und Integralrechnung.

Fragen

1. Warum sollten Gase einfacheren Gesetzen gehorchen als Flüssigkeiten oder Festkörper?
2. Die ersten Hydraulik-Ingenieure stellten fest, daß keine Saugpumpe Wasser höher als ungefähr 10 m emporsaugen konnte. Können Sie diese Erscheinung aus den in diesem Kapitel enthaltenen Informationen erklären?
3. Wie plante Boyle sein Experiment zur Überprüfung der „Luftfeder-Theorie"?
4. Warum ist eine Auftragung von experimentellen Daten, die eine gerade Linie liefert, nützlich oder wünschenswert?
5. Wie wird mit Hilfe des Verhaltens von Gasen eine absolute Temperaturskala definiert?
6. Unter welchen Bedingungen ist das Boylesche Gesetz erfüllt? Wann gilt das Charlessche Gesetz? Wie lassen sich diese beiden Gesetze aus dem vollständigen idealen Gasgesetz ableiten?
7. Was bedeutet STP, und warum ist dies nützlich?
8. Welche molekulare Erklärung können Sie für die Abweichung realer Gase vom idealen Gasverhalten geben? Unter welchen Bedingungen werden reale Gase dem idealen Verhalten am nächsten kommen?
9. Welche experimentellen Beweise gibt es dafür, daß jede der drei Annahmen der molekularkinetischen Theorie der Gase gültig ist?
10. Warum können wir sagen, daß das Produkt PV für ein ideales Gas der kinetischen Energie, E_k, proportional ist?
11. Warum können wir sagen, daß die Temperatur dem Quadrat der Geschwindigkeit der Moleküle proportional ist (tatsächlich dem *mittleren* Quadrat der Geschwindigkeiten)?
12. Welches Gas ist heißer, wenn die Moleküle in Wasserstoffgas oder Sauerstoffgas sich mit derselben mittleren quadratischen Geschwindigkeit bewegen?
13. Welcher Bruchteil des Volumens eines typischen Gases wird unter Normalbedingungen von dem Volumen der Moleküle selbst eingenommen, aus denen sich das Gas zusammensetzt? Welche direkten physikalischen Messungen können Ihnen darüber Auskunft geben?
14. Warum ist das Gasvolumen von 22,414 l von Bedeutung?
15. Wie läßt sich die Geschwindigkeit des Schalls in Luft in Höhe des Meeresspiegels mit der mittleren quadratischen Geschwindigkeit der Moleküle in der Luft vergleichen?
16. Welche der beiden Geschwindigkeiten der Moleküle eines Gases wäre Ihrer Meinung nach größer: Die Durchschnittsgeschwindigkeit oder die mittlere quadratische Geschwindigkeit (die Wurzel aus dem mittleren Quadrat der Geschwindigkeit)? Können Sie dies auf Grund der Definitionen der beiden Geschwindigkeiten erklären?
17. Was besagt Daltons Partialdruckgesetz über das Verhalten von Gasen in einer Mischung?
18. Warum weicht der Wert des Kompressibilitätskoeffizienten eines realen Gases so nach oben und unten vom Wert 1,00 ab, wie er es tatsächlich tut?

19. Wie ergibt sich aus der van der Waals-Gleichung ein Maß für die Größe eines Moleküls?

Aufgaben

1. Eine Probe eines Gases nimmt bei 25 °C ein Volumen von 2,34 l ein. Wie groß wird ihr Volumen bei 300 °C sein?

2. Ein Gas unter einem Anfangsdruck von 0,933 bar dehnt sich bei konstanter Temperatur aus, bis sein Druck 0,200 bar beträgt. Wie groß ist das Verhältnis des Endvolumens zum Anfangsvolumen?

3. Ein ideales Gas nimmt bei einem Druck von 1,013 bar ein Volumen von 76 l ein. Welcher Druck wird das Volumen auf 10 l verkleinern?

4. Bei STP nehmen 10,3 g eines Gases ein Volumen von 7420 cm^3 ein. Wie groß ist das Volumen dieser Gasprobe bei 1,013 bar und 100 °C?

5. Die Temperatur einer 0,0100 g-Probe von Chlorgas (Cl_2) in einem abgeschmolzenen 10 ml großen Glasbehälter wird in einem Ofen von 20 °C auf 250 °C erhöht. Wie hoch ist der Anfangsdruck bei 20 °C? Wie hoch ist der Druck bei 250 °C?

6. Wie viele Moleküle eines idealen Gases befinden sich in 1,000 ml, wenn die Temperatur −80 °C beträgt, und der Druck gleich 0,1333 Pa ist?

7. Welcher Druck wird von $5,0 \times 10^{13}$ Molekülen eines idealen Gases in 1,000 cm^3 bei 0 °C ausgeübt?

8. Eine Menge von 4,4 g CO_2 ist bei 27 °C in einer 2 l-Flasche eingeschlossen. Wie hoch ist der Druck im Inneren der Flasche?

9. Jeweils 1 l von O_2, N_2 und H_2, alle bei 1,013 bar, werden in einen einzigen 2 l-Behälter gepreßt. Wie hoch ist der sich im Behälter ergebende Druck?

10. Wie groß ist die Dichte von XeF_6 Gas unter Normalbedingungen (STP) in g l^{-1}?

11. Ein Druck von 1,013 bar wird eine Quecksilbersäule auf eine Höhe von 760 mm empordrücken, wenn der Querschnitt der Säule 1,00 cm^2 ist. Wie hoch wäre die Säule, wenn ihr Querschnitt gleich 0,500 cm^2 wäre? (Die Dichte des Quecksilbers beträgt 13,59 g cm^{-3}, und die Erdbeschleunigung hat den Wert 980,7 cm s^{-2}.)

12. Die Dichte eines Gases bei STP beträgt 1,62 g l^{-1}. Wie groß wird seine Dichte bei 302 K und 0,986 bar sein?

13. Eine Gesamtmenge von 0,750 g eines Gases nimmt bei 0,988 bar und 20 °C ein Volumen von 4,87 l ein. Wie groß ist die Molmasse des Gases? Was könnte das Gas sein?

14. Eine Menge von 1,12 l eines Gases wiegt 0,40 g bei 0 °C und 0,507 bar. Das Gas besteht zu 25% (Massen- oder Gewichtsprozent) aus Wasserstoff und 75% Kohlenstoff. Wie groß ist die Molmasse des Gases? Wie lautet seine empirische Formel?

15. Eine 250 ml-Probe einer Verbindung mit der empirischen Formel CH_2 wiegt bei 27 °C und 0,933 bar 0,395 g. Welches sind die Molmasse und die Molekülformel der Verbindung?

16. Eine Probe von 0,524 g einer (gasförmigen) Verbindung nimmt bei 25 °C und 1,003 bar ein Volumen von 129 ml ein. Die chemische Analyse zeigt, daß sie zu 23,5% aus

Kohlenstoff, zu 2,0% Wasserstoff und zu 74,5% aus Fluor besteht. Wie lautet ihre Molekülformel?

17. Eine 0,490 g-Probe einer Verbindung wird erwärmt und entwickelt dabei nacheinander folgende Produkte: 280 ml Wasserdampf bei 182 °C und 1,013 bar; 112 ml Ammoniakdampf bei 273 °C und 1,013 bar; 0,0225 g Wasser bei 400 °C und 0,200 g SO_3 bei 700 °C. Am Ende der Erhitzung bleiben 0,090 g FeO übrig. Leiten Sie die empirische Formel der Verbindung ab.

18. Eine Gasmischung enthält dem Gewicht nach zur Hälfte Argon und zur Hälfte Helium bei einem Gesamtdruck von 1,120 bar. Wie groß ist der Partialdruck eines jeden Gases in der Mischung?

19. Eine Gasmischung enthält 0,5 mol Sauerstoff, 0,1 mol Wasserstoff und 0,8 mol Stickstoff. Der Gesamtdruck beträgt 0,811 bar. Wie hoch ist der Partialdruck eines jeden Gases?

20. Die Konzentration des Kohlenmonoxids (CO) im Zigarettenrauch beträgt 20 000 ppm dem Volumen nach. Berechnen Sie den Partialdruck des CO in 1 l Zigarettenrauch unter einem Gesamtdruck von 1,013 bar.

21. Welchen Druck übt eine Mischung von 3,86 g CCl_4 und 1,92 g C_2H_4 bei 450 °C auf die Wände einer 30 ml-Metallbombe aus? Welchen Partialdruck trägt dazu das C_2H_4 bei?

22. Ein Liter trockener Luft bei 1,013 bar und 86 °C wird mit 1 mol von flüssigem Wasser derselben Temperatur in Kontakt gebracht. Das Volumen der Gasphase bleibt während des ganzen Experiments konstant. Der Dampfdruck des Wassers beträgt bei dieser Temperatur 0,601 bar, und seine Dichte ist gleich 0,97 g ml^{-1}. Wenn sich das Gleichgewicht eingestellt hat: (a) Wie groß ist dann der Partialdruck der Luft im Gefäß? (b) Wie groß ist der Partialdruck des Wasserdampfs im Gefäß? (c) Wie groß ist der Gesamtdruck? (d) Wie viele Mole Wasser werden dann verdampft sein? (e) Welches Volumen flüssigen Wassers wird, wenn überhaupt, übrigbleiben?

23. Sehen Sie sich einmal ein Molekül an, das sich mit einer Geschwindigkeit von 4000 cm s^{-1} in einem würfelförmigen Kasten von 12,0 cm Kantenlänge bewegt (siehe Abbildung 2–10). Wie viele Zusammenstöße wird das Molekül mit einer Wand in einer Sekunde ausführen?

24. Ein Gramm Methan, CH_4, wurde zu CO_2 (Gas) und H_2O (Flüssigkeit) verbrannt. Bei 25 °C übten die Produkte einen Druck von 1,00 bar aus. Der Dampfdruck des Wassers bei 25 °C beträgt 0,0317 bar. Berechnen Sie das Volumen des bei der Reaktion gebildeten, trockenen CO_2.

25. Bei 25 °C ist die Wurzel aus dem mittleren Geschwindigkeitsquadrat einer Ansammlung von Sauerstoffmolekülen gleich $4,82 \times 10^2$ m s^{-1}. Auf welche Temperatur muß die Probe gebracht werden, um bei konstantem Volumen für die Wurzel aus der mittleren quadratischen Geschwindigkeit der Moleküle den Wert $4,82 \times 10^3$ m s^{-1} zu erhalten? Um welchen Faktor erhöht sich der Druck der Probe als Folge dieser Temperaturänderung?

26. Berechnen Sie die Wurzel aus dem mittleren Geschwindigkeitsquadrat für eine Ansammlung von Sauerstoffmolekülen bei 1 K. Bei welcher Temperatur würde diese Geschwindigkeit auf 1 cm s^{-1} absinken?

27. Für eine Probe eines unbekannten Gases ergibt die Analyse, daß es nur Sauerstoff und Schwefel enthält. Dasselbe Gas benötigt 28,3 s, um durch eine Öffnung ins Vakuum zu effundieren, wogegen eine gleiche Zahl von O_2-Molekülen für die Effusion durch dieselbe Öffnung nur 20,0 s braucht. Bestimmen Sie die Molmasse und die Formel des Gases.

28. Die Durchschnittsgeschwindigkeit von O_2-Molekülen bei STP beträgt 1660 km h^{-1}. Wie groß ist die Durchschnittsgeschwindigkeit von H_2-Molekülen unter denselben Bedingungen? Welches Gas würde wahrscheinlich leichter aus dem Bereich der Gravitationsanziehung der Erde entkommen?

29. Argongas ist bei derselben Temperatur und demselben Druck 10mal so dicht wie Heliumgas. Welches Gas diffundiert schneller? Um wieviel schneller?

30. Wie groß ist die durchschnittliche kinetische Energie eines Methanmoleküls (CH_4) unter Normalbedingungen? Wie groß ist seine durchschnittliche kinetische Energie bei 100 °C? Wie groß ist seine mittlere quadratische Geschwindigkeit bei 100 °C?

31. Zeigen Sie, daß sich die van der Waals-Gleichung dem idealen Gasgesetz annähert, wenn der Druck verringert wird.

32. Zwei Behälter gleichen Volumens werden mit Wasserstoffgas gefüllt, der eine bei 0 °C und 1,013 bar, der andere bei 300 °C und 5,065 bar. Vergleichen Sie quantitativ die folgenden Eigenschaften in den beiden Behältern: (a) Die Anzahl von Molekülen in beiden Behältern, (b) die Durchschnittsgeschwindigkeit der Moleküle, (c) die Zahl der molekularen Zusammenstöße mit der Wand pro Flächeneinheit und pro Sekunde, (d) den Impulsaustausch pro Wandstoß und (e) die durchschnittliche kinetische Energie pro Molekül.

Teil II Klassische Vorstellungen von Struktur und Bindung

Mehr als eine der Geschichten der Naturwissenschaften und Philosophien der Naturwissenschaften berichten von der Entwicklung der Chemie bis zur Ära von Lavoisier
und Dalton und verlassen dann dieses Thema und wenden sich offenkundig interessante-
ren Dingen zu. Dieses ist ein schwerwiegender Fehler; denn die wirkliche Chemie beginnt erst und endet nicht etwa mit diesen Männern. Die „Daltonsche Revolution"
dauerte mehr als ein Jahrhundert, und während dieser Zeit entwickelte sich die Chemie
von einem respektierlichen Steckenpferd für Lehrer, Geistliche und Aristokraten zur
Grundlage von Industrien, die den Charakter ganzer Nationen verändern sollten. Die
erfolgreiche Synthese des ersten künstlichen Anilinfarbstoffs von W. H. Perkin im Jahre
1857 führte schließlich zu einem halben Jahrhundert eines nahezu vollständigen Mono-
pols der äußerst wertvollen organisch-chemischen Industrie in Deutschland, die auf
der Verarbeitung von Steinkohlenteerprodukten aufbaute. Diese Industrie erzeugte
nicht nur Farbstoffe, sondern auch Harze, Polyesterkunststoffe, Lösungsmittel, Saccha-
rin und TNT. Der Ostwald-Prozeß zur Herstellung von Stickstoffoxiden aus Ammoniak
als Ersatz für die chilenischen Nitrate in Sprengstoffen verhinderte, daß die Blockade
der Alliierten den ersten Weltkrieg zu einem schnellen Ende brachte. (Hierüber können
durchaus gemischte Gefühle auftreten, wie es sie auch über die Chemikalien zur Ent-
blätterung von Bäumen und anderen, jüngeren Erfolgen der Chemie gibt.)

Gegen Ende des neunzehnten Jahrhunderts brachte das Auftreten des Petroleums und
der Petroleumprodukte den Walfang im großen Stil zum Erliegen (dennoch sind heute
die Wale fast ausgerottet), wodurch sich die Wirtschaftsstruktur der Küste von New
England veränderte. Nach dem ersten Weltkrieg hatte die Petrochemie in den Vereinig-
ten Staaten denselben Effekt wie die Steinkohlenteerchemie eine Generation zuvor in
Deutschland: Sie revolutionierte die Lebensgewohnheiten der Menschen in vielerlei
Hinsicht durch die Erfindungen des künstlichen Gummis, der Kunststoffe, Textilien,
Detergentien und landwirtschaftlichen Chemikalien. Der Solvay-Prozeß zur Herstel-
lung von Natriumcarbonat, das Frasch-Verfahren zur Schwefelgewinnung für die
Schwefelsäureherstellung („der Rohstahl der chemischen Industrie"), das Haber-Bosch-
Verfahren zur Stickstoffgewinnung, Leo Baekland und sein „Bakelit", W. H. Carothers
und Nylon – die Liste der Leistungen in der Chemie eineinviertel Jahrhundert nach Dal-
ton ist nahezu unbegrenzt.

Alle diese Leistungen erfolgten innerhalb des Rahmens einer Chemie, die noch immer
in erster Linie eine Wissenschaft der Beobachtung und Klassifizierung war. Der Chemiker war der Naturwissenschaftler *par excellence*. Er beobachtete, maß und klassiffzierte

die Elemente in jener großartigen Zusammenfassung, die als Periodensystem der Elemente bekannt ist. Aber er hatte keine Vorstellung, warum dies so war. Er sammelte eine große Menge Wissen über organische Reaktionen an, aber eine *Voraussage* über das Ergebnis einer Reaktion beruhte weniger auf der Kenntnis von fundamentalen Prinzipien (von denen es sehr wenige gab) als vielmehr auf dem Erraten des Ergebnisses dieser Reaktion auf Grund dessen, was in mehreren hundert bekannten Reaktionen vorher geschah. Das andere große Monument dieser Periode, neben dem Periodensystem der Elemente, ist Beilsteins *Handbuch der organischen Chemie*, ein Nachschlagewerk, das schließlich bis auf 64 Bände anschwoll.

Die zweite Revolution in der Chemie war die Quantenrevolution, die noch im Gange ist. Die Anwendung der Quantenmechanik auf die Chemie hat uns gezeigt, warum das Periodensystem so angeordnet ist, wie es ist. Sie hat auch aufgeklärt, warum sich Atome so verbinden, wie sie es tun, und in welcher Geometrie sie es tun, und sie beginnt damit, zu erklären, warum Substanzen miteinander mit bestimmten Reaktionsraten reagieren. Teil III ist dieser Quantenrevolution gewidmet.

Die älteren Vorstellungen waren jedoch nicht nur leichter abzuleiten, sondern sie waren auch und sind es noch, leichter bei der ersten Begegnung mit ihnen zu verstehen. Bevor wir also richtig würdigen können, was die Quantenmechanik für die Chemie leistete, müssen wir etwas von dem wissen, was Chemie eigentlich ist und was mit den einfacheren Theorien bereits erklärt werden konnte und was nicht. Nichts aus der klassischen Ära der Chemie ist falsch, es ist bloß unvollständig. In Teil II werden wir also sehen, wie die Eigenschaften der Elemente systematisch erfaßt wurden, wie sich die Grundvorstellungen von Struktur und Bindung ausbildeten und wie die Chemie eine quantitative anstatt bloß beschreibende Wissenschaft wurde.

Ich kam zu meinem Professor, Clive, den ich sehr bewunderte, und ich sagte: „Ich habe eine neue Theorie für die elektrische Leitfähigkeit als eine Ursache von chemischen Reaktionen." Er sagte: „Das ist sehr interessant." Und dann sagte er: „Auf Wiedersehen!" Er erklärte nur später, daß er sehr wohl wußte, daß so viele verschiedene Theorien aufgestellt wurden und daß sie fast alle mit Sicherheit falsch waren; denn nach kurzer Zeit verschwanden sie wieder. Und daher schloß er, indem er die statistische Methode für die Bildung seiner Vorstellungen verwendete, daß meine Theorie nicht lange existieren würde.

Svante Arrhenius

3 Materie mit elektrischer Ladung

Die Entdeckung, daß die Atome der Elemente recht spezifische Valenzen (Kapitel 1) für die Vereinigung mit anderen Atomen zur Bildung von Verbindungen besitzen, führte sofort zu Spekulationen über das Wesen der Kräfte, die die Atome zusammenhalten. Von den im neunzehnten Jahrhundert bekannten Anziehungskräften – Gravitation, Elektrizität und Magnetismus – schien nur die elektrische Wechselwirkung für die interatomaren Kräfte geeignet zu sein. Die Gravitation ist bei weitem zu schwach, und die Nord- und Südpole eines Magneten können nicht so wie positiv und negativ geladene Teilchen voneinander getrennt werden. Es war logisch, anzunehmen, daß die Valenz ihrem Wesen nach irgendwie elektrisch war. Dies war auch der Grund, warum Avogadros Vorschlag so lange abgelehnt wurde, daß zwei *gleiche* Atome sich gegenseitig in einem zweiatomigen Molekül anziehen könnten. Zur Stützung der Hypothese vom elektrischen Wesen der chemischen Bindung konnten die Chemiker darauf verweisen, daß viele Substanzen (Salze) Elektrizität leiten, wenn sie geschmolzen werden, daß diese und andere Substanzen in einer wäßrigen Lösung Strom leiten und daß, wenn ein elektrischer Strom durch diese Schmelzen oder Lösungen geleitet wird, *chemische Veränderungen auftreten.*

Es war schon selbst Dalton und den frühen Vertretern der Atomtheorie klar, daß es schwierig sein würde, eine komplexe Molekülstruktur rein elektrostatisch zu erklären. Andererseits aber haben Chemiker wiederholt festgestellt, daß eine elektronische Beschreibung der Teile eines chemischen Systems eine hervorragende erste Näherung für das wahre Bild liefert. Wir müssen erkennen, daß eine derartige Beschreibung eine Übervereinfachung ist, aber, wenn wir uns dies stets vor Augen halten, dann können wir mit nur sehr wenig Mühe beträchtliche Einsichten gewinnen. In diesem Kapitel werden wir die ersten konkreten Beweise dafür beschreiben, daß einige Atome und Moleküle eine elektrische Ladung annehmen können und daß Teilchen mit entgegengesetzten Ladungen häufig miteinander in Wechselwirkung treten und Verbindungen bilden.

Wir werden uns in diesem Kapitel Stoffe ansehen, deren einzelne Teilchen in flüssigem Wasser verteilt sind. Derartige Präparate werden *Lösungen* genannt. Die verteilte oder dispergierte Substanz ist der *gelöste Stoff*, und Wasser ist das *Lösungsmittel.* Wenn irgendeine andere Flüssigkeit an Stelle des Wassers verwendet wird, liegt eine *nicht-*

wäßrige Lösung vor. Wir erwarten normalerweise, daß die Einzelteilchen des gelösten Stoffs seine Moleküle sind, aber die Vorstellungen, die in diesem Kapitel besprochen werden, entwickelten sich gerade, weil einige Lösungen mehr gelöste Teilchen aufweisen, als es Moleküle des gelösten Stoffes gibt.

Für Lösungen werden üblicherweise zwei allgemein gebräuchliche Konzentrationseinheiten verwendet; die *Molarität* und die *Molalität*. Die Molarität einer Lösung gibt die Zahl von Molen des gelösten Stoffes *pro Liter Lösung* an. Die Molalität einer Lösung ist die Zahl von Molen des gelösten Stoffes *pro Kilogramm Lösungsmittel* (nicht Lösung!). Wir werden diese Einheiten im Einzelnen in Kapitel 4 miteinander vergleichen.

3–1 Elektrolyse

In der Mitte des neunzehnten Jahrhunderts führte Michael Faraday (1791–1867) einige klassische Experimente an einem Prozeß durch, der *Elektrolyse* genannt wurde (nach „Elektro-lyse" oder „mit Elektrizität auseinanderbrechen"). Wenn zwei chemisch inerte Elektrizitätsleiter, wie Platin- oder Graphitstäbe, in bestimmte Arten von Lösungen oder Schmelzen eingetaucht werden und wenn dann zwischen den Stäben ein elektrischer Potentialunterschied oder eine Spannung angelegt wird, wird ein Strom fließen,

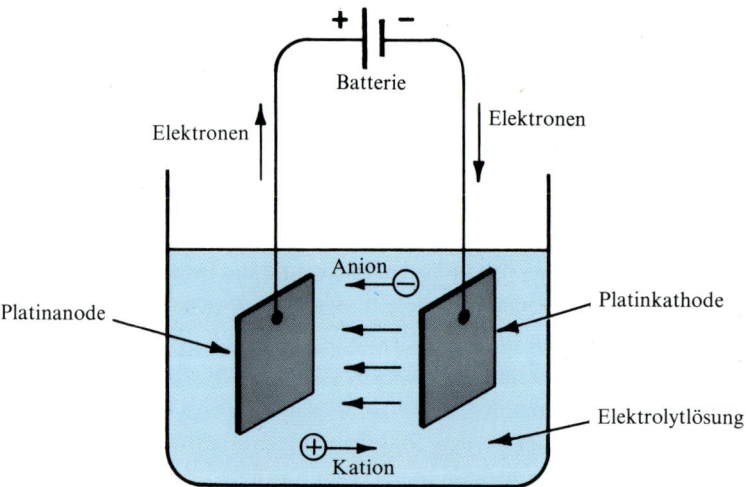

Abbildung 3–1 Elektrolyse. Damit eine Stromleitung erfolgen kann, muß die Lösung geladene Atome oder Moleküle (Ionen) enthalten. Eine Substanz, die in Lösung Ionen liefert und damit zum Tragen eines elektrischen Stroms befähigt ist, wird als Elektrolyt bezeichnet. Die Lösung muß ferner Teilchen enthalten, die an der Kathode durch Elektronen reduziert werden können, und Teilchen, die sich an der Anode oxidieren lassen, indem sie dort Elektronen abgeben. Angenommen, daß die Elektrolytlösung $CuCl_2$ enthält, das zu Cu^{2+}- und Cl^--Ionen dissoziiert. Bei der Elektrolyse bewegen sich Cu^{2+}-Ionen auf die Kathode zu, an der sie Elektronen aufnehmen und zu metallischem Kupfer reduziert werden ($Cu^{2+} + 2e^- \rightleftarrows Cu$). Das Kupfermetall scheidet sich dabei auf der Platinkathode ab. Die Cl^--Ionen wandern zur Anode, wo sie Elektronen abgeben ($2Cl^- \rightleftarrows Cl_2 + 2e^-$) und Chlorgas ergeben.

und chemische Reaktionen werden an den Stellen einsetzen, an denen die Stäbe mit der Lösung in Berührung stehen (Abbildung 3–1). Gase, wie z. B. O_2 oder Cl_2, können in Bläschenform von der Oberfläche des einen Stabes aufsteigen; am anderen Stab kann sich H_2 entwickeln, oder es scheiden sich Metalle ab. Salze, Säuren und Basen zeigen in wäßriger Lösung dieses Verhalten, wie es auch geschmolzene Salze tun. Derartige Verbindungen wurden *Elektrolyte* genannt. Elektrizitätsleitung und chemische Reaktionen an den *Elektroden* (den leitenden Stäben) treten immer zusammen auf; wenn keine chemische Veränderung stattfindet, leitet die Lösung oder die Schmelze keine Elektrizität.

Faraday stellte fest, daß sich elementare Metalle oder Wasserstoff gewöhnlich an der Elektrode abschieden, die mit dem negativen Pol einer Batterie oder irgendeiner anderen Spannungsquelle verbunden waren. Er nannte diesen Pol *Kathode*. Sauerstoff, Chlor und andere Nichtmetalle sowie einfache Verbindungen von Nichtmetallen wurden an der anderen Elektrode gebildet, die *Anode* genannt wurde. (Die Begründung für diese Namen wird klarer werden, wenn wir sehen, was im Inneren des Elektrolyten geschieht.) Tabelle 3–1 führt die bei einigen verdünnten Lösungen beobachteten Elektrolyseprodukte auf.

Die Faradayschen Gesetze der Elektrolyse

Für Elektrodenprozesse, bei denen als einzige Produkte Elemente auftreten, beobachtete Faraday:

1. Die Masse eines abgeschiedenen Elements ist der Elektrizitätsmenge proportional, die durch die Lösung hindurchgegangen ist.
2. Die Massen verschiedener Elemente, die durch eine bestimmte Elektrizitätsmenge abgeschieden werden, sind *proportional zu ihren Äquivalentmassen*.

Diese beiden Beobachtungen sind in Abbildung 3–2 veranschaulicht. Das zweite Faradaysche Gesetz besagt, daß es eine bestimmte Elektrizitätsmenge gibt, die mit *einer Äquivalentmasse* eines beliebigen Elements reagiert und sie freisetzt. Diese Elektrizitätsmenge oder Ladung wird 1 Faraday (F) genannt und ist gleich 96 500 Coulomb. (Die SI-Einheit der Ladung, das Coulomb (C), ist definiert durch die Beziehung: 1 Coulomb = 1 Amperesekunde oder $1 C = 1 As$. Das Ampere (A) ist eine der sechs Grund- oder Basiseinheiten des Internationalen Einheitensystems und wird durch die Kraftwirkung zwischen parallelen Strömen definiert. Eine veraltete Definition des Coulomb besagte, daß es die Elektrizitätsmenge ist, die 0,0011180 g Silber aus einer Silbernitratlösung abscheidet. Können Sie aus dieser Information den Wert des Faradays in Coulomb ableiten?)

Seit den Tagen Benjamin Franklins wußte man, daß elektrische Ströme sich aus bewegten Ladungen zusammensetzten. Faraday erklärte seine Ergebnisse dadurch, daß er vorschlug, daß sich die Moleküle der gelösten oder geschmolzenen Elektrolyte in geladene Teilchen aufspalten (positive und negative), die sich dann unter dem Einfluß der angelegten Spannung auf die Elektroden zu bewegen und dort einer chemischen Veränderung unterliegen.

3–2 Die Arrheniussche Theorie der Ionisation

In den frühen 1880er Jahren begann ein junger, graduierter, schwedischer Student der Physik, Svante Arrhenius (1859–1927), eine Untersuchung von elektrolytischen Lösungen. Er stellte das Postulat auf, daß *Elektrolyte bei der Auflösung in Wasser durch das Wasser nicht nur bloß in einzelne Moleküle, sondern in einzelne Ionen positiver und negativer Ladung zerlegt werden.* Da die Elektrolyte vor ihrer Auflösung nicht geladen sind, muß die Gesamtzahl der positiven und negativen Ladungen gleich groß sein. Dieses erklärt auch die elektrische Neutralität der Lösung als Ganzes. Dennoch gibt die Trennung von positiven und negativen Ionen ihnen einen gewissen Grad von Unabhängigkeit. So können sich die Ionen frei durch die Lösung bewegen, wenn an eine solche Lösung eine elektrische Spannung gelegt wird – die positiven Ionen wandern auf die Kathode zu, die negativen Ionen gehen zur Anode. An den Elektroden finden nun Reaktionen statt, die das Gleichgewicht zwischen den Ladungen in der Lösung aufrechterhalten: Geladene Ionen werden in neutrale Atome oder Moleküle umgewandelt, oder es werden aus den Atomen oder Molekülen der Elektrode oder des Lösungsmittels Ionen gebildet.

Tabelle 3–1   Elektrolyseprodukte

Elektrolyt	Kathodenprodukt	Anodenprodukt
Schwefelsäure (H_2SO_4) in H_2O	H_2	O_2
Natriumsulfat (Na_2SO_4) in H_2O	H_2	O_2
Natriumchlorid (NaCl) in H_2O	H_2	Cl_2
Kaliumjodid (KI) in H_2O	H_2	I_2
Kupfersulfat ($CuSO_4$) in H_2O	Cu	O_2
Silbernitrat ($AgNO_3$) in H_2O	Ag	O_2
Quecksilbernitrat [$Hg(NO_3)_2$] in H_2O	Hg	O_2
Bleinitrat [$Pb(NO_3)_2$] in H_2O	Pb	O_2 und etwas PbO_2
Geschmolzenes Natriumhydroxid (NaOH); nicht in H_2O	Na	O_2

Wir wissen heute, daß der elektrische Strom (in metallischen Leitern) von *Elektronen* getragen wird, negativ geladenen Teilchen, deren Eigenschaften wir in Abschnitt 3–6 kennenlernen werden. Die *negative* Klemme einer Batterie ist die Klemme, aus der die Elektronen *heraus*fließen; die *Kathode* einer elektrolytischen Zelle ist die Elektrode, aus der diese Elektronen in die Lösung fließen mit Hilfe von Reaktionen wie die folgenden

$$Na^+ + e^- \rightleftarrows Na$$
$$Cu^{2+} + 2e^- \rightleftarrows Cu$$
$$2H^+ + 2e^- \rightleftarrows H_2$$

Derartige positive Ionen wandern unter dem Einfluß der Spannung zur Kathode und werden dort durch die Aufnahme von Elektronen *reduziert*. An der anderen Elektrode, der *Anode*, geben negativ geladene Ionen Elektronen ab und werden dadurch *oxidiert*

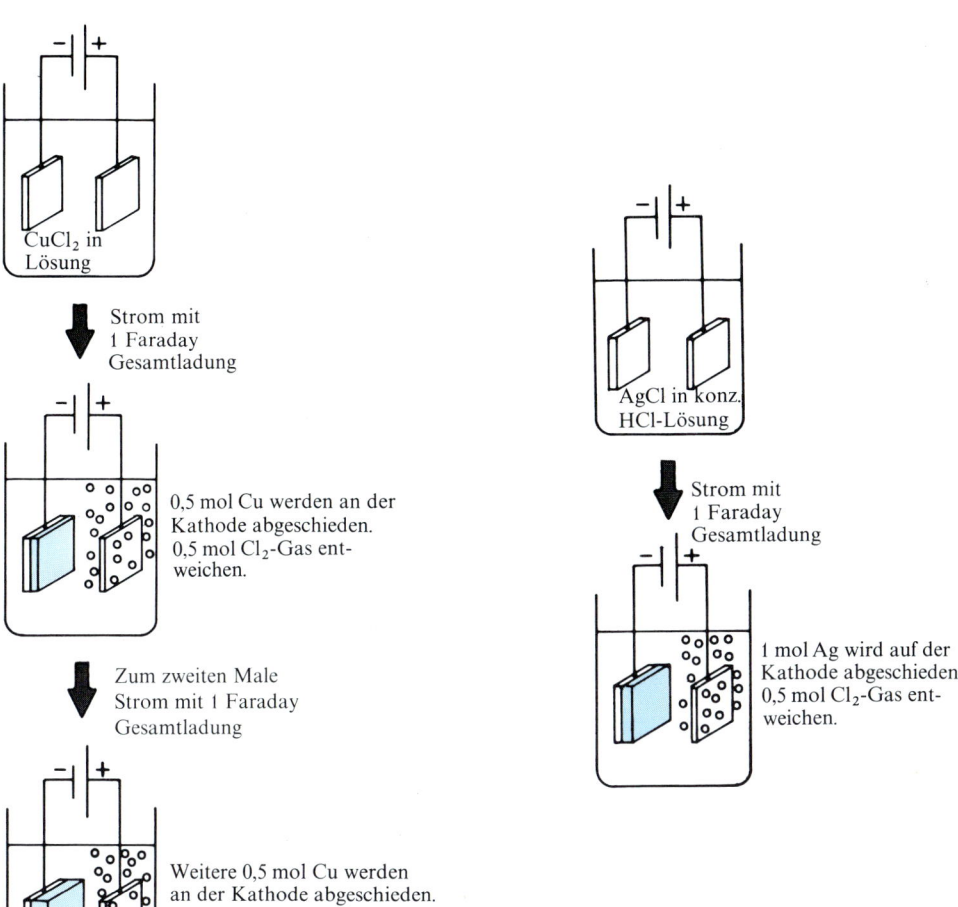

Abbildung 3–2 Faradays Elektrolysegesetze. Im CuCl$_2$-Experiment ist die Menge des abgeschiedenen Kupfers proportional zur Strommenge, die durch die Elektrolysezelle geschickt wurde. Eine Ladungsmenge von einem Faraday wird 0,5 mol Cu oder 1,0 mol Ag an der Kathode abscheiden, da die Äquivalentmasse des Ag gleich seiner Molmasse (Grammatommasse) ist, wogegen die Äquivalentmasse des Cu gleich seiner halben Molmasse ist.

$$2\,Cl^- \ \rightleftarrows \ Cl_2 + 2\,e^-$$

Das Material, aus dem sich die Anode zusammensetzt, kann ebenfalls oxidiert werden

$$Cu \ \rightleftarrows \ Cu^{2+} + 2\,e^-$$

(In dieser Darstellung bedeutet das Symbol e$^-$ ein Elektron. Das gleiche Symbol, aber als *e* geschrieben, wird auch für die Ladung eines Elektrons verwendet.) Positive Ionen werden auch *Kationen* und negative Ionen auch *Anionen* genannt nach den Elektroden, zu denen sie hinwandern.[1]

Widerstände gegen die Ionisationstheorie

Arrhenius mußte Widerstände gegen seine Theorie überwinden, die ernst genug waren, um seine Chancen auf die Verleihung der Doktorwürde zu gefährden. Das Wesentliche dieser Einwände kann dadurch veranschaulicht werden, daß wir uns einmal ansehen, was seine Theorie über gelöstes Salz (NaCl) im Lichte der chemischen Eigenschaften von Natrium (Na), Chlor (Cl) und Salz selbst aussagt. Die Arrheniussche Theorie sagt, daß Salz im Wasser ionisiert wird und praktisch voneinander unabhängige Na^+- und Cl^--Ionen bildet. Seine Kritiker weigerten sich nun, zwischen freien Na-Atomen, die explosiv mit Wasser reagieren, und Na^+-Ionen einen Unterschied zu machen. Ähnliches gilt für das Chlor: Freies Chlor (Cl_2) ist ein tödliches Gift, wogegen Salz ohne weiteres mit Nahrungsmitteln aufgenommen werden kann und bekanntermaßen förderlich für die Verdauung ist. Arrhenius versicherte vergeblich, daß sich die Eigenschaften von Atomen und Ionen vollkommen voneinander unterscheiden. Sein Protest blieb jedoch wirkungslos, bis die Existenz von Ionen in einer für alle überzeugenden Weise demonstriert werden konnte. (Zu Beginn der 1960er Jahre protestierte ein chemisch etwas verwirrter Politiker in Kalifornien gegen die Fluorierung des Trinkwassers, indem er vor den Gefahren für die Gesundheit warnte, die durch den Zusatz von „Fluoriden, die, wie Ihnen jeder Chemiker sagen kann, ein giftiges Gas sind," hervorgerufen würden. Sein Irrtum folgte, wenn er auch etwas spät kam, einer durchaus berühmten Tradition.)

Die Ladung eines Ions

Arrhenius dehnte Faradays Experimente auf viele Elektrolyte aus und zeigte, daß eine Ladung von 1 F stets mit einer Äquivalentmasse des reagierenden Elements verknüpft ist. Die einfachste Annahme lautet daher, daß die Ladung 1 F so viele Ladungseinheiten (Elektronen) enthält, wie es Atome in einem Grammatom (Mol) gibt, nämlich N (Loschmidtsche Zahl). Wenn wir die Ladung eines Elektrons kennen würden, könnten wir schließlich die Loschmidtsche Zahl berechnen. Umgekehrt könnten wir, wenn uns die Loschmidtsche Zahl bekannt wäre, die Ladung eines Elektrons berechnen. Nach dieser Annahme besitzt ein Calciumion eine Molmasse, die dem zweifachen seiner Äquivalentmasse entspricht, da für jedes reduzierte Ion *zwei* Elektronen benötigt werden oder eine Ladung von 2 F pro Mol Calcium erforderlich ist

$$Ca^{2+} + 2e^- \rightleftarrows Ca$$

Ein Chloridion verliert bei der Bildung von Chlorgas nur ein Elektron, somit wird nur

---

[1] Diese Ausdrücke stammen von den griechischen Vorsatzsilben *kata-*, was „weg" bedeutet, und *ana-*, was „zurück" bedeutet, her. Xenophons *Anabasis* wird als „Der lange Weg zurück" übersetzt, und ein erfolgloses Katapult könnte als ein Anapult bezeichnet werden. An der Kathode gehen Elektronen in die Lösung über, und an der Anode gehen sie aus der Lösung wieder zurück in den Stromkreis.

Tabelle 3–2   Elektrolysedaten

Elektrolyseprodukt	Elektrode	Faraday pro mol der abgeschiedenen Atome	Ion in Lösung
Silber (Ag)	Kathode	1[a]	Ag^+
Chlor (Cl_2)	Anode	1	Cl^-
Kupfer (Cu)	Kathode	2	Cu^{2+}
Wasserstoff (H_2)	Kathode	1	H^+
Iod (I_2)	Anode	1	I^-
Sauerstoff (O_2)[b]	Anode	2	O^{2-}
Zink (Zn)	Kathode	2	Zn^{2+}

[a] Zum Beispiel scheiden sich bei der Elektrolyse einer Silbernitratlösung mit einem Strom von 0,5 Ampere in einer Stunde 2,015 g Ag ab; d. h. 2,015 g/107,9 g mol^{-1} = 0,0187 mol (oder Grammatom) Silber:

$$\frac{0,5 \, Cs^{-1} \times 3600 \, s}{96\,500 \, C \, mol^{-1}} = 0,0187 \, mol$$

[b] Tatsächlich wird der Sauerstoff (O_2) in einer komplizierten Elektrodenreaktion gebildet: Die Teilchenart O^{2-} kann in geschmolzenen Oxiden vorliegen, aber in Wasser wird durch die Reaktion mit einem Wassermolekül aus O^{2-} sofort $2 HO^-$.

eine Ladung von 1 F übertragen, wenn 1 mol Chloridionen oxidiert werden. Somit ist die Äquivalentmasse in diesem Fall mit der Molmasse identisch

$$Cl^- \rightleftarrows \tfrac{1}{2}Cl_2 + e^-$$

Die Tabelle 3–2 faßt einige Elektrolysedaten mehrerer Elemente zusammen. Die Zahl der Faradays, die dazu benötigt werden, 1 mol Atome des betreffenden Elements abzuscheiden, ergibt die Ladung des Ions. Das Vorzeichen der Ladung des Ions hängt davon ab, ob das Ion an der Anode Elektronen abgibt (oxidiert wird) oder an der Kathode Elektronen aufnimmt (reduziert wird).

Sobald einmal die Ladungen einiger weniger Ionen bestimmt worden sind, ist es leicht, aus den Formeln der Elektrolyte die Ladungen von anderen Ionen zu erhalten, die sich nicht so einfach abscheiden lassen. Infolgedessen bedeutet die Formel AgF z. B., wenn wir wissen, daß Ag^+ ein Silberion ist, daß das Fluoridion F^- ist. Wenn Cl^- ein Chloridion ist, verlangt die Formel NaCl, daß das Natriumion Na^+ ist. Auf ähnliche Weise besagt die Formel $AlCl_3$, daß das Aluminiumion Al^{3+} sein muß usw.

In vielen Fällen verhalten sich geladene Atomgruppen wie Einzelionen. Zum Beispiel verhält sich die Sulfatgruppe, SO_4^{2-}, in Kupfersulfat, Zinksulfat und vielen anderen Verbindungen, in denen sie vorkommt, wie ein einfaches Anion. Der Elektrolyt *dissoziiert* nicht über das Stadium von Kation und SO_4^{2-}-Anion hinaus, infolgedessen wandert die Sulfatgruppe als Einheit. Auf ähnliche Weise verhält sich das Ammoniumion NH_4^+ in vielfacher Hinsicht wie ein einfaches Kation, wie z. B. Na^+.

Die Tabellen 3–3 und 3–4 führen mehrere Ionen auf. Die Ladung eines einfachen Ions, wie z. B. Na^+, Al^{3+} oder O^{2-}, ist seine *Oxidationsstufe* oder seine *Oxidationszahl*, die gleich der Zahl von Elektronen ist, die zur Reduzierung bzw. Oxidierung des Ions zu einem neutralen Atom hinzugefügt bzw. entfernt werden müssen

Tabelle 3–3   Kurze Liste der Ionen einiger Elemente

Li^+	Be^{2+}	Al^{3+}	Sn^{4+}	N^{3-}	O^{2-}	F^-
Na^+	Mg^{2+}	Sc^{3+}	Mn^{4+}	P^{3-}	S^{2-}	Cl^-
K^+	Ca^{2+}	Y^{3+}	U^{4+}		Se^{2-}	Br^-
Rb^+	Sr^{2+}	Lanthanoidionen	Th^{4+}			I^-
Cs^+	Ba^{2+}	Ga^{3+}	Ce^{4+}			
Cu^+	Mn^{2+}	In^{3+}				
Ag^+	Fe^{2+}	Tl^{3+}				
Tl^+	Co^{2+}	Sb^{3+}				
	Ni^{2+}	Bi^{3+}				
	Cu^{2+}	V^{3+}				
	Zn^{2+}	Cr^{3+}				
	Cd^{2+}	Fe^{3+}				
	Hg^{2+}	Co^{3+}				
	Sn^{2+}					
	Pb^{2+}					

$$Co^{3+} + 3e^- \rightleftarrows Co \quad \text{(Oxidationszahl } +3)$$

$$S^{2-} \rightleftarrows S + 2e^- \quad \text{(Oxidationszahl } -2)$$

Diese Oxidationszahl für derartig einfache Ionen ist die in Kapitel 1 diskutierte Valenz, der noch ein Vorzeichen zugefügt wurde, so daß eine Verbindung ohne Überschußladung eine Summe der Oxidationszahlen von Null besitzen wird. (Der Begriff der Oxidationszahlen ist noch allgemeiner anwendbar als auf solche einfachen Ionenverbindungen; wir werden darauf in Kapitel 6 zurückkommen.) Beachten Sie, daß bei Metallen, deren Kationen zwei Oxidationsstufen besitzen können, die jeweiligen Oxidationsstufen durch Angabe des Betrages der Oxidationszahl (der Valenz) in römischen Ziffern in Klammern hinter dem Namen des Metalls gekennzeichnet werden. Infolgedessen ist Fe^{3+} das Eisen(III)-ion und Fe^{2+} das Eisen(II)-ion. Bei Ionen, die eine Verbindung eines Nichtmetalls mit Sauerstoff darstellen und bei denen das Nichtmetall zwei verschiedene Oxidationsstufen besitzen kann, werden diese durch die Endungen „-at" und „-it" unterschieden, wie z. B. Nitrat und Nitrit, Sulfat und Sulfit und Arsenat und Arsenit. Dabei kennzeichnet die Endung „-at" die höhere Oxidationsstufe des betreffenden Nichtmetalls – N, S und As in unseren Beispielen. Bei diesen Ionen kann aber auch, wie bei den Metallionen, die Oxidationsstufe als römische Ziffer in Klammern in Verbindung mit der Endung „-at" verwendet werden

Nitrat $\rightarrow$ Nitrat (V)
Nitrit $\rightarrow$ Nitrat (III)
Sulfat $\rightarrow$ Sulfat (VI)
Sulfit $\rightarrow$ Sulfat (IV)
Arsenat $\rightarrow$ Arsenat (V)
Arsenit $\rightarrow$ Arsenat (III)

Die letztere Nomenklatur weist gegenüber der älteren einige leicht erkennbare Vorteile auf: Einmal stimmt sie mit der bei Metallionen verwendeten überein, und zum anderen erkennt man nicht nur sofort, welches die höhere Oxidationsstufe ist, sondern auch wie hoch sie ist. Insbesondere bewährt sie sich beim Auftreten von mehr als zwei Oxidationsstufen. (Avogadro, Dalton und Arrhenius hatten es vergleichsweise leicht, ihre Theorien durchzusetzen; das Durchsetzen einer neuen, rationaleren Nomenklatur ist weitaus schwieriger: Eine Theorie zwingt durch den Druck ihrer Ergebnisse zum Umdenken, eine neue, einfachere und übersichtlichere Nomenklatur erleichtert dagegen ‚nur' Nichtfachleuten und Studenten das Kennenlernen des jeweiligen Gebiets und zwingt die Fachleute ‚nur' zur Aufgabe liebgewonnener Gewohnheiten.)

Tabelle 3–4   Einige häufig vorkommende Ionen

NH_4^+, Ammonium-	$[Cu(NH_3)_4]^{2+}$, Tetrammin- kupfer(II)-	$[Co(NH_3)_6]^{3+}$, Hexammin- kobalt(III)-	$[Fe(CN)_6]^{4-}$, Hexacyano- ferrat(II)-	PO_4^{3-}, Phosphat-	CO_3^{2-}, Carbonat-	HO^- Hydroxid-
$[Ag(NH_3)_2]^+$, Diammin- silber(I)-	UO_2^{2+}, Uranyl-			AsO_4^{3-}, Arsenat-	SO_4^{2-}, Sulfat-	NO_3^-, Nitrat-
$[(CH_3)_4N]^+$, Tetramethyl- ammonium	$[Ni(NH_3)_6]^{2+}$, Hexammin- nickel(II)-			AsO_3^{3-}, Arsenit-	SO_3^{2-}, Sulfit-	NO_2^-, Nitrit-
NO^+, Nitrosyl-				BO_3^{3-}, Borat-	CrO_4^{2-}, Chromat-	BF_4^-, Fluoroborat-
NO_2^+, Nitryl-				$[Fe(CN)_6]^{3-}$, Hexacyano- ferrat(III)-	$Cr_2O_7^{2-}$, Dichromat-	CN^-, Cyanid-
					$C_2O_4^{2-}$, Oxalat-	ClO^-, Hypochlorit-
					$S_2O_3^{2-}$, Thiosulfat-	ClO_2^-, Chlorit-
					$[PtCl_4]^{2-}$, Tetrachloro- platinat(II)-	ClO_3^-, Chlorat-
					$[PtCl_6]^{2-}$, Hexachloro- platinat(IV)-	ClO_4^-, Perchlorat-
						BrO_3^-, Bromat-
						IO_3^-, Iodat-
						MnO_4^-, Permanganat-
						SCN^-, Thiocyanat-
						$C_2H_3O_2^-$, Acetat-
						I_3^-, Triiodid-

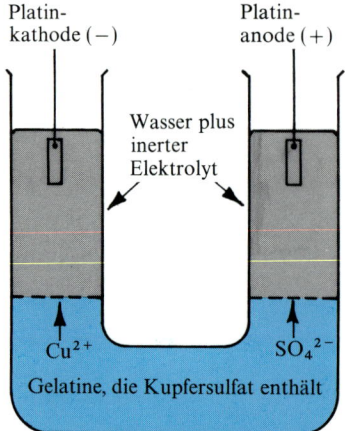

Abbildung 3–3 Elektrolytische Wanderung und Abscheidung von Ionen. Wenn Strom durch die Lösung geschickt wird, wandern Cu^{2+}-Ionen (blau in Wasser) aus der Gelatine heraus auf die Kathode zu. Sulfationen (SO_4^{2-}) wandern zur Anode. Beim Erreichen der Kathode scheiden sich die Kupferionen in Form von metallischem Kupfer ab, während sich an der Anode Sauerstoff bildet. 965 C oder 0,010 Faraday ergeben 0,318 g Kupfer und 0,080 g Sauerstoff.

Bevor Sie weitermachen: Vielleicht möchten Sie noch einmal die Nomenklatur und die Grundbegriffe im Zusammenhang mit der Elektrolyse geschmolzener Salze im Wiederholungskurs 3 in Lassilas et al. *Begleitprogramm zu Prinzipien der Chemie* studieren?

3–3 Elektrische Indizien für Ionen

Die Wanderung von Ionen kann mit Hilfe eines Experiments, wie des in Abbildung 3–3 dargestellten, beobachtet werden. Das Cu^{2+}-Ion besitzt in Wasser eine charakteristische, blaue Farbe, die leicht visuell zu verfolgen ist. Wenn wir eine Kupfersulfatlösung in Gelatine herstellen (die Gelatine verhindert Turbulenz, Konvektion und andere derartige irrelevanten Mischungsvorgänge) und diese mit einer leitenden Lösung irgendeines anderen, farblosen Elektrolyten, wie gezeigt, mit zwei Elektroden verbinden und wenn wir dann mehrere Wochen lang Strom durch diese Anordnung fließen lassen, werden wir sehen, daß die blaue Farbe des Cu^{2+}-Ions (in Wirklichkeit die des hydratisierten Kupferions) langsam aus der Gelatine heraus in die Lösung im Kathodenraum hineinwandert. Zur gleichen Zeit wandert das Sulfation in die Lösung im Anodenraum hinein, wo es mit Hilfe irgendeines der einfachen Nachweise für das Sulfation entdeckt werden kann (wie z. B. durch die Fällung von $BaSO_4$). Die Kathode wird mit metallischem Kupfer bedeckt. Die Anodenreaktion ist komplex, liefert aber Sauerstoffgas und ausreichend H^+-Ionen, um die Ladung des wandernden SO_4^{2-}-Ions zu kompensieren. Die Ionenarten, denen Arrhenius entgegengesetzte elektrische Ladungen zugeordnet hat, bewegen sich in einem elektrischen Feld in entgegengesetzten Richtungen.

3–4 Chemische Indizien für Ionisation

Die von Arrhenius vorgebrachten, elektrischen Indizien für die Ionisation konnten seine Professoren nicht von dem Wert seiner Theorie überzeugen. Er wendete sich deshalb dem *chemischen* Verhalten der Elektrolyte zu. Wir werden mehrere Beispiele von Erscheinungen beschreiben, die er mit seinem Modell der Elektrolytlösungen zu erklären in der Lage war.

Farben von Ionen in Lösungen

Viele Elektrolyte, die Verbindungen von Metallen sind, weisen eine Färbung auf. So ist z. B. $CuSO_4$ weiß, $CuCl_2$ grün und $CuBr_2$ braun. Wenn sie in Wasser aufgelöst werden, ergeben alle diese Verbindungen eine blaßblaue Lösung. Da viele Sulfate (SO_4^{2-}), Chloride (Cl^-) und Bromide (Br^-) farblose Lösungen ergeben, schlug Arrhenius vor, daß die bei den Lösungen der Kupfersalze beobachtete, gemeinsame blaue Färbung einer einzigen Substanz, dem Cu^{2+}-Ion, zuzuschreiben ist. Die drei Kupfersalze dissoziieren in der Lösung in verschiedene negative Ionen, aber in *dasselbe* positive Ion oder Kation. Auf ähnliche Weise ist in Wasser Co^{2+} rosa, Ni^{2+} grün, Fe^{2+} farblos und Mn^{2+} ganz blaßrosa. Das Fe^{3+}-Ion ist in Wasser blaßviolett, obwohl eine Assoziation mit Cl^- oder OH^- (wie in $FeCl^{2+}$, $FeCl_2^+$ und $Fe(OH)(H_2O)_5^{2+}$) zu einer gelben oder orangen

Tabelle 3–5   Die Farben von Indikatoren in sauren und basischen wäßrigen Lösungen

Indikator	sauer	basisch
Phenolphthalein	farblos	rosa
Methylorange	rot	gelb
Bromthymolblau	gelb	blau
Methylviolett	gelb	violett

Lösung führen kann. Viele Komplexionen besitzen charakteristische Farben. Zum Beispiel ist $PtCl_6^{2-}$ gelb, $Cu(NH_3)_4^{2+}$ tiefblau, I_3^- braun, MnO_4^- purpurfarben, $Cr_2O_7^{2-}$ orange und CrO_4^{2-} gelb. In diesem Fall unterscheidet sich die Farbe des Ions von der Farbe des freien Elements.

Neutralisationswärme von Säuren und Basen

Die meisten Verbindungen von Wasserstoff mit Nichtmetallen oder mit negativen Ionen bilden Elektrolyte mit den bekannten Eigenschaften von Säuren. Metallhydroxide (wie z. B. NaOH) wirken häufig auch als Elektrolyte und zeigen die bekannten, ätzenden Eigenschaften starker Alkalien oder Basen. Säuren, wie z. B. HCl, und Basen, wie z. B. NaOH, reagieren nun miteinander, indem sie sich gegenseitig neutralisieren und Salze und Wasser bilden. So z. B.

(a) $NaOH + HCl \; \rightleftarrows \; NaCl + H_2O$

(b) $KOH + HNO_3 \; \rightleftarrows \; KNO_3 + H_2O$

Diese beiden Reaktionen ergeben in wäßriger Lösung genau dieselbe Wärmemenge pro Mol des gebildeten Wassers. Darüber hinaus färben alle Säuren gewisse, organische Farbstoffe (Indikatoren) mit der gleichen Farbe, wogegen alle Basen ihnen eine andere Farbe geben (siehe Tabelle 3–5). Arrhenius behauptete nun, daß alle sauren Lösungen das Wasserstoffion, H^+, und alle basischen Lösungen das Hydroxidion, HO^-, enthalten. Somit zeigen die Indikatoren allgemein Reaktionen mit H^+, wenn sie zu den Lösungen von Salzsäure (HCl), Schwefelsäure (H_2SO_4), Salpetersäure (HNO_3), Essigsäure (CH_3COOH), Phosphorsäure (H_3PO_4) usw. hinzugefügt werden. In basischer Lösung reagieren sie mit HO^-, ob sie nun Lösungen von NaOH, KOH, NH_4OH oder $Ca(OH)_2$ zugesetzt werden. Die Reaktionen (a) und (b) erzeugen dieselbe Reaktionswärme pro Mol des gebildeten Wassers, weil die Reaktion in beiden Fällen dieselbe ist

$$H^+ + HO^- \; \rightleftarrows \; H_2O$$

wobei eine Wärmemenge von 57 000 J (13 600 cal) freigesetzt wird. Die anderen Ionen nehmen an der Reaktion nicht teil.

Fällungsreaktionen

Wenn ein Silbersalz zu einer Lösung irgendeines Chlorids hinzugefügt wird, das sich in Wasser zu einer leitenden Lösung auflösen läßt, scheidet sich ein weißes Fällungsprodukt, AgCl, ab. (Ein nach unten weisender Pfeil kennzeichnet eine Fällung aus der Lösung, während ein nach oben weisender Pfeil üblicherweise die Entwicklung eines aus der Lösung entweichenden Gases anzeigt.)

$$AgNO_3 + NaCl \; \rightleftarrows \; AgCl\downarrow + NaNO_3$$
$$2AgNO_3 + CuCl_2 \; \rightleftarrows \; 2AgCl\downarrow + Cu(NO_3)_2 \quad \text{(blaue Lösung)}$$
$$AgNO_3 + \underset{\text{nichtlöslicher Nichtleiter}}{CCl_4} \; \rightarrow \quad \text{Keine Reaktion}$$

Dieser Sachverhalt läßt vermuten, daß die Reaktion nur durch das Chloridanion bestimmt wird und unabhängig vom Kation ist. Arrhenius schlug wieder vor, daß stets dieselbe Reaktion die Bildung des AgCl beschreibt, unabhängig von der Quelle des *ionischen* Chlorids

$$Ag^+ + Cl^- \; \rightleftarrows \; AgCl\downarrow$$

Nach seiner Theorie bleibt die blaue Farbe des Cu^{2+} bei der Reaktion unverändert, weil dieses Ion nicht an der Reaktion teilnimmt. Das Lösungsmittel CCl_4 dissoziiert nicht in Chloridionen und reagiert somit auch nicht mit der $AgNO_3$-Lösung.

In Wasser reagiert HCl mit Magnesiummetall, indem Wasserstoffgas freigesetzt wird, und mit Silbersalzen, indem Silberchlorid ausgefällt wird

$$Mg + 2H^+ \; \rightleftarrows \; H_2\uparrow + Mg^{2+}$$
$$Ag^+ + \; Cl^- \; \rightleftarrows \; AgCl\downarrow$$

aber in Benzol reagiert HCl weder mit dem einen noch dem anderen. Da in Benzol gelöstes HCl keine Elektrizität leitet, folgern wir daraus, daß es in diesem Lösungsmittel keine Ionen bildet. Daher erklärt die Ionisation das Reaktionsverhalten von HCl in wäßriger Lösung sowie seine Reaktionsträgheit in Benzol.

3–5 Physikalische Indizien für Ionen

Sowohl die elektrischen als auch die chemischen Eigenschaften von Elektrolytlösungen deuten sehr stark darauf hin, daß diese Substanzen in wäßriger Lösung in Ionen dissoziieren. Aber die physikalischen Eigenschaften von Elektrolytlösungen lieferten noch weitere Indizien für die Existenz von Ionen.

Anomale Gefrierpunktserniedrigung

Der Zusatz einer nichtflüchtigen Substanz zu einer Flüssigkeit, wie z. B. Wasser, erniedrigt deren Gefrierpunkt; dies ist der Grund dafür, warum im Winter Salz (NaCl oder $CaCl_2$) auf die Gehwege und Straßen gestreut wird, um das Eis zu schmelzen. Der *Gefrierpunkt* einer Flüssigkeit ist die Temperatur, bei der sich der feste und der flüssige Zustand eines Stoffes im Gleichgewicht befinden. Im Eis treffen ständig Wassermoleküle auf das Eis und lagern sich an ihm an, während sich andere vom Eis lösen und in die flüssige Phase übergehen. Der *Gleichgewichtspunkt* ist die Temperatur, bei der die Raten für die beiden Vorgänge dieselben sind, so daß es weder eine Abnahme noch eine Zunahme bei der Menge des Eises gibt. Eine Fremdsubstanz wie Zucker oder Salz hat keinen Einfluß auf die Rate, mit der sich Wassermoleküle vom Eis lösen und in die Flüssigkeit übergehen, aber sie behindert den umgekehrten Prozeß. Wenn nur 90% der Moleküle in einer Zuckerlösung Wassermoleküle sind, dann wird ein Zusammenstoß aus zehn zwischen dem Eis und einem Zuckermolekül erfolgen. Infolgedessen ist die Wahrscheinlichkeit dafür geringer, daß irgendein beliebiger Zusammenstoß zum Einfang eines Wassermoleküls durch das Eis führt, und die Gesamtwirkung ist (bei fester Temperatur) so, daß das Schmelzen des Eises eingeleitet wird.

Um das Gleichgewicht wieder herzustellen, muß die Temperatur so weit herabgesetzt werden, bis die erhöhte Wahrscheinlichkeit für das Einfangen der sich dann langsamer bewegenden Wassermoleküle durch das Eis die Tatsache kompensiert, daß ein kleinerer Teil der Moleküle Wassermoleküle sind. Wie wir noch in Kapitel 14 sehen werden, ist die Gefrierpunktserniedrigung, ΔT_g, in verdünnten Lösungen proportional der molalen Konzentration, m, des hinzugesetzten Stoffes in mol kg^{-1}

$$\Delta T_g = -k_g m \tag{3–1}$$

Die Konstante der molalen Gefrierpunktserniedrigung, k_g, ändert sich von einem Lösungsmittel zum anderen, aber hängt nicht von der Art des zugesetzten, gelösten Stoffes ab, k_g wird in K kg mol^{-1} angegeben.

Messungen der Gefrierpunktserniedrigung bieten eine praktische Methode zur Bestimmung der Molmasse. Wenn wir die Masse eines gelösten Stoffes kennen und wenn wir nach Gleichung (3–1) die Zahl der Mole bestimmen können, dann ergibt sich die Molmasse des gelösten Stoffes, indem seine Masse durch seine Molzahl dividiert wird (siehe Kapitel 14 für ein Beispiel). Was aber würde geschehen, wenn jedes Molekül in zwei oder mehr Teilchen dissoziieren würde, wenn die hinzugefügte Substanz im Lösungsmittel aufgelöst wird? Angenommen, wie Arrhenius vorschlug, daß sich HCl in Wasser löst, indem es freie H^+- und freie Cl^--Ionen bildet, die voneinander unabhängig sind, obwohl ihre Zahlen gleich groß sein müssen. Dann müßte die Erniedrigung des Gefrierpunkts des Wassers *zweimal* so groß sein, wie nach Gleichung (3–1) zu erwarten wäre.

In Tabelle 3–6 sehen wir, daß die molale Gefrierpunktserniedrigung (ΔT_g) für 0,01-molale HCl $-0,036\,°C$ beträgt im Vergleich zu $-0,0186\,°C$ für molekular gelöste Stoffe wie Zucker, Alkohol und Glycerin, die alle nicht in Ionen dissoziieren und daher keine Elektrolyte sind. Der Effekt ist ungefähr doppelt so groß wie erwartet. Diese Tatsache läßt sich gut mit dem Vorschlag von Arrhenius vereinbaren, daß sich ein Molekül des HCl in Wasser in zwei Ionen trennt.

Lassen Sie uns jetzt die *Molzahl, i*, als die Zahl von Molen der gelösten Teilchen (Ionen) definieren, die gebildet werden, wenn 1 mol einer Substanz dissoziiert. Diese Zahl wird auch der van't Hoffsche *i*-Faktor genannt, nach Jacobus H. van't Hoff (1852–1911), der diesen Effekt untersuchte. Für die Gefrierpunktserniedrigung ergibt sich damit

$$\Delta T_g = -i\Delta T_0 = -ik_g m \qquad (3–2)$$

wobei ΔT_0 der Wert der Gefrierpunktserniedrigung ist, der für einen nicht dissoziierenden Stoff zu erwarten ist. In Tabelle 3–6 sind die experimentellen Werte von *i* für mehrere Elektrolyte und eine Erklärung dieser Werte mit Hilfe der gebildeten Ionen angegeben.

Tabelle 3–6   Gefrierpunktdaten von Elektrolyten[a]

Gelöster Stoff	Molalität	$\Delta T_g(°C)$	Molzahl i (mol)	Anzahl und Art der gebildeten Ionen
HCl	0,0100	$-0,0360$	1,93	2 (H^+, Cl^-)
HNO_3	0,0100	$-0,0364$	1,95	2 (H^+, NO_3^-)
NaOH	0,010	$-0,0355$	1,90	2 (Na^+, HO^-)
K_2SO_4	0,010	$-0,0501$	2,70	3 ($2K^+$, SO_4^{2-})
$CaCl_2$	0,010	$-0,0511$	2,75	3 (Ca^{2+}, $2Cl^-$)
$K_4[Fe(CN)_6]$	0,0075	$-0,0690$	4,93	5 ($4K^+$, $[Fe(CN)_6]^{4-}$)
$[Co(NH_3)_5Cl]Cl_2$	0,020	$-0,1088$	2,93	3 ($[Co(NH_3)_5Cl]^{2+}$, $2Cl^-$)
$[Co(NH_3)_6]Cl_3$	0,010	$-0,0643$	3,46	4 ($[Co(NH_3)_6]^{3+}$, $3Cl^-$)
$MgSO_4$	0,010	$-0,0308$	1,62	2 (Mg^{2+}, SO_4^{2-})
NH_4Cl	0,010	$-0,0358$	1,92	2 (NH_4^+, Cl^-)
CH_3COOH	0,010	$-0,0193$	1,04	2 (H^+, CH_3COO^-)[b]

[a] Einige komplexe Elektrolyte, wie z.B. $[Co(NH_3)_5Cl]Cl_2$, sind mit in die Tabelle aufgenommen worden, um zu zeigen, wie der Begriff der Molzahlen dazu benutzt werden kann, Informationen über den Aufbau von komplizierten Stoffen zu erhalten.

[b] Nur 4% Ionen, der Rest wird von CH_3COOH-Molekülen der Essigsäure gebildet, die nicht dissoziiert sind.

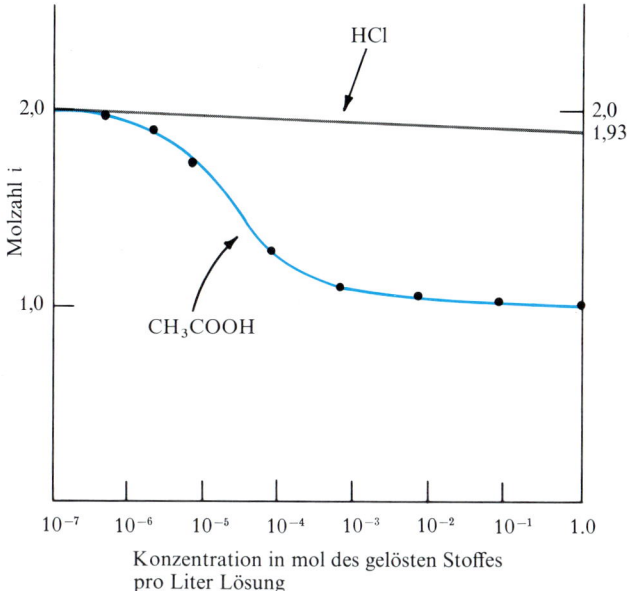

Abbildung 3–4 Molzahl *i* gegen Konzentration für einen schwachen Elektrolyten, Essigsäure (CH₃COOH), und einen starken Elektrolyten, Salzsäure (HCl). Die Essigsäure ist nur in sehr verdünnten Lösungen vollständig ionisiert, wogegen Salzsäure in allen Konzentrationen vollständig ionisiert ist. Die Abweichung der Molzahlen von Elektrolyten wie HCl von ganzzahligen Werten, die einer vollständigen Ionisierung entsprechen, werden von der Debye-Hückel-Theorie der interionischen Anziehung erklärt. Diese Theorie erklärt die Einschränkungen, denen die „unabhängigen" Ionen starker Elektrolyte bei höheren Konzentrationen unterliegen, mit Hilfe der interionischen Anziehung und Abstoßung in der Lösung.

Die Molzahl *i* der dissoziierten Teilchen nimmt im allgemeinen mit abnehmender Konzentration des gelösten Stoffes zu, wodurch sie sich einer „idealen" ganzen Zahl bei unendlicher Verdünnung annähert. Diese ist gleich der Zahl der Ionen, die sich bei einer vollständigen Dissoziation des Moleküls bilden. Werte, die niedriger als dieser ideale Wert liegen, werden bei den meisten Elektrolyten nicht durch eine unvollständige Dissoziation in Ionen verursacht, sondern durch die zwischen entgegengesetzt geladenen Ionen wirkende Anziehung. Nur in dem extrapolierten Grenzfall der unendlichen Verdünnung sind derartige Anziehungskräfte vernachlässigbar.

Häufig können wir aus der Molekülformel voraussagen, welches dieser Grenzwert von *i* sein sollte oder wie viele Ionen gebildet werden. Zum Beispiel kann HCl nicht mehr als zwei Ionen bilden. Sobald wir einmal nach einem Studium der chemischen Reaktionen gelernt haben, daß die Atomgruppen HO⁻, SO₄²⁻ und NH₄⁺ gewöhnlich als Einheit auftreten, werden auch die Grenzwerte von *i* für die Verbindungen NaOH, K₂SO₄, MgSO₄ und NH₄Cl verständlich. Weil wir wissen, daß Gruppen wie CH₃COO⁻ und Co(NH₃)₅Cl²⁺ sich beide bei der Ionisation in Wasser wie Einheiten verhalten, besitzen wir wertvolle Informationen über die Zusammensetzung der komplexen Molekülionen. Die Arrheniussche Theorie der Dissoziation erklärt nicht nur, warum *i* bei Elektrolyten

vom Wert 1 abweicht, sondern sie erlaubt uns auch häufig, den Maximalwert vorherzusagen, den i annehmen kann.

Ionisationsgrad

Elektrolyte, die in wäßriger Lösung praktisch vollständig dissoziiert zu sein scheinen,
werden *starke Elektrolyte* genannt. Zu ihnen gehören die meisten Salze und Basen.
Lösungen der meisten anorganischen Säuren sind ebenfalls starke Elektrolyte. Aber
einige Säuren, insbesondere organische Säuren wie z. B. Essigsäure, scheinen in wäßriger
Lösung nur zum Teil dissoziiert zu sein und werden daher als *schwache Elektrolyte* bezeichnet. Je höher ihre Konzentration ist, desto weniger sind diese Elektrolyte dissoziiert
(Abbildung 3–4). Bei derartigen Verbindungen steht der Wert von i mit dem *Dissozia-
tionsgrad* der Moleküle im Zusammenhang.
Betrachten wir einmal die Dissoziation einer Säure HA

$$ HA \; \rightleftarrows \; H^+ + A^- \tag{3–3} $$

Lassen Sie C_0 die ursprüngliche Konzentration von nicht ionisierten HA sein und C_1
die Konzentration des gebildeten H^+. Dann gelten folgende Beziehungen

$$
\begin{aligned}
C_0 - C_1 &= \text{Konzentration des nicht ionisierten HA,} \\
+ C_1 &= \text{Konzentration des } H^+ \\
\underline{+ C_1} &= \text{Konzentration des } A^- \\
C_0 + C_1 &= \text{Gesamtkonzentration der gelösten Teilchen}
\end{aligned}
$$

und somit

$$ \frac{C_0 + C_1}{C_0} = i \text{, die Molzahl der gelösten Teilchen} $$

Für die Ionisierung einer einfachen Säure in einem Schritt, wie in Gleichung (3–3), ist
der Bereich des Wertes von C_1: $0 \leqq C_1 \leqq C_0$. Damit wird sich i zwischen den Werten 2
für 100%ige Dissoziation und 1 für keine Dissoziation bewegen. In diesem Fall gilt

$$ \text{Prozentuale Dissoziation} = 100\,(i - 1) $$

Arrhenius' einfache Theorie wurde in der Hauptsache für Wasser als das Lösungsmittel
formuliert. Wir können heute noch mehr als er würdigen, welche wichtige Rolle das
Lösungsmittel bei der Dissoziation eines Stoffes in Ionen spielt. In Wasser dissoziiert
HCl in H^+- und Cl^--Ionen; in Benzol dissoziiert HCl überhaupt nicht (Abbildung 3–5).
Die meisten Lösungsmittel, die sich leicht mit Wasser mischen lassen, werden wie Wasser eine Ionisierung der gelösten Stoffe hervorrufen, wenn auch nicht notwendigerweise
genau so leicht. Lösungsmittel, die wir als „ölig" oder organisch ansehen und die sich
mit Wasser nicht mischen lassen, werden schlecht ionisierende Lösungsmittel sein.
Chlorwasserstoff und Essigsäure lösen sich in Benzin und Kerosin, aber sie werden dabei
nicht ionisiert, sondern verhalten sich wie einfache, nicht dissoziierende Moleküle.
Salze lösen sich in diesen Lösungsmitteln überhaupt nicht.

Lösungsmittel, die die Dissoziation fördern, sind solche, deren Moleküle *polar* sind

HCl in Benzol

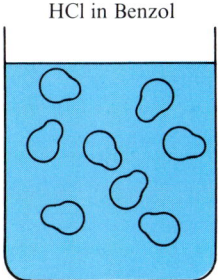

Normale Gefrierpunktserniedrigung ($i = 1$ mol).
Keine Reaktion mit AgNO$_3$, Mg-Metall oder an
den Elektroden.

HCl in Wasser

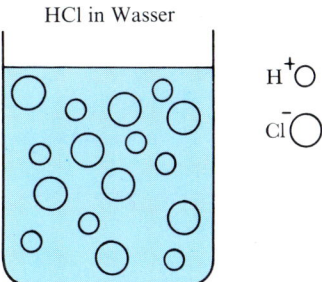

Doppelt so große Gefrierpunktserniedrigung
($i = 2$ mol).

Abbildung 3–5   Die Art des Lösungsmittels, Benzol oder Wasser, besitzt einen großen Einfluß auf
das chemische Verhalten des gelösten Stoffes, HCl.

(die positiv und negativ geladene Enden besitzen). Das Wassermolekül besitzt eine gewinkelte Form, d. h. der Winkel zwischen H und O und H beträgt 105° anstatt der 180°
eines gestreckten H—O—H-Moleküls. Das O-Atom trägt eine leicht negative Ladung,
und die beiden H-Atome besitzen eine leicht positive Ladung. Man kann sich also das
Molekül als einen kleinen Dipol vorstellen. (Ein *Dipol* ist ein Objekt, bei dem eine gleich
große positive und negative Ladung in einem endlichen Abstand voneinander angeordnet
sind.) In einem polaren Lösungsmittel bilden diese Lösungsmitteldipole eine Hülle um
die Ionen. Ihre negativen Enden sind den Kationen zugekehrt, während ihre positiven
Enden sich den Anionen zuwenden. Jedes Ion wird daher von einer Schicht von Lösungsmitteldipolen umgeben, wie ein Stachelschwein von seinen Stacheln. Diese Lösungsmittelmoleküle helfen dabei, die Ionen voneinander getrennt zu halten und sie so
zu stabilisieren. Die Ionen werden *hydratisiert*, wenn das Lösungsmittel Wasser ist, oder
solvatisiert in anderen Lösungsmitteln.

Flüssiges Ammoniak (NH$_3$) ist das polare Lösungsmittel, dessen Eigenschaften denen
des Wassers am ähnlichsten sind. Die nichtwäßrige Chemie in flüssigem Ammoniak ist
ein sich ständig ausweitendes Gebiet. Es ist vorgeschlagen worden, daß Leben, das sich
auf flüssigem Ammoniak als Lösungsmittel an Stelle des Wassers aufbaut, eine reale
Möglichkeit auf kälteren Planeten (Jupiter?) ist.

Wenn wir ein Ion als Ca^{2+} oder Na$^+$ schreiben, sollten wir stets daran denken, daß
das Ion in Wasser hydratisiert ist und nicht ein nacktes, positives Ion darstellt. Dieses
ist besonders bei kleinen Ionen, wie z. B. H$^+$ (was nur ein Proton ist) und Li$^+$, von Bedeutung, an die die Wassermoleküle extrem dicht herankommen können, so daß die
Anziehung zwischen Kation und Dipol sehr stark ist. Die Hydratisierung des Protons
sollte irgendwie als H(H$_2$O)$_4^+$ geschrieben werden. Üblicherweise wird sie aber in der
Form H$_3$O$^+$ ausgedrückt, und man bezeichnet das hydratisierte Wasserstoffion als
Hydroniumion.

Organische Säuren wie Essigsäure, Pikrinsäure oder Buttersäure werden selbst in
Wasser nur teilweise dissoziiert und erzeugen eine kleinere Wasserstoffionenkonzentration als die starken Säuren wie z. B. HCl. Das Wasserstoffion dient als Katalysator

Tabelle 3–7 Ausmaß der Dissoziation und der katalytischen Aktivität von verschiedenen Säuren in wasserfreiem Ethanol, relativ zu HCl = 100

Säure	Relative Leitfähigkeit	Katalytische Wirkung auf die Veresterung von Ameisensäure
Salzsäure	100	100
Pikrinsäure	10,4	10,3
Trichloressigsäure	1,00	1,04
Trichlorbuttersäure	0,35	0,30
Dichloressigsäure	0,22	0,18

zur Beschleunigung der Raten bestimmter chemischer Reaktionen. Ein wichtiger Beweis für die Gültigkeit der Arrheniusschen Theorie kam zum Vorschein, als gezeigt wurde, daß das Ausmaß der Dissoziation, wie sie durch Messung der Leitfähigkeit einer Lösung bestimmt wurde, eng mit der katalytischen Wirkung der Lösung auf Reaktionen in Zusammenhang stand. Beispiele für derartige Ergebnisse sind in Tabelle 3–7 angegeben. Salzsäure beschleunigt die Esterbildung von Ameisensäure (es ist im Augenblick ohne Bedeutung, was für eine Reaktion dies ist, aber Sie können Näheres darüber in Kapitel 11 erfahren) stärker als Dichloressigsäure, weil HCl stärker dissoziiert, selbst in Ethanol und damit mehr H^+-Ionen bildet.

Dieser katalytische Vergleich überzeugte Wilhelm Ostwald, einen berühmten Physiko-Chemiker, von der Richtigkeit der Arrheniusschen Theorie. Seine Begeisterung für die Arrheniussche Ionisationstheorie beeinflußte Arrhenius' Professoren, die ihm schließlich seinen Doktorgrad verliehen. Dieser Vorfall demonstriert, daß selbst die Naturwissenschaften nicht gegenüber innenpolitischen Einflüssen immun sind; denn Ostwald war ein Wissenschaftler, dessen Meinungen bei seinen Zeitgenossen großes Gewicht hatten.

Aufforderung: Sie sollten jetzt dazu in der Lage sein, Aufgaben zu lösen, die sich mit elektrolytischen Reaktionen beschäftigen, wie sie bei den Anwendungen auf die Lebensdauer von Taschenlampen- und Autobatterien und die Versilberung von Metallgegenständen auftreten. Versuchen Sie einmal die Aufgaben 3–4 bis 3–7 im Buch von Butler und Grosser, *Ergänzungsaufgaben zu Prinzipien der Chemie.*

3–6 Ionen in der Gasphase

Arrhenius stellte die Bedeutung von Ionen in Lösung für die chemischen Reaktionen fest. Seine Arbeit ließ die Existenz von elementaren Ladungseinheiten und den Austausch dieser Ladungseinheiten bei chemischen Reaktionen vermuten. Durch andere Untersuchungen, die von Physikern an elektrischen Entladungen in Gasen durchgeführt wurden – ein Forschungsgebiet, das anscheinend weit von der Chemie der Lösungen entfernt ist –, wurden seine Theorien stark gestützt und der Weg für ihre endgültige Anerkennung vorbereitet.

Gasentladungsröhren

Zu Beginn der 1850er Jahre begann Sir William Crookes (1832–1919), mit elektrischen Entladungen durch Gase hindurch zu experimentieren, die in Röhren eingeschlossen waren, wie die in Abbildung 3–6 gezeigte. Wenn sich das Gas unter atmosphärischem Luftdruck befindet, geschieht nichts, selbst wenn eine Spannung von 10 000 Volt (V) zwischen Kathode und Anode angelegt wird. Wenn aber der Druck des Gases in der Entladungsröhre durch Abpumpen erniedrigt wird, beginnt ein Strom zu fließen, und das Gas fängt an zu leuchten. Bei niedrigen Drücken bewegt sich der leuchtende Bereich des Gases auf die Anode zu, und ein dunkler Bereich erscheint in Nähe der Kathode. Ein Schirm, der mit Zinksulfid oder gewissen anderen Mineralien beschichtet ist, leuch-

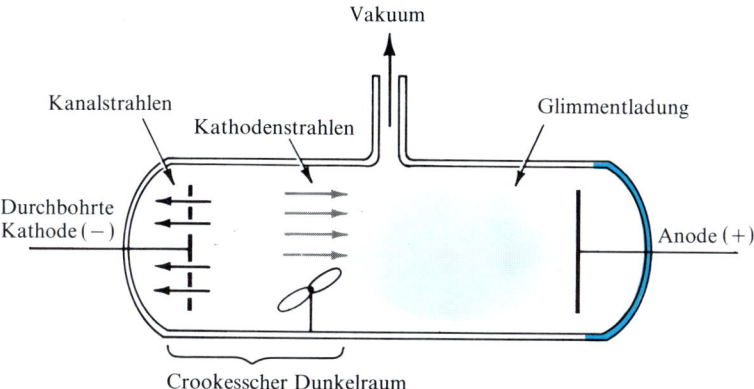

Abbildung 3–6   Eine Crookessche Röhre. Die Kathodenstrahlen, die sich von der Kathode zur Anode bewegen, versetzen kleine Flügelrädchen im Crookesschen Dunkelraum in Drehung und bringen das Restgas zum Leuchten. Bei niedrigen Drücken beginnt das Glas am Anodenende der Röhre zu leuchten, während sich der Crookessche Dunkelraum über die ganze Länge der Röhre zu erstrecken scheint. Kathodenstrahlen sind negativ geladene Elektronen und unabhängig vom Elektrodenmaterial und vom Restgas. Kanalstrahlen, die sich in entgegengesetzter Richtung bewegen, sind positiv geladene Ionen des Restgases in der Röhre. Die Farbe der Glimmentladung ist für das Restgas in der Röhre charakteristisch. Die Glimmentladung entfernt sich mit höherem Vakuum (niedrigerem Druck) von der Kathode. Das Leuchten wird durch die Zusammenstöße zwischen Elektronen und Gasmolekülen verursacht. Der Crookessche Dunkelraum entsteht, wenn diese Zusammenstöße selten werden. Bei hohem Vakuum erreichen die Elektronen die Anode und die Glaswand an der Anode, ohne daß sie mit Gasmolekülen zusammenstoßen. Unter diesen Umständen wird das Glas selbst zur Fluoreszenz angeregt, und auch die Anode emittiert elektromagnetische Strahlung (Röntgenstrahlung).

tet in diesem Dunkelraum. Das Licht wird dabei in Blitzen erzeugt, als ob der Leuchtschirm von Teilchen bombardiert wird. Mit Schlitzen versehene Metallblenden, die auf der einen oder anderen Seite des ZnS-Schirms angebracht werden, lassen erkennen, daß die Teilchen von der Kathode kommen. Ein festes Objekt, das in diese Kathodenstrahlen gestellt wird, wirft einen Schatten auf den Schirm, und ein leichter Propeller dreht sich unter dem Bombardement der Teilchen. Wenn eine Metallplatte mit einem Spalt vor der Kathode angebracht wird, werden die Kathodenstrahlen in einem dünnen Strahl ausgesendet. Die Ablenkung dieses Strahls sowohl durch außerhalb der Entladungsröhre angebrachte Magnetpole als auch durch elektrostatisch aufgeladene Platten beweist, daß die Teilchen eine *negative Ladung* tragen. Diese Teilchen werden *Elektronen* genannt. Es wurde weiterhin beobachtet, daß stets dieselben Elektronen ausgesendet werden, ganz gleich aus welchem Material die Kathode hergestellt wurde (solange das Material nur Elektrizität leitete).

Das Leuchten in einer Crookesschen Gasentladungsröhre tritt auf, wenn Elektronen auf Atome des Gases treffen und sie ionisieren. Bei niedrigen Drücken legen die Elektronen eine größere Strecke von der Kathode zurück, bevor sie auf ein Gasmolekül treffen; infolgedessen erscheint das Leuchten näher an der Anode. Elektronen, die nicht auf Gasmoleküle treffen, und die Elektronen, die emittiert werden, wenn Gasatome ionisiert werden, bewegen sich zur Anode. Im Gegensatz dazu wandern ionisierte Gasmoleküle oder Gasatome zur Kathode. Wenn in die Kathode Löcher gebohrt werden, gehen einige von diesen Ionen durch sie hindurch und treffen auf die Rückwand der Entladungsröhre. Diese Strahlen von positiven Ionen (wie durch ihre Ablenkung in magnetischen oder elektrostatischen Feldern gezeigt werden kann) werden *Kanalstrahlen* genannt, weil sie durch Kanäle in der Kathode hindurchgehen. Wir können die relative Masse dieser Ionen mit Hilfe ihrer Ablenkung durch Magnetfelder von bekannter Stärke messen. Die Massen unterscheiden sich entsprechend der Gasfüllung des Entladungsrohrs. Diese und ähnliche Experimente bewiesen, daß Atome negativ geladene, sehr leichte Elektronen enthalten, die nur lose an das Atom gebunden sind. Durch das *Entfernen von Elektronen* werden aus Atomen positiv geladene Ionen. Umgekehrt werden aus Atomen durch Hinzufügen von weiteren Elektronen negativ geladene Ionen.

Massenspektrometrie

Die Ablenkung eines Strahls von geladenen Teilchen in einem magnetischen und elektrostatischen Feld ist größer für Teilchen mit höheren Ladungen und kleineren Massen. Diese Ablenkung kann daher dazu verwendet werden, das Ladung-zu-Masse-Verhältnis eines Teilchens zu bestimmen. 1897 ermittelte J. J. Thomson (1856–1940) für das Ladung-zu-Masse-Verhältnis des Elektrons den Wert von $-1,76 \times 10^8 \ \mathrm{C \ g^{-1}}$. Ein Abkömmling seiner Versuchsanordnung, das *Massenspektrometer*, ist heute ein wertvolles Forschungsinstrument zur Bestimmung der Masse pro Ladungseinheit einer beliebigen Substanz, der eine positive Ladung gegeben werden kann (Abbildung 3–7). Die Massenspektrometrie bietet die direkteste Methode zur Bestimmung der Atommassen der Elemente (Cannizzaro wurde bestätigt) und ist das Verfahren, mit dessen Hilfe die Existenz von Isotopen nachgewiesen wurde.

Das Massenspektrometer kann zur Identifizierung extrem geringer Stoffmengen und zur Trennung eines Isotops von einem anderen benutzt werden. Organische Chemiker erhalten häufig nützliche Informationen über die vermutliche Molekülstruktur einer Substanz, indem sie sich die Massen der Moleküle sowie die Massen der Bruchstücke ansehen, in die die Moleküle unter dem Elektronenbombardement im Spektrometer auseinanderbrechen. Während der Entwicklung der Atombombe im Laufe des zweiten

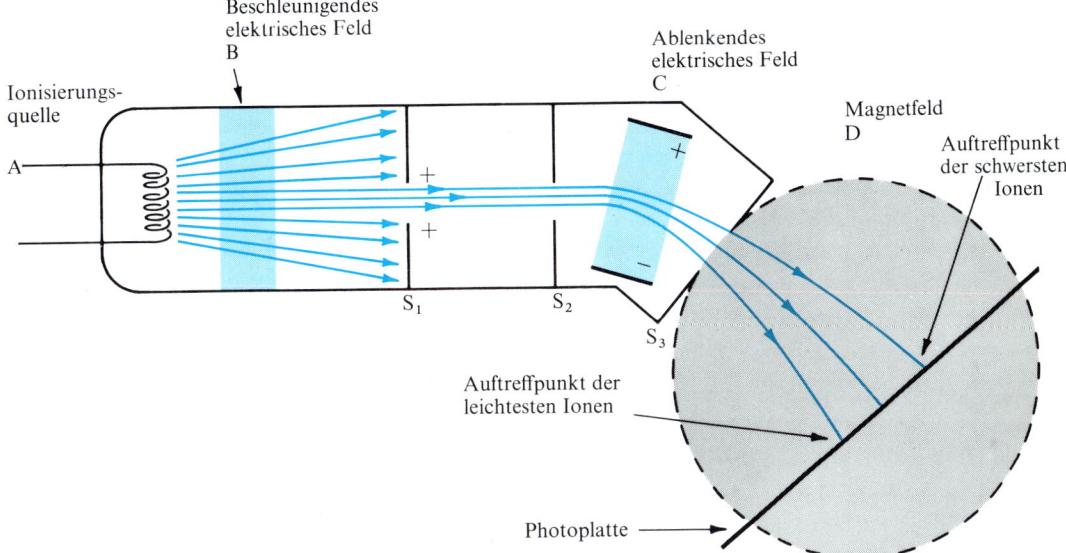

Abbildung 3–7   Das Massenspektrometer. Elektronen, die von der Ionisierungsquelle A emittiert werden, treffen auf Gasmoleküle und erzeugen positive Ionen. Diese Ionen werden im elektrischen Feld B beschleunigt und treten durch die Blenden S_1 und S_2 in das eigentliche Massenspektrometer ein. Der Strahl der positiv geladenen Teilchen wird bei C durch ein elektrisches Feld abgelenkt, wodurch sich ein divergenter Strahl für Ionen mit unterschiedlichen Geschwindigkeiten ergibt. Die Blendenspalte S_1 und S_2 sind so ausgerichtet, daß nur Ionen, die das Rohr geradeaus entlangfliegen, am Divergenzpunkt ankommen. Das Magnetfeld bei D fokussiert nun wieder den divergenten Strahl derart, daß alle Ionen mit gleichem e/m-Verhältnis auf denselben Fleck auf der Photoplatte treffen, ganz gleich, welche Geschwindigkeit sie besitzen (Geschwindigkeitsfokussierung).

Weltkriegs wurden mit Hilfe der Massenspektrometrie ^{235}U und ^{238}U voneinander getrennt, obwohl die dazu erforderlichen, extrem niedrigen Drücke ($1,3 \times 10^{-4}$ Pa) für eine Produktion in großem Umfang nicht lohnend waren.

Aufforderung: Die Anwendung der Massenspektrometrie auf die Bestimmung der relativen Häufigkeit des Vorkommens von Isotopen eines Elements und auf die Identifizierung chemischer Verbindungen wird durch die Aufgaben 3–9 bis 3–14 im Buch von Butler und Grosser veranschaulicht.

Die Ladung des Elektrons

Die vorangehende Besprechung der Massenspektrometer und ihrer Anwendungsmöglichkeiten setzt voraus, daß die Ladung des Elektrons bekannt ist und daß die Messungen der Masse pro Ladungseinheit direkt in Massenbestimmungen umgeformt werden können. Aber die Ladung des Elektrons wurde erst im Jahr 1911 bestimmt, 14 Jahre später als das Ladung-zu-Masse-Verhältnis. 1911 veröffentlichte Robert A. Millikan (1863–1953) die Ergebnisse eines genialen Experiments, das in Abbildung 3–8 darge-

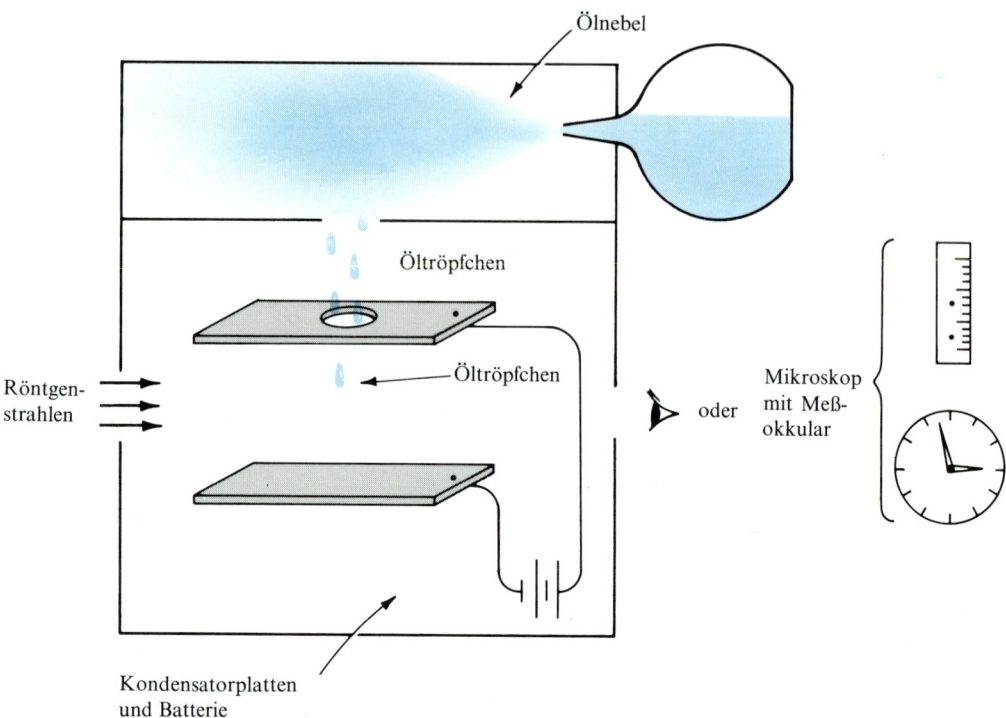

Ölnebel

Öltröpfchen

Öltröpfchen

Röntgen-
strahlen

oder

Mikroskop
mit Meß-
okkular

Kondensatorplatten
und Batterie

Abbildung 3–8 Millikans Öltröpfchenversuch. Kleine Öltröpfchen werden in der Luft zwischen zwei Metallplatten suspendiert, an die eine Spannung gelegt werden kann. Zunächst läßt man das Tröpfchen, das für das Experiment ausgesucht wurde, frei durch die Luft fallen und verfolgt seinen Weg zwischen den Kondensatorplatten, wobei die in einer bestimmten Zeit zurückgelegte Strecke gemessen wird. Aus den bekannten Daten für den Luftwiderstand, die Dichte des Öls und der Sinkgeschwindigkeit des Öltröpfchens können wir dann seine Abmessungen berechnen. Anschließend wird mit den Röntgenstrahlen die Luft ionisiert, und negativ geladene Teilchen bleiben an dem Öltröpfchen hängen. Die Ladung auf dem Tröpfchen kann dann aus der Steiggeschwindigkeit des geladenen Tröpfchens im elektrischen Feld bestimmt werden, das sich zwischen den Kondensatorplatten aufbaut, sobald die Batterie eingeschaltet wird. Alle auf diese Weise gemessenen Ladungen erweisen sich als ganzzahlige Vielfache von $-1{,}602 \times 10^{-19}$ Coulomb, was die Ladung eines Elektrons ist.

stellt ist. Er bestrahlte einen Nebel von feinen Öltröpfchen zwischen zwei geladenen Platten mit Röntgenstrahlen. Ionen, die sich aus den Molekülen der Luft bildeten, blieben an diesen Öltröpfchen hängen und verliehen ihnen eine Ladung. Dann änderte Millikan die Stärke des elektrischen Feldes so lange, bis die elektrische Kraft auf ein bestimmtes, von ihm beobachtetes, geladenes Öltröpfchen die auf das Tröpfchen wirkende Schwerkraft kompensierte, so daß das Öltröpfchen in der Schwebe blieb. Er berechnete dann die Ladung des Öltröpfchens aus der bekannten Masse des Tröpfchens und der bekannten Stärke des elektrischen Feldes. Er stellte fest, daß die auf einem Tröpfchen sitzende Ladung stets gleich einem ganzzahligen Vielfachen von $1{,}602 \times 10^{-19}$ Coulomb war, und schlug vor, daß dieser Wert die Ladung eines einzigen Elektrons, die sogenannte *Elementarladung*, ist.

Die Berechnung der Loschmidtschen Konstante

1865 berechnete J. Loschmidt, ein Lehrer in Wien, mit Hilfe der kinetischen Gastheorie, daß es $2,71 \times 10^{19}$ Atome eines einatomigen Gases pro Kubikcentimeter gibt (bei Normalbedingungen), was einem Wert von $6,07 \times 10^{23}$ mol^{-1} entspricht. Ein viel besserer Wert ergab sich, nachdem Millikans Öltröpfchenversuch die Bestimmung der Ladung eines Elektrons ermöglichte. Wenn 1 Faraday ($96\,500$ Coulomb mol^{-1}) ein Mol von elektrischen Elementarladungen darstellt, dann ergibt sich die Loschmidtsche Zahl einfach aus dem Verhältnis des Faradays zur Elementarladung (Ladung des Elektrons)

$$\frac{96\,500 \text{ C mol}^{-1}}{1,602 \times 10^{-19} \text{ C pro Teilchen}} = 6,023 \times 10^{23} \text{ Teilchen mol}^{-1}$$
$$= 6,023 \times 10^{23} \text{ mol}^{-1}$$

3–7 Ionen in Festkörpern

Ionen treten in zwei Formen von Festkörpern auf: In *Metallen* und *Salzen*. In Metallen sind die positiv geladenen Ionen in regelmäßiger Anordnung dicht zusammen gepackt.

Abbildung 3–9   Gleich große Kugeln lassen sich am dichtesten in der Form in einer Schicht packen, wie durch die grauen Kreise gezeigt wird; jede Kugel ist dabei von sechs nächsten Nachbarn umgeben. Eine zweite solche Kugelschicht (farbig) kann in dichtester Packung so auf die ursprüngliche Schicht gelegt werden, daß ihre Kugeln jeweils über die Lücken zwischen drei sich berührenden Kugeln der ersten Schicht zu liegen kommen. Eine dritte Schicht kann jetzt auf zwei verschiedene Weisen in dichtester Packung auf die zweite Schicht gelegt werden: Indem entweder ihre Atome direkt über die Atome der ersten Schicht (graue Kreise) gelegt werden oder über die mit „3" gekennzeichneten Lücken zu liegen kommen. Das erste Packungsmuster, für das die Anordnung der Schichten durch die Folge – 1–2–1–2–1–2 – dargestellt werden kann, wird als hexagonal dichte Packung (hcp) bezeichnet. Das zweite Muster, bei dem die Reihenfolge der Schichten als – 1–2–3–1–2–3–1–2–3 – beschrieben werden kann, wird kubisch dichte Packung (ccp) oder flächenzentriert dichte Packung (fcp) genannt.

Diese positiven Ionen werden von einem See beweglicher, negativer Elektronen umgeben, die die Ladung der Kationen neutralisieren, aber nicht an bestimmte Ionen gebunden sind. Die Ionen werden nicht durch spezielle Verbindungen oder *Bindungen* zusammengehalten, sondern das ganze Metall wird durch die Anziehungskräfte zwischen den positiven Ionen und den frei beweglichen Elektronen zusammengehalten. In Salzen sind Kationen und Anionen (die zueinander im richtigen Verhältnis stehen, damit sich ihre Ladungen neutralisieren) in einer regelmäßigen Anordnung zu einem Kristall gepackt. Keine der beiden Ionenarten kann sich frei umherbewegen. Infolgedessen sind Salzkristalle keine guten Elektrizitätsleiter, wie es die Metalle mit ihren frei beweglichen Elektronen sind. Sowohl in den Metallen als auch in den Salzen gibt es keine Vorzugsrichtung für die Wechselwirkung zwischen einem Ion und seinen Nachbarn. Der Aufbau eines derartigen kristallinen Festkörpers wird von der Energie bestimmt, die beim Zusammenpacken von geladenen Kugeln auftritt. Um den Aufbau von ionischen Festkörpern zu verstehen, müssen wir uns zunächst einmal ansehen, wie Kugeln in regelmäßiger Anordnung zusammengepackt werden können.

Dichteste Kugelpackung und die Strukturen von Metallen

1912 hielt Peter Ewald, ein graduierter Student an der Universität München, ein Seminar über die Wechselwirkungen von Lichtwellen mit Kristallen ab. Ein Professor, der an dem Seminar teilnahm, Max von Laue, wies darauf hin, daß, *wenn* Röntgenstrahlen elektromagnetische Wellen wie Licht wären und *wenn* Kristalle sich aus Atomen zusammensetzen würden, die in regelmäßiger und geordneter Weise in drei Dimensionen gepackt sind (beide Tatsachen waren zu der Zeit noch nicht mit Sicherheit bekannt), ein Kristall dann Röntgenstrahlen auf dieselbe Art abbeugen könnte, wie ein geteiltes Beugungsgitter Licht beugt, das eine größere Wellenlänge als die Röntgenstrahlen besitzt. W. Friedrich versuchte das Experiment und erhielt bald ein gutes Röntgenbeugungsbild mit einem Kupfersulfatkristall. In England entwickelte das Vater-Sohn-Team von William und Lawrence Bragg die Röntgenbeugung zu einem allgemein anwendbaren Werkzeug zur Bestimmung der atomaren Struktur von kristallinen Festkörpern.

Gegenwärtig ist das Verfahren bis zu dem Punkt weiter entwickelt worden, an dem die Struktur kristallisierbarer Proteine, wie z. B. die des Hämoglobins mit einer Molmasse von $68\,000\,\mathrm{g\,mol^{-1}}$, erfolgreich entschlüsselt werden konnte. Natürlich waren die ersten Kristalle, die untersucht wurden, die einfacheren Metalle und Minerale – ionische Verbindungen der Art, mit denen wir uns hier beschäftigen. Das dichte Packen von Kugeln liefert uns Modellstrukturen für alle Metalle und die meisten ionischen Salze und anderen Mineralien.

Wenn eine große Anzahl von gleichen Kugeln (Murmeln, Tischtennisbälle oder dergleichen) auf einem Tisch dicht zusammengepackt werden, werden sie in der Weise gepackt sein, wie sie durch die schwarzen Kreise in Abbildung 3–9 dargestellt ist. Zwei auf solche Art dicht gepackte Schichten können am raumsparendsten aufeinander gestapelt werden, wenn sie so in die Lücken gelegt werden, wie die farbigen Kreise in Abbildung 3–9 zeigen. Eine dritte Schicht kann auf die zweite Schicht auf zweierlei Art gepackt werden: Einmal können die Kugeln der dritten Schicht genau über denen in der ersten Schicht

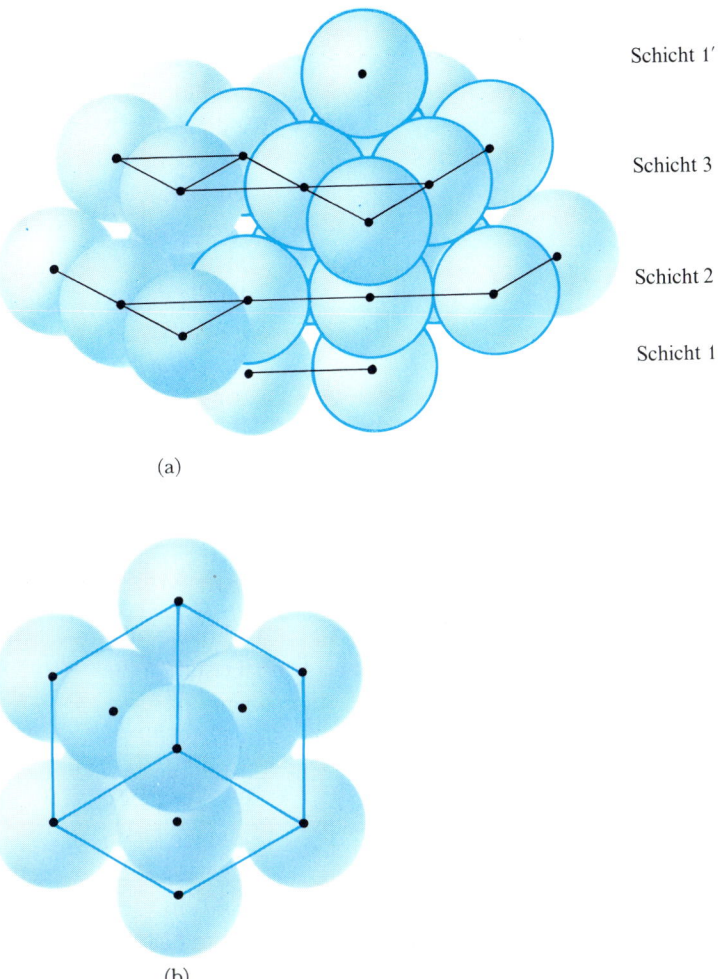

Schicht 1'

Schicht 3

Schicht 2

Schicht 1

(a)

(b)

Abbildung 3–10 (a) Teile von vier Schichten einer ccp-Struktur (kubisch dichte Packung), die uns den Einbau der Kugeln zeigen. Die in (b) herausgezeichneten Atome sind farbig umrissen. (b) Obwohl es anfangs nicht leicht zu erkennen ist, sind die Atome eines ccp-Gitters in einer kubischen Elementarzelle gepackt. Die Atome sitzen dabei an den Eckpunkten eines Würfels und in den Mittelpunkten jeder Würfelfläche. Diese Atome sind genauso orientiert wie die in (a) farbig umrissenen Atome, aber der Würfel läßt sich leichter erkennen, wenn man die Seite auf den Kopf stellt.

zu liegen kommen, dies erzeugt ein symmetrisches „Sandwich", oder die dritte Schicht wird in einer dritten Position angeordnet, die sich von den beiden ersten unterscheidet. Diese regelmäßige Wiederholung der Folge von zwei oder drei Schichten ergibt die beiden Möglichkeiten einer dichtesten Kugelpackung in drei Dimensionen: Der *hexagonal dichtesten Kugelpackung* (hcp, von „hexagonal close packed") und der *kubisch dichtesten Kugelpackung* (ccp, von „cubic close packed"), die auch als *kubisch flächenzentrierte Kugelpackung* (fcc, von „face-centered cubic") bezeichnet wird. Bei diesen beiden Anordnungen nehmen die Kugeln $(\sqrt{2}/6)\pi = 0{,}74$ des Gesamtvolumens ein, wobei 26%

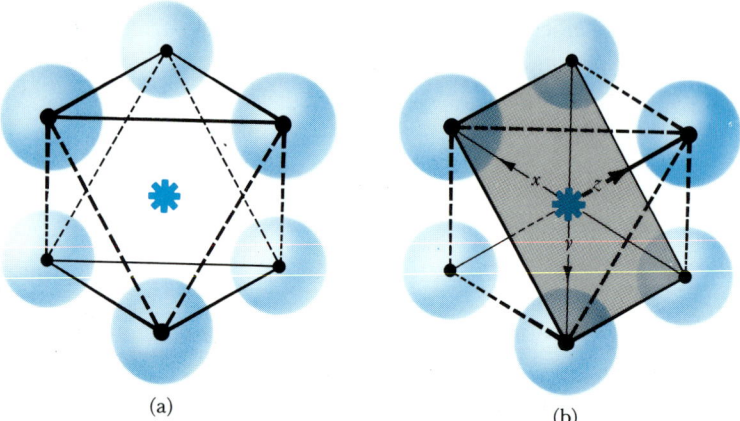

(a)   (b)

Abbildung 3–11   Eine Oktaederlücke (durch farbige Sterne markiert) in einer dicht gepackten Struktur liegt zwischen zwei Dreiecken von Atomen in benachbarten Schichten. Die Wahl von „Schichten" in einer ccp-Struktur ist willkürlich. Es gibt vier Wahlmöglichkeiten für die Dreieckspaare, die die Schichten definieren. Diese Wahlmöglichkeiten entsprechen den vier Paaren von parallelen Flächen in einem regulären Oktaeder. Alle Paare sind völlig gleichwertig. (*Wir* zeichnen die Schichten, und nicht der Kristall.) Die Zeichnung (a) betont die Schichtstruktur, während (b) zeigt, daß die sechs nächsten Nachbarn einer Oktaederlücke gleich weit von ihr entfernt auf drei senkrecht zueinander stehenden Achsen liegen. (*Beachten Sie*: Die Kugeln sind in Wirklichkeit so groß, daß sie sich einander berühren. Aus Gründen der Übersichtlichkeit der Darstellung wurden sie kleiner gezeichnet.)

leerer Raum zwischen ihnen übrigbleibt. Jede Kugel ist von 12 nächsten Nachbarn umgeben und besitzt damit eine *Koordinationszahl* von 12.

Es ist recht leicht zu erkennen, warum die hcp-Struktur, bei der eine bestimmte Kugel von sechs unmittelbaren Nachbarn in einer Ebene und ähnlich orientierten Dreiecken von Kugeln über und unter sich umgeben ist, hexagonal genannt werden sollte. Aber wo befinden sich in Abbildung 3–10(a) die rechten Winkel und gleichen Seiten eines Würfels? Die Antwort darauf können Sie aus Abbildung 3–10(b) ersehen: Die ccp- oder fcc-Struktur ist mit einer Anordnung von Kugeln an den Ecken und den Mitten der Flächen eines Würfels identisch (daher der Name „kubisch-flächenzentriert").

Ein etwas weniger dichtes Packungsschema ergibt die *kubisch-raumzentrierte* oder bcc-Struktur (von „body-centered cubic"), bei der die Atome die Ecken und die *Mitte* eines Würfels besetzen. In dieser Anordnung nehmen die Atome $(\sqrt{3/8})\pi = 0{,}68$ des Gesamtvolumens ein. Jedes Zentralatom besitzt acht nächste Nachbarn an den Ecken eines Würfels. Jedes Atom an einer dieser Ecken ist jedoch ebenfalls von acht nächsten

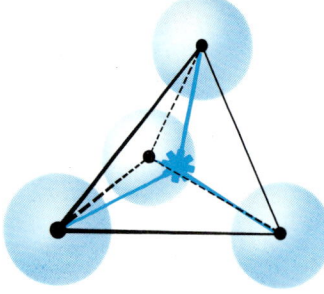

Abbildung 3–12   Eine Tetraederlücke in einer dicht gepackten Struktur liegt zwischen einem Dreieck von Atomen in einer Schicht und einem darüber liegenden Atom der nächsten Schicht. Sie wird durch den farbigen Stern markiert. Können Sie beweisen, daß in einer ccp-Struktur genau so viele Oktaederlücken wie Kugeln vorhanden sind und daß die Anzahl der Tetraederlücken doppelt so groß ist? Sind diese Zahlen bei einer hcp-Struktur die gleichen?

Nachbarn an den Ecken eines Würfels umgeben. Diese Nachbarn sind die acht Zentralatome der an der Ecke zusammentreffenden acht Würfel. Die beiden Positionen, die Würfelmitten und die Würfelecken, sind also völlig gleichwertig, und die Koordinationszahl eines Atoms in der bcc-Struktur ist 8.

Diese drei Strukturen, ccp oder fcc, hcp und bcc, umfassen praktisch alle Metalle und Legierungen. Alle drei besitzen eine vergleichbare Stabilität, und es gibt keine einfache Methode, vorauszusagen, welche Struktur ein bestimmtes Metall annehmen wird. Viele Metalle können in mehr als einer Form vorliegen: Ni kann entweder ccp- oder hcp-Struktur besitzen; Na kann hcp oder bcc sein; und Fe kann unterhalb 912°C bcc-Struktur haben und darüber ccp-Struktur oder eine von zwei anderen Strukturen besitzen. Die Aufeinanderstapelung von dichtest gepackten Schichten braucht nicht vollkommen zu sein noch sich auf die einfache hcp- oder ccp(fcc)-Struktur zu beschränken. Die Metalle Am, Ce, La, Pr und Nd kristallisieren nach einem modifizierten Schema der dichtesten Packung, bei dem die Anordnung der einzelnen Schichten nach der Nomenklatur aus Abbildung 3–9 die folgende ist: –1–2–1–3–1–2–1–3–. Sm besitzt eine Periode von neun Schichten: –1–2–1–2–3–2–3–1–3– usw. Li und Na können zu einer dichtest gepackten Struktur mit völlig ungeordneter Schichtenfolge zusammengeschmiedet werden.

Eine *Legierung* ist eine feste Lösung eines Metalls in einem anderen. Es gibt zwei

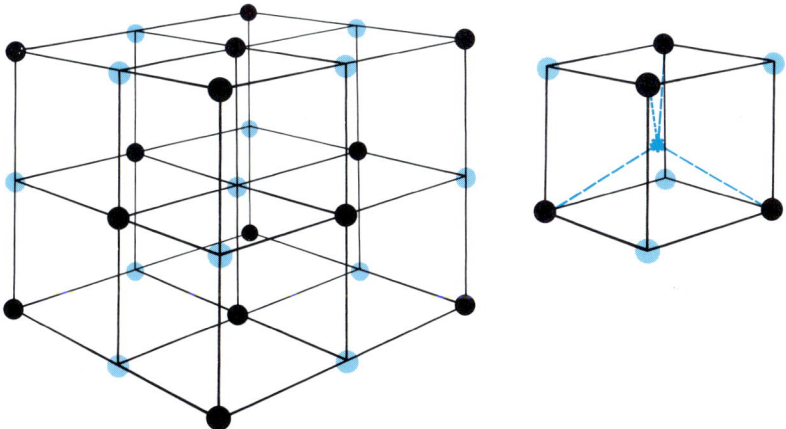

Abbildung 3–13 Gerüstdarstellung einer ccp-Struktur (schwarze Atome) mit unterschiedlichen Atomen (farbig) in allen Oktaederlücken. Beachten Sie, daß die schwarzen und die farbigen Punktlagen einander gleichwertig sind; diese Struktur könnte genausogut als eine Struktur beschrieben werden, bei der die schwarzen Atome die Oktaederlücken in einem ccp-Gerüst von farbigen Atomen besetzen. Sie können sich das am besten klarmachen, wenn Sie daran denken, daß sich die reale Struktur endlos in alle drei Raumrichtungen erstreckt und daß hier nur ein sehr kleiner Ausschnitt von ihr dargestellt ist. Eine Tetraederlücke (farbiges Sternchen) befindet sich im Mittelpunkt eines jeden der kleineren Würfel, wie bei dem rechts herausgezeichneten. Die wahre Elementarzelle, durch deren exakte Wiederholung in allen drei Raumrichtungen die gesamte Kristallstruktur aufgebaut wird, ist der große Würfel auf der linken Seite, und nicht der kleine rechts. Können Sie erkennen, warum? Wenn die schwarzen Atome Natriumionen und die farbigen Chlorionen darstellen, dann ist dies die Struktur von kristallinem NaCl.

Typen von Legierungen: *Substitutionslegierungen*, bei denen Atome eines anderen Metalls an die Stelle von Atomen der ursprünglichen Struktur treten, und *Zwischengitter-Legierungen*, bei denen kleinere Atome die Lücken zwischen den Metallatomen der ursprünglichen Struktur besetzen. α-Messing ist z. B. eine Substitutionslegierung, bei der Zn-Atome an die Stelle von Cu-Atomen im ccp-Gitter des reinen Cu treten. Diese Zn-Atome sind jedoch größer als die Cu-Atome, und nur wenig mehr als 30 Molprozent von Zn können in das Cu-Gitter eingebaut werden, bevor es zusammenbricht. β-Messing, die stabile Form einer ungefähr äquimolaren Legierung, ist eine statistisch ungeordnete Mischung von Cu- und Zn-Atomen in einer bcc-Struktur. Die Spannungen, die die größeren Zn-Atome auf das Cu-Gitter ausüben, können in einer etwas offeneren Struktur mit einer Koordinationszahl 8 an Stelle von 12 herabgesetzt werden.

In einer dichtest gepackten Struktur gibt es zwei Arten von Lücken, in die Fremdatome bei Zwischengitter-Legierungen eingebaut werden können: *Oktaederlücken* zwischen zwei Dreiecken von Atomen auf benachbarten Schichten (Abbildung 3–11) und *Tetraederlücken* zwischen einem Dreieck von Atomen in einer Schicht und einem einzigen Atom in der nächsten Schicht (Abbildung 3–12). Ein Atom in einer Oktaederlücke besitzt sechs nächste Nachbarn oder die Koordinationszahl 6. Ein Atom in einer Tetraederlücke hat vier nächste Nachbarn und damit die Koordinationszahl 4. Beide Arten von Lücken in einer ccp-Struktur sind in Abbildung 3–13 dargestellt. Oktaederlücken befinden sich auch auf den Mitten der Würfelflächen in einer kubisch-raumzentrierten Struktur (bcc).

Stähle sind Zwischengitter-Legierungen aus Eisen und kleinen Mengen von Kohlenstoff und anderen Atomen. Stahl mit einem hohen Kohlenstoffgehalt von 0,75% bis 1,5% enthält Kohlenstoffatome, die über die Oktaederlücken in einem Satz von Würfelflächen in der bbc-Struktur des Eisens verteilt sind. Fe_4N ist eine Zwischengitter-Legierung, bei der die Stickstoffatome Oktaederlücken in einem ccp-Gitter des Eisens besetzen. In solchen Fällen machen die Zwischengitteratome das Metall härter und widerstandsfähiger gegen Verbiegungen und Deformationen, indem sie wie Sand im Getriebe einer Maschine wirken: Sie stellen sich dem Gleiten einer Schicht von Metallatomen über eine andere entgegen und erschweren es, das Metall zu strecken, zu schmieden oder zu biegen.

Metalle sind gute Elektrizitätsleiter, weil ihre Elektronen frei beweglich sind und unter dem Einfluß einer elektrischen Spannung frei fließen können. Metalle können weich, schmiedbar und duktil sein, da beim Fehlen von Bindungen in bestimmten Richtungen eine Deformation so leicht fällt wie das Verschieben einer Schicht von Kugeln gegenüber einer anderen. Die Beweglichkeit ihrer Elektronen ist auch für den charakteristischen silbrigen oder reflektierenden Glanz verantwortlich, den wir als „metallisch" bezeichnen. Wie wir in Kapitel 7 noch sehen werden, können Elektronen, die sich nur in der unmittelbaren Nachbarschaft eines Atoms oder Ions aufhalten, nur bestimmte Wellenlängen (oder Energien) absorbieren, ihre möglichen Energiezustände sind quantisiert. Doch delokalisierte Elektronen, wie die in einem Metall, können Energie über ein breites Band von Wellenlängen hinweg absorbieren und wieder emittieren. Infolgedessen können sie auch das Licht reflektieren, das auf die Metalloberfläche fällt.

Kristalline Salze

Die Struktur von Salzen wird durch ein Gleichgewicht zwischen zwei häufig einander entgegengesetzten Tendenzen beherrscht: (1) von der Tendenz, ein Ion, das eine bestimmte Ladung besitzt, mit so viel wie möglichen Ionen der entgegengesetzten Ladung zu umgeben, und (2) von der Tendenz, einen engen Kontakt zwischen diesen Ionen gleicher Ladung zu vermeiden. Zusätzlich muß das Verhältnis der Ionen zueinander so sein, daß keine Überschußladung auf dem Kristall verbleibt. Im allgemeinen sind Kationen, die sich bilden, wenn Atome Elektronen verlieren, kleiner als Anionen, die sich bilden, wenn Atome Elektronen aufnehmen; und die meisten Salzstrukturen kann man sich daher als Variationen von dichtest gepackten Anionen vorstellen, auf deren Zwischengitterplätzen die Kationen sitzen. Ein wichtiger Bestimmungsfaktor ist dabei das *Radienverhältnis*, das Verhältnis des Radius des Kations zu dem des Anions. Ionenradien für einige häufig vorkommende Ionen sind in Tabelle 3–8 angegeben und in Abbildung 3–14 veranschaulicht.

Die am häufigsten vorkommende Einzelstruktur ist die NaCl-Struktur (Abbildung 3–13). Bei dieser Struktur nehmen die Na^+-Ionen die Ecken und die Flächenmitten eines Würfels ein, und die Cl^--Ionen besetzen die Mitte des Würfels und die Mitten der Würfelkanten. Dieses sind jedoch zwei völlig gleichwertige Sätze von Positionen in der sich

Tabelle 3–8 Ionenradien einiger Ionen[a]

Positive Ionen

Ag^+	1,26	Ba^{2+}	1,35	Al^{3+}	0,50	Ce^{4+}	1,01
Cu^+	0,96	Be^{2+}	0,31	B^{3+}	0,20	U^{4+}	0,97
K^+	1,33	Ca^{2+}	0,99	Bi^{3+}	0,74	Ti^{4+}	0,68
Li^+	0,60	Cd^{2+}	0,97	Cr^{3+}	0,65	Zr^{4+}	0,80
Na^+	0,95	Co^{2+}	0,82	Fe^{3+}	0,67		
NH_4^+	0,42	Cu^{2+}	0,70	Ga^{3+}	0,62		
Rb^+	1,48	Fe^{2+}	0,78	In^{3+}	0,81		
Tl^+	1,44	Hg^{2+}	1,10	La^{3+}	1,15		
Cs^+	1,69	Mg^{2+}	0,65	Tl^{3+}	0,95		
		Mn^{2+}	0,80	Y^{3+}	0,93		
		Ni^{2+}	0,69				
		Pb^{2+}	1,16				
		Sr^{2+}	1,13				
		Zn^{2+}	0,74				

Negative Ionen

Br^-	1,95	O^{2-}	1,40	N^{3-}	1,71
Cl^-	1,81	S^{2-}	1,84	P^{3-}	2,12
F^-	1,36	Se^{2-}	1,98		
H^-	1,54	Te^{2-}	2,21		
I^-	2,16				

[a] Gemessen in 10^{-10} m.

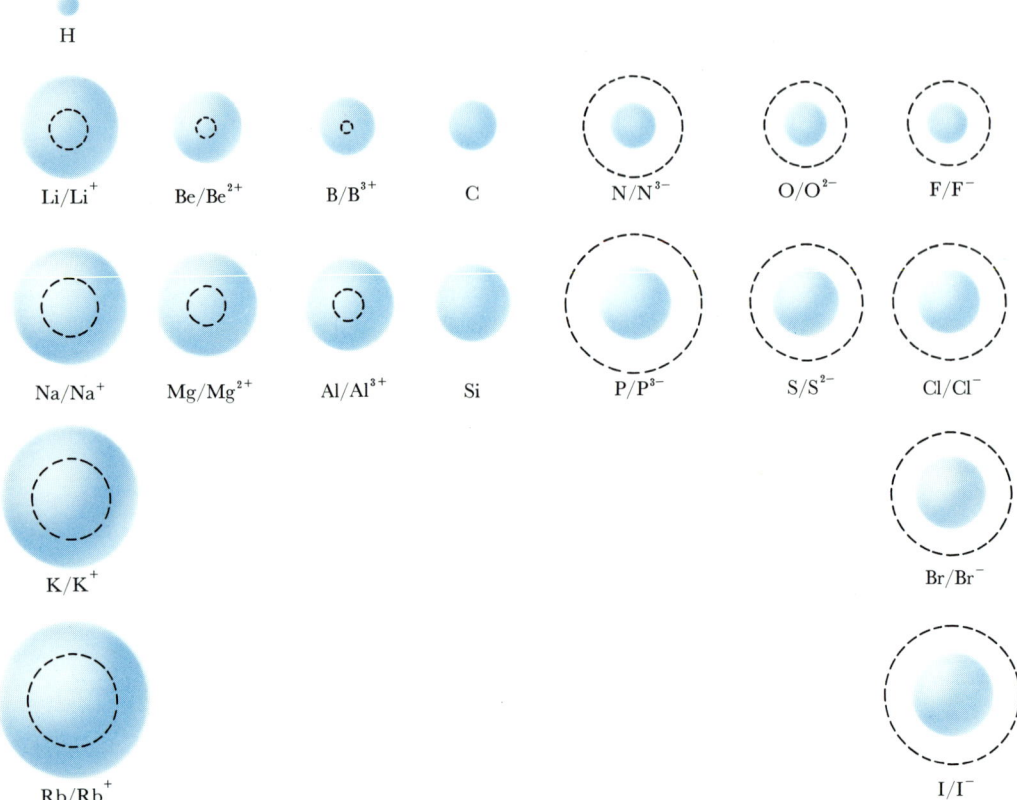

H

Li/Li$^+$ Be/Be^{2+} B/B^{3+} C   N/N^{3-} O/O^{2-} F/F$^-$

Na/Na$^+$ Mg/Mg^{2+} Al/Al^{3+} Si   P/P^{3-} S/S^{2-} Cl/Cl$^-$

K/K$^+$ Br/Br$^-$

Rb/Rb$^+$ I/I$^-$

Abbildung 3–14   Relative Atomradien einiger Elemente. Die farbigen Kugeln stellen die neutralen Atome dar, während die gestrichelten Kreise die Größe der entsprechenden Ionen andeuten. Beachten Sie, daß positive Ionen kleiner als ihre neutralen Atome sind, während negative Ionen größer sind. Warum muß das so sein?

praktisch unendlich ausdehnenden Struktur des Kristalls. Jedes Ion kann dabei alle Oktaederlücken in einem ccp-Gitter des anderen Ions besetzen, und die Koordinationszahl eines jeden Ions ist 6. Viele Alkalihalogenide (Li$^+$, Na$^+$, K$^+$, Rb$^+$ und Cs$^+$ mit F$^-$, Cl$^-$, Br$^-$ oder I$^-$) können in der NaCl-Struktur auftreten (Tabelle 3–9), wie es auch die Erdalkali-Elemente in Verbindung mit O^{2-}, S^{2-}, Se^{2-} und Te^{2-} (Tabelle 3–10) und viele andere Ionenverbindungen im Verhältnis 1/1 können. Nichtsdestoweniger werden sich die Anionen berühren, wenn, wie Abbildung 3–15(c) veranschaulicht, das Kation-Anion-Radienverhältnis unter 0,414 für ein Kation in einer Oktaederlücke absinkt. Dies ist bei LiCl, LiBr und LiI der Fall, und daraus ergibt sich eine Schwächung ihrer Kristallstruktur (Abbildung 3–16).

Das Caesium-Kation ist so groß, daß sich mehr als sechs Anionen, ohne sich zu berühren, um es herum gruppieren können. Caesiumhalogenide besitzen daher normalerweise die kubisch raumzentrierte Struktur, die in Abbildung 3–17 dargestellt ist. Ihre Koordinationszahl ist 8. Die Rubidiumhalogenide (mit Ausnahme von RbF) können dazu gebracht werden, bei Drücken von mehr als 5000 bar in diese CsCl-Struktur über-

Tabelle 3–9 Radienverhältnisse r_+/r_- in Ionenkristallen des K^+A^--Typs[a]

Anion	Kation Li$^+$ (0,60)	Na$^+$ (0,95)	K$^+$ (1,33)	Rb$^+$ (1,48)	Cs$^+$ (1,69)
F$^-$ (1,36)	0,45	0,70	0,98	1,09	1,24
Cl$^-$ (1,81)	0,33[b]	0,52	0,74[c]	0,82[d]	0,93[e]
Br$^-$ (1,95)	0,31	0,49	0,68	0,76	0,87
I$^-$ (2,16)	0,28	0,44	0,62	0,69	0,78

[a] Die Größen in Klammern sind die Ionenradien in 10^{-10} m. Alle Strukturen sind vom NaCl-Typ; Ausnahmen sind angegeben.
[b] NaCl-Struktur, aber die Anionen berühren sich, wodurch die Kristallstruktur geschwächt wird.
[c] CsCl-Struktur oberhalb eines Druckes von 20 000 bar.
[d] CsCl-Struktur oberhalb eines Druckes von 5000 bar.
[e] CsCl-Struktur.

zugehen, und oberhalb von 20 000 bar nehmen selbst die Kaliumhalogenide diese Struktur an. Diese Achter-Koordination ohne sich berührende Anionen ist bei Verbindungen möglich, deren Radienverhältnisse größer als 0,732 sind (Abbildung 3–15 d).

Die meisten Erdalkali-Kationen verbinden sich mit zweiwertigen Anionen in der NaCl-Struktur (Tabelle 3–10). Für ein sehr kleines Kation wie das Be^{2+} ist jedoch die Sechser-Koordination der NaCl-Struktur nicht möglich, und die Koordinationszahl

Tabelle 3–10 Radienverhältnisse in Ionenkristallen des $K^{2+}A^{2-}$-Typs[a]

Anion	Kation Be^{2+} (0,31)	Mg^{2+} (0,65)	Ca^{2+} (0,99)	Sr^{2+} (1,13)	Ba^{2+} (1,35)
O^{2-} (1,40)	0,22[b]	0,46	0,71	0,81	0,97
S^{2-} (1,84)	0,17[c]	0,35	0,54	0,61	0,73
Se^{2-} (1,98)	0,15	0,33	0,50	0,57	0,68
Te^{2-} (2,21)	0,14		0,45	0,51	0,61

[a] Die Größen in Klammern sind die Ionenradien in 10^{-10} m. Alle Strukturen sind vom NaCl-Typ; Ausnahmen sind angegeben.
[b] β-ZnS- oder Wurtzit-Struktur.
[c] α-ZnS- oder Sphalerit-Struktur.

sinkt auf 4 ab. Für BeS, BeSe und BeTe ergibt sich damit die in Abbildung 3–18 gezeigte Struktur. In diesem Fall besitzen die Anionen ein ccp-Gitter, während die Kationen symmetrisch die *Hälfte* der Tetraederlücken besetzen. Diese Struktur ist als α-ZnS-Struktur bekannt. BeO kristallisiert in einer damit nahe verwandten β-ZnS-Struktur, die ebenfalls die Koordinationszahl 4 aufweist, bei der aber die Tetraeder anders angeordnet sind.

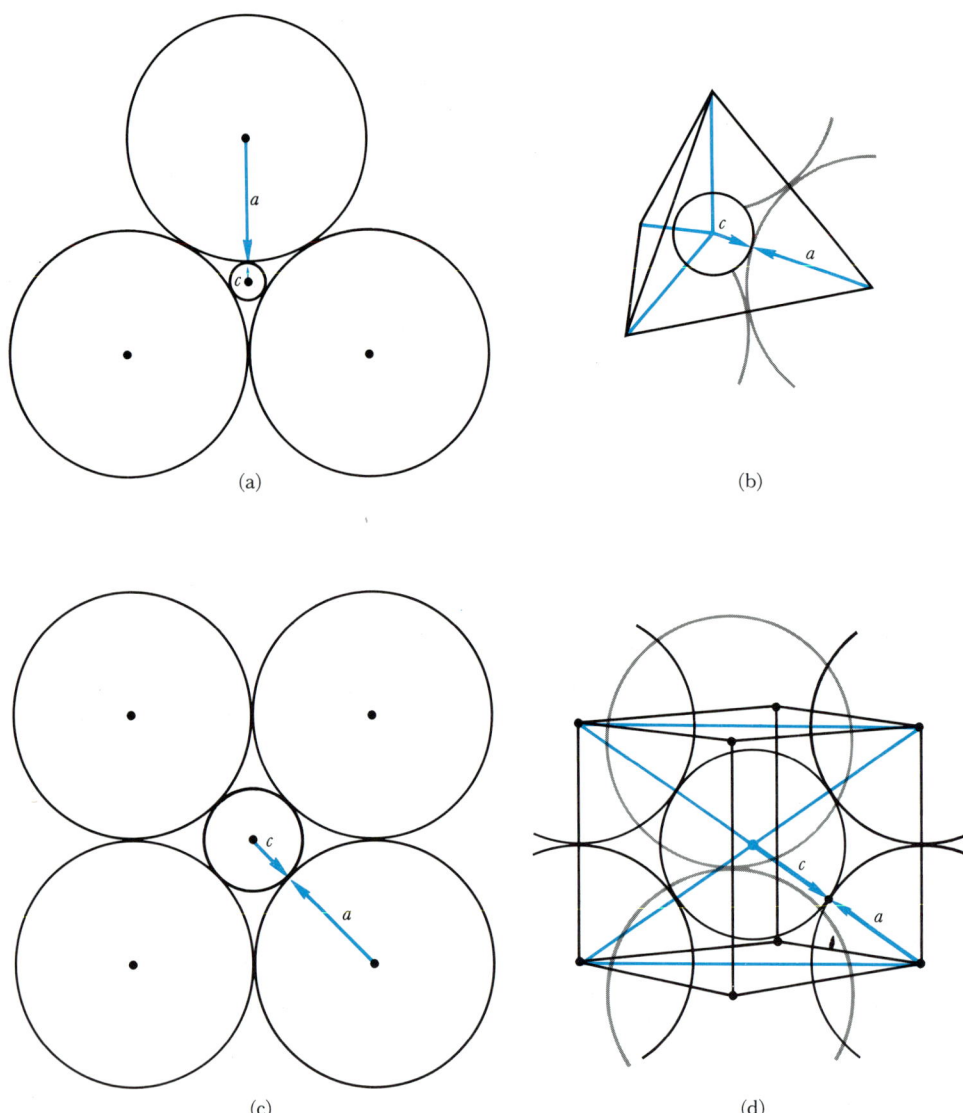

(a)

(b)

(c)

(d)

Abbildung 3–15 Radienverhältnisse und Packung im Kristall. (a) Bei der trigonalen Packung berühren sich die gleichgeladenen Anionen, wenn, wie hier gezeigt, das Verhältnis des Radius des Kations, c, zu dem des Anions, a, kleiner oder gleich $(2/\sqrt{3}) - 1 = 0{,}155$ ist. Dies ist eine prinzipiell instabile Sachlage. (b) Ein Ion in einer Tetraederlücke kann seine Nachbarionen nicht auseinanderhalten, wenn sein Radiusverhältnis, c/a, nicht größer oder gleich $\sqrt{3/2} - 1 = 0{,}225$ ist. (c) Das kleinste Radienverhältnis für ein Ion in einer Oktaederlücke beträgt $c/a = \sqrt{2} - 1 = 0{,}414$. (d) Die Ionen an den Ecken eines einfachen Würfels werden sich berühren, wenn das entgegengesetzt geladene Ion im Mittelpunkt des Würfels nicht ein Radienverhältnis von $\sqrt{3} - 1 = 0{,}732$ oder größer aufweist.

Wir können gewöhnlich die Struktur komplexerer, kristalliner Salze und Mineralien mit Hilfe dieser einfachen Strukturen und dem Modell des Packens von Kugeln verstehen (Sauerstoffatome in vielen Mineralien), wobei kleine Kationen auf den Zwischengitterplätzen eingebaut werden. Viele physikalische Eigenschaften von Mineralien wie Talk, Asbest, Glimmer und Quarz hängen auf eine besonders einfache Art von ihrer Kristallstruktur ab. Diese Mineralien liefern uns klare Beispiele dafür, wie die Struktur die Eigenschaften bestimmt. Wir werden in Kapitel 13 noch einmal kurz auf die Struktur von Festkörpern zurückkommen. In einer anderen Hinsicht ist die Kristallstruktur für uns noch von unmittelbarer Bedeutung: Sie ermöglicht uns nämlich, die Loschmidtsche Konstante auf eine neue Weise zu berechnen.

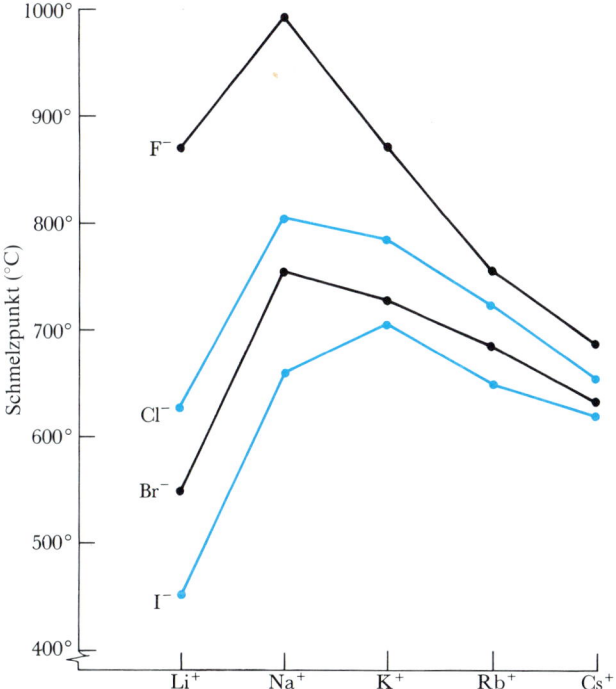

Abbildung 3–16   Die Kristallstrukturen der Lithiumhalogenide werden durch die starke Annäherung der Anionen um das kleine Kation herum geschwächt, und diese Schwächung zeigt sich in den anomal niedrigen Schmelzpunkten dieser Verbindungen. Beachten Sie, daß diese Schwächung auch schon beim NaI zu erscheinen beginnt, da das Iodidion relativ zum Natriumion so groß ist.

Bei einem der zuverlässigsten Verfahren zur Bestimmung der Loschmidtschen Zahl, N, benötigen wir nur die Molmasse eines Salzes sowie seine gemessene Dichte und die interatomaren Abstände im Kristall, die sich aus einem Röntgenbeugungsbild ermitteln lassen.

Beispiel: Die Dichte von kristallinem NaCl beträgt $2,169\,\mathrm{g\,cm^{-3}}$. Aus der Röntgenbeugungsanalyse wissen wir, daß NaCl die Struktur aus Abbildung 3–13 besitzt und daß der

Abstand von einem Na^+ bis zum nächsten entlang einer Kante des Würfels $5,64 \times 10^{-10}$ m beträgt. Berechnen Sie daraus die Loschmidtsche Konstante.

Lösung: Das Volumen der in Abbildung 3–13 gezeigten kubischen Elementarzelle ist gegeben durch

$$V = (5,64 \times 10^{-10} \text{ m})^3 = 179,1 \times 10^{-30} \text{ m}^3$$

Wie aus der Abbildung zu ersehen ist, enthält die Zelle vier Natriumionen und vier Chlorionen. Dies mag etwas schwer zu verstehen sein, da Sie offensichtlich 14 Natrium-ionen und 13 Chlorionen zählen können. Jedoch gehören nicht alle Ionen nur der ge-zeigten Elementarzelle an, sondern jedes der Natriumionen in den Flächenmitten teilt sich auf zwei benachbarte kubische Elementarzellen auf, die an dieser Fläche zusammen-stoßen, und somit kann nur die Hälfte eines jeden dieser Ionen zu der dargestellten Zelle gezählt werden. Die sechs Flächen der Elementarzelle enthalten dann also sechs halbe oder drei ganze Na^+-Ionen, die zu dieser Zelle gehören. Auf ähnliche Weise teilen sich die acht Natriumionen an den Ecken des Würfels auf die acht Elementarzellen auf, die an einer jeden Ecke zusammentreffen. Dieses macht für die von uns betrachtete Elementar-zelle noch einmal acht achtel oder ein ganzes Natriumion aus, so daß wir auf eine Ge-samtzahl von vier Na^+ pro Elementarzelle kommen. Die zwölf viertel oder drei ganzen Chlorionen auf den Mitten der Würfelkanten, bei denen vier Elementarzellen zusammen-stoßen, und das eine in der Mitte der Zelle, das nur zu dieser Zelle gehört, machen die vier Chlorionen aus (was aus Gründen der Elektroneutralität des Gesamtkristalls auch der Fall sein muß). Jede Zelle, wie sie in Abbildung 3–13 dargestellt ist, enthält daher vier Formeleinheiten NaCl. Das Volumen pro NaCl-Formeleinheit beträgt damit $44,78 \times 10^{-30}$ m³, und das Volumen pro Mol ist dann $N \times 44,78 \times 10^{-30}$ m³, wobei N die Größe ist, die berechnet werden soll. Die Molmasse des NaCl ist gleich $58,45$ g mol^{-1}. (Erinnern Sie sich, daß sich Molmassen und Atommassen aus den Verbindungsverhält-nissen mit Wasserstoff ergeben und nicht von einer Kenntnis der Loschmidtschen Zahl abhängig sind.) Die Dichte, ϱ, eines NaCl-Kristalls beträgt dann

$$\varrho = \frac{58,45 \text{ g mol}^{-1}}{N \times 44,78 \times 10^{-30} \text{ m}^3} = 2,169 \text{ g cm}^{-3}$$

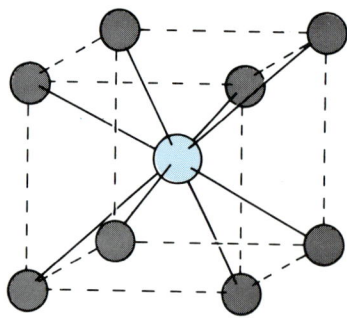

Abbildung 3–17 Die Struktur des Cäsiumchlorids, CsCl. Die grauen Kreise stellen Cs^+-Ionen dar und die farbigen Kreise Cl^--Ionen (oder umgekehrt). Um die Gleichwertig-keit der Cs^+- und Cl^--Punktlagen zu erkennen, müssen Sie sich die Struktur in allen drei Dimensionen endlos fort-gesetzt vorstellen. Wenn die Cs^+- und Cl^--Punktlagen von gleichen Atomen besetzt wären, dann würde dies eine ku-bisch raumzentrierte Struktur (bcc) darstellen. In der CsCl-Struktur besitzen sowohl das Kation als auch das Anion die Koordinationszahl acht.

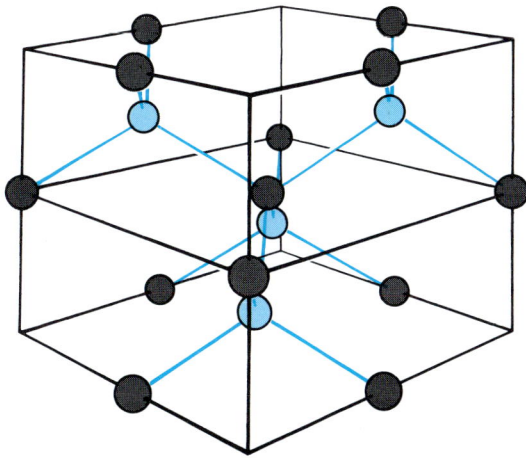

Abbildung 3–18 Die Struktur einer der beiden Kristallformen des Zinksulfids, β-ZnS oder Spha-
lerit. Das Zn besetzt die Punktlagen einer ccp-Struktur (graue Kreise), während S (farbige Kreise)
die Hälfte der Tetraederlücken in dieser kubisch dichten Packung besetzt. Wieder sind die Gitterplätze einander äquivalent; das Gitter des Sphalerits kann auch so beschrieben werden, daß Zn die
Hälfte der Tetraederlücken in einem ccp-Gitter von S-Atomen besetzt. Die Koordinationszahl beider Atomarten ist vier.

und die Loschmidtsche Konstante ergibt sich daraus zu

$$N = \frac{58{,}45 \text{ g mol}^{-1}}{(44{,}78 \times 10^{-30} \text{ m}^3) \times (2{,}169 \text{ g cm}^{-3})}$$

$$= \frac{58{,}45 \text{ mol}^{-1}}{44{,}78 \times 2{,}169 \times 10^{-30} \times \text{m}^3 \text{ cm}^{-3}}$$

$$= \frac{0{,}6018 \text{ mol}^{-1}}{10^{-30} \times 10^6 \text{ cm}^3 \text{ cm}^{-3}}$$

$$= 0{,}6018 \times 10^{24} \text{ mol}^{-1}$$

$$= 6{,}018 \times 10^{23} \text{ mol}^{-1}$$

3–8 Zusammenfassung

Das Vorliegen und die Bedeutung von geladenen Ionen in vielen Lösungen wurde in der
Hauptsache durch die Inspiration eines Mannes nachgewiesen, Svante Arrhenius.
Manchmal scheinen sich die Ionen erst dann zu bilden, wenn die reine Substanz in
einem geeigneten Lösungsmittel, wie z. B. Wasser, aufgelöst wird. Wenn diese Substanzen in reiner Form oder in einem nichtionisierenden Lösungsmittel, wie z. B. Benzol, gelöst vorliegen, scheinen diese Substanzen keine Ionen zu sein. Sie besitzen häufig niedrige
Schmelz- und Siedepunkte (Essigsäure ist bei 25 °C eine Flüssigkeit und HCl ein Gas)
und sind sehr schlechte Elektrizitätsleiter, wenn sie in reiner Form oder in einem Lösungsmittel wie Benzol gelöst vorliegen. Sie können in wäßriger Lösung schwache Elek-

trolyte sein und sich nur zum Teil ionisieren lassen (wie es bei der Essigsäure der Fall ist), oder sie dissoziieren vollständig als starke Elektrolyte (HCl). In beiden Fällen ist die Ionisierung jedoch eine Folge der Wechselwirkung mit dem Lösungsmittel.

Im Gegensatz dazu liegen viele starke Elektrolyte im festen Zustand in der Form von Ionen vor. Die Lösungsmittelmoleküle trennen bei der Lösung bloß die bereits vorliegenden Ionen voneinander. Derartige ionischen Festkörper werden Salze genannt. Es fällt gewöhnlich schwer, sie zu schmelzen (unser Kochsalz, Natriumchlorid, besitzt einen Schmelzpunkt von $800\,°C$ und einen Siedepunkt von $1413\,°C$), und sie sind, wenn überhaupt, nur wenig in nichtionisierenden Lösungsmitteln, wie Benzol, löslich. Das Vorliegen von Ionen wird durch die hohe elektrische Leitfähigkeit von Salzschmelzen nachgewiesen. Anders als die Metalle leiten Salze im festen Zustand keine Elektrizität; denn bei ihnen sind die Ionen und nicht die Elektronen die Elektrizitätsträger, und im festen Zustand sind die Ionen in einem Salz in einer festen Struktur gebunden. Die meisten einfachen Verbindungen von Metallen mit Nichtmetallen sind ionische Salze.

Wir haben gesehen, daß Atome kleine, relativ lose gebundene Ladungseinheiten enthalten, die Elektronen genannt werden. Sowohl die Masse als auch die Ladung eines Elektrons sind gemessen worden, und es wurden zwei voneinander unabhängige Bestimmungen der Loschmidtschen Konstante durchgeführt.

Metalle erhalten ihre charakteristischen Eigenschaften auf Grund der losen Bindung zwischen Elektronen und positiven Ionen im Metall, die die Elektronen praktisch frei beweglich läßt. Ein positives Ion wird gebildet, indem ein oder mehrere Elektronen aus dem neutralen Atom entfernt werden, und man erhält ein negatives Ion, wenn ein oder mehrere Elektronen an ein neutrales Atom angelagert werden. In festen Salzen liegen diese Ionen in regelmäßiger Anordnung gepackt vor, wobei das Packungsmuster stark von den relativen Größen der (positiven) Kationen und (negativen) Anionen oder dem Radienverhältnis abhängt.

Kurz gesagt, die chemischen Veränderungen scheinen makroskopische Auswirkungen des mikroskopischen Austauschs von Elektronen zwischen Atomen zu sein. Eine unserer nächsten Aufgaben wird es sein, nach Regelmäßigkeiten und Mustern des chemischen Verhaltens zu suchen.

Literaturhinweise

E. S. Gould, Inorganic Reactions and Structure (Holt, Rinehart & Winston, New York, 1962), zweite Auflage. Ein gutes, allgemeines Nachschlagewerk. Sehr gut zu lesen.

J. P. Hunt, Metal Ions in Aueous Solution (W. A. Benjamin, New York, 1963).

L. Pauling, The Nature of the Chemical Bond (Cornell University Press, Ithaca, 1960). Deutsche Übersetzung, *Die Natur der chemischen Bindung* (Verlag Chemie, Weinheim, 1962). Kapitel 11, „Die metallische Bindung", und Kapitel 13, „Die Größen von Ionen und die Struktur von Ionenkristallen", sind hier besonders wichtig.

Fragen

1. Was ist Elektrolyse? Was sind Kathode und Anode in einer elektrolytischen Zelle?

2. Wie lauten die Faradayschen Gesetze der Elektrolyse? Auf welche Weise lassen sie einen Zusammenhang zwischen Elektrizität und chemischer Veränderung erkennen?

3. Ist in einer elektrolytischen Zelle die Anode der Ort der Reduktion oder der Oxidation? Was bedeutet die Oxidation oder Reduktion eines chemischen Stoffes?

4. Welche Beweise gibt es für die Behauptung, daß eine Ladung von $1\ F\ 6,022 \times 10^{23}$ Elektronenladungen enthält?

5. Wie viele Faradays (F) werden benötigt, um 1 mol Thallium(III)-Ionen, Tl^{3+}, zum Metall zu reduzieren? Welche Ladung in F ist erforderlich, um das Tl^{3+}-Ion zum Thallium(I)-Ion, Tl^+, zu reduzieren?

6. Wie viele Ionen werden bei der Dissoziation der folgenden Verbindungen in einer wäßrigen Lösung jeweils gebildet: $AlCl_3$, $NaBr$, $NaOH$, H_2SO_4, HNO_3 und NH_4Cl?

7. Wie groß ist die Oxidationszahl einer jeden der folgenden Substanzen: Ca, Ca^{2+}, Na^+, I^-, S und S^{2-}?

8. Bei welcher der folgenden Verbindungen hat Arsen (As) nach der Nomenklatur der Verbindungen den höheren Oxidationszustand: Natriumarsenat (Na_3AsO_4) oder Natriumarsenit (Na_3AsO_3)? Können Sie Ihre Antwort mit Hilfe dessen rechtfertigen, was Sie bisher über Oxidationszahlen wissen?

9. Auf welche Weise kann man aus der Neutralisationswärme von Säuren und Basen auf die Existenz von Ionen in der Lösung schließen?

10. Auf welche Weise deuten die Gefrierpunkte von Salzlösungen auf die Existenz von Ionen hin?

11. Wie lassen die Farben von Salzlösungen das Vorliegen von Ionen in der Lösung erkennen?

12. Auf welche Art erklärte die Arrheniussche Theorie die unterschiedlichen katalytischen Wirkungen von anorganischen und organischen Säuren in Lösungen?

13. Wie wurde festgestellt, daß die Kathodenstrahlen in einer Crookesschen Entladungsröhre von der Kathode herkommen und negativ geladen sind?

14. Auf welche Weise trennt ein Massenspektrometer Ionensorten voneinander?

15. Welche physikalischen Eigenschaften unterscheiden Salze und Metalle?

16. Welches ist der Unterschied zwischen den ccp- und hcp-Strukturen?

17. Wie viele Oktaederlücken gibt es pro dichtest gepacktem Atom in einer ccp-Struktur? Wie viele Tetraederlücken gibt es pro Atom?

18. Was ist eine Legierung? Welches ist der Unterschied zwischen einer Zwischengitter- und einer Substitutionslegierung? Können Sie für jede Beispiele nennen?

19. Warum sind Salze im geschmolzenen Zustand gute Elektrizitätsleiter, im festen jedoch nicht, wogegen Metalle in beiden Zuständen Elektrizität leiten?

20. Angenommen, Millikan hätte nur Öltröpfchen mit einer *geradzahligen* Anzahl von Elektronenladungen beobachtet: 2, 4, 6, 8, ... Dann hätte er geglaubt, daß das Tröpfchen mit zwei Elektronen die fundamentale Ladungseinheit tragen würde, und hätte einen Wert von $3,204 \times 10^{-19}$ Coulomb für die Ladung eines Elektrons berechnet. Wie hätten Sie, wenn Sie sich an Stelle Millikans befänden, gezeigt, daß dies

nicht der Fall sein kann? (*Hinweis:* Würden die Werte für die Loschmidtsche Zahl aus anderen Experimenten helfen, oder sind diese Werte wirklich völlig unabhängig von Millikans Arbeit?)

Aufgaben

1. Ein Elektronenfluß von 1 Coulomb pro Sekunde entspricht einem Strom von 1 *Ampere* (A): $1 \, C \, s^{-1} = 1 \, A$. Wie viele Mole metallischen Aluminiums werden abgeschieden, wenn ein Strom von 1,00 A für 5 Stunden und 30 Minuten durch eine $AlCl_3$-Schmelze fließt?

2. Welche Ladung in Faraday (*F*) und Coulomb ist erforderlich, um 0,782 g Cu^{2+} zu metallischem Kupfer zu reduzieren?

3. Welche Ladung in Coulomb wird zur Reduktion von 0,300 mol Fe^{3+} zu Fe benötigt?

4. Häufig wird die durch einen Stromkreis geflossene Ladungsmenge dadurch bestimmt, daß die Masse des massiven Silbers gewogen wird, die durch Elektrolyse aus einer Ag^+-Lösung abgeschieden wird. Wie viele Coulomb sind durch die elektrolytische Zelle hindurch geflossen, wenn die Masse der Kathode dabei um 0,197 g zugenommen hat?

5. Ein Strom von 5 A fließt 10 Stunden lang durch eine Lösung, die KI enthält. Wie viele Liter Wasserstoffgas (STP) werden dabei an der Kathode abgeschieden?

6. Wie lange muß ein Strom von 0,020 A bei der Elektrolyse einer wäßrigen HCl-Lösung durch den Elektrolyten fließen, um 0,015 mol Wasserstoffgas (STP) an der Kathode freizusetzen?

7. Wenn geschmolzenes NaCl elektrolysiert wird, entstehen Na und Cl_2. Wenn jedoch eine wäßrige NaCl-Lösung elektrolysiert wird, sind die Produkte H_2 und Cl_2. Der Grund dafür ist der, daß H_2O leichter zu reduzieren ist als Na^+. Geben Sie die Gleichungen für die beiden Elektrolysereaktionen an. Wie lange wird es dauern, wenn ein Strom von 4,0 A durch jede Zelle fließt, bis bei beiden Reaktionen 1 mol eines jeden gasförmigen Produkts abgeschieden ist?

8. Eine bestimmte Ladungsmenge wird durch eine wäßrige Lösung von $AgNO_3$ geschickt, wodurch 2,00 g Silber an der Kathode abgeschieden werden. Wie viele Gramm Blei werden abgeschieden, wenn dieselbe Ladungsmenge durch eine $PbCl_2$-Lösung geschickt wird?

9. Geschmolzenes $ZnCl_2$ wird dadurch elektrolysiert, daß für eine bestimmte Zeitdauer ein Strom von 3,0 A durch die elektrolytische Zelle geschickt wird. Bei diesem Vorgang scheiden sich 24,5 g Zinn an der Kathode ab. Wie lautet die chemische Gleichung für die Reaktion an der Kathode? Was geschieht an der Anode? Wie lange dauert der Elektrolyseprozeß? Welches Volumen von Cl_2-Gas (STP) wird an der Anode freigesetzt?

10. Einer der Hauptgründe für den Bau der großen Staudämme am Columbia River war die Gewinnung billiger hydroelektrischer Energie für die elektrolytische Aluminiumerzeugung. Das Kraftwerk an jedem Damm liefert ungefähr 2×10^8 A bei einer Spannung, die hoch genug ist, um geschmolzene Aluminium(III)-Salze zu zersetzen. Wie hoch ist die tägliche Produktion von metallischem Aluminium in Kilogramm,

wenn die gesamte Stromerzeugung von einem der Staudämme zur Aluminiumgewinnung verwendet wird? Wie viele derartiger Staudämme wären für eine Tages-
produktion von 3000 t Al erforderlich? (1 t = 1000 kg.)

11. Berechnen Sie die Zahl der Elektronen, die nötig sind, um die Ladung von einem
Coulomb zu ergeben.

12. Die Konstante der molalen Gefrierpunktserniedrigung, k_g, (auch kryoskopische
Konstante genannt) beträgt für Wasser 1,86 K kg mol^{-1}. Welchen Gefrierpunkt wird
eine Lösung von 0,100 mol Natriumsulfat, Na_2SO_4, in 1000 g Wasser besitzen?

13. Wenn 45 g Glucose (Traubenzucker) in 500 g Wasser aufgelöst werden, besitzt die
Lösung einen Gefrierpunkt von $-0,93\,°C$. Wie groß ist die Molmasse von Glucose?
($k_g = 1,86$ K kg mol^{-1} für Wasser.) Wenn die empirische Formel für Glucose CH_2O
lautet, wie sieht dann die Molekülformel aus?

14. Wo liegen die Gefrierpunkte der folgenden wäßrigen Lösungen?
    (a) 0,1 molales $Al_2(SO_4)_3$
    (b) 0,05 molales $BaCl_2$
    (c) 0,20 molales HCl
    (d) 0,06 molales Natrium-hexacyanoferrat(II), $Na_4[Fe(CN)_6]$

15. Schreiben Sie die chemischen Formeln der folgenden Verbindungen auf:
    (a) Lithiumsulfid
    (b) Calciumphosphat
    (c) Zink-hexacyanoferrat(III)
    (d) Quecksilberacetat
    (e) Nitrosylsulfat
    (f) Ammonium-hexacyanoferrat(II)
    (g) Uranyloxalat
    (h) Magnesiumnitrit
    (i) Eisen(III)-sulfat
    (j) Zinn(II)-chlorid
    (k) Chrom(III)-fluorid
    (l) Kaliumpermanganat
    (m) Bariumcarbonat
    (n) Silberarsenit

16. Wenn 25 g einer Verbindung mit der empirischen Formel $PtCl_4 \cdot 4NH_3$ in 1000 g
Wasser aufgelöst werden, beträgt der Gefrierpunkt der Lösung $-0,34\,°C$. Was läßt
diese Tatsache hinsichtlich der Zahl von Ionen pro Molekül erkennen? Können Sie
Ihre Antwort auch begründen? Wenn Sie das nicht können, suchen Sie einmal in
Tabelle 10–1 nach einem Hinweis.

17. Beweisen Sie, daß der Radius eines Ions in einer Oktaederlücke (Abbildung 3–15c)
größer als das 0,414fache des Radius der es umgebenden Ionen sein muß, damit sich
diese anderen Ionen nicht berühren.

18. In der CsCl-Struktur muß das Radienverhältnis zwischen den beiden Ionenarten
wenigstens gleich 0,732 sein, wenn sich die größeren Ionen nicht berühren sollen.
Warum besitzt BaO nach den Daten in Tabelle 3–10 NaCl-Struktur und nicht die
CsCl-Struktur?

19. Die Kristallstruktur des metallischen Chroms ist kubisch raumzentriert. Der Abstand zwischen den Mitten zweier benachbarter Chromatome entlang einer Kante des Würfels beträgt 0,289 nm. Berechnen Sie die Dichte und den Atomradius des Chroms.

20. Uran kristallisiert in einem raumzentrierten kubischen Gitter. Die Dichte des Urans beträgt 18,7 g cm^{-3}. Berechnen Sie den Atomradius des Urans.

21. Berechnen Sie für das CsCl den Abstand zwischen den Mittelpunkten von
    (a) zwei Chloridionen entlang einer Raumdiagonalen,
    (b) zwei Chloridionen entlang einer Kante,
    (c) zwei Chloridionen entlang einer Flächendiagonalen.

Und so vergeht von dem nichts völlig;
Was auf unserer Welt erscheint; denn die Natur
Baut ein Ding aus des anderen Trümmern;
Und duldet die Geburt des einen
Nur durch des anderen Tod.

Lucretius

4 Mengen bei chemischen Veränderungen: Stöchiometrie

Die Stöchiometrie ist das Studium von Mengenverhältnissen bei chemischen Reaktionen. Die Phlogistontheorie war eine völlig achtbare Deutung der Erscheinungen, bis Lavoisier quantitative Messungen durchführte und damit bewies, daß Metalle an Gewicht *zunahmen* und nicht Gewicht verloren, wenn sie verbrannt wurden. Die Chemiker nach Dalton konnten sich mit einem Wasser, das HO war, und mit einem Sauerstoff, dessen Molmasse $8\,\mathrm{g\,mol^{-1}}$ betrug, zufriedengeben, bis Gay-Lussac zeigte, daß ein bestimmtes Volumen Sauerstoffgas sich mit dem Doppelten dieses Volumens von Wasserstoffgas verband. Die Berichter, die die Doktorarbeit von Arrhenius begutachteten, konnten seine Vorstellungen über Ionen ablehnen, bis er die Gefrierpunktserniedrigung in elektrolytischen Lösungen untersuchte und dabei entdeckte, daß sie ohne Ionisation der Moleküle des gelösten Stoffes nicht zu erklären war. Die Chemie ist eine *quantitative* Naturwissenschaft, und eine Wissenschaft ohne Zahlen ist keine Naturwissenschaft. Demokritos machte sich über Atome Gedanken, und Lucretius schrieb für den römischen Adel lange Gedichte über sie. Bevor aber im neunzehnten Jahrhundert jemand damit begann, an Atomen Messungen vorzunehmen, war niemand gezwungen, sie ernst zu nehmen. In diesem Kapitel werden wir etwas von jenen Techniken lernen, mit denen *Mengen* bei chemischen Reaktionen behandelt werden.

4–1 Formeln und Mole

Wir haben vorher schon einmal darüber gesprochen, daß jedem Element eine Atommasse zugeschrieben werden kann, die auf der Äquivalentmasse bei der Verbindung dieses Elements mit Wasserstoff oder mit anderen Elementen beruht, die sich ihrerseits mit Wasserstoff verbinden. Die Absolutskala für eine Liste der relativen Atommassen ist willkürlich wählbar. Dalton baute seine Atommassenskala auf dem Wert $1{,}0$ g für Wasserstoff auf. Berzelius und andere europäische Chemiker verwendeten eine Zeit lang eine Skala, bei der die Atommasse des Sauerstoffs den Wert $1{,}0$ g und die des Wasserstoffs den Wert $0{,}125$ g besaß, aber sie gingen später wieder auf die Daltonsche Konvention zurück. Die heutigen Tabellen beruhen auf einer relativen Atommasse von 12,000 für das am häufigsten vorkommende Kohlenstoffisotop ^{12}C.

Die wichtigen Begriffe Mol und Grammatom wurden Ihnen in Kapitel 1 vorgestellt und werden in diesem Kapitel sehr häufig verwendet werden. Ein Grammatom eines Elements ist eine Menge in Gramm, deren Zahlenwert gleich der relativen Atommasse ist (an Stelle des Namens Grammatom wird häufig im vorliegenden Buch der Begriff der Molmasse verwendet, der nach modernem Sprachgebrauch die Masse einer Ansammlung von N gleichen Teilchen irgendwelcher Art bedeutet). Es könnte ebensogut auch Pfundatome oder Tonnenatome geben, aber solche Einheiten werden selten benutzt. Ein Grammatom Kohlenstoff sind 12 g Kohlenstoff, und 12 t Kohlenstoff wären ein Tonnenatom. Die Anzahl von Atomen in 1 Grammatome ist durch die *Loschmidtsche Zahl, N,* gegeben (im Angelsächsischen wird N als Avogradrosche Zahl bezeichnet). Wir wissen jetzt, daß der Wert dieser Konstante gleich $6{,}022 \times 10^{23}$ mol^{-1} ist, aber ein vernünftiger Wert für N wurde erst 54 Jahre nach Avogadros Hypothese erhalten. Die Begriffe Grammatom und Molmasse sind auch dann noch nützlich, wenn wir nicht wissen, wie viele Moleküle in einer bestimmten Einheit von Materie enthalten sind; denn sie ermöglichen es uns wenigstens, die *gleiche* Zahl von Molekülen von verschiedenen Stoffen zu messen.

Die chemische Formel, die die *relativen* Zahlen von Atomen in einer Verbindung ohne gemeinsamen Teiler zwischen den Zahlen der Atome angibt, wird *empirische Formel* genannt (gelegentlich auch „einfachste Formel" oder „Summenformel"). Die empirische Formel für Kochsalz ist NaCl, die für Wasser H_2O und die für Benzol CH. Die beiden ersten Formeln können wir so akzeptieren, aber die letzte scheint falsch zu sein, da wir wissen, daß ein Benzolmolekül sich nicht aus einem Kohlenstoff- und einem Wasserstoffatom zusammensetzt. Die *Molekülformel* des Benzols, die nicht nur die Verhältnisse der Elemente zueinander, sondern auch die Zahl von Atomen in einem Molekül angibt, lautet C_6H_6. Wenn die Verbindung diskrete Moleküle bildet, wird die Molekülformel entweder gleich der empirischen Formel oder gleich einem ganzzahligen Vielfachen von ihr sein.

Wir können immer die empirische Formel durch chemische Analyse bestimmen, aber für die Ableitung der Molekülformel benötigen wir weitere Informationen. Beachten Sie, daß beim Kochsalz die Molekülformel keine Bedeutung besitzt. Kein Na$^+$-Ion ist an ein bestimmtes Cl$^-$-Ion im Kristall gebunden. Wenn wir darauf bestehen, eine Molekülformel zur Beschreibung der Zusammensetzung der nächsthöher organisierten Einheit oberhalb des atomaren Niveaus zu benutzen, dann würde Na$_x$Cl$_x$ die Molekülformel für Kochsalz sein, wobei x die Zahl von Na- oder Cl-Atomen in dem speziellen, von uns ausgewählten Salzkristall ist. Damit wird der Salzkristall als ein einziges Makromolekül angesehen. Im Gegensatz dazu schließen sich in der Gasphase Na$^+$- und Cl$^-$-Ionen zu Paaren zusammen, und NaCl ist damit als Molekülformel legitimiert. Es ist üblich, die empirische Formel eines Salzes beim Aufstellen von Gleichungen auf dieselbe Weise zu benutzen wie die Molekülformel für eine Verbindung, die diskrete Moleküle bildet. Eine chemische Formel stellt gewöhnlich eine Molekülformel dar, wenn die Verbindung als diskretes Molekül vorliegt, oder eine empirische Formel, wenn dies nicht der Fall ist.

Die Summe der relativen Atommassen aller Atome in einem Molekül (oder in nicht molekularen Stoffen wie z. B. NaCl) wird als *relative Molekülmasse* bezeichnet. In Kapitel 1 definierten wir das *Mol* als die Menge einer Substanz in Gramm, deren Zahlenwert gleich der relativen Molmasse ist. Da wir wissen, daß 1 mol eines Stoffes stets dieselbe Zahl von Molekülen enthält, können wir auch ein Mol einer Verbindung als die Menge definieren, die so viele Moleküle enthält, wie es Atome in 12,000 g von ^{12}C gibt. Diese neue Definition, die auch der SI-Definition des Mols entspricht, ist eine „ideale" Definition, weil sie das Wichtigste am Molbegriff zum Ausdruck bringt: Die gleichen Zahlen von Teilchen. In diesem Sinne ist ein Grammatom gleich 1 mol Atome. Umgekehrt ist unsere frühere Definition eine „Operations"-Definition; sie beschreibt die Operation, mit deren Hilfe wir diese begehrte Zahl ermitteln können. Der heutige Wert für die Anzahl von Molekülen in einem Mol ist $6,022169 \times 10^{23}$. Es ist jedoch nicht so wichtig, genau zu wissen, wie viele Atome an einer Reaktion teilnehmen, als zu wissen, wie äquivalente Mengen der verschiedenen Reaktionspartner zu messen sind.

Beispiel: Drei Gase werden analysiert und zeigen dabei die folgenden, elementaren Zusammensetzungen

> Gas A: 12 g Kohlenstoff je 1 g Wasserstoff
> Gas B: 6 g Kohlenstoff je 1 g Wasserstoff
> Gas C: 4 g Kohlenstoff je 1 g Wasserstoff

Wie lauten die empirischen Formeln und die Molekülformeln dieser Verbindungen?

Lösung:

Gas A besitzt $(12 \text{ g}/12 \text{ g mol}^{-1})$ C = 1,0 mol C je $(1 \text{ g}/1 \text{ g mol}^{-1})$ H = 1,0 mol H und damit die empirische Formel CH.

Gas B besitzt $(6 \text{ g}/12 \text{ g mol}^{-1})$ C = 0,5 mol C je $(1 \text{ g}/1 \text{ g mol}^{-1})$ H = 1,0 mol H und damit die empirische Formel CH_2.

Gas C besitzt $(4 \text{ g}/12 \text{ g mol}^{-1})$ C = 1/3 mol C je $(1 \text{ g}/1 \text{ g mol}^{-1})$ H = 1,0 mol H und damit die empirische Formel CH_3.

Aus den uns gegebenen Daten *können* wir *nicht* die Molekülformeln ermitteln.

Beispiel: Fügen Sie zu dem vorangehenden Problem die Information hinzu, daß bei STP die gemessenen Dichten der drei Gase alle im Bereich von $(1,2 \pm 0,2)$ g l^{-1} liegen. Wie lauten jetzt die Molekülformeln?

Lösung: Da unter Normalbedingungen (STP) 1 mol eines (idealen) Gases 22,414 l einnimmt, muß die Masse von 1 mol dieser Gase

$$(1,2 \text{ g l}^{-1}) \times (22,414 \text{ l}) = 26,9 \text{ g}$$

betragen, wobei der mögliche Fehler im Bereich von

$$(1,0 \text{ g l}^{-1}) \times (22,414 \text{ l}) = 22,4 \text{ g}$$

bis

$$(1,4 \text{ g l}^{-1}) \times (22,414 \text{ l}) = 31,2 \text{ g}$$

liegt. Selbst solche groben Dichtemessungen sind genau genug, um eine Auswahl zwischen den möglichen Molmassen der Gase zu treffen. Die Möglichkeiten für Gase A sind

$$(12 + 1) \text{ g} = 13 \text{ g für CH}$$
$$(2 \times 12 + 2 \times 1) \text{ g} = 26 \text{ g für C}_2\text{H}_2$$
$$(3 \times 12 + 3 \times 1) \text{ g} = 39 \text{ g für C}_3\text{H}_3 \quad \text{usw.}$$

Die zweite Möglichkeit ist offensichtlich die richtige. Auf ähnliche Wiese können Sie zeigen, daß die beiden anderen Gase C_2H_4 und C_2H_6 sein müssen.

Es kommt recht häufig in den Naturwissenschaften vor, daß man aus den Experimenten mehrere mögliche, genaue Werte für eine Größe wie zum Beispiel die Molmasse erhält, die sich nur durch ganzzahlige Faktoren unterscheiden. Auf Grund einer weitaus gröberen, physikalischen Messung, die kaum mehr als die Größenordnung angibt, können wir dann den richtigen Wert auswählen.

Bevor Sie weitermachen: Falls Sie immer noch Schwierigkeiten mit Aufgaben haben, die sich mit Berechnungen von Grammatomen, Molen und empirischen Formeln beschäftigen, finden Sie einen Wiederholungskurs über diese Grundbegriffe in Kurs 1 von Lassilas *Begleitprogramm zu Prinzipien der Chemie*.

4–2 Gleichungen

Eine chemische Reaktion, so wie die durch Gleichung (4–1) dargestellte, kann auf mehr als eine Art interpretiert werden

$$C_3H_8 + 5O_2 \rightleftarrows 3CO_2 + 4H_2O \tag{4-1}$$

Die einfachste Auslegung dieser Gleichung lautet, daß 1 mol Propangas (C_3H_8) mit 5 mol Sauerstoff verbrennt und 3 mol Kohlendioxid und 4 mol Wasser ergibt. Da wir die Molmassen kennen, können wir sagen, daß 44 g Propan mit 160 g Sauerstoff reagieren, um 132 g Kohlendioxid und 72 g Wasser zu ergeben, wobei während der Reaktion kein Zuwachs oder Verlust von Masse auftritt.

Wir können diese Gleichung aber auch so interpretieren, daß sie bedeutet, daß ein *Molekül* des Propangases mit fünf Sauerstoffmolekülen reagiert, um drei Kohlendioxidmoleküle und vier Wassermoleküle zu bilden. Diese Beschreibung ist im Sinne der Gesamtreaktion richtig, aber wir würden zu viel in die Gleichung hineinlesen, wenn wir annehmen, daß der Mechanismus dieser Reaktion der ist, daß ein Propanmolekül und fünf O_2-Moleküle gleichzeitig miteinander zusammenstoßen und reagieren.

Wir kommen mit einer Gleichung wie der folgenden in noch mehr Schwierigkeiten

$$CaCO_3 + 2HCl \rightleftarrows CaCl_2 + CO_2 + H_2O \tag{4-2}$$

Wieder ist die molare Interpretation gültig. Darüber hinaus können wir sagen, daß 100,1 g Calciumcarbonat, wenn es mit 72,9 g Chlorwasserstoff reagiert, 44,0 g Kohlendioxid, 18,0 g Wasser und 111 g Calciumchlorid nach Trocknen der sich ergebenden Lösung liefern werden. Nichtsdestoweniger würden wir von der Gleichung zu viel verlangen, wenn wir behaupten, daß ein Molekül Calciumcarbonat (wenn ein derartiges Molekül überhaupt existierte) mit zwei Molekülen reinem HCl in der gezeigten Weise reagieren würde. So, wie sie niedergeschrieben ist, ist die Gleichung ein Hilfsmittel für die Beobachtung der an der Reaktion beteiligten Stoffmengen; darüber hinaus kann sie oder kann sie auch nicht den tatsächlichen Reaktionsmechanismus darstellen. Eine bessere Annäherung an das, was wirklich geschieht, ist die folgende Angabe

$$CaCO_3 \text{ (s)} + 2H^+ \text{ (aq)} \rightleftarrows Ca^{2+} \text{ (aq)} + CO_2 \text{ (g)} + H_2O \text{ (l)}$$

Dies entspricht mehr der Wirklichkeit, ist aber als Protokoll über die an der Reaktion beteiligten Mengen einer jeden Verbindung weniger nützlich. [Das Symbol (g) nach einem chemischen Stoff in einer Gleichung zeigt an, daß dieser Stoff in der Gasphase vorliegt. Auf entsprechende Weise kennzeichnen die Symbole (l) den flüssigen („liquidus") und (s) den festen („solidus") Zustand, während (aq) ein in einer Lösung hydratisiertes Ion bedeutet. Wenn die Energiebilanz einer Reaktion betrachtet wird, ist es wesentlich, den genauen physikalischen Zustand anzugeben, in dem jeder der Reaktionspartner und jedes Produkt vorliegt.]

Wir müssen chemische Gleichungen, die Reaktionen beschreiben, aus Experimenten ableiten, die (a) eine Identifizierung von Reaktionspartnern und Produkten gestatten und (b) die relativen Mengen eines jeden Reaktionspartners und Produkts messen, die an der Reaktion beteiligt sind. Eine einfache Identifizierung ist recht häufig alles, was zur Ableitung einer Gleichung nötig ist. So reagiert zum Beispiel Wasserstoff mit Chlor unter Bildung von Chlorwasserstoff. Wenn wir die verschiedenen Formeln kennen, können wir schreiben $H_2 + Cl_2 \rightarrow HCl$. Die richtige Gleichung leiten wir dann dadurch ab, daß wir einfach darauf bestehen, daß keine Wasserstoff- oder Chloratome bei dieser Reaktion erschaffen oder vernichtet werden können

$$H_2 + Cl_2 \rightleftarrows 2HCl$$

Wir haben jetzt eine *ausgewogene* Gleichung, die die Gesamtreaktion beschreiben muß, wenn Wasserstoff und Chlor miteinander reagieren und Chlorwasserstoff das einzige Produkt der Reaktion ist. (In diesem Buch kennzeichnen wir ausgewogene Gleichungen stets durch den Doppelpfeil „$\rightleftarrows$".)

Um uns von der Richtigkeit einer Gleichung zu überzeugen, sollten wir die relativen Mengen von Reaktionspartnern und Produkten messen, bevor wir behaupten, daß eine Reaktion nach einer bestimmten Gleichung abläuft. Zum Beispiel sind alle folgenden Gleichungen ausgewogen

$$2MnO_4^- + 3H_2O_2 + 6H^+ \rightleftarrows 2Mn^{2+} + 4O_2 + 6H_2O$$
$$2MnO_4^- + 5H_2O_2 + 6H^+ \rightleftarrows 2Mn^{2+} + 5O_2 + 8H_2O$$
$$2MnO_4^- + 7H_2O_2 + 6H^+ \rightleftarrows 2Mn^{2+} + 6O_2 + 10H_2O$$

Wir könnten noch weitere Gleichungen dieser Art aufstellen, bei denen wir dieselben

Reaktionspartner und Produkte verwenden. Sorgfältige Messungen zeigen, daß 2 mol MnO_4^- und 5 mol H_2O_2 für jede 5 mol gebildetes O_2 verschwinden. Daher beschreibt die mittlere der obigen Gleichungen das, was tatsächlich geschieht. Somit ist es erforderlich, sowohl die Reaktionspartner und die Produkte zu identifizieren, als auch die Molverhältnisse zu messen, bevor eine Gleichung einen tatsächlichen Prozeß in geeigneter Weise beschreibt. Chemische Gleichungen müssen über die relative Zahl von Molen eines jeden Reaktionspartners und Produkts Rechenschaft ablegen, und jede Seite der Gleichungen muß dieselbe Gesamtzahl von Atomen von jeder Atomart und dieselbe Gesamtladung enthalten. *Masse, Atome und Ladung müssen alle erhalten bleiben.* Dann nennen wir eine chemische Gleichung ausgewogen.

Mengenvergleich mit Hilfe von Gleichungen

Chemiker haben beobachtet, daß sich Wasserstoffperoxid (H_2O_2) in Sauerstoff (O_2) und Wasser (H_2O) zersetzt. Wir können diese Zersetzung qualitativ dadurch beschreiben, daß wir sagen, H_2O_2 ergibt H_2O und O_2. Um alle Mengen von Reaktionspartnern und Produkten zu berücksichtigen, die an der Reaktion beteiligt sind, stellen wir durch Experimente fest, daß

$$2 \text{ mol } H_2O_2 \text{ in } 2 \text{ mol } H_2O + 1 \text{ mol } O_2 \text{ zerfallen}$$

oder

$$2H_2O_2 \rightleftarrows 2H_2O + O_2 \qquad\qquad (4\text{–}3)$$

Aus dieser Gleichung und einer Tabelle der Atommassen können wir sowohl die obige in Worten ausgedrückte Aussage als auch das Folgende ableiten

2 mol oder 2×34 g H_2O_2 ergeben
2 mol oder 2×18 g H_2O plus
1 mol oder 1×32 g O_2 (22,4 l bei STP)

Eine Gleichung wie die Gleichung (4–3) gibt die relativen Molzahlen von Reaktionspartnern und Produkten an, die an einer chemischen Reaktion beteiligt sind. Wir können für 1 mol einer beliebigen Substanz die folgenden Größen bestimmen: (a) die Masse eines Mols aus der chemischen Formel und (b) das Volumen eines Mols irgendeiner gasförmigen Substanz aus $PV = nRT$. Es folgt daraus, daß wir, wenn uns für irgendeine beliebige Substanz, die in der Gleichung auftritt, (a) ihre Masse oder (b) ihr Gasvolumen bei bekannten Bedingungen gegeben ist, jede dieser Größen für jede beliebige andere Substanz, die noch in der Gleichung auftritt, berechnen können.

Die kompliziertesten Probleme, die sich mit Stoffmengen beschäftigen, können häufig leicht dadurch gelöst werden, daß sie in einzelne Abschnitte zerlegt werden, die dann wie eine Reihe von Einheitenumwandlungen behandelt werden.

Beispiel: Wenn sich 2,5 g H_2O_2 zersetzen, wird (a) welche Menge Wasser gebildet? (b) Wie groß ist das Volumen des erzeugten O_2 bei 1,00 bar und 300 K?

Lösung: (a) Die Beziehung, die H_2O_2 mit H_2O verknüpft, ist die chemische Gleichung, die die relativen Mengen in Mol und nicht in Gramm ausdrückt. Der erste Schritt ist daher die Umwandlung der Menge von H_2O_2 in mol. Da 1 mol H_2O_2 eine Masse von 34 g besitzt, bedeutet eine Multiplikation mit dem Quotienten 34 g H_2O_2/1 mol H_2O_2 das gleiche wie eine Multiplikation mit 1/1. Eine Umwandlung von Molen zu Gramm H_2O_2 kann damit auf folgende Weise durchgeführt werden

$$5 \text{ mol } H_2O_2 \times \left(\frac{34 \text{ g } H_2O_2}{1 \text{ mol } H_2O_2} \right) = 170 \text{ g } H_2O_2$$

Beim vorliegenden Problem wandeln wir Gramm in Mole um, indem wir mit dem Kehrwert des oben verwendeten Umwandlungsfaktors multiplizieren

$$2{,}5 \text{ g } H_2O_2 \times \left(\frac{1 \text{ mol } H_2O_2}{34 \text{ g } H_2O_2} \right) = 0{,}0735 \text{ mol } H_2O_2$$

Der zweite Schritt ist die Umwandlung zwischen den Molmengen von H_2O_2 und H_2O. Da zwei Mol des einen Stoffes zur Bildung von zwei Mol des anderen führen, ist die folgende Umwandlung die richtige

$$0{,}0735 \text{ mol } H_2O_2 \times \left(\frac{2 \text{ mol } H_2O}{2 \text{ mol } H_2O_2} \right) = 0{,}0735 \text{ mol } H_2O$$

Schließlich erfolgt die Umwandlung von Mol H_2O in Gramm H_2O

$$0{,}0735 \text{ mol } H_2O \times \left(\frac{18 \text{ g } H_2O}{1 \text{ mol } H_2O} \right) = 1{,}32 \text{ g } H_2O$$

Insgesamt also

$$\frac{2{,}5 \text{ g } H_2O_2}{34 \text{ g } H_2O_2/1 \text{ mol } H_2O_2} \times \frac{2 \text{ mol } H_2O}{2 \text{ mol } H_2O_2} \times \frac{18 \text{ g } H_2O}{1 \text{ mol } H_2O} = 1{,}32 \text{ g } H_2O$$

(b) Der zweite Teil dieser Aufgabe kann ebenfalls wie eine Reihe von Umwandlungen behandelt werden

$$2{,}5 \text{ g } H_2O_2 \times \left(\frac{1 \text{ mol } H_2O_2}{34 \text{ g } H_2O_2} \right) = 0{,}0735 \text{ mol } H_2O_2$$

$$0{,}0735 \text{ mol } H_2O_2 \times \left(\frac{1 \text{ mol } O_2}{2 \text{ mol } H_2O_2} \right) = 0{,}0368 \text{ mol } O_2$$

$$0{,}0368 \text{ mol } O_2 \times \left(\frac{22{,}4 \text{ l } O_2 \text{ bei STP}}{1 \text{ mol } O_2} \right) = 0{,}825 \text{ l } O_2 \text{ bei STP}$$

$$0{,}825 \text{ l } O_2 \times \left(\frac{300 \text{ K}}{273 \text{ K}} \right) = 0{,}905 \text{ l } O_2 \qquad\qquad (2\text{–}8)$$

$$0,905 \, 1 \, O_2 \times \left(\frac{1,013 \text{ bar}}{1,00 \text{ bar}} \right) = 0,916 \, 1 \, O_2 \tag{2–7}$$

$$0,916 \, \cancel{1} \, O_2 \times \left(\frac{1000 \text{ cm}^3}{1 \, \cancel{1}} \right) = 916 \text{ cm}^3 \, O_2 \text{ bei } 300 \text{ K und } 1,00 \text{ bar}$$

Der vierte und fünfte Schritt sind nicht wie die anderen Einheitenumwandlungen, sondern Anwendungen der Gesetze von Charles und Boyle. Die erste Umwandlung erfolgt von Gramm H_2O_2 zu Mol H_2O_2, dann geht es zu Mol O_2 und darauf zu Liter O_2 unter Normalbedingungen (STP). Der vierte Schritt ergibt das Volumen des O_2 bei 1,013 bar (Normaldruck) und 300 K und der fünfte das Volumen des O_2 bei 1,00 bar und 300 K. Überzeugen Sie sich selbst davon, daß sich bei jedem Schritt die Einheiten in der gewünschten Weise wegkürzen lassen und daß jeder Schritt sinnvoll ist. Es ist dies ein ziemlich intuitives und schnelles Schema für den Übergang von STP auf beliebige andere Bedingungen. Beweisen Sie selbst, daß die Berechnung der *Zahl* der Mole O_2 und die Verwendung des idealen Gasgesetzes, $PV = nRT$, zum selben Ergebnis führt.

Beispiel: Welches Volumen einer Lösung, die 0,3 mol H_2O_2 pro Liter enthält, wird benötigt, um 5 g Sauerstoffgas zu erzeugen?

Lösung:

$$5 \, \cancel{g} \, \cancel{O_2} \times \frac{1 \, \cancel{\text{mol}} \, \cancel{O_2}}{32 \, \cancel{g} \, \cancel{O_2}} \times \frac{2 \, \cancel{\text{mol}} \, \cancel{H_2O_2}}{1 \, \cancel{\text{mol}} \, \cancel{O_2}} \times \frac{1 \, 1 \, H_1O_2\text{-Lösung}}{0,3 \, \cancel{\text{mol}} \, \cancel{H_2O_2}}$$

$$= 1,04 \, 1 \, H_2O_2\text{-Lösung}$$

Zerlegen Sie diese Zusammenfassung der Umwandlungen in einzelne Umwandlungsschritte, und überzeugen Sie sich davon, daß jeder Schritt sinnvoll ist.

Beispiel: Die folgende Reaktion ist bekannt

$$K_2Cr_2O_7 + 8 \, HClO_4 + 6 \, HI$$
$$\rightleftarrows 2 \, KClO_4 + 2 \, Cr(ClO_4)_3 + 3 \, I_2 + 7 \, H_2O \tag{4–4}$$

Berechnen Sie die Mengen einer jeden übrigbleibenden Substanz, wenn 2,00 l HI-Gas unter Normalbedingungen zu einer Lösung von 5,73 g $K_2Cr_2O_7$ in 0,250 l von 1,00-molarem $HClO_4$ hinzugesetzt werden.

Lösung: Wir müssen zunächst einmal feststellen, welcher der Reaktionspartner vollständig verbraucht wird, indem wir die Molzahl eines jeden bestimmen

$$\frac{5,73 \, \cancel{\text{g}} \, \cancel{K_2Cr_2O_7}}{294 \, \cancel{\text{g}} \, \cancel{K_2Cr_2O_7}/\text{mol} \, K_2Cr_2O_7} = 0,0195 \text{ mol } K_2Cr_2O_7$$

$$\frac{0,250 \; \text{l HClO}_4\text{-Lösung} \times 1,00 \; \text{mol HClO}_4}{1,00 \; \text{l HClO}_4\text{-Lösung}} = 0,250 \; \text{mol HClO}_4$$

$$\frac{2,00 \; \text{l HI}}{22,4 \; \text{l HI/mol HI}} = 0,0893 \; \text{mol HI}$$

Die Verbindungen $K_2Cr_2O_7$, $HClO_4$ und HI reagieren miteinander in den relativen Mengen von 1 mol zu 8 mol zu 6 mol, wie es in der chemischen Gleichung angegeben ist. Bei dieser Reaktion stellen 1 mol $K_2Cr_2O_7$, 8 mol $HClO_4$ und 6 mol HI jeweils eine stöchiometrische Einheit der betreffenden Verbindung dar. Eine *stöchiometrische Einheit* einer Verbindung in einer bestimmten Reaktion ist die Anzahl von Molen der Verbindung, die gleich dem numerischen Koeffizienten bei der Verbindung in der chemischen Gleichung ist, die die betreffende Reaktion beschreibt. Diese Terminologie ist deshalb so praktisch, weil gleiche Anzahlen von stöchiometrischen Einheiten aller Reaktionspartner miteinander reagieren, ohne daß irgendeine Substanz übrigbleibt.

Bei unserem Problem liegen 0,0195 mol $K_2Cr_2O_7$, 0,250 mol $HClO_4$ und 0,0893 mol HI vor. Dies ist gleichbedeutend mit

$$0,0195 \; \text{mol K}_2\text{Cr}_2\text{O}_7 \times \frac{1 \; \text{stöch. Einheiten K}_2\text{Cr}_2\text{O}_7}{1 \; \text{mol K}_2\text{Cr}_2\text{O}_7}$$

$$= 0,020 \; \text{stöch. Einheiten K}_2\text{Cr}_2\text{O}_7$$

$$0,250 \; \text{mol HClO}_4 \times \frac{1 \; \text{stöch. Einheiten HClO}_4}{8 \; \text{mol HClO}_4}$$

$$= 0,031 \; \text{stöch. Einheiten HClO}_4$$

$$0,0893 \; \text{mol HI} \times \frac{1 \; \text{stöch. Einheiten HI}}{6 \; \text{mol HI}}$$

$$= 0,015 \; \text{stöch. Einheiten HI}$$

Mit Hilfe dieser stöchiometrischen Einheiten oder Reaktionseinheiten können wir feststellen, daß es weniger HI als von den beiden anderen Reaktionspartnern gibt, und es wird daher etwas $HClO_4$ und $K_2Cr_2O_7$ übrigbleiben, ohne zu reagieren. Wenn wir berechnen, wie viel $KClO_4$ gebildet wird, wenn alles HI reagiert, finden wir

$$0,0893 \; \text{mol HI} \times \frac{2 \; \text{mol KClO}_4}{6 \; \text{mol HI}} \times \frac{138,6 \; \text{g KClO}_4}{1 \; \text{mol KClO}_4}$$

$$= 4,12 \; \text{g KClO}_4 \; \text{werden gebildet}$$

$$0,0893 \; \text{mol HI} \times \frac{1 \; \text{mol K}_2\text{Cr}_2\text{O}_7}{6 \; \text{mol HI}} \times \frac{294 \; \text{g K}_2\text{Cr}_2\text{O}_7}{1 \; \text{mol K}_2\text{Cr}_2\text{O}_7}$$

$$= 4,38 \; \text{g K}_2\text{Cr}_2\text{O}_7 \; \text{werden verbraucht und}$$

$$(5,73 - 4,38) \; \text{g K}_2\text{Cr}_2\text{O}_7 = 1,35 \; \text{g K}_2\text{Cr}_2\text{O}_7 \; \text{bleiben übrig}$$

Berechnen Sie den Rest des Problems, und prüfen Sie Ihre Ergebnisse, indem Sie das

Gesetz von der Erhaltung der Masse anwenden. Jeder Lösungsansatz sollte sorgfältig auf das Wegkürzen von Einheiten überprüft werden, damit Sie die richtigen Einheiten für die jeweils gesuchte Größe erhalten.

Bevor Sie weitermachen: Die Fähigkeit, die relativen Mengen von Reaktionspartnern und Produkten aus einer ausgewogenen chemischen Gleichung und einer vorgegebenen Masse eines Reaktionspartners berechnen zu können, ist in der Chemie von elementarster Bedeutung. Sie finden einen Wiederholungskurs zu diesem Thema in Abschnitt 4–1 von Lassilas Buch. Dieses gibt Ihnen weitere Übungsmöglichkeiten für das Lösen von stöchiometrischen Problemen.

4–3 Das Aufstellen von chemischen Gleichungen

Von den beiden gerade diskutierten Gleichungen könnte für die Wasserstoffperoxidreaktion die ausgewogene Gleichung durch einfaches Ansehen gefunden werden. Wenn einem jedoch für die Reaktion nach der zweiten Gleichung nur die Reaktionspartner und Produkte gegeben sind, würde es eine recht respektable Aufgabe sein, die ausgewogene Gleichung aufzustellen (mit derart vielen Komponenten), indem man das „trial-and-error"-Verfahren anwendet. Wenn wir bei einem System, das einer chemischen Veränderung unterliegt, irgendeinen grundlegenden Prozeß entdecken, der leicht

Tabelle 4–1   Gebräuchliche Säuren und Basen

Säuren

HF	Fluorwasserstoffsäure	HNO_2	Salpetrige Säure
HCl	Chlorwasserstoff-(Salz-)säure	HNO_3	Salpetersäure
HClO	Hypochlorige Säure	H_3PO_2	Hypophosphorige Säure
$HClO_2$	Chlorige Säure	H_3PO_3	Phosphorige Säure
$HClO_3$	Chlorsäure	H_3PO_4	Phosphorsäure
$HClO_4$	Perchlorsäure	H_2CO_3	Kohlensäure
HBr	Bromwasserstoffsäure	H_3BO_3	Borsäure
$HBrO_3$	Bromsäure		
HI	Iodwasserstoffsäure		
HIO_4	Periodsäure	HCOOH	Ameisensäure, $H-C{<}^O_{O-H}$
H_5IO_6	para-Periodsäure		
H_2SO_3	Schweflige Säure	CH_3COOH	Essigsäure
H_2SO_4	Schwefelsäure		

Basen

LiOH	Lithiumhydroxid	$Ca(OH)_2$	Calciumhydroxid
NaOH	Natriumhydroxid	$Ba(OH)_2$	Bariumhydroxid
KOH	Kaliumhydroxid	NH_4OH	Ammoniumhydroxid
$Mg(OH)_2$	Magnesiumhydroxid		

quantitativ erfaßt werden kann, dann können wir diesen als Ausgangspunkt für das Aufstellen einer ausgewogenen Gleichung benutzen.

Säure – Base – Reaktionen

Arrhenius klassifizierte die Substanzen als Säuren, die in Wasser H^+- (oder H_3O^+-)-Ionen bilden, und als Basen die Stoffe, die in Wasser HO^--Ionen bilden. Wir werden eine etwas andere Klassifizierung der Säure-Base-Reaktionen benutzen, die von dem dänischen Chemiker Johannes Brönsted (1879–1947) vorgeschlagen wurde. Diese Reaktionen haben ja den Übergang von Wasserstoffionen (H^+) von Säuren zu Basen zum Inhalt.

Nach der Brönsted-Definition bildet eine Base nicht notwendigerweise ein Hydroxidion, sondern ist *irgendeine beliebige* Substanz, die in einer Reaktion ein Wasserstoffion aufnehmen kann (Protonen-Akzeptor). Eine Säure ist demnach eine beliebige Substanz, die ein Wasserstoffion abgeben kann (Protonen-Donator). Sobald eine Säure ein Wasserstoffion abgegeben hat, ist der zurückbleibende Teil der ursprünglichen Säure jetzt eine Base, da er ja ein Wasserstoffion *aufnehmen* kann. Auf entsprechende Weise bildet, sobald eine Base ein Proton aufgenommen hat, die Verbindung von Base plus Proton eine Säure, da sie ja einen potentiellen H^+-Donator darstellt. Derartige Säure-Base-Paare werden *konjugierte Paare* genannt.

Nach dieser Definition ist HCl eine Säure, und Cl^- ist ihre konjugierte Base. NH_3 ist eine Base, und NH_4^+ ist ihre konjugierte Säure. HO^- ist eine Base, und H_2O die dazu gehörige konjugierte Säure. Aber H_2O spielt eine Doppelrolle; es ist nämlich zugleich die konjugierte Base der Säure H_3O^+. Da H^+ ein Proton ist, werden alle diese Reaktionen als *Protonentransfer-Reaktionen* bezeichnet. Wenn daher eine Reaktion vom Protonentransfer-Typ ist, brauchen wir nur die Säure (Protonen-Donator) und die Base (Protonen-Akzeptor) unter den Reaktionspartnern aufzufinden und dann ihr Verhältnis so zu bestimmen, daß die Zahl der abgegebenen Protonen mit der Zahl der aufgenommenen Protonen übereinstimmt, um die ausgewogene Reaktionsgleichung zu erhalten. So benötigen wir zum Beispiel für die Neutralisation von 1 mol $Ca(OH)_2$ eine Menge von 2 mol HCl

$$Ca(OH)_2 + 2\,HCl \;\rightleftarrows\; CaCl_2 + 2\,H_2O \tag{4–5}$$

Betrachten Sie jetzt einmal die kompliziertere Reaktion

$$Al_2S_3 + H_2O \longrightarrow Al(OH)_3 + H_2S \quad \text{(nicht ausgewogen)}$$

Hier ist das Sulfidion (S^{2-}) eine Base, die Protonen vom Wasser aufnimmt, das bei dieser Reaktion eine Säure darstellt. Wir erkennen, daß jedes Wassermolekül nur ein Proton abgibt und ein Hydroxidion bildet. Aber jedes Sulfidion benötigt zwei Protonen zur Bildung des H_2S. Daher sind für jedes S^{2-} 2 H_2O erforderlich, und die ausgewogene Gleichung lautet

$$Al_2S_3 + 6\,H_2O \;\rightleftarrows\; 2\,Al(OH)_3 + 3\,H_2S \tag{4–6}$$

Diese und die meisten anderen Gleichungen für Säure-Base-Reaktionen sind einfach

genug, um durch genaueres Ansehen aufgestellt werden zu können. Sie können aber auch
für das Aufstellen einer ausgewogenen Gleichung von Nutzen sein, wenn uns der Typ der
bei der Reaktion auftretenden chemischen Veränderung bekannt ist. Darüber hinaus helfen sie uns, wenn uns unsere Erfahrung mit Chemikalien in die Lage versetzt, die allgemeinen, chemischen Eigenschaften der an der Reaktion beteiligten Stoffe zu kennen. So würden zum Beispiel im obigen Fall die meisten Chemiker wissen, daß S^{2-} ein starker Protonen-Akzeptor ist, der mit Wasser, wie oben gezeigt, reagieren kann. (Übliche Säuren
und Basen sind in Tabelle 4–1 aufgeführt.)

4–4 Lösungen als chemische Reagenzien

Flüssige Lösungen sind häufig geeignete Medien für chemische Reaktionen. Die Volumina der Reaktionspartner und Produkte ändern sich in Lösungen nur wenig, und das
leichte Fließen von Flüssigkeiten vereinfacht die Messung und den Stofftransport sowie
die Vermischung. Für das quantitative chemische Arbeiten können Lösungskonzentra-
tionen einfach so definiert werden, daß wir die Molzahl einer Substanz leicht dadurch
messen können, daß wir das Volumen einer Lösung bestimmen.

Bei Lösungen, die sich aus einer Flüssigkeit und einem Gas oder einem festen Stoff
zusammensetzen, wird die flüssige Komponente gewöhnlich als das *Lösungsmittel*
bezeichnet; die andere Komponente ist dann der *gelöste Stoff.* Bei Lösungen von zwei
Flüssigkeiten ineinander ist die Terminologie nicht ganz so klar. Jedoch wird gewöhnlich die Flüssigkeit als Lösungsmittel bezeichnet, die in größerer Menge vorhanden ist.
Die *Molarität* eines gelösten Stoffes ist definiert als die Anzahl von Molen des gelösten
Stoffes in *1 Liter der Lösung.* Diese Menge ist nicht dieselbe wie 1 Liter Lösungsmittel;
denn das Volumen der Flüssigkeit erhöht sich gewöhnlich, wenn der gelöste Stoff hinzugesetzt wird. Wenn 1 mol NaCl in 1 l Wasser aufgelöst wird, ist die Lösung *nicht*
1 molar. Um eine 1 molar NaCl-Lösung zu erhalten, muß das Mol NaCl in weniger als
einem Liter Wasser aufgelöst und das Gesamtvolumen der Lösung dann in einem Meß-
kolben auf 1 l aufgefüllt werden.

Es gibt eine praktische Methode zur Abschätzung der Endvolumina von Salzlösungen,
die recht nützlich ist, selbst wenn das Ergebnis nur angenähert richtig ist. Die Methode
beruht auf der Annahme, daß sich die Volumina der Lösungskomponenten *additiv* verhalten und daß damit das Volumen einer Salzlösung gleich der Summe der Volumina
des Wassers und des kristallinen Salzes ist. Wir können diese Annahme durch ein Beispiel veranschaulichen:

Beispiel: Eine Menge von 264 g Ammoniumsulfat [$(NH_4)_2SO_4$] wird in 1 l Wasser aufgelöst. Wie groß sind annähernd das Endvolumen und die Molarität der Lösung?

Lösung: Die Dichte des festen Ammoniumsulfats beträgt 1,77 g cm^{-3}. Das Volumen des
kristallinen Ammoniumsulfats ist daher

$$264\,g \times \frac{1\,cm^3}{1,77\,g} = 150\,cm^3 \text{ oder } 0,150\,l$$

Wenn wir jetzt die Additivität der Volumina annehmen, dann würde das Endvolumen der Lösung gleich $1,000 \, l + 0,150 \, l = 1,150 \, l$ sein. Die Molzahl des gelösten Stoffes beträgt

$$264 \, g \times \frac{1 \, mol}{132 \, g} = 2,00 \, mol \; Ammoniumsulfat$$

Für die Molarität dieser Lösung ergibt sich damit annähernd

$$\frac{2,00 \, mol}{1,150 \, l \; L\ddot{o}sung} = 1,74 \; molar$$

Ammoniumsulfatlösungen sind ein gebräuchliches Medium in der Proteinchemie, und es stehen uns daher Tabellen der Molarität zur Verfügung, die auf genauen Messungen beruhen. Daraus ergibt sich für die wahre Molarität der obigen Lösung ein Wert von $1,80 \, mol^{-1}$.

Übung: Welches Wasservolumen ist unter der Voraussetzung der Additivität der Volumina annähernd erforderlich, um mit 264 g Ammoniumsulfat 1,00 l einer 2,00 molaren Lösung zu ergeben?
(Antwort: 0,85 l Wasser.)

Diese Art von Berechnung sollte *nur als ein angenäherter Hinweis auf das wahre Volumen* angesehen werden. Gewöhnlich ist das wahre Volumen kleiner oder größer als das nach dieser Methode berechnete. Diese Methode bietet sich jedoch an, wenn nur ungefähre Konzentrationen benötigt werden. Darüber hinaus veranschaulicht sie den fundamentalen Unterschied zwischen der Molarität und unserem nächsten Konzentrationsmaß, der Molalität.

Wir definieren die *Molalität* eines gelösten Stoffes als die Anzahl von Molen des gelösten Stoffes in *1000 g Lösungsmittel*. Die Ammoniumsulfatlösung aus unserem Beispiel ist 2,00 *molal*, da die Dichte des Wassers nahezu gleich 1 g cm^{-3} ist und damit 1 l Wasser ungefähr gleich 1000 g Wasser bei Zimmertemperatur ist. Für andere Lösungsmittel müßten wir eine Korrektur für die Dichte des Lösungsmittels machen. Die *Molalität* ist nützlich, da es nicht schwer fällt, aus ihr die prozentuale Zusammensetzung (nach der Masse) oder den Molenbruch zu berechnen. Im Gegensatz dazu erfordert der Übergang von der *Molarität* zum Molenbruch eine genaue Kenntnis dessen, wieviel Lösungsmittel zur Herstellung *eines Liters der Lösung* gebraucht wurden.

Bei verdünnten Lösungen kann das Volumen, das vom gelösten Stoff zur Lösung beigetragen wird, vernachlässigt werden, und wir können annehmen, daß das Volumen des Lösungsmittels und der verdünnten Lösung praktisch dasselbe ist. Bei solchen verdünnten Lösungen *in Wasser* nehmen Molalität und Molarität denselben Wert an. Bei anderen Lösungsmitteln muß die Korrektur zur Berücksichtigung der Dichte des Lösungsmittels vorgenommen werden.

Beispiel: Eine Lösung von Essigsäure in Ethanol (C_2H_5OH) ist 0,0100 molar. Wie groß ist die *Molalität* dieser verdünnten Lösung?

Lösung: Die Dichte des flüssigen Ethanols beträgt $0{,}789\,\mathrm{g\,ml^{-1}} = 0{,}789\,\mathrm{kg\,l^{-1}}$. Dann ergibt sich für die Molalität

$$0{,}0100\,\mathrm{mol\,l^{-1}} \times \frac{1\,\mathrm{l}}{0{,}789\,\mathrm{kg}} = 0{,}0127\,\mathrm{mol\,kg^{-1}}$$
$$= 0{,}0127\,\mathrm{molal}$$

Verdünnungsprobleme

Wenn wir eine Lösung verdünnen, indem wir mehr Lösungsmittel zusetzen, ändert sich die Molzahl des gelösten Stoffes in der Lösung nicht. Diese Molzahl ist durch das Produkt MV gegeben, bei dem M die Molarität (*nicht* Molalität) und V das Volumen der Lösung in Liter bedeutet. Wenn der Index 1 die Lösung vor und der Index 2 die Lösung nach der Verdünnung kennzeichnet, gilt

$$\text{Mole des gelösten Stoffes} = M_1 V_1 = M_2 V_2 \qquad\qquad (4\text{--}7)$$

Beispiel: Auf welches Volumen müssen $5{,}00\,\mathrm{ml}$ von 6-molarem HCl verdünnt werden, um die Konzentration $0{,}100$ molar zu machen?

Lösung:

$$\frac{6\,\mathrm{mol}}{1000\,\mathrm{ml}} \times 5\,\mathrm{ml} = \frac{0{,}100\,\mathrm{mol}}{1000\,\mathrm{ml}} \times x$$

$x = 300\,\mathrm{ml}$ nach der Verdünnung (*nicht* die Menge Lösungsmittel, die zur Verdünnung zugesetzt werden muß).

Übung: Wie groß ist die Molarität der Lösung, wenn $175\,\mathrm{ml}$ einer 2,00-molaren Lösung auf $1\,\mathrm{l}$ verdünnt werden?
(Antwort: 0,350 molar.)

Bevor Sie weitermachen: Praktische Erfahrungen im Umgang mit Lösungen und der Stöchiometrie von Lösungen sind für einen Chemiestudenten von wesentlicher Bedeutung. Der Abschnitt 4–2 des Buches von Lassila et al. ergänzt den Abschnitt 4–4 dieses Buches durch die Einführung von Lösungsreaktionen und Stöchiometrie von Lösungen. Während Sie den Abschnitt 4–2 durcharbeiten, werden Sie folgende Kenntnisse vertiefen: Molarität und Verdünnungsprobleme; Definitionen von Lösung, Lösungsmittel und gelöster Stoff; wie Aufgaben zu lösen sind, die Konzentrationen in Massenprozent und Formelmassen in Gramm enthalten und wie Gleichungen für die Reaktionen von Ionensalzen in Lösung zu schreiben sind.

Chemische Äquivalente bei Säure-Base-Reaktionen

Ein Äquivalent einer Säure ist die Säuremenge, die 1 mol Protonen (H^+) an eine Base abgeben kann; 1 Äquivalent einer Base ist die Menge, die 1 mol Protonen aufnehmen kann. Chemische Äquivalente sind nützlich, da gleiche Äquivalentzahlen irgendeiner beliebigen Base und irgendeiner beliebigen Säure sich einander genau neutralisieren. Da ein HCl-Molekül ein Proton abgeben kann, sind in diesem Fall die Molmasse und die Äquivalentmasse dasselbe. Aber 1 Äquivalent der Schwefelsäure, H_2SO_4, ist ein *halbes* Mol der Säure, und 1 Äquivalent der Phosphorsäure, H_3PO_4, ist ein Drittel eines Mols dieser Säure. Die Äquivalentmasse W der Schwefelsäure ist die Hälfte der Molmasse; die Äquivalentmasse von H_3PO_4 ist ein Drittel seiner Molmasse. Auf entsprechende Weise sind ein Mol und ein Äquivalent von NaOH oder KOH dasselbe, aber die Äquivalentmasse von $Ca(OH)_2$ beträgt nur die Hälfte seiner Molmasse. Wir können die Vorteile der Äquivalent-Nomenklatur anhand des folgenden Beispiels einer Neutralisationsreaktion besser würdigen

$$2\,H_3PO_4 \;+\; 3\,Ca(OH)_2 \;\rightleftarrows\; 6\,H_2O \;+\; \quad Ca_3(PO_4)_2 \qquad (4\text{–}8)$$

Molmassen: $98{,}0\,\text{g mol}^{-1}$ $74{,}1\,\text{g mol}^{-1}$ $18{,}0\,\text{g mol}^{-1}$ $310{,}3\,\text{g mol}^{-1}$

Äquivalent- $32{,}7\,\text{g äquiv}^{-1}$ $37{,}0\,\text{g äquiv}^{-1}$
massen

Es stimmt nicht, daß 98,0 g Phosphorsäure mit 74,1 g Calciumhydroxid reagieren; denn diese Verbindungen reagieren nicht miteinander im Molverhältnis 1:1. Aber 1 Äquivalent der Phosphorsäure reagiert vollständig mit 1 Äquivalent des Calciumhydroxids. Da 1 mol Phosphorsäure 3 mol Protonen abgeben kann, ergibt sich für ihre Äquivalentmasse der Wert von $98{,}0\,\text{g}/3\,\text{äquiv} = 32{,}7\,\text{g äquiv}^{-1}$. Und da 1 mol Calciumhydroxid genug Hydroxidionen zur Verfügung stellen kann, um mit 2 mol Protonen zu reagieren, ist seine Äquivalentmasse gleich seiner halben Molmasse. (Erinnern Sie sich auch der Bedeutung der Äquivalentmassen bei der Synthese von Verbindungen aus den Elementen.)

Die *Normalität* einer Lösung, N, ist definiert als die Zahl der Äquivalente des gelösten Stoffes pro Liter Lösung. Eine 1-molare Lösung von Phosphorsäure ist daher 3 normal; eine 0,01-molare Lösung von Calciumhydroxid ist 0,02 normal.

Beispiel: Eine Menge von 4,00 g Natriumhydroxid wird in Wasser aufgelöst. Das Volumen der Lösung wird auf 500 ml aufgefüllt. Wie groß ist die Normalität der Lösung?

Lösung: Die Molmasse des Natriumhydroxids beträgt $40{,}0\,\text{g mol}^{-1}$, somit ist die oben angegebene Menge 0,100 mol NaOH. Die Molarität ergibt sich damit zu

$$\frac{0{,}100\,\text{mol}}{0{,}500\,\text{l}} = 0{,}200\,\text{molar}$$

Da 1 mol Natriumhydroxid 1 mol Protonen aufnehmen kann, ist die Lösung auch 0,200 normal.

Übung: Eine Menge von 10,00 g Schwefelsäure (H_2SO_4) wird langsam mit genug Wasser vermischt, um ein Endvolumen von 750 ml Lösung zu ergeben. Wie groß ist die Normalität dieser Lösung?

(Antwort: 0,272 normal.)

Bevor Sie weitermachen: Die Theorie der Brönstedschen Säuren und Basen und die Stöchiometrie von Säure-Base-Reaktionen wird im einzelnen in den Abschnitten 4–3 und 4–4 von Lassilas Buch diskutiert.

Titration

Chemiker vergleichen häufig relative Konzentrationen von chemischen Äquivalenten in Lösungen von Reagenzien mit Hilfe von Titrationen (Abbildung 4–1). Wenn aus einer kalibrierten Bürette genug Säurelösung der Base in einer zu analysierenden Probe zugesetzt wurde, um diese zu neutralisieren, sind die Äquivalentzahlen von Base und Säure einander gleich. Ein empfindlicher Indikator läßt den Endpunkt der Neutralisation

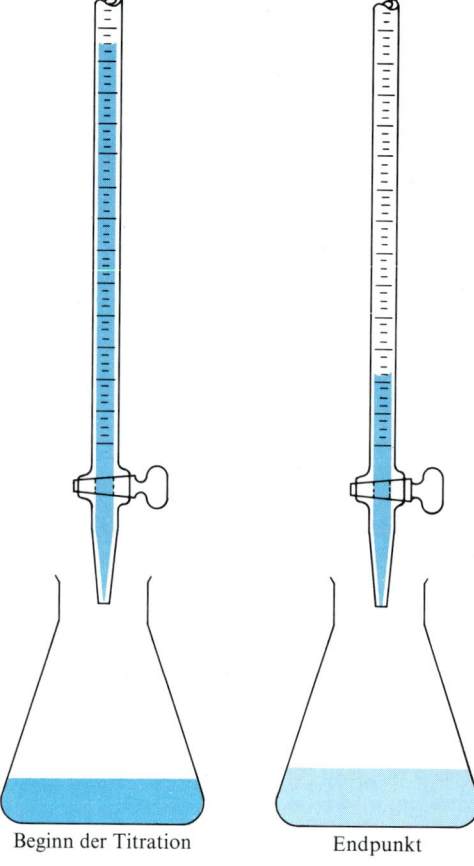

Beginn der Titration   Endpunkt

Abbildung 4–1 Eine Säure-Base-Titration. Die Lösung im Kolben enthält eine unbekannte Zahl von Äquivalenten einer Base (oder Säure). Die Bürette ist geeicht und gestattet eine Ablesung von 0,001 cm^3. Sie ist mit einer Lösung einer starken Säure (oder Base) gefüllt, deren Konzentration bekannt ist. Kleine Mengen der Säure werden in den Kolben gegeben, bis am Endpunkt der Titration bei tropfenweiser Zugabe der Säure ein Tropfen oder weniger die Indikatorfarbe endgültig umschlagen läßt. (Ein Anzeichen für die Annäherung an den Endpunkt ist das vorübergehende Auftreten der Farbe, die der Indikator im sauren Medium annimmt, an der Eintropfstelle.) Am Endpunkt wird die Gesamtmenge der zugegebenen Säure an der Bürette abgelesen. Die Anzahl der Äquivalente der zugegebenen Säure ist gleich der anfangs vorhandenen Zahl der Äquivalente der Base.

erkennen. Aus dem Volumen der verbrauchten Säurelösung und ihrer Normalität können wir die Zahl der Äquivalente der Base in der Probe berechnen.

Bei einer Säure-Base-Titration ist am Endpunkt die Zahl der Äquivalente der Säure und der Base gleich, und es gilt

$$N_A V_A = N_B V_B = w_A/W_A = w_B/W_B \qquad (4\text{--}9)$$

wobei w die Masse in Gramm, N die Normalität, V das Volumen und W die Äquivalentmasse in Gramm bedeuten, während die Indices die Säure (A) bzw. die Base (B) kennzeichnen. Aus einer Titration, wie der in Abbildung 4–1 dargestellten, können wir das Folgende entnehmen:

1. Die relativen Normalitäten einer Lösung einer Säure und einer Lösung einer Base.
2. Die Menge einer Säure (oder Base) in einer Lösung durch eine Titration mit einer Standardlösung einer Base (oder Säure).
3. Die Äquivalentmasse einer unbekannten Säure (oder Base) durch Titration einer abgewogenen Probe mit einer Standardlösung einer Base (oder Säure).

Beispiel: 25,00 ml Phosphorsäure (H_3PO_4) werden durch 30,25 ml Natriumhydroxid (NaOH) neutralisiert. Wie groß ist das Verhältnis der Normalitäten der beiden Lösungen? Wie groß ist das Verhältnis ihrer Molaritäten?

Lösung: Wenn Sie Probleme behandeln, die sich mit chemischen Reaktionen beschäftigen, sollten Sie stets erst einmal die Reaktionsgleichung niederschreiben

$$3\,NaOH + H_3PO_4 \rightleftarrows Na_3PO_4 + 3\,H_2O$$

Am Endpunkt der Titration muß gelten

$$\text{Äquivalente der Base} = \text{Äquivalente der Säure}$$

$$30{,}25\,\text{ml} \times N_B \qquad = 25{,}00\,\text{ml} \times N_A$$

$$\frac{N_A}{N_B} = \frac{30{,}25}{25{,}00} \qquad = 1{,}210$$

Bei diesen beiden Reaktionspartnern ist die Normalität der Säure A dreimal so groß wie ihre Molarität, während die Normalität der Base B gleich ihrer Molarität ist. Für das Verhältnis der Molaritäten ergibt sich damit

$$\frac{\text{Molarität von A}}{\text{Molarität von B}} = \frac{N_A/3}{N_B} = \frac{1{,}210}{3} = 0{,}403$$

Beispiel: 25,00 ml einer gesättigten $Ca(OH)_2$-Lösung verbrauchten bei einer Titration 10,81 ml einer 0,100-normalen HCl-Lösung. Wie groß ist die Normalität der $Ca(OH)_2$-Lösung? Wandeln Sie diese Normalität in die Löslichkeit von $Ca(OH)_2$ um, wobei diese mit Hilfe der Molarität und in Gramm pro Liter auszudrücken ist.

Lösung: Zunächst schreiben wir wieder die Reaktionsgleichung auf

$$Ca(OH)_2 + 2HCl \rightleftarrows CaCl_2 + 2H_2O$$

Aus Gleichung (4–9) folgt

$$0,01081 \, l \, HCl \times 0,100 \, \text{äquiv} \, l^{-1} = 0,001081 \, \text{äquiv HCl}$$
$$= 0,001081 \, \text{äquiv Ca(OH)}_2$$

$$\text{Konzentration des Ca(OH)}_2 = \frac{0,001081 \, \text{äquiv}}{0,025 \, l}$$

$$= 0,0432 \, \text{normal}$$

Da es pro Mol Ca(OH)$_2$ 2 Äquivalente gibt, erhalten wir

Konzentration einer gesättigten Ca(OH)$_2$-Lösung
$$= 0,0216 \, \text{molar}$$
$$= 0,0216 \, \text{mol} \, l^{-1} \times 74 \, \text{g mol}^{-1}$$
$$= 1,60 \, \text{g} \, l^{-1}$$

Beispiel: Ein organischer Chemiker hat eine neue Verbindung synthetisiert, die eine Säure ist. Er löst 0,500 g von ihr in einer geeigneten Menge Wasser auf und stellt fest, daß er bei der Titration 15,73 ml einer 0,437-normalen NaOH-Lösung verbraucht. Wie groß ist die Äquivalentmasse der neuen Verbindung als Säure?

Lösung: Aus Gleichung (4–9) ergibt sich

$$0,01573 \, l \, NaOH \times 0,437 \, \text{äquiv} \, l^{-1} = 0,00687 \, \text{äquiv NaOH}$$
$$0,500 \, \text{g Säure} = 0,00687 \, \text{äquiv}$$
$$72,8 \, \text{g Säure} = 1 \, \text{äquiv}$$

Somit erhalten wir für die Äquivalentmasse der Säure 72,8 g äquiv^{-1}.

4–5 Energiebeträge bei chemischen Veränderungen

Wenn Wasserstoffperoxid in Lösung reagiert und Sauerstoffgas und flüssiges Wasser bildet, wird Wärme freigesetzt. Diese Wärmemenge wird sich etwas mit der Temperatur ändern, bei der die Reaktion abläuft, aber bei 298 K (die allgemein für die Tabellierung von Wärmedaten übliche Standard-„Zimmertemperatur") erzeugt jedes Mol H$_2$O$_2$, das reagiert, eine Wärmemenge von 94730 J oder 94,73 kJ. Die bei einer unter konstantem Druck ablaufenden chemischen Reaktion auftretende Wärme wird als die Änderung der Enthalpie des Systems, ΔH, bezeichnet. [Wie wir noch in Kapitel 14 sehen werden, ist die Änderung in der Energie des Systems, ΔE, gleich der Reaktionswärme bei konstantem Volumen, wie zum Beispiel in einem Bombenkalorimeter (Abbildung 4–2). Der Unterschied zwischen diesen beiden Reaktionswärmen ist klein, aber von grundlegender Bedeutung.]

Wenn Wärme freigesetzt wird, nimmt die Enthalpie des Systems ab, und ΔH ist negativ. Eine derartige Reaktion wird *exotherm* genannt. Bei einer *endothermen* Reaktion wird vom System Wärme absorbiert, und die Enthalpie des Reaktionssystems erhöht sich, d.h ΔH ist positiv. Für das Wasserstoffperoxid-System können wir die Wärmebeziehung wie folgt darstellen

$$H_2O_2(aq) \rightleftarrows H_2O(l) + \tfrac{1}{2}O_2(g) \quad \Delta H_{298} = -94,73\,kJ \tag{4-10}$$

So, wie sie hier angegeben ist, bezieht sich die Reaktionswärme auf den Umsatz einer *stöchiometrischen Einheit* der Reaktion, so wie sie aufgeschrieben wurde. Eine stöchiometrische Einheit der Reaktion 4–10 würde sich umgesetzt haben, wenn $1\,mol\,H_2O_2$ sich zu $1\,mol$ Wasser und $\tfrac{1}{2}\,mol$ Sauerstoff zersetzt hätte.

Die Reaktionswärme hängt davon ab, wie die Reaktionsgleichung geschrieben wird. Wenn die Koeffizienten in Gleichung (4–10) alle verdoppelt würden, um die Zersetzung von $2\,mol\,H_2O_2$ zu $2\,mol\,H_2O$ und $1\,mol\,O_2$ darzustellen, dann müßte auch die Reaktionswärme verdoppelt werden

$$2\,H_2O_2(aq) \rightleftarrows 2\,H_2O(l) + O_2(g) \quad \Delta H_{298} = -189,46\,kJ \tag{4-11}$$

Das Symbol (aq) soll dabei eine sogenannte „ideal verdünnte Lösung" kennzeichnen – eine Lösung, die so stark verdünnt ist, daß das Zusammentreffen zwischen Molekülen des gelösten Stoffes in der Lösung vernachlässigt werden kann. Jedes Molekül des gelösten Stoffes ist dann praktisch allein in einem See von Lösungsmittel.

Die Reaktionswärme hängt ferner vom Zustand der Reaktionspartner und Produkte ab. Wenn Wasserstoffperoxid zu Sauerstoffgas und Wasserdampf an Stelle von flüssigem Wasser zersetzt würde, würde ein Teil der 94,73 kJ dazu benötigt werden, das Wasser zu verdampfen, und es würde weniger Reaktionswärme frei

$$H_2O_2(aq) \rightleftarrows H_2O(g) + \tfrac{1}{2}O_2(g) \quad \Delta H_{298} = -50,71\,kJ \tag{4-12}$$

Darüber hinaus würde, wenn reines, flüssiges H_2O_2 an Stelle einer verdünnten, wäßrigen Lösung zersetzt würde, eine etwas *größere* Wärmemenge freigesetzt

$$H_2O_2(l) \rightleftarrows H_2O(l) + \tfrac{1}{2}O_2(g) \quad \Delta H_{298} = -98,24\,kJ \tag{4-13}$$

Es wird deshalb eine größere Wärmemenge freigesetzt, weil H_2O_2 eine Wärmemenge von 3,51 kJ pro Mol abgibt, wenn es sich in Wasser löst, und diese Lösung daher während der Reaktion weniger Enthalpie abgeben kann.

In dem Vorangehenden steckt die stillschweigende Annahme, daß sich die Reaktionswärmen oder Enthalpieänderungen additiv verhalten. Wir leiteten Gleichung (4–12) ab, in dem wir zu Gleichung (4–10) eine andere Gleichung addierten, die die Verdampfung von Wasser darstellt, wobei die Ausdrücke für die Reaktionswärmen der beiden Prozesse ebenfalls addiert wurden.

$$
\begin{aligned}
H_2O_2(aq) &\rightleftarrows H_2O(l) + \tfrac{1}{2}O_2(g) & \Delta H_{298} &= -94,73\,kJ & (4\text{--}10)\\
H_2O(l) &\rightleftarrows H_2O(g) & \Delta H_{298} &= +44,02\,kJ &\\
\hline
H_2O_2(aq) &\rightleftarrows H_2O(g) + \tfrac{1}{2}O_2(g) & \Delta H_{298} &= -50,71\,kJ & (4\text{--}12)
\end{aligned}
$$

Die Aussage, daß diese Addition eine erlaubte Operation ist, stellt eine Form des ersten Hauptsatzes der Thermodynamik dar, auf den wir in Kapitel 14 zurückkommen werden.

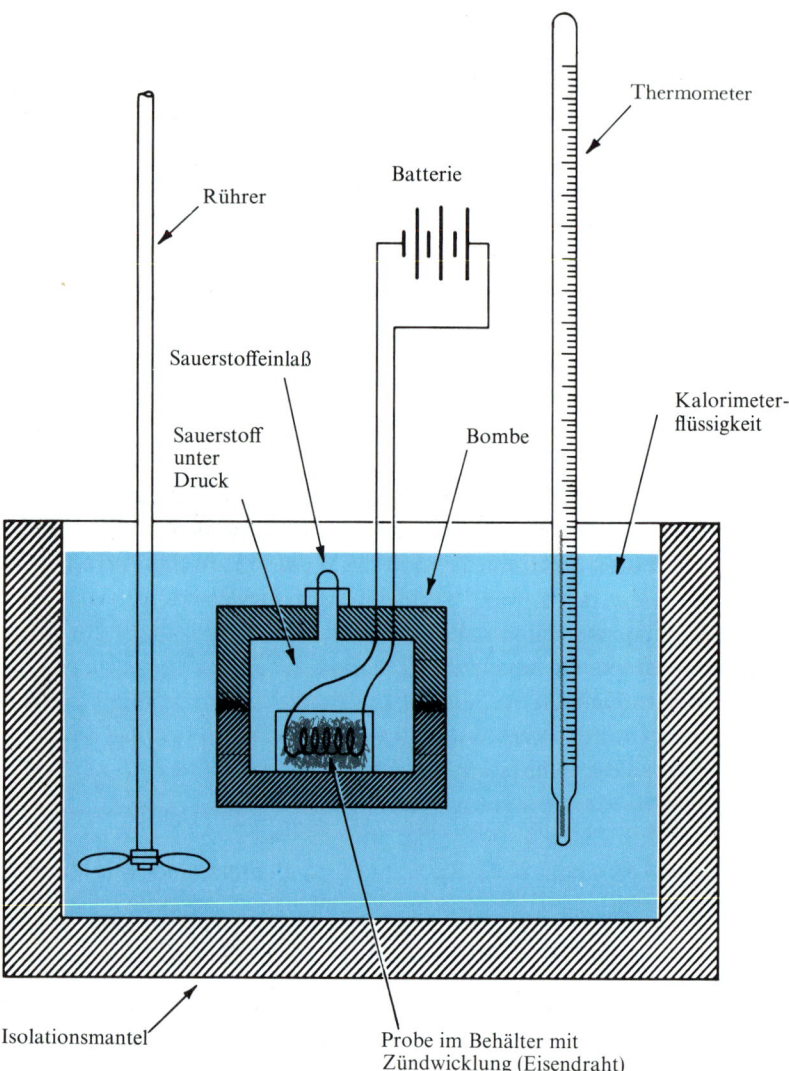

Abbildung 4–2 Schematische Darstellung eines Bombenkalorimeters, wie es zur Bestimmung der Verbrennungswärmen benutzt wird. Die abgewogene Probe wird in einen Behälter gefüllt (der seinerseits in die Bombe eingebracht wird) und unter Sauerstoff von hohem Druck vollständig verbrannt. Die Probe wird mit Hilfe einer Zündspule aus Eisendraht angezündet, die durch elektrischen Strom zum Glühen gebracht wird. Das Kalorimeter ist gegen Wärmeverluste durch einen Isolationsmantel geschützt, der mit einem speziellen Temperaturregler ausgerüstet werden kann (hier nicht gezeigt). Die Temperatur der Kalorimeterflüssigkeit wird mit dem Thermometer gemessen. Aus der Änderung der Temperatur und der durch den Draht zugeführten Wärmemenge kann die Verbrennungswärme der Probensubstanz berechnet werden.

Eine Ansammlung von Chemikalien in einem vorgegebenen Zustand besitzt eine bestimmte Energie und eine bestimmte Enthalpie, wobei keine dieser beiden Größen auf irgendeine Weise davon abhängig ist, wie die Chemikalien in diesen Zustand überführt worden sind. Daraus folgt, daß der Unterschied zwischen den Enthalpien der Reaktionspartner und der Produkte einer Reaktion, der gleich der Reaktionswärme ist, nur vom Anfangs- und Endzustand der Reaktion abhängt und nicht vom genauen Weg der Reaktion beeinflußt wird. Diese Anwendung des ersten Hauptsatzes auf chemische Reaktionen wird gelegentlich als *Hessscher Satz* bezeichnet: Wenn eine chemische Reaktion als die algebraische Summe zweier anderer Reaktionen ausgedrückt werden kann, dann ist die Enthalpieänderung der gegebenen Reaktion gleich der algebraischen Summe der Enthalpieänderungen der anderen beiden Reaktionen.

Diese Tatsche bedeutet eine gewaltige Ersparnis an experimenteller Arbeit in der Thermochemie. Es braucht nicht die Enthalpie einer jeden chemischen Reaktion gemessen und das Ergebnis tabelliert zu werden. Wenn wir die Verdampfungswärme von flüssigem Wasser und auch die Reaktionswärme von Wasserstoffperoxid bei der Bildung von flüssigem Wasser und Sauerstoffgas kennen, dann brauchen wir keine weiteren Messungen zu machen, um festzustellen, wieviel Wärme bei der Reaktion freigesetzt wird, bei der durch Zersetzung von H_2O_2 Wasserdampf gebildet wird. Wir können diese Wärmemenge einfach berechnen. Wenn eine Reaktion nur sehr schwierig durchzuführen ist, kann es eine Reihe von einfacheren Reaktionen geben, deren Summe die fragliche Reaktion darstellt. Nachdem dann diese Einzelexperimente durchgeführt worden sind, können die Enthalpieänderungen auf dieselbe Weise wie die chemischen Gleichungen addiert werden, um die schwierig zu messende Reaktionswärme zu erhalten.

Angenommen, daß Ihnen zum Beispiel jemand eine Methode zur Herstellung von Diamanten (abgekürzt „dia") vorschlägt, die auf der Oxidation von Methan (CH_4) beruht

$$CH_4(g) + O_2(g) \rightleftarrows C(dia) + 2\,H_2O(l) \qquad (4\text{--}14)$$

und Sie fragt, ob die Reaktion eine Wärmemenge abgeben könnte, die bei der Konstruktion des Reaktionsgefäßes berücksichtigt werden müßte. Die Reaktion nach Gleichung (4–14) ist noch niemals durchgeführt worden und wird auch wahrscheinlich niemals durchgeführt werden, jedoch können Sie Ihrem irregeleiteten Freund die gewünschte Antwort geben, da Sie die Verbrennungswärmen von Methan und Diamant kennen. Die *Verbrennungswärme* einer Substanz, die C, N, O und H enthält, ist gleich der Wärmemenge die bei der Verbrennung, d. h. der Reaktion mit Sauerstoff zu Stickstoff, Kohlendioxid und Wasser freigesetzt wird. Derartige Reaktionen gehörten zu den ersten, die von Chemikern gemessen wurden (Abbildung 4–2), und es stehen umfangreiche Tabellen der Verbrennungswärmen in Büchern wie dem *CRC Handbook of Chemistry and Physics* oder anderen Tabellenwerken zur Verfügung. (Da die Reaktionswärmen von den bei der Reaktion umgesetzten Stoffmengen abhängen, werden in den Tabellen stets stoffmengenbezogene Reaktionswärmen angegeben. Allgemein üblich sind dabei die Angaben der *molaren* Reaktionswärmen in $kJ\,mol^{-1}$, die auf 1 mol der jeweiligen Verbindung bezogen sind.) Die beiden uns hier interessierenden Verbrennungsreaktionen und ihre Reaktionswärmen sind

$$CH_4(g) + 2\,O_2(g) \rightleftarrows CO_2(g) + 2\,H_2O(l) \quad \Delta H_{298} = -890,4\,kJ$$
$$C(dia) + O_2(g) \rightleftarrows CO_2(g) \qquad\qquad\quad \Delta H_{298} = -395,4\,kJ$$

Die gesuchte Gleichung für die Diamantsynthese ergibt sich durch Addition der ersten Reaktion zu der umgekehrten zweiten Reaktion, für die die Reaktionswärme dann natürlich das umgekehrte Vorzeichen besitzt. Die Enthalpieänderung, die man messen würde, *wenn* die Diamantsynthese durchgeführt werden könnte, ergibt sich daraus zu

$$CH_4(g) + 2\,O_2(g) \rightleftarrows CO_2(g) + 2\,H_2O(l) \quad \Delta H_{298} = -890,4\,kJ$$
$$\underline{\qquad\qquad CO_2(g) \rightleftarrows O_2(g) + C(dia) \quad \Delta H_{298} = +395,4\,kJ}$$
$$CH_4(g) + O_2(g) \rightleftarrows C(dia) + 2\,H_2O(l) \quad \Delta H_{298} = -495,0\,kJ$$

Wegen des ersten Hauptsatzes der Thermodynamik (oder wegen des Hessschen Satzes) brauchen daher nicht alle Reaktionen tabelliert zu werden; wir benötigen nur die Reaktionen, aus denen sich alle anderen durch geeignete Kombinationen ableiten lassen. Die Reaktionswärmen, auf die sich schließlich die Naturwissenschaftler und Ingenieure geeinigt haben, sind die Bildungswärmen von Verbindungen aus den Elementen im Standardzustand. Die Bildungswärmen und die Reaktionen für die bei der Diamantsynthese benötigten Verbindungen sind

$$C(gr) + 2\,H_2(g) \rightleftarrows CH_4(g) \quad \Delta H^0_{298} = -74,85\,kJ \qquad\qquad (4\text{--}15)$$
$$C(gr) \rightleftarrows C(dia) \quad \Delta H^0_{298} = +1,88\,kJ \qquad\qquad (4\text{--}16)$$
$$H_2(g) + \tfrac{1}{2}\,O_2(g) \rightleftarrows H_2O(l) \quad \Delta H^0_{298} = -285,85\,kJ \qquad\qquad (4\text{--}17)$$

Das Symbol „gr" beim Kohlenstoff bedeutet Graphit. Die hochgestellte Null bei der Enthalpie soll kennzeichnen, daß sich Reaktionspartner und Produkte alle in den Standardzuständen befinden. Der *Standardzustand* für einen Festkörper oder eine Flüssigkeit ist die reine Substanz bei einem äußeren Druck von $1,013\,bar = 1,013 \times 10^5\,Pa$ und einer Temperatur von $25\,°C$ oder $298\,K$. Der Standardzustand für ein gasförmiges Element bei $25\,°C$ ist das Gas unter einem Partialdruck von $1,013\,bar$. Die Standardbildungswärme eines Elements in seinem Standardzustand ist nach Definition gleich null. Für den Standardzustand des festen Kohlenstoffs wurde Graphit, C(gr), gewählt, und die Umwandlung von Graphit in Diamant erfordert eine Wärmemenge von $1,88\,kJ$ pro Mol. (Im Notfall sind Diamanten eine etwas bessere Wärmequelle als Graphit.)

Eine Tabelle von Standardbildungswärmen finden Sie im Anhang 3. Wir können die Gleichung (4–14) aus den drei Gleichungen für die Bildungswärmen durch einen Prozeß ableiten, der sich symbolisch wie folgt darstellen läßt

$$(4\text{--}14) = (4\text{--}16) + 2\,(4\text{--}17) - (4\text{--}15)$$

Auf genau dieselbe Weise können wir die Reaktionswärme aus den Bildungswärmen bestimmen

$$\Delta H^0_{298} = [(+1,88) + 2\,(-285,85) - (-74,85)]\,kJ = -494,97\,kJ$$

Wie Sie sehen können, hätte eine nicht genaue und sorgfältige Beachtung der Vorzeichen verheerende Folgen. (Unglücklicherweise werden die Tabellen für die Bildungswärmen auf 25 °C bezogen, wogegen die Tabellen für die Verbrennungswärmen üblicherweise auf 20 °C bezogen sind. Wenn Sie die obigen Berechnungen noch einmal für eine Temperatur von 20 °C wiederholen würden, würde sich ihr Endwert um $8,36 \, \text{kJ} \, \text{mol}^{-1}$ vom obigen Endwert unterscheiden.)

Die hier soeben beschriebene Methode des vollständigen Niederschreibens der Gleichungen für die Bildungswärmen und des anschließenden Wegkürzens von gleichwertigen Termen auf beiden Seiten der Gleichungen bis zum Erhalten der gewünschten Gleichung (wobei die Bildungswärmen genau so wie die Gleichungen behandelt werden) ist eine narrensichere, wenn auch etwas umständliche Methode. Eine praktische, aber gelegentlich riskante Abkürzung des Verfahrens bedeutet es, wenn man die Bildungswärme einer Verbindung so behandelt, als ob sie in gewissem Sinn die Enthalpie dieser Verbindung wäre. Dann ergibt sich die Reaktionswärme als die Summe der Bildungswärmen der Produkte *minus* der Summe der Bildungswärmen der Reaktionspartner. Natürlich muß dabei jede Bildungswärme mit dem Koeffizienten der betreffenden Verbindung in der Reaktionsgleichung multipliziert werden.

Beispiel: Wie groß ist die Änderung der Standardenthalpie bei der Reaktion, durch die Eisen(III)-oxid in einem Hochofen reduziert wird?

Lösung:

$$Fe_2O_3(s) \; + \; 3\,C(gr) \; \rightleftarrows \; 2\,Fe(s) \; + \; 3\,CO(g)$$
$$\Delta H^0_{298}: \quad -822,2 \, \text{kJ} \quad 3 \times 0,0 \quad 2 \times 0,0 \quad 3 \times (-110,5) \, \text{kJ}$$

Damit ergibt sich für die Reaktion, so wie sie aufgeschrieben wurde

$$\Delta H^0_{298} = [0,0 + 3 \times (-110,5) - (-822,2) - 0,0] \, \text{kJ}$$
$$= +490,7 \, \text{kJ}$$

was mit der Tatsache übereinstimmt, daß für die Reduktion des Erzes zu Eisen eine große Wärmemenge zur Verfügung gestellt werden muß. Beachten Sie jedoch, daß dies die Gesamtwärmemenge pro Mol Eisen(III)-oxid ist, die vom System aufgenommen würde, wenn die Reaktion bei 298 K (25 °C) durchgeführt würde; es kann dies dem Sachverhalt bei 1800 K in einem Hochofen nahekommen oder auch nicht. Dennoch gibt dieser berechnete Wert auch die vom System absorbierte Wärmemenge pro Mol an, wenn das Eisen(III)-oxid und der Kohlenstoff von 298 K auf 1800 K erhitzt, dann zur Reaktion gebracht und die Produkte wieder auf Zimmertemperatur abgekühlt würden. Die Enthalpieänderung bei der Reaktion hängt nur von den Anfangs- und Endzuständen des chemischen Systems ab, und nicht etwa davon, daß während der Reaktion die Temperatur auf Hochofenniveau erhöht wurde; es ist nur wichtig, daß am Ende der Reaktion die Temperatur wieder erniedrigt wird.

Ob eine Mischung von H_2 und O_2 heftig explodiert und das sich ergebende Wasser auf 298 K abgekühlt wird oder ob eine Mischung von Wasserstoff und Sauerstoff langsam an einem Platinmohr-Katalysator bei 298 K reagiert, die Gesamtwärmemenge pro Mol wird dieselbe sein. Somit verlangen wir bei der Angabe von Reaktionswärmen nur, wenn wir sagen, daß die Werte für eine Reaktion gelten, die „unter einem Druck von 1,013 bar und bei einer Temperatur von 298 K" abläuft, daß die Reaktionspartner unter diesen Bedingungen beginnen und daß die Produkte schließlich unter diesen Bedingungen vorliegen. Deshalb sind Tabellen von Bildungswärmen unter Standardbedingungen, wie die in Anhang 3 angegebene, von praktischer Bedeutung in der Laborchemie.

Beispiel: Wie groß ist die Standard-Verbrennungswärme von flüssigem Benzol?

Lösung:

$$2\,C_6H_6(l) + 15\,O_2(g) \;\rightleftarrows\; 12\,CO_2(g) + \quad\;\; 6\,H_2O(l)$$
$$\Delta H^0_{298}: 2 \times 48,66\,\text{kJ} \quad 0,0 \qquad 12 \times (-393,51\,\text{kJ}) \;\; 6 \times (-285,85\,\text{kJ})$$

Damit ergibt sich für die Reaktion, so wie sie aufgeschrieben wurde (für die Verbrennung von 2 mol Benzol!)

$$\Delta H^0_{298} = [12 \times (-393,51) + 6 \times (-285,85) - 2 \times 48,66]\,\text{kJ}$$
$$= -6534,54\,\text{kJ}$$

Somit erhalten wir für die molare Standard-Verbrennungswärme des Benzols bei 25 °C einen Wert von $-3267,27\,\text{kJ}\,\text{mol}^{-1}$. (Überprüfen Sie die Tabellen für die Verbrennungswärmen in einem Handbuch, um festzustellen, ob die Verbrennungswärme bei 20 °C größer oder kleiner ist und um wieviel sie vom obigen Wert abweicht. Können Sie sich irgendwelche Gründe für die Tendenz denken, die Sie vorfinden?)

Bevor Sie weitermachen: Sie könnten der Meinung sein, daß Sie noch etwas mehr Übung brauchen, um den Stoff dieses Abschnitts zu verstehen. Sie werden weitere Erläuterungen der Methoden zur Berechnung der bei chemischen Reaktionen freigesetzten oder aufgenommenen Energiemengen und Aufgaben, die diese Methoden veranschaulichen, im Abschnitt 4–5 von Lassilas Buch finden.

4–6 Zusammenfassung

Das ganze letzte Kapitel hat sich mit Messungen und Meßgrößen beschäftigt. In gewissem Sinne ist es die Aufgabe eines Naturwissenschaftlers, nicht neue Theorie zu entwickeln – von denen gibt es immer eine ganze Menge – sondern ungeeignete Theorien aus der Welt zu schaffen. Die Werkzeuge für diesen Säuberungsprozeß sind sorgfältige Messungen. Nach Beseitigung des Schutts bleiben die Gedanken übrig, die am besten die Wirklichkeit widerspiegeln.

Wir haben gesehen, wie wichtig der Molbegriff ist, um der Chemie eine quantitative Basis zu geben. Ferner haben wir die Informationen untersucht, die uns chemische Gleichungen über Mole, Massen und Volumina von Reaktionspartnern und Produkten geben. Sie haben gesehen, wie eine chemische Gleichung aufzustellen ist: Einfache

Gleichungen, bei denen die Massenerhaltung zu Hilfe genommen wurde, und Säure-Base-Gleichungen, bei denen der Protonenaustausch verwendet wurde. Energie und Enthalpie bleiben ebenfalls bei einer chemischen Reaktion erhalten. Das heißt, daß die in Form von Wärme freigesetzte Energie bei einer Reaktion zwischen einem vorgegebenen Anfangs- und Endzustand stets dieselbe bleibt, ganz gleich auf welche Weise die Reaktion durchgeführt wird. Aristoteles würde sich gefreut haben, wenn er gewußt hätte, wie noch heute die Chemiker an seinem Lehrsatz „ex nihilo nihil fit" – von nichts kommt nichts – festhalten. In einer ausgewogenen chemischen Gleichung, die das Verhalten von realen Substanzen beschreiben kann, können weder Masse noch Atomarten, Protonen, Elektronen oder Energie erschaffen oder vernichtet werden.

Ein großer Teil der Naturwissenschaften wird von der Suche nach Erhaltungssätzen eingenommen: Erhaltungssätze für Größen wie Masse, Ladung und Energie, die sich während eines Prozesses nicht ändern. Aus delikaten Experimenten über die Erhaltung der Symmetrie von subnuklearen Teilchen können zum Beispiel die Antworten auf Fragen von weitreichender Bedeutung kommen wie: Sind Antiwelten möglich? Hatte unser Universum einen Anfang? Hat die Zeit eine Vorzugsrichtung? Jenen, die einwenden, daß die Naturwissenschaftler die Dinge nie wirklich erklärt haben, sondern es ihnen nur gelungen ist, sie zu protokollieren, können wir entgegnen: Was weiter kann von uns als Produkten und Bestandteilen des Universums, das wir untersuchen, eigentlich erwartet werden?

Literaturhinweise

W. F. Kieffer, The Mole Concept in Chemistry (Reinhold, New York, 1963).
L. K. Nash, Stoichiometry (Addison-Wesley, Reading, Mass., 1966).
M. J. Sienko, Stoichiometry and Structure (W. A. Benjamin, New York, 1964). Kapitel 4, 5, 6 und 8 sind hier von besonderer Bedeutung.
C. A. VanderWerf, Acids, Bases, and the Chemistry of the Covalent Bond (Reinhold, New York, 1961).

Fragen

1. Wie viele Grammatome Gold sind in einem Kilogrammatom Gold enthalten? Wie viele Goldatome gibt es in einem Kilogrammatom Gold?
2. Welches ist der Unterschied zwischen einer Molekülformel und einer empirischen Formel einer Verbindung?
3. Welches ist die Molekülformel von Wasser? Wie lautet die empirische Formel? Welches ist die Molekülformel des Wasserstoffperoxids? Wie lautet seine empirische Formel?
4. Was bedeutet eine stöchiometrische Einheit einer Reaktion? Wie viele Mole Chlor bilden bei der Reaktion $H_2 + Cl_2 \rightleftarrows 2\,HCl$ eine stöchiometrische Einheit? Wie viele Gramm sind dies? Wie viele Mole Chlor bilden bei der Reaktion $\frac{1}{2}H_2 + \frac{1}{2}Cl_2 \rightleftarrows HCl$ eine stöchiometrische Einheit? Wie viele Gramm sind dies?
5. Auf welche Weise unterscheidet sich Brönsteds Definition von Säuren und Basen

von der von Arrhenius? Was ist eine konjugierte Säure und eine konjugierte Base?

6. Nach welchem Prinzip können die Gleichungen für Säure-Base-Neutralisations-reaktionen aufgestellt werden?

7. Unter welchen Bedingungen ist eine 1-*molale* Lösung auch 1-*molar* oder wenigstens praktisch so?

8. Warum sind Molalität und Molarität in Lösungsmitteln mit einer Dichte von $1000 \, gl^{-1}$ nicht identisch?

9. Welches ist der Unterschied zwischen Molarität und Normalität? Wie groß ist die Normalität einer 0,10-molaren Kohlensäurelösung bei einer Säure-Base-Titration?

10. Wie groß ist die Äquivalentmasse von Calciumhydroxid bei einer Säure-Base-Titration?

11. Erhöht oder erniedrigt sich die Enthalpie eines Reaktionssystems bei einer exothermen Reaktion?

12. Warum hängt die Reaktionswärme einer Reaktion vom Zustand der Reaktionspartner und Produkte ab?

13. Was sind Reaktionswärmen, Verbrennungswärmen und Bildungswärmen?

14. Warum ist es möglich, die Reaktionswärme einer Reaktion aus den Bildungswärmen aller Reaktionspartner und Produkte zu bestimmen?

15. Was bedeutet bei dem Symbol ΔH_{298}^{0} der hochgestellte Index null und der Index 298?

16. Wie sind die Standardzustände für die Elemente definiert? Warum sind sie definiert worden?

Aufgaben

1. Das folgende ist eine ausgewogene chemische Gleichung

$$Zn + H_2SO_4 \rightleftarrows H_2 + ZnSO_4$$

Erklären Sie die qualitative Bedeutung dieser Gleichung. Was bedeutet diese Gleichung für die relativen Massen der beteiligten Verbindungen? Was meinen wir damit, wenn wir sagen, daß die Gleichung ausgewogen ist?

2. Stellen Sie die ausgewogenen Gleichungen für die folgenden Reaktionen auf
   (a) $Fe_2O_3 + Al \rightarrow Fe + Al_2O_3$
   (b) $Na_2SO_3 + HCl \rightarrow NaCl + SO_2 + H_2O$
   (c) $Mg_3N_2 + H_2O \rightarrow Mg(OH)_2 + NH_3$
   (d) $Pb + PbO_2 + H_2SO_4 \rightarrow PbSO_4 + H_2O$
   Geben Sie an, was jede Gleichung für das Verschwinden und die Bildung von Molen der Reaktionspartner und Produkte bedeutet.

3. Schreiben Sie für jede der folgenden Reaktionen eine ausgewogene Gleichung auf:
   (a) Für die Reaktion von Natrium mit Wasser, die zur Bildung von Wasserstoff und Natriumhydroxid führt.
   (b) Für die Reaktion von Calciumhydroxid und Kohlendioxid, die Calciumcarbonat und Wasser ergibt.
   (c) Für die Reaktion von Kohlenmonoxid mit Wasserstoff, durch die Methan und Wasser gebildet wird.

(d) Für die Reaktion von Aluminiumnitrat mit Ammoniumhydroxid bei der Bildung von Aluminiumhydroxid und Ammoniumnitrat.

4. Geben Sie ausgewogene Gleichungen für jede der folgenden Reaktionen an:
   (a) Die Reaktion von Aluminium mit Chlorwasserstoff zu Aluminiumchlorid und Wasserstoff
   (b) Die Reaktion von Ammoniak mit Sauerstoff zu Stickstoffoxid (NO) und Wasser.
   (c) Die Reaktion von Zink mit Phosphor zu Zinkphosphid.
   (d) Die Reaktion von Salpetersäure mit Zinkhydroxid zu Zinknitrat und Wasser.

5. Kohlenstoff verbrennt in Luft zu Kohlendioxid. Welche Masse von Kohlendioxid ergibt sich aus der Verbrennung von 100 g Kohlenstoff? Wie groß ist das Volumen des dabei gebildeten Kohlendioxids unter Normalbedingungen (STP)?

6. Lachgas, N_2O, verursacht, wenn es eingeatmet wird, Hysterie und Bewußtlosigkeit. Es wird aus Ammoniumnitrat durch die folgende Reaktion

$$NH_4NO_3 \rightarrow H_2O + N_2O$$

   dargestellt. Ermitteln Sie die ausgewogene Reaktionsgleichung, und berechnen Sie das aus 7,50 g Ammoniumnitrat gewonnene Volumen von N_2O bei 25 °C und 1,013 bar.

7. Kaliumdichromat, $K_2Cr_2O_7$, reagiert mit Oxalsäure, $H_2C_2O_4$, und Schwefelsäure, H_2SO_4, nach der folgenden Gleichung

$$3 H_2C_2O_4 + K_2Cr_2O_7 + 5 H_2SO_4$$
$$\rightarrow 2 KHSO_4 + Cr_2(SO_4)_3 + 6 CO_2 + 7 H_2O$$

   (a) Ist diese Gleichung ausgewogen? Wenn nicht, dann ermitteln Sie die ausgewogene Gleichung.
   (b) Wie viele Mole CO_2 werden gebildet, wenn 450 ml einer 0,2-molaren Kaliumdichromat-Lösung mit einem Überschuß von Oxalsäure und Schwefelsäure reagieren? Wie viele Gramm? Wie viele Liter bei STP?

8. Natriumsulfid reagiert mit Schwefelsäure unter Bildung von Natriumsulfat und Schwefelwasserstoff. Berechnen Sie unter der Annahme, daß Schwefelsäure im Überschuß mit 10,0 g Natriumsulfid reagiert,
   (a) die Molzahl des verbrauchten Natriumsulfids;
   (b) die Zahl der Mole des freigesetzten Schwefelwasserstoffs;
   (c) die Menge des freigesetzten Schwefelwasserstoffs in Gramm;
   (d) das Volumen des freigesetzten Schwefelwasserstoffs bei STP.

9. Calciumphosphid, Ca_3P_2, reagiert mit Wasser unter Bildung von Phosphingas (PH_3) und Calciumhydroxid. Schreiben Sie die ausgewogene Gleichung für diese Reaktion auf. Wie viele Liter PH_3-Gas bei 300 K und 2,026 bar werden von 1,75 g Calciumphosphid gebildet?

10. Wenn Vanadiumoxid, VO, mit Eisenoxid, Fe_2O_3, reagiert, sind die Produkte V_2O_5 und FeO. Stellen Sie eine ausgewogene Gleichung für die Reaktion auf, wenn an ihr keine weiteren Reaktionspartner oder Produkte beteiligt sind. Wie viele Gramm V_2O_5 werden gebildet, wenn 6,50 g Vanadiumoxid mit einem Überschuß von Eisen-

oxid reagieren? Wie viele Gramm V_2O_5 können aus 2,00 g VO und 5,75 g Fe_2O_3 gebildet werden?

11. Wenn 2,81 g eines unbekannten Metalls mit verdünnter Schwefelsäure behandelt werden, entwickeln sich 560 ml H_2-Gas bei einem Druck von 1,013 bar und einer Temperatur von 273 K.

   (a) Wie viele Mole Wasserstoffgas haben sich gebildet?

   (b) Wie groß ist die Äquivalentmasse des Metalls?

   (c) Die relative Atommasse des Metalls sei ungefähr 100. Wie groß ist dann der richtige Wert für die relative Atommasse? Wie lautet die chemische Formel für das sich ergebende Sulfat? (Benutzen Sie das Symbol M für das unbekannte Metall.) Um welches Metall handelt es sich?

12. Ammoniak, NH_3, löst sich in Wasser unter der Bildung von NH_4^+- und HO^--Ionen. Welche der beiden Verbindungen stellt im System Ammoniak–Wasser die Säure und und welche die Base dar?

13. Stellen Sie eine ausgewogene Gleichung für die Reaktion von Magnesiumhydroxid mit H_3PO_4 auf, die zur Bildung von $Mg_3(PO_4)_2$ und Wasser führt.

14. Kaliumperchlorat, $KClO_4$, besitzt eine Löslichkeit von ungefähr 7,5 g l^{-1} Lösung in Wasser bei 0 °C. Wie groß ist die Molarität der gesättigten Lösung bei 0 °C?

15. Eine Menge von 50,0 ml Ether, C_2H_5—O—C_2H_5, der eine Dichte von 0,714 g ml^{-1} besitzt, wird in genug Ethanol aufgelöst, um 100 ml der Lösung zu ergeben. Berechnen Sie die Molarität des Ethers in der Lösung.

16. Es wurde eine Schwefelsäurelösung aus 95,94 g H_2O und 10,66 g H_2SO_4 hergestellt. Das Volumen der sich ergebenden Lösung betrug 100,00 ml. Berechnen Sie die Molalität, Molarität, Normalität und Dichte dieser Lösung.

17. Wie viele Gramm des gelösten Stoffes werden benötigt, um die angegebenen Mengen der folgenden Lösungen herszustellen:

   (a) 2 l einer 2,5-molaren Schwefelsäure.

   (b) 0,5 l einer 1,0-normalen Phosphorsäure, H_3PO_4. Nehmen Sie dazu an, daß die Dissoziation HPO_4^{2-}-Ionen erzeugt und daß die Lösung für Säure-Base-Neutralisationsreaktionen verwendet werden soll.

   (c) 1 l einer Natriumhydroxid-Lösung, die sich ml für ml gegen eine 0,5-normale HCl-Lösung titrieren läßt.

18. Wie viele Milliliter Wasser müssen zu 200 ml 5,00-molarer HNO_3 *zugesetzt* werden, um eine 2-molare HNO_3-Lösung zu ergeben?

19. Welches Volumen einer 1,53-molaren Schwefelsäure muß mit Wasser verdünnt werden, um 25 ml einer 0,0500-molaren Schwefelsäure zu ergeben?

20. Berechnen Sie das Volumen von:

   (a) 2,10-molarem KOH, das zur Herstellung von 500 ml einer 0,0100-molaren KOH-Lösung benötigt wird.

   (b) 18-molarer Schwefelsäure, das zur Herstellung von 2,0 l einer 0,100-molaren H_2SO_4-Lösung erforderlich ist.

   (c) der Lösung, die durch Verdünnung von 2,0 ml einer 6-normalen HNO_3-Lösung zu einer 0,01-normalen HNO_3-Lösung hergestellt wird.

21. Welche Molarität ergibt sich für die gebildete Schwefelsäure-Lösung, wenn 25,0 ml

von 0,400-molarem H_2SO_4 mit 50,0 ml von 0,850-molarem H_2SO_4 vermischt werden?

22. Berechnen Sie die Molarität und Normalität einer Lösung, die 0,0156 g $Ba(OH)_2$ in 245 ml der Lösung enthält.

23. Welches Volumen einer 0,200-molaren H_2SO_4-Lösung wird 20,0 ml einer 0,120-normalen NaOH-Lösung neutralisieren?

24. Gleiche Volumina von 0,050-molarem $Ba(OH)_2$ und 0,040-molarem HCl werden zur Reaktion gebracht. Berechnen Sie die Molarität jeder nach der Reaktion vorhandenen Ionenart.

25. Die Dichte einer 65%igen Salpetersäure beträgt 1,40 g ml^{-1}. Wie viele Milliliter dieser Salpetersäure werden benötigt, um 500 ml einer 0,50-normalen Lösung herzustellen?

26. Wieviel Wasser muß zu 100,0 ml einer konzentrierten Salzsäurelösung zugesetzt werden, um eine 0,1000-normale Lösung zu ergeben? Konzentrierte Salzsäure enthält 37,00% HCl der Masse nach und besitzt eine Dichte von 1,190 g ml^{-1}.

27. Berechnen Sie die Masse des $Mg(OH)_2$, das benötigt wird, um mit 20,0 ml von 0,103-normalem H_3PO_4 zu reagieren und es vollständig in PO_4^{3-} umzuwandeln.

28. Natriumcarbonat, Na_2CO_3, löst sich in Wasser und bildet dabei Carbonationen, CO_3^{2-}, von denen jedes zwei Protonen aufnehmen kann, wobei Kohlensäure, H_2CO_3, gebildet wird. Wie groß ist die Äquivalenzzahl der Base pro Mol Natriumcarbonat? Wie groß ist die Normalität einer Lösung, die dadurch hergestellt wird, daß 1,35 g Natriumcarbonat in genug Wasser aufgelöst werden, um 50,0 ml Lösung zu ergeben?

29. Welches Volumen von 0,2-normalem HCl wird benötigt, um 20 ml einer 0,35-normalen NaOH-Lösung zu titrieren?

30. Wie viele Milliliter von 0,100-molarem HCl werden benötigt, um die Lösung von 0,350 g Calciumhydroxid in Wasser zu neutralisieren?

31. Zur Titration von 20,0 ml einer Schwefelsäure-Lösung wird ein Volumen von 35,8 ml einer 0,1-molaren Natriumhyroxid-Lösung benötigt. Welches sind die Normalität und Molarität der Schwefelsäure?

32. Ermitteln Sie die Menge in Gramm der Lysergsäure, $C_{15}H_{15}N_2COOH$, in einer Lösung, die mit 8,6 ml einer 0,10-molaren NaOH-Lösung bis zum Endpunkt des Phenolrots titriert wurde. (Nur ein H pro Lysergsäuremolekül reagiert mit NaOH.)

33. Eine starke Base reagiert mit einem Ammoniumsalz unter Freisetzung von Ammoniak. Außer für den qualitativen Nachweis von NH_4^+ kann diese Reaktion zur Bestimmung der Molarität einer NH_4Cl-Lösung verwendet werden: 20 ml einer NH_4Cl-Lösung werden 50,0 ml einer 0,500-molaren NaOH-Lösung zugesetzt. Das Ammoniak wird durch Erhitzen der Lösung ausgetrieben. Die übrigbleibende Lösung wurde mit 15,0 ml einer 0,500-molaren HCl bis zum Endpunkt des Methylorange titriert. Geben Sie ausgewogene Gleichungen für die dabei abgelaufenen Reaktionen an, und berechnen Sie die Molarität der NH_4Cl-Lösung. Welche Masse von NH_3 wurde freigesetzt?

34. Einem Studenten wurde eine unbekannte Säure gegeben, die entweder Essigsäure (CH_3COOH), Propionsäure (CH_3CH_2COOH) oder Brenztraubensäure

(CH$_3$COCOOH) sein kann. Eine Lösung der unbekannten Säure wurde durch Auflösen von 0,100 g der Säure in 50 ml Wasser hergestellt. Die Lösung wurde mit 11,3 ml einer 0,100-molaren NaOH-Lösung bis zum Endpunkt des Phenolphthaleins titriert. Identifizieren Sie die unbekannte Säure. (Nur ein H pro Säuremolekül reagiert mit NaOH.)

35. Die Molmasse von Kaliumhydrogenphthalat (HOOC—C$_6$H$_4$—COOK, abgekürzt KHP) beträgt 204,2 g mol^{-1}. Wenn 1,673 g KHP in 80 ml Wasser aufgelöst werden und diese Lösung 34,50 ml einer NaOH-Lösung verbraucht, bis der Phenolphthalein-Indikator eine leicht rosa Farbe annimmt, welche Molarität besitzt dann die NaOH-Lösung? (Es dissoziiert nur eines der Wasserstoffatome des KHP.)

36. Ameisensäure, HCOOH, kann durch die Destillation von Ameisen gewonnen werden. Welche Masse von Ameisensäure, die in 4,32 ml einer wäßrigen Lösung aufgelöst ist, benötigt 3,72 ml von 0,0173-normalem NaOH zur vollständigen Neutralisation? Nehmen Sie an, daß nur eines der Wasserstoffatome der Ameisensäure dissoziiert.

37. Oxalsäure, HOOC—COOH, bildet einen leicht giftigen Bestandteil der Rhabarberblätter. Berechnen Sie das Volumen von 0,114-normalem NaOH, das benötigt wird, um vollständig mit 0,273 g der Säure zu reagieren, wenn die Äquivalentmasse der Oxalsäure 46,0 g äquiv^{-1} beträgt. Was läßt dies hinsichtlich der Zahl von Wasserstoffatomen erkennen, die pro Molekül der Säure dissoziieren, wenn diese Äquivalentmasse richtig ist?

38. Nach der Auflösung in Wasser benötigt eine 0,375 g-Probe einer schwachen Säure 28,8 ml von 0,1250-molarem Natriumhydroxid, um Phenolphthalein blaßrosa zu färben. Wie groß ist die Äquivalentmasse der Säure?

39. Ein Chemiker löst 0,300 g einer unbekannten Säure in einem geeigneten Volumen Wasser auf. Er stellt fest, daß 14,60 ml von 0,426-normalem NaOH zur Neutralisation der Säure benötigt werden. Wie groß ist die Äquivalentmasse der Säure?

40. Eine 0,162 g-Probe einer unbekannten Säure benötigt 12,7 ml einer 0,0943-molaren Lösung von NaOH zur Neutralisation. Wie groß ist die Äquivalentmasse der Säure? Die Säure ist entweder CH$_3$—C$_6$H$_4$—COOH oder CH$_3$—CH$_2$—C$_6$H$_4$—COOH. Welche Möglichkeit ist wahrscheinlicher?

41. Bei der Titration von 0,15-molarem HCl mit einer Magnesiumhydroxid-Lösung unbekannter Konzentration werden 35,0 ml der Säure benötigt, um 25,0 ml der Base zu neutralisieren. Berechnen Sie die Molarität der Base.

42. Bei einem Laborexperiment wird das Ammoniak in 0,250 g einer Verbindung Cu(NH$_3$)$_x$ SO$_4$ durch 25,37 ml von 0,201-normalem HCl neutralisiert, wenn bis zum Endpunkt eines Methylorange-Indikators titriert wird. (a) Wie groß ist der Gehalt an NH$_3$ in der Verbindung in Massenprozent? (b) Welches ist der Wert des Index x in der Formel?

43. Berechnen Sie die Enthalpieänderung oder die Reaktionswärme der folgenden Reaktionen bei 298 K unter Verwendung der Werte aus Anhang 3
    (a) $2HI(g) \rightleftarrows H_2(g) + I_2(s)$
    (b) $HI(g) \rightleftarrows \frac{1}{2}H_2(g) + \frac{1}{2}I_2(s)$
    (c) $2HI(g) \rightleftarrows H_2(g) + I_2(g)$

(d) $H_2(g) + I_2(s) \rightleftharpoons 2\,HI(g)$

(e) $2\,HI(g) \rightleftharpoons H_2(g) + 2\,I(g)$

(f) $2\,HI(g) \rightleftharpoons 2\,H(g) + 2\,I(g)$

(g) $3\,HI(g) \rightleftharpoons H_2(g) + I_2(s) + HI(g)$

Wie groß ist die Sublimationswärme von I_2?

44. Stickstofftrichlorid, NCl_3, ist ein instabiles, gelbes Öl, das bei 95 °C unter Freisetzung von N_2, Cl_2 und $210\,kJ\,mol^{-1}$ explodiert. Stellen Sie eine ausgewogene Gleichung für die Reaktion auf, die ΔH enthält. Berechnen Sie die Wärmemenge, die bei der Zersetzung von $10{,}0\,g\,NCl_3$ frei wird.

45. Schwefel besitzt zwei kristalline Formen, rhombisch und monoklin. Berechnen Sie mit Hilfe der Daten aus Anhang 3 die Umwandlungswärme von rhombischem zu monoklinem Schwefel. Wie groß ist die Bildungswärme von $SO_2(g)$ aus $O_2(g)$ und monoklinem S?

46. Ist die Umwandlung von Rutil, TiO_2, zu Ti_3O_5 an Luft exotherm oder endotherm? Wie groß ist die Reaktionswärme? Stellen Sie eine ausgewogene Gleichung für die Reaktion auf.

47. Berechnen Sie die Reaktionswärme bei 298 K für

$$4\,Al(s) + 3\,PbO_2(s) \rightleftharpoons 3\,Pb(s) + 2\,Al_2O_3(s)$$

Was bedeutet das Vorzeichen bei Ihrem Ergebnis?

48. Welche Wärme wird bei der Reaktion freigesetzt, durch die Natriumcarbonat aus Na_2O und Kohlendioxidgas bei 298 K gebildet wird?

49. Berechnen Sie die Bildungswärme von festem PCl_5 bei 25 °C, wenn Ihnen die folgenden Reaktionen gegeben sind

$$2\,P(s) \;+ 3\,Cl_2(g) \rightleftharpoons 2\,PCl_3(l) \quad \Delta H = -635{,}1\,kJ$$
$$PCl_3(l) + Cl_2(g) \quad \rightleftharpoons PCl_5(s) \quad \Delta H = -137{,}3\,kJ$$

Wie groß ist die Verdampfungswärme des $PCl_3(l)$ bei dieser Temperatur?

50. Die Verbrennungswärme von $CH_3OH(l)$ zu Kohlendioxidgas und flüssigem Wasser bei 298 K beträgt $-715{,}0\,kJ\,mol^{-1}$, wogegen die der Ameisensäure, $HCOOH(l)$, gleich $-262{,}8\,kJ\,mol^{-1}$ ist. Berechnen Sie die Reaktionswärme der Reaktion

$$CH_3OH(l) + O_2(g) \rightleftharpoons HCOOH(l) + H_2O(l)$$

51. Eine Verbrennungsbombe, die $5{,}40\,g$ Aluminiummetall und $15{,}97\,g\,Fe_2O_3$ enthält, wird in ein Eiskalorimeter gebracht, das anfangs $8{,}000\,kg$ Eis und $8{,}000\,kg$ flüssiges Wasser enthält. Die Reaktion

$$2\,Al(s) + Fe_2O_3(s) \rightleftharpoons Al_2O_3(s) + 2\,Fe(s)$$

wird durch eine Fernzündung in Gang gesetzt. Es wird nach der Reaktion festgestellt, daß das Kalorimeter $7{,}746\,kg$ Eis und $8{,}254\,kg$ Wasser enthält. Die Schmelzwärme von Eis beträgt $335\,J\,g^{-1}$. Wie groß war die Enthalpieänderung bei der Reaktion?

52. Stickstoffdioxid, NO_2, ist ein Bestandteil der Luftverschmutzung, die von den Automobilabgasen herrührt. Es bildet sich, wenn bei den hohen Temperaturen im Inneren des Motors atmosphärisches N_2 und O_2 miteinander zu NO reagieren, was

dann mit weiteren O_2 zu NO_2 reagiert. Schließlich wandelt sich dieser Schmutzstoff in HNO_3 um. Für diese Umwandlung wurde die folgende Gleichung vorgeschlagen

$$O_3(g) + 2\,NO_2(g) + H_2O(g) \rightleftarrows 2\,HNO_3(aq) + O_2(g)$$

Berechnen Sie die Enthalpieänderung für diese Umwandlungsreaktion. Die dazu nötigen Daten finden Sie in Anhang 2.

Aufforderung: Es gibt mehrere Aufgaben im Buch von Butler und Grosser, *Ergänzungsaufgaben zu Prinzipien der Chemie*, die sich mit Themen aus diesem Kapitel beschäftigen. Sie möchten vielleicht einmal sehen, ob Sie die richtige Formel für eine jüngst dargestellte Xenon-Fluor-Verbindung ableiten können (Aufgabe 4–5); oder Probleme behandeln, die einem Landarzt begegnen könnten (Aufgaben 4–13 und 4–14) oder einen Wasserschutz-Ingenieur beschäftigen, der die Verschmutzung des Wassers beobachtet (Aufgabe 4–15); oder einmal Aufgaben lösen, die sich mit industriellem Entwickeln, biomedizinischer Analyse und Stadtplanung abgeben (Aufgaben 4–16 bis 4–19); oder einmal thermochemische Prinzipien auf die Ernährung, den Antrieb von Raketen und das architektonische Entwerfen anwenden (Aufgaben 4–22, 4–24 und 4–25).

Wenn Sie das, worüber Sie sprechen, auch messen und in Zahlen ausdrücken können, dann wissen Sie etwas davon; aber wenn Sie es nicht messen können und es nicht in Zahlen ausdrücken können, dann ist Ihr Wissen von einer recht dürftigen und unbefriedigenden Art. Es mag der Beginn einer Erkenntnis sein, aber Sie sind in Ihren Gedanken kaum bis ins Stadium der Naturwissenschaft vorgedrungen.

William Thomson, Lord Kelvin (1891)

5 Wird es reagieren? Eine Einführung in das Chemische Gleichgewicht

Die wichtigste Frage, die wir im vorangehenden Kapitel stellten, lautete: „Welche Menge von jeder Substanz wird benötigt, wenn eine bestimmte Reihe von Substanzen zu einem gewünschten Produkt reagiert?" Unsere grundlegenden physikalischen Annahmen dafür besagten, daß ein Chemiker nicht willkürlich Materie erschaffen oder vernichten kann und daß die Atome, die in eine chemische Reaktion eintreten, auch wieder aus ihr als Produkt herauskommen müssen. Dieses ist die chemische Buchführung in der Tradition Lavoisiers (Kapitel 1).

Im vorliegenden Kapitel werden wir eine andere Frage stellen: „Wird eine Reaktion überhaupt ablaufen? D.h. gibt es für eine bestimmte Reaktion eine Neigung oder eine Antriebskraft, die ihren Ablauf beeinflußt, und werden wir, wenn wir nur lange genug warten, feststellen, daß sich die Ausgangsstoffe der Reaktion spontan in Produkte umgewandelt haben? Diese Frage führt zu den Begriffen *Spontaneität* und *chemisches Gleichgewicht*. Die dritte Frage: „Wird eine chemische Reaktion in einer vernünftig kurzen Zeit ablaufen?" ist das Thema der chemischen Kinetik, die in Kapitel 18 diskutiert wird. Für den Augenblick wollen wir jedoch zufrieden sein, wenn wir vorhersagen können, in welcher Richtung eine chemische Reaktion von selbst ablaufen wird, wobei wir den Zeitfaktor unberücksichtigt lassen.

5–1 Spontane Reaktionen

Eine chemische Reaktion, die, wenn ihr genug Zeit gelassen wird, von selbst ablaufen wird, nennt man spontan. An der freien Luft und unter den Bedingungen in einem Automotor ist die Verbrennung von Benzin eine spontane Reaktion

$$C_7H_{16} + 11\,O_2 \rightleftarrows 7\,CO_2 + 8\,H_2O$$

(Die Reaktion ist exotherm, d.h. sie gibt Wärme an die Umgebung ab. Die Enthalpieänderung, die in Kapitel 4 definiert wurde, ist groß und negativ: $\Delta \overline{H}_{298} = -4815\,\text{kJ}\,\text{mol}^{-1}$.

Hierbei soll der Strich über dem Symbol der Enthalpie H bedeuten, daß es sich um eine *molare* Enthalpie H handelt, d. h. um eine stoffmengenbezogene Größe, die in $kJ\,mol^{-1}$ angegeben wird. Die bei der Verbrennung abgegebene Wärme bedingt eine Erhöhung des Drucks der gasförmigen Reaktionsprodukte, und dieser Druck der expandierenden Gase treibt das Auto an.) Im Gegensatz dazu verläuft die umgekehrte Reaktion unter denselben Bedingungen nicht spontan

$$7\,CO_2 + 8\,H_2O \rightleftarrows C_7H_{16} + 11\,O_2$$

Niemand würde im Ernst der Ansicht sein, daß Benzin spontan aus einer Mischung von Wasserdampf und Kohlendioxid gewonnen werden kann.

Explosionen sind Beispiele für schnelle spontane Reaktionen, aber eine Reaktion braucht nicht so schnell wie eine Explosion abzulaufen, um spontan zu sein. Es ist sehr wichtig, sich den Unterschied zwischen diesen beiden Begriffen klarzumachen: Wenn Sie Sauerstoff- und Wasserstoffgas bei Zimmertemperatur miteinander mischen, werden sie über Jahre hinaus als Gasmischung zusammenbleiben, ohne daß eine merkliche Reaktion stattfindet. Dennoch ist die Reaktion

$$2\,H_2 + O_2 \rightleftarrows 2\,H_2O$$

die zur Bildung von Wasser führt, eine echt spontane Reaktion. Wir wissen, daß dies der Fall ist, weil wir die Reaktion in Gang setzen können, indem wir das Gasgemisch mit einem Streichholz entzünden oder mit einem Katalysator aus fein verteiltem Platinmetall zur Reaktion bringen.

Der vorangehende Satz erklärt, warum ein Chemiker daran interessiert ist, ob eine Reaktion spontan abläuft, d. h. ob sie eine natürliche Neigung besitzt, von selbst abzulaufen. Wenn eine gewünschte chemische Reaktion spontan, aber langsam abläuft, läßt sich vielleicht ein Weg finden, den Prozeß zu beschleunigen. Eine Temperaturerhöhung wird häufig den gewünschten Erfolg haben, oder es läßt sich ein geeigneter Katalysator finden. Die Wirkung eines Katalysators werden wir in Kapitel 18 eingehend diskutieren, aber wir können schon jetzt kurz sagen, daß ein Katalysator ein Stoff ist, der einer naturgemäß spontanen Reaktion zu einem schnelleren Ablauf verhilft, indem er ihr einen leichteren Weg anbietet. Benzin wird in Luft verbrennen, wenn die Temperatur hoch genug ist. Die Aufgabe der Zündkerze in einem Automobilmotor ist es somit, diese Zündtemperatur zu erzeugen. Die durch die Reaktion erzeugte Wärme erhält dann die hohe Temperatur aufrecht, die danach zum Aufrechterhalten der Reaktion erforderlich ist. Benzin wird sich auch bei Zimmertemperatur mit Sauerstoff verbinden, wenn der geeignete Katalysator eingesetzt wird, da die Reaktion ihrem Wesen nach spontan ist. Aber kein Katalysator wird es jemals ermöglichen, daß Kohlendioxid und Wasserdampf sich bei Zimmertemperatur und niedrigen Drücken zu Benzin zusammenschließen, und nur ein Dummkopf von einem Chemiker würde darauf Zeit verschwenden, einen derartigen Katalysator zu suchen. Infolgedessen hilft der Begriff von den spontanen und nichtspontanen Reaktionen dem Chemiker dabei, die Grenzen dessen zu erkennen, was *möglich* ist. Wenn eine Reaktion möglich, aber zur Zeit noch nicht verwirklicht ist, kann es sich lohnen, nach Verfahren zu suchen, mit deren Hilfe sie durchgeführt werden kann. Wenn der Prozeß jedoch seinem Wesen nach unmöglich ist, dann wird es höchste Zeit, etwas anderes zu untersuchen.

5–2 Gleichgewicht und die Gleichgewichtkonstante

Die Geschwindigkeit, mit der eine Reaktion abläuft, hängt gewöhnlich von den Konzentrationen der miteinander reagierenden Substanzen ab. Dieses ist vernünftig, da die meisten Reaktionen über Molekülzusammenstöße ablaufen. Je mehr Moleküle in der Volumeneinheit vorhanden sind, desto häufiger treten solche Zusammenstöße auf.

Die industrielle Gewinnung von Stickstoffverbindungen aus der Luft ist für die Herstellung von Düngemitteln (und Sprengstoffen) von großer Bedeutung. Einer der Schritte zur Bindung des Luftstickstoffs in Gegenwart eines Katalysators ist der folgende

$$N_2 + O_2 \rightleftarrows 2\,NO \tag{5–1}$$

Wenn diese Reaktion über einen einfachen Zusammenstoß eines N_2-Moleküls mit einem O_2-Molekül ablaufen würde, dann würden wir erwarten, daß die Stoßrate (die Zahl der Zusammenstöße zwischen O_2- und N_2-Molekülen pro Sekunde) und damit auch die Reaktionsrate sowohl der Konzentration des N_2 als auch der des O_2 proportional ist

$$\text{Rate der NO-Bildung} \sim [N_2][O_2]$$

oder

$$R_1 = k_1\,[N_2][O_2] \tag{5–2}$$

wobei R_1 die Reaktionsrate oder Reaktionsgeschwindigkeit in $\text{mol}\,l^{-1}\,s^{-1}$, $[N_2]$ und $[O_2]$ die Konzentrationen der jeweiligen Komponenten in $\text{mol}\,l^{-1}$ und k_1 die Geschwindigkeitskonstante für die Hinreaktion in $l\,\text{mol}^{-1}\,s^{-1}$ sind. Diese Geschwindigkeitskonstante, die wir eingehender in Kapitel 18 besprechen werden, ändert sich gewöhnlich mit der Temperatur. Die meisten Reaktionen laufen bei höheren Temperaturen schneller ab, infolgedessen ist k_1 bei höheren Temperaturen größer. Aber k_1 hängt *nicht* von den Konzentrationen der Gase ab. Die Konzentrationsabhängigkeit der Rate für die gesamte Hinreaktion, R_1, ist in den Termen $[N_2]$ und $[O_2]$ enthalten. Wenn diese Reaktion in einem abgeschlossenen Behälter bei hohen Anfangskonzentrationen beider Gase schnell beginnen würde, dann würde mit zunehmendem N_2- und O_2-Verbrauch die Hinreaktion ständig langsamer ablaufen. Die Reaktionsrate würde abnehmen, weil sich die Zahl der Zusammenstöße zwischen den Molekülen der reagierenden Gase verringern würde, wenn die Zahl der noch im Behälter verbleibenden N_2- und O_2-Moleküle abnimmt.

Die umgekehrte Reaktion, die sogenannte Rückreaktion, kann auch eintreten. Wenn diese Reaktion durch den Zusammenstoß zweier NO-Moleküle verursacht würde, aus denen dabei je ein Molekül der Ausgangsgase entstehen würde

$$2\,NO \rightleftarrows N_2 + O_2 \tag{5–3}$$

dann würde die Reaktionsrate wieder den Konzentrationen der zusammenstoßenden

Moleküle proportional sein. Da diese Moleküle zu derselben Verbindung gehören (NO), würde die Reaktionsrate dem Quadrat der NO-Konzentration proportional sein

$$\text{Rate der NO-Zersetzung} \sim [NO][NO]$$

oder

$$R_2 = k_2 [NO]^2 \tag{5-4}$$

wobei die Größen dieselben Einheiten wie bei der Hinreaktion (5–2) besitzen. Wenn zu Beginn des Experiments wenig NO vorhanden ist, wird diese Reaktion mit einer ververnachlässigbar kleinen Rate ablaufen. Aber je mehr NO durch die Hinreaktion gebildet wird, desto schneller wird es durch die Rückreaktion zersetzt. Während somit die Rate der Hinreaktion R_1 abnimmt, wächst die Rate der Rückreaktion R_2 an. Irgendwann einmal wird dann aber der Punkt erreicht werden, an dem die Raten der Hin- und Rückreaktion genau gleich groß sind

$$R_1 \qquad = R_2$$
$$k_1 [N_2][O_2] = k_2 [NO]^2 \tag{5-5}$$

Dies ist die Bedingung für das *Gleichgewicht*. Wenn Sie während der Reaktion die Konzentrationen der drei Gase beobachtet hätten, würden Sie jetzt feststellen, daß die Zusammensetzung der Reaktionsmischung einen Gleichgewichtszustand erreicht hat und sich von nun an nicht mehr mit der Zeit ändert. Dies bedeutet nicht, daß die individuellen Reaktionen auf der mikroskopischen Ebene aufgehört haben, sondern nur, daß sie mit gleichgroßen Raten ablaufen; d.h. sie haben einen Zustand der Ausgewogenheit oder des Gleichgewichts erreicht, den sie von nun an aufrechterhalten.

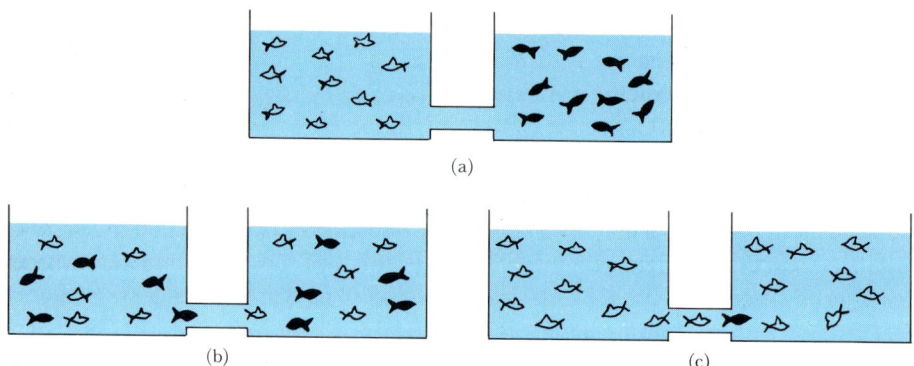

(a)

(b)   (c)

Abbildung 5–1 Veranschaulichung eines dynamischen Gleichgewichts: zwei durch einen Kanal verbundene Aquarien. (a) Beginn des Experiments mit zehn Goldfischen im linken und zehn Guppies im rechten Behälter. (b) Gleichgewichtszustand mit fünf Fischen jeder Art in jedem Behälter. (c) Wenn wir einen einzelnen Fisch beobachten würden, dann würden wir feststellen, daß er jeweils die Hälfte seiner Zeit in jedem Aquarium verbringt. Das Gleichgewicht zwischen den beiden Aquarien in (b) ist ein dynamischer, im Mittel eingehaltener Zustand, und keine statische Bedingung. Die Fische hören ja nicht auf umherzuschwimmen, sobald sie sich gleichmäßig vermischt haben.

Der Zustand des Gleichgewichts kann mit Hilfe der Vorstellung zweier großer Aquarien veranschaulicht werden, die durch einen Kanal verbunden sind (Abbildung 5–1). Das eine Aquarium enthält anfangs zehn Goldfische, während sich im anderen zehn Guppies befinden. Wenn Sie den Fischen, die ziellos in den Aquarien umherschwimmen, lange genug zusehen, werden Sie irgendwann einmal feststellen, daß sich in jedem Aquarium annähernd fünf Fische jeder Art befinden. Jeder Fisch hat dieselbe Chance, zufällig durch den Kanal in das andere Aquarium zu schwimmen, aber so lange, wie sich im linken Aquarium mehr Goldfische aufhalten (Abbildung 5–1 a), ist die Wahrscheinlichkeit, daß ein Goldfisch von links nach rechts durch den Kanal schwimmt, größer als die Wahrscheinlichkeit, daß ein Goldfisch den Kanal in umgekehrter Richtung passiert. Auf ähnliche Weise wird es so lange, wie die Zahl der Guppies im rechten Aquarium größer ist als die im linken, einen Überschußstrom von Guppies nach links geben, selbst wenn es im linken Aquarium nichts gibt, was die Guppies anlockt. Infolge dessen ist die Flußrate der Guppies durch den Kanal der Konzentration der vorhandenen Guppies proportional. Eine entsprechende Aussage kann auch für die Goldfische gemacht werden.

Im Falle des Gleichgewichts (Abbildung 5–1 b) werden sich in jedem Aquarium im Durchschnitt fünf Guppies und fünf Goldfische befinden, aber es werden keineswegs immer dieselben fünf Fische einer Art sein. Wenn ein Guppy vom linken in das rechte Aquarium hinüberschwimmt, kann er oder ein anderer Guppy etwas später in das rechte Aquarium zurückkehren. Wir stellen somit fest, daß im Gleichgewicht nicht etwa die Fische zu schwimmen aufgehört haben, sondern daß nur über einen Zeitraum die Gesamtzahl von Guppies und Goldfischen in jedem Aquarium konstant bleibt. Wenn wir jedes Aquarium mit neun Goldfischen besetzen würden und dann noch einen Guppy in eines der Aquarien hineinwerfen würden, würden wir feststellen, daß dieser Guppy infolge seines ziellosen Hin- und Herschwimmens die Hälfte der Zeit in dem einen Aquarium und die andere Hälfte der Zeit im anderen Aquarium verbringen würde (Abbildung 5–1 c).

Bei der von uns betrachteten NO-Reaktion gibt es im Gleichgewicht eine konstante Konzentration von NO-Molekülen, aber es werden dies nicht immer dieselben NO-Moleküle sein. Einzelne NO-Moleküle werden miteinander unter Rückbildung von N_2- und O_2-Molekülen reagieren, und andere N_2- und O_2-Moleküle werden neues NO bilden. Im Gleichgewichtsfall haben nur die Veränderungen aufgehört, die sich auf die Gesamtzahl – wie bei den Goldfischen – oder auf die Konzentration beziehen.

Die Gleichgewichtsbedingung für die NO-Reaktion kann in eine nützlichere Form umformuliert werden

$$\frac{[NO]^2}{[N_2][O_2]} = \frac{k_1}{k_2} = K \tag{5–6}$$

bei der das Verhältnis der Geschwindigkeitskonstante für die Hin- und Rückreaktion in einer einfachen Konstante, der *Gleichgewichtskonstante K*, zusammengefaßt wird. Diese Gleichgewichtskonstante wird sich mit der Temperatur ändern, ist aber von den Konzentrationen der Reaktionspartner und der Produkte unabhängig. Sie gibt uns das Verhältnis der Konzentrationen von Produkten zu Reaktionspartnern im Gleichgewichtsfall an und ist eine äußerst nützliche Größe zur Bestimmung, ob eine gewünschte Reaktion spontan ablaufen wird.

Wir haben den Ausdruck für die Gleichgewichtskonstante der NO-Reaktion unter der Annahme abgeleitet, daß wir die molekularen Mechanismen für die Hin- und Rückreaktion kennen. Wenn die NO-Reaktion über den einfachen Mechanismus des Zusammenstoßens von zwei Molekülen ablaufen würde, dann wäre unsere Ableitung völlig richtig. In Wirklichkeit ist der tatsächliche Mechanismus dieser Reaktion, d. h. die Folge von einzelnen Reaktionsschritten (den sogenannten *Elementarreaktionen*), die von den Ausgangsstoffen zu den Produkten führen, etwas komplizierter. Aber es ist sehr wichtig und für die Chemiker äußerst glücklich, daß wir gar nicht den Reaktionsmechanismus zu kennen brauchen, um den richtigen Ausdruck für die Gleichgewichtskonstante aufstellen zu können. (Wir werden diese Behauptung in Kapitel 15 beweisen.) Die NO-Hinreaktion verläuft in Wirklichkeit über eine Reihe von komplizierten Kettenschritten, während die Rückreaktion nach einem komplementären Satz von Reaktionsschritten abläuft, so daß sich diese Komplikationen letztlich im Verhältnis der Konzentrationen gegenseitig aufheben, durch das die Gleichgewichtskonstante bestimmt wird. Um den Ausdruck für die Gleichgewichtskonstante formulieren zu können, benötigen wir daher nur die Reaktionsgleichung der Gesamtreaktion und nicht auch noch die Einzelheiten ihres Mechanismus.

Wenn wir eine allgemeine chemische Reaktion in der Form

$$aA + bB \rightleftarrows cC + dD \tag{5–7}$$

schreiben (*Hinweis:* Die beiden entgegengesetzt gerichteten Pfeile kennzeichnen hier den Gleichgewichtszustand und besagen außerdem – wie immer –, daß es sich um eine ausgewogene Gleichung handelt), bei der A, B, C und D chemische Verbindungen darstellen und a, b, c und d die sogenannten *stöchiometrischen Koeffizienten* der Reaktion sind, dann wird die Gleichgewichtskonstante für diese Reaktion durch den Ausdruck

$$K = \frac{[C]^c [D]^d}{[A]^a [B]^b} \tag{5–8}$$

gegeben sein. Dieser wird auch als *Massenwirkungsgesetz* bezeichnet. (Nach der Diskussion der chemischen Gleichungen in Abschnitt 4–2 läßt sich zwischen der Molzahl a einer Verbindung und ihrem stöchiometrischen Koeffizienten a in einer Reaktionsgleichung die folgende Beziehung herstellen

$$a = a \times mol$$

wodurch der stöchiometrische Koeffizient als der Zahlenwert der Molzahl definiert wird.)

Wir leiteten den Ausdruck für die Gleichgewichtskonstante der NO-Reaktion unter der Annahme ab, daß wir die molekularen Mechanismen für die Hin- und Rückreaktion kennen. Soweit es die Gleichgewichtskonstanten betrifft, kann die Reaktion auch stets so behandelt werden, *als ob* sie ein einfacher einstufiger Prozeß wäre, bei dem die Reaktionsraten von den Gesamtmengen der vorhandenen Substanzen in einem bestimmten Volumen abhängen. Wie wir noch sehen werden, können wir, wenn wir die Gleich-

gewichtskonstante einer Reaktion kennen, voraussagen, ob die Reaktion spontan vorwärts oder rückwärts verlaufen wird und wie groß die Konzentrationen von Reaktionspartnern (Ausgangsstoffen) und Produkten sein werden, wenn das Gleichgewicht
erreicht ist. Wenn wir mehrere Verbindungen miteinander mischen und keine sofort ein-
setzende Reaktion beobachten, kann uns die Berechnung der Gleichgewichtskonstante
sagen, ob es sinnvoll oder nutzlos sein wird, nach einem Katalysator zu suchen, der die
Reaktion in Gang setzen könnte.

Beispiel 1: Im „Kontaktverfahren" zur Herstellung von Schwefelsäure, H_2SO_4, läuft
folgende, durch Vanadiumoxide katalysierte Reaktion ab

$$2SO_2 + O_2 \rightleftarrows 2SO_3$$

Wie lautet der Ausdruck für die Gleichgewichtskonstante?

Lösung:

$$K = \frac{[SO_3]^2}{[SO_2]^2[O_2]}$$

Beispiel 2: Die Schwefelsäurereaktion könnte auch folgendermaßen formuliert werden

$$SO_2 + \tfrac{1}{2}O_2 \rightleftarrows SO_3$$

Wie lautet der Ausdruck für die Gleichgewichtskonstante bei dieser Fassung der
Reaktionsgleichung?

Lösung:

$$K = \frac{[SO_3]}{[SO_2][O_2]^{1/2}}$$

Beachten Sie, daß diese Gleichgewichtskonstante einfach die Quadratwurzel der vorhergehenden ist, da jeder Konzentrationsterm auf der rechten Seite gleich der Quadratwurzel aus dem entsprechenden Term auf der rechten Seite im ersten Beispiel ist. Es ist
äußerst wichtig, den richtigen Ausdruck für die Gleichgewichtskonstante einer Reaktion
so aufzustellen, *wie die chemische Reaktion formuliert wurde*, und beim Benutzen einer
Gleichgewichtskonstante aus irgendeiner Literaturquelle sich genau zu vergewissern,
für welche Reaktion diese Gleichgewichtskonstante gilt.

Beispiel 3: Der Deacon-Prozeß zur Gewinnung von Chlorgas beruht auf der Reaktion

$$\tfrac{1}{2}O_2 + 2HCl \rightleftarrows H_2O + Cl_2$$

Wie lautet der Ausdruck für die Gleichgewichtskonstante dieser Reaktion?

Lösung:

$$K = \frac{[H_2O][Cl_2]}{[O_2]^{1/2}[HCl]^2}$$

Beachten Sie wieder, daß es nicht falsch ist, wenn gebrochene Exponenten bei den Konzentrationstermen auftreten. Jedoch ist es üblich, K zu quadrieren oder in die Potenz zu erheben, die nötig ist, um alle Exponenten in ganze Zahlen umzuwandeln.

Beispiel 4: Wenn die Reaktionsgleichung des Deacon-Prozesses in der Form

$$O_2 + 4HCl \rightleftarrows 2H_2O + 2Cl_2$$

geschrieben würde, in welchem Zusammenhang würde dann diese neue Gleichgewichtskonstante mit der vorangehenden stehen?

Lösung: Die neue Gleichgewichtskonstante würde das Quadrat der ersten sein. Prüfen Sie dies nach, indem sie beide Ausdrücke niederschreiben und miteinander vergleichen.

Beispiel 5: Die Dissoziation des Schwefeltrioxids kann durch folgende Gleichung dargestellt werden

$$SO_3 \rightleftarrows SO_2 + \tfrac{1}{2}O_2$$

Wie verhält sich der Ausdruck für die Gleichgewichtskonstante dieser Reaktion zu dem in Beispiel 2 diskutierten Ausdruck für die Gleichgewichtskonstante der umgekehrten Reaktion?

Lösung: Die neue Gleichgewichtskonstante ist der Reziprok- oder Kehrwert der vorangehenden. Prüfen Sie dies nach, indem Sie beide Ausdrücke niederschreiben und miteinander vergleichen.

5–3 Die Anwendung von Gleichgewichtskonstanten

Die überzeugendste Art, die Gültigkeit einer Theorie zu beweisen, ist ihre Überprüfung an Hand von experimentellen Ergebnissen. Eine Reaktion, die auf das gründlichste untersucht wurde, ist die Iodwasserstoffreaktion zwischen Iod und Wasserstoff

$$H_2(g) + I_2(g) \rightleftarrows 2HI(g) \tag{5-9}$$

Wenn wir Wasserstoff und Iod miteinander in einem abgeschlossenen Kolben mischen und die Reaktion beobachten, können wir die Bildung von Iodwasserstoff daran erkennen, daß die violette Färbung des Ioddampfes verblaßt. Diese Reaktion wurde zuerst 1893 von Max Bodenstein untersucht. Die Tabelle 5–1 enthält die Ergebnisse von Bodensteins Experimenten. Die Meßergebnisse finden Sie in den ersten drei Spalten dieser Tabelle. In der vierten Spalte haben wir einfach das Verhältnis der Konzentrationen von Produkten zu Ausgangsstoffen, $[HI]/[H_2][I_2]$, berechnet, um einmal zu sehen, ob es konstant bleibt. Das ist offensichtlich nicht der Fall, denn wenn die Wasserstoffkonzentration verringert und die Iodkonzentration erhöht wird, ändert sich dieses Verhältnis von $2,60 \times 10^3 \, l \, mol^{-1}$ bis auf weniger als $1 \times 10^3 \, l \, mol^{-1}$. Das Massenwirkungsgesetz verlangt aber, daß der Ausdruck für die Gleichgewichtskonstante das *Qua-*

Tabelle 5–1   Experimentelle Bestimmung von Gleichgewichtskonzentrationen[a)]

Experiment			Berechnungen aus dem Experiment		
$[H_2]$ (a)	$[I_2]$ (b)	$[HI]$ (c)	$\dfrac{c}{ab}$	$\dfrac{c^2}{ab} = K_{eq}$	Abweichungen vom durchschnittlichen K_{eq}
18,14	0,41	19,38	2,60	50,50	−0,03
10,96	1,89	32,61	1,57	51,34	+0,71
4,57	8,69	46,28	1,16	53,93	+3,40
2,23	23,95	51,30	0,96	49,27	−1,26
0,86	67,90	53,40	0,91	48,83	−1,70
0,65	87,29	52,92	0,93	49,35	−1,18
				6) 303,22	6) 8,28
				50,53	1,38

Durchschnittliches $K_{eq} = 50,53$ $\dfrac{1,38}{50,53} \times 100 = 2,7\%$ mittlere Abweichung

[a)] Für die Reaktion $H_2(g) + I_2(g) \rightleftarrows 2\,HI(g)$ bei 448 °C in einem Schwefeldampfbad mit konstanter Temperatur. Die Konzentrationen sind in $10^{-3}\,mol\,l^{-1}$ angegeben (d. h. die erste Wasserstoffkonzentration beträgt demnach $18,14 \times 10^{-3}\,mol\,l^{-1}$).

drat der HI-Konzentration enthalten sollte, da bei der Reaktion zwei Mole HI für jedes Mol H_2 oder I_2 beteiligt sind. Die fünfte Spalte der Tabelle zeigt nun, daß das nach dem Massenwirkungsgesetz berechnete Verhältnis $[HI]^2/[H_2][I_2]$ innerhalb einer mittleren Abweichung von annähernd 3% konstant ist. Infolgedessen ist dieses Verhältnis der richtige Ausdruck für die Gleichgewichtskonstante, und der Mittelwert für K aus diesen sechs Messungen ergibt sich zu 50,53.

Die Gleichgewichtskonstante kann zur Beantwortung der Frage herangezogen werden, ob eine Reaktion unter bestimmten Bedingungen spontan vorwärts oder rückwärts ablaufen wird. Das Verhältnis der Konzentrationen von Produkten zu Ausgangsstoffen, das dem Ausdruck für die Gleichgewichtskonstante analog ist; aber nicht notwendigerweise für die Gleichgewichtsbedingungen definiert ist, wird als *Reaktionsquotient Q* bezeichnet

$$Q = \frac{[HI]^2}{[H_2][I_2]} \tag{5–10}$$

Wenn zu viele Moleküle der Ausgangsstoffe vorhanden sind, als daß Gleichgewicht herrschen kann, dann machen die Konzentrationsterme im Nenner den Reaktionsquotienten kleiner als K. Die Reaktion wird in diesem Falle spontan vorwärts ablaufen, um mehr Produktmoleküle zu bilden. Wenn jedoch ein Experiment so aufgebaut ist, daß der Reaktionsquotient Q größer als K ist, dann sind für das Gleichgewicht zu viele Produktmoleküle vorhanden, und die Rückreaktion wird spontan ablaufen. Infolgedessen erlaubt uns ein Vergleich des tatsächlichen Konzentrationsverhältnisses oder Reaktionsquotienten mit der Gleichgewichtskonstante, vorherzusagen, in welcher Richtung eine Reaktion unter gegebenen Umständen spontan ablaufen wird.

Beispiel 6: Wird sich mehr HI bilden, wenn jeweils $1,0 \times 10^{-2}$ mol Wasserstoff- und Jodgas bei $448\,°C$ in einen $1\,l$-Kolben mit $2,0 \times 10^{-3}$ mol HI eingeleitet werden?

Lösung: Unter diesen Bedingungen ergibt sich für den Reaktionsquotienten der Wert

$$Q = \frac{(2,0 \times 10^{-3}\,\text{mol}\,l^{-1})^2}{(1,0 \times 10^{-2}\,\text{mol}\,l^{-1})(1,0 \times 10^{-2}\,\text{mol}\,l^{-1})} = 0,040$$

Dieser Wert ist kleiner als der der Gleichgewichtskonstante von 50,53 in Tabelle 5–1, was uns sagt, daß ein Überschuß von Ausgangsstoffen vorliegt. Infolgedessen werden häufiger Zusammenstöße zwischen den Molekülen der Ausgangsstoffe als Zusammenstöße zwischen Produktmolekülen stattfinden, und das Gleichgewicht wird erst dann erreicht werden, wenn sich mehr HI gebildet hat.

Beispiel 7: Würde spontan mehr HI gebildet werden, wenn nur jeweils $1,0 \times 10^{-3}$ mol H_2 und I_2 zusammen mit $2,0 \times 10^{-3}$ mol HI eingesetzt werden?

Lösung: Sie können ausrechnen, daß der Reaktionsquotient $Q = 4,0$ ist. Da dies weniger als K ist, verläuft die Hinreaktion immer noch spontan.

Beispiel 8: Was geschieht mit der Reaktion, wenn die Bedingungen aus Beispiel 7 derart verändert werden, daß die HI-Konzentration auf $2,0 \times 10^{-2}$ mol l^{-1} erhöht wird?

Lösung: Der Reaktionsquotient beträgt jetzt $Q = 400$. Dies ist größer als die Gleichgewichtskonstante K. Es gibt jetzt zu viele Produktmoleküle und zu wenig Moleküle der Ausgangsstoffe, als daß Gleichgewicht herrschen könnte. Somit läuft die Rückreaktion schneller ab als die Hinreaktion. Das Gleichgewicht ist nur durch die Umwandlung eines Teils des HI in H_2 und I_2 zu erreichen, infolgedessen verläuft die Rückreaktion spontan.

Beispiel 9: Welche Menge von HI liegt im Gleichgewichtsfall in der Gasmischung vor, wenn ein $1\,l$-Kolben anfangs jeweils $1,0 \times 10^{-3}$ mol H_2 und I_2 bei $448\,°C$ enthält?

Lösung: Die Lösung ergibt sich jetzt aus folgendem Ansatz

$$\frac{[\text{HI}]^2}{(1,0 \times 10^{-3}\,\text{mol}\,l^{-1})^2} = K = 50,53$$
$$[\text{HI}]^2 = 50,53 \times 1,0 \times 10^{-6}\,\text{mol}^2\,l^{-2}$$
$$[\text{HI}] = 7,1 \times 10^{-3}\,\text{mol}\,l^{-1}$$

Sie können sich davon überzeugen, daß im Beispiel 7 die HI-Konzentration kleiner und in Beispiel 8 größer als dieser Gleichgewichtswert war.

Beispiel 10: Ein Zehntel Mol Iodwasserstoff wird bei $448\,°C$ in einen $5\,l$-Kolben gefüllt. Wieviel Wasserstoff und Iod werden im Kolben vorhanden sein, wenn der Kolbeninhalt das Gleichgewicht erreicht hat?

Lösung: Nach der Stöchiometrie der Reaktionsgleichung müssen die molaren Konzentrationen von H_2 und I_2 die gleichen sein. Für jedes Mol H_2 und I_2, das sich bildet, werden zwei Mole HI zersetzt. Bezeichnen wir die gesuchte Zahl von Molen H_2 oder I_2 *pro Liter*, die im Gleichgewichtsfall vorliegt, mit y, dann können wir folgendermaßen vorgehen: Die anfängliche Konzentration des HI, bevor irgendeine Dissoziation eingesetzt hat, beträgt

$$[HI]_0 = \frac{0{,}10\,\text{mol}}{5\,\text{l}} = 0{,}020\,\text{mol}\,\text{l}^{-1}$$

Wir schreiben uns jetzt eine ausgewogene Gleichung für die Reaktion auf und stellen dann eine Tabelle der Konzentrationen zu Beginn und im Gleichgewicht auf

$$H_2 + I_2 \rightleftarrows 2\,HI$$

	H_2	I_2	$2\,HI$
Anfang:	0	0	$0{,}020\,\text{mol}\,\text{l}^{-1}$
Gleichgewicht:	y	y	$0{,}020\,\text{mol}\,\text{l}^{-1} - 2y$

Die HI-Konzentration von $0{,}020\,\text{mol}\,\text{l}^{-1}$ hat sich um $2y$ verringert für jedes y von H_2 und I_2, das sich gebildet hat. Der Ausdruck für die Gleichgewichtskonstante lautet dann

$$50{,}53 = \frac{(0{,}020\,\text{mol}\,\text{l}^{-1} - 2y)^2}{y^2}$$

Wir erkennen sofort, daß wir das Problem beträchtlich vereinfachen können, indem wir auf beiden Seiten die Quadratwurzel ziehen

$$7{,}11 = \frac{0{,}020\,\text{mol}\,\text{l}^{-1} - 2y}{y}$$

$$9{,}11\,y = 0{,}020\,\text{mol}\,\text{l}^{-1}$$

$$y = 0{,}0022\,\text{mol}\,\text{l}^{-1}$$

Bei einem Volumen von 5 l werden im Gleichgewicht demnach $5\,\text{l} \times 0{,}0022\,\text{mol}\,\text{l}^{-1}$ $= 0{,}011\,\text{mol}\,H_2$ und I_2 vorliegen. Noch $(0{,}020 - 2 \times 0{,}0022)\,\text{mol}\,\text{l}^{-1} \times 5\,\text{l} = 0{,}078\,\text{mol}\,HI$ werden im 5 l-Kolben übrigbleiben und der Bruchteil des im Gleichgewichtsfall dissoziierten HI beträgt

$$\frac{2y}{[HI]_0} = \frac{0{,}0044}{0{,}020} = 0{,}22 = 22\%$$

d. h. 22% des ursprünglich vorhandenen HI sind dissoziiert.

Vereinfachungen, wie das Ziehen der Quadratwurzel im vorangehenden Beispiel, sind nicht immer möglich, und ein Teil der Geschicklichkeit beim Lösen von Gleichgewichtsproblemen beruht auf dem Erkennen von Möglichkeiten zur Vereinfachung, wenn sie sich anbieten, und auf ihrer konsequenten Ausnutzung. Der Schlüssel dazu ist häufig eine gute chemische Intuition hinsichtlich des Erkennens, welche Mengen oder Konzentrationen groß und welche klein im Verhältnis zueinander sind, und diese Intuition entwickelt sich aus wohlbedachten Übungen und dem Verstehen der diesen Problemen zu Grunde liegenden Chemie. Sie sollten immer daran denken, daß dies hier chemische und keine mathematischen Probleme sind.

Beispiel 11: Wieviel HI wird im Gleichgewicht vorhanden sein, wenn 0,00500 mol Wasserstoffgas und 0,0100 mol Iodgas bei 448 °C in einen 5 l-Behälter gefüllt werden?

Lösung: Die Anfangskonzentrationen von H_2 und I_2 betragen

$$[H_2]_0 = \frac{0,00500\,mol}{5\,l} = 0,00100\,mol\,l^{-1}$$

$$[I_2]_0 = \frac{0,0100\,mol}{5\,l} = 0,00200\,mol\,l^{-1}$$

Diesmal bezeichnen wir die Konzentration von H_2 oder I_2, die im Gleichgewichtsfall miteinander reagiert haben, als unbekannte Größe mit y

	H_2	$+\ I_2$	$\rightleftarrows\ 2\,HI$
Anfang:	$0,00100\,mol\,l^{-1}$	$0,00200\,mol\,l^{-1}$	0
Gleichgewicht:	$0,00100\,mol\,l^{-1} - y$	$0,00200\,mol\,l^{-1} - y$	$2y$

Der Ausdruck für die Gleichgewichtskonstante lautet nach dem Massenwirkungsgesetz

$$50,53 = \frac{(2y)^2}{(0,00100\,mol\,l^{-1} - y)(0,00200\,mol\,l^{-1} - y)}$$

Eine Vereinfachung des Rechnungsganges durch das Ziehen der Quadratwurzel ist nun nicht mehr möglich, da die Anfangskonzentrationen von H_2 und I_2 ungleich sind. Es bleibt uns nichts weiter übrig, als die Gleichung in die Normalform einer quadratischen Gleichung umzuwandeln

$$46,53\,y^2 - 0,1516\,mol^{-1}\,l^{-1}\,y + 1,011 \times 10^{-4}\,mol^2\,l^{-2} = 0$$

Eine allgemeine quadratische Gleichung der Form $ay^2 + by + c = 0$ kann nun durch die quadratische Formel

$$y_{1,2} = \frac{-b \pm \sqrt{b^2 - 4ac}}{2a}$$

gelöst werden. Somit erhalten wir für unser Problem

$$y_{1,2} = \frac{0,1516 \pm \sqrt{0,02298 - 0,01881}}{93,06}\,mol\,l^{-1}$$

$$y_1 = 2,32 \times 10^{-3}\,mol\,l^{-1}$$
$$y_2 = 0,935 \times 10^{-3}\,mol\,l^{-1}$$

Die erste Lösung ist physikalisch unmöglich, da sie mehr H_2 ergibt, als zu Beginn der Reaktion vorhanden war. Der zweite Wert ist die richtige Lösung

$$y = 0,935 \times 10^{-3}\,mol\,l^{-1}$$

Damit erhalten wir schließlich für alle Gleichgewichtskonzentrationen

$$[H_2] = (0,00100 - 0,000935)\,\text{mol}\,l^{-1} = 0,065 \times 10^{-3}\,\text{mol}\,l^{-1}$$
$$[I_2] = (0,00200 - 0,000935)\,\text{mol}\,l^{-1} = 1,065 \times 10^{-3}\,\text{mol}\,l^{-1}$$
$$[HI] = 2 \times (0,935 \times 10^{-3})\,\text{mol}\,l^{-1}\quad = 1,870 \times 10^{-3}\,\text{mol}\,l^{-1}$$

5–4 Faktoren, die das Gleichgewicht beeinflussen: Das Le Chateliersche Prinzip

Das Gleichgewicht stellt einen Ausgleich zwischen zwei einander entgegengesetzt verlaufenden Reaktionen dar. Wir können uns jetzt fragen, wie empfindlich dieses Gleichgewicht gegenüber Veränderungen der Reaktionsbedingungen ist und was getan werden kann, um den Gleichgewichtszustand zu verändern. Diese Fragen sind von größter praktischer Bedeutung, wenn man z. B. versucht, die Ausbeute eines benötigten Reaktionsproduktes zu erhöhen.

Unter vorgegebenen Bedingungen gibt uns die Gleichgewichtskonstante das Verhältnis der Konzentrationen von Produkten zu Ausgangsstoffen an, wenn sich Hin- und Rückreaktion im Gleichgewicht befinden. Die Gleichgewichtskonstante hängt dabei nicht von Änderungen in den Konzentrationen der Ausgangsstoffe oder Produkte ab. Wenn dem Reaktionssystem fortwährend Produkte entzogen werden können, dann kann das System ständig in einem Zustand des Ungleichgewichts gehalten werden, wodurch mehr von den Ausgangsstoffen umgesetzt wird und sich somit ein kontinuierlicher Strom von neuen Produkten ergibt. Diese Methode erweist sich als nützlich, wenn ein Produkt der Reaktion in Form eines Gases entweichen kann oder aus einer Gasphase als Flüssigkeit oder Festkörper kondensiert oder ausgefroren, aus einer Gasmischung durch eine Flüssigkeit, in der es besonders gut löslich ist, ausgewaschen oder aus einem Gas oder einer Lösung ausgefällt werden kann.

Wenn z. B. gebrannter Kalk (Calciumoxid) und Koks zusammen in einem elektrischen Ofen erhitzt werden, um Calciumcarbid zu erzeugen

$$CaO(s) + 3\,C(s) \rightleftharpoons CaC_2(s) + CO(g)\uparrow \tag{5–11}$$

wird die Reaktion, die bei 2000–3000 °C abläuft, durch das ständige Entfernen des Kohlenmonoxidgases in Richtung auf die Calciumcarbidbildung gedrängt. Bei der industriellen Produktion von Titandioxid für Pigmente reagieren gasförmiges TiCl$_4$ und O$_2$

$$TiCl_4(g) + O_2(g) \rightleftharpoons TiO_2(s)\downarrow + 2\,Cl_2(g) \tag{5–12}$$

Das Produkt fällt aus den miteinander reagierenden Gases in Form eines feinen Pulvers von festem TiO$_2$ aus, und die Reaktion wird auf diese Weise gezwungen, weiter in Vorwärtsrichtung abzulaufen. Wenn Ethylacetat oder andere Ester, die als Lösungsmittel und Aromastoffe Verwendung finden, aus Carbonsäuren und Alkoholen synthetisiert werden

$$CH_3COOH + HOCH_2CH_3 \rightleftharpoons CH_3COOCH_2CH_3 + H_2O \tag{5-13}$$

Essigsäure   Ethanol   Ethylacetat

wird die Reaktion ständig dadurch im Ungleichgewicht gehalten, daß das Wasser so schnell entfernt wird, wie es sich bildet. Dies kann mit Hilfe eines Trockenmittels wie z. B. $CaSO_4$ erfolgen, oder durch Ablauf der Reaktion in Benzol, wobei eine konstant siedende Wasser-Benzolmischung weggekocht wird, oder durch Ablauf der Reaktion in einem Lösungsmittel, in dem das Wasser völlig unlöslich ist und sich in Tröpfchenform in einer zweiten Phase abscheidet. Schließlich kann die Ammoniakausbeute bei der Reaktion

$$N_2(g) + 3H_2(g) \rightleftharpoons 2NH_3(g) \tag{5-14}$$

durch Auswaschen des Ammoniaks aus der Gleichgewichtsmischung der Gase mit Hilfe eines Wasserstromes auf über 90% erhöht werden, wobei Stickstoff und Wasserstoff wieder in den Prozeß zurückgeführt werden, da Ammoniak weitaus besser als Stickstoff oder Wasserstoff in Wasser löslich ist. (Die ungleich langen Pfeile zwischen Reaktionspartnern und Produkten in den letzten vier Gleichungen sollen auf den Zustand des Ungleichgewichts hinweisen.)

Temperatur

Alle eben erwähnten Verfahren sind Methoden zur Beeinflussung des Gleichgewichts (in unseren Beispielen zugunsten der gewünschten Produkte), ohne die Gleichgewichtskonstante selbst zu verändern. Ein Chemiker kann nun häufig die Ausbeuten von gewünschten Produkten auch dadurch steigern, daß er die Gleichgewichtskonstante erhöht, wodurch das Verhältnis der Konzentrationen von Produkten zu Ausgangsstoffen im Gleichgewicht größer wird. Die Gleichgewichtskonstante ist gewöhnlich temperaturabhängig. Im allgemeinen werden sowohl die Hin- als auch die Rückreaktionen durch eine Temperaturerhöhung beschleunigt, da infolge einer Erwärmung sich die Moleküle schneller bewegen und damit häufiger zusammenstoßen. Wenn die Zunahme bei der Rate der Hinreaktion größer als die der Rückreaktion ist, dann nimmt K mit der Temperatur zu, und es werden im Gleichgewicht mehr Produkte gebildet. Wenn dagegen die Rückreaktion begünstigt wird, dann nimmt K mit steigender Temperatur ab. So beträgt z. B. der Wert von K für die Iodwasserstoffreaktion bei 448 °C 50,53, bei 425 °C lautet er 54,4 und bei 357 °C erhöht er sich auf 66,9. Die Bildung von HI wird durch eine Temperaturerhöhung in gewissem Umfang begünstigt, aber seine Zersetzung in Wasserstoff und Iod wird weitaus stärker beschleunigt.

Die Iodwasserstoffbildung verläuft exotherm, d. h. die Reaktion gibt Wärme an die Umgebung ab

$$H_2(g) + I_2(g) \rightleftharpoons 2HI(g) \tag{5-15}$$
$$\Delta H_{298} = 10,5\,kJ \text{ pro } 2\,mol \text{ HI}$$

(Wenn Sie diese Größe mit den Tabellen in Anhang 2 vergleichen, denken Sie daran, daß an dieser Reaktion gasförmiges und nicht festes Iod beteiligt ist.) Wenn die Temperatur dieser Reaktion herabgesetzt wird, wird die Lage des Gleichgewichts zugunsten der

Wärme abgebenden Hinreaktion verschoben; wenn dagegen die Reaktionstemperatur erhöht wird, ist die endotherme Rückreaktion begünstigt, die zur Bildung von H_2 und I_2 führt. Das Gleichgewicht verschiebt sich so, daß es in gewissem Umfang der Wirkung einer äußeren Wärmezufuhr (einer Temperaturerhöhung) oder Wärmeableitung (einer Temperaturerniedrigung) entgegenwirkt.

Die Temperaturabhängigkeit der Lage des Gleichgewichtspunktes ist ein Beispiel für ein allgemeines Prinzip: Wenn einem System, das sich im chemischen Gleichgewicht befindet, ein äußerer Zwang auferlegt wird, dann wird sich der Gleichgewichtspunkt so verändern, daß den Auswirkungen dieses Zwanges entgegengewirkt wird. Dieses ist das *Le Chateliersche Prinzip.* Wenn die Hinreaktion einer Gleichgewichtsreaktion exotherm ist, dann nimmt K mit steigender Temperatur ab; ist sie dagegen endotherm, nimmt K mit der Temperatur zu. Nur bei Reaktionen, die aus der Umgebung Wärme aufnehmen, kann die Ausbeute an Produkten im Gleichgewicht durch Erhöhung der Temperatur gesteigert werden. Eine gute Methode, sich das zu merken, ist es, die Reaktion mit einem expliziten Wärmeterm zu schreiben

$$H_2(g) + I_2(g) \rightleftarrows 2\,HI(g) + \text{Wärmeabgabe} \qquad (5\text{–}16)$$

Dann verschiebt eine Wärmezufuhr genauso wie eine Zugabe von HI die Reaktion nach links.

Druck

Das Le Chateliersche Prinzip gilt auch für andere Arten von Zwängen wie z. B. Druckänderungen. Die Gleichgewichtskonstante, K, wird durch eine Druckänderung bei konstanter Temperatur nicht verändert, jedoch werden sich die relativen Konzentrationen von Ausgangssubstanzen und Produkten in einer Weise ändern, die nach dem Le Chatelierschen Prinzip vorhergesagt werden kann.

An der Iodwasserstoffreaktion sind gleiche Molmengen (zwei Mole) von Ausgangsstoffen und Produkten beteiligt, d. h. die Zahl der Moleküle auf der linken und rechten Seite der Reaktionsgleichung ist dieselbe. Wenn wir bei konstanter Temperatur den Druck auf die Gasmischung verdoppeln, wird das Volumen der Gasmischung halbiert. Alle Konzentrationen in $mol\,l^{-1}$ werden sich infolgedessen verdoppeln, aber ihr *Verhältnis* zueinander wird sich nicht verändern. In Beispiel 11 verändert eine Verdoppelung der Konzentrationen von Ausgangsstoffen und Produkten nicht den Wert der Gleichgewichtskonstante

$$
\begin{aligned}
K &= \frac{(1{,}87 \times 10^{-3}\,mol\,l^{-1})^2}{(0{,}065 \times 10^{-3}\,mol\,l^{-1})(1{,}065 \times 10^{-3}\,mol\,l^{-1})} \\
&= \frac{(3{,}74 \times 10^{-3})^2}{(0{,}130 \times 10^{-3})(2{,}130 \times 10^{-3})} = 50{,}53 \qquad (5\text{–}17)
\end{aligned}
$$

Infolgedessen ist das Iod-Wasserstoff-Gleichgewicht gegenüber Druckänderungen unempfindlich. Beachten Sie, daß in diesem Fall K die Einheit 1 besitzt (keine Dimension hat), da sich die Konzentrationseinheiten im Zähler und Nenner des Ausdrucks für die Gleichgewichtskonstante wegkürzen.

Im Gegensatz dazu wird die Dissoziation des Ammoniaks durch Druckänderungen beeinflußt, da die Molzahl der Ausgangsstoffe (zwei) nicht gleich der Gesamtmolzahl der Produkte (vier) ist

$$2\,NH_3(g) \rightleftarrows N_2(g) + 3\,H_2(g) \tag{5-18}$$

Die Gleichgewichtskonstante für diese Reaktion bei 25 °C beträgt

$$K = \frac{[N_2][H_2]^3}{[NH_3]^2} = 2{,}5 \times 10^{-9}\,mol^2 l^{-2} \tag{5-19}$$

(Beachten Sie, daß K hier nicht länger eine dimensionslose Zahl ist, da die Zahl der Konzentrationsterme im Zähler und Nenner nicht mehr dieselbe ist. Bei dieser Reaktion hat K die Einheit des Quadrats der Konzentrationseinheit.) Ein Satz von Gleichgewichtskonzentrationen ist z. B.

$$[N_2] = 3{,}28 \times 10^{-3}\,mol\,l^{-1}$$
$$[H_2] = 2{,}05 \times 10^{-3}\,mol\,l^{-1}$$
$$[NH_3] = 0{,}106\,mol\,l^{-1}$$

(Können Sie zeigen, daß diese Konzentrationen die Gleichgewichtsbedingung erfüllen?) Wenn wir jetzt bei konstanter Temperatur den Druck verdoppeln, wodurch wieder das Volumen der Gasmischung halbiert und damit jede Konzentration verdoppelt wird

$$[N_2] = 6{,}56 \times 10^{-3}\,mol\,l^{-1}$$
$$[H_2] = 4{,}10 \times 10^{-3}\,mol\,l^{-1}$$
$$[NH_3] = 0{,}212\,mol\,l^{-1}$$

dann ist das Verhältnis der Konzentrationen von Produkten zu Ausgangssubstanzen, der Reaktionsquotient, nicht mehr gleich K

$$Q = \frac{(6{,}56 \times 10^{-3}\,mol\,l^{-1})(4{,}10 \times 10^{-3}\,mol\,l^{-1})^3}{(0{,}212\,mol\,l^{-1})^2}$$
$$= 1{,}0 \times 10^{-8}\,mol^2 l^{-2} \tag{5-20}$$

Da Q größer als K ist, sind für das Gleichgewicht zu viele Produktmoleküle vorhanden. Infolgedessen wird die Rückreaktion spontan ablaufen, wodurch mehr NH_3 gebildet wird und sich die Konzentrationen von H_2 und N_2 verringern. Damit wird dem Le Chatelierschen Prinzip entsprechend ein Teil der Druckerhöhung dadurch aufgefangen, daß sich die Gleichgewichtslage der Reaktion in die Richtung verschiebt, die die Gesamtmolzahl der vorhandenen Gase vermindert. Im allgemeinen wird durch eine Druckerhöhung die Reaktion begünstigt, bei der die Zahl der Gasmoleküle abnimmt, während die Reaktion, bei der mehr Gasmoleküle entstehen, benachteiligt ist.

Beispiel 12: Würde eine Druckerhöhung bei der Iodwasserstoffreaktion die Gleichgewichtslage in Richtung auf eine erhöhte oder verminderte HI-Bildung verschieben, wenn die Reaktion bei einer niedrigeren Temperatur abläuft, bei der das Iod im festen Zustand vorliegt? Wie würde sich der Druck auf den Wert von K auswirken?

Lösung: Da jetzt die Reaktion von zwei Molen gasförmigen HI ein Mol gasförmiges H_2 und ein Mol festes I_2 ergibt, wird dem Zwang des erhöhten Druckes dadurch entgegengewirkt, daß HI in H_2 und I_2 dissoziiert. Jedoch wird K durch die Druckerhöhung nicht verändert.

Katalyse

Welche Wirkung hat ein Katalysator auf eine Reaktion *im Gleichgewicht*? Die Antwort lautet: Gar keine. Ein Katalysator kann nicht den Wert von K verändern, sondern nur die Geschwindigkeit, mit der das Gleichgewicht erreicht wird, erhöhen. Dieses ist die Hauptwirkungsweise eines Katalysators. Er kann eine Reaktion nicht irgendwo anders hinbringen als zu dem Gleichgewichtszustand, den sie auch ohne Katalysator früher oder später von selbst erreichen würde.

Katalysatoren sind nichtsdestoweniger äußerst nützlich. Viele erwünschte Reaktionen verlaufen, obwohl sie spontan sind, unter gewöhnlichen Umständen mit extrem niedrigen Geschwindigkeiten. Die in der Hauptsache für die Smogbildung verantwortliche Reaktion in Automotoren, an der Stickstoffoxide beteiligt sind, ist

$$N_2 + O_2 \rightleftarrows 2NO \tag{5–21}$$

(Sobald einmal NO vorhanden ist, reagiert es bereitwillig mit mehr Sauerstoff zu braunem NO_2.) Bei den hohen Temperaturen im Inneren eines Automotors ist K für diese Reaktion groß genug, daß spürbare Mengen von NO gebildet werden. Bei 25 °C beträgt der Wert dieser Gleichgewichtskonstante jedoch nur $K = 10^{-30}$. (Sagen Sie einmal nur aufgrund der zwei vorangehenden Informationen und dem Le Chatelierschen Prinzip voraus, ob die Reaktion so, wie sie geschrieben wurde, endotherm oder exotherm ist. Überprüfen Sie Ihre Antwort mit Hilfe der Daten aus Anhang 2.) Die Menge des NO, die bei 25 °C in der Atmosphäre im Gleichgewicht vorhanden ist, sollte als vernachlässigbar klein angesehen werden. Infolgedessen sollte sich das NO spontan in N_2 und O_2 zersetzen, wenn sich die Auspuffgase abkühlen. Aber jeder Einwohner von Südkalifornien kann bestätigen, daß dem nicht so ist. NO und NO_2 kommen tatsächlich in der Luft vor, weil sich die Gase in der Atmosphäre nicht im Gleichgewicht befinden.

Die Rate der Zersetzung des NO ist extrem klein, obwohl die Reaktion spontan ist. Ein Weg zur Lösung des Smogproblems war es, nach einem Katalysator für die Reaktion

$$2NO \rightleftarrows N_2 + O_2 \tag{5–22}$$

zu suchen, der in die Auspuffleitungen eingesetzt werden könnte, um das NO in den Auspuffgasen während ihrer Abkühlung zu zersetzen. Es ist zwar möglich, einen solchen Katalysator zu finden, aber ein praktisches Problem wird durch die allmähliche Vergiftung des Katalysators aufgeworfen, die durch die Zusätze zum Benzin, wie z. B. durch die Bleiverbindungen des Antiklopfmittels, verursacht werden. Dieses wiederum ist ein Grund mehr für das derzeitige Interesse an Treibstoffen, die wenig oder gar kein Blei enthalten.

Einen Beweis für die Behauptung, daß ein Katalysator nicht die Gleichgewichtskonstante verändern kann, wird durch die Abbildung 5–2 veranschaulicht: Wenn ein Kata-

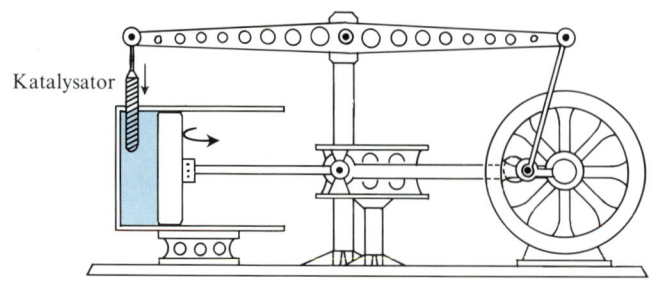

Katalysator

(a)

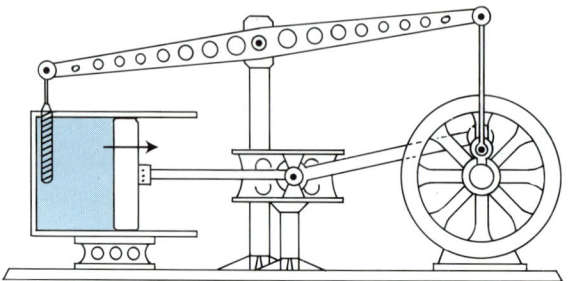

(b)

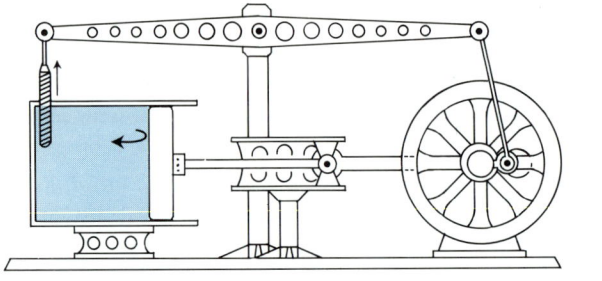

(c)

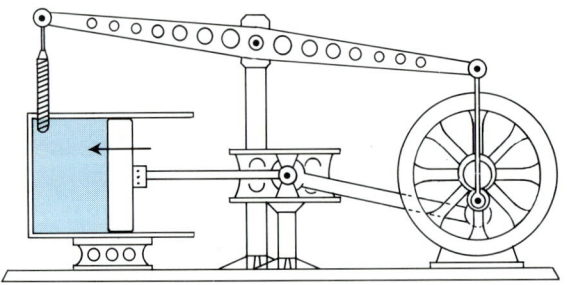

(d)

lysator die Lage des Gleichgewichts einer reagierenden Gasmischung verschieben und dadurch eine Volumenänderung (bei konstantem Druck) hervorrufen *könnte*, dann könnte eine derartige Expansion und Kontraktion durch eine Maschine genutzt und in Arbeit umgewandelt werden. Wir würden damit ein echtes „Perpetuum mobile" haben, das ohne Energiequelle Arbeit abgeben würde. Der gesunde Menschenverstand (in den Naturwissenschaften nur mit Vorsicht zu genießen) und unsere Erfahrung sagen uns, daß dies unmöglich ist. Dieser „gesunde Menschenverstand" ist wissenschaftlich in der Form des ersten Hauptsatzes der Thermodynamik formuliert (von Nichts ist Nichts), den wir in Kapitel 15 diskutieren werden. Ein Mathematiker würde dies einen *Beweis durch Widerspruch* nennen: Wenn wir annehmen, daß ein Katalysator die Gleichgewichtskonstante K verändern kann, dann nehmen wir damit auch die Existenz eines Perpetuum mobile an. Ein Perpetuum mobile kann jedoch nicht existieren; folglich ist unsere anfängliche Annahme falsch, und wir müssen den Schluß ziehen, daß ein Katalysator K nicht verändern kann.

Zusammenfassend können wir sagen, K ist eine Funktion der Temperatur, aber unabhängig von den Konzentrationen der Ausgangsstoffe oder Produkte, dem Gesamtdruck oder dem Vorliegen oder Fehlen von Katalysatoren. Die relativen Konzentrationen der Substanzen im Gleichgewicht können durch Ausübung von äußeren Zwängen auf die Gleichgewichtsmischung von Ausgangsstoffen und Produkten verändert werden, wobei die Änderung eine Richtung nimmt, die dem ausgeübten Zwang entgegenwirkt. Diese letzte Aussage, das Le Chateliersche Prinzip, ermöglicht es uns, vorherzusagen, was mit einer Reaktion geschehen wird, wenn die äußeren Bedingungen der Reaktion verändert werden, ohne daß wir exakte Berechnungen anstellen müssen.

Aufforderung: Wenn Sie das Le Chateliersche Prinzip auf die Technik des Einschenkens von Champagner und die Herstellung von Sprengstoffen anwenden möchten, sehen Sie sich einmal die Aufgaben 5–10 und 5–13 in dem Buch von Butler und Grosser an.

◄ **Abbildung 5–2** Das Ammoniak-Perpetuum mobile. Eine Mischung von NH_3, H_2 und N_2 wird links von einem Kolben in einer Kammer eingeschlossen, und der gestrichelte Zylinder, der am linken Ende des Balanciers hängt, enthält einen geheimnisvollen Katalysator, der den Gleichgewichtspunkt der Reaktion

$$2\,NH_3(g) \rightleftarrows N_2(g) + 3\,H_2(g)$$

nach rechts verschieben kann. In den Schritten (a) und (b), wenn der Katalysator in die Gasmischung eingebracht wird, dissoziiert Ammoniak zu Stickstoff und Wasserstoff, das Gesamtvolumen des Gases vergrößert sich, und der Kolben wird nach rechts gedrückt. In den Schritten (c) und (d), wenn der Katalysator aus der Gasmischung herausgezogen wird, reagieren N_2 und H_2 wieder zu Ammoniak. Infolgedessen nimmt das Gasvolumen ab, und der Kolben wird nach links gedrückt. Dieser abgeschlossene Zweistufen-Prozeß (Kreisprozeß) liefert eine unbegrenzte Menge von Energie an das Schwungrad rechts im Bild, ohne daß eine äußere Energiequelle benötigt wird. Schön wär's! Praktische Schwierigkeiten siehe Text.

5–5 Gleichgewichte in wäßrigen Lösungen: Säuren und Basen

Wenn ein Festkörper sich in einer Flüssigkeit auflöst, so geschieht dies, weil die Kräfte zwischen den Molekülen des gelösten Stoffs und denen des Lösungsmittels stärker sind als die Kräfte zwischen den Molekülen oder Ionen des gelösten Stoffes untereinander im ungelösten Zustand. In manchen Lösungen, wie z.B. bei organischen Farbstoffmolekülen, die in Ethylether (C_2H_5—O—C_2H_5) aufgelöst sind, sind intakte Moleküle des gelösten Stoffes im Lösungsmittel verteilt. Im Falle des wichtigsten Lösungsmittels überhaupt, des Wassers, ist die Sachlage etwas komplizierter: Wassermoleküle sind polar, und Wasser ist damit (Gleiches löst Gleiches) ein besonders gutes Lösungsmittel für Moleküle, die ebenfalls polar sind (siehe Abbildung 5–3). Infolgedessen ist Wasser ein besseres Lösungsmittel für polare Methanolmoleküle (CH_3OH) als für unpolare Methanmoleküle (CH_4), und Ionenverbindungen werden von ihm sogar noch besser gelöst. Der Rest dieses Kapitels ist den wäßrigen Lösungen von ionischen Substanzen gewidmet und behandelt die Ionengleichgewichte in wäßrigen Lösungen.

Die Ionisierung des Wassers und die pH-Skala

Wasser selbst ist in geringem Umfang ionisiert

$$H_2O\,(l) \rightleftarrows H^+\,(aq) + HO^-\,(aq) \tag{5–23}$$

Jedes Ion ist dabei von polaren Wassermolekülen umgeben (wie es bei den Na^+- und HO^--Ionen in Abbildung 5–3 d auch der Fall ist), wobei die Sauerstoffatome der Wassermoleküle am dichtesten an die Wasserstoffionen und die Wasserstoffatome anderer Wassermoleküle am dichtesten an die Hydroxidionen herankommen. Ionen, die auf diese Art mit den sie umgebenden Wassermolekülen in elektrostatische Wechselwirkung treten, nennt man *hydratisiert*. Der hydratisierte Zustand des Protons, H^+, wird manchmal als H_3O^+ dargestellt, was $H^+ \cdot H_2O$ bedeuten soll. Aber dies ist eine unnötige, ja sogar irreführende Darstellung. Eine etwas genauere Darstellung eines hydratisierten Protons würde $H_9O_4^+$ oder $H^+ \cdot (H_2O)_4$ sein, die den Cluster darstellt. Eine praktische, abkürzende Schreibweise dafür ist H⁺(aq), bei der der Zusatz (aq) darauf hinweist, daß es sich um ein hydratisiertes Proton in einer großen Menge Wasser als Lösungsmittel handelt. Wir werden für den Rest des Buches annehmen, daß H^+ und HO^-, wie jedes andere Ion, in wäßrigen Lösungen hydratisiert sind, und werden diese hydratisierten Ionen einfach mit H^+ und HO^- bezeichnen.

Der Ausdruck für die Gleichgewichtskonstante für die Dissoziation des Wassers lautet

$$K = \frac{[H^+][HO^-]}{[H_2O]} \tag{5–24}$$

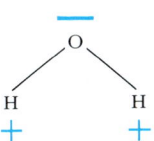

(a) Polares Molekül

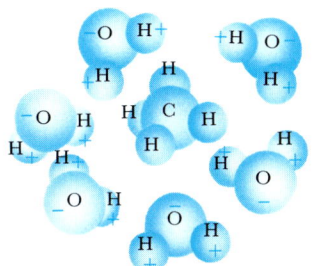

(b) Geringe Wechselwirkung

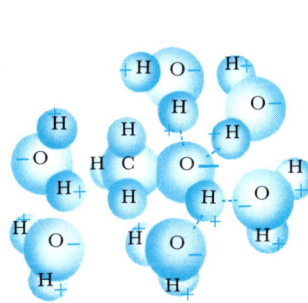

(c) Mittlere Wechselwirkung

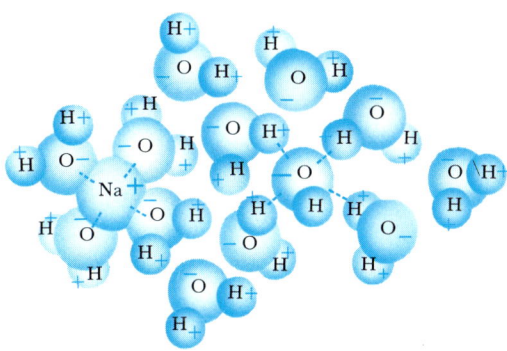

(d) Starke Wechselwirkung

Abbildung 5–3 (a) Das Wassermolekül, H_2O, ist ein polares Molekül mit überschüssigen Elektronen und damit einer kleinen negativen Ladung am Sauerstoffatom sowie einem Elektronenunterschuß und damit einer kleinen positiven Ladung an jedem Wasserstoffatom. (b) Das Methanmolekül, CH_4, ist unpolar, seine Elektronen sind gleichmäßig über das Molekül verteilt. Es weist keine lokalen Bereiche von positiver und negativer Ladung auf, von denen Wassermoleküle angezogen werden könnten; somit ist das Wasser ein schlechtes Lösungsmittel für Methan. (c) Methanol, CH_3OH, ist polar, wenn auch weniger stark als Wasser. Es besitzt einen Elektronenüberschuß und damit eine kleine negative Ladung am Sauerstoffatom sowie eine kleine positive Ladung an dem an das Sauerstoffatom gebundenen Wasserstoffatom. Methanol tritt leicht mit Wassermolekülen durch elektrostatische Kräfte in Wechselwirkung, was es wasserlöslich macht. (d) Natriumhydroxid, NaOH, dissoziiert in positive und negative Ionen. Diese Ionen zeigen eine sehr starke Wechselwirkung mit den polaren Wassermolekülen, so daß NaOH extrem gut wasserlöslich ist. Jedes Na^+- und HO^--Ion ist von einer Hülle von Wassermolekülen umgeben, wobei deren negative Enden den Natriumionen und deren positive Enden den Hydroxidionen zugekehrt sind. Man sagt, die Ionen sind hydratisiert.

Tabelle 5–2   Gemessene Temperaturabhängigkeit des Ionenprodukts des Wassers, K_w

$K_w = [H^+][HO^-]$

T (°C)	K_w (mol^2 l^{-2})
0	$0{,}115 \times 10^{-14}$
25	$1{,}008 \times 10^{-14}$
40	$2{,}95 \ \times 10^{-14}$
60	$9{,}5 \ \ \times 10^{-14}$

Bei vernünftig verdünnten Lösungen ist die Wassermenge, die während einer chemischen Reaktion verbraucht oder gebildet wird, klein im Vergleich zu der Menge des bereits vorhandenen Wassers. Die Konzentration des Wassers wird infolgedessen durch den Verbrauch oder die Bildung von Wasser bei chemischen Reaktionen in wäßrigen Lösungen nicht signifikant verändert und ist praktisch gleich der Konzentration des Wassers im reinen Zustand

$$[H_2O] = \frac{1000\,\mathrm{g\,l}^{-1}}{18{,}0\,\mathrm{g\,mol}^{-1}} = 55{,}5\,\mathrm{mol\,l}^{-1} \qquad (5{-}25)$$

Es erweist sich nun als praktisch, diese Konstante (bei verdünnten Lösungen) aus dem Nenner des Ausdrucks für die Gleichgewichtskonstante zu eliminieren, indem sie auf die linke Seite der Gleichung (5–24) gebracht und mit der Gleichgewichtskonstante zu einer neuen Konstante K_w zusammengefaßt wird

$$K_w = 55{,}5\,\mathrm{mol\,l}^{-1} \times K = [H^+][HO^-] \qquad (5{-}26)$$

Diese neue „Gleichgewichtskonstante" K_w wird als das *Ionenprodukt des Wassers* bezeichnet. Wie die meisten Gleichgewichtskonstanten ändert sich auch K_w mit der Temperatur. Einige experimentell bestimmte Werte für das Ionenprodukt des Wassers finden Sie in Tabelle 5–2.

Übung: Sagen Sie aufgrund der Daten aus Tabelle 5–2 und mit Hilfe des Le Chatelier-schen Prinzips voraus, ob die Dissoziation des Wassers Wärme freisetzt oder aufnimmt. (Antwort: Da eine Temperaturerhöhung die Dissoziation begünstigt, ist die Dissoziation des Wassers ein endothermer oder Wärme aufnehmender Prozeß. Aus dem Anhang 2 können Sie entnehmen: $\Delta \overline{H}_{(Diss, H_2O)} = +55{,}94\,\mathrm{kJ\,mol}^{-1}$. Dieses ist die Energie, die dazu erforderlich ist, in wäßriger Lösung eine O—H-Bindung aufzubrechen, wobei beide Bindungselektronen bei dem Sauerstoffatom verbleiben.)

Es ist üblich, den Wert von $K_w = 10^{-14}\,\mathrm{mol}^2\mathrm{l}^{-2}$ als hinreichend genau für Gleichgewichtsberechnungen bei Zimmertemperatur anzunehmen. Dies bedeutet, daß in reinem Wasser, in dem die Konzentrationen von Wasserstoff- und Hydroxidionen gleich groß sind, gilt

$$[H^+] = [HO^-] = 10^{-7}\,\mathrm{mol\,l}^{-1} \qquad (5{-}27)$$

Da hohe Zehnerpotenzen in der Handhabung etwas umständlich sind, ist eine logarithmische Schreibweise entwickelt worden, die sogenannte *pH-Skala*. (Das Symbol pH steht für „negative Potenz der Wasserstoffionenkonzentration in $\text{mol}\,\text{l}^{-1}$.") Der pH-Wert ist durch den negativen Logarithmus des Verhältnisses $[\text{H}^+]/1\,\text{mol}\,\text{l}^{-1}$ definiert

$$\text{pH} = -\log_{10} \frac{[\text{H}^+]}{1\,\text{mol}\,\text{l}^{-1}} \tag{5–28}$$

Wenn die Wasserstoffionenkonzentration also einen Wert von $10^{-7}\,\text{mol}\,\text{l}^{-1}$ besitzt, erhalten wir für den pH-Wert

$$\text{pH} = -\log_{10}(10^{-7}) = +7$$

Auf ganz analoge Weise kann für die Hydroxidionenkonzentration ein pHO-Wert definiert werden

$$\text{pHO} = -\log_{10} \frac{[\text{HO}^-]}{1\,\text{mol}\,\text{l}^{-1}} \tag{5–29}$$

und der pHO-Wert des reinen Wassers beträgt ebenfalls $+7$. Der Wert des Ionenprodukts kann nun gleichermaßen als pK_w-Wert logarithmisch ausgedrückt werden

$$pK_w = -\log_{10} \frac{K_w}{1\,\text{mol}^2\,\text{l}^{-2}} = +14 \tag{5–30}$$

Und schließlich können wir damit den Ausdruck für das Dissoziationsgleichgewicht des Wassers

$$[\text{H}^+][\text{HO}^-] = K_w = 10^{-14}\,\text{mol}^2\,\text{l}^{-2} \tag{5–31}$$

in logarithmischer Form schreiben

$$\text{pH} + \text{pHO} = 14 \tag{5–32}$$

In einer sauren Lösung ist $[\text{H}^+]$ größer als $10^{-7}\,\text{mol}\,\text{l}^{-1}$, somit ist der pH-Wert kleiner als 7. Das Ionenproduktgleichgewicht bleibt auch in sauren Lösungen unverändert, so daß wir die Hydroxidionenkonzentration $[\text{HO}^-]$ aus der Beziehung

$$[\text{HO}^-] = \frac{K_w}{[\text{H}^+]} = \frac{10^{-14}\,\text{mol}^2\,\text{l}^{-2}}{[\text{H}^+]} \tag{5–33}$$

oder

$$\text{pHO} = pK_w - \text{pH} = 14 - \text{pH} \tag{5–34}$$

ermitteln können. Die angenäherten pH-Werte einiger üblicher Lösungen sind in Tabelle 5–3 zusammengestellt.

Beispiel 13: Wie groß ist die Wasserstoffionenkonzentration im Orangensaft nach Tabelle 5–3? Wie hoch ist die Hydroxidionenkonzentration?

Lösung: Da der pH-Wert gleich 2,8 ist, ergibt sich für die Wasserstoffionenkonzentration

Tabelle 5–3 Acidität (ausgedrückt durch den pH-Wert) einiger üblicher Lösungen

Substanz	pH
Kommerzielles, konzentriertes HCl (37% der Masse)	$\sim -1{,}1$
1-molare HCl-Lösung	0,0
Magensaft	1,4
Zitronensaft	2,1
Orangensaft	2,8
Wein	3,5
Tomatensaft	4,1
Schwarzer Kaffee	5,0
Urin	6,0
Regenwasser	6,5
Milch	6,9
Reines Wasser bei 24 °C	7,0
Blut	7,4
Backsodalösung	8,5
Boraxlösung	9,2
Kalkwasser	10,5
Haushaltsammoniak	11,9
1-molare NaOH-Lösung	14,0
Gesättigte NaOH-Lösung	$\sim 15{,}0$

$$[H^+] = 10^{-2,8}\,\text{mol}\,\text{l}^{-1}$$
$$= 10^{+0,2} \times 10^{-3}\,\text{mol}\,\text{l}^{-1}$$
$$= 1{,}6 \times 10^{-3}\,\text{mol}\,\text{l}^{-1}$$

(Logarithmen und Numeri können von einem Rechenschieber abgelesen werden. Der Logarithmus von 1,6 ist 0,2 und der Numerus von 0,2 ist 1,6. Eine nützliche Umwandlung, die Sie sich merken sollten, damit Sie sicher gehen, daß Sie die logarithmische Skala eines Rechenschiebers richtig ablesen, ist die folgende: Der Logarithmus von 2 ist gleich 0,30; d. h. $2 = 10^{0,30}$ oder $\log_{10} 2 = 0{,}30$.)

Die Hydroxidionenkonzentration kann nach einer der beiden gleichwertigen Methoden bestimmt werden

$$[HO^-] = \frac{10^{-14}\,\text{mol}^2\,\text{l}^{-2}}{1{,}6 \times 10^{-3}\,\text{mol}\,\text{l}^{-1}}$$
$$= 6{,}3 \times 10^{-12}\,\text{mol}\,\text{l}^{-1}$$

oder

$$pHO = 14 - pH = 11{,}2$$
$$[HO^-] = 10^{-11,2}\,\text{mol}\,\text{l}^{-1}$$
$$= 10^{+0,8} \times 10^{-12}\,\text{mol}\,\text{l}^{-1}$$
$$= 6{,}3 \times 10^{-12}\,\text{mol}\,\text{l}^{-1}$$

Beispiel 14: Wie groß ist das Verhältnis der Zahlen von Wasserstoffionen zu Hydroxidionen in reinem Wasser und in Orangensaft?

Lösung: In reinem Wasser ist das Verhältnis gleich $10^{-7}:10^{-7}$ oder gleich $1:1$. Im Orangensaft nach Tabelle 5–3 ist das Verhältnis dagegen gleich $1,6 \times 10^{-3}:6,3 \times 10^{-12}$ oder gleich $2\,500\,000\,000:1$. Um das Dissoziationsgleichgewicht aufrechtzuerhalten, haben die zusätzlichen H^+-Ionen im Orangensaft die Wasserdissoziation in Richtung zum undissoziierten H_2O verschoben, wodurch HO^--Ionen aus der Lösung entfernt wurden. Orangensaft ist nun keine besonders starke Säure, und die enorme Veränderung der Ionenverhältnisse, die selbst bei diesem Beispiel auftreten, veranschaulicht sehr gut die Vorteile der Zehnerpotenzschreibweise und der Verwendung von Logarithmen (pH, pHO und pK_w).

Starke und schwache Säuren

Säuren sind Substanzen, die die Wasserstoffionenkonzentration in einer Lösung vergrößern, und Basen sind Stoffe, die $[H^+]$ herabsetzen. In wäßriger Lösung werden die Säuren entweder als stark oder schwach klassifiziert. Starke Säuren sind vollständig dissoziiert oder ionisiert, und sie umfassen Wasserstoffsäuren wie die Salzsäure (HCl) und die Iodwasserstoffsäure (HI) und Sauerstoffsäuren wie die Salpetersäure (HNO_3), die Schwefelsäure (H_2SO_4) und die Perchlorsäure ($HClO_4$). Jede dieser Säuren gibt in der Lösung ein Proton ab, und die Säuredissoziationskonstante K_a ist so groß ($> 10^3$ moll^{-1}), daß zu wenig undissoziierte Säure übrigbleibt, als daß sie noch nachgewiesen werden könnte. (HSO_4^- verliert noch ein zweites Proton und ist eine schwache Säure.)

Schwache Säuren besitzen in wäßriger Lösung meßbare Ionisationskonstanten, da sie nicht vollständig dissoziieren. Beispiele dafür sind (bei $25\,°C$)

Schwefelsäure: $HSO_4^- \rightleftarrows H^+ + SO_4^{2-}$
(2. Ionisierung)

$$K_a = \frac{[H^+][SO_4^{2-}]}{[HSO_4^-]} \qquad (5\text{–}35)$$
$$= 1,2 \times 10^{-2}\,\text{moll}^{-1}$$

Flußsäure: $HF \rightleftarrows H^+ + F^-$

$$K_a = \frac{[H^+][F^-]}{[HF]} \qquad (5\text{–}36)$$
$$= 3,5 \times 10^{-4}\,\text{moll}^{-1}$$

Essigsäure: $CH_3COOH \rightleftarrows CH_3COO^- + H^+$

$$K_a = \frac{[H^+][CH_3COO^-]}{[CH_3COOH]} \qquad (5\text{–}37)$$
$$= 1,76 \times 10^{-5}\,\text{moll}^{-1}$$

Blausäure: $HCN \rightleftarrows H^+ + CN^-$

$$K_a = \frac{[H^+][CN^-]}{[HCN]} \qquad (5\text{–}38)$$
$$= 4,9 \times 10^{-10}\,\text{moll}^{-1}$$

Die Unterscheidung zwischen starken und schwachen Säuren ist etwas künstlich und erfolgt mehr oder weniger willkürlich. Die Ionisierung von HCl ist ja nicht einfach eine Dissoziation, sondern vielmehr das Ergebnis eines erfolgreichen Ringens der H_2O-Moleküle mit den Cl^--Ionen um den Besitz der Protonen, H^+

$$HCl + x H_2O \rightleftarrows H^+ \cdot (H_2O)_x + Cl^- \qquad (5\text{–}39)$$

In der Brönsted-Lowry-Theorie der Säuren und Basen ist jeder *Protonendonator* eine Säure und jeder *Protonenakzeptor* eine Base. Infolgedessen ist HCl eine Säure, und Cl⁻ ist ihre *konjugierte Base*. Da HCl sein Proton bereitwillig abgibt, ist es eine starke Säure, während Cl⁻, weil es eine so geringe Affinität zum Proton besitzt, eine schwache Base ist. Im Gegensatz dazu ist HCN eine sehr schwache Säure, da es seine Protonen nur in äußerst geringem Umfang abgibt. Seine konjugierte Base, CN⁻, ist aufgrund ihrer hohen Affinität zu Protonen eine starke Base.

Wasser ist eine etwas stärkere Base als Cl⁻ und nimmt daher, wenn es im Überschuß

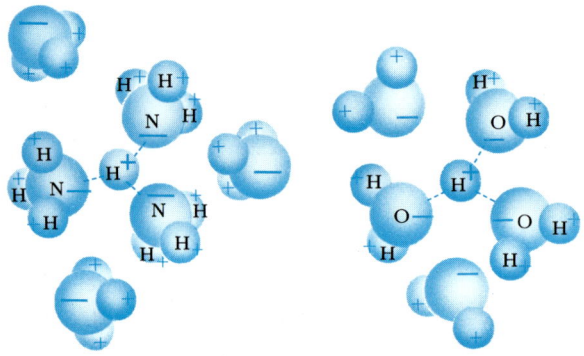

(a) Extrem starke Solvatation   (b) Starke Solvatation (Hydratisierung)

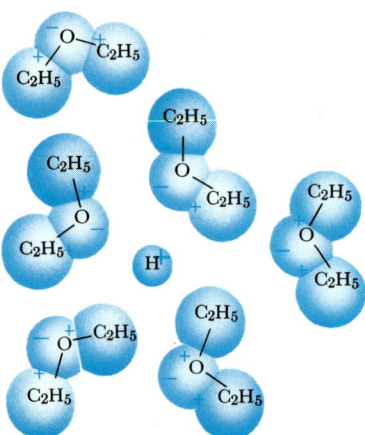

(c) Schwache Solvatation

Abbildung 5–4   Vergleich der relativen Stärken der Solvatation eines Wasserstoffions in (a) flüssigem Ammoniak, (b) Wasser und (c) Ethylether. Die Bindung zwischen dem Proton und den Ammoniakmolekülen des Lösungsmittels ist extrem stark, und flüssiges Ammoniak wird von Substanzen Protonen abspalten und sie zu starken Säuren machen, die in wäßriger Lösung nur schwache Säuren bilden. Im Gegensatz dazu besitzt Ethylether ein derart schwach Protonen solvatisierendes Molekül, daß viele Stoffe, die in Wasser starke Säuren sind, in Ethylether ihre Protonen behalten und nur teilweise dissoziierte schwache Säuren bilden.

vorhanden ist, praktisch alle Protonen vom HCl auf, so daß dadurch das HCl vollständig ionisiert wird. CN^- ist eine weitaus stärkere Base als H_2O, und somit wird nur ein kleiner Bruchteil der Protonen vom HCN an Wassermoleküle gebunden sein. Mit anderen Worten, HCN ist in wäßrigen Lösungen nur wenig ionisiert, was sein K_a-Wert von $4,9 \times 10^{-10} \, \text{moll}^{-1}$ auch erkennen läßt. (Wir werden die relativen Anziehungskräfte von Cl^-, H_2O und CN^- auf Protonen später erklären können, wenn wir erst einmal etwas mehr von der Anordnung von Elektronen um Ionen herum wissen (Kapitel 10). Für den Augenblick werden wir diese Ergebnisse als experimentell richtig hinnehmen und mit ihnen arbeiten.)

Da Wasser stets im großen Überschuß vorhanden ist, wird jede Säure, deren konjugierte Base schwächer als H_2O ist (d.h. eine geringere Protonenaffinität als H_2O besitzt), in wäßriger Lösung praktisch vollständig dissoziiert sein. Wir können das Verhalten von HCl und $HClO_4$ (Perchlorsäure) in wäßriger Lösung nicht voneinander unterscheiden. Beide sind vollständig dissoziiert und damit starke Säuren. Jedoch bei einem Lösungsmittel mit einer geringeren Protonenaffinität als Wasser finden wir Unterschiede zwischen HCl und $HClO_4$ (Abbildung 5–4). Wenn wir Diethylether als Lösungsmittel verwenden, ist Perchlorsäure noch immer eine starke Säure, aber HCl wird dann nur noch teilweise ionisiert und ist infolgedessen in diesem Lösungsmittel eine schwache Säure. Diethylether solvatisiert ein Proton nicht so stark wie Wasser. („Solvatation" ist eine Verallgemeinerung des Begriffes der Hydratation, die auch für andere Lösungsmittel als Wasser angewendet werden kann.) Bei der Reaktion

$$HCl + xC_2H_5OC_2H_5 \rightleftarrows H^+ \cdot (C_2H_5OC_2H_5)_x + Cl^- \tag{5–40}$$

liegt der Gleichgewichtspunkt weit auf der linken Seite, so daß HCl in Ether nur teilweise dissoziiert ist. Nur bei einer extrem starken Säure, wie z.B. der Perchlorsäure, besitzt das Anion eine so geringe Anziehungskraft auf das Proton, daß es das Proton an Methanol als Akzeptorlösungsmittel abgeben wird. Auf diese Weise können wir mit Hilfe anderer Lösungsmittel als Wasser Unterschiede in der Säurestärke oder Acidität (oder Protonenaffinität) entdecken, die in wäßrigen Lösungen völlig maskiert sind. Diese Maskierung der relativen Säurestärken durch basische Lösungsmittel wie Wasser bezeichnet man auch als „Nivellierungseffekt".

Die Dissoziationskonstanten einiger Säuren in wäßriger Lösung mit Schätzwerten für die K_a-Werte für starke Säuren, die durch das Lösungsmittel „nivelliert" werden, sind in Tabelle 5–4 zusammengestellt. Die Dissoziation des protonisierten Lösungsmittels H_2O in hydratisierte Protonen und H_2O bedeutet nur eine Umlagerung von Protonen von einem Satz Wassermoleküle auf einen anderen und muß daher einen K_a-Wert von $1,00 \, \text{moll}^{-1}$ besitzen. In flüssigem Ammoniak als Lösungsmittel würden alle Säuren, deren konjugierte Basen schwächer als NH_3 sind, durch das Lösungsmittel nivelliert werden und würden als vollständig ionisierte starke Säuren vorliegen. So sind z.B. Flußsäure und Essigsäure in flüssigem Ammoniak starke Säuren.

Der Nivellierungseffekt des Lösungsmittels und die Entstehung von starken und schwachen Säuren sind in Abbildung 5–4 zusammengefaßt. Der Unterschied zwischen starken und schwachen Säuren hängt genauso sehr vom Lösungsmittel wie von den Eigenschaften der Säuren selbst ab. Nichtsdestoweniger ist der Unterschied in wäßriger

Tabelle 5–4   Dissoziationskonstanten einiger Säuren[a] bei 25 °C

Säure	HA	A$^-$	K_a (mol l^{-1})	pK_a
Perchlorsäure	HClO$_4$	ClO$_4^-$	$\sim 10^{+8}$	~ -8
Permangansäure	HMnO$_4$	MnO$_4^-$	$\sim 10^{+8}$	~ -8
Chlorsäure	HClO$_3$	ClO$_3^-$	$\sim 10^{+3}$	~ -3
Salpetersäure	HNO$_3$	NO$_3^-$		
Bromwasserstoffsäure	HBr	Br$^-$		
Salzsäure	HCl	Cl$^-$		
Schwefelsäure (1)[b]	H$_2$SO$_4$	HSO$_4^-$		
Hydratisiertes Proton oder protonisiertes Lösungsmittel	H$^+$(aq)	H$_2$O (Lösungsmittel)	1,00	0,00
Trichloressigsäure	CCl$_3$COOH	CCl$_3$COO$^-$	2×10^{-1}	0,70
Oxalsäure (1)	HOOC—COOH	HOOC—COO$^-$	$5,9 \times 10^{-2}$	1,23
Dichloressigsäure	CHCl$_2$COOH	CHCl$_2$COO$^-$	$3,32 \times 10^{-2}$	1,48
Schweflige Säure (1)	H$_2$SO$_3$	HSO$_3^-$	$1,54 \times 10^{-2}$	1,81
Schwefelsäure (2)	HSO$_4^-$	SO$_4^{2-}$	$1,20 \times 10^{-2}$	1,92
Phosphorsäure (1)	H$_3$PO$_4$	H$_2$PO$_4^-$	$7,52 \times 10^{-3}$	2,12
Bromessigsäure	CH$_2$BrCOOH	CH$_2$BrCOO$^-$	$2,05 \times 10^{-3}$	2,69
Malonsäure (1)	HOOC—CH$_2$—COOH	HOOC—CH$_2$—COO$^-$	$1,49 \times 10^{-3}$	2,83
Chloressigsäure	CH$_2$ClCOOH	CH$_2$ClCOO$^-$	$1,40 \times 10^{-3}$	2,85
Salpetrige Säure	HNO$_2$	NO$_2^-$	$4,6 \times 10^{-4}$	3,34
Fluorwasserstoffsäure (Fluß-)	HF	F$^-$	$3,53 \times 10^{-4}$	3,45
Ameisensäure	HCOOH	HCOO$^-$	$1,77 \times 10^{-4}$	3,75
Benzoesäure	C$_6$H$_5$COOH	C$_6$H$_5$COO$^-$	$6,46 \times 10^{-5}$	4,19
Oxalsäure (2)	HOOC—COO$^-$	$^-$OOC—COO$^-$	$6,4 \times 10^{-5}$	4,19
Essigsäure	CH$_3$COOH	CH$_3$COO$^-$	$1,76 \times 10^{-5}$	4,75
Propionsäure	CH$_3$CH$_2$COOH	CH$_3$CH$_2$COO$^-$	$1,34 \times 10^{-5}$	4,87
Malonsäure (2)	HOOC—CH$_2$—COO$^-$	$^-$OCC—CH$_2$—COO$^-$	$2,03 \times 10^{-6}$	5,69
Kohlensäure (1)	CO$_2$ + H$_2$O	HCO$_3^-$	$4,3 \times 10^{-7}$	6,37
Schweflige Säure (2)	HSO$_3^-$	SO$_3^{2-}$	$1,02 \times 10^{-7}$	6,91
Schwefelwasserstoff (1)	H$_2$S	HS$^-$	$9,1 \times 10^{-8}$	7,04
Phosphorsäure (2)	H$_2$PO$_4^-$	HPO$_4^{2-}$	$6,23 \times 10^{-8}$	7,21
Ammoniumion	NH$_4^+$	NH$_3$	$5,6 \times 10^{-10}$	9,25
Blausäure (Cyanwasserstoff-)	HCN	CN$^-$	$4,93 \times 10^{-10}$	9,31
Silberion	Ag$^+$ + H$_2$O	AgOH	$9,1 \times 10^{-11}$	10,04
Kohlensäure (2)	HCO$_3^-$	CO$_3^{2-}$	$5,61 \times 10^{-11}$	10,25
Wasserstoffperoxid	H$_2$O$_2$	HO$_2^-$	$2,4 \times 10^{-12}$	11,62
Schwefelwasserstoff (2)	HS$^-$	S^{2-}	$1,1 \times 10^{-12}$	11,96
Phosphorsäure (3)	HPO$_4^{2-}$	PO$_4^{3-}$	$2,2 \times 10^{-13}$	12,67
Wasser[c]	H$_2$O	HO$^-$	$1,8 \times 10^{-16}$	15,76

[a] HA ist die Säureform, wobei die Säurestärke die Tabelle herunter abnimmt. A$^-$ ist die konjugierte Base, deren Stärke die Tabelle herunter zunimmt. Das Gleichgewicht lautet HA $\rightleftarrows$ H$^+$(aq) + A$^-$(aq), und für den Ausdruck für die Gleichgewichtskonstante gilt

$$K_a = \frac{[\mathrm{H}^+][\mathrm{A}^-]}{[\mathrm{HA}]} \qquad \mathrm{p}K_a = -\lg(K_a/\mathrm{mol\,l}^{-1})$$

Lösung wirklich vorhanden. Solange sich die Diskussion auf wäßrige Lösungen beschränkt (wie wir es von jetzt an tun werden), werden wir feststellen, daß es recht nützlich ist, über die beiden Klassen von Säuren einzeln nachzudenken und sie getrennt zu behandeln.

Starke und schwache Basen

In der üblichen Terminologie ist eine Base ein Stoff, der die Wasserstoffionenkonzentration einer Lösung herabsetzt. Natriumhydroxid, Kaliumhydroxid und ähnliche Verbindungen sind Basen, weil sie sich in wäßriger Lösung auflösen und vollständig dissoziieren, wobei Hydroxidionen gebildet werden

$$\begin{aligned} NaOH &\rightleftarrows Na^+ + HO^- \\ KOH &\rightleftarrows K^+ \ + HO^- \end{aligned} \tag{5–41}$$

Diese überschüssigen Hydroxidionen stören dann das Dissoziationsgleichgewicht des Wassers und vereinigen sich mit einem Teil der Protonen, die normalerweise im reinen Wasser anzutreffen sind

$$H^+ + HO^- \rightleftarrows H_2O \quad [H^+] = \frac{K_w}{[HO^-]} < 10^{-7} \, mol \, l^{-1} \tag{5–42}$$

In der mehr verallgemeinerten Brönsted-Lowry-Definition einer Base ist das Hydroxidion selbst die Brönsted-Lowry-Base, denn es ist die Substanz, die sich mit dem Proton verbindet. Die Na^+- und K^+-Ionen liefern dabei bloß die positiven Ionen, die nötig sind, um die Ladungsneutralität der chemischen Verbindung sicherzustellen.

Die üblicherweise anzutreffenden Hydroxide der Alkalimetalle lösen sich in Wasser auf und dissoziieren vollständig unter Bildung derselben Brönsed-Lowry-Base, HO^-. Diese Hydroxide sind alle *starke Basen*, analog den starken Säuren wie HCl und HNO_3. Andere Substanzen, wie z. B. Ammoniak und viele organische Stickstoffverbindungen, können sich ebenfalls in der wäßrigen Lösung mit Protonen verbinden und als Brönsted-Lowry-Basen wirken. Diese Verbindungen sind *schwächere Basen* als das Hydroxidion, weil sie eine schwächere Anziehungskraft auf die Protonen ausüben. Wenn z. B. Ammoniak in einer wäßrigen Lösung mit HO^- um die Protonen kämpft, ist es nur teilweise erfolgreich. Es gelingt ihm nur, sich mit einem Teil der Protonen zu verbinden, so daß die Reaktion

$$NH_3 + H^+ \rightleftarrows NH_4^+ \tag{5–43}$$

eine meßbare Gleichgewichtskonstante besitzen wird.

Es gibt keinen logischen Grund, warum diese Reaktion nicht auch durch eine Säure-

---

◀ [b)] (1) kennzeichnet die erste Dissoziation oder Protonentransfer-Reaktion; (2) die zweite Dissoziation und (3) die dritte Dissoziation eines Protons.

[c)] Beachten Sie, daß dieser K_a-Wert für Wasser im Nenner explizit $[H_2O] = 55,5 \, mol \, l^{-1}$ verwendet, um mit den anderen Eintragungen in dieser Tabelle im Einklang zu stehen, und daß gilt

$$55,5 \, mol \, l^{-1} \times 1,8 \times 10^{-16} \, mol \, l^{-1} = 1,0 \times 10^{-14} \, mol^2 \, l^{-2} = K_w.$$

Dissoziationskonstante wie in Tabelle 5–4 beschrieben werden kann. Das Ammonium-ion, NH_4^+, ist nach Brönsted und Lowry die *konjugierte Säure* der Base NH_3. Es gibt überhaupt keinen Grund, weshalb bei einem Säure-Base-Paar die Säure neutral und die Base geladen sein muß, wie es bei den Paaren HCl/Cl^- und HCN/CN^- der Fall ist. Das NH_4^+-Ion ist eine genauso respektable Säure wie HCl oder HCN, und es ist, obwohl schwächer als HCl, tatsächlich stärker als HCN. Infolgedessen können wir die Ammoniakreaktion ebenfalls als eine Dissoziation einer Säure formulieren

$$NH_4^+ \rightleftarrows NH_3 + H^+ \quad K_a = 5,6 \times 10^{-10}\,\text{moll}^{-1} \quad \text{(aus Tabelle 5-4)} \quad (5\text{--}44)$$

oder, wenn wir das basische Verhalten des NH_3 betonen wollen

$$NH_3 + H^+ \rightleftarrows NH_4^+ \quad K = \frac{1}{K_a} = 1,79 \times 10^9\,\text{lmol}^{-1} \quad (5\text{--}45)$$

Trotz dieser Überlegungen und Erkenntnisse ist die Terminologie der Chemiker in die Falle der älteren Säure-Base-Definitionen geraten, die von Arrhenius entwickelt wurden, und Sie sollten sich dessen bewußt werden. Arrhenius stellte sich eine Base als einen Stoff vor, der in wäßriger Lösung HO^--Ionen abgibt. Für die Alkalimetallhydroxide machte dies keine Schwierigkeiten

$$NaOH \rightleftarrows Na^+ + HO^- \qquad\qquad\qquad (5\text{--}46)$$

Aber was geschieht mit dem NH_3? Arrhenius nahm an, daß bei der Auflösung von NH_3 in Wasser die folgende Reaktion abliefe

$$NH_3 + H_2O \rightleftarrows NH_4OH \rightleftarrows NH_4^+ + HO^- \qquad\qquad (5\text{--}47)$$

Durch dieses Postulat einer Zwischenstufe – des Ammoniumhydroxids –, die wie jedes andere Hydroxid dissoziierte, wurde das NH_3 dieser Theorie angepaßt: Natrium-hydroxid ist eine starke Base, die vollständig dissoziiert; Ammoniumhydroxid würde eine schwache Base sein, die nur zum Teil dissoziiert. Arrhenius definierte eine Base-dissoziationskonstante K_b als

$$BOH \rightleftarrows B^+ + HO^- \quad K_b = \frac{[B^+][HO^-]}{[BOH]} \qquad\qquad (5\text{--}48)$$

Für Ammoniak würde sich zwischen K_a und K_b die folgende Beziehung ergeben

$$K_b = \frac{[NH_4^+][HO^-]}{[NH_3]} = \frac{[NH_4^+][HO^-][H^+]}{[NH_3][H^+]} = \frac{K_w}{K_a} \qquad (5\text{--}49)$$

$$K_b = \frac{10^{-14}\,\text{mol}^2\text{l}^{-1}}{5,6 \times 10^{-10}\,\text{moll}^{-1}} = 1,79 \times 10^{-5}\,\text{moll}^{-1} \qquad (5\text{--}50)$$

Nun gibt es jedoch unglücklicherweise für die Arrheniussche Theorie keinerlei Beweis dafür, daß Ammoniumhydroxid, NH_4OH, wirklich als eine stöchiometrische Verbindung existiert. Es ist daher exakter, zu sagen, daß das polare Ammoniakmolekül wie jedes andere polare Molekül auch hydratisiert wird. Dabei bildet sich $NH_3 \cdot (H_2O)_x$ oder $NH_3(aq)$. Ammoniak, NH_3, verbindet sich *direkt* mit einem Proton und mit Wassermolekülen

$$NH_3 + H^+ + xH_2O \rightleftarrows NH_4^+ \text{(aq)} \qquad \text{(in sauren Lösungen)}$$
$$NH_3 + xH_2O \rightleftarrows NH_4^+ \text{(aq)} + HO^- \quad \text{(in basischen Lösungen)} \quad (5-51)$$

Nichtsdestoweniger ist die Arrheniussche Terminologie zu tief in das Gewebe der Chemie eingedrungen, als daß sie noch aus ihm entfernt werden könnte, und wir werden daher häufig K_b für schwache Basen an Stelle von K_a für ihre konjugierten Säuren verwenden. Im allgemeinen werden die vollständig dissoziierten starken Basen, denen wir begegnen werden, Hydroxidverbindungen sein, während die schwachen Basen Ammoniak und organische Stickstoffverbindungen, wie die in Tabelle 5–5 aufgeführten, sein werden. K_b kann stets mit Hilfe des Ausdrucks

$$K_a \times K_b = K_w \qquad\qquad\qquad\qquad (5-52)$$

aus K_a und K_w berechnet werden.

Tabelle 5–5 Dissoziationskonstanten einiger schwacher Basen[a] bei 25 °C

Base	B	BH$^+$	K_b (mol l^{-1})	pK_b
Anilin	(Phenyl)–NH$_2$	(Phenyl)–NH$_3^+$	$4{,}3 \times 10^{-10}$	9,37
Pyridin	(Pyridin) N	(Pyridin) N$^+$—H	$1{,}8 \times 10^{-9}$	8,75
Imidazol	(Imidazol) H–N···N	(Imidazol) H–N···N–H$^+$	$9{,}1 \times 10^{-8}$	7,05
Hydrazin	N_2H_4	$N_2H_5^+$	$9{,}8 \times 10^{-7}$	6,01
Ammoniak	NH_3	NH_4^+	$1{,}79 \times 10^{-5}$	4,75
Trimethylamin	$(CH_3)_3N$	$(CH_3)_3NH^+$	$6{,}4 \times 10^{-5}$	4,19
Methylamin	CH_3-NH_2	$CH_3-NH_3^+$	$3{,}7 \times 10^{-4}$	3,34
Dimethylamin	$(CH_3)_2NH$	$(CH_3)_2NH_2^+$	$5{,}4 \times 10^{-4}$	3,27

[a] Wenn B die Base darstellt, lautet die Gleichgewichtsgleichung $B + H_2O \rightleftarrows BH^+ + HO^-$, wobei BH^+ die konjugierte Säure ist. Die Basestärken nehmen die Tabelle herunter zu, während die Stärken der konjugierten Säuren abnehmen. Der Ausdruck für die Gleichgewichtskonstante lautet damit

$$K_b = \frac{[BH^+][HO^-]}{[B]} \qquad\qquad pK_b = -\lg(K_b/\text{mol l}^{-1})$$

5–6 Lösungen von starken Säuren und Basen: Neutralisation und Titration

Wenn eine bestimmte molare Menge einer starken Säure in Wasser aufgelöst wird, so ist dies gleichbedeutend mit der Zugabe derselben molaren Menge von Wasserstoffionen, da die Säure vollständig dissoziiert ist.

Beispiel 15: Wie groß ist die Wasserstoffionenkonzentration einer 0,01-molaren Salpetersäurelösung? Wie groß ist ihr pH-Wert?

Lösung:

$$[H^+] = 0,01 \, \text{mol} \, l^{-1}$$
$$pH = -\log_{10} 10^{-2} = 2,0$$

Die Lösung ist recht sauer.

Beispiel 16: Wie groß sind die Wasserstoffionenkonzentration und der pH-Wert einer 0,005-molaren Natriumhydroxidlösung?

Lösung: Der Beitrag zur Hydroxidionenkonzentration vom vollständig dissoziierten NaOH ist

$$[HO^-] = 0,005 \, \text{mol} \, l^{-1}$$

Diese hohe Hydroxidionenkonzentration wird die normale Dissoziation des Wassers völlig unterdrücken und die Dissoziationsreaktion

$$H_2O \leftrightarrows H^+ + HO^-$$

weiter nach links verschieben. Die Wasserstoffionenkonzentration ergibt sich aus dem Ausdruck für das Ionenprodukt zu

$$[H^+] = \frac{K_w}{[HO^-]} = \frac{10^{-14}}{0,005} \, \text{mol} \, l^{-1} = 2 \times 10^{-12} \, \text{mol} \, l^{-1}$$

$$pH = -\log_{10}(2) - \log_{10}(10^{-12}) = -0,30 + 12 = 11,7$$

Die Lösung ist also stark basisch.

Beispiel 17: Welcher pH-Wert wird sich einstellen, wenn wir gleiche Volumina von den Lösungen aus den letzten beiden Beispielen miteinander mischen?

Lösung: Wenn gleiche Volumina miteinander vermischt werden, dann wird die Konzentration eines jeden gelösten Stoffes halbiert werden, da das Endvolumen zweimal so groß ist wie das Anfangsvolumen jeder Lösung. Die sich ergebende Lösung wäre also 0,0050-molar in Salpetersäure und 0,0025-molar in Natriumhydroxid. Aber Säure und Base werden miteinander reagieren und sich gegenseitig neutralisieren, bis die eine oder die andere völlig verbraucht ist

$$H^+ + NO_3^- + Na^+ + HO^- \rightleftarrows H_2O + NO_3^- + Na^+$$

oder einfach

$$H^+ + HO^- \rightleftarrows H_2O$$

da sich die Natrium- und Nitrationen an der Neutralisationsreaktion nicht beteiligen. Im vorliegenden Fall ist Natriumhydroxid in geringerer Konzentration vorhanden.

Wenn die gesamte Base verbraucht ist, bleiben noch übrig

$$(0,0050 - 0,0025)\,\text{mol}\,\text{l}^{-1} = 0,0025\,\text{mol}\,\text{l}^{-1}$$

überschüssige Salpetersäure und wir erhalten

$$[\text{H}^+] = 0,0025\,\text{mol}\,\text{l}^{-1} = 2,5 \times 10^{-3}\,\text{mol}\,\text{l}^{-1}$$
$$\text{pH} = -\log_{10}(2,5) + 3,0 = 2,6$$

Beispiel 18: Wie viele Milliliter (Kubikzentimeter) 0,10-molaren HCl müssen wir 200 ml 0,005-molaren KOH zusetzen, um den pH-Wert der Lösung auf 10 zu erniedrigen?

Lösung: Ohne Zusatz von HCl würde der pH-Wert der Kaliumhydroxidlösung gleich 11,7 sein, wie in Beispiel 16. Bezeichnen wir jetzt das Volumen der 0,10-molaren HCl-Lösung, das benötigt wird, um einen pH-Wert von 10 zu ergeben, mit y. Da $0,005\,\text{mol}\,\text{l}^{-1}$ dasselbe sind wie $0,005\,\text{mmol}\,\text{ml}^{-1}$, erhalten wir für die Gesamtmenge des KOH in Millimol (mmol)

$$\begin{aligned} n_{\text{KOH}} &= 0,005\,\text{mmol}\,\text{ml}^{-1} \times 200\,\text{ml} \\ &= 1,00\,\text{mmol}\,(= 1 \times 10^{-3}\,\text{mol}) \end{aligned}$$

Die insgesamt hinzuzugebende HCl-Menge muß dann die Molzahl

$$n_{\text{HCl}} = 0,10\,\text{mmol}\,\text{ml}^{-1} \times y$$

besitzen. Da die sich ergebende Lösung basisch ist, muß gelten: $n_{\text{KOH}} > n_{\text{HCl}}$. Die Überschußmenge von Hydroxidionen, die nach der teilweisen Neutralisation durch das HCl übrigbleibt, ist gleich

$$\begin{aligned} n_{\text{Base}} &= n_{\text{KOH}} - n_{\text{HCl}} \\ &= 1,0\,\text{mmol} - 0,10\,\text{mmol}\,\text{ml}^{-1} \times y \end{aligned}$$

Für das Endvolumen ergibt sich

$$V = 200\,\text{ml} + y$$

und damit für die Hydroxidionenkonzentration nach Zugabe der Salzsäure

$$[\text{HO}^-] = \frac{n_{\text{Base}}}{V} = \frac{1,0\,\text{mmol} - 0,10\,\text{mmol}\,\text{ml}^{-1} \times y}{200\,\text{ml} + y}$$

Ein pH-Wert von 10 bedeutet nun einen pHO-Wert von 4 und damit eine HO^--Konzentration von $[\text{HO}^-] = 10^{-4}\,\text{mol}\,\text{l}^{-1}$, so daß wir erhalten

$$\begin{aligned} 10^{-4}\,\text{mol}\,\text{l}^{-1} &= 10^{-4}\,\text{mmol}\,\text{ml}^- \\ &= \frac{1,0\,\text{mmol} - 0,10\,\text{mmol}\,\text{ml}^{-1} \times y}{200\,\text{ml} + y} \end{aligned}$$

und schließlich ein Volumen von

$$y = 9,8\,\text{ml}$$

von 0,10-molaren HCl berechnen können, das unserer KOH-Lösung zuzusetzen ist.

Titration und Titrationskurven

Wenn wir eine gleiche Zahl von Äquivalenten einer starken Säure und einer starken
Base miteinander mischen, werden sie sich gegenseitig vollständig neutralisieren, und
der pH-Wert der Lösung wird 7,0 betragen. Dieses führt zu einem Verfahren zur Bestimmung der Säuremenge, die in einer unbekannten Lösung vorhanden ist: Setzen Sie der
Lösung so lange eine abgemessene Menge einer basischen Lösung zu, deren Konzentration bekannt ist, bis Sie den Neutralisationspunkt oder Endpunkt erreicht haben, und
berechnen Sie dann aus der Zahl der Äquivalente der verbrauchten Base, wie viele
Säureäquivalente ursprünglich vorhanden waren. Dieses Verfahren wird *Titration* genannt und gehört zu den analytischen Standardmethoden. Wir haben es bereits in
Kapitel 4 diskutiert.

Beispiel 19: 150 ml einer HCl-Lösung unbekannter Konzentration werden mit 0,10-mo-
larer NaOH-Lösung titriert. Von der basischen Lösung werden 80 ml verbraucht, um
die Säure zu neutralisieren. Wie viele Mole HCl waren ursprünglich vorhanden, und
wie hoch war die Konzentration der Säurelösung?

Lösung: Für die Molzahl der verbrauchten Base ergibt sich

$$n_{NaOH} = 0{,}10 \, mol \, l^{-1} \times 80 \times 10^{-3} \, l$$
$$= 8{,}0 \times 10^{-3} \, mol$$

Dies muß dasselbe wie die Molzahl der ursprünglich vorhandenen Salzsäure sein, wenn
die Neutralisierung vollständig erfolgt ist. Somit folgt für die ursprüngliche Konzentration des HCl

$$[HCl]_0 = \frac{8{,}0 \times 10^{-3} \, mol}{150 \times 10^{-3} \, l} = 0{,}053 \, mol \, l^{-1}$$

Eine übliche Methode zur Bestimmung des Endpunktes einer Titration beruht auf der
Verwendung eines Säure-Base-Indikators. Indikatoren sind schwache organische Säuren
oder Basen, die in ihren ionisierten und neutralen Zuständen (oder in zwei verschiedenen
ionisierten Zuständen) unterschiedliche Farben aufweisen. Wenn ihr Farbumschlag in
der Nachbarschaft von pH 7 erfolgt und wenn wir nur wenige Tropfen der Indikatorlösung
der zu titrierenden Lösung zusetzen, sehen wir diesen Farbumschlag am Endpunkt der
Titration. Wir werden einige der üblichen Indikatoren im Abschnitt über schwache
Säuren besprechen. Das Anpassen des Farbumschlags eines Indikators an den Endpunkt einer Titration muß nicht sehr exakt vorgenommen werden, da der pH-Wert
drastisch mehrere Einheiten durchläuft, wenn die Neutralisation abgeschlossen wird.
Dieses kann die Arbeit eines analytischen Chemikers beträchtlich erleichtern, und es
lohnt sich, sich das Verhalten des pH-Werts während einer Titration etwas näher anzusehen. Lassen Sie uns einmal zur Veranschaulichung dessen, wovon eben die Rede war,
die Titrationskurve (d.h. die Abhängigkeit des pH-Werts der Lösung von der zugegebenen Menge des Titrationsmittels) für eine typische starke Säure und starke Base
berechnen.

Beispiel 20: 50 ml einer 0,10-molaren Salpetersäure werden in einer experimentellen Anordnung, wie der in Abbildung 4–1 gezeigten, mit 0,10-molarem KOH titriert. Berechnen Sie den pH-Wert der Lösung als eine Funktion des Volumens der zugegebenen KOH-Lösung (v in ml).

Lösung: Es ist am einfachsten, diese Berechnung in drei Schritten zu erledigen: Vor der Neutralisation, am Neutralisationspunkt (Endpunkt) und nach der Neutralisation. Berechnen Sie vor der Neutralisation, wieviel von der Base hinzugesetzt wurde, nehmen Sie dabei an, daß die gesamte Base dazu verbraucht wurde, einen Teil der Säure zu neutralisieren und berechnen Sie, wieviel Säure noch nicht neutralisiert in Abhängigkeit vom Volumen der bereits zugegebenen Base übrigbleibt. Als Grundlage Ihrer Berechnungen erhalten Sie die folgenden Beziehungen zwischen den einzelnen Größen

Tabelle 5–6 Titration von 50 ml einer 0,10-molaren Salpetersäure mit 0,10-molaren Kaliumhydroxid (v = Volumen der Baselösung in ml)

(a) Vor Äquivalenzpunkt

v (ml)	$\dfrac{50\text{ ml} - v}{50\text{ ml} + v}$	$[H^+]$	pH
0	1,00	0,100	1,00
10	$\frac{40}{60}$	0,067	1,18
20	$\frac{30}{70}$	0,043	1,37
30	$\frac{20}{80}$	0,025	1,60
40	$\frac{10}{90}$	0,011	1,95
45	$\frac{5}{95}$	0,0053	2,28
48	$\frac{2}{98}$	0,0020	2,69
49	$\frac{1}{99}$	0,0010	3,00
49,9	$\frac{0,1}{99,9}$	0,0001	4,00
49,99	$\frac{0,01}{99,99}$	0,00001	5,00

(b) Nach Äquivalenzpunkt

v (ml)	$\dfrac{v - 50\text{ ml}}{v + 50\text{ ml}}$	$[OH^-]$	pOH	pH
50,01	$\frac{0,01}{100,01}$	0,00001	5,00	9,00
50,1	$\frac{0,1}{100,1}$	0,0001	4,00	10,00
51	$\frac{1}{100}$	0,0010	3,00	11,00
52	$\frac{2}{102}$	0,0020	2,71	11,29
55	$\frac{5}{105}$	0,0048	2,32	11,68
60	$\frac{10}{110}$	0,0091	2,04	11,96
70	$\frac{20}{120}$	0,0167	1,78	12,22
80	$\frac{30}{130}$	0,023	1,64	12,36
90	$\frac{40}{140}$	0,029	1,54	12,46
100	$\frac{50}{150}$	0,033	1,48	12,52

Anfang: $n_{HNO_3} = 50\,ml \times 0{,}10\,mmol\,ml^{-1}$

$\qquad\qquad\quad = 5{,}0\,mmol$

Zugegeben: $n_{KOH} = v \times 0{,}10\,mmol\,ml^{-1}$

Restsäure: $n_{Säure} = 5{,}0\,mmol - v \times 0{,}10\,mmol\,ml^{-1}$

Gesamtvolumen: $V = 50\,ml + v$

$$[H^+] = \frac{5{,}0\,mmol - v \times 0{,}10\,mmol\,ml^{-1}}{50\,ml + v}.$$

$$= \frac{50\,ml - v}{50\,ml + v} \times 0{,}10\,mmol\,ml^{-1}$$

Die Ergebnisse der Berechnungen von $[H^+]$ für verschiedene Werte von v sind in Tabelle 5–6(a) zusammengestellt und im linken Teil von Abbildung 5–5 mit offenen Kreisen eingetragen. Am Endpunkt sind die molaren Mengen von Säure und Base einander gleich, und der pH-Wert ist 7,0.

Hinter dem Endpunkt brauchen wir nur zu berechnen, wieviel Base im Überschuß zugegeben wurde (über die Menge hinaus, die zur Neutralisation der Säure erforderlich war), und können dann diesen Wert direkt zur Bestimmung von $[HO^-]$, pHO und pH verwenden. Wir erhalten damit nach dem Neutralisationspunkt folgende Beziehungen

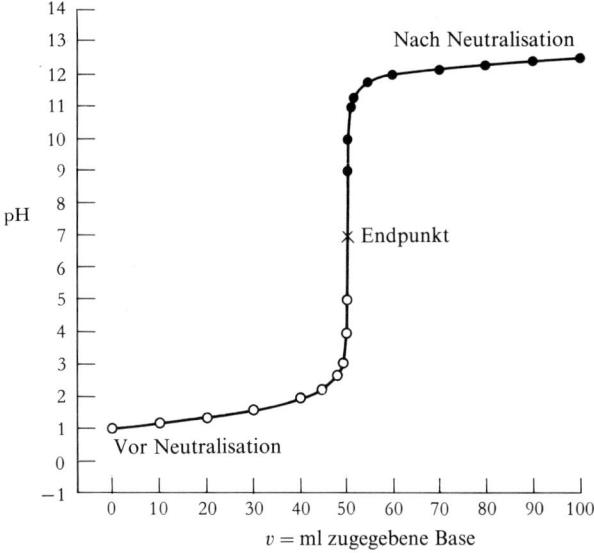

Abbildung 5–5 Typische Titrationskurve für eine starke Säure mit einer starken Base. Fünfzig Milliliter von 0,10-molarem HNO_3 werden mit sich ständig erhöhenden Mengen einer 0,10-molaren KOH-Lösung titriert. Die eingezeichneten Meßpunkte entsprechen den Daten aus Tabelle 5–6. Beachten Sie, wie schnell sich der pH-Wert im Bereich des Endpunkts oder der exakten Neutralisation der Säure durch die Base verändert. Jeder Säure-Base-Indikator, dessen Farbe im pH-Bereich von 4 bis 10 umschlägt, kann zur Bestimmung des Endpunkts bei dieser Titration verwendet werden.

Anfang: $n_{HNO_3} = 5{,}0\,\text{mmol}$ (wie zuvor)

Zugegeben: $n_{KOH} = v \times 0{,}10\,\text{mmol}\,\text{ml}^{-1}$

Restbase: $n_{Base} = v \times 0{,}10\,\text{mmol}\,\text{ml}^{-1} - 5{,}0\,\text{mmol}$

Endvolumen: $V = 50\,\text{ml} + v$

Hydroxidionen-
konzentration:

$$[HO^-] = \frac{v \times 0{,}10\,\text{mmol}\,\text{ml}^{-1} - 5{,}0\,\text{mmol}}{50\,\text{ml} + v}$$

$$= \frac{v - 50\,\text{ml}}{v + 50\,\text{ml}} \times 0{,}10\,\text{mmol}\,\text{ml}^{-1}$$

Diese Berechnungen für verschiedene Werte von v und die entsprechenden pH-Werte sind in Tabelle 5–6(b) aufgeführt und in Abbildung 5–5 auf der rechten Seite mit gefüllten Kreisen eingetragen. Es wird jetzt klar, warum die Wahl eines Indikators bei einer solchen Titration nicht so kritisch ist. Irgendein Indikator, dessen Farbumschlag im pH-Bereich zwischen 3 und 11 erfolgt, würde genügen.

Die Titration einer schwachen Säure mit einer starken Base oder einer schwachen Base mit einer starken Säure ist etwas komplizierter, weil die schwache Komponente nur teilweise dissoziiert ist. Es müssen dann Dissoziationsgleichgewichte der Art verwendet werden, wie sie im nächsten Abschnitt disskutiert werden. Wir werden uns in diesem Kapitel mit derartigen Titrationen nicht weiter beschäftigen, sie werden aber in Anhang 3 behandelt.

5–7 Schwache Säuren und Basen

Wie wir bereits gesagt haben, sind schwache Säuren und Basen in Wasser nur teilweise dissoziiert. Infolgedessen ist der Beitrag der Essigsäure zur Wasserstoffionenkonzentration z.B. geringer als die Gesamtkonzentration der zugegebenen Säure.

Beispiel 21: Wie groß ist der pH-Wert einer 0,0100-molaren Essigsäurelösung? Vergleichen Sie diesen mit dem pH-Wert einer Salpetersäurelösung gleicher Konzentration (siehe Beispiel 15).

Lösung: Es ist allgemein üblich, das Acetation, CH_3COO^-, durch das Symbol Ac^- darzustellen und anstelle von CH_3COOH für die Essigsäure HAc zu schreiben. (Es werden gelegentlich auch die Symbole OAc^- und HOAc verwendet, um dadurch zu kennzeichnen, daß es sich um eine Sauerstoffsäure handelt, bei der das dissoziierende Proton an ein Sauerstoffatom gebunden vorliegt.) Die Dissoziation von HAc erfolgt unvollständig

$$HAc \rightleftharpoons H^+ + Ac^-$$

und der Ausdruck für die Gleichgewichtskonstante der Dissoziation ergibt sich nach dem Massenwirkungsgesetz zu (siehe Tabelle 5–4)

$$K_a = \frac{[H^+][Ac^-]}{[HAc]} = 1{,}76 \times 10^{-5}\,\text{mol}\,l^{-1}$$

Nun kennen wir die anfängliche Gesamtkonzentration der Essigsäure

$$c_0 = 0{,}0100\,\text{mol}\,l^{-1}$$

und wir wissen, daß im Gleichgewichtsfall der eine Teil dieser Essigsäure undissoziiert übrigbleibt, während der andere Teil in Acetationen, Ac^-, dissoziiert ist. Somit gilt

$$c_0 = [HAc] + [Ac^-]$$

Diese Beziehung wird als eine *Massengleichgewichts*-Bedingung bezeichnet, weil sie besagt, daß die *Gesamtmenge* des Acetats während der Dissoziation konstant bleibt (d.h. es wird während der Dissoziation Acetat weder verbraucht noch neu gebildet). Wir wissen ferner, daß die Konzentrationen der Wasserstoffionen und Acetationen einander gleich sind, da die Dissoziation des HAc die einzige Quelle für H^+ ist. (Es ist hier erlaubt, $[H^+]$ aus der Dissoziation des Wassers zu vernachlässigen, weil die Essigsäure die Dissoziation des Wassers selbst noch unter ihren normalerweise schon geringen Umfang herabsetzt.) Somit folgt

$$[H^+] = [Ac^-]$$

Dieses ist eine sogenannte *Ladungsgleichgewichts*-Bedingung, weil sie besagt, daß die positive Gesamtladung in der Lösung gleich der negativen Gesamtladung sein muß. Wir können jetzt diese Ergebnisse hinsichtlich der Erhaltung der Acetatmenge und der Ladungsneutralität der Lösung dazu benutzen, den Ausdruck für die Gleichgewichtskonstante zu vereinfachen. Setzen wir die gesuchte Wasserstoffionenkonzentration $[H^+] = y$, und eliminieren wir mit Hilfe der Ladungsgleichgewichtsbedingung sofort $[Ac^-]$, so erhalten wir

$$K_a = \frac{y^2}{[HAc]} \qquad \text{(Gleichgewichtskonstante)}$$

$$c_0 = [HAc] + y \quad \text{(Massenerhaltung)}$$

Die zweite Gleichung sagt uns, daß die Konzentration des undissoziierten HAc gleich der anfänglichen Gesamtkonzentration, c_0, ist minus der Konzentration, y, die dissoziiert ist

$$[HAc] = c_0 - y$$

Damit folgt für den Ausdruck für die Gleichgewichtskonstante

$$K_a = \frac{y^2}{c_0 - y}$$

Nach Einsetzen des Wertes für K_a aus Tabelle 5–4 erhalten wir

$$1{,}76 \times 10^{-5}\,\text{mol}\,\text{l}^{-1} = \frac{y^2}{0{,}0100\,\text{mol}\,\text{l}^{-1} - y}$$

oder

$$y^2 + 1{,}76 \times 10^{-5}\,\text{mol}\,\text{l}^{-1} \times y - 1{,}76 \times 10^{-7}\,\text{mol}^2\,\text{l}^{-2} = 0$$

Dieses ist eine quadratische Gleichung, die mit Hilfe der Quadratformel gelöst werden kann

$$\begin{aligned}
y_{1,2} &= \tfrac{1}{2}\left(-1{,}76 \times 10^{-5}\,\text{mol}\,\text{l}^{-1} \pm \sqrt{(3{,}10 \times 10^{-10} + 7{,}04 \times 10^{-7})\,\text{mol}^2\,\text{l}^{-2}}\,\right) \\
&= \tfrac{1}{2}\left(-1{,}76 \times 10^{-5} \pm 8{,}39 \times 10^{-4}\right)\,\text{mol}\,\text{l}^{-1}
\end{aligned}$$

Nur die positive Wurzel ergibt ein sinnvolles Ergebnis, da es keine negativen Konzentrationen gibt. Somit lautet die Antwort

$$y = 4{,}11 \times 10^{-4}\,\text{mol}\,\text{l}^{-1}$$

Unter bestimmten physikalischen Bedingungen können Sie eine Vereinfachung vornehmen, wodurch sich die Anwendung der Quadratformel vermeiden läßt. Da Sie wissen, daß die Essigsäure nur geringfügig dissoziiert ist, könnten Sie im vorangehenden Beispiel einmal versuchen, y im Nenner des Gleichgewichtsausdrucks für K_a zu vernachlässigen, womit Sie annehmen, daß y klein im Vergleich mit $0{,}0100\,\text{mol}\,\text{l}^{-1}$ ist und daß die Konzentration der undissoziierten Essigsäure praktisch gleich der der gesamten vorhandenen Essigsäure ist. Diese Annahme ergibt für unser Beispiel

$$1{,}76 \times 10^{-5}\,\text{mol}\,\text{l}^{-1} = \frac{y^2}{0{,}0100\,\text{mol}\,\text{l}^{-1}}$$

und eine Näherungslösung von

$$y = 4{,}2 \times 10^{-4}\,\text{mol}\,\text{l}^{-1} = 0{,}00042\,\text{mol}\,\text{l}^{-1}$$

was dicht bei der richtigen Antwort von $0{,}000411\,\text{mol}\,\text{l}^{-1}$ liegt. Sie können Ihre Näherungslösung schnell dadurch verbessern, daß Sie den Näherungswert von der Konzentration des undissoziierten Acetats im Nenner des Gleichgewichtsausdrucks abziehen

$$1{,}76 \times 10^{-5}\,\text{mol}\,\text{l}^{-1} = \frac{y^2}{(0{,}0100 - 0{,}00042)\,\text{mol}\,\text{l}^{-1}}$$

$$y = 4{,}11 \times 10^{-4}\,\text{mol}\,\text{l}^{-1}$$

Wenn Ihre physikalische Intuition gut genug ist, so daß Sie erkennen, in welchem Ausmaß die Säure dissoziiert, dann können Sie häufig ein derartiges Gleichgewichtsproblem durch eine Näherungslösung und einer schnellen Korrektur in weniger Zeit lösen, als Sie für eine Lösung mit Hilfe der Quadratformel brauchen.

Wie unsere Ergebnisse zeigen, ist Essigsäure bei einer Konzentration von $0{,}0100\,\text{mol}\,\text{l}^{-1}$ tatsächlich nur wenig dissoziiert. Von den anfänglichen $0{,}0100\,\text{mol}\,\text{l}^{-1}$ sind $0{,}000411\,\text{mol}\,\text{l}^{-1}$ dissoziiert, während $0{,}0096\,\text{mol}\,\text{l}^{-1}$ als aufgelöste, aber undissoziierte HAc-Moleküle übrigbleiben. Der Prozentsatz der Dissoziation beträgt damit (der sogenannte „Dissoziationsgrad")

$$\frac{4,11 \times 10^{-4}\,mol\,l^{-1}}{0,0100\,mol\,l^{-1}} \times 100 = 4,11\%$$

Der pH-Wert dieser Lösung ist gleich 3,39.

Was geschieht nun, wenn wir die Essigsäurelösung verdünnen? Wird dann ein größerer oder kleinerer Prozentsatz der Essigsäure dissoziieren? Erhöht sich der pH-Wert, oder nimmt er ab?

Beispiel 22: Wie groß sind der pH-Wert und der Dissoziationsgrad einer 0,00100-molaren Essigsäurelösung?

Lösung: Der Ausdruck für die Gleichgewichtskonstante lautet wie zuvor

$$K_a = \frac{y^2}{c_0 - y}$$

und wir erhalten nach Einsetzen der gegebenen Werte

$$1,76 \times 10^{-5}\,mol\,l^{-1} = \frac{y^2}{0,00100\,mol\,l^{-1} - y}$$

Wenn wir jetzt y gegenüber c_0 vernachlässigen, ergibt sich als Näherungslösung

$$1,76 \times 10^{-5}\,mol\,l^{-1} = \frac{y^2}{0,00100\,mol\,l^{-1}}$$

$$y = 1,33 \times 10^{-4}\,mol\,l^{-1}$$

und die Lösung, die sich ergibt, wenn wir diesen Wert zur Korrektur der Konzentration der undissoziierten Essigsäure verwenden, lautet

$$y = 1,24 \times 10^{-4}\,mol\,l^{-1}$$

Der pH-Wert beträgt jetzt 3,91 anstatt 3,39; und für den Prozentsatz der Dissoziation folgt

$$\frac{1,24 \times 10^{-4}\,mol\,l^{-1}}{0,00100\,mol\,l^{-1}} \times 100 = 12,4\%$$

Obwohl die tatsächliche Wasserstoffionenkonzentration abgenommen hat (siehe den größeren pH-Wert), ist ein größerer Bruchteil der vorhandenen Essigsäure in Ionen dissoziiert. Dieses entspricht wieder dem Le Chatelierschen Prinzip: Wenn eine Lösung, die HAc, H^+ und Ac^- enthält, verdünnt wird, wodurch die Gesamtkonzentration aller Ionen und Moleküle erniedrigt wird, dann wird das Gleichgewicht versuchen, dem entgegenzuwirken, indem sich die Reaktionen in die Richtung ändern, die die Gesamtkonzentration der gelösten Teilchen der einen oder anderen Art erhöht, d.h. es wird mehr HAc dissoziieren. Vergleichen Sie dieses Verhalten einmal mit der Auswirkung einer Druckerhöhung auf das Ammoniakgasgleichgewicht in Abschnitt 5–4.

Indikatoren

Ein Indikator ist eine schwache Säure (oder eine schwache Base) mit deutlich unterschiedlichen Farben in ihrem dissoziierten und undissoziierten Zustand. Methylorange (Abbildung 5–6) ist eine komplexe organische Verbindung, die in ihrer neutralen Form rot und in ihrer ionisierten Form gelb gefärbt ist. Es kann als die schwache Säure HIn dargestellt werden

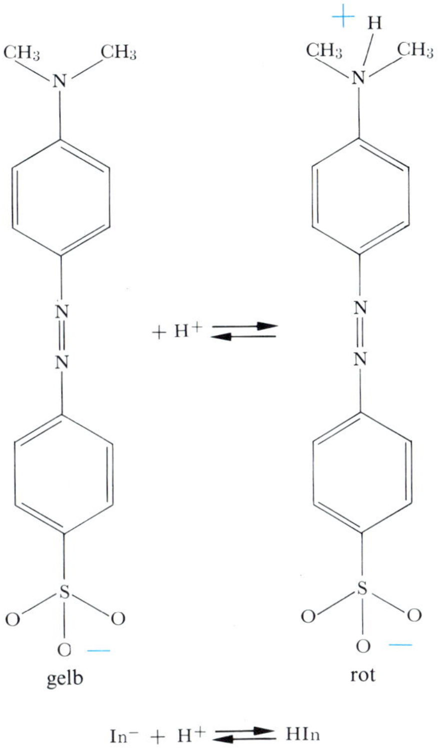

Abbildung 5–6 Die basische Form (links) und die saure Form (rechts) des Indikators Methylorange. Die verschiedenen Farben der beiden Strukturen, gelb und rot, machen Methylorange für das Anzeigen des pH-Werts einer Lösung verwendbar, der es zugesetzt wurde. Die komplexe Struktur kann durch das Ion, In⁻, symbolisiert werden, das sich mit einem Proton in der Weise verbinden kann, wie unten in der Abbildung dargestellt ist.

$$\underset{\text{rot}}{\text{HIn}} \rightleftarrows \text{H}^+ + \underset{\text{gelb}}{\text{In}^-} \tag{5–53}$$

Die Intensität der Farbe von Indikatoren wie Methylorange ist so groß, daß die Färbung einer Lösung leicht erkannt werden kann, selbst wenn die der Lösung zugesetzte Indikatormenge zu gering ist, um irgendeinen merklichen Einfluß auf den pH-Wert der Lösung auszuüben. Nichtsdestoweniger wird das Verhältnis von dissoziiertem zu undissoziiertem Indikator von der Wasserstoffionenkonzentration abhängen

$$K_a = \frac{[\text{H}^+][\text{In}^-]}{[\text{HIn}]} \tag{5–54}$$

und damit

$$\frac{[\text{In}^-]}{[\text{HIn}]} = \frac{K_a}{[\text{H}^+]} \tag{5–55}$$

$$\log_{10}\left(\frac{[\text{In}^-]}{[\text{HIn}]}\right) = \text{pH} - \text{p}K_a \tag{5–56}$$

Für Methylorange gilt $K_a = 1{,}6 \times 10^{-4}\,\text{mol}\,\text{l}^{-1}$ und somit $\text{p}K_a = 3{,}8$. Die neutrale (rot) und die dissoziierte (gelb) Form des Indikators liegen in gleichen Konzentrationen vor, wenn der pH-Wert gleich 3,8 ist. Das menschliche Auge ist nun für Farbänderungen empfindlich, die sich über einen Bereich der Konzentrationsverhältnisse von annähernd 100 oder über zwei pH-Einheiten erstrecken. Unterhalb eines pH-Werts von 2,8 ist eine Lösung, die Methylorange enthält, rot gefärbt, während sie oberhalb von pH 4,8 klar gelb gefärbt ist. Wie Sie aus Abbildung 5–5 ersehen können, ist für die Titration einer starken Säure mit einer starken Base ein Indikatorumschlag über zwei pH-Einheiten hinweg recht zufriedenstellend.

Methylorange könnte für die Titration in Abbildung 5–5 benutzt werden, obwohl sein $\text{p}K_a$-Wert weit vom Endpunkt der Titration von 7,0 entfernt ist, nur weil die Änderung des pH-Werts am Neutralisationspunkt so groß ist. Für Titrationen von schwachen Säuren würde dies nicht mehr gelten und es wäre dann besser, einen Indikator zu wählen, dessen $\text{p}K_a$-Wert dichter am zu erwartenden Endpunkt der Titration liegt. Andere Indikatoren sind zusammen mit dem pH-Bereich, in dem ihr Farbumschlag erfolgt, in Abbildung 5–7 angegeben. Phenolphthalein ist ein besonders praktischer

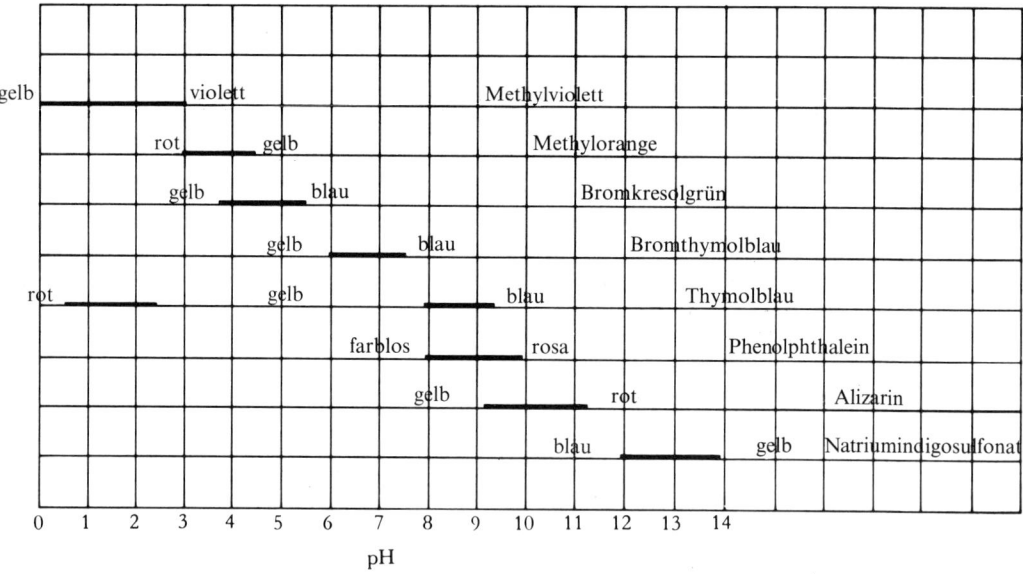

Abbildung 5–7 Einige übliche Säure-Base-Indikatoren mit den pH-Bereichen, in denen ihr Farbumschlag erfolgt. Die Wahl eines Indikators für eine Säure-Base-Titration hängt von dem am Endpunkt der Titration zu erwartenden pH-Wert ab und von der Breite des Auslaufens der pH-Werte nach Überschreiten des Endpunkts.

und allgemein angewendeter Indikator, der im pH-Bereich von 8 bis 10 von farblos nach rosa umschlägt.

Bevor Sie weitermachen: Wenn Sie immer noch Schwierigkeiten mit der Berechnung von Säure-Base-Gleichgewichten haben, arbeiten Sie Abschnitt 5–2 des „*Begleitprogramm zu Prinzipien der Chemie*" durch.

5–8 Schwache Säuren und ihre Salze

Was wird mit einer schwachen Säure wie der Essigsäure geschehen, wenn wir ihr etwas Natriumacetat zusetzen, das Salz einer starken Base (NaOH) und der Essigsäure? Das Salz wird sich auflösen und vollständig in Natrium- und Acetationen dissoziieren. Nach dem Le Chatelierschen Prinzip würden wir erwarten, daß diese zusätzlichen Acetationen das Gleichgewichtssystem der schwachen Essigsäure in die Richtung geringerer Dissoziation verschieben wird. Und genau das geschieht auch. Der Ausdruck für das Säuregleichgewicht ist derselbe wie vorher

$$K_a = \frac{[H^+][Ac^-]}{[HAc]} \tag{5–57}$$

Jedoch gibt es jetzt zwei Quellen für die Acetationen: NaAc und HAc. Die Acetationenkonzentration, die durch das Natriumacetat in die Lösung eingebracht wird, ist durch c_s gegeben, das die Gesamtmolarität des Salzes darstellt, da seine Dissoziation ja vollständig ist. Die Acetationenkonzentration, die von der Essigsäure herrührt, wird durch die Wasserstoffionenkonzentration der Lösung bestimmt, da jede Dissoziation eines HAc-Moleküls, die ein Ac^--Ion liefert, auch zur Bildung eines Protons, H^+, führt. Infolgedessen ergibt sich für die gesamte Acetationkonzentration

$$[Ac^-]_{ges} = [Ac^-]_{NaAc} + [Ac^-]_{HAc} = c_s + [H^+] \tag{5–58}$$

(Hierbei haben wir wieder die Protonen vernachlässigt, die von der Dissoziation des Wassers herrühren.) Die Konzentration der nichtionisierten Essigsäure ist gleich der gesamten Säurekonzentration, c_a, minus der Acetationenkonzentration aufgrund der Dissoziation der Essigsäure

$$[HAc] = c_a - [Ac^-]_{HAc} = c_a - [H^+] \tag{5–59}$$

Wenn wir die Wasserstoffionenkonzentration mit y bezeichnen, so erhalten wir daraus

$$K_a = \frac{y(c_s + y)}{(c_a - y)} \tag{5–60}$$

Wenn die Konzentration des zugesetzten Salzes, c_s, gleich Null ist, ergibt sich daraus der einfache Ausdruck für das Dissoziationsgleichgewicht einer schwachen Säure, den wir bereits kennen.

Beispiel 23: Wie groß sind der pH-Wert und der Prozentsatz der Dissoziation einer 0,010-molaren Essigsäurelösung bei gleichzeitigem Vorliegen von keinem NaAc, 0,0050-molarem NaAc, 0,010-molarem NaAc und 0,020-molarem NaAc?

Lösung: Nach dem Le Chatelierschen Prinzip würden wir erwarten, daß mit zunehmender Zugabe von NaAc die HAc-Dissoziation immer stärker unterdrückt wird. Der pH-Wert müßte anwachsen, und der Prozentsatz der Dissoziation der Essigsäure sollte abnehmen. Das Problem ohne Vorhandensein von NaAc ist bereits in Abschnitt 5–7 gelöst worden (Beispiel 21), wobei sich ein pH-Wert von 3,39 und ein Dissoziationsgrad von 4,11% ergaben. Für eine Salzkonzentration von $c_s = 0,0050\,\text{moll}^{-1}$ folgt dann nach Gleichung (5–60)

$$1,76 \times 10^{-5}\,\text{moll}^{-1} = \frac{y(0,0050\,\text{moll}^{-1} + y)}{0,010\,\text{moll}^{-1} - y}$$

In erster Näherung können wir annehmen, daß y kleiner als $0,0050\,\text{moll}^{-1}$ oder $0,010$ moll^{-1} ist, und es bei der Addition oder Subtraktion gegenüber diesen Größen vernachlässigen

$$y_1 = 1,76 \times 10^{-5}\,\text{moll}^{-1} \times \frac{0,010\,\text{moll}^{-1}}{0,0050\,\text{moll}^{-1}}$$

$$= 3,52 \times 10^{-5}\,\text{moll}^{-1} = 0,000035\,\text{moll}^{-1}$$

Als eine zweite Näherung können wir diesen Probewert für y zur „Korrektur" von $0,0050\,\text{moll}^{-1}$ auf $0,005035\,\text{moll}^{-1}$ und von $0,010\,\text{moll}^{-1}$ auf $0,009965\,\text{moll}^{-1}$ verwenden und die Gleichung mit diesen Werten noch einmal lösen

$$y_2 = 1,76 \times 10^{-5}\,\text{moll}^{-1} \times \frac{0,009965}{0,005035}$$

$$= 3,48 \times 10^{-5}\,\text{moll}^{-1}$$

Eine dritte Näherung ist unnötig, und das Ergebnis sollte auf $3,5 \times 10^{-5}\,\text{moll}^{-1}$ abgerundet werden. Es folgt dann weiter

$$\text{pH} = 5 - \log_{10}3,5 = 5 - 0,54 = 4,46$$

$$\text{Dissoziationsgrad} = \frac{3,5 \times 10^{-5}}{0,010} \times 100 = 0,35\%$$

Für eine Natriumacetatkonzentration von $c_s = 0,010\,\text{moll}^{-1}$ erhalten wir auf die gleiche Art

$$y = [\text{H}^+] = 1,76 \times 10^{-5}\,\text{moll}^{-1}$$
$$\text{pH} = 4,75$$
$$\text{Dissoziationsgrad} = 0,18\%$$

Beachten Sie, daß die Essigsäure jetzt so wenig dissoziiert, daß die erste Näherung bereits ausreicht, um ein befriedigendes Ergebnis zu bekommen.

Tabelle 5–7   Auswirkung der Zugabe von Natriumacetat (c_s = Konzentration des Natriumacetats in mol l^{-1}) zu einer 0,10-molaren Essigsäurelösung

c_s (mol l^{-1}):	0,0	0,001	0,002	0,005	0,010	0,020
pH:	3,4	3,8	4,1	4,5	4,8	5,1
Prozentuale Dissoziation der Essigsäure:	4,1	1,5	0,84	0,35	0,18	0,09

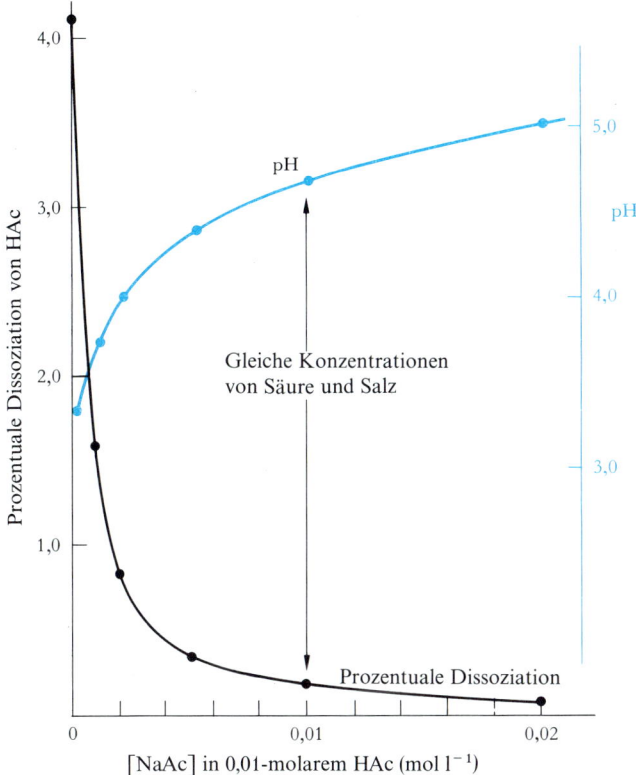

Abbildung 5–8   Die Auswirkung der Zugabe von Natriumacetat auf die Dissoziation von Essigsäure. Die hier dargestellten Daten sind in Tabelle 5–7 aufgeführt und wurden so berechnet, wie im Text erklärt ist. Der erste Salzzusatz drängt die Dissoziation der Essigsäure stark zurück und verursacht eine schnelle Zunahme des pH-Wertes. Die weiteren Zugaben sind nicht mehr so wirkungsvoll.

Die Ergebnisse für diese und noch ein paar andere Natriumacetatkonzentrationen sind in Tabelle 5–7 angegeben und in Abbildung 5–8 graphisch dargestellt. Die erste Zugabe von Salz zeigt eine starke Wirkung auf den Dissoziationsgrad und den pH-Wert; spätere Salzzusätze verursachen weniger große Veränderungen. Wenn Säure und Salz in gleichen Konzentrationen vorliegen, ist der pH-Wert gleich dem pK_a-Wert der Säure, wie in Beispiel 24 gezeigt werden wird.

Pufferlösungen

Wenn die Konzentrationen einer Lösung einer schwachen Säure und eines Salzes mit dem Säureanion relativ hoch sind, dann ist die Lösung gegen Änderungen der Wasserstoffionenkonzentration resistent.

Beispiel 24: Eine Lösung ist 0,050-molar in HAc und 0,050-molar in NaAc. Berechnen Sie die Änderung des pH-Werts, die auftreten wird, wenn dieser Lösung so viel HCl zugesetzt wird, daß sie 0,0010-molar in Salzsäure ist. Vergleichen Sie dies mit dem pH-Wert einer 0,0010-molaren HCl-Lösung ohne HAc und NaAc.

Lösung: Vor Zugabe der Salzsäure gilt für das Essigsäuregleichgewicht

$$K_a = \frac{[H^+][Ac^-]}{[HAc]} = \frac{y(0,050\,mol\,l^{-1})}{0,050\,mol\,l^{-1}}$$

und somit folgt

$$y = K_a = 1,76 \times 10^{-5}\,mol\,l^{-1}$$
$$pH = pK_a = 4,75$$

(Wieder sind wir berechtigt, y bei den $[Ac^-]$- und $[HAc]$-Termen zu vernachlässigen, da sein Wert im Vergleich mit $0,050\,mol\,l^{-1}$ klein ist.)

Die jetzt durch die Salzsäure hinzukommenden Protonen verbinden sich mit den in der Lösung vorhandenen Acetationen unter Bildung von mehr undissoziierter Essigsäure

$$Ac^- + H^+ \text{(von HCl)} \rightleftarrows HAc$$

Somit werden in guter Näherung alle der zugegebenen Protonen in dieser Reaktion verbraucht und wir erhalten für die neuen Essigsäure- und Acetationenkonzentrationen nach HCl-Zugabe

$$[HAc] = 0,050\,mol\,l^{-1} + [H^+]_{HCl} = 0,051\,mol\,l^{-1}$$
$$[Ac^-] = 0,050\,mol\,l^{-1} - [H^+]_{HCl} = 0,049\,mol\,l^{-1}$$

$$K_a = \frac{y(0,049\,mol\,l^{-1})}{0,051\,mol\,l^{-1}}$$

$$y = 1,76 \times 10^{-5}\,mol\,l^{-1} \times \frac{0,051}{0,049} = 1,83 \times 10^{-5}\,mol\,l^{-1}$$

$$pH = 5 - 0,26 = 4,74$$

Der pH-Wert ändert sich also nur von 4,75 auf 4,74, was eine Differenz von nur 0,01-pH-Einheiten bedeutet. In Abwesenheit von HAc und NaAc würde dieselbe HCl-Konzentration einen pH-Wert von 3,0 ergeben.

Dieser Widerstand gegen eine Veränderung des pH-Werts wird *Pufferwirkung* genannt, und die Lösung von HAc und NaAc wird als Acetatpuffer bezeichnet. Pufferlösungen werden in großem Umfang in chemischen Laboratorien, in der chemischen Industrie und in lebenden Organismen zur Regelung des pH-Werts eingesetzt. Ein Carbonatpuffer-system in Ihrem Blutkreislauf, an dem die Reaktion

$$H^+ + HCO_3^- \rightleftarrows H_2CO_3 \rightleftarrows CO_2 + H_2O \tag{5–61}$$

beteiligt ist, erhält einen pH-Wert des Blutes von ungefähr 7,4 aufrecht. Wenn ein Bio-chemiker Enzymaktivitäten *in vitro* („im Glas", d.h. im Labor und nicht im lebenden System, *in vivo*) untersuchen will, muß er ein Puffersystem verwenden, das während der Experimente einen konstanten pH-Wert aufrechterhält, sonst würden seine Ergebnisse nur wenig Aussagekraft haben. Eine der alberneren Streitereien in der kommerziellen Werbung zwischen zwei pharmazeutischen Firmen geht darum, ob ein Zusatz von Puf-fern zu einem Kopfschmerzmittel, um eine Säurereaktion im Magen zu verhindern, eine Wohltat oder eine Verschlechterung bedeutet.

Im allgemeinen ergibt sich für das Gleichgewicht, wenn die Konzentration der zugege-benen Säure in der Pufferlösung mit x bezeichnet wird, der Ausdruck

$$K_a = \frac{[H^+][Ac^-]}{[HAc]} = \frac{[H^+](c_s - x)}{c_a + x} \tag{5–62}$$

wobei c_s die Salzkonzentration und c_a die Konzentration der Puffersäure ist. Nach Zu-gabe der Fremdsäure ergibt sich für die Wasserstoffionenkonzentration

$$[H^+] = K_a \frac{c_a + x}{c_s - x} \tag{5–63}$$

und für den pH-Wert folgt

$$pH = pK_a + \log_{10}\left(\frac{c_s - x}{c_a + x}\right) \tag{5–64}$$

Wenn eine Base der Pufferlösung zugesetzt wird, werden dadurch Wasserstoffionen aus der Lösung entfernt. In diesem Falle können dieselben Beziehungen verwendet werden, es ist dabei nur x durch $-x$ zu ersetzen.

Übung: Ein Ameisensäurepuffer wird dadurch hergestellt, daß wir eine Lösung anfertigen, die jeweils 0,010-molar in Ameisensäure (HCOOH) und Natriumformiat (HCOONa) ist. Wie groß ist der pH-Wert der Lösung? Welcher pH-Wert stellt sich ein, wenn der Lösung so viel Natriumhydroxid zugesetzt wird, daß sie 0,0020-molar in NaOH ist? Wie groß wäre der pH-Wert der Natriumhydroxidlösung ohne Puffer? Wie groß wäre der pH-Wert nach Zugabe des NaOH, wenn die Pufferkonzentrationen $0{,}10\,\text{moll}^{-1}$ anstelle von $0{,}010\,\text{moll}^{-1}$ betragen würden?
(Antwort: Puffer: pH = 3,75; nach NaOH-Zugabe: pH = 3,92; ohne Puffer: pH = 11,30; mit stärkerem Puffer: pH = 3,77.)

In der vorangehenden Übung können Sie deutlich den drastischen Effekt des Formiat-puffers erkennen, der die Lösung trotz der Zugabe der Base sauer erhält. Ferner können sie die Bedeutung einer vernünftig hohen Pufferkonzentration erkennen, wenn die Pufferkapazität der Lösung nicht überschritten werden soll.

Aufforderung: Das Carbonatsystem ist eines der wichtigsten Puffersysteme im menschlichen Körper. Um kennenzulernen, wie dieser Puffer arbeitet, können Sie einmal die Aufgaben 5–38 bis 5–41 in *Ergänzungsaufgaben zu Prinzipien der Chemie* versuchen.

5–9 Salze von schwachen Säuren und starken Basen: Hydrolyse

Eine Natriumchloridlösung ist neutral mit einem pH-Wert von 7,0. Dies ist sinnvoll, da Natriumhydroxid eine starke Base und Salzsäure eine starke Säure ist, und die Neutralisation würde vollständig sein, wenn gleiche molare Mengen einer jeden Substanz in der Lösung vorhanden sind. Im Gegensatz dazu ist Natriumacetat das Salz einer starken Base und einer schwachen Säure. Wir würden intuitiv erwarten, daß eine Natriumacetatlösung leicht basisch reagieren würde, und dies ist auch tatsächlich der Fall. Ein Teil der Acetationen des Salzes reagiert mit Wassermolekülen unter Bildung von undissoziierter Essigsäure und Hydroxidionen

$$Ac^- + H_2O \rightleftarrows HAc + HO^- \tag{5–65}$$

Dieses wird gelegentlich als *Hydrolyse* bezeichnet, wobei die Vorstellung eine Rolle spielt, daß H_2O Kristalle des Natriumacetats aufbricht (Hydrolyse bedeutet „Zersetzung durch Wasser"). Dies geschieht zwar, wenn sich der Salzkristall in Wasser auflöst, aber dies ist hier nicht der entscheidende Punkt. In wäßriger Lösung wirkt das Acetation wie eine Base. Es ist eine genauso gute Brönsted-Lowry-Base wie Ammoniak

$$NH_3 + H_2O \rightleftarrows NH_4^+ + HO^-$$

Lassen Sie sich nicht durch die unterschiedlichen Ladungen des Acetations ($-1e$) und des Ammoniakmoleküls (0) über die Ähnlichkeit ihres Säure-Base-Verhaltens hinwegtäuschen.

Die Gleichgewichtskonstante für die Acetathydrolyse lautet

$$K_b = \frac{[HAc][HO^-]}{[Ac^-]} \tag{5–66}$$

wobei, wie gewöhnlich, die sich praktisch nicht verändernde Wasserkonzentration $[H_2O]$ mit in die Gleichgewichtskonstante einbezogen wurde. Diese Konstante wird gelegentlich auch als K_{Hydr}, für „Hydrolysekonstante" geschrieben, jedoch ist diese zusätzliche Nomenklatur völlig unnötig. Es handelt sich hier um eine einfache Gleichgewichtskonstante für eine Base, wie wir sie schon früher kennengelernt haben, nur daß hier das Acetation die Base darstellt.

Wie immer steht K_b auch hier im Zusammenhang mit der Dissoziationskonstante der Essigsäure, K_a

$$K_b = \frac{[HAc][HO^-]}{[Ac^-]} = \frac{[HAc][HO^-][H^+]}{[Ac^-][H^+]} = \frac{K_w}{K_a} \tag{5–67}$$

so daß wir erhalten

$$K_b = \frac{10^{-14}\,\text{mol}^2\,\text{l}^{-2}}{1,76 \times 10^{-5}\,\text{mol}\,\text{l}^{-1}} = 5,68 \times 10^{-10}\,\text{mol}\,\text{l}^{-1} \qquad (5\text{–}68)$$

(Erinnern Sie sich der Ammoniak-Wasser-Gleichgewichtsausdrücke am Ende des Abschnitts 5–5.) Dieser Wert ist alles, was wir brauchen, um den pH-Wert einer Natriumacetatlösung zu berechnen.

Beispiel 25: Wie groß ist der pH-Wert einer 0,010-molaren NaAc-Lösung?

Lösung: Der Gleichgewichtsausdruck lautet

$$5,68 \times 10^{-10}\,\text{mol}\,\text{l}^{-1} = \frac{[\text{HAc}][\text{HO}^-]}{[\text{Ac}^-]}$$

Bezeichnen wir jetzt die Hydroxidionenkonzentration $[\text{HO}^-]$ mit z. Da jede Reaktion eines Acetations mit einem Wassermolekül zur Bildung eines Hydroxidions und eines undissoziierten Essigsäuremoleküls führt, müssen die Konzentrationen dieser beiden Teilchenarten gleich z sein. Die in der Lösung übrigbleibenden Acetationen sind dann die, die sich aus der ursprünglichen Acetationenkonzentration vom NaAc minus der Acetationenkonzentration ergeben, die mit dem Wasser reagiert hat

$$[\text{Ac}^-] = 0,010\,\text{mol}\,\text{l}^{-1} - z$$

und wir erhalten den uns bereits vertrauten Ausdruck

$$K_b = \frac{z^2}{0,010\,\text{mol}\,\text{l}^{-1} - z} = 5,68 \times 10^{-10}\,\text{mol}\,\text{l}^{-1}$$

Diese Gleichung ist fast noch einfacher zu lösen als die Probleme mit schwachen Säuren. Da die Gleichgewichtskonstante so klein ist, wird z entsprechend klein sein und kann im Nenner gegenüber $0,010\,\text{mol}\,\text{l}^{-1}$ vernachlässigt werden. Damit ergibt sich

$$\begin{aligned} z^2 &= 0,010\,\text{mol} \times 5,68 \times 10^{-10}\,\text{mol}\,\text{l}^{-1} \\ &= 5,68 \times 10^{-12}\,\text{mol}^2\,\text{l}^{-2} \\ z &= 2,38 \times 10^{-6}\,\text{mol}\,\text{l}^{-1} = [\text{HO}^-] \end{aligned}$$

$$[\text{H}^+] = \frac{K_w}{[\text{HO}^-]} = \frac{10^{-14}\,\text{mol}^2\,\text{l}^{-2}}{2,38 \times 10^{-6}\,\text{mol}\,\text{l}^{-1}} = 4,20 \times 10^{-9}\,\text{mol}\,\text{l}^{-1}$$

$$\text{pH} = 9 - 0,62 = 8,38$$

d. h. die NaAc-Lösung ist schwach basisch.

5–10 Gleichgewichte mit wenig löslichen Salzen

Wenn sich die meisten festen Salze in Wasser auflösen, dissoziieren sie vollständig in hydratisierte, positiv und negativ geladene Ionen. Die Löslichkeit eines Salzes in Wasser stellt ein Gleichgewicht zwischen der Anziehung zwischen den Ionen im Kristallgitter und der Anziehung zwischen diesen Ionen und den polaren Wassermolekülen in der Lösung dar. Dieses Gleichgewicht kann ein recht empfindliches sein, das sich leicht verändert, wenn man von einer Verbindung auf eine andere scheinbar ähnliche Verbindung oder von einer Temperatur auf eine andere übergeht. Es ist unmöglich, starre und schnelle Regeln zu nennen, nach denen wir entscheiden können, ob eine Verbindung löslich ist, oder mit deren Hilfe wir sogar das gesamte, beobachtete Löslichkeitsverhalten erklären können.

Ein wichtiger Faktor ist ganz gewiß die elektrostatische Anziehung zwischen den Ionen. Kristalle, die sich aus kleinen Ionen zusammensetzen, die dicht aneinander gepackt werden können, sind im allgemeinen schwerer auseinanderzunehmen als Kristalle mit großen Ionen. Infolgedessen sind z. B. für ein gegebenes Kation die Fluoride (F^-) und Hydroxide (HO^-) weniger gut löslich als die Nitrate (NO_3^-) und Perchlorate (ClO_4^-). Chloride (Cl^-) liegen der Größe nach dazwischen, und ihr Verhalten ist recht schwierig aus allgemeinen Prinzipien abzuleiten.

Die Ladung der Ionen ist ebenfalls von Bedeutung. Höher geladene Ionen wie z. B. Phosphat (PO_4^{3-}) und Carbonat zeigen eine stärkere Wechselwirkung mit den Kationen und sind daher weniger gut löslich als die nur einfach geladenen Nitrat- und Perchlorationen.

Die Begriffe „löslich" und „unlöslich" sind relativ, und das Ausmaß der Löslichkeit kann wieder mit einer Gleichgewichtskonstante in Zusammenhang gebracht werden. Für ein „wenig lösliches" Salz wie Silberchlorid, AgCl, besteht ein Gleichgewicht zwischen den dissoziierten Ionen und der festen Verbindung

$$AgCl(s) \rightleftarrows Ag^+(aq) + Cl^-(aq) \qquad (5\text{--}69)$$

(Der Zusatz (aq) soll Sie daran erinnern, daß jedes Ion durch Wassermoleküle hydratisiert ist. Wir wollen dies von nun an so verstanden wissen, daß alle Ionen in wäßriger Lösung hydratisiert sind, und lassen künftig das (aq)-Symbol in den Gleichungen wieder fort.) Der Gleichgewichtsausdruck für diese Reaktion lautet dann

$$K = \frac{[Ag^+][Cl^-]}{[AgCl]_{fest}} \qquad (5\text{--}70)$$

So lange, wie festes AgCl vorhanden ist, ändert sich seine Auswirkung auf das Gleichgewicht nicht. Die Konzentration des festen Salzes kann damit mit in die Gleichgewichtskonstante einbezogen werden, wie es bereits mit der H_2O-Konzentration beim Dissoziationsgleichgewicht des Wassers geschah. Wir erhalten damit eine neue Konstante

$$K_{lp} = K \times [AgCl]_{fest} = [Ag^+][Cl^-] \qquad (5\text{--}71)$$

die als *Löslichkeitprodukt* bezeichnet wird. Bei Substanzen, in denen die Ionen nicht im Verhältnis 1 : 1 vorkommen, ist die Form des Ausdrucks für das Löslichkeitsprodukt K_{lp} analog zu unseren früheren Gleichgewichtsausdrücken

$$PbCl_2 \rightleftarrows Pb^{2+} + 2Cl^-$$
$$Al(OH)_3 \rightleftarrows Al^{3+} + 3HO^-$$
$$Ag_2CrO_4 \rightleftarrows 2Ag^+ + CrO_4^{2-}$$
$$Ba_3(PO_4)_2 \rightleftarrows 3Ba^{2+} + 2PO_4^{3-}$$

$$K_{lp} = [Pb^{2+}][Cl^-]^2$$
$$K_{lp} = [Al^{3+}][HO^-]^3$$
$$K_{lp} = [Ag^+]^2[CrO_4^{2-}]$$
$$K_{lp} = [Ba^{2+}]^3[PO_4^{3-}]^2$$

Löslichkeitsgleichgewichte sind wichtig für die Voraussage, ob sich unter bestimmten Bedingungen ein Fällungsprodukt bilden wird, und für die Wahl von Bedingungen, bei denen zwei in Lösung befindliche chemische Substanzen durch selektive Ausfällung voneinander getrennt werden können.

Das Löslichkeitsprodukt einer wenig löslichen Verbindung kann aus ihrer Löslichkeit in $moll^{-1}$ berechnet werden.

Beispiel 26: Die Löslichkeit von AgCl in Wasser bei 25 °C beträgt $1{,}3 \times 10^{-5}\,moll^{-1}$. Wie groß ist sein Löslichkeitsprodukt K_{lp}?

Lösung: Die Gleichgewichtsreaktion ist

$$AgCl \rightleftarrows Ag^+ + Cl^-$$

Die Konzentrationen von Ag^+ und Cl^- sind gleich groß, da für jedes Mol festen AgCl, das in Lösung geht, jeweils ein Mol von Ag^+- und Cl^--Ionen gebildet wird. Infolgedessen ist die Konzentration einer jeden Ionenart gleich der Gesamtlöslichkeit s des Festkörpers, die in $moll^{-1}$ angegeben wird

$$[Ag^+] = [Cl^-] = s = 1{,}3 \times 10^{-5}\,moll^{-1}$$
$$K_{lp} = [Ag^+][Cl^-] = s^2 = 1{,}7 \times 10^{-10}\,mol^2l^{-2}$$

Beispiel 27: Bei einer bestimmten Temperatur beträgt die Löslichkeit von $Fe(OH)_2$ in Wasser $7{,}7 \times 10^{-6}\,moll^{-1}$. Berechnen Sie K_{lp} bei dieser Temperatur.

Lösung: Die Gleichgewichtsreaktion ist

$$Fe(OH)_2 \rightleftarrows Fe^{2+} + 2HO^-$$

und der Ausdruck für das Löslichkeitsprodukt lautet damit

$$K_{lp} = [Fe^{2+}][HO^-]^2$$

Da ein Mol des aufgelösten $Fe(OH)_2$ ein Mol Fe^{2+} und *zwei* Mole HO^- ergibt, erhalten wir

$$[Fe^{2+}] = s = 7{,}7 \times 10^{-6}\,moll^{-1}$$
$$[HO^-] = 2s = 1{,}54 \times 10^{-5}\,moll^{-1}$$
$$K_{lp} = 7{,}7 \times 10^{-6}\,moll^{-1} \times (1{,}54 \times 10^{-5}\,moll^{-1})^2$$
$$= 1{,}8 \times 10^{-15}\,mol^3l^{-3}$$

Die Löslichkeitsprodukte einiger Stoffe sind in Tabelle 5–8 angegeben, wobei die Substanzen nach der annähernd abnehmenden Löslichkeit der Anionen geordnet sind und

Tabelle 5–8   Löslichkeitsprodukte, K_{lp}, bei 25 °C

Fluoride
BaF$_2$ $2{,}4 \times 10^{-5}$ mol^3 l^{-3}
MgF$_2$ 8×10^{-8} mol^3 l^{-3}
PbF$_2$ 4×10^{-8} mol^3 l^{-3}
SrF$_2$ $7{,}9 \times 10^{-10}$ mol^3 l^{-3}
CaF$_2$ $3{,}9 \times 10^{-11}$ mol^3 l^{-3}

Chloride
PbCl$_2$ $1{,}6 \times 10^{-5}$ mol^3 l^{-3}
AgCl $1{,}7 \times 10^{-10}$ mol^2 l^{-2}
Hg$_2$Cl$_2$ [a)] $1{,}1 \times 10^{-18}$ mol^3 l^{-3}

Bromide
PbBr$_2$ $4{,}6 \times 10^{-6}$ mol^3 l^{-3}
AgBr $5{,}0 \times 10^{-13}$ mol^2 l^{-2}
Hg$_2$Br$_2$ [a)] $1{,}3 \times 10^{-22}$ mol^3 l^{-3}

Iodide
PbI$_2$ $8{,}3 \times 10^{-9}$ mol^3 l^{-3}
AgI $8{,}5 \times 10^{-17}$ mol^2 l^{-2}
Hg$_2$I$_2$ [a)] $4{,}5 \times 10^{-29}$ mol^3 l^{-3}

Sulfate
CaSO$_4$ $2{,}4 \times 10^{-5}$ mol^2 l^{-2}
Ag$_2$SO$_4$ $1{,}2 \times 10^{-5}$ mol^3 l^{-3}
SrSO$_4$ $7{,}6 \times 10^{-7}$ mol^2 l^{-2}
PbSO$_4$ $1{,}3 \times 10^{-8}$ mol^2 l^{-2}
BaSO$_4$ $1{,}5 \times 10^{-9}$ mol^2 l^{-2}

Chromate
SrCrO$_4$ $3{,}6 \times 10^{-5}$ mol^2 l^{-2}
Hg$_2$CrO$_4$ [a)] 2×10^{-9} mol^2 l^{-2}

BaCrO$_4$ $8{,}5 \times 10^{-11}$ mol^2 l^{-2}
Ag$_2$CrO$_4$ $1{,}9 \times 10^{-12}$ mol^3 l^{-3}
PbCrO$_4$ 2×10^{-16} mol^2 l^{-2}

Carbonate
NiCO$_3$ $1{,}4 \times 10^{-7}$ mol^2 l^{-2}
CaCO$_3$ $4{,}7 \times 10^{-9}$ mol^2 l^{-2}
BaCO$_3$ $1{,}6 \times 10^{-9}$ mol^2 l^{-2}
SrCO$_3$ 7×10^{-10} mol^2 l^{-2}
CuCO$_3$ $2{,}5 \times 10^{-10}$ mol^2 l^{-2}
ZnCO$_3$ 2×10^{-10} mol^2 l^{-2}
MnCO$_3$ $8{,}8 \times 10^{-11}$ mol^2 l^{-2}
FeCO$_3$ $2{,}1 \times 10^{-11}$ mol^2 l^{-2}
Ag$_2$CO$_3$ $8{,}2 \times 10^{-12}$ mol^3 l^{-3}
CdCO$_3$ $5{,}2 \times 10^{-12}$ mol^2 l^{-2}
PbCO$_3$ $1{,}5 \times 10^{-15}$ mol^2 l^{-2}
MgCO$_3$ 1×10^{-15} mol^2 l^{-2}
Hg$_2$CO$_3$ [a)] $9{,}0 \times 10^{-15}$ mol^2 l^{-2}

Hydroxide
Ba(OH)$_2$ $5{,}0 \times 10^{-3}$ mol^3 l^{-3}
Sr(OH)$_2$ $3{,}2 \times 10^{-4}$ mol^3 l^{-3}
Ca(OH)$_2$ $1{,}3 \times 10^{-6}$ mol^3 l^{-3}
AgOH $2{,}0 \times 10^{-8}$ mol^2 l^{-2}
Mg(OH)$_2$ $8{,}9 \times 10^{-12}$ mol^3 l^{-3}
Mn(OH)$_2$ 2×10^{-13} mol^3 l^{-3}
Cd(OH)$_2$ $2{,}0 \times 10^{-14}$ mol^3 l^{-3}
Pb(OH)$_2$ $4{,}2 \times 10^{-15}$ mol^3 l^{-3}
Fe(OH)$_2$ $1{,}8 \times 10^{-15}$ mol^3 l^{-3}
Co(OH)$_2$ $2{,}5 \times 10^{-16}$ mol^3 l^{-3}

Ni(OH)$_2$ $1{,}6 \times 10^{-16}$ mol^3 l^{-3}
Zn(OH)$_2$ $4{,}5 \times 10^{-17}$ mol^3 l^{-3}
Cu(OH)$_2$ $1{,}6 \times 10^{-19}$ mol^3 l^{-3}
Hg(OH)$_2$ 3×10^{-26} mol^3 l^{-3}
Sn(OH)$_2$ 3×10^{-27} mol^3 l^{-3}
Cr(OH)$_3$ $6{,}7 \times 10^{-31}$ mol^4 l^{-4}
Al(OH)$_3$ 5×10^{-33} mol^4 l^{-4}
Fe(OH)$_3$ 6×10^{-38} mol^4 l^{-4}
Co(OH)$_3$ $2{,}5 \times 10^{-43}$ mol^4 l^{-4}

Sulfide
MnS 7×10^{-16} mol^2 l^{-2}
FeS 4×10^{-19} mol^2 l^{-2}
NiS 3×10^{-21} mol^2 l^{-2}
CoS 5×10^{-22} mol^2 l^{-2}
ZnS $2{,}5 \times 10^{-22}$ mol^2 l^{-2}
SnS 1×10^{-26} mol^2 l^{-2}
CdS $1{,}0 \times 10^{-28}$ mol^2 l^{-2}
PbS 7×10^{-29} mol^2 l^{-2}
CuS 8×10^{-37} mol^2 l^{-2}
Ag$_2$S $5{,}5 \times 10^{-51}$ mol^3 l^{-3}
HgS $1{,}6 \times 10^{-54}$ mol^2 l^{-2}
Bi$_2$S$_3$ $1{,}6 \times 10^{-72}$ mol^5 l^{-5}

Phosphate
Ag$_3$PO$_4$ $1{,}8 \times 10^{-18}$ mol^4 l^{-4}
Sr$_3$(PO$_4$)$_2$ 1×10^{-31} mol^5 l^{-5}
Ca$_3$(PO$_4$)$_2$ $1{,}3 \times 10^{-32}$ mol^5 l^{-5}
Ba$_3$(PO$_4$)$_2$ 6×10^{-39} mol^5 l^{-5}
Pb$_3$(PO$_4$)$_2$ 1×10^{-54} mol^5 l^{-5}

[a)] Als Hg$_2^{2+}$-Ion. $K_{lp} = [\mathrm{Hg_2^{2+}}][\mathrm{X^-}]^2$

für ein gegebenes Anion nach abnehmenden Löslichkeitsprodukten eingereiht wurden. Sobald das Löslichkeitsprodukt bekannt ist, kann es dazu verwendet werden, die Löslichkeit einer Verbindung bei einer bestimmten Temperatur zu berechnen.

Beispiel 28: Wie groß ist die Löslichkeit von PbSO$_4$ in Wasser bei 25 °C?

Lösung: Die Dissoziationsreaktion lautet

$$\mathrm{PbSO_4 \rightleftarrows Pb^{2+} + SO_4^{2-}}$$

Die unbekannte Löslichkeit sei wieder s (in mol l^{-1}). Dann folgt, da jedes Mol des aufgelösten PbSO$_4$ ein Mol einer jeden Ionenart ergibt

$$[Pb^{2+}] = [SO_4^{2-}] = s$$

Die Gleichung für das Löslichkeitsprodukt lautet nun mit dem Wert aus Tabelle 5–8

$$K_{lp} = [Pb^{2+}][SO_4^{2-}] = s^2 = 1,3 \times 10^{-8} \, mol^2 l^{-2}$$
$$s = 1,14 \times 10^{-4} \, mol \, l^{-1}$$

Beispiel 29: Aus der Tabelle 5–8 können wir entnehmen, daß $CdCO_3$ und Ag_2CO_3 annähernd „gleich große" Löslichkeitsprodukte aufweisen. Vergleichen Sie ihre molaren Löslichkeiten in Wasser bei 25 °C.

Lösung: Für das Cadmiumcarbonat gilt

$$K_{lp} = [Cd^{2+}][CO_3^{2-}] = s^2 = 5,2 \times 10^{-12} \, mol^2 l^{-2}$$
$$s = 2,3 \times 10^{-6} \, mol \, l^{-1}$$

Für das Ag_2CO_3 sieht der Ausdruck etwas anders aus. Wenn s wieder die Löslichkeit des Salzes in $mol \, l^{-1}$ darstellt, erhalten wir für das Löslichkeitsgleichgewicht, da jedes Mol des Salzes zwei Mole Ag^+-Ionen in der Lösung erzeugt, die Beziehungen

$$[Ag^+] = 2s$$
$$[CO_3^{2-}] = s$$
$$K_{lp} = = [Ag^+]^2[CO_3^{2-}]$$
$$= (2s)^2 \times s = 4s^3 = 8,2 \times 10^{-12} \, mol^3 l^{-3}$$
$$s = 1,3 \times 10^{-4} \, mol \, l^{-1}$$

Obwohl also Cadmiumcarbonat und Silbercarbonat annähernd „gleich große" Löslichkeitsprodukte aufweisen, unterscheiden sich ihre Löslichkeiten um einen Faktor von ungefähr 100, weil die Form des Ausdrucks für das Löslichkeitsprodukt eine andere ist. Die Löslichkeit des Ag_2CO_3 hängt vom Quadrat der Metallionenkonzentration ab, da zwei Silberionen pro Carbonation nötig sind, um den Kristall aufzubauen.

Der Fehler, den wir hier von Anfang an machten, beruht auf einem der häufigsten Trugschlüsse, die bei einer unachtsamen Betrachtungsweise physikalischer *Größen* gemacht werden: Die Löslichkeitsprodukte der beiden Salze sind gar nicht gleich groß, da es aufgrund der unterschiedlichen Dissoziationsgleichungen völlig verschiedene Größen sind, die überhaupt nicht miteinander verglichen werden können. Es gilt nämlich

$$K_{lp\,CdCO_3} = 5,2 \times 10^{-12} \, mol^2 l^{-2}$$
$$K_{lp\,Ag_2CO_3} = 8,2 \times 10^{-12} \, mol^3 l^{-3}$$

und damit sind nur die *Zahlenwerte* dieser Größen gleich groß, während sich ihre *Einheiten* voneinander unterscheiden! Unsere ursprüngliche Aussage ist also ebenso sinnlos wie die Behauptung, 5 m sind genauso groß wie 5 m². *Beachten Sie bei physikalischen Größen stets auch die Einheiten!* Bei der Berechnung von Gleichgewichtsausdrücken (wie auch bei allen anderen physikalischen Berechnungen) bietet die korrekte Mitnahme der Einheiten eine unabhängige Möglichkeit, die Richtigkeit der verwendeten Gleichungen und Größen zu prüfen. Eine kurze Darstellung über den Umgang mit physikalischen Größen und ihren Einheiten finden Sie in K. R. Atkins, *Physik*, S. 793, de Gruyter, 1974.

Auswirkung eines gemeinsamen Ions

Im vorangehenden Beispiel berechneten wir die Löslichkeit des Silbercarbonats in reinem Wasser bei 25 °C zu $1,3 \times 10^{-4}\,\mathrm{mol\,l^{-1}}$. Wird Silbercarbonat nun in einer Silbernitratlösung mehr oder weniger löslich sein als in reinem Wasser? Das Le Chateliersche Prinzip läßt uns erwarten, daß eine neue, unabhängige Quelle von Silberionen die Gleichgewichtsreaktion des Silbercarbonats in Richtung auf eine geringere Dissoziation verschieben wird

$$Ag_2CO_3 \leftrightharpoons 2Ag^+ + CO_3^{2-} \tag{5-72}$$

oder daß Silbercarbonat in einer Silbernitratlösung weniger gut löslich ist als in reinem Wasser. Diese Abnahme der Löslichkeit eines Salzes in der Lösung eines anderen Salzes, mit dem es ein gemeinsames Kation oder Anion besitzt, wird auch als *Effekt des gemeinsamen Ions* bezeichnet.

Beispiel 30: Wie groß ist bei 25 °C die Löslichkeit von CaF_2 (a) in reinem Wasser, (b) in einer 0,10-molaren $CaCl_2$-Lösung und (c) in einer 0,10-molaren NaF-Lösung?

Lösung: (a) Wenn die Löslichkeit in reinem Wasser gleich s ist, dann gilt

$$[Ca^{2+}] = s$$
$$[F^-] = 2s$$
$$K_{lp} = s \times 4s^2 = 4s^3 = 3,9 \times 10^{-11}\,\mathrm{mol^3\,l^{-3}}$$
$$s = 2,1 \times 10^{-4}\,\mathrm{mol\,l^{-1}}$$

(b) In der 0,10-molaren $CaCl_2$-Lösung ist die Calciumionenkonzentration gleich der Summe der Konzentrationen von Calciumionen vom Calciumchlorid und vom Calciumfluorid, dessen Löslichkeit s wir bestimmen wollen

$$[Ca^{2+}] = 0,10\,\mathrm{mol\,l^{-1}} + s$$
$$[F^-] = 2s$$
$$K_{lp} = (0,10\,\mathrm{mol\,l^{-1}} + s)(2s)^2 = 3,9 \times 10^{-11}\,\mathrm{mol^3\,l^{-3}}$$

Dieses ist eine kubische Gleichung, aber ein kurzes Nachdenken über das dieser Gleichung zu Grunde liegende chemische Problem wird uns von der Notwendigkeit befreien, sie als solche direkt zu lösen: Bei derartig geringen Löslichkeitsprodukten können Sie voraussagen, daß die Löslichkeit des Calciumfluorids im Vergleich mit 0,10 $\mathrm{mol\,l^{-1}}$ sehr klein sein wird. (Sie sollten schon nach Teil (a) dieses Beispiels und dem Le Chatelierschen Prinzip erkannt haben, daß im vorliegenden Fall s kleiner als $2,1 \times 10^{-4}$ $\mathrm{mol\,l^{-1}}$ sein muß.) Wenn unsere Annahme Gültigkeit besitzt, dann können wir die Löslichkeitsproduktgleichung vereinfachen und die Löslichkeit daraus näherungsweise berechnen

$$0,10\,\mathrm{mol\,l^{-1}} \times (2s^2) = 3,9 \times 10^{-11}\,\mathrm{mol^3\,l^{-3}}$$

$$s^2 = \frac{3,9 \times 10^{-11}\,\mathrm{mol^3\,l^{-3}}}{4 \times 0,10\,\mathrm{mol\,l^{-1}}}$$

$$= 9,75 \times 10^{-11}\,\mathrm{mol^2\,l^{-2}}$$

$$s = 9,9 \times 10^{-6}\,\mathrm{mol\,l^{-1}}$$

Auf Grund dieses Ergebnisses können wir sagen, daß die Näherung berechtigt war. Nur noch etwa 5% der CaF_2-Konzentration, die sich in reinem Wasser löste, wird sich in einer 0,10-molaren $CaCl_2$-Lösung auflösen

$$\frac{9,9 \times 10^{-6}\,\mathrm{mol\,l^{-1}}}{2,1 \times 10^{-4}\,\mathrm{mol\,l^{-1}}} \times 100 \approx 5\%$$

(c) In einer 0,10-molaren NaF-Lösung erhalten wir entsprechend

$$[Ca^{2+}] = s$$
$$[F^-] = 0,10\,\mathrm{mol\,l^{-1}} + 2s$$

da Fluoridionen sowohl vom NaF als auch vom CaF_2 in die Lösung gelangen. Die Gleichung für das Löslichkeitsprodukt lautet damit

$$K_{lp} = s(2s + 0,10\,\mathrm{mol\,l^{-1}})^2 = 3,9 \times 10^{-11}\,\mathrm{mol^3\,l^{-3}}$$

Wenn wir wieder an die chemische Bedeutung dieser Gleichung denken, können wir uns wie zuvor die Notwendigkeit der Lösung einer kubischen Gleichung ersparen. Der $2s$-Term in der Klammer wird wieder sehr klein im Vergleich mit $0,10\,\mathrm{mol\,l^{-1}}$ sein, so daß wir ihn vernachlässigen können. Damit ergibt sich

$$s(0,10\,\mathrm{mol\,l^{-1}})^2 = 3,9 \times 10^{-11}\,\mathrm{mol^3\,l^{-3}}$$
$$s = 3,9 \times 10^{-9}\,\mathrm{mol\,l^{-1}}$$

Diese Näherung ist sogar noch besser als die vorhergehende, da nach der Rechnung

$$\frac{3,9 \times 10^{-9}\,\mathrm{mol\,l^{-1}}}{2,1 \times 10^{-4}\,\mathrm{mol\,l^{-1}}} \times 100 \approx 0,002\%$$

sich nur noch 0,002% der Menge des CaF_2, die sich in reinem Wasser auflöst, in einer 0,10-molaren NaF-Lösung auflösen werden. Das Fluorid ist als gemeinsames Ion wirkungsvoller als Calcium, da seine Konzentration quadratisch in den Ausdruck für das Löslichkeitsgleichgewicht eingeht.

Der Effekt des gemeinsamen Ions wird häufig zur Regelung der Löslichkeit bei Lösungen eingesetzt, die Sulfidionen, S^{2-}, enthalten, weil viele Metalle „unlösliche" Sulfide bilden. Die Sulfidionenkonzentration wird dabei durch Einstellung des pH-Werts geregelt.

Beispiel 31: Wie hoch ist die größtmögliche Konzentration des Ni^{2+}-Ions in Wasser bei 25 °C, das mit H_2S gesättigt ist und mit HCl auf einem pH-Wert von 3,0 gehalten wird?

Lösung: Nach der Gleichung für das Löslichkeitsgleichgewicht können wir voraussagen, daß ein Überschuß von Nickelionen zur Fällung von NiS führen wird

$$K_{lp} = [\text{Ni}^{2+}][\text{S}^{2-}] = 3 \times 10^{-21}\,\text{mol}^2\text{l}^{-2}$$

Das einzig Neue an diesem Problem ist nun, die Sulfidionenkonzentration aus dem H_2S-Gleichgewicht zu ermitteln. Schwefelwasserstoff, H_2S, dissoziiert in zwei Schritten, von denen jeder eine eigene Gleichgewichtskonstante besitzt. (Mehrbasige Säuren, d. h. Säuren, die bei der Dissoziation mehr als ein Proton pro Säuremolekül abgeben, werden eingehender in Anhang 3 diskutiert.)

$$\begin{array}{ll}
\text{H}_2\text{S} \rightleftharpoons \text{H}^+ + \text{HS}^- & K_{a_1} = 9{,}1 \times 10^{-8}\,\text{mol}\,\text{l}^{-1} \\
\underline{\text{HS}^- \rightleftharpoons \text{H}^+ + \text{S}^{2-}} & \underline{K_{a_2} = 1{,}1 \times 10^{-12}\,\text{mol}\,\text{l}^{-1}} \\
\text{H}_2\text{S} \rightleftharpoons 2\text{H}^+ + \text{S}^{2-} & K_{a_{12}} = K_{a_1} \times K_{a_2}
\end{array}$$

Da die Gesamtdissoziation die Summe von zwei Dissoziationsschritten ist, ergibt sich für die Gleichgewichtkonstante der Gesamtreaktion $K_{a_{12}}$ das Produkt von K_{a_1} und K_{a_2}

$$\begin{aligned}
K_{a_{12}} &= \frac{[\text{H}^+][\text{HS}^-]}{[\text{H}_2\text{S}]} \times \frac{[\text{H}^+][\text{S}^{2-}]}{[\text{HS}^-]} = \frac{[\text{H}^+]^2[\text{S}^{2-}]}{[\text{H}_2\text{S}]} \\
&= (9{,}1 \times 10^{-8}\,\text{mol}\,\text{l}^{-1}) \times (1{,}1 \times 10^{-12}\,\text{mol}\,\text{l}^{-1}) \\
&= 1{,}0 \times 10^{-19}\,\text{mol}^2\text{l}^{-2}
\end{aligned}$$

Eine gesättigte H_2S-Lösung ist bei 25 °C annähernd 0,10-molar und der sehr kleine Wert von $K_{a_{12}}$ bedeutet, daß die Dissoziation des H_2S äußerst gering ist. Infolgedessen können wir für eine gesättigte H_2S-Lösung bei 25 °C angeben

$$[\text{H}_2\text{S}] = 0{,}10\,\text{mol}\,\text{l}^{-1} \quad \text{und} \quad [\text{H}^+]^2[\text{S}^{2-}] = 1{,}0 \times 10^{-20}\,\text{mol}^3\text{l}^{-3}$$

Dieses „Ionenprodukt" für eine gesättigte H_2S-Lösung sollten wir uns merken.

Im vorliegenden Problem wird der pH-Wert mit HCl auf 3,0 eingestellt, so daß gilt

$$[\text{H}^+] = 10^{-3}\,\text{mol}\,\text{l}^{-1}$$

Infolgedessen kann die Sulfidionenkonzentration mit Hilfe der Beziehung

$$[\text{S}^{2-}] = K_{a_{12}} \times \frac{[\text{H}_2\text{S}]}{[\text{H}^+]^2}$$

$$= 1{,}0 \times 10^{-19}\,\text{mol}^2\text{l}^{-2} \times \frac{0{,}10\,\text{mol}\,\text{l}^{-1}}{(10^{-3}\,\text{mol}\,\text{l}^{-1})^2}$$

berechnet werden, wonach wir erhalten

$$[\text{S}^{2-}] = 1{,}0 \times 10^{-14}\,\text{mol}\,\text{l}^{-1}$$

Da NiS ausfallen wird, sobald sein Löslichkeitsprodukt überschritten wird, ergibt sich als größtmöglicher Wert für die Konzentration der Nickelionen

$$[\text{Ni}^{2+}] = \frac{K_{lp}}{[\text{S}^{2-}]} = \frac{3 \times 10^{-21}\,\text{mol}^2\text{l}^{-2}}{1 \times 10^{-14}\,\text{mol}\,\text{l}^{-1}} = 3 \times 10^{-7}\,\text{mol}\,\text{l}^{-1}$$

Die Trennung von Verbindungen durch Fällung

Mit Hilfe der Löslichkeitsprodukte können Verfahren zur Trennung von Ionen in Lösung durch selektive Fällung entwickelt werden. Das Schema der gesamten traditionellen qualitativen Analyse beruht auf der Anwendung dieser Gleichgewichtskonstanten zur Ermittlung der geeigneten Fällungsmittel und der richtigen Strategie.

Beispiel 32: Eine Lösung ist 0,010-molar in $BaCl_2$ und 0,020-molar in $SrCl_2$. Kann entweder Ba^{2+} oder Sr^{2+} selektiv mit einer konzentrierten Natriumsulfatlösung ausgefällt werden? Welches Ion wird zuerst ausgefällt? Wie hoch ist die Restkonzentration des ersten Ions, wenn das zweite Ion gerade auszufallen beginnt, und welcher Bruchteil der ursprünglichen Menge des ersten Ions liegt dann noch in Lösung vor? Zur Vereinfachung können Sie annehmen, daß die Na_2SO_4-Lösung so konzentriert ist, daß die Volumenänderung der $BaCl_2$—$SrCl_2$-Lösung vernachlässigt werden kann.

Lösung: Die obere Grenze für die Löslichkeit des Bariumsulfats ist gegeben durch

$$K_{lp} = [Ba^{2+}][SO_4^{2-}] = 1,5 \times 10^{-9}\,mol^2 l^{-2}$$

(siehe Tabelle 5–8). Bei einer Ba^{2+}-Konzentration von $0,010\,mol\,l^{-1}$ wird eine Fällung von Bariumsulfat erst dann einsetzen, wenn sich die Sulfationenkonzentration auf

$$[SO_4^{2-}] = \frac{1,5 \times 10^{-9}\,mol^2 l^{-2}}{0,010\,mol\,l^{-1}} = 1,5 \times 10^{-7}\,mol\,l^{-1}$$

erhöht hat. Strontiumsulfat wird ausgefällt, wenn die Sulfationenkonzentration den Wert

$$[SO_4^{2-}] = \frac{K_{lp(SrSO_4)}}{[Sr^{2+}]} = \frac{7,6 \times 10^{-7}\,mol^2 l^{-2}}{0,020\,mol\,l^{-1}} = 3,8 \times 10^{-5}\,mol\,l^{-1}$$

erreicht hat. Infolgedessen wird Bariumsulfat zuerst ausgefällt. Wenn die Sulfatkonzentration auf $3,8 \times 10^{-5}\,mol\,l^{-1}$ angestiegen ist und Strontiumsulfat gerade auszufallen beginnt, wird die Restkonzentration des Bariumions, die noch in der Lösung vorhanden ist, den Wert

$$[Ba^{2+}] = \frac{1,5 \times 10^{-9}\,mol^2 l^{-2}}{3,8 \times 10^{-5}\,mol\,l^{-1}} = 3,9 \times 10^{-5}\,mol\,l^{-1}$$

besitzen. Diese Konzentration entspricht

$$\frac{3,9 \times 10^{-5}\,mol\,l^{-1}}{0,010\,mol\,l^{-1}} \times 100 = 0,4\%$$

der ursprünglich vorhandenen Ba^{2+}-Konzentration. Somit sind 99,6% des Bariums aus der Lösung ausgefällt, bevor sich das Strontium abzuscheiden beginnt.

Bevor Sie weitermachen: Um noch mehr Übung in der Berechnung von Löslichkeitsproblemen zu bekommen, sollten Sie die Aufgaben in Abschnitt 5–3 des Buches von Lassila et al. durcharbeiten.

5–11 Zusammenfassung

In diesem Kapitel haben wir zwei der fundamentalsten Begriffe der Chemie kennengelernt, nämlich Spontaneität und chemisches Gleichgewicht. Sie sind von grundlegender Bedeutung, weil sie uns sagen, wann eine Reaktion eine ihr innewohnende Neigung besitzt, überhaupt abzulaufen (was noch nicht besagt, daß sie ohne Hilfe auch schnell ablaufen wird). Wenn die Hin- und Rückreaktionen eines chemischen Prozesses mit derselben Rate (Reaktionsgeschwindigkeit) ablaufen, dann stellt dieser Zustand der Ausgewogenheit das *Gleichgewicht* dar. Eine Reaktion, die sich nicht im Gleichgewicht befindet, sich aber auf das Gleichgewicht zu bewegt, wird *spontan* genannt. Ein Katalysator beschleunigt die Bewegung einer spontanen Reaktion auf das Gleichgewicht zu, aber er beeinflußt nicht die endgültige Lage des Gleichgewichts.

Je höher die Konzentrationen der miteinander reagierenden Stoffe (Reaktionspartner oder Ausgangsstoffe) sind, desto stärker werden sie dazu neigen, miteinander unter Bildung von Reaktionsprodukten zu reagieren. Umgekehrt wird mit wachsender Konzentration der Produkte die Rückreaktion stärker begünstigt. Im Gleichgewichtsfall besitzt das Verhältnis der Konzentrationen von Produkten zu Ausgangsstoffen infolgedessen einen für die Reaktion charakteristischen Wert, der als *Gleichgewichtskonstante*, *K*, bezeichnet wird. Für die allgemeine Reaktion

$$aA + bB \rightleftarrows cC + dD$$

erhalten wir für die Gleichgewichtskonstante einen Ausdruck der Form

$$K = \frac{[C]^c[D]^d}{[A]^a[B]^b}$$

bei dem jeder Konzentrationsterm in die Potenz erhoben wird, die seinem stöchiometrischen Koeffizienten in der Gleichung für die Gesamtreaktion entspricht. Obwohl diese einfache Ableitung des *Massenwirkungsgesetzes* für *K* nicht ganz korrekt ist, sind seine Ergebnisse richtig. Der Wert von *K* kann *unabhängig vom Reaktionsmechanismus* aus der stöchiometrischen Gleichung für die Gesamtreaktion berechnet werden. Dementsprechend kann uns die Gleichgewichtskonstante auch nichts über den tatsächlichen Mechanismus sagen, nach dem die Reaktion abläuft.

Das *Le Chateliersche Prinzip* ist eine wichtige, zusammenfassende Beschreibung des Verhaltens von Gleichgewichtssystemen. Es besagt: Wird auf ein chemisches System im Gleichgewicht ein äußerer Zwang ausgeübt, so verschiebt sich die Lage des Gleichgewichts im System derart, daß die Auswirkung des Zwanges vermindert wird. Wenn der Zwang eine Änderung der Konzentrationen von Ausgangsstoffen oder Produkten, des Druckes oder des Volumens ist, dann können sich die Gleichgewichtskonzentrationen der chemischen Komponenten ändern, aber ihr Konzentrationsverhältnis – die Gleichgewichtskonstante *K* – ändert sich *nicht*. Wenn jedoch die Temperatur verändert wird, nimmt *K* gewöhnlich einen anderen Wert an. In Übereinstimmung mit dem Le Chatelierschen Prinzip wird die Gleichgewichtskonstante für eine Reaktion, die Wärme aufnimmt, bei höheren Temperaturen größer sein.

Die Dissoziation von Säuren, Basen und Salzen in Lösungen stellt einen Wettstreit zwischen der gegenseitigen Anziehung von Ionen dieser Stoffe untereinander und der Anziehung dar, die Wassermoleküle (oder andere Lösungsmittelmoleküle) auf diese Ionen ausüben. Bei Säuren und Basen ist die relative Anziehung des Protons, H^+, durch neutrale Moleküle oder Ionen der wesentliche Faktor. Nach der Theorie von Brönsted und Lowry ist jeder Stoff, der ein Proton abgibt, eine *Säure*; und jede Substanz, die sich mit einem Proton verbindet und dieses aus einer Lösung entfernen kann, ist eine *Base*. Wenn eine Säure ihr Proton verliert, wird aus ihr ihre *konjugierte Base*. Eine starke Säure wie HCl besitzt eine schwache konjugierte Base, Cl^-, und eine schwache Säure wie HAc oder NH_4^+ hat eine starke konjugierte Base, Ac^- oder NH_3. Jede Säure, deren konjugierte Base hinreichend schwächer als H_2O ist (eine geringere H^+-Affinität aufweist), wird in wäßriger Lösung vollständig dissoziiert sein und ist daher als *starke Säure* einzuordnen. Säuren, die in wäßriger Lösung nur teilweise dissoziieren, werden als *schwache Säuren* bezeichnet.

Die Dissoziation von schwachen Säuren und Basen und die des Wassers selbst kann durch die Gleichgewichtskonstanten K_a und K_b sowie durch das Ionenprodukt des Wassers, K_w, beschrieben werden. Aus denselben Gründen der numerischen Bequemlichkeit, die uns dazu veranlaßten, die Wasserstoffionenkonzentration logarithmisch als $pH = -\log_{10}([H^+]/1\,\text{moll}^{-1})$ zu beschreiben, können wir für diese Gleichgewichtskonstanten auch pK_a-, pK_b- und pK_w-Werte angeben. Die Lösung von Säure-Base-Gleichgewichtsproblemen verlangt, daß man alle Gleichgewichte im Auge behält, die zwischen den verschiedenen Teilchenarten bestehen können, daß man an die Unmöglichkeit denkt, Materie während der Reaktionen vernichten oder erschaffen zu können, und daß insgesamt die Ladungsneutralität aufrechterhalten werden muß. Auf den ersten Blick mag ein Gleichgewichtsproblem viel verwickelter aussehen, als es wirklich ist. Etwas gesunder, „chemischer" Menschenverstand hinsichtlich der Möglichkeiten, das Problem durch eine erlaubte Näherungslösung zu vereinfachen, reduziert gewöhnlich die Komplexität von Gleichgewichtsberechnungen auf Rechenschieberdimensionen: Wenn eine Dissoziationskonstante kleiner als $10^{-4}\,\text{moll}^{-1}$ oder $10^{-5}\,\text{moll}^{-1}$ ist, kann man normalerweise die Konzentration der Substanz, die dissoziiert ist, im Vergleich zur übrigbleibenden Konzentration der undissoziierten Substanz vernachlässigen und die Konzentration der undissoziierten Substanz im Gleichgewicht durch die anfängliche Gesamtkonzentration annähern. Selbst wenn eine Überprüfung des Ergebnisses zeigt, daß dieser Wert nicht stimmt, ist er gewöhnlich doch der beste Näherungswert für eine zweite Berechnung. Es ist auch recht nützlich, sich einmal vor Augen zu halten, wie ungenau bestimmt die meisten Gleichgewichtskonstanten sind: Eine Verfeinerung eines Ergebnisses auf eine Genauigkeit von weniger als 5% ist reine Zeitverschwendung.

Der größte Teil der allgemeinen Bemerkungen, die wir gerade über die Lösung von Säure-Base-Gleichgewichtsproblemen machten, gilt auch für Löslichkeitsgleichgewichte. Löslichkeitsproduktberechnungen sind für Richtwerte am nützlichsten, die uns anzeigen, ob unter bestimmten Bedingungen eine Fällung erfolgt, welches die Obergrenze der Konzentration eines bestimmten Ions in der Lösung sein kann und ob zwei Ionen in Lösung durch selektive Fällung voneinander getrennt werden können.

William Thomson machte die sehr tiefgehende Beobachtung über den Zusammenhang zwischen Zahlen und Naturwissenschaft, die wir am Anfang dieses Kapitels zitierten.

(Heute würden wir an Stelle des Begriffs „Zahlen" den Begriff „Größen" setzen, da ja die Naturgesetze keine Zusammenhänge zwischen Zahlen, sondern zwischen Größen darstellen.) Die beiden Gebiete, auf denen die Chemiker nach Lavoisiers frühen Bemerkungen über die Bedeutung der Masse mit Zahlen in ihren Experimenten zu arbeiten begannen und quantitative Zusammenhänge entdeckten, waren die Untersuchung der Reaktionswärmen – die Thermochemie – und die Gleichgewichtsexperimente. In Kapitel 15 werden wir sehen, daß diese beiden Gebiete zwei verschiedene Seiten derselben Erscheinung sind. Was wir durch Messung von thermodynamischen Eigenschaften lernen können, wird uns dann erlauben, die Gleichgewichtskonstanten direkt zu berechnen. In diesem Kapitel haben wir sie entweder als bekannt vorausgesetzt oder als Ergebnisse von Gleichgewichtsexperimenten betrachtet. Wir haben auch alle Fragen darüber vermieden, *wie schnell* Reaktionen eigentlich ablaufen. Reaktionsraten werden das Thema von Kapitel 18 sein. Im Augenblick bedeutet es für uns bereits einen großen Schritt vorwärts, daß wir voraussagen können, ob eine Reaktion, wenn wir geduldig warten, überhaupt einmal ablaufen wird.

Literaturhinweise

A. J. Bard, Chemical Equilibrium, Harper and Row, New York, 1966.

J. N. Butler, Ionic Equilibrium, Addison-Wesley, Reading, Mass., 1964.

J. N. Butler, Solubility and pH Calculations, Addison-Wesley, Reading, Mass., 1964.

A. F. Clifford, Inorganic Chemistry of Qualitative Analysis, Prentice-Hall, Englewood Cliffs, N.J., 1961.

E. S. Gould, Inorganic Reactions and Structure, Holt, Rinehart and Winston, New York, 1962, 2nd ed.

K. B. Harvey and *G. B. Porter*, Introduction to Physical Inorganic Chemistry, Addison-Wesley, Reading, Mass., 1963.

E. J. King, Acid–Base Equilibria, Macmillan, New York, 1965.

E. J. King, Qualitative Analysis and Electrolyte Solutions, Harcourt, Brace & World, New York, 1959.

T. Moeller and *R. O'Conner*, Ions in Aqueous Systems, McGraw-Hill, New York, 1972.

L. Pauling, The Nature of the Chemical Bond, Cornell University Press, Ithaca, N.Y., 1960, 3rd ed. Deutsch: Die Natur der chemischen Bindung, Verlag Chemie, Weinheim, 1962.

M. J. Sienko, Chemistry Problems, W. A. Benjamin, Menlo Park, Calif., 1972, 2nd ed.

M. J. Sienko and R. A. Plane, Physical Inorganic Chemistry, W. A. Benjamin, Menlo Park, Calif., 1963.

Fragen

1. Was ist eine spontane Reaktion? Muß eine spontane Reaktion schnell ablaufen? Veranschaulichen Sie dies an einem anderen als in diesem Kapitel genannten Beispiel.

2. Wie wirkt ein Katalysator auf eine spontane Reaktion? Was macht er mit der Lage des Gleichgewichts bei einer Reaktion?

3. Was bedeutet die Geschwindigkeitskonstante einer chemischen Reaktion? Was ist eine Gleichgewichtskonstante? In welcher Weise hängt die Gleichgewichtskonstante von den Konzentrationen der Ausgangsstoffe und Produkte ab? Wie hängt sie von den relativen Zahlen der Moleküle ab, die an einer chemischen Reaktion beteiligt sind?

4. In welchem Zusammenhang steht der Reaktionsquotient mit der Gleichgewichtskonstante? Sind sie jemals gleich groß? Wenn unter einem gegebenen Satz von Bedingungen der Reaktionsquotient größer als die Gleichgewichtskonstante ist, was sagt Ihnen dies über die Spontaneität der Reaktion aus, wie sie unter diesen Bedingungen geschrieben wurde?

5. Was besagt das Le Chateliersche Prinzip? Was würde es über die Auswirkungen einer Erhöhung der Temperatur, bei der die Reaktionen ablaufen, auf die Gleichgewichtskonstante aussagen? Auf welche Weise könnte es den Effekt einer Änderung des Gesamtdrucks auf die Gleichgewichtskonzentrationen voraussagen?

6. Wie beeinflußt ein Katalysator die Gleichgewichtsbedingungen? Begründen Sie Ihre Antwort mit Hilfe der Nichtexistenz von Perpetuum mobiles. Wozu ist ein Katalysator nützlich?

7. Warum ist Wasser für Methanol ein besseres Lösungsmittel als für Methan? Warum ist Kochsalz in Wasser besser löslich als in Ethylether?

8. Was bedeutet das Ionenprodukt für die Dissoziation des Wassers? Warum erscheint die Konzentration des Wassers nicht im Ausdruck für das Ionenprodukt, obwohl es eine Gleichgewichtskonstante darstellt?

9. Was ist die pH-Skala und warum ist sie nützlich? Besitzt eine starke Säure einen hohen oder niedrigen pH-Wert? Kennzeichnet ein hoher pH-Wert eine hohe oder geringe Hydroxidionenkonzentration? Wie groß sind die Wasserstoffionenkonzentration und die Hydroxidionenkonzentration, wenn der pH-Wert gleich 3,0 ist? Um welchen Faktor ändert sich die Wasserstoffionenkonzentration, wenn sich der pH-Wert um zwei Einheiten ändert?

10. Was ist eine Säure und was ist eine Base? Was ist der Unterschied zwischen starken und schwachen Säuren?

11. Was sind in der Brönsted-Lowry-Theorie konjugierte Säuren und Basen? Nennen Sie zwei Beispiele für konjugierte Säure-Base-Paare, wobei bei dem einen Paar die Säure geladen und die Base neutral ist, während beim anderen Paar die Säure neutral und die Base geladen sein soll.

12. In welcher Weise beeinflußt das Wesen des Lösungsmittels die Frage, ob eine Säure als stark oder schwach eingestuft wird? Was ist der „Nivellierungseffekt"?

13. Wie sind K_a und K_b definiert? Warum gilt immer, daß ihr Produkt gleich dem Ionenprodukt des Wassers, K_w, ist? Veranschaulichen Sie dies an einem Beispiel, das nicht in diesem Kapitel verwendet wurde.

14. Was ist mit einem „Äquivalent" einer Säure oder Base bei der Titration gemeint? (Sehen Sie in Kapitel 4 nach, falls Sie es vergessen haben.) Wie viele Äquivalentmassen sind pro Mol Salzsäure, Phosphorsäure und Schwefelsäure vorhanden? Wie viele Mole Natriumhydroxid werden benötigt, um ein Mol Schwefelsäure zu neutralisieren?

15. Warum ist die Wahl des Indikators bei der Titration einer starken Säure mit einer starken Base relativ unkritisch?

16. Ist der pH-Wert einer Lösung einer schwachen Base größer oder kleiner als der pH-Wert einer Lösung derselben Konzentration einer starken Base, vorausgesetzt, daß dieselbe Zahl von Äquivalenten der Base pro Mol vorhanden ist? Warum?

17. Auf welche Weise ist der schwache Säurecharakter oder der schwache Basecharakter eines Indikators für die Bestimmung nützlich, ob ein vorgegebener pH-Wert während einer Titration erreicht wurde?

18. Was stellen die „Ladungsgleichgewichts-" und die „Massengleichgewichts-"Beziehungen dar, und auf welche Weise sind sie bei der Behandlung des Ausdrucks für das Gleichgewicht einer schwachen Säure nützlich?

19. Wird eine Lösung von Ammoniumchlorid in Wasser sauer, neutral oder basisch reagieren? Was geschieht mit ihrem pH-Wert, wenn die Konzentration der Lösung vergrößert wird?

20. Welche Auswirkung wird es auf den Dissoziationsgrad einer wäßrigen Ammoniaklösung haben, wenn wir etwas Ammoniumchlorid zusetzen? Was würde Ihrer Meinung nach mit dem Dissoziationsgrad geschehen, wenn wir stattdessen eine Substanz zugesetzt hätten, die ein Komplexion mit Ammoniakmolekülen bildet, wie z.B. $[Cu(NH_3)_4]^{2+}$?

21. Auf welche Weise wirkt ein Puffer dem Versuch entgegen, den pH-Wert einer Lösung zu verändern? Welche sind die zwei Komponenten einer typischen Pufferlösung?

22. In welchem Zusammenhang steht die Hydrolysekonstante mit den Säure- und Base-Gleichgewichtskonstanten?

23. Welche Beziehung besteht zwischen der Löslichkeit und dem Löslichkeitsprodukt bei $CaCO_3$, CaF_2 und $Ca_3(PO_4)_2$?

24. Was ist der Effekt des gemeinsamen Ions, und wie beeinflußt er Löslichkeitsgleichgewichte?

25. Auf welche Weise kann eine Kenntnis der Löslichkeitsprodukte dazu verwendet werden, um analytische Trennungen von Ionen in Lösungen vorzunehmen?

26. Wie kann der pH-Wert dazu verwendet werden, die Konzentration des Sulfidions, S^{2-}, in einer Lösung zu regeln? Nimmt die Sulfidionenkonzentration zu oder ab, wenn der pH-Wert erhöht wird? Geben Sie eine physikalische Erklärung für Ihre Antwort.

Aufgaben

1. Die Gleichgewichtskonstante für die Reaktion

$$A_2(g) + B_2(g) \overset{k_1}{\underset{k_2}{\rightleftarrows}} 2AB(g)$$

beträgt $2,5 \times 10^{-6}$ für eine bestimmte Temperatur. Für die Geschwindigkeitskonstante k_2 der Rückreaktion gilt: $k_2 = 149\,bar^{-1}\,s^{-1}$. Berechnen Sie daraus die Geschwindigkeitskonstante für die Hinreaktion k_1.

2. Die Gleichgewichtskonstante für die Reaktion

$$N_2(g) + O_2(g) \rightleftarrows 2\,NO(g)$$

bei $2130\,°C$ beträgt $2,5 \times 10^{-3}$. Berechnen Sie damit die Gleichgewichtskonstante für die Reaktion

$$NO(g) \rightleftarrows \tfrac{1}{2}O_2(g) + \tfrac{1}{2}N_2(g)$$

3. Die erste Reaktion aus Aufgabe 2 läuft unter Wärmeaufnahme ab. Ermitteln Sie, ob unter den folgenden Bedingungen eine Reaktion stattfinden wird und, wenn ja, in welcher Richtung sie verläuft:
   (a) Ein 1 l-Behälter enthält $0,02\,mol\,NO$, $0,01\,mol\,O_2$ und $0,02\,mol\,N_2$ bei $2130\,°C$.
   (b) Ein 20 l-Behälter enthält $1 \times 10^{-2}\,mol\,N_2$, $1 \times 10^{-3}\,mol\,O_2$ und $2 \times 10^{-2}\,mol\,NO$ bei $2130\,°C$.
   (c) Ein 1 l-Behälter enthält $1,00\,mol\,N_2$, $16\,mol\,O_2$ und $0,2\,mol\,NO$ bei $2500\,°C$.
4. In einen 1 l-Behälter werden bei $448\,°C$ $0,10\,mol\,HI$, $1,5\,mol\,I_2$ und $1,0\,mol\,H_2$ eingeleitet. Berechnen Sie die HI-, H_2- und I_2-Konzentrationen im Gleichgewicht.
5. Bei $25\,°C$ und einem Druck von $20\,bar$ besitzt die Reaktion

$$N_2(g) + 3\,H_2(g) \rightleftarrows 2\,NH_3(g)$$

ein ΔH von $-92,5\,kJ$. Wird im Gleichgewichtsfall mehr oder weniger Ammoniak vorhanden sein, wenn die Temperatur auf $300\,°C$ erhöht wird, während der Druck konstant auf $20\,bar$ gehalten wird? Wird im Vergleich zu den Anfangsbedingungen mehr oder weniger Ammoniak vorhanden sein, wenn der Druck auf $30\,bar$ erhöht wird, während die Temperatur konstant auf $25\,°C$ gehalten wird? Wird die Menge des vorhandenen Stickstoffgases zu- oder abnehmen, wenn die Hälfte des Ammoniaks entfernt wird und das System wieder sein Gleichgewicht erreicht hat? Welche Auswirkung wird die Zugabe eines Katalysators für die Ammoniaksynthese auf die ursprüngliche Gleichgewichtsmischung haben?
6. Wie groß ist der pH-Wert einer 0,01-molaren NaOH-Lösung?
7. Wie groß ist der pH-Wert einer 10^{-10}-molaren HCl-Lösung?
8. Wie groß ist der pH-Wert einer 0,10-molaren Essigsäurelösung, wenn die Säure zu $1,3\%$ ionisiert ist? Wie groß ist K_a für Essigsäure? Vergleichen Sie Ihren Wert mit dem in Tabelle 5–4.
9. Wie groß ist der pH-Wert der Lösung, wenn eine 0,10-molare HF-Lösung zu $5,75\%$ ionisiert ist? Wie groß ist K_a für HF? Vergleichen Sie Ihren Wert mit dem in Tabelle 5–4.
10. Berechnen Sie aus den Daten in Tabelle 5–4 die Dissoziationskonstante für Ammoniumhydroxid. Liegt wirklich undissoziiertes NH_4OH in der Lösung vor? Falls das nicht der Fall ist, wie lautet dann die Reaktion, die zur Bildung von Ammoniumionen und HO^--Ionen führt? Wie groß ist der pH-Wert einer 0,0100-molaren Ammoniaklösung?
11. Der Behälter eines Waschmittels muß in den Vereinigten Staaten eine Warnung tragen, wenn sein Inhalt eine Lösung bildet, deren pH-Wert größer als 11 ist, da starke Basen die Proteinstruktur angreifen. Sollte der Behälter ein derartiges Warnschild

tragen, wenn festgestellt wird, daß die H^+-Konzentration einer Lösung seines Inhalts einen Wert von $2,5 \times 10^{-12}\,\mathrm{mol\,l^{-1}}$ hat?

12. Die Ionisationskonstante der Metaform der arsenigen Säure, $HAsO_2$, beträgt $6,0 \times 10^{-10}\,\mathrm{mol\,l^{-1}}$. Wie groß ist der pH-Wert einer 0,10-molaren Lösung dieser Säure? Wie groß ist der pH-Wert einer 0,10-molaren $NaAsO_2$-Lösung?

13. Eine Ammoniaklösung besitzt eine Wasserstoffionenkonzentration von $8,0 \times 10^{-9}$ $\mathrm{mol\,l^{-1}}$. Wie groß ist der pHO-Wert dieser Lösung?

14. Wie groß ist die CN^--Ionenkonzentration und der pHO-Wert in einer 1,00-molaren wäßrigen HCN-Lösung?

15. Pyridin ist eine organische Base, die mit Wasser, wie folgt, reagiert

$$C_5H_5N + H_2O \rightleftarrows C_5H_5NH^+ + HO^-$$

Die Base-Dissoziationskonstante K_b für diese Reaktion hat den Wert $1,58 \times 10^{-8}$ $\mathrm{mol\,l^{-1}}$. Wie groß ist die Konzentration des $C_5H_5NH^+$-Ions in einer wäßrigen Lösung, die ursprünglich 0,10-molar in Pyridin war? Wie groß ist der pH-Wert dieser Lösung?

16. Wie groß ist die Gleichgewichtskonzentration des NO_2^--Ions in einer 0,25-molaren wäßrigen Lösung von salpetriger Säure? Wie groß ist der pH-Wert dieser Lösung? Wie hoch ist der Dissoziationsgrad von HNO_2?

17. Hydrazin ist eine schwache Base, die in Wasser nach der Gleichung

$$N_2H_4 + H_2O \rightleftarrows N_2H_5^+ + HO^-$$

dissoziiert. Die Gleichgewichtskonstante für diese Dissoziation beträgt bei 25°C $2,0 \times 10^{-6}\,\mathrm{mol\,l^{-1}}$. Geben Sie den Ausdruck für die Dissoziationskonstante dieser Reaktion an. Wie groß ist die Konzentration des Hydraziniumions, $N_2H_5^+$, wenn die anfängliche Hydrazinkonzentration 0,010-molar war? Wie groß ist der pH-Wert der Lösung?

18. Wie groß ist der pH-Wert einer 0,18-molaren Ammoniumchloridlösung?

19. Wie groß ist der pH-Wert einer 0,025-molaren Natriumacetatlösung?

20. Das Hypobromition BrO^- ist die konjugierte Base der schwachen hypobromigen Säure HBrO. Wenn eine 0,100-molare Natriumhypobromitlösung hergestellt wird, ist der pH-Wert der Lösung gleich 10,85. Geben Sie die Gleichung für die Hydrolyse des BrO^- und den Ausdruck für die Dissoziationskonstante der Reaktion an. Berechnen Sie den Wert der Hydrolysekonstante und der Säure-Dissoziationskonstante für HBrO.

21. Das Phenolation $C_6H_5O^-$ ist das Anion der schwachen Säure Phenol, C_6H_5OH. Das Anion unterliegt der Hydrolyse entsprechend der Gleichung

$$C_6H_5O^- + H_2O \rightleftarrows C_6H_5OH + HO^-$$

Eine 0,0100-molare Lösung von Natriumphenolat besitzt einen pH-Wert von 11,0. Geben Sie den Ausdruck für die Hydrolysekonstante (Base-Dissoziationskonstante) an. Berechnen Sie die Werte der Hydrolysekonstante und der Säure-Dissoziationskonstante des Phenols.

22. Der pH-Wert einer 0,100-molaren Natriumnitritlösung beträgt 8,15. Berechnen

Sie die Hydrolysekonstante, K_b, für NO_2^-. Berechnen Sie die Dissoziationskonstante für salpetrige Säure.

23. Wie groß ist der pH-Wert einer 1,0-molaren Natriumcyanidlösung?

24. Eine Pufferlösung wird aus 0,30-molarem Natriumcyanid und 0,30-molarem HCN hergestellt. Wie groß ist der pH-Wert dieser Pufferlösung?

25. Wie groß ist der pH-Wert einer Pufferlösung, die 0,20-molar in NH_3 und 0,40-molar in NH_4Cl ist?

26. Eine Pufferlösung wird aus gleichen Volumina von 0,10-molarer Essigsäure und 0,10-molarem Natriumacetat hergestellt. Wie groß ist der pH-Wert dieser Pufferlösung?

27. Wie groß ist der pH-Wert einer Lösung, die aus gleichen Volumina von 0,20-molarer Propionsäure und 0,20-molarem Natriumpropionat hergestellt ist?

28. Eine Lösung ist 0,10-molar in Ameisensäure und 0,010-molar in Natriumformiat. Wie groß ist der pH-Wert der Lösung?

29. Welcher pH-Wert stellt sich ein, wenn 0,010 mol HCl-Gas in 1 l reinen Wassers aufgelöst werden? Welcher pH-Wert ergibt sich, wenn dieselbe Menge HCl stattdessen in 1 l der Pufferlösung aus Aufgabe 27 aufgelöst wird?

30. Welcher pH-Wert ergibt sich, wenn 20 ml einer 0,6-molaren Ammoniaklösung mit 10 ml einer 1,8-molaren Ammoniumchloridlösung vermischt werden? Wie ändert sich der pH-Wert, wenn 1 ml einer 1,0-molaren HCl-Lösung hinzukommt? Würde eine Zugabe derselben HCl-Lösung den pH-Wert mehr oder weniger stark verändern, wenn gegenüber dem obigen Sachverhalt die Pufferlösung aus 0,06-molarem Ammoniak und 0,18-molarem Ammoniumchlorid hergestellt worden wäre? Warum?

31. Ein Student titrierte einen Löffel voll einer unbekannten, einbasigen Säure mit einer NaOH-Lösung unbekannter Konzentration. Nach Zugabe von 5,00 ml der Base ergab sich für den pH-Wert der Lösung ein Wert von 6,00. Der Endpunkt der Titration wurde nach Zugabe von 7,00 ml der Base erreicht. Berechnen Sie die Dissoziationskonstante der Säure.

32. Novocain (Nvc) ist eine schwache organische Base, die mit Wasser folgendermaßen reagiert

$$Nvc + H_2O \rightleftarrows NvcH^+ + HO^-$$

Die Base-Gleichgewichtskonstante für diese Reaktion lautet $K_b = 9,0 \times 10^{-6}\,mol\,l^{-1}$. Angenommen, eine 0,010-molare Novocainlösung wird mit Salpetersäure tritriert:

(a) Wie groß ist der pH-Wert der Novocainlösung, bevor irgendwelche Säure zugegeben wurde?

(b) Am Endpunkt der Titration verhält sich die Lösung genauso wie eine Lösung von 0,010-molarem $NvcH^+$-NO_3^-. Wie groß ist der pH-Wert dieser Lösung?

(c) Der Indikator Bromkresolgrün besitzt einen pK_a-Wert von 5,0. Ist dieser Indikator für die Titration dieser Lösung geeignet?

33. Wie groß ist der pH-Wert der Lösung bei einer Titration einer 0,10-molaren Pyridinlösung ($K_b = 1,58 \times 10^{-8}\,mol\,l^{-1}$) mit HCl, wenn das Äquivalentverhältnis von zugegebenem H^+ zu ursprünglich vorhandenem Pyridin gleich 0,50 ist? Wie groß ist der pH-Wert, wenn dieses Verhältnis gleich 1,00 ist? Entnehmen Sie aus den Anga-

ben in Abbildung 5–7, welcher Indikator für diese Titration am geeignetsten ist: Methylviolett, Methylorange, Bromthymolblau oder Alizarin?

34. Bestimmen Sie die Gleichgewichtskonstanten für die folgenden Reaktionen:
    (a) $NO_2^- + HF \rightleftarrows HNO_2 + F^-$
    (b) $CH_3COOH + F^- \rightleftarrows HF + CH_3COO^-$
    (c) $CH_3COOH + SO_3^{2-} \rightleftarrows HSO_3^- + CH_3COO^-$
    (d) $NH_3 + HSO_3^- \rightleftarrows SO_3^{2-} + NH_4^+$
    Ordnen Sie die Brönsted-Lowry-Säuren in den vorangehenden Gleichungen nach der Reihenfolge ihrer zunehmenden Säurestärken.

35. Die Löslichkeit von Silberphosphat, Ag_3PO_4, in Wasser bei $20\,°C$ beträgt $0,0065\,g\,l^{-1}$. Wie groß ist das Löslichkeitsprodukt (K_{lp}) für dieses Salz? Wie groß ist die Löslichkeit des Silberphosphats (in $mol\,l^{-1}$) in einer Lösung, die insgesamt $0,10\,mol\,l^{-1}\,Ag^+$ enthält?

36. Wenn eine Lösung, die $0,16\,mol\,l^{-1}\,Pb^{2+}$ enthält, 0,10-molar in Chloridionen gemacht wird, fallen $99,0\%$ des Pb^{2+} in der Form von $PbCl_2$ aus. Wie groß ist K_{lp} für $PbCl_2$?

37. Berechnen Sie mit Hilfe der Daten aus Tabelle 5–8 die Löslichkeit (in $mol\,l^{-1}$) von MgF_2 in reinem Wasser. Wie groß ist die Löslichkeit in 0,050-molarem NaF?

38. Wie groß ist die Löslichkeit (in $mol\,l^{-1}$) von CoS in reinem Wasser? Wie groß ist die Löslichkeit von CoS in einer 0,10 molaren Natriumsulfidlösung?

39. Wie hoch ist die Silberionenkonzentration in einer gesättigten Lösung von Silberchromat in reinem Wasser und in einer 0,10-molaren Chromatlösung?

40. Berechnen Sie die Calciumionenkonzentration in einer gesättigten Calciumfluoridlösung.

41. Es wird eine Lösung hergestellt, die 0,10-molar in Mg^{2+}, 0,10-molar in NH_3 und 1,0-molar in NH_4Cl ist. Wird sich daraus $Mg(OH)_2$ abscheiden?

42. Wieviel Gramm Ammoniumchlorid müssen zu $100\,ml$ einer 0,050-molaren Ammoniumhydroxidlösung zugesetzt werden, um die Ausfällung von Eisen(II)hydroxid, $Fe(OH)_2$, zu verhindern, wenn die NH_4Cl-NH_4OH-Mischung zu $100\,ml$ einer 0,020-molaren $FeCl_2$-Lösung gegeben wird? Nehmen Sie dazu an, daß der Zusatz von festem NH_4Cl keine Volumenänderung hervorruft.

43. Das Löslichkeitsprodukt K_{lp} des Calciumphosphats, $Ca_3(PO_4)_2$, ist gleich $1,3 \times 10^{-32}$ $mol^5\,l^{-5}$, und die dritte Ionisationskonstante der Phosphorsäure beträgt $2,2 \times 10^{-13}$ $mol\,l^{-1}$. Angenommen, daß $0,31\,g$ Calciumphosphat in $100\,ml$ Wasser gegeben werden und daß der pH-Wert der Lösung so eingestellt wird, bis das gesamte Calciumphosphat aufgelöst ist. Wie groß ist dann dieser pH-Wert? (Nehmen Sie an, daß HPO_4^{2-} die einzige andere Ionenart ist, die in der Lösung gebildet wird und daß $CaHPO_4$ löslich ist.)

44. Bei der Fällung von Metallsulfiden kann durch eine genaue Einstellung der Wasserstoffionenkonzentration eine selektive Fällung erreicht werden. Bei welchem pH-Wert beginnt ZnS aus einer 0,077-molaren H_2S-Lösung auszufallen, die 0,08-molar in Zn^{2+} ist? (Die notwendigen Daten finden Sie in den Tabellen 5–4 und 5–8.)

45. Wie groß ist die Löslichkeit von AgOH in einer Pufferlösung mit pH $= 13$?

46. In einer gesättigten, wäßrigen Lösung von H_2S gilt: $[H^+]^2[S^{2-}] = 1,3 \times 10^{-21}$

$\text{mol}^3 \, l^{-3}$. Berechnen Sie die Löslichkeit von FeS für pH = 9 und pH = 2. Können Sie sich denken, auf welche Weise sich dieses Verhalten bei analytischen Trennungen ausnutzen ließe?

47. Berechnen Sie die Löslichkeit von $Mg(OH)_2$ in wäßrigen Lösungen bei pH = 2 und pH = 12. Wie läßt sich dieses Verhalten im chemischen Trennungsgang ausnutzen?

48. Häufig vermindern Gemeinden die Härte ihres Trinkwassers durch einen Zusatz von gelöschtem Kalk, $Ca(OH)_2$, zum Wasservorrat. Der gelöschte Kalk reagiert mit HCO_3^-

$$Ca(OH)_2(s) + 2\,HCO_3^-\,(aq) \rightleftarrows CaCO_3(s) + CO_3^{2-}\,(aq) + 2\,H_2O(l)$$

unter Bildung eines Mols CO_3^{2-}, das weiter mit Ca^{2+} reagiert, das ursprünglich im Wasser vorhanden war, und als $CaCO_3$ ausfällt. Somit werden dem Wasser Ca^{2+}-Ionen zugesetzt, um Ca^{2+}-Ionen aus dem Wasser zu entfernen. Eine falsch arbeitende Wasserenthärtungsanlage lieferte vor kurzem eine gesättigte $Ca(OH)_2$-Lösung an die Verbraucher in Charleston, Illinois. Berechnen Sie den pH-Wert einer gesättigten $Ca(OH)_2$-Lösung bei 0 °C. Ist sie für den menschlichen Verbrauch gefährlich? (Siehe Aufgabe 11.) Die Löslichkeit des $Ca(OH)_2$ kann einem Handbuch entnommen werden.

49. Es liegen drei Vorschläge für Methoden vor, um Silberionen aus einer Lösung zu entfernen:
(a) Man mache die Lösung 0,010-molar in NaI.
(b) Man puffere die Lösung bei pH = 13.
(c) Man mache die Lösung 0,0010-molar in Na_2S.
Wie groß wird in jedem Fall die Gleichgewichtskonzentration des Silberions sein? Welche Methode ist bei der Entfernung von Ag^+-Ionen aus der Lösung am wirksamsten?

Noch liegt mächtig daran, mit welchem die nämlichen Stoffe

In der Verbindung stehen, die Lage, die wechselnde Wirkung;

Denn aus ähnlichem Stoff sind Erd' und Himmel gebildet,

Und die Sonn' und das Meer; aus ähnlichem Pflanzen und Tiere;

Nur der verschiedene Grad verschiedener Mischung bestimmt sie.

Lucretius (55 v. Chr.)

6 Klassifizierung der Elemente und periodische Eigenschaften

Aus den Eigenschaften von Elektrolytlösungen, aus den chemischen Veränderungen, die durch einen elektrischen Strom hervorgerufen werden, und aus der direkten Untersuchung von gasförmigen Ionen haben wir gelernt, daß Atome ihrem Wesen nach elektrisch sind. Darüber hinaus scheint ein Atom aus einem positiven Kern, der den größten Teil der Masse eines Atoms enthält, und einem oder mehreren negativ geladenen Elektronen zu bestehen, die relativ lose an das Atom gebunden sind. Diese Elektronen, von denen jedes nur $\frac{1}{1835}$ mal so viel wie ein Wasserstoffatom wiegt, können entfernt werden, wodurch positive Ionen gebildet werden. Andere Elektronen können an neutrale Atome angelagert werden, so daß negative Ionen entstehen. Diese Fähigkeit, Elektronen aufzunehmen oder abzugeben, ändert sich von einem Element zum anderen und tut dies auf eine systematische Weise, die mit dem chemischen Verhalten des Elements in Zusammenhang steht. Die Aufnahme oder die Abgabe von Elektronen ist für die chemische Reaktivität von fundamentaler Bedeutung.

In diesem Kapitel werden wir Zusammenhänge zwischen atomaren, elektrischen und chemischen Eigenschaften untersuchen und aufzeigen, wie diese direkt zu einem fundamentalen Klassifizierungsschema für Materie führen, das als das *Periodensystem der Elemente* bekannt ist. Für Rutherford, den Physiker, würde das Periodensystem das Nonplusultra der Briefmarkensammlung bedeuten. Es würde nur seinen Eindruck von der Chemie bestätigen, wenn dies das letzte Kapitel wäre. Aber wir ordnen die Elemente des Universums in das Periodensystem ein, damit die Chemie *beginnen* kann und nicht dazu, daß sie damit endet. Sobald das Klassifizierungsschema aufgestellt ist, muß es mit Hilfe der Elektronen und anderer subatomarer Teilchen erklärt werden, aus denen sich die Atome aufbauen. Diese Erklärung ist die Aufgabe von Teil 3 dieses Buches. Aber bevor wir damit beginnen, über die Welt zu theoretisieren, lassen Sie uns erst einmal kennenlernen, wie sie wirklich aussieht.

6–1 Frühe Klassifizierungsschemen

Schon sehr früh in der Entwicklung der Chemie stellten die Chemiker fest, daß bestimmte Elemente ähnliche Eigenschaften besaßen. Das erste Klassifizierungsschema der Elemente bestand aus nur zwei Einteilungen, in Metalle und Nichtmetalle. Metallische Elemente besitzen ein bestimmtes, glänzendes Aussehen, sie sind schmiedbar und duktil, sie leiten Wärme und Elektrizität, und sie bilden mit Sauerstoff Verbindungen, die basisch reagieren. Nichtmetallische Elemente haben kein charakteristisches Aussehen, sie leiten nicht Wärme und Elektrizität, und sie bilden saure Oxide.

Döbereiners Triaden

1829 beobachtete der deutsche Chemiker Johann Döbereiner mehrere Gruppen von drei Elementen (Triaden), die ähnliche chemische Eigenschaften besaßen. In jedem Fall war die relative Atommasse eines Elements in der Triade nahezu gleich dem Mittelwert aus den relativen Atommassen der beiden anderen Elemente. Ein Beispiel für eine der Döbereinerschen Triaden ist die Gruppe Chlor, Brom und Jod. Jedes Element in dieser Triade bildet farbige Dämpfe, die zweiatomige Moleküle enthalten. Jedes Element verbindet sich mit Metallen und zeigt eine Äquivalentmasse, die gleich seiner Atommasse ist. Auch bildet jedes Element der Triade mit Sauerstoff Ionen, die eine einfache, negative Ladung besitzen, wie zum Beispiel ClO^-, ClO_3^-, BrO_3^- und IO_3^-. Die relative Atommasse des Broms (80) ist angenähert gleich dem Mittelwert aus der relativen Atommasse des Chlors (35,5) und des Iods (127). In Tabelle 6–1 sind die ähnlichen Eigenschaften der Elemente in dieser und anderen Triaden zusammengestellt.

Zusätzlich zu der Entdeckung der in Tabelle 6–1 angegebenen Triaden beobachtete Döbereiner noch eine sonderbare Triade der Metalle Eisen, Kobalt und Nickel, die alle ähnliche Eigenschaften und fast dieselben Atommassen besitzen. Die Metalle werden in Baumaterialien (Stahl) verwendet und können wie Eisen ferromagnetisch sein; in ihren $+2$ und $+3$ Wertigkeitsstufen bilden sie gefärbte Komplexionen.

Diese Entdeckung von Elementfamilien (die Zahl 3 pro Familie erwies sich als unbedeutend) lieferte denen einen Anreiz, die versuchten, eine rationale Methode zur Klassifizierung der Elemente zu finden.

Newlands' Oktavengesetz

In dem Zeitraum von 1850 bis 1865 wurden viele neue Elemente entdeckt. Darüber hinaus machten die Chemiker in dieser Periode beträchtliche Fortschritte bei der Bestimmung von relativen Atommassen. Somit standen genauere Werte für die Atommassen der altbekannten Elemente zur Verfügung, und für die neuen Elemente wurden hinreichend genaue Werte angegeben. 1865 untersuchte der englische Chemiker John Newlands' (1839–1898) das Problem des periodischen Wiederauftretens von ähnlichem Verhalten von Elementen. Er ordnete die leichtesten der bekannten Elemente nach ansteigenden relativen Atommassen und erhielt folgendes Schema:

Tabelle 6–1   Beschreibung der Döbereinerschen Triaden

Triaden-elemente und relative Atommassen	Elementare Form	Hauptverbindungen	Spezielle Eigenschaften
(I) Cl; Br; I 35,5; 80; 127	Farbige, zweiatomige Moleküle: Cl_2 (gelbgrün) Br_2 (braun) I_2 (violett)	Bilden einfache Salze, die (-1)-Ionen enthalten: Cl^-, Br^-, I^-. Bilden mit Sauerstoff Ionen der Ladung (-1), die ein bis vier Sauerstoffatome enthalten: ClO_4^-, ClO_3^-, ClO^-, BrO_3^-, IO_3^-, IO_4^-. Wasserstoffverbindungen sind: HCl, HBr, HI.	Freie Elemente reagieren heftig mit Elektronen-Donatoren unter Bildung negativer Ionen: Cl^-, Br^-, I^-: $2\,Na + Cl_2 \rightleftharpoons 2\,Na^+ + 2\,Cl^-$ $I_2 + S^{2-} \rightleftharpoons 2\,I^- + S$ Salze (wie NaCl) lösen sich sehr gut in Wasser. Halogenid-Salze von Li, Na und K ergeben neutrale Lösungen. Wasserstoffverbindungen sind starke Säuren und dissoziieren in Wasser vollständig: $HBr + H_2O \rightleftharpoons H_3O^+ + Br^-$
(II) S; Se; Te 32; 79; 127,6	Farbige, kristalline Nichtmetalle: Te (etwas metallisch) S_8 (gelb) Se_8 (rot)	Bilden einfache Salze mit (-2)-Ionen: S^{2-}, Se^{2-}, Te^{2-}, und sehr stark riechende Verbindungen mit Wasserstoff: H_2S, H_2Se, H_2Te. Bilden Oxy-Ionen der Ladung (-2) mit bis zu vier Sauerstoffatomen: $SO_3^{2-\,a)}$, SO_4^{2-}, SeO_4^{2-}. Bilden Dioxide und Trioxide SO_2, $SO_3^{a)}$, SeO_2, TeO_2, TeO_3.	Salze, mit Ausnahme der Triaden (III) und (IV), sind etwas in Wasser löslich: CuS, ZnS, HgS. Lösliche Salze (NaS) ergeben basische Lösungen: $S^{2-} + H_2O \rightleftharpoons HS^- + HO^-$ Wasserstoffverbindungen sind schwache Säuren.
(III) Ca; Sr; Ba 40; 88; 137	Reaktions-freudige Metalle	Bilden Salze, die $(+2)$-Ionen enthalten: Ca^{2+}, Sr^{2+}, Ba^{2+} in $BaSO_4$, $CaCO_3$, $SrCl_2$ usw.	Salze geben in der Flamme kräftige Farben: Ca (orange), Sr (rot), Ba (grün). Sulfate und Carbonate sind unlöslich. Metalle verdrängen langsam Wasserstoff aus Wasser.
(IV) Li; Na; K 7; 23; 39	Sehr reaktionsfreudige Metalle	Bilden Salze, die $(+1)$-Ionen enthalten: Li^+, Na^+, K^+ in $NaCl$, Li_2CO_3, K_3PO_4 usw.	Fast alle Salze sind löslich; Metalle und Salze ergeben kräftig gefärbte Flammen: Li (rot), Na (gelb), K (purpur). Metalle reagieren heftig mit Wasser unter Bildung von Wasserstoff und löslichen, ionischen Hydroxiden: $2\,Na + 2\,H_2O$ $\rightleftharpoons H_2 + 2\,Na^+ + 2\,HO^-$

a) Beachten Sie die Bedeutung der Ladung: SO_3^{2-} ist völlig verschieden von SO_3 (ungeladen)!

H	Li	Be	B	C	N	O
F	Na	Mg	Al	Si	P	S
Cl	K	Ca	Cr	Ti	Mn	Fe

Newlands bemerkte, daß das achte Element (Fluor) dem ersten (Wasserstoff), das neunte dem zweiten usw. ähnelte. Seine Beobachtung, daß jedes achte Element ähnliche Eigenschaften hatte, brachte ihn auf die Idee, seine chemischen Oktaven mit musikalischen Oktaven zu vergleichen, und er selbst nannte seine Entdeckung das *Oktavengesetz*.

Die Achter-Periodizität in der Chemie ließ ihn eine fundamentale, chemische Harmonie erkennen, die der musikalischen gleichkam. Der Vergleich, obwohl recht reizvoll, hinkt. Hätte Newlands die Edelgase gekannt, würde seine Periodizität der Eigenschaften sich in Neuner- statt in Achterschritten ergeben haben. Er würde niemals die Analogie zur Musik gebraucht haben, und er hätte sich einiges von dem Hohn und der Mißachtung ersparen können, unter denen er zu leiden hatte. (Siehe Abschnitt 6–7 für weitere Informationen über Newlands.)

Newlands' Anstrengungen waren zugegebenerweise ein Schritt in die richtige Richtung. Jedoch können an seinem Klassifizierungsschema drei Punkte ernsthaft bemängelt werden:

1. Es gab in seiner Tabelle keine Plätze für die neuen Elemente, die in schneller Folge entdeckt wurden. Darüber hinaus gab es am Ende seiner Tabelle mehrere Plätze, an denen zwei Elemente an dieselbe Stelle in der Tabelle gesetzt wurden (Abschnitt 6–7).
2. Es gab keine gelehrte Diskussion der Arbeiten über die relativen Atommassen und keine Auswahl der vermutlich besten Werte dafür.
3. Bestimmte Elemente schienen nicht an die Stelle zu gehören, an der sie sich in Newlands Schema befanden. So ist zum Beispiel Chrom (Cr) dem Aluminium (Al) oder Mangan (Mn), ein Metall, dem Phosphor (P), einem Nichtmetall, nicht ausreichend ähnlich genug. Metallisches Eisen (Fe) und das Nichtmetall Schwefel (S) ähneln sich überhaupt nicht.

6–2 Die Basis für die periodische Klassifizierung

Die Entwicklung des Periodensystems, so wie wir es heute kennen, wird hauptsächlich dem russischen Chemiker Dmitri Mendelejeff (1834–1907) zugeschrieben, obwohl der deutsche Chemiker Lothar Meyer unabhängig von Mendelejeff und fast gleichzeitig mit ihm im wesentlichen dasselbe System ausarbeitete. Soweit wir wissen, kannte keiner von beiden die Arbeit von Newlands. Mendelejeffs Periodensystem, das 1869 aufgestellt wurde, folgte Newlands' Plan der Einordnung der Elemente nach ansteigenden Atommassen, wies aber dabei die folgenden, wesentlichen Verbesserungen auf (Abbildung 6–1):

1. Es wurden lange Perioden für die Elemente eingerichtet, die wir jetzt als Übergangsmetalle bezeichnen. In seiner ursprünglichen Darstellung des Periodensystems sind diese langen Perioden auf die Hälfte zusammengefaltet, wobei jede volle Periode zwei Zeilen beansprucht. Diese Neuerung vermied die Notwendigkeit, Metalle wie

Reihe	Gruppe I — R_2O	Gruppe II — RO	Gruppe III — R_2O_3	Gruppe IV RH_4 RO_2	Gruppe V RH_3 R_2O_5	Gruppe VI RH_2 RO_3	Gruppe VII RH R_2O_7	Gruppe VIII — RO_4
1	H = 1							
2	Li = 7	Be = 9.4	B = 11	C = 12	N = 14	O = 16	F = 19	
3	Na = 23	Mg = 24	Al = 27.3		P = 31	S = 32	Cl = 35.5	
4	K = 39	Ca = 40	— = 44	Ti = 48	V = 51	Cr = 52	Mn = 55	Fe = 56, Co = 59, Ni = 59, Cu = 63
5	(Cu = 63)	Zn = 65	— = 68	— = 72	As = 75	Se = 78	Br = 80	
6	Rb = 85	Sr = 87	?Yt = 88	Zr = 90	Nb = 94	Mo = 96	— = 100	Ru = 104, Rh = 104, Pd = 106, Ag = 108
7	(Ag = 108)	Cd = 112	In = 113	Sn = 118	Sb = 122	Te = 125	I = 127	
8	Cs = 133	Ba = 137	?Di = 138	?Ce = 140				
9								
10			?Er = 178	?La = 180	Ta = 182	W = 184		Os = 195, Ir = 197, Pt = 198, Au = 199
11	(Au = 199)	Hg = 200	Tl = 204	Pb = 207	Bi = 208			
12				Th = 231		U = 240		

Abbildung 6–1 Das Periodensystem Mendelejeffs, wie es aussah, als es im Jahre 1871 in Englisch veröffentlicht wurde. Die Elemente erscheinen hier in der Reihenfolge zunehmender relativer Atommassen. Beachten Sie den leeren Raum unter Si für ein unbekanntes (zu der Zeit) Element mit der relativen Atommasse 72 und die falschen relativen Atommassen (z. B. In). Das „R" in den Köpfen der einzelnen Spalten ist das allgemeine Symbol für ein Element aus der Gruppe.

Vanadin (V), Chrom und Mangan direkt unter Nichtmetalle wie Phosphor, Schwefel und Chlor zu setzen.

2. Wenn die Eigenschaften eines Elements erkennen ließen, daß es nicht in die Anordnung nach den relativen Atommassen paßte, wurde ein Platz für ein neues Element frei gelassen. Zum Beispiel existierte kein Element, das den Platz unter Silicium (Si) einnehmen konnte. Somit wurde ein Platz für ein neues Element frei gelassen, das *Eka-Silicium* genannt wurde.

3. Es wurde eine wissenschaftliche Würdigung der Daten über die relativen Atommassen angegeben. Als Ergebnis dieser Arbeit wurde zum Beispiel die Valenz des Chroms in seinem höchsten Oxidationszustand von fünf auf ihren richtigen Wert sechs geändert. Die Äquivalentmasse des Chroms betrug $8{,}66 \, \mathrm{g \, äquiv^{-1}}$. Somit folgte für die relative Atommasse des Cr an Stelle von 43,3 ($5 \times 8{,}66$) der revidierte Wert von 52,0 ($6 \times 8{,}66$). Indium (In) mit einer Äquivalentmasse von $38{,}5 \, \mathrm{g \, äquiv^{-1}}$ war die Valenz zwei zugeschrieben worden und damit eine relative Atommasse von 77,0. Infolgedessen hatte es seinen Platz zwischen Arsen (As) und Selen (Se) erhalten. Da ihre chemischen Eigenschaften im Einklang mit ihrer Placierung unter den nebeneinanderliegenden Phosphor und Schwefel standen, mußten Arsen und Selen in Mendelejeffs System ebenfalls nebeneinander liegen. Eine Überprüfung zeigte, daß Indium eine relative Atommasse von 114,8 und eine Valenz von drei besaß, was mit seiner Einordnung unter Aluminium und Gallium (Ga) im heutigen Periodensystem im Einklang steht.

Ferner wurde angenommen, daß die relative Atommasse des Platins (Pt) größer als die des Goldes (Au) wäre. Mendelejeff dachte darüber anders wegen der Chemie der beiden Metalle und der Plätze, die sie in seinem Periodensystem einnehmen sollten. Neue, von Mendelejeff inspirierte Bestimmungen ergaben die Werte von 198 für Platin und 199 für Gold, wodurch Platin seinen Platz vor Gold und unter Palladium (Pd) erhielt, das von allen anderen Elementen dem Platin am ähnlichsten ist.

4. Aufgrund des bekannten, periodischen Verhaltens, das im Periodensystem zusammengefaßt wurde, wurden Vorhersagen über die Eigenschaften der noch unentdeckten

Tabelle 6–2   Mendelejeffs Vorhersagen für das Element Eka-Silicium (Germanium)

Eigenschaften	Silicium und seine Verbindungen	Mendelejeffs Vorhersagen für das Eka-Silicium (Es)	Winklers Angaben über das Germanium	Zinn und seine Verbindungen
Relative Atommasse	28	72	72,6	118
Aussehen	Grau, diamantartig	Graues Metall	Graues Metall	Weißes Metall oder graues Nichtmetall
Schmelzpunkt	$1410\,°C$	Hoch	$958\,°C$	$232\,°C$
Dichte	$2,42\ \mathrm{g\,cm^{-3}}$	$5,5\ \mathrm{g\,cm^{-3}}$	$5,36\ \mathrm{g\,cm^{-3}}$	$7,31\ \mathrm{g\,cm^{-3}}$
Wirkung von Säuren und Laugen	Säureresistent; langsames Angreifen durch Laugen	Säure- und laugenresistent	Nicht von HCl oder NaOH angegriffen; angegriffen durch HNO_3	Langsam durch konz. HCl angegriffen; durch HNO_3 angegriffen; nicht durch NaOH angegriffen
Formel und Dichte des Oxids	SiO_2; $2,65\ \mathrm{g\,cm^{-3}}$	EsO_2; $4,7\ \mathrm{g\,cm^{-3}}$	GeO_2; $4,70\ \mathrm{g\,cm^{-3}}$	SnO_2; $7,0\ \mathrm{g\,cm^{-3}}$
Formel und Eigenschaften des Sulfids	SiS_2; zersetzt sich in Wasser	EsS_2; unlöslich in Wasser, löslich in Ammoniak	GeS_2; unlöslich in Wasser, löslich in Ammoniumsulfid	SnS_2; unlöslich in Wasser, löslich in Ammoniumsulfid-Lösung
Formel des Chlorids	$SiCl_4$	$EsCl_4$	$GeCl_4$	$SnCl_4$
Siedepunkt des Chlorids	$57,6\,°C$	$100\,°C$	$83\,°C$	$114\,°C$
Dichte des Chlorids	$1,50\ \mathrm{g\,cm^{-3}}$	$1,9\ \mathrm{g\,cm^{-3}}$	$1,88\ \mathrm{g\,cm^{-3}}$	$2,23\ \mathrm{g\,cm^{-3}}$
Darstellung des Elements	Reduktion des K_2SiF_6 mit Natrium	Reduktion des EsO_2 oder K_2EsF_6 mit Natrium	Reduktion des K_2GeF_6 mit Natrium	Reduktion des SnO_2 mit Kohlenstoff

Elemente gemacht. Diese Vorhersagen erwiesen sich später als erstaunlich treff-
sicher. Ein gutes Beispiel dafür ist der Vergleich der vorhergesagten Eigenschaften des
Elements „Eka-Silicium" mit den Eigenschaften des Elements Germanium (Ge),
welches heute den Platz des Eka-Siliciums im Periodensystem einnimmt. Dieser Vergleich ist in Tabelle 6–2 angegeben.

Aus der Tabelle ist klar zu erkennen, wie Mendelejeff die physikalischen und chemischen
Eigenschaften des fehlenden Elements genau vorhersagen konnte. Seine Stellung im
Periodensystem befand sich unter Silicium und über Zinn. Die physikalischen Eigen-
schaften des Germaniums bilden gerade annähernd den Mittelwert zwischen denen
des Siliciums und des Zinns. Die Vorhersage der chemischen Eigenschaften erfordert
Informationen über die bekannten, relativen Eigenschaften von Phosphor, Arsen und
Antimon (Sb), die eine Spalte weiter rechts im Periodensystem stehen.

Korrelationen wie diese dienten bei der Suche nach neuen Elementen und Verbindungen als Wegweiser und regten neue Untersuchungen an, wenn bereits bekannte Daten
nicht mit anderen Korrelationen übereinstimmten. Eine Folge dieser Forschungsarbeit waren verbesserte Werte für die relativen Atommassen und Dichten.

Das Periodengesetz

Mendelejeff faßte seine Entdeckungen in der Aussage des *Periodengesetzes* zusammen:
*Die Eigenschaften von chemischen Elementen ändern sich nicht willkürlich, sondern
systematisch mit der relativen Atommasse.*

Nachdem die meisten der Elemente entdeckt und ihre relativen Atommassen sorgfältig bestimmt worden waren, blieben dennoch mehrere Unstimmigkeiten bestehen.
So ergab sich zum Beispiel für die Anordnung nach ansteigenden relativen Atommassen
innerhalb Mendelejeffs Gruppe VIII (Abbildung 6–1) die Reihenfolge Fe, Ni, Co, Cu in
der vierten Periode, Ru, Rh, Pd, Ag in der fünften und Os, Ir, Pt, Au in der sechsten
Periode. Jedoch ähnelt Ni mehr dem Pd und Pt, als es Co tut. Andererseits hat Te eine
höhere relative Atommasse als I, aber I gehört ganz offensichtlich zu Br und Cl, und Te
ähnelt in seinen chemischen Eigenschaften Se und S. Als die Edelgase entdeckt wurden,
bemerkte man, daß Ar eine größere relative Atommasse als K besaß, wogegen alle anderen Edelgase eine geringere Atommasse als die benachbarten Alkalimetalle aufwiesen.
In diesen drei Fällen ist die ansteigende relative Atommasse *nicht* das geeignete Kriterium
für die Einordnung der Elemente in das Periodensystem. Den Elementen wurden daher
die *Ordnungszahlen* von 1 bis 92 (heute 104) zugeschrieben, die ihre Anordnung im Periodensystem wiedergaben.

1912 beobachtete Henry G. J. Moseley (1888–1915), daß die Frequenzen der von den
Elementen ausgesendeten Röntgenstrahlung besser mit den Ordnungszahlen als mit den
relativen Atommassen in Beziehung zu setzen waren. Die Beziehung zwischen der Ordnungszahl eines Elements und der Frequenz (oder Energie) der von ihm ausgesendeten
Röntgenstrahlung ist eine Folge der atomaren Struktur. Wie wir in Kapitel 8 sehen
werden, sind die Elektronen um einen Atomkern herum in *Energieniveaus* angeordnet.
Wenn ein Element von einem Strahl energiereicher Elektronen bombardiert wird, kön-

nen Elektronen aus den innersten Niveaus oder Schalen (die am dichtesten beim Kern liegen) der Atome losgeschlagen werden. Wenn dann äußere Elektronen auf diese Niveaus herabfallen, um die Leerstellen aufzufüllen, wird Energie in Form von Röntgenstrahlen emittiert. Das Röntgenspektrum eines Elements (die Gesamtheit der ausgesendeten Frequenzen der Röntgenstrahlen) enthält Informationen über die Energieniveaus der Elektronen in dem betreffenden Atom. Der für uns hier interessanteste Punkt ist der, daß sich die Energie eines derartigen Niveaus entsprechend der Ladung des Atomkerns ändert. Je größer die Kernladung ist, desto stärker sind die innersten Elektronen gebunden. Daher ist auch mehr Energie erforderlich, um eines dieser Elektronen loszuschlagen; infolgedessen wird auch mehr Energie emittiert, wenn ein Elektron in eine Leerstelle in diesen Schalen zurückfällt. Moseley entdeckte, daß die Frequenz der aus-

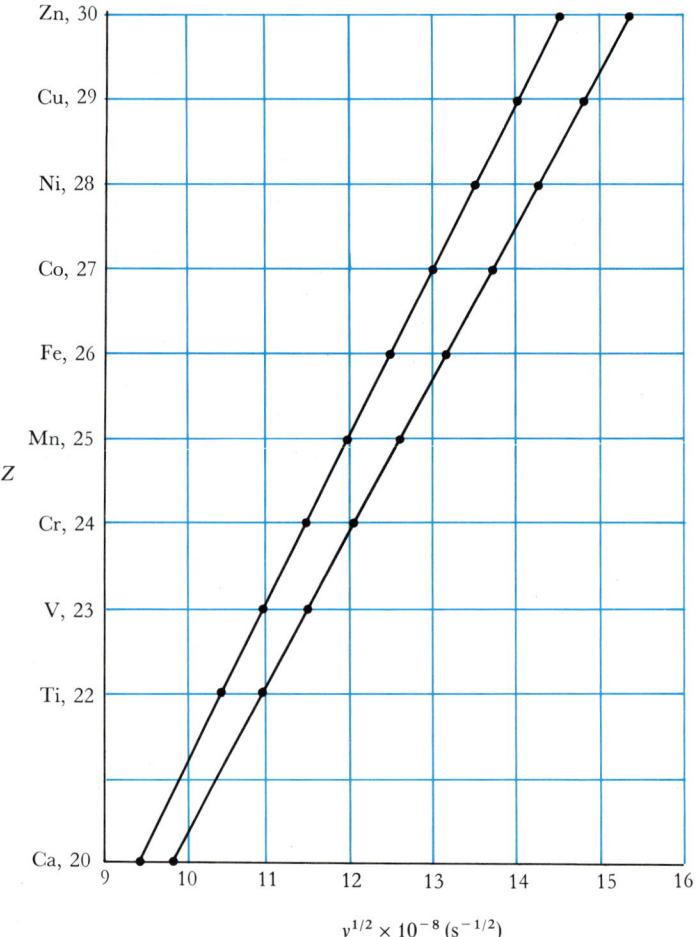

Abbildung 6–2 Moseleys Auftragung der Quadratwurzel aus der Röntgenstrahlenfrequenz v gegen die Ordnungszahl Z für die Elemente vom Calcium bis zum Zink. Die beiden Linien stammen von zwei verschiedenen, meßbaren Frequenzen aus dem Spektrum eines jeden Atoms.

gesendeten Röntgenstrahlung, v, sich mit der Ordnungszahl Z, gemäß der folgenden Beziehung ändert

$$v = a(Z-b)^2$$

wobei die Konstanten a und b charakteristisch für eine bestimmte Röntgenlinie sind und für alle Elemente denselben Wert besitzen.

Im April 1914 veröffentlichte Moseley die Ergebnisse seiner Arbeiten an 39 Elementen von $_{13}$Al bis $_{79}$Au. (Die Ordnungszahl eines Elements wird durch einen Index unten links vor dem Symbol des Elements gekennzeichnet.) Ein Teil seiner Daten ist in Abbildung 6–2 aufgetragen. Moseley schrieb dazu das Folgende:

„Die Spektren der Elemente sind entlang horizontaler Linien angeordnet, die gleichen Abstand voneinander besitzen. Die für die Elemente gewählte Reihenfolge entspricht der Reihenfolge ihrer relativen Atommassen, ausgenommen die Fälle Ar, Co und Te, bei denen sie im Widerspruch zur Folge der chemischen Eigenschaften steht. Für ein Element zwischen Mo und Ru, für ein Element zwischen Nd und Sm und für ein Element zwischen W und Os, von denen bis jetzt noch keines bekannt ist, wurden Linien offen gelassen... Dieses ist gleichbedeutend mit der Zuordnung einer Reihe von aufeinander folgenden, charakteristischen ganzen Zahlen zu aufeinander folgenden Elementen... Wenn jetzt entweder die Elemente nicht durch diese ganzen Zahlen charakterisiert wären oder wenn irgendein Fehler bei der gewählten Reihenfolge oder in der Zahl der für unbekannte Elemente freigelassenen Plätze gemacht worden wäre, würden diese Gesetzmäßigkeiten (die geraden Linien) sofort verschwinden. Wir können daher allein aufgrund des Beweismaterials, das die Röntgenspektren liefern, ohne irgendeine Theorie über den Aufbau der Atome zu benutzen, den Schluß ziehen, daß diese ganzen Zahlen in der Tat charakteristisch für die Elemente sind... Nun hat Rutherford gezeigt, daß der wichtigste Bestandteil eines Atoms sein zentraler, positiv geladener Kern ist, und van den Broek hat die Ansicht geäußert, daß die Ladung dieses Kerns in allen Fällen ein ganzzahliges Vielfaches der Ladung eines Wasserstoffkerns ist. Jeder Grund spricht für die Annahme, daß die ganze Zahl, die das Röntgenspektrum bestimmt, dieselbe ist wie die Zahl von elektrischen [Ladungs-]Einheiten im Kern, und diese Experimente liefern daher den stärkstmöglichen Beweis für van den Broeks Hypothese."[1]

Die drei unentdeckten Elemente, die von Moseley erwähnt wurden, stellen sich später als die Elemente 43 (Technetium, Tc), 61 (Promethium, Pm) und 75 (Rhenium, Re) heraus. Ein verwirrendes „Doppelelement" wurde 1923 aufgeklärt, als D. Coster und G. Hevesy zeigten, daß eine der unbesetzten, horizontalen Linien in Moseleys Tabellen zu dem neuen Element Hafnium (Hf, 72) gehörte. Moseleys Arbeit war vielleicht der fundamentalste Einzelschritt in der Entwicklung des Periodensystems. Er bewies, daß die Ordnungszahl (oder die Kernladung) und nicht die relative Atommasse die wesentliche Eigenschaft für die Erklärung des chemischen Verhaltens war.

---

[1] Als diese Zeilen veröffentlicht wurden, war Moseley bei der Britischen Armee, und weniger als ein Jahr später fiel er im Alter von 27 Jahren in der Hügellandschaft von Gallipoli.

6–3 Das moderne Periodensystem

Der leichteste Weg zum Verständnis des Periodensystems ist der, es aufzubauen. Obwohl dies eine schwierige Aufgabe zu sein scheint, werden erstaunlich geringe Kenntnisse der Chemie benötigt, um einzusehen, daß die Anordnung auf der Innenseite des vorderen Deckels dieses Buches die einzig mögliche ist. Wenn wir die Elemente nach ihrer Ordnungszahl anordnen, wie es Moseley tat, dann wiederholen sich bestimmte chemische Eigenschaften symmetrisch in definierten Intervallen (Abbildung 6–3, oben). Die chemisch inerten Edelgase (wenigstens glaubte man bis 1962, daß sie inert wären, aber dann stellten Chemiker erstmalig Xenontetrafluorid dar) He, Ne, Ar, Kr, Xe und Rn besitzen die Ordnungszahlen 2, 10, 18, 36, 54 und 86 oder die numerischen Intervalle 2, 8, 8, 18, 18 und 32. Jedes dieser Gase geht einem extrem reaktionsfähigen, weichen Metall voran, das dazu neigt, ein (+1)-Ion zu bilden; es sind dies die *Alkalimetalle* Li, Na, K, Rb, Cs und Fr. Vor jedem Edelgas steht ein reaktionsfreudiges Element, das ein Elektron aufnehmen kann und damit ein (−1)-Ion bildet: Wasserstoff und die *Halogene* F, Cl, Br, I und

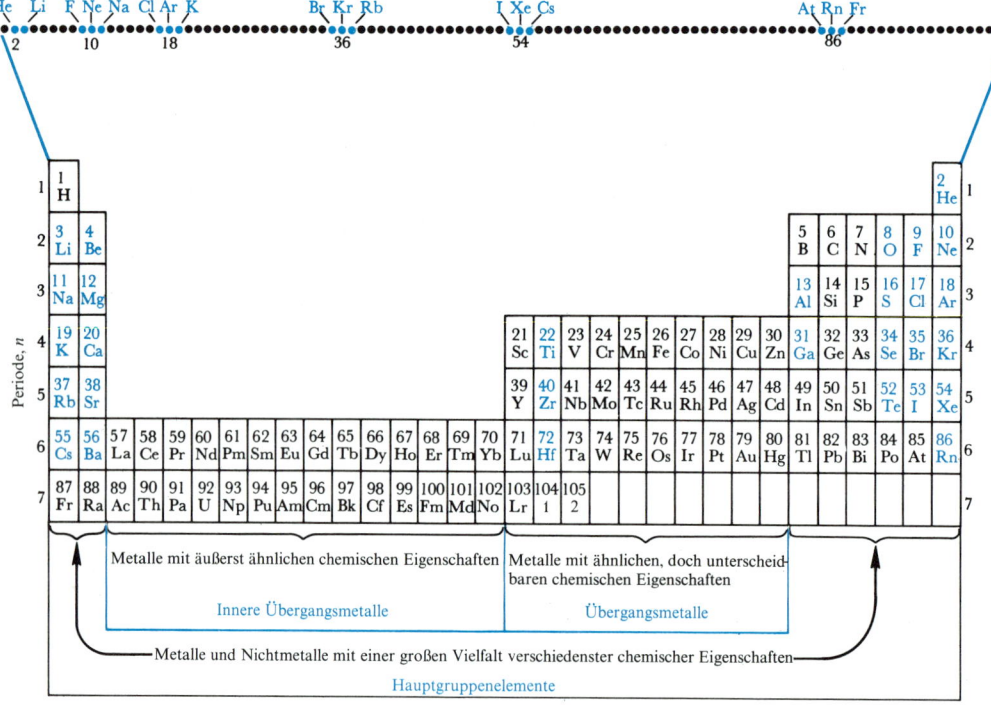

Abbildung 6–3 Wenn die Elemente in der Reihenfolge wachsender Ordnungszahlen hintereinander aufgeschrieben werden, wie es beim Streifen oben in der Abbildung geschehen ist, legt das wiederholte Auftreten ähnlicher chemischer Eigenschaften das Zusammenfalten dieses Streifens zu der „superlangen" Form des Periodensystems nahe, die unterhalb dieses Streifens wiedergegeben ist. Die Elemente können dann in drei Kategorien eingeordnet werden, die sich auf das Ausmaß gründen, in dem sich die chemischen und physikalischen Eigenschaften von einer Position im Periodensystem zur nächsten ändern.

At. Diese Schlüsselelemente sind in der Reihe oben in Abbildung 6–3 farbig gekennzeichnet.

Diese chemischen Ähnlichkeiten werden am besten dadurch dargestellt, daß die Reihe der 104 Elemente in sieben Zeilen oder *Perioden* untereinander angeordnet werden, so daß chemisch ähnliche Elemente in senkrechten Spalten untereinander zu stehen kommen (was im unteren Teil der Abbildung 6–3 geschehen ist). Jedoch besitzt die erste Periode nur zwei Elemente, die nächsten beiden Perioden haben je acht, die zwei folgenden achtzehn und die sechste und vermutlich auch die siebente Periode zweiunddreißig Elemente. Auf welche Weise können wir 8 Plätze über 18 und 18 über 32 einordnen?

Die *Erdalkalimetalle* Be, Mg, Ca, Sr und Ba sind sich in ihrem chemischen Verhalten so ähnlich, daß es von uns nur wenig Vorstellungsvermögen verlangt, sie so einzuordnen, wie es in Abbildung 6–3 gezeigt ist. Die Nichtmetalle befinden sich am rechten Ende einer jeden Periode und O, S, Se und Te bilden eine Gruppe von Elementen mit einer Valenz zwei, deren Metallcharakter von O nach Te zunimmt; O ist ein Nichtmetall; Te existiert in der nicht genau spezifizierten Zwischenzone der *Semi-* oder *Halbmetalle*. N, P, As, Sb und Bi bilden eine Gruppe, für die die Aufnahme von drei Elektronen in bestimmten Verbindungen und der Verlauf vom nichtmetallischen N und P über das Halbmetall As zum metallischen Sb und Bi charakteristisch ist. C, Si, Ge, Sn und Pb besitzen alle eine Valenz von vier. Für diese letzten Elemente liegt die Grenzzone zwischen Nichtmetallen und Metallen bei einer früheren Periode; Si und Ge sind Nichtmetalle und Sn und Pb sind Metalle. Schließlich bildet die Gruppe B, Al, Ga, In und Tl ($+3$)-Ionen. B ist ein Halbmetall, während alle anderen Elemente dieser Gruppe Metalle sind. Al und Ga besitzen mehr ähnliche Eigenschaften miteinander als Al und Sc. Um Al über Ga einzuordnen, ist es nötig, die acht Elemente umfassenden Perioden ganz nach rechts über die achtzehn Elemente umfassenden Perioden zu verschieben, die darunter stehen.

Die „überschüssigen" Elemente in der vierten und fünften Periode ($_{21}$Sc bis $_{30}$Zn und $_{39}$Y bis $_{48}$Cd) bilden eine Reihe von Metallen, die alle eine große Vielfalt von Ionenzuständen aufweisen. Am häufigsten treten die ($+2$)- und ($+3$)-Zustände in Erscheinung. Die Eigenschaften dieser Metalle ändern sich bei weitem nicht so stark von einem Element zum anderen, wie es in der Reihe B, C, N, O und F der Fall ist; wir nennen diese „überschüssigen" Elemente die *Übergangsmetalle*. (Wir heben uns die Frage, was sich dabei im Übergang befindet, bis Kapitel 9 auf.)

Wenn wir nach chemischen Verwandtschaften zwischen der fünften und sechsten Periode suchen, stellen wir fest, daß sich $_{40}$Zr und $_{72}$Hf praktisch gleich verhalten. Wieder ergibt die von uns bevorzugte Anordnung, daß wir die Elemente nach $_{38}$Sr in der fünften Periode so weit wie möglich nach rechts über die Perioden 6 und 7 einordnen. Die überzähligen Elemente in Periode 6, $_{57}$La bis $_{70}$Yb, sind in ihrem chemischen Verhalten praktisch identisch. Diese Elemente werden als *seltene Erden* oder *Lanthanoide* bezeichnet. Ihre Partner in der siebenten Periode, $_{89}$Ac bis $_{102}$No, sind die sogenannten *Actinoide*. Da sich die Lanthanoide in ihren chemischen Eigenschaften so ähnlich sind, kommen sie zusammen in der Natur vor und sind nur äußerst schwer voneinander zu trennen.

Zusammenfassend können die Elemente in drei Gruppen eingeteilt werden (Abbildung 6–3): Die *Hauptgruppenelemente* mit unterschiedlichen Eigenschaften; die *Über-*

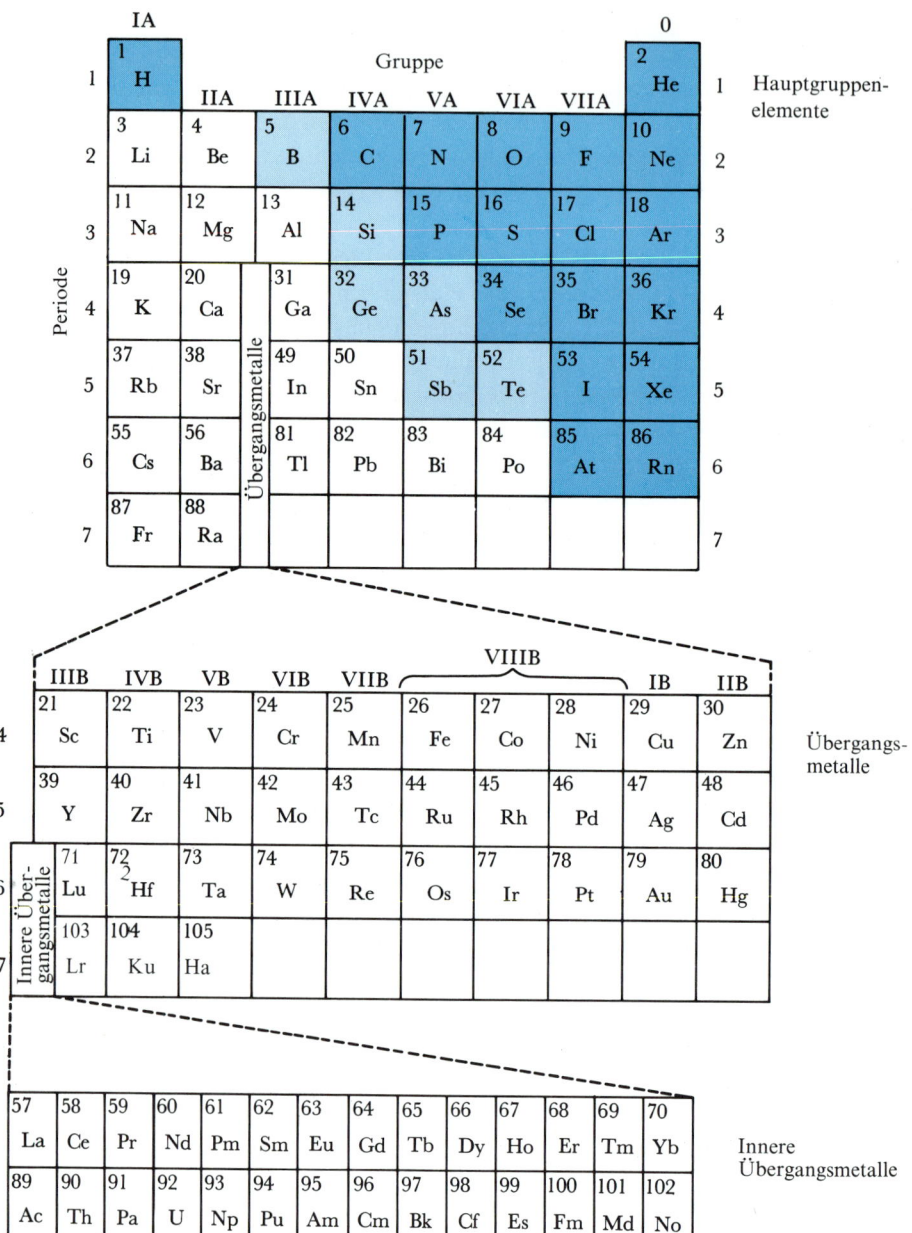

Abbildung 6–4 Diese kompakte, zusammengedrängte Form des Periodensystems betont die natürliche Einteilung der Elemente in drei Kategorien: die extrem unterschiedlichen Hauptgruppenelemente, die sich stärker ähnelnden Übergangsmetalle und die einander ganz ähnlichen inneren Übergangsmetalle. Nichtmetalle sind farbig hervorgehoben, während die Halbmetalle durch eine schwächere Färbung gekennzeichnet sind. Die lange Standardform des Periodensystems, wie sie auf der Innenseite des Einbandes vorne im Buch zu finden ist, stellt einen Kompromiß zwischen diesem Periodensystem und dem aus Abbildung 6–3 dar.

gangsmetalle, die sich schon ähnlich, aber noch deutlich unterscheidbar sind, und die *inneren Übergangsmetalle* (Lanthanoide und Actinoide) mit nahezu gleichen Eigenschaften. Die Hauptgruppenelemente zeigen ein breiteres Spektrum von Eigenschaften, als bei den anderen Elementen gefunden wird. Sie sind die Elemente, die uns insgesamt am vertrautesten erscheinen. Die Übergangselemente werden oft auch im Gegensatz zu den Hauptgruppenelementen als *Nebengruppenelemente* bezeichnet.

(Die Radioaktivität und die Instabilität der Kerne der Actinoide, insbesondere des Urans, haben ihnen eine geschichtliche Bedeutung zukommen lassen, die ihre chemischen Eigenschaften vielleicht nicht gerechtfertigt hätten. Ein Chemiker alter Schule denkt bei Uran in der Hauptsache an ein obskures, schweres Element, das bei gelben Keramik-Glasuren und gefärbtem Glas Verwendung findet. Es ist Ironie, daß ein Atomkrieg mit dem Rohstoff von gefärbten Glasfenstern ausgefochten würde.)

Es gibt eine kompaktere Darstellung des Periodensystems, die deutlicher die relative Variabilität der Eigenschaften von benachbarten Elementen erkennen läßt (Abbildung 6–4). Tendenzen im chemischen Verhalten sind häufig leichter zu verstehen, wenn nur die Hauptgruppenelemente betrachtet werden, wobei die Übergangsmetalle als ein Spezial-fall beiseite gestellt und die inneren Übergangsmetalle praktisch vernachlässigt werden. In diesem System werden die senkrechten Spalten *Gruppen* genannt, wobei die Gruppen der Hauptgruppenelemente von IA bis VIIA und 0 numeriert werden. Die Gruppen der Übergangselemente werden ebenfalls auf eine bestimmte Weise numeriert, um Sie daran zu erinnern, daß sie in das System der Hauptgruppenelemente eingefügt werden sollten. Diese Numerierung umfaßt die Gruppen IIIB bis VIIB, dann folgen drei Spalten, die alle gemeinsam als Gruppe VIIIB bezeichnet werden, worauf die Gruppen IB und IIB folgen. Gruppe IIIB folgt auf Gruppe IIA der Hauptgruppenelemente und Gruppe IIB geht der Gruppe IIIA voran. Diese Art der Numerierung wird bei der üblichen, „langen Form" des Periodensystems klarer, wie sie vorne, auf der Innenseite des Deckels dieses Buches zu finden ist. Wir können erkennen, daß diese Standardform ein Kompromiß zwischen der Kompaktheit der Abbildung 6–4 und der Vollständigkeit von Abbildung 6–3 ist. Die Lanthanoide und Actinoide sind von derart geringer, relativer Bedeutung gewesen, daß sie in der Standardform keine eigenen Gruppennummern erhalten haben.

6–4 Trends bei den physikalischen Eigenschaften

Eine Gesetzmäßigkeit bei bestimmten physikalischen Eigenschaften der Elemente spiegelt sich in einer entsprechenden Gesetzmäßigkeit im chemischen Verhalten wider. Die wichtigsten dieser Eigenschaften sind die Leichtigkeit, mit der Elektronen aufgenom-men oder abgegeben werden und die Größe von Atomen und Ionen.

Erste Ionisierungsenergien

Da das chemische Reaktionsvermögen mit der Aufnahme, dem Verlust oder dem ge-meinsamen Besitz von Elektronen in Zusammenhang steht, ist die Leichtigkeit, mit der

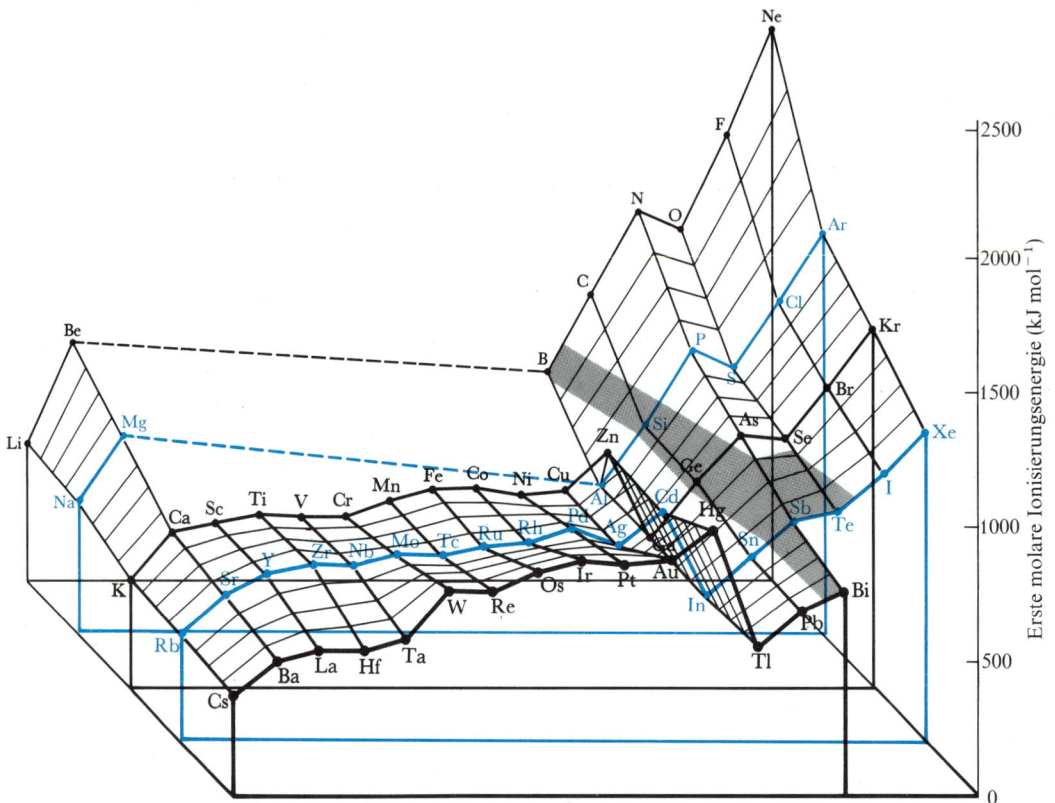

Abbildung 6–5   Erste Ionisierungsenergie oder die Energie, die erforderlich ist, um ein Elektron aus einem neutralen, gasförmigen Atom zu entfernen (in molaren Einheiten). Dies hier ist eine dreidimensionale graphische Darstellung der Abhängigkeit der molaren Ionisierungsenergie von der Ordnungszahl des betreffenden Elements, bei der die horizontale Grundfläche a–b–c von der langen Standardform des Periodensystems gebildet wird, während der senkrechte Abstand von dieser Grundfläche die molare Ionisierungsenergie eines jeden Elements darstellt. An der vorderen, rechten Ecke ist die hier verwendete Energieskala angegeben. Die Perioden 2, 4 und 6 sind schwarz und die Perioden 3 und 5 farbig eingezeichnet. Die drei dünnen, schwarzen Linien zwischen jedem Paar von Periodenlinien sollen nur dabei helfen, die Gestalt der Oberfläche dieser graphischen Darstellung hervorzuheben, und besitzen keine weitere Bedeutung. Der sich über die Darstellung von B bis Sb erstreckende graue Bereich hat eine Untergrenze bei 750 kJ mol^{-1}, während seine obere Grenze bei 950 kJ mol^{-1} liegt. Dies ist ungefähr der Bereich des Übergangs zwischen metallischem und nichtmetallischem Verhalten.

eine Elektronenaufnahme oder ein Elektronenverlust auftreten kann, eine der interessantesten Eigenschaften eines Elements. In Abbildung 6–5 sind die *ersten Ionisierungsenergien* pro Mol der Elemente oder die Energien aufgetragen, die dazu benötigt werden, um von einem Mol neutraler, gasförmiger Atome je ein Elektron zu entfernen

$$M(g) \rightleftarrows M^+(g) + e^-$$

Es ist relativ leicht, ein Elektron von einem Alkalimetall wie Kalium zu entfernen, aber dies wird zunehmend schwieriger, wenn wir uns entlang einer Periode durch die

Übergangsmetalle bewegen. Jenseits der Übergangsmetalle, bei Ga, In und Tl, fällt das Entfernen eines Elektrons plötzlich leichter. Dann erhöht sich die Schwierigkeit wieder und erreicht ein Maximum bei den Halogenen und den Edelgasen. Im Periodensystem aufeinanderfolgende Elemente besitzen zunehmend mehr Elektronen. Die Ordnungszahl gibt, wie Moseley vorgeschlagen hatte, die Ladung des Kerns in einem neutralen Atom an. Jede der sieben Perioden stellt annähernd das Auffüllen einer *Elektronenschale* dar. Die innerste Schale enthält zwei Elektronen, und die darauf folgenden Schalen erreichen einen Punkt der Stabilität (höchster Ionisierungsenergie) in Intervallen von 8, 8, 18, 18 und 32 Elektronen mehr. Die Edelgase der Gruppe 0 besitzen derartige, stabile Elektronenschalen. Elemente derselben Gruppe (senkrechte Spalte) besitzen dieselbe Zahl von Elektronen außerhalb der letzten aufgefüllten Schale. (Diese Aussage ist eine zu starke Vereinfachung, die in Kapitel 9 richtiggestellt werden wird. Die Übergangsmetalle bedeuten eine Unterbrechung dieser Reihenfolge, da bei ihnen zuvor unbenutzte Plätze in der unmittelbar vorangehenden Schale aufgefüllt werden. Die Ähnlichkeit der Übergangsmetalle untereinander spiegelt die Tatsache wider, daß eine *tiefer* gelegene Schale und nicht die äußerste Schale einer Veränderung unterliegt.)

Diese äußeren Elektronen, die *Valenzelektronen* genannt werden, sind in erster Linie für das chemische Verhalten verantwortlich. Wenigstens bei den Hauptgruppenelementen wird die Zahl der äußeren Valenzelektronen durch die Gruppennummern gegeben; sie reicht von eins bei den Alkalimetallen bis zu einer stabilen, reaktionsträgen acht bei den Edelgasen. Es ist leichter, das eine Valenzelektron des Cs zu entfernen als das des Li, da sich beim Cs das Valenzelektron in einer Schale befindet, die weiter von dem Einfluß des positiv geladenen Kerns entfernt ist. Diese Tendenz bei der Ionisierungsenergie ist innerhalb einer Gruppe allgemein gültig. Im Gegensatz dazu wird es im allgemeinen schwieriger, ein Elektron aus einem Atom zu entfernen, wenn wir uns entlang einer Periode zu höheren Ordnungszahlen hin bewegen. Das liegt daran, daß sich die Kernladungszahl dabei ständig erhöht. Die anderen Valenzelektronen in der äußersten Schale tragen relativ wenig zur Abschirmung eines Valenzelektrons vom Kern bei, und somit erhöht sich die Anziehungskraft des Kerns auf ein Valenzelektron innerhalb einer Periode mit wachsender Ordnungs(Kernladungs-)zahl. Die Erklärungen für die Täler und Bergrücken in Abbildung 6–5 werden auf ein exakteres Bild der Elektronenstruktur in Kapitel 9 warten müssen. Aber wir können bereits jetzt erkennen, daß bei den Hauptgruppenelementen das dritte hinzugefügte Valenzelektron (Gruppe IIIA: B und Al) weniger fest an das Atom gebunden ist als das zweite (Gruppe IIA: Be und Mg) und daß das sechste Valenzelektron (O, S, Se, Te) weniger fest gebunden ist als das fünfte (N, P, As, Sb).

Eine niedrige erste Ionisierungsenergie ist charakteristisch für ein Metall; denn ein Metall ist, wie wir in Abschnitt 3–7 gesehen haben, ein Stoff, dessen Elektronen im festen Zustand delokalisiert sind und frei durch den Kristall wandern können. Stickstoff gibt dagegen nicht seine fünf Valenzelektronen ab, um N^{5+}-Ionen in einem metallischen Festkörper zu bilden; der Energieaufwand zur Entfernung selbst eines der Valenzelektronen verbietet dieses. Statt dessen liegt der Stickstoff in zweiatomigen Molekülen vor und ist unter Normalbedingungen (STP) ein Gas. Kohlenstoff gibt seine Elektronen eher an gemeinsame Bindungen ab, als daß er sie verliert, und bildet damit starke, gerichtete Bindungen mit Nachbaratomen im starren Gitter des Diamants oder dem

Schichtgitter des Graphits. Weiter unten im Periodensystem sind jedoch in derselben Gruppe die vier äußeren Valenzelektronen des Bleis so weit vom Kern entfernt, daß ihr Verlust leichter fällt. Beachten Sie, daß Blei und Zinn beides Metalle sind, Germanium und Silicium jedoch dem Kohlenstoff in der Ionisierungsenergie nahekommen und damit Halbmetalle sind.

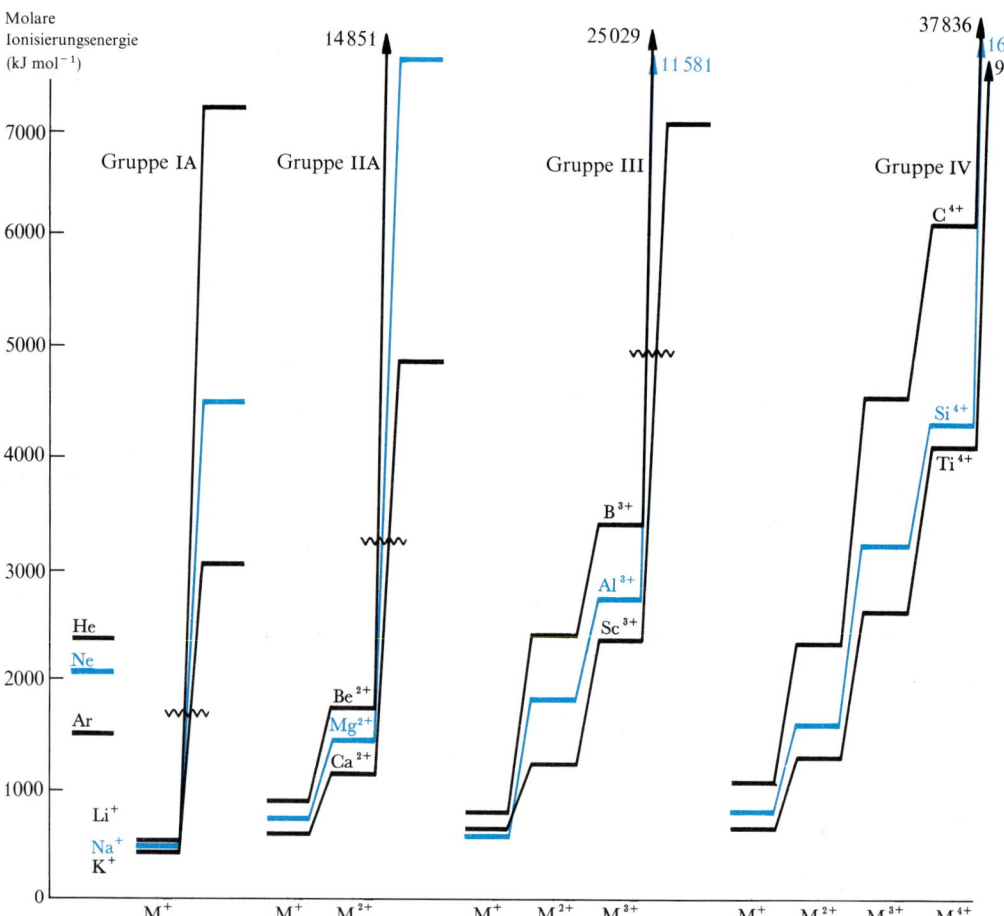

Abbildung 6–6 Erste, zweite und folgende molare Ionisierungsenergien für die Hauptgruppenelemente in den Gruppen I–IV. Bei den Alkalimetallen in Gruppe I werden nur annähernd 400 kJ mol^{-1} benötigt, um das Valenzelektron zu entfernen. Um aber in die vollbesetzte darunterliegende Schale einzudringen und eines ihrer Elektronen zu entfernen, macht zusätzliche 3000 bis 7500 kJ mol^{-1} erforderlich. Infolgedessen bilden die Alkalimetalle keine +2-Ionen. Auf ähnliche Weise ist es weitaus leichter, nur zwei Elektronen in Gruppe II oder drei in Gruppe III zu entfernen, als eines mehr unter Zerstören der tieferliegenden, inerten Schale vom Atom abzutrennen. Mit Anwachsen der Gruppennummer wird es zunehmend schwieriger, alle äußeren Valenzelektronen zu entfernen, so daß die Neigung abnimmt, Kationen zu bilden, deren positive Ladung der Gruppennummer entspricht.

Zweite und höhere Ionisierungsenergien: Die Bildung von Ionen

Die Abbildung 6–5 zeigt nur die Energie, die dazu erforderlich ist, daß *erste* Elektron aus einem neutralen Atom zu entfernen. Wenn mehrere Valenzelektronen vorhanden sind, können sie alle (wenigstens bei den Metallen) ohne sehr hohen Energieaufwand aus dem Atom entfernt werden. Um jedoch in eine stabile, innere Schale einzubrechen und daraus Elektronen zu entfernen, erfordert mehr Energie, als normalerweise bei chemischen Reaktionen zur Verfügung steht (Abbildung 6–6). Die maximal mögliche, positive Ladung, die ein Hauptgruppenelement annehmen kann, ist daher gleich seiner Gruppennummer.

Wenn man aber mehr als 400 kJ pro Mol (oder eine Energie von 4 eV pro Atom) benötigt, um ein Elektron pro Atom aus einem Alkalimetall zu entfernen, warum sollten sich dann die Atome überhaupt ionisieren? Die Antwort darauf lautet, daß die Energie zur Entfernung eines Elektrons aus einem isolierten, gasförmigen Atom nicht die ganze Geschichte ist. Die Alkalimetalle sind Festkörper und keine Gase. Darüber hinaus zieht ein Ion, wenn es in Lösung geht, Wassermoleküle an sich. In einem Wassermolekül sind das Sauerstoffatom etwas negativ und die Wasserstoffmoleküle entsprechend positiv geladen, so daß das ganze Molekül neutral ist. Die Wassermoleküle können sich infolgedessen so um ein Kation herum anordnen, daß die negativen Enden der Wassermoleküle dem Kation zugewandt sind, wodurch das sich ergebende *hydratisierte* Ion (durch „(aq)" symbolisiert) stabiler ist als ein isoliertes Kation und Wassermoleküle für sich allein. Diese Einsparung von Energie ist die *Hydratationsenergie* des Ions.

Die Gesamtenergie, die an der Bildung eines hydratisierten Ca^{2+}-Ions aus Calciummetall beteiligt ist, ist im Diagramm der Abbildung 6–7 dargestellt. Diese Energie ist das Ergebnis von vier Schritten:

		Erforderliche Energie
1. Sublimation:	$Ca(s) \rightleftarrows Ca(g)$	$+ \quad 159\,kJ\,mol^{-1}$
2. Ionisierung: 1. I.E.:	$Ca(g) \rightleftarrows Ca^+(g) + e^-$	$+ \quad 590\,kJ\,mol^{-1}$
2. I.E.:	$Ca^+(g) \rightleftarrows Ca^{2+}(g) + e^-$	$+ 1146\,kJ\,mol^{-1}$
3. Hydratation des Ions:	$Ca^{2+}(g) \rightleftarrows Ca^{2+}(aq)$	$- 1498\,kJ\,mol^{-1}$
4. Reduktion des H^+:	$2e^- + 2H^+(aq) \rightleftarrows H_2(g)$	$- \quad 962\,kJ\,mol^{-1}$
Gesamtreaktion:	$Ca(s) + 2H^+(aq) \rightleftarrows Ca^{2+}(aq) + H_2(g)$	$- \quad 565\,kJ\,mol^{-1}$

Diese Energien sind alle *molare freie Enthalpien*, $\Delta\bar{G}$, und nicht molare Enthalpien, $\Delta\bar{H}$, wie wir sie bisher kennengelernt haben. Der Unterschied zwischen diesen beiden Energien wird in Kapitel 15 erklärt werden. Aber hier ist dieser Unterschied klein und braucht uns an dieser Stelle nicht zu kümmern.

Diese Reaktion, durch die metallisches Calcium in hydratisierte Ca^{2+}-Ionen umgewandelt wird, setzt 565 kJ pro Mol an freier Enthalpie frei. Die *Oxidationsenergie* für die Gesamtreaktion beträgt dann

$$565\,\text{kJ}\,\text{mol}^{-1} \times \frac{1\,\text{eV}\,\text{Ion}^{-1}}{96{,}454\,\text{kJ}\,\text{mol}^{-1}} = 5{,}86\,\text{eV}\,\text{Ion}^{-1}$$

oder wie es üblicherweise in Tabellen zu finden ist: 2,93 eV Elektron^{-1}. Das *Oxidationspotential* beträgt dann 2,93 V.

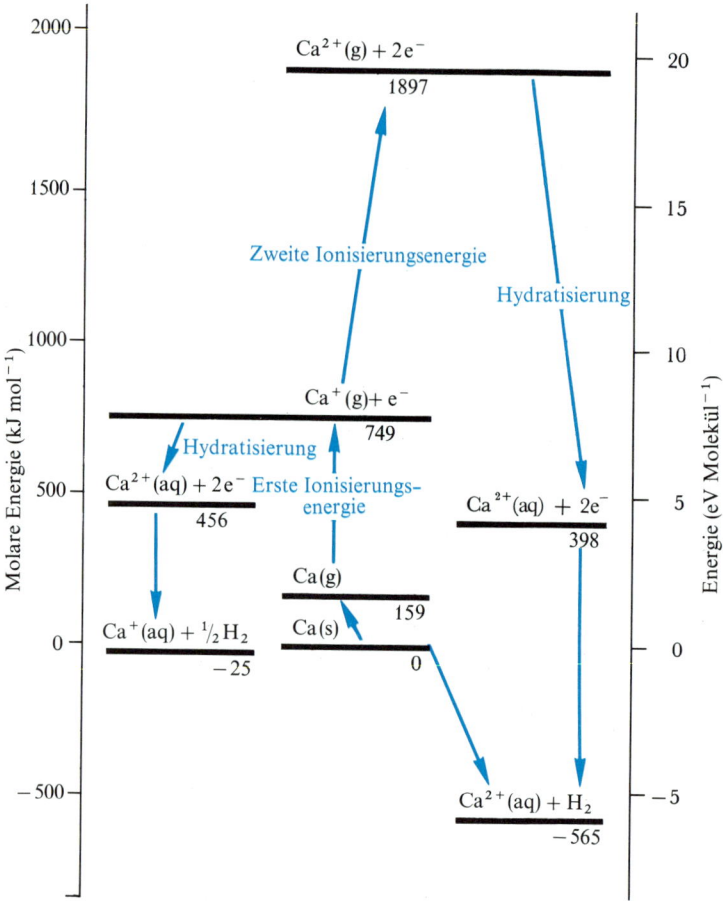

Abbildung 6–7 Die molare Oxidationsenergie einer Reaktion in Wasser ist die Energie, die benötigt wird, um 1 mol eines festen Metalls als hydratisierte Ionen in Lösung zu bringen, wobei die von ihm abgegebenen Elektronen dazu verwendet werden, H$^+$-Ionen zu reduzieren. Wir geben hier die Oxidationsenergien in kJ mol^{-1} an, aber üblicherweise werden die Oxidationspotentiale in Volt pro Äquivalent tabelliert. [Wenn an der Reaktion *n* Elektronen beteiligt sind, dann entspricht 1 Elektronenvolt pro Äquivalent (1 eV Äquiv^{-1} = 1 eV äquiv^{-1}) einer molaren Energie von *n* × 96,49 kJ mol^{-1}.] Die Energie der Gesamtreaktion ergibt sich aus der Summe der Energien von Sublimation, Ionisierung, Hydratisierung des gasförmigen Kations- und Verwendung der Elektronen zur Reduktion von H$^+$. Beachten Sie, daß Ca$^+$(aq) etwas stabiler als Ca(s) ist, aber Ca^{2+}(aq) ist soviel stabiler, daß sich alles etwa vorhandene einwertige Calcium spontan in gleiche Mengen von zweiwertigem Calcium und Calciummetall umwandeln würde (Disproportionierung). Infolgedessen existiert kein einwertiges Calcium in Lösung.

Schritt 4 ist notwendig, weil wir keinen Stoff in Lösung oxidieren können, ohne gleichzeitig irgendeine andere zu reduzieren. Die Schritte 1 bis 3 würden freie Elektronen in der Lösung übriglassen, was eine unmögliche Sachlage im Wasser darstellen würde. Die Reaktion von Schritt 4 ist die Standardreaktion, mit der andere Oxidations- und Reduktionsreaktionen bei der Tabellierung von Oxidations- und Reduktionspotentialen verglichen werden. Der Wert von 2,87 V aus Tabelle 6–3 ist ein genauer Wert für das

Tabelle 6–3 Oxidationspotentiale für die Bildung von hydratisierten Kationen aus dem Metall

Gruppe IA		Gruppe IIA	
Li	3,02 V	Be	1,70 V
Na	2,71 V	Mg	2,34 V
K	2,92 V	Ca	2,87 V
Rb	2,99 V	Sr	2,89 V
Cs	3,02 V	Ba	2,90 V

Oxidationspotential des Ca, der sich aus Messungen des Potentials von elektrolytischen Zellen ergab. Unser hier berechneter Wert ist ungenau, da er als kleiner Unterschied zwischen großen Zahlen abgeleitet wurde, deren Fehler sich bei der Differenzbildung sehr stark auswirken. Wie wir in Kapitel 17 noch sehen werden, ergeben sich normalerweise die Oxidationspotentiale direkt aus den Spannungen elektrolytischer Zellen.

Ein hohes, positives Oxidationspotential bedeutet, daß die Oxidationsreaktion sehr stark bestrebt ist abzulaufen und daß die Produkte relativ zu den Reaktionspartnern thermodynamisch recht stabil sind. Die Oxidationspotentiale in Tabelle 6–3 lassen in Gruppe IIA ein stetiges Ansteigen der Stabilität des hydratisierten Ions mit wachsender Ordnungszahl erkennen. Dieses ist eine Folge der niedrigeren Ionisierungsenergien der schwereren Elemente, die durch den größeren Abstand der Valenzelektronen vom Kern hervorgerufen werden. In der Gruppe IA jedoch ist das Lithiumion unerwartet stabil. Der Grund dafür liegt in seiner geringen Größe: Wassermoleküle können dichter an das kleine, geladene Ion herankommen und dadurch einen stabileren, hydratisierten Komplex bilden. Durch diese Tatsache wird die etwas höhere, erste Ionisierungsenergie des Li (Abbildung 6–6) mehr als kompensiert. Das Wasserstoffion, H^+, ist noch kleiner und noch stärker hydratisiert. Die Anzahl der hydratisierenden Wassermoleküle ist unbestimmt, so daß es allgemein üblich ist, das hydratisierte Proton durch das Symbol H_3O^+ darzustellen und es als *Hydroniumion* zu bezeichnen.

Aufforderung: Um das Prinzip der ersten Ionisierungsenergie auf Druckmessungen in einem Hochvakuumsystem anzuwenden und um festzustellen, ob Sie die quantitativen Aspekte der zweiten Ionisierungsenergie verstehen, versuchen Sie sich einmal an den Aufgaben 6–9 und 6–13 in *Ergänzungsaufgaben zu Prinzipien der Chemie* von Butler und Grosser.

Elektronenaffinität

Wenn Energie dazu erforderlich ist, ein Elektron aus einem neutralen Atom zu entfernen, sollte es nicht allzu überraschend sein, festzustellen, daß Energie abgegeben werden kann, wenn ein weiteres Elektron an ein neutrales Atom angelagert wird. Der Grund dafür liegt bei der unvollständigen Abschirmung des Kerns durch die äußeren Valenzelektronen. Wenn das zusätzliche Elektron in die äußere Valenzschale eingebaut wird, wirken die anderen Elektronen in dieser Schale der Kernladung nicht so stark entgegen, wie es die Elektronen in den tieferen Schalen tun. Das überschüssige Elektron in der Valenzschale wird also etwas vom Kern angezogen. Die *Elektronenaffinität* ist nun die Energie, die freigesetzt wird, wenn die folgende Reaktion eintritt

$$M(g) + e^- \rightleftarrows M^-(g)$$

Es ist schwieriger, Elektronenaffinitäten zu messen als Ionisierungsenergien, aber die Meßwerte für einige der Hauptgruppenelemente sind in Abbildung 6–8 dargestellt.

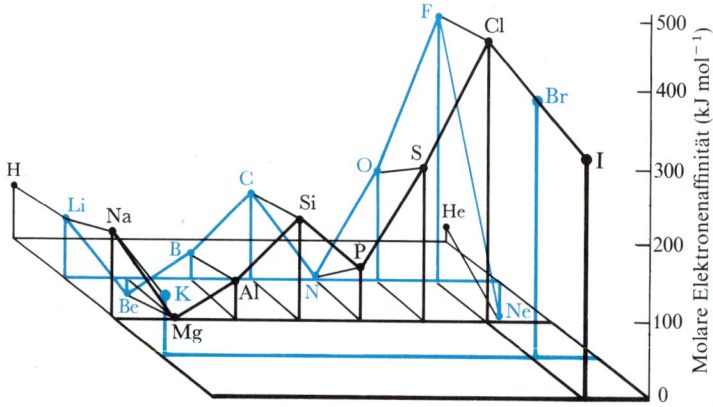

Abbildung 6–8   Die Elektronenaffinität ist die Energie, die freigesetzt wird, wenn sich ein Elektron an ein gasförmiges, neutrales Atom anlagert. Die Grundfläche dieser graphischen Darstellung bildet der Hauptgruppenteil des Periodensystems, während die molare Elektronenaffinität senkrecht dazu aufgetragen ist. Die Halogene besitzen ungewöhnlich hohe Elektronenaffinitäten, weil die Anlagerung eines Elektrons an das ungeladene Atom die stabile Acht-Elektronen-Konfiguration der Edelgase ergibt. Beachten Sie, daß die Elektronenaffinität des F geringer ist als die des Cl, obwohl die Perspektive der Zeichnung diese Tatsache verschleiert. Diese Anomalie ist bis heute noch unerklärt.

Halogene besitzen sehr hohe Elektronenaffinitäten. Man benötigt 1674 kJ mol^{-1}, um ein Elektron vom F zu entfernen, wogegen 335 kJ mol^{-1} freigesetzt werden, wenn ein überschüssiges Elektron zur Bildung von F$^-$ hinzugefügt wird. Die Elektronenaffinitäten von Cl, Br und I sind miteinander vergleichbar. Es gibt eine starke Tendenz zur Anlagerung des achten Valenzelektrons und somit zur Bildung einer stabilen, abgeschlossenen Schale, die denen der benachbarten Edelgase entspricht. O und S besitzen nur halb so große Elektronenaffinitäten wie die ihnen benachbarten Halogene, und die Elemente links davon weisen noch geringere Elektronenaffinitäten auf. Es fällt leichter, an ein Element am rechten Ende einer Periode ein Elektron anzulagern aus demselben Grunde, aus dem es schwieriger ist, dort ein Elektron zu entfernen: Die Elektronen werden stärker durch die größere Kernladung angezogen. Die Änderung der Elektronenaffinität entlang einer Periode stimmt mit der Änderung der Ionisierungsenergie überein. Acht Elektronen in einer Schale bilden die stabilste Anordnung, aber zwei oder fünf Elektronen sind ebenfalls relativ stabil. Es besteht bei C oder Si eine starke Tendenz zur Anlagerung des fünften Elektrons, wogegen bei N oder P wenig Neigung dazu besteht, ein sechstes Elektron in die Valenzschale aufzunehmen. Auf ähnliche Weise sind Be und Mg besonders stabil; es sind $16,7 \, \text{kJ} \, \text{mol}^{-1}$ an Energie erforderlich, um ein weiteres Elektron an Be anzulagern.

Die Größen von Atomen und Ionen

Für die Messung der Größen von Atomen gibt es drei Hauptverfahren: Das der van der Waalsschen (oder nicht gebundenen) Radien, das der kovalenten und das der ionischen Radien. Wir bestimmen die van der Waalsschen Radien, indem wir sehen, wie dicht sich nicht gebundene Atome im festen Zustand einander nähern können. Dieser Radius entspricht der effektiven Packungsgröße eines Atoms. Wir bestimmen die kovalenten Radien, indem wir die Bindungslängen zwischen Atomen untersuchen, die sich ein einzelnes Elektronenpaar miteinander teilen (Kapitel 10). Diese kovalenten Radien sind kleiner als die van der Waalsschen Radien, da die Ausbildung einer Bindung eine dichtere Annäherung der Atome erlaubt. Die ionischen Radien sind ein Maß für die Abstände zwischen Ionen entgegengesetzter Ladung in Kristallen.

Diese drei Arten von Radien sind für einige Hauptgruppenelemente in Tabelle 6–4 angegeben und in Abbildung 6–9 veranschaulicht. Van der Waalssche Radien werden zwischen nicht gebundenen, neutralen Atomen gemessen und gelten nicht für Metalle. Statt dessen finden wir ihre kovalenten Radien durch Messung der Bindungslängen in gasförmigen Dimeren (zweiatomigen Molekülen). Diese Radien sind praktisch dieselben, wie sie sich als metallische Radien für Ionen gleicher Ladung in Metallen ergeben. Weder ionische noch kovalente Radien besitzen für Atome eine Bedeutung, die keine Verbindungen bilden, aber man kann sich den van der Waalsschen Packungs-Radius für die Edelgase als Ionenradius von „Ionen" mit der Ladung null vorstellen.

Die Ionen N^{3-}, O^{2-}, F^-, Ne^0, Na^+ und Mg^{2+} sind *isoelektronisch*; das heißt, sie besitzen alle die gleiche Zahl von Elektronen und unterscheiden sich nur in ihrer Kernladung. Je größer die Kernladung ist, desto größer ist die auf die Elektronen ausgeübte Anziehungskraft. Infolgedessen zeigt sich bei diesen Ionen eine stetige Abnahme in der Größe von links nach rechts (Abbildung 6–9). Die Radien der neutralen Atome zeigen eine weniger ausgeprägte Abnahme in ihrer Größe nach rechts entlang irgendeiner Periode. Obwohl aufeinander folgende Atome mehr Elektronen als ihre Vorgänger besitzen, weisen sie auch eine größere Kernladung auf. Diese Ladung zieht alle Elektronenschalen stärker an und verursacht dadurch eine geringfügige Abnahme in der Größe der Atome. Das Absinken bei den Übergangselementen ist eine übertriebene Unterbrechung dieses Gesamttrends: Die Kernladung nimmt auch bei ihnen ständig zu, aber die neuen Elektronen werden in eine innere Schale und nicht in die äußere Valenzschale eingebaut.

Tabelle 6–4   Van der Waalssche, ionische und kovalente Radien für einige Hauptgruppenelemente[a]

	H			He	Li	Be
van der Waals	1,2			0,93	–	–
ionisch	1,54			(0,93)[b]	0,60	0,31
kovalent	0,37			–	1,35	0,90
	N	O	F	Ne	Na	Mg
van der Waals	1,5	1,4	1,25	1,12	–	–
ionisch	1,71	1,40	1,36	(1,12)	0,95	0,65
kovalent	0,70	0,66	0,64	–	1,54	1,30
	P	S	Cl	Ar	K	Ca
van der Waals	1,9	1,85	1,80	1,54	–	–
ionisch	2,12	1,84	1,81	(1,54)	1,33	0,99
kovalent	1,10	1,04	0,99	–	1,96	1,75
	As	Se	Br	Kr	Rb	Sr
van der Waals	2,0	2,00	1,95	1,69	–	–
ionisch	2,22	1,98	1,95	(1,69)	1,48	1,13
kovalent	1,21	1,17	1,14	–	2,11	1,92
	Sb	Te	I	Xe	Cs	Ba
van der Waals	2,2	2,20	2,15	1,90	–	–
ionisch	2,45	2,21	2,16	(1,90)	1,69	1,35
kovalent	1,41	1,37	1,33	–	2,25	1,98
Ladung des Ions für Ionenradien (H ist −1)	−3	−2	−1	0	+1	+2

[a] Nach L. Pauling, *Die Natur der chemischen Bindung*, Verlag Chemie, Weinheim/Bergstr., 1962. Gemessen in 10^{-10} m.

[b] Die Werte in Klammern sind Wiederholungen der van der Waalsschen Radien.

Diese drei Faktoren – Ionisierungsenergie, Elektronenaffinität und Größe – werden die wichtigsten bei der Voraussage über chemisches Verhalten sein. Einige Grundzüge dieser Größen sind ohne weitere Erklärung hier aufgeführt worden und können auch tatsächlich nicht ohne ein genaueres Bild von der Anordnung der Elektronen um ein Atom erklärt werden. Inzwischen werden wir uns jedoch noch den letzten Gesichtspunkt der Periodizität, den wir uns zu diesem Zeitpunkt ansehen wollen, betrachten: Die Periodizität im chemischen Verhalten.

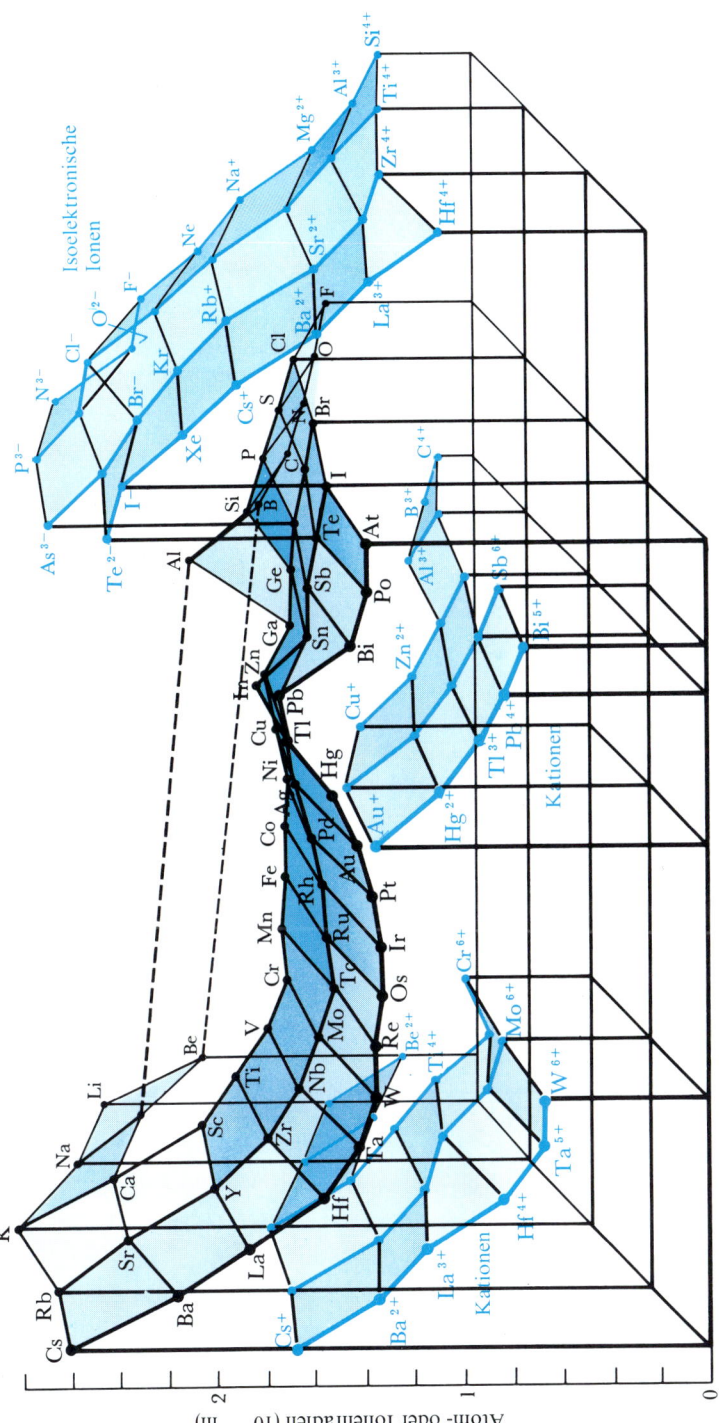

Abbildung 6–9 Kovalente Einfachbindungsradien (schwarz) und Ionenradien (farbig) der Elemente. Die Grundfläche der dreidimensionalen graphischen Darstellung ist die lange Form des Periodensystems; das System ist jedoch nach rechts erweitert worden, um noch die ersten vier isoelektronischen Ionen jeder folgenden Periode zu umfassen. Jedes Ion hat genug Elektronen aufgenommen oder abgegeben, so daß es die stabile Acht-Elektronen-Schale des benachbarten Edelgases besitzt. Beachten Sie die geringere Größe der Kationen gegenüber den Anionen. Beachten Sie auch, daß die isoelektronischen Ionen eine stetige Reihe bilden, in der die Radien abnehmen, während sich die Kernladung erhöht.

6–5 Trends bei den chemischen Eigenschaften

Das Periodensystem der Elemente rechtfertigt seine Existenz dadurch, daß es uns in die Lage versetzt, allmähliche, chemische Veränderungen zu erkennen, während wir uns horizontal entlang einer Periode, vertikal in einer Gruppe und in einigen Fällen, diagonal von einer Ecke zur anderen bewegen.

Bindungstypen

Chemische Bindungen beruhen auf der Aufnahme, Abgabe oder dem gemeinsamen Besitz von Elektronen. Eine extreme Art von Bindung besteht zwischen einem Element mit einer niedrigen Ionisierungsenergie und einem Element mit einer hohen Elektronenaffinität, wie zum Beispiel zwischen Na und Cl. Das Ergebnis ist der vollständige Übergang eines Elektrons vom Na zum Cl und die Bildung einer ungerichteten, elektrostatischen oder ionischen Bindung zwischen Na^+ und Cl^-. Der andere Extremfall liegt vor, wenn zwei Atome die gleiche Anziehung auf Elektronen ausüben. Ein Beispiel dafür findet sich in den mittleren Gruppen der Hauptgruppenelemente, bei denen der Aufwand sowohl für das Entfernen als auch für die Anlagerung vieler Elektronen zu hoch ist. Kohlenstoff befriedigt nicht seinen Mangel von vier Valenzelektronen, indem er vier Elektronen von einem Donator aufnimmt, sondern indem er seine vier Elektronen mit anderen Atomen in der Form von vier Elektronenpaaren teilt. Diese Elektronenpaare werden nichtpolare oder *kovalente* Bindungen genannt. Jedes gemeinsame Elektronenpaar wird als Einfachbindung bezeichnet; zwei Paare von Elektronen, die sich auf dieselben zwei Atome aufteilen, bilden eine Doppelbindung. Kovalente Bindungen sind im Gegensatz zur Ionenbindung im hohen Maße gerichtet. Einer der Tests für jede Theorie über kovalente Bindungen wird ihr Erfolg bei der Erklärung der Tatsache sein, daß kovalente Bindungen nur in bestimmten Richtungen relativ zum Atom existieren können. Die Formen von Molekülen werden dadurch bestimmt, auf welche Weise die sie zusammensetzenden Atome kovalente Bindungen bilden. (In Kapitel 10 werden wir die chemische Bindung im einzelnen betrachten; im Augeblick möchten wir nur kurz diese beiden Bindungstypen definieren.)

Die physikalischen Zustände der reinen Elemente spiegeln diese Unterschiede in der Bindung wider (Abbildung 6–10). Zum Beispiel bilden die Elemente der Gruppe 0 nur Bindungen mit den zwei kleinen Atomen F und O, die eine starke Anziehung auf Elektronen ausüben. Unter Normalbedingungen (STP) liegen die Elemente der Gruppe 0 als einatomige Gase vor. Die Nichtmetalle oben rechts im Periodensystem – die Halogene, O und N – bilden gemeinsame Elektronenpaare aus und setzen sich zu zweiatomigen Molekülen zusammen. Die leichteren dieser Nichtmetalle (H_2, O_2, F_2 und Cl_2) sind unter Normalbedingungen Gase. Das schwerere Br_2 ist eine Flüssigkeit. Die schwersten, I_2 und At_2, sind Festkörper mit einem niedrigen Schmelzpunkt. Die Elemente mit etwas weniger Nichtmetallcharakter, C, Si, P, As, S, Se und Te, können nicht alle ihre Elektronen mit einem einzigen, ähnlichen Atom teilen. S, Se und Te bilden Ringe von acht Molekülen, die sich zu einem Festkörper zusammensetzen. Se und Te besitzen ferner alternative Festkörperstrukturen, bei denen sich endlose, parallele Ketten zum Fest-

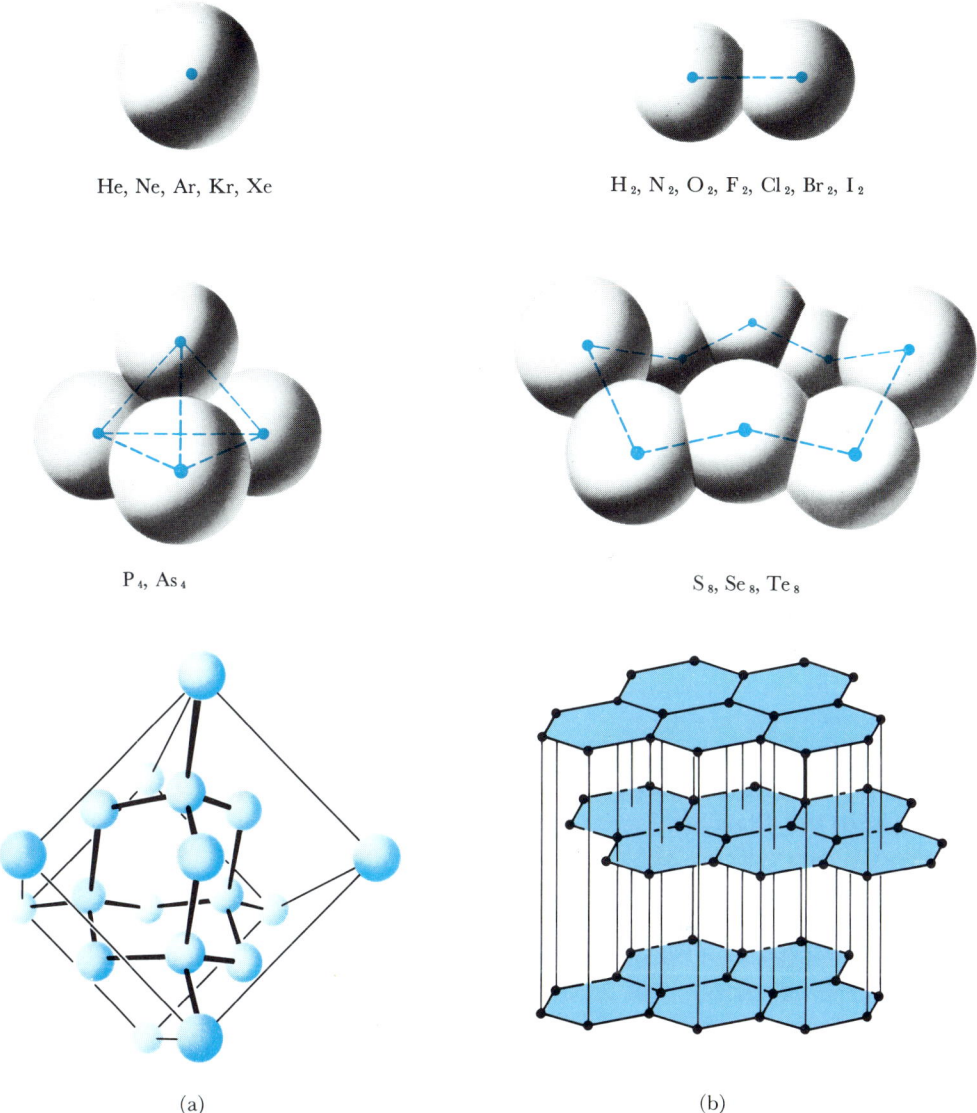

He, Ne, Ar, Kr, Xe

H_2, N_2, O_2, F_2, Cl_2, Br_2, I_2

P_4, As_4

S_8, Se_8, Te_8

(a)   (b)

Abbildung 6–10 Bindungen und Molekülstrukturen bei den nichtmetallischen Elementen. Die Edelgase liegen als einzelne, gasförmige Atome vor. Die Halogene existieren in der Form von zwei-atomigen Molekülen mit Einfachbindungen, während O_2 und N_2 kleine zweiatomige Moleküle mit Doppel- bzw. Dreifachbindungen bilden. Schwefel und die größeren Elemente in Gruppe VI A ver-wenden zwei Bindungen pro Atom, um Ringe oder Ketten zu bilden. Phosphor und Arsen benutzen wie der Stickstoff drei Bindungen, aber sie binden sich in diesem Fall in einer tetraedrischen Kon-figuration an drei verschiedene Nachbarn. Kohlenstoff und die anderen Elemente in der Gruppe IV A verwenden vier Bindungen zu vier verschiedenen Nachbarn in einem dreidimensionalen tetraedri-schen Netzwerk. Innerhalb dieser Gruppe kann nur der Kohlenstoff auch eine Schichtstruktur auf-bauen, bei der ein bestimmtes Atom vier Bindungen mit drei Nachbarn innerhalb einer Schicht teilt.

körper zusammenpacken. P und As bilden beide Moleküle, bei denen sich vier Atome an den Ecken eines Tetraeders befinden, mit drei Bindungen pro Atom. Am unteren Ende der Gruppe aber bilden die mehr metallischen Bi und Sb Lagen oder Schichten mit drei Bindungen pro Atom in der Ebene dieser Schichten. Auch die stabilere Form des As besitzt diese Schichtstruktur.

Die Elemente der Gruppe IVA bilden vier Bindungen, indem sie in einem endlosen Gitter kristallisieren, bei dem jedes Atom an vier andere Atome an den Ecken eines Tetraeders gebunden ist. Wir erhalten diese *Diamantstruktur* aus der des ZnS (Abbildung 3–18), indem wir Kohlenstoffatome an Stelle der Zn- und S-Plätze setzen. Vom Kohlenstoff existiert noch eine zweite Modifikation, Graphit, bei der jedes Atom an drei andere Atome in einem hexagonalen Muster in einer Ebene gebunden ist. Die vierte Bindung ist so über die anderen drei Bindungen verteilt, daß alle C—C-Bindungen in einer Ebene einen partiellen Doppelbindungscharakter erhalten. Diese Schichten von Kohlenstoffatomen werden nur durch schwache Packungskräfte zusammengehalten (van der Waals-Kräfte). Das ist der Grund dafür, daß sich Graphit etwas schmierig anfühlt und ein gutes Schmiermittel ist.

Dieser partielle Doppelbindungscharakter des Graphits erinnert an die Fähigkeit der gasförmigen Nichtmetalle, wie zum Beispiel N_2, Mehrfachbindungen mit demselben Nachbaratom zu bilden. Die Atome im N_2 werden durch eine Dreifachbindung zusammengehalten. Jedoch ist diese Struktur für die Halbmetalle Si und Ge nicht möglich, die beide nur im Diamantgitter kristallisieren. Sn existiert in zwei verschiedenen Kristallformen (*Allotropie*): Graues Zinn hat eine Diamantstruktur und nichtmetallische Eigenschaften, während weißes Zinn die Struktur und die Eigenschaften eines Metalls besitzt. Die schwereren Elemente der Gruppe IIA und die Elemente der Gruppe IIB bilden verzerrte Metallstrukturen aus. Alle Elemente links von der Gruppe IIB im Periodensystem besitzen Metallstrukturen der einen oder anderen Art: ccp, hcp, bcc oder irgendeine Variation dieser Strukturen.

Zusammenfassend gesagt erkennen wir, wenn wir vom F im Periodensystem ausgehen, daß sich der Metallcharakter der Elemente in einer Richtung erhöht, die diagonal nach links unten verläuft. Die meisten nichtmetallischen Elemente besitzen gerichtete Mehrfachbindungen und bilden kleine Moleküle. Während sich die Elemente dem Metallcharakter annähern, verschwindet ihre Fähigkeit zur Bildung von Mehrfachbindungen. Das Ergebnis dessen sind Netzwerke von gerichteten Einfachbindungen in einem starren, nicht ionischen Festkörper. Mit der Abnahme der Ausrichtung der Bindungen und der Zunahme des metallischen Verhaltens wird die Art, in der die Atome gepackt werden, zum dominierenden Faktor für die Struktur der Festkörper.

Diese Bindungsunterschiede zeigen sich auch bei den Schmelz- und Siedepunkten und bei den Schmelzwärmen (die Wärmemenge, die dazu erforderlich ist, den Festkörper zu schmelzen) der Elemente. Alle drei Eigenschaften zeigen insgesamt dasselbe Verhalten. Als Beispiel sind in Abbildung 6–11 die Schmelzwärmen der Festkörper dargestellt. Es gibt bei ihnen einen auffallend scharfen Kontrast zwischen den geringen Wärmemengen, die zum Schmelzen der Kristalle der dimeren Nichtmetalle (N_2, O_2, Cl_2) benötigt werden und den großen Energien, die dazu erforderlich sind, die Gitter zum Zusammenbruch zu bringen, bei denen die kovalenten Bindungen endlose Gitterwerke

(C, Si, Ge) oder untereinander verbundene Schichten (C, As, Sb) bilden. P, S und Se besitzen anomal niedrige Schmelzwärmen, da die P_4-Tetraeder oder die S_8-Ringe auch noch in der flüssigen Phase beständig sind. Das Schmelzen derartiger Festkörper entspricht mehr dem Zerfall der Kristalle von zweiatomigen Molekülen als dem eines ausgedehnten Gitterwerks. Wie wir in Kapitel 9 sehen werden, hängt die Stärke der Bindung bei den Übergangsmetallen von der Anzahl der freien, ungepaarten Elektronen ab. Diese Zahl erreicht ihr Maximum in der Mitte der Übergangsreihe und nimmt dann wieder ab. Die Schmelzwärmen und die Schmelzpunkte der Übergangselemente zeigen beide eine Abhängigkeit von diesem Faktor.

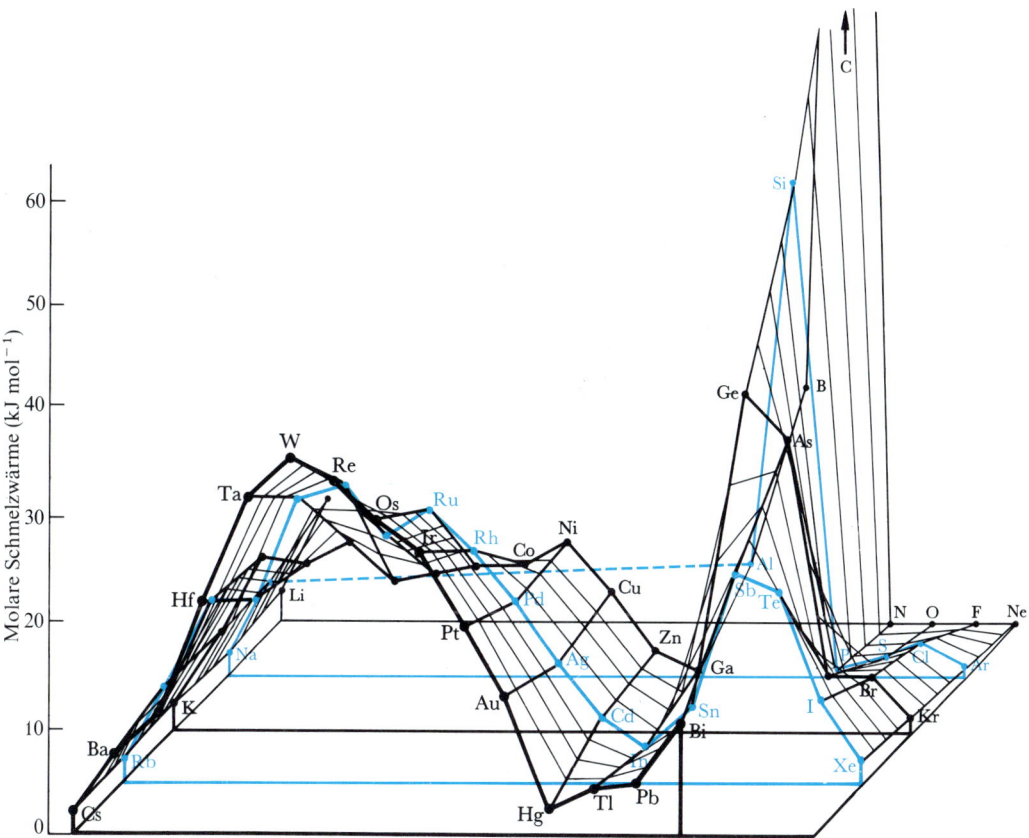

Abbildung 6–11   Molare Schmelzwärmen (in kJ mol^{-1}) für die festen Elemente. Die Grundfläche der graphischen Darstellung wird von der langen Form des Periodensystems gebildet. Beachten Sie die niedrigen molaren Schmelzwärmen der gasförmigen Nichtmetalle auf der rechten Seite und die extrem hohen molaren Schmelzwärmen von Nichtmetallen wie C und Si, die im kristallinen Zustand kovalent gebundene Netzwerke bilden. Es gibt kaum einen stärkeren Gegensatz als den zwischen kristallinem Diamant und den atmosphärischen Gasen Stickstoff und Sauerstoff, Elementen, die nebeneinander im Periodensystem stehen. Beachten Sie ferner die relativ hohen molaren Schmelzwärmen der Übergangsmetalle, die freie Elektronen für die Bindung im metallischen Zustand aufweisen.

Verbindungsverhältnisse mit Wasserstoff

Die Anzahl von Wasserstoffatomen, die sich mit einem Atom eines bestimmten Hauptgruppenelements aus den ersten drei Perioden des Periodensystems verbinden, ändert
sich, wie in Abbildung 6–12 gezeigt ist, von eins bis vier und wieder zurück bis eins, wenn
man eine Periode entlanggeht. Diese Zahl ist entweder gleich der Anzahl von Valenzelektronen in der äußersten Schale oder gleich der Anzahl von Elektronen, die zur Auffüllung eines stabilen Oktetts benötigt werden, wobei die jeweils kleinere Zahl die richtige
ist. Allein diese Tatsache gibt uns schon einen Hinweis darauf, wie sich H in jeder Wasserstoffverbindung benehmen wird.

Verbindungen von Metallen mit Wasserstoff – *Hydride* genannt – sind größtenteils
ionisch. Bei den Alkalihydriden, wie KH oder NaH, erfolgt ein Transfer von ungefähr
einer halben, negativen Elementarladung auf das Wasserstoffatom. Bei den Erdalkali-
hydriden (MgH_2 oder CaH_2) wird ungefähr ein Viertel einer Elementarladung vom
Metall an die Wasserstoffatome abgegeben. Die Alkalihydride besitzen die NaCl-
Kristallstruktur, aber BeH_2, MgH_2 und AlH_3 zeigen eine neue Erscheinung, „zweiwertigen" Wasserstoff. In diesen Hydriden ist der Wasserstoff so angeordnet, daß jedes
H-Atom im Kristall in gleichem Abstand zwischen zwei Metallatomen liegt und zwischen ihnen eine Wasserstoffbrücke zu bilden scheint. Wann immer H eine negative
Überschußladung trägt, kann diese Überschußladung offensichtlich dazu benutzt werden, eine zweite Bindung zu einem anderen Atom herzustellen, vorausgesetzt, daß bei
den anderen Atomen noch eine hinreichend große Bindungsfähigkeit vorhanden ist.
Das negativ geladene H liegt auch beim NaH vor, jedoch fehlt die Fähigkeit zur Ausbildung von Mehrfachbindungen. Bei Be, Mg und Al sind jedoch beide Voraussetzungen erfüllt, und es bilden sich Brückenstrukturen aus. B_2H_6 (Abbildung 6–13) ist ein
Beispiel für eine Wasserstoffbrücke *im Inneren* eines Moleküls, und die anderen, bekann-

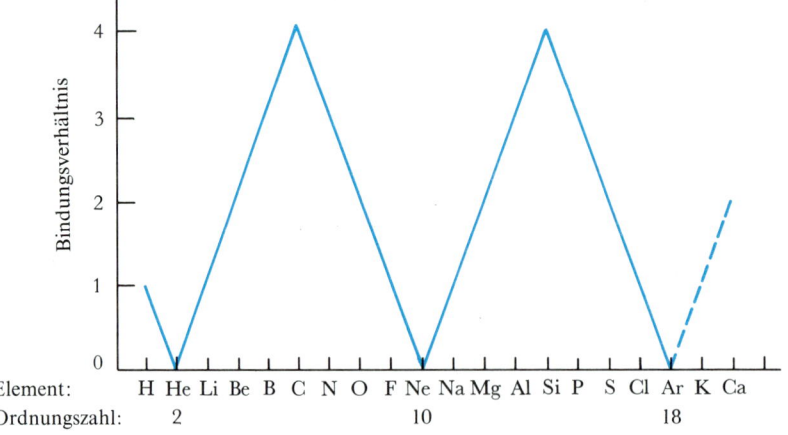

Abbildung 6–12 Die Periodizität der Verbindungsverhältnisse der leichtesten Elemente in Verbindungen mit Wasserstoff. Die Zahl der H-Atome, die sich mit einem Atom dieser Elemente verbindet, ist gewöhnlich gleich der Gruppennummer oder gleich acht minus der Gruppennummer des
betreffenden Elements im Periodensystem, wobei der kleinere Wert von beiden gilt.

ten Borhydride (wie B_4H_{10}, B_5H_9, B_5H_{11}, B_6H_{10} und $B_{10}H_{14}$) verwenden derartige Wasserstoffbrücken in großem Umfang (siehe Abschnitt 12–1).

Verbindungen von Wasserstoff mit Elementen auf der rechten Hälfte der Perioden sind kleine Molekularverbindungen, bei denen der Wasserstoff sein einsames Elektron in eine kovalente Bindung einbringt. Die Zahl der Wasserstoffatome in einem Molekül wird durch die Zahl der kovalenten Bindungen bestimmt, die das Atom bilden kann. Diese Moleküle werden im Kristall nur durch die schwachen Kräfte zwischen den Molekülen (van der Waals-Kräfte) zusammengehalten; infolgedessen liegen die Schmelz- und Siedepunkte dieser Hydride sehr tief (Abbildung 6–13).

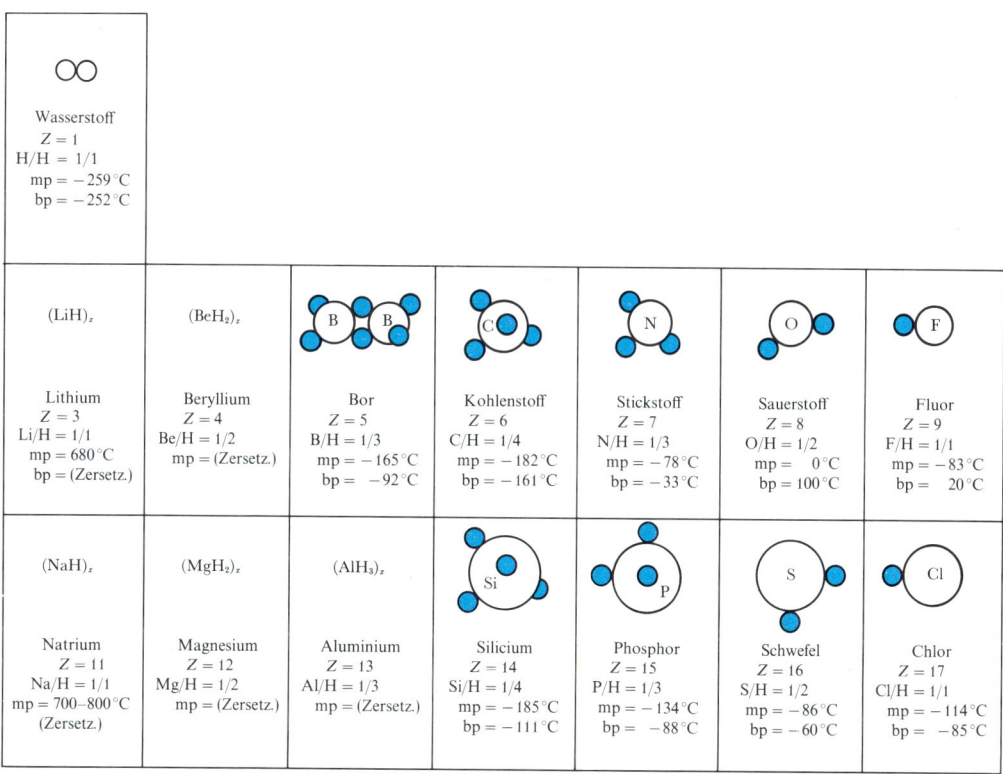

Abbildung 6–13 Die Wasserstoffverbindungen der Elemente in den ersten drei Perioden des Periodensystems. Die Verbindungsverhältnisse der Elemente zum Wasserstoff (X/H) wachsen bis auf vier an (beim CH_4 und SiH_4) und nehmen dann wieder ab. Die Hydride von Li, Be, Na, Mg und Al sind bei Zimmertemperatur (25 °C) Festkörper und besitzen ,unendlich' ausgedehnte Netzwerkstrukturen. Die einfachen Moleküle LiH, BeH_2, NaH und MgH_2 existieren nur bei niedrigen Drücken und hohen Temperaturen in der Gasphase. AlH_3 ist kein isoliertes Molekül; es kann nur in der polymeren Form $(AlH_3)_x$ existieren. Die übrigen Wasserstoffverbindungen sind bei Zimmertemperatur flüssig oder gasförmig, wie aus den Schmelz- und Siedepunkten der Verbindungen zu ersehen ist (mp = Schmelzpunkt und bp = Siedepunkt in der Tabelle). Diese Verbindungen setzen sich aus diskreten Molekülen zusammen, die die in der Abbildung schematisch dargestellte Zusammensetzung und Struktur besitzen. Die Struktur des interessanten B_2H_6-Moleküls wird eingehend in Kapitel 12 diskutiert.

Ionische Hydride reagieren mit Wasser zu basischen Lösungen

$$Na^+H^- + H_2O \rightleftharpoons H_2 + HO^- + Na^+$$

Umgekehrt reagieren die Halogenverbindungen am anderen Ende des Periodensystems mit Wasser sauer

$$HCl + H_2O \rightleftharpoons H_3O^+ + Cl^-$$

Verbindungen mit Sauerstoff: Binäre Oxide

Die Hauptgruppenelemente bilden Oxide, die sich so zusammensetzen, wie nach ihrer Stellung im Periodensystem zu erwarten ist; in der dritten Periode sind es die Oxide $Na_2O, MgO, Al_2O_3, SiO_2, P_2O_5, SO_3$ und Cl_2O_7. Oxide links unten im Periodensystem sind starke Basen. Sie besitzen eine große, negative Ladung am O-Atom und sind infolgedessen ionische („salzartige") Verbindungen. Die Schmelzpunkte dieser ionischen Oxide liegen bei den typischen Vertretern dieser Gruppe um 2000 °C und viele von ihnen zersetzen sich, bevor sie schmelzen. Sie reagieren mit Wasser unter Bildung von basischen Lösungen

$$Na_2O + H_2O \rightleftharpoons 2Na^+ + 2HO^-$$

Im anderen Extremfall sind Oxide rechts oben im Periodensystem starke Säuren

$$
\begin{aligned}
Cl_2O_7 + 3H_2O &\rightleftharpoons 2H_3O^+ + 2ClO_4^- \text{ (Perchlorsäure)} \\
SO_3 \quad + 3H_2O &\rightleftharpoons 2H_3O^+ + SO_4^{2-} \quad \text{(Schwefelsäure)} \\
P_2O_5 \quad + 9H_2O &\rightleftharpoons 6H_3O^+ + 2PO_4^{3-} \text{ (Phosphorsäure)}
\end{aligned}
$$

Cl_2O_7 ist explosiv instabil und SO_3 und P_2O_5 reagieren heftig mit Wasser unter Bildung saurer Lösungen. Die Säuren sind hier als vollständig ionisiert oder dissoziiert dargestellt worden, aber dies kann genau so irreführend sein, wie wenn sie in ihrer undissoziierten Form niedergeschrieben werden: $HClO_4$, H_2SO_4 und H_3PO_4. In Wirklichkeit sind H_2SO_4 und H_3PO_4 teilweise dissoziiert, wie wir in Kapitel 5 gesehen haben.

Dazwischen liegende Oxide sind weniger sauer. Zwischen sauren und basischen Oxiden liegt ein diagonales Band von *amphoteren* Oxiden: BeO, Al_2O_3 und Ga_2O_3; GeO_2 bis PbO_2 und Sb_2O_5 und Bi_2O_5. Diese amphoteren Oxide zeigen sowohl saures als auch basisches Verhalten. Sie sind in Wasser praktisch unlöslich, können aber sowohl in Säuren als auch in Basen gelöst werden

$$
\begin{aligned}
BeO + 2H_3O^+ &\rightleftharpoons Be^{2+} + 3H_2O \\
BeO + 2HO^- + H_2O &\rightleftharpoons Be(OH)_4^{2-}
\end{aligned}
$$

Die Schreibweise der ersten Gleichung ist die übliche, wenn sie auch nicht folgerichtig ist. Die Hydratation des Protons wird durch das Symbol H_3O^+ berücksichtigt. Jedoch ist auch das Be^{2+}-Kation sehr stark hydratisiert (besonders infolge seiner geringen Größe). Es sollte daher als $Be(H_2O)_n^{2+}$ oder wenigstens als $Be(aq)^{2+}$ geschrieben werden. Aber solange man stets an die Hydratation der Kationen denkt, braucht sie nicht jedesmal explizit niedergeschrieben zu werden.

Die amphoteren und basischen Oxide sind Festkörper mit hohen Schmelzpunkten. So ist zum Beispiel Al_2O_3 das unter dem Namen Korund bekannte Schleifmittel und SiO_2 ist Quarz. Nur die Oxide von C, N, S und die der Halogene sind unter Normalbedingungen Flüssigkeiten oder Gase. Der Gegensatz zwischen C und N in Diamant und Stickstoffgas findet seine Entsprechung im Gegensatz zwischen C und Si im Kohlendioxid und Quarz. Dieser Unterschied zwischen C und Si beruht darauf, daß C mit O Doppelbindungen eingehen kann und damit eine Molekülverbindung von begrenzter Größe bildet. Si muß jedoch mit vier verschiedenen O-Atomen Einfachbindungen eingehen; infolgedessen muß SiO_2 eine dreidimensionale Netzwerkstruktur annehmen, bei der tetraedrisch angeordnete Si-Atome durch Sauerstoffbrücken untereinander verbunden sind.

Bei allen bisher diskutierten Oxiden kann die chemische Formel der Verbindung aus der Gruppennummer abgeleitet werden. Aber es gibt auch andere Oxide, deren Formeln sich nicht auf diese Weise herleiten lassen. So kann zum Beispiel C sowohl CO als auch CO_2 bilden. N_2O_5 ist nicht das einzige Stickstoffoxid, NO_2, N_2O_3 und NO sind weitere. Schwefel kann SO_2, S_2O_3, S_2O und S_2O_7 genauso gut wie SO_3 bilden. Aber in diesen Verbindungen nutzt das Element nicht seine ganze, potentielle Fähigkeit zur Verbindungsbildung aus. Somit läßt sich der allgemeine Verlauf der chemischen Eigenschaften am besten an den Oxiden veranschaulichen, die wir hier näher betrachtet haben.

Bevor Sie weitermachen: Die in diesem Kapitel diskutierten Themen – Ionisierungsenergie, Elektronenaffinität, Bindung, Ionenladung, chemische Eigenschaften der Elemente und ihre Beziehung zum Periodensystem – sind alle für das Verständnis der Chemie von großer Bedeutung. Eine Zusammenfassung dieser Beziehungen für die Hauptgruppenelemente, die Ihnen helfen sollte, sich diese Zusammenhänge einzuprägen, finden Sie in Kurs 6 von Lassilas et al. *Begleitprogramm zu Prinzipien der Chemie.*

6–6 Zusammenfassung

Physikalische und chemische Eigenschaften der Elemente sind periodische Funktionen nicht der relativen Atommasse, sondern der *Ordnungszahl*. Moseley schlug vor, was später bestätigt wurde, daß die Ordnungszahl gleich der Zahl der im Kern vorhandenen, positiven Elementarladungen ist. Sie ist damit auch notwendigerweise gleich der Gesamtzahl der den Kern eines neutralen Atoms umgebenden Elektronen.

Besonders stabile, reaktionsträge Elemente treten in den Intervallen 2, 8, 8, 18, 18 und 32 bei den Ordnungszahlen auf. Diese Intervalle und nur die elementarsten Kenntnisse von den Ähnlichkeiten der Elemente untereinander führen zu einem *Periodensystem*, bei dem einander ähnliche Elemente in senkrechten Spalten oder *Gruppen* untereinander stehen und bei dem sich die chemischen Eigenschaften in regelmäßiger Weise entlang waagerechter Zeilen oder *Perioden* ändern. Die vollständige, „lange" Form der Darstellung des Periodensystems kann zu einer kompakten Form zusammengefaltet werden, die die Einteilung der Elemente in drei Kategorien veranschaulicht: Die voneinander recht verschiedenen *Hauptgruppenelemente*, die sich mehr ähnelnden *Übergangsmetalle* und die praktisch identischen *inneren Übergangsmetalle*. Im Gegensatz zu den Hauptgruppenelementen werden die letzteren beiden auch als Nebengruppenelemente bezeichnet.

Die chemische Bindung ist eine Funktion der Aufnahme, des Verlustes oder des gemeinsamen Besitzes von äußeren Elektronen, die gewöhnlich *Valenzelektronen* genannt werden. Die besonders stabilen Edelgase besitzen alle acht derartige äußere Elektronen. Bei den Hauptgruppenelementen wird die Zahl der Valenzelektronen durch die *Gruppennummer* angegeben. Eine starke Tendenz zur Bildung eines Kations durch den Verlust von Elektronen wird durch eine niedrige *Ionisierungsenergie* gekennzeichnet; eine starke Tendenz zur Aufnahme von Elektronen und damit zur Bildung eines Anions läßt sich an einer hohen *Elektronenaffinität* erkennen. Die Werte dieser beiden Größen lassen ferner vermuten, daß – aus Gründen, die wir noch nicht erklären können – *zwei* oder *fünf* Valenzelektronen eine irgendwie stabilere, elektronische Anordnung darstellen, obwohl dabei keineswegs die Reaktionsträgheit erreicht wird, die mit acht Elektronen in der Valenzschale verknüpft ist. Zwei extreme Formen der chemischen Bindung sind vorgestellt worden: Die *ionische* Bindung, bei der Elektronen von einem Atom zum anderen abgegeben wurden und die kovalente Bindung, bei der Elektronen zwischen Atomen in gemeinsamen Besitz genommen werden. Ionische Bindungen sind elektrostatischer Natur und sind nicht in einer bestimmten Richtung ausgerichtet; kovalente Bindungen sind dagegen in hohem Maße richtungsabhängig.

Die Valenz eines Elements oder seine Fähigkeit, Verbindungen zu bilden, hängt eng mit der Zahl von äußeren Elektronen zusammen, die es besitzt. Der Zusammenhang zwischen der Valenz und der Gruppennummer im Periodensystem sind am Beispiel der Hydride und Oxide der Hauptgruppenelemente veranschaulicht worden.

Elemente links unten im Periodensystem sind Metalle mit niedrigen Ionisierungsenergien und niedrigen Elektronenaffinitäten. Sie bilden Festkörper, die sich aus dicht gepackten, kugelförmigen Kationen zusammensetzen, die durch ein „Gas" von frei beweglichen Valenzelektronen zusammengehalten werden. Ihre Hydride und Oxide sind ionisch gebunden (wobei sich wenigstens eine partielle, positive Ladung beim H-Atom und eine partielle, negative Ladung beim O-Atom befinden). Wäßrige Lösungen der Hydride reagieren sauer, während wäßrige Lösungen der Oxide basisch sind.

Elemente rechts oben im Periodensystem sind Nichtmetalle mit hohen Ionisierungsenergien und hohen Elektronenaffinitäten. Bindungen im reinen Element dieser Nichtmetalle sind kovalent, und die volle Verbindungsfähigkeit des Elements wird durch Bildung von Mehrfachbindungen zwischen Paaren von Atomen ausgenutzt, wodurch sich kleine Moleküle ergeben. Diese reinen Elemente sind daher unter Normalbedingungen Gase. Ihre Wasserstoffverbindungen und Oxide sind ebenfalls kleine Moleküle mit kovalenten Bindungen; sie sind Gase oder Flüssigkeiten und reagieren sauer.

Zwischen diesen beiden Extremen oben rechts und unten links im Periodensystem gibt es einen abgestuften Übergang von Eigenschaften. Während die Elemente von den Nichtmetallen über die Halbmetalle zu den Metallen übergehen, verlieren sie als erstes ihre Fähigkeit zur Bildung von Mehrfachbindungen mit demselben Partner und dann auch die zur Bildung von gerichteten, kovalenten Bindungen überhaupt. Die Wasserstoffverbindungen der Elemente durchlaufen eine Folge von sauer über neutral oder raktionsträge bis basisch (obwohl es bei diesem Gesamttrend viele Komplikationen gibt), während die Oxide der Elemente in etwas regelmäßigerer Weise von sauer über amphoter zu basisch übergehen.

Mit diesem Umriß des allgemeinen Verhaltens der Elemente vor Augen wird es jetzt Zeit, daß wir uns die Entstehung der chemischen Bindung etwas näher ansehen.

6–7 Postskriptum zur Klassifizierung der Elemente

Die Geschichte von John A.R.Newlands liefert eine melancholische Illustration der Tatsache, daß in den Naturwissenschaften eine gute Idee allein nicht ausreicht. Die Idee muß mit genug Beweismaterial untermauert werden, um Anerkennung zu finden. Sie ist auch ein Beispiel für die Gefahren einer dürftigen Nomenklatur.

Newlands war der Sohn eines schottischen Geistlichen und hatte an der Universität von Glasgow studiert. Von seiner Mutter, die italienischer Herkunft war, erbte er die Liebe zur Musik und die Begeisterung, mit der er sich 1860 Garibaldi im Kampf um die Unabhängigkeit Italiens anschloß. Nach seiner Rückkehr nach England schloß er sein Studium der Chemie ab und begann privat als analytischer Chemiker für die Industrie zu arbeiten. Seinen Ruf als Chemiker gründete er auf seine Fachkenntnisse in der Zukkerchemie, aber sein ganzes Leben lang beschäftigte er sich mit seinem Hobby, der chemischen Periodizität.

Der Höhepunkt seiner Arbeiten über die Periodizität sollte am 1. März 1866 erreicht sein, als er sein „Oktavengesetz" der Chemischen Gesellschaft in London vorstellte. Er erwartete Anerkennung, empfing aber nur Gleichgültigkeit und plumpen Spott. Die Veröffentlichung, auf die sein Vortrag beruhte, wurde von dem *Journal of the Chemical Society* zurückgewiesen. Der Bericht über das Vortragstreffen wurde in den *Chemical News* [13,113 (1866)] wie folgt gegeben:

„Mr. John A.R. Newlands trug eine Arbeit mit dem Titel „Das Oktavengesetz und die Ursachen von numerischen Beziehungen zwischen den Atomgewichten (-massen)" vor. Der Autor meint, ein Gesetz entdeckt zu haben, nach dem die Elemente, die in ihren Eigenschaften analog sind, besondere Beziehungen erkennen lassen, die denen ähnlich sind, die in der Musik zwischen einer Note und ihrer Oktave bestehen. Ausgehend von den Atomgewichten in Cannizzaros System ordnet der Autor die bekannten Elemente nacheinander an, wobei er mit dem niedrigsten Atomgewicht (Wasserstoff) beginnt und mit Thorium(= 231,5) aufhört; aber Nickel und Cobalt, Platin und Iridium, Cer und Lanthan usw. auf absolut gleichrangige Plätze oder auf dieselbe Zeile setzt. Die derart angeordneten sechsundfünfzig Elemente sollen den Umfang von acht Oktaven bilden, und der Autor stellt fest, daß Chlor, Brom, Iod und Fluor auf diese Weise auf dieselbe Zeile gebracht werden oder in seiner Tonleiter einander entsprechende Plätze besetzen. Stickstoff und Phosphor, Sauerstoff und Schwefel usw. sollen auch echte Oktaven bilden. Die Mutmaßungen des Autors werden in Tabelle II dargestellt, die den Zuhörern gezeigt wurde und hier nachstehend angeführt ist:

Tabelle II – Elemente, in Oktaven angeordnet

H 1	F 8	Cl 15	Co & Ni 22	Br 29	Pd 36	I 43	Pt & Ir 50
Li 2	Na 9	K 16	Cu 23	Rb 30	Ag 37	Cs 44	Os 51
G 3	Mg 10	Ca 17	Zn 24	Sr 31	Cd 38	Ba & V 45	Hg 52
B 4	Al 11	Cr 18	Y 25	Ce & La 32	U 39	Ta 46	Tl 53
C 5	Si 12	Ti 19	In 26	Zr 33	Sn 40	W 47	Pb 54
N 6	P 13	Mn 20	As 27	Di & Mo 34	Sb 41	Nb 48	Bi 55
O 7	S 14	Fe 21	Se 28	Ro & Ru 35	Te 42	Au 49	Th 56

Dr. Gladstone erhob Einwände gegen die stillschweigende Annahme, daß es keine Elemente mehr zu entdecken gibt. Die letzten paar Jahre brachten Thallium, Indium, Caesium und Rubidium hervor, und jetzt würde die Entdeckung eines einzigen weiteren Elements das ganze System umwerfen. Der Sprecher glaubte, daß zwischen den in der letzten, senkrechten Spalte genannten Metalle eine genauso enge Analogie besteht wie zwischen irgendwelchen Elementen, die auf derselben horizontalen Zeile stehen.

Professor G. F. Foster fragte Mr. Newlands humorvoll, ob er einmal die Elemente nach der Reihenfolge ihrer Anfangsbuchstaben untersucht habe? Denn er glaube, daß irgendeine beliebige Anordnung gelegentliche Übereinstimmungen ergeben würde, aber er würde eine ablehnen, die Mangan soweit von Chrom oder Eisen soweit von Nickel und Cobalt trennt.

Mr. Newlands sagte, daß er verschiedene, andere Systeme versucht hätte, bevor er zu dem jetzt vorgeschlagenen gekommen wäre. Eines, das sich auf die spezifische Schwere der Elemente aufbaute, hätte völlig versagt, und es konnte keine Beziehung aus den Atomgewichten unter irgendeinem anderen System als Cannizzaros abgeleitet werden."

Und so endet eine gute Geschichte. Der Frager interessierte sich nicht für „Akkorde und Harmonien", wie manchmal gesagt wird, sondern nur für eine alphabetische Anordnung. Der Unglaube war offensichtlich, und die unglückliche, musikalische Analogie ließ Newlands Ideen noch mehr als eine Zahlenspielerei denn als Naturwissenschaft erscheinen. Das Fehlen von Plätzen für neuentdeckte Elemente und das Zusammendrängen von zwei Elementen auf einen Platz bedeuteten schwerwiegende Mängel. Die Einführung der langen Perioden nach den ersten beiden Achterperioden war vielleicht der Hauptschritt, der Mendelejeffs System so überlegen machte. Mendelejeff sicherte sein System mit einer Unmenge von chemischem Beweismaterial ab, das auch seine berühmten Voraussagen für neue Elemente und ihr chemisches Verhalten einschloß. Er verdient ganz klar seinen Ruf als der Schöpfer des Periodensystems der Elemente.

Dennoch sollten wir Newlands nicht vergessen, der um Anerkennung für seinen Beitrag zur Naturwissenschaft rang. Er veröffentlichte Mitteilung nach Mitteilung in den *Chemical News*, in denen er zunächst weitere Verfeinerungen seines Systems vornahm und dann 1869 Mendelejeffs System als Rechtfertigung seines eigenen begrüßte. Sieben Jahre nachdem 1866 das *Journal of the Chemical Society* seine Arbeit zurückgewiesen hatte, nannte ihm der Präsident der Gesellschaft, Dr. Odling, eine Art von Begründung dafür. Die Arbeit wurde nicht veröffentlicht, sagte er, weil sie „… es sich zur Regel gemacht hätten, keine Arbeiten einer rein theoretischen Natur zu veröffentlichen, da zu erwarten wäre, daß dies zu einem Briefwechsel von kontroversem Charakter führen würde."

Newlands sammelte alle seine Veröffentlichungen und gab sie 1884 als Buch heraus. Er dokumentierte seinen Prioritätsanspruch in den Seiten von *Chemical News* und in einem Bericht an die Deutsche Chemische Gesellschaft. Die Royal Society of Great Britain verlieh ihm – vielleicht in einem Anflug von Gewissensbissen – 1887 die Davy-Medaille, fünf Jahre, nachdem sie Mendelejeff dieselbe Auszeichnung überreicht hatte.

Literaturhinweise

W. F. Ehret, „The Periodic Classification of the Elements", in Readings in the Physical Sciences, H. Shapley et al., Eds. (Appleton-Century-Crofts, New York, 1948), S. 347.
J.W. Mellor, Comprehensive Treatise on Inorganic and Theoretical Chemistry (Longmans, Green and Co., London, 1922). Lesen Sie insbesondere Kapitel VI.
R.L. Rich, Periodic Correlations (W.A. Benjamin, New York, 1965).
R.T. Sanderson, Chemical Periodicity (Reinhold, New York, 1960).
M. E. Weeks and *H.M. Leicester*, Discovery of the Elements (Chemical Education Publishing Co., Easton, Pa., 1968), 7th ed.

Fragen

1. In welcher Hinsicht war Mendelejeffs Klassifizierung der Elemente der von Newlands überlegen?
2. Warum führte Mendelejeffs Klassifizierung im Periodensystem zu einer Überprüfung der Valenzen der Elemente?
3. Auf welche Weise konnte Mendelejeff die Eigenschaften des Elements „Eka-Silicium" vorhersagen?
4. Was ist beim Mendelejeffschen periodischen Gesetz nicht richtig?
5. Auf welche Weise leitete Moseley die Existenz von bisher unentdeckten Elementen ab?
6. Welches sind die charakteristischen Eigenschaften der folgenden Elementgruppen: Halogene, Alkalimetalle, Edelgase und Erdalkalimetalle?
7. Was bedeutet eine Gruppe im Periodensystem? Was ist eine Periode? Wie viele Elemente gibt es in jeder der ersten sechs Perioden?
8. Wodurch unterscheiden sich die Elemente in den drei Kategorien von Hauptgruppenelementen, Übergangsmetallen und inneren Übergangsmetallen?
9. Was bedeuten die Buchstaben „A" und „B" hinter den Gruppennummern?
10. Wie ändert sich der Metallcharakter innerhalb der Gruppen IIIA, IVA oder VA? Wie ändert sich der Metallcharakter längs einer Periode?
11. Auf welche Weise hängt die erste Ionisierungsenergie mit metallischen Eigenschaften zusammen?
12. Warum bilden sich überhaupt Ionen, wenn zur Ionisierung eines Atoms Energie erforderlich ist?

13. Warum ist die vierte Ionisierungsenergie des Aluminiums um soviel größer als die ersten drei?

14. Warum nimmt die erste Ionisierungsenergie eines Elements innerhalb einer Gruppe des Periodensystems ab, wenn man von der ersten zur siebenten Periode geht?

15. Welches ist der Unterschied zwischen Ionisierungsenergie und Elektronenaffinität?

16. Warum sollte die Elektronenaffinität in der Reihe Cl, Br und I abnehmen?

17. Was spricht dafür, daß zwei oder fünf Elektronen in einer bis zu acht Elektronen fassenden, äußeren Valenzschale einen besonders stabilen Sachverhalt darstellen?

18. Wie hängt ein Oxidationspotential mit einer Ionisierungsenergie zusammen? Welche andere Information über die Energie wird benötigt, um Oxidationspotentiale aus den Ionisierungsenergien zu berechnen?

19. Was sind isoelektronische Ionen? Warum sollte die Größe der Ionen in der Reihe Te^{2-}, I^-, Xe, Cs^+, Ba^{2+}, La^{3+} und Hf^{4+} stetig abnehmen?

20. Was ist Allotropie? Fallen Ihnen andere Beispiele als weißes und graues Zinn ein?

21. Auf welche Weise werden die Haupteigenschaften der Elemente auf der rechten Hälfte von Abbildung 5–11, Schmelzwärmen, durch die Bindung bei den nichtmetallischen Elementen erklärt? Worauf beruht der große Unterschied zwischen den Schmelzwärmen von C und N?

22. Auf welche Weise ändert sich die Valenz der Hauptgruppenelemente mit der Gruppennummer bei den Wasserstoffverbindungen und den Oxiden?

23. Worin besteht der Unterschied in der Bindung bei den Wasserstoffverbindungen NaH, MgH_2 und NH_3?

24. Warum besteht zwischen den Schmelz- oder Siedepunkten von CO_2 und SiO_2 ein derartig großer Unterschied? Gibt es irgendwelche Ähnlichkeiten zwischen diesem Phänomen und dem Unterschied bei den Schmelzpunkten von Kohlenstoff und Stickstoff?

25. Wie ändern sich die chemischen Eigenschaften der Oxide der Elemente, wenn wir eine Periode von links nach rechts durchlaufen?

26. Welche Elemente stehen in Newlands' System nicht in ihrer richtigen Reihenfolge? (Siehe Tabelle in Abschnitt 6–7.) Warum sind sie Ihrer Meinung nach so falsch eingeordnet worden? (Glucinium, G, war ein früher Name für Beryllium, Be.)

27. Können Sie einen Irrtum in Fosters Verständnis für das Newlandssche System, wie es in Abschnitt 6–7 berichtet wurde, entdecken?

Aufgaben

1. Gegenwärtig werden einige Anstrengungen gemacht, neue Elemente mit sehr großen Ordnungszahlen zu entdecken oder zu synthetisieren [G. T. Seaborg, „From Mendeleev to Mendelevium and Beyond", *Chemistry* 43, 6 (1970)]. Welches bereits bekannte Element wäre dem Element 111 am ähnlichsten? Welches dem Element 112? Welches dem Element 118? Wie würde sich die Ionisierungsenergie des Elements 118 zu der der anderen Elemente in seiner Gruppe verhalten? Sagen Sie die empirischen Formeln der Chloride der Elemente 111, 112 und 118 voraus.

2. Erklären Sie die zwei geraden Linien, die an Stelle einer einzigen in Abbildung 6–2 dargestellt sind. Hätten auch drei Linien aufgetragen werden können?

3. Wie viele Valenzelektronen gibt es in (a) N; (b) Al; (c) Cl und (d) Rb?

4. Moseley bewies, daß die Energieniveaus eines Atoms von der Ladung des Kerns abhingen, indem er zeigte, daß die Auftragung der Ordnungszahlen gegen die Quadratwurzeln aus den Frequenzen der emittierten Röntgenstrahlen gerade Linien ergibt. Für eine isoelektronische Serie ergibt eine Auftragung der Ordnungszahlen gegen die Quadratwurzeln aus den molaren Ionisierungsenergien ebenfalls eine gerade Linie. Sagen Sie auf Grund der folgenden Daten die molare Ionisierungsenergie des N^{4+} voraus:

Teilchenart	Molare Ionisierungsenergie (kJ mol^{-1})
Li	519
Be$^+$	1758
B^{2+}	3659
C^{3+}	6226

5. Betrachten Sie einmal die folgende Reihe von Bromiden: $MgBr_2$, $AlBr_3$, $SiBr_4$, PBr_5. Nimmt der ionische Charakter in dieser Reihe ab oder zu?

6. Nehmen in der Reihe der Elemente Si, Ge, Sn und Pb die nichtmetallischen Eigenschaften zu oder ab?

7. Welches der folgenden Elemente besitzt die größte erste Ionisierungsenergie: Li, Na, K oder Rb? Warum?

8. Welche der folgenden Aussagen beschreibt richtig Tendenzen bei den ersten Ionisierungsenergien der Atome: (a) Ionisierungsenergien nehmen regelmäßig von links nach rechts entlang einer Periode im Periodensystem ab. (b) Ionisierungsenergien nehmen regelmäßig von links nach rechts entlang einer Periode im Periodensystem zu. (c) Ionisierungsenergien nehmen von links nach rechts entlang einer Periode ab, aber es gibt Abweichungen davon bei Atomen mit drei oder sechs Valenzelektronen. (d) Ionisierungsenergien nehmen regelmäßig von links nach rechts entlang einer Periode zu, aber bei Atomen mit drei oder sechs Valenzelektronen treten Abweichungen davon auf.(e) Ionisierungsenergien nehmen nach unten in einer Spalte (Gruppe) des Periodensystems zu.

9. Welches der Ionen besitzt den größten Ionenradius: Be^{2+}, Mg^{2+}, Ca^{2+} oder Sr^{2+}?

10. Welche der folgenden Aussagen gibt die beobachteten Trends bei den Atomradien richtig wieder: (a) Atomradien nehmen mit steigender Ordnungszahl von links nach rechts entlang einer Periode des Periodensystems ab, aber wachsen mit steigender Ordnungszahl innerhalb einer Gruppe des Periodensystems an. (b) Die Radien wachsen mit steigendem Z entlang einer Periode an, aber ändern sich innerhalb einer Gruppe nicht. (c) Radien nehmen mit anwachsendem Z entlang einer Periode und nach unten in einer Gruppe ab. (d) Radien wachsen mit steigender Ordnungszahl entlang einer Periode an, aber ändern sich nicht innerhalb einer Gruppe. (e) Radien

nehmen mit wachsendem Z sowohl entlang einer Periode als auch innerhalb einer Gruppe zu.

11. Schreiben Sie eine ausgewogene Gleichung für die Reaktion von Iodwasserstoff, HI, mit Wasser auf.

12. Schreiben Sie eine ausgewogene Gleichung für die Reaktion von Calciumhydrid, CaH_2, mit Wasser auf.

13. Stellen Sie sich vor, Sie studierten Chemie zu einer Zeit vor der Entdeckung des Strontiums, Element 38. Machen Sie aufgrund seiner Stellung im Periodensystem Voraussagen über die folgenden Eigenschaften des Sr: (a) Die chemische Formel seines gewöhnlichsten Oxids. (b) Die chemische Formel seines gewöhnlichsten Chlorids. (c) Die chemische Formel seines gewöhnlichsten Hydrids. (d) Die Löslichkeit seines Hydrids in Wasser und die Acidität oder Basizität der sich ergebenden Lösung. (e) Das wichtigste Ion, das sich in wäßriger Lösung bildet.

14. Welche Formeln würden Sie für die Wasserstoffverbindungen der folgenden Elemente erwarten: Ca, Te, Ge, S, W? Welche dieser Verbindungen sind ionisch? In welchen wird sich der Wasserstoff wie ein Kation verhalten? In welchen wie ein Anion? Welche wäßrige Lösung dieser Hydride wird am stärksten basisch sein?

Sobald unsere Anschauungen hinreichend weit entwickelt
sind, daß wir in die Lage versetzt sind, mit Präzision Überlegungen betreffs der Proportionen der Atome der Elemente anstellen zu können, werden wir entdecken, daß die
arithmetische Beziehung nicht ausreicht, um ihre wechsel-
seitige Wirkung zu erklären, und wir werden gezwungen
sein, uns eine geometrische Vorstellung von ihrer relativen
Anordnung in allen drei Dimensionen anzueignen...
Wenn die Zahl von Teilchen (die mit einem Teilchen verbunden sind) in der Proportion von 4:1 vorliegt, könnte
stabiles Gleichgewicht herrschen, wenn diese vier Teilchen
an den Ecken der vier gleichseitigen Dreiecke liegen, die
ein reguläres Tetraeder bilden.... Es ist vielleicht zu viel, zu
hoffen, daß die geometrische Anordnung der primären
Teilchen jemals vollständig bekannt sein wird.

W. H. Wollaston (1808)

7 Oxidation, Koordination und Kovalenz

Die systematische, periodische Änderung der Eigenschaften von einem Element zum
anderen spiegelt sich in der Art und Weise wider, in der die Elemente Bindungen bilden.
Wir haben gesehen, wie sich die Verbindungsverhältnisse der Elemente mit Wasserstoff und Sauerstoff systematisch mit der Gruppennummer im Periodensystem ändern.
Einer der ersten Begriffe, die entwickelt wurden, um die Bildung von Verbindungen aus
Elementen zu verfolgen, war der der Äquivalentmassen und Valenzen. Bisher haben wir
die Valenzen (oder Äquivalentzahlen) nur zur Beschreibung von Beobachtungen verwendet, ohne jegliche theoretische Begründung. Im folgenden Kapitel werden wir uns
die verschiedenen Arten von Valenzen der Atome gegenüber anderen Atomen und Molekülen näher ansehen. Wir werden gründlicher erforschen, wie die Ausbildung von
chemischen Bindungen mit der Periodizität der Elemente in Zusammenhang gebracht
werden kann. Wir werden uns komplexere Stoffe, wie zum Beispiel $Co(NH_3)_6Cl_3$, ansehen, in denen drei verschiedene Arten von chemischer Bindung vorzuliegen scheinen.
Und schließlich werden wir etwas von dem Einfallsreichtum der Chemiker des späten
neunzehnten und frühen zwanzigsten Jahrhunderts erfahren, die in der Hauptsache aus
einer einfachen Kenntnis von Atomverhältnissen recht genaue Strukturinformationen
über Moleküle und Ionen ableiteten.

7–1 Typen der chemischen Bindung

Die elementarste Beobachtung über die chemische Bindung ist die, daß Bindungen als
Wechselwirkungen zwischen relativ kleinen Zahlen von diskreten Atomen auftreten.
Infolgedessen können wir große Einheiten von Materie definieren, die den atomaren
Prozeß mit einem konstanten Multiplikator oder „Vergrößerungs"-Faktor darstellen.

Wir verwenden diese Vorstellung bei unserem Begriff des Mols. Diese Vorstellung von „Reaktionseinheiten" ist in der Erklärung des Daltonschen Gesetzes der multiplen Proportionen enthalten. Lassen wir uns jetzt einmal in die Lage eines Chemikers im späten, neunzehnten Jahrhundert versetzen, der fundierte Kenntnisse der Daltonschen Atomtheorie mit einem guten Satz von relativen Atommassen nach Cannizzaro besitzt, dem ein praktisches, wenn auch nicht so ganz verstandenes Periodensystem (dank Mendelejeff) zur Verfügung steht und dem dazu noch eine große Menge von experimentellen Beobachtungen über chemische Verbindungen bekannt ist. Wie würden wir dann die chemische Bindung erklären? Die uns zur Verfügung stehenden Tatsachen könnten, wie folgt, zusammengefaßt werden:

1. Es sind zwei Arten von Elementen bekannt, Metalle und Nichtmetalle. (Die Edelgase wurden unmittelbar vor 1900 entdeckt.)
2. Von den physikalischen Anziehungskräften scheint nur die zwischen entgegengesetzten elektrischen Ladungen (positiv und negativ) der Größenordnung und dem Wesen nach geeignet, Atome zusammenzuhalten. (Die Schwerkraft ist zu schwach; Kernkräfte waren unbekannt und Magnetpole können nicht in isolierte Teilchen zerlegt werden, wie es bei den elektrostatischen Ladungen möglich ist.)
3. Metalle verbinden sich chemisch nur mit Nichtmetallen. Beide bilden in einem sehr realen Sinn – nach Eigenschaften und Verhalten – Gegensätze zueinander. (Legierungen zwischen Metallen wurden als Lösungen mit veränderlicher Zusammensetzung erkannt.)
4. Nichtmetalle verbinden sich nicht nur mit Metallen, sondern auch mit sich selbst (H_2, O_2, S_8) und miteinander (CH_4, CO_2, SO_3, ICl, HF).
5. Die Verbindungsverhältnisse zwischen Atomen in Molekülen sind Verhältnisse von kleinen, ganzen Zahlen (4:1 in CH_4, 3:2 in Al_2O_3).
6. Einige Kombinationen von Atomen durchlaufen unverändert viele chemische Reaktionen, als ob sie atomare Einheiten für sich selbst bildeten (SO_4^{2-}, HO^-, NH_4^+, $[Pt(CN)_6]^{2-}$).
7. Einige Metalle können sich auf zwei verschiedene Arten mit neutralen Molekülen und mit nichtmetallischen Elementen in einer einzigen, komplexen Verbindung verbinden ($[Co(NH_3)_6]Cl_3$).
8. Einige Verbindungen besitzen identische Formeln, jedoch verschiedene, chemische Eigenschaften (Ethylakohol C_2H_5OH und Dimethylether $CH_3—O—CH_3$; die Komplexmoleküle $[Co(NH_3)_5SO_4]^+Br^-$ und $[Co(NH_3)_5Br]^{2+}SO_4^{2-}$).

Lassen Sie uns nun die Entwicklung der Vorstellungen über die chemische Bindung bis zur Quantenrevolution verfolgen.

Oxidationszahlen

Als Hilfen beim Aufstellen von chemischen Formeln suchten die Chemiker, den Elementen Verbindungszahlen zuzuschreiben. Die *Wertigkeit* oder *Valenz* wurde als das Verhältnis der Atommasse des Elements zu seiner Äquivalentmasse in der betreffenden Verbindung definiert. Die Wertigkeit eines Metalls in seiner Verbindung mit Sauerstoff wurde als *Oxidationszahl* bezeichnet. Diese Oxidationszahl ist gleich der positiven Ladung des Metallions, wenn das Oxid in Lösung gebracht wird; die Oxidationszahlen der Metalle erhielten infolgedessen ein positives Vorzeichen. Diese Oxidationszahlen wurden dadurch auf die Nichtmetalle ausgedehnt, daß der Valenz eines Nichtmetalls ein negatives Vorzeichen zugeschrieben wurde. Für das Aufstellen von chemischen Formeln wurde ein Prinzip entdeckt: Die Summe der Oxidationszahlen aller Atome in einer richtig geschriebenen Formel für eine ungeladene Verbindung muß gleich null sein, und die Summe der Oxidationszahlen aller Atome in einem Ion muß gleich der Ladung des Ions sein.

Die Oxidationszahl erhielt damit mehr als eine rein buchhalterische Bedeutung. Diese einfache Bindungstheorie nahm an, daß bei der Reaktion von Zink und Sauerstoff zu ZnO das Zinkatom zwei Elektronen verliert und zu Zn^{2+} oxidiert wird, während das Sauerstoffatom zwei Elektronen aufnimmt und zu O^{2-} reduziert wird. Die relative Zahl von Atomen in einer Verbindung richtet sich dann nach der Notwendigkeit des Ausgleichs zwischen positiven und negativen Ladungen. Da Antimon in vielen Verbindungen eine Oxidationsstufe von $+3$ besitzt und Sauerstoff üblicherweise den Oxidationszustand -2 hat, konnte (richtig) vorausgesagt werden, daß Antimon ein Oxid mit der Formel Sb_2O_3 bilden würde. Die sechs positiven Ladungen auf den zwei Metallatomen kompensieren die sechs negativen Ladungen auf den drei Sauerstoffatomen.

Die Chemiker beobachteten, daß die Metalle unter den Hauptgruppenelementen häufig positive Oxidationszahlen besaßen, die gleich ihrer Gruppennummer im Periodensystem waren, und daß die Nichtmetalle oft negative Oxidationszahlen aufwiesen, die gleich acht *minus* ihrer Gruppennummer waren. So kann Natrium eine Oxidationszahl von $+1$ besitzen, Calcium $+2$, die Halogene -1, Sauerstoff und Schwefel -2 und Stickstoff und Phosphor -3. Aber vielen Elementen mußten mehrere Oxidationszahlen zugeschrieben werden, die von den Verbindungen abhängig waren, in denen sie angetroffen wurden. Zum Beispiel besitzt Schwefel eine Oxidationszahl von $+4$ in SO_2 und $+6$ in SO_3. Im $HClO_3$ muß die Oxidationszahl des Chlors $+5$ sein, damit die Gesamtoxidationszahl der Verbindung gleich null ist, wenn H die Oxidationsstufe $+1$ und O die Oxidationsstufe -2 besitzt. Bedeutet das wirklich noch, daß ein Chloratom fünf Elektronen an Sauerstoff abgibt?

Die Antwort auf die letzte Frage lautet, *nein*! Die Chemiker wurden sich dessen klar, daß Oxidationszahlen nicht als Hinweise auf tatsächliche Elektronenübergänge angesehen werden konnten. Dennoch bleiben diese Zahlen als Hilfsmittel zur Verfolgung von chemischen Reaktionen und zur Aufstellung von ausgewogenen chemischen Gleichungen nützlich. Die Regeln für die Bestimmung von Oxidationszahlen und für ihre Verwendung beim Aufstellen ausgewogener Gleichungen werden in Abschnitt 7–2 angegeben. Aber für die Erklärung dessen, was bei der chemischen Bindung wirklich geschieht, benötigen wir etwas Besseres.

Kovalenz

Die Theorie der Ionenanziehung versagte völlig bei der Erklärung, wie sich Nichtmetalle miteinander verbinden könnten. Daher wurde für die Nichtmetalle eine ganz anders geartete Bindungstheorie vorgeschlagen, zunächst auf rein empirischer Grundlage, die später eine gewisse theoretische Untermauerung erhielt. Es wurde angenommen, daß jedes Nichtmetallatom eine bestimmte Anzahl von Bindungsmöglichkeiten besitzt, von denen es einige oder alle in einem tatsächlichen Molekül benutzen kann. Ein weit verbreitetes aber unrealistisches Bild dieser Bindung ist die Vorstellung von einer bestimmten Anzahl von „Häkchen" oder „Ärmchen", mit deren Hilfe ein Atom dadurch Bindungen bilden kann, daß es sich mit ihnen in die Häkchen eines anderen Atoms einhängt. Die Valenz eines Elements wurde dabei symbolisch durch die Zahl der Häkchen an seinen Atomen dargestellt: Wasserstoff besaß danach nur ein solches Häkchen, Sauerstoff zwei. Zwei Wasserstoffatome konnten sich miteinander verhaken und eine *kovalente* Bindung zwischen sich in einem zweiatomigen Molekül bilden

$$H \underline{\quad \mathcal{X} \quad} H$$

Oder die beiden Wasserstoffatome konnten sich in je eines der Häkchen an einem Sauerstoffatom einhängen und so ein Wassermolekül, H_2O, bilden

$$H \underline{\quad \mathcal{X} \quad} O \underline{\quad \mathcal{X} \quad} H$$

Natürlich sah niemand diese Häkchen ernsthaft als reale, physikalische Gebilde an. Sie waren praktische Modelle zur Buchhaltung, die ein Bindungsverhalten darstellen, dem eine bessere Erklärung fehlte. Sie bedeuteten einfach eine graphische Darstellung der Wertigkeit eines Elements.

Der alte Name für die Oxidations-Reduktionsvorstellung von der chemischen Bindung lautete *Elektrovalenz*. Der Bindungstyp, den wir gerade eben diskutiert haben, wurde als *Kovalenz* bezeichnet, da bei ihm eine Wechselwirkung zwischen ähnlichen Elementen und keine elektrostatische Anziehung vorlag. Die kovalente Bindung ließ recht gut viele der bekannten chemischen Verbindungen deuten. Die Kovalenz oder die Wertigkeit eines Nichtmetalls war häufig gleich acht minus der Gruppennummer des betreffenden Elements im Periodensystem. Zum Beispiel besaßen die Halogene eine Kovalenz von eins wie in HCl und HF; Elemente der Gruppe VIA zeigten eine Kovalenz von zwei (H_2O, H_2S, OCl_2); die in Gruppe VA hatten eine Kovalenz von drei (NH_3, PCl_3) und Kohlenstoff mit seiner immensen Vielfalt von organischen Verbindungen wies eine Kovalenz von vier auf (CH_4, CH_3—CH_3, CH_3—OH). Wenn wir uns der überall verbreiteten Sitte anschließen und eine kovalente Bindung zwischen zwei Atomen als eine gerade Linie darstellen, können wir diese chemischen Formeln, wie folgt, schreiben

$$
\begin{array}{ccc}
\quad\quad H & \quad\quad H & \quad H \quad H \\
\quad\quad | & \quad\quad | & \quad | \quad\quad | \\
H-N-H & H-C-H & H-C-C-H \\
& \quad\quad | & \quad | \quad\quad | \\
& \quad\quad H & \quad H \quad H \\
\text{Ammoniak} & \text{Methan} & \text{Ethan}
\end{array}
$$

$$
\begin{array}{cc}
\overset{\displaystyle H}{\underset{\displaystyle H}{H-C-O-H}} & \overset{\displaystyle Cl}{Cl-P-Cl} \\
\text{Methanol} & \text{Phosphortrichlorid}
\end{array}
$$

Aber einige Verbindungen konnten nicht so einfach symbolisch beschrieben werden, und die Chemiker wurden zu der Annahme gezwungen, daß die Atome nicht alle ihre Häkchen oder Kovalenzen gebrauchen mußten. Schwefel zeigt seine maximale mögliche Kovalenz von sechs im SO_3, aber nur vier Bindungen werden im SO_2 benutzt (wir setzen in beiden Verbindungen voraus, daß jedes Sauerstoffatom seine volle Kovalenz von zwei dazu benutzt, zwei Bindungen zum Schwefel zu bilden)

$$
\overset{\displaystyle O}{\underset{\displaystyle \|}{O=S=O}} \qquad O=S=O
$$

Bei der Schwefelsäure (Schwefel(VI)-säure) benutzt der Schwefel alle sechs Bindungen, aber in der schwefeligen Säure (Schwefel(IV)-säure) treten nur vier in Erscheinung

$$
\overset{\displaystyle O}{\underset{\displaystyle \|}{\underset{\displaystyle O}{H-O-\overset{\|}{S}-O-H}}} \qquad \overset{\displaystyle O}{\underset{\displaystyle \|}{H-O-S-O-H}}
$$

Es schien etwas Wahres an der Vorstellung von einer veränderlichen Kovalenz zu sein. Die Schwefelverbindungen mit einer Kovalenz von sechs für Schwefel schienen alle nahe verwandt zu sein (H_2SO_4, SO_3), wogegen die mit einer Kovalenz von vier und zwei verschiedene, in sich selbst abgeschlossene Reihen bildeten (H_2SO_3 und SO_2; H_2S und CS_2). Wenn die am weitesten verbreitete Kovalenz eines Elements gleich $8 - n$ war, wobei n die Gruppennummer eines Hauptgruppenelements ist, waren n und $n - 2$ andere, besonders häufige Werte für die Kovalenz des Elements. Es bestand offensichtlich irgendein Zusammenhang zwischen der Kovalenz unter den Nichtmetallen und der Elektrovalenz zwischen den Metallen und Nichtmetallen. Die mathematische Beschreibung mit Hilfe der Oxidationszahlen ließ sich auf beide Bindungstypen anwenden. Das Wesen dieser Beziehung blieb jedoch unklar.

Koordination und Koordinationszahl

Bei Verbindungen wie $[Co(NH_3)_6]Cl_3$ liegt offensichtlich mehr als ein Bindungstyp vor. In Lösung bildet diese Verbindung Cl^--Ionen, die durch Silbersalze ausgefällt werden können, und sie besitzt für den van't Hoffschen i-Faktor den Grenzwert vier, woraus sich auf eine Dissoziation in drei Cl-Ionen und ein komplexes Kation $[Co(NH_3)_6]^{3+}$ schließen läßt. Diese komplexe, chemische Gruppe verbindet sich mit anderen Anionen, wie zum Beispiel mit SO_4^{2-}, in den richtigen Verhältnissen, als ob es ein Kation der Ladung $+3$ wäre: $[Co(NH_3)_6]_2[SO_4]_3$. Die Bindung zwischen dem Kation $[Co(NH_3)_6]^{3+}$ und den Anionen ist rein elektrovalent oder, in moderner Terminologie, *ionisch*. Aber wie steht es mit den Bindungen innerhalb des Kations?

Jedes Kobaltion, Co^{3+}, ist mit sechs neutralen Ammoniakmolekülen, NH_3, koordiniert. Andere neutrale Moleküle oder Ionen können ebenfalls mit Kobalt koordiniert werden; vorzugsweise tritt dabei die Zahl sechs in Erscheinung. Die Gesamtladung des Komplexions ergibt sich dabei aus der Ladung des zentralen Metallions plus der Summe der Ladungen der Koordinationsgruppen. Wenn eines oder mehrere der neutralen NH_3-Moleküle durch Cl^-, F^- oder NO_2^- ersetzt werden, erhalten wir Ionen wie $[Co(NH_3)_5Cl]^{2+}$, $[Co(NH_3)_5NO_2]^{2+}$, $[Co(NH_3)_2(NO_2)_4]^-$ und $[CoF_6]^{3-}$.

Die Anzahl von neutralen Molekülen oder Gruppen, die auf diese Weise eng mit einem Metallion verbunden sind, ist als seine *Koordinationszahl* bekannt. Das Platin(IV)-

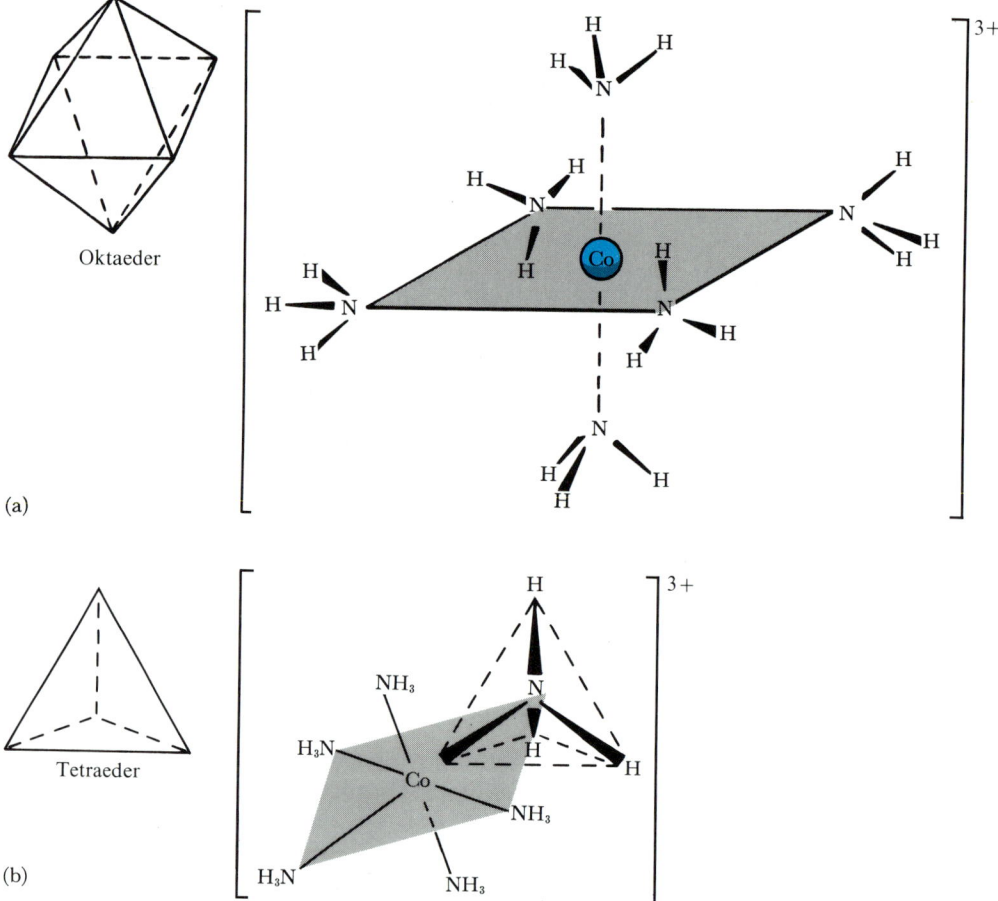

Abbildung 7–1 Die Struktur des Komplexions $[Co(NH_3)_6]^{3+}$. (a) Die sechs NH_3-Moleküle sind um das Co herum an den sechs Ecken eines Oktaeders angeordnet. (b) Jedes Stickstoffatom des NH_3 ist tetraedrisch koordiniert, wobei das Co und die drei H-Atome an den vier Ecken eines Tetraeders sitzen. In vielen Fällen wurde die Geometrie derartiger Koordinationsverbindungen allein durch eine einfallsreiche Analyse der Verbindungsverhältnisse erarbeitet, ehe noch Methoden, wie die Röntgenbeugung, zur Verfügung standen.

ion besitzt eine Koordinationszahl von sechs, wie das Co^{3+}-Ion, und kann Komplexionen wie

$$[Pt(NH_3)_6]^{4+} \quad [Pt(NH_3)_5Cl]^{3+} \quad [Pt(NH_3)_3Cl_3]^+ \quad [PtCl_6]^{2-}$$

bilden. Im Gegensatz dazu hat das Platin(II)-Ion, Pt^{2+}, nur eine Koordinationszahl von vier und bildet Komplexgruppen wie

$$[Pt(NH_3)_4]^{2+} \quad [Pt(NH_3)_2Cl_2] \quad [Pt(NH_3)Cl_3]^- \quad [PtCl_4]^{2-}$$

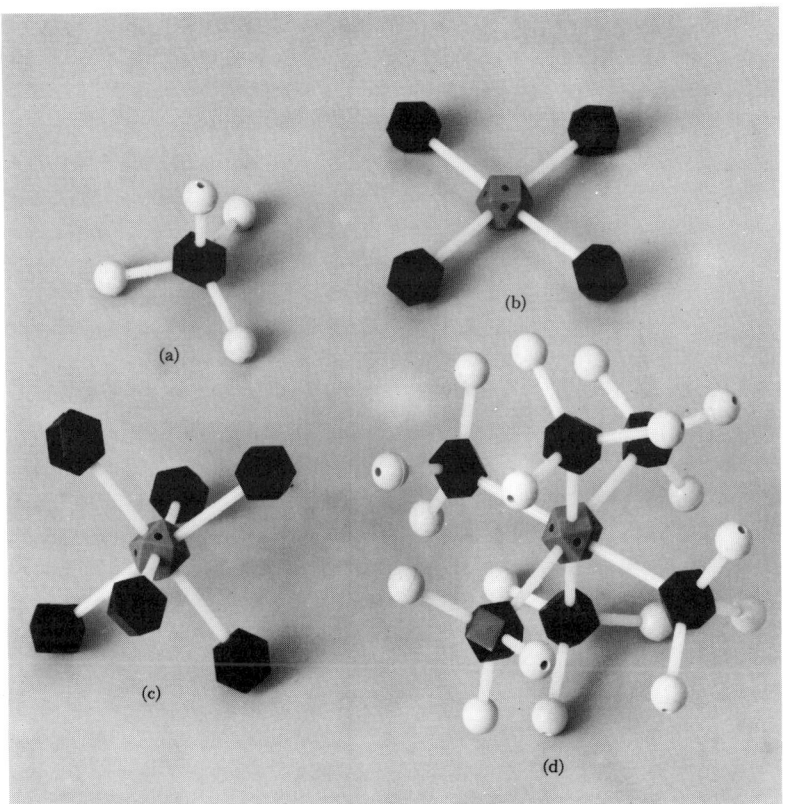

Abbildung 7–2   Dreidimensionale Strukturen einiger Koordinationsverbindungen, die mit Benjamin/Maruzen-Modellen nachgebildet wurden. Es fällt einem häufig leichter, solche Strukturen zu verstehen, wenn man sie zunächst einmal im Modell zusammengesetzt hat und wenn man dazu Zahnstocher und Knete verwendet. (a) Tetraedrische Koordination: das Ammoniumion. (b) Quadratisch planare Koordination: das Tetrachloroplatinat(II)-Ion. (c) und (d) Oktaedrische Koordination: das Hexachloroplatinat(IV)-Ion und das Hexamminkobalt(III)-Ion.

Die Bildung von Komplexionen durch die Koordination von neutralen Molekülen oder Ionen ist für die Übergangsmetalle am charakteristischsten. Die am häufigsten auftretenden Koordinationszahlen sind sechs und vier, obwohl auch noch andere vorkommen. Koordinationschemiker schlugen schon sehr früh bei der Entwicklung der

Theorie der koordinativen Bindung vor, daß bei der Sechserkoordination die sechs Koordinationsgruppen in gleichen Abständen auf jeder Seite des zentralen Metallions entlang zueinander senkrecht stehenden x-, y- und z-Achsen liegen. Diese Anordnung setzt die Koordinationsgruppen an die Ecken eines Oktaeders und wird infolgedessen *oktaedrische Koordination* genannt. Die geometrische Beziehung zwischen Koordinationsgruppen und Metallionen ist identisch mit der zwischen Metallatomen und einem Atom in einer Oktaederlücke in einer Zwischengitter-Legierung (Abbildung 3–11). Die Anordnung der NH_3-Moleküle um das Co^{3+}-Ion im $[Co(NH_3)_6]^{3+}$ ist in den Abbildungen 7–1a und 7–2d dargestellt.

Die Bedeutung des Wortes „Koordinationszahl" ist auf die Kennzeichnung der Anzahl von nächsten Nachbarn irgendeines beliebigen Atoms in einer Struktur erweitert worden. So ist zum Beispiel jedes Stickstoffatom im obigen Kobaltkomplex an drei Wasserstoffatome und das Kobaltatom gebunden. Der Stickstoff besitzt also die Koordinationszahl vier, und wir bezeichnen diese Koordination als *tetraedrische Koordination*, da wir aus der Kristallstrukturanalyse mit Röntgenstrahlen wissen, daß die Wasserstoffatome und das Kobaltatom an den Ecken eines Tetraeders um den Stickstoff herum liegen (Abbildung 7–1 b).

In der Verbindung $[Co(NH_3)_6]Cl_3$ liegen daher drei verschiedene Bindungstypen vor. Die Wasserstoffatome sind durch kovalente Bindungen an die Stickstoffatome gebunden, NH_3-Gruppen sind mit dem Kobaltatom durch koordinative Bindungen verknüpft und das ganze, komplexe Kation ist mit den Cl^--Ionen durch ionische Kräfte verbunden. Bei jeder Bindungsart treten die an der Bindung beteiligten Einheiten im Verhältnis kleiner, ganzer Zahlen zusammen

$$N:H = 1:3 \text{ in } NH_3$$
$$Co^{3+}:NH_3 = 1:6 \text{ in } [Co(NH_3)_6]^{3+}$$
$$[Co(NH_3)_6]^{3+}:Cl^- = 1:3 \text{ in } [Co(NH_3)_6]Cl_3$$

Lassen Sie uns jetzt auf jede dieser Vorstellungen von der chemischen Bindung etwas genauer eingehen.

7–2 Oxidationszahlen

Einem Element in irgendeiner beliebigen Verbindung kann eine Oxidationszahl gemäß den folgenden, einfachen Regeln zugeschrieben werden:

1. Die Oxidationszahl für jedes freie Element ist gleich null. Somit besitzen zum Beispiel H_2, O_2, Fe, Cl_2 und Na die Oxidationszahl null.
2. Die Oxidationszahl eines beliebigen, einfachen, einatomigen Ions ist gleich der Zahl seiner überschüssigen Elementarladungen, wobei das Vorzeichen der Ladungen berücksichtigt werden muß. Somit besitzt zum Beispiel Na^+ die Oxidationszahl $+1$, Ca^{2+} $+2$ und Cl^- -1.
3. Die Oxidationszahl des Wasserstoffs in irgendeiner *nichtionischen* Verbindung beträgt $+1$. Dieses gilt für den größten Teil der Wasserstoffverbindungen wie zum

Beispiel H_2O, NH_3, HCl und CH_4, aber nicht für die ionischen (salzartigen) Metall-hydride wie NaH. In derartigen Hydriden beträgt die Oxidationszahl des Wasser-stoffs -1.

4. Die Oxidationszahl des Sauerstoffs ist in allen Verbindungen, in denen er keine kova-lenten O—O-Bindungen bildet, gleich -2. Somit beträgt seine Oxidationszahl -2 in H_2O, H_2SO_4, NO, CO_2 und CH_3OH, aber im Wasserstoffperoxid, H_2O_2, ist sie gleich -1. Eine weitere Ausnahme von der Regel, daß die Oxidationszahl des Sauer-stoffs -2 beträgt, bildet OF_2, bei dem O die Oxidationszahl $+2$ hat, während F die Oxidationszahl -1 besitzt.

5. In Verbindungen von Nichtmetallen, an denen *weder* Wasserstoff *noch* Sauerstoff beteiligt sind, wird das Nichtmetall, das entweder über oder rechts von dem anderen im Periodensystem steht, als negativ angesehen. Seine Oxidationszahl erhält den-selben Wert, wie die Zahl der überschüssigen Elementarladungen auf seinem am häufigsten anzutreffenden, negativen Ion ausmacht. Diese Regel kann auch anders formuliert werden: Das am wenigsten metallische Element erhält die negative Oxidationszahl. Zum Beispiel beträgt im CCl_4 die Oxidationszahl des Chlors -1 und die des Kohlenstoffs $+4$, wogegen im CH_4 der Wasserstoff die Oxidationszahl $+1$ und der Kohlenstoff -4 besitzen. Im SF_6 hat das Fluor die Oxidationszahl -1 und der Schwefel $+6$, aber im CS_2 ist die Oxidationszahl des Schwefels -2 und die des Kohlenstoffs $+4$. Das letztere Molekül ist ein Grenzfall; die Zuordnung wird jedoch so getroffen, weil S weiter rechts von C als C über S steht. In vollständig molekularen Verbindungen, wie zum Beispiel N_4S_4, bei denen diese Regel undefiniert ist, verliert der Begriff der empirischen Oxidationszahl seinen Sinn.

6. Die algebraische Summe der Oxidationszahlen aller Atome in der Formel für eine neutrale Verbindung muß gleich null sein. Im NH_4Cl beträgt die Gesamtoxidations-zahl der vier Wasserstoffatome $4(+1) = +4$ und die Oxidationszahl des Chlors ist gleich -1, infolgedessen muß die des Stickstoffs gleich -3 sein, damit die Summe $+4-1-3$ gleich null ist.

7. Die algebraische Summe der Oxidationszahlen aller Atome in einem Ion muß gleich der Zahl der überschüssigen Elementarladungen auf dem Ion sein, wobei das Vor-zeichen der Ladungen berücksichtigt werden muß. So muß im NH_4^+ die Oxidations-zahl des N wieder gleich -3 sein, damit sich $-3+4 = +1$ ergibt. Im SO_4^{2-} muß die Oxidationszahl des Schwefels $+6$ betragen, damit $+6-8 = -2$ ist, da die vier Sauerstoffatome eine Gesamtoxidationszahl von -8 besitzen.

8. *Bei chemischen Reaktionen bleibt die Gesamtoxidationszahl erhalten.* Diese letztere Regel begründet die Nützlichkeit der Oxidationszahlen in der modernen Chemie. Wenn sich die Oxidationszahl eines Elements während einer chemischen Reaktion erhöht, wird das Element *oxidiert*; wenn die Oxidationszahl abnimmt, wird das Ele-ment *reduziert*. Dieses letzte Prinzip kann auch anders ausgedrückt werden: In einer ausgewogenen chemischen Reaktion *müssen sich Oxidationen und Reduktionen genau einander kompensieren.*

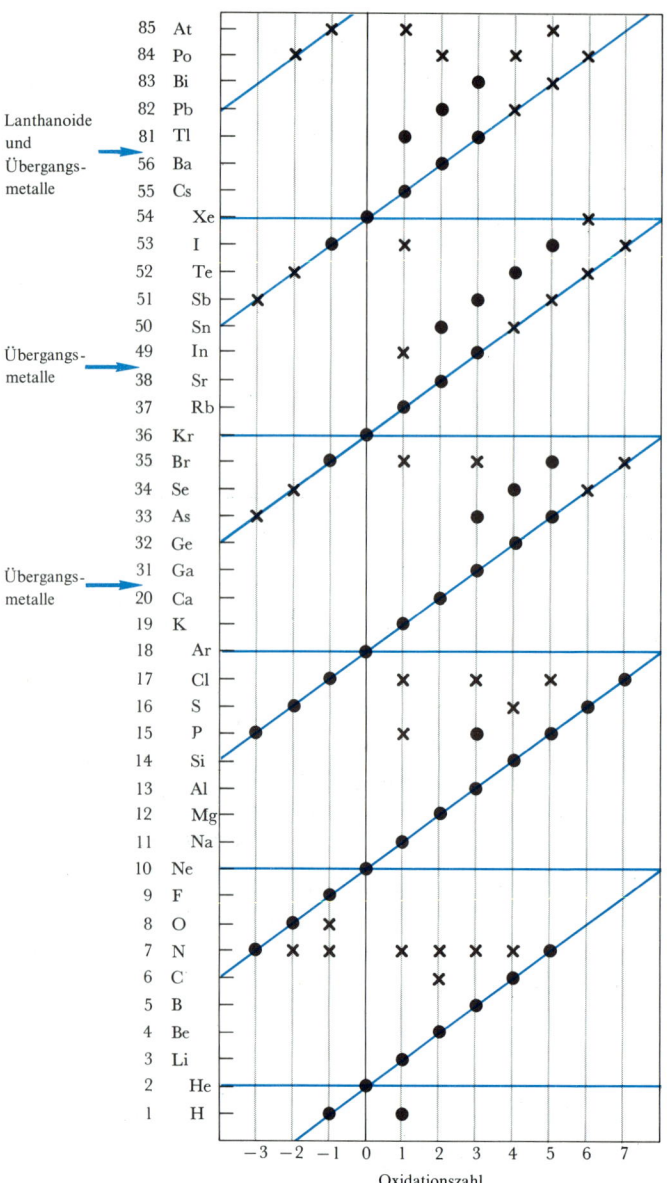

Abbildung 7–3 Oxidationszahlen der Hauptgruppenelemente. Die am häufigsten auftretenden Werte sind durch volle Kreise gekennzeichnet, während die weniger häufigen Oxidationszahlen durch Kreuze markiert sind. Beachten Sie die Periodizität der Oxidationszahlen, wobei der höchste, positive Wert gleich der Gruppennummer, g, ist, während bei den Gruppen VA, VIA und VIIA der kleinste, negative Wert gleich $-(8-g)$ ist. Die nächste, am häufigsten vorkommende, positive Oxidationszahl ist gewöhnlich gleich $(g-2)$.

Berechnung der Oxidationszahlen

Mit Hilfe der vorangehenden Regeln können wir die Oxidationszahl irgendeines Elements in den meisten Verbindungen berechnen. Bestimmte Oxidationszahlen sind für ein vorgegebenes Element charakteristisch und können mit der Stellung des Elements im Periodensystem in Zusammenhang gebracht werden. Abbildung 7–3 zeigt die Änderung der Oxidationszahlen mit der Ordnungszahl. Der *Maximalwert* der Oxidationszahl nimmt im allgemeinen entlang einer Periode von + 1 bis + 7 zu.

Hauptgruppenmetall. Metalle in den Gruppen I–III des Periodensystems bilden Ionen mit positiven Ladungen, deren Zahl gleich der jeweiligen Gruppennummer ist; ihre Oxidationszahlen sind gleich ihren Gruppennummern.

Nichtmetalle. Nichtmetalle nehmen häufig eine von zwei charakteristischen Oxidationszahlen an. Der Minimalwert für ihre Oxidationszahlen ist gewöhnlich − (8 − n), wobei n die Nummer ihrer Gruppe im Periodensystem ist. Somit kann jedes Atom mit 8 − n Wasserstoffatomen eine Verbindung eingehen. Zum Beispiel kann sich jedes Schwefelatom aus Gruppe VI mit zwei Wasserstoffatomen verbinden, da Schwefel eine Oxidationszahl von − 2 besitzt. Der Maximalwert für die Oxidationszahlen der Nichtmetalle ist üblicherweise + n, insbesondere bei Sauerstoffverbindungen. Beispiele dafür sind SO_3 und H_2SO_4, bei denen die Oxidationszahl des Schwefels + 6 ist. Die meisten Nichtmetalle lassen auch noch Zwischenwerte für ihre Oxidationszahlen erkennen (siehe Tabelle 7–1).

Übergangsmetalle. Die Oxidationszahlen folgen Tendenzen unter den Übergangsmetallen, wie in Tabelle 7–2 dargestellt ist. Die ersten Mitglieder der Übergangsmetallreihen zeigen Maximalwerte für die Oxidationszahlen von zunehmender Größe bis + 7 für Mangan in MnO_4^-, die den Gruppennummern entsprechen. Danach nimmt der Maximalwert für die Oxidationszahl gewöhnlich um *eine* Einheit bei jedem Schritt nach rechts über die zweite Hälfte der Übergangsmetallreihe ab. (Können Sie später folgende Theorien vorweg erkennen und sich vorstellen, welcher Zusammenhang zwischen diesem Verhalten des Maximalwerts der Oxidationszahlen und dem Schmelzpunkt und der Schmelzwärme bestehen könnte, wie sie in Abbildung 6–11 dargestellt sind?)

Innere Übergangsmetalle. Elemente der Lanthanreihe (Ordnungszahlen 57–71) und der Actiniumreihe (Ordnungszahlen 89–103) bilden eine weitere Art von Übergangsreihen, bei denen nebeneinanderliegende Elemente sehr ähnliche Eigenschaften besitzen. Alle Elemente der Lanthanreihe bilden Verbindungen, in denen sie die Oxidationszahl + 3 besitzen. Die Elemente der Actiniumreihe zeigen zunehmende Oxidationszahlen (Ac^{3+} bis U^{6+}); Uran, Neptunium und Plutonium bilden eine Triade von äußerst ähnlichen Elementen. Alle Elemente nach Plutonium (94) zeigen eine Oxidationszahl von + 3, wie die Elemente der Lanthanreihe.

Die meisten Verbindungen, die Übergangsmetalle oder innere Übergangsmetalle enthalten, sind gefärbt (Abbildung 7–4). Dieses Phänomen und die Ähnlichkeit der horizontal im Periodensystem nebeneinanderliegenden Elemente bei den verschiedenen Übergangsreihen kann mit Hilfe der modernen Theorien über den Aufbau der Atome und Moleküle erklärt werden.

Tabelle 7–1   Oxidationszahlen von Nichtmetallen

Element	Oxidationszahl	Repräsentative Verbindungen
F	-1	Fluoride: HF, Na^+F^-
O	-2	H_2O, HO^-, O^{2-}, SO_2
	-1	Peroxide: H_2O_2, O_2^{2-}
N	-3	NH_3, NH_4^+, N^{3-}
	$+5$	HNO_3, NO_3^-, N_2O_5
	Alle Zwischenwerte	N_2H_4, NH_2OH, N_2O, NO, NO_2^-, NO_2
C	$+4$	CO_2, CCl_4, CF_4
	-4	CH_4
	Kompliziert infolge von Kettenbildung	C_2H_6, C_4H_{10}, C_2H_6O
Cl	-1	HCl, Cl^-
	$+7$	$HClO_4$, ClO_4^-
	Zwischenwerte	ClO^-, ClO_2^-, ClO_2, ClO_3^-
S	-2	H_2S, S^{2-}
	$+4$	H_2SO_3, SO_2, HSO_3^-, SO_3^{2-}
	$+6$	H_2SO_4, SO_3, SO_4^{2-}, SF_6
	Zwischenwerte	$S_2O_3^{2-}$, $S_2O_4^{2-}$, $S_5O_6^{2-}$
P	-3	PH_3, PH_4^+, P^{3-}
	$+5$	H_3PO_4, P_4O_{10}, PO_4^{3-}, PCl_5
	Zwischenwerte	H_3PO_3, H_3PO_2
Si	$+4$	SiO_2, SiO_4^{4-}
	-4 instabil	
Br	-1	HBr, Br^-
	$+5$	$HBrO_3$, BrO_3^-, BrF_5
	Zwischenwerte	BrF, BrF_3
I	-1	HI, I^-
	$+5$, $+3$, $+1$	IO_3^-, ICl_4^-, ICl
	$+7$	HIO_4, H_5IO_6, IF_7
Se, Te	-2	H_2Se, H_2Te
	$+4$	SeO_2, TeO_2
	$+6$	H_2SeO_4, $Te(OH)_6$
As, Sb	-3	AsH_3, SbH_3
	$+3$	$AsCl_3$, $SbCl_3$
	$+5$	AsO_4^{3-}, $Sb(OH)_6^-$

Aufforderung: Versuchen Sie sich einmal an den Aufgaben 7–7 und 7–8 in *Ergänzungs-aufgaben zu Prinzipien der Chemie* von Butler und Grosser, um die Oxidationszahlen auf Fixiersalz (Natriumthiosulfat) und das Uranerz Pechblende anzuwenden.

Tabelle 7–2 Oxidationszahlen der Übergangsmetalle der ersten Übergangsperiode[a]

Oxidationszahl	IIIB	IVB	VB	VIB	VIIB	VIII			IB	IIB
7					MnO_4^-					
6				CrO_4^{2-}	MnO_4^{2-}	FeO_4^{2-}				
5			VO_4^{3-}	$CrOCl_5^{2-}$	MnO_4^{3-}	*				
4		TiO_2	VO^{2+}	*	MnO_2	*	CoO_2	NiO_2		
3	Sc^{3+}	Ti^{3+}	V^{3+}	Cr^{3+}	Mn^{3+}	Fe^{3+}	Co^{3+}	Ni_2O_3	Cu^{3+}	
2	*	TiO	V^{2+}	Cr^{2+}	Mn^{2+}	Fe^{2+}	Co^{2+}	Ni^{2+}	Cu^{2+}	Zn^{2+}
1		*	*	*	$Mn(CN)_6^{5-}$	*	*	$Ni_2(CN)_6^{4-}$	Cu^+	
0		*	*	$Cr(CO)_6$	$Mn_2(CO)_{10}$	$Fe(CO)_5$	$Co_2(CO)_8$	$Ni(CO)_4$		

[a] Die unterstrichenen Verbindungen werden unter normalen Bedingungen am häufigsten in Festkörpern und wäßrigen Lösungen angetroffen. Das Sternchen, „*", deutet darauf hin, daß die betreffenden Oxidationszahlen nur in seltenen Komplexionen oder instabilen Verbindungen beobachtet worden sind.

7–3 Oxidations-Reduktionsreaktionen

Wir sagen häufig, daß ein Element mit einer bestimmten Oxidationszahl die dieser Zahl entsprechende *Oxidationsstufe* einnimmt. So befindet sich H in H_2O in der Oxidationsstufe + 1 und O in der Oxidationsstufe − 2. Reaktionen, bei denen sich die Oxi-

Sc_2O_3 weiß	TiO_2 weiß	V_2O_5 orange	CrO_3 rot	Mn_2O_7 grün	Fe_2O_3 rot-braun	CoO grün-braun	NiO grün-schwarz	Cu_2O rot	ZnO weiß	Ga_2O_3 weiß	GeO_2 weiß	As_2O_5 weiß	SeO_3 weiß
Y_2O_3 weiß	ZrO_2 weiß	Nb_2O_5 weiß	MoO_3 weiß	Tc_2O_7 gelb	RuO_4 gelb	RhO_2 braun	PdO grün-blau	Ag_2O schwarz	CdO braun	In_2O_3 gelb	SnO_2 weiß	Sb_2O_5 gelb	TeO_3 weiß
La_2O_3 weiß	HfO_2 weiß	Ta_2O_5 weiß	WO_3 gelb	Re_2O_7 gelb	OsO_4 gelb	IrO_2 schwarz-blau	PtO violett-schwarz	Au_2O dunkel	HgO rot-gelb	TlO_3 braun	PbO_2 braun	Bi_2O_5 rot-braun	

CeO_2 weiß	PrO_2 braun-schwarz	Nd_2O_3 blau	Pm	Sm_2O_3 gelb	Eu_2O_3 blaßrot	Gd_2O_3 weiß	Tb_2O_3 weiß	Dy_2O_3 weiß	Ho_2O_3 hell-braun	Er_2O_3 rot	Tm_2O_3 grün-weiß	Yb_2O_3 weiß	Lu_2O_3 weiß
ThO_2 weiß	Pa_2O_5 weiß	UO_3 orange	NpO_2^+ grün	PuO_2^+ rot-violett	AmO_2^+ grün	Cm	Bk	Cf	Es	Fm	Md	No	Lr

Abbildung 7–4 Die Oxide vieler Übergangsmetalle und inneren Übergangsmetalle sind farbig.

Tabelle 7–3   Übliche Oxidations- und Reduktionsmittel

Oxidationsmittel

---

1. Aus freien (elementaren) Nichtmetallen werden negative Ionen:

Fluor	$F_2 + 2e^- \rightleftarrows 2F^-$
Sauerstoff	$O_2 + 4e^- \rightleftarrows 2O^{2-}$
Chlor	$Cl_2 + 2e^- \rightleftarrows 2Cl^-$
Brom	$Br_2 + 2e^- \rightleftarrows 2Br^-$
Iod	$I_2 + 2e^- \rightleftarrows 2I^-$
Schwefel	$S + 2e^- \rightleftarrows S^{2-}$

2. Aus positiven Ionen (üblicherweise Metallionen) werden neutrale Atome oder Moleküle:

$$Ag^+ + e^- \rightleftarrows Ag$$
$$2H^+ + 2e^- \rightleftarrows H_2$$

3. Höhere Oxidationsstufen werden herabgesetzt:

$$8H^+ + MnO_4^- + 5e^- \rightleftarrows Mn^{2+} + 4H_2O$$
$$Cu^{2+} + e^- \rightleftarrows Cu^+ \quad \text{(häufig geschrieben als } Cu^{2+}|Cu^+)$$
$$Fe^{3+} + e^- \rightleftarrows Fe^{2+} \quad \text{(oder } Fe^{3+}|Fe^{2+})$$
$$Cr_2O_7^{2-}|Cr^{3+}$$
$$ClO_3^-|Cl^-$$
$$NO_3^-|(NO_2, NO, N_2O, NH_4^+, \text{etc.})$$
$$Ce^{4+}|Ce^{3+}$$

Reduktionsmittel

---

1. Metalle zerfallen in positive Ionen plus Elektronen:

$$Zn \rightleftarrows Zn^{2+} + 2e^-$$
$$Na \rightleftarrows Na^+ \rightleftarrows e^-$$

Alle Metalle, die ihre üblichen Ionen bilden, können hier eingeschlossen werden.

2. Nichtmetalle verbinden sich mit anderen Nichtmetallen, wie z.B. O und F, die sie aus Verbindungen mit Metallen abziehen:

$$C + [O^{2-}] \rightleftarrows CO + 2e^-$$

Hier stellt $[O^{2-}]$ ein Sauerstoffatom der Oxidationsstufe -2 dar, das mit einem Metall, wie z.B. Fe, nach der folgenden Gesamtgleichung verbunden ist

$$3C + Fe_2O_3 \rightleftarrows 3CO + 2Fe$$

3. Niedrigere Oxidationsstufen werden erhöht:

Fe^{2+}	$\rightleftarrows Fe^{3+} + e^-$	(oder $Fe^{2+}|Fe^{3+}$)
$SO_3^{2-} + H_2O$	$\rightleftarrows SO_4^{2-} + 2H^+ + 2e^-$	(oder $SO_3^{2-}|SO_4^{2-}$)
$NO + 2H_2O$	$\rightleftarrows NO_3^- + 4H^+ + 3e^-$	(oder $NO|NO_3^-$)

---

dationsstufen der an ihnen beteiligten Atome ändern, werden *Oxidations-Reduktions-reaktionen* oder *Redoxreaktionen* genannt. Wenn die Oxidationszahl eines Atoms zunimmt, wird das Atom *oxidiert*; wenn seine Oxidationszahl abnimmt, wird es *reduziert*.

Wir würden gerne den genauen *Mechanismus* oder die einzelnen Schritte, die während einer chemischen Reaktion ablaufen, aus Informationen verschiedener Art ableiten können. Der Protonentransfer (Abschnitt 4–3) ist ein Beispiel für einen derartigen Mechanismus bei Säure-Base-Reaktionen. Für den Ablauf von Oxidations-Reduktions-reaktionen haben die Chemiker zwei allgemeine Mechanismen abgeleitet: Den Elektronentransfer und den Atomtransfer. Viele komplizierte Reaktionen umfassen wahrscheinlich Schritte, an denen die beiden Mechanismen beteiligt sind. (Wir müssen hier noch einmal betonen, daß es unmöglich ist, allein aus der ausgewogenen Reaktionsgleichung den Mechanismus einer chemischen Reaktion abzuleiten. Die Gleichung beschreibt die Stöchiometrie einer Reaktion und nicht mehr; für genaue Angaben darüber, wie Substanzen miteinander reagieren, sind kinetische Experimente über den Reaktionsablauf erforderlich. Dieses Thema ist Gegenstand von Kapitel 18.)

Elektronentransfer

Wir sind bereits Beispielen des Elektronentransfers bei den Reaktionen begegnet, die während der Elektrolyse an den Elektroden ablaufen (Abschnitt 3–2). An der Kathode erfolgt eine Reduktion, an der Anode eine Oxidation. Die Annahme scheint daher vernünftig zu sein, daß Elektronen auch direkt zwischen Molekülen ausgetauscht werden können. Moleküle mit einem Elektronendefizit können Elektronen von *Reduktions-mitteln* (Elektronendonatoren) aufnehmen, und elektronenreiche Moleküle können Elektronen an *Oxidationsmittel* (Elektronenakzeptoren) abgeben. (Die Terminologie ist infolgedessen reziprok.) Einige der üblichen Oxidations- und Reduktionsmittel sind in Tabelle 7–3 aufgeführt. Die Aufnahme von Elektronen durch eine Substanz muß eine Abnahme der Oxidationszahl verursachen, wogegen der Verlust von Elektronen ein Anwachsen der Oxidationszahl zur Folge hat. Daraus ergibt sich, daß jede beliebige Elektronentransferreaktion eine Oxidations-Reduktionsreaktion ist, bei der das Reduktionsmittel Elektronen an das Oxidationsmittel abgibt. Somit wird beim Rosten Sauerstoff durch Eisen reduziert, während der Sauerstoff das Eisen oxidiert (vom lateinischen Namen für Sauerstoff, „oxygenium", stammt der Ausdruck Oxidation ab)

$$4\,Fe + 3\,O_2 \rightleftarrows 4\,Fe^{3+} + 6\,O^{2-} \quad \text{(in der Form } 2\,Fe_2O_3)$$
$$\hookrightarrow 12\,e^- \dashrightarrow$$

Kupfer reduziert durch die Abgabe von Elektronen auf ähnliche Weise Silberionen, und die Silberionen oxidieren das metallische Kupfer in der Reaktion

$$Cu + 2\,Ag^+ \rightleftarrows Cu^{2+} + 2\,Ag$$
$$\hookrightarrow 2\,e^- \dashrightarrow$$

Wenn ein Element mehrere Oxidationsstufen annehmen kann, können die mittleren Oxidationsstufen sowohl als Oxidations- als auch als Reduktionsmittel wirken. Mn^{3+}

kann als Oxidationsmittel wirken und zu Mn^{2+} reduziert werden oder sich wie ein Reduktionsmittel verhalten und zu Mn^{4+} oxidiert werden. Tatsächlich ist Mn^{3+} in Lösung instabil und *disproportioniert* spontan unter Selbstoxidation-Reduktion in die Oxidationsstufen $+2$ und $+4$

$$2\,Mn^{3+} + 2\,H_2O \rightleftarrows Mn^{2+} + MnO_2\downarrow + 4\,H^+$$

Darüber hinaus treten Oxidations- und Reduktionsmittel in Paaren auf, derart, daß bei der Reaktion jedes Oxidationsmittel ein potentielles Reduktionsmittel *wird* und umgekehrt. Dieser Vorgang ähnelt der Brönstedschen Säure-Base-Theorie (Kapitel 4), bei der jede Säure durch Abgabe eines Protons zu einer Base wird und sich jede Base durch Aufnahme eines Protons in eine Säure verwandelt.

Da der Elektronenverlust oder die Elektronenaufnahme direkt dem Zuwachs oder der Abnahme der Oxidationszahl entsprechen, ist es praktisch, sich alle Redoxreaktionen so vorzustellen, als ob sie Elektronentransferreaktionen wären. Jedoch haben die Chemiker nach sorgfältigen Untersuchungen noch einen zweiten Mechanismus für die Änderung von Oxidationszahlen entdeckt.

Atomtransfer

Bei der Reaktion

$$ClO_3^- + 3\,SO_3^{2-} \rightleftarrows Cl^- + 3\,SO_4^{2-}$$

besitzt der Schwefel eine Oxidationszahl von $+4$ in SO_3^{2-} und $+6$ in SO_4^{2-}. (Wenn Sie nicht mehr wissen warum, sehen Sie sich noch einmal Abschnitt 7–2 an.) Chlor hat im ClO_3^- die Oxidationszahl $+5$ und im Cl^- -1. Somit werden drei Einheiten S pro Einheit Cl benötigt, um die Redoxgleichung ausgewogen darzustellen. Indem wir mit dem Sauerstoffisotop ^{18}O angereichertes $KClO_3$ herstellen und dieses in einer derartigen Redoxreaktion einsetzen, können wir feststellen, daß selbst in wäßriger Lösung das ^{18}O direkt vom ClO_3^- zum SO_3^{2-} transferiert wird, da der größte Teil des ^{18}O im Produkt SO_4^{2-} anzutreffen ist

$$Cl^{18}O_3^- + 3\,SO_3^{2-} \rightleftarrows Cl^- + 3\,[SO_3{}^{18}O]^{2-}$$

Der Transfer des Sauerstoffs ändert die Oxidationszahlen des Cl und S, aber nicht die Ladung der beiden Ionenarten. Obwohl Atome und keine Elektronen transferiert werden, ändern sich die Oxidationszahlen von Chlor und Schwefel, da sich die Anzahl der Sauerstoffatome in den Ionen ändert, ohne daß eine Änderung der Ionenladung erfolgt. (Nach Regel (4) aus Abschnitt 7–2 besitzt O in den hier vorliegenden Verbindungen stets die Oxidationszahl -2.) Da aber eine derartige Bruttogleichung nichts über den exakten Mechanismus einer Reaktion aussagt, können alle Oxidations-Reduktionsgleichungen so aufgestellt werden, als ob sie Elektronentransferreaktionen wären.

7–4 Das Aufstellen von Oxidations-Reduktionsgleichungen

Lassen Sie uns jetzt wieder auf die Reaktion aus Kapitel 4 (Gleichung (4–4)) zurückkommen, an der $K_2Cr_2O_7$ und HI beteiligt sind. Wenn wir einmal annehmen, daß die Reaktionspartner und die Produkte bekannt sind[1], dann lautet die Aufgabe, die Molverhältnisse zu bestimmen, um die folgende Reaktion durch eine ausgewogene Gleichung zu beschreiben

$$K_2Cr_2O_7 + HI + HClO_4 \rightarrow KClO_4 + Cr(ClO_4)_3 + I_2 + H_2O \qquad (7–1)$$

Zwei Methoden sind entwickelt worden, um systematisch ausgewogene Redoxgleichungen aufzustellen. Bei der *Oxidationszahlenmethode* nutzen wir die Tatsache aus, daß bei der gesamten chemischen Reaktion der Betrag der Oxidation gleich dem Betrag der Reduktion sein muß. Bei der *Ionen-Elektronen-Methode* sehen wir eine Redoxreaktion als die formale Summe von zwei Halbreaktionen an, von denen die eine Elektronen abgibt und die andere sie aufnimmt.

Oxidationszahlenmethode

1. Identifizieren Sie die Elemente, die während der Reaktion ihre Oxidationszahl ändern. Es hilft, wenn Sie die Oxidationszahlen dieser Elemente über ihr Symbol auf beiden Seiten der Reaktionsgleichung schreiben. In Gleichung (7–1) geht Chrom von der Oxidationsstufe $+6$ im $K_2Cr_2O_7$ auf die Oxidationsstufe $+3$ im $Cr^{3+}(ClO_4^-)_3$ über. Stellen Sie sich vor, daß das Cr-Atom drei Elektronen aufnimmt und damit seine Oxidationsstufe von $+6$ auf $+3$ verändert. Iod geht von -1 im HI auf 0 im I_2 über und verliert ein Elektron pro Atom bei diesem Vorgang.

2. Nehmen Sie jetzt genug vom Reduktions- und Oxidationsmittel, so daß die vom einen abgegebenen Elektronen vollständig vom anderen aufgenommen werden können. Es müssen daher dreimal so viel I-Atome wie Cr-Atome an der Reaktion beteiligt sein, und die Reaktion benötigt sechs HI-Moleküle, da im $K_2Cr_2O_7$ zwei Cr-Atome vorhanden sind

$$K_2\overset{+6}{Cr_2}O_7 + 6\,H\overset{-1}{I} + HClO_4 \rightarrow KClO_4 + 2\,\overset{+3}{Cr}(ClO_4)_3 + 3\,\overset{0}{I}_2 + H_2O$$

3. Gleichen Sie jetzt die Mengen der anderen Metalle aus, die nicht ihre Oxidationszahlen ändern (K^+ im vorliegenden Fall)

$$K_2\overset{+6}{Cr_2}O_7 + 6\,H\overset{-1}{I} + HClO_4 \rightarrow 2\,KClO_4 + 2\,\overset{+3}{Cr}(ClO_4)_3 + 3\,\overset{0}{I}_2 + H_2O$$

4. Gleichen Sie die Mengen der Anionen aus, die sich bei der Reaktion nicht verändern (ClO_4^- im vorliegenden Fall)

$$K_2Cr_2O_7 + 6\,HI + 8\,HClO_4 \rightarrow 2\,KClO_4 + 2\,Cr(ClO_4)_3 + 3\,I_2 + H_2O$$

---

[1] Zum jetzigen Zeitpunkt sollten Sie nicht von sich erwarten, daß Sie in der Lage sein müßten, die Produkte einer Reaktion vorhersagen zu können. Im Laufe der Zeit, während der Sie ständig Erfahrungen sammeln – besonders im Praktikum –, werden Sie mehr und mehr richtige Voraussagen machen.

5. Sorgen Sie nun noch dafür, daß auf beiden Seiten der Gleichung gleiche Mengen von Wasserstoff stehen und stellen Sie sicher, daß auch die Sauerstoffmengen ausgeglichen sind

$$K_2CrO_7 + 6HI + 8HClO_4 \rightleftarrows 2KClO_4 + 2Cr(ClO_4)_3 + 3I_2 + 7H_2O$$

Damit ist der Ausgleichsvorgang abgeschlossen und wir haben die gesuchte, ausgewogene Gleichung. Die Reihenfolge der Ausgleichsschritte kann mit den Stichworten: Oxidationszahlen–Kationen–Anionen–Wasserstoff–Sauerstoff zusammengefaßt werden. Anschließend werden wir dieselbe Gleichung nach einem anderen Verfahren auszugleichen versuchen.

Aufforderung: Die Überwachung der Luftverschmutzung und das Bleichen von Haaren verwenden unter anderem auch Redoxprozesse. Versuchen Sie einmal die Aufgaben 7–11 und 7–13 im Buch von Butler und Grosser zu lösen, bei denen auch die Oxidationszahlenmethode benutzt wird.

Ionen-Elektronen-(Halbreaktions-)Methode

Häufig ist es von Vorteil, so zu tun, als ob Oxidation und Reduktion voneinander getrennt verlaufen, und dann die erforderlichen Mengen von jeder Halbreaktion einzusetzen, damit alle freien Elektronen kompensiert werden. Chemische Reaktionen, wie sie an den Elektroden von Batterien oder Elektrolysezellen (Kapitel 3) auftreten, sind Beispiele für Halbreaktionen, die tatsächlich so ablaufen

$$Cu^{2+} + 2e^- \rightleftarrows Cu \qquad \text{(Kathode)}$$
$$2H_2O \rightleftarrows O_2 + 4H^+ + 4e^- \quad \text{(Anode)}$$

Redoxreaktionen, die in Lösung ablaufen, können als die Summe zweier derartiger Halbreaktionen angesehen werden, die ohne die Wirkung einer äußeren Antriebskraft (der Batterie) fortschreiten. *Bei allen Elektronentransferreaktionen muß die Zahl der vom Reduktionsmittel abgegebenen Elektronen gleich der Zahl der vom Oxidationsmittel aufgenommenen Elektronen sein.*

Die obige $K_2Cr_2O_7$-Reaktion kann mit Hilfe der Halbreaktionen auf die folgende Weise ausgeglichen werden:

1. Vereinfachen Sie zunächst die Reaktion, indem Sie alle sozusagen nur als „Zuschauer" anwesenden Ionenarten eliminieren, wie zum Beispiel K^+ oder ClO_4^-, die nicht wirklich an der Reaktion teilnehmen

$$Cr_2O_7^{2-} + I^- + H^+ \rightarrow Cr^{3+} + I_2 + H_2O$$

2. Formulieren Sie jetzt zwei ausgewogene Halbreaktionen, von denen die eine Cr und die andere I berücksichtigt:
   (a) Die unausgewogenen Reaktionen sind

$$Cr_2O_7^{2-} \rightarrow 2Cr^{3+}$$
$$2I^- \rightarrow I_2$$

(b) Gleichen Sie die Atomzahlen in jeder Halbreaktion dadurch aus, daß Sie H^+ und H_2O, wenn die Reaktionen in einem sauren Medium ablaufen, oder H_2O und HO^-, wenn die Reaktionen in einem basischen Medium ablaufen, zu den obigen Reaktionen hinzufügen

$$Cr_2O_7^{2-} + 14H^+ \rightarrow 2Cr^{3+} + 7H_2O$$

(Damit sind Cr-, O- und H-Atome ausgeglichen.)

$$2I^- \rightarrow I_2$$

(Auf keiner Seite der Gleichung treten H^+ oder HO^- auf; es werden also keine weiteren Atome benötigt.)

(c) Kompensieren Sie dann die Ladungen, indem Sie die geeignete Zahl von Elektronen addieren

$$6e^- + Cr_2O_7^{2-} + 14H^+ \rightleftarrows 2Cr^{3+} + 7H_2O$$
$$2I^- \rightleftarrows I_2 + 2e^-$$

Wenn die Halbreaktion richtig aufgestellt worden ist, zeigt die Zahl der Elektronen genau die Änderung der Oxidationsstufe an. Die beiden Cr benötigen sechs Elektronen, während die beiden I^- zwei Elektronen abgeben.

3. Multiplizieren Sie die Halbreaktionen mit Koeffizienten, so daß die Zahl der bei jeder Halbreaktion transferierten Elektronen dieselbe ist

$$Cr_2O_7^{2-} + 14H^+ + 6e^- \rightleftarrows 2Cr^{3+} + 7H_2O$$
$$6I^- \rightleftarrows 3I_2 + 6e^-$$

4. Addieren Sie die beiden Halbreaktionen und kürzen Sie die Arten, die auf beiden Seiten der Gleichung auftreten

$$Cr_2O_7^{2-} + 14H^+ + 6I^- \rightleftarrows 2Cr^{3+} + 3I_2 + 7H_2O$$

Versichern Sie sich als Vorsichtsmaßnahme noch einmal davon, daß die *Zahl der jeweiligen Atome* auf beiden Seiten dieselbe ist, daß die *Ladungen* ausgewogen sind und daß *keine überschüssigen Elektronen* zurückbleiben.

5. Vervollständigen Sie die Gleichung, indem Sie noch die „unbeteiligten" Reaktionspartner hinzunehmen und die Ionen so zusammenfassen, daß sich bekannte Substanzen ergeben

$$Cr_2O_7^{2-} + 8H^+ + 6HI \rightleftarrows 2Cr^{3+} + 3I_2 + 7H_2O$$
$$K_2Cr_2O_7 + 8HClO_4 + 6HI \rightleftarrows 2Cr(ClO_4)_3 + 2KClO_4 + 3I_2 + 7H_2O$$

Dieser Vorgang kann kurz zusammengefaßt werden zu: Halbreaktionen–Gesamtreaktion–nichtbeteiligte Ionen.

Wenn Sie einige Übung im Aufstellen von Redoxgleichungen haben, ist die Oxidationszahlenmethode die schnellere, aber die Ionen-Elektronen-Methode ist zuverlässiger und narrensicherer.

Als zweites Beispiel für eine derartige Redoxreaktion ermitteln Sie nun einmal die ausgewogene Gleichung für die Reaktion von Kaliumpermanganat ($KMnO_4$) und Ammoniak (NH_3) zu Kaliumnitrat (KNO_3), Mangandioxid (MnO_2), Kaliumhydroxid (KOH) und Wasser (H_2O).

1. *Oxidationszahlenmethode:* Die unausgewogene Reaktion lautet

$$KMnO_4 + NH_3 \rightarrow KNO_3 + MnO_2 + KOH + H_2O$$

Bei ihr ändern Mangan und Stickstoff ihre Oxidationsstufe

$$Mn^{7+} \rightarrow Mn^{4+} \quad (\text{Änderung von } -3)$$
$$N^{3-} \rightarrow N^{5+} \quad (\text{Änderung von } +8)$$

Um die Gesamtoxidationszahlen zu erhalten, benötigen wir acht Manganatome für drei Stickstoffatome

$$8\,K\overset{+7}{Mn}O_4 + 3\,\overset{-3}{N}H_3 \rightarrow 3\,K\overset{+5}{N}O_3 + 8\,\overset{+4}{Mn}O_2 + KOH + H_2O$$

Kalium (K^+) ist hier das Kation, dessen Oxidationszahl sich nicht ändert; es muß jetzt ausgeglichen werden

$$8\,K\overset{+7}{Mn}O_4 + 3\,\overset{-3}{N}H_3 \rightarrow 3\,K\overset{+5}{N}O_3 + 8\,\overset{+4}{Mn}O_2 + 5\,KOH + H_2O$$

Nun sind die Wasserstoffatome zu berücksichtigen

$$8\,KMnO_4 + 3\,NH_3 \rightleftarrows 3\,KNO_3 + 8\,MnO_2 + 5\,KOH + 2\,H_2O$$

Jetzt müssen noch die Sauerstoffatome ausgeglichen werden. Da jedoch auf jeder Seite der Gleichung 32 vorhanden sind, ist unsere Aufgabe damit gelöst.

2. *Halbreaktionsmethode:* Fangen Sie mit der Vereinfachung der Reaktion an. Hier ändert sich das Ion K^+ nicht, somit wird es zunächst fortgelassen

$$MnO_4^- + NH_3 \rightarrow NO_3^- + MnO_2 + HO^- + H_2O$$

Bei dieser Reaktion wird MnO_4^- reduziert und NH_3 oxidiert

$$MnO_4^- \rightarrow MnO_2$$

$$NH_3 \rightarrow NO_3^-$$

Da HO^- an der Reaktion beteiligt ist, werden H_2O und HO^- dazu verwendet, die Zahlen der Atome in jeder Halbreaktion auszugleichen

$$MnO_4^- + 2\,H_2O \rightarrow MnO_2 + 4\,HO^-$$
$$NH_3 + 9\,HO^- \rightarrow NO_3^- + 6\,H_2O$$

Elektronen werden jetzt hinzugefügt, um die Ladungen für jede Halbreaktion auszugleichen

$$3\,e^- + MnO_4^- + 2\,H_2O \rightleftarrows MnO_2 + 4\,HO^-$$
$$NH_3 + 9\,HO^- \rightleftarrows NO_3^- + 6\,H_2O + 8\,e^-$$

Die Halbreaktionen werden mit den Koeffizienten acht beziehungsweise drei multipliziert und dann addiert

$$24e^- + 8\,MnO_4^- + 16\,H_2O \rightleftarrows 8\,MnO_2 + 32\,HO^-$$
$$3\,NH_3 + 27\,HO^- \rightleftarrows 3\,NO_3^- + 18\,H_2O + 24\,e^-$$
$$\overline{8\,MnO_4^- + 3\,NH_3 \rightleftarrows 8\,MnO_2 + 3\,NO_3^- + 5\,HO^- + 2\,H_2O}$$

Wenn wir nun noch auf jeder Seite acht Kaliumionen addieren und die Verbindungen zusammenfassen, erhalten wir die gesuchte Reaktionsgleichung

$$8\,KMnO_4 + 3\,NH_3 \rightleftarrows 3\,KNO_3 + 8\,MnO_2 + 5\,KOH + 2\,H_2O$$

Bevor Sie weitermachen: Die Fähigkeit, ausgewogene chemische Gleichungen aufzustellen, ist offensichtlich ein wesentlicher Teil Ihres Chemiestudiums, da ein erstes Verstehen einer Reaktion und ihrer Stöchiometrie von einer ausgewogenen Gleichung abhängt. Sie finden eine schrittweise Entwicklung der Ionen-Elektronen-(Halbreaktions-)Methode im Kurs 7 von Lassilas *Begleitprogramm zu Prinzipien der Chemie*. Sie können daran das Aufstellen solcher Gleichungen üben.

7–5 Redoxtitrationen

Die *Äquivalentmasse* (gäquiv^{-1}) einer Säure oder Base in einer Neutralisationsreaktion ist die Menge der Säure oder Base, die 1 mol von Protonen abgibt oder aufnimmt. Auf ähnliche Art wird die Äquivalentmasse eines Oxidations- oder Reduktionsmittels in einer Redoxreaktion definiert als die Menge einer Verbindung, die 1 mol Oxidationszahlen ändert. Bei der Reaktion

$$Na \rightleftarrows Na^+ + e^-$$

unterliegt das Natrium einer Änderung seiner Oxidationsstufe um eine Einheit, somit ist die Äquivalentmasse des Natriums *in dieser Reaktion* gleich seiner Molmasse. Bei der Oxidation eines zweiwertigen Metalls

$$Mg \rightleftarrows Mg^{2+} + 2\,e^-$$

ändert sich die Oxidationsstufe eines jeden Magnesiumatoms um zwei Einheiten, und jedes Mol Magnesiummetall liefert damit 2 Äquivalente Reduktionsvermögen. Die Äquivalentmasse des Mg in dieser Reaktion ist daher gleich der Hälfte seiner Molmasse.

Die Äquivalentmasse von HCl in einer Säure-Base-Neutralisationsreaktion ist gleich seiner Molmasse. Die Äquivalentmasse von HCl in einer Redoxreaktion hängt von der Änderung der Oxidationszahl des Chlors während der Reaktion ab. Wenn ein Chloridion zu Cl_2 oxidiert wird,

$$\overset{-1}{Cl^-} \rightleftarrows \tfrac{1}{2}\overset{0}{Cl_2} + e^-$$

gibt es 1 Redoxäquivalent pro Mol, und die Äquivalentmasse und die Molmasse von HCl sind identisch. Aber wenn die Reaktion

$$\overset{-1}{Cl^-} + 3\,H_2O \rightleftarrows \overset{+5}{ClO_3^-} + 6\,H^+ + 6\,e^-$$

lautet, dann liefert jedes Mol HCl 6 Äquivalente Reduktionsvermögen, und die Äquivalentmasse des HCl beträgt ein Sechstel seiner Molmasse.

Bei Titrationen, die Lösungen von Oxidationsmitteln oder Reduktionsmitteln als Reagenzien verwenden, erweist es sich als praktisch, Äquivalente zu benutzen; denn die Zahl der Äquivalente von Oxidations- und Reduktionsmittel ist dieselbe, wenn das ganze Oxidationsmittel in einer Probe mit einer Reduktionsmittellösung aus der Bürette reagiert hat. Wie bei den Neutralisationsreaktionen ist die *Normalität* einer Lösung gleich der *Zahl der Äquivalente pro Liter Lösung*.

Beispiel: Eine Menge von 50 ml Lösung, die 1,00 g $KMnO_4$ enthält, wird zur Titration eines Reduktionsmittels verwendet. Wie groß ist die Molarität der Lösung? Wie groß ist ihre Normalität?

Lösung: Die Molarität beträgt

$$1,00 \text{ g } KMnO_4 \times \frac{1 \text{ mol}}{158 \text{ g } KMnO_4} \times \frac{1}{0,050 \text{ l}}$$
$$= 0,127 \text{ mol l}^{-1}$$
$$= 0,127 \text{ molar}$$

Die Reduktion von MnO_4^- zu Mn^{2+} verläuft auf folgende Weise

$$\overset{+7}{Mn}O_4^- + 8H^+ + 5e^- \rightleftarrows \overset{+2}{Mn}{}^{2+} + 4H_2O$$

Da sich die Oxidationsstufe des Mn in dieser Reaktion um fünf Einheiten ändert, ist die Äquivalentmasse des $KMnO_4$ gleich einem Fünftel seiner Molmasse, und seine Normalität ist damit gleich dem Fünffachen seiner Molarität

$$0,127 \text{ mol l}^{-1} \times 5,000 \text{ äquiv mol}^{-1}$$
$$= 0,634 \text{ äquiv l}^{-1}$$
$$= 0,634 \text{ normal}$$

Beispiel: 31,25 ml einer Lösung von 0,100-molarem $Na_2C_2O_4$ (Natriumoxalat) in Säure werden mit 17,38 ml einer $KMnO_4$-Lösung unbekannter Stärke titriert. Wie groß sind die Normalität der $Na_2C_2O_4$- und der $KMnO_4$-Lösung und die Molarität der $KMnO_4$-Lösung?

Lösung: Die Reaktion lautet

$$2\overset{+7}{Mn}O_4^- + 5\overset{+3}{C_2}O_4^{2-} + 16H^+ \rightleftarrows 2\overset{+2}{Mn}{}^{2+} + 10\overset{+4}{C}O_2 + 8H_2O$$

Die Oxidationszahl des Mn geht von + 7 auf + 2 über. Somit liefert jedes Mol 5 Äquivalente Oxidationsvermögen. Die Oxidationsstufe des Kohlenstoffs ändert sich von + 3 zu + 4. Somit liefert jedes Mol $Na_2C_2O_4$, mit *zwei* Kohlenstoffatomen, zwei Äquivalente Reduktionsvermögen. Eine andere Art, sich dies klar zu machen, ist die, sich die zwei Halbreaktionen aufzuschreiben

$$MnO_4^- + 8H^+ + 5e^- \rightleftarrows Mn^{2+} + 4H_2O$$
$$C_2O_4^{2-} \rightleftarrows 2CO_2 + 2e^-$$

0,100 molares $Na_2C_2O_4$ ist 0,200 normal. Die Zahlen der Äquivalente des Oxidations- und Reduktionsmittels sind am Neutralisationspunkt einander gleich. Damit folgt

$$\text{Äquivalente } Na_2C_2O_4 = \text{Äquivalente } KMnO_4$$

$$31{,}25\,ml \times \frac{0{,}200\,\text{äquiv}}{1} = 17{,}38\,ml \times X$$

$$\text{Normalität des } KMnO_4 =$$

$$X = 0{,}360\,\text{normal}$$

$$\text{Molarität des } KMnO_4 = \frac{0{,}360\,\text{äquiv}\,l^{-1}}{5\,\text{äquiv}\,mol^{-1}}$$

$$= 0{,}072\,mol\,l^{-1}$$

$$= 0{,}072\,\text{molar}$$

Wie wichtig es ist, die Gleichungen oder Halbreaktionen niederzuschreiben, wenn man es mit Äquivalenten zu tun hat, läßt sich durch die Tatsache veranschaulichen, daß MnO_4^- unter den verschiedenen Umständen auf die folgenden Weisen reduziert werden kann

(1) $\quad MnO_4^- + e^- \qquad\qquad \rightleftarrows MnO_4^{2-}$
(2) $\quad MnO_4^- + 2H_2O + 3e^- \rightleftarrows MnO_2 + 4HO^-$
(3) $\quad MnO_4^- + 8H^+ + 4e^- \rightleftarrows Mn^{3+} + 4H_2O$
(4) $\quad MnO_4^- + 8H^+ + 5e^- \rightleftarrows Mn^{2+} + 4H_2O$

Die Zahl der Äquivalente pro Mol $KMnO_4$ in diesen Beispielen beträgt 1, 3, 4 und 5. Der letzten Reaktion begegnet man am häufigsten, aber auch die anderen werden angetroffen. Die Normalität einer beliebigen $KMnO_4$-Lösung hängt infolgedessen davon ab, wozu wir sie verwenden.

Aufforderung: Calcium ist für das Wachstum von Knochen und Zähnen von Bedeutung; es ist das fünfthäufigste Element im Körper des Menschen. Lösen Sie einmal die Aufgabe 7–22 im Buch von Butler und Grosser, um zu sehen, ob Sie den Calciumgehalt einer Blutprobe bestimmen können.

7–6 Kovalenz

Oxidationszahlen sind von Nutzen für die Voraussage der Verhältnisse, in denen Elemente bei der Bildung von Verbindungen miteinander reagieren werden, besitzen aber nur geringen Wert für die Erklärung, warum die Elemente dies tun oder wie die Atome in einem Molekül räumlich angeordnet sind. Die einfachen Vorstellungen von der Kovalenz, wie sie in Abschnitt 7–1 eingeführt wurden, bilden einen Anfang für diese Erklärungen.

Kovalente Bindungen bilden sich hauptsächlich zwischen Nichtmetallen aus. Jedes Element besitzt eine bestimmte Fähigkeit zur Bildung von Bindungen oder Kovalenzen, und Bindungen zwischen Atomen werden dadurch gebildet, daß sich ihre Kovalenzen

Tabelle 7–4 Übliche Kovalenzen

Element	Kovalenz	Beispiele
H	1	H_2, H_2O, HCl
F	1	F_2, HF, ClF
O	2	H_2O, Cl_2O, CO_2
N	3	NH_3, NF_3, N_2H_4
C	4	CH_4, CO_2, CCl_4
B	3	BCl_3, BF_3
Cl	1	Cl_2, CCl_4, Cl_2O
S	2, 6	H_2S, SF_6, SO_3
P	3, 5	PH_3, P_4O_{10}, PCl_5, PCl_3
Br	1	Br_2, HBr, PBr_3
I	1	I_2, HI, ICl

einander ergänzen. In Tabelle 7–4 sind übliche Werte für die Kovalenzen von Nichtmetallen angegeben zusammen mit einigen anschaulichen Verbindungen. Es ist möglich, zwei oder sogar drei kovalente Bindungen zwischen denselben zwei Atomen auszubilden. Diese werden dann *Zweifach- oder Doppelbindungen* und *Dreifachbindungen* genannt. Folgende Diagramme sind einige Beispiele für kovalente Bindungen in einfachen Molekülen

Beachten Sie, daß Cyanamid und Diazomethan *Isomere* sind: Sie besitzen beide die Molekülformel CH_2N_2, haben aber eine unterschiedliche Molekülstruktur und unterschiedliche Eigenschaften. Die letzten drei Verbindungen sind ebenfalls Isomere (Abbildung 7–5). Alle drei sind bei Zimmertemperatur fest, jedoch unterscheiden sich ihre Schmelzpunkte: 133 °C für Harnstoff, 54 °C für Formylhydrazin und 105 °C für Formamidoxim. Die Chemie der Amide, Hydrazine und Oxime unterscheidet sich auch recht stark.

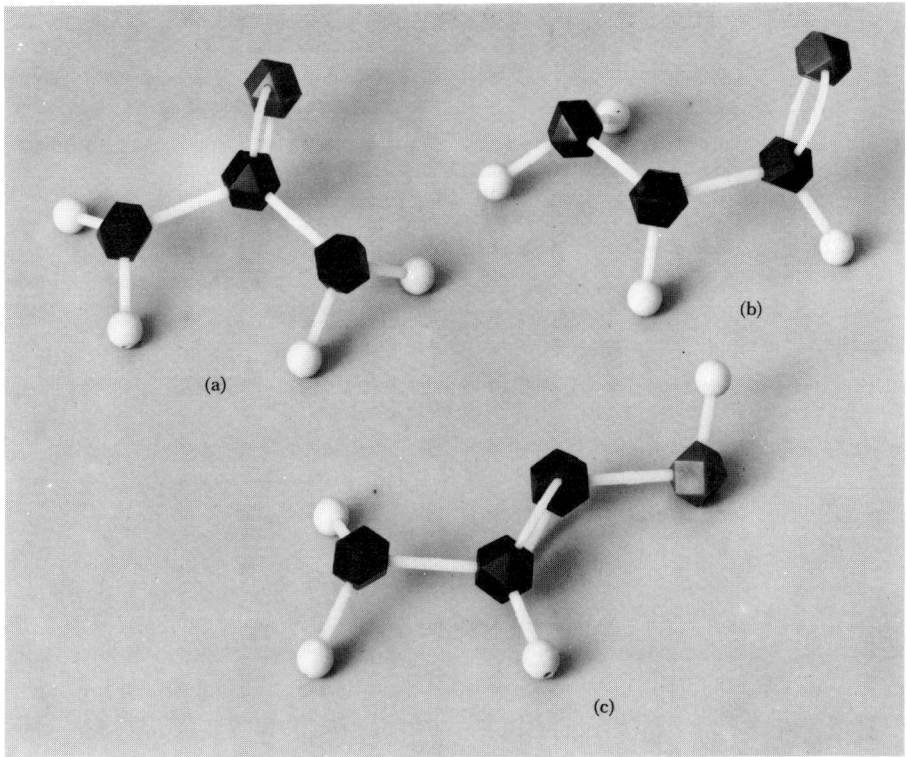

Abbildung 7–5 Drei Isomere des CH_4N_2O: (a) Carbamid oder Harnstoff: $H_2N—CO—NH_2$. (b) Formylhydrazin: $H_2N—NH—CO—H$. (c) Formamidoxim: $H_2N—CH=N—OH$. (Das Harnstoffmolekül sollte planar sein, wobei die H-Atome in derselben Ebene wie die N-, C- und O-Atome liegen.) Nur eines dieser drei Isomere kann auch noch Stereoisomere besitzen. Können Sie sagen, welches?

Die Kovalenz allein kann nicht die Gestalt der Moleküle erklären. Sind die vier C—H-Bindungen im Methan, CH_4, in die Ecken eines Quadrats gerichtet, so daß die Wasserstoffatome in einer Ebene mit dem Kohlenstoff liegen, oder zeigen sie in Richtung der Ecken eines Tetraeders? Oder ist auch eine weniger regelmäßige Anordnung möglich?

Der holländische Chemiker Jacobus van't Hoff (1852–1911) schlug 1874 vor, daß alle vier Wasserstoffatome im Methan strukturell gleichwertig wären und an den vier Ecken eines Tetraeders lägen, in dessen Mitte sich das Kohlenstoffatom befände. Seine Überlegungen sind ein Beispiel für die deduktive Analyse, mit deren Hilfe vieles von der Stereochemie der Moleküle *vor* den Tagen der Röntgenstrahlen-Kristallographie vorweggenommen wurde:

Wenn Methan bei hohen Temperaturen mit Brom reagiert, wird Brommethan gebildet

$$CH_4 \quad + Br_2 \quad \rightleftarrows CH_3Br \quad + HBr$$

H   H
| |

H—C—H + Br—Br ⇄ H—C—Br + H—Br

| |
H   H

Es wird immer nur *eine* Form von Brommethan gebildet. Daher müssen sich alle vier Wasserstoffatome, wenn es nicht irgendeinen Grund dafür gibt, daß nur eines der vier Wasserstoffatome im Methan mit Brom reagieren kann, auf gleichwertigen und symmetrischen Positionen befinden. Welche Arten von symmetrischer Anordnung von vier H um ein C sind nun vorstellbar? (Beachten Sie bei diesen Überlegungen die stillschweigend gemachte Voraussetzung, daß sich die Geometrie um das Kohlenstoffatom während der Bromierungsreaktion nicht ändert. Dieses ist für den Kohlenstoff bei dieser Reaktion tatsächlich richtig, aber bei Reaktionen von Koordinationskomplexen ist eine derartige Annahme nicht immer gültig.)

Abbildung 7–6 veranschaulicht die drei möglichen Strukturen für das CH_4, bei denen alle vier H gleichwertige Plätze einnehmen. Die Auswahl unter diesen Strukturen wurde durch die Tatsache ermöglicht, daß es keine Isomere des Dibrommethans, CH_2Br_2, gibt. Es ist also nur eine Anordnung von zwei Br-Atomen auf den vier H-Positionen möglich. Wie sie aus Abbildung 7–6 entnehmen können, würde es zwei *Stereoisomere* geben, wenn Methan entweder die Struktur (b), pyramidenförmig, oder (c), planar, besäße: Eines, bei dem die beiden Bromatome benachbarte Positionen einnehmen (I und II; II und III und so weiter) und eines, bei dem sie auf diagonal gegenüberliegenden Plätzen säßen (I und III; II und IV). (Stereoisomere sind Isomere, die dieselben Bindungen zwischen denselben Paaren von Atomen besitzen und die sich nur durch die räumliche Anordnung der Bindungen um die Atome unterscheiden.) Infolgedessen ist (a) die einzig mögliche Anordnung. Somit reichen zwei einfache Beobachtungen über das Fehlen von Isomeren von CH_3Br und CH_2Br_2 (und eine stillschweigende Voraussetzung) aus, um zu beweisen, daß alle Wasserstoffatome im CH_4 gleichwertige Plätze einnehmen und tetraedrisch um das Kohlenstoffatom angeordnet sind.

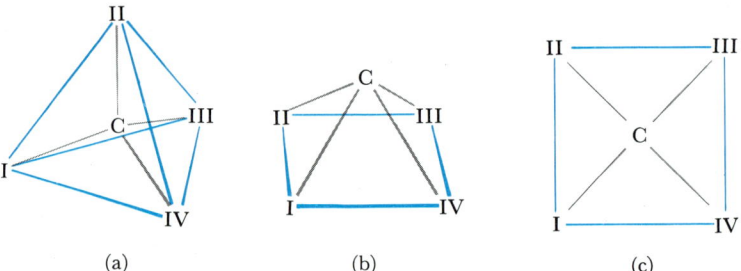

Abbildung 7–6 Die drei möglichen geometrischen Anordnungen der Atome im Methanmolekül, CH_4: (a) Tetraedrisch, (b) quadratisch pyramidal und (c) quadratisch planar. I–IV stellen die vier Wasserstoffatome dar.

Der Vorschlag, daß die Bindungen tetraedrisch um das Kohlenstoffatom angeordnet sind, war der Beginn der Strukturchemie. Die Chemiker verwendeten ähnliche Symmetrie-Argumente, um zu beweisen, daß Ethylen, C_2H_4, planar ist, d. h. daß alle seine Atome in einer Ebene liegen

$$
\begin{array}{ccc}
H & & H \\
\diagdown & & \diagup \\
& C = C & \\
\diagup & & \diagdown \\
H & & H
\end{array}
$$

und daß die Atome im Acetylen, C_2H_2, linear angeordnet sind

$$H-C\equiv C-H$$

Doppel- oder Dreifachbindungen konnten als das gemeinsame Besitzen von Kanten oder Flächen von Tetraedern verstanden werden (Abbildungen 7–7 und 7–8). Wir könnten jetzt Modelle von allen bisher in diesem Abschnitt erwähnten Kohlenstoffverbindungen konstruieren, und aus den Strukturen der Verbindungen könnten wir Mechanismen für ihre Reaktionen ableiten.

Kurz bevor van't Hoff das tetraedrische Kohlenstoffatom postulierte, entwickelte August Kekulé eine Struktur für die rätselhafte Kohlenstoffverbindung Benzol, C_6H_6. Es war bekannt, daß sechs C—H Einfachbindungen im Molekül vorhanden sind und daß alle sechs Wasserstoffatome durch Chloratome ersetzt werden können. Dichlorbenzol, $C_6H_4Cl_2$, existiert in *nur drei Isomeren* Ortho-Dichlorbenzol (o-$C_6H_4Cl_2$), das bei $-17{,}2\,°C$ schmilzt; *Meta*-Dichlorbenzol (m-$C_6H_4Cl_2$), das bei $-24{,}8\,°C$ schmilzt; und *Para*-Dichlorbenzol (p-$C_6H_4Cl_2$), das bei $53{,}1\,°C$ schmilzt. *Wenn die Atome im Benzolmolekül linear angeordnet wären* (wie die Abbildung 6–9a zeigt), dann könnte es insgesamt neun Isomere des Dichlorbenzols geben. Die Positionen der zwei durch Chlor ersetzten Wasserstoffatome würden gegeben sein durch (1; 2), (1; 3), (1; 4), (1; 5), (; 6), (2; 3), (2; 4), (2; 5) und (3; 4). [Alle anderen Kombinationen sind gleichbedeutend mit diesen, wobei die Kette umgekehrt wird: (5; 6) ist dasselbe wie (1; 2), und (3; 5) ist dasselbe wie (2; 4).] Kekulés Strukturvorschlag für das Benzol war ein Ring von sechs Kohlenstoffatomen, bei dem sich zwischen den Kohlenstoffatomen Einfach- und Doppelbindungen einander abwechselten, wobei noch von jedem Kohlenstoffatom eine C—H Einfachbindung ausgeht (Abbildung 7–9b, c). (Kekulés eigene Erklärung, wie er schließlich auf die hexagonale Struktur des Benzols kam, erwähnt, daß er übermüdet, wie betäubt, einschlief und von sechs Schlangen träumte, die sich zu einem Sechseck verschlangen. Die chemische Euphorie begann nicht mit LSD!) Im Dichlorbenzol konnten nun die beiden Chloratome an den sechsgliedrigen Ring an benachbarten Kohlenstoffatomen (*Ortho*-Dichlorbenzol) oder durch ein Kohlenstoffatom getrennt (*Meta*-Dichlorbenzol) oder genau gegenüberliegend voneinander (*Para*-Dichlorbenzol) substituiert werden. Es blieb aber immer noch eine schwache Stelle in dieser Theorie: Bei den Kekulé-Strukturen sollte es eigentlich zwei Varianten der Ortho-Form geben, je nachdem, ob die Chloratome sich an die Enden einer Einfachbindung (Abbildung 7–9e) oder einer Doppelbindung (Abbildung 7–9d) anlagern. Derartige Varianten wurden jedoch nicht gefunden. Die ursprüngliche Erklärung dafür lautete, daß die beiden Kekulé-Strukturen (b)

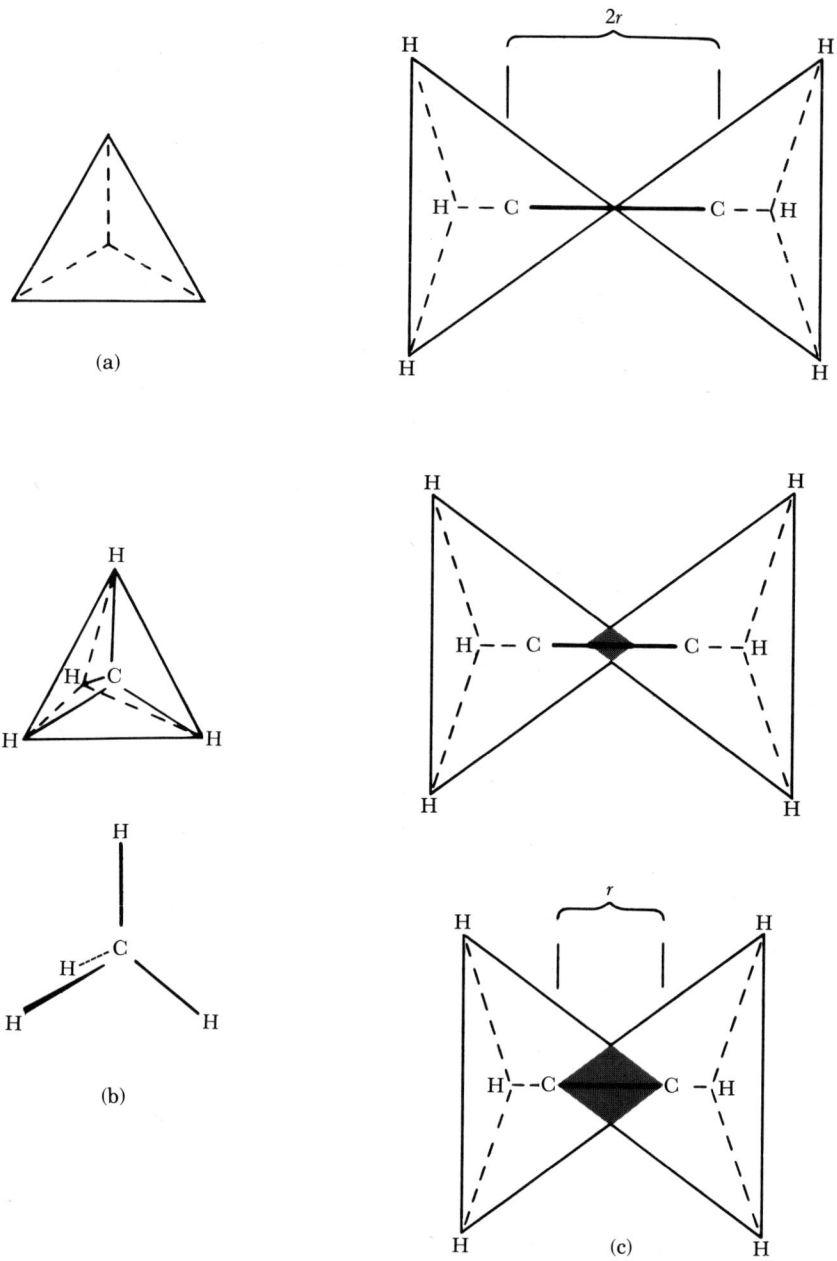

Abbildung 7–7 Geometrische Strukturen einiger einfacher Kohlenstoffverbindungen: (a) Ein Tetraeder. (b) Struktur des Methans (CH$_4$). (c) Struktur des Ethans (C$_2$H$_6$). Im Ethan wird eine „Ecke" der tetraedrischen Struktur des einen Kohlenstoffatoms mit einer Ecke des Tetraeders des anderen Kohlenstoffatoms geteilt. Es ist nicht möglich, nach diesem Tetraedermodell den Abstand zwischen den Kohlenstoffatomen zu bestimmen, da er, wie gezeigt, jeden Wert zwischen r und $2r$ annehmen kann. (d) Die Struktur des Ethylens (C$_2$H$_4$). Wir stellen uns vor, daß diese Struktur zwei

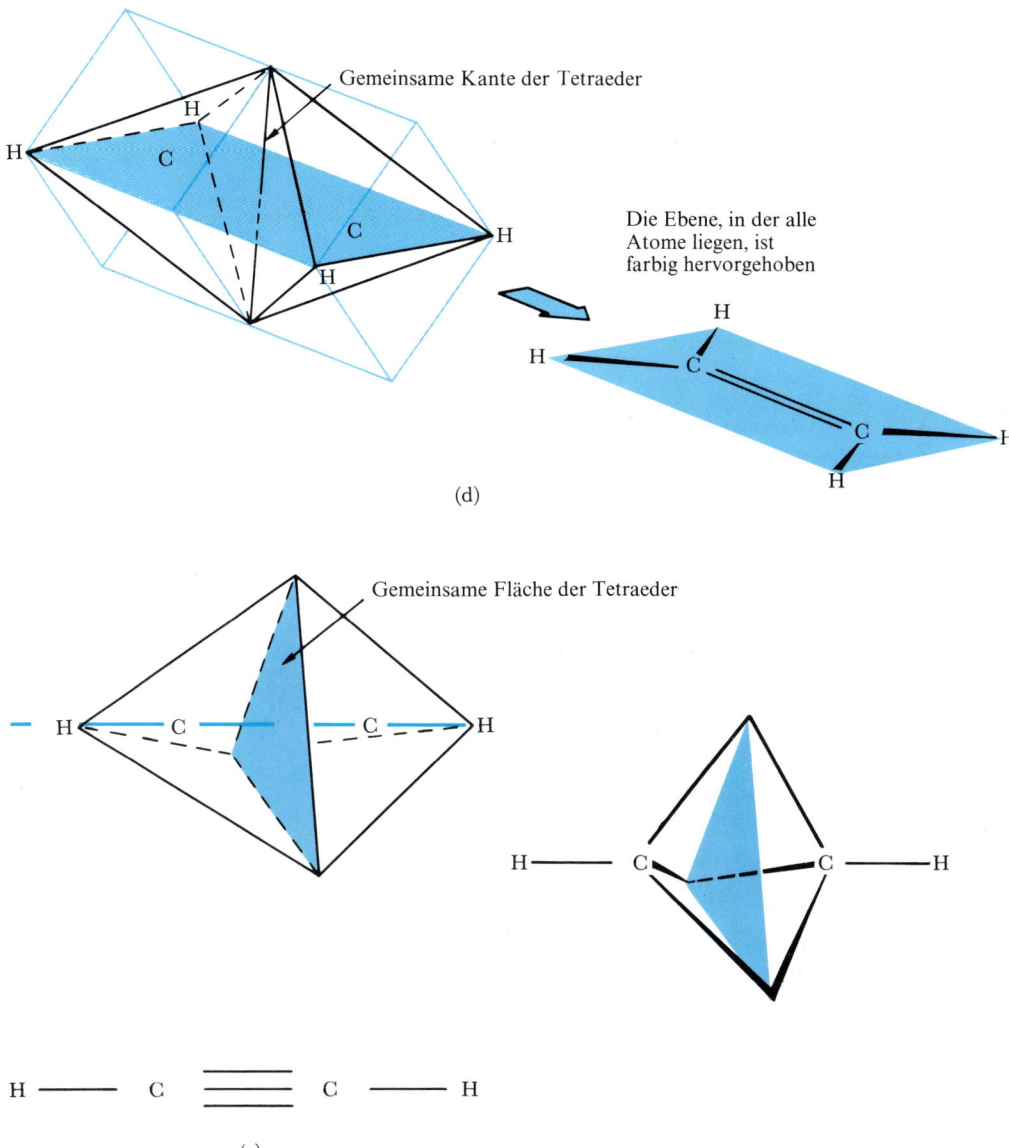

Gemeinsame Kante der Tetraeder

Die Ebene, in der alle
Atome liegen, ist
farbig hervorgehoben

(d)

Gemeinsame Fläche der Tetraeder

H —— C ⟷ C —— H

(e)

Kohlenstofftetraeder aufweist, die über eine gemeinsame Kante miteinander verbunden sind. Indem wir die beiden Tetraeder, die eine gemeinsame Kante besitzen, in zwei Würfel einschreiben, die eine gemeinsame Fläche besitzen, können wir erkennen, daß die beiden Kohlenstoffatome und die vier Wasserstoffatome in einer Ebene liegen müssen. Dieses Modell steht in Einklang mit allen physikalischen und chemischen Erkenntnissen, daß das Ethylenmolekül tatsächlich planar ist. (e) Struktur des Acetylens (C_2H_2). Die beiden Kohlenstoffatome besitzen eine Tetraederfläche gemeinsam. Der Abstand von einem Kohlenstoffatom zum anderen ist r, und die Kohlenstoffatome sind dreifach miteinander verbunden. Die Linie durch die beiden freien Ecken der Tetraeder geht auch durch die beiden Kohlenstoffatome. Infolgedessen muß C_2H_2 linear sein. Diese Überlegungen waren, obwohl sie einfach und unvollständig sind, der Ausgangspunkt aller organischen Strukturchemie.

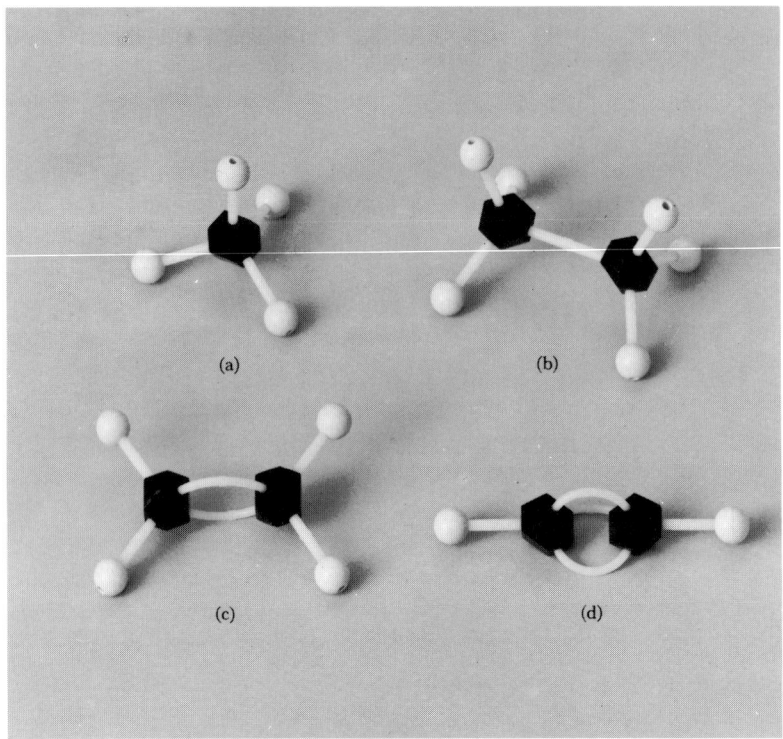

Abbildung 7–8   Benjamin/Maruzen-Modelle von Molekülen mit der Darstellung von Einfach- und Mehrfachbindungen: (a) Methan, CH_4. (b) Ethan, C_2H_6. (c) Ethylen, C_2H_4, mit einer Doppelbindung. (d) Acetylen, C_2H_2, mit einer Dreifachbindung.

und (c) miteinander in „Resonanz" stünden, d.h. sich auf irgendeine Weise ständig ineinander umwandelten, wodurch sich ihre Unterschiede im Mittel aufheben sollten. Dies ist eine recht dürftige und irreführende Terminologie, jedoch ist heute das Wort „Resonanz" zu fest in der wissenschaftlichen Literatur etabliert, um aufgegeben zu werden. Wie wir jetzt wissen, ist *keine* der beiden Kekulé-Strukturen völlig richtig. Es ist unmöglich, irgendeine einfache Struktur mit Einfach- und Doppelbindungen aufzuzeichnen, die genau die Bindungsverhältnisse im Benzol wiedergibt. Jede der sechs C—C-Bindungen im Benzol ist mehr als einfach und weniger als doppelt. Röntgenstrukturuntersuchungen haben gezeigt, daß alle sechs Bindungen die gleiche Länge besitzen und daß diese Bindungslänge im Benzol zwischen dem Wert für die C—C-Einfachbindung im Ethan und dem Wert für die C=C-Doppelbindung im Ethylen liegt. Dieser partielle Doppelbindungscharakter gibt derartigen flachringigen Verbindungen ihre besonderen chemischen Eigenschaften. Die Ausbildung solcher Strukturen muß durch die moderne Theorie der chemischen Bindung in Teil 3 erklärt werden.

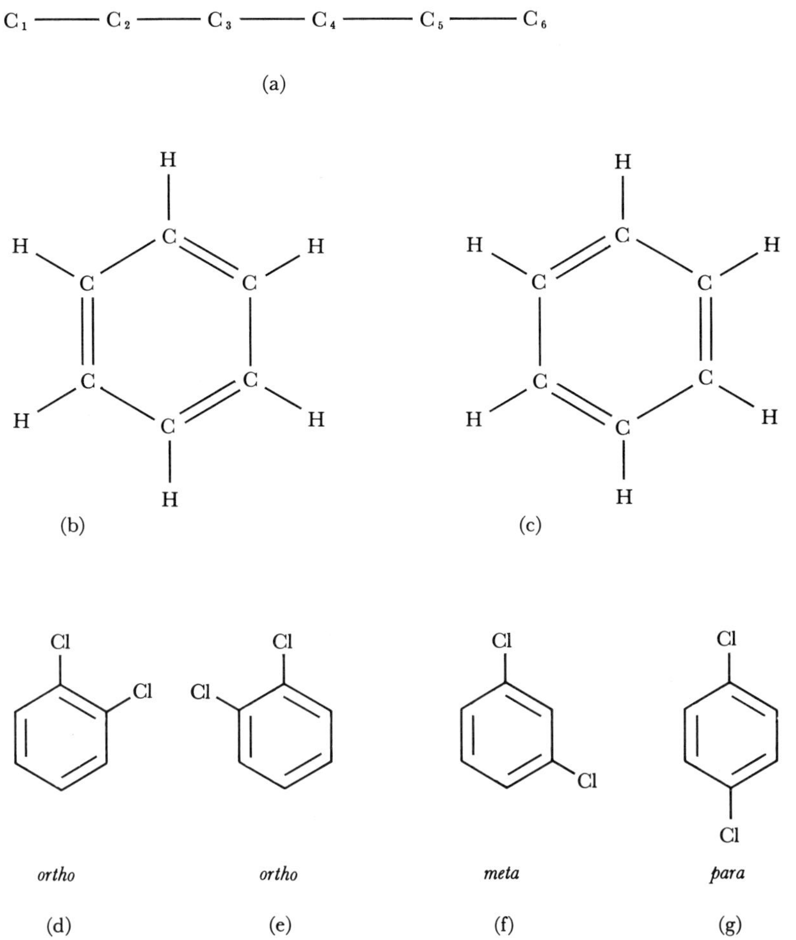

$$C_1 \text{——} C_2 \text{——} C_3 \text{——} C_4 \text{——} C_5 \text{——} C_6$$

(a)

(b)   (c)

ortho   ortho   meta   para

(d)   (e)   (f)   (g)

Abbildung 7–9 Mögliche Benzolstrukturen: (a) Linear; (b), (c) Kekulés hexagonaler Ring; (d), (e), (f), (g) mögliche Isomere des Dichlorbenzols. Die Vorsatzsilbe „ortho" kennzeichnet eine benachbarte Substitution, während „para" auf eine Substitution an gegenüberliegenden Positionen im Ring hinweist. (Die Etymologie ist völlig sinnlos: „Ortho" bedeutet in Wirklickeit „gerade", und „para" bedeutet „neben". Aber schließlich wußten die Griechen auch nichts von Chemie.) Zwischen diesen beiden Positionen liegt die „meta"-Stellung (f).

7–7 Koordinationszahlen

Ursprünglich wendeten die Chemiker den Ausdruck „Koordinationszahl" nur auf das Zentralatom in einem Komplexion an, um damit anzuzeigen, wie viele direkte Verbindungen es zu anderen Atomen oder Molekülen besitzt. In unserem früheren Beispiel, $[Co(NH_3)_6]^{3+}$, hat Kobalt die Koordinationszahl sechs. Dieselbe Koordinationszahl des Kobalts bleibt erhalten in den Verbindungen $[Co(NH_3)_6]Cl_3$, $Co(NH_3)_5Cl_3$ und $Co(NH_3)_4Cl_3$; denn das oktaedrisch koordinierte Kation ist in jedem dieser Fälle

Tabelle 7–5   Änderung der Koordinationszahl mit den Perioden im Periodensystem

Ion oder Molekül	Zeile im Periodensystem	Koordinations-zahl
Komplexionen, in denen das Element mit Sauerstoff koordiniert ist:		
BO_3^{3-}, CO_3^{2-}, NO_3^-	2	3
SiO_4^{4-}, PO_4^{3-}, SO_4^{2-}, ClO_4^-	3	4
AsO_4^{3-}, SeO_4^{2-}	4	4
$Sn(OH)_6^{2-}$, $Sb(OH)_6^-$, $Te(OH)_6$, IO_6^{5-}	5	6
Moleküle und Komplexionen, in denen Fluor oder Wasserstoff an das Zentralatom gebunden sind:		
BF_4^-, CF_4, CH_4, NH_4^+	2	4
AlF_6^{3-}, SiF_6^{2-}, PF_6^-, SF_6	3	6
SnF_6^{2-}, SbF_6^-, TeF_6, IF_7	5	6, 7

$[Co(NH_3)_6]^{3+}$, $[Co(NH_3)_5Cl]^{2+}$ und $[Co(NH_3)Cl_2]^+$, wobei NH_3 durch Cl^- ersetzt wird.

Die Terminologie hat sich nun mit der Zeit erweitert. Heute sprechen wir davon, daß das Na^+-Ion im festen NaCl eine Koordinationszahl von sechs besitzt, da es von sechs Cl^--Ionen als nächstens Nachbarn umgeben ist. Das Cs^+-Ion im CsCl erhält die Koordinationszahl acht wegen der ihm benachbarten acht Cl^--Ionen an den Ecken des Würfels (Abbildung 3–17). Schließlich sagt man, daß die Metallatome in einer ccp-Struktur zwölffach koordiniert sind, da jedes Atom von zwölf gleichen Atomen im gleichen Abstand umgeben ist.

In komplexen Anionen, die sich aus Sauerstoff und einem Nichtmetall zusammensetzen (SO_4^{2-} oder NO_3^-), ist die Koordinationszahl für das Nichtmetall gleich der Zahl der Sauerstoffatome, an die das Nichtmetall gebunden ist. Die Koordinationszahl des Chlors ändert sich von eines bis vier, während sich die Zahl der gebundenen Sauerstoffatome in ClO^-, ClO_2^-, ClO_3^- und ClO_4^- von eins auf vier erhöht. Der Maximalwert der Koordinationszahl, der bei einem Nichtmetall üblicherweise vorkommt, nimmt mit der Größe des Zentralatoms in einer Gruppe des Periodensystems zu (Tabelle 7–5). Infolgedessen enthalten die tieferen Perioden des Periodensystems Elemente, die dazu neigen, höhere Koordinationszahlen zu besitzen. Die Gründe für diesen Sachverhalt sind dieselben, wie sie bei der Argumentation über die Radienverhältnisse in Abschnitt 3–7 diskutiert wurden. Zinn besitzt mehr Koordinationsgruppen als Kohlenstoff, da es für diese Gruppen mehr Platz zur Annäherung an das größere Zinn-Ion gibt, ohne daß sie sich gegenseitig berühren.

Nahezu alle Übergangsmetallelemente bilden Ionen mit den Ladungszahlen $+2$ oder $+3$, und nahezu alle dieser Ionen bilden Komplexionen mit einer Koordinationszahl sechs. Ausnahmen von dieser Regel sind die Ionen Palladium (II), Platin (II) und

Tabelle 7–6 Übliche Koordinationszahlen. (Achtung: Entgegen der üblichen Schreibweise sind hier selbst die größeren Komplexe nicht in eckige Klammern eingeschlossen!)

Element	Koordina-tionszahl	Beispiele
Fe	6	$Fe(CN)_6^{4-}$
Fe	6	$Fe(CN)_6^{3-}$
Co	6	$Co(NH_3)_6^{3+}$
Co	4, 6	$CoCl_4^{2-}$, $Co(H_2O)_6^{2+}$
Ni	4, 6	$Ni(CN)_4^{2-}$, $Ni(NH_3)_6^{2+}$
Cu	4, 6	$CuCl_4^{2-}$, $Cu(H_2O)_6^{2+}$
Zn	4	$Zn(CN)_4^{2-}$
Pt	4	$PtCl_4^{2-}$
Pt	6	$PtCl_6^{2-}$
B	3, 4	BO_3^{3-}, BF_4^-
C	3, 4	CO_3^{2-}, CH_4, CF_4
N	3, 4	NO_3^-, NH_4^+
Si	4, 6	SiO_4^{2-}, SiF_6^{2-}
S	4, 6	SO_4^{2-}, SF_6
Cl	1, 2, 3, 4	ClO^-, ClO_2^-, ClO_3^-, ClO_4^-
As	3, 4	AsO_3^{3-}, AsO_4^{3-}
Sb	6	$Sb(OH)_6^-$, $SbCl_6^-$
I	3, 4, 6	IO_3^-, IO_4^-, IO_6^{5-}

Gold (III). Diese drei Ionen werden allgemein in quadratisch planaren Strukturen mit einer Koordinationszahl vier angetroffen. Beispiele für Koordinationskomplexe finden Sie in Tabelle 7–6.

7–8 Zusammenfassung

Wir haben uns im vorliegenden Kapitel zwei bedeutsame Zahlen angesehen, die Oxidationszahl und die Koordinationszahl. Die erste ist eine formale Darstellung der Ladungsmenge, die bei einer chemischen Reaktion von einem Ion zum anderen übertragen wird (oder angenommenerweise übertragen wird). Sie ist äußerst nützlich für das Verfolgen von Stoffmengen bei chemischen Reaktionen, selbst wenn sie auch kein genaues Bild von dem wiedergibt, was im atomaren Bereich wirklich geschieht. Die Oxidationszahl ist eine Hilfe zur Verfolgung der Elektronen während chemischer Reaktionen. Das Aufstellen einer ausgewogenen Redoxgleichung ist gleichbedeutend mit der Forderung, daß Elektronen weder erschaffen noch vernichtet werden. Die Zahl der Elektronen kommt daher zu den Zahlen von Atomen und Ionenladungen als Größen hinzu, die bei einer chemischen Gleichung ausgewogen werden müssen bzw. erhalten bleiben.

Die Koordinationszahl zeigt an, wie viele andere Atome ein gegebenes Atom in nächster Nachbarschaft umgeben. Die Bedeutung dieser Zahl tritt am klarsten bei der Chemie der anorganischen Komplexionen hervor, aber die Koordinationschemie von Eisen,

Kupfer und einiger anderer Übergangsmetalle ist von vitalem Interesse in der Biochemie. Der bekannte Eiweißstoff Hämoglobin zum Beispiel ist ein komplizierter Behälter zum Transport von Eisen in oktaedrischer Koordination.

Die Übergangsmetalle sind in der Tat die häufigsten Elemente, die Komplexionen bilden. Meistens besitzen sie oktaedrische, tetraedrische oder quadratisch planare Koordination. Sowohl neutrale Moleküle wie H_2O oder NH_3 als auch Ionen wie Cl^-, SCN^- oder NO_2^- können sich an Metallionen koordinativ anlagern. Die Ladung des Komplexions ergibt sich dabei aus der Summe der Ladung des Metallions und der Ladungen der an ihm koordinativ gebundenen Gruppen.

Kurz nach dem Ersten Weltkrieg wurde zwischen zwei Bindungsarten zwischen Atomen unterschieden: Es gab die Ionenbindung zwischen Metallen und Nichtmetallen (oder zwischen Komplexionen) und die kovalente Bindung zwischen Nichtmetallen. Walter Kossel in Deutschland war der große Verfechter der Ionenbindung und vieles von dem, was von der kovalenten Bindung bekannt war, ging auf den Beitrag von G. N. Lewis an der University of California zurück. Aber 1926 veröffentlichte Erwin Schrödinger an der Universität Zürich seine Theorie der *Quantenmechanik* in einer Form, die für die Chemiker äußerst wertvoll werden sollte. In den nächsten paar Kapiteln werden wir sehen, wie die Bindungsvorstellungen dieses Kapitels die extremen Formen einer allgemeineren und umfassenderen Theorie der chemischen Bindung bilden. Alle die Vorstellungen aus Teil 2 sind *notwendig*, aber für sich allein nicht *hinreichend* für eine vollständige Bindungstheorie. Jetzt können wir daran gehen, dieses einfache Bild zu verfeinern.

7–9 Postskriptum zu Oxidation, Koordination und Kovalenz

Es fällt uns heute schwer, uns den Zustand nahezu vollständiger Verwirrung in der Chemie vor dem Auftreten der Quantenmechanik auszumalen. Die Tatsachen waren bekannt – sogar die Tatsachen über die chemische Bindung. Jedoch konnten die Chemiker nichts von dem erklären, was sie fanden. Der folgende Abschnitt wird aus J. W. Mellor's *Comprehensive Treatise on Inorganic and Theoretical Chemistry* (Volume I, p. 225), veröffentlicht im Jahre 1922, zitiert, nur um Ihnen einen Eindruck davon zu vermitteln, wie verwirrend und ungewiß die Sachverhalte waren. Denken Sie daran, wenn Sie dies lesen, daß die Anfänge der Quantentheorie bereits eine Generation älter als das Buch waren und daß nur vier Jahre nach seiner Veröffentlichung Schrödinger seine *Wellenmechanik* in einer Form vorstellte, die sich so brauchbar für die Chemie erweisen sollte:

Versuche, die Valenz zu erklären. Die Zusammensetzung aller chemischen Verbindungen, sagt H. von Euler (1903), kann als Funktion einer Valenzkraft angesehen werden, die wahrscheinlich elektrischer Natur ist und von der Temperatur, dem Druck und der Art des Lösungsmittels abhängt. Zahlreiche Versuche sind unternommen worden, um einige Besonderheiten im Aufbau der Atome zu erfinden, die die seltsame Kraft erklären sollen, die sich in der Valenz manifestiert. Selbst Lucretius schrieb die Unterschiede im Verhalten seiner Atome schon Unterschieden in ihrer Gestalt, Größe und Bewegungsmodus zu. Der Sachverhalt bietet sich recht leicht Hypothesen an, die durch das Fehlen einer Kenntnis widersprücklicher Tatsachen bestätigt werden. Ein kurzes *Resümee* der beeindruckenderen Formen dieser Hypothesen mag Ihnen als Warnzeichen dienen:

1. Unterschiede in der Valenz verschiedener Elemente sind dadurch erklärt worden, daß angenommen wurde, *daß ein Atom eines n-wertigen Elements sich aus n Einheiten zusammensetzt, von denen jede eine andere Einheit anziehen kann.* Eine konstante Menge eines Elements, sagt E. Erlenmeyer (1862), bindet sich niemals an mehr oder weniger als eine konstante Menge eines anderen Elements – dieses nannte er *das Gesetz der konstanten Affinivalenzen.* W. Odling (1855) nannte diese anziehenden Einheiten *Subatome*; G. Ensrud (1907), *Kerne*; L. Knorr (1894), *Valenzkörper*; E. Erlenmeyer (1867), *Affinivalenzen*; A. W. von Hoffmann (1865), *minimale atombindende Mengen* eines Elements und J. Wislicenus (1888), *primitive Atome*, die sich an bestimmten Stellen des Atoms befinden, von wo aus sie ihren Einfluß ausüben. W. Lossen wies in einer bedeutenden Veröffentlichung *Über die Vertheilung der Atome in der Molekel* (1880) darauf hin, daß diese Hypothese nicht richtig sein kann, denn, wenn sich eine konstante Masse von, sagen wir, Kohlenstoff, mit einer konstanten Masse Sauerstoff im Molekül des Kohlendioxids, CO_2, verbindet, ist dieselbe Masse Kohlenstoff mit der Hälfte derselben Masse des Sauerstoffs im Kohlenmonoxid, CO, verbunden. Infolgedessen muß die als konstant angenommene Masse veränderlich sein. G. Ensrud (1907) vermutete, daß ein Atom sich aus einer umhüllenden Schale einer Substanz geringer Dichte mit einem Kern großer Dichte und exzentrischer Gestalt zusammensetzt. Die Hüllen von verschiedenen Atomen stoßen sich gegenseitig ab, während sich die Kerne einander in der Richtung anziehen, entlang der die Valenz wirkt. Ein Atom eines *n*-wertigen Elements besitzt *n* Kerne. … Einige dieser Hypothesen scheinen sich nur deshalb herausgebildet zu haben, weil die Bruchstücke eines Atoms mit den Bruchteilen seiner Masse verwechselt wurden und weil angenommen wurde, daß die ersteren gleich den letzteren sind. Es gibt keinen Hinweis dafür, daß, wenn das Atom in eine Anzahl anziehender Bruchstücke zerlegt würde, jedes denselben Bruchteil der Masse des Atoms darstellen würde. Die moderne Elektronenhypothese der Valenz ist eine Form dieser Hypothese.

2. Andere Hypothesen gehen von der Annahme aus, *daß die Valenz eine Anziehungskraft darstellt, die an bestimmten Stellen des Atoms lokalisiert ist.* Es wird dabei angenommen, daß die Atome an diesen Anziehungspunkten miteinander verbunden sind; mit anderen Worten, einige Teile des Atoms sind weniger aktiv als andere. E. Erlenmeyer (1867) und A. Michaelis (1872) schlugen vor, daß sich diese Anziehungskräfte nicht gleichmäßig in allen Richtungen auswirken, wie es z. B. bei der Gravitation der Fall ist, sondern in bestimmten definierten Richtungen besonders stark sind, so daß eine gerade Linie, die zwei direkt aneinander gebunden Atome verbindet, die Richtung der gegenseitig ausgeübten Kraft ausdrückt. …A. C. Brown (1861) nahm an, daß jedes Atom zwei Arten von Anziehungskräften besitzt – positive und negative –, und der Punkt, auf den diese Kräfte wirkten, wurde als *Pol* oder *aktiver Punkt* bezeichnet. Er machte keinerlei Annahmen über das Wesen der anziehenden oder abstoßenden Kräfte. … Um die Annahme zu stützen, daß die Valenz von am Atom lokalisierten

Anziehungszentren herrührt, müssen Hilfshypothesen erfunden werden. So wurde
z. B. angenommen, (i) daß die Atome durch die Anziehung von elektrischen oder
magnetischen Ladungen aneinander gebunden sind; und auch, (ii) daß die Intensität
der Anziehungskraft durch die Gestalt des Atoms beeinflußt wird.

(a) *Lokalisierte elektrische Ladungen am Atom.* – Die Vorstellung, daß die miteinander
reagierenden Einheiten polarisiert sind und definierte elektrische Ladungen tragen,
wobei jede Ladung eine Valenz darstellt, wuchs ganz natürlich aus der elektrochemischen Hypothese von Davy und Berzelius und der Arbeit von Faraday
hervor. Es gibt viele, abgewandelte Formen der Hypothese. Z. B. nahmen V. Meyer
und E. Riecke (1888) an, daß das Kohlenstoffatom von einer Ätherhülle umgeben
ist, die im Falle isolierter Atome eine kugelförmige Gestalt besitzt, wie man es auch
von den Atomen selbst annimmt. Das Atom im Kern trägt die spezifischen Affinitäten; die Ätherhülle ist der Sitz der Valenzen. Jede Valenz wird durch das Vorhandensein zweier entgegengesetzter elektrischer Pole geprägt – Doppel- oder
Di-pole genannt –, die an den Enden einer geraden Linie sitzen, die klein im Vergleich zum Durchmesser der Ätherhülle ist. Die vier Valenzen des Kohlenstoffs
werden durch vier solcher Di-pole dargestellt, von denen sich jeder frei im Inneren
der Ätherhülle bewegen und sich frei um seinen Mittelpunkt drehen kann. Das
Kohlenstoffatom bindet andere Atome an seiner Oberfläche durch die Anziehungen der Di-pole...

(b) *Die Gestalt des Atoms.* – J. H. van't Hoff zeigte in seinen *Ansichten über die organische Chemie* (Braunschweig, 1881), daß die von einem Atom ausgehenden Anziehungskräfte gleichförmig in allen Richtungen sein werden, wenn das Atom kugelförmig ist, wenn aber seine Gestalt nicht kugelförmig ist, wird die Intensität der
Kraft über kurze Entfernungen hinweg an gewissen Stellen stärker konzentriert
sein als an anderen. So würde sich ein Atom, wenn es die Gestalt eines regulären
Tetraeders besäße, sich so verhalten, als ob es vierwertig wäre, denn die Mitten
der vier Grenzflächen würden maximale Anziehungen darstellen. Wenn die Anzahl
von Maximalpunkten gegeben ist, würde es möglich sein, die Valenz abzuleiten
und umgekehrt... J. Wislicenus (1888) hat einen ähnlichen Gedanken ausgedrückt;
er sagte:

„Es ist nicht unmöglich, daß das Kohlenstoffatom mehr oder weniger – vielleicht
sehr stark – der Form eines regulären Tetraeders ähnelt; und weiterhin, daß die
Ursachen jener Anziehungen, die sich in den sogenannten Affinitätseinheiten oder
Bindungen zeigen, an den Apizes dieser tetraedrischen Struktur konzentriert
sind, so daß dort, wo sich am wenigsten Materie befindet, die meiste Kraft ist.
Diese Anziehungen sind möglicherweise dem elektrischen Zustand eines mit Elektrizität geladenen Metalltetraeders analog."

3. Eine andere Reihe von Hypothesen hat angenommen, *daß die Valenz auf der Notwendigkeit beruht, die Bewegungen der sich miteinander verbindenen Atome zu harmonisie-
ren, so daß sich Komplexe bilden, deren Teile sich in stabilem Gleichgewicht bewegen.*
... Nach L. Meyer (1884) befinden sich die Atome in einem Molekül nicht in einem
Zustand der Ruhe, sondern führen eine Drehbewegung um ein Gleichgewichtszen-
trum aus; die Umlaufbahnen ähnlicher Atome haben dieselben Bahnen, aber die Um-

laufbahnen unterschiedlicher Atome sind größer, je größer die Valenz des Atoms ist. E. Molinari (1893) schlug in einer Veröffentlichung mit dem Titel *Motochemistry* (*moto*, Bewegung) eine Abänderung dieser Hypothese vor. Die Valenz eines Atoms in einem Molekül wird durch das Wesen oder die Energie seiner Schwingungsbewegung bestimmt; und er behauptet, daß die Zusammensetzung von Verbindungen eher von den innermolekularen Bewegungen als von den relativen Positionen der Atome im Raum abhängt. F. A. Kekulé (1872) zog in Betracht, daß die Valenz durch die relative Anzahl von Zusammenstößen bestimmt wird, die das Atom in der Zeiteinheit von anderen Atomen erfährt; jedes der einwertigen Atome in einem zweiatomigen Molekül trifft einmal in der Zeiteinheit auf, während die zweiwertigen Atome zweimal in der Zeiteinheit auftreffen. Es ist nicht sehr klar, wie dies die Valenz erklärt... F. M. Flavitzky (1896), N. N. Beketoff (1880) folgend, nahm an, daß sich die Atome auf Kurven bewegen, die in zueinander parallelen Ebenen liegen; die Atome verschiedener Elemente bewegen sich in Ebenen, die gegeneinander unter bestimmten Winkeln geneigt sind; der Bewegung der Atome eines Elements kann nur durch die Bewegungen der Atome eines anderen Elements vollständig entgegengewirkt werden, wenn die beiden Ebenen der Bewegung parallel sind; andernfalls könnte ein Atom eines Elements je nach der Größe des Winkels zwischen den Ebenen der Bewegung zwei, drei oder noch mehr Atome eines anderen Elements erforderlich machen, um es auszugleichen; und nur die Komponenten kommen zur Wirkung, die parallel zur Bewegungsebene eines anderen Atoms sind. Dementsprechend bezieht F. M. Flavitzky die Valenz eines Elements auf den Unterschied in den Winkeln zwischen den Ebenen der Bahnen der verschiedenen rotierenden Atome....

Der einzige Eindruck, den Sie von dem Vorangegangenen zurückbehalten sollten, ist der einer nahezu heillosen Verwirrung. Die meisten Lehrbücher der Chemie wählen aus dieser Vielfalt nur die Gedanken aus, die sich auf Grund späterer Entwicklungen als richtig erwiesen haben. Wir erinnern uns an Kekulés Benzolring, aber vergessen bequemerweise seine Springball-Theorie der kovalenten Bindung. Wir denken an van't Hoffs tetraedrische Kohlenstoffbindung, aber vergessen dabei, daß sie mit der Vorstellung eines Atoms als realen, massiven Tetraeders verknüpft war. Wir erinnern uns an den Vorschlag einer elektrischen Bindungstheorie, aber vergessen die sich drehenden Dipole im „Äther" um den Kern herum. Diese ganze, im Nachhinein erfolgende Auswahl durch die Herausgeber vermittelt den irrtümlichen Eindruck, daß die Entwicklung der Chemie in einer geraden Linie fortschreitet.

Unter dem Durcheinander der Mellorschen Zusammenfassung begraben finden wir Vorschläge von dem, was kommen sollte: Den Kommentar über die „moderne Elektronenhypothese der Valenz" als einen Untertitel der Hypothese 1. G. N. Lewis hatte einen Zusammenhang zwischen den acht Elektronen in einer stabilen Edelgas-Valenzschale und den vier Ecken des Tetraeders vorgeschlagen, das von den vier Kohlenstoffbindungen gebildet wird. Jede kovalente Bindung, so lautete der Lewissche Vorschlag, baut sich durch den gemeinsamen Besitz eines Elektrons von jedem der aneinander gebundenen Atome auf, wobei sich ein gemeinsames Elektronenpaar bildet. Dieser Gedanke der *Elektronenpaarbindung* entwickelte sich mit Hilfe der Quantenmechanik zu der Bindungstheorie, die unserer Meinung nach die Tatsachen am besten erklärt. Wenn Sie sich durch die verschlungenen Pfade des Teils 3 hindurchkämpfen, kommen Sie von Zeit zu Zeit einmal hierher zurück, und lesen Sie dieses Nachwort noch einmal, damit Sie sich daran erinnern, wie einfach die Quantenmechanik ist!

Literaturhinweise

F. Basolo and *R. C. Johnson*, Coordination Chemistry, W. A. Benjamin, Menlo Park, Calif., 1964. Insgesamt zu schwierig und zu sehr ins einzelne gehend, aber gut in den ersten Abschnitten.
W. Herz, The Shape of Carbon Compounds, W. A. Benjamin, Menlo Park, Calif., 1963. Teile der Kapitel 1–4 sind jetzt schon brauchbar; andere werden es später.
L. Holliday, „Early Views on Forces Between Atoms", Scientific American, May, 1970.
J.W. Mellor, A Comprehensive Treatise on Inorganic and Theoretical Chemistry, Macmillan, New York, 1922. Eine gute Zusammenfassung der vor der Quantenmechanik angestellten Versuche, die chemische Bindung zu erklären (in Kapitel 5).
R.T. Sanderson, Chemical Periodicity, Reinhold, New York, 1960. Kapitel 4, „Principles of Coordination Chemistry", und 17, „Survey of Coordination Chemistry by Periodic Groups" sind besonders wichtig.

Fragen

1. Welche Oxidationszahl besitzt Co in $Co(NH_3)_6Cl_3$? In K_3CoF_6? In K_2CoI_4? In $Co(NH_3)_6Cl_2$? Wie groß ist die Koordinationszahl des Co in jeder Verbindung?
2. Auf welche Weise hängt die Endung „-ige" mit dem Oxidationszustand zusammen? Ordnen Sie die folgenden Formeln und Namen einander zu:
   Schwefelsäure und schweflige Säure: H_2SO_3 und H_2SO_4
   Salpetersäure und salpetrige Säure: HNO_2 und HNO_3
3. Oxidationszahlen sind praktische Buchhaltungshilfen, um den Verbleib der Elektronen zu kontrollieren; sie sind brauchbar, selbst wenn die tatsächlich reagierenden Elektronen nicht völlig von einem Atom entfernt und ganz an ein anderes abgegeben werden. Das Erhaltungsprinzip beim Aufstellen von Redoxreaktionsgleichungen ist das folgende: Bei einer chemischen Reaktion werden Elektronen weder erschaffen noch vernichtet. Wie führt dieses Prinzip unausweichlich zu Regel 8 (Abschnitt 7–2): Bei chemischen Reaktionen bleibt die Gesamtoxidationszahl erhalten?
4. Auf welche Weise folgt Regel 5, die sich mit den relativen Oxidationszahlen von Nichtmetallen beschäftigt, aus dem, was Sie über Ionisierungsenergien und Elektronenaffinitäten aus Kapitel 6 wissen?
5. Wie hängen die üblichsten Oxidationszustände der Hauptgruppenelemente mit ihrer Gruppennummer zusammen?
6. Welches Muster der maximalen Oxidationszahlen läßt sich entlang einer Periode der Übergangsmetalle erkennen?
7. Ist eine Substanz, die bei einer Reaktion Elektronen abgibt, ein Oxidations- oder

Reduktionsmittel? Wird sie selbst oxidiert oder reduziert? Nimmt ihre Oxidationszahl während der Reaktion zu oder ab?

8. Wie groß ist die Äquivalentmasse der Schwefelsäure, H_2SO_4, in jedem der folgenden Prozesse:

   (a) Einer Säure-Base-Titration?

   (b) Einer Redoxreaktion, bei der sich das Sulfat in Sulfit umwandelt?

   (c) Einer Redoxreaktion, bei der sich das Sulfat in Sulfid umwandelt?

9. Wie groß ist die Normalität einer 0,1-molaren Schwefelsäurelösung in jedem der drei Prozesse aus Frage 8?

10. Was ist der Unterschied zwischen Kovalenz und Oxidationszahl? Im Wassermolekül sind die Beträge der Oxidationszahlen der Elemente gleich ihrer Kovalenz, eins für Wasserstoff und zwei für Sauerstoff. Dies gilt auch für Verbindungen wie Methan, Schwefelsäure und Ethylalkohol. Für Chlorgas ist jedoch die Oxidationszahl gleich null, während seine Kovalenz eins ist, und für Sauerstoffgas ist die Oxidationszahl gleich null und die Kovalenz gleich zwei. Woher kommt dieser Unterschied?

11. Was sind Isomere? Was sind Stereoisomere? Sind die Isomere Carbamid, Formamidoxim und Formylhydrazin auch Stereoisomere?

12. Wie viele verschiedene Chloroformisomere, $CHCl_3$, kann es geben?

13. Wie viele verschiedene Isomere kann es vom Chlorethan, CH_3CH_2Cl, geben? Wie viele vom Dichlorethan, $C_2H_4Cl_2$?

14. Wie würde die Antwort auf Frage 13, lauten, wenn das Ethan eine flache, in einer Ebene liegende Struktur wie

$$
\begin{array}{ccc}
& H & H \\
& | & | \\
H- & C-C & -H \\
& | & | \\
& H & H
\end{array}
$$

hätte? Denken Sie bei dieser Frage daran, daß eine Drehung des Moleküls im Raum keine neuen Isomere ergibt.

15. Zeichnen Sie die Koordination um das Kobaltatom für die beiden Fälle auf, daß $[Co(NH_3)_5SO_4]Br$ und $[Co(NH_3)_5Br]SO_4$ Isomere sind, wobei jedes ein oktaedrisch koordiniertes Kobaltatom besitzt. Wie groß ist die Ladung des Kations bei jeder Verbindung?

Aufgaben

1. In der Verbindung C_3H_8 weist der Kohlenstoff eine Kovalenz von vier und der Wasserstoff eine Kovalenz von eins auf. Geben Sie eine chemische Formel an, die mit diesen Kovalenzen im Einklang steht. Benutzen Sie eine gerade Linie zur Darstellung einer kovalenten Bindung. Machen Sie dasselbe mit C_4H_{10}.

2. Das Stickstoffatom im NH_4^+ ist an vier Wasserstoffatome gebunden, und das Ion soll eine tetraedrische Geometrie besitzen. Das Kobaltatom im $Co(NH_3)_6^{3+}$ ist an sechs Ammoniakmoleküle gebunden, und das Ion besitzt eine oktaedrische Geo-

metrie. Würde es nicht richtiger sein, die Geometrie des $Co(NH_3)_6^{3+}$ als hexaedrisch zu beschreiben? Erklären Sie, warum?

3. Angenommen, Sie haben gerade im Labor eine Verbindung hergestellt und wollen nun bestimmen, ob sie ionisch oder kovalent ist. Nennen Sie zwei Methoden, mit deren Hilfe Sie diese Frage experimentell entscheiden können.

4. Wie groß ist die Koordinationszahl des Zentralatoms in jedem der folgenden Ionen: SiF_6^{2-}, BO_3^{3-}, NH_4^+, $Ni(CN)_4^{2-}$ und $[Co(NH_3)_5Cl]^+$? Wie groß ist die Oxidationszahl eines jeden Zentralatoms?

5. Xenon bildet einige nichtionische Verbindungen mit F und O. Geben Sie die Koordinations- und Oxidationszahlen des zentralen Xe-Atoms in XeO_4, XeF_2, XeO_3, XeF_4 und XeF_6 an.

6. Xenon bildet auch einige ionische Verbindungen wie $CsXeF_7$ und $CsXeF_8$. Welches sind die Ionen in jeder Verbindung. Wie groß sind die Ionenladung, Koordinationszahl und Oxidationszahl des Xe in jedem Ion, das Xe enthält?

7. Wie groß sind die Koordinationszahl und die Ionenladung des Cadmiums im $[Cd(NH_3)_3Cl]^+Cl^-$? Geben Sie unter alleiniger Verwendung des Cadmiumions sowie von Ammoniakmolekülen und Chloridionen die Formel einer Verbindung an, die (a) drei Ionen in wäßriger Lösung bilden wird und (b) keine Ionen in wäßriger Lösung ergeben wird.

8. Wie groß ist die Koordinationszahl des Zentralatoms in jedem der folgenden Ionen oder Moleküle: $Co(CN)_5^{3-}$, $PtCl_6^{2-}$, CO_3^{2-}, SF_4 und $[Mn(H_2O)_3Br_3]^{2+}$?

9. Wie groß ist die Oxidationszahl des Stickstoffs in jedem der folgenden Ionen oder Moleküle: NH_3, N_2H_4, NO, NO_2, NO_2^- und NO_3^-?

10. Wie groß sind die Koordinations- und Oxidationszahl des Platins im Komplexion $[PtCl_4]^{2-}$?

11. Ordnen Sie den Atomen in den folgenden Ionen und Molekülen Oxidationszahlen zu: (a) Gold, Au; (b) Iod, I_2; (c) Bariumchlorid, $BaCl_2$; (d) Äthan, C_2H_6; (e) Zinnoxid, SnO; (f) Zinndioxid, SnO_2; (g) Distickstoffoxid, N_2O; (h) Phosphorpentoxid, P_2O_5; (i) Calciumhydrid, CaH_2; (j) Magnesiumhydroxid, $Mg(OH)_2$; (k) schweflige Säure, H_2SO_3; (l) Tellursäure, H_6TeO_6; (m) hypochlorige Säure, HClO; (n) Perchlorsäure, $HClO_4$; (o) Dichromat, $Cr_2O_7^{2-}$ und (p) Cyanid, CN^-.

12. Wie groß ist die Oxidationszahl des unterstrichenen Elements in jedem der folgenden Ionen oder Moleküle:
$\underline{V}O_2^+$, $\underline{P}_2O_7^{4-}$, $\underline{P}H_3$, $K\underline{N}O_2$, $H_2\underline{O}_2$, $Li\underline{H}$, $Mg_3\underline{N}_2$, $\underline{N}F_3$, $\underline{I}Cl_5$, $\underline{Ag}(NH_3)_2^+$?

13. Wenn die Gleichung für die Reaktion

$$MnO_2 + I^- + H^+ \rightarrow Mn^{2+} + I_2 + H_2O$$

aufgestellt wird, wie groß ist dann die Gesamtladung auf jeder Seite der Gleichung? Welches Element wird oxidiert? Welches reduziert?

14. Geben Sie für jede der folgenden Reaktionen an, (1) welche Substanz reduziert wird, (2) welche Substanz oxidiert wird, (3) was das Reduktionsmittel und (4) was das Oxidationsmittel ist, wenn die Reaktion vom Redoxtyp ist:

(a) $6H^+ + 2MnO_4^- + 5SO_3^{2-} \rightleftarrows 5SO_4^{2-} + 2Mn^{2+} + 3H_2O$
(b) $Cl^- + Ag^+ \rightleftarrows AgCl$

(c) $3\,Cl_2 + 6\,HO^- \rightleftharpoons ClO_3^- + 5\,Cl^- + 3\,H_2O$

(d) $MgSO_3 \rightleftharpoons MgO + SO_2$

15. Phosphin, PH_3, ist ein farbloses, hochgiftiges Gas, das wie verdorbener Fisch riecht und sich in geringen Mengen bildet, wenn tierische oder pflanzliche Materie sich in Gegenwart von Feuchtigkeit, wie z. B. auf feuchten Friedhöfen, zersetzt. Gleichzeitig bilden sich Spuren von P_2H_4, die eine Entzündung des PH_3 an Luft verursachen, was ein blasses, flackerndes Leuchten ergibt, das Anlaß zu allerlei Spukgeschichten ist. Im Labor kann das Gas dadurch hergestellt werden, daß Wasser zu Calciumphosphid gegeben wird. Stellen Sie eine ausgewogene Reaktionsgleichung auf, und ordnen Sie jedem der in ihr vorkommenden Elemente Oxidationszahlen zu.

16. Stellen Sie eine ausgewogene Gleichung für die Reaktion

$$MnO_4^- + H^+ + H_2S \rightarrow Mn^{2+} + H_2O + S$$

auf. Welche Oxidationszahl besitzt das Mn im MnO_4^--Ion? Welches Element wird oxidiert? Welches Element ist das Oxidationsmittel? Wird dieses letztere Element oxidiert oder reduziert?

17. Stellen Sie mit Hilfe der Oxidationszahlenmethode ausgewogene Gleichungen für die folgenden Reaktionen auf:

(a) $H_2S + Cr_2O_7^{2-} \rightarrow S + Cr^{3+}$ (saure Lösung)

(b) $NH_3 + O_2 \rightarrow NO + H_2O$

(c) $NO_2^- + MnO_4^- \rightarrow NO_3^- + MnO_2$ (basische Lösung)

(d) $NH_3 + OCl^- \rightarrow N_2H_4 + Cl^-$ (basische Lösung)

(e) $H_2 + OF_2 \rightarrow H_2O + HF$

(f) $MnO_2 + Al \rightarrow Al_2O_3 + Mn$

18. Stellen Sie mit Hilfe der Halbreaktionsmethode ausgewogene Gleichungen für die folgenden Reaktionen auf:

(a) $MnO_2 + KOH + O_2 \rightarrow K_2MnO_4 + H_2O$

(b) $CuCl_4^{2-} + Cu \rightarrow CuCl_2^-$ (saure Lösung)

(c) $NO_3^- + Zn \rightarrow NH_4^+ + Zn^{2+}$ (saure Lösung)

(d) $ClO_2 \rightarrow ClO_2^- + ClO_3^-$ (basische Lösung)

(e) $Fe^{2+} + Cr_2O_7^{2-} \rightarrow Fe^{3+} + Cr^{3+}$ (saure Lösung)

(f) $Cu + NO_3^- \rightarrow Cu^{2+} + NO$ (saure Lösung)

19. Stellen Sie unter Benutzung irgendeiner Methode Ihrer Wahl ausgewogene Gleichungen für die folgenden Reaktionen auf:

(a) $H_3PO_4 + CO_3^{2-} \rightarrow PO_4^{3-} + CO_2 + H_2O$ (neutrale Lösung)

(b) $MnO_2 + SO_3^{2-} \rightarrow Mn(OH)_2 + SO_4^{2-}$ (basische Lösung)

(c) $H^+ + Cr_2O_7^{2-} + H_2SO_3 \rightarrow Cr^{3+} + HSO_4^-$ (saure Lösung)

(d) $MnO_4^- + V^{2+} \rightarrow VO_2^+ + Mn^{2+}$ (saure Lösung)

(e) $FeSO_4 + NaClO_2 \rightarrow Fe_2(SO_4)_3 + NaCl$ (in Schwefelsäurelösung)

(f) $KNO_2 + KMnO_4 \rightarrow KNO_3 + MnO_2$ (in KOH-Lösung)

(g) $MnO_4^- + HO^- + I^- \rightarrow MnO_4^{2-} + IO_3^- + H_2O$

(h) $KMnO_4 + NH_3 \rightarrow KNO_3 + MnO_2 + KOH + H_2O$

20. Zwölf Gramm $KMnO_4$ werden in so viel Wasser aufgelöst, daß sich ein Liter Lösung ergibt. Berechnen Sie die Molarität der Lösung. Die Lösung wird dann aufgeteilt

und zu vier verschiedenen Reaktionen verwendet: Reaktion 1 läuft in basischer Lösung ab, wodurch sich MnO_2 als Produkt ergibt. Reaktion 2 wird in einer sehr starken Base durchgeführt, so daß sich MnO_4^{2-} bildet. Reaktion 3 ergab Mn^{3+} in saurer Lösung, und Reaktion 4 führte zur Bildung von Mn^{2+}. Berechnen Sie die Äquivalentmasse des $KMnO_4$ und die Normalität der Kaliumpermanganatlösung für jede Reaktion.

21. Eine Lösung von Kaliumdichromat, $K_2Cr_2O_7$, wird dadurch hergestellt, daß zu 3,52 g des Salzes genug Wasser gegeben wird, um einen 100 ml-Meßkolben zu füllen. (a) Wie groß ist die Molarität der Lösung? (b) Die Lösung wird zu einer Titration verwendet, bei der das Dichromation zu Cr^{3+} reduziert wird. Wie groß ist die Normalität der Lösung?

22. Bestimmen Sie die Äquivalentmasse eines Oxidationsmittels, das Fe^{2+} zu Fe^{3+} oxidiert, wenn 0,664 g der Verbindung 23,5 ml einer 0,540-molaren Fe^{2+}-Lösung oxidieren.

23. (a) Wie viele Äquivalente H_3PO_4 sind pro Mol der Substanz vorhanden, wenn H_3PO_4 mit NaOH zu NaH_2PO_4 reagiert? (b) Wie viele Äquivalente H_3PO_4 sind pro Mol vorhanden, wenn H_3PO_4 zu H_3PO_2 reduziert wird?

24. Genau 6,40 g gasförmigen SO_2 werden von 95 ml Wasser absorbiert. Wenn die Absorption abgeschlossen ist, wird die Lösung mit Wasser auf 100 ml aufgefüllt. Berechnen Sie für jede der folgenden Reaktionen das Volumen der Lösung *dieser Zusammensetzung*, die ein Grammäquivalent H_2SO_3 enthält: (a) Neutralisation zu SO_3^{2-} mit Natriumhydroxid; (b) Oxidation zu SO_4^{2-}; (c) Reduktion zu S^{2-} und (d) Reduktion zu elementarem Schwefel.

25. Eine saure Lösung ist 0,10 molar in TiO^{2+}. Wie groß ist ihre Normalität, wenn sie mit folgenden Reaktionspartnern reagiert: (a) Verdünntes NaOH, wobei sich TiO_2 bildet; (b) verdünntes $FeSO_4$, wobei Ti^{3+} entsteht und (c) konzentriertes H_2SO_4, was Ti^{4+} ergibt?

26. Eine schwach saure Lösung ist 0,01 molar in Cl_2. Wie groß ist ihre Normalität, wenn sie mit folgenden Reaktionspartnern reagiert: (a) Verdünntes $FeSO_4$, wobei sich Fe^{3+} bildet; (b) verdünntes H_2O_2, wobei HClO entsteht?

27. Wenn Chlorgas durch eine basische Lösung von Kaliumjodid geleitet wird, läuft folgende Reaktion ab

$$KOH + Cl_2 + KI \rightarrow KCl + KIO_3 + H_2O$$

Stellen sie dafür die ausgewogene Gleichung auf. Welches Volumen des Cl_2-Gases wird zur vollständigen Reaktion mit dem K benötigt, wenn Chlorgas unter STP-Bedingungen durch 25 ml einer 0,10-normalen Lösung von KI in einer wäßrigen KOH-Lösung geleitet wird? (Die Normalität des KI basiert auf seiner Reduktionswirkung.)

28. Berechnen Sie für die Reaktion

$$H_2SO_4 + HI \rightarrow H_2S + I_2 + H_2O$$

die Anzahl der Mole von Schwefelsäure, die von einer Reaktion mit 25,00 ml einer

0,100-normalen HI-Lösung verbraucht werden. (Prüfen Sie zunächst, ob Sie eine ausgewogene Reaktionsgleichung vorliegen haben.)

29. Wenn H_2S in saurer Lösung mit $KMnO_4$ reagiert, läuft folgende Reaktion ab

$$MnO_4^- + H_2S + H^+ \rightarrow Mn^{2+} + S + H_2O$$

Stellen Sie die Reaktionsgleichung auf. Wenn eine 0,05-normale H_2S-Lösung zur Titration von 50 ml Permanganatlösung verwendet wird, werden bis zum Erreichen des Endpunktes 70 ml verbraucht. Wie groß ist die Normalität der ursprünglichen Permanganatlösung? Wie groß ist ihre Molarität?

30. Eine 25,00 ml-Probe einer unbekannten Kupferlösung wird in saurer Lösung mit einem Überschuß von Kaliumiodid behandelt, und das freigesetzte Iod sodann mit 0,0250-molarem Natriumthiosulfat titriert. Wie groß ist die Molarität der unbekannten Kupferlösung, wenn 12,50 ml der Thiosulfatlösung zur Erreichung des Endpunkts der Titration erforderlich sind? Die unausgewogenen Reaktionen lauten

$$Cu^{2+} + I^- \rightarrow CuI + I_3^-$$
$$I_3^- + S_2O_3^{2-} \rightarrow I^- + S_4O_6^{2-}$$

31. Bei der Oxidation von H_2SO_3 zu SO_4^{2-} wird in saurer Lösung IO_3^- zu I_2 reduziert. Geben Sie für diese Redoxreaktion eine ausgewogene Gleichung an. Welches Volumen einer 0,25-normalen KIO_3-Lösung ist erforderlich, um 125 ml einer 0,10-normalen H_2SO_3-Lösung vollständig zum Sulfat zu oxidieren?

32. In saurer, wäßriger Lösung oxidiert das Permanganation Oxalsäure $(COOH)_2$ zu Kohlendioxid, während es selbst zum Mangan(II)-ion, Mn^{2+}, reduziert wird. (a) Welches sind die Oxidationszahlen von C und Mn in den Ausgangsstoffen und Produkten? (Keine der Substanzen ist ein Peroxid.) (b) Geben Sie eine ausgewogene Gleichung für die Reaktion an. (c) Wie lauten die relativen Molekülmassen und die Äquivalentmassen der Reaktionspartner $KMnO_4$ und $(COOH)_2$? (d) Wie viele Mole Permanganat können durch 0,01 mol Oxalsäure reduziert werden? (e) Wie viele Äquivalente Oxalsäure können durch 0,04 Äquivalente Kaliumpermanganat oxidiert werden? (f) Wie groß ist die Normalität einer Lösung, die 15,8 g Kaliumpermanganat pro Liter enthält? (g) Wie groß ist die Molarität einer Lösung, die 4,5 g Oxalsäure pro Liter enthält? (h) Welche Menge (in Gramm) Oxalsäure kann durch 150,0 ml einer Lösung, die 6,25 g Kaliumpermanganat pro Liter enthält, zu Kohlendioxid oxidiert werden?

Teil III   Die Quantenrevolution

1922 stellte der britische Chemiker J. W. Mellor sein Buch *Comprehensive Treatise on Inorganic and Theoretical Chemistry*, aus dem wir bereits im Nachwort des letzten Kapitels zitiert haben, mit den unten folgenden, düsteren Worten vor. Er hatte gerade P. J. Macquers *Dictionnaire de chymie* (Paris, 1766) besprochen, in dem die chemischen Verbindungen in alphabetischer Reihenfolge aufgeführt waren:

„Wir schmeicheln uns jetzt, daß das Periodengesetz der anorganischen Chemie ein Klassifikationsschema gegeben hat, das es erlaubt, die Fakten in wissenschaftlicher Weise anzuordnen und zu gruppieren. Der Anschein von Ordnung, den uns dieser Leitfaden vermittelt, ist jedoch oberflächlich und illusorisch. Wenn wir gewisse Fehlstellen in der Kenntnis der selteneren Elemente vor dem Erscheinen dieses Gesetzes berücksichtigen, waren die Anordnungen, die die Chemiker davor benutzen, genau so zufriedenstellend, und in einigen Fällen tatsächlich zufriedenstellender, als jene, die auf dem Periodengesetz aufbauen."

Ein solcher Pessimismus hatte seinen Ursprung in der Unfähigkeit der Chemiker, zu erklären, warum das Periodensystem so aufgebaut war, wie es ist. Warum ändert sich die Zahl der Elemente in den Perioden von 2 zu 8, zu 18, zu 32? Auf welche Weise könnten Eigenschaften von Elementen aus ihrer Position im Periodensystem vorausgesagt werden? Einige Fortschritte wurden gemacht, aber Chemiker wie Mellor sahen das Periodensystem immer noch nur als ein Klassifikationsschema an. Der Schwung, der sich aus der Atomvorstellung herleitete, begann nachzulassen, und es wurde ein neuer Anstoß gebraucht.

Die Aussaat des nächsten Fortschritts in der Chemie bildete ihre Wurzeln um die Jahrhundertwende, als die Physiker damit begannen, sich über ihre Unfähigkeit Sorgen zu machen, zu erklären, wie Licht oder andere Energieformen mit Materie in Wechselwirkung treten. Die spezifische Wärme der Festkörper, das Spektrum der Strahlung eines heißen, glühenden Körpers, die Emission von Elektronen aus Metallen, die mit Licht bestrahlt wurden, und die Absorption von Licht durch Atome waren nach der klassischen Physik „falsch". Die Physiker wurden mehr durch Experimente als durch Neigung dazu gezwungen, den Schluß zu ziehen, daß sich die Energie unter vielen Umständen so verhält, als ob sie in Paketen einer Minimalgröße, oder *Quanten*, auftritt. Die Quantenmechanik wurde entwickelt, um dieses Verhalten zu erklären. Wie es häufig der Fall ist, wurde Zeit benötigt, bevor die Auswirkungen dieser neuen Theorie auf anderen Gebieten Beachtung fanden. Der Zeitraum der „Quantisierung" der Chemie erstreckt sich über die zwanziger und dreißiger Jahre dieses Jahrhunderts. Selbst heute sind wir noch weit davon entfernt, alles zu kennen, was von der neuen Chemie zu kennen ist.

Viele der großen Chemiker dieser Periode, R.S. Mulliken, Linus Pauling und C.A. Coulson (um nur ein paar zu nennen und zu riskieren, die Bewunderer der anderen zu beleidigen) leben und arbeiten noch. Obwohl es immer riskant ist, in der Hitze des Gefechts Memoiren zu schreiben, ist es bereits klar, daß die Veränderungen in der Chemie in diesem Jahrhundert genau so groß sind wie die, die sich zu Daltons Zeiten ereigneten, und daß wir die Ereignisse in der vergangenen Generation zu Recht als die „Quantenrevolution" bezeichnen können.

In den nächsten sieben Kapiteln werden wir sehen, wie es zu dieser Quantenrevolution kam, wie sie sich auf die Chemie auswirkte und wie wir aus ihr ein Verständnis für chemisches Verhalten ableiten können. In diesen Kapiteln werden wir zum Teil nochmals dieselben Gebiete behandeln, mit denen wir uns in den Kapiteln 3 bis 7 bereits beschäftigt haben. Bei unserer ersten Begegnung mit diesen Sachverhalten ging es uns in erster Linie darum, zu beobachten, wie sich Elemente und Verbindungen überhaupt verhalten. Jetzt werden wir versuchen, dieses Verhalten zu erklären, indem wir die Struktur- und Bindungsvorstellungen der Quantentheorie der Materie benutzen. Wir sollten jedoch nicht denken, daß dieses neue Verfahren den Aussagen über chemisches Verhalten eine größere Gültigkeit verleiht als sie vorher hatten. Wenn wir experimentelle Daten mit der Theorie vergleichen, bestätigen wir die Theorie und nicht die Daten. Die Arbeit der Chemiker hat hervorragende Ergebnissen hervorgebracht, auch ohne brauchbare Theorien. Aber die Theorie macht die Ergebnisse leichter verständlich und man kann die Daten mit ihrer Hilfe leichter behalten. Außerdem eröffnet sie neue Wege zu fruchtbaren Forschungsgebieten.

Die Kontinuität aller dynamischen Effekte wurde früher als Basis aller physikalischen Theorien als gegeben angenommen und in enger Übereinstimmung mit Aristoteles in dem wohlbekannten Dogma – Natura non facit saltus –, die Natur macht keine Sprünge, zusammengefaßt. Jedoch haben gegenwärtige Untersuchungen eine beträchtliche Bresche in diesen ehrwürdigen Stützpunkt der Naturwissenschaft geschlagen. Diesmal ist es das Prinzip der Thermodynamik, mit dem dieses Theorem durch neue Tatsachen in Widerspruch gebracht wurde und wenn nicht alle Anzeichen täuschen, sind die Tage seiner Gültigkeit gezählt. Die Natur scheint tatsächlich Sprünge zu machen – und sehr außerordentliche dazu.

Max Planck (1914)

8 Quantentheorie und Aufbau der Atome

Im späten neunzehnten Jahrhundert schien sich die Physik recht zufrieden zur Ruhe zu setzen. Ein Angestellter des Patentbüros der Vereinigten Staaten schrieb einen heute berühmten Kündigungsbrief, in dem er seinen Wunsch zum Ausdruck brachte, ein aussterbendes Amt zu verlassen, ein Amt, das in der Zukunft immer weniger zu tun haben würde, da die meisten Erfindungen bereits gemacht worden waren. Der berühmte Physiker A. A. Michelson meinte bei der Einweihung eines Physiklaboratoriums im Jahre 1894 in Chicago, daß alle wichtigeren physikalischen Gesetze bereits entdeckt worden waren, und sagte: „Unsere zukünftigen Entdeckungen müssen wir in der sechsten Dezimalstelle suchen." Thermodynamik, statistische Mechanik und die elektromagnetische Theorie verzeichneten außergewöhnliche Erfolge bei der Erklärung des Verhaltens der Materie. Die Atome selbst hatten sich als elektrisch erwiesen und würden zweifellos Maxwells elektromagnetischen Gesetzen folgen.

Dann kamen die Röntgenstrahlen und die Radioaktivität. 1895 evakuierte Wilhelm Röntgen (1845–1923) eine Crookessche Röhre (Abbildung 3–6), so daß die Kathodenstrahlen auf die Anode trafen, ohne von den Gasmolekülen behindert zu werden. Er entdeckte, daß eine neuartige und durchdringende Form von Strahlung von der Anode emittiert wurde. Diese Strahlung, die er als *X-Strahlen* bezeichnete und die wir heute nach ihm *Röntgenstrahlen* nennen, durchdrang mit Leichtigkeit Papier, Holz und Fleisch, aber wurde von schwereren Substanzen wie Knochen oder Metall absorbiert. Röntgen zeigte, daß die Röntgenstrahlen durch elektrische oder magnetische Felder nicht abgelenkt wurden und infolgedessen keine Strahlen geladener Teilchen sein konnten. Andere Wissenschaftler schlugen vor, daß diese Strahlen eine elektromagnetische Strahlung wie das Licht sein könnten, nur daß sie eine kürzere Wellenlänge hätten. Max von Laue bewies diese Hypothese 18 Jahre später, als er Röntgenstrahlen an Kristallen beugte (Abschnitt 3–7).

1896 beobachtete Henri Becquerel (1852–1928), daß Uransalze eine Strahlung aussandten, die die schwarzen Papierumhüllungen von photographischen Platten durchdrangen und die photographische Emulsion belichteten. Er nannte dieses Verhalten *Radioaktivität*. In den nächsten paar Jahren isolierten Pierre und Marie Curie zwei völlig neue, radioaktive Elemente aus Uranerz und nannten sie *Polonium* und *Radium*. Die Radioaktivität war für die Physiker der damaligen Zeit ein noch größerer Schock als selbst die Röntgenstrahlen. Sie begannen nach und nach zu begreifen, daß beim Zerbrechen von Atomen Strahlung entsteht und daß Atome nicht unteilbar waren, sondern zerfallen und sich in andere Atomarten spalten konnten. Die alten Überzeugungen und Gewißheiten und die Hoffnung auf bevorstehende, neue Gewißheiten lösten sich in ein Nichts auf.

Die am häufigsten beobachtete Strahlung setzte sich aus drei Strahlungstypen zusammen, die als Alpha (α)-, Beta (β)- und Gamma (γ)-Strahlen bezeichnet wurden. Die γ-Strahlung erwies sich als eine elektromagnetische Strahlung von noch höherer Frequenz als die Röntgenstrahlen. β-Strahlen waren, wie die Kathodenstrahlen, Elektronenstrahlen. Elektrische und magnetische Ablenkungsexperimente zeigten, daß die α-Strahlen aus Teilchen der Masse 4u mit einer Ladung von $+2e$ bestanden; α-Teilchen waren einfach Kerne des Heliums, $^4_2$He.

Die nächste Gewißheit, die verlorenging, war das recht zufriedenstellende Atommodell, das J. J. Thomson vorgeschlagen hatte.

8–1 Rutherford und der Atomkern

Thomson hatte ein Atommodell vorgeschlagen, bei dem die gesamte Masse und die gesamte positive Ladung gleichmäßig über das ganze Atom verteilt waren, während die Elektronen im Atom wie Rosinen in einem Kuchen eingebettet waren. Die gegenseitige Abstoßung der Elektronen untereinander sorgte ebenfalls für ihre gleichmäßige Verteilung über das Atom. Die sich ergebende, enge Verknüpfung zwischen den positiven und negativen Ladungen war vernünftig. Die Ionisation konnte durch das Entfernen einiger der Elektronen aus dem „Kuchen" erklärt werden, wonach ein massives, festes Atom mit einer positiven Ladung zurückblieb.

1910 widerlegte Ernest Rutherford (1871–1937) das Thomsonsche Modell, mehr oder weniger durch Zufall, während der Messung der Streuung von α-Strahlen an extrem dünnen Metallfolien. Seine experimentelle Anordnung ist schematisch in Abbildung 8–1 dargestellt. Er erwartete, eine relativ geringe Ablenkung der Teilchen zu finden, wie sie auftreten würde, wenn die positive Ladung und die Masse der Atome sich gleichmäßig über ein großes Volumen verteilen würden (Abbildung 8–2a). Er beobachtete jedoch etwas ganz anderes und völlig Unerwartetes. Mit seinen eigenen Worten:

„In den ersten Tagen hatte ich die Streuung von α-Teilchen beobachtet, und Dr. Geiger hatte sie in meinem Labor in allen Einzelheiten untersucht. Er fand, daß die Streuung bei dünnen Stücken von Schwermetall gewöhnlich klein war, von der Größenordnung eines Grades. Eines Tages kam Geiger zu mir und sagte: „Meinen Sie nicht auch, daß der junge Marsden, den ich in radioaktiven Methoden unterrichte, eine kleine Forschungsaufgabe beginnen müßte?" Ich hatte ebenfalls daran gedacht und so sagte ich: „Warum lassen wir ihn nicht einmal nachsehen, ob irgendwelche α-Teilchen in große

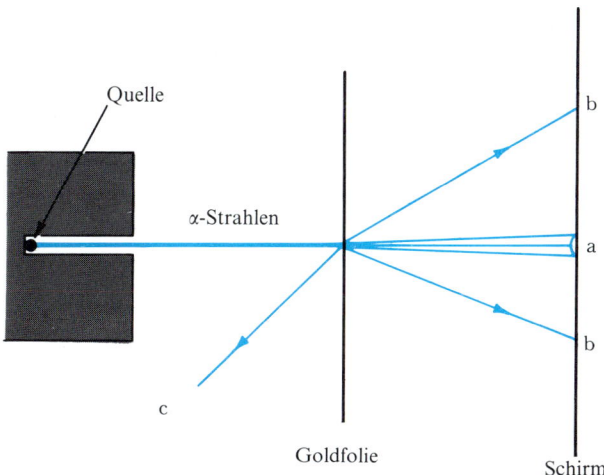

Abbildung 8–1   Der Versuchsaufbau für Rutherfords Messung der Streuung von α-Teilchen an sehr dünnen Metallfolien. Die Quelle der α-Teilchen war radioaktives Polonium, das in einem Bleiblock eingeschlossen war, der die Umgebung vor der Strahlung schützte und die α-Strahlen auf ein schmales Bündel begrenzt. Die verwendete Goldfolie war ungefähr 6×10^{-5} cm dick. Der größte Teil der α-Strahlung ging mit keiner oder nur geringer Ablenkung durch die Goldfolie hindurch und traf bei a auf den Schirm auf. Einige wenige α-Teilchen wurden zu großen Winkeln hin abgelenkt, b, und gelegentlich prallte sogar ein α-Teilchen an der Folie ab, c, und wurde mit Hilfe eines Schirms oder Zählers nachgewiesen, der auf derselben Seite der Folie wie die Quelle angeordnet war.

Winkel gestreut werden können?" Ich kann Ihnen im Vertrauen sagen, daß ich nicht daran glaubte, daß dies geschehen würde, da wir ja wußten, daß das α-Teilchen ein sehr schnelles, massives Teilchen war mit einer großen Energie, und Sie konnten zeigen, daß die Chance für die Rückstreuung eines α-Teilchens sehr gering war, wenn die Streuung auf der akkumulierten Wirkung einer Anzahl von Kleinwinkelstreuungen beruhte. Dann erinnere ich mich, wie Geiger zwei oder drei Tage später in großer Aufregung zu mir kam und sagte: „Es ist uns gelungen, einige α-Teilchen zu bekommen, die zurückkamen." ... Es war so ziemlich das unglaubwürdigste Ereignis, das mir je in meinem Leben passierte. Es war fast genau so unglaublich, als ob Sie eine 38 cm-Granate gegen ein Stück Seidenpapier abfeuern, und sie kommt zurück und trifft Sie."

Rutherford, Geiger und Marsden berechneten, daß diese beobachtete Rückstreuung genau das Ergebnis war, wenn praktisch die gesamte Masse und die gesamte positive Ladung des Atoms in einem dichten Kern in der Mitte des Atoms konzentriert wären (Abbildung 8–2b). Sie berechneten auch die Ladung des Goldatomkerns zu $(100 \pm 20)e$ (tatsächlich $79e$) und den Kernradius als etwas weniger als 10^{-12} cm (tatsächlich näher an 10^{-13} cm).

Das Bild des Atoms, das sich aus diesen Streuexperimenten ergab, war das eines extrem dichten, positiv geladenen Atomkerns, der von negativen, praktisch masselosen Ladungen – Elektronen – umgeben war. Diese Elektronen hielten sich in einem Bereich auf, dessen Radius 100 000 mal größer als der Kernradius war. Die Mehrzahl der α-Teilchen, die die Metallfolie durchdrangen, wurden nicht abgelenkt, weil sie niemals auf

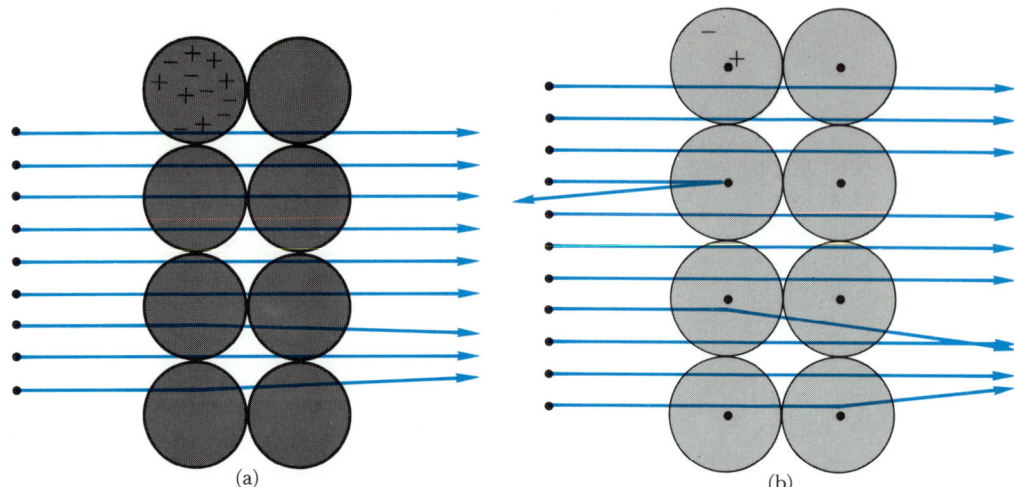

Abbildung 8–2   Das zu erwartende Ergebnis des Rutherfordschen Streuexperiments, wenn man die Gültigkeit (a) des Thomsonschen Atommodells und (b) des von Rutherford abgeleiteten Atommodells voraussetzt. Beim Thomson-Modell ist die Masse gleichmäßig über das Atom verteilt, und die negativen Elektronen sind ebenfalls gleichmäßig verteilt in der positiven Masse eingebettet („Rosinenkuchenmodell"). Der Strahl der positiv geladenen α-Teilchen würde in diesem Fall nur wenig abgelenkt werden. Beim Rutherfordmodell ist die gesamte positive Ladung und praktisch die gesamte Masse in einem sehr kleinen Kern konzentriert. Der größte Teil der α-Teilchen geht praktisch unabgelenkt hindurch. Aber eine dichte Annäherung an einen Kern wird eine starke Ablenkung der Bahn eines α-Teilchens hervorrufen, und ein Zusammenstoß mit einem Kern wird zu einem Abprallen des α-Teilchens in die Richtung führen, aus der es gekommen war.

einen Kern trafen. Jedoch würden α-Teilchen, die einer so großen Ladungskonzentration nahe kommen, abgelenkt werden; und die wenigen α-Teilchen, die zufällig mit einem der kleinen Kerne im Metall zusammenstoßen, würden in die Richtung zurückprallen, aus der sie kamen.

Die Richtigkeit des Rutherfordschen Atommodells wurde durch spätere Untersuchungen bestätigt. Der Kern eines Atoms setzt sich aus Protonen und Neutronen zusammen (Abbildung 8–3). Um diesen Kern herum sind gerade genug Elektronen angeordnet, um die Kernladung zu kompensieren. Aber dieses Modell ist mit Hilfe der klassischen Physik nicht zu erklären: Was hält die positiven und negativen Ladungen auseinander? Wenn sich die Elektronen relativ zum Kern in der Ruhelage befänden, würde die elektrostatische Anziehung sie auf den Kern zu anziehen, bis sich eine Miniaturausgabe des Thomsonschen Atoms gebildet hat. Umgekehrt wäre die Lage, wenn sich die Elektronen auf Umlaufbahnen um den Kern bewegten, auch nicht besser: Ein Elektron, das sich auf einer Kreisbahn um einen positiven Kern bewegt, stellt einen schwingenden Dipol dar, wenn man das Atom in der Ebene der Umlaufbahn betrachtet; relativ zur positiven Ladung scheint dann die negative Ladung hin und her zu schwingen. Nach allen Gesetzen der klassischen elektromagnetischen Theorie müßte ein derartiger Oszillator Energie in Form von elektromagnetischen Wellen ausstrahlen. Aber wenn dies der Fall wäre, würde das Atom Energie abgeben, und das Elektron würde auf einer Spirale in den Kern stürzen. Nach den Gesetzen der klassischen Physik konnte das Rutherfordsche Atommodell nicht funktionieren. Wo aber steckte der Fehler?

Teilchen	Neutron	Proton	Elektron
Ladung	Keine Ladung	Eine positive Ladung oder $+1{,}6021 \times 10^{-19}$ Coulomb	Eine negative Ladung oder $-1{,}6021 \times 10^{-19}$ Coulomb
Masse	1.67×10^{-24} g	1.67×10^{-24} g	9.11×10^{-28} g

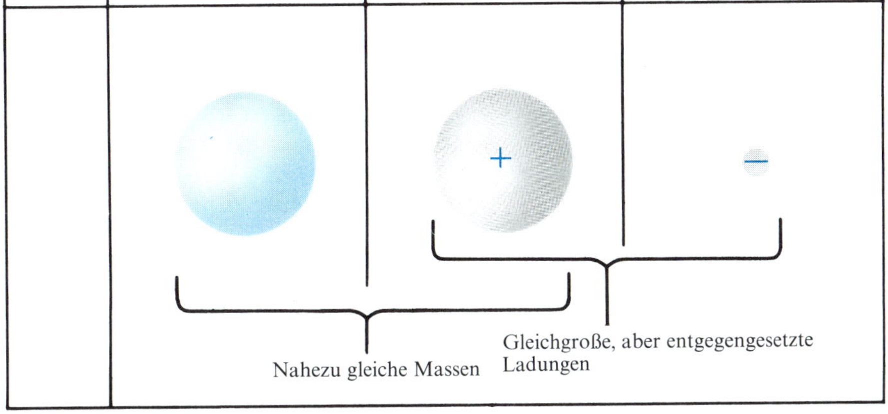

Nahezu gleiche Massen

Gleichgroße, aber entgegengesetzte Ladungen

Abbildung 8–3 Ein Vergleich der Eigenschaften eines Neutrons, Protons und Elektrons. Die Masse eines Protons ist 1836 mal größer als die eines Elektrons. Die elektrostatische Anziehungskraft zwischen zwei geladenen Teilchen ist jedoch unabhängig von ihren Massen und hängt nur von den Ladungen und dem Abstand der Teilchen voneinander ab.

8–2 Die Quantisierung der Energie

Zu dieser Zeit machten sich in der Physik noch andere Ungereimtheiten bemerkbar, die genauso störend waren, wie die unmöglicherweise stabilen Atome Rutherfords. Um die Jahrhundertwende wurde klar, daß Radiowellen, infrarotes und sichtbares Licht sowie die ultraviolette Strahlung (und ein paar Jahre später noch Röntgen- und γ-Strahlen) *elektromagnetische Wellen* mit unterschiedlichen Wellenlängen waren. Diese Wellen breiten sich alle mit derselben Geschwindigkeit c aus, die $2{,}9979 \times 10^8$ ms^{-1} beträgt (im Vakuum). (Diese Geschwindigkeit ist so groß, daß sie uns nahezu momentan erscheint, bis Sie sich daran erinnern, daß die Langsamkeit der Ausbreitung elektromagnetischer Wellen für die Verzögerung von 1,3 s in jeder Richtung bei Radioübertragungen zwischen der Erde und dem Mond verantwortlich ist.) Wellen wie diese werden durch ihre Wellenlänge (λ), Amplitude und Frequenz (v) beschrieben, die gleich der Anzahl von vollen Schwingungen einer sich ausbreitenden Welle ist, die in der Zeiteinheit einen festen Punkt passieren (Abbildung 8–4). Die Geschwindigkeit der Welle, c, die für alle Arten der elektromagnetischen Strahlung konstant ist, ergibt sich dann als das Produkt aus der Frequenz (der Anzahl von Schwingungen pro Sekunde) und der Wellenlänge

$$c = v\lambda \tag{8–1}$$

Der Kehrwert der Wellenlänge wird Wellenzahl genannt und durch $\bar{v}$ gekennzeichnet

Lichtwelle breitet sich aus mit einer Geschwindigkeit von $c = 2,9979 \times 10^8$ m s^{-1}

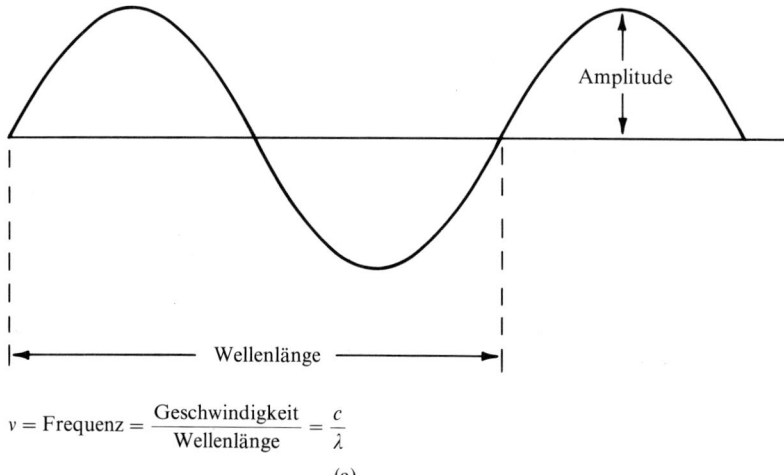

$$v = \text{Frequenz} = \frac{\text{Geschwindigkeit}}{\text{Wellenlänge}} = \frac{c}{\lambda}$$

(a)

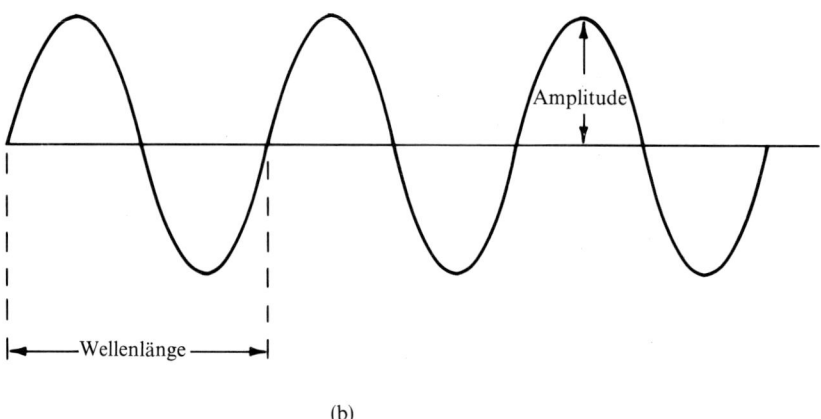

(b)

Abbildung 8–4   Eine elektromagnetische Welle, wie z. B. Röntgenstrahlen, Licht, Mikrowellen oder Radiowellen: (a) Das Profil einer sich ausbreitenden Welle zu einem bestimmten Zeitpunkt, das Amplitude, Wellenlänge (λ), Geschwindigkeit (c) und Frequenz (v) zeigt. Die Wellenzahl, $\bar{v}$, die in Wellen pro Zentimeter, oder cm^{-1}, gemessen wird, ist gleich dem Kehrwert der Wellenlänge: $\bar{v} = 1/\lambda$. (b) Eine Welle mit kürzerer Wellenlänge und infolgedessen höherer Frequenz, da das Produkt $\lambda v = c$ konstant ist.

$$\bar{v} = 1/\lambda$$

Die Wellenzahl wird üblicherweise in cm^{-1} angegeben.

Das elektromagnetische Spektrum ist so, wie wir es heute kennen, in Abbildung 8–5a dargestellt. Die Skala ist in den Wellenlängen logarithmisch und nicht linear aufgetragen, d. h. nach abnehmenden Zehnerpotenzen. Auf dieser logarithmischen Skala bildet der Bereich der elektromagnetischen Strahlung, den unsere Augen wahrnehmen können, nur einen kleinen Ausschnitt halbwegs zwischen den Radiowellen und den γ-Strahlen. Der sichtbare Teil des Spektrums ist noch einmal vergrößert in Abbildung 8–5b dargestellt.

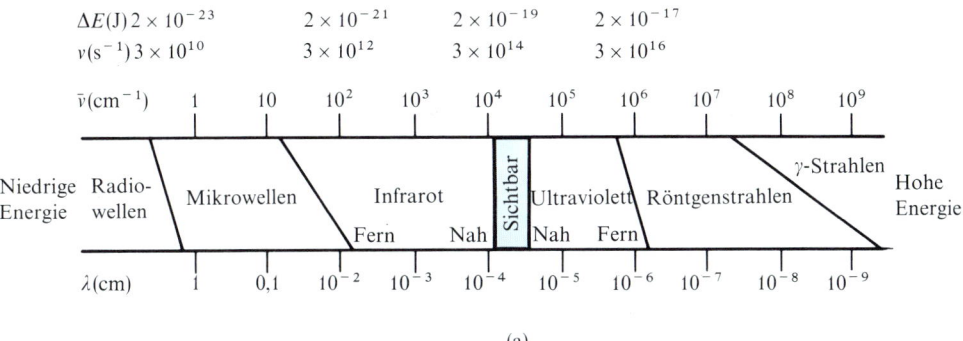

(a)

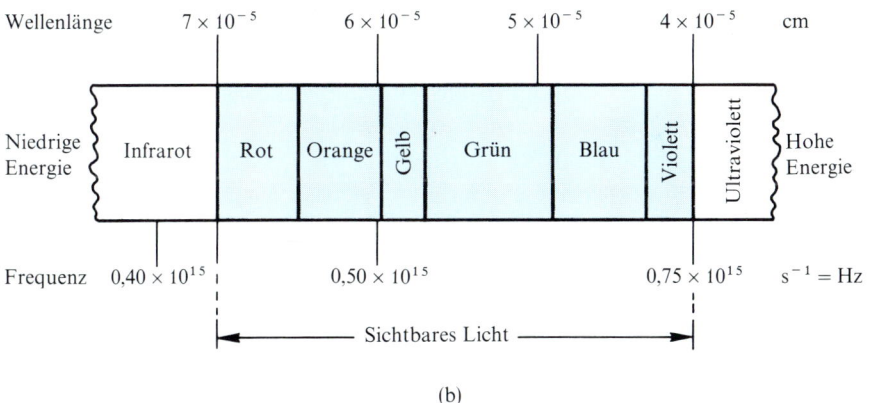

(b)

Abbildung 8–5 Das Spektrum der elektromagnetischen Strahlung. Der sichtbare Bereich ist nur ein kleiner Teil des Gesamtspektrums: (a) Gesamtspektrum (sichtbarer Bereich fabrig). (b) Sichtbarer Bereich.

Aufforderung. Sie sollten jetzt in der Lage sein, Probleme zu lösen, bei denen es sich um Wellenbewegungen und Frequenzen in solchen Anwendungsbereichen wie Erde-Mars-Unterhaltungen, Große Oper und Feuerwerke handelt. Versuchen Sie einmal, die Aufgaben 8–4 bis 8–6 in *Ergänzungsaufgaben zu Prinzipien der Chemie* von Butler und Grosser zu lösen.

Die Ultraviolettkatastrophe

Die klassische Physik machte selbst dann ernsthafte Schwierigkeiten, wenn versucht wurde, mit ihrer Hilfe zu erklären, warum ein rotglühender Eisenstab rot ist. Festkörper senden beim Erhitzen Strahlung aus. Die ideale Strahlung, die ein vollkommener Absorber und Ausstrahler von Strahlung aussendet, wird als *schwarze Strahlung* oder *Strahlung des schwarzen Körpers* bezeichnet. Das Spektrum oder die Darstellung der relativen Intensität in Abhängigkeit von der Frequenz für die Strahlung eines rotglühenden Festkörpers zeigt Abbildung 8–6a. Da der größte Teil der Strahlung im roten und infraroten Frequenzbereich liegt, erkennen wir die Farbe der emittierten Strahlung als rot. Wenn die Temperatur erhöht wird, verschiebt sich das Maximum der Intensität im Spektrum nach höheren Frequenzen, und wir sehen den heißen Gegenstand orange, dann gelb und schließlich weiß glühen, wenn über das ganze sichtbare Spektrum hinweg genügend Energie ausgestrahlt wird.

Die Schwierigkeit bei dieser Beobachtung war die, daß die klassische Physik voraussagte, daß die Intensitätsverteilung zu höheren Frequenzen hin kontinuierlich ansteigen sollte, anstatt nach Erreichen eines Maximums wieder abzufallen. Somit sollte weitaus mehr blaue und ultraviolette Strahlung emittiert werden, als tatsächlich beobachtet wurde, und alle erhitzten Körper sollten danach blau aussehen. Dieser vollständige Widerspruch zwischen der Theorie und den Tatsachen wurde von den Physikern der damaligen Zeit als „Ultraviolettkatastrophe" bezeichnet.

1900 lieferte Max Planck eine Erklärung dieses Paradoxons, indem er einen der ehrwürdigsten Glaubenssätze der Naturwissenschaften verwarf, der besagte: Physikalische Größen verändern sich stets kontinuierlich; oder anders ausgedrückt: Die Natur macht keine Sprünge. Nach der klassischen Theorie wird Licht einer bestimmten Frequenz ausgestrahlt, weil Ladungen im Festkörper mit eben dieser Frequenz schwingen. Der Intensitätsverlauf des Spektrums kann berechnet werden, wenn die relative Zahl der kleinen Oszillatoren – Atome oder Atomgruppen –, die mit einer bestimmten Frequenz schwingen, bekannt ist. Dabei wird angenommen, daß alle Frequenzen möglich sind; die mit einer Frequenz verknüpfte Energie hängt nur davon ab, wie viele Oszillatoren mit dieser Frequenz schwingen. Es sollte ferner keinen Mangel an Hochfrequenzoszillatoren im blauen und ultravioletten Spektralbereich geben.

Planck machte den revolutionierenden Vorschlag, daß die Energie der elektromagnetischen Strahlung in diskreten Paketen oder *Quanten* abgegeben wird. Die Energie eines solchen Strahlungspakets ist der Frequenz der Strahlung proportional

$$E = h\nu \tag{8–2}$$

Die Proportionalitätskonstante h wird Plancksches Wirkungsquantum oder Plancksche Konstante genannt und besitzt einen Wert von $6{,}6262 \times 10^{-34}$ J s. Nach der Planckschen Theorie kann eine Atomgruppe bei einer *hohen* Frequenz keinen *kleinen* Energiebetrag emittieren; hohe Frequenzen können nur von Oszillatoren mit *großer* Energie

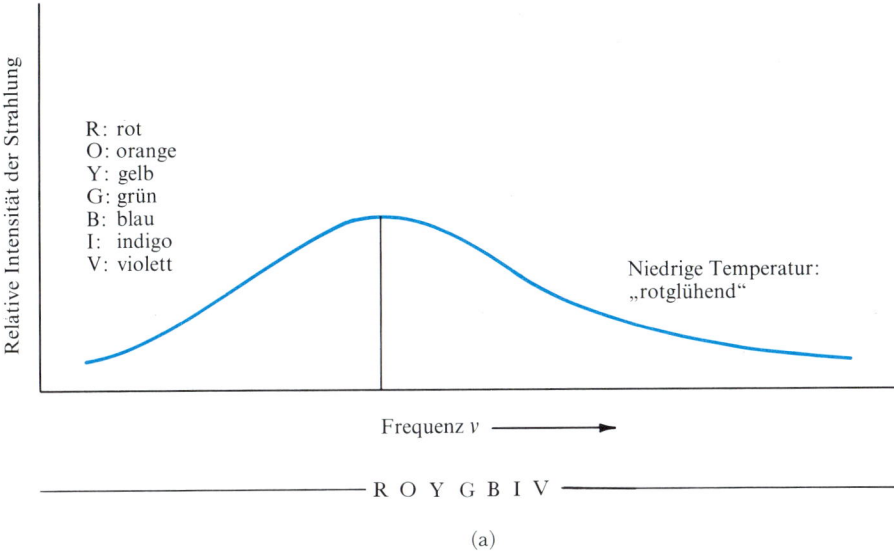

(a)

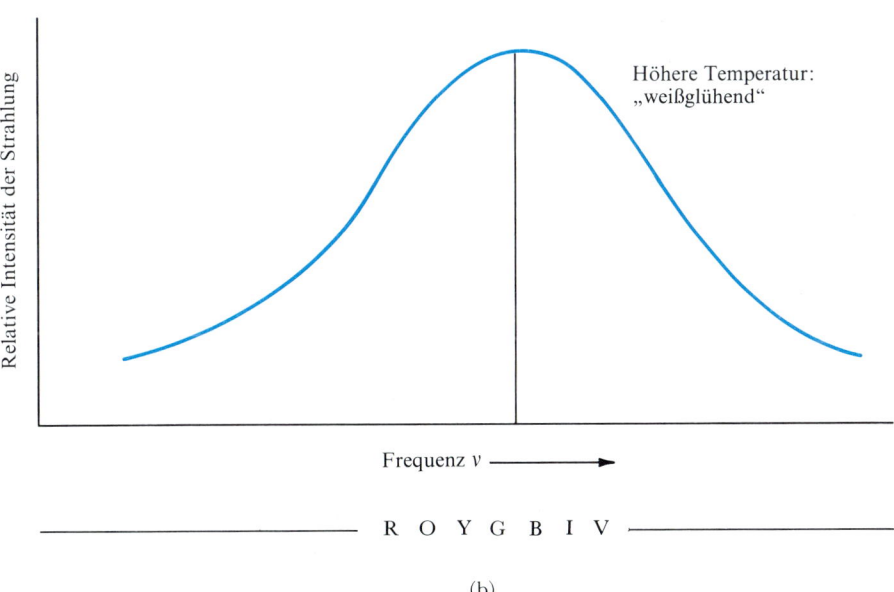

(b)

Abbildung 8–6 Die Strahlung eines heißen Gegenstands wird im Idealfall durch die sogenannte „Strahlung des schwarzen Körpers" dargestellt: (a) Für einen mäßig heißen Körper liegt der größte Teil der Strahlung im roten Bereich des Spektrums, und man sagt, der Körper ist „rotglühend". (b) Wenn die Temperatur erhöht wird, glüht der Körper orange, dann gelb, während sich das Maximum der Strahlungskurve zu höheren Frequenzen hin verschiebt, und schließlich weiß, wenn die Strahlung bei allen sichtbaren Wellenlängen mit beträchtlicher Intensität auftritt. Bei noch höheren Temperaturen nimmt die Intensität im roten Bereich des Spektrums ab, und das Glühen erhält einen Stich ins Bläuliche.

ausgestrahlt werden, die durch die Beziehung $E = h\nu$ gegeben ist. Die Wahrscheinlichkeit, Oszillatoren mit hohen Frequenzen anzutreffen, ist infolgedessen gering, da auch die Wahrscheinlichkeit gering ist, Atomgruppen mit derartig ungewöhnlich großen Schwingungsenergien zu finden. Anstatt in einer Ultraviolettkatastrophe anzusteigen, fällt die Spektralkurve bei hohen Frequenzen wieder ab, wie in Abbildung 8–6 gezeigt ist.

War nun Plancks Theorie richtig, oder lieferte sie nur eine *ad hoc*-Erklärung für ein isoliertes Phänomen? Die Naturwissenschaften werden ständig von Theorien geplagt, die die Erscheinung erklären, für die sie entwickelt wurden, worauf sie niemals wieder ein anderes Phänomen richtig zu deuten vermögen. War der Gedanke, daß die Energie der elektromagnetischen Strahlung in Paketen bestimmter Energie emittiert wird, die der Frequenz der Strahlung proportional ist, auch nur eine solche einmalige Erklärung?

Der photoelektrische Effekt

Im Jahre 1905 lieferte Albert Einstein (1879–1955) ein weiteres Beispiel für die Quantisierung der Energie, als er den photoelektrischen Effekt erfolgreich erklärte (*dafür* wurde ihm 1921 der Nobelpreis verliehen): Licht, das auf eine Metalloberfläche auftrifft, kann aus ihr Elektronen auslösen; dieses Phänomen wird *photoelektrischer Effekt* genannt (s. Abbildung 8–7; Photozellen in automatischen Türen nutzen diesen Effekt zur Erzeugung der Elektronen aus, die die Schaltkreise zum Öffnen der Tür betätigen.) Es wurde beobachtet, daß für jedes vorgegebene Metall eine Minimalfrequenz des Lichtes existiert, unterhalb der keine Elektronen emittiert werden, ganz gleich wie intensiv der Lichtstrahl ist. Den klassischen Physikern erschien es unsinnig zu sein, daß bei einigen Metallen der intensivste, rote Lichtstrahl keine Elektronen auslösen konnte, die dagegen bei Einstrahlung eines schwachen, blauen Lichtstrahls emittiert wurden.

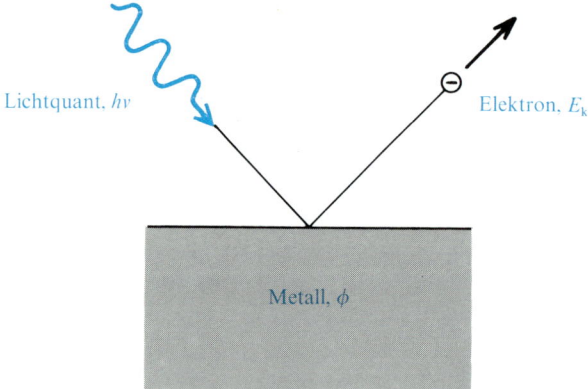

Abbildung 8–7   Der photoelektrische Effekt: Ein Lichtquant (Photon) mit der Energie $h\nu$ trifft auf die Oberfläche eines Metalls auf und löst aus dieser ein Elektron aus, wenn die Energie des Quants die sogenannte Auslösearbeit ϕ des Metalls übertrifft. Die Überschußenergie, $h\nu - \phi$, tritt als kinetische Energie E_k des Elektrons in Erscheinung: $E_k = h\nu - \phi$. Ist die Energie des Photons zu gering (seine Frequenz zu niedrig), so werden keine Photoelektronen ausgelöst. Die Auslösearbeit ϕ ist ein Charakteristikum des jeweiligen Metalls.

Einstein zeigte, daß die Plancksche Hypothese diese Erscheinungen sehr elegant erklären konnte: Die Energie der auf das Metall auftreffenden Lichtquanten, sagte er, ist bei blauem Licht größer als bei rotem. Stellen Sie sich als Analogie einmal vor, daß das niederfrequente, rote Licht durch einen Strahl von Tischtennisbällen dargestellt wird, während das hochfrequente, blaue Licht durch einen Strahl von Stahlkugeln gleicher Größe und Geschwindigkeit verkörpert wird. Jedes Auftreffen eines Energiequantums des roten Lichts ist zu schwach, um ein Elektron aus dem Metall loszuschlagen; und in unserer Analogie kann ein steter Strom von Tischtennisbällen nicht das erreichen, was eine einzige Stahlkugel ausrichten kann. Diese Lichtquanten wurden *Photonen* genannt. Wegen der erfolgreichen Erklärung sowohl der Strahlung des schwarzen Körpers als auch des photoelektrischen Effekts durch die Quantentheorie begannen die Physiker zu erkennen, daß sich das Licht genauso gut als Teilchen wie als Welle verhält.

Aufforderung: Wenn Sie diese Vorstellungen auf Alarmanlagen und Fernsehkameras anwenden wollen, versuchen Sie einmal die Aufgaben 8–10 und 8–11 im Buch von Butler und Grosser.

Das Spektrum des Wasserstoffatoms

Das für einen Chemiker überzeugendste Beispiel für die Quantisierung des Lichts bietet sich in der Suche nach einer Erklärung für die Atomspektren an. Isaac Newton (1642–1727) war einer der ersten, der mit Hilfe eines Prismas zeigte, daß sich weißes Licht aus einem Spektrum von vielen Farben zusammensetzt, das sich vom Rot am einen Ende bis zum Violett am anderen erstreckt. Wir wissen heute, daß sich das elektromagnetische Spektrum nach beiden Seiten über den schmalen Bereich hinaus fortsetzt, den wir mit unseren Augen wahrnehmen können; es schließt den infraroten Bereich zu den niedrigeren und den ultravioletten Bereich zu den höheren Frequenzen hin ein.

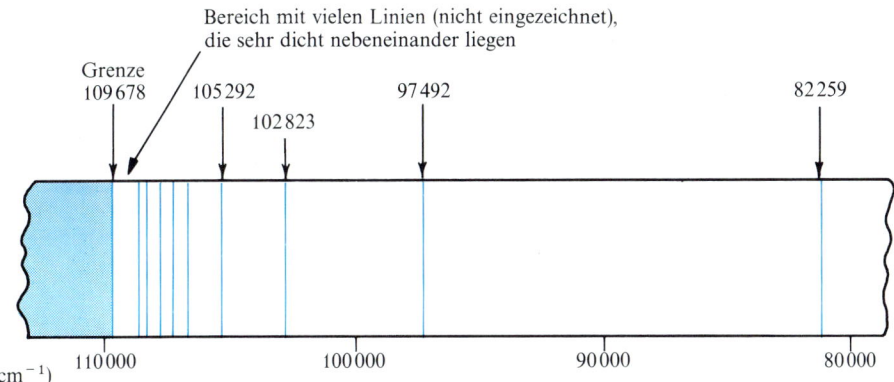

Abbildung 8–8 Das elektromagnetische Absorptionsspektrum von Wasserstoffatomen im ultravioletten Bereich: Die Skala ist in Wellenzahlen (cm⁻¹) geteilt. Die Linien in diesem Spektrum stellen ultraviolette Strahlungen dar, die von den Wasserstoffatomen absorbiert werden, wenn eine Mischung von Strahlungen aller Wellenlängen durch eine Gasprobe geschickt wird.

Alle Atome und Moleküle absorbieren Licht bestimmter, charakteristischer Frequenzen. Das Muster der Absorptionsfrequenzen wird als *Absorptionsspektrum* bezeichnet und stellt eine Identifizierungsmöglichkeit für irgendein bestimmtes Atom oder Molekül dar. Das Absorptionsspektrum von Wasserstoffatomen ist in Abbildung 8–8 gezeigt. Die Absorptionslinie mit der niedrigsten Energie liegt bei $82\,259\ cm^{-1}$. Beachten Sie, daß sich die Absorptionslinien dichter zusammendrängen, wenn wir uns der Grenze von $109\,678\ cm^{-1}$ annähern. Oberhalb dieser Grenze erfolgt eine kontinuierliche Absorption.

Wenn Atome und Moleküle auf hohe Temperaturen erhitzt werden, wird von ihnen Licht bestimmter Frequenzen emittiert. So strahlen z. B. Wasserstoffatome bei ihrer Erhitzung rotes Licht aus. Ein Atom, das überschüssige Energie besitzt (z. B. also ein Atom, das erhitzt wurde), sendet Licht nach einem Frequenzmuster aus, das als sein *Emissionsspektrum* bekannt ist. Ein Teil des Emissionsspektrums des atomaren Wasserstoffs ist in Abbildung 8–9 dargestellt. Beachten Sie, daß die Linien bei beiden Typen von Spektren bei denselben Wellenzahlen auftreten.

Wenn wir uns das Emissionsspektrum in Abbildung 8–9 genauer ansehen, erkennen wir, daß es in ihm drei deutlich unterscheidbare Liniengruppen gibt. Diese drei Gruppen oder Serien wurden nach den Wissenschaftlern benannt, die sie entdeckten: Die Serie, die bei $82\,259\ cm^{-1}$ beginnt und sich bis $109\,678\ cm^{-1}$ fortsetzt, wird *Lyman-Serie* genannt

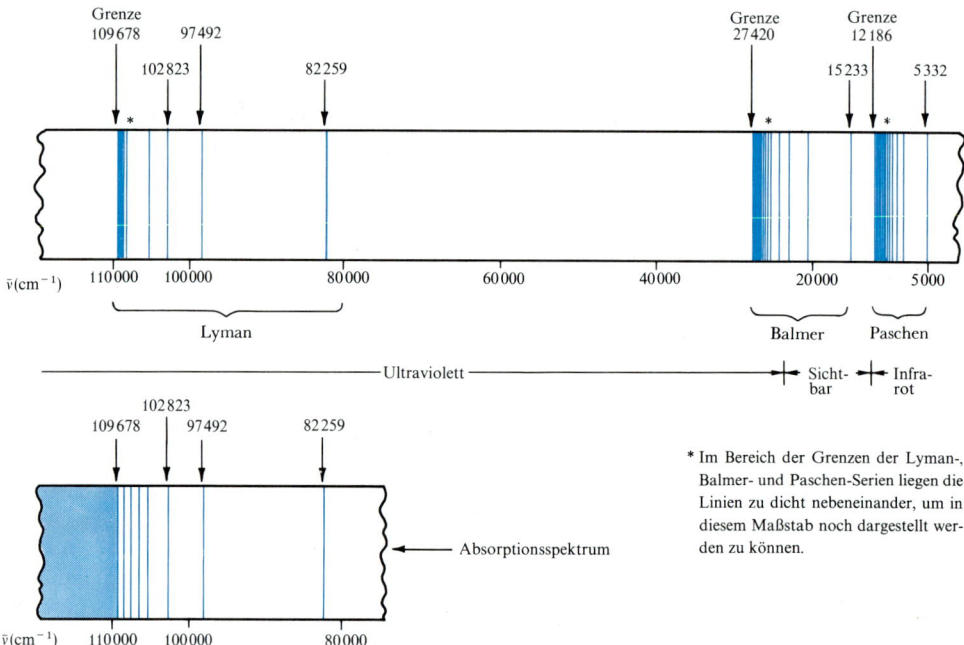

* Im Bereich der Grenzen der Lyman-, Balmer- und Paschen-Serien liegen die Linien zu dicht nebeneinander, um in diesem Maßstab noch dargestellt werden zu können.

Abbildung 8–9 Das Emissionsspektrum heißer Wasserstoffatome: Die Emissionslinien treten in Serien auf, die nach ihren Entdeckern benannt sind: Lyman, Balmer, Paschen; die Brackett- und Pfund-Serien liegen weiter rechts im infraroten Bereich. Die Abstände zwischen den einzelnen Linien nehmen in jeder Serie nach links hin ab, bis sie schließlich an der Seriengrenze ineinander verschmelzen.

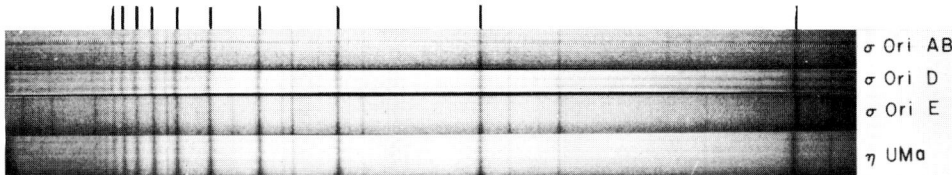

Abbildung 8–10 Balmer-Spektren der Wasserstoffatome von verschiedenen Sternen. Die drei „σ Ori"-Spektren stammen aus einer Gruppe von Sternen, σ Orionis, die dicht unterhalb des Gürtels im Sternenbild Orion liegen. „η UMa" ist η Ursa Majoris, das Ende der Deichsel des großen Wagens (Großer Bär). Beachten Sie die Universalität des Spektrums des atomaren Wasserstoffs. Wasserstoff bleibt Wasserstoff, ganz gleich, wo Sie ihn finden. Die Balmer-Linien sind oberhalb der Spektren markiert. Die anderen Linien stammen in der Hauptsache vom Helium. (John Oke, California Institute of Technology.)

und liegt im ultravioletten Teil des Spektrums. Die Serie, die bei 15233 cm^{-1} anfängt und sich bis 27420 cm^{-1} erstreckt, wird als *Balmer-Serie* bezeichnet und überstreicht einen großen Teil des sichtbaren und einen kleinen Teil des ultravioletten Spektrums. Die Linien zwischen 5332 cm^{-1} und 12186 cm^{-1} bilden die *Paschen-Serie* und liegen im Bereich des nahen Infrarots. In Abbildung 8–10 sind die Balmer-Serien des Wasserstoffspektrums einiger Sterne abgebildet.

J.J. Balmer zeigte 1885, daß die Wellenzahlen der Linien im Balmer-Spektrum des Wasserstoffatoms durch die empirische Beziehung

$$\bar{v} = R_H \left(\frac{1}{4} - \frac{1}{n^2} \right); \quad n = 3, 4, 5, \ldots \tag{8–3}$$

gegeben sind. Später formulierte Johannes Rydberg einen allgemeinen Ausdruck, der alle Linienpositionen des Wasserstoffatomspektrums zu berechnen erlaubte. Dieser Ausdruck, der *Rydberg-Gleichung* genannt wurde, lautet

$$\bar{v} = R_H \left(\frac{1}{n_1^2} - \frac{1}{n_2^2} \right) \tag{8–4}$$

In der Rydberg-Gleichung sind n_1 und n_2 ganze Zahlen, wobei n_2 größer als n_1 sein muß; R_H ist die sogenannte *Rydberg-Konstante*, für die sich aus den Experimenten der sehr genaue Wert von 109677,581 cm^{-1} ergab.

Beispiel: Berechnen Sie $\bar{v}$ für die Linien mit $n_1 = 1$ und $n_2 = 2, 3$ und 4.

Lösung: Linie mit $n_1 = 1$ und $n_2 = 2$:

$$\bar{v} = 109678 \text{ cm}^{-1} \left(\frac{1}{1^2} - \frac{1}{2^2} \right)$$

$$= 109678 \text{ cm}^{-1} \left(1 - \frac{1}{4} \right)$$

$$= 82259 \text{ cm}^{-1}$$

Linie mit $n_1 = 1$ und $n_2 = 3$:

$$\bar{v} = 109\,678 \text{ cm}^{-1} \left(\frac{1}{1^2} - \frac{1}{3^2} \right)$$

$$= 109\,678 \text{ cm}^{-1} \left(1 - \frac{1}{9} \right)$$

$$= 97\,492 \text{ cm}^{-1}$$

Linie mit $n_1 = 1$ und $n_2 = 4$:

$$\bar{v} = 109\,678 \text{ cm}^{-1} \left(\frac{1}{1^2} - \frac{1}{4^2} \right)$$

$$= 109\,678 \text{ cm}^{-1} \left(1 - \frac{1}{16} \right)$$

$$= 102\,823 \text{ cm}^{-1}$$

Wir sehen, daß die drei vorangehenden Wellenzahlen den ersten drei Linien in der Lyman-Serie entsprechen. Somit erwarten wir auch, daß die Lyman-Serie den Linien entspricht, die mit $n_1 = 1$ und $n_2 = 2, 3, 4, 5, \ldots$ berechnet werden. Lassen Sie uns dies dadurch prüfen, daß wir die Wellenzahl der Linie mit $n_1 = 1$ und $n_2 = \infty$ berechnen

$$\bar{v} = 109\,678 \text{ cm}^{-1} (1 - 0) = 109\,678 \text{ cm}^{-1}$$

Die Wellenzahl $109\,678 \text{ cm}^{-1}$ entspricht der energiereichsten Linie in der Lymanserie des Emissionsspektrums des Wasserstoffatoms.

Für die Wellenzahl der Linie mit $n_1 = 2$ und $n_2 = 3$ ergibt sich

$$\bar{v} = 109\,678 \text{ cm}^{-1} \left(\frac{1}{4} - \frac{1}{9} \right) = 15\,233 \text{ cm}^{-1}$$

Dieses entspricht der ersten Linie in der Balmer-Serie. Somit entspricht die Balmer-Serie den Linien mit $n_1 = 2$ und $n_2 = 3, 4, 5, 6, \ldots$. Sie werden jetzt wahrscheinlich schon vermuten, daß die Linien in der Paschen-Serie die Linien mit $n_1 = 3$ und $n_2 = 4, 5, 6, 7, \ldots$ sind, und das ist richtig. Nun sollten Sie sich fragen, wo die Linien mit $n_1 = 4$ und $n_2 = 5, 6, 7, 8, \ldots$ sowie die Linien mit $n_1 = 5$ und $n_2 = 6, 7, 8, 9, \ldots$ sind. Sie liegen genau dort, wo sie nach der Rydberg-Gleichung zu erwarten sind. Die Serie mit $n_1 = 4$ wurde von Brackett und die mit $n_1 = 5$ von Pfund entdeckt. Die Serien mit $n_1 = 6$ und noch höheren Werten liegen bei sehr niedrigen Frequenzen und haben keine speziellen Namen erhalten.

Die Rydberg-Gleichung (8–4) ist eine Zusammenfassung der an Wasserstoffatomspektren beobachteten Tatsachen. Sie besagt, daß die Wellenzahl einer Spektrallinie der Differenz zweier Zahlen proportional ist, von denen jede umgekehrt proportional zum Quadrat einer ganzen Zahl ist. Wenn wir eine Reihe von horizontalen Linien in einem Abstand R_H/n^2 von einer Basislinie nach unten auftragen, wobei wir $n = 1, 2, 3, 4, \ldots$ setzen, dann können wir uns davon überzeugen, daß jede Spektrallinie in irgendeiner der Wasserstoffatomserien dem Abstand zwischen zwei solchen horizontalen Linien entspricht, die im Diagramm zu finden sind (Abbildung 8–11). Die Lyman-Serie liegt

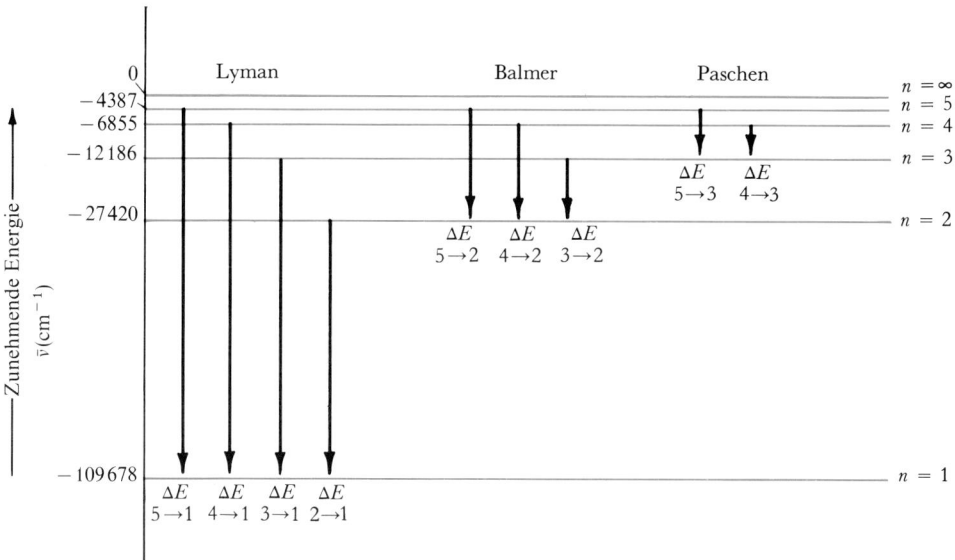

Abbildung 8–11   Ein Energieniveaudiagramm, das das beobachtete Wasserstoffspektrum erklärt. Dieses Diagramm kann als eine graphische Darstellung der Rydberg-Gleichung: $\bar{v} = R_H[(1/n_1^2) - (1/n_2^2)]$ angesehen werden. Bohr verlieh ihm jedoch noch eine tiefere Bedeutung: Er schlug vor, daß diese Niveaus die allein möglichen Energiezustände eines Wasserstoffatoms darstellen sollten: $E \sim 1/n^2$. Er postulierte ferner, daß ein Atom eine Spektrallinie emittiert, wenn es von einem Energieniveau in ein anderes mit geringerer Energie übergeht, und daß die Wellenzahl der emittierten Linie durch die Energieänderung bestimmt wird, die dabei erfolgt: $\Delta E = hc\bar{v}$. Nur Linien mit $n = 1, 2, 3, 4$ und 5 sowie die Grenze bei $n = \infty$ sind dargestellt.

zwischen der Linie mit $n = 1$ und den darüber befindlichen; die Balmer-Serie geht von der Linie mit $n = 2$ zu den darüber liegenden aus; die Paschen-Serie erstreckt sich von der Linie mit $n = 3$ zu den darüberliegenden; und die höheren Serien gehen von den Linien mit $n = 4, 5, 6$ usw. aus. Ist die Übereinstimmung zwischen diesem einfachen Diagramm und den beobachteten Wellenzahlen der Spektrallinien nur ein Zufall? Hat der Gedanke, daß sich die Wellenzahl einer emittierten Spektrallinie aus der Differenz zwischen zwei „Wellenzahlenniveaus" ergibt, irgendeine physikalische Bedeutung, oder ist er nur die Grundlage für eine praktische graphische Darstellung der Rydberg-Gleichung?

8–3 Bohrs Theorie des Wasserstoffatoms

1913 schlug Niels Bohr (1885–1962) eine Theorie über den Aufbau des Wasserstoffatoms vor, die mit einem Schlag das Problem des instabilen Rutherfordschen Atommodells beseitigte und gleichzeitig eine vollkommene Erklärung für die gerade von uns diskutierten Spektren lieferte.

Es gibt zwei Methoden, eine neue Theorie in den Naturwissenschaften vorzustellen, und Bohrs Arbeit veranschaulicht den weniger offensichtlichen Weg. Die eine Methode ist die, eine solche Menge von Daten anzuhäufen, daß die neue Theorie klar und selbstverständlich für jeden Beobachter hervortritt. Die Theorie ist dann fast nur noch eine Zusammenfassung des Verhaltens der Meßergebnisse. Dies ist im wesentlichen der Weg, den Dalton bei seinen Überlegungen über die Äquivalentmassen der Atome beschritt. Der andere Weg führt über eine kühne neue Annahme, die sich zunächst gar nicht aus den Meßergebnissen abzuleiten scheint, wobei dann zu zeigen ist, daß die Schlußfolgerungen aus dieser Annahme, sobald sie ausgearbeitet sind, viele Beobachtungen erklären können. Bei dieser Methode sagt ein Theoretiker: „Sie erkennen vielleicht nicht, warum ich dies tue, aber halten Sie bitte Ihr Urteil über meine Hypothese so lange zurück, bis ich Ihnen gezeigt habe, was ich damit machen kann." Bohrs Theorie gehört mehr zu diesem letzteren Typ.

Bohr beantwortete die Frage, warum das Elektron nicht auf einer Spiralbahn in den Kern stürzt, indem er einfach postulierte, *daß es das nicht tut.* Im wesentlichen sagte er den klassischen Physikern etwa folgendes: „Sie sind von Ihren physikalischen Vorstellungen zu der Erwartung verleitet worden, daß das Elektron auf seiner Umlaufbahn Energie ausstrahlen und infolgedessen in den Kern stürzen müßte. Lassen Sie uns einmal annehmen, daß es dies nicht tut, und sehen, ob wir damit mehr Beobachtungen richtig deuten können, als wenn wir annehmen, daß es in den Kern stürzt." Die Beobachtungen, die er so erfolgreich erklären konnte, waren die Wellenlängen der Linien im Spektrum des atomaren Wasserstoffs.

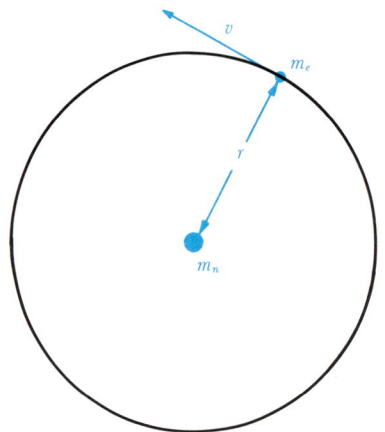

Abbildung 8–12 Das Bohrsche Modell des Wasserstoffatoms: Ein Elektron der Masse m_e bewegt sich auf einer kreisförmigen Umlaufbahn mit der Geschwindigkeit v in einem Abstand r von einem Kern der Masse m_n. Um das Spektrum aus Abbildung 8–9 oder das Diagramm der Rydberg-Gleichung aus Abbildung 8–11 erklären zu können, mußte Bohr postulieren, daß der Drehimpuls des Elektrons, $m_e v r$, auf Werte beschränkt sein muß, die ganzzahlige Vielfache der Größe $h/2\pi$ sind. Diese ganzen Zahlen sind die „Quantenzahlen" n aus Abbildung 8–11.

Das Bohrsche Modell für das Wasserstoffatom ist in Abbildung 8–12 dargestellt: Ein Elektron der Masse m_e bewegt sich auf einer Kreisbahn mit dem Radius r um einen Atomkern. Wenn das Elektron dabei eine Geschwindigkeit v besitzt, ergibt sich für den Betrag seines *Drehimpulses* der Wert $m_e v r$. (Sie können sich vorstellen, was der Drehimpuls bedeutet, wenn Sie an einen Schlittschuhläufer denken, der eine Pirouette läuft, wobei er sich auf einem Schlittschuh wie ein Kreisel dreht. Der Schlittschuhläufer be-

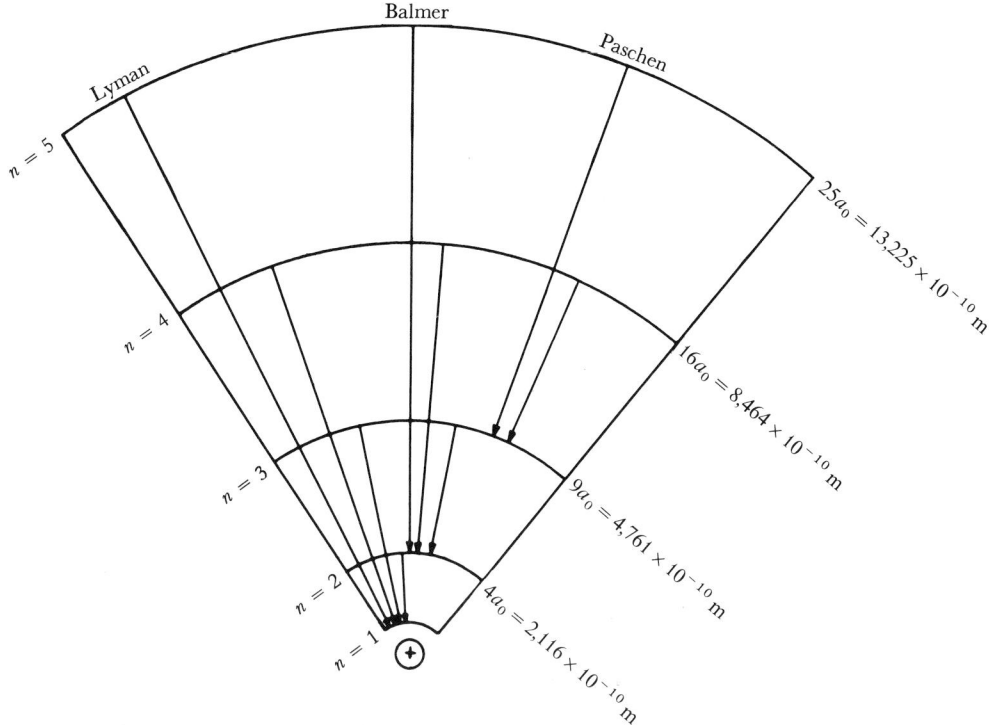

Abbildung 8–13   Die relativen Größen der ersten fünf Bohrschen Umlaufbahnen für atomaren Wasserstoff. Die Übergänge von einer Umlaufbahn in eine tiefer liegende sind wie in Abbildung 8–11 angedeutet. Jeder Kreisbogen stellt einen Ausschnitt aus einer kreisförmigen Umlaufbahn eines Elektrons um den positiven Atomkern am unteren Ende des Bildes dar. Der Radius der n-ten Umlaufbahn läßt sich nach $r = n^2 a_0$ berechnen, wobei a_0 der sogenannte erste Bohrsche Radius ist: $a_0 = \varepsilon_0 h^2 / \pi m_e e^2 = 0,529 \times 10^{-10}$ m.

ginnt die Drehung mit ausgestreckten Armen. Während er dann die Arme dichter an seinen Körper heranbringt, beginnt er, sich immer schneller zu drehen. Dies geschieht, weil beim Fehlen äußerer Kräfte der Drehimpuls erhalten bleibt. Wenn die Masse der Arme des Schlittschuhläufers der Rotationsachse näher kommt oder wenn r abnimmt, muß die Geschwindigkeit der Arme zunehmen, damit das Produkt mvr, der Drehimpuls, konstant bleibt.) Bohr postulierte als erste Grundannahme seiner Theorie, daß es im Wasserstoffatom nur Umlaufbahnen („Orbitale") gibt, *für die der Drehimpuls ein ganzzahliges Vielfaches des durch 2π dividierten Planckschen Wirkungsquantums ist*

$$m_e vr = n\left(\frac{h}{2\pi}\right)$$

Für eine derartige Annahme gibt es keine offensichtliche Rechtfertigung. Sie wird nur dann akzeptiert, wenn sie zu einer erfolgreichen Erklärung anderer Phänomene führt. Bohr zeigte dann ohne weitere neue Annahmen und mit Hilfe der Gesetze der klassischen

Mechanik und Elektrostatik, daß sein Prinzip zur Beschränkung der Energie des Elektrons in einem Wasserstoffatom auf die Werte

$$E = -\frac{k}{n^2}; \quad n = 1, 2, 3, 4, \ldots \qquad (8\text{–}5)$$

führt. Die ganze Zahl n ist dieselbe ganze Zahl wie in der Annahme über den Drehimpuls $m_e v r = n(h/2\pi)$; k ist eine Konstante, die nur vom Planckschen Wirkungsquantum h, der Elektronenmasse m_e und der Ladung eines Elektrons e sowie der elektrischen Feldkonstante ε_0 abhängt, die durch das Coulombsche Gesetz in diese Beziehung eingebracht wird

$$k = \left(\frac{1}{4\pi\varepsilon_0}\right)^2 \frac{2\pi^2 m_e e^4}{h^2}$$

wobei diese Konstante einen Wert von 13,595 eV oder $2,1782 \times 10^{-18}$ J besitzt. (Die ungewöhnliche Schreibweise des Ausdrucks für diese Konstante beruht auf der Tatsache, daß der Faktor $1/4\pi\varepsilon_0$ der Proportionalitätsfaktor aus dem Coulombschen Gesetz ist, während in der Quantenmechanik auch häufig für $h/2\pi$ das Symbol $\hbar$ verwendet wird.)

Der Radius der Umlaufbahn des Elektrons wird ebenfalls durch die ganze Zahl n bestimmt

$$r = n^2 a_0 \qquad (8\text{–}6)$$

Die Konstante a_0 wird *erster Bohrscher Radius* genannt und wird in der Bohrschen Theorie durch folgenden Ausdruck gegeben

$$\alpha_0 = \frac{\varepsilon_0 h^2}{\pi m_e e^2} = 0{,}0529 \text{ nm}$$

Die Energie, die ein Elektron in einem Wasserstoffatom annehmen kann, ist damit *quantisiert* oder durch Gleichung (8–5) auf bestimmte Werte beschränkt. Die ganze Zahl n, die die Werte dieser Energien bestimmt, wird als *Quantenzahl* bezeichnet. Ein Elektron, das vollständig aus einem Atom entfernt wird (dissoziiert), wird dadurch beschrieben, daß man sagt, das Elektron wird in den Quantenzustand $n = \infty$ angeregt. Aus Gleichung (8–5) können wir ersehen, daß sich E an den Wert null annähert, wenn n gegen Unendlich geht. Dies geschieht, weil die Energie eines vollständig dissoziierten Elektrons willkürlich als Nullniveau der Energie definiert wurde. Da zur Entfernung eines Elektrons aus einem Atom Energie erforderlich ist, muß ein Elektron, das an ein Atom gebunden ist, eine geringere Energie als ein völlig dissoziiertes Elektron besitzen, d. h. eine negative Energie. Die relativen Größen der ersten fünf Wasserstoffatomumlaufbahnen sind in Abbildung 8–13 miteinander verglichen.

Übung: Wie groß ist bei einem Wasserstoffatom die Energie des *Grundzustands* mit $n = 1$ relativ zur Energie des dissoziierten Atoms? Wie weit ist das Elektron im Grundzustand vom Kern entfernt? Wie groß sind die Energie und der Radius der Umlaufbahn eines Elektrons *im ersten Anregungszustand* mit $n = 2$?

(Antwort: $E_1 = -\dfrac{k}{1^2} = -13{,}595$ eV

Dieses entspricht einer molaren Energie von $\bar{E}_1 = N_L \cdot E_1 = -6{,}0225 \times 10^{23}$ mol$^{-1} \times$ $\times\, 13{,}595$ eV $\times\, 1{,}6022 \times 10^{-19}$ J/eV $= -1312$ kJ mol^{-1}.

$$E_2 = -\frac{k}{2^2} = -3{,}399 \text{ eV}$$

was einer molaren Energie von -328 kJ mol^{-1} entspricht.

$$r_1 = 1^2 \times 0{,}0529 \text{ nm} = 0{,}0529 \text{ nm}$$
$$r_2 = 2^2 \times 0{,}0529 \text{ nm} = 0{,}2116 \text{ nm})$$

Beispiel: Berechnen Sie unter Verwendung der Bohrschen Theorie die Ionisierungsenergie des Wasserstoffatoms.

Lösung: Die Ionisierungsenergie ist die Energie, die erforderlich ist, das Elektron aus dem Atom zu entfernen oder aus dem Quantenzustand $n = 1$ in den Quantenzustand $n = \infty$ zu überführen. Diese Energie beträgt

$$\begin{aligned}
\Delta E &= E_\infty - E_1 \\
&= 0 - (-13{,}595 \text{ eV}) \\
&= 13{,}595 \text{ eV} \\
&= 2{,}1782 \times 10^{-18} \text{ J}
\end{aligned}$$

Übung: Zeichnen Sie ein Diagramm der dem Wasserstoffatom zur Verfügung stehenden Energien in Form einer Reihe von horizontalen Linien. Tragen Sie der Einfachheit halber die Energien in Einheiten von k auf. Erfassen Sie dabei wenigstens die ersten acht Quantenniveaus und die Ionisierungsgrenze. Vergleichen Sie Ihr Ergebnis mit den Abbildungen 8–11 und 8–14.

Im zweiten Teil seiner Theorie postulierte Bohr, daß Absorption oder Emission von Energie immer dann erfolgt, wenn ein Elektron von einem Quantenzustand in den anderen übergeht. Die Energie, die ausgestrahlt wird, wenn ein Elektron aus dem Zustand n_2 auf einen tieferen Quantenzustand n_1 herabfällt, ist gleich dem Energieunterschied der beiden Zustände

$$\Delta E = E_1 - E_2 = -k \left(\frac{1}{n_1^2} - \frac{1}{n_2^2} \right) \tag{8–7}$$

Wenn wir weiter annehmen, daß das emittierte Licht genauso quantisiert ist, wie aus der schwarzen Strahlung oder den photoelektrischen Experimenten zu erwarten ist, so muß gelten

$$|\Delta E| = h\nu = hc\bar{\nu} \tag{8–8}$$

(Da das Atom Energie aufnehmen oder abgeben kann, hat ΔE entweder positives (Absorption) oder negatives (Emission) Vorzeichen. Hier interessiert jedoch nur der Absolutbetrag $|\Delta E|$, der die Frequenz der Strahlung bestimmt.) Wenn wir die Gleichung

(8–7) durch hc dividieren, um von der Energie auf die Wellenzahl zu kommen, erhalten wir die Rydberg-Gleichung

$$\bar{v} = \frac{k}{hc} \left(\frac{1}{n_1^2} - \frac{1}{n_2^2} \right) \tag{8–9}$$

Mit Hilfe der Bohrschen Theorie können wir jetzt die Rydberg-Konstante aus Grundprinzipien und Naturkonstanten berechnen

$$R_{\mathrm{H}} = \frac{k}{hc} = \left(\frac{1}{4\pi\varepsilon_0} \right)^2 \frac{2\pi^2 m_{\mathrm{e}} e^4}{h^3 c} = 109\,737,3 \ \mathrm{cm}^{-1}$$

Erinnern Sie sich daran, daß der experimentell bestimmte Wert für R_{H} gleich 109 677,581 cm^{-1} ist.

Die graphische Darstellung der Rydberg-Gleichung, Abbildung 8–11, stellt sich jetzt als ein Energieniveau-Diagramm der möglichen Quantenzustände des Wasserstoffatoms heraus. Wir können jetzt sehen, warum Licht nur bei ganz bestimmten Wellenzahlen absorbiert oder emittiert wird: Die Absorption von Licht oder die Erwärmung des Gases stellt die Energie zur Verfügung, ein Elektron auf eine energetisch höhere Umlaufbahn zu heben oder, wie man sagt, *das Atom anzuregen*. Dann kann das *angeregte* Atom Energie in Form von Lichtquanten emittieren, wenn das Elektron auf eine tiefer liegende Umlaufbahn zurückfällt. Die verschiedenen Serien von Spektrallinien entstammen derartigen Emissionsprozessen

1. Die Lyman-Serie entsteht auf Grund von Übergängen zwischen den Niveaus mit $n = 2, 3, 4, \ldots$ und dem Grundzustand mit $n = 1$.
2. Die Balmer-Serie entsteht auf Grund von Übergängen zwischen den Niveaus mit $n = 3, 4, 5, \ldots$ und dem $n = 2$-Niveau.
3. Die Paschen-Serie entsteht auf Grund von Übergängen zwischen den Niveaus mit $n = 4, 5, 6 \ldots$ und dem $n = 3$-Niveau.

Ein angeregtes Wasserstoffatom, das sich im Quantenzustand $n = 8$ befindet, kann direkt in den Grundzustand übergehen und ein Photon der Lyman-Serie aussenden. Es kann aber auch zunächst in den Zustand $n = 3$ übergehen, ein Photon der Paschen-Serie aussenden, dann nach $n = 1$ übergehen und ein Photon der Lyman-Serie emittieren. Die Frequenz eines jeden Photons hängt vom Energieunterschied zwischen den jeweiligen Niveaus ab

$$\Delta E = E_{\mathrm{a}} - E_{\mathrm{b}} = h v$$

Indem es kaskadenartig die Energieniveaus herabfällt, kann das Elektron in einem angeregten Wasserstoffatom nacheinander Photonen in verschiedenen Serien emittieren. Daher finden wir alle Serien in den Emissionsspektren des heißen, atomaren Wasserstoffs. Wenn wir jedoch bei niedrigeren Temperaturen das Absorptionsspektrum des atomaren Wasserstoffs messen, treffen wir praktisch alle Wasserstoffatome im Grundzustand an. Infolgedessen werden an fast allen Absorptionsprozessen nur Übergänge von Zustand $n = 1$ zu höheren Zuständen beteiligt sein, und es kann nur die Lyman-Serie beobachtet werden.

Die Notwendigkeit einer besseren Theorie

Die Bohrsche Theorie des Wasserstoffatoms litt an einer fatalen Schwäche: Sie erklärte nichts, *ausgenommen* das Wasserstoffatom und irgendeine andere Kombination von einem Kern und einem Elektron. So konnte sie z. B. die Spektren von He$^+$ und Li^{2+} erklären, aber sie lieferte keine allgemeine Deutung für die Atomspektren aller Elemente. Selbst die Alkalimetalle, die ein einzelnes Valenzelektron außerhalb einer geschlossenen Schale von inneren Elektronen aufweisen, ergeben Spektren, die nicht mit der Bohrschen Theorie im Einklang stehen. Die im Spektrum des Li beobachteten Linien konnten nur dadurch erklärt werden, daß angenommen wurde, daß jedes der auf das erste folgenden Bohrschen Niveaus in Wirklichkeit eine Ansammlung von Niveaus mit unterschiedlichen Energien war, wie in Abbildung 8–14 gezeigt ist: Zwei Niveaus für $n = 2$, drei Niveaus für $n = 3$, vier für $n = 4$ usw. Diese Niveaus für ein bestimmtes n wurden durch

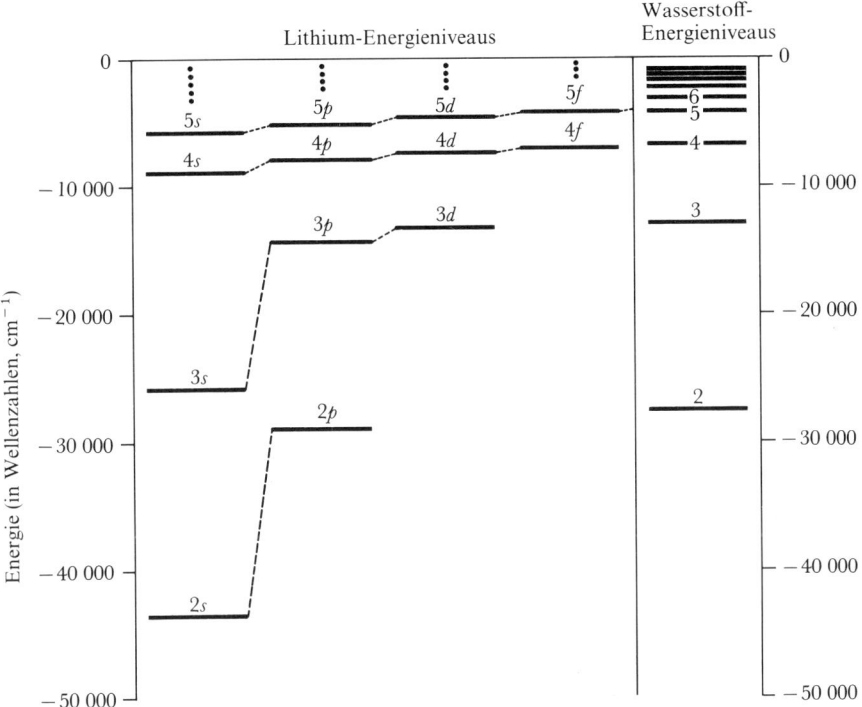

Abbildung 8–14 Die Energieniveaus, die dazu erforderlich sind, die an Li-Atomen beobachteten Spektren zu erklären, im Vergleich mit den Wasserstoff-Energieniveaus rechts in der Abbildung. Die Niveaus mit $n = 1$ liegen weiter unten außerhalb des Skalenbereichs. Für die Quantenzahl n gibt es n Niveaus, die traditionell durch die Buchstaben s, p, d, f, g, ... gekennzeichnet werden. Die bei jeder Quantenzahl n am weitesten rechts stehenden Niveaus (2 p, 3 d, 4 f, ...) kommen den entsprechenden Wasserstoff-Niveaus am nächsten, wogegen alle anderen Niveaus mit derselben Quantenzahl n stabiler sind (energetisch tiefer liegen). Sommerfeld erklärte diese Stabilisierung dadurch, daß er elliptische Umlaufbahnen für die Elektronen postulierte, wobei die s-Umlaufbahnen am stärksten elliptisch waren und die 2p-, 3d-, 4f-, ... Umlaufbahnen nahezu kreisförmig sein sollten (Abbildung 8–15).

Buchstabensymbole gekennzeichnet, die auf dem Aussehen der Spektren beruhten, an denen diese Niveaus beteiligt waren: s für „scharf", p für „prinzipal", d für „diffus" und f für „fundamental".

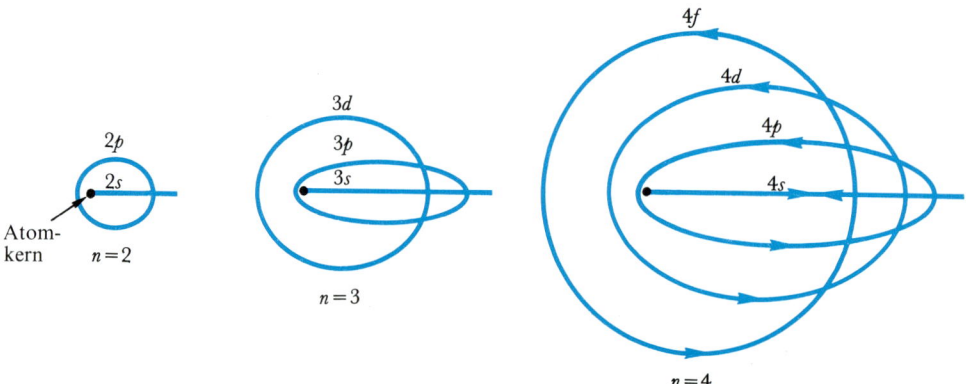

Abbildung 8–15   Die Sommerfeldschen Umlaufbahnen für das Wasserstoffatom. Für einen punktförmigen Atomkern besitzen alle Umlaufbahnen mit derselben Hauptquantenzahl n dieselbe Energie. Bei einem Atomkern, der von einer abschirmenden Elektronenwolke umgeben ist, werden die stärker elliptischen Umlaufbahnen, die tiefer in diese Abschirmung eindringen, einer stärkeren Kernanziehung unterliegen und damit stabiler sein. Infolgedessen liegt z. B. das 4p-Niveau energetisch tiefer als das 4f-Niveau (Abbildung 8–14).

Arnold Sommerfeld (1868–1951) schlug einen einfallsreichen Weg ein, um die Bohrsche Theorie zu retten: Er sagte, daß die Umlaufbahnen genausogut elliptisch wie kreisförmig sein können. Dabei erklärte er die Unterschiede in der Energie der Niveaus mit derselben Hauptquantenzahl n auf Grund der Fähigkeit der stärker elliptischen Umlaufbahnen, das Elektron dichter an den Kern heranzubringen (Abbildung 8–15). Für einen punktförmigen Kern mit der Ladung $+1e$ im Wasserstoffatom sind die Energien für alle Niveaus mit demselben n gleich groß (Entartung der Niveaus). Aber bei einem Kern mit der Ladung $+3e$, die beim Li durch eine innere Schale von zwei Elektronen abgeschirmt wird, würde ein Elektron auf einer äußeren, kreisförmigen Umlaufbahn eine Gesamtanziehung von einer Ladung von $+1e$ verspüren, wogegen ein Elektron in einer stark elliptischen Umlaufbahn die abschirmende Schale der inneren Elektronen durchdringen würde und auf einem Teil seiner Bahn der Anziehungswirkung einer Ladung von annähernd $+3e$ ausgesetzt wäre. Somit würden die stark elliptischen Umlaufbahnen die in Abbildung 8–14 veranschaulichte, zusätzliche Stabilität erhalten. Die s-Umlaufbahnen, die im Sommerfeldschen Modell am stärksten elliptisch sind, würden in einer Serie von Niveaus mit gleichem n weitaus stabiler als die anderen sein.

Das Sommerfeldsche Modell führte nicht weiter als zur Erklärung der Spektren der Alkalimetalle: Li, Na, K, Rb und Cs. Dann ging es wieder nicht weiter, und es wurde ein vollständig neues Vorgehen erforderlich.

8–4 Lichtteilchen und Materiewellen

Zu Beginn dieses Jahrhunderts waren die Naturwissenschaftler allgemein der Ansicht, daß alle physikalischen Erscheinungen in zwei deutlich unterschiedene, sich gegenseitig ausschließende Klassen eingeteilt werden können. Die erste Klasse umfaßte alle Phänomene, die mit Hilfe der Gesetze der klassischen oder Newtonschen Mechanik der Bewegung diskreter Teilchen beschrieben werden konnten. Die zweite Klasse schloß alle Phänomene ein, die die kontinuierlichen Eigenschaften von Wellen aufwiesen.

Eine herausragende Eigenschaft der Materie ist die, wie seit den Tagen Daltons offensichtlich wurde, daß sie sich aus diskreten Teilchen aufbaut. Die meisten materiellen Substanzen scheinen ein homogenes Kontinuum zu bilden: Wasser, Quecksilber, Salzkristalle und Gase. Wenn unsere Augen jedoch die Kerne und Elektronen sehen könnten, aus denen sich die Atome zusammensetzen, und die Elementarteilchen erkennen könnten, die den Kern aufbauen, dann würden wir sehr schnell entdecken, daß sich jeder materielle Körper im Universum aus einer bestimmten Anzahl dieser Grundbaueinheiten zusammensetzt und damit quantisiert ist. *Die Körper erscheinen nur wegen der Winzigkeit der einzelnen Baueinheiten kontinuierlich.*

Im Gegensatz dazu wurde das Licht als eine Wellenbewegung angesehen, die sich mit konstanter Geschwindigkeit durch den Raum hindurch ausbreitet. Jede Kombination von Energien und Frequenzen erschien möglich, bis Planck, Einstein und Bohr zeigten, daß bei einer Beobachtung unter geeigneten Bedingungen sich auch das Licht so verhält, als ob es in Teilchen oder Quanten aufträte.

1924 veröffentlichte der französische Physiker Louis de Broglie (1892) die dazu komplementäre Hypothese, daß die Materie auch Welleneigenschaften besitzen muß. De Broglie machte sich über das Bohrsche Atommodell Gedanken und fragte sich, wo in der Natur eine Quantisierung einer Eigenschaft am selbstverständlichsten vorkommt. Eine ganz offensichtliche Antwort auf diese Frage lautete: Bei der Schwingung einer Saite mit festgehaltenen Enden. Eine Violinensaite kann nur mit einem bestimmten Satz von Frequenzen schwingen: Mit einem Grundton, bei dem die ganze Saite als Einheit schwingt, und einer Serie von Obertönen mit kürzeren Wellenlängen. Eine Wellenlänge, bei der die Schwingung nicht an beiden Enden einen sogenannten *Knoten* besitzt (eine Stelle mit der Amplitude null), würde einen unmöglichen Schwingungszustand darstellen (Abbildung 8–16). Die Schwingung einer Saite mit festgehaltenen Enden, die zur Ausbildung von *stehenden Wellen* führt, wird durch die *Randbedingungen* quantisiert, daß sich ihre Enden nicht bewegen dürfen.

Kann die Vorstellung von stehenden Wellen nun auch auf das Bohrsche Atommodell übertragen werden? Entlang einer Kreisbahn können sich stehende Wellen nur dann ausbilden, wenn der Umfang der Bahn ein ganzzahliges Vielfaches der Wellenlängen beträgt (Abbildung 8–16c,d). Wenn dies nicht der Fall ist, werden Wellen von aufeinanderfolgenden Umläufen entlang der Kreisbahn nicht in Phase sein und sich gegenseitig auslöschen. Der Wert der Wellenamplitude bei $10°$ auf der Umlaufbahn, von einem willkürlich gewählten Punkt aus gemessen, wird dann bei $370°$ oder $730°$ nicht derselbe sein, obwohl alle diese Winkelwerte denselben Punkt auf der Umlaufbahn darstellen. Wellen mit einem derartig schlechten Benehmen sind an keinem Punkt der Bahn

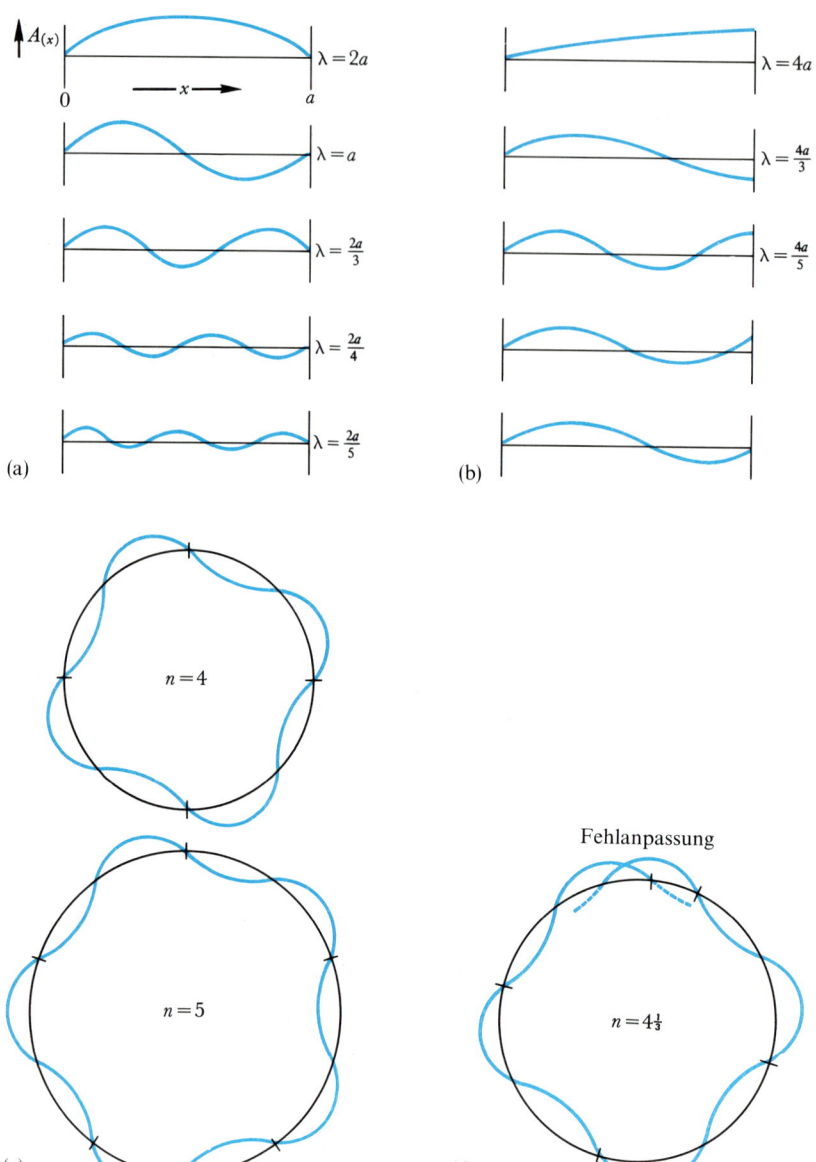

Abbildung 8–16   (a) Annehmbare und (b) nicht annehmbare stehende Wellen oder Schwingungs-moden bei einer Violinensaite, wie sie durch die Grenzbedingungen bestimmt werden, daß die bei-den Enden der Saite festgehalten sind und sich daher nicht bewegen können. Die Grenzbedingungen beschränken die möglichen Wellenlängen der Schwingung auf die Werte $\lambda = 2a/n$, wobei a die Länge der Saite ist, während n nur ganzzahlige Werte annehmen kann: $n = 1, 2, 3 \ldots$. (c) Annehmbare und (d) nicht annehmbare Elektronenwellen in einer Bohrschen Umlaufbahn. Die Grenzbedingungen für eine stehende Welle in einer kreisförmigen Umlaufbahn lauten: Der Umfang der Umlaufbahn muß ein ganzzahliges Vielfaches der Wellenlänge sein: $2\pi r = n\lambda$. Diese Forderung und das Bohrsche Postulat für den Drehimpuls: $mvr = n(h/2\pi) = n\hbar$, führen direkt zur de Broglieschen Beziehung zwischen der Masse eines Teilchens, seiner Geschwindigkeit und seiner Wellenlänge: $\lambda = h/mv$.

eindeutig bestimmt: Eindeutigkeit ist aber für akzeptable Wellen eine Randbedingung.

Für eindeutige stehende Wellen um die Kreisbahn herum ergibt sich der Umfang aus dem Produkt einer ganzen Zahl n und der Wellenlänge λ

$$2\pi r = n\lambda$$

Aus der ursprünglichen Annahme Bohrs über den Drehimpuls folgt nun aber

$$2\pi r = n\left(\frac{h}{mv}\right)$$

Damit führt die Vorstellung von den stehenden Wellen zu folgender Beziehung zwischen der Masse des Elektrons, m, seiner Geschwindigkeit, v, und seiner Wellenlänge, λ

$$\lambda = \frac{h}{mv} \tag{8–10}$$

De Broglie schlug diese Beziehung als allgemeingültig vor: Mit jedem Teilchen, sagte er, ist eine Welle verknüpft. Ihre Wellenlänge hängt von der Masse des Teilchens und seiner Geschwindigkeit ab. Wenn dies tatsächlich so ist, dann sollte sich dieselbe Art von Beugung an Kristallen, wie sie von Laue mit Röntgenstrahlen beobachtet hatte, auch mit Elektronen erzeugen lassen.

1927 zeigten Davisson und Germer, daß Metallfolien einen Elektronenstrahl auf genau dieselbe Weise beugen, wie sie einen Röntgenstrahl beugen, und daß die Wellenlänge eines Elektronenstrahls durch die de Broglie-Beziehung richtig wiedergegeben wird (Abbildung 8–17). Die Elektronenbeugung ist heute eine Standardtechnik zur Bestimmung von Molekülstrukturen.

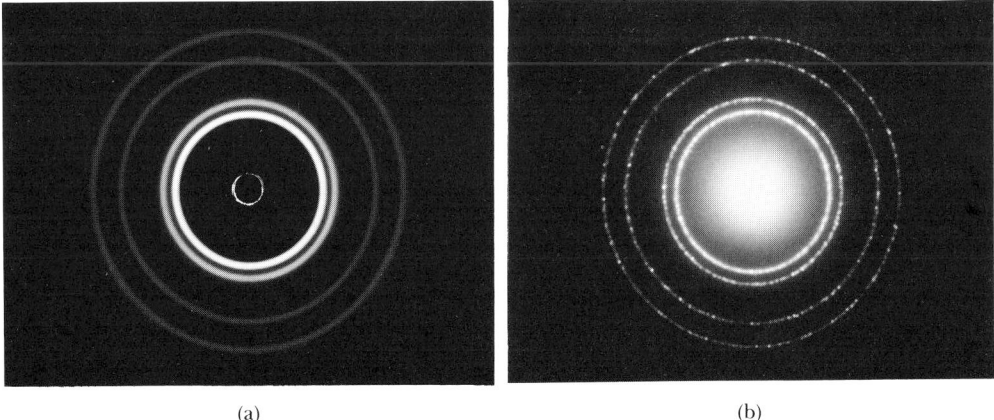

(a)   (b)

Abbildung 8–17 Die Beugung von Wellen durch eine Aluminiumfolie. (a) Röntgenstrahlen der Wellenlänge 71 pm (1 pm = 10^{-12} m). (b) Elektronen der Energie von 600 eV oder der Wellenlänge 50 pm. Die Ähnlichkeit dieser beiden Beugungsbilder ist ein überzeugender Beweis für die Welleneigenschaften von Materieteilchen. (Film Studio, Education Development Center.)

Beispiel: Ein typisches Elektronenbeugungsexperiment wird mit Elektronen durchgeführt, die durch ein Potentialgefälle von 40 000 V beschleunigt werden und damit eine Energie von 40 000 eV erhalten. Wie groß ist die de Broglie-Wellenlänge der Elektronen?

Lösung: Zuerst wandeln wir die Energie, E, von Elektronenvolt in Joule um

$$E = 40\,000 \text{ eV} \times \frac{1{,}6022 \times 10^{-19} \text{ J}}{1 \text{ eV}} = 6{,}408 \times 10^{-15} \text{ J}$$

(Diesen und verschiedene andere, nützliche Umwandlungsfaktoren sowie eine Tabelle der Werte häufig benötigter physikalischer Konstanten finden Sie im Anhang 1.) Da die kinetische Energie der Elektronen durch $E = \frac{1}{2}mv^2$ gegeben ist, erhalten wir für die Geschwindigkeit der Elektronen

$$v = \left(\frac{2E}{m}\right)^{1/2} = \left(\frac{2 \times 6{,}408 \times 10^{-15} \text{ kg m}^2 \text{s}^{-2}}{9{,}109 \times 10^{-31} \text{ kg}}\right)^{1/2}$$
$$= (1{,}410 \times 10^{16} \text{ m}^2 \text{s}^{-2})^{1/2}$$
$$= 1{,}186 \times 10^8 \text{ m s}^{-1}$$

(Wenn im Ausdruck $E = \frac{1}{2}mv^2$ die Masse in kg und die Geschwindigkeit in ms^{-1} angegeben wird, ergibt sich die Energie in J, wobei gilt: 1 J = 1 kg m^2 s^{-2}. Wir haben diese Einheitenumwandlung im vorangehenden Schritt verwendet. Die Masse des Elektrons, $m = 9{,}109 \times 10^{-31}$ kg finden Sie in Anhang 1.) Für den Impuls des Elektrons, mv, folgt damit

$$mv = 9{,}109 \times 10^{-31} \text{ kg} \times 1{,}186 \times 10^8 \text{ ms}^{-1}$$
$$= 1{,}081 \times 10^{-22} \text{ kg ms}^{-1}$$

Schließlich erhalten wir die Wellenlänge des Elektrons aus der de Broglie-Beziehung

$$\lambda = \frac{h}{mv} = \frac{6{,}6262 \times 10^{-34} \text{ J s}}{1{,}081 \times 10^{-22} \text{ kg ms}^{-1}}$$
$$= 6{,}13 \times 10^{-12} \frac{\text{kg m}^2 \text{s}^{-2} \text{s}}{\text{kg ms}^{-1}}$$
$$= 6{,}13 \times 10^{-12} \text{ m}$$
$$= 6{,}13 \text{ pm}$$

Somit ergeben 40 kV-Elektronen dieselben Beugungseffekte wie elektromagnetische Wellen mit einer Wellenlänge von 6,13 pm.

Solche Berechnungen sind ganz schön, aber die Frage bleibt: Sind Elektronen nun Wellen oder sind sie Teilchen? Sind Lichtstrahlen nun Wellen oder Teilchen? Die Naturwissenschaftler quälten sich mit diesen Fragen jahrelang herum, bis sie allmählich merkten, daß sie sich nur über Sprachschwierigkeiten und nicht etwa über Naturwissenschaft Gedanken machten und daß die Modellvorstellungen, die sie sich von der Wirklichkeit gemacht hatten, in ihren Überlegungen an die Stelle der Wirklichkeit getreten waren. Die meisten Dinge verhalten sich in unserer Alltagserfahrung so, als ob sie entweder das sind, was wir „Wellen" bezeichnen würden, oder das, was wir „Teilchen" nennen würden, und wir haben uns dafür idealisierte Kategorien geschaffen und die Wörter „Welle" und „Teilchen" dazu benutzt, diese Kategorien zu charakterisieren. Das Verhalten von Materie in der Größenordnung von Elektronen läßt sich jedoch nicht mehr genau mit Hilfe dieser im großen Maßstab geltenden Kategorien beschreiben. Elektronen, Protonen, Neutronen und Photonen sind keine Wellen, und sie sind auch keine Teilchen. Sie verhalten sich nur manchmal so, als ob sie das wären, was wir gewöhnlich als Wellen bezeichnen würden, und bei anderen Gelegenheiten so, als ob sie das wären, was wir üblicherweise als Teilchen beschreiben würden. Aber zu fragen: „Ist ein Elektron eine Welle oder ein Teilchen?" ist genauso sinnlos, wie einen Schweizer zu fragen: „Sind Sie CDU- oder SPD-Wähler?" Diese Kategorien lassen sich einfach nicht auf diese Fälle anwenden.

Dieser Welle-Teilchen-Dualismus kommt bei allen Körpern vor; es liegt nur an der Größe bestimmter Körper, daß das eine Verhalten vorherrscht und das andere unterdrückt wird. So besitzt ein geworfener Handball auch Welleneigenschaften, jedoch ist seine Wellenlänge so kurz, daß wir sie nicht messen können.

Übung: Ein 200 g schwerer Ball wird mit einer Geschwindigkeit von $3,0 \times 10^3$ cm s^{-1} geworfen. Berechnen Sie seine de Broglie-Wellenlänge.
(Antwort: $\lambda = 1,10 \times 10^{-34}$ m.)

Beispiel: Wie schnell (oder vielmehr wie langsam) muß ein 200 g Ball fliegen, um dieselbe de Broglie-Wellenlänge wie ein 40 kV-Elektron zu besitzen?

Lösung: Die Wellenlänge des 40 kV-Elektrons haben wir im vorangehenden Beispiel zu 6,13 pm = $6,13 \times 10^{-12}$ m berechnet. Für die Geschwindigkeit des Balles erhalten wir damit

$$v = \frac{h}{\lambda m} = \frac{6,6262 \times 10^{-34} \text{ kg m}^2 \text{ s}^{-2}}{6,13 \times 10^{-12} \text{ m} \times 0,200 \text{ kg}}$$
$$= 5,40 \times 10^{-22} \text{ ms}^{-1}$$
$$= 1,70 \times 10^{-5} \text{ nm pro Jahr!}$$

Ein solcher Ball würde mehr als zehntausend Jahre benötigen, um eine Strecke von der Länge einer Kohlenstoff-Kohlenstoff-Bindung (0,154 nm) zurückzulegen. Diese Art von Bewegung liegt weit außerhalb unseres Erfahrungsbereichs mit Bällen; so darf es uns nicht verwundern, daß wir niemals die Welleneigenschaften von Bällen in unsere Überlegungen einbeziehen.

8–5 Die Unschärferelation

Eine der bedeutsamsten Schlußfolgerungen aus dem dualen Wesen der Materie ist die sogenannte Unschärferelation, die 1927 von Werner Heisenberg (1901–1976) aufgestellt wurde. Dieses Prinzip besagt, daß es unmöglich ist, gleichzeitig sowohl den Ort als auch den Impuls irgendeines Teilchens mit absoluter Genauigkeit zu kennen. Das Produkt aus der Unschärfe der Lage, Δx, und der Unschärfe des Impulses, $\Delta(mv)$, wird stets gleich oder größer als das durch 4π dividierte Plancksche Wirkungsquantum sein

$$\Delta x \cdot \Delta(mv) \geqq \frac{h}{4\pi} \qquad (8\text{--}11)$$

Wir können uns dieses Prinzip dadurch veranschaulichen, daß wir uns einmal ansehen, wie wir die Lage eines Teilchens im Raum bestimmen: Wenn das Teilchen groß genug ist, können wir es anfassen, ohne es ernstlich zu stören. Wenn das Teilchen kleiner ist, bietet sich als etwas feinfühligeres Verfahren zur Lokalisierung des Teilchens die Bestrahlung mit Licht an, wobei wir das am Teilchen gestreute Licht beobachten. Jedoch verhält sich das Licht so, als ob es ein Strom von Teilchen – Photonen – mit einer Energie ist, die proportional zu seiner Frequenz ist: $E = h\nu$. Wenn wir also einen Körper beleuchten, bestrahlen wir ihn mit Energie. Wenn der Körper groß ist, wird er sich erwärmen; ist er klein genug, so wird er weggestoßen, und sein Impuls wird unbestimmt. Die geringste Beeinflussung, die wir überhaupt ausüben können, ist die, die eintritt, wenn wir ein einziges Photon an unserem Beobachtungsobjekt abprallen lassen und beobachten, wohin das Photon fliegt. Jetzt befinden wir uns aber in einem Dilemma: Die Einzelheiten in einem Bild eines Gegenstands hängen von der Feinheit der Wellenlänge des Lichts ab, das wir bei der Beobachtung des Gegenstands verwenden. Um ein Photon mit hinreichend geringer Energie zu erhalten, so daß der Impuls eines Atoms sich nicht ändert, wenn das Photon an ihm abprallt, müssen wir eine so große Wellenlänge wählen, daß die Lage des Atoms unscharf bestimmt ist. Wenn wir aber umgekehrt versuchen, den Ort des Atoms genau zu bestimmen, indem wir ein kurzwelliges Photon verwenden, läßt die Energie des Photons das Atom mit einem unbestimmten Impuls abprallen (Abbildung 8–18). Wir können ein Experiment entwerfen, um entweder einen genauen Wert für den Impuls oder den Ort eines Atoms zu erhalten, aber das Produkt der Fehler in diesen beiden Größen wird durch die Gleichung (8–11) begrenzt.

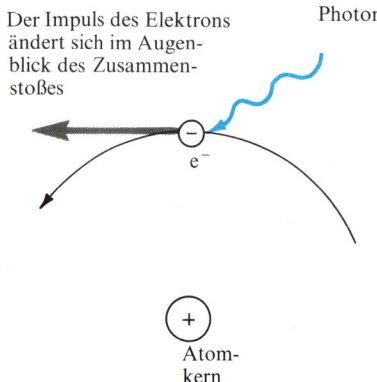

Der Impuls des Elektrons ändert sich im Augenblick des Zusammenstoßes

Photon

e⁻

+

Atomkern

Abbildung 8–18 Die Position eines Elektrons, e⁻, zu einem bestimmten Zeitpunkt sollte mit Hilfe eines „Supermikroskops" bestimmbar sein, das mit Licht von kleiner Wellenlänge λ (Röntgen- oder γ-Strahlen) arbeitet. Jedoch besitzen die Photonen von Licht mit kleinem λ eine große Energie und damit auch einen sehr großen Impuls. Ein Zusammenstoß eines dieser Photonen mit einem Elektron verändert sofort den Impuls des Elektrons. Somit wird, während die Position des Elektrons besser aufgelöst wird, der Impuls des Elektrons immer unbestimmter.

Beispiel: Angenommen, wir wollen den Ort eines Elektrons bestimmen, dessen Geschwindigkeit 10^6 ms^{-1} beträgt, indem wir dazu einen Strahl grünen Lichts verwenden, dessen Frequenz $v = 0,60 \times 10^{15}$ Hz ist. Wie verhält sich die Energie eines Photons dieses Lichts zur Energie des Elektrons, dessen Lage wir bestimmen wollen?

Lösung: Die Energie des Elektrons beträgt

$$E_e = \tfrac{1}{2}mv^2 = \tfrac{1}{2}(9,109 \times 10^{-31}\ \text{kg} \times 10^{12}\ \text{m}^2\ \text{s}^{-2})$$
$$= 4,55 \times 10^{-19}\ \text{J}$$

Aber die Energie des Photons ist fast genauso groß

$$E_{\text{ph}} = hv = 6,6262 \times 10^{-34}\ \text{J s} \times 0,60 \times 10^{15}\ \text{s}^{-1}$$
$$= 3,97 \times 10^{-19}\ \text{J}$$

Die Bestimmung der Lage und des Impulses eines solchen Elektrons mit grünem Licht ist ein genauso fragwürdiges Verfahren wie die Bestimmung der Lage und des Impulses einer Billardkugel, indem man sie mit einer anderen Billardkugel zusammenstoßen läßt. In beiden Fällen entdecken Sie den Ort des Teilchens auf Kosten einer Störung seines Impulses. Schließlich tritt noch die zusätzliche Schwierigkeit auf, daß das grüne Licht ein hoffnungslos grober Maßstab für das Auffinden von Objekten mit atomaren Abmessungen ist. Ein Atom besitzt einen Radius von ungefähr 0,1 nm, wogegen die Wellenlänge des grünen Lichts annähernd 500 nm beträgt. Kürzere Wellenlängen verschlimmern jedoch das Energieproblem noch mehr.

Bei großen Objekten erkennen wir die Einschränkungen, die uns die Unschärferelation auferlegt, wegen der Größe der Massen und Geschwindigkeiten nicht. Vergleichen Sie dazu einmal die beiden folgenden Probleme miteinander.

Beispiel: Ein Elektron bewegt sich mit einer Geschwindigkeit von 10^6 ms^{-1}. Angenommen, wir können seine Position auf 0,001 nm oder 1% eines typischen Atomradius genau bestimmen. Vergleichen Sie dann einmal die Unschärfe seines Impulses, Δp, mit dem Betrag des Impulses, p, des Elektrons.

Lösung: Die Ortsunschärfe des Elektrons beträgt $\Delta x \approx 0,001$ nm $= 1 \times 10^{-12}$ m. Für den Impuls des Elektrons ergibt sich annähernd

$$p = mv \approx 10^{-30}\ \text{kg} \times 10^6\ \text{ms}^{-1}$$
$$\approx 10^{-24}\ \text{kg ms}^{-1}$$

Nach der Heisenbergschen Unschärferelation erhalten wir für die Unbestimmtheit des Impulses

$$\Delta p = \frac{h/4\pi}{\Delta x} \approx \frac{0,5 \times 10^{-34}\ \text{kg m}^2\text{s}^{-1}}{1,0 \times 10^{-12}\ \text{m}}$$
$$\approx 0,5 \times 10^{-22}\ \text{kg ms}^{-1}$$

Die *Unschärfe* des Impulses des Elektrons ist 50mal so groß wie der Impuls selbst!

Übung: Ein Ball mit einer Masse von 200 g bewegt sich mit einer Geschwindigkeit von

30 ms^{-1}. Wenn wir den Ort des Balles mit einer Genauigkeit bestimmen können, die dem Betrag nach gleich der Wellenlänge des verwendeten Lichts ist (also z. B. 500 nm), wie groß ist dann die Unbestimmtheit des Impulses im Vergleich mit dem Gesamtimpuls des Balles?

(Antwort: $p = 6$ kg ms^{-1} und $\Delta p = 1 \times 10^{-28}$ kg ms^{-1}. Die Impulsunschärfe beträgt also nur 1 Teil in 10^{28} und liegt damit weit unter den Nachweismöglichkeiten in einem Experiment.)

8–6 Wellengleichungen

Es gibt gewöhnlich zwei Wege, die Schrödinger-Gleichung in Einführungskursen vorzustellen: Der eine greift Lösungen der Wellengleichung einfach aus der Luft, ohne groß zu erklären, woher sie kommen, während der andere über die ins einzelne gehende Lösung der Differentialgleichungen mit allen ihren mathematischen Schwierigkeiten führt. (Bewegungsgleichungen sind immer *Differentialgleichungen*, da sie die *Änderung* der einen Größe mit der einer anderen Größe verknüpfen; so z. B. eine Änderung des Ortes mit einer Änderung in der Zeit.) Wir werden hier versuchen, einen Mittelweg einzuschlagen. Die Mathematik der Schrödinger-Gleichung geht über die Möglichkeiten dieses Buches hinaus, aber das Herangehen an das Problem – die Strategie zur Ermittlung ihrer Lösungen – tut dies nicht. Wenn Sie einmal gesehen haben, wie die Physiker darangehen, die Schrödinger-Gleichung zu lösen, auch wenn Sie sie nicht selbst lösen können, mag Ihnen das Auftreten der Quantisierung und der Quantenzahlen etwas weniger geheimnisvoll erscheinen. Dieser Abschnitt ist ein Versuch, die Lösungsmethode für eine differentielle Bewegungsgleichung der Art zu erklären, wie wir ihr in der Quantenmechanik begegnen. Wir werden die Strategie mit Hilfe der etwas leichter verständlichen Analogie der Gleichung für eine schwingende Saite erklären.

Die de Brogliesche Beziehung und die Heisenbergsche Unschärferelation sollten Sie auf die zwei wichtigsten Besonderheiten der Quantenmechanik vorbereitet haben, die im Gegensatz zur Ihnen vertrauten klassischen Mechanik stehen:

1. Informationen über ein Teilchen ergeben sich aus der Lösung einer Gleichung für eine Welle.
2. Die sich für das Teilchen ergebenden Informationen geben nicht seinen Ort an, sondern nur die *Wahrscheinlichkeit* dafür, das Teilchen in einem bestimmten Gebiet des Raumes anzutreffen.

Es ist uns nicht möglich, zu sagen, ob sich ein Elektron an einem bestimmten Punkt in einem Atom befindet, aber wir können die Wahrscheinlichkeit angeben, daß es sich eher dort als anderswo aufhält.

Wellengleichungen sind uns aus der klassischen Mechanik vertraut. So wird z. B. das Problem der Schwingung einer Violinensaite in drei Schritten gelöst:

1. Sie stellen die Bewegungsgleichung einer schwingenden Saite auf. Diese Gleichung wird die Verschiebung oder Amplitude der Schwingung, $A(x)$, als Funktion der Lage entlang der Saite, x, enthalten.

2. Sie lösen die Differentialgleichung, um einen allgemeinen Ausdruck für die Amplitude zu erhalten. Für eine schwingende Saite mit festgehaltenen Enden ist dieser allgemeine Ausdruck eine Sinus-Welle. Bis jetzt unterliegen Wellenlänge oder Frequenz noch keinen Einschränkungen.

3. Sie eliminieren alle Lösungen bis auf die, bei denen die Enden der Saite in der Ruhelage bleiben. Diese Beschränkung auf akzeptable Lösungen der Wellengleichung stellt eine Randbedingung des Problems dar. Abbildung 8–16a zeigt Lösungen, die diese Randbedingung der festgehaltenen Enden der Saite erfüllen; Abbildung 8–16b zeigt Lösungen, die dies nicht tun. Die einzig akzeptablen Schwingungen sind die, bei denen $\lambda = 2a/n$ oder $\bar{v} = n/2a$ ist, wobei $n = 1, 2, 3, 4, \ldots$ ist. *Die Randbedingungen und nicht die Wellengleichung sind für die Quantisierung der Wellenlängen der Saitenschwingung verantwortlich.*

Genau dasselbe Verfahren wird in der Quantenmechanik befolgt:

1. Sie stellen eine allgemeine Wellengleichung für ein Teilchen auf. Eine solche Gleichung wurde 1926 von Erwin Schrödinger (1887–1961) vorgeschlagen. Die Schrödinger-Gleichung wird unter Verwendung der Funktion $\psi(x, y, z)$ formuliert, die das Analogon zur Amplitude $A(x)$ unserer schwingenden Saite ist. *Das Absolutquadrat dieser Amplitude, $|\psi|^2$, gibt die relative Wahrscheinlichkeitsdichte für das Teilchen im Punkt (x, y, z) an.* Das heißt, wenn sich ein kleines Volumenelement dv im Punkt (x, y, z) befindet, ist die Wahrscheinlichkeit, das Elektron in diesem Volumenelement anzutreffen, durch $|\psi|^2 \, dv$ gegeben.

2. Sie lösen die Schrödinger-Gleichung, um den allgemeinsten Ausdruck für $\psi(x, y, z)$ zu erhalten.

3. Sie setzen die Randbedingungen für das spezielle physikalische Problem ein. Wenn das Teilchen ein Elektron in einem Atom ist, lauten die Randbedingungen, daß $|\psi|^2$ überall im Raum *stetig, eindeutig* und *endlich* sein muß. Alle diese Bedingungen sind nichts anderes als gesunder Menschenverstand: Erstens fluktuieren Wahrscheinlichkeitsfunktionen nicht radikal und diskontinuierlich von einem Ort zum anderen; die Wahrscheinlichkeit, das Elektron ein paar Zehntel Picometer von einer bestimmten Position entfernt anzutreffen, wird sich nicht sehr stark von der Wahrscheinlichkeit an der ursprünglichen Position unterscheiden. Zweitens kann die Wahrscheinlichkeit, das Elektron an einem bestimmten Ort anzutreffen, nicht gleichzeitig zwei verschiedene Werte besitzen. Drittens muß die Wahrscheinlichkeit, das Elektron überhaupt irgendwo anzutreffen, gleich 100% oder 1,000 sein, wenn das Elektron tatsächlich vorhanden ist. Infolgedessen kann die Wahrscheinlichkeit an irgendeinem Punkt im Raum nicht unendlich sein.

Wir werden jetzt die Wellengleichung einer schwingenden Saite mit der Schrödinger-Gleichung für ein Teilchen vergleichen. Wir erwarten hier nicht von Ihnen, daß Sie irgend etwas mit einer dieser Gleichungen anfangen sollen, aber Sie sollten doch die Ähnlichkeiten zwischen ihnen beachten:

Schwingende Saite. Die Amplitude der Schwingung in einer Entfernung x entlang der Saite ist durch $A(x)$ gegeben. Die differentielle Bewegungsgleichung lautet

$$\frac{\mathrm{d}^2 A(x)}{\mathrm{d}x^2} + 4\pi^2 \bar{v}^2 A(x) = 0 \tag{8–12}$$

Als allgemeine Lösung dieser Differentialgleichung ergibt sich eine Sinusfunktion

$$A(x) = A_{\max} \sin(2\pi\bar{v}x + \alpha)$$

und die allein akzeptablen Lösungen sind die (Abbildung 8–16a), für die $\bar{v} = n/2a$ mit $n = 1, 2, 3, 4, \ldots$ und die sogenannte Phasenverschiebung α gleich null sind

$$A(x) = A_{\max} \sin\left(\frac{n\pi}{a} x\right)$$

Schrödinger-Gleichung: Das Absolutquadrat der Amplitude $|\psi(x, y, z)|^2$ ist die Wahrscheinlichkeitsdichte des Teilchens im Punkte (x, y, z). Die Differentialgleichung lautet

$$\frac{\partial^2 \psi}{\partial x^2} + \frac{\partial^2 \psi}{\partial y^2} + \frac{\partial^2 \psi}{\partial z^2} + \frac{8\pi^2 m}{h}\left[E - V(x, y, z)\right]\psi(x, y, z) = 0 \tag{8–13}$$

wobei $V(x, yz)$ die potentielle Energie des Teilchens im Punkte (x, y, z) und m die Masse des Teilchens darstellen.

Obwohl die Lösung der Gleichung (8–13) kein einfaches Verfahren ist, ist sie doch allein eine mathematische Operation; es gibt dabei überhaupt nichts Geheimnisvolles. Die Energie E ist die Variable, die durch die der Funktion $|\psi|^2$ auferlegten Randbedingungen eingeschränkt oder quantisiert wird. Unsere nächste Aufgabe ist es nun, zu ermitteln, welches die möglichen Energiezustände sind.

8–7 Das Wasserstoffatom

Die Sinusfunktion, die die Lösung der Differentialgleichung für die schwingende Saite darstellt, wird durch eine einzige ganzzahlige Quantenzahl $n = 1, 2, 3, 4, \ldots$ charakterisiert. Die ersten akzeptablen Sinusfunktionen dieser Lösung sind mit $A_0 = A_{\max}$

$$\left.\begin{aligned}
A_1(x) &= A_0 \sin\left(\frac{\pi}{a} x\right)\\[1em]
A_2(x) &= A_0 \sin\left(\frac{2\pi}{a} x\right)\\[1em]
A_3(x) &= A_0 \sin\left(\frac{3\pi}{a} x\right)\\[1em]
A_4(x) &= A_0 \sin\left(\frac{4\pi}{a} x\right)\\[1em]
&\ldots \text{usw.}
\end{aligned}\right\} \qquad A_n(x) = A_0 \sin\left(\frac{n\pi}{a} x\right) \tag{8–14}$$

Dies sind die ersten vier Kurven in Abbildung 8–16a.

Ein Atom ist dreidimensional, wogegen die Saite nur ihre Länge besitzt. Die Lösungen der Schrödinger-Gleichung für das Wasserstoffatom sind durch drei ganzzahlige

Quantenzahlen, n, l und m, charakterisiert. Diese Quantenzahlen ergeben sich bei der Lösung der Gleichung für die Wellenfunktion ψ von selbst, die der Funktion $A_n(x)$ in unserer Analogie mit der schwingenden Saite entspricht. Bei der Lösung der Schrödinger-Gleichung wird diese in drei Teile zerlegt, die jeweils allein Funktionen der drei räumlichen Polarkoordinaten sind (Separation der Variablen). Die Lösung des *Radialteils* der Wellenfunktion beschreibt, wie sich die Wellenfunktion ψ mit der Entfernung von der Mitte des Atoms ändert. Wenn wir uns an das für die Erde übliche Polarkoordinatensystem anlehnen, ergibt der *Azimutalteil*, der der geographischen Breite entspricht, eine Funktion, die beschreibt, wie sich ψ mit der nördlichen oder südlichen Breite

Tabelle 8–1   Die Quantenzustände des Wasserstoffatoms bis zur Hauptquantenzahl $n = 4$

n	l	m	s	Übliche Bezeichnung	Anzahl der Zustände
1	0	0	$\pm\frac{1}{2}$	1s	2
2	0	0	$\pm\frac{1}{2}$	2s	2
2	1	-1	$\pm\frac{1}{2}$		
		0	$\pm\frac{1}{2}$	2p	6
		$+1$	$\pm\frac{1}{2}$		
3	0	0	$\pm\frac{1}{2}$	3s	2
3	1	-1	$\pm\frac{1}{2}$		
		0	$\pm\frac{1}{2}$	3p	6
		$+1$	$\pm\frac{1}{2}$		
3	2	-2	$\pm\frac{1}{2}$		
		-1	$\pm\frac{1}{2}$		
		0	$\pm\frac{1}{2}$	3d	10
		$+1$	$\pm\frac{1}{2}$		
		$+2$	$\pm\frac{1}{2}$		
4	0	0	$\pm\frac{1}{2}$	4s	2
4	1	-1	$\pm\frac{1}{2}$		
		0	$\pm\frac{1}{2}$	4p	6
		$+1$	$\pm\frac{1}{2}$		
4	2	-2	$\pm\frac{1}{2}$		
		-1	$\pm\frac{1}{2}$		
		0	$\pm\frac{1}{2}$	4d	10
		$+1$	$\pm\frac{1}{2}$		
		$+2$	$\pm\frac{1}{2}$		
4	3	-3	$\pm\frac{1}{2}$		
		-2	$\pm\frac{1}{2}$		
		-1	$\pm\frac{1}{2}$		
		0	$\pm\frac{1}{2}$	4f	14
		$+1$	$\pm\frac{1}{2}$		
		$+2$	$\pm\frac{1}{2}$		
		$+3$	$\pm\frac{1}{2}$		
5	0	0	…	etc.	

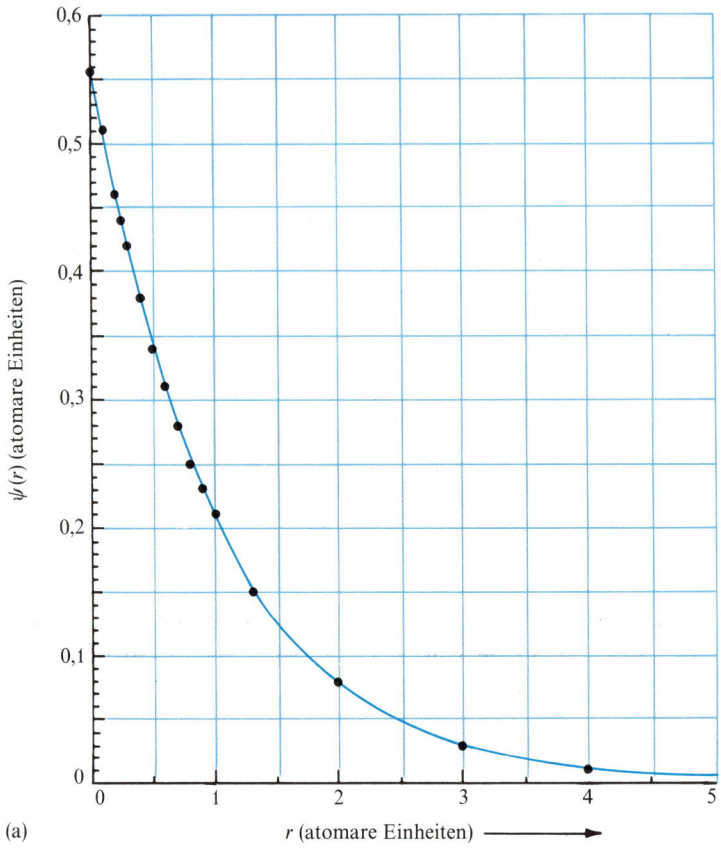

(a)

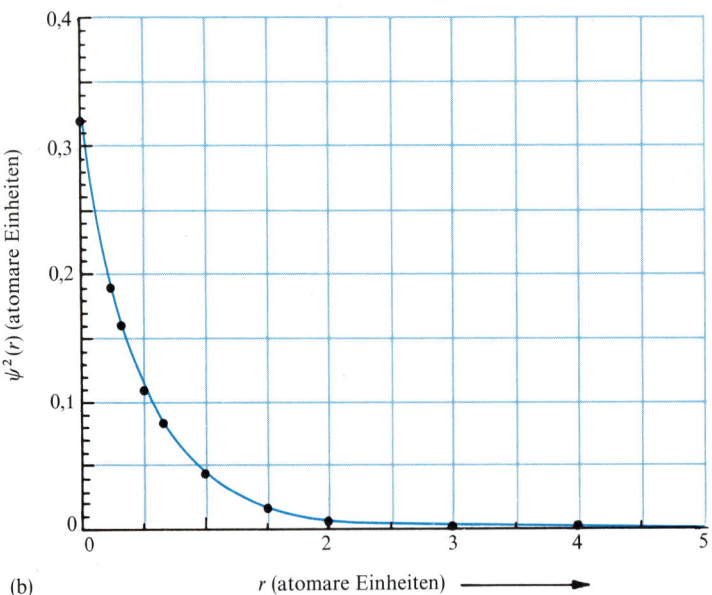

(b)

bzw. dem Abstand vom Äquator des Atoms nach oben oder unten verändert. Schließlich erhalten wir noch einen *Meridionalteil* als dritte Funktion, die angibt, wie sich die Wellenfunktion mit der östlich-westlichen Länge um das Atom herum ändert. Die Gesamtwellenfunktion, ψ, ist dann das Produkt dieser drei Funktionen.

Bei der Separation dieser drei Faktoren der Wellenfunktion erscheint eine Konstante, n, im Ausdruck für den Radialteil, eine weitere Konstante, l, tritt in den Ausdrücken für den Radial- und Azimutalteil auf und in den Ausdrücken für den Azimutal- und Meridionalteil kommt schließlich m vor. Die Randbedingungen, die diesen drei Gleichungen physikalisch sinnvolle Lösungen geben, lauten, daß jede dieser Funktionen (die radiale, azimutale und meridionale) stetig, eindeutig und endlich an allen Punkten des Raumes sein muß. Diese Bedingungen sind nur dann erfüllt, wenn n, l *und* m ganze Zahlen sind. Darüber hinaus ergibt sich noch, daß l gleich null oder eine positive, ganze Zahl kleiner als n sein muß und daß m Werte von $-l$ bis $+l$ annehmen kann. Aus einem eindimensionalen Problem (die schwingende Saite) erhielten wir eine Quantenzahl. Jetzt erhalten wir bei einem dreidimensionalen Problem drei Quantenzahlen.

Die *Hauptquantenzahl*, n, kann jeden beliebigen, positiven, ganzzahligen Wert annehmen: $n = 1, 2, 3, 4, \ldots$. Die *Azimutal-* oder *Bahndrehimpulsquantenzahl*, l, kann jeden ganzzahligen Wert von 0 bis $n - 1$ annehmen. Die *magnetische Quantenzahl*, m, kann jeden ganzzahligen Wert von $-l$ bis $+l$ annehmen. Die verschiedenen Quantenzustände, die ein Elektron besetzen kann, sind in Tabelle 8–1 aufgeführt. Für ein Elektron um den Kern in einem Wasserstoffatom hängt die Energie nur von n ab. Darüber hinaus ergibt sich für diese Energie genau derselbe Ausdruck wie in der Bohrschen Theorie

$$E_n = -\frac{k}{n^2}; \quad k = \left(\frac{1}{4\pi\varepsilon_0}\right)^2 \frac{2\pi^2 m_e e^4}{h^2} \tag{8–5}$$

Die Quantenzustände mit $l = 0, 1, 2, 3, 4, 5, \ldots$ werden als s-, p-, d-, f-, g-, h-, ... Zustände bezeichnet, wobei man sich der alten spektroskopischen Bezeichnungsweise anschloß (Abbildung 8–14). Alle l-Zustände mit demselben n besitzen im Wasserstoffatom *dieselbe* Energie; das Energieniveau-Diagramm ist das gleiche wie in Abbildung 8–11.

Jeder der sich durch n, l und m unterscheidenden Quantenzustände in Tabelle 8–1 entspricht einer anderen Wahrscheinlichkeitsverteilungsfunktion für das Elektron im Raum. Die einfachsten dieser Wahrscheinlichkeitsdichtefunktionen für die s-Zustände besitzen eine sphärische Symmetrie. Die Wahrscheinlichkeit, das Elektron an einem bestimmten Punkt anzutreffen, ist in allen Richtungen dieselbe, ändert sich aber mit dem Abstand vom Kern. Die Abhängigkeit von ψ und der Wahrscheinlichkeitsdichte $|\psi|^2$

◄ **Abbildung 8–19** Graphische Darstellungen von (a) ψ und (b) $|\psi|^2$ für das 1s-Orbital des atomaren Wasserstoffs. Die Gleichung für die Wellenfunktion lautet: $\psi_{1s}(r) = A e^{-r}$. Der Radius r wird in Einheiten von a_0, dem Bohrschen Radius ($a_0 = 0,529 \times 10^{-10}$ m), gemessen. Beachten Sie, daß die Wahrscheinlichkeitskurve niemals ganz bis auf den Wert null abfällt, selbst nicht bei $r \to \infty$, obwohl das Elektron sich mit größter Wahrscheinlichkeit innerhalb eines Radius von vier atomaren Einheiten ($4a_0$) um den Kern herum aufhalten wird. Im Prinzip erstreckt sich die Wahrscheinlichkeitskurve des Elektrons über das ganze Universum, aber die Kugel um den Atomkern herum, die 99% der Wahrscheinlichkeit in sich einschließt, besitzt nur einen Radius von 4,2 atomaren Einheiten oder $2,2 \times 10^{-10}$ m.

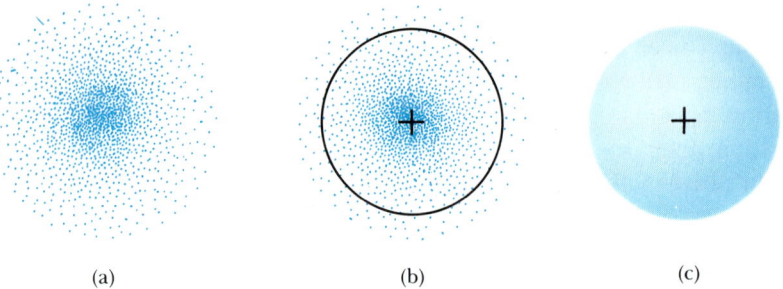

(a)   (b)   (c)

Abbildung 8–20 Drei Arten der Darstellung der sphärischen Elektronenwahrscheinlichkeitsdichte-funktion des 1s-Orbitals des Wasserstoffs: (a) $|\psi|^2$ wird durch die Dichte der Punktierung dargestellt; (b) ein schwarzer Kreis stellt einen Querschnitt durch die kugelförmige Schale dar, die 90% der Wahr-scheinlichkeitsdichte enthält (Radius 2,7 atomare Einheiten oder $1,4 \times 10^{-10}$ m); (c) die Schale mit 90% Wahrscheinlichkeit wird als eine räumliche Oberfläche dargestellt.

vom Abstand r des Elektrons vom Kern für den 1s-Zustand, d.h. für den Zustand mit $n = 1$ und $l = 0$, ist in Abbildung 8–19 aufgetragen. Die sphärische Symmetrie dieses Zustands kommt klarer in Abbildung 8–20 zum Ausdruck. Die Größe $|\psi|^2 \, dv$ kann man sich entweder als die Wahrscheinlichkeit vorstellen, das Elektron im Volumenele-ment dv in einem Atom anzutreffen, oder als die *durchschnittliche* Elektronendichte im entsprechenden Volumenelement in einer großen Menge verschiedener Wasserstoff-atome. Das Elektron befindet sich hier nicht mehr auf einer Umlaufbahn im Bohr-Sommerfeldschen Sinne, sondern es wird vielmehr durch eine Aufenthaltswahrschein-lichkeitswolke für das Elektron dargestellt, die üblicherweise als *Orbital* bezeichnet wird.

Das 2s-Orbital ist ebenfalls sphärisch symmetrisch, aber seine radiale Verteilungs-funktion besitzt einen Knoten, d.h. eine Nullstelle, bei $r = 2$ atomaren Längeneinheiten (eine atomare Längeneinheit ist gleich $a_0 = 0,0529$ nm). Die Wahrscheinlichkeitsdichte besitzt ein Maximum bei vier atomaren Längeneinheiten, was zugleich der Radius der

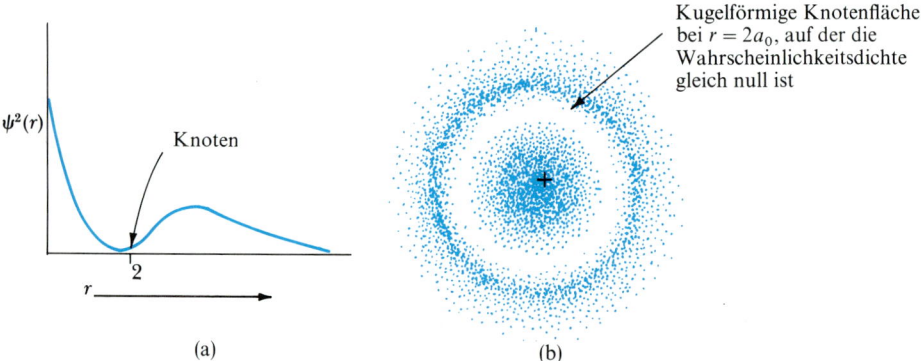

$\psi^2(r)$ Knoten

Kugelförmige Knotenfläche bei $r = 2a_0$, auf der die Wahrscheinlichkeitsdichte gleich null ist

r 2

(a)   (b)

Abbildung 8–21 Das 2s-Orbital des Wasserstoffatoms. (a) Die graphische Darstellung von $|\psi|^2$ gegen r. (b) Ein Querschnitt durch die in drei Dimensionen aufgetragene Wahrscheinlichkeitsdichte-funktion. Die Wahrscheinlichkeitsdichte ist hier durch die Dichte der Punktierung dargestellt.

Bohrschen Umlaufbahn für $n = 2$ ist. Es gibt eine hohe Wahrscheinlichkeit dafür, ein Elektron im 2s-Orbital dichter am Kern oder weiter von ihm entfernt als $r = 2$ atomare Längeneinheiten anzutreffen, aber die Wahrscheinlichkeit, es jemals in der Kugelschale mit $r = 2$ atomare Längeneinheiten anzutreffen, ist gleich null (Abbildung 8–21). Das 3s-Orbital besitzt nun zwei derartige kugelförmige Knotenflächen, und das 4s-Orbital weist deren drei auf. Jedoch sind diese Einzelheiten bei der Erklärung von chemischen Bindungen nicht so wichtig wie vielmehr die allgemeine Beobachtung, daß s-Orbitale eine sphärische Symmetrie besitzen und daß ihre Größe zunimmt, wenn n vergrößert wird.

Es gibt drei 2p-Orbitale, die durch die Symbole $2p_x$, $2p_y$ und $2p_z$ gekennzeichnet werden. Jedes Orbital ist hinsichtlich einer Drehung um eine der Hauptachsen des Koordinatensystems X, Y oder Z, wie im Index angegeben ist, zylindrisch symmetrisch. Jedes 2p-Orbital besitzt zwei Lappen mit hoher Elektronendichte, die von einer Knotenebene der Dichte null getrennt werden (Abbildungen 8–22 und 8–23). Das Vorzeichen der Wellenfunktion ψ ist im einen Lappen positiv, während es im anderen Lappen negativ ist. Die 3p-, 4p- und höheren p-Orbitale besitzen eine, zwei oder mehr zusätzliche Knotenflächen um den Kern herum (Abbildung 8–24); aber diese Einzelheiten sind wieder von zweitrangiger Bedeutung. Die entscheidenden Tatsachen sind die, daß die drei p-Orbitale senkrecht zueinander stehen, stark gerichtet sind und mit wachsendem n an Größe zunehmen.

Die fünf d-Orbitale erscheinen erstmals bei $n = 3$. Für $n = 3$ kann l gleich null, eins oder zwei sein, somit sind s-, p- und d-Orbitale möglich. Die 3d-Orbitale sind in Abbildung 8–25 dargestellt. Drei von ihnen, d_{xy}, d_{yz} und d_{xz}, besitzen dieselbe Gestalt und unterscheiden sich nur durch ihre Orientierung. Jedes Orbital besitzt vier Elektronendichtelappen, die die Winkel zwischen den kartesischen Achsen in der durch die Indices gekennzeichneten Ebene halbieren. Die beiden anderen Orbitale sind etwas ungewöhnlich: Das $d_{x^2-y^2}$-Orbital besitzt ebenfalls vier Elektronendichtelappen, die sich entlang der X- und Y-Achse erstrecken, während das d_{z^2}-Orbital nur zwei Lappen entlang der Z-Achse aufweist, dazu aber noch einen kleinen Ring in der XY-Ebene besitzt. Im vorliegenden Fall sieht es so aus, als ob der Z-Achse eine besondere Bedeutung zukäme, aber dies ist nicht der Fall. Eine andere, ebenso brauchbare Kombination von Wellenfunktionen für die fünf d-Orbitale wird uns einen anderen Satz von fünf d-Orbitalen liefern, bei dem das d_{z^2}-ähnliche Orbital sich entlang der X- oder Y-Achse erstreckt. Wir könnten sogar die Wellenfunktionen so kombinieren, daß wir einen Satz von fünf Orbitalen erhalten, die alle dieselbe Gestalt hätten und sich nur durch ihre Orientierung im Raum unterschieden. Jedoch hat sich der von uns hier beschriebene Satz von Orbitalen, d_{xy}, d_{yz}, d_{xz}, $d_{x^2-y^2}$ und d_{z^2}, als praktisch erwiesen und wird konventionell in der Chemie verwendet. Das Vorzeichen der Wellenfunktion ψ ändert sich von Lappen zu Lappen, wie in Abbildung 8–25 angezeigt ist.

Die Bahndrehimpulsquantenzahl l steht mit der Form des Orbitals in Zusammenhang und wird deshalb gelegentlich auch als *Orbitalgestaltquantenzahl* bezeichnet: s-Orbitale mit $l = 0$ besitzen eine sphärische Symmetrie, sie sind kugelförmig; p-Orbitale mit $l = 1$ weisen positive und negative Lappen der Elektronendichtefunktion entlang einer Achse auf und d-Orbitale mit $l = 2$ erstrecken sich über zwei zueinander senkrechte Richtungen

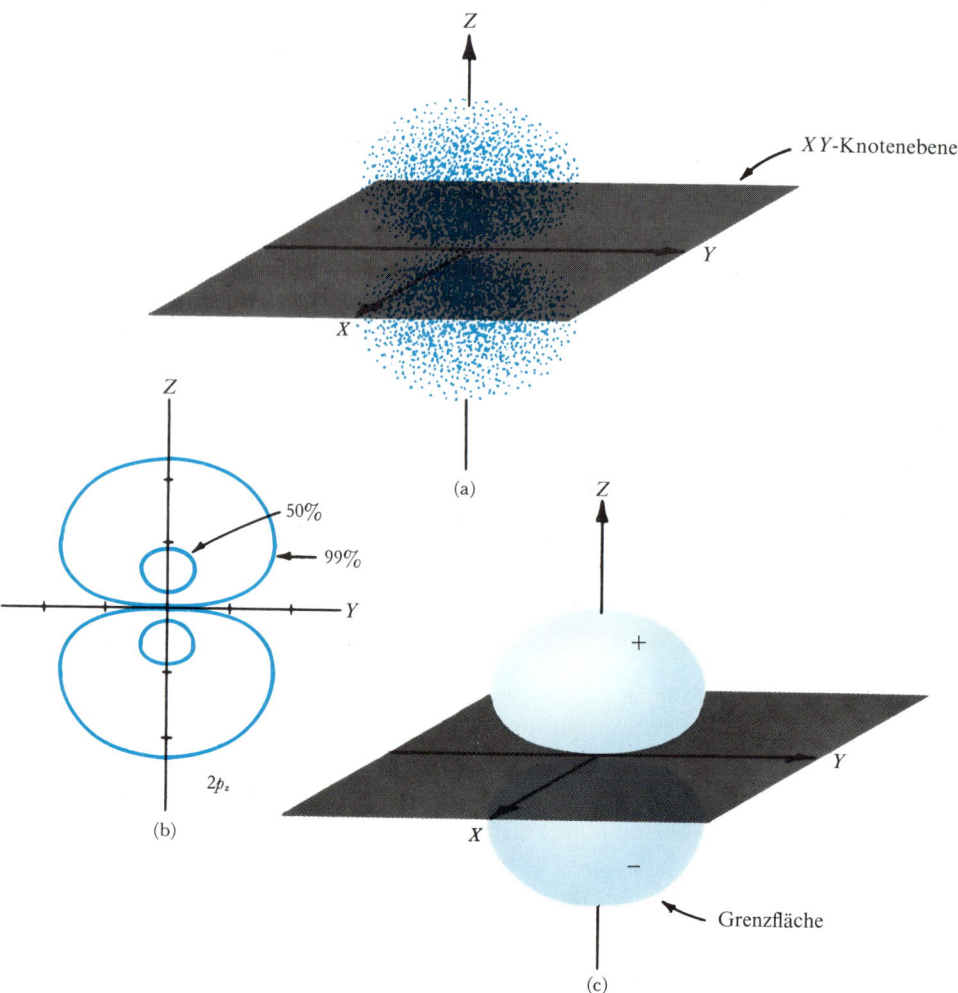

Abbildung 8–22   Drei Arten der Darstellung des atomaren $2p_z$-Orbitals des Wasserstoffs: (a) $|\psi|^2$ wird durch die Dichte der Punktierung dargestellt. (b) Konturdiagramm des $2p_z$-Orbitals. Die Konturen stellen Linien konstanten $|\psi|^2$ in der YZ-Ebene dar und sind so gewählt worden, daß sie, in drei Dimensionen, 50% und 99% der gesamten Wahrscheinlichkeitsdichte einschließen. Das $2p_z$-Orbital ist rotationssymmetrisch zur Z-Achse. (c) Die Schale mit 99% Wahrscheinlichkeit wird als Oberfläche dargestellt. Das plus- bzw. minus-Vorzeichen an den beiden Wolken kennzeichnet die relativen Vorzeichen der Wellenfunktion ψ in den beiden Orbitallappen und darf nicht mit der elektrischen Ladung verwechselt werden. Beachten Sie, daß die Wahrscheinlichkeit, das Elektron in der XY-Ebene anzutreffen, gleich null ist. Eine derartige Oberfläche, die nicht eben zu sein braucht, wird als Knotenfläche bezeichnet.

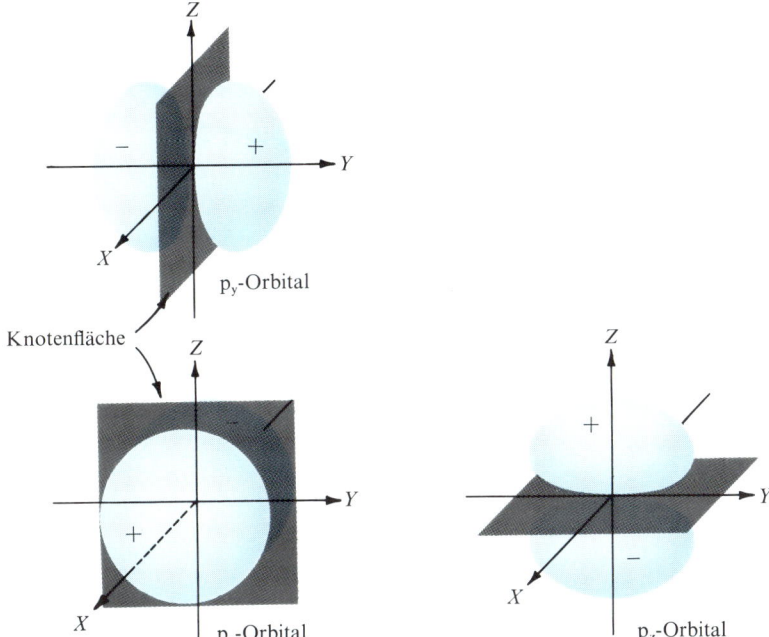

Abbildung 8–23 Grenzflächen, die 99% der Wahrscheinlichkeitsdichte einschließen, für die $2p_y$-, $2p_x$- und $2p_z$-Orbitale des Wasserstoffatoms. Beachten Sie die Knotenebenen mit der Wahrscheinlichkeit null bei jedem Orbital.

(Abbildung 8–26). Die dritte Quantenzahl, m, beschreibt die Orientierung des Orbitals im Raum. Sie wird magnetische Quantenzahl genannt, weil gewöhnlich dadurch zwischen Orbitalen mit unterschiedlicher räumlicher Orientierung unterschieden wird, daß die Atome in ein magnetisches Feld gebracht und die dadurch in den Orbitalen erzeugten Energieunterschiede beobachtet werden. Gelegentlich wird die magnetische Quantenzahl auch als *Orbitalorientierungsquantenzahl* bezeichnet.

Es gibt noch eine vierte Quantenzahl, die bisher nicht erwähnt wurde. Atomspektren und auch direktere Experimente lassen erkennen, daß sich ein Elektron so verhält, als ob es sich um eine Achse dreht und ein kleines magnetisches Moment besitzt. Der Eigendrehimpuls des rotierenden Elektrons wird Spin genannt. Jedes Elektron hat die Wahl zwischen zwei Spinzuständen mit den *Spinquantenzahlen* $s = +\frac{1}{2}$ oder $s = -\frac{1}{2}$. Eine vollständige Beschreibung des Zustands eines Elektrons in einem Wasserstoffatom erfordert die Angabe aller vier Quantenzahlen: n, l, m und s.

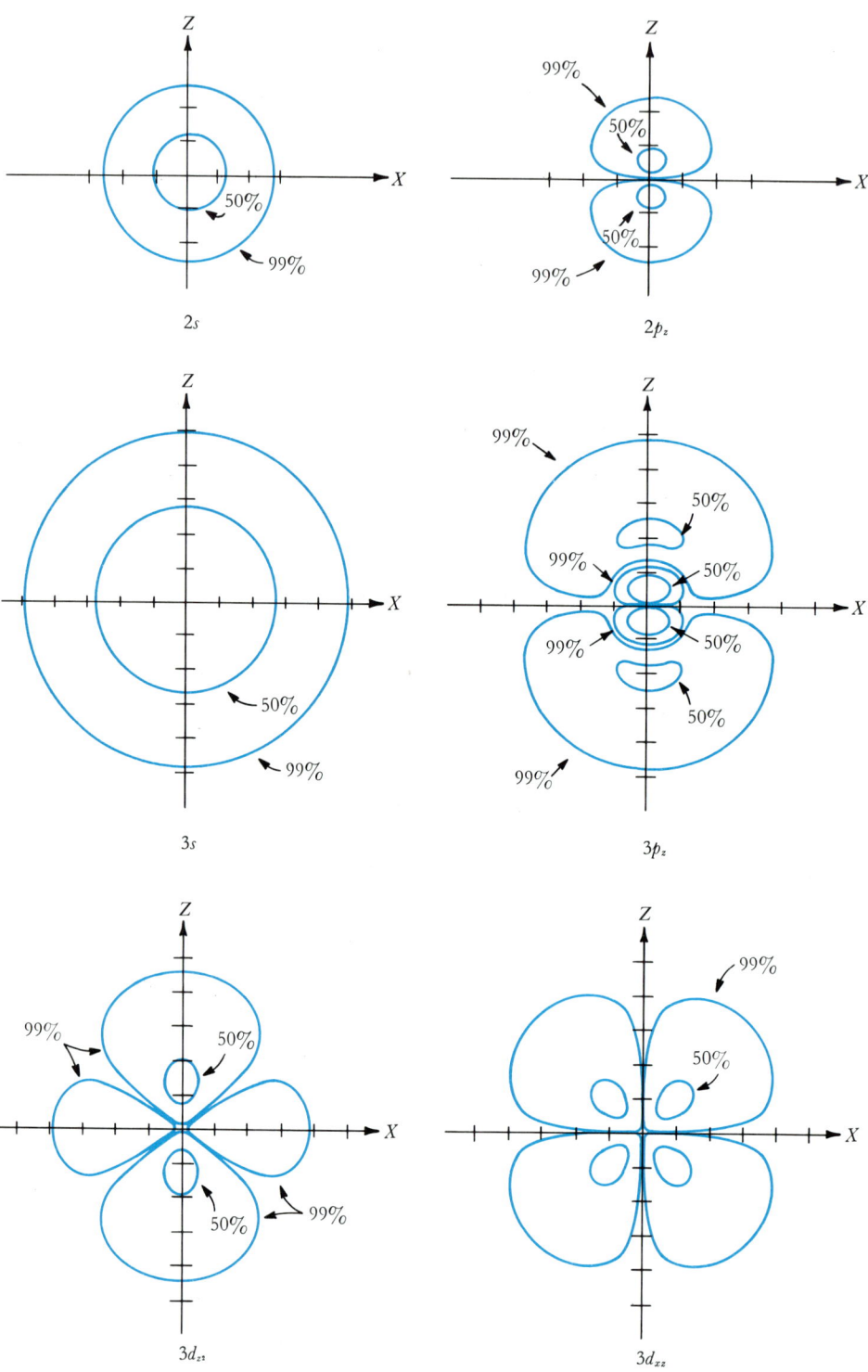

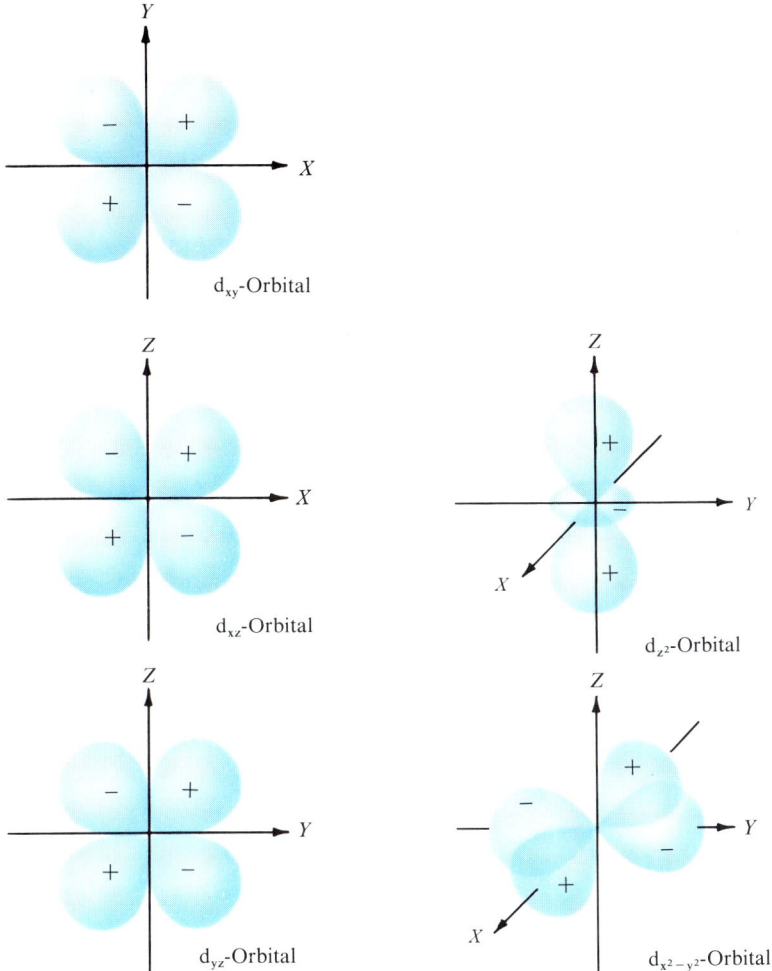

Abbildung 8–25 Die fünf 3 d-Orbitale des Wasserstoffatoms. Die 4 d-, 5 d- und 6 d-Orbitale können als im wesentlichen diesen 3 d-Orbitalen gleich angesehen werden, abgesehen von einer Zunahme ihrer Größe. Beachten Sie, wie sich das Vorzeichen der Wellenfunktion in einem gegebenen Orbital von einem Lappen zum anderen ändert. Dieser Wechsel des Vorzeichens wird von Bedeutung sein, wenn die Atomorbitale zur Bildung einer chemischen Bindung kombiniert werden, wie wir in Kapitel 10 noch sehen werden.

◄ **Abbildung 8–24** Konturdiagramme in der XZ-Ebene für Wasserstoffwellenfunktionen, die die 50%- und 99%-Konturen zeigen. Die X- und die Z-Achse sind in Intervallen von fünf atomaren Einheiten ($5a_0$) geteilt. Alle dargestellten Orbitale, ausgenommen das $3 d_{xz}$-Orbital, besitzen Rotationssymmetrie um die Z-Achse. Das $3 p_z$-Orbital unterscheidet sich dadurch vom $2 p_z$-Orbital, daß es eine weitere Knotenfläche in Form einer kugelförmigen Schale um den Kern in einer Entfernung von annähernd sechs atomaren Einheiten aufweist. Aber soweit es die chemische Bindung betrifft, sind diese inneren Feinheiten ohne Bedeutung; der bedeutsame Unterschied zwischen einem 2 p- und einem 3 p-Orbital ist die Größe des Orbitals.

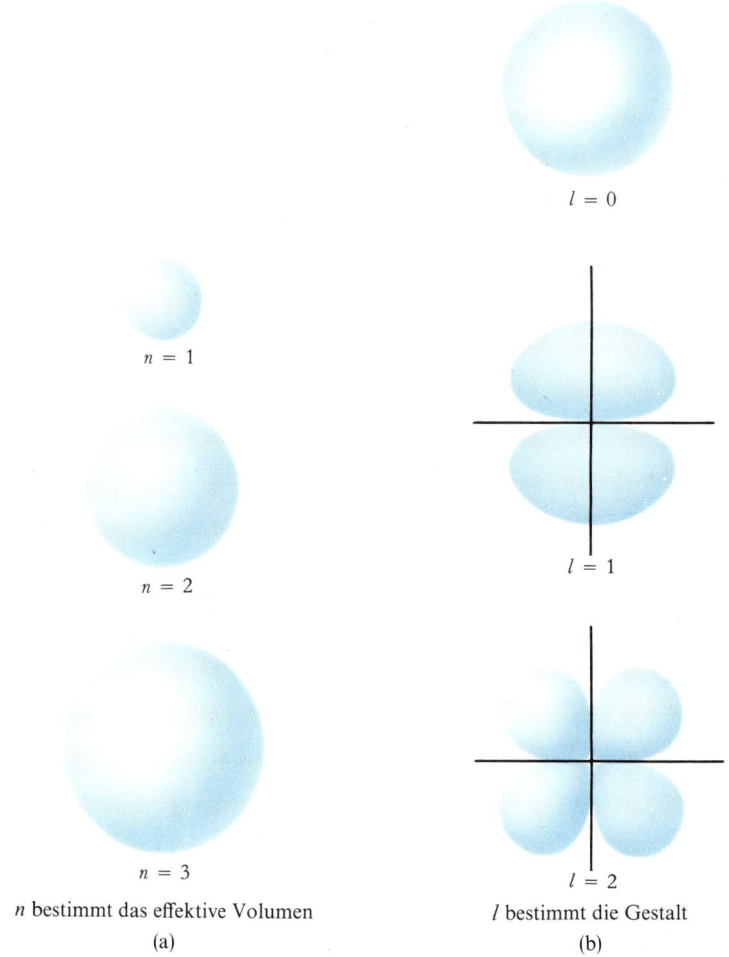

Abbildung 8–26 Zusammenfassung der wichtigsten Gesichtspunkte der Wasserstoffatomorbitale: (a) Die Hauptquantenzahl n gibt annähernd die relative Größe des Orbitals an. (b) Die Orbitalgestaltquantenzahl l (Bahndrehimpulsquantenzahl) bestimmt die Gestalt oder den Asymmetriegrad des Orbitals.

8–8 Atome mit mehreren Elektronen

Es ist möglich, die Schrödinger-Gleichung für Lithium aufzustellen, das einen Kern und drei Elektronen besitzt, oder auch für Uran, das einen Kern und 92 Elektronen aufweist. Unglücklicherweise können wir diese Differentialgleichungen nicht lösen. Es liegt wenig Trost darin, daß wir wissen, daß die Struktur des Uranatoms *im Prinzip* berechnet werden kann und daß der Fehler in der Mathematik und nicht in der Physik liegt. Physiker und Physikochemiker haben viele Näherungsverfahren entwickelt, die das Erraten von Versuchslösungen und sukzessive Approximationen an die Lösungen der Schrödinger-

Gleichung umfassen. Elektronenrechner waren bei derartigen sukzessiven Näherungslösungen oder iterativen Berechnungen von unschätzbarem Wert, jedoch ist es der Vorteil der Schrödingerschen Theorie des Wasserstoffatoms, daß sie uns ein klares, *qualitatives* Bild der Elektronenstruktur auch der Mehrelektronenatome liefert, ohne daß wir auf solche komplizierten, zusätzlichen Berechnungen zurückgreifen müssen. Bohrs Theorie war dazu zu einfach und konnte dies selbst mit Sommerfelds Hilfe nicht leisten.

Die Ausweitung des Bildes des Wasserstoffatoms auf die Mehrelektronenatome ist einer der wichtigsten Schritte zum Verständnis der Chemie, und wir werden uns damit im nächsten Kapitel beschäftigen. Wir werden damit beginnen, daß wir annehmen, daß die Orbitale der Elektronen für andere Atome den Wasserstofforbitalen *ähnlich* sind und daß sie mit Hilfe derselben vier Quantenzahlen beschrieben werden können und analoge Wahrscheinlichkeitsdichteverteilungen besitzen. Wenn die Energieniveaus von denen des Wasserstoffs abweichen (was der Fall ist), dann müssen wir eine überzeugende Erklärung unter Verwendung der wasserstoffähnlichen Orbitale finden, die diese Veränderungen plausibel macht. Das folgende Kapitel wird der Erläuterung des Aufbaus von Mehrelektronenatomen in der Sprache des Wasserstoffatommodells gewidmet sein.

Bevor Sie weitermachen. Sie werden die nächsten Kapitel besser verarbeiten und verstehen können, wenn Sie gründlich verstanden haben, wie Quantenzahlen, Energieniveaus und Orbitale zur Beschreibung des Aufbaus von Atomen verwendet werden. Der Wiederholungskurs 8 in Lassilas *Begleitprogramm zu Prinzipien der Chemie* geht auf diese Themen ein. Vielleicht möchten Sie daran einmal Ihre Geschicklichkeit im Umgang mit diesen Begriffen überprüfen, bevor Sie die neuen Kapitel beginnen.

8–9 Zusammenfassung

Die Quantenrevolution ist heute Geschichte. Die neue Generation von Chemikern, die in der nachrevolutionären Ära geboren wurden, nimmt die Neuerungen, die die Quantenmechanik in die Chemie eingebracht hat, ohne Schwierigkeiten auf und findet es schwer, irgend etwas Aufregendes bei dem Gedanken zu finden, daß jedwede Materie sowohl Wellen- als auch Teilcheneigenschaften besitzt, daß sich das Licht aus einzelnen Energiepaketen zusammensetzt, daß es Grenzen dafür gibt, wieviel wir über ein Teilchen wissen können und daß die Energie quantisiert ist. Diese Gedanken wirkten sicher schockierend, als sie das erste Mal formuliert wurden. Jedoch wurde uns jeder neue Schritt aufgezwungen, nicht etwa von Mathematikern, die sich in eine neue Differentialgleichung verliebt hatten, sondern von erstaunten Experimentatoren, die das, was sie im Experiment entdeckten, nicht mit dem in Einklang bringen konnten, was sie zu wissen glaubten. Planck gab den Gedanken, *daß die Natur keine Sprünge macht,* nur widerwillig auf Für Rutherford waren die Ergebnisse seiner α-Teilchen-Streuexperimente „…wohl das unglaublichste Ereignis, das mir je in meinem ganzen Leben zugestoßen ist." Das ganze Gebäude der Quantenmechanik erschien vielen guten Naturwissenschaftlern fremdartig, verwirrend und unwahrscheinlich. Heute wird sie aus dem besten aller Gründe allgemein akzeptiert: Die Quantenmechanik erklärt mehr Beobachtungen aus Physik und Chemie als irgendeine andere bisher entwickelte Theorie.

Bohr schlug vor, daß die Elektronen sich auf Umlaufbahnen bewegen, und de Broglie meinte, daß diejenigen Umlaufbahnen stabil sind, auf denen sich stehende Wellen unterbringen lassen. Wir wissen heute, daß Elektronen Welleneigenschaften besitzen, aber wir denken jetzt in Begriffen wie Elektronendichteverteilungen oder Orbitalen und nicht mehr an feste Umlaufbahnen. Beim Wasserstoffatom führen einige physikalisch sinnvolle Randbedingungen für akzeptable Wahrscheinlichkeitsdichteverteilungen zur Quantisierung der Energiezustände im Atom und zur Auswahl bestimmter Wellenfunktionen aus der Vielfalt der möglichen Lösungen der Differentialgleichung. Die möglichen Quantenzustände werden mit Hilfe der vier Quantenzahlen n, l, m und s beschrieben. Die Energie hängt nur von n ab, das zugleich ein Maß für die Größe des Orbitals ist. Die Quantenzahl l steht mit der Gestalt des Orbitals in Zusammenhang und m mit seiner Orientierung im Raum. Die letzte Quantenzahl s, beschreibt die beiden möglichen Orientierungen des Elektronenspins in einem Orbital.

Obwohl wir nicht die vollständige Schrödinger-Gleichung für komplexere Atome lösen können, können wir die Ergebnisse des Wasserstoffatoms als Ausgangspunkt für eine Erklärung vieler der physikalischen und chemischen Eigenschaften der schwereren Elemente benutzen. Dies ist das Thema des nächsten Kapitels.

Literaturhinweise

A.W. Adamson, „Domain Representations of Orbitals," J. Chem. Educ. 42, 141 (1965).

K.R. Atkins, Physik, Walter de Gruyter, Berlin, 1974. Im Teil G des Buches finden Sie eine Darstellung der Entwicklung der Quantenmechanik, deren Schwierigkeitsgrad dem des vorliegenden Buches entspricht.

R.S. Berry, Advisory Council on College Chemistry Resource Paper on „Atomic Orbitals," J. Chem. Educ. 43, 283 (1966).

J.B. Birks, Ed., Rutherford at Manchester, W.A. Benjamin, Menlo Park, Calif., 1963. Ein guter Bericht über das Leben eines Naturwissenschaftlers in Großbritannien zu Beginn dieses Jahrhunderts. Geschrieben von und über einen der schärfsten Geister, anständigsten Menschen und besten Schriftsteller in der Physik.

I. Cohen and *T. Bustard*, „Atomic Orbitals: Limitations and Variations," J. Chem. Educ. 43, 187 (1966).

U. Fano and *L. Fano*, Physics of Atoms and Molecules, University of Chicago Press, Chicago, 1972.

R.P. Feynman, *R.B. Leighton*, and *M. Sands*, The Feynman Lectures on Physics: Quantum Mechanics, Addison-Wesley, Reading, Mass., 1965. Deutsche Übersetzung bei R. Oldenbourg, München, 1971. Ein erfrischendes Buch. Offensichtlich für einen Anfängerkurs in Physik geschrieben, aber hervorragend zu lesen, selbst wenn Sie nicht allem folgen können.

G. Gamow, Mr. Tomkins in Paperback, Cambridge University Press, New York, 1969. Wie würde unsere Welt aussehen, wenn die Lichtgeschwindigkeit 16 km pro Stunde betrüge? Wenn das Plancksche Wirkungsquantum 27 Größenordnungen größer wäre?

Eine Sammlung von Geschichten, die solche Fragen beantworten, wobei jede Geschichte auf der Änderung einer wichtigen physikalischen Konstante der Quantenmechanik beruht. Die quantisierte Welt gesehen mit den Augen eines mittleren Bankangestellten mit einer Schwäche für Volkshochschulvorträge. Sehr empfehlenswert.

G. Gamow, Thirty Years that Shook Physics: The Story of Quantum Theory, Doubleday Anchor, New York, 1966.

W. Heisenberg, Die physikalischen Prinzipien der Quantenmechanik, BI-Hochschultaschenbücher, Mannheim, 1958. Eine frühe Stellungnahme von einem der Pioniere der Quantenmechanik.

C.N. Hinshelwood, The Structure of Physical Chemistry, Oxford University Press, New York, 1951.

R.M. Hochstrasser, The Behavior of Electrons in Atoms, W.A. Benjamin, Menlo Park, Calif., 1964. Eine für Studenten der allgemeinen Chemie geschriebene Ergänzung. Geht bei gleichem Niveau wie dieses Kapitel mehr in die Einzelheiten.

R.C. Johnson and *R.R. Rettew*, „Shapes of Atoms," J. Chem. Educ. 42, 145 (1965).

E.A. Ogryzlo and *G.B. Porter*, „Contour Surfaces for Atomic and Molecular Orbitals," J. Chem. Educ. 40, 256 (1963).

B. Perlmutter-Hayman, „The Graphical Representation of Hydrogen-Like Wave Functions," J. Chem. Educ. 46, 428 (1969).

R.E. Powell, „The Five Equivalent d Orbitals," J. Chem. Educ. 45, 1 (1968).

H.H. Sisler, Electronic Structure, Properties and the Periodic Law, Reinhold, New York, 1963.

G. Thomson, The Atom, Oxford University Press, New York, 1962.

Fragen

1. Was sind α-, β- und γ-Strahlen? Welche Strahlung setzt sich aus Teilchen zusammen? Welche ist eine Wellenstrahlung? Warum ist diese Frage unfair?

2. Auf welche Weise unterscheiden sich das Thomsonsche und Rutherfordsche Atommodell voneinander, und wie gelingt es, zwischen ihnen mit Hilfe der Streuung von α-Teilchen zu unterscheiden

3. Was ist am Rutherfordschen Atommodell nach den Ansichten der klassischen Physik so unerträglich?

4. Welche der folgenden Größen ist bei der elektromagnetischen Strahlung der Energie proportional: Geschwindigkeit, Wellenzahl oder Wellenlänge?

5. Wenn in der Spektroskopie normalerweise die Wellenlängen von Strahlungen gemessen werden, warum werden dann die Wellenzahlen den Frequenzen vorgezogen, wenn eine der Energie der Strahlung proportionale Größe gewünscht wird?

6. Was war die Ultraviolettkatastrophe, und welche Lösung fand Planck für sie?

7. Wie konnte Plancks zentrale Annahme für die Erklärung der Ultraviolettkatastrophe auch den photoelektrischen Effekt deuten?

8. Welches war die empirische Formel für die Berechnung der Wellenzahlen von Spektrallinien des atomaren Wasserstoffs, die sich nach Balmer und den anderen ergab? Wie wurde sie durch Bohr erklärt? Können Sie sich irgendeine mögliche Erklärung

für eine derartige Formel ausdenken, die sich von der Art der Erklärung unterscheidet, wie Bohr sie vorschlug?

9. Wie lautete die Grundannahme Bohrs zur Ableitung der Spektralformel aus seinem Modell? Welche Rechtfertigung gab es für diese Annahme? (Verwechseln Sie nicht Bohrs Beitrag mit dem von de Broglie!)

10. Was bedeutet die Quantisierung der Energie? Wie kommt es zu den Quantenzuständen

    (a) im Bohrschen Atommodell?

    (b) in de Broglies Interpretation des Bohrschen Atommodells?

    (c) bei einer schwingenden Saite?

    (d) in der Schrödinger-Gleichung für das Wasserstoffatom?

    (e) in einer Orgelpfeife mit geschlossenen Enden?

    (f) in einer Orgelpfeife, deren oberes Ende offen ist?

11. Können Sie irgendeinen logischen Zusammenhang zwischen der Quantisierung der Energie im Wasserstoffatom und Carusos Zersingen eines Weinglases mit einem hohen Ton entdecken?

12. Wie kann dasselbe Wasserstoffatom in schneller Folge ein Photon in der Pfund-, Brackett-, Paschen-, Balmer- und Lyman-Serie emittieren? Kann es die Photonen auch in umgekehrter Reihenfolge aussenden? Warum oder warum nicht?

13. Auf welche Weise versagt die Bohrsche Theorie beim Lithiumatom? Wie versuchte Sommerfeld, diese Schwierigkeiten zu überwinden? Wo versagte dann auch seine Theorie?

14. Warum sind die Energien der Elektronen in Atomen immer negativ?

15. Warum können wir das Wellenverhalten der Materie nicht im Maschinengewehrfeuer erkennen, obwohl wir es an einem Neutronenstrahl nachweisen können?

16. Was besagt die Unschärferelation? Warum können wir sie in unserer Alltagserfahrung vernachlässigen?

17. Was ist eine Randbedingung bei der Lösung einer Wellengleichung? Was ist ihre physikalische Bedeutung? Welche Randbedingungen werden der Lösung der Differentialgleichung einer schwingenden Violinensaite auferlegt? Wie lauten die Randbedingungen für die Lösungen der Schrödinger-Gleichung für ein Elektron in einem Wasserstoffatom?

18. Welches sind die drei Quantenzahlen, die bei der Lösung der Schrödinger-Gleichung für das Wasserstoffatom auftreten? Welche Werte kann jede der Quantenzahlen annehmen, und was bedeuten sie?

19. Was ist ein Atomorbital? Wie unterscheidet es sich von einer Umlaufbahn?

20. Welcher Unterschied besteht zwischen einer Wahrscheinlichkeitsdichte und einer Wahrscheinlichkeit? Warum ist es nicht richtig, von einer Wahrscheinlichkeit zu sprechen, das Elektron an einem bestimmten *Punkt* im Raum anzutreffen?

21. Wie viele d-Niveaus gibt es in einem Quantenniveau? Wodurch unterscheiden sich die Gestalten der d-Orbitale in ihrer in der Chemie üblichen Darstellung von den p-Orbitalen?

22. Was bedeutet die Spinquantenzahl? Welche Werte kann sie annehmen?

23. Sehen Sie sich einmal zwei Wasserstoffatome an. Das Elektron im ersten Wasser-

stoffatom befindet sich auf der Bohrschen Umlaufbahn mit $n = 1$. Das Elektron im zweiten Wasserstoffatom befindet sich dagegen auf der Bohrschen Umlaufbahn mit $n = 4$. (a) Welches dieser Atome besitzt die Elektronenkonfiguration des Grundzustands? (b) In welchem Atom bewegt sich das Elektron schneller? (c) Welche Umlaufbahn hat den größeren Radius? (d) Welches Atom besitzt die niedrigere potentielle Energie? (e) Welches Atom hat die höhere Ionisierungsenergie?

24. Wählen Sie bei jeder der folgenden Aussagen eine der vier Möglichkeiten (1), (2), (3) oder (4), die die Aussage am genausten vervollständigt. Für jede Aussage sollte nur eine Antwort gegeben werden. Lesen Sie die Aussagen sorgfältig durch!

(a) Rutherford, Geiger und Marsden führten Experimente durch, bei denen ein Strahl von Heliumatomkernen (α-Teilchen) auf ein dünnes Stück Goldfolie gerichtet wurde. Sie stellten fest, daß die Goldfolie (1) den größten Teil der Teilchen des auf sie gerichteten Strahls stark ablenkte, (2) nur sehr wenige Teilchen des Strahls ablenkte und diese auch nur sehr wenig ablenkte, (3) die meisten Teilchen des Strahls ablenkte, diese aber nur sehr wenig ablenkte, (4) nur sehr wenig Teilchen aus dem Strahl ablenkte, diese aber sehr stark.

(b) Aus den Ergebnissen von (a) zog Rutherford den Schluß, (1) Elektronen sind massive Teilchen, (2) die positiv geladenen Teile eines Atoms sind extrem kleine und extrem schwere Teilchen, (3) die positiv geladenen Bestandteile von Atomen bewegen sich mit einer Geschwindigkeit, die der des Lichtes nahekommt, (4) der Durchmesser eines Elektrons ist annähernd gleich groß wie der des Kerns.

(c) Max Planck wurde zu seiner Formulierung der Quantentheorie durch den Versuch geführt, eine theoretische Erklärung der Tatsache zu finden, daß (1) ein Metall Elektronen aussendet, wenn es mit Licht hinreichend kurzer Wellenlänge bestrahlt wird, (2) die thermische (oder „schwarze") Strahlung, die von einem erhitzten Gegenstand ausgeht, entgegen der Voraussage der klassischen Mechanik einen relativ hohen Anteil von ultravioletten Licht aufweist, (3) die thermische Strahlung eines heißen Körpers einen relativ geringen Anteil ultravioletten Lichts enthält entgegen der Vorhersage der klassischen Mechanik, (4) die thermische Strahlung eines heißen Körpers bei allen Frequenzen auftreten kann entgegen der Voraussage der klassischen Mechanik.

(d) Welche der folgenden Aussagen über den Photoeffekt ist *nicht* richtig? (1) Es werden keine Elektronen an der Oberfläche eines Metalls ausgelöst, bevor nicht die Frequenz des auf die Oberfläche eingestrahlten Lichts eine bestimmte „Grenzfrequenz" übersteigt. (2) Oberhalb der Grenzfrequenz wird die Geschwindigkeit der emittierten Elektronen mit der Intensität des eingestrahlten Lichtes ansteigen. (3) Oberhalb der Grenzfrequenz wird die Geschwindigkeit der emittierten Elektronen desto größer sein, je kürzer die Wellenlänge des eingestrahlten Lichts ist. (4) Oberhalb der Grenzfrequenz nimmt die Zahl der pro Sekunde emittierten Elektronen mit der Intensität des eingestrahlten Lichts zu.

(e) Welche der folgenden Aussagen über die Bohrsche Theorie des Wasserstoffatoms ist *falsch*? (1) Die Theorie erklärte die beobachteten Emissions- und Absorptionsspektren des atomaren Wasserstoffs mit Erfolg. (2) Die Theorie verlangt, daß die Geschwindigkeit des Elektrons um so höher ist, je größer seine Energie im Wasserstoffatom ist. (3) Die Theorie besagt, daß die Energie des Elektrons im Wasserstoffatom nur bestimmte, diskrete Werte annehmen kann. (4) Aus der Theorie folgt, daß der Abstand des Elektrons vom Kern im Wasserstoffatom nur bestimmte, diskrete Werte besitzen kann.

Aufgaben

1. Spektroskopiker geben häufig die Lage von Spektrallinien in reziproken Zentimetern (cm^{-1}) an. Berechnen Sie die Frequenz eines Photons des grünen Lichts, das eine Wellenzahl von 20 000 cm^{-1} besitzt.

2. Berechnen Sie die Wellenlänge eines Photons, das eine Frequenz von $1{,}2 \times 10^{15}$ Hz besitzt. Wie groß ist die Energie eines solchen Photons? Wie groß ist die Energie eines Mols solcher Photonen (Geben Sie die molare Energie in kJ mol^{-1} an)? Wie nennen wir gewöhnlich diese Strahlung?

3. Die typische Röntgenstrahlung besitzt Wellenlängen von 0,1–1,0 nm. Berechnen Sie die Energie eines Photons mit einer Wellenlänge von 0,2 nm. Berechnen Sie die molare Energie dieser 0,2 nm-Photonen, und vergleichen Sie diesen Wert mit der molaren Bindungsenergie einer Kohlenstoff-Kohlenstoff-Einfachbindung von 348 kJ mol^{-1}. Würden Sie danach erwarten, daß Röntgenstrahlen chemische Reaktionen verursachen können?

4. Berechnen Sie die Energie in J $photon^{-1}$ und kJ mol^{-1} von Photonen der Radiowellen im 1000 kHz-Rundfunkband. Wie groß ist die Wellenlänge dieser Photonen? Wie sieht ihre Energie im Vergleich zu der einer Kohlenstoff-Kohlenstoff-Einfachbindung aus? Würden Sie erwarten, daß Radiowellen chemische Reaktionen hervorrufen können?

5. Die erste molare Ionisierungsenergie (siehe Kapitel 6) des Cs beträgt 376 kJ mol^{-1}. Berechnen Sie daraus die erste Ionisierungsenergie in J und eV für ein Cs-Atom. Berechnen Sie die Wellenlänge des Lichts, das gerade dazu ausreicht, ein Cs-Atom zu ionisieren.

6. 1914 entdeckte Moseley das nach ihm benannte Gesetz $v = a(Z - b)^2$ (siehe Kapitel 6) in dem v die Frequenz der emittierten Röntgenstrahlen darstellt, wenn ein Element mit einem Elektronenstrahl bombardiert wird. Erklären Sie mit Hilfe der Bohrschen Theorie die Abhängigkeit von Z von der Quadratwurzel aus v in diesem Ausdruck.

7. Wie groß ist die Wellenlänge von Photonen, die eine molare Energie von 348 kJ mol^{-1} besitzen? Wie bezeichnen wir eine derartige Strahlung? (Siehe Abbildung 8–5a).

8. Einstein interpretierte den photoelektrischen Effekt mit Hilfe welches der folgenden Gedanken: (a) Der Teilchennatur des Lichts, (b) der Wellennatur des Lichts, (c) der Wellennatur der Materie oder (d) der Unschärferelation?

9. Wenn ein Photon auf eine Metalloberfläche auftrifft, ist eine bestimmte Minimalenergie erforderlich, um ein Elektron aus dem Metall herauszuschlagen. Diese Minimal- oder Grenzenergie wird Austrittsarbeit des Metalls genannt. Jeder Energiebetrag des auslösenden Photons der dieses Minimum übersteigt, wird in kinetische Energie des herausgeschlagenen Elektrons verwandelt. Die Grenzwellenlänge

für die photoelektrische Emission aus Li, oberhalb der keine Elektronen mehr emittiert werden, liegt bei 520 nm. Berechnen Sie die Geschwindigkeit der Elektronen, die aus Li durch Einstrahlung von Licht mit einer Wellenlänge von 360 nm ausgelöst werden.

10. Welche der folgenden Aussagen beschreibt das Emissionsspektrum des atomaren Wasserstoffs am besten: (a) Eine kontinuierliche Emission von Licht bei allen Frequenzen, (b) diskrete Linienserien, bei denen jede Linie in einer Serie den gleichen Abstand von der nächsten besitzt, (c) diskrete Linien, die paarweise auftreten, wobei jedes Paar denselben Abstand vom nächsten Paar besitzt, (d) es werden nur zwei Linien über das gesamte Spektrum beobachtet, (e) diskrete Linienserien, deren Zwischenräume mit ansteigender Wellenzahl abnehmen?

11. Die Lyman-Serie ergibt sich durch Übergänge aus energiereicheren Bohrschen Umlaufbahnen auf welche niedrigerenergetische Umlaufbahn? Eine Spektrallinie wird bei 103000 cm^{-1} gefunden. Wie groß ist die Quantenzahl der ursprünglichen Umlaufbahn des Elektrons, das diesen Übergang vollführte?

12. Welche der folgenden Aussagen beschreibt nach der Bohrschen Theorie den Prozeß, der für das Emissionsspektrum des atomaren Wasserstoffs verantwortlich ist: (a) Elektronen werden auf höherenergetische Umlaufbahnen angeregt und senden Licht aus, wenn sie auf Umlaufbahnen mit geringerer Energie übergehen, (b) das Wasserstoffatom emittiert Licht, wenn Elektronen auf höhere Energieniveaus angeregt werden, (c) das Wasserstoffatom absorbiert Licht, wenn Elektronen auf energiereichere Umlaufbahnen angeregt werden, (d) beim Übergang auf Umlaufbahnen mit niedrigerer Energie verlieren die Elektronen ihre Anregung und emittieren Licht, wenn sie auf die höherenergetischen Umlaufbahnen zurückkehren?

13. Berechnen Sie die Wellenzahl der Photonen, die emittiert werden, wenn ein Wasserstoffatom von einem Zustand mit $n = 3$ in einen Zustand mit $n = 2$ übergeht. Wie heißt die Serie, zu der diese Linie gehört?

14. Welche der folgenden Vorstellungen wurde von Bohr *willkürlich* in seine Atomtheorie eingeführt: (a) Das Elektron wird vom Atomkern durch Coulombkräfte angezogen, (b) das Elektron bewegt sich auf Kreisbahnen um den Kern, (c) Der Drehimpuls des Elektrons ist auf diskrete Werte beschränkt, (d) die kinetische Energie des Elektrons wird durch $\frac{1}{2} m_e v^2$ gegeben, (e) die Masse des Elektrons ist auf diskrete oder quantisierte Werte beschränkt?

15. Welche der folgenden Erscheinungen konnte nicht durch die einfache Bohrsche Theorie erklärt werden: (a) Die Ionisierungsenergie des Wasserstoffs, (b) die Einzelheiten der Atomspektren von Atomen mit mehreren Elektronen, (c) die Lagen der Linien im Wasserstoffspektrum, (d) die Spektren der wasserstoffähnlichen Atome wie He$^+$ und Li^{2+}, (e) die Energieniveaus des Wasserstoffatoms?

16. Wie groß ist die mit der vierten Bohrschen Umlaufbahn verknüpfte Energie, wenn die mit der ersten Umlaufbahn verknüpfte Energie $-13{,}60$ eV beträgt?

17. Wie groß ist der Radius der vierten Bohrschen Umlaufbahn, wenn die zweite Bohrsche Umlaufbahn einen Radius von 0,212 nm besitzt?

18. Welches der folgenden Experimente stützt am direktesten die de Brogliesche Hypothese von der Wellennatur der Materie: (a) Die Röntgenbeugung, (b) der photo-

elektrische Effekt, (c) die Streuung von α-Teilchen an einer Metallfolie, (d) die Strahlung des schwarzen Körpers, (e) die Elektronenbeugung?

19. Welche der folgenden Aussagen der Bohrschen Theorie des Wasserstoffatoms ist nach der Heisenbergschen Unschärferelation nicht erlaubt: (a) Diskrete Energieniveaus im Atom, (b) einfache, kreisförmige Umlaufbahnen, (c) Quantzahlen, (d) Elektronenorbitale, (e) Elektronenwellen? Warum steht diese Aussage im Widerspruch zur Unschärferelation?

20. Ein Elektron in einem Wasserstoffatom besitzt die Hauptquantenzahl $n = 4$. Geben Sie die Werte der Bahndrehimpulsquantenzahl l an, die das Elektron annehmen kann.

21. Womit ist die magnetische Quantenzahl m verknüpft: (a) Der räumlichen Orientierung des Orbitals, (b) der Gestalt des Orbitals, (c) der Energie des Orbitals in Abwesenheit eines magnetischen Feldes, (d) dem effektiven Volumen des Orbitals?

22. Welche Werte kann m annehmen, wenn ein Elektron die Bahndrehimpulsquantenzahl $l = 3$ besitzt? Wie nennen wir ein solches Elektron mit $l = 3$?

23. Ein Elektron befindet sich in einem 4f-Orbital. Welche möglichen Werte können dann die Quantenzahlen n, l, m und s annehmen?

24. Berechnen Sie die de Broglie-Wellenlänge eines durchschnittlichen Heliumatoms bei 27°C (siehe Kapitel 2). Nehmen Sie an, daß der Ort eines durchschnittlichen He-Atoms auf 0,010 nm genau bestimmt werden kann. Vergleichen Sie die Unschärfe des Impulses des He-Atoms mit seinem tatsächlichen Impuls.

25. Die Wahrscheinlichkeit, ein p-Orbital-Elektron am Ort des Atomkerns anzutreffen, ist gleich null. Ein Widerspruch entsteht jedoch, wenn die beiden Lappen eines p-Orbitals so beschrieben werden, als ob sie sich berührten. Worin besteht der Widerspruch? [*J. Chem. Educ.* 38, 20 (1961)].

Das Elektron hat die Physik erobert; und viele verehren das neue Idol recht blind.

H. Poincaré (1907)

9 Elektronenstruktur und chemische Eigenschaften

Wir kennen heute die Wellenfunktionen und Energieniveaus des Wasserstoffatoms. Wir können die Schrödinger-Gleichung für Atome mit mehr als einem Elektron nicht exakt lösen, aber wir können mit Hilfe eines einzigen neuen Prinzips ein Bild von Mehrelektronenatomen entwerfen, das das Periodensystem und das chemische Verhalten der Elemente erklären wird. Dieses neue Prinzip heißt Paulisches Ausschließungsprinzip. Die Anwendung dieses Prinzips auf Mehrelektronenatome ergibt den Aufbauprozeß. Mit Hilfe dieses Verfahrens werden wir die Elektronenstruktur aller Elemente bestimmen.

Diese Elektronenstrukturen werden direkt zum Periodensystem in der Form führen, wie wir sie bereits aus den Abbildungen 6–3 und 6–4 kennen. Sie werden die Stabilität der mit acht Elektronen besetzten Valenzschalen bei den Edelgasen und die Oxidationszahlen der Hauptgruppenelemente erklären. Schließlich wird die Elektronenstruktur viele der chemischen und physikalischen Eigenschaften der Klasse von Elementen verständlich machen, die bisher nur recht notdürftig erklärt werden konnten, die Übergangsmetalle.

9–1 Der Aufbau von Mehrelektronenatomen

Obwohl wir die Schrödinger-Gleichung für Mehrelektronenatome nicht exakt lösen können, können wir zeigen, daß keine radikal neuen Gesichtspunkte zu erwarten sind, wenn sich die Ordnungszahl erhöht. Dieselben Quantenzustände, dieselben vier Quantenzahlen (n, l, m und s) und praktisch dieselben elektronischen Wahrscheinlichkeitsdichtefunktionen oder Elektronendichtewolken bleiben erhalten. Die Energien der Quantenniveaus sind nicht für alle Elemente die gleichen, ändern sich aber in regelmäßiger Weise von einem Element zum nächsten.

Bei der Betrachtung der Elektronenstruktur eines Mehrelektronenatoms werden wir zunächst von einem Kern und der erforderlichen Anzahl von Elektronen ausgehen. Wir werden weiterhin annehmen, daß die möglichen Elektronenorbitale wasserstoffähnlich, wenn nicht gar identisch mit den Wasserstofforbitalen sind. Dann werden wir das Atom aufbauen, indem wir ein Elektron nach dem anderen in das Atom einbauen, wobei jedes neue Elektron in das Orbital eingesetzt wird, das jeweils die niedrigste Energie besitzt. Auf diese Weise werden wir das Modell eines Atoms *in seinem Grundzustand* oder dem Zustand der niedrigsten Elektronenenergie aufbauen. Als erster schlug Wolfgang Pauli (1900–1958) diese Behandlung von Mehrelektronenatomen vor und nannte dieses Verfahren den Aufbauprozeß.

Der *Aufbauprozeß* beruht auf drei Prinzipien:

1. Im selben Atom können nicht zwei oder mehr Elektronen denselben Quantenzustand besetzen. Dies ist das *Paulische Ausschließungsprinzip.* Es besagt also, daß keine zwei Elektronen dieselben Quantenzahlen n, l, m und s besitzen können. Infolgedessen kann ein Atomorbital, das durch die Quantenzahlen n, l und m beschrieben wird, maximal zwei Elektronen aufnehmen: Eines mit dem Spin $+\frac{1}{2}\hbar$ und eines mit dem Spin $-\frac{1}{2}\hbar$ ($\hbar = h/2\pi$ ist die quantenmechanische Einheit des Drehimpulses oder Spins). Wir werden ein Atomorbital häufig durch einen Kreis darstellen

$$\bigcirc$$

und die ihn besetzenden Elektronen durch Pfeile kennzeichnen

$$\textcircled{\uparrow} \quad \text{und} \quad \textcircled{\uparrow\downarrow}$$

Wenn zwei Elektronen mit den Spinquantenzahlen $+\frac{1}{2}$ und $-\frac{1}{2}$ ein Orbital besetzen, sagen wir, daß ihre Spins *gepaart* sind.

2. Orbitale werden mit ansteigenden Energien der Reihe nach von Elektronen besetzt. Das s-Orbital kann maximal zwei Elektronen aufnehmen. Die drei p-Orbitale können bis zu sechs Elektronen aufnehmen, die fünf d-Orbitale bis zu zehn und die sieben f-Orbitale bis zu vierzehn. Bevor wir mit dem Aufbauprozeß beginnen können, müssen wir die Reihenfolge der Niveaus nach ansteigender Energie festlegen. Bei Atomen mit mehr als einem Elektron hängt die Energie bei Fehlen eines äußeren elektrischen oder magnetischen Feldes von n und l ab (von den Größe- und Gestaltsquantenzahlen), aber nicht von m (der Orientierungsquantenzahl).

3. Wenn Elektronen in Orbitale mit derselben Energie eingebaut werden (wie z. B. in die fünf 3d-Orbitale), so besetzen sie jedes der zur Verfügung stehenden Orbitale zunächst mit jeweils einem Elektron, bevor eine Paarung von Elektronen in irgendeinem der Orbitale eintritt. Dieses ist der Inhalt der *Hundschen Regel,* die besagt, daß bei Orbitalen derselben Energie die Elektronenspins, wenn möglich, ungepaart bleiben. Dieses Verhalten läßt sich leicht durch die gegenseitige Abstoßung der Elektronen untereinander erklären: Zwei Elektronen, von denen sich das eine in einem p_x-Orbital und das andere in einem p_y-Orbital befinden, sind weiter voneinander entfernt als zwei Elektronen, die im selben p_x-Orbital gepaart sind (Abbildung 8–23). Eine Konsequenz der Hundschen Regel ist die, daß ein halbbesetzter Satz von Orbitalen, von denen also jeder ein einziges Elektron enthält, eine besonders stabile Anordnung darstellt. Das sechste Elektron ist bei einem Satz von fünf d-Orbitalen gezwungen, sich mit einem anderen Elektron in einem schon zuvor besetzten Orbital zu paaren. Die gegenseitige

Abstoßung der negativ geladenen Elektronen bedeutet, daß weniger Energie dazu erforderlich ist, dieses sechste Elektron wieder zu entfernen als eines der fünf aus einem Satz von fünf halbgefüllten d-Orbitalen herauszunehmen. In ähnlicher Weise ist das vierte Elektron in einem Satz von drei p-Orbitalen weniger stark gebunden als das dritte.

Relative Energien der Atomorbitale

Die 3s-, 3p- und 3d-Orbitale im Wasserstoffatom besitzen dieselbe Energie (Entartung der Zustände), unterscheiden sich aber durch die Dichte der Annäherung des Elektrons an den Kern. Ein Elektron in einem 3d-Orbital besitzt nur eine geringe Wahrscheinlichkeit dafür, sich in Kernnähe aufzuhalten (Abbildung 9–1). Im Gegensatz dazu ist für ein 3p-Elektron die Wahrscheinlichkeit groß, es weit entfernt vom Kern anzutreffen; es besitzt jedoch in der Nähe von $r = 6a_0$ eine Knotenfläche der Wahrscheinlichkeit null und bei $r = 3a_0$ noch eine geringe Wahrscheinlichkeit (a_0 ist der erste Bohrsche Radius des Wasserstoffatoms = „atomare Längeneinheit"). Ein Elektron in einem 3s-Orbital weist zwei innere Knotenflächen auf und zeigt zwei innere Maxima der Wahrscheinlichkeitsdichte, von denen das eine nur einen Bohrschen Radius vom Kern entfernt ist.

Die Energie eines Elektrons in einem Orbital hängt nun von der Anziehungskraft ab, die der positiv geladene Kern auf es ausübt. Elektronen mit niedriger Hauptquantenzahl n befinden sich in der Nähe des Kerns und schirmen einen Teil dieser elektrostatischen Anziehung des Kerns von den Elektronen mit größeren Hauptquantenzahlen ab. Im Li^+-Ion ergibt sich für die *effektive Kernladung* in einem Abstand von mehr als 1 oder 2 Bohrschen Radien vom Kern nicht die wahre Kernladung von $+3e$, sondern eine *Überschuß*ladung von nur $+1e$, die aus der Kernladung und der Ladung der zwei 1s-Elektronen resultiert. Auf ähnliche Weise unterliegt das einsame $n = 3$-Elektron im Natrium auch nur dem Einfluß einer effektiven Kernladung von annähernd $+1e$ und nicht etwa der Wirkung der gesamten Kernladung von $+11e$. Äußere (Valenz-)Elektronen mit derselben Hauptquantenzahl befinden sich annähernd im selben Abstand vom Kern entfernt und üben aufeinander nur eine geringe Abschirmwirkung aus. Somit ergibt sich für die effektive Kernladung, der die Valenzelektronen der Elemente in der dritten Periode des Periodensystems ausgesetzt sind, ein Wert, der annähernd gleich der Ordnungszahl minus zehn Elementarladungen ist, da der vollen Kernladung $+Ze$ die Ladung $-10e$ der zehn Elektronen in den inneren, vollbesetzten $n = 1$- und $n = 2$-Orbitalen entgegenwirkt.

Wenn die vom Kern und den vollbesetzten, inneren Orbitalen herrührende Überschußladung in einem Punkt am Orte des Kerns konzentriert wäre, dann besäßen die 3s-, 3p- und 3d-Orbitale alle dieselbe Energie. Aber die abschirmenden Elektronen verteilen sich über einen relativ großen Raumbereich um den Kern herum. Die Gesamtanziehung, die auf ein Elektron mit der Hauptquantenzahl 3 ausgeübt wird, hängt infolgedessen davon ab, wie nahe es dem Kern kommt und wie weit es in die innen liegenden Elektronendichtewolken der Abschirmelektronen eindringt. Wie beim Sommerfeldschen Modell der elliptischen Umlaufbahnen kommt das s-Orbital dichter an den

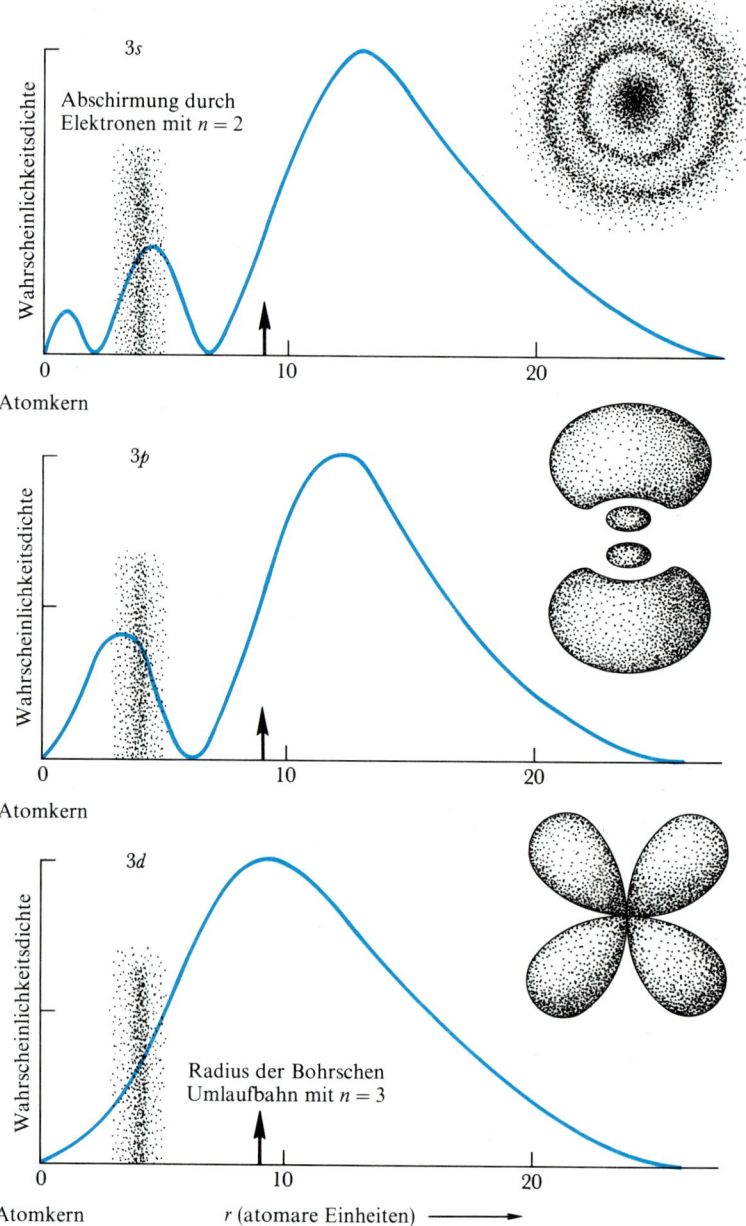

Kern heran als das p-Orbital und ist damit etwas stabiler als dieses. Das p-Orbital ist seinerseits etwas stabiler als das d-Orbital. Dies ist der Grund für die Aufspaltung der *l*-Energieniveaus im Energieniveauschema des Lithiums in Abbildung 8–14.

Für einen vorgegebenen Wert der Hauptquantenzahl *n* nimmt die Energie in der Reihe s, p, d, f, g, ... zu. Nicht ganz so leicht fällt die Entscheidung, ob und wann die Orbitale mit hohen *l*-Werten bei der Hauptquantenzahl *n* die tiefer liegenden Orbitale mit niedrigen *l*-Werten bei der Hauptquantenzahl *n* + 1 energetisch übertreffen, ob also z. B. ein 4f-Orbital eine höhere Energie als ein 5s-Orbital oder ein 3d-Orbital eine höhere Energie als ein 4s-Orbital besitzt. Diese Frage wurde ursprünglich empirisch beantwortet, indem die Reihenfolge der energetischen Überlappung so gewählt wurde, daß sich dadurch der beobachtete Aufbau des Periodensystems erklären ließ. Diese Energien sind später dann auch theoretisch berechnet worden und stimmen (glücklicherweise – für die Quantenmechanik) mit der beobachteten Reihenfolge der Niveaus überein. Die Reihenfolge der Energieniveaus ist in Abbildung 9–2 dargestellt.

Das Aufbauprinzip

Wir können jetzt alle Atome des Periodensystems nacheinander in der Reihenfolge wachsender Ordnungszahlen aufbauen. Dies geschieht durch Einbau von Elektronen in die wasserstoffähnlichen Orbitale in der Reihenfolge zunehmender Energien und durch jeweilige Erhöhung der Kernladung um eine Einheit. Wir können diesen Prozeß dadurch überwachen, daß wir die experimentellen Werte für die ersten Ionisierungsenergien beobachten, um zu sehen, ob sie mit dem Auffüllen der Orbitale im Einklang stehen (Abbildung 9–3). Das in Abbildung 9–4 gezeigte Periodensystem soll Ihnen beim Verfolgen dieses Aufbauprozesses eine Hilfe sein.

Ein Wasserstoffatom besitzt nur ein Elektron, das im Grundzustand offensichtlich

◄ **Abbildung 9–1** Radiale Verteilungsfunktionen für Elektronen in den 3s-, 3p- und 3d-Atomorbitalen des Wasserstoffatoms. Diese Kurven ergeben sich durch Rotation des Orbitals um alle Raumrichtungen um den Atomkern herum, damit alle Einzelheiten „verschmiert" werden, die von der Richtung vom Atomkern fort abhängig sind, und durch dann anschließende Messung der „verschmierten" Elektronenwahrscheinlichkeitsdichte als Funktion des Abstandes vom Atomkern. Das 3s-Orbital, das schon ohne die Verschmierungsoperation sphärische Symmetrie aufweist, besitzt einen wahrscheinlichsten Radius bei 13 atomaren Einheiten und hat zwei kleinere Maxima in größerer Nähe zum Atomkern. Das 3p-Orbital besitzt eine maximale Dichte in der Nähe von $r = 12$ atomaren Einheiten, eine kugelförmige Knotenfläche bei $r = 6$ atomaren Einheiten und ein weiteres Dichtemaximum in der Nähe des Atomkerns. Das 3d-Orbital verfügt über nur ein Dichtemaximum, das sehr dicht bei dem Bohrschen Radius der Umlaufbahn von 9 atomaren Einheiten auftritt. Die Gestalt der drei Orbitale vor dem Prozeß der kugelförmigen Verschmierung ist rechts von der jeweiligen Kurve dargestellt. Ein Wasserstoffelektron mit $n = 2$ wird sich mit größter Wahrscheinlichkeit in der Nähe von $r = 4$ atomaren Einheiten aufhalten. Die Entfernungsskala ändert sich bei Mehrelektronenatomen, aber die relativen Abstände der verschiedenen Orbitale im Atom sind dieselben wie im Wasserstoffatom, H. Ein Elektron in einem 3s-Orbital ist stabiler als eines in einem 3p- oder 3d-Orbital, da es eine größere Wahrscheinlichkeit dafür besitzt, sich im Inneren des Orbitals mit $n = 2$-Elektronen zu befinden, wo es einer stärkeren Anziehung durch den Atomkern unterliegt. In ähnlicher Weise ist das 3p-Orbital stabiler als das 3d-Orbital.

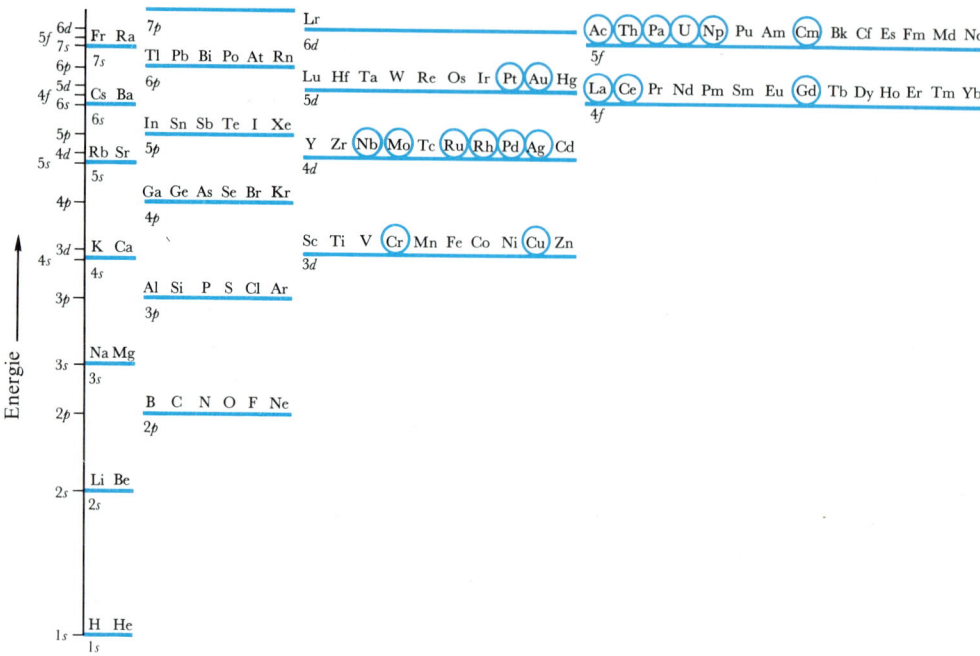

Abbildung 9–2 Idealisiertes Diagramm der Energieniveaus der wasserstoffähnlichen Atomorbitale während des Aufbaus von Mehrelektronenatomen. An jedes Niveau sind die Symbole derjenigen Elemente geschrieben, die durch Addition von Elektronen zu diesem Niveau vervollständigt werden. Beachten Sie die nahezu gleichen Energien der 4s- und 3d-Niveaus, der 5s- und 4d-Niveaus, der 6s-, 4f- und 5d-Niveaus und schließlich der 7s-, 5f- und 6d-Niveaus. Diese annähernde Gleichwertigkeit der Energien spiegelt sich in einigen Unregelmäßigkeiten bei der Reihenfolge der Auffüllung der Niveaus bei den Übergangsmetallen und inneren Übergangsmetallen wider. Elemente, bei denen solche Unregelmäßigkeiten auftreten, sind farbig eingekreist. So geht z. B. das erste Elektron nach der Auffüllung der 6s- und 7s-Orbitale bei La und Ac in ein d-Orbital, und nicht in ein f-Orbital. Sehen Sie sich wegen der Einzelheiten die Abbildung 9–4 an.

das 1s-Orbital besetzen muß. Die Elektronenkonfiguration des Wasserstoffatoms läßt sich mit Hilfe unserer Orbitalsymbole, wie folgt, darstellen

$$\text{H:} \qquad 1s^1 \qquad \overset{1s}{\textcircled{\uparrow}} \qquad \overset{2s}{\bigcirc} \qquad \overset{2p}{\bigcirc\bigcirc\bigcirc} \qquad \overset{3s}{\bigcirc}$$

Im Heliumatom kann sich das zweite Elektron ebenfalls noch im 1s-Orbital aufhalten, wenn sich sein Spin mit dem des ersten Elektrons paart. Trotz der gegenseitigen Abstoßung der Elektronen untereinander ist dieses Elektron im 1s-Orbital stabiler als im 2s-Orbital. Helium läßt sich damit folgendermaßen darstellen

$$\text{He:} \qquad 1s^2 \qquad \overset{1s}{\textcircled{\uparrow\downarrow}} \qquad \overset{2s}{\bigcirc} \qquad \overset{2p}{\bigcirc\bigcirc\bigcirc} \qquad \bigcirc$$

Zwei Elektronen füllen das 1s-Orbital; das dritte Elektron im Li muß damit nach dem Paulischen Ausschließungsprinzip das nächstniedrigste Orbital, nämlich das 2s-Orbital, besetzen

$$\text{Li:} \qquad 1s^2\,2s^1 \qquad \overset{1s}{\textcircled{\uparrow\downarrow}} \qquad \overset{2s}{\textcircled{\uparrow}} \qquad \overset{2p}{\bigcirc\bigcirc\bigcirc} \qquad \overset{3s}{\bigcirc}$$

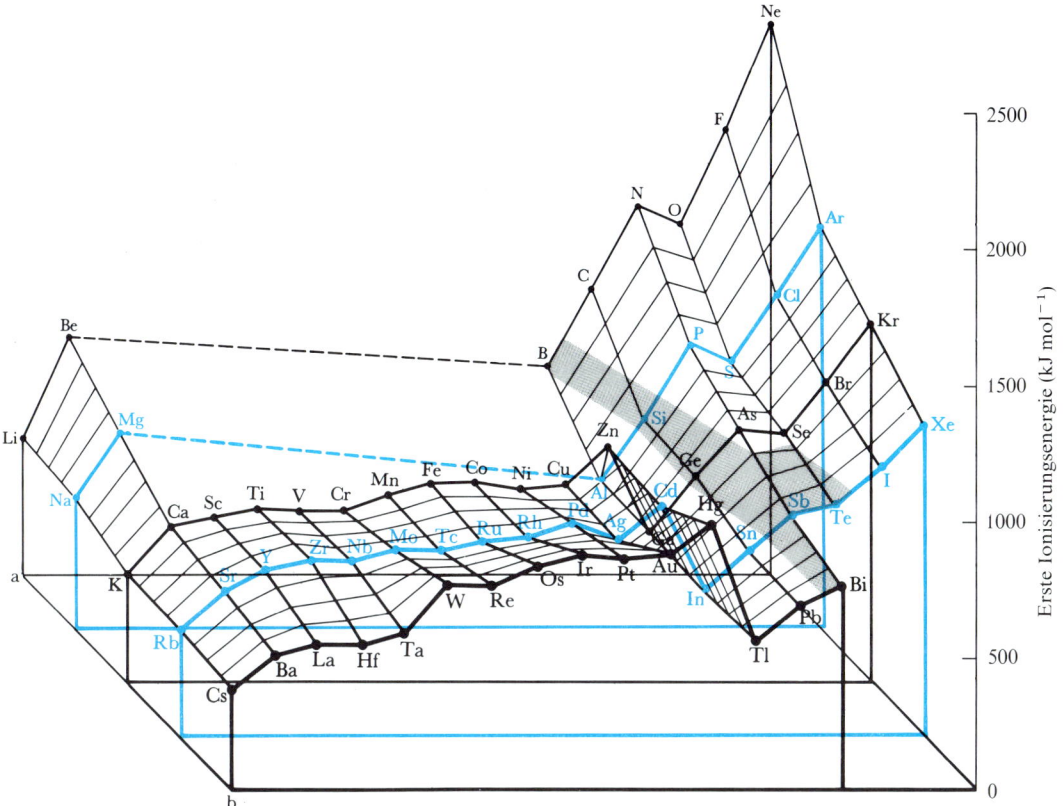

Abbildung 9–3 Die Karte der ersten molaren Ionisierungsenergien, die vorher schon als Abbildung 6–5 erschienen sind. Die erste Ionisierungsenergie ist die Energie, die dazu erforderlich ist, das äußerste Elektron von einem neutralen, gasförmigen Atom zu entfernen. Das fünfte Elektron im Bor muß in dem energetisch höher gelegenen 2p-Niveau untergebracht werden, da das 2s-Orbital bereits voll besetzt ist. Dieses 2p-Elektron ist nun weniger fest an das Atom gebunden, so daß die erste Ionisierungsenergie des B (und damit natürlich auch seine erste molare Ionisierungsenergie) geringer ist als die des Be. In ähnlicher Weise muß sich das achte Elektron im O-Atom mit einem der drei Elektronen in den drei halb besetzten 2p-Orbitalen des N paaren. Wegen der Elektron-Elektron-Abstoßung ist dieses vierte p-Elektron weniger stark gebunden, somit ist die erste molare Ionisierungsenergie des O kleiner als die des N.

Das vierte Elektron im Be füllt das 2s-Orbital, und das fünfte Elektron im B muß daher in eines der energetisch höher liegenden 2p-Orbitale eingebaut werden

$$
\begin{array}{ll}
\text{Be:} & 1s^2\,2s^2 \\
\text{B:} & 1s^2\,2s^2\,2p^1
\end{array}
$$

Die erste Ionisierungsenergie des Bors ist kleiner als die des Berylliums, weil sein äußerstes Elektron sich in einem weniger stabilen Orbital (höhere Energie) befindet. Im Kohlenstoff enthalten zwei der drei 2p-Orbitale ein Elektron. Wie die Hundsche Regel voraussagt, finden wir beim Stickstoff die drei p-Elektronen über alle drei 2p-Orbitale ver-

Periodensystem der Elemente mit Angabe der Elektronenkonfigurationen.

s-Block (ns):

n	s^1	s^2
1	1 H	2 He
2	3 Li	4 Be
3	11 Na	12 Mg
4	19 K	20 Ca
5	37 Rb	38 Sr
6	55 Cs	56 Ba
7	87 Fr	88 Ra

Übergangsmetalle $(n-1)\,d$:

	d^1	d^2	d^3	d^4	d^5	d^6	d^7	d^8	d^9	d^{10}
	21 Sc	22 Ti	23 V	24 Cr (d^5s^1)	25 Mn	26 Fe	27 Co	28 Ni	29 Cu ($d^{10}s^1$)	30 Zn
	39 Y	40 Zr	41 Nb (d^4s^1)	42 Mo (d^5s^1)	43 Tc	44 Ru (d^7s^1)	45 Rh (d^8s^1)	46 Pd (d^{10})	47 Ag ($d^{10}s^1$)	48 Cd
	71 Lu	72 Hf	73 Ta	74 W	75 Re	76 Os	77 Ir	78 Pt (d^9s^1)	79 Au ($d^{10}s^1$)	80 Hg
	103 Lr	104 Ku	105 Ha							

Innere Übergangsmetalle $(n-2)\,f$:

	f^1	f^2	f^3	f^4	f^5	f^6	f^7	f^8	f^9	f^{10}	f^{11}	f^{12}	f^{13}	f^{14}
	57 La (d^1)	58 Ce (f^1d^1)	59 Pr	60 Nd	61 Pm	62 Sm	63 Eu	64 Gd (f^7d^1)	65 Tb	66 Dy	67 Ho	68 Er	69 Tm	70 Yb
	89 Ac (d^1)	90 Th (d^2)	91 Pa (f^2d^1)	92 U (f^3d^1)	93 Np (f^4d^1)	94 Pu	95 Am	96 Cm (f^7d^1)	97 Bk	98 Cf	99 Es	100 Fm	101 Md	102 No

np-Block:

	p^1	p^2	p^3	p^4	p^5	p^6
2	5 B	6 C	7 N	8 O	9 F	10 Ne
3	13 Al	14 Si	15 P	16 S	17 Cl	18 Ar
4	31 Ga	32 Ge	33 As	34 Se	35 Br	36 Kr
5	49 In	50 Sn	51 Sb	52 Te	53 I	54 Xe
6	81 Tl	82 Pb	83 Bi	84 Po	85 At	86 Rn

teilt und nicht etwa zwei gepaarte Elektronen in einem der 2p-Orbitale

C: $1s^2\,2s^2\,2p^2$ ⊛ ⊛ ⊛⊛○ ○

N: $1s^2\,2s^2\,2p^3$ ⊛ ⊛ ⊛⊛⊛ ○

O: $1s^2\,2s^2\,2p^4$ ⊛ ⊛ ⊛⊛⊛ ○

Das vierte 2p-Elektron in einem Sauerstoffatom ist weniger fest als die ersten drei gebunden, da es der gegenseitigen Elektronenabstoßung mit dem anderen Elektron in
einem der 2p-Orbitale ausgesetzt ist. Die erste Ionisierungsenergie des O ist dementsprechend relativ niedrig.

Der allgemeine Gang entlang dieser Periode verläuft so, daß jedes neue Elektron
wegen der erhöhten Kernladung *stärker* gebunden wird. Da die anderen 2s- und 2p-
Elektronen annähernd denselben Abstand vom Kern besitzen, schirmen sie das neu
hinzukommende Elektron nicht von der sich ständig erhöhenden Kernladung ab. Diese
Erhöhung der Kernladung überwindet auch die Elektronenabstoßung, wenn das fünfte
2p-Elektron im Fluor eingebaut wird. Daher ist dieses fünfte Elektron im Fluor sehr
fest gebunden, und die erste Ionisierungsenergie erhöht sich wieder. Die stabilste Konfiguration ergibt sich, wenn das sechste 2p-Elektron eingebaut wird, um die $n = 2$-Schale
mit dem Edelgas Neon zu vervollständigen

F: $1s^2\,2s^2\,2p^5$ ⊛ ⊛ ⊛⊛⊛ ○

Ne: $1s^2\,2s^2\,2p^6$ ⊛ ⊛ ⊛⊛⊛ ○

Die vollständig besetzte $n = 1$-Schale mit zwei Elektronen wird häufig durch das Symbol K und die vollbesetzte $n = 2$-Schale mit acht Elektronen durch das Symbol L gekennzeichnet (diese Symbole stammen aus der Röntgenspektroskopie, in der die einzelnen Schalen mit den Hauptquantenzahlen $n = 1, 2, 3, \ldots$ durch die Buchstaben K, L, M,
N, O, $\ldots$ gekennzeichnet sind). Eine Kurzschreibweise für die Elektronenkonfiguration
des Neonatoms ist dann

Ne: KL

◀ **Abbildung 9–4**   Die „superlange" Form des Periodensystems mit einem Hinweis auf das Elektron,
das bei dem Paulischen Aufbauprozeß als letztes Elektron hinzugefügt wurde, am Kopf einer jeden
Spalte. Jene Elemente, deren elektronische Struktur sich im Grundzustand von diesem einfachen
Aufbaumodell unterscheidet, sind farbig hervorgehoben. In Gd, Cm, Cr, Mo, Cu, Ag und Au entsteht dieser Unterschied aus der besonderen Stabilität der halb (f^7, d^5) oder vollständig besetzten
(d^{10}) Unterschalen. Die anderen Abweichungen beruhen auf den extrem kleinen Energiedifferenzen
zwischen den d- und s- oder d- und f-Niveaus. Diese Abweichungen sind für uns hier weniger wichtig
als das Gesamtmuster des Aufbaus der Elemente und die Art und Weise, in der es den Aufbau des
Periodensystems erklärt. In diesem System wird He über Be in der Gruppe IIA angeordnet, da bei
jedem dieser Elemente das zweite Elektron zur Vervollständigung des s-Orbitals hinzugefügt wird.
Im üblichen Periodensystem (im vorderen Buchdeckel) wird He über Ne, Ar und den anderen Edelgasen angeordnet, um dadurch deutlich zu machen, daß bei diesen Elementen die ganze Valenzschale aufgefüllt ist.

Der Aufbau der nächsten Periode des Periodensystems verläuft in genau derselben Weise. Jedes neue Elektron wird wegen der anwachsenden Kernladung fester gebunden als das vorangegangene, ausgenommen die Fluktuationen bei Al und S, die durch das Auffüllen des 3s-Orbitals im Mg und die halbbesetzten 3p-Orbitale des P verursacht werden

				3s	3p	4s
Na:	KL $3s^1$	KL	↑	○○○	○
Mg:	KL $3s^2$	KL	↑↓	○○○	○
Al:	KL $3s^2\,3p^1$	KL	↑↓	↑○○	○
–	–	–		–		–
Ar:	KL $3s^2\,3p^6$	KL	↑↓	↑↓ ↑↓ ↑↓	○

Das äußerste Elektron eines jeden Elements in dieser Periode ist *schwächer* als das äußerste Elektron im entsprechenden Element der vorangehenden Periode an das Atom gebunden, weil die $n = 3$-Elektronen weiter vom Kern entfernt sind. Infolgedessen sind die ersten Ionisierungsenergien für die $n = 3$-Elemente kleiner als die für die entsprechenden $n = 2$-Elemente. Mit der vollen Besetzung der 3s- und 3p-Orbitale haben wir wieder eine besonders stabile Elektronenkonfiguration erreicht, die des Edelgases Argon.

Etwas Außergewöhnliches geschieht in der vierten Periode: Das 4s-Orbital dringt dichter zu dem Atomkern vor als das 3d-Orbital, und an diesem Punkt im Aufbauprozeß besitzt das 4s-Orbital eine etwas niedrigere Energie als das 3d-Orbital. Infolgedessen besetzen das eine und die zwei Elektronen, die in das Atom eingebaut werden, um K und Ca zu bilden, das 4s-Orbital, bevor die 3d-Orbitale bei den Elementen Sc bis Zn aufgefüllt werden. Wenn wir eine konstante, innere Elektronenkonfiguration von KL $3s^2\,3p^6$ voraussetzen, erhalten wir für die Elektronenkonfigurationen der Valenzschalen der 4s- und 3d-Elemente die folgenden Anordnungen

K:	$3d^0\,4s^1$	Mn:	$3d^5\,4s^2$
Ca:	$3d^0\,4s^2$	Fe:	$3d^6\,4s^2$
Sc:	$3d^1\,4s^2$	Co:	$3d^7\,4s^2$
Ti:	$3d^2\,4s^2$	Ni:	$3d^8\,4s^2$
V:	$3d^3\,4s^2$	Cu:	$3d^{10}\,4s^1$
Cr:	$3d^5\,4s^1$	Zn:	$3d^{10}\,4s^2$

Es treten in der Reihenfolge dieses Auffüllens der Orbitale zwei Anomalien auf: Die halbbesetzten (d^5) und die vollbesetzten (d^{10}) d-Niveaus sind besonders stabil, so daß das Cr- und das Cu-Atom jeweils nur ein 4s-Elektron besitzen.

Obwohl das 4s-Orbital dichter zum Kern vordringt als das 3d-Orbital und infolgedessen eine niedrigere Energie als dieses besitzt, befindet sich der *größte Teil* der Wahrscheinlichkeitsdichte des 4s-Orbitals weiter vom Kern entfernt als im 3d-Orbital. Ein Elektron in einem 4s-Orbital ist zugleich im Durchschnitt weiter vom Kern entfernt als ein 3d-Elektron und dennoch stabiler als dieses wegen der kleinen aber nicht zu vernachlässigenden Wahrscheinlichkeit, daß es sich sehr dicht an den Kern annähern kann. Bei der chemischen Bindung spielen die Energien von Elektronen in solchen dicht nebeneinanderliegenden Energieniveaus in Atomen keine so wichtige Rolle wie die Entfernungen der Elektronen vom Kern. Infolgedessen beeinflussen die 4s-Elektronen die chemischen Eigenschaften der Elemente stärker als die relativ in der Elektronenhülle vergrabenen 3d-Elektronen. Mit der Ausnahme von Cr und Cu besitzen alle Elemente vom Ca bis zum Zn dieselbe äußere Elektronenstruktur, zwei 4s-Elektronen. Die chemischen Eigenschaften dieser Reihe von Elementen werden sich weniger schnell verändern als bei einer Reihe von Elementen, bei der äußere s- oder p-Elektronen eingebaut werden. Dies ist der Grund für die sich relativ wenig ändernden Eigenschaften der sogenannten *Übergangsmetalle.*

Nachdem die 3d-Orbitale aufgefüllt sind, werden die 4p-Orbitale in gewohnter Weise besetzt, wobei wir die Hauptgruppenelemente vom Ga ($3d^{10} 4s^2 4p^1$) bis zum Edelgas Kr ($3d^{10} 4s^2 4p^6$) erhalten. Die erste Ionisierungsenergie, die bei den Übergangsmetallen mit wachsender Kernladung angestiegen ist, fällt beim Ga wieder ab, wenn das nächste Elektron in das weniger stabile 4p-Orbital eingebaut wird.

Die fünfte Periode wiederholt dasselbe Muster: Zunächst werden die 5s-Orbitale besetzt, dann kommt eine Unterbrechung, während der die tiefer liegenden 4d-Orbitale in einer weiteren Übergangsmetallreihe aufgefüllt werden, und schließlich werden die 5p-Orbitale besetzt, wobei am Ende der Periode das Edelgas Xe ($4d^{10} 5s^2 5p^6$) steht. Die Edelgase besitzen ein gemeinsames Charakteristikum: Ihre äußerste Elektronenschale weist stets die Anordnung s^2p^6 auf. Dieses ist der Ursprung der stabilen Schalen mit acht Elektronen, die wir bereits in Kapitel 6 erwähnt haben. Das spätere Auffüllen der d-Orbitale (und f-Orbitale bei den sogenannten inneren Übergangsmetallen) bedingt die beobachtete Länge der Perioden im Periodensystem: Erst 2 Elemente, dann 8, dann nur 8 anstelle von 18 für $n = 3$, dann nur 18 anstelle von 32 für $n = 4$.

Übung: Wie würden die Ordnungszahlen der Edelgase lauten, wenn die Reihenfolge der Besetzung der Energieniveaus in strikter numerischer Reihenfolge (1s, 2s, 2p, 3s, 3p, 3d, 4s, 4p, 4d, 4f, 5s, 5p, … usw.) erfolgen würde und wenn die stabilen Elemente, die wir als Edelgase bezeichnen, immer dann aufträten, wenn das letzte Elektron in eine Schale mit vorgegebenem n eingebaut würde? Vergleichen Sie diese Werte mit den tatsächlichen Ordnungszahlen der Edelgase.

Nach dem Energieniveauschema in Abbildung 9–2 ist das 6s-Orbital stabiler als das 5d-Orbital, was nicht überraschend ist, da wir dasselbe Verhalten schon in den zwei vorangehenden Perioden kennengelernt haben. Jedoch sind auch die 4f-Orbitale im allgemeinen stabiler als die 5d-Orbitale, obwohl der Unterschied klein ist und es Ausnahmen gibt. Das *idealisierte* Besetzungsschema besagt, daß beim Cs und Ba zunächst das 6s-Orbital aufgefüllt wird, worauf die tief vergrabenen 4f-Orbitale in den 14 inneren Übergangselementen La bis Yb folgen. Es gibt geringfügige Abweichungen von diesem Schema, wie in Abbildung 9–4 gezeigt ist. Die wichtigste dieser Abweichungen ist die, daß das erste Elektron nach Ba in das 5d-Orbital im La eingebaut wird und nicht das 4f-Orbital auffüllt. Das Lanthan ist deshalb eher ein Übergangsmetall als ein inneres Übergangsmetall. Es ist jedoch wichtiger, das idealisierte Besetzungsschema zu verstehen, als sich über die einzelnen Ausnahmen davon allzusehr den Kopf zu zerbrechen.

Die chemischen Eigenschaften der inneren Übergangsmetalle vom Ce bis Lu (seltene

Erden oder Lanthanoide) ändern sich noch weniger als bei den Übergangsmetallen, da die aufeinander folgenden Elektronen in die tief vergrabenen 4f-Orbitale eingebaut werden. Nachdem die 4f-Orbitale aufgefüllt sind, wird die dritte Übergangsmetallreihe vom Hf bis zum Hg durch Besetzung der 5d-Orbitale vervollständigt. Die Hauptgruppenelemente Tl bis Rn ergeben sich dann durch Auffüllen der 6p-Orbitale.

Die siebente und letzte Periode beginnt in derselben Weise: Zunächst wird das 7s-Orbital besetzt, dann folgen die inneren Übergangsmetalle vom Ac bis No (mit den in Abbildung 9–4 gezeigten Unregelmäßigkeiten) und schließlich beginnt eine vierte Übergangsmetallreihe mit dem Element Lr. Es gibt von diesem einfachen erst f- dann d-Besetzungsschema bei den Actinoiden mehr Abweichungen als bei den Lanthanoiden (Abbildung 9–4), und die ersten paar Actinoidenelemente zeigen infolgedessen eine größere Vielfalt von chemischen Eigenschaften als die Lanthanoide.

Zusammengefaßt läßt sich die idealisierte Reihenfolge für die Besetzung von Orbitalen entlang einer Periode des Periodensystems, wie folgt beschreiben:

1. In der Periode n wird zuerst das ns-Orbital mit zwei Elektronen besetzt. Die dabei entstehenden Elemente sind die Alkalimetalle und die Erdalkalimetalle. Sie gehören zu den *Hauptgruppenelementen*.
2. Als nächstes werden die sehr tief liegenden $(n - 2)$ f-Orbitale aufgefüllt. Sie existieren nur für $(n - 2) > 3$, d.h. in den Perioden 6 und 7. Diese Elemente, die eine praktisch identische äußere Elektronenstruktur aufweisen und damit praktisch identische chemische Eigenschaften besitzen, sind die sogenannten *inneren Übergangsmetalle*.
3. Die weniger tief liegenden $(n - 1)$ d-Orbitale werden daran anschließend besetzt, sofern sie vorhanden sind. Sie existieren nur für $(n - 1) > 2$, d.h. für Periode 4 und höher. Diese Elemente sind einander recht ähnlich, gleichen sich aber nicht so stark wie die inneren Übergangsmetalle. Sie werden *Übergangsmetalle* genannt.
4. Schließlich werden die drei np-Orbitale besetzt, wobei die restlichen *Hauptgruppenelemente* gebildet werden und jede Periode mit der äußeren $s^2 p^6$-Elektronenkonfiguration der Edelgase abgeschlossen wird.

Aufforderung. Um einmal festzustellen, ob Sie die Elektronenkonfigurationen des Grundzustands für einen Halbleiter, einen Leiter, einen Kernreaktorbrennstoff und ein Metallkation in einem biologisch wichtigem Molekül voraussagen können, versuchen Sie sich einmal an den Aufgaben 9–6 bis 9–10 in *Ergänzungsaufgaben zu Prinzipien der Chemie* von Butler und Grosser.

9–2 Atomeigenschaften

Wir können jetzt viele der Tatsachen erklären, die wir in Kapitel 6 beobachtet haben. Der Aufbau des Periodensystems mit seinen Gruppen und Perioden kann als eine Folge der Anordnung der Energieniveaus (Abbildung 9–2) erkannt werden. Elemente derselben Gruppe besitzen ähnliche chemische Eigenschaften, weil sie dieselbe äußere Elektronenkonfiguration in den s- und p-Orbitalen besitzen. Die äußeren Valenzelektronen, die in der Chemie von so großer Bedeutung sind, sind diese s- und p-Elektronen. Die abgeschlossene, inerte Achterschale der Edelgase ist die vollständig besetzte $s^2 p^6$-Konfiguration. Wir können den Mechanismus der Bildung der Übergangsmetalle und der inneren Übergangsmetalle durch das Auffüllen der inneren d- und f-Orbitale verstehen. Wir können die Gründe für den Verlauf der Darstellung der ersten Ionisierungsenergien, für die allgemeinen Tendenzen entlang einer Periode oder eine Gruppe hinunter und für lokale Abweichungen innerhalb einer Periode erkennen.

Wir können auch die Einzelheiten der Darstellung der Elektronenaffinitäten (Abbildung 6–8) erklären: Innerhalb einer Periode besitzen die Halogene die höchste Elektronenaffinität, da die effektive Kernladung, nachdem die Auswirkung der abschirmenden Elektronen auf den tieferen Quantenniveaus berücksichtigt worden ist, bei einem Halogen größer ist als bei irgendeinem anderen Element in der Periode. Die Edelgase besitzen geringe Elektronenaffinitäten, weil das neue Elektron bei jedem Atom in das Quantenniveau mit der nächsthöheren Hauptquantenzahl eingebaut werden muß. Dabei würde das neu hinzukommende Elektron nicht nur weiter vom Kern entfernt sein als die anderen Elektronen, sondern auch der vollen Abschirmwirkung aller anderen Elektronen ausgesetzt sein. Die effektive Kernladung, die ein zusätzliches Elektron im S verspürt, beträgt $+6e$; beim Cl ist sie gleich $+7e$ und beim Ar hat sie den Wert 0.

Lithium und Natrium haben mäßige Elektronenaffinitäten; Beryllium und Magnesium besitzen kleinere Elektronenaffinitäten, weil ihre s-Orbitale voll besetzt sind und das hinzukommende Elektron in die höherenergetischen p-Orbitale eingebaut werden muß. Stickstoff und Phosphor besitzen niedrige Elektronenaffinitäten, weil das hinzukommende Elektron sich mit einem Elektron in einem der halbbesetzten p-Orbitale paaren muß.

Die Atom- und Ionenradien, die in Abbildung 6–9 dargestellt sind, werden uns jetzt auch verständlich. Die verschiedenen Reihen isoelektronischer Ionen (As^{3-}, Se^{2-}, Br^-, Kr^0, Rb^+, Sr^{2+}, Y^{3+}, Zr^{4+} oder Au^+, Hg^{2+}, Tl^{3+}, Pb^{4+}, Bi^{5+} usw.) besitzen dieselbe Elektronenkonfiguration, aber eine ständig zunehmende positive Kernladung. Infolgedessen zeigen diese Ionen wegen des Anwachsens der elektrostatischen Anziehung eine stetige Abnahme ihre Größe. Innerhalb einer vertikalen Gruppe (z. B. F^-, Cl^-, Br^-, I^-) zeigen die Ionenradien ein Anwachsen mit der Ordnungszahl, da die Hauptquantenzahl die Gruppe hinunter zunimmt und die äußeren Elektronen damit weiter vom Kern entfernt sind. Nichtionische Bindungsradien (metallische und kovalente) zeigen eine ähnliche aber weniger ausgeprägte Abnahme von links nach rechts entlang einer horizontalen Periode, da die erhöhte Kernladung die Elektronen stärker anzieht. Das Minimum bei den nichtionischen Radien der Übergangsmetalle entsteht, weil diese Werte aus den interatomaren Abständen im Metall bestimmt wurden. Die Festigkeit der Metallbindung bei diesen Elementen ist eine Funktion der Anzahl von ungepaarten d-Elektronen, und die Zahl der d-Elektronen, deren Spins nicht gepaart sind, besitzt ihr Maximum bei der d^5-Konfiguration: Mn, Tc und Re. Infolgedessen weisen diese Metalle die stärksten metallischen Bindungen auf und zeigen die engste Annäherung der Atome.

Die Bindungswirkung der d-Elektronen zeigt sich auch in den hohen Schmelz- und Siedepunkten in der Mitte der Übergangsmetallreihen (Abbildung 9–5). Je stärker die metallischen Bindungen sind, desto mehr thermische Energie ist erforderlich, um einige

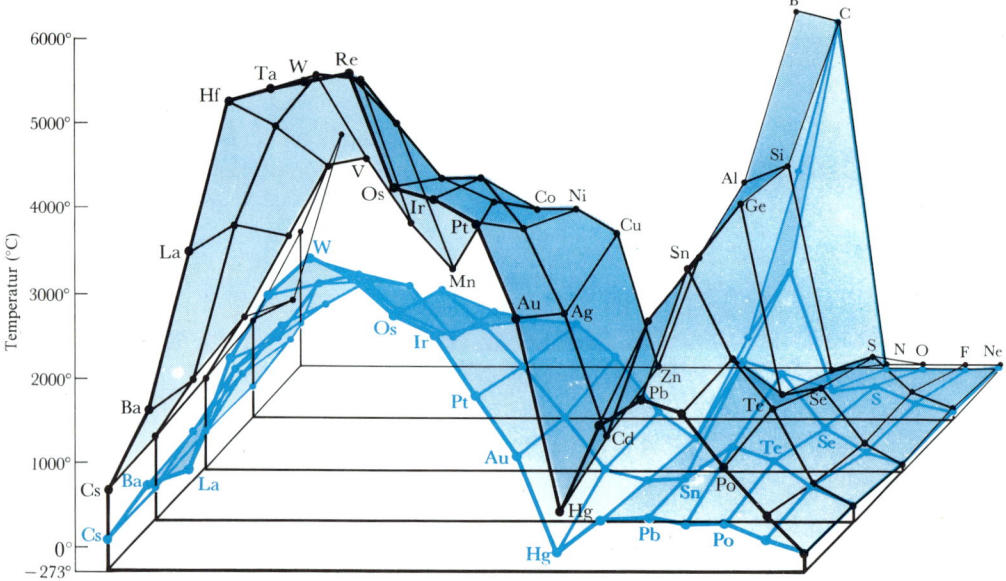

Abbildung 9–5 Siedepunkte (schwarze Punkte) und Schmelzpunkte (farbige Punkte) der Elemente. Die Siede- und Schmelzpunkte der Übergangsmetalle liegen am höchsten, wenn es ein Maximum von fünf ungepaarten d-Elektronen ($d^5 s^1$ und $d^5 s^2$) gibt und ein maximaler Anteil von Metallbindungen im Festkörper oder in der Flüssigkeit vorhanden ist. Die letzten Übergangsmetalle, Zn, Cd und Hg, ohne ungepaarte d-Elektronen ($d^{10} s^2$) können leicht geschmolzen und verdampft werden. Die hohen Schmelz- und Siedepunkte der Nichtmetalle wie C, Si und Ge haben ihre Ursache im starren Netzwerk der kovalenten Bindungen im Festkörper, von denen einige noch im flüssigen Zustand fortbestehen.

von ihnen zu sprengen, damit sich eine Flüssigkeit bildet, und um alle zu zerbrechen, damit ein Gas entsteht. Die Übergangsmetalle ohne ungepaarte d-Elektronen (Zn, Cd und Hg mit $d^{10}s^2$-Konfiguration) besitzen relativ niedrige Schmelz- und Siedepunkte. Die hohen Siedepunkte der Elemente der Gruppe IV A (Si, Ge und Sn) werden durch das Vorliegen von kovalenten Bindungen verursacht, die selbst in der Flüssigkeit noch vorhanden sind und die während des Verdampfungsprozesses gesprengt werden müssen. Kohlenstoff schmilzt überhaupt nicht. Wenn genügend thermische Energie zur Verfügung steht, um die vielen tetraedrischen kovalenten Bindungen des Diamantgitters zu sprengen, dann trennen sich die Kohlenstoffatome als Gas voneinander.

Die Unregelmäßigkeiten in der Besetzung der d-Orbitale bei den Übergangsmetallen, die in Abbildung 9–4 farbig hervorgehoben sind, werden durch die zusätzliche Stabilität eines voll- oder halbbesetzten d-Orbitals verursacht. Diese Unregelmäßigkeiten haben interessante Auswirkungen auf die elektrischen Leitfähigkeiten von Metallen. Ein Festkörper ist immer dann ein Elektrizitätsleiter, wenn die Anzahl der leicht erreichbaren Elektronenzustände größer ist als die Zahl der vorhandenen Elektronen. Ein Elektron in einem derartigen Festkörper kann auf einen nur wenig höheren Zustand angeregt werden, in dem es die Energie besitzt, sich durch das Metall zu bewegen. Wenn jedoch alle Grundzustände voll besetzt sind und eine Energielücke bis zum nächsthöheren Zustand vorliegt, dann ist die Substanz ein Isolator. Ein Metall mit vollbesetzten, äußeren s-Orbitalen wird wahrscheinlich ein schlechterer Leiter sein als ein Metall mit der Konfiguration s^1, obwohl die elektrische Leitfähigkeit hinreichend kompliziert ist, so daß diese Regel nicht unverletzlich ist. Die besten Leiter von allen Elementen sind die sogenannten *Münzmetalle*: Cu, Ag und Au (Abbildung 9–6). Alle diese Elemente besitzen die atypische Elektronenkonfiguration $d^{10}s^1$ anstelle von d^9s^2, somit stehen im Metall zweimal so viel s-Orbitale zur Verfügung, wie s-Elektronen vorhanden sind, die sie besetzen können. Quecksilber, Cadmium und Zink mit ihren $d^{10}s^2$-Konfigurationen sind viel schlechtere Leiter. In ähnlicher Weise führt die s^1-Konfiguration über einer halbbesetzten d-Schale auch zu einer hohen Leitfähigkeit: W (d^5s^1 im Festkörper), Mo und Cr sind viel bessere Leiter als die Nachbarelemente Re, Tc und Mn. (Beachten Sie in Abbildung 9–6 den scharfen Unterschied zwischen Metallen und Nichtmetallen, z.B. zwischen Al und Si.)

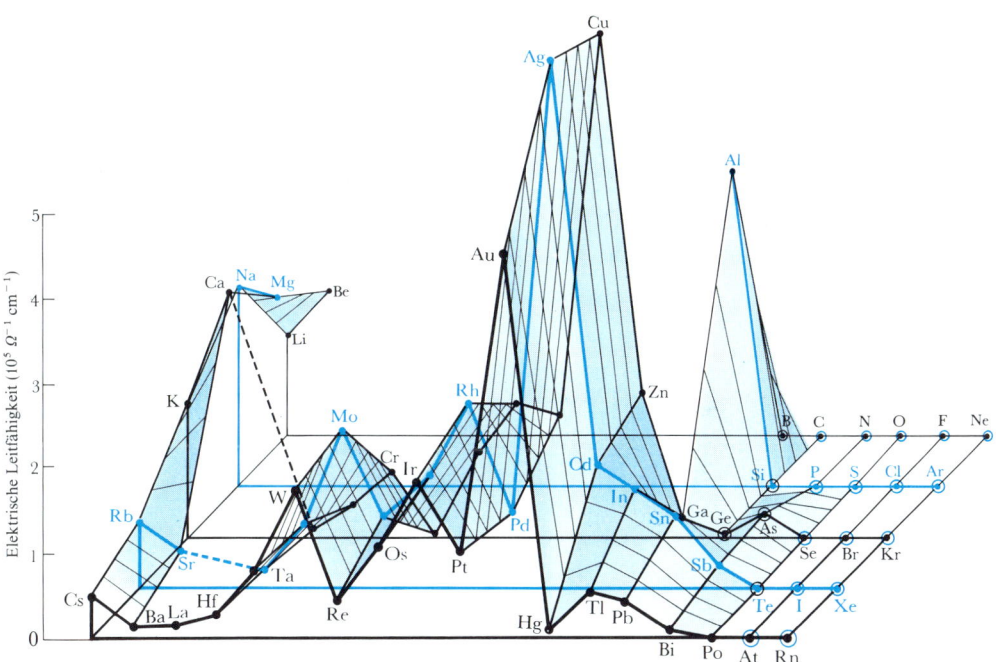

Abbildung 9–6   Elektrische Leitfähigkeit der festen Elemente. Metalle mit einem äußeren s-Elektron oberhalb einer halbgefüllten oder gefüllten d-Schale sind besonders gute Elektrizitätsleiter. Metalle mit einem voll besetzten s-Orbital leiten weniger gut. Infolgedessen sind die Münzmetalle, Cu, Ag und Au, die die äußere Elektronenkonfiguration $d^{10}s^1$ aufweisen, bessere Leiter als Zn, Cd und Hg, die die $d^{10}s^2$-Konfiguration besitzen. Cr, Mo und W, die im festen Zustand über die d^5s^1-Konfiguration verfügen, sind bessere Elektrizitätsleiter als Mn, Tc und Re mit ihrer d^5s^2-Konfiguration.

Elektronegativität

Wenn sich Atome zusammenschließen, werden zwei extreme Bindungstypen beobachtet: Ionische und kovalente Bindungen. Wenn z. B. ein Element mit einer niedrigen Ionisierungsenergie und einer niedrigen Elektronenaffinität wie das Kalium sich mit einem Element wie dem Chlor verbindet, das eine hohe Ionisierungsenergie und eine hohe Elektronenaffinität besitzt, wird eine ionische Verbindung entstehen, bei der ein Elektronentransfer vom K zum Cl erfolgt. Im Gegensatz dazu bilden sich zwischen Elementen mit einander ähnlichen Ionisierungsenergien und Elektronenaffinitäten kovalente Bindungen aus. Linus Pauling (1900–   ) definierte 1932 eine Größe, die *Elektronegativität*, ε, genannt wurde, und R. S. Mulliken (1896–   ) zeigte zwei Jahre später, daß sie mit dem arithmetischen Mittel aus der Elektronenaffinität und der Ionisierungsenergie im Zusammenhang gebracht werden konnte. Die Elektronegativität ist somit ein Maß für das Bestreben eines Elements, Elektronen festzuhalten, wenn es eine Bindung eingeht. Die Schwierigkeiten bei den Mullikenschen Berechnungen waren dabei die, daß nur für relativ wenige Elemente verläßliche Elektronenaffinitäten bekannt waren.

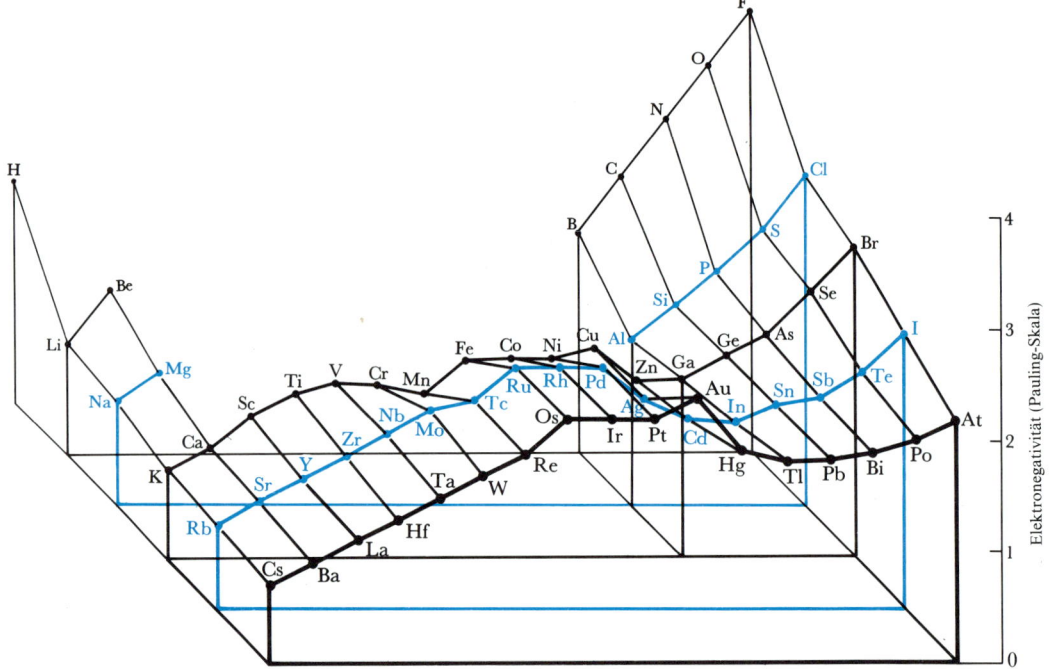

Abbildung 9–7   Elektronegativität der Elemente nach der Pauling-Skala. Die Elektronegativität ist ein Maß für die relative Neigung eines Atoms, Elektronen in einer chemischen Verbindung an sich zu ziehen. Verbindungen von Elementen mit einem großen Elektronegativitätsunterschied, wie z. B. Na und Cl, werden ionisch sein. Verbindungen von Elementen von annähernd gleicher Elektronegativität, wie z. B. C und H, werden kovalent sein. Die meisten chemischen Verbindungen müssen als teilweise kovalent und teilweise ionisch angesehen werden; die relativen Anteile von kovalenter Bindung und Ionenbindung hängen vom Elektronegativitätsunterschied der Atome ab.

Pauling erhielt seine Elektronegativitätswerte durch den Vergleich der Bindungsenergie einer Bindung zwischen ungleichen Atomen mit dem *arithmetischen Mittel* aus den Bindungsenergien zwischen Atomen eines jeden der zwei Elemente; z. B. also durch den Vergleich zwischen der Bindungsenergie einer HF-Bindung mit den Energien der Bindungen im H_2 und F_2. Wenn HF eine kovalente Bindung wie H_2 und F_2 besitzen würde, dann würden wir erwarten, daß die Bindungsenergie im HF in der Nähe des Mittelwerts aus den Bindungsenergien des H_2 und F_2 liegt. Jedoch sind bei Molekülen wie dem HF die Bindungen stärker als solche Durchschnittswerte. Wir können diese Erscheinung an den molaren Bildungswärmen der Halogenwasserstoffe aus ihren dimeren, gasförmigen Elementen ablesen: Wenn sich HI aus H_2 und I_2 bildet, entstehen H—I-Bindungen aus H—H- und I—I-Bindungen. Infolgedessen ist die molare Bildungswärme des HI ein Maß für die zusätzliche Stabilität der Bindung zwischen ungleichen Atomen

Tabelle 9–1   Erste molare Ionisierungsenergien, molare Elektronenaffinitäten und Elektronegativitäten der Elemente

	1 H	2 He
IE[a]	1310	2374
EA[b]	+67,4	−60,3
X[c]	2,20	—

	3 Li	4 Be		5 B	6 C	7 N	8 O	9 F	10 Ne
IE	519	900		800	1089	1407	1315	1683	2081
EA	+77,0	−18,1		+31,8	+119,7	+4,6	141,9	+349,6	−54,8
X	0,98	1,57		2,04	2,55	3,04	3,44	3,98	

	11 Na	12 Mg		13 Al	14 Si	15 P	16 S	17 Cl	18 Ar
IE	498	737		578	787	1063	1001	1256	1520
EA	+117,2	0		+50,2	+138,2	+75,4	+199,7	+356,3	—
X	0,93	1,31		1,61	1,90	2,19	2,58	3,16	

	19 K	20 Ca	21 Sc	22 Ti	23 V	24 Cr	25 Mn	26 Fe	27 Co	28 Ni	29 Cu	30 Zn	31 Ga	32 Ge	33 As	34 Se	35 Br	36 Kr
IE	419	590	632	662	653	653	716	762	758	737	745	904	578	783	967	942	1143	1352
EA	+79,5	—	—	—	—	—	—	—	—	—	—	—	—	—	—	—	+333,3	—
X	0,82	1,0	1,36	1,54	1,63	1,66	1,55	1,8	1,88	1,91	1,90	1,65	1,81	2,01	2,18	2,55	2,96	—

	37 Rb	38 Sr	39 Y	40 Zr	41 Nb	42 Mo	43 Tc	44 Ru	45 Rh	46 Pd	47 Ag	48 Cd	49 In	50 Sn	51 Sb	52 Te	53 I	54 Xe
IE	402	548	636	670	653	695	699	724	745	804	733	867	557	708	833	871	1009	1172
EA																	+304,4	—
X	0,82	0,95	1,22	1,33	1,6	2,16	1,9	2,28	2,2	2,20	1,93	1,69	1,78	1,96	2,05	2,1	2,66	—

	55 Cs	56 Ba	57 La	72 Hf	73 Ta	74 W	75 Re	76 Os	77 Ir	78 Pt	79 Au	80 Hg	81 Tl	82 Pb	83 Bi	84 Po	85 At	86 Rn
IE	377	502	540	532	578	770	762	842	888	867	892	1009	590	716	775	—	—	1038
EA																		
X	0,79	0,89	1,10	1,3	1,5	2,36	1,9	2,2	2,2	2,28	2,54	2,00	2,04	2,33	2,02	2,0	2,2	

[a] IE ist die erste molare Ionisierungsenergie in $kJ\ mol^{-1}$.

[b] EA ist die molare Elektronenaffinität in $kJ\ mol^{-1}$.

[c] X ist die Paulingsche Elektronegativität, wie sie von A. L. Allred neu berechnet wurde: *J. Inorg. Nucl. Chem.* *17*, 215 (1961).

$$\tfrac{1}{2}H_2(g) + \tfrac{1}{2}I_2(g) \;\leftrightarrows\; HI(g) \qquad \Delta \bar{H}^0_{298} = -\;5{,}0 \text{ kJ mol}^{-1}$$

$$\tfrac{1}{2}H_2(g) + \tfrac{1}{2}Br_2(g) \;\leftrightarrows\; HBr(g) \qquad \Delta \bar{H}^0_{298} = -51{,}5 \text{ kJ mol}^{-1}$$

$$\tfrac{1}{2}H_2(g) + \tfrac{1}{2}Cl_2(g) \;\leftrightarrows\; HCl(g) \qquad \Delta \bar{H}^0_{298} = -92{,}5 \text{ kJ mol}^{-1}$$

$$\tfrac{1}{2}H_2(g) + \tfrac{1}{2}F_2(g) \;\leftrightarrows\; HF(g) \qquad \Delta \bar{H}^0_{298} = -269 \text{ kJ mol}^{-1}$$

Wasserstoff und Iod besitzen ähnliche Elektronegativitäten und bilden eine Bindung mit stark kovalentem Charakter; Wasserstoff und Fluor unterscheiden sich in ihren Elektronegativitäten in dieser Reihe am stärksten und bilden ein stärker ionisches Molekül. Diese molare Standardbildungswärme aus den zweiatomigen Gasen (in kJ mol^{-1}), $\Delta \bar{H}^0_{298}$, wurde von Pauling zur Berechnung seiner Elektronegativitäten verwendet.

Wenn die molare Bindungsenergie einer Verbindung AB oder die molare Bildungswärme der Bindung aus den gasförmigen Atomen A und B gleich D_{AB} ist und wenn die molaren Bindungsenergien für die zwei kovalent gebundenen Elemente A$_2$ und B$_2$ durch D_{AA} und D_{BB} gegeben sind, dann beträgt die zusätzliche Stabilität, die durch die ionische Bindung hervorgerufen wird

$$\Delta_{AB} = D_{AB} - \tfrac{1}{2}(D_{AA} + D_{BB})$$

Dieser Wert von Δ_{AB} ist gleich $-\Delta \bar{H}^0_{298}$ für Reaktionen des vorher gezeigten Typs. Pauling definierte die Differenz der Elektronegativitäten der Atome A und B als

$$\varepsilon_A - \varepsilon_B = 0{,}102 \text{ kJ}^{-1/2} \text{ mol}^{1/2} \sqrt{\Delta_{AB}}$$

wobei für den Wasserstoff $\varepsilon_H = 2{,}1$ gesetzt wurde. Somit kann mit Hilfe der Paulingschen Methode eine Berechnung der Elektronegativitäten für sehr viel mehr Elemente durchgeführt werden, als es nach dem Verfahren von Mulliken möglich war. So einleuchtend der Begriff der Elektronegativität erscheint, ist er jedoch etwas unbestimmt und nur schwer exakt, also quantitativ, zu fassen. Dies beruht auf der Tatsache, daß mit der Elektronegativität den Atomen eine Eigenschaft zugeordnet wird, die erst bei der Ausbildung einer chemischen Bindung im Molekül zum Tragen kommt. Auch die vielen verschiedenen Methoden zur Ermittlung der Elektronegativitätswerte lassen erkennen, daß es sich hier nur um ein mehr oder weniger halbquantitatives Verfahren handelt. Eine neuere Zusammenstellung der Elektronegativitäten nach dem Paulingschen Verfahren finden Sie in Tabelle 9–1 und in einer graphischen Darstellung in Abbildung 9–7.

Die Elektronegativität ist ein Maß für die Anziehung, die ein Atom auf die Elektronen in einer Bindung ausübt, die es mit einem anderen Atom eingegangen ist. Infolgedessen können Sie aus den Daten in Tabelle 9–1 voraussagen, daß CsF ionisch und CH$_4$ kovalent sein wird. Alle Bindungen zwischen Atomen besitzen unterschiedliche Anteile von ionischem und kovalentem Charakter, was auf dem Unterschied in der Elektronenbindungsfähigkeit oder Elektronegativität der beteiligten Atome zurückzuführen ist.

Oxidations- und Reduktionspotentiale

Das Oxidationspotential einer Reaktion ist ein Maß für das Bestreben einer Reaktion vom Typ

(reduzierter Stoff) → (oxidierter Stoff) + (Elektronen)

in dieser Richtung abzulaufen im Vergleich mit der Reaktion

$$\tfrac{1}{2}H_2 \leftrightharpoons H^+ + e^-$$

der ein Oxidationspotential null *zugeordnet* wird. Wenn das Oxidationspotential einer Reaktion positiv ist, besitzt diese Reaktion ein stärkeres Bestreben abzulaufen als die Oxidation des H_2. Dies gilt z.B. für Natriummetall; sein Standardoxidationspotential bei 25 °C, U^0, beträgt

$$Na \leftrightharpoons Na^+ + e^- \qquad U^0 = +2{,}71 \text{ V}$$

Das Bestreben des Na, in Wasser in den oxidierten Zustand überzugehen, ist so stark, daß das Wasser selbst zersetzt wird und Wasserstoffionen zu H_2-Gas reduziert werden.

Wenn das Oxidationspotential einer Reaktion negativ ist, ist das Bestreben der Reaktion umgekehrt darauf gerichtet, den reduzierten und nicht den oxidierten Zustand einzunehmen

$$Ag \leftrightharpoons Ag^+ + e^- \qquad U^0 = -0{,}80 \text{ V}$$

Somit wird diese Reaktion in der umgekehrten Richtung ablaufen. Auf eine systematische Behandlung der Oxidationspotentiale werden wir in Kapitel 17 zurückkommen, wo wir kennenlernen werden, wie sie in elektrolytischen Zellen gemessen werden. Im Augenblick wollen wir sie nur als Maß für das relative Bestreben der Elemente benutzen, in Lösungen in verschiedenen Oxidationsstufen zu existieren.

Die Angabe „in Lösungen" im vorangehenden Satz ist sehr wichtig. Die erste Ionisierungsenergie des Natriums ist ein Maß für die Energie, die einem *gasförmigen* Na-*Atom* zugeführt werden muß, damit es ein Elektron abgibt und ein *gasförmiges Ion* bildet. Im Gegensatz dazu ist das Oxidationspotential ein Maß für das Bestreben des *festen* Na, ein Elektron abzugeben und ein *hydratisiertes* Natriumion in wäßriger Lösung zu bilden. Diese Größe besitzt für die meisten chemischen Anwendungen eine weitaus größere Bedeutung als die erste Ionisierungsenergie. Im Abschnitt 6–4 wiesen wir darauf hin, wie die Oxidationsenergie und das Oxidationspotential des Ca aus der Sublimationswärme des festen Ca, der ersten und zweiten Ionisierungsenergie des Calciums und der Hydratationswärme des Calciumions ermittelt werden kann. Manchmal ist das Ergebnis einer Oxidation eines Metalls in wäßriger Lösung nicht ein hydratisiertes Kation, sondern ein Oxidkomplex

$$Mn + 4H_2O \leftrightharpoons MnO_4^- + 8H^+ + 7e^- \qquad U^0 = -0{,}771 \text{ V}$$

Das Oxidationspotential des Mn zu MnO_4^- ist für die Lösungschemie von weitaus größerer Bedeutung als die Energie, die dazu erforderlich ist, sieben Elektronen aus einem Mn-Atom in der Gasphase zu entfernen.

Im allgemeinen ist es jedoch üblich, mit den sogenannten *Reduktionspotentialen* zu arbeiten. Wenn das Oxidationspotential für die Oxidation eines Natriumatoms $+2{,}71$ V beträgt, besitzt das Reduktionspotential für die Reduktion eines Natriumions zum neutralen Atom einen Wert von $-2{,}71$ V entsprechend der Reaktion

$$Na^+ + e^- \leftrightharpoons Na \qquad U^0 = -2{,}71 \text{ V}$$

Reduktionspotentiale sind also Oxidationspotentiale mit umgekehrten Vorzeichen, und Sie müssen stets aufpassen, mit welchem Sie es bei einer Tabellierung der Elektrodenpotentiale zu tun haben. So ist es insbesondere in den Vereinigten Staaten noch üblich, mit den Oxidationspotentialen zu arbeiten, obwohl auch sie sich allmählich auf die international gebräuchlichen Reduktionspotentiale umzustellen beginnen. Da wir in diesem Kapitel die relative Leichtigkeit der Oxidation von Metallen betrachten wollen, werden wir hier noch die Oxidationspotentiale verwenden. Im Kapitel 17 werden wir uns jedoch der internationalen Konvention anschließen und Reduktionspotentiale verwenden. Sie sollten sich aber mit beiden vertraut machen.

9–3 Chemische Eigenschaften: Die s-Orbital-Metalle

Die nächsten vier Abschnitte enthalten eine Beschreibung der Chemie der Metalle der Gruppen IA und IIA, der Übergangsmetalle und, in Kürze, der Hauptgruppenelemente von Gruppe IIIA und weiter. Auf die Chemie der Nichtmetalle werden wir noch einige Male nach den Kapiteln über die chemische Bindung zurückkommen, so daß sie in diesem Kapitel nicht so gründlich behandelt zu werden braucht. Da wir den Aufbau der Elektronenschalen der Atome kennen, können wir die chemischen Eigenschaften der Metalle auf eine vernünftige Art erklären. Sie sollten nicht versuchen, sich alle Tatsachen aus diesen vier Abschnitten zu merken. Stattdessen sollten Sie vielmehr versuchen, aus dem beschriebenen Material die Eigenschaften herauszufinden, die im Periodensystem einen regelmäßigen Gang erkennen lassen und die durch die Elektronenstruktur der Elemente erklärt werden können. Nicht jede chemische Eigenschaft wird einem sofort absolut klar, sobald man die Elektronenstruktur des Elements kennt; wir sind noch lange nicht so weit von Mellors hartem Urteil aus der Einleitung zum Teil 3 dieses Buches entfernt, wie wir es gerne sein möchten. Aber vieles von dem, was wir beobachten, ergibt heute einen Sinn, und danach wollen wir auch in der Masse der chemischen Daten suchen.

Gruppe IA. Alkalimetalle: Li, Na, K, Rb und Cs

Alle diese Metalle besitzen eine äußere s^1-Elektronenkonfiguration. Dieses s^1-Elektron wird leicht abgegeben, und somit besitzen diese Elemente niedrige Ionisierungsenergien und niedrige Elektronegativitäten. Die Ionisierungsenergie und die Elektronegativität nehmen vom Li bis Cs ab, während sich der Abstand der äußeren Schalen vom Kern erhöht.

Diese Metalle sind die reaktionsfreudigsten aller bekannten Metalle. Sie kommen in der Natur niemals im metallischen Zustand („gediegen") vor, sondern treten stets in Verbindung mit Sauerstoff, Chlor oder anderen Elementen auf und besitzen immer die Oxidationsstufe +1. Alle ihre Verbindungen sind ionisch, sogar die Hydride. Praktisch jede Substanz, die reduziert werden kann, wird in Gegenwart eines Alkalimetalls reduziert. Die Oxidationspotentiale der Alkalimetalle vom Li bis Cs lauten

$$Li(s) \leftrightarrows Li^+(aq) + e^- \qquad U^0 = +3{,}05 \text{ V}$$
$$Na(s) \leftrightarrows Na^+(aq) + e^- \qquad U^0 = +2{,}71 \text{ V}$$

$$K(s) \leftrightarrows K^+(aq) + e^- \qquad U^0 = +2{,}92 \text{ V}$$
$$Rb(s) \leftrightarrows Rb^+(aq) + e^- \qquad U^0 = +2{,}93 \text{ V}$$
$$Cs(s) \leftrightarrows Cs^+(aq) + e^- \qquad U^0 = +2{,}92 \text{ V}$$

Jedes dieser Metalle weist ein starkes Bestreben auf, in wäßriger Lösung Elektronen abzugeben und damit oxidiert zu werden. Im Gegensatz dazu ist es schwierig, ihre Ionen zu reduzieren. Kaliumionen besitzen ein Reduktionspotential von $-2{,}92$ V. Lithiumatome geben ihr Elektron in wäßriger Lösung leichter als Caesiumatome ab, obwohl Li eine höhere Ionisierungsenergie besitzt, da die geringe Größe eines Li^+-Ions es den Wassermolekülen erlaubt, dichter an das Zentrum des Ions herauszukommen, was das hydratisierte Ion noch stabiler macht.

Wasser greift alle Alkalimetalle an, und die Reaktion von Wasser mit allen diesen Metallen ist heftig und exotherm. Eine typische Reaktion ist die folgende

$$Na + H_2O \leftrightarrows Na^+ + HO^- + \tfrac{1}{2}H_2 \qquad \Delta H^0_{298} = -168 \text{ kJ}$$

Das bei der Reaktion entstehende Wasserstoffgas wird an der Luft durch die Reaktionswärme entzündet und verbrennt spontan. Sorglos in einen Abfluß geworfenes Natriummetall bildet eines der Risiken eines Grundpraktikums im Chemielabor. Gewöhnlich werden die Alkalimetalle unter Petroleum oder irgendeinem anderen nichtreagierenden Kohlenwasserstoff aufbewahrt.

Da die Alkalimetalle die stärksten bekannten Reduktionsmittel sind, können die freien Metalle nicht durch Reduktion ihrer Verbindungen durch einen anderen Stoff hergestellt werden

$$Li^+ + (\text{Reduktionsmittel}) \nrightarrow Li + (\text{oxidierter Stoff})$$

Stattdessen werden die Metalle gewöhnlich durch Elektrolyse ihrer geschmolzenen Salze gewonnen.

Das leicht abgegebene Valenzelektron ist auch für die metallischen Eigenschaften der Alkalimetalle verantwortlich. Mit nur einem beweglichen Elektron pro Atom sind die Metallbindungen schwach. Die Bindungen werden mit wachsender Ordnungszahl noch schwächer, da die Valenzelektronen dann noch weiter vom Kern entfernt sind. Die Metalle besitzen infolgedessen niedrige Schmelz- und Siedepunkte und sind weich, schmiedbar (sie können zu dünnen Folien gehämmert werden) und duktil (sie lassen sich zu Drähten ziehen). Lithium kann mit einigen Schwierigkeiten mit einem Messer geschnitten werden, aber Caesium ist so weich wie Käse. Caesium besitzt die niedrigste Ionisierungsenergie aller Elemente, und sein Valenzelektron kann sehr leicht durch das Licht in einer photoelektrischen Zelle herausgeschlagen werden. Der photoelektrische Effekt wird in Photozellen und Fernsehkameras wie dem Ikonoskop technisch ausgenutzt, bei dem das optische Bild, das auf caesiumüberzogene Kathoden fällt, in elektrische Impulse umgewandelt wird.

Fast alle Verbindungen der Alkalimetalle sind wasserlöslich. In Lösung befindliche Alkalimetallionen sind farblos. Eine Farbe entsteht, wenn ein Elektron in einem Atom von einem Energieniveau auf ein anderes angeregt wird und wenn der Energieunterschied zwischen den Niveaus im sichtbaren Bereich des elektromagnetischen Spektrums liegt. Die Alkalimetallionen besitzen keine freien Elektronen, die durch Energien im sichtbaren Teil des Spektrums angeregt werden können. Die Oxide der Alkalimetalle sind alle basisch und reagieren alle mit Wasser unter Bildung basischer Hydroxide, die in Wasser löslich und vollständig dissoziiert sind.

Alkalimetalle besitzen die interessante Eigenschaft, sich in flüssigem Ammoniak zu lösen und intensiv blaue Lösungen zu bilden, wobei das ursprüngliche Metall zurückbleibt, wenn das Ammoniak verdampft wird. Bei der Auflösung dissoziieren die Atome der Alkalimetalle in Ionen und Elektronen, und die Elektronen assoziieren sich mit den NH_3-Lösungsmittelmolekülen. Derartige Elektronen werden als *solvatisierte Elektronen* bezeichnet. Es konnte gezeigt werden, daß die intensive Färbung dieser Lösungen auf die solvatisierten Elektronen zurückzuführen ist und nicht von den Metallionen herrührt; dieselbe Färbung konnte auch dadurch erzeugt werden, daß aus einer Platinelektrode Elektronen in das flüssige Ammoniak eingeleitet wurden.

Gruppe IIA. Erdalkalimetalle: Be, Mg, Ca, Sr und Ba

Die Chemie der Erdalkalimetalle ist die Chemie von Atomen, die leicht zwei Elektronen abgeben. Alle sind typische Metalle und starke Reduktionsmittel, obwohl sie nicht ganz so stark reduzierend wirken wie die Alkalimetalle. Die Kernladung hat sich gegenüber den Alkalimetallen um eine Einheit in einer gegebenen Periode erhöht, aber die Abschirmung des Kerns durch die Elektronen auf inneren Orbitalen ist für beide Gruppen recht ähnlich, so daß bei den Erdalkalimetallen die effektive Kernladung größer ist. Somit sind die Erdalkaliatome kleiner und weisen eine höhere erste Ionisierungsenergie auf als die Alkalimetalle derselben Periode. Ihre Oxidationspotentiale besitzen in wäßrigen Lösungen die folgenden Werte

$$Be(s) \leftrightarrows Be^{2+}(aq) + 2e^- \qquad U^0 = +1,85 \text{ V}$$
$$Mg(s) \leftrightarrows Mg^{2+}(aq) + 2e^- \qquad U^0 = +2,37 \text{ V}$$
$$Ca(s) \leftrightarrows Ca^{2+}(aq) + 2e^- \qquad U^0 = +2,76 \text{ V}$$
$$Sr(s) \leftrightarrows Sr^{2+}(aq) + 2e^- \qquad U^0 = +2,89 \text{ V}$$
$$Ba(s) \leftrightarrows Ba^{2+}(aq) + 2e^- \qquad U^0 = +2,90 \text{ V}$$

Sie sind elektronegativer als die Alkalimetalle, aber alle ihre Verbindungen, mit der Ausnahme einiger Be-Verbindungen, sind ionisch. Beryllium ist das erste Beispiel für die allgemeine Beobachtung, daß innerhalb einer Gruppe die Elemente mit niedrigerer Hauptquantenzahl weniger metallisch sind, da ihre äußeren Elektronen sich dichter am Kern befinden und damit fester gebunden sind. Dieses Verhalten spiegelt sich auch in den Elektronegativitäten der kleineren Atome innerhalb einer Gruppe wider (Abbildung 9–7). Beryllium besitzt ein niedrigeres Oxidationspotential oder ein geringeres Bestreben, in wäßriger Lösung ein Elektron abzugeben, als die anderen Elemente in seiner Gruppe aus demselben Grunde, aus dem es eine höhere erste Ionisierungsenergie als die anderen Elemente besitzt (Abbildung 9–3). Es ist richtig, daß Be wie Li wegen seiner geringen Größe eine hohe Hydratationsenergie besitzt. Dieses führt uns dazu, ein starkes Bestreben zur Oxidation in wäßriger Lösung und ein hohes, positives Oxidationspotential zu erwarten. Jedoch besitzt Be auch eine außerordentlich hohe Ionisierungsenergie und Verdampfungswärme (Tabelle 9–2), und diese beiden Effekte beherrschen zusammen die Oxidation des Be zu Be^{2+} (aq), so daß das Oxidationspotential etwas niedriger liegt, als erwartet werden könnte.

Tabelle 9–2   Eigenschaften der Erdalkalimetalle

Element	Be	Mg	Ca	Sr	Ba
Elektronegativität	1,6	1,3	1,0	0,95	0,89
Metall-Radius (10^{-10} m)	0,89	1,36	1,74	1,91	1,98
Schmelzpunkt (°C)	1278	651	842	769	725
Siedepunkt (°C)	2970	1107	1487	1384	1140
Molare Schmelzwärme (kJ mol^{-1})	11,7	9,2	9,2	9,2	7,5
Molare Verdampfungswärme (kJ mol^{-1})	294,8	129,0	149,9	139,0	151,1
MCl_2-Schmelzpunkt (°C)	405	708	772	873	963
MCl_2-Siedepunkt (°C)	520	1412	1600	1250	1560
Äquivalentleitfähigkeit von MCl_2 (Ω^{-1} mol^{-1})	0,086	29,0	52,0	–	–

Die zweiten Ionisierungsenergien dieser Metalle sind gewöhnlich doppelt so groß wie ihre ersten Ionisierungsenergien; wir könnten somit erwarten, daß sich +1-Ionen bilden und daß der +1-Oxidationszustand in der Lösung vorliegt. Dies ist aber nicht der Fall. Die Hydratation des zweifach geladenen Kations gibt ihm genügend überschüssige Stabilität, um die Energie aufzubringen, die dazu erforderlich ist, das zweite Elektron zu entfernen (Abschnitt 6–4). Jede Lösung von Ca^+-Ionen würde spontan in Ca-Metall und Ca^{2+}-Ionen disproportionieren (Abbildung 6–7)

$$2\,Ca^+(aq) \leftrightarrows Ca(s) + Ca^{2+}(aq)$$

Die Lösungschemie der Erdalkalimetalle ist ausschließlich eine Chemie der Oxidationsstufe +2.

Die freien Metalle kommen nicht in der Natur vor, da sie zu reaktionsfreudig sind. Beryllium und Magnesium werden in komplexen Silicatmineralien wie Beryll (Be_3Al_2 Si_6O_{18}) und Asbest ($CaMg_3Si_4O_{12}$) angetroffen (siehe Kapitel 14). Smaragde sind verunreinigter Beryll, der durch eine Spur von Cr gefärbt ist. Magnesium, Calcium, Strontium und Barium kommen in Form ihrer relativ unlöslichen Carbonate, Sulfate und Phosphate vor. Calcium und Magnesium sind weitaus häufiger als die anderen Elemente dieser Gruppe. Calciumcarbonat, $CaCO_3$, wird als Kreide, Kalkstein und Marmor gefunden, die sich gewöhnlich aus Ablagerungen von Muschelschalen und Skeletten von Meerestieren gebildet haben. Wie die Alkalimetalle werden die reinen Erdalkalimetalle üblicherweise durch Elektrolyse ihrer geschmolzenen Verbindungen gewonnen, da es sehr schwierig ist, eine Substanz mit einem höheren Oxidationspotential zu finden, mit der sie chemisch reduziert werden könnten.

Die reinen Erdalkalimetalle besitzen höhere Schmelz- und Siedepunkte als die Alkalimetalle, da ihnen pro Atom zwei Elektronen zur Ausbildung der metallischen Bindung zur Verfügung stehen. Aus demselben Grunde sind sie auch härter, obwohl man sie immer noch mit einem scharfen Stahlmesser schneiden kann. Beryllium und Magnesium sind die einzigen Elemente dieser Gruppe, die üblicherweise als Baustoffe verwendet werden; sie werden in reiner Form oder in Legierungen für Flugzeuge und Raumfahrzeuge eingesetzt, bei denen das Gewicht von großer Bedeutung ist.

Erdalkaliverbindungen sind im allgemeinen weniger gut in Wasser löslich als die Verbindungen der Alkalimetalle. Die Hydride von Ca, Sr und Ba (CaH_2, SrH_2 und BaH_2) sind alle ionisch und liegen in Form weißer Pulver vor, die bei der Reaktion mit Wasser H_2-Gas abgeben

$$CaH_2 + 2\,H_2O \leftrightharpoons Ca^{2+} + 2\,HO^- + 2\,H_2$$

Die Oxide, alle mit dem zu erwartenden Atomverhältnis von 1:1 (BeO, CaO, usw), sind hart, in Wasser relativ unlöslich und, mit der Ausnahme des BeO, basisch. In Wasser bilden die basischen Oxide Hydroxide, die ebenfalls nur wenig löslich sind

$$CaO(s) + H_2O \rightleftarrows Ca^{2+}(aq) + 2\,HO^- \rightleftarrows Ca(OH)_2(s)$$

$Ba(OH)_2$ ist stark basisch; $Mg(OH)_2$ ist schwach basisch.

Beryllium ist ganz deutlich der Außenseiter in der Gruppe IIA. Sein Oxid ist *amphoter*, d.h. es zeigt je nach Umgebung saure oder basische Eigenschaften. Es ist in Wasser praktisch unlöslich, aber in starken Säuren verhält es sich so, als ob es basisch wäre

$$BeO + 2\,H^+ + 3\,H_2O \rightleftarrows Be(H_2O)_4^{2+}$$

und in einer starken Base so, als ob es sauer wäre

$$BeO + 2\,HO^- + H_2O \rightleftarrows Be(OH)_4^{2-}$$

In beiden Fällen ist das Kation, Be^{2+}, so klein, daß nur eine Koordinationszahl von vier möglich ist. Die Koordinationsgruppen sind tetraedrisch um das Be herum angeordnet. Das amphotere Verhalten des BeO beruht darauf, daß das Be so klein und elektronegativ ist. Be^{2+} zieht Elektronen von den benachbarten Wassermolekülen an und erleichtert ihnen damit die Abgabe eines Protons an die Umgebung

$$Be^{2+} + 4\,H_2O \rightleftarrows Be(OH)_4^{2-} + 4\,H^+$$

Zusätzlich zum amphoteren Charakter seines Oxids zeigt das Beryllium noch viele andere Zeichen von nichtmetallischem Verhalten: Seine Schmelz- und Siedepunkte und seine Verdampfungswärme sind alle ungewöhnlich hoch, was eine Umkehr der Tendenzen innerhalb des Restes der Gruppe IIA bedeutet (Tabelle 9–2). Alle diese Tatsachen deuten darauf hin, daß die kovalenten Bindungen im Be wie die im Diamant in der flüssigen Phase erhalten bleiben. Festes $BeCl_2$ setzt sich aus kovalent gebundenen Ketten zusammen, die nur durch schwache intermolekulare Kräfte zusammengehalten werden. $BeCl_2$ besitzt den niedrigen Schmelzpunkt, der von einer molekularen, kovalenten Verbindung erwartet wird, was jedoch nicht dem Verhalten eines ionischen Festkörpers wie $CaCl_2$ entspricht. Schließlich leitet flüssiges $BeCl_2$ keine Elektrizität, was auf das Fehlen von Ionen hinweist.

9–4 Das Auffüllen der d-Orbitale: Die Übergangsmetalle

Die Übergangsmetalle sind harte Metalle mit hohen Schmelzpunkten, Siedepunkten und Schmelzwärmen. Alle diese Eigenschaften hängen von der Zahl der ungepaarten d-Elektronen ab, die mit eins bei Sc-Y-Lu beginnt, sich auf ein Maximum von fünf bei Mn-Te-Re erhöht und dann wieder bis null bei Zn-Cd-Hg abnimmt (Abbildung 9–4). Diese Eigenschaften sind in den Abbildungen 6–11 und 9–5 dargestellt. Entlang einer Periode neigen die Atome dazu, mit steigender Ordnungszahl kleiner zu werden, da sich die Kernladung erhöht. Die Atome in der zweiten Übergangsmetallreihe von Y zum Cd sind größer als die in der ersten vom Sc zum Zn, aber die Atome in der dritten Übergangsmetallreihe vom Lu zum Hg sind nicht um so viel größer als die in der zweiten Reihe, wie wir erwarten würden. Der Grund dafür ist der, daß die erste *innere* Übergangsmetallreihe, die Lanthanoide, auf das La folgt. In der Reihe vom La zum Lu zeigt sich eine stetige Abnahme in der Atomgröße aufgrund der sich ständig erhöhenden Kernladung, die die sogenannte *Lanthanoidenkontraktion* bewirkt. Infolgedessen ist das Hafnium nicht so groß, wie es sein würde, wenn es direkt auf das La folgte. Die Kernladung im Zr ist um 18 Einheiten größer als die des Ti, aber die des Hafniums ist um 32 Einheiten größer als die des Zr. Daraus ergibt sich, daß die Übergangsmetalle der zweiten und dritten Reihe in den entsprechenden Gruppen nicht nur dieselbe äußere Elektronenkonfiguration besitzen, sondern auch fast dieselbe Größe haben. Somit sind die zweite und dritte Übergangsmetallreihe einander in ihren Eigenschaften ähnlicher, als jede von ihnen der ersten ähnelt. Titan ist dem Zr und Hf weniger ähnlich als Zr und Hf untereinander. Vanadium unterscheidet sich von Nb und Ta, aber schon die Namen von Ta und Nb weisen auf die Schwierigkeit hin, sie zu trennen: Tantal und Niob wurden 1801 und 1802 entdeckt, aber nahezu ein halbes Jahrhundert lang glaubten viele Chemiker, daß sie ein und dasselbe Element wären. Wegen der Schwierigkeiten bei seiner Isolierung wurde Ta nach Tantalus benannt, der Gestalt aus der griechischen Mythologie, die zu ewigen Qualen verdammt wurde. Niob seinerseits wurde nach Niobe, der Tochter des Tantalus, benannt.

Die kleinere Zunahme des Atomradius, die bei der dritten Übergangsmetallreihe auftritt, wird in Abbildung 6–9 durch die perspektivische Darstellung verschleiert, aber sie ist vorhanden, wenn Sie einmal genauer hinsehen.

Der Aufbau von Übergangsmetallionen

Bei den K^+- und Ca^{2+}-Ionen ist das 4s-Orbital etwas stabiler als das 3d-Orbital, und hinzukommende Elektronen besetzen daher das 4s-Orbital. Im Gegensatz dazu unterschreitet beim Sc^{3+}-Ion die Energie des 3d-Orbitals die des 4s-Orbitals, und dies bleibt so für alle höheren Ordnungszahlen. Das einsame Elektron im Sc^{2+}-Ion befindet sich in einem 3d-Orbital und nicht im 4s-Orbital. Dieses Verhalten ist für alle Übergangsmetalle typisch. Die Überschneidung der s- und d-Orbitalenergien erfolgt am Anfang einer Übergangsmetallreihe. Obwohl die s-Orbitale als erstes in den Gruppen IA und IIA besetzt werden, sind es die d-Orbitale, die bei den Übergangsmetallionen aufgefüllt werden. Die äußere Elektronenkonfiguration des Ti^{2+}-Ions ist also $3d^2$ und nicht $4s^2$.

Die niedrigste Oxidationsstufe bei allen 3d-Übergangsmetallen, mit der Ausnahme von Cu und einigen wenigen, seltenen Verbindungen anderer Metalle, besitzt einen Wert von +2, wobei beide s-Elektronen abgegeben worden sind. Andere, höhere Oxidationsstufen treten mit dem Verlust weiterer Elektronen aus den d-Orbitalen auf bis zu einem Maximum, das gleich der Zahl von *ungepaarten* Elektronen in den d-Orbitalen plus zwei für die zwei s-Elektronen ist. Aus diesem Grunde steigt die maximale Oxidationszahl von +3 im Sc bis +7 im Mangan (fünf ungepaarte d- und zwei s-Elektronen) an, um danach wieder um eine Einheit pro Gruppe bis auf +2 im Zn (nur Verlust der beiden s-Elektronen) abzufallen. Die am häufigsten vorkommenden Oxidationsstufen sind +2 und +3. In der ersten Hälfte der Reihe ist die höchste Oxidationsstufe für jedes Element – Sc(III), Ti(IV), V(V), Cr(VI) und Mn(VII) – auch recht häufig (Tabelle 7–2). (Die Oxidationsstufen der Metalle werden durch römische Zahlen in Klammern hinter dem Elementsymbol angegeben.)

Diese Verallgemeinerungen gelten für die erste Übergangsmetallreihe. In der zweiten und dritten Reihe werden einige höhere Oxidationsstufen beobachtet, wie z.B. beim RuO_4 und OsO_4. Es ist jedoch wichtiger, daß Sie das Verhalten der ersten Übergangsmetallreihe kennen, als daß Sie sich die Ausnahmen bei den schwereren Metallen in den höheren Perioden merken.

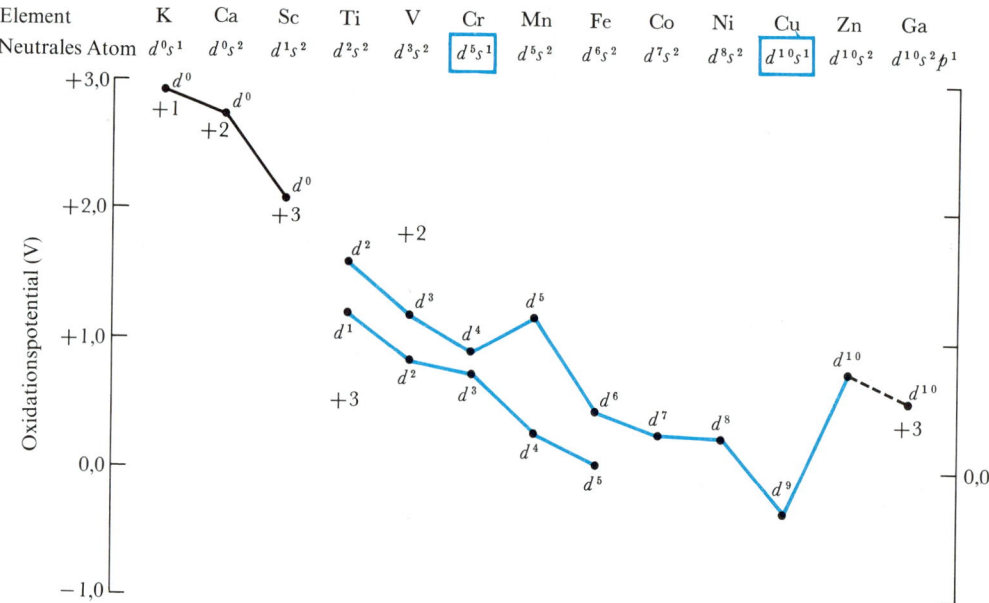

Abbildung 9–8 Oxidationspotentiale für die Metalle der vierten Periode, die erste Übergangsmetallreihe eingeschlossen. Die Potentiale sind für die Bildung von einfachen Kationen in Lösung aus den festen Metallen angegeben. Bei K, Ca und Sc sind sie für die Bildung von +1-, +2- und +3-Ionen mit der Elektronenstruktur des Edelgases Ar angegeben. Bei den Übergangsmetallen sind die Potentiale für die +2- und +3-Ionen aufgeführt. Eine Erklärung für die Unregelmäßigkeiten in der +2-Kurve finden Sie im Text.

Oxidationspotentiale

Die Oxidationspotentiale für die Bildung von Ionen aus neutralen Atomen sind für die erste Übergangsmetallreihe in Abbildung 9-8 in Abhängigkeit von der Ordnungszahl aufgetragen. Mit wachsender Ordnungszahl nimmt das Bestreben, Ionen zu bilden, ab, da die Elektronen durch die größere Kernladung stärker gebunden sind. Die Kurve für die Ionen der Oxidationsstufe +2 stellt das Entfernen der zwei s-Elektronen und das Beibehalten der ursprünglichen d-Elektronenkonfiguration dar. Es ist besonders schwierig, zwei Elektronen beim Cu zu entfernen, weil sich nur eines von ihnen im s-Orbital befindet, während das zweite aus den vollbesetzten d^{10}-Orbitalen kommen müßte. Im Gegensatz dazu fällt es nicht schwer, die zwei s-Elektronen beim Zn zu entfernen und die stabilen d^{10}-Orbitale unberührt zu lassen. In geringerem Umfang läßt sich derselbe Effekt beim Cr und Mn beobachten, bei denen eine halbbesetzte d^5-Konfiguration an die Stelle der vollbesetzten d^{10}-Konfiguration tritt. Die d-Elektronenkonfiguration muß immer gestört werden, wenn ein Ion mit der Oxidationsstufe +3 gebildet wird. Infolgedessen treten die lokalen Fluktuationen, die wir bei der +2-Kurve beobachtet haben, hier nicht mehr auf. Die Elemente, die der Übergangsmetallreihe vorangehen, werden zu Kationen, indem sie alle ihre Elektronen außerhalb der inneren Edelgasschalen abgeben; die Hauptgruppenelemente, die auf eine Übergangsmetallreihe folgen, erreichen ihre höchste Oxidationszahl ebenfalls unter Verwendung aller ihrer Elektronen außerhalb der vollbesetzten d^{10}-Schalen.

Chemische Eigenschaften einzelner Gruppen: Die Sc- und Ti-Gruppen

Die Sc-Y-Lu-Triade besitzt die äußere Elektronenkonfiguration d^1s^2 und weist nur die Oxidationsstufe +3 auf. Die Eigenschaften dieser Elemente sind denen des Al in Gruppe IIIA ähnlich. Alle reagieren mit Wasser, wie es auch das Al tut. Aber Sc_2O_3 ist eher ein basisches Oxid als ein amphoteres wie Al_2O_3, da das Sc^{3+}-Ion größer als Al^{3+} ist. Der Unterschied im Verhalten ähnelt dem zwischen CaO und BeO.

Bei der Ti-Zr-Hf-Triade, die eine d^2s^2-Elektronenkonfiguration besitzt, zeigen Ti und Zr die Oxidationsstufen +2, +3 und +4, wogegen Hf nur die Oxidationszahl +4 aufweist. Dieses ist ein Beispiel für einen allgemeinen Gang bei den Übergangsmetallen: Die niedrigeren Oxidationszahlen verlieren bei der zweiten und dritten Übergangsmetallreihe an Bedeutung, weil die Valenzelektronen weiter vom Kern entfernt sind. Wenn die Atome dann einige Elektronen abgeben, ist es recht wahrscheinlich, daß sie gleich alle Valenzelektronen verlieren. Die niedrigeren Oxidationsstufen des Ti sind ionisch, während der Oxidationszahl +4 ein stärker kovalentes und nichtmetallisches Verhalten entspricht. Titan(II)-oxid, TiO, ist basisch und ionisch und besitzt die NaCl-Kristallstruktur. Im Gegensatz dazu ist das Dioxid, TiO_2 (Titan(IV)-oxid), ein weißes, unlösliches Pigment, das sowohl basische als auch saure Eigenschaften besitzt. Die Chloride bieten eine besonders gute Veranschaulichung für die Veränderung der Eigenschaften mit der Oxidationszahl: Das Dichlorid, $TiCl_2$, ist ein starkes Reduktionsmittel und oxidiert sich spontan an der Luft. Es bildet einen ionischen Festkörper, der sich im Vakuum bei 475 °C zersetzt. Da es Wasser zu H_2 reduziert, gibt es keine Chemie des

Ti^{2+} in wäßriger Lösung. Titantrichlorid, $TiCl_3$, ist ebenfalls ein starkes Reduktionsmittel und bildet einen ionischen Festkörper, der sich bei 440 °C zersetzt. Im Gegensatz dazu ist das Tetrachlorid, $TiCl_4$, eine stabile Flüssigkeit, die bei -25 °C erstarrt und bei $+136$ °C siedet. Es siedet also, bevor $TiCl_3$ schmilzt (sich zersetzt), und stellt eine molekulare Verbindung mit kovalenten Bindungen dar.

Die Vanadiumgruppe und die Farbe von Ionen

Die Chemie der V-Nb-Ta-Elemente ist der der vorangehenden Triade ähnlich. V und Ta besitzen die zu erwartende d^3s^2-Elektronenkonfiguration, während Nb eine d^4s^1-Konfiguration aufweist. Vanadium zeigt die Oxidationsstufen $+2$, $+3$, $+4$ und $+5$, wogegen beim Nb und Ta nur die Oxidationszahl $+5$ von Bedeutung ist (obwohl auch einige $+3$- und $+4$-Verbindungen bekannt sind). Diese Metalle reagieren wie Ti, Zr und Hf bei hohen Temperaturen leicht mit N, C und O, so daß es schwierig ist, sie durch einen Hochtemperaturreduktionsprozeß zu gewinnen, wie er beim Fe und anderen Metallen angewendet wird. Bei niedrigen Temperaturen schützt sie eine Oxidhaut; infolgedessen sind die Metalle inerter, als nach ihren Oxidationspotentialen zu erwarten wäre. An der Spitze der Gruppe ist V_2O_5 wie TiO_2 amphoter. Es löst sich sowohl in Säuren als auch in Basen unter Bildung komplexer, wenig charakteristischer Polymere. Die $+4$-Oxidationsstufe des V ist auch die Grenzlinie zwischen ionischem und kovalentem Charakter; VCl_4 ist eine molekulare Flüssigkeit mit einem Siedepunkt von 154 °C. Im Gegensatz dazu sind alle Vanadium(III)-Verbindungen ionisch.

Die Vanadiumionen sind gute Beispiele für die Farben, die für die Übergangsmetallverbindungen typisch sind. Vanadium(V) ist in der Form des VO_4^{3-} farblos. Das Vanadylion, VO^{2+}, ist tief blau, das V^{3+}-Ion ist grün und das V^{2+}-Ion ist violett gefärbt. Vom ganzen sichtbaren Spektrum werden nur diese Farben gesehen, weil die drei Lösungen oranges Licht (ca. 610 nm), rotes Licht (ca. 680 nm) bzw. gelbes Licht (ca. 560 nm) absorbieren. Die Farben, die wir sehen, sind die Komplementärfarben zu den Farben, die absorbiert werden (Tabelle 11–3). Die meisten elektronischen Energieniveaus liegen so weit auseinander, daß die bei einer elektronischen Anregung absorbierte Strahlung in den ultravioletten Bereich fällt. Wenn sich aber Ionen oder Moleküle mit Übergangsmetallen zu Koordinationskomplexen zusammenschließen, dann erhalten die verschiedenen d-Orbitale etwas unterschiedliche Energien. (Diese Komplexe werden wir uns im Kapitel 11 näher ansehen.) Die Aufspaltung der d-Orbitalenergien ist so klein, daß die für die Übergänge erforderlichen Strahlungsfrequenzen im sichtbaren Bereich des Spektrums liegen; auf diese Weise entstehen die Farben. Die kleinste Energieabsorption im roten Teil des Spektrums läßt die Wellenlängen unabsorbiert durch die Substanz hindurchgehen, die eine komplementäre, blaugrüne Farbe der Lösung oder Verbindung verursachen. Mit ansteigender Energie der absorbierten Strahlung erhalten wir die Farbfolge blaugrün, blau, violett, purpur, orangerot und schließlich gelb. Dies sind die Komplementärfarben zu rot, orange, gelb, grün, blau und violett. Infolgedessen ist die Farbe ein ungefährer Hinweis auf die elektronischen Energieunterschiede bei Metallkomplexen, wie wir noch in Kapitel 11 genauer sehen werden.

Die Chromgruppe und das Chromation

Die Elemente Cr, Mo und W besitzen hohe Schmelz- und Siedepunkte (Abbildung 9–5) und sind harte Metalle. Sie sind gegenüber der Korrosion relativ inert, da die dünnen Oxidhäute, die sich an ihrer Oberfläche bilden, haftenbleiben und das darunterliegende Metall schützen. Die dünne Cr_2O_3-Schicht auf dem metallischen Chrom macht die Verchromung zu einem wirksamen Schutz für Metalle, die wie das Eisen leichter angegriffen werden. Zusammen mit dem Vanadium werden diese drei Metalle in der Hauptsache als Legierungszuschläge für Stähle eingesetzt. Vanadium gibt den Stählen Duktilität sowie Zug- und Schlagfestigkeit. Chrom macht Edelstahl korrosionsfest, Molybdän erhöht die Zähigkeit des Stahls, und Wolfram wird in Werkzeugstählen zur Bearbeitung von Stahl eingesetzt, die selbst noch bei Rotglut hart bleiben.

Chrom(III) ist die am häufigsten vorkommende Oxidationsstufe des Chroms. Chrom (II) ist ein gutes Reduktionsmittel und Chrom(VI) ein gutes Oxidationsmittel. Wie wir auch erwarten würden, ändert sich die Acidität der Oxide mit der Oxidationszahl des Chroms: CrO_3 reagiert sauer, Cr_2O_3 ist amphoter, und CrO und $Cr(OH)_2$ sind basisch. Ein häufig vorkommendes Anion ist das gelbe Chromation, CrO_4^{2-}, das in saurer Lösung dimerisiert und das orange Dichromation bildet

$$2\,CrO_4^{2-} + 2\,H^+ \rightleftarrows Cr_2O_7^{2-} + H_2O$$

Das Dichromation ist ein starkes Oxidationsmittel, und die Reaktion, nach der das Dichromation zu Cr^{3+} reduziert wird, weist ein hohes positives Reduktionspotential auf

$$Cr_2O_7^{2-} + 14\,H^+ + 6\,e^- \rightleftarrows 2\,Cr^{3+} + 7\,H_2O \qquad U^0 = +1{,}33\ V$$

Dieselbe chemische Tatsache könnten wir auch dadurch zum Ausdruck bringen, daß wir sagen, daß die Reaktion, durch die das Cr^{3+}-Ion zum Dichromation oxidiert wird, ein niedriges, negatives Oxidationspotential besitzt und daß die Reaktion damit bestrebt ist, in entgegengesetzter Richtung abzulaufen

$$2\,Cr^{3+} + 7\,H_2O \rightleftarrows Cr_2O_7^{2-} + 14\,H^+ + 6\,e^- \qquad U^0 = -1{,}33\ V$$

Die Mangangruppe und das Permanganation

Aus der Mn-Tc-Re-Triade hat nur Mn eine wirkliche Bedeutung. Rhenium wurde erst 1925 entdeckt, und Tc war das erste Element, das künstlich erzeugt wurde. Technetium wurde 1937 von Perrier und Segré in einer Mo-Probe entdeckt, die von Ernest Lawrence (nach dem, nebenbei gesagt, das Element 103 benannt wurde) im Zyklotron von Berkeley mit Deuteronen ($_1^2H$-Teilchen) bestrahlt wurde. Das neue Element erhielt seinen Namen nach dem Griechischen *technetos*, künstlich.

In der Hauptsache wird metallisches Mangan zur Herstellung harter und zäher Manganstähle verwendet. Die Oxidationsstufen $+2$ und $+7$ sind die am häufigsten vorkommenden und wichtigsten. Unähnlich dem Ti^{2+}, V^{2+} und Cr^{2+} zeigt das Mn^{2+} wenig Bestreben, in höhere Oxidationszustände überzugehen. Es widersteht der Oxidation sehr gut und ist daher kein gutes Reduktionsmittel. In wäßriger Lösung bildet das Mangan(II) den rosa gefärbten, oktaedrischen $Mn(H_2O)_6^{2+}$-Komplex. Auch die Salze $MnSO_4$

und $MnCl_2$ sind rosa. Die Oxidationsstufen von Mn(III) bis Mn(VI) kommen selten vor mit der Ausnahme des wichtigsten natürlichen Manganerzes, MnO_2. Mn(VI) existiert als Manganation, MnO_4^{2-}. Der Mn(VII)-Zustand ist in der Hauptsache für das tiefpurpurfarbene Permanganation, MnO_4^-, von Bedeutung. Es ist eines der stärksten, üblichen Oxidationsmittel mit einem Reduktionspotential von + 1,49 V

$$MnO_4^- + 8\,H^+ + 5\,e^- \;\rightleftarrows\; Mn^{2+} + 4\,H_2O \qquad U^0 = +1,49\ V$$

(Beachten Sie noch einmal, daß eine Verbindung mit einem hohen, positiven Reduktionspotential oder einem niedrigen, negativen Oxidationspotential ein gutes Oxidationsmittel sein wird, weil die Verbindung das starke Bestreben haben wird, selbst in die reduzierte Form überzugehen.)

Lösungen des Permanganations werden als Desinfektionsmittel verwendet. (Eine der amerikanischen schwarzen Komödien zum Thema Zweiter Weltkrieg enthält folgende bittere Bemerkung über die ärztliche Versorgung der einfachen Soldaten: „Wenn du das erste Mal 'reinkommst, geben sie dir zwei Kopfschmerztabletten; beim zweiten Mal pinseln sie dir den Rachen violett ein. Wenn du dich dann noch einmal sehen läßt, verhaften sie dich wegen Anmaßung eines Offiziersranges." Die violette Farbe ist natürlich eine $KMnO_4$-Lösung.) Mangan ist ein hervorragendes Beispiel für die Abhängigkeit der chemischen Eigenschaften vom Oxidationszustand: Mangan(II) liegt in Lösungen als Kation vor und besitzt ein basisches Oxid, MnO, und Hydroxid, $Mn(OH)_2$. Im anderen Extrem existieren die +6- und +7-Zustände als Anionen, MnO_4^{2-} und MnO_4^-, entsprechend den sauren Oxiden MnO_3 und Mn_2O_7.

Die Eisentriade und die Platinmetalle

In der Gruppe VIII ist entlang der Horizontalen die Ähnlichkeit zwischen Fe, Co und Ni größer als die zwischen diesen Elementen und den ihnen entsprechenden Elementen in der zweiten und dritten Übergangsmetallreihe. Diese neun Elemente werden gewöhnlich in die Eisentriade, Fe-Co-Ni, und die leichte und schwere Platinmetalltriade, Ru-Rh-Pd und Os-Ir-Pt, zerlegt. Eisen, Kobalt und Nickel besitzen die Elektronenkonfigurationen d^6s^2, d^7s^2 bzw. d^8s^2. Sie sind alle ferromagnetisch (Abschnitt 10–3) und zeigen alle in der Hauptsache die Oxidationsstufen +2 und +3. (Die Oxidationszahl +3 ist bei Ni sehr selten.) Eisen ist einer der wichtigsten Baustoffe überhaupt. Viele der anderen Übergangsmetalle sind hauptsächlich als Legierungszuschläge zum Eisen von Bedeutung. Die drei wichtigsten Oxiderze des Eisens sind: FeO, Fe_2O_3 und das magnetische Mischoxid Magnetit, Fe_3O_4 oder $FeO \cdot Fe_2O_3$. Eisen wird durch Hochtemperaturreduktion mit aus Koks erzeugtem CO im Hochofen gewonnen. Das Produkt ist Roh- oder Gußeisen mit einem Kohlenstoffgehalt von 3–4%. Mit Hilfe der Bessemer- und Siemens-Martin-Verfahren wird der größte Teil dieses Kohlenstoffs durch Verbrennung im Sauerstoffstrom aus der Eisenschmelze entfernt, wobei sich Stähle mit einem Kohlenstoffgehalt von 0,1–1,5% ergeben. Eisen ist eigentlich nicht reaktionsfreudiger als die anderen von uns bisher diskutierten Übergangsmetalle. Unglücklicherweise besitzen jedoch die Eisenoxide keine Kristallgitterdimensionen, die mit denen des metallischen Eisens vergleichbar sind, und daher haften die Oxidschichten nicht auf der Metalloberfläche. Rost (Eisenoxid) blättert ab, sobald er sich bildet, und setzt damit frisches Metall dem Angriff der Korrosion aus (siehe dazu Abschnitt 17–7). Chromstahl oder Edelstahl widersteht der Korrosion besser, aber der heute übliche Korrosionsschutz besteht darin, eine Deckschicht aus Chrom, Zinn, Nickel oder Farbe auf das Eisen aufzubringen. Eisen(II)-verbindungen sind gewöhnlich grün, und das hydratisierte Eisen(III)-ion, $Fe(H_2O)_6^{3+}$, ist schwach violett gefärbt. Sowohl der $+2$- als auch der $+3$-Oxidationszustand bildet mit Cyanidionen oktaedrische Komplexe: $[Fe(CN)_6]^{4-}$ und $[Fe(CN)_6]^{3-}$. In der modernen, systematischen Nomenklatur, auf die wir in Kapitel 11 zurückkommen werden, heißen diese beiden Anionen „Hexacyanoferrat(II)" und „Hexacyanoferrat(III)". (Zur Betonung oder Verdeutlichung der Komplexioneneigenschaft eines Komplexes – seiner Zusammengehörigkeit als ein Teilchen – können Sie den Komplex in eckige Klammern einschließen, an die Sie rechts oben, wie stets bei Ionen, die jeweilige Ladung des Komplexions anschreiben.)

Kobalt liegt in wäßriger Lösung meist als $+2$-Kation vor, da Co^{3+} ein hervorragendes Oxidationsmittel ist und ein starkes Bestreben zeigt, in den reduzierten Co^{2+}-Zustand überzugehen

$$Co^{3+} + e^- \rightleftarrows Co^{2+} \qquad U^0 = +1{,}84 \text{ V}$$

In vielen oktaedrischen Komplexen des Co(III) stabilisieren es aber die Liganden (die an das zentrale Co gebundenen Ionen oder Moleküle) gegenüber der Reduktion. Nickel bildet im Ni(II)-Zustand oktaedrische und quadratische planare Komplexe. Die meisten seiner oktaedrischen Salze sind ebenso wie das hydratisierte Kation grün gefärbt. Die quadratisch planaren Ni-Komplexe sind gewöhnlich rot oder gelb.

Die leichte und die schwere Platintriade können schnell abgehandelt werden. Die Metalle sind relativ selten, und es ist noch viel Arbeit über ihre Reaktionen zu leisten. Sie sind alle relativ reaktionsträge und kommen in der Natur als reine, „gediegene" Metalle vor. Die Oxidationsstufen $+2$, $+3$ und $+4$ sind die wichtigsten, und die Metalle bilden in Lösungen oktaedrische oder quadratisch planare Komplexionen. Die Komplexionen des Pt(IV) und Ir(III) sind oktaedrisch koordiniert. Das quadratisch planare $PtCl_4^{2-}$, das Tetrachloroplatinat(II)-ion, zeigt ein starkes Bestreben, sich an den Schwefel in Proteinen zu binden, und hat sich bei der Präparation von Schweratomderivaten der Proteine für die kristallographische Röntgenanalyse als nützlich erwiesen.

Die Münzmetalle

Kupfer, Silber und Gold weisen die leicht unregelmäßige äußere Elektronenkonfiguration $d^{10}s^1$ auf. Sie besitzen niedrigere Schmelz- und Siedepunkte als die ihnen vorangehenden Übergangsmetalle und sind relativ weich. Diese Eigenschaften sind Teil eines Abwärtstrends, der mit der Gruppe VI B (Cr-Mo-W) begann und der auf der Abnahme der Anzahl der ungepaarten d-Elektronen beruhte. Die Münzmetalle sind hervorragende Leiter für Elektrizität und Wärme, da ihre Elektronenanordnung die s-Elektronen extrem leicht beweglich macht. Sie sind schmiedbar, duktil und inert, so daß sie in der Natur im metallischen Zustand vorkommen. Obwohl sie selten genug sind, um kostbar zu sein, sind sie bei weitem nicht so knapp wie die Platinmetalle. Diese relative Häufigkeit der Münzmetalle und ihr Vorkommen als reine Metalle bedeutet, daß sie die ersten Metalle waren, die der Mensch gesammelt und bearbeitet hat. Das erste Metall, das aus seinem Erz reduziert wurde, war vermutlich das Kupfer. Die Metallurgie begann mit der Entdeckung, daß eine Legierung von Kupfer mit Zinn (einer natürlich vorkommenden Verunreinigung des Kupfers) die weitaus härtere Bronze ergab. Kupfergeräte wurden bei einigen der frühesten Landbaugesellschaften des Mittleren Ostens ausgegraben, die aus den Jahren 7000–6000 v. Chr. stammen. Bronze war in den sumerischen Städten Ur und Eridu um 3500 v. Chr. bekannt, in einer Ära, während der auch die Schrift erfunden wurde.

Diese drei Metalle waren (und sind es wohl noch heute) die Quelle von mehr sehnsüchtigem Streben, Habgier und Streit als irgendwelche anderen Elemente. Bis vor einem Jahrhundert wurden sie hauptsächlich wegen ihrer symbolischen und dekorativen Eigenschaften verwendet. In jüngerer Zeit sind die physikalischen Eigenschaften von Ag und Au – elektrische und thermische Leitfähigkeit sowie Korrosionsfestigkeit – so wertvoll und wichtig geworden, daß diese Metalle nicht länger für ihre traditionelle Rolle als Münzmetalle eingesetzt werden. Gold wird heute zur Plattierung der äußeren Oberflächen empfindlicher Komponenten von Satelliten und Raumsonden sowie zur Kontaktierung elektronischer Bauteile verwendet.

Kupfer, Silber und Gold besitzen wenig Ähnlichkeit mit den Alkalimetallen, mit denen sie in der kurzen Form des Periodensystems verknüpft werden, die sich aus Mendelejeffs Tabelle (Abbildung 6–1) ableiten läßt. Kupfer zeigt in Lösungen meistens die Oxidationsstufe +2 und in geringerem Maße +1. Für das Silber verhält es sich genau umgekehrt: Die Oxidationszahl +1 ist üblich, während der Oxidationszustand +2 und +3 nur unter extremen Oxidationsbedingungen erhalten werden kann. Gold kommt in der Oxidationsstufe +3 und weniger häufig als +1 vor. Die Metalle besitzen niedrige, negative Oxidationspotentiale, wodurch ihre Reaktionsträgheit und ihr Widerstand gegenüber der Oxidation zum Ausdruck kommt

$$Cu \rightleftarrows Cu^{2+} + 2e^- \qquad U^0 = -0,34 \text{ V}$$
$$Ag \rightleftarrows Ag^+ + e^- \qquad U^0 = -0,80 \text{ V}$$
$$Au \rightleftarrows Au^{3+} + 3e^- \qquad U^0 = -1,42 \text{ V}$$

Kupfer(I) ist in wäßriger Lösung instabil und disproportioniert spontan zu Cu und Cu^{2+}. Jedoch kann es in Komplexen wie dem $CuCl_2^-$-Ion stabilisiert werden. Kupfer(I) kommt im festen und extrem unlöslichen Cu_2O und Cu_2S vor, die die wichtigsten Kupfererze sind. Die Chemie des Cu(II) ist der der anderen Übergangsmetalle in der Oxidationsstufe +2 ähnlich. Das hydratisierte Cu(II)-Ion besitzt eine charakteristische blaue Farbe, und Tetramminkupfer(II), $[Cu(NH_3)_4]^{2+}$, ist intensiv blau gefärbt. Dieser Komplex ist quadratisch planar. Silber(I) bildet Komplexe wie $[AgCl_2]^-$, $[Ag(NH_3)_2]^+$ und $[Ag(S_2O_3)_2]^{3-}$, und Au(III) bildet den sehr stabilen $[AuCl_4]^-$-Komplex.

Die Chemie der Photographie

Alle Silberhalogenide, AgF ausgenommen, sind lichtempfindlich und bilden damit die Grundlage des photographischen Prozesses. Bei der Herstellung von photographischen

Filmen werden feine AgBr-Kristalle in Gelatine eingebettet auf einen Filmträger aufgebracht. Das Licht des Kamerabildes tritt in einem bis heute noch nicht ganz durchschauten Prozeß mit dem kristallinen AgBr in Wechselwirkung, an dem Defekte in der Kristallstruktur beteiligt zu sein scheinen, die die Körnchen oder Kristalle gegenüber einer Reduktion empfindlicher machen. Das durch die Belichtung sensibilisierte AgBr wird bei der Entwicklung durch ein mildes organisches Reduktionsmittel wie Hydrochinon reduziert

$$AgBr + e^- (\text{Reduktionsmittel}) \rightleftarrows Ag + Br^-$$

Anschließend werden die nicht durch die Belichtung sensibilisierten AgBr-Körnchen in einer Natriumthiosulfatlösung aufgelöst und ausgewaschen („fixiert"), die eines der wenigen Lösungsmittel für Silberhalogenide ist

$$AgBr + 2S_2O_3^{2-} \rightleftarrows Ag(S_2O_3)_2^{3-} + Br^-$$

Auf diese Weise erhalten wir ein „Negativ" des Kamerabildes, da sich an den hellbelichteten Stellen des Bildes die größte Menge des schwarzen Silbers im Film gebildet hat, während an den dunklen Stellen des Kamerabildes das ursprünglich vorhandene AgBr bei der Entwicklung nicht reduziert und dann durch die Fixierung ausgewaschen wird, wodurch der Film an diesen Stellen hell erscheint.

Die niedrigschmelzenden Übergangsmetalle

Das herausragendste Charakteristikum von Zn, Cd und Hg ist ihr schwacher Zusammenhalt als Metalle. Sie besitzen niedrige Schmelz- und Siedepunkte und sind weiche Metalle; das Quecksilber ist das einzige Metall, das bei Zimmertemperatur flüssig ist. Zink und Cadmium ähneln in ihrem chemischen Verhalten den Erdalkalimetallen. Quecksilber ist reaktionsträger und mehr dem Cu, Ag und Au ähnlich. Alle drei Elemente weisen einen Oxidationszustand von +2 auf. Quecksilber besitzt in Verbindungen wie Hg_2Cl_2 auch die Oxidationsstufe +1, aber Quecksilber(I) tritt immer als dimeres Ion, Hg_2^{2+}, auf. Röntgenuntersuchungen und magnetische Messungen haben gezeigt, daß die beiden Hg-Atome durch eine kovalente Bindung zusammengehalten werden. Infolgedessen besitzt das Quecksilber im Hg_2Cl_2 nur in demselben formalen Sinn die Oxidationsstufe +1, wie der Sauerstoff im Wasserstoffperoxid, H—O—O—H, die Oxidationszahl −1 aufweist. Das Metall ist dennoch zweiwertig. Die Chemie des +2-Zustandes in dieser Gruppe verhält sich, wie zu erwarten ist. Die Oxide ZnO, CdO und HgO sind in Wasser nur wenig löslich, aber in starken Säuren lösen sie sich recht gut, wie es basische Oxide auch tun sollten. Doch ZnO ist in starken Basen ebenfalls löslich, also ist dieses Oxid amphoter. Wieder beruht dieses Verhalten auf der geringen Größe des Zn^{2+}-Kations und der Leichtigkeit, mit der es Elektronen der Wassermoleküle anziehen und sie zur Abgabe von Protonen veranlassen kann.

Mit diesen Elementen sind die d-Orbitale aufgefüllt und die Übergangsmetallreihen abgeschlossen. Die nächsten Elektronen, die hinzukommen, müssen die höherenergetischen p-Orbitale besetzen, und es beginnt die sich stärker verändernde Reihe der Hauptgruppenelemente.

Trends bei den Übergangsmetallen

Welche systematischen Zusammenhänge können wir nun aus dem vorangehenden Material im Verhalten der Übergangsmetalle erkennen? Einige der Trends in den Eigenschaften sind die folgenden:

1. Die Übergangsmetalle können im Höchstfall die beiden s-Elektronen und alle ungepaarten d-Elektronen der äußeren Schale verlieren. Daher beträgt die höchste Oxidationszahl für das Sc +3 und erhöht sich pro Gruppe um eine Einheit bis zum Maximalwert von +7 beim Mangan. Danach nimmt sie um eine Einheit pro vertikaler Spalte vom Fe, Co, Ni und Cu bis auf +2 beim Zn ab. Die einzige Ausnahme von dieser Regel ist das Fehlen der Oxidationszahl +5 beim Co. Wir werden diese Anomalität des Kobalts in Kapitel 11 erklären, wenn wir die Übergangsmetallkomplexe besprechen werden.

2. Es treten niedrigere Oxidationsstufen als dieser Maximalwert auf, wobei die Oxidationszahlen +2 und +3 besonders häufig sind.

3. Die erste Übergangsmetallreihe vom Sc bis Zn weist den vollen Bereich der Oxidationsstufen auf. Die zweite und besonders die dritte Übergangsmetallreihe zeigen nur die höheren Oxidationszustände.

4. Bei einem bestimmten Element mit einem Bereich von Oxidationszahlen wird das Verhalten des niedrigsten Oxidationszustands das metallischste und das des höchsten Oxidationszustands das am wenigsten metallische sein. So sind z. B. die Verbindungen des V(III) ionisch, wogegen V(V) viele Verbindungen mit kovalenten Bindungen aufweist. Unter den Oxiden des Chroms ist das CrO basisch, Cr_2O_3 ist amphoter, und CrO_3 ist sauer. Titandichlorid, $TiCl_2$, und Titantrichlorid, $TiCl_3$, sind ionische Festkörper, wogegen Titantetrachlorid, $TiCl_4$, eine molekulare Flüssigkeit ist.

5. In den höheren Oxidationsstufen ist das isolierte Kation nicht stabil, selbst dann nicht, wenn es an Wassermoleküle koordiniert ist. Derartig hohe Oxidationszustände können nur durch Koordination mit Oxidionen stabilisiert werden. So kommt Sc^{3+} als hydratisiertes Ion, $[Sc(H_2O)_6]^{3+}$, vor; Ti(IV) erfordert den stabilisierenden Einfluß von Koordinationsgruppen wie des Hydroxids im $[Ti(OH)_2(H_2O)_4]^{2+}$ und V(V), Cr(VI) und Mn(VII) sind im VO_2^+, CrO_4^{2-} und MnO_4^- an Oxidionen koordiniert. Oxidationsstufen, die in Lösung nicht stabil sind, können manchmal durch Komplexbildung, wie z. B. das Cu(I) im $CuCl_2^-$, stabilisiert werden.

6. Die Oxidationspotentiale für die Oxidation von Übergangsmetallen zu +2- oder +3-Kationen in wäßriger Lösung nehmen im allgemeinen mit wachsender Ordnungszahl ab, worin sich die größere Schwierigkeit, Elektronen aus den Atomen zu entfernen, ausdrückt. In entsprechender Weise erhöhen sich die Ionisierungsenergien der gasförmigen Atome.

7. Die physikalischen Eigenschaften der Übergangsmetalle (Schmelzpunkt, Siedepunkt, Schmelz- und Verdampfungswärmen und Härte) spiegeln alle den Einfluß der Zahl der ungepaarten d-Elektronen in den Atomen wider. Alle diese Eigenschaften wachsen bis zu einem Maximum in der Mn-Gruppe an und nehmen dann wieder mit weiter steigender Ordnungszahl ab.

Bevor Sie weitermachen. Falls Sie etwas mehr Übung in der Anwendung von Oxidationszahlen und der Handhabung der Nomenklatur für die wichtigeren Übergangsmetalle wünschen, arbeiten Sie einmal den Wiederholungskurs 9 des *Begleitprogramms zu Prinzipien der Chemie* von Lassila et al. durch.

9–5 Das Auffüllen der f-Orbitale: Lanthanoide und Actinoide

Nachdem die Ordnungszahl den Wert 57 erreicht hat, ist die Energie der 4f-Orbitale niedrig genug, um eine Besetzung dieser Orbitale mit Elektronen zu erlauben. Infolgedessen können nach dem Barium in der sechsten Periode die sieben 4f-Orbitale nacheinander mit Elektronen aufgefüllt werden, wodurch die 14 Lanthanoidmetalle gebildet werden. In ähnlicher Weise gibt es in der siebenten Periode nach $Z = 89$, wenn die 5f- und 6d-Orbitale praktisch dieselbe Energie besitzen, 14 Actinoidmetalle, die dadurch entstehen, daß die sieben 5f-Orbitale nacheinander mit Elektronen aufgefüllt werden. Die Elektronenkonfigurationen dieser sogenannten *inneren Übergangselemente* finden Sie in Abbildung 9–4. Wie bei den d-Orbitalen der Übergangselemente gibt es auch hier Unregelmäßigkeiten in der Reihenfolge der Besetzung der f-Orbitale, die bei den Actinoiden noch stärker als bei den Lanthanoiden ausgeprägt sind. Aber wieder wollen wir uns hier mit dem allgemeinen Gang zufrieden geben und uns die Unregelmäßigkeiten für später aufheben. (Da wir gerade dabei sind: Die Reihen der Lanthanoiden oder „lanthanähnlichen" Elemente und der Actinoiden oder „actiniumähnlichen" Elemente beginnen mit den Elementen Ce bzw. Th, weil das erste Element der ganzen Reihe – La bzw. Ac –, nach dem die jeweiligen Reihen benannt werden, eine d^1-Konfiguration an Stelle der f^1-Konfiguration aufweist. So finden wir diese Reihen auch im Periodensystem im vorderen Einbanddeckel angegeben.)

Alle Lanthanoide und Actinoide sind typische Metalle von hohem Glanz und guter Leitfähigkeit. Diese Metalle sind chemisch reaktionsfreudig und besitzen Oxidationspotentiale im Bereich von 2–3 V. Wegen ihrer hohen Oxidationspotentiale (und auch wegen ihrer niedrigen ersten Ionisierungsenergien) oxidieren sich die Metalle leicht an der Luft und reagieren heftig mit Wasser unter Freisetzung von Wasserstoff.

Das wichtigste Charakteristikum der Lanthanoide ist ihre große Ähnlichkeit untereinander. Diese Ähnlichkeit wird hauptsächlich dadurch hervorgerufen, daß die aufeinander folgenden Elektronen in die tief in der Atomhülle versteckt liegenden f-Orbitale eingebaut werden, was nur zu geringfügigen Veränderungen bei den Atom- und Ionenradien ($\sim 0,001$ nm = 1 pm) von einem Element zum nächsten führt. Die vorherrschende Oxidationsstufe bei den Lanthanoiden und in geringerem Umfang bei den Actinoiden besitzt den Wert $+3$; nahezu alle Verbindungen dieser Elemente sind ionische Salze mit diskreten M^{3+}-Ionen. Wegen ihrer großen Ähnlichkeit untereinander werden Lanthanoidverbindungen zusammen in der Natur gefunden und sind schwierig voneinander zu trennen.

Die Actinoide unterscheiden sich vor allem dadurch von den Lanthanoiden, daß sie alle radioaktiv sind. (Promethium, $Z = 61$, ist das einzige radioaktive Lanthanoid.) Die

Transuranactinoide ($Z = 93$ bis $Z = 103$) sind künstliche, vom Menschen hergestellte Elemente.

9–6 Die p-Orbital- oder Hauptgruppenelemente

Nach den Unterbrechungen wegen der Übergangs- und inneren Übergangsmetalle beginnt wieder das Auffüllen der äußersten p-Orbitale (wie beim B und Al in der zweiten und dritten Periode), das sich bis zur vollständigen Besetzung der p-Orbitale bei den Edelgasen fortsetzt. Die Alkalimetalle und die Erdalkalimetalle sind wegen des regelmäßigen, weichen Übergangs ihrer Eigenschaften innerhalb einer Gruppe bemerkenswert. Auch die Eigenschaften der Übergangsmetalle ändern sich nur allmählich von einem Element zum nächsten. Beginnend mit der Gruppe IIIA werden wir jedoch scharfe Veränderungen innerhalb einer Gruppe feststellen, obwohl auch diese Veränderungen systematisch verlaufen und sich in ein Muster einordnen lassen, das wir über den Rest des Periodensystems verfolgen können. Die scharfen Veränderungen treten beim Übergang zwischen metallischen und nichtmetallischen Eigenschaften auf. Einige dieser Trends sind in den Tabellen 9–3 und 9–4 dargestellt.

Tabelle 9–3   Die Schmelzpunkte (°C) der Halogenide von Elementen der zweiten Periode

X =	F	Cl	Br	I	
LiX	842	614	547	450	Ionisch
BeX$_2$	800[a]	405	490	510	
BX$_3$	−127	−107	−46	50	Kovalent
CX$_4$	−184	−23	90	Zersetzung	

[a] Längere Ketten, die durch ionische Kräfte zusammengehalten werden.

Die Tabelle 9–3 zeigt die Schmelzpunkte der Halogenverbindungen von Li, Be, B und C. Die Li-Halogenide sind alle ionisch. Ihre Schmelzpunkte nehmen mit den schwereren und größeren Anionen ab, da diese großen Anionen nicht so dicht an das Li$^+$-Ion herankommen können und damit nicht so stark durch die elektrostatischen Kräfte gebunden sind. Die Kohlenstofftetrahalogenide zeigen das entgegengesetzte Verhalten: Sie sind alle kovalente, molekulare Verbindungen, d.h. im CX$_4$ sind die Atome untereinander durch kovalente Bindungen verknüpft, während die CX$_4$-Moleküle nur durch molekulare Kräfte zusammengehalten werden. Die schwereren Moleküle besitzen dabei höhere Schmelzpunkte, weil die sie zusammenhaltenden *van der Waals-Kräfte* mit wachsender Atom- oder Molekülgröße zunehmen, wie wir in Abschnitt 14–2 noch sehen werden. Nach diesem Kriterium sind die Bortrihalogenide ebenfalls kovalent, während

Tabelle 9–4 Eigenschaften von Elementen auf der Grenze zwischen Metallen und Nichtmetallen im Periodensystem

$BeCl_2$:	Kovalente, molekulare Ketten, die im festen und flüssigen Zustand durch schwache intermolekulare Kräfte zusammengehalten werden. Enger Flüssig-Bereich. Schmelzpunkt: 400 °C; Siedepunkt: 520 °C. Bildet ein Dimer, Be_2Cl_4.
BCl_3:	Molekulares Gas: Schmelzpunkt: -107 °C; Siedepunkt: 13 °C. Hydrolysiert vollständig in Lösung.
CCl_4:	Molekulares Gas oberhalb 76,8 °C. In Wasser inert.
BeF_2:	Kovalente, molekulare Ketten, die im festen Zustand durch ionische Kräfte zusammengehalten werden. Schmelzpunkt: 800 °C. $[BeF_4]^{2-}$-Komplex in Lösung.
BF_3:	Molekulares Gas: Schmelzpunkt: -127 °C. $[BF_4]^-$-Komplex in Lösung.
CF_4:	Molekulares Gas: Schmelzpunkt: -184 °C. In Wasser inert.
$Be(OH)_2$:	Amphoteres Hydroxid.
$B(OH)_3$:	Borsäure. Bildet polymere Ionen.
CO_2:	Gasförmiges, saures Oxid.
$MgCl_2$:	Ionischer Festkörper: Schmelzpunkt: 708 °C; Siedepunkt: 1412 °C.
$AlCl_3$:	Kovalenter Netzwerkfestkörper: Sublimiert bei 178 °C. Bildet ein Dimer, Al_2Cl_6.
$SiCl_4$:	Flüchtige, molekulare Flüssigkeit: Schmelzpunkt: -70 °C; Siedepunkt: 57,6 °C. Hydrolysiert vollständig in Wasser.
MgF_2:	Ionischer Festkörper: Schmelzpunkt: 1266 °C; Siedepunkt: 2239 °C.
AlF_3:	Ionischer Festkörper: Schmelzpunkt: 1040 °C. $[AlF_6]^{3-}$-Komplex in Lösung.
SiF_4:	Molekulares Gas: Schmelzpunkt: -90 °C. $[SiF_6]^{2-}$-Komplex in Lösung.
$Mg(OH)_2$:	Basisches Hydroxid.
$Al(OH)_3$:	Amphoteres Hydroxid.
SiO_2:	Festes, saures Oxid. Bildet polymere Anionen.

Beryllium den zuvor erwähnten Grenzfall darstellt: Mit Elementen ähnlicher Elektronegativität bildet es kovalente Verbindungen. Mit dem stark elektronegativen F bildet das Be lange Ketten, die denen im $BeCl_2$ ähnlich sind. Da aber das Fluor so stark elektronegativ ist, nimmt Be eine positive und F eine negative Ladung an. Infolgedessen werden die kovalent gebundenen Ketten durch ionische Kräfte zusammengehalten.

Die Grenze zwischen metallischem und nichtmetallischem Verhalten zeigt sich auch in Tabelle 9–4. Beachten Sie den diagonalen Verlauf der Grenzlinie: Die amphoteren Eigenschaften des Be in der Gruppe IIA erscheinen eine Periode tiefer in der Nachbargruppe beim Al und nicht beim B. Bor ist ein Nichtmetall und bildet in Verbindungen, in denen es die Oxidationsstufe $+3$ besitzt, kovalente Bindungen. Aluminium kann ebenfalls kovalente Bindungen ausbilden, aber es ist ganz bestimmt metallisch. Das saure Oxid B_2O_3 bildet in Wasser Borsäure

$$\tfrac{1}{2}B_2O_3 + \tfrac{5}{2}H_2O \rightleftarrows B(OH)_3 + H_2O \rightleftarrows B(OH)_4^- + H^+$$

Aluminiumoxid, Al_2O_3, ist amphoter, und die Oxide von Ga, In und Tl sind basisch. Mit der Ausnahme des Bors sind alle Elemente in der Gruppe IIIA Metalle. Gallium weist nur die Oxidationsstufe $+3$ auf und ist dem Al chemisch recht ähnlich; Indium zeigt sowohl die Oxidationsstufe $+3$ als auch $+1$ wie auch das Thallium, bei dem aber die Oxidationszahl $+1$ häufiger vorkommt.

Die Ähnlichkeiten unter den Elementen einer Gruppe treten in der Gruppe IVA sogar noch weiter in den Hintergrund: Kohlenstoff ist ein Nichtmetall, das fast immer vier kovalente Bindungen mit anderen Elementen eingeht. Es kann sich mit sich selbst in einer Kette polymerisieren, wobei die Verbindungen entstehen, die wir als organische Verbindungen bezeichnen, und es kann mit demselben Atom kovalente Mehrfachbindungen ausbilden. Silicium ist ein Nichtmetall mit einigen metallischen Eigenschaften, zu denen ein silbriger Glanz gehört. Es kann eine begrenzte Zahl von Hydriden bilden, die *Silane* genannt werden und die den Kohlenwasserstoffen analog sind. Die Silane besitzen die allgemeine Formel Si_xH_{2x+2}, aber die Ketten brechen bei $x = 6$ ab, und selbst diese Silane mit niedriger Molekülmasse reagieren explosiv mit Halogenen und Sauerstoff. Das Silicium kann auch eine andere Klasse von Polymeren bilden, die *Silicone*, bei denen sich zwischen den Si-Atomen Sauerstoffbrücken befinden

$$
\begin{array}{ccccccc}
& CH_3 & & CH_3 & & CH_3 & \\
& | & & | & & | & \\
-Si & - & O - Si & - & O - Si & - & O- \\
& | & & | & & | & \\
& CH_3 & & CH_3 & & CH_3 &
\end{array}
$$

Diese Silicone sind chemisch inert (reaktionsträge), wasserabstoßend, elektrisch isolierend und wärmestabil. Sie spielen als anorganische Kunst- und Werkstoffe eine wichtige Rolle in der Technik, wo sie als Schmiermittel, Isoliermaterial, Harz, Kautschuk usw. eingesetzt werden. Entgegen den Ansichten der Science-Fiction-Schreiber ist das Silicium keine geeignete Alternative zum Kohlenstoff in seiner Bedeutung für Lebewesen, wenigstens nicht unter irdischen Bedingungen. Im ersten Abschnitt des Kapitels 12 werden wir noch näher auf diese Unterschiede eingehen.

Germanium ist ein Halbmetall, während Zinn und Blei beide Metalle sind. Kohlenstoff und Silicium zeigen fast ausschließlich die Oxidationsstufe $+4$. (Durch Auswahl der richtigen Verbindung können wir fast jede beliebige Oxidationszahl für Kohlenstoff in Verbindungen mit Ketten von Kohlenstoff-Kohlenstoff-Bindungen finden. So besitzt der Kohlenstoff, wenn wir den Regeln aus Kapitel 7 folgen, eine formale Oxidationszahl von 4 im CH_4, von 3 im C_2H_6 und von $2\frac{2}{3}$ im C_3H_8. Aber in Kettenverbindungen haben solche formalen Oxidationszahlen wenig Sinn. In Verbindungen ohne Kohlenstoff-Kohlenstoff-Bindungen besitzt der Kohlenstoff fast immer eine Oxidationszahl von 4.) Germanium und Zinn weisen beide die Oxidationsstufen $+4$ und $+2$ auf, während die Chemie des Bleis fast völlig vom Oxidationszustand $+2$ beherrscht wird.

Dasselbe Verhalten tritt auch in der Gruppe VA auf, aber die Grenze zwischen nichtmetallischem und metallischem Verhalten liegt tiefer in der Gruppe: Stickstoff und Phosphor sind Nichtmetalle, deren kovalente Chemie und Oxidationszustände von dem Vorhandensein von fünf Valenzelektronen beherrscht werden: $s^2 p^3$. Stickstoff und Phosphor zeigen am häufigsten die Oxidationsstufen -3, $+3$ und $+5$. Arsen und Antimon sind Halbmetalle mit amphoteren Oxiden, und nur Bi ist metallisch. Für As und Sb ist die Oxidationsstufe $+3$ am wichtigsten. Für Wismut ist dies, von außergewöhnlichen Umständen einmal abgesehen, der einzig mögliche Oxidationszustand. Bi kann nicht alle fünf Valenzelektronen abgeben, die dazu erforderliche Energie ist zu hoch. Es gibt jedoch die drei 6p-Elektronen ab, wodurch das Bi^{3+}-Ion entsteht.

Der Gang in Gruppe VIA ist dem in der Stickstoffgruppe ähnlich. Sauerstoff und Schwefel sind beide Nichtmetalle. Sauerstoff ist stark elektronegativ und besitzt nur den Oxidationszustand -2, ausgenommen das OF_2 und die Peroxide. Schwefel verfügt über den Oxidationszustand -2 und mehrere positive Oxidationsstufen, von denen $+4$ und $+6$ besonders wichtig sind. Selen und Tellur sind beide Halbmetalle mit einer Chemie, die der des Schwefels ähnelt. Polonium, ein seltenes, radioaktives Element, besitzt die elektrische Leitfähigkeit eines Metalls.

Mit der Gruppe VII A sind alle metallischen Eigenschaften verlorengegangen; infolgedessen sind alle Halogene Nichtmetalle. Es fehlt ihnen nur ein Elektron an der Elektronenkonfiguration eines Edelgases, und sie lassen sich daher leicht zu Anionen mit der $s^2 p^6$-Elektronenkonfiguration reduzieren. Ihre *Reduktionspotentiale* lauten

$$
\begin{aligned}
F_2 + 2e &\rightleftarrows 2F^- & U^0 &= +2,87 \text{ V} \\
Cl_2 + 2e &\rightleftarrows 2Cl^- & U^0 &= +1,36 \text{ V} \\
Br_2 + 2e &\rightleftarrows 2Br^- & U^0 &= +1,06 \text{ V} \\
I_2 + 2e &\rightleftarrows 2I^- & U^0 &= +0,54 \text{ V}
\end{aligned}
$$

Für Cl, Br und I sind alle ungeraden Oxidationsstufen zwischen -1 und $+7$ bekannt. Aber F ist (wie O) zu elektronegativ, um die positiven Oxidationsstufen zu zeigen, und kommt daher nur im Zustand -1 vor.

9–7 Zusammenfassung

Mit Hilfe der wasserstoffähnlichen atomaren Wellenfunktionen und ihrer Energien sowie mit dem Paulischen Ausschließungsprinzip können wir jetzt die Elektronenkonfiguration des Grundzustands eines jeden Elements angeben. Die stabile Schale von acht Elektronen, die aus chemischen Gründen vorgeschlagen wurde, erweist sich als der Satz von acht Elektronen in den äußersten s-, p_x-, p_y- und p_z-Orbitalen. Der bis ins einzelne gehende Aufbau des Periodensystems ist ein Ergebnis der Reihenfolge der Energien der einzelnen Niveaus und des verzögerten Auffüllens von d- und f-Orbitalen.

Die äußersten s- und p-Elektronen sind für die meisten chemischen Eigenschaften der Elemente verantwortlich. Sie sind das, was traditionell mit dem Begriff Valenzelektronen gemeint ist. Die d- und f-Orbitale liegen tiefer, und die Unterschiede in der Besetzung dieser Niveaus bei den Übergangsmetallen und den inneren Übergangsmetallen wirken sich weniger stark als Unterschiede im chemischen Verhalten aus. Elemente, die pro Atom ein oder zwei Elektronen über eine abgeschlossene Edelgasschale hinaus besitzen, verlieren diese leicht unter Bildung metallischer Kationen. Elemente auf der rechten Seite des Periodensystems, denen zur vollständigen Auffüllung einer $s^2 p^6$-Schale nur ein oder zwei Elektronen pro Atom fehlen, nehmen diese leicht unter Bildung negativ geladener Anionen auf. Innerhalb einer Gruppe werden Elektronen am leichtesten von den Elementen mit größeren Atomradien abgegeben und am leichtesten von den kleineren Atomen aufgenommen. Alle diese Tendenzen sind in der Elektronegativitätsskala zusammengefaßt. Atome, deren Elektronegativitäten sich stark unterscheiden, werden durch Elektronentransfer untereinander ionische Verbindungen bilden; Elemente von annähernd gleicher Elektronegativität werden sich dadurch miteinander verbinden, daß sie sich gemeinsame Elektronen in kovalenten Bindungen teilen.

Die Grenze zwischen Metallen und Nichtmetallen verläuft diagonal über das Periodensystem in einem unscharf definierten Band, das sich annähernd vom Be und B links oben zum Po und At rechts unten erstreckt. Die Grenzlinie liegt in der Nähe eines Elektronegativitätswertes von 2,0 auf einer Skala, bei der das elektronegativste Element, F, eine Elektronegativität von 3,98 und das am wenigsten elektronegative Element, Cs, eine Elektronegativität von 0,79 besitzt. Jedoch erinnern uns die hohen Elektronegativitäten der Platinmetalle daran, daß die Elektronegativität nicht der einzige Faktor bei der Bestimmung des nichtmetallischen Verhaltens ist.

Die Übergangsmetalle zeigen einen regelmäßigen Gang in den Schmelz- und Siedepunkten, den Schmelz- und Verdampfungswärmen, der Härte und den am häufigsten auftretenden Oxidationszahlen, wobei alle diese Eigenschaften mit der Zahl der ungepaarten d-Elektronen in Zusammenhang gebracht werden können. Infolge der sogenannten Lanthanoidenkontraktion sind sich die Elemente in der zweiten und dritten Übergangsmetallreihe untereinander ähnlicher in ihrer Größe und ihren chemischen Eigenschaften (innerhalb der einzelnen Gruppen, natürlich) als die Elemente in der ersten und zweiten Übergangsperiode.

Wir haben in dieser Übersicht weniger Zeit auf die Nichtmetalle verwendet, weil diese später noch gründlicher behandelt werden. Ionische Bindungen sind leicht zu verstehen, aber kovalente Bindungen erscheinen weniger selbstverständlich. Es wird daher unser nächster Schritt im Verstehen der Chemie sein, herauszufinden, was uns die Quantenmechanik über den Prozeß der kovalenten Bindung sagen kann.

Literaturhinweise

M. J. Bigelow, The Representative Elements, Bogden and Quigley, New York, 1970.

J. L. Dye, „The Solvated Electron," Scientific American, February, 1967.

J. L. Hall and *D. A. Keyworth*, Brief Chemistry of the Elements, W. A. Benjamin, Menlo Park, Calif., 1971.

A. F. Hollemann und *E. Wiberg*, Lehrbuch der anorganischen Chemie, Walter de Gruyter, Berlin–New York, 1976. Ein „klassisches" Lehrbuch der Chemie, das eine hervorragende Stoffsammlung enthält, die jedem Chemiestudenten zu empfehlen ist.

K. J. Laidler and *M. H. Ford-Smith*, The Chemical Elements, Bogden and Quigley, New York, 1970.

E. M. Larsen, Transitional Elements, W. A. Benjamin, Menlo Park, Calif., 1965. Als Ergänzung zu einem Kursus in allgemeiner Chemie geschrieben. Umfassender als das hier vorliegende Kapitel, aber auf einem vergleichbaren Niveau.

G. Oster, „The Chemical Effects of Light," Scientific American, September, 1968.

R. L. Rich, Periodic Correlations, W. A. Benjamin, Menlo Park, Calif., 1965. Eine erste Hilfe, wenn Ihnen die Beziehungen zwischen dem Periodensystem und den chemischen Eigenschaften nach dem Durchlesen und Durcharbeiten dieses Kapitels noch unklar sein sollten.

R. T. Sanderson, Chemical Periodicity, Reinhold, New York, 1960. Ein recht lesenswertes Buch, auf einem etwas höheren Niveau als Rich, mit einer großen Menge von Vergleichsdaten.

H. H. Sisler, Electronic Structure, Properties and the Periodic Law, Reinhold, New York, 1963. Eine weitere systematische Behandlung der periodischen Eigenschaften, ähnlich denen von Rich und Sanderson.

V. F. Weisskopf, „How Light Interacts with Matter," Scientific American, September, 1968.

Fragen

1. Was besagt das Paulische Ausschließungsprinzip, und auf welche Weise erlaubt es uns, Modelle für die Elektronenkonfigurationen von Atomen aufzubauen, die über mehr Elektronen als das Wasserstoffatom verfügen?

2. Wie würde das Periodensystem aussehen, wenn das Paulische Ausschließungsprinzip nicht gelten würde?

3. Was besagt die Hundsche Regel, und welche Rolle spielt sie beim Aufbau der Elektronenkonfigurationen der Atome? Womit läßt sich die Hundsche Regel physikalisch begründen?

4. Warum besitzen die 4s-, 4p-, 4d- und 4f-Orbitale im Wasserstoffatom dieselbe Energie, während sich die Energien dieser Niveaus in einem Mehrelektronenatom unterscheiden?

5. Was bedeutet die „Abschirmung durch Elektronen" in einem Atom?

6. Warum ist die erste Ionisierungsenergie des Schwefels kleiner als die des Phosphors?

7. Warum ist die erste Ionisierungsenergie des Thalliums kleiner als die des Quecksilbers?

8. Welche Beweise haben wir dafür, daß die relative Reihenfolge der Energieniveaus in Abbildung 9–2 richtig ist?

9. Warum ändern sich die chemischen Eigenschaften der Übergangsmetalle weniger stark als die der Hauptgruppenelemente?

10. Was sind die „inneren Übergangsmetallreihen", und wie lassen sie sich mit Hilfe der Elektronenkonfigurationen erklären?

11. Warum fällt die Elektronenaffinität, die von N über O bis F in Abbildung 6–8 stetig angestiegen ist, so abrupt beim Ne ab?

12. Was sind isoelektronische Ionen? Warum nehmen die Radien der isoelektronischen Ionen in der Reihe As^{3-}, Se^{2-}, Br^-, Kr^0, Rb^+, Sr^{2+} und Y^{3+} stetig ab, wie sie es in Abbildung 6–9 tun?

13. Warum nehmen die Radien der neutralen Atome in der Reihe vom K, Ca, Sc bis Ti stetig ab, wie aus Abbildung 6–9 ersichtlich ist?

14. Warum besitzen Ta, W und Re so hohe Schmelz- und Siedepunkte?

15. Warum besitzen C, Si und Ge höhere Schmelz- und Siedepunkte als ihre Nachbarelemente N, P und As?

16. Wie hängt die Elektronegativität mit der ersten Ionisierungsenergie und der Elektronenaffinität zusammen? In welcher Beziehung steht sie mit den Bindungsenergien der Moleküle?

17. In welchem Teil des Periodensystems befinden sich die Elemente mit der höchsten Elektronegativität? Welche drei Elemente besitzen die höchste Elektronegativität? Welches Element weist die niedrigste auf?

18. Würden Sie erwarten, daß Rubidiumchlorid ionisch oder kovalent ist? Warum? Wie steht es mit Osmium- und Iridiumchlorid? Womit würden Sie Ihre Voraussage begründen?

19. Das Phantasieelement Turbidium (Tu) besitzt die folgenden Oxidationspotentialdaten

$$Tu \; \rightleftarrows \; Tu^{3+} + 3e^- \qquad U^0 = -3,00 \text{ V}$$

Ist Turbidium ein gutes Oxidationsmittel oder ein gutes Reduktionsmittel oder keines von beiden?

20. Worin liegt der Unterschied zwischen Oxidationspotentialen und Reduktionspotentialen?

21. Warum kommen Li und Na nicht frei in der Natur vor wie Ag und Au?

22. Aus welchem Metall, Na oder Cs, können Elektronen durch eine längere Wellenlänge herausgeschlagen werden? Warum?

23. Welches der Elemente, Be oder Ba, ist stärker metallisch? Auf Grund welches Beweismaterials können Sie diese Aussage machen? Wie können Sie dies mit Hilfe der Elektronenkonfigurationen erklären?

24. Warum ist Calcium härter als Kalium?

25. Warum ist BeO amphoter? Was bedeutet dieser Ausdruck hinsichtlich des chemischen Verhaltens des Oxids?

26. Was ist die Lanthanoidenkontraktion? Warum tritt sie auf? Welche nachweisbaren chemischen Effekte ruft sie hervor?

27. Wenn die ersten Elektronen nach der vollen Besetzung der Edelgasschale des Kr in das 5s-Orbital beim Rb und Sr gehen, warum ist dann die äußere Elektronenkonfiguration des Zr^{2+} durch $4d^2$ und nicht durch $5s^2$ wie beim Sr gegeben?

28. Auf welche Weise ändert sich die maximale Oxidationszahl mit der Ordnungszahl in der ersten Übergangsmetallreihe vom Sc bis Zn?

29. Welcher Oxidationszustand ist bei einem Übergangsmetall mit mehreren Oxidationsstufen in seinen Verbindungen gewöhnlich am metallähnlichsten? Können Sie dafür ein Beispiel nennen?

30. Gewinnen die höheren oder die tieferen Oxidationsstufen an Bedeutung, wenn sich die Hauptquantenzahl des Elements innerhalb einer Übergangsmetallgruppe (senkrechte Spalte) erhöht? Können Sie einen Grund für dieses Verhalten nennen?

31. In welchem Zusammenhang steht die Farbe einer chemischen Verbindung mit Elektronenübergängen zwischen Energieniveaus?

32. Warum sind Verbindungen der Übergangsmetalle häufiger gefärbt als die der Hauptgruppenelemente?

33. In welcher Weise unterscheiden sich die Oxide von Cr, Ni, Cu, Al und vieler anderer Metalle vom Eisenoxid, was eine große wirtschaftliche Bedeutung hat? Versuchen Sie sich einmal eine Welt vorzustellen, in der sich das Eisenoxid genau so wie die anderen Oxide verhielte. Welche chemische Industrie wäre schwer davon betroffen, wenn dies so wäre?

34. Warum besitzen Zn, Cd und Hg im Vergleich zu Cr, Mo und W so niedrige Schmelzpunkte?

35. Warum treten amphotere Oxide bei Elementen auf, die entlang einer Diagonalen des Periodensystems liegen (Be, Al, Ge, Sb) und nicht innerhalb einer Gruppe, die die Metalle von den Nichtmetallen trennt?

36. Wie ändert sich der metallische Charakter der Elemente innerhalb einer Gruppe des Periodensystems?

Aufgaben

1. Welche der folgenden Elektronenkonfigurationen stellen Grundzustände dar, welche sind angeregte Zustände und welche sind unmöglich? Warum sind die letzteren keine akzeptablen Zustände? Welche neutralen Atome können die erlaubten Konfigurationen besitzen?

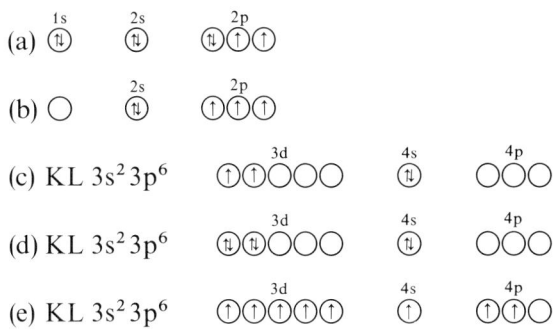

(f) $1s^2 2p^1$
(g) $1s^2 2s^2 2p^6 3s^2 3p^6 3d^2$
(h) $1s^2 2s^2 2p^4$
(i) $1s^2 2s^2 2p^6 2d^3 3s^2$

2. Wie sehen die Elektronenkonfigurationen des Grundzustands für die folgenden Atome oder Ionen aus [verwenden Sie die s-p-d-f-Schreibweise aus Aufgabe 1 (f-i)]: (a) As, (b) Co^{2+}, (c) Cu, (d) S^{2-}, (e) Kr, (f) C, (g) W, (h) H^+, (i) H^-, (j) Cl^-?

3. Geben Sie die Elektronenkonfigurationen der Grundzustände der beiden Atome $^{18}_8O$ und $^{16}_8O$ an.

4. Weiter unten sind zehn Atome und ihre Elektronenkonfigurationen aufgeführt. Entscheiden Sie für jedes Element, ob ein neutrales Atom, ein positives oder ein negatives Ion dargestellt ist. Geben Sie zusätzlich an, ob der dargestellte Elektronenzustand ein Grundzustand, ein angeregter Zustand oder unmöglich ist.

   (a) $_3$Li: $1s^2 2p^1$

   (b) $_1$H: $1s^2$

   (c) $_{16}$S: $1s^2 2s^2 2p^6 3s^2 3p^4$

   (d) $_6$C: $1s^2 2s^2 2p^1 2d^1$

   (e) $_{10}$Ne: $1s^2 2s^1 2p^7$

   (f) $_7$N: $1s^2 2s^1 2p^3$

   (g) $_9$F: $1s^2 2s^2 2p^5 3s^1$

   (h) $_2$He: $1p^1$

   (i) $_{21}$Sc: $1s^2 2s^2 2p^6 3s^2 3p^6 3d^1 4s^2$

   (j) $_8$O: $1s^2 2s^2 2p^3$

5. Geben Sie die Elektronenkonfigurationen des Grundzustands für Li, Lu, La und Lr und auch für Li^+, Lu^{3+}, La^{3+} und Lr^{3+} an.

6. Berechnen Sie die Elektronegativität eines Chloratoms nach der Paulingschen Methode.

7. Würden Sie eine der Lanthanoidenkontraktion analoge Actinoidenkontraktion voraussagen? Erläutern Sie Ihre Aussage.

8. Sehen Sie sich einmal ein angeregtes Wasserstoffatom an, bei dem sich das Elektron im 3s-Orbital befindet. Die Energie, die pro Mol erforderlich ist, um derartige Elektronen aus dem Atom zu entfernen, beträgt 146 kJ. Um jedoch das 3s-Elektron des Na aus dem Atom zu entfernen, benötigen wir 498 kJ mol^{-1}. Woher rührt dieser Unterschied?

9. Ordnen Sie die folgenden Metalle in eine Reihe nach ansteigendem Reduktionsvermögen ein: Ca, Na, Ba, K, Ag.

10. Erklären Sie die Tatsache, daß die zweite Ionisierungsenergie des Mg größer als die erste ist, jedoch nicht den Wert der zweiten Ionisierungsenergie des Na erreicht. Auf welche Weise erklärt dies das beobachtete chemische Verhalten von Mg und Na?

11. In Mullikens erster, einfacher Definition war die Elektronegativität eines Elements der Summe aus seiner ersten Ionisierungsenergie und seiner Elektronenaffinität proportional. Diese Beziehung wird von den Zahlenwerten, die in Tabelle 9–1 aufgeführt sind, nicht streng erfüllt, da die Ionisierungsenergien, Elektronenaffinitäten und Elektronegativitäten in dieser Tabelle von verschiedenen Leuten nach verschiedenen Methoden berechnet wurden. Nichtsdestoweniger ist diese Proportionalität annähernd gültig. Zeichnen Sie unter Verwendung der Daten aus Tabelle 9–1 für die Elemente der zweiten und dritten Periode des Periodensystems eine graphische Darstellung des Verlaufs der Summe aus molarer Ionisierungsenergie und Elektronen-

affinität gegen die Elektronegativität auf der Paulingschen Skala. (a) Zeichnen Sie die beste gerade Linie, die Ihnen möglich ist, durch diese sich so ergebenen Punkte und dem Ursprung. (b) Benutzen Sie diese graphische Darstellung dann dazu, die Elektronegativität von Ne abzuschätzen. Würden Sie danach erwarten, falls Ne—F-Bindungen existieren sollten, daß diese ionisch oder kovalent sind? (c) Benutzen Sie jetzt umgekehrt Ihr Diagramm dazu, die molaren Elektronenaffinitäten der Elemente der fünften Periode vom Rb bis In zu berechnen, indem Sie von deren Elektronegativitäten ausgehen. Tragen Sie diese Werte als Funktion der Ordnungszahl auf. Erklären Sie den allgemeinen Verlauf der molaren Elektronenaffinitäten entlang der Übergangsmetallreihe in dieser Periode mit Hilfe der Elektronenkonfigurationen der Atome, und deuten Sie das überraschende Verhalten bei Ag-Cd-In.

12. Warum sollten die Schmelzpunkte der Erdalkalimetallchloride den stetigen Verlauf aufweisen, den Sie in Tabelle 9–2 finden?

13. Welches der folgenden Atome besitzt die niedrigste erste Ionisierungsenergie: Li, F, Cs oder Xe? Warum?

14. Welches der folgenden Atome besitzt die größte Elektronenaffinität: Cl, I, O oder Na? Warum?

15. Welche der folgenden Wasserstoffverbindungen ist am stärksten ionisch: Li—H, Cs—H, F—H oder I—H? In welcher Verbindung wird H die größte positive Ladung und in welcher die größte negative Ladung besitzen?

16. Welches der folgenden Elemente wird in seinem Chlorid die größte Oxidationszahl aufweisen: Bi, Mg, P oder Si?

17. Wenn Sie vermuten würden, daß Verbindungen des Elements mit der Ordnungszahl 120 in geringen Mengen in der Natur vorkommen, welches der folgenden Minerale wäre dann der vernünftigste Ausgangspunkt für eine Suche nach dem neuen Element: KCl, $BaSO_4$, Al_2O_3, UO_3 oder Gd_2O_3?

18. Angenommen, Sie haben das Element 120 gefunden, und es ist stabil. Wie werden dann die wahrscheinlichsten Formeln für sein am häufigsten vorkommendes Hydrid und für sein am häufigsten vorkommendes Oxid lauten? Welches wird sein häufigster Oxidationszustand sein? Schätzen Sie seine Elektronegativität ab. Wo läge der Schmelzpunkt seines Chlorids? Wird das feste Chlorid Elektrizität leiten? Wird das flüssige Chlorid Elektrizität leiten? Warum oder warum nicht?

19. Eine Bewerberin im Schönheitswettbewerb der Amerikanischen Chemischen Gesellschaft für chemisch-technische Assistentinnen wurde auf folgende Weise beschrieben: „Ihr Haar war wie gesponnenes $[Ar]\,3d^6\,4s^2$ ihre Haut war weich wie $[Xe]\,4f^{14}\,5d^4\,6s^2$, und ihr Parfüm war das Hydrid des $[Ne]\,3s^2\,3p^4$. Beschreiben Sie die Dame in etwas konventionellerer Sprache. Welche Konvention über die Schreibweise der inneren, voll besetzten Orbitale müssen Sie beachten, um die Qualitäten der Dame zu entdecken?

Eine Theorie ist kein endgültiges Ziel; ihr Inhalt ist physikalisch und nicht metaphysisch. Vom Standpunkt des Physikers aus ist eine Theorie eine Sache der Politik und nicht des Glaubens.

J. J. Thomson

10   Die kovalente Bindung

Die Ionenbindung ist leicht zu verstehen, genügt aber häufig nicht als Erklärung des chemischen Verhaltens. Die Nichtmetalle wurden im vorangehenden Kapitel nur kurz erwähnt, weil ein großer Teil ihrer Chemie ohne die Theorie der kovalenten Bindung unverständlich bleibt. In diesem Kapitel sehen wir uns zunächst eine einfache Methode zur Darstellung kovalenter Bindungen an, die Lewis-Diagramme. Dann werden wir tiefer in die tatsächliche Bildung von kovalenten Bindungen eindringen, wobei wir die Molekülorbitaltheorie benutzen werden. Wir werden kennenlernen, wie Lewissche Elektronenpunktstrukturen für uns bekannte Verbindungen aufzustellen sind, und wir werden diese mit Hilfe der gemeinsamen Elektronenpaare und der Auffüllung von Edelgasvalenzschalen interpretieren. Wir werden Oxidationszahlen mit Hilfe der gemeinsamen Elektronenpaare erklären und die Oxidationszustände als Umgebungen unterschiedlicher Elektronegativitäten betrachten. Wir werden aber auch feststellen, wie die Elektronenpunktstrukturen selbst schon bei einem so einfachen Molekül wie dem SO_3 zu versagen beginnen.

Indem wir uns einer besseren Theorie zuwenden, werden wir sehen, wie Molekülorbitale für zweiatomige Moleküle aus derselben Atomart und aus verschiedenen Atomen aufgebaut werden können. Diese Modelle werden anhand gemessener Bindungsenergien und Bindungslängen sowie der paramagnetischen Eigenschaften auf ihre Leistungsfähigkeit geprüft werden. Die Molekülorbitaltheorie kann die Gestalten von Molekülen wie NH_3 und H_2O und den Unterschied in der Struktur zweier scheinbar ähnlicher Moleküle wie H_2O und H_2S erklären. Die Hybridisierung wird eingeführt werden, um die tetraedrische Struktur der Kohlenstoffverbindungen zu deuten. Schließlich werden wir noch die Vorstellung von Bindungen zwischen Paaren von Atomen untersuchen und dabei erfahren, wann solche Vorstellungen benutzt werden können und wann sie (wie im Falle des Benzols, C_6H_6) versagen.

10–1   Lewis-Diagramme

Die Elektronenpunktdiagramme für chemische Verbindungen wurden 1916 von G. N. Lewis als ein Versuch entwickelt, die kovalente Bindung zu begreifen. Unser Verständnis der chemischen Bindung ruht heute auf festerem Boden, aber die Lewisschen Punktdiagramme sind noch immer eine praktische Schreibweise. Bei den Lewis-Diagrammen wird jedes Valenzelektron (d. h. jedes Elektron in den äußersten s- und p-Orbitalen) durch einen neben das chemische Symbol des betreffenden Elements gesetzten Punkt gekennzeichnet: H·, He: usw. In moderner Terminologie stellt jede der vier Himmelsrichtungen am Elementsymbol eines der atomaren s-, p_x-, p_y- oder p_z-Orbitale dar. So werden z. B. die Atome der Elemente der zweiten Periode folgendermaßen geschrieben

$$Li\cdot \quad \underset{.}{Be} \quad \cdot\underset{.}{B} \quad \cdot\dot{\underset{.}{C}}\cdot \quad \cdot\dot{\underset{.}{N}}\cdot \quad :\dot{\underset{.}{O}}\cdot \quad :\dot{\underset{.}{F}}: \quad :\ddot{\underset{.}{N}}e:$$

Der Verlust oder die Aufnahme von Elektronen bei der Bildung von Ionen kann an der Bildung von Natriumchlorid aus Natrium- und Chloratomen veranschaulicht werden

$$Na\cdot + :\dot{\underset{.}{C}}l: \rightleftarrows Na^+ :\ddot{\underset{.}{C}}l:^-$$

Jedes Ion besitzt jetzt die äußere Elektronenkonfiguration eines Edelgases: Das Natriumion besitzt die Konfiguration des Ne und das Chloridion die des Ar. Dieser Elektronentransfer tritt ein, weil das Cl elektronegativer als das Na ist (3,16 für Cl gegenüber 0,93 für Na). Aber was geschieht im HI, bei dem die Elektronegativitäten nahezu gleich groß sind (2,20 bzw. 2,66)?

Nach der Lewisschen Theorie der Kovalenz vervollständigt jedes Atom eine Edelgaskonfiguration nicht durch einen Elektronentransfer, sondern durch den *gemeinsamen Besitz eines Elektronenpaares*, durch ein *gemeinsames Elektronenpaar*

$$H\cdot + \cdot\dot{\underset{.}{I}}: \rightleftarrows H:\dot{\underset{.}{I}}:$$

Das H-Atom besitzt jetzt zwei Elektronen in seiner äußeren Valenzschale wie auch das He, während das I-Atom über acht Elektronen wie das Xe verfügt. Lewis stellte das Prinzip auf: *Atome bilden durch Verlust, Aufnahme oder gemeinsamen Besitz von genug Elektronen Bindungen aus, um die äußere Elektronenkonfiguration der Edelgase zu erhalten.* Die Art der Bindung, ionisch oder kovalent, hängt davon ab, ob Elektronen transferiert werden oder in gemeinsamen Besitz übergehen. Die Wertigkeit der Atome ist dann eine Folge der Verhältnisse, in denen sie sich zusammenschließen müssen, um Edelgaskonfigurationen zu erreichen. Die Lewissche Theorie erklärt den Bindungstyp und das Muster der Verknüpfungen von Atomen innerhalb eines Moleküls. Sie ist jedoch nicht in der Lage, die Geometrie der Moleküle zu erklären.

Die Lewissche Theorie macht erstmals die Bindung zwischen gleichen Atomen verständlich, wie sie z. B. im H_2, F_2 oder N_2 auftritt. Die beiden Wasserstoffatome des H_2 teilen sich den Besitz ihrer zwei Elektronen, um jedem Atom eine abgeschlossene He-Konfiguration zu geben

$$H\cdot + H\cdot \rightleftarrows H:H \text{ oder } H\text{—}H$$

Ein gerader Strich zwischen den Elementsymbolen wird häufig, wie auch hier, in der speziellen Bedeutung als Symbol für ein Lewissches Elektronenpaar verwendet. Zwei Fluoratome verfügen im F_2 ebenfalls über ein gemeinsames Elektronenpaar, somit besitzt jedes F-Atom die Elektronenkonfiguration des Ne

$$:\ddot{F}\cdot + :\ddot{F}\cdot \;\rightleftarrows\; :\ddot{F}\!:\!\ddot{F}: \text{ oder } :\ddot{F}\!-\!\ddot{F}:$$

Die freien Elektronenpaare am F-Atom werden *einsame Elektronenpaare* genannt; wir würden sie heute als spingepaarte Elektronen in Atomorbitalen bezeichnen, die nicht an der Bindung beteiligt sind. Die molare *Bindungsenergie* oder die Energie, die pro Mol erforderlich ist, um das zweiatomige Molekül in zwei ‚unendlich' weit voneinander entfernte Atome zu zerlegen, beträgt 431 kJ mol^{-1} für H_2 und nur 138 kJ mol^{-1} für F_2. Ein Teil dieser relativen Instabilität des F_2-Moleküls mag von der elektrostatischen Abstoßung zwischen den einsamen Elektronenpaaren der beiden F-Atome herrühren.

Mehrfachbindungen

Wenn wir versuchen, O_2 auf eine ähnliche Weise wie F_2 aufzubauen, stehen wir am Ende mit ungepaarten Elektronen und nur sieben Elektronen in der Umgebung eines jeden O-Atoms da

$$:\ddot{O}\cdot + :\ddot{O}\cdot \;\rightleftarrows\; :\ddot{O}\!:\!\ddot{O}: \quad \text{ oder } \quad :\ddot{O}\!-\!\ddot{O}:$$

Diesem Mangel kann dadurch abgeholfen werden, daß wir annehmen, daß die Sauerstoffatome sich den Besitz von *zwei* Elektronenpaaren teilen (ohne daß wir uns hier um die Geometrie dieses Prozesses kümmern wollen)

$$:\ddot{O}\!:\!:\!\ddot{O}: \text{ oder } :\ddot{O}\!=\!\ddot{O}:$$

Auf diese Weise erhalten wir eine sogenannte *Doppelbindung* zwischen den zwei Sauerstoffatomen. Im N_2 muß sogar eine *Dreifachbindung* angenommen werden, damit jedes N-Atom eine Edelgaskonfiguration annehmen kann

$$:N\!:\!:\!:N: \text{ oder } :N\!\equiv\!N:$$

Diese Vorstellung von Mehrfachbindungen ist nicht ganz und gar reine Phantasie: Die Bindungsenergien und Bindungslängen unterstützen das Modell einer Einfachbindung im F_2, einer Doppelbindung im O_2 und einer Dreifachbindung im N_2

Molekül:	N_2	O_2	F_2
Bindungsenergie (kJ mol^{-1}):	942	494	138
Bindungslänge (nm):	0,110	0,121	0,142

Man sagt, daß ein Molekül wie N_2 mit einer Dreifachbindung zwischen zwei Atomen eine *Bindungsordnung* von drei besitzt, d.h. die Bindungsordnung ist gleich der Zahl der Elektronenpaarbindungen. Das Sauerstoffmolekül hat eine Bindungsordnung von zwei und das Fluormolekül weist eine Bindungsordnung von eins auf. Je höher die Bindungsordnung ist, desto fester sind die Atome aneinander gebunden, desto größer ist die Bindungsenergie und desto kürzer die Bindungslänge.

Die drei kovalenten Wasserstoffverbindungen Wasser, Ammoniak und Methan besitzen die folgenden Lewis-Strukturen

$$H-\ddot{\underset{\cdot\cdot}{O}}-H \qquad H-\overset{\cdot\cdot}{\underset{|}{N}}-H \qquad H-\overset{\overset{\displaystyle H}{|}}{\underset{\underset{\displaystyle H}{|}}{C}}-H$$

Die Lewis-Diagramme geben die Verknüpfungen zwischen den Atomen innerhalb des Moleküls richtig wieder, was die einfachen Molekülformeln nicht tun. Die Lewis-Diagramme weisen auch auf das Vorhandensein von einsamen Elektronenpaaren hin, die häufig für das chemische Verhalten der Verbindungen von Bedeutung sind.

Die einfachen Kohlenwasserstoffe Ethylen und Acetylen sollen ein Beispiel für Mehrfachbindungen sein; zum Vergleich zeigen wir auch das Ethan

$$H-H$$
$$H:\ddot{C}:\ddot{C}:H$$
$$H\ H$$

$$\underset{H}{\overset{H\qquad\qquad H}{:C::C:}}$$

$$H:C:::C:H$$

$$H-\overset{\overset{\displaystyle H}{|}}{\underset{\underset{\displaystyle H}{|}}{C}}-\overset{\overset{\displaystyle H}{|}}{\underset{\underset{\displaystyle H}{|}}{C}}-H$$

$$\overset{\displaystyle H \qquad H}{\underset{\displaystyle H \qquad H}{C=C}}$$

$$H-C\equiv C-H$$

Ethan   Ethylen   Acetylen

Die Angabe der einsamen Elektronenpaare ist nützlich, wenn noch andere Atome als C und H am Aufbau des Moleküls beteiligt sind

$$H-\overset{\overset{\displaystyle H}{|}}{\underset{\underset{\displaystyle H}{|}}{C}}-\underset{\cdot\cdot}{\overset{\cdot\cdot}{O}}-H$$

$$H-\overset{\overset{\displaystyle H}{|}}{\underset{\underset{\displaystyle H}{|}}{C}}-\overset{\overset{\displaystyle :O:}{\|}}{C}-\ddot{\underset{\cdot\cdot}{O}}-H$$

$$H-\overset{\overset{\displaystyle H}{|}}{\underset{\underset{\displaystyle H}{|}}{C}}-\overset{\overset{\displaystyle H}{|}}{\underset{\underset{\displaystyle H}{|}}{C}}-\overset{\overset{\displaystyle }{\cdot\cdot}}{\underset{\underset{\displaystyle H}{|}}{N}}-H$$

Methylalkohol   Essigsäure   Ethylamin

Das Ammoniumion, NH_4^-, besitzt die Lewis-Struktur

$$\underset{H}{\overset{\overset{\displaystyle H}{\cdot\cdot}}{H:\overset{}{N}:H}} \qquad \text{oder} \qquad H-\overset{\overset{\displaystyle H}{|}}{\underset{\underset{\displaystyle H}{|}}{N}}-H \quad^+$$

Beachten Sie, daß das Ammoniumion *isoelektronisch* mit dem Methan ist, d. h. es besitzt dieselbe Zahl von Elektronen wie das Methan. Wenn wir in den Kern des Stickstoffatoms in einem Ammoniumion hineingreifen könnten, um aus ihm ein Proton zu entfernen, würden wir ein Methanmolekül erhalten (wenn auch mit ^{13}C als Zentralatom anstelle des üblichen Isotops ^{12}C). Dennoch sind die chemischen Eigenschaften des Ammoniumions und des Methans äußerst verschieden, und zwar gerade wegen der zusätzlichen positiven Ladung des Stickstoffkerns im NH_4^+.

Aufforderung. Um einmal festzustellen, ob Sie Lewis-Diagramme für „Holzgeist", ein Antiseptikum, ein Bleichmittel, ein Lösungsmittel für die chemische Reinigung, einen Raketentreibstoff und einen Rohstoff für Silicongummi zeichnen können, versuchen Sie einmal, die Aufgaben 10–2 bis 10–5 in *Ergänzungsaufgaben zu Prinzipien der Chemie* von Butler und Grosser zu lösen.

Formale Ladungen

Kohlendioxid ist leicht durch ein Lewis-Diagramm darzustellen, aber das Kohlenmonoxid wirft ein Problem auf. Jedes O benötigt zwei Elektronen, um die stabile Achter-(*Oktett*)-Struktur zu erreichen, somit sollte es mit dem Kohlenstoff zwei gemeinsame Elektronenpaare besitzen. Das Kohlenstoffatom benötigt seinerseits jedoch vier Elektronen für die angestrebte Oktettkonfiguration, so daß es vier gemeinsame Elektronenpaare aufweisen sollte. Die einzig zufriedenstellende Lewis-Struktur für das CO ergibt sich dadurch, daß wir drei gemeinsame Elektronenpaare zulassen und die anderen vier Valenzelektronen so verteilen, daß wir um jedes Atom eine Schale von acht Elektronen erhalten

Kohlendioxid: $:\ddot{O}::C::\ddot{O}:$ oder $:\ddot{O}=C=\ddot{O}:$

Kohlenmonoxid: $:C:::O:$ oder $:\overset{\ominus}{C}\equiv\overset{\oplus}{O}:$

Das Kohlenmonoxid ist damit isoelektronisch mit dem N_2, und so könnten wir erwarten, daß die Dreifachbindung im CO eine völlig zufriedenstellende Darstellung der wirklichen Verhältnisse ist. (Wir können uns einen hypothetischen „Schrödinger-Dämon" vorstellen, der aus einem N_2-Molekül dadurch ein Kohlenmonoxidmolekül macht, daß er aus einem der Stickstoffkerne ein Proton entfernt und es in den anderen einbaut.) Nichtsdestoweniger gibt es bei einer solchen Struktur für das CO eine Schwierigkeit: Wenn wir annehmen, daß jedes gemeinsame Elektronenpaar zu gleichen Teilen zwischen den Atomen aufgeteilt ist, dann verfügt der Kohlenstoff über drei der sechs Elektronen aus der Dreifachbindung plus die zwei Elektronen aus dem einsamen Elektronenpaar am Kohlenstoffatom. Er besitzt also fünf Außenelektronen, aber nur eine Kernladung, die vier von ihnen kompensieren kann. Entsprechend weist das Sauerstoffatom fünf Valenzelektronen auf, aber eine Kernladung für sechs. Infolgedessen besitzt der Kohlenstoff eine *formale Ladung* von -1 und der Sauerstoff eine solche von $+1$. Diese Aussage bedeutet nicht, daß diese Ladungen vollständig bei den Atomen lokalisiert sind, sondern nur, daß die Bedingungen der Bindungsbildung zu einer nichthomogenen Ladungsverteilung zwischen den Atomen führen.

Wenn wir die formalen Ladungen der Atome in einem Molekül berechnen wollen, ordnen wir jedem Atom *ein* Elektron für jede kovalente Elektronenpaarbindung zu, die es eingegangen ist, plus alle Elektronen aus seinen einsamen Elektronenpaaren. Die formale Ladung des Atoms ist dann die Ladung, die es besitzen würde, wenn es ein isoliertes Ion mit derselben Anzahl von Valenzelektronen wäre

$$\text{Formale Ladung} = Z - (N_{\text{bindend}} + N_{\text{nichtbindend}})$$

Hierbei ist Z die Ordnungszahl des betreffenden Atoms, N_{bindend} ist die Zahl der kovalenten Elektronenpaarverbindungen, die das Atom mit anderen Atomen eingegangen ist, und $N_{nichtbindend}$ ist die Gesamtzahl der Elektronen, die das Atom besitzt und die *nicht* an kovalenten Bindungen beteiligt sind. Sie sollten sich selbst einmal davon überzeugen, daß mit der Ausnahme des CO bei jedem bisher in diesem Abschnitt besprochenen, ungeladenen Molekül die formale Ladung eines jeden Atoms gleich null ist.

Elektronendonator- und Elektronenakzeptorverbindungen

Die farblose Flüssigkeit BF_3 wird durch das Lewis-Diagramm

$$:\!\ddot{F}\!-\!B\!-\!\ddot{F}\!:$$
$$|$$
$$:\!\ddot{F}\!:$$

dargestellt. Dieses Diagramm ist ungewöhnlich, weil in ihm nicht vier Elektronenpaare um das B-Atom herum angeordnet sind. Das BF_3 reagiert nun mit Ammoniak, wobei sich die *Additionsverbindung* BF_3NH_3 auf folgende Weise bildet

$$\begin{array}{ccc} :\!\ddot{F}\!: & H & \\ | & | & \\ :\!\ddot{F}\!-\!B\ +\ :\!N\!-\!H & \rightleftarrows & :\!\ddot{F}\!-\!B\!-\!N\!-\!H \\ | & | & \\ :\!\ddot{F}\!: & H & \end{array}$$

In dieser Verbindung gibt der Stickstoff beide Elektronen seines einsamen Elektronenpaares im Ammoniak an die kovalente Bindung ab. Eine derartige Donator-Akzeptorbindung wird gelegentlich als koordinative kovalente Bindung bezeichnet, aber diese Unterscheidung ist sinnlos, da sich die Bindung, sobald sie sich einmal gebildet hat, wie jede andere kovalente Bindung verhält.

BF_3NH_3 ist isoelektronisch mit CF_3CH_3 und unterscheidet sich von diesem nur durch die Kernladungen der Zentralatome. Die formale Ladung eines jeden Atoms in der Kohlenstoffverbindung ist gleich null. Wenn Sie aber die formale Ladungszuordnung für die Borverbindung berechnen, stellen Sie fest, daß B eine formale Ladung von -1 und N eine solche von $+1$ besitzt. Da sich die formalen Ladungen daraus ergeben, wie die Elektronen in einem Molekül oder Ion verteilt sind, muß die gesamte formale Ladung aller Atome gleich der Gesamtladung des Ions oder gleich null bei einem neutralen Molekül sein.

Lewis-Säuren und Lewis-Basen

Eine Verbindung wie das BF_3, die ein Elektronenpaar aufnehmen kann, wird als *Lewis-Säure* bezeichnet, während ein Elektronenpaardonator eine *Lewis-Base* darstellt. Diese Terminologie ist wie die von Brönsted (siehe Kapitel 5) eine Erweiterung der einfachen Säure-Base-Theorie von Arrhenius. Nach der Arrheniusschen Theorie ist eine Säure ein Stoff, der in wäßriger Lösung Wasserstoffionen oder Protonen abgibt, während eine Base eine Substanz ist, die Hydroxidionen bildet. Brönsteds Definitionen gehen etwas weiter: Eine Säure ist jeder Stoff, der Protonen abgibt, und eine Base ist jede Substanz, die Protonen aufnehmen kann. Und jetzt besagt die Lewissche Theorie, daß eine Säure ein Stoff ist, der bei einer Reaktion Elektronen aufnehmen kann, während eine Base eine Substanz ist, die bei einer Reaktion Elektronen abgeben kann. Um den Unterschied zwischen diesen drei Definitionen zu veranschaulichen, sehen wir uns einmal die Neutralisation von HCl mit NaOH an

$$HCl + NaOH \rightleftarrows H_2O + NaCl$$

Wenn wir angeben wollen, welche Teilchen in der wäßrigen Lösung vorhanden sind, müßten wir die Reaktion wie folgt formulieren

$$H_3O^+ + Cl^- + Na^+ + HO^- \rightleftarrows Na^+ + Cl^- + 2H_2O$$

Nach Arrhenius ist HCl die Säure und NaOH die Base. Nach Brönsted ist H_3O^+ die Säure und das Hydroxidion, HO^-, ist die Base, da es das Teilchen ist, das das Proton der Säure aufnimmt. Nach Lewis ist das Proton die Säure, da es sich mit dem einsamen Elektronenpaar des Hydroxidions verbindet; das Hydroxidion ist seinerseits der Elektronenpaardonator und damit die Base

$$H^+ + :\ddot{O}-H^- \rightleftarrows H-\ddot{O}-H$$

Die Theorien von Brönsted und Lewis sind beide auf nichtwäßrige Lösungen anwendbar, wogegen die Arrheniussche Theorie nur für wäßrige Lösungen gilt. Sowohl die Brönstedsche als auch die Lewissche Theorie werden sich später noch als nützlich erweisen. Diese etwas allgemeineren Definitionen von Säuren und Basen erweisen sich als brauchbar, weil sie auch Verbindungen betreffen, die keinen Wasserstoff enthalten und bei denen wir nach der Arrheniusschen Theorie nicht erkennen würden, daß sie Säureeigenschaften besitzen. So wird z.B. BF_3, weil es ein Elektronenakzeptor, also eine Lewis-Säure, ist, häufig organische Reaktionen katalysieren, die auch von Protonen katalysiert werden.

Die Bedeutung der Oxidationszahlen

Chlor wird in einer Reihe von Oxoanionen vom ClO^-, ClO_2^-, ClO_3^- bis zum ClO_4^- angetroffen, die seinen ganzen Bereich von positiven Oxidationsstufen veranschaulichen. Das Chloridion besitzt die Edelgaskonfiguration des Ar mit vier Paaren von Valenzelektronen. Man kann sich dann die vier Oxoanionen als die Produkte einer Reaktion dieses Cl^--Ions vorstellen, das als Lewis-Base mit einem bis vier Sauerstoffatomen reagiert, die ihrerseits als Elektronenpaarakzeptoren oder Lewis-Säuren wirken. Nachstehend finden Sie die vier Reaktionen und die Oxidationszahl des Chlors in jedem Oxoanion aufgeführt

$$:\ddot{C}l:^- \quad + \ddot{O}: \rightleftarrows :\ddot{C}l:\ddot{O}:^- \qquad \text{Oxidationszahl} + 1$$

$$:\ddot{C}l:\ddot{O}:^- \quad + \ddot{O}: \rightleftarrows :\ddot{O}:\ddot{C}l:\ddot{O}:^- \qquad \text{Oxidationszahl} + 3$$

$$:\ddot{O}:\ddot{C}l:\ddot{O}:^- + \ddot{O}: \rightleftarrows :\ddot{O}:\overset{:\ddot{O}:}{\ddot{C}l}:\ddot{O}:^- \qquad \text{Oxidationszahl} + 5$$

$$:\overset{\cdot\cdot}{\underset{\cdot\cdot}{O}}:\overset{\cdot\cdot}{\underset{\cdot\cdot}{Cl}}:\overset{\cdot\cdot}{\underset{\cdot\cdot}{O}}:^{-} + \overset{\cdot\cdot}{\underset{\cdot\cdot}{O}}: \rightleftarrows :\overset{\cdot\cdot}{\underset{\cdot\cdot}{O}}:\overset{\overset{:\overset{\cdot\cdot}{O}:}{}}{\underset{\underset{:\overset{\cdot\cdot}{O}:}{}}{Cl}}:\overset{\cdot\cdot}{\underset{\cdot\cdot}{O}}:^{-} \quad \text{Oxidationszahl} + 7$$

Es gibt keine Oxoanionen des Chlors mit mehr als vier Sauerstoffatomen, da sich am Chlor nicht mehr Valenzelektronenpaare befinden.

Die formale Ladung eines jeden Atoms wird dadurch bestimmt, daß je ein Elektron aus einer Elektronenpaarbindung jeweils einem der an der Bindung beteiligten Atome zugeordnet wird. Im Gegensatz dazu wird die Oxidationszahl dadurch ermittelt, daß *beide* Elektronen einer Bindung dem elektronegativeren der beiden an der Bindung beteiligten Atome zugezählt werden. (Dies ist die Bedeutung der Regel 5 in Abschnitt 7–2). Somit gibt die Oxidationszahl die Zahl der Elementarladungen an, die ein Atom im Überschuß besitzen würde, wenn es ein isoliertes Ion mit der ihm zugeordneten Anzahl von Elektronen wäre

$$\text{Oxidationszahl} = Z - (N_{\text{zugeordnet}} + N_{\text{nichtbindend}})$$

Hier ist Z wieder die Ordnungszahl des betreffenden Elements, $N_{\text{zugeordnet}}$ ist die Gesamtzahl der Elektronen in Bindungen zwischen dem betrachteten Atom und Atomen, die *weniger* elektronegativ als dieses sind, und $N_{\text{nichtbindend}}$ ist die Gesamtzahl der Elektronen, die das Atom besitzt und die *nicht* an kovalenten Bindungen beteiligt sind. Bei der Berechnung von Oxidationszahlen nehmen wir also immer an, daß beide Elektronen in einer Bindung zu dem elektronegativeren Atom der beiden an dieser Bindung beteiligten Atome gehören. Fluor, das am stärksten elektronegative Element, besitzt immer die Oxidationszahl -1. Sauerstoff hat immer eine Oxidationszahl von -2, ausgenommen in Peroxiden und Fluorverbindungen. In den Cl-Oxoanionen werden beide Elektronen einer Bindung dem Sauerstoff zugeschrieben, da Cl eine Elektronegativität von 3,16 und O eine von 3,44 besitzt. Im Cl^{-} besitzt das Chlor eine Überschußladung von $-1e$ und damit eine Oxidationszahl von -1. Im ClO^{-} werden dem Chlor sechs Elektronen zugeschrieben, und es erhält damit die Oxidationszahl $+1$, da das einsame Elektronenpaar des Cl^{-}, das in die Bindung mit O eingebracht wurde, dem Sauerstoff zugerechnet wird, der die größere Elektronegativität besitzt. Im ClO_4^{-} sind alle vier Elektronenpaare durch die elektronegativeren Sauerstoffatome „entführt" worden, und das Cl hat eine Oxidationszahl von $+7$, *als ob* es wirklich alle seine sieben Valenzelektronen verloren hätte. Wir sprechen bei den Oxidationszahlen stets von Elektronenabgabe und Elektronenaufnahme, während tatsächlich nur eine graduelle Verschiebung von Elektronendichteverteilungen auftritt. Was die Oxidationszahlen jedoch tatsächlich zum Ausdruck bringen, ist der Umfang der Bindungen eines Atoms zu anderen, elektronegativeren Atomen.

Resonanzstrukturen

Für die bisher in diesem Kapitel genannten Beispiele konnten wir einzelne Lewis-Diagramme zeichnen, die mit den experimentellen Daten für die betreffenden Verbindungen im Einklang stehen und auch sonst vernünftig erscheinen. In diesem Abschnitt wollen wir ein paar Beispiele von wohlbekannten Verbindungen diskutieren, für die eine einzige Lewis-Struktur nicht voll befriedigend ist.

Beim Aussuchen des „besten"-Lewis-Diagramms für einen Stoff würden wir gerne die Struktur auswählen, bei der sich minimale formale Ladungen auf die beteiligten Atome verteilen. Dies ist aber auf Grund anderer Überlegungen nicht immer der vernünftigste Weg. Sehen Sie sich dazu einmal die folgende Übung an.

Übung: Berechnen Sie die formalen Ladungen der Sauerstoff- und Chloratome in den Oxoanionen des Chlors, die im vorangehenden Abschnitt vorgestellt wurden.
(Antwort: Jedes O besitzt eine formale Ladung von -1, während die des Chlors sich von 0 im ClO^- bis auf $+3$ im ClO_4^- verändert.)

Die formale Ladung des Cl im ClO_4^- ist irgendwie beunruhigend. Es ist zwar möglich, Lewis-Diagramme aufzustellen, bei denen das Cl keine formale Ladung trägt, aber dies gelingt nur auf Kosten der Aufgabe der Äquivalenz der Cl—O-Bindungen um das Cl-Atom herum (oder durch Bildung von mehr als vier kovalenten Bindungen), was keineswegs befriedigender ist.

Lassen Sie uns jetzt auf zwei noch viel verzwicktere Beispiele eingehen, die zum einen die Grenzen der Leistungsfähigkeit der Lewis-Diagramme aufzeigen und zum anderen zu einer Erweiterung der ihnen zu Grunde liegenden Modellvorstellungen führen: Versuchen wir einmal, Lewis-Diagramme für SO_2 und SO_3 aufzustellen. Auf welche Weise können wir drei Sauerstoffatome um ein Schwefelatom im SO_3 unterbringen? Können Sie eine Lewis-Struktur für das SO_3 angeben, bei der alle drei S—O-Bindungen gleichwertig sind? Welche formale Ladung besitzt dann das S-Atom?

Eine SO_2-Struktur mit gleichwertigen S—O-Bindungen ist die folgende

$$:\ddot{O}=\ddot{S}=\ddot{O}:$$

Diese SO_2-Struktur ist in zweierlei Hinsicht sehr zufriedenstellend: Beide S—O-Bindungen sind gleichwertig, wie es die experimentellen Daten verlangen, und das Schwefelatom besitzt keine formale Ladung. Aber in diesem Diagramm sind zehn Valenzelektronen um das Schwefelatom herum angeordnet. Wie wir jedoch aus Kapitel 7 bereits wissen, können in oktaedrischen Komplexen bis zu zwölf Valenzelektronen um ein Zentralatom herum angeordnet sein, vorausgesetzt, es ist groß genug. Das Lewissche Elektronenoktett ist in Wirklichkeit eine zu starke Vereinfachung der Realität und wird am besten von den kleinen Atomen aus den ersten zwei Perioden des Periodensystems erfüllt. Wenn wir aber auf nicht mehr als acht Valenzelektronen um jedes Atom herum bestehen, dann können wir keine Lewis-Struktur mit gleichwertigen Bindungen zeichnen. Jedoch können wir *zwei* Lewis-Diagramme für das SO_2 aufstellen, bei denen die S—O-Bindungen nicht gleichwertig sind

$$:\ddot{\underset{..}{O}}-\ddot{S}=\ddot{O}: \quad \text{und} \quad :\ddot{O}=\ddot{S}-\ddot{\underset{..}{O}}:$$

Das SO_3-Molekül macht noch mehr Schwierigkeiten. Es gibt zwei Lewis-Strukturen, bei denen jeweils die drei S—O-Bindungen einander gleichwertig sind

```
   :Ö:    :Ö:          :Ö      Ö:
    \    /              \\    //
      S        und        S
      |                   ||
    :O:                 :O:
```

Die erste Struktur gibt dem S-Atom eine formale Ladung von + 3 und teilt dem Zentralatom nur drei Elektronenpaare zu. Im zweiten Diagramm treten keine formalen Ladungen auf, aber dafür umgeben hier sechs Elektronenpaare das zentrale Schwefelatom. Wir können ferner drei Anordnungen aufzeichnen, bei denen der Schwefel von einem Elektronenoktett umgeben ist, wobei aber die formale Ladung des Schwefels + 2 beträgt und die drei S—O-Bindungen nicht gleichwertig sind

```
   :Ö:    :Ö:        :Ö:    Ö:        :Ö    :Ö:
    \    /            \    //          \\    /
      S       und       S       und      S
      ||                |                 |
    :O:               :O:               :O:
```

Drei weitere Strukturen erteilen dem Schwefelatom eine formale Ladung von + 1, verletzen aber die Oktettregel und weisen wieder keine gleichwertigen Bindungen auf

```
   :Ö     Ö:        :Ö     Ö:        :Ö     Ö:
    \\   //          \\   /            \   //
      S      und       S      und       S
      |                ||               ||
    :O:              :O:              :O:
```

Die letzten sechs Strukturen sind alle zur Beschreibung des SO_3-Moleküls ungeeignet, da sie zu erkennen geben, daß die S—O-Bindungen verschiedene Längen besitzen. Es ist unmöglich, ein Lewis-Diagramm des SO_3 aufzustellen, daß zugleich formale Ladungen vermeidet, ein Lewisches Elektronenoktett um das Schwefelatom anordnet und alle S—O-Bindungen gleichwertig macht.

Röntgenbeugungsuntersuchungen und spektroskopische Daten lassen erkennen, daß alle drei Bindungen im SO_3 (und auch die zwei Bindungen im SO_2) identisch sind und daß ihre Länge kürzer ist als die für eine Einfachbindung zu erwartende Bindungslänge, aber länger als die für eine Doppelbindung vorausgesagte. Infolgedessen können wir das tatsächliche Molekül nicht mit irgendeiner einzigen Lewis-Struktur beschreiben, und dieses Versagen veranschaulicht die Unzulänglichkeit eines derart einfachen Bindungsmodells. Wir können uns jedoch mit Hilfe eines Kompromisses aus diesen Schwierigkeiten retten, indem wir sagen, daß die wirkliche Struktur des SO_3-Moleküls etwas von dem Charakter der zwei extremen Strukturen mit den gleichwertigen Bindungen besitzt (was zu einem *partiellen Doppelbindungscharakter* der Bindungen führt) mit einem bißchen von den anderen sechs Strukturen. Diese acht möglichen Lewis-Diagramme werden als *Resonanzstrukturen* bezeichnet, was eine recht unglückliche Namensgebung ist, weil sie den falschen Eindruck hervorruft, daß das Molekül zwischen den verschiedenen Lewis-Strukturen hin- und herschwingt. Es zeigt sich hier wieder einmal sehr deutlich, daß wir niemals unsere Modellvorstellungen von der Wirklichkeit mit der Wirklichkeit selbst verwechseln dürfen. Die Resonanzvorstellung wurde eingeführt, um das Lewissche

Modell, das bei einfacheren Molekülen so gute Dienste leistete, auch bei Molekülen wie dem SO_3 noch zu retten, für deren Darstellung eine einzige Lewis-Struktur nicht ausreicht, sondern eine Überlagerung mehrerer Lewis-Diagramme erforderlich wird. Die Resonanzstrukturen sind also nur eine Darstellungs- und Rechenhilfe und haben mit dem realen Molekül nur wenig gemein. In Abschnitt 10–10 wird sich die Resonanzvorstellung bei der Untersuchung des Benzolmoleküls wieder als nützlich erweisen.

Übung: Stellen Sie in Analogie zu den Oxoanionen des Chlors Lewis-Diagramme für H_2S, SO_3^{2-} und SO_4^{2-} auf. Wie lauten die Oxidationszahl und die formale Ladung des S-Atoms bei jeder Molekülart?

Bevor Sie weitermachen. Die Lewis-Diagramme sind ein einfaches doch nützliches Hilfsmittel zur Darstellung der Bindungsverhältnisse sowohl in ionischen als auch in kovalenten Verbindungen. Wenn Sie zusätzliche Übung im Zeichnen und Anwenden von Lewis-Strukturen benötigen, sehen Sie sich einmal Abschnitt 10–1 des *Begleitprogramm zu Prinzipien der Chemie* von Lassila et al. an.

10–2   Die Acidität von Sauerstoffsäuren

Das einfache Lewissche Bindungsmodell mit allen seinen Unzulänglichkeiten kann uns dennoch ein physikalisches Verständnis für die relative Acidität von Verbindungen vermitteln, die ein Zentralatom enthalten, das nur an Sauerstoffatome oder die Sauerstoffatome von Hydroxidionen und Wasser gebunden ist. Oxide der Nichtmetalle lösen sich in Wasser unter Bildung von Säuren auf. Ein Beispiel dafür ist

$$SO_3 + H_2O \rightleftarrows H_2SO_4$$

(Auf diese Weise wird Schwefelsäure jedoch nicht kommerziell hergestellt.) In derartigen Sauerstoff- oder Oxosäuren sind die Protonen an Sauerstoff gebunden

$$\begin{array}{c} \ddot{O}: \\ \| \\ :\ddot{O}=S-\ddot{O}-H \\ | \\ :\underset{|}{O}: \\ H \end{array}$$

Sehen Sie sich einmal eine Reihe von Verbindungen an, die Hydroxidgruppen enthalten, die an positive Ionen vom Na^+ bis zum Cl^{7+} gebunden sind: $NaOH$, $Mg(OH)_2$, $Al(OH)_3$, $Si(OH)_4$, H_3PO_4, $O_2S(OH)_2$ oder H_2SO_4 und O_3ClOH oder $HClO_4$. Nun betrachten wir die Bindungen in der Struktur

$$M \overset{1}{-} O \overset{2}{-} H$$

bei der M das Zentralatom darstellen soll. Wenn die Bindung an der Stelle 1 aufbricht, wobei sich M^+ und HO^- bilden, dann ist die Verbindung basisch. Wenn die Bindung dagegen an der Stelle 2 aufbricht, wobei sich $M—O^-$ und H^+ bilden, dann reagiert die

Verbindung sauer. In der vorangehenden Reihe von Verbindungen ist Na^+OH^- eine ionische Verbindung, die in Wasser sehr gut löslich ist; somit lassen sich HO^- und Na^+ leicht voneinander trennen. Das kleinere, stärker geladene Mg^{2+}-Ion ist stärker an HO^- gebunden, wodurch das Magnesiumhydroxid, $Mg(OH)_2$, schlechter löslich als das NaOH und auch eine schwächere Base als dieses ist. Aluminiumhydroxid ist in Wasser praktisch unlöslich, gibt aber HO^--Ionen an starke Säuren und H^+-Ionen an starke Basen ab

$$Al(OH)_3 + 3H^+ \rightleftarrows Al^{3+} + 3H_2O$$
$$Al(OH)_3 + HO^- \rightleftarrows AlO(OH)_2^- + H_2O$$

Eine Verbindung wie das Aluminiumhydroxid, die entweder mit einer Säure als Base oder mit einer Base als Säure reagieren kann, wird *amphoter* genannt. Wasserstoffverbindungen wie z.B. HCO_3^-, die entweder ein Proton abgeben (wodurch CO_3^- entsteht) oder ein Proton aufnehmen (wobei sich H_2CO_3 bildet), werden als *amphiprotisch* bezeichnet.

Die exakte Formel des Ions, das durch das Symbol $AlO(OH)_2^-$ dargestellt wird, ist nicht genau bekannt. Neuere Untersuchungen haben gezeigt, daß das hydratisierte Aluminiumion die Formel $Al(H_2O)_6^{3+}$ besitzt. Das Entfernen von drei Protonen aus diesem Ion würde neutrales, unlösliches $Al(OH)_3(H_2O)_3$ ergeben, das ein weiteres Proton abgeben könnte, wobei sich $Al(OH)_4(H_2O)_2^-$ bilden würde. Diese Formel stellt wahrscheinlich den wahren Sachverhalt am besten dar.

Kieselsäure, $Si(OH)_4$, gibt leicht Wassermoleküle unter Bildung von SiO_2 ab. Sie ist eine schwache Säure und reagiert mit NaOH. Mit HCl reagiert sie jedoch nicht; somit ist diese Verbindung nicht amphoter

$$Si(OH)_4 + 2NaOH \rightleftarrows Na_2SiO_3 + 3H_2O$$
$$Si(OH)_4 + HCl \qquad \rightleftarrows \text{keine Reaktion}$$

Die Verbindungen H_3PO_4, H_2SO_4 und $HClO_4$ werden in dieser Reihenfolge immer saurer; das $HClO_4$ ist die stärkste bekannte Sauerstoffsäure. Es sieht so aus, als ob die O—H-Bindungen in dieser Reihe mit zunehmend positiverer Oxidationsstufe des Zentralatoms leichter aufzubrechen sind. Jedoch ist im Falle des HNO_3, bei dem sich das N im Oxidationszustand $+5$ befindet, die Acidität weitaus größer als beim $Te(OH)_6$, in dem das Te die Oxidationszahl $+6$ besitzt. Eine bessere Korrelation läßt sich zwischen der Acidität der Oxosäuren und der formalen Ladung des Zentralatoms erzielen (Abschnitt 10–1). Die formale Ladung des Zentralatoms einiger Sauerstoffsäuren beträgt

Formale Ladung: N = + 1   Formale Ladung: S = + 2

$$H-\overset{..}{\underset{..}{O}}-\overset{..}{\underset{..}{Cl}}: \qquad H-\overset{..}{\underset{..}{O}}-\overset{..}{\underset{..}{Cl}}-\overset{..}{\underset{..}{O}}: \qquad H-\overset{..}{\underset{..}{O}}-\underset{\underset{:\overset{..}{O}:}{|}}{\overset{\overset{:\overset{..}{O}:}{|}}{Cl}}-\overset{..}{\underset{..}{O}}:$$

Formale Ladung: Cl = 0   Formale: Ladung: Cl = + 1   Formale Ladung: Cl = + 3

Im allgemeinen erhöht sich die Acidität von Sauerstoffsäuren mit dem Anwachsen der formalen Ladung des Zentralatoms, vorausgesetzt, daß die der Berechnung zu Grunde liegenden Lewis-Diagramme so gezeichnet werden, daß sie die Oktettregel erfüllen. Je höher die positive formale Ladung eines Zentralatoms ist, desto stärker wird es die Elektronen der an ihm gebundenen Sauerstoffatome anziehen. Dieses bewirkt eine Schwächung der O—H-Bindung, wodurch eine leichtere Abgabe des H^+-Ions ermöglicht wird, was wiederum eine Zunahme der Säurestärke bedingt. Die Auswirkung der formalen Ladung auf die Acidität ähnlicher Molekül- oder Ionenarten zeigen die Daten in Tabelle 10–1; eine kleine Erhöhung der negativen Ladung eines Atoms, an das ein Proton gebunden ist, vermindert die Acidität der Substanz enorm.

Tabelle 10–1   Auswirkung der formalen Ladung auf die Säurestärke

Substanz	Formale Ladung am O	pK
H_3O^+	+1	−1,75
H_2O	0	+15,7
HO^-	−1	25

Substanz	Formale Ladung am N	pK
NH_4^+	+1	9,25
NH_3	0	35

Substanz	Formale Ladung am S	pK
H_2S	0	7,04
HS^-	−1	11,96

Es gibt noch einen weiteren, einfacheren Zusammenhang zwischen der Acidität der Sauerstoffsäuren und ihren Strukturen: Die Acidität erhöht sich mit der Zunahme der Zahl von Sauerstoffatomen, an die keine Wasserstoffatome gebunden sind. Die Tabelle 10–2 zeigt diesen Zusammenhang, bei dem die pK-Werte von Sauerstoffsäuren ganz offensichtlich Funktionen des n in der Formel $XO_n(OH)_m$ sind und in weitaus geringerem Maße vom Wert des m aus derselben Formel beeinflußt werden.

Die Beziehungen zwischen Acidität und Struktur gelten nur näherungsweise, aber sie

Tabelle 10–2   pK-Werte für anorganische Oxosäuren[a]

X(OH)$_m$ (sehr schwach)		XO(OH)$_m$ (schwach)		XO$_2$(OH)$_m$ (stark)		XO$_3$(OH)$_m$ (sehr stark)	
Cl(OH)	7,5	ClO(OH)	2,0	ClO$_2$(OH)	(−3)	ClO$_3$OH	(−8)
Br(OH)	8,7	NO(OH)	3,4	NO$_2$(OH)	−1,4	MnO$_3$(OH)	(−8)
I(OH)	10,6	IO(OH)	1,6	IO$_2$(OH)	0,8		
B(OH)$_3$	9,2	SO(OH)$_2$	1,8	SO$_2$(OH)$_2$	(−3)		
Sb(OH)$_3$	11,0	SeO(OH)$_2$	2,5	SeO$_2$(OH)$_2$	(−3)		
Si(OH)$_4$	9,7	TeO(OH)$_2$	2,5				
Ge(OH)$_4$	8,6	CO(OH)$_2$	6,4				
Te(OH)$_6$	7,7	PO(OH)$_3$	2,1				
As(OH)$_3$	9,2	AsO(OH)$_3$	2,3				
		HPO(OH)$_2$	1,8				
		H$_2$PO(OH)	2,0				

[a] In Klammern angegebene Werte sind geschätzt.

haben zu interessanten Entdeckungen geführt. So beträgt z. B. der pK-Wert des H$_3$PO$_3$ für die Ionisierung des ersten Wasserstoffatoms 1,8. Ein Chemiker würde die Struktur der phosphorigen Säure (Phosphor(III)-säure) instinktiv folgendermaßen zeichnen

$$
\begin{array}{c}
\text{H} \\
| \\
\text{:O:} \\
| \\
\text{H—Ö—P—Ö—H}
\end{array}
$$

Nach Tabelle 10–2 sollte sich jedoch für eine solche Säure ein pK-Wert von ungefähr 7 bis 9 ergeben (siehe die Gruppe der „sehr schwachen" Säuren). Der pK$_1$-Wert von 1,8 läßt aber erkennen, daß am Phosphor ein Sauerstoffatom gebunden sein muß, das selbst nicht mit einem Wasserstoffatom verbunden ist. Strukturuntersuchungen haben nun gezeigt, daß nur zwei Protonen ionisiert werden können und daß das dritte Proton am Phosphor gebunden ist. Somit ist die Struktur des H$_3$PO$_3$ wie folgt zu schreiben

$$
\begin{array}{c}
\text{:O} \\
\| \\
\text{H—Ö—P—Ö—H} \\
| \\
\text{H}
\end{array}
$$

Diese Struktur steht offensichtlich im Einklang mit in Tabelle 10–2 dargestellten Zusammenhängen.

10–3   Molekülorbitale

In Kapitel 8 benutzten wir Atomorbitale zur Erklärung der Eigenschaften von Atomen. Aus der Schrödinger-Gleichung erhielten wir einen Satz von Wellenfunktionen, $\psi(x, y, z)$, die so beschaffen sind, daß $|\psi(x,y,z)|^2$ für irgendeinen beliebigen Punkt im Raum die Wahrscheinlichkeitsdichte des Elektrons in diesem Punkt darstellt. Wenn sich das Elektron in dem Quantenzustand befindet, der durch die Quantenzahlen n, l und m beschrieben wird, dann beträgt die Wahrscheinlichkeit, das Elektron am Punkt (x,y,z) in einem kleinem Volumenelement dv anzutreffen

$$|\psi_{n,l,m}(x,y,z)|^2\,dv$$

Beim Aufbau eines Bildes der Mehrelektronenatome war es für uns eine große Hilfe, sich die Wahrscheinlichkeitsdichtefunktionen oder Orbitale so vorzustellen, als ob sie eine unabhängige, selbständige Schattenexistenz besäßen, und diese Orbitale dann so mit Elektronen aufzufüllen, wie man Erbsen in kleine Näpfchen fallen läßt. In derselben Weise werden wir bei den Molekülen zunächst einen geeigneten Satz von *Molekülorbitalen* suchen, der einer bestimmten Anordnung von Atomen entspricht, und diese dann mit den vorhandenen Elektronen besetzen, wie zuvor mit nicht mehr als zwei pro Orbital. Aber bevor das Verfahren so stark formalisiert wird, wollen wir uns einmal ansehen, was geschieht, wenn zwei Wasserstoffatome sich zu einem Molekül zusammenschließen.

Die Bindung im H_2-Molekül

Wenn sich zwei Wasserstoffatome „unendlich" weit voneinander entfernt befinden, üben sie aufeinander keinerlei Kräfte aus. Sobald sie sich jedoch einander nähern, treten zwischen ihnen Wechselwirkungen auf: Die beiden Atomkerne, die dieselbe positive Ladung besitzen, stoßen sich gegenseitig ab, und auch die beiden Elektronenwolken wirken abstoßend aufeinander. Am wichtigsten von allen Wechselwirkungen ist jedoch die Anziehung zwischen dem Kern des einen Atoms und der Elektronenwolke des anderen. Während sich die beiden Atome einander nähern, werden die Elektronenwolken somit in den Bereich zwischen den Kernen gezogen (Abbildung 10–1 d). Es zeigt sich dabei, daß die Kombination von zwei Atomkernen und zwei Elektronen stabiler ist (geringere Energie besitzt) als zwei isolierte Kerne, von denen jeder ein Elektron besitzt. Je dichter die Kerne zusammenkommen, desto stärker konzentriert sich die Elektronendichte zwischen ihnen, desto mehr nimmt die Energie des Systems ab, und desto stabiler wird die gesamte Anordnung (die jetzt als Molekül bezeichnet werden kann). Jedoch gibt es eine Grenze für diesen Prozeß: Wenn sich die Kerne einander zu nahe kommen, beginnt die Abstoßung zwischen ihnen die Oberhand zu gewinnen. Jenseits dieser Grenze ist die Kernabstoßung größer als die Anziehung zwischen den Atomkernen und den Elektronenwolken.

Dazwischen liegt der *Gleichgewichtsabstand*, bei dem sich beide Wechselwirkungskräfte gerade die Waage halten. Wenn wir die Atome auseinanderziehen, versuchen die Anziehungskräfte, die Atome in ihre Gleichgewichtslage zurückzuziehen. Drängen wir sie zusammen, stoßen die Abstoßungskräfte die Atome auseinander. Die beiden Atome verhalten sich dabei fast so, als ob sie durch eine Feder miteinander verbunden wären. Der durch diese Gleichgewichtsbedingung bestimmte Gleichgewichtsabstand ist das, was wir normalerweise meinen, wenn wir von der *Bindungslänge* sprechen (Abbildung 10–1 e).

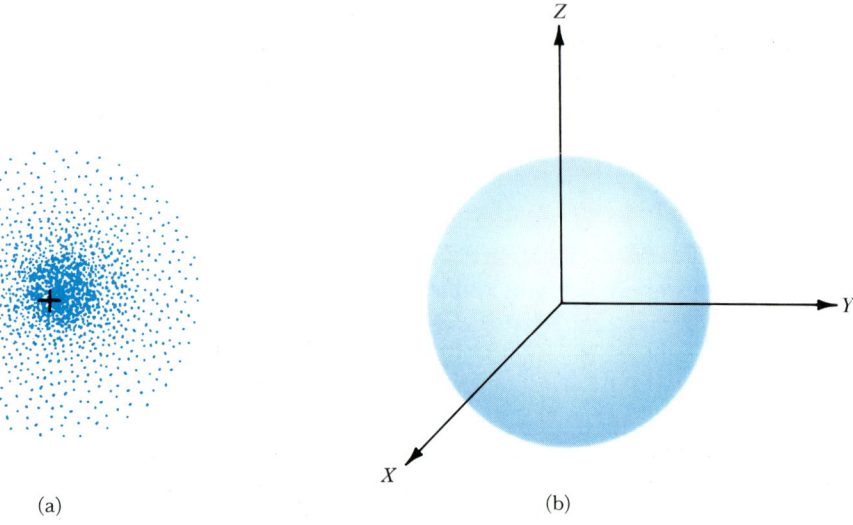

(a)

(b)

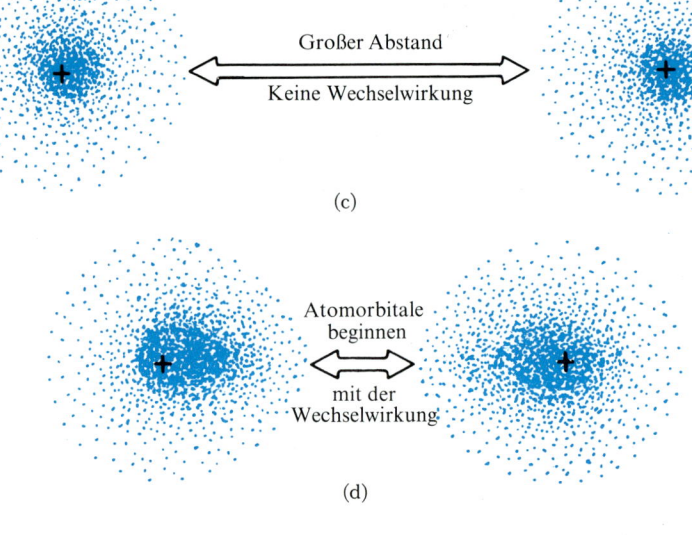

Großer Abstand

Keine Wechselwirkung

(c)

Atomorbitale
beginnen

mit der
Wechselwirkung

(d)

(e)

Die Energie eines entlang seiner Bindungsachse schwingenden H_2-Moleküls ist in Abbildung 10–2 dargestellt. Ein Teil seiner Energie ist kinetische Energie, E_k, die die Bewegungsenergie der Atome darstellt. Der andere Teil seiner Energie ist die potentielle Energie, E_p, welche die Energie darstellt, die ein bewegungsloses Molekül mit einem bestimmten Abstand zwischen seinen Atomen auf Grund der anziehenden und abstoßenden Kräfte besitzt. An den äußeren Grenzen der Drehung oder Kompression des Moleküls sind die Atome im Augenblick der Umkehr ihrer Bewegungsrichtung bewegungslos, aber die zwischen ihnen wirkenden Kräfte besitzen dort ihr Maximum. Dazwischen besitzt die potentielle Energie im Gleichgewichtspunkt ihr Minimum, jedoch bewegen sich dort die Atome am schnellsten, und die kinetische Energie erreicht damit an dieser Stelle ihr Maximum. Solange das Molekül nicht gestört wird, bleibt die Gesamtenergie, E_g, konstant. Der Punkt, der im Energiediagramm in Abbildung 10–2 das Molekül darstellt, bewegt sich von einem Ende der horizontalen E_g-Linie entlang der farbigen Kurve der potentiellen Energie zum anderen, wobei in allen Punkten gilt: $E_g = E_k + E_p$.

Die Anziehung, die das Molekül stabilisiert, ist die Anziehung zwischen den Kernen und der zwischen ihnen konzentrierten Elektronendichte. Wir können uns diese Konzentrierung so vorstellen, als ob sie durch eine *Überlappung* der atomaren 1s-Orbitale der beiden Wasserstoffatome zustandekäme. Wenn wir einmal aus praktischen Gründen die atomare Wellenfunktion ψ_{1s} einfach durch das Symbol 1s darstellen, dann ist die Elektronendichte um das Atom herum durch $|1s|^2$ gegeben. Wir können nun ein Molekülorbital dadurch aufbauen, daß wir die beiden atomaren Wellenfunktionen der beiden Atome a und b addieren, wodurch wir die molekulare Wellenfunktion $1s_a + 1s_b$ erhalten. Die Wahrscheinlichkeitsdichteverteilung des Elektrons in einem solchen Molekülzustand wird analog zu den atomaren Zuständen durch das Absolutquadrat der molekularen Wellenfunktion gegeben: $|1s_a + 1s_b|^2$. Wie Sie aus Abbildung 10–3a ersehen können, erzeugt eine derartige Kombination von Atomorbitalen die Anhäufung der Elektronendichte zwischen den Atomkernen, die wir zur Erklärung der Bindungsbildung benutzt haben. Beim Wasserstoffmolekül wird dieses Molekülorbital von den zwei Elektronen mit entgegengesetzten (gepaarten) Spins besetzt, und es hat sich damit eine kovalente Einfachbindung gebildet. Dieser Typ von Molekülorbital ist ein *bindendes Orbital*, eben weil durch dieses Orbital eine Bindung zustandekommt.

Es gibt aber mehr als ein Verfahren, zwei atomare Wellenfunktionen, $1s_a$ und $1s_b$, miteinander zu kombinieren. Was wäre, wenn wir sie voneinander subtrahiert statt addiert hätten? Anders ausgedrückt, was geschieht, wenn die atomaren Wellenfunktionen mit

◀ **Abbildung 10–1** Die Bindung im H_2-Molekül. (a) Wahrscheinlichkeitsdichteverteilung im 1s-Atomorbital des Wasserstoffs. (b) Die kugelförmige Oberfläche, die 99% der Wahrscheinlichkeitsdichte in sich einschließt. (c) Zwei Wasserstoffatome, die hinreichend weit voneinander entfernt sind, werden sich einander nicht beeinflussen. (d) Während sich die Atome einander nähern, beginnt jede Elektronenwolke auf die Anziehung durch den Kern des anderen Atoms zu reagieren. Die Elektronenwolken werden mehr und mehr verzerrt, und die Elektronendichte nimmt im Bereich zwischen den Atomkernen zu. (e) In noch größerer Nähe wird die Abstoßung zwischen den Atomkernen spürbar. Der Gleichgewichtsbindungsabstand im H_2-Molekül ist dann erreicht, wenn Gleichgewicht zwischen dieser Anziehung und Abstoßung herrscht.

entgegengesetztem Vorzeichen kombiniert werden oder außer Phase sind? Die Ergebnisse dieser Operationen sind in Abbildung 10–4a und b einander gegenübergestellt: Die erste Zeichnung zeigt das Resultat der Addition von atomaren Wellenfunktionen, woraus sich das Molekülorbital $|1s_a + 1s_b|^2$ ergibt. Die zweite Zeichnung stellt dagegen das Ergebnis der Subtraktion der einen Wellenfunktion von der anderen dar, wodurch

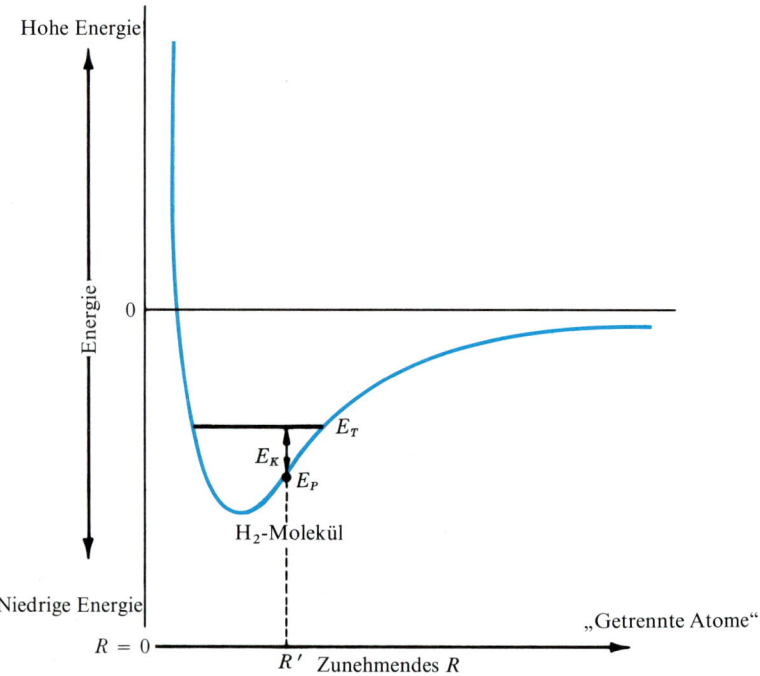

Abbildung 10–2 Potentialenergiekurve für das H_2-Molekül. Wenn sich der Abstand zwischen den Atomkernen verringert, nimmt die potentielle Energie des Systems zunächst wegen der Anziehung zwischen Elektronenwolken und Atomkernen ab, um dann wieder wegen der Kern-Kern-Abstoßung anzusteigen. Die horizontale, mit E_T bezeichnete Linie ist die Gesamtenergie eines schwingenden Moleküls. An den Extrempunkten der Schwingung, bei denen die E_T-Linie die Potentialenergiekurve berührt, ist die kinetische Energie des Systems gleich null, und alle Energie steckt in der potentiellen Energie der gestreckten oder zusammengedrückten H—H-Bindung. In der Mitte zwischen diesen Extremzuständen der Schwingung erreicht die kinetische Energie der Bewegung, E_K, ein Maximum, während die potentielle Energie, E_P, dort ein Minimum durchläuft. An jedem anderen Punkt des Schwingungsverlaufs ist die Summe von kinetischer und potentieller Energie konstant (Energieerhaltungssatz): $E_T = E_K + E_P$. Die „Gleichgewichtsbindungslänge" ist gleich der Bindungslänge am Minimum der potentiellen Energie, E_P.

das Molekülorbital $|1s_a - 1s_b|^2$ entstand. Die molekulare Wellenfunktion $1s_a - 1s_b$ ändert auf dem halben Wege von einem Kern zum anderen ihr Vorzeichen, so daß ihr Absolutquadrat auf der sogenannten *Knotenfläche* den Wert null besitzt. Wenn sich im Molekül Elektronen in diesem Orbital befinden, ist die Wahrscheinlichkeit null, sie

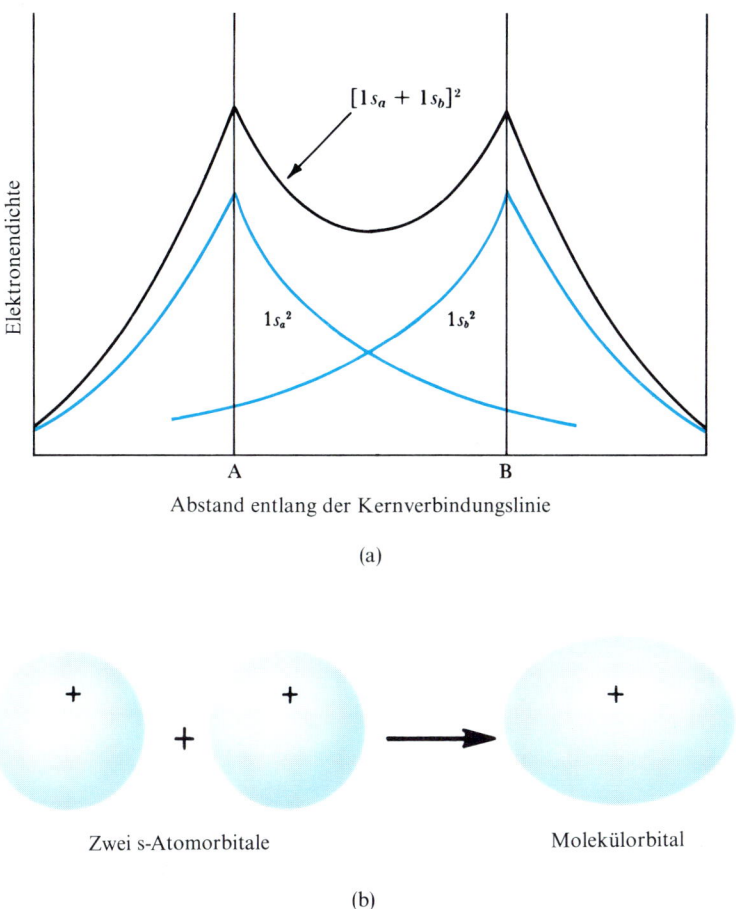

(a)

(b)

Abbildung 10–3 Molekülorbitale ergeben sich durch Bildung von Linearkombinationen (Summen und Differenzen) der Atomorbitale. Wenn die $1s$-Wellenfunktion des Wasserstoffatoms, ψ_{1s}, einfach durch $1s$ dargestellt wird, ist die Elektronendichte (Wahrscheinlichkeitsdichte des Elektrons) durch $|1s|^2$ gegeben. Auf ähnliche Weise ist die Elektronendichte im kombinierten Molekülorbital durch die Linearkombination $|1s_a + 1s_b|^2$ gegeben, in der $1s_a$ und $1s_b$ die Wellenfunktionen der einzelnen Atome A und B sind. (a) Eine Darstellung der Elektronendichte in den Atomorbitalen (farbig) und im Molekülorbital (schwarz). (b) Eine übliche Veranschaulichung der Kombination von zwei Atomorbitalen zu einem Molekülorbital.

in einer Ebene in der Mitte zwischen den Kernen, senkrecht zur Bindungsachse anzutreffen. Tatsächlich konzentriert sich der größte Teil der Elektronendichte im Raum außerhalb der beiden Kerne. Infolgedessen fällt die anziehende Wirkung der Elektronenwolke zwischen den Kernen in diesem Falle fort, und die Kerne stoßen sich gegenseitig ab. Dieser Typ von Molekülorbital wird daher als *antibindendes Orbital* bezeichnet, weil dieses Orbital (bei seiner Besetzung mit Elektronen) einer Bindung *entgegenwirkt*, d. h. eine vorhandene Bindung lockert.

Die potentiellen Energien der bindenden und antibindenden Orbitale sind in Abbildung 10–5a dargestellt. Je mehr sich die Atome im antibindenden Zustand einander nähern, desto stärker wird die Abstoßung zwischen ihnen, da sich die Elektronendichte-verteilung immer mehr nach außen verschiebt und die Elektronenwolken damit quasi die Kerne auseinanderziehen (um im Bild der Bindungsbildung zu bleiben, das ja auf der

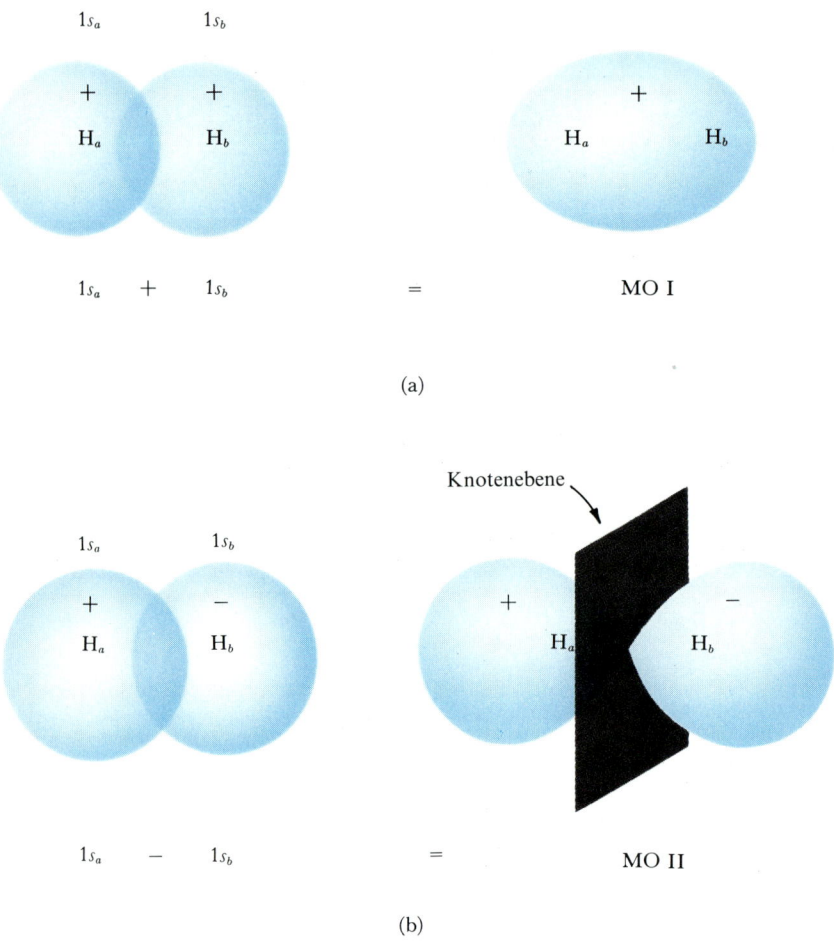

Abbildung 10–4 Zwei atomare 1s-Orbitale führen zu zwei verschiedenen Molekülorbitalen. (a) Wenn die beiden atomaren Wellenfunktionen zueinander addiert oder mit demselben Vorzeichen kombiniert werden, besitzt das sich dabei ergebende Molekülorbital eine hohe Elektronendichte im Bereich zwischen den Atomkernen. Elektronen, die sich in einem solchen Molekülorbital befinden, halten das Molekül zusammen, und es wird als *bindendes Orbital* bezeichnet. (b) Wenn die beiden atomaren Wellenfunktionen voneinander subtrahiert werden oder mit entgegengesetztem Vorzeichen kombiniert werden, dann konzentriert sich die Elektronendichte im Molekülorbital auf Bereiche außerhalb des Gebiets zwischen den Atomkernen. In einer Knotenebene in der Mitte zwischen den Kernen gibt es dabei die Wahrscheinlichkeit null für das Antreffen eines Elektrons. Elektronen in einem derartigen Molekülorbital sind bestrebt, das Molekül auseinanderzureißen. Infolgedessen nennt man ein solches Orbital auch *antibindendes Orbital.*

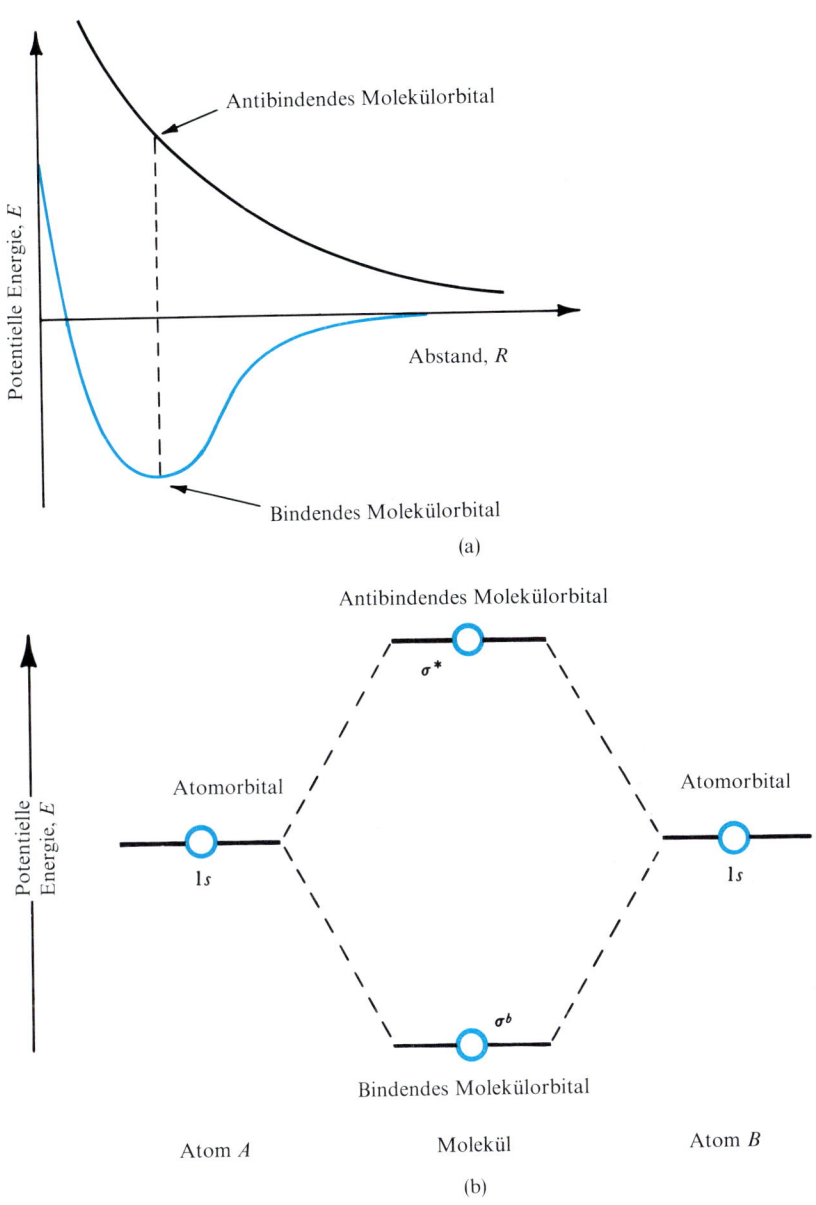

Abbildung 10–5 (a) Die Energie eines Moleküls mit Elektronen im bindenden Orbital sinkt auf ein Minimum beim beobachteten interatomaren Abstand ab. Die Energie eines Moleküls mit Elektronen im antibindenden Orbital ist immer größer als die Energie völlig voneinander getrennter Atome; sie nimmt stetig zu, wenn die Atome einander angenähert werden. (b) Die beiden am tiefsten liegenden Molekülorbitale des Wasserstoffmoleküls und die atomaren 1s-Orbitale, aus denen sie entwickelt wurden. Das Symbol σ (sigma) weist darauf hin, daß das betreffende Molekülorbital symmetrisch zur Verbindungslinie der Atomkerne ist und daß das Orbital um diese Verbindungslinie gedreht werden kann, ohne daß sich das Aussehen des Orbitals verändert. Das rechts oben neben das Symbol gesetzte „b" weist auf den bindenden Charakter und „*" auf den antibindenden Charakter des betreffenden Orbitals hin.

Wechselwirkung Kerne-Elektronenwolken aufbaute). Damit nimmt auch die potentielle Energie des Moleküls bei Annäherung der Atome ständig zu. An jedem Punkt entlang dieser Kurve ist die Energie des Moleküls im antibindenden Zustand größer als die zweier isolierter Atome. Die potentiellen Energien der beiden Molekülorbitale im Gleichgewichtsabstand der Bindung sind in Abbildung 10–5b im Vergleich mit der Energie der Elektronen in den 1s-Orbitalen isolierter Atome dargestellt.

Zusammenfassend können wir sagen, die zwei atomaren 1s-Orbitale zweier Wasserstoffatome können auf zwei verschiedene Weisen zu zwei Molekülorbitalen kombiniert werden, von denen das eine bindend und das andere antibindend ist. Das bindende Orbital konzentriert die Elektronendichte zwischen den beiden Kernen; das antibindende Orbital konzentriert sie dagegen außerhalb der Kerne und weist auf einer Ebene in der Mitte zwischen den beiden Kernen eine Wahrscheinlichkeitsdichte der Elektronen von null auf. Beide Molekülorbitale sind hinsichtlich einer Drehung um die Verbindungslinie der beiden Kerne symmetrisch, d. h. bei einer Drehung um diese Verbindungslinie ändert sich weder das Aussehen der Elektronendichtewolken noch das Vorzeichen der sie zusammensetzenden Wellenfunktionen. Orbitale mit einer solchen Symmetrie werden als σ-*Orbitale* bezeichnet. Das bindende Orbital wird durch ein hochgestelltes[b] als σ^b und das antibindende Orbital durch ein hochgestelltes* als σ^* gekennzeichnet. (In Analogie zu den Symbolen s, p, d,... für Atomorbitale werden die verschiedenen Molekülorbitale durch die Symbole σ π, δ,... beschrieben.)

Das Paulische Aufbauprinzip bei Molekülen

Wir können jetzt wieder ein Aufbauverfahren anwenden, um die Existenz oder Nichtexistenz der Moleküle H_2^+, H_2, He_2^+ und He_2 zu erklären. Das Wasserstoffmolekülion, H_2^+, besitzt zwei Kerne, aber nur ein Elektron. Nach Paulis Vorstellungen wird sich dieses Elektron im Molekülorbital mit der niedrigsten Energie befinden, das, wie Abbildung 10–5b zeigt, das bindende σ^b-Orbital ist. Das H_2^+-Molekülion sollte also schwach stabil sein.

Das Wasserstoffmolekül, H_2, verfügt über zwei Kerne und zwei Elektronen. Beide Elektronen können im σ^b-Orbital untergebracht werden, wenn ihre Spins gepaart sind, und es bildet sich damit eine kovalente Elektronenpaarbindung. Die Bindungsenergie (die Energie, die erforderlich ist, um die Atome völlig voneinander zu trennen) sollte hier wesentlich größer als beim Wasserstoffmolekülion sein.

Das Heliummolekülion, He_2^+, besitzt zwei Heliumkerne und drei Elektronen. Obwohl sich die Energien der Heliumorbitale – sowohl der atomaren als auch der molekularen – von denen des Wasserstoffs wegen der unterschiedlichen Kernladung unterscheiden, bleibt die relative Anordnung der atomaren und molekularen Energieniveaus ähnlich. Wir können das Energieniveaudiagramm in Abbildung 10–5b genausogut für He wie für H verwenden, wenn wir die linksstehende Energieskala in geeigneter Weise verändern.

Die ersten beiden Elektronen im He_2^+ besetzen mit gepaarten Spins das bindende σ^b-Orbital. Aber was geschieht mit dem dritten Elektron? Nach dem Paulischen Ausschließungsprinzip kann es nicht mehr den σ^b-Zustand besetzen, somit muß es in das nächsthöhere Energieniveau eingebaut werden, welches dem antibindenden σ^*-Orbital entspricht. Dieses dritte Elektron wird aus dem Bereich zwischen den beiden Kernen durch die Gegenwart der beiden σ^b-Elektronen verdrängt und gezwungen, den Bereich außerhalb der Kerne zu besetzen. Dieses Elektron übt damit eine zerreißende Wirkung auf das Molekülion aus; es zieht die Kerne auseinander. Das Molekül wäre stabiler, wenn das dritte Elektron nicht vorhanden wäre. Dieses Elektron hebt praktisch die Wirkung eines der Bindungselektronen auf, wodurch eine *Überschuß*wirkung eines Bindungselektrons oder einer halben kovalenten Bindung übrigbleibt. Die Bindungsenergie des He_2^+ sollte kleiner sein als die des H_2.

Im He_2 muß das vierte Elektron auch das antibindende σ^*-Orbital besetzen. Damit sind jetzt zwei bindende und zwei antibindende Elektronen vorhanden. Das Molekül ist infolgedessen nicht stabiler als die isolierten Atome und fällt auseinander. Wir würden also nicht erwarten, ein He_2-Molekül anzutreffen.

Tabelle 10–3 Vergleich zwischen theoretisch vorhergesagtem und experimentell beobachtetem Bindungsverhalten bei einfachen zweiatomigen Molekülen

Vorhersage der Molekülorbitaltheorie			Experimentelle Beobachtungen		
Molekül	Bindende Elektronen	Antibindende Elektronen	Überschüssige Bindungs-elektronen	Bindungslänge $(10^{-10}$ m$)$	Molare Bindungsenergie (kJ mol^{-1})
H_2^+	1	0	1	1,06	255
H_2	2	0	2	0,74	431
He_2^+	2	1	1	1,08	251
He_2	2	2	0	keine	keine

Genug der Theorie für einen Augenblick! Was geschieht denn nun wirklich? In der Tabelle 10–3 sind die beobachteten molaren Bindungsenergien und die Bindungslängen für H_2^+, H_2 und He_2^+ angegeben; wie wir voraussagten, gibt es kein He_2. Darüberhinaus stehen die Bindungsenergien mit der Zahl der überschüssigen Bindungselektronen im Einklang, wie sie durch die Molekülorbitaltheorie gegeben ist. Auch die Bindungslängen passen in dieses Bild. Je mehr Bindungselektronen vorhanden sind, desto stärker ist die Wechselwirkung und desto kürzer die Bindungslänge. Soweit erklärt die Molekülorbitaltheorie die Meßergebnisse gut. Wie aber können wir dieses Verfahren auf kompliziertere Moleküle erweitern?

Das Verfahren, das wir benutzen werden, um zunächst die zweiatomigen Moleküle schwererer Atome und dann kompliziertere Moleküle zu erklären, kann folgendermaßen zusammengefaßt werden:

1. Es werden Atomorbitale auf geeignete Weise miteinander kombiniert, um einen Satz von Molekülorbitalen zu ergeben. Die Gesamtzahl der so entstandenen Molekülorbitale ist dabei immer gleich der Zahl von Atomorbitalen, von denen wir ursprünglich ausgegangen sind.

2. Es wird die Reihenfolge der Energieniveaus dieser Molekülorbitale bestimmt.

3. Es werden alle Elektronen, die das Molekül besitzt, in diese Molekülorbitale eingebaut. Wir beginnen dabei mit der Besetzung des tiefstliegenden Energieniveaus und
füllen die Niveaus von unten nach oben auf, wobei wir jedes Orbital mit nicht mehr
als zwei Elektronen besetzen.

4. Um die überschüssige Zahl von Bindungselektronen zu bestimmen, sehen wir uns
die besetzten bindenden und antibindenden Orbitale an. (Einige antibindende Orbitale
werden eine niedrigere Energie als andere bindende Orbitale besitzen und werden
daher eher aufgefüllt werden als diese bindenden Orbitale. Das Kriterium für ein
bindendes Orbital lautet nicht, daß es eine niedrige Energie besitzt, sondern daß es
ein *Minimum* der Energie aufweist, das, wie in Abbildung 10–5a, bei irgendeinem
interatomaren Abstand liegt.) Zwei überschüssige Bindungselektronen entsprechen
dem, was wir im Lewisschen Modell eine Einfachbindung genannt haben.

10–4   Zweiatomige Moleküle aus derselben Atomart

Die O_2-, N_2- und Cl_2-Moleküle, die sich aus nur einer Atomart zusammensetzen,
werden als *homonukleare* Moleküle bezeichnet. Im Gegensatz dazu sind HCl, CO und HI
heteronuklear. Wir wollen hier die einfache Molekülorbitalbehandlung, wie wir sie beim
H_2 und He_2 angewendet haben, auf homonukleare, zweiatomige Moleküle der Elemente
in der zweiten Periode des Periodensystems ausdehnen. Einige dieser Moleküle sind

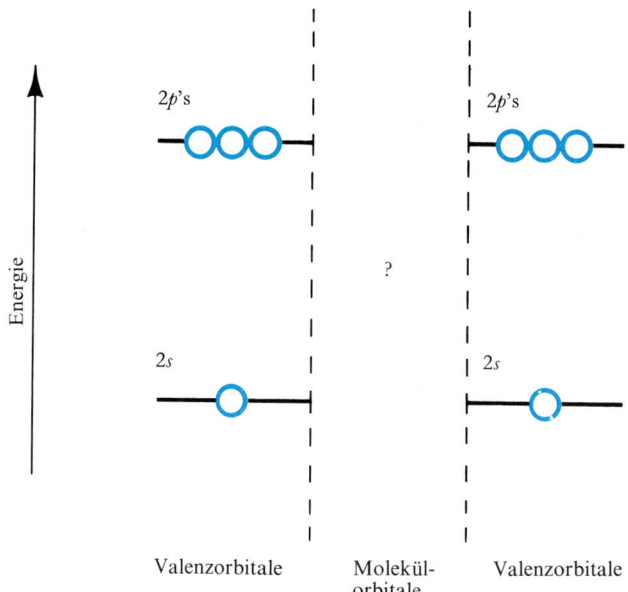

Abbildung 10–6   Die Energien der 2s- und 2p-Atomorbitale der Elemente in der zweiten Periode
des Periodensystems vor ihrer Kombination zu Molekülorbitalen.

unter Standardbedingungen (STP) stabil, wie z. B. N_2, O_2 und F_2. Andere trifft man nur bei hohen Temperaturen an, wie z. B. C_2 und Li_2. Noch andere existieren überhaupt nicht. Was sagt die Molekülorbitaltheorie darüber aus?

Der erste Schritt bei der Behandlung dieses Problems ist nach dem Verfahren, das wir am Ende des letzten Abschnitts zusammenfassend beschrieben haben, die Konstruktion geeigneter Molekülorbitale. Die zur Verfügung stehenden Atomorbitale sind die 2s- und die drei 2p-Orbitale eines jeden der beiden Atome. (Die innere, abgeschlossene 1s-Schale der Atome liefert hier keinen Beitrag zur Bindungsbildung, da Edelgasschalen, wie immer, chemisch inert sind.) Ihre Energien sind in Abbildung 10–6 für die isolierten Atome aufgetragen, während Abbildung 10–7 die Molekülorbitale zeigt, die sich aus der Kombination dieser Atomorbitale im Molekül ergeben.

Die beiden atomaren 2s-Orbitale können in derselben Art wie bei den 1s-Orbitalen zu einem bindenden σ^b- und einem antibindenden σ_s^*-Orbital kombiniert werden. Wenn die Verbindungslinie der Kerne als die Z-Achse gewählt wird, dann gibt es zwei Arten von 2p-Orbitalen: Das $2p_z$-Orbital, das dieser internuklearen Achse parallel ist, und die $2p_x$- und $2p_y$-Orbitale, die senkrecht zur Z-Achse stehen. Die beiden $2p_z$-Orbitale der beiden Atome können mit demselben Vorzeichen im Bereich zwischen den Kernen kombiniert werden, wodurch sich wieder eine Konzentration der Elektronendichte zwischen den Kernen ausbildet. Sie können aber auch mit entgegengesetztem Vorzeichen kombiniert werden, wobei sich eine Verdünnung der Elektronendichte zwischen den Kernen ergibt. Diese Molekülorbitale besitzen die gleiche Symmetrie wie die aus den 2s-Orbitalen der Atome gebildeten σ-Orbitale und werden daher auch durch die Symbole σ_z^b und σ_z^* gekennzeichnet, wobei σ_z^b das bindende und σ_z^* das antibindende Orbital ist. Diese Molekülorbitale sind in der Mitte von Abbildung 10–7 links und rechts dargestellt. Sie sind also ebenfalls noch σ-Orbitale, weil sie um die Z-Achse rotationssymmetrisch sind.

Die $2p_x$-Orbitale der beiden Atome können entweder als Summe (unten links in Abbildung 10–7) oder als Differenz miteinander kombiniert werden (unten rechts in Abbildung 10–7). Die erste Kombination, die wir in unserer im vorangehenden Abschnitt vorgestellten symbolischen Schreibweise der Wellenfunktionen als $|2p_{x,a} + 2p_{x,b}|^2$ darstellen können, ergibt ein Molekülorbital, das wie eine übertriebene, in die Länge gezogene Version der ursprünglichen 2p-Orbitale aussieht. Die maximale Elektronendichte liegt in zwei melonenförmigen Wolken oberhalb und unterhalb einer Knotenfläche, die auch die Knotenfläche der ursprünglichen Atomorbitale war. Die Wellenfunktion selbst besitzt oberhalb und unterhalb der Knotenfläche entgegengesetzte Vorzeichen. Die andere Kombination, $|2p_{x,a} - 2p_{x,b}|^2$, führt zu einem Molekülorbital mit einer zweiten Knotenfläche und vier Lappen, deren Elektronendichten größtenteils außerhalb des Bereichs zwischen den Kernen liegen (unten rechts in Abbildung 10–7). Das zweilappige Molekülorbital ist ein bindendes Orbital, wogegen das vierlappige antibindend wirkt. Diese Molekülorbitale werden als *π-Orbitale* bezeichnet. π-Orbitale besitzen eine andere Symmetrie um die Z-Achse als die σ-Orbitale: Wenn ein π-Orbital um 180° um die Z-Achse gedreht wird, zeigt die Elektronendichtewolke zwar dasselbe Aussehen, aber alle Vorzeichen der Wellenfunktion in den verschiedenen Lappen haben sich umgekehrt. Die beiden oben beschriebenen Orbitale werden mit den Symbolen

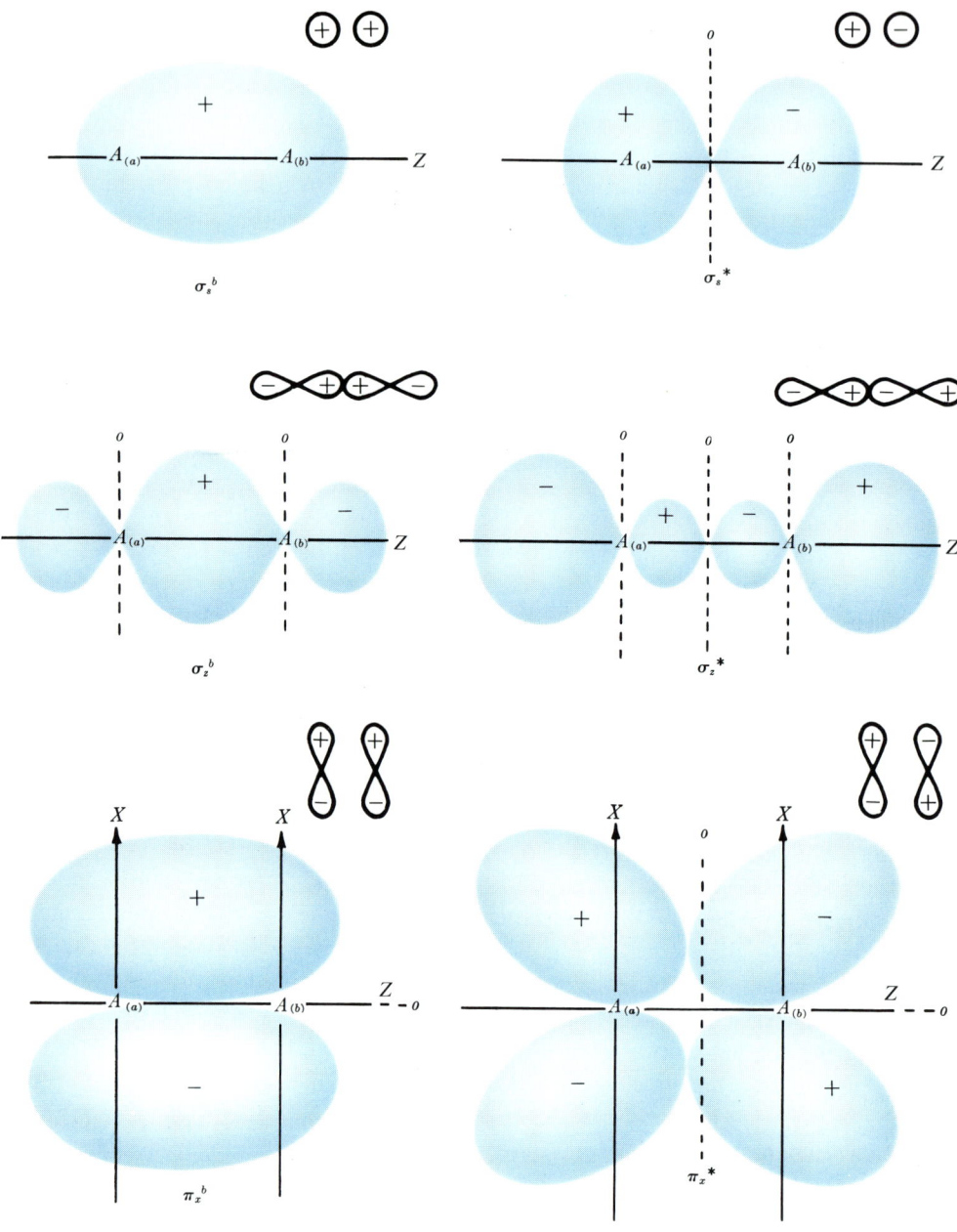

$A_{(a)}$-Orbitale A_2-Orbitale $A_{(b)}$-Orbitale

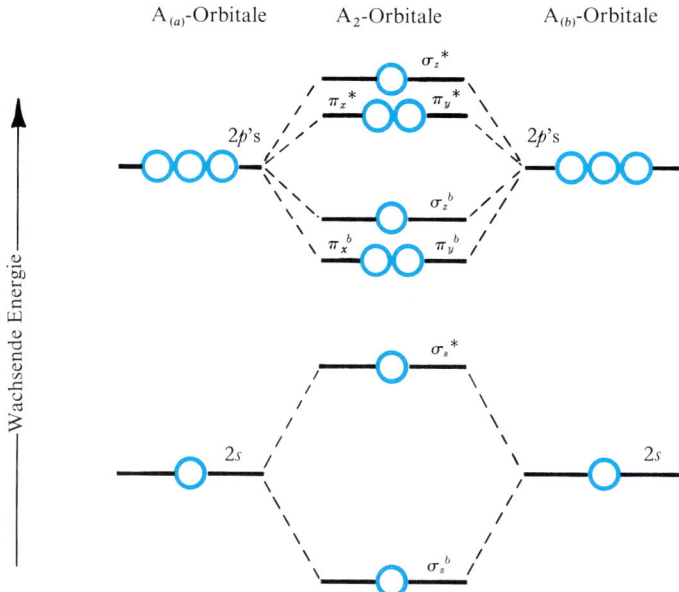

Abbildung 10–8 Energieniveaus der in Abbildung 10–7 gezeigten Molekülorbitale. Unter den Molekülorbitalen, die entweder aus atomaren s- oder p-Orbitalen entwickelt werden können, sind die bindenden Molekülorbitale stabiler als die antibindenden Orbitale. Die π_x^b- und π_y^b-Molekülorbitale sind stabiler als das σ_z^b-Molekülorbital, da die in ihnen sitzenden Elektronen weiter vom voll besetzten σ_s^b-Molekülorbital entfernt sind. (Dieses Energieniveauschema stützt sich auf experimentelle Beobachtungen.)

π_x^b und π_x^* gekennzeichnet. Ein diesen entsprechendes Paar von Molekülorbitalen, die um 90° um die Z-Achse gegen die π_x-Orbitale gedreht sind, π_y^b und π_y^*, ergibt sich aus den zwei $2p_y$-Orbitalen der beiden Atome.

Aus acht Atomorbitalen haben wir damit acht Molekülorbitale erhalten, von denen vier bindend (σ_s^b, σ_z^b, π_x^b, π_y^b) und vier antibindend (σ_s^*, σ_z^*, π_x^*, π_y^*) sind. Wie sieht nun das Energieniveauschema dieser Orbitale aus?

◄ **Abbildung 10–7** Die sechs verschiedenen Arten von Molekülorbitalen, die sich aus den s-, p_x-, p_y- und p_z-Orbitalen bilden lassen, wenn sich zwei ähnliche Atome zu einem zweiatomigen Molekül zusammenschließen. Die Verbindungslinie durch die beiden Atomkerne wird als Z-Achse gewählt. Das Symbol π weist darauf hin, daß die Elektronendichteverteilung nach einer 180°-Drehung des Molekülorbitals um die Z-Achse unverändert bleibt. Die einzige Auswirkung ist dabei eine Änderung des Vorzeichens der Teile der Wellenfunktion (+ und −). Die „plus"- und „minus"-Zeichen geben nur das Vorzeichen der Wellenfunktion an, und nicht etwa irgendwelche elektrischen Ladungen. Die Atomorbitale, aus denen sich diese Molekülorbitale entwickeln lassen, sind schwarz, mit ihren entsprechenden Vorzeichen rechts oben am jeweiligen Molekülorbital eingezeichnet. Die dabei verwendeten Atomorbitale sind die s- (obere Reihe), p_z- (mittlere Reihe) und p_x-Orbitale (untere Reihe), wobei p_x und p_y äquivalent sind. Die bindenden Molekülorbitale stehen in der linken Spalte, während rechts die antibindenden Orbitale dargestellt sind. Mit 0 gekennzeichnete, gestrichelte Linien sind Knotenebenen mit der Elektronendichte null.

Die Orbitale, die sich aus den atomaren s-Orbitalen herleiten, werden eine niedrigere Energie als die Molekülorbitale besitzen, die aus den p-Orbitalen abgeleitet wurden. Darüber hinaus wird von den zwei Molekülorbitalen, die sich aus denselben Atomorbitalen ableiten, das bindende Orbital energetisch tiefer liegen als das antibindende Orbital. Infolgedessen werden die beiden ersten, stabilsten Energieniveaus σ_s^b und σ_s^* sein. Die stabilsten der Bindungsorbitale, die sich aus den atomaren 2p-Orbitalen ergeben, sind π_x^b und π_y^b und nicht σ_z^b, was im Widerspruch zu früheren Vorstellungen und den Darstellungen der Energieniveauschemen in vielen älteren Lehrbüchern steht. Diese Reihenfolge der Energieniveaus hat sich aus neueren, sorgfältigen spektroskopischen und magnetischen Untersuchungen von B_2 und N_2^+ ergeben. Sie erscheint auch vernünftig, weil die Elektronen, die in das π_x^b-Orbital eingebaut werden, räumlich weiter von den Elektronen entfernt sind, die sich in den besetzten σ_s^b- und σ_s^*-Orbitalen befinden, als wenn sie das σ_z^b-Orbital besetzen würden. (Beim O tritt eine Überschneidung der Energieniveaus auf, so daß beim O_2 und F_2 das σ_z^b-Orbital stabiler als die π_x^b- und π_y^b-Orbitale ist. Dies hat jedoch für unsere Diskussion keinerlei Bedeutung, da alle drei Niveaus im O_2 und F_2 sowieso besetzt sind.) Die π_x^b- und π_y^b-Orbitale besitzen dieselbe Energie und werden als *entartete* Energieniveaus bezeichnet. Oberhalb dieser Niveaus liegt das σ_z^b-Niveau, dann folgen die beiden antibindenden π_x^*- und π_y^*-Niveaus und schließlich das antibindende σ_z^*-Niveau. Das vollständige Energieniveauschema der Molekülorbitale, die sich aus den atomaren 2s- und 2p-Orbitalen herleiten, ist in Abbildung 10–8 dargestellt.

Paramagnetismus und ungepaarte Elektronen

Stoffe, deren Moleküle und Ionen Elektronen mit ungepaarten Spins aufweisen, werden von Magnetfeldern angezogen. Das Magnetfeld richtet die Spins aus und magnetisiert damit die Substanz. Wenn die Substanz nach Entfernen des Magnetfeldes ihre ausgerichteten Spins und ihre Magneteigenschaften behält, wird sie als *ferromagnetisch* bezeichnet. Eisen ist der bekannteste ferromagnetische Stoff, aber Co und Ni sind ebenfalls ferromagnetisch. Die starken *Alnico*-Magnete werden aus einer Legierung von Aluminium, Kobalt und Nickel mit Eisen hergestellt. Viele andere Substanzen, die als *paramagnetische* Stoffe bezeichnet werden, verlieren ihre Magnetisierung, wenn sie aus dem magnetischen Feld entfernt werden. Diese Stoffe besitzen ebenfalls ungepaarte Elektronen, und die Stärke der Anziehung durch ein Magnetfeld kann dazu benutzt werden, zu bestimmen, wie viele ungepaarte Elektronen pro Mol der Substanz vorhanden sind. Wenn ein Molekül keine ungepaarten Elektronen aufweist, ist es *diamagnetisch* und wird von einem Magnetfeld schwach abgestoßen, da durch das äußere Magnetfeld in ihm schwache entgegengesetzte magnetische Momente induziert werden. Die Anzahl der ungepaarten Elektronen in einem Molekül eines Stoffes kann, wie in Abbildung 10–9 schematisch gezeigt ist, mit Hilfe einer Magnetwaage bestimmt werden.

Die drei Arten von Meßdaten, die wir zu einer Überprüfung der Voraussagen der Molekülorbitaltheorie verwenden werden, sind Bindungsenergie, Bindungslänge und die Anzahl der ungepaarten Elektronen.

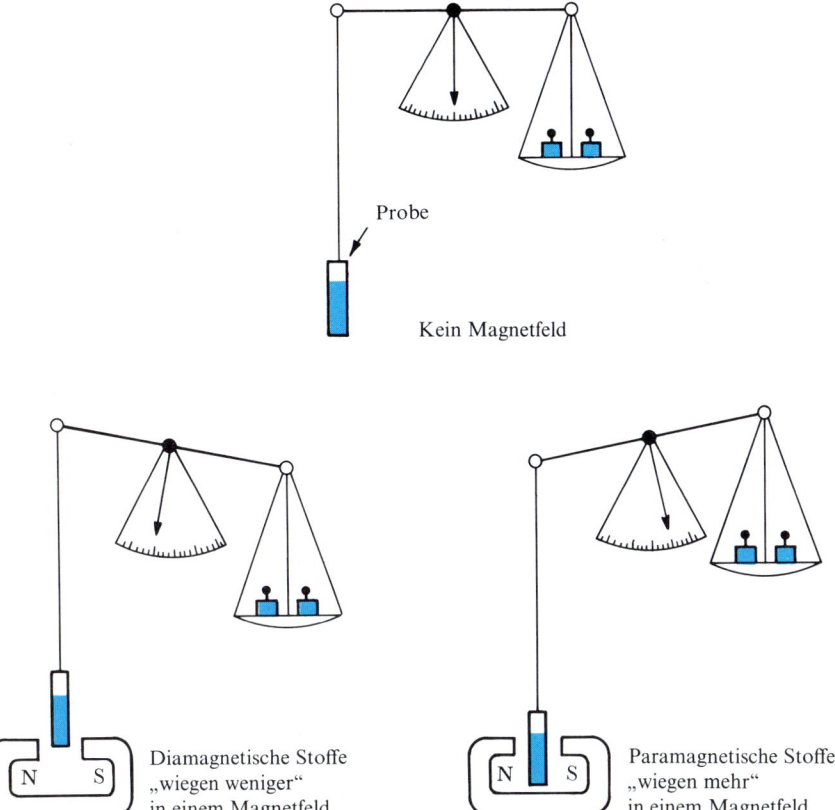

Probe

Kein Magnetfeld

N   S   Diamagnetische Stoffe
„wiegen weniger"
in einem Magnetfeld

N   S   Paramagnetische Stoffe
„wiegen mehr"
in einem Magnetfeld

Abbildung 10–9 Das Vorliegen oder Fehlen von ungepaarten Elektronenspins, kann mit Hilfe einer Magnetwaage bestimmt werden. Ein diamagnetischer Stoff, der keine ungepaarten Elektronen aufweist, wird schwach von einem inhomogenen Magnetfeld abgestoßen (unten links in der Abbildung). Ein paramagnetischer Stoff mit ungepaarten Elektronenspins wird dagegen in ein inhomogenes Magnetfeld hineingezogen (unten rechts).

Der Aufbau zweiatomiger Moleküle

Wir sind jetzt soweit, daß wir Elektronen in Molekülorbitale einbauen können – jeweils zwei Elektronen pro Orbital – und die zweiatomigen Moleküle vom Li_2 bis Ne_2 aufbauen können. Es gibt bei diesen Molekülen stets vier Elektronen aus den tiefer liegenden Atomorbitalen mit $n = 1$. Bei dem zweiatomigen Molekül werden sich zwei dieser Elektronen der inneren Schale im bindenden σ_{1s}^{b}-Molekülorbital befinden, während die beiden übrigen Elektronen das antibindende σ_{1s}^{*}-Orbital besetzen. Jedoch macht es keinen Unterschied für die gesamte Bindungswirkung dieser Elektronen, ob wir sie uns als in atomaren 1s-Orbitalen oder in den Molekülorbitalen befindlich vorstellen, die sich aus den 1s-Orbitalen ergeben haben. Die Bindungseigenschaften des Moleküls entstammen nur der äußeren Schale der $n = 2$-Elektronen, und wir brauchen uns nur mit den Molekülorbitalen zu beschäftigen, die sich aus den atomaren 2s- und 2p-Orbitalen herleiten lassen.

Lithium. Das Lithiumatom besitzt ein Valenzelektron, so daß das Li_2-Molekül über zwei potentielle Bindungselektronen verfügt. Diese werden gepaart in das niedrigste vorhandene Molekülorbital, σ_s^b, eingebaut. Infolgedessen weist das Li_2-Molekül eine einzige kovalente Bindung auf. Die Bindungslänge ist größer als beim H_2, 0,267 nm im Vergleich zu 0,074 nm, weil an der Bindung die größeren Orbitale mit $n = 2$ an Stelle der Orbitale mit $n = 1$ beteiligt sind. Aus demselben Grunde ist die Bindung schwächer: Die molare Bindungsenergie beträgt 110 kJ mol^{-1} gegenüber 431 kJ mol^{-1} beim H_2. Die Kerne sind weiter voneinander entfernt. die Elektronenwolke verteilt sich über ein größeres Volumen, und die Gesamtanziehungskräfte zwischen den beiden Atomen sind schwächer.

Beryllium. Im Be_2-Molekül sind vier Valenzelektronen vorhanden. Zwei von ihnen besetzen gepaart das bindende σ_s^b-Orbital, während die anderen beiden gepaart in das antibindende σ_s^*-Molekülorbital gehen. Diese Konfiguration ergibt keine überschüssige Bindung, was mit dem Fehlen des Be_2 in der Familie der stabilen zweiatomigen Moleküle der Elemente der zweiten Periode im Einklang steht.

Bor. Die zwei zusätzlichen Valenzelektronen des B_2 werden in die nächsthöheren, unbesetzten Molekülorbitale, π_x^b und π_y^b, eingebaut. Nach der Hundschen Regel sorgt die gegenseitige Abstoßung der Elektronen dafür, daß je ein Elektron eines dieser Orbitale besetzt und nicht etwa zwei Spin-gepaarte Elektronen nur eines dieser Orbitale auffüllen. Ganz gleich, ob die Elektronen gepaart sind oder nicht, die Wirkung von zwei Bindungselektronen entspricht der einer kovalenten Einfachbindung. Die Elektronenkonfiguration des B_2 sieht folgendermaßen aus (analog der Schreibweise der Elektronenkonfiguration von Atomen werden hier jetzt die Symbole der Molekülorbitale verwendet)

$$KK(\sigma_s^b)^2(\sigma_s^*)^2(\pi_x^b)^1(\pi_y^b)^1$$

Das Symbol KK stellt die vier Elektronen in der inneren $n = 1$-Schale dar, die keinerlei Wirkung auf die Bindung haben. Die experimentell ermittelte Bindungslänge des B_2, 0,159 nm, ist kleiner als die des Li_2 von 0,267 nm. Die molare Bindungsenergie ist größer; sie beträgt 272 kJ mol^{-1} gegenüber 110 kJ mol^{-1}. Beide Effekte beruhen auf der größeren positiven Ladung des B-Atomkerns und der größeren Anziehungskraft, durch die die Elektronen festgehalten werden. Der vielleicht am stärksten befriedigende Test der Molekülorbitaltheorie ist die Entdeckung von zwei ungepaarten Elektronen im B_2-Molekül, die durch magnetische Messungen gefunden wurden. Dies ist eine direkte Bestätigung der Reihenfolge der σ_z^b- und π_x^b-Orbitalenergien in Abbildung 10–8. Wenn die Reihenfolge umgekehrt wäre, würden beide Elektronen gepaart das σ_z^b-Orbital besetzen, und das Molekül würde keine ungepaarten Spins aufweisen. (Als historische Tatsache sei erwähnt, daß die ungepaarten Elektronen im B_2 nicht ursprünglich vorausgesagt wurden. Die Existenz der ungepaarten Elektronen zwang die Chemiker dazu, ihre anfängliche Reihenfolge der Orbitalenergien zu der in Abbildung 10–8 dargestellten abzuändern.)

Kohlenstoff. Die beiden zusätzlichen Elektronen im C_2-Molekül vervollständigen die

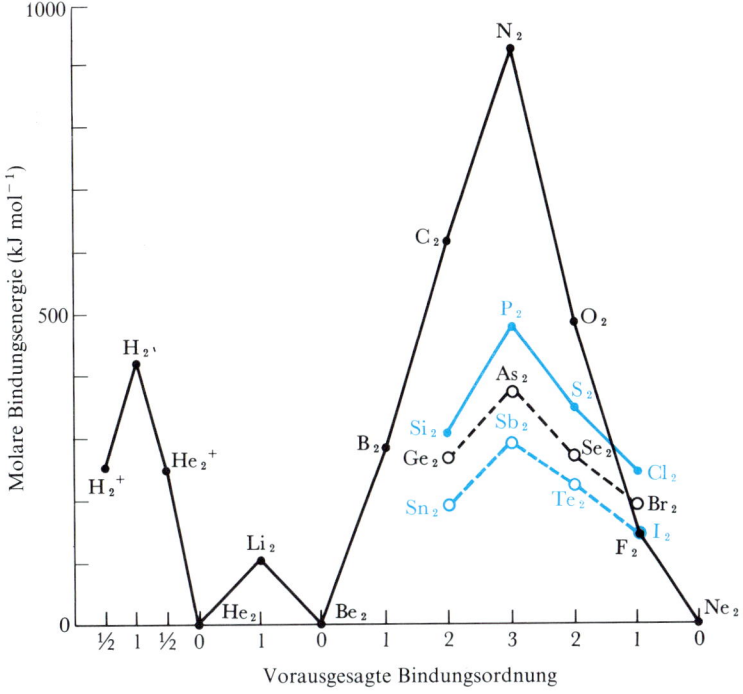

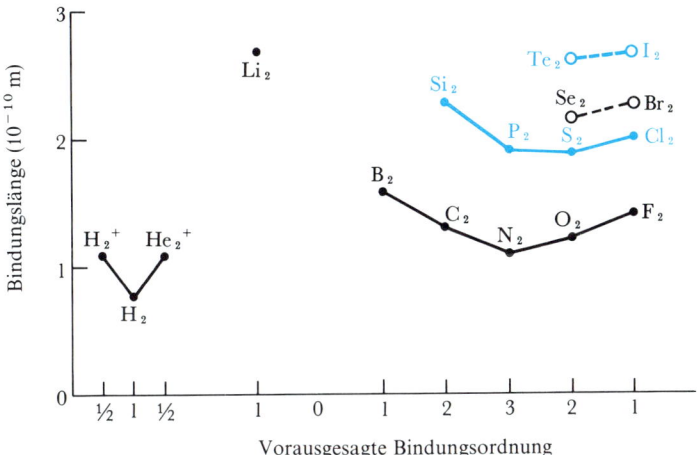

Abbildung 10–10 Darstellungen der molaren Bindungsenergien und Bindungslängen gegen die für homonukleare zweiatomige Moleküle vorausgesagte Bindungsordnung. Die molaren Bindungsenergien wachsen mit zunehmender Bindungsordnung an, während die Bindungslängen mit steigender Bindungsordnung abnehmen.

Auffüllung der π_x^b- und π_y^b-Molekülorbitale. Es gibt im C_2-Molekül vier überschüssige Bindungselektronen und infolgedessen zwei kovalente Bindungen nach der Lewisschen Nomenklatur. Im elektronischen Grundzustand des Moleküls sollte es kein magnetisches Moment oder ungepaarte Elektronenspins geben. Den Voraussagen entsprechend ist die molare Bindungsenergie des C_2 zweimal so groß wie die des B_2 (603 kJ mol^{-1} gegenüber 272 kJ mol^{-1}), und die Bindungslänge ist kleiner (0,124 nm gegenüber 0,159 nm). Darüber hinaus ist C_2 nicht paramagnetisch.

Stickstoff. Beim Stickstoff sind alle bindenden Orbitale aus Abbildung 10–8 voll besetzt. Das N_2-Molekül besitzt die Elektronenkonfiguration

$$KK(\sigma_s^b)^2(\sigma_s^*)^2(\pi_x^b)^2(\pi_y^b)^2(\sigma_z^b)^2$$

oder

$$KK(\sigma_s^b)^2(\sigma_s^*)^2(\pi_{x,y}^b)^4(\sigma_z^b)^2$$

Es sind sechs überschüssige Bindungselektronen vorhanden, somit enthält das N_2-Molekül eine Dreifachbindung. Da keine ungepaarten Elektronen vorhanden sind, ist kein Paramagnetismus zu erwarten.

Der Stickstoff besitzt die größte molare Bindungsenergie und die kürzeste Bindungslänge von allen Elementen der zweiten Periode: 942 kJ mol^{-1} und 0,110 nm. Die Zunahme der Bindungsenergie mit der theoretischen Bindungsordnung (Einfach-, Doppeloder Dreifachbindungen) in Abbildung 10–10 ist bemerkenswert konstant. Wie erwartet besitzt N_2 kein magnetisches Moment.

Jetzt können wir die Lewis-Struktur des N_2 erklären

$$\ddot{N}\equiv\ddot{N}$$

Die drei Bindungen unfassen die π_x^b-, π_y^b- und σ_z^b-Orbitale. Die beiden einsamen Elektronenpaare entsprechen – wenigstens formal – dem sich in der Bindungswirkung gegenseitig aufhebenden Orbitalpaar $(\sigma_s^b)^2(\sigma_s^*)^2$.

Wir haben nicht versucht, ein Lewis-Diagramm für das C_2-Molekül zu zeichnen. Nichts in der Lewisschen Theorie wies darauf hin, daß es existieren könnte. Jetzt könnten wir in Analogie zum N_2 das C_2-Molekül, wie folgt, darstellen

$$\ddot{C}=\ddot{C}$$

wobei die Bindungen den besetzten π_x^b- und π_y^b-Orbitalen entsprechen und die einsamen Elektronenpaare wie beim N_2 durch $(\sigma_s^b)^2(\sigma_s^*)^2$ gegeben sind. Aber C_2 ist wie das BF_3 eine Elektronenmangelverbindung: Es befinden sich nur sechs Valenzelektronen um jedes Kohlenstoffatom herum. Wir könnten erwarten, daß das C_2 auf die gleiche Weise Elektronenpaare eines Donators aufnimmt, wie das BF_3 Elektronenpaare vom NH_3 aufnimmt, wodurch die Additionsverbindung BF_3NH_3 gebildet wird. Aber das C_2 verfügt selbst auch über einsame Elektronenpaare und kann genausogut die Rolle eines Donators spielen. Das C_2-Molekül wird nur bei hohen Temperaturen angetroffen. Bei tieferen Temperaturen nimmt jedes Atom im C_2 Elektronen von einem neuen C auf und gibt Elektronen an ein anderes ab. Das Ergebnis ist ein Netzwerk, bei dem jedes C-

Atom mit wenigstens drei anderen Kohlenstoffatomen (Graphit) oder andernfalls vier Kohlenstoffatomen (Diamant) kovalent verbunden ist. (Siehe Abschnitt 14–1 und Abbildung 14–5.)

Sauerstoff. Beim Sauerstoff gehen die beiden nächsten Elektronen – nach der Hundschen Regel jeweils eines – in die zwei antibindenden Orbitale π_x^* und π_y^*. Von den 12 Valenzelektronen des O_2 befinden sich insgesamt 8 in bindenden und 4 in antibindenden Orbitalen. Es sind also vier überschüssige Bindungselektronen vorhanden, somit weist das Molekül eine Doppelbindung auf. Die beiden zusätzlichen Elektronen, die in die antibindenden Orbitale gehen, kompensieren die Bindungswirkung von zwei der Elektronen in den Orbitalen, die beim N_2 zur Ausbildung einer Dreifachbindung führten. Sowohl die Bindungslänge als auch die Bindungsenergie stimmen gut mit der Theorie überein (Abbildung 10–10). Die Elektronenkonfiguration des O_2 ist

$$KK(\sigma_s^b)^2(\sigma_s^*)^2(\sigma_z^b)^2(\pi_{x,y}^b)^4(\pi_{x,y}^*)^2$$

Beachten Sie, daß sich, wie bereits früher erwähnt wurde, die relative Reihenfolge der Energieniveaus σ_z^b und $\pi_{x,y}^b$ hier geändert hat.

Die Molekülorbitaltheorie erklärt also, warum O_2 paramagnetisch ist, indem sie zwei ungepaarte Elektronen erkennen läßt, wogegen die Lewissche Theorie versagt: Das Lewis-Diagramm des O_2 zeigt keine ungepaarten Elektronen

$$:\ddot{O}\!=\!\ddot{O}:$$

Die einzig möglichen Lewis-Strukturen mit einer Doppelbindung und zwei ungepaarten Elektronen verletzen die Symmetrie des Moleküls, indem sie die Sauerstoffatome unterschiedlich mit Elektronen versehen und so den Eindruck erwecken, daß die beiden ungepaarten Elektronen zu einem bestimmten Atom gehören

$$:\ddot{O}\!=\!\dot{O}\cdot \qquad \cdot\dot{O}\!=\!\ddot{O}:$$

Sie können die Lewis-Strukturen teilweise dadurch retten, daß Sie sagen, diese beiden Diagramme stellen die beiden *Resonanzstrukturen* für O_2 dar und die wahre Struktur läßt sich nicht einfach darstellen, sondern besitzt zu gleichen Teilen den Charakter beider Resonanzstrukturen. Aber diese Behandlung der Molekülstruktur scheint kaum der Mühe wert. Es fällt leichter, die Lewis-Strukturen in diesem Falle ganz aufzugeben und in den Begriffen der Molekülorbitaltheorie zu denken.

Fluor. Im F_2 sind alle Molekülorbitale aus Abbildung 10–8 besetzt, ausgenommen das höchste. Das Molekül besitzt eine kovalente Bindung aufgrund seiner zwei überschüssigen Bindungselektronen, und seine Elektronenkonfiguration lautet

$$KK(\sigma_s^b)^2(\sigma_s^*)^2(\sigma_z^b)^2(\pi_{x,y}^b)^4(\pi_{x,y}^*)^4$$

Bindungslänge und Bindungsenergie besitzen die Werte, die für eine Einfachbindung zu erwarten sind, und das F_2-Molekül zeigt kein magnetisches Moment.

Neon. Beim Ne_2-Molekül würden alle Molekülorbitale in der Mitte von Abbildung 10–8 voll besetzt sein, so daß eine gleiche Zahl von bindenden und antibindenden Elektronen vorhanden wäre. Damit gäbe es keine überschüssigen Bindungselektronen und auch keinen Grund für die Atome zusammenzubleiben. Wie zu erwarten ist, existiert kein Ne_2-Molekül.

Höhere Perioden des Periodensystems. Die experimentellen Daten für einige zweiatomige Moleküle und Molekülionen sind in Tabelle 10–4 zusammengestellt. Ein paar dieser Meßergebnisse sind auch in Abbildung 10–10 dargestellt. Die Trends bei den Nichtmetallen sind regelmäßig und mit Hilfe der Vorstellung größerer Orbitale (mit

Tabelle 10–4 Bindungseigenschaften einiger homonuklearer zweiatomiger Moleküle und Ionen[a]

Molekül	Bindungslänge $(10^{-10}\,\text{m})$	Molare Dissoziationsenergie der Bindung (kJ mol^{-1})
Ag_2	–	162 ± 9
As_2	2,288	382
Au_2	2,472	226 ± 9
B_2	1,589	274 ± 21
Bi_2	–	195 ± 6
Br_2	2,2809	$190,25 \pm 0,013$
C_2	1,2425	603
Cl_2	1,988	$239,4 \pm 0,025$
Cl_2^+	1,8917	415
Cs_2	–	43,5
Cu_2	2,2195	198 ± 9
F_2	1,417	139 ± 7
Ge_2	–	272
H_2	0,74116	432,2
H_2^+	1,06	255,6
He_2^+	1,080	322
I_2	2,6666	148,8
K_2	3,923	49,4
Li_2	2,672	110,1
N_2	1,0976	942,3
N_2^+	1,116	842,7
Na_2	3,078	72,4
O_2	1,20741	493,9
O_2^+	1,1227	–
O_2^-	1,26	393
O_2^{2-}	1,49	–
P_2	1,8937	477
Pb_2	–	96
Rb_2	–	47,3
S_2	1,889	421,6
Sb_2	2,21	299
Se_2	2,1663	325
Si_2	2,246	314
Sn_2	–	193
Te_2	2,5574	260

[a] Die üblicherweise angegebenen Werte für die molaren Dissoziationsenergien der Bindungen ($\bar{E}_D$) beziehen sich auf $\Delta \bar{E}^0$ für die Reaktion: $A_2(g) \rightleftarrows A(g) + A(g)$.

$n = 3, 4$ und 5) und schwächerer Elektronenbindung gut zu verstehen. Die unerwartete Schwäche der F_2-Bindung ist eine Ausnahme. Beim F_2 liegen die einsamen Elektronenpaare beträchtlich dichter beieinander als bei den größeren Halogenen, und wir glauben, daß die Abstoßung zwischen derart eng benachbarten einsamen Elektronenpaaren wenigstens teilweise die schwache F_2-Bindung erklärt.

Beispiel: Geben Sie die Elektronenkonfiguration des Molekülions O_2^- nach der Molekülorbitaltheorie an. Wie groß ist seine Bindungsordnung, und wie viele angepaarte Elektronen besitzt dieses Molekülion?

Lösung: Das Ion verfügt über sechs Valenzelektronen von jedem Sauerstoffatom plus ein zusätzliches Elektron für die -1-Ladung, also über 13 Valenzelektronen. Indem wir die Orbitale in Abbildung 10—8 von unten nach oben auffüllen, erhalten wir die folgende Elektronenkonfiguration

$$KK(\sigma_s^b)^2(\sigma_s^*)^2(\sigma_z^b)^2(\pi_{x,y}^b)^4(\pi_{x,y}^*)^3$$

Es sind drei überschüssige Bindungselektronen vorhanden, infolgedessen liegt hier eine Bindungsordnung von $\frac{3}{2} = 1,5$ vor. Das Molekül besitzt ein ungepaartes Elektron.

Übung: Mit welchem neutralen Molekül ist O_2^{2-} isoelektronisch? Erklären Sie die beobachteten Bindungslängen von O_2^+, O_2, O_2^- und O_2^{2-} aus Tabelle 10–4. (Antwort: F_2; Bindungsordnungen 2,5; 2; 1,5 und 1.)

Übung: Tragen Sie für die zweiatomigen Alkalimetallmoleküle die molaren Bindungsenergien und die Bindungslängen gegen die Periodennummer auf, und erklären Sie die Zusammenhänge, die sich Ihnen zeigen.

Bevor Sie weitermachen: Noch eingehender und geruhsamer können Sie sich mit der Molekülorbitaltheorie der zweiatomigen homonuklearen Moleküle beschäftigen, wenn Sie den Abschnitt 10–2 von Lassilas et. al. *Begleitprogramm zu Prinzipien der Chemie* durcharbeiten.

10–5 Zweiatomige Moleküle mit verschiedenen Atomen

Lassen Sie uns jetzt, wo uns die Methoden für die Behandlung zweiatomiger homonuklearer Moleküle noch frisch im Gedächtnis sind, auf die molekülorbitaltheoretische Behandlung von Molekülen eingehen, die sich aus zwei verschiedenen Atomen zusammensetzen.

Fluorwasserstoff und Kaliumchlorid

Wenn wir einmal die mathematischen Operationen durchführen, die hinter dem Ausdruck „Kombination zweier Atomorbitale zur Bildung eines bindenden und eines antibindenden Molekülorbitals" stehen, dann werden wir feststellen, daß die beiden Atomorbitale Energien besitzen sollten, die verhältnismäßig nahe beieinander liegen. Beim H_2-Molekül weist jedes der beiden Molekülorbitale einen Beitrag von 50% von jedem der zwei 1s-Atomorbitale des Wasserstoffs auf. Wenn wir, im anderen Extremfall, in einem Molekül des Typs AB ein Orbital von A, das eine sehr hohe Energie besitzt, mit einem Orbital von B kombinieren würden, dessen Energie recht klein ist, so würden wir am Ende unserer mathematischen Analyse dieses Problems entdecken, daß das antibindende Molekülorbital fast mit dem reinen Atomorbital von A identisch ist, während das bindende Molekülorbital fast das reine Atomorbital von B darstellt. Dann würde aber ein Elektronenpaar in diesem „Bindungs"-Orbital ganz und gar nicht mehr einem echten kovalenten Bindungsorbital entsprechen, sondern vielmehr ein einsames Elektronenpaar in einem B-Orbital darstellen. Am Beispiel des HF-Moleküls werden wir kennenlernen, was dies zu bedeuten hat, und den Begriff des *partiellen Ionencharakters* einer Bindung entwickeln.

Im HF sind die Energien der 1s-Atomorbitale des Wasserstoffs und Fluors so verschieden voneinander, daß praktisch keinerlei Wechselwirkung zwischen ihnen auftritt. Das 2s-Orbital des Fluors besitzt ebenfalls noch eine zu niedrige Energie. Nur die 2p-Orbitale des Fluors kommen in ihrer Energie dicht genug an die des 1s-Atomorbitals des Wasserstoffs heran, um eine merkliche Kombination zu Molekülorbitalen zu erlauben. Darüber hinaus besitzen die $2p_x$- und $2p_y$-Orbitale des Fluors, wie Abbildung 10–11 zeigt, auch noch die falsche Symmetrie, um mit dem 1s-Orbital des Wasserstoffs zu kombinieren. Die Gesamtüberlappung eines jeden dieser beiden p-Orbitale mit dem 1s-Orbital des Wasserstoffs beträgt null, wenn die Vorzeichen der Wellenfunktion richtig berücksichtigt werden. Die Molekülorbitale im HF ergeben sich durch eine Kombination des 1s-Atomorbitals des Wasserstoffs mit dem $2p_z$-Atomorbital des Fluors. Diese Kombination führt zu zwei Orbitalen mit σ-Symmetrie, von denen das eine bindend (σ^b) und das andere antibindend (σ^*) ist.

Die Energieniveaus des HF sind in Abbildung 10–12 dargestellt. Die π_x- und π_y-Molekülorbitale sind im wesentlichen die gleichen wie die Orbitale der einsamen Elektronenpaare am Fluoratom und könnten ebensogut als $2p_x$- und $2p_y$-Orbitale bezeichnet werden. Ein drittes einsames Elektronenpaar hält das 2s-Orbital des Fluors besetzt. Im HF sind acht Valenzelektronen vorhanden, sieben vom F und eines vom H. Diese Elektronen besetzen alle HF-Orbitale bis auf das höchste, antibindende σ^*-Orbital. Diese Anordnung ergibt damit beim HF-Molekül eine kovalente Bindung und drei einsame Elektronenpaare am F-Atom. Das Lewis-Diagramm des HF, H—F̈:, gibt die Verhältnisse im Molekül richtig wieder.

Die Energien des atomaren 1s-Orbitals auf der linken Seite von Abbildung 10–12 und der 2p-Orbitale auf der rechten Seite lassen sich aus den ersten molaren Ionisierungsenergien des H und F bestimmen. Wenn $1310\,\mathrm{kJ\,mol^{-1}}$ erforderlich sind, um das Elektron von einem Mol H-Atome zu entfernen, dann beträgt die molare Energie des Elektrons, bevor es entfernt wird $-1310\,\mathrm{kJ\,mol^{-1}}$. Entsprechend beträgt die erste molare Ionisierungsenergie des F $1683\,\mathrm{kJ\,mol^{-1}}$, somit folgt für die molare Energie der p-Niveaus $-1683\,\mathrm{kJ\,mol^{-1}}$. Die beiden atomaren Energieniveaus unterscheiden sich also um den Betrag von $373\,\mathrm{kJ\,mol^{-1}}$. Das σ^b-Molekülorbital liegt der Energie nach dichter beim

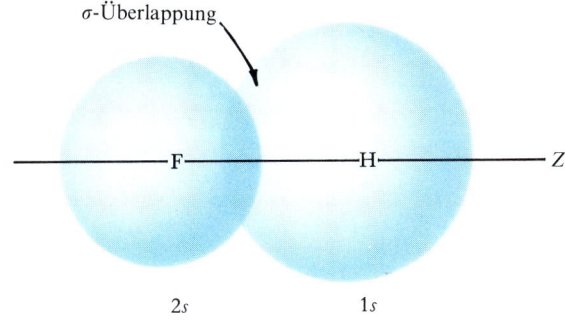

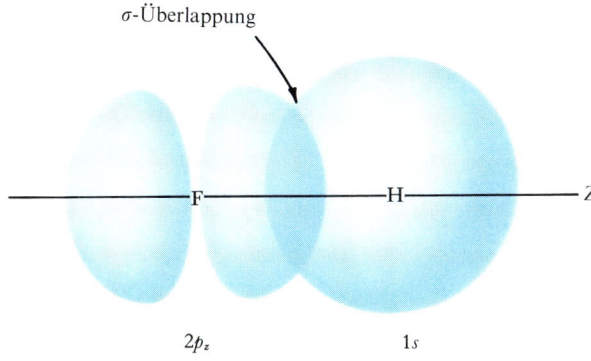

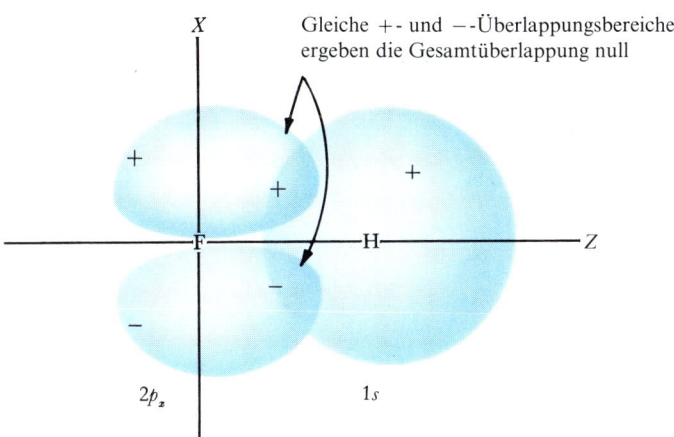

Abbildung 10–11 Überlappung des 1 s-Atomorbitals des Wasserstoffs mit den Valenzorbitalen des Fluors. Die Gesamtüberlappung eines $2p_x$- oder $2p_y$-Orbitals des Fluors mit dem 1 s-Orbital des Wasserstoffs ist gleich null, und daher können diese beiden p-Orbitale nicht zur Bildung von Molekülorbitalen herangezogen werden.

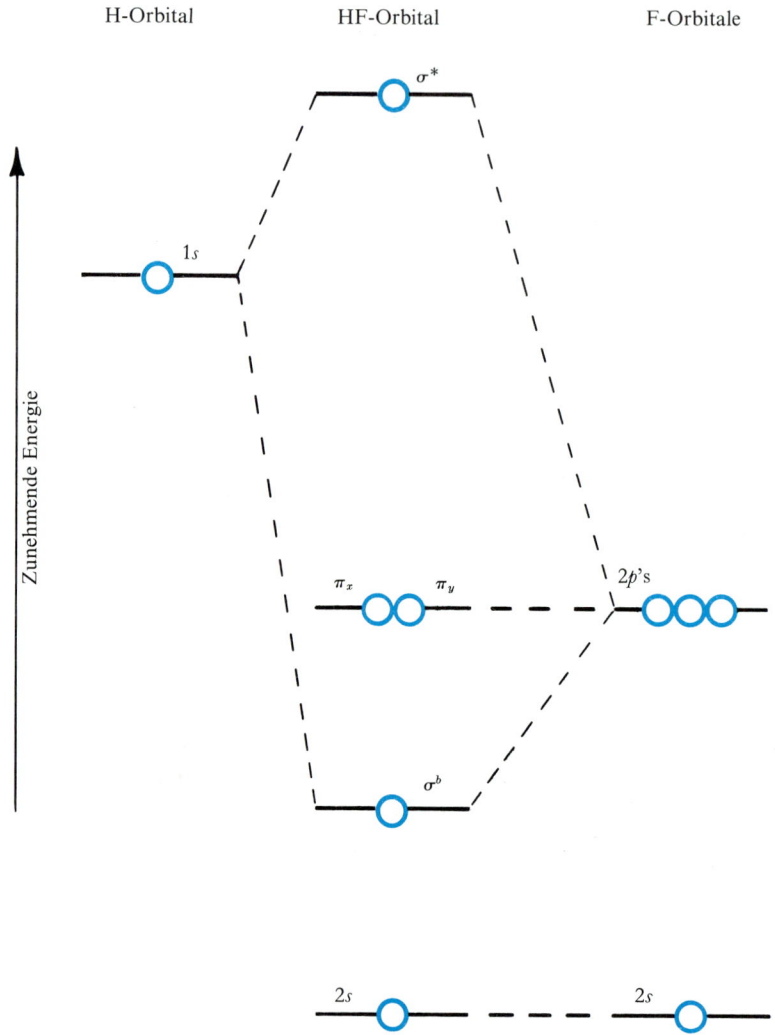

Abbildung 10–12 Relative Energien von Atom- und Molekülorbitalen im HF. Die molare Energie eines Elektrons im 1s-Orbital des Wasserstoffatoms beträgt $-1310\,\mathrm{kJ\,mol^{-1}}$ (die erste molare Ionisierungsenergie von H ist $+1310\,\mathrm{kJ\,mol^{-1}}$), während die molare Energie in den 2p-Orbitalen des Fluors $-1683\,\mathrm{kJ\,mol^{-1}}$ ausmacht (die erste molare Ionisierungsenergie von F beträgt $+1683\,\mathrm{kJ\,mol^{-1}}$).

2p-Orbitalniveau des Fluors als beim 1s-Niveau des Wasserstoffs. Dies bedeutet nun aber, daß das σ^b-Orbital mehr vom 2p-Charakter des Fluors als vom 1s-Orbitalcharakter des Wasserstoffs besitzt. Die kovalente Bindung ist nicht mehr völlig symmetrisch wie bei gleichen Atomen im Molekül, sondern es tritt eine kleine Ungleichmäßigkeit in der Ladungsverteilung und damit ein partieller Ionencharakter der Bindung auf. Die Elektronen im σ^b-Orbital besitzen in der Nähe des F-Atoms eine größere Aufenthaltswahrscheinlichkeit. Eine kleine Ladungsverschiebung wird durch ein kleines griechisches

Delta, δ, dargestellt. (Dabei wird angenommen, daß sich ein Bruchteil δ einer Elementarladung über die ganze Bindungslänge von einem Atom zum anderen verschiebt, während sich tatsächlich eine ganze Elementarladung, e, die ja nicht mehr geteilt werden kann, um einen Bruchteil der Bindungslänge verschiebt. Da aber die hier interessierende Größe, das elektrische Dipolmoment des Moleküls, als Produkt von Ladung und Ladungsverschiebung definiert ist, macht diese Annhame für die meßbare Größe nichts aus.) Wir können also den partiellen Ionencharakter des HF-Moleküls dadurch kennzeichnen, daß wir die Ladungsverteilung in der Form: $H^{\delta+}F^{\delta-}$ angeben.

Stellen Sie sich jetzt einmal vor, was mit den Energieniveaus geschehen würde, wenn die Energie des atomaren 1s-Orbitals des Wasserstoffs langsam absinken sollte: Die Energieunterschiede zwischen dem σ^b-Molekülorbital und den beiden Atomorbitalen, aus denen es gebildet wurde, würden sich einander angleichen, und σ^b würde gleiche Beiträge von jenem Atomorbital erhalten. Die Ladungsverschiebung würde stetig abnehmen, und die Bindung würde sich der vollkommen symmetrischen kovalenten Bindung des F_2 oder H_2 annähern. Dies ist schon eher der Fall beim HCl, bei dem die ersten molaren Ionisierungsenergien dicht beieinander liegen: $1310\,kJ\,mol^{-1}$ für H und $1256\,kJ\,mol^{-1}$ für Cl. Im HCl, HBr und HI sind die Bindungen weitaus stärker kovalent, und die Ladungsverschiebung im Molekül ist weitaus kleiner als beim HF.

Im Beispiel des HCl sieht es aufgrund der hier genannten Werte so aus, als ob die Elektronen stärker zum H- als zum Cl-Atom hingezogen würden, da die erste molare Ionisierungsenergie des H ($1310\,kJ\,mol^{-1}$) größer als die des Cl ($1256\,kJ\,mol^{-1}$) ist. Aber die Ionisierungsenergien sind nur ein Teil der ganzen Geschichte; die relativen molaren Elektronenaffinitäten müssen ebenfalls berücksichtigt werden. Die molare Elektronenaffinität des Cl ($356\,kJ\,mol^{-1}$) ist um so viel größer als die des H ($67\,kK\,mol^{-1}$), daß die nur auf den molaren Ionisierungsenergien basierende Voraussage umgekehrt wird. Das Zusammenwirken von Ionisierungsenergie und Elektronenaffinität – also die

Tabelle 10–5 Prozentualer Ionencharakter von Bindungen nach Dipolmomentmessungen

Molekül	Bindungslänge $r\,(10^{-10}\,m)$	Berechnetes Dipolmoment $D_{theor}\,(10^{-30}\,Asm)$	Beobachtetes Dipolmoment $D_{exp}\,(10^{-30}\,Asm)$	Prozentualer Ionencharakter $(D_{exp}/D_{theor}) \times 100$
H_2	0,74	11,7	0,00	0
F_2	1,42	22,7	0,00	0
HI	1,60	25,52	1,27	5
BrCl	2,14	34,7	1,90	5
ICl	2,32	37,0	2,17	6
FCl	1,63	26,4	2,94	11
HBr	1,41	22,52	2,64	12
FBr	1,76	28,19	4,30	15
HCl	1,27	20,3	3,57	17
HF	0,92	14,7	6,07	41
KI	3,05	48,7	30,82	63
LiH	1,60	25,52	19,62	77
KF	2,17	34,4	28,69	83

Elektronegativität eines jeden Atoms – ist der wirklich entscheidende Faktor bei der Bestimmung der Ladungsverteilung in einer Bindung.

Stellen Sie sich jetzt einmal umgekehrt vor, daß das H-Orbital auf der linken Seite von Abbildung 10–12 von seiner gegenwärtigen Position bei $-1310\,\mathrm{kJ\,mol^{-1}}$ bis zu einer Grenzenergie null angehoben wird. Während dies geschieht, wird das σ^b-Molekülorbital dem ursprünglichen $2p_z$-Atomorbital noch ähnlicher. Die Grenze für diesen Vorgang wird dadurch bestimmt, daß das 1s-Orbital des Wasserstoffs die Energie null angenommen hat (was mit einer vollständigen Dissoziation des Elektrons gleichbedeutend ist), während aus dem σ^b-Molekülorbital, das die beiden Bindungselektronen enthält, das $2p_z$-Orbital des Fluors geworden ist (was gleichbedeutend mit der Bildung eines F^--Anions ist). Diesem Sachverhalt kommt das KF nahe, da die erste molare Ionisierungsenergie des Kaliums nur $419\,\mathrm{kJ\,mol^{-1}}$ beträgt, so daß die molare Energie des 3s-Niveaus des Kaliums bei $-419\,\mathrm{kJ\,mol^{-1}}$ liegt.

Dipolmomente

Ein heteronukleares, zweiatomiges Molekül wie das HF besitzt ein *elektrisches Dipolmoment*, das durch die Trennung von positiven und negativen Ladungen bedingt wird. Wenn eine positive und eine negative Ladung des Betrages q sich in einem Abstand r voneinander befinden, dann ist der Betrag des Dipolmoments D gegeben durch

$$D = qr$$

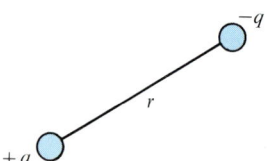

Das elektrische Dipolmoment ist ein Vektor, da durch die Lage der beiden Ladungen im Raum eine Vorzugsrichtung definiert wird. Jedoch sind hier diese Vektoreigenschaften nicht von Bedeutung. Für das Diplomoment des HF ergaben sich experimentell $1,82\,\mathrm{D(Debye)} = 6,07 \times 10^{-30}\,\mathrm{Cm}$ (um praktikable Größen zu erhalten, wird in der Chemie für die elektrischen Dipolmomente der Moleküle die *nicht* zum SI-System gehörende Einheit $1\,\mathrm{Debye} = 1\,\mathrm{D} = 3,336 \times 10^{-30}\,\mathrm{Cm}$ verwendet. Da die Ladung eines Elektrons $1,602 \times 10^{-19}\,\mathrm{C}$ beträgt, werden zwei Elementarladungen entgegengesetzten Vorzeichens, die $0,1\,\mathrm{nm} = 0,1 \times 10^{-9}\,\mathrm{m}$ voneinander entfernt sind, ein Dipolmoment von $1,602 \times 10^{-29}\,\mathrm{Cm} = 4,80\,\mathrm{D}$ besitzen.) Wenn das H tatsächlich eine ganze positive Elementarladung $+e$ und das F eine ganze negative Elementarladung $-e$ tragen würden, was der Vorstellung von einer reinen Ionenbindung entsprechen würde, und wenn sich diese Ladungen in einem Abstand von $0,092\,\mathrm{nm}$ voneinander befänden, was der wahren Bindungslänge entspräche, dann würde sich nach der obigen Formel für das Dipolmoment des HF ein Wert von $4,4\,\mathrm{D}$ ergeben. Die getrennten Teilladungen im

HF-Molekül lassen sich aus dem Verhältnis des wahren, gemessenen Dipolmoments zum berechneten Dipolmoment bestimmen: $1,82/4,4 = 0,41$. Wir sagen, daß die HF-Bindung einen partiellen Ionencharakter von 41% besitzt.

Der prozentuale Ionencharakter von verschiedenen anderen zweiatomigen Molekülen ist in Tabelle 10–5 angegeben. Die HCl-Bindung besitzt nur 17% Ionencharakter, während die KF-Bindung nach dem Kriterium des Dipolmoments zu 83% Ionencharakter aufweist, was auch unseren Molekülorbitalbetrachtungen entspricht.

Diese Behandlung des HF-Moleküls deutet darauf hin, daß es keine rein ionische oder rein kovalente Bindung gibt. Die ionische und die kovalente Bindung sind nicht zwei verschiedene Bindungsmechanismen, sondern nur die zwei Extremfälle eines kontinuierlichen Polaritätsbereichs. Worauf es bei der Molekülorbitaltheorie ankommt, ist das Ausmaß der Übereinstimmung oder der Nichtübereinstimmung zwischen den Energieniveaus der beiden Atome. Diese Übereinstimmung oder Nichtübereinstimmung hängt mit den Elektronegativitäten der Atome zusammen.

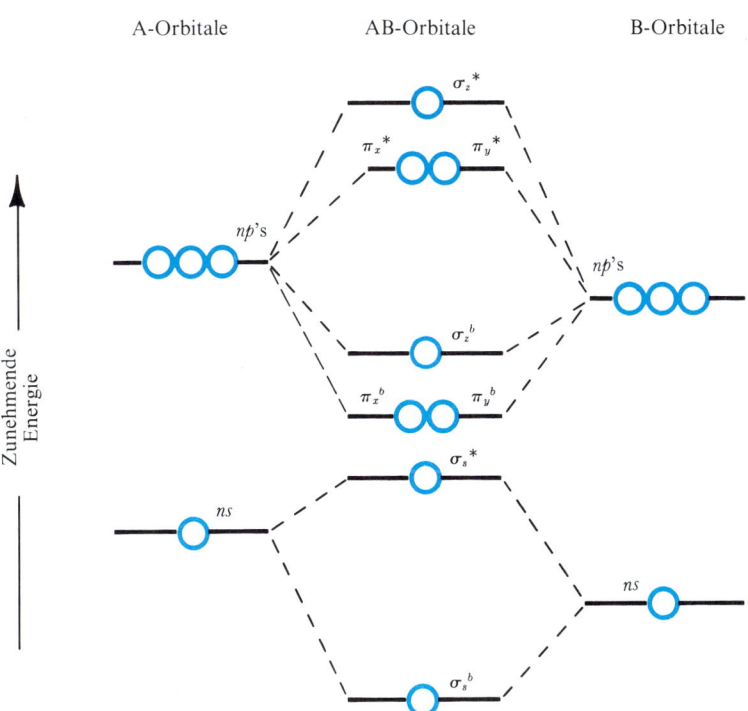

Abbildung 10–13 Energieniveaus eines allgemeinen AB-Moleküls, in dem B elektronegativer als A ist. Vergleichen Sie dies einmal mit den Energieniveaus der homonuklearen AA-Moleküle in Abbildung 10–8. Wenn B noch stärker elektronegativ wird, nimmt die Energie seiner atomaren Energieniveaus ab, und die bindenden Molekülorbitale nehmen noch mehr B-Charakter an.

Das allgemeine, zweiatomige Molekül vom Typ AB

Die Behandlung der heteronuklearen, zweiatomigen Moleküle des allgemeinen Typs AB ist der der homonuklearen Moleküle ähnlich. Das Energieniveauschema ist ähnlich, abgesehen davon, daß die atomaren Niveaus des elektronegativeren Atoms tiefer als die atomaren Niveaus des elektropositiveren Atoms liegen (Abbildung 10–13). Daher besitzen die bindenden Orbitale mehr vom Charakter des elektronegativen Atoms, während die antibindenden Orbitale mehr vom Charakter des elektropositiven Atoms ge-

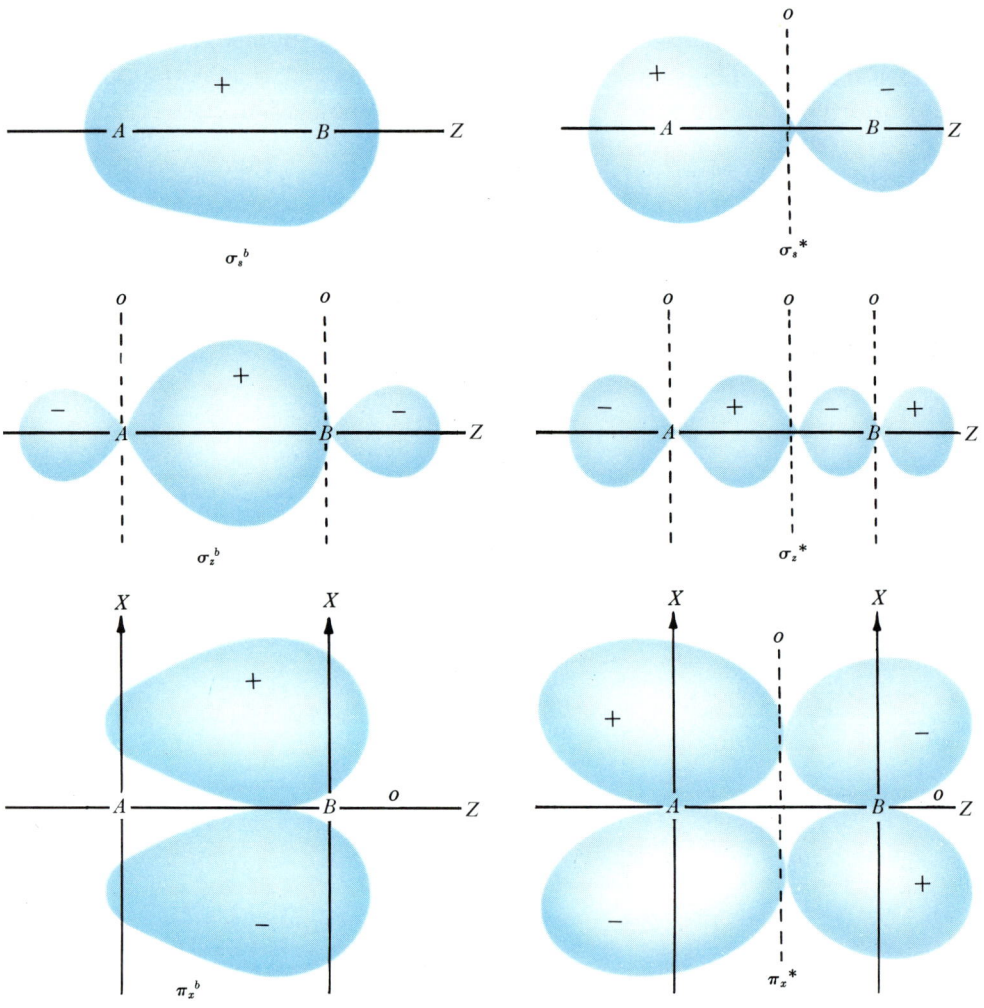

Abbildung 10–14   Molekülorbitale in einem AB-Molekül, in dem das B-Atom elektronegativer ist als das A-Atom. Vergleichen Sie dies mit Abbildung 10–7. Beachten Sie erhöhte Elektronenwahrscheinlichkeitsdichte in der Nähe des stärker elektronegativen Atoms bei den bindenden Orbitalen und das dazu entgegengesetzte Verhalten bei den antibindenden Orbitalen.

prägt werden. Die Molekülorbitale erscheinen daher zum einen oder anderen Atom hin verschoben, wie in Abbildung 10–14 gezeigt ist.

Das Auffüllen der Orbitale mit Elektronen erfolgt wieder genauso wie zuvor. Das BN-Molekül ist isoelektronisch mit C_2, ausgenommen, daß die $\pi^b_{x,y}$- und σ^b_z-Niveaus so dicht beieinander liegen, daß die Energie, die dazu erforderlich ist, ein Elektron in das σ^b_z-Orbital zu promovieren, dadurch gewonnen werden kann, daß die Paarung zweier Elektronen aufgehoben wird. Die Elektronenkonfiguration des BN lautet

$$KK(\sigma^b_s)^2(\sigma^*_s)^2(\pi^b_{x,y})^3(\sigma^b_z)^1$$

Die Bindungsenergie des BN ist mit $385\,kJ\,mol^{-1}$ verdächtig niedrig im Vergleich zu den $603\,kJ\,mol^{-1}$ für das C_2. Es ist noch einige experimentelle Arbeit erforderlich, um die molare Bindungsenergie des BN zu bestätigen.

BO, CN und CO^+ verfügen jeweils über neun Valenzelektronen. Nach der Molekülorbitaltheorie können wir für diese Teilchen eine Bindungsordnung (Bindungsgrad) von 2,5 voraussagen. Die Ionen und Moleküle NO^+, CO und CN^- besitzen zehn Valenzelektronen und sind mit N_2 isoelektronisch. NO verfügt über elf Elektronen und ist eines der wenigen häufig vorkommenden Gase mit einer ungeraden Zahl von Valenzelektronen. Die Elektronenkonfiguration des NO ist

$$KK(\sigma^b_s)^2(\sigma^*_s)^2(\pi^b_{x,y})^4(\sigma^b_z)^2(\pi^*_{x,y})^1$$

Es verfügt über einen Bindungsgrad von 2,5, und sowohl seine Bindungsenergie als auch seine Bindungslänge liegen zwischen den Werten, die für N_2 und O_2 gemessen werden. Daten für andere zweiatomige Moleküle des Typs AB finden Sie in Tabelle 10–6.

Übung: Wie sieht die Elektronenkonfiguration des CF aus? Wie hoch ist seine Bindungsordnung? Besitzt es ungepaarte Elektronen? (Die Antworten auf diese Fragen sind im vorangehenden Abschnitt enthalten.)

Übung: Stellen Sie die Daten über AB-Moleküle aus der zweiten Periode in der Tabelle 10–6 zu einer graphischen Darstellung wie in Abbildung 10–10 zusammen. Stehen diese Daten gut mit den Daten für die homonuklearen Moleküle in Einklang? Können Sie eventuell auftretende Unterschiede erklären?

Aufforderung. Versuchen Sie einmal, die Aufgabe 10–20 im Buch von Butler und Grosser zu lösen, um herauszufinden, ob Sie in der Lage sind, die am häufigsten in der Ionosphäre der Erde vorkommende Teilchenart mit Hilfe der Bindungsordnung vorauszusagen.

Tabelle 10–6 Bindungseigenschaften einiger heteronuklearer zweiatomiger Moleküle und Ionen

Molekül	Bindungslänge $(10^{-10}\,\mathrm{m})$	Molare Dissoziationsenergie der Bindung $(\mathrm{kJ\,mol^{-1}})$
AsN	1,620	481
AsO	1,623	473
BF	1,262	548
BH	1,2325	293
BN	1,281	385
BO	1,2043	$800,5 \pm 9,6$
BaO	1,940	$546,0 \pm 25,1$
BeF	1,3614	$569,0 \pm 9,6$
BeH	1,297	222
BeO	1,3308	$444,2 \pm 9,6$
BrCl	2,138	218
BrF	1,7555	230
CF	1,2718	444
CH	1,1202	335
CN	1,1719	787
CN$^+$	1,1727	–
CN$^-$	1,14	–
CO	1,1283	1071
CO$^+$	1,1152	806
CP	1,5583	511 ± 21
CS	1,5349	$726,8 \pm 15$
CSe	1,66	578 ± 21
CaO	1,822	$382,3 \pm 6$
ClF	1,6281	252
CsBr	3,072	383
CsCl	2,9062	426
CsF	2,345	511
CsH	2,494	176
CsI	3,315	316
GeO	1,650	657
HBr	1,4145	362
HBr$^+$	1,459	–
HCl	1,2744	428
HCl$^+$	1,3153	453
HF	0,91680	566
HI	1,6090	295
HO	0,9706	425,0
HO$^+$	1,0289	422,9
HS	1,3503	341
IBr	2,485	175,4
ICl	2,32070	207,8
IF	1,908	191
KBr	2,8207	383
KCl	2,6666	422
KF	2,1715	498
KH	2,244	180
KI	3,0478	323

Tabelle 10–6   Fortsetzung

Molekül	Bindungslänge $(10^{-10}\,\mathrm{m})$	Molare Dissoziationsenergie der Bindung $(\mathrm{kJ\,mol^{-1}})$
LiBr	2,1704	423
LiCl	2,018	474,2
LiF	1,5639	568,6
LiH	1,5953	234
LiI	2,3919	339
MgO	1,749	339
NH	1,045	356
NH^+	1,081	–
NO	1,1508	678
NO^+	1,0619	–
NP	1,4910	–
NS	1,495	481
NS^+	1,25	–
NaBr	2,502	368
NaCl	2,3606	412
NaF	1,9260	476,9
NaH	1,8873	197
NaI	2,7115	289
NaK	–	59,9
NaRb	–	57,8
PH	1,4328	–
PN	1,4869	731,0
PO	1,473	519
RbBr	2,9448	381
RbCl	2,7868·	430,4
RbF	2,2704	500,3
RbH	2,367	163
RbI	3,1769	325
SO	1,4810	517,7
SbO	1,848	310
SiF	1,6008	542,2
SiH	1,5201	310
SiN	1,575	435
SiO	1,5097	765,3
SiS	1,929	620
SnH	1,785	310
SnO	1,838	529,6
SnS	2,209	461,8
SrO	1,9199	415

10–6 Moleküle mit mehr als zwei Atomen: Lokalisierte Bindungen

Das gründlichste Verfahren für ein mehratomiges Molekül, wie das des Wassers, H_2O, würde es sein, die 2s-, $2p_x$-, $2p_y$- und $2p_z$-Orbitale des Sauerstoffatoms und die beiden 1s-Orbitale der Wasserstoffatome zu sechs Molekülorbitalen zu kombinieren, von denen sich jedes über das ganze Molekül erstreckt. Dann würden die vier Molekülorbitale mit der niedrigsten Energie von den acht Valenzelektronen des Moleküls besetzt werden, und die drei Atome wären aneinander gebunden.

Es fällt jedoch gewöhnlich leichter, jeweils nur zwei Atome gleichzeitig zu betrachten und sich *lokalisierte Bindungen* an Stelle von besetzten Bindungsorbitalen vorzustellen, die sich über das ganze Molekül erstrecken. In diesem Bild werden das Sauerstoffatom und ein Wasserstoffatom durch eine lokalisierte Bindung zusammengehalten, während das Sauerstoffatom und das andere Wasserstoffatom durch eine andere lokalisierte Bindung aneinander gebunden sind. Zwei einsame Elektronenpaare am Sauerstoffatom sind nicht an der Bindung beteiligt, und die Lewis-Struktur des Wassers sieht wie folgt aus

$$H-\overset{\cdot\cdot}{\underset{\cdot\cdot}{O}}-H$$

Was veranlaßt uns, zu glauben, daß wir irgendein Recht dazu haben, das Bindungsbild auf diese Weise zu vereinfachen? Warum dürfen wir überhaupt von Bindungen zwischen *Paaren* von Atomen in *vielatomigen* Molekülen sprechen? Es gibt viele Arten von experimentellen Befunden, die diese Modellvorstellung einer lokalisierten Bindung vernünftig erscheinen lassen; einer der einfachsten ist in Tabelle 10–7 umrissen: Kohlenstoff und Wasserstoff treten in einer Reihe von Verbindungen mit der allgemeinen Formel C_nH_{2n+2} auf. Das einfache Bild, bei dem jedes Kohlenstoffatom vier Bindungen entweder mit anderen Kohlenstoffatomen oder mit Wasserstoffatomen eingeht, führt zu den Bindungsmustern in der zweiten Spalte der Tabelle. Bei diesem Modell der lokalisierten Bindung zwischen Paaren von Atomen verfügt jede Verbindung über eine C—C-Bindung und zwei C—H-Bindungen mehr als ihre Vorgängerin in der Tabelle. Die molaren Standardbildungswärmen der gasförmigen Verbindungen für ihre Bildung aus gasförmigem Wasserstoff und festem Kohlenstoff sind in der dritten Spalte der Tabelle angegeben. Die Unterschiede zwischen diesen Wärmen finden Sie in der letzten Spalte. Jede Verbindung (nach C_2H_6) ist um annähernd $20\,kJ\,mol^{-1}$ stabiler als ihre Vorgängerin. Der Erhöhung der Zahl der Bindungen läuft genau eine Erhöhung des Betrages der molaren Bildungswärmen parallel. Die einfachste Erklärung dafür ist die, daß jede Bindung im Molekül, so wie sie im Bindungsbild dargestellt ist, eine Bindungsenergie besitzt, die praktisch unabhängig davon ist, wie viele andere Atome noch im Molekül vorhanden sind.

Wir haben diese Modellvorstellung schon immer dann benutzt, wenn wir von Bindungen und Bindungsenergien gesprochen haben, aber erst jetzt lernen wir einen Teil des Beweismaterials kennen, das zeigt, daß unsere vorgefaßte Meinung auch gerechtfertigt war. Es ist vielleicht gründlicher, mit vollständigen oder *delokalisierten* Molekül-

Tabelle 10–7 Molare Standardbildungswärmen und Bindungsenergien einiger Kohlenstoff-Wasserstoff-Verbindungen

Verbindung (stets gasförmig)	Bindungsdiagramm	$\bar{H}_{298}^{0}$ (kJ mol^{-1})	Änderung von $\Delta\bar{H}_{298}^{0}$ (kJ mol^{-1})
CH_4	$H-\overset{\displaystyle H}{\underset{\displaystyle H}{C}}-H$	$-74{,}90$	
			$-9{,}84$
C_2H_6	$H-\overset{\displaystyle H}{\underset{\displaystyle H}{C}}-\overset{\displaystyle H}{\underset{\displaystyle H}{C}}-H$	$-84{,}74$	
			$-19{,}18$
C_3H_8	$H-\overset{H}{\underset{H}{C}}-\overset{H}{\underset{H}{C}}-\overset{H}{\underset{H}{C}}-H$	$-103{,}92$	
			$-20{,}89$
C_4H_{10}	$H-C-C-C-C-H$	$-124{,}81$	
			$-21{,}73$
C_5H_{12}	$H-C-C-C-C-C-H$	$-146{,}54$	
			$-20{,}76$
C_6H_{14}	$-C-C-C-C-C-C-$	$-167{,}30$	
			$-20{,}65$
C_7H_{16}	$-C-C-C-C-C-C-C-$	$-187{,}95$	
			$-20{,}64$
C_8H_{18}	$-C-C-C-C-C-C-C-C-$	$-208{,}59$	

orbitalen zu arbeiten, aber es ist weitaus einfacher und im allgemeinen fast genauso gültig, wenn wir stattdessen lokalisierte Molekülorbitale verwenden. Wir werden von jetzt an stets lokalisierte Orbitale benutzen, es sei denn, sie sind völlig unbrauchbar. Benzol, das in Abschnitt 10–10 besprochen wird, ist ein Beispiel für eine Verbindung, bei der lokalisierte Molekülorbitale ein falsches Bild ergeben. Wir müssen dann auf wenigstens teilweise delokalisierte Orbitale übergehen.

Bevor Sie weitermachen: Sie finden eine Ergänzung mit dem Schwerpunkt auf der Voraussage der Gestalt von vielatomigen Molekülen mit Hilfe von Orbital-Diagrammen im Abschnitt 10–3 von Lassila et al., *Begleitprogramm zu Prinzipien der Chemie*.

10–7   Hybridorbitale

Die herausragendste Bindungseigenschaft bei vielen Kohlenstoffverbindungen ist wohl die, daß jedes Kohlenstoffatom vier Bindungen mit Nachbaratomen eingeht. Wie kann dies sein, wenn der atomare Kohlenstoff die Elektronenkonfiguration

$$(1s)^2(2s)^2(2p_x)^1(2p_y)^1$$

besitzt und nur *zwei* ungepaarte Elektronen aufweist? Eine Antwort könnte lauten, daß die Paarung der beiden Elektronen im 2s-Orbital aufgehoben und eines von ihnen in das dritte 2p-Orbital promoviert wird

$$(1s)^2(2s)^1(2p_x)^1(2p_y)^1(2p_z)^1$$

Diese Promotion würde eine Energie von etwa $400\,\text{kJ}\,\text{mol}^{-1}$ erfordern, aber diese Promovierungsenergie würde durch die zusätzliche Stabilität der vier kovalenten Bindungen aufgewogen, an denen sich diese vier ungepaarten Elektronen beteiligen könnten.

Wie würde die Geometrie des Methanmoleküls, CH_4, aussehen, wenn jedes Wasserstoffatom eine Bindung mit dem s- oder einem der drei p-Orbitale eines Kohlenstoffatoms eingehen würde? Die drei p-Orbitale könnten drei zueinander rechtwinklige Bindungen bilden, aber wo würde die Bindung mit dem s-Orbital liegen? Darüber hinaus wissen wir, daß alle vier C—H-Bindungen im Methan einander gleichwertig sind und daß es keine Isomere des CH_3Cl gibt.

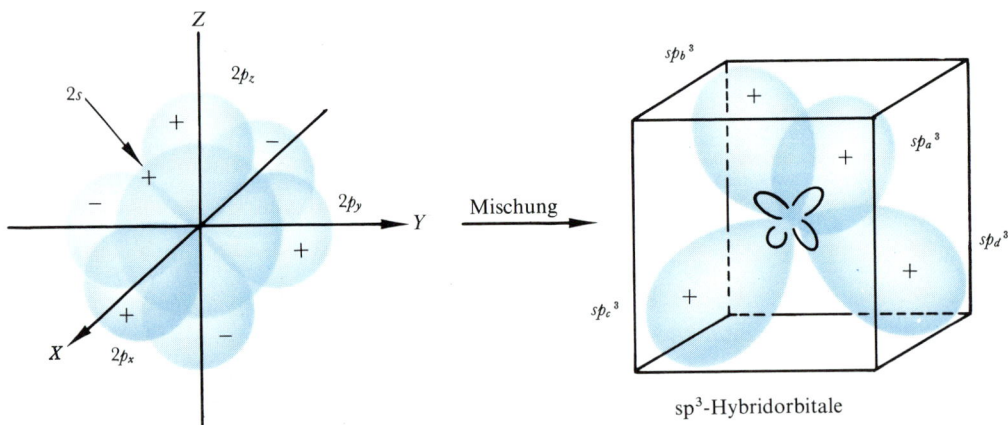

Abbildung 10–15   Die Bildung von vier atomaren sp³-Hybridorbitalen aus den s-, p_x-, p_y- und p_z-Orbitalen.

1931 löste Linus Pauling das Problem, indem er zeigte, daß die geeignete Linear-kombination der Wellenfunktionen dieser vier Atomorbitale einen anderen Satz von Wellenfunktionen ergab, die alle einander *gleichwertig* waren und zu Atomorbitalen führten, die nach den Ecken eines Tetraeders gerichtet waren. Die vier Kombinationen der Wellenfunktionen sind (wobei wir wieder wie in Abschnitt 10–3 z. B. für die Wellen-funktion $\psi_{2s} = s$ schreiben)

$$t_1 = \tfrac{1}{2}(s + p_x + p_y + p_z)$$
$$t_2 = \tfrac{1}{2}(s - p_x - p_y + p_z)$$
$$t_3 = \tfrac{1}{2}(s + p_x - p_y - p_z)$$
$$t_4 = \tfrac{1}{2}(s - p_x + p_y - p_z)$$

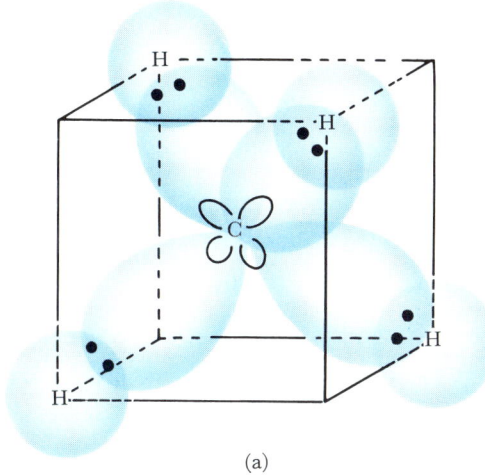

(a)

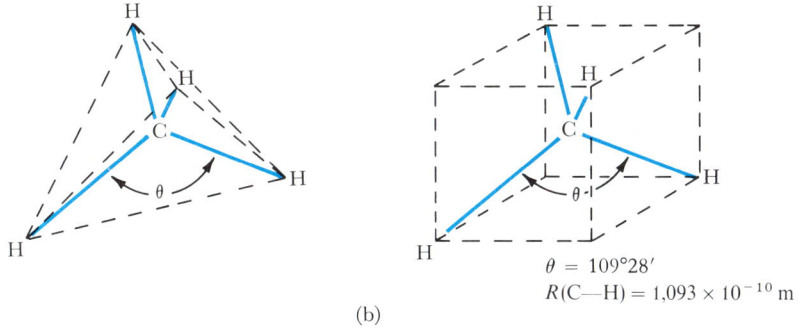

$\theta = 109°28'$
$R(C{-}H) = 1{,}093 \times 10^{-10}$ m

(b)

Abbildung 10–16 Das CH_4-Molekül wird durch Elektronen in bindenden Molekülorbitalen zu-sammengehalten, die Kombinationen von $1s$-Wasserstofforbitalen und jeweils einem der vier tetra-edrischen sp^3-Orbitale des Kohlenstoffatoms sind, wie in (a) gezeigt ist. Jedes der vier bindenden Molekülorbitale ist mit einem Elektronenpaar besetzt. (a) Die Atomorbitale. (b) Die Geometrie der tetraedrischen Bindung.

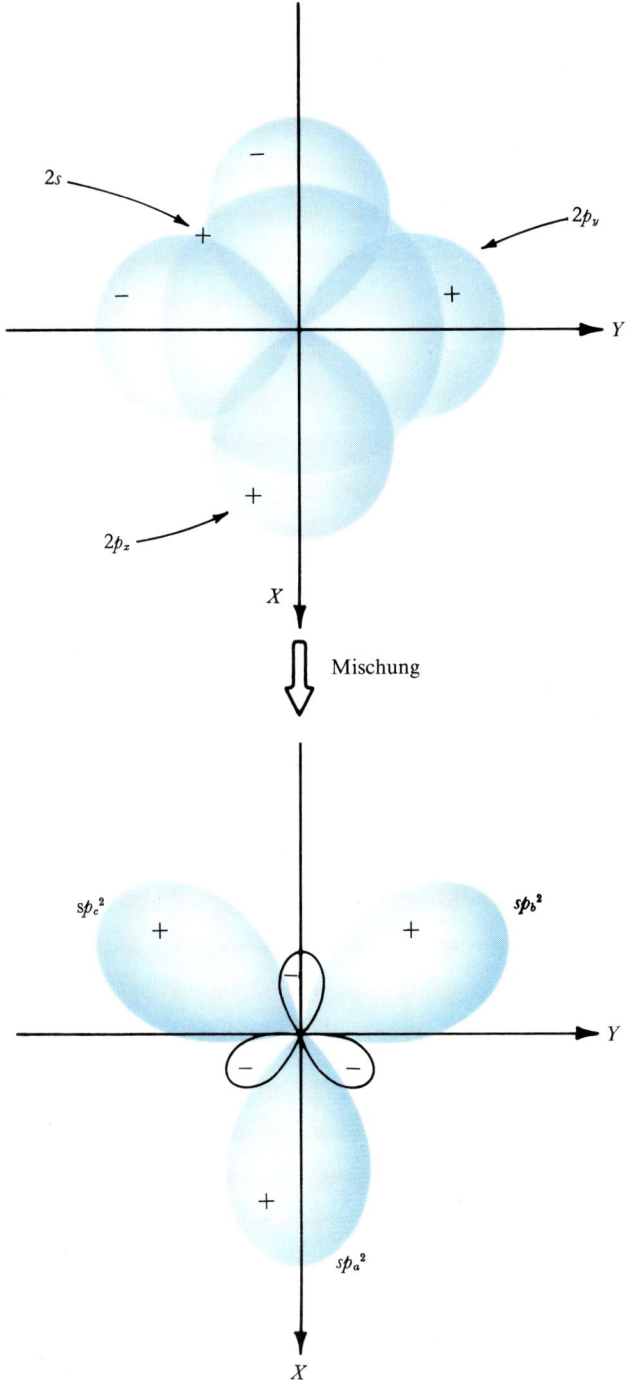

Abbildung 10–17   Die Bildung von drei äquivalenten atomaren sp²-Hybridorbitalen aus den s-, pₓ- und pᵧ-Orbitalen. Das vierte Orbital, p_z, ist an der Hybridisierung nicht beteiligt und steht nach Bildung der drei sp²-Hybridorbitale zusätzlich noch für eine Bindungsbildung zur Verfügung.

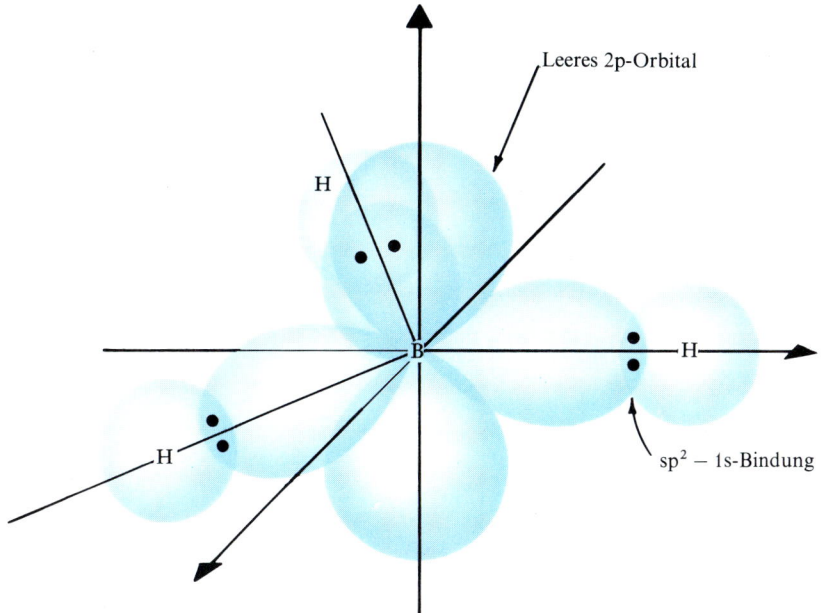

Leeres 2p-Orbital

H

B

H

H

$sp^2 - 1s$-Bindung

Abbildung 10–18   Bindungsverhältnisse im BH_3. Dieses Molekül wurde in einem Massenspektro-meter als ein Zersetzungsprodukt des Diborans, B_2H_6, beobachtet. Die Molekülorbitale ergeben sich aus Kombinationen der 1s-Orbitale des Wasserstoffs mit den drei hier gezeigten sp^2-Hybridor-bitalen des Bors. Das noch verbleibende, nicht hybridisierte p-Orbital des Bors ist leer.

Diese tetraedrisch angeordneten Orbitale werden als *atomare sp^3-Hybridorbitale* be-zeichnet und durch die Indices a bis d in Abbildung 10–15 gekennzeichnet. Jedes dieser atomaren Hybridorbitale kann mit einem 1s-Orbital des Wasserstoffs kombiniert wer-den, wodurch wie zuvor zwei lokalisierte Molekülorbitale gebildet werden, ein bindendes und ein antibindendes. Wenn jedes dieser vier bindenden Molekülorbitale des Kohlen-stoffs von einem Elektronenpaar besetzt ist, erhalten wir das Methanmolekül, CH_4, das in Abbildung 10–16 dargestellt ist.

Es können auch die Wellenfunktionen von zwei der drei p-Orbitale mit der Wellen-funktion des s-Orbitals kombiniert werden, wodurch drei gleichwertige sp^2-Hybrid-orbitale gebildet werden, die unter einem Winkel von 120° zueinander in einer Ebene liegen (Abbildung 10–17). Das bei der Linearkombination unberücksichtigt gebliebene p-Orbital ist von der Hybridisierung nicht betroffen und bleibt damit unverändert. Seine Knotenebene ist die Ebene, in der die drei einander gleichwertigen sp^2-Hybrid-orbitale liegen. Solche Orbitale würden z. B. beim Aufbau des BH_3-Moleküls (Abbil-dung 10–18), das unter normalen Bedingungen nicht stabil ist, und beim Aufbau des BF_3-Moleküls, das stabil ist, verwendet werden. Das nichthybridisierte p-Orbital bleibt dabei unbesetzt.

Diese drei sp^2-Hybridorbitale erwecken den Eindruck, als ob sie auch möglicherweise das Ammoniakmolekül, NH_3, erklären könnten, aber dies ist nicht der Fall. Das Ammoniakmolekül ist kein ebenes Dreieck von H-Atomen um ein zentrales N-Atom herum, sondern stellt eine Pyramide dar, an deren Spitze sich das N-Atom befindet. Wir könnten uns zwar vorstellen, daß das einsame Elektronenpaar in dem nichthybridisierten p-Orbital die drei N—H-Bindungen unter die Ebene in Abbildung 10–18 aufgrund der elektrostatischen Abstoßung hinabdrückt. Wenn dies jedoch geschieht, ist ein anderer Satz von Hybridorbitalen eine bessere erste Näherung. Wir werden im nächsten Abschnitt auf das NH_3-Molekül zurückkommen.

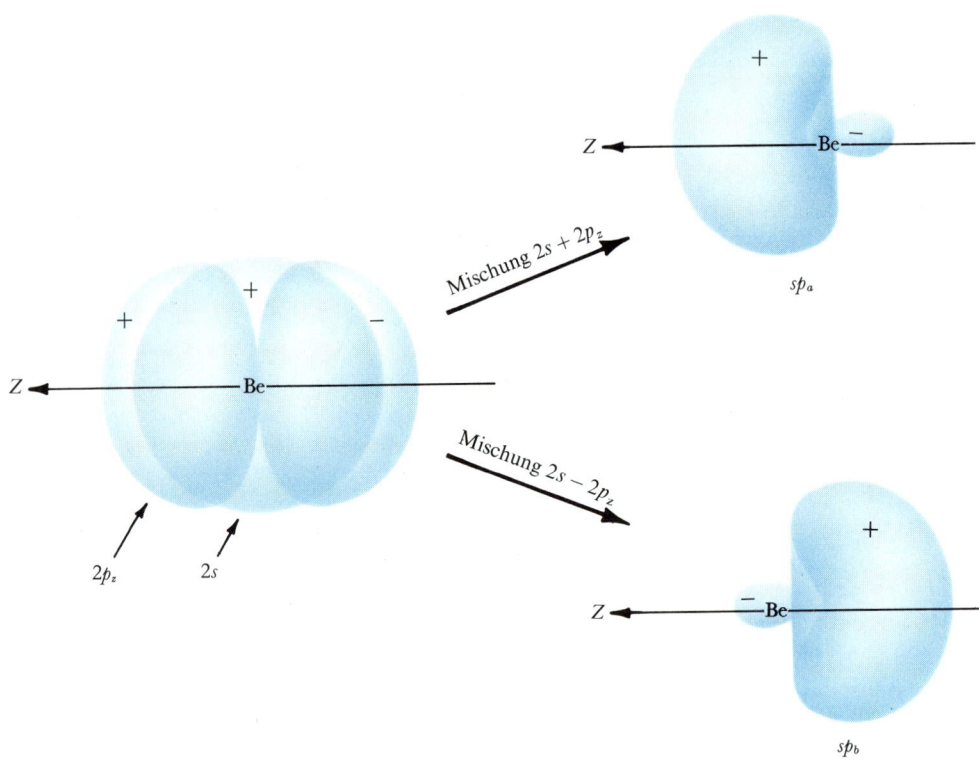

Abbildung 10–19 Die Bildung von zwei äquivalenten atomaren sp-Hybridorbitalen aus den s- und p_z-Orbitalen des Be. Die hier nicht gezeigten p_x- und p_y-Orbitale bleiben dabei unberührt. Diese hier dargestellten sp-Hybridorbitale zeigen ihre wahre Gestalt, wogegen die sp²- und sp³-Hybridorbitale in den vorangehenden vier Abbildungen aus Gründen der Klarheit zu schlank wiedergegeben wurden.

Schließlich kann ein p-Orbital mit einem s-Orbital desselben Atoms hybridisieren, wobei zwei gleichwertige sp-Hybridorbitale entstehen, die einen Winkel von 180° einschließen (Abbildung 10–19). Dies sind die Hybridorbitale, die beim Aufbau des BeH_2 benutzt werden (Abbildung 10–20).

Bei allen diesen Hybridisierungen besitzt der Satz der Hybridorbitale eine höhere Energie und ist weniger stabil als der ursprüngliche, nichthybridisierte Zustand. Eine molare Energie von $400 \, kJ \, mol^{-1}$ ist für den Übergang vom $2s^2 2p^2$-Zustand des Kohlenstoffs in den ungepaarten $2s^1 2p^3$-Zustand erforderlich. Weitere $314 \, kJ \, mol^{-1}$ wären erforderlich, um Atome zu erzeugen, bei denen jeweils eines der vier Valenzelektronen in einem der tetraedrischen sp^3-Hybridorbitale untergebracht ist. Bei der Bildung von Bindungen wird diese Energie jedoch zurückgewonnen. Der $(sp^3)^4$-Hybridzustand des Kohlenstoffatoms tritt niemals in Wirklichkeit auf; er ist vielmehr ein hypothetischer Zwischenzustand für ein Verfahren, den stabilen Zustand eines tetraedrischen Moleküls wie des CH_4 zu bestimmen.

10–8 Elektronenabstoßung und Molekülaufbau

Bei dem Versuch, die Molekülstruktur zu bestimmen, erweist es sich als hilfreich, sich daran zu erinnern, daß sich Elektronen gegenseitig abstoßen. Wir können die tetraedrische Struktur des Methans mit Hilfe der interelektronischen Abstoßungskräfte zwischen den vier Bindungselektronenpaaren erklären: Wenn vier gleiche Ladungen auf der Oberfläche einer Kugel frei beweglich angeordnet wären, würden sie eine tetraedrische Anordnung einnehmen, weil dies die Anordnung mit der niedrigsten Energie ist. Die

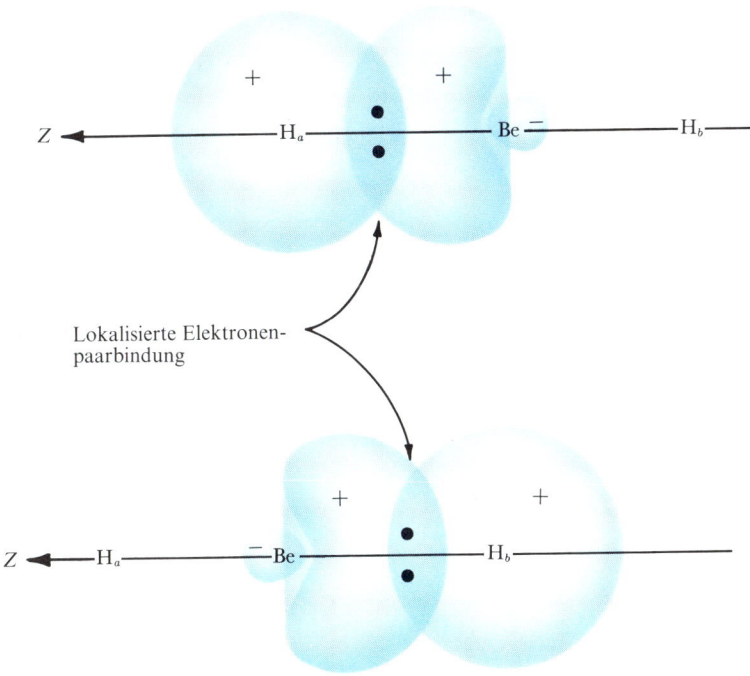

Abbildung 10–20 Bindungsverhältnisse im BeH_2 unter Verwendung der beiden sp-Hybridorbitale des Be. Jedes sp-Orbitals des Berylliums bildet ein lokalisiertes bindendes Molekülorbital mit einem 1 s-Orbital des Wasserstoffs.

stabilste Anordnung für die vier sich gegenseitig stark abstoßenden C—H-Elektronenpaare ist ebenfalls das in Abbildung 10–21 gezeigte tetraedrische Muster.

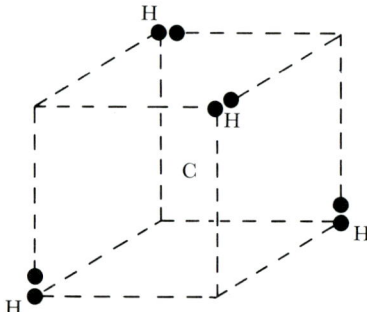

Abbildung 10–21 Die tetraedrische Anordnung von vier Elektronenpaaren macht ihre gegenseitige elektrostatische Abstoßung zu einem Minimum.

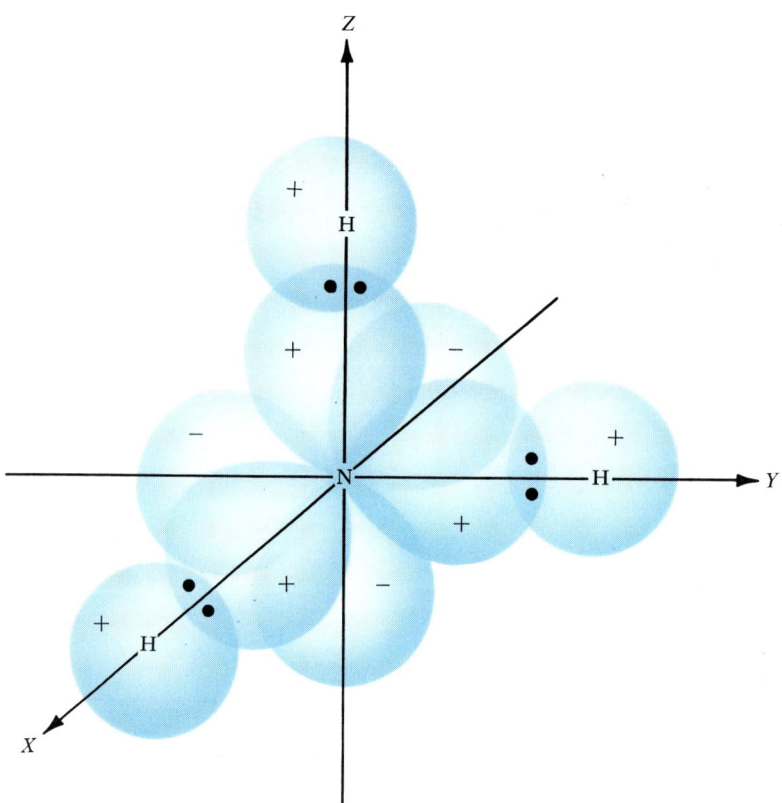

Abbildung 10–22 Mit Hilfe der drei 2p-Atomorbitale des Stickstoffs kann ein Modell des NH_3-Moleküls konstruiert werden, wobei diese zur Bindungsbildung herangezogen werden, während das 2s-Orbital des Stickstoffs (hier nicht gezeigt) das einsame Elektronenpaar aufnimmt.

Ammoniak

Lassen Sie uns jetzt auf das bereits zuvor angesprochene Ammoniakmolekül als ein Beispiel für die Wirkung der interelektronischen Abstoßung zurückkommen. Sein Lewis-Diagramm sieht folgendermaßen aus

$$
\begin{array}{c}
\text{H} \\
| \\
\text{H}\!-\!\underset{\cdot\cdot}{\text{N}}\!-\!\text{H}
\end{array}
$$

Es zeigt drei Einfachbindungen und ein einsames Elektronenpaar. Ein einfaches Bindungsmodell geht davon aus, daß jedes der drei 2p-Orbitale des Stickstoffs mit einem 1s-Orbital des Wasserstoffs kombiniert, während das einsame Elektronenpaar das 2s-Orbital des Stickstoffs besetzt. Wenn dies wirklich der Fall wäre, dann müßten die H—N—H-Bindungswinkel 90° betragen (Abbildung 10–22). Wie wir bereits im vorangehenden Abschnitt diskutiert haben, bildet ein zweites einfaches Bindungsmodell die drei N—H-Bindungen mit Hilfe der drei sp²-Hybridorbitale, wobei das einsame Elektronenpaar in dem bei der Hybridisierung unbenutzten 2p-Orbital des Stickstoffs untergebracht wird. Bei diesem Modell beträgt der H—N—H-Bindungswinkel 120°.

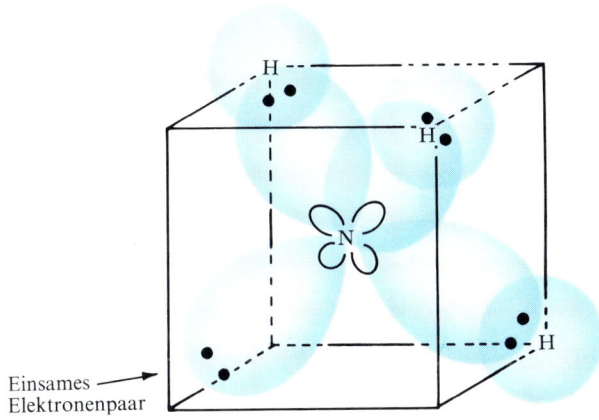

Abbildung 10–23 Ein anderes, mögliches Modell für das NH₃-Molekül verwendet vier sp³-Hybridorbitale für die drei Bindungen und das einsame Elektronenpaar.

Ein drittes Modell für das Ammoniakmolekül nimmt an, daß der für die Gestalt des Moleküls ausschlaggebende Faktor die gegenseitige Abstoßung der Elektronenpaare ist, ob diese sich nun in einer Bindung befinden oder als einsame Elektronenpaare vorliegen. In diesem Modell sind die vier Elektronenpaare nach den Ecken eines Tetraeders ausgerichtet, wie in Abbildung 10–23 dargestellt ist. Drei dieser Elektronenpaare binden H-Atome, während das vierte ein einsames Elektronenpaar ist. Bei diesem Elektronenabstoßungsmodell ergibt sich ein H—N—H-Bindungswinkel von 109°28′. Es ist jetzt ganz natürlich, sich vorzustellen, daß diese vier Elektronenpaare die vier gleichwertigen, tetraedrischen sp³-Orbitale besetzen, wodurch eine minimale Elektronenabstoßung erreicht wird.

Aus allen drei Bindungsmodellen können wir voraussagen, daß das NH₃-Molekül eine dreifache Symmetrie besitzen wird, bei der alle N—H-Bindungen gleichwertig sind, aber sich durch die Bindungswinkel unterscheiden, die bei jedem unserer Bindungsmodelle anders sind. Das wirkliche Ammoniakmolekül ist eine trigonale Pyramide mit einem H—N—H-Bindungswinkel von 107° (Abbildung 10–24). Das Elektronenpaarabstoßungsmodell ist, wenn auch selbst noch nicht vollkommen, eine bessere Beschreibung des tatsächlichen NH₃-Moleküls als die beiden anderen Modelle.

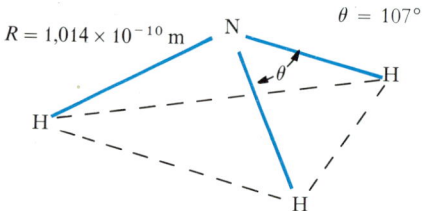

Abbildung 10–24   Das NH₃-Molekül ist in Wirklichkeit eine trigonale Pyramide mit dem N-Atom an ihrer Spitze.

Dieses dritte Modell für das Ammoniak ist ein Beispiel für die Anwendung der *Valenz-Schalen-Elektronen-Paar-Repulsions(Abstoßungs)-(VSEPR)-Theorie* zur Vorhersage der Bindungsgeometrie in einem Molekül. Es ist dies eine einfache, aber erstaunlich leistungsfähige Theorie. Sie besagt, daß kovalente Bindungen als lokalisierte Elektronenpaare angesehen werden können und daß sich die Bindungen derart um das Zentralatom herum anordnen, daß die elektrostatische Abstoßung zwischen diesen Elektronenpaaren ein Minimum annimmt. Einsame Elektronenpaare wirken auf die gleiche Weise abstoßend wie die Bindungselektronenpaare; und wenn ein Unterschied zwischen ihnen gemacht werden muß, dann stoßen einsame Elektronenpaare andere einsame Elektronenpaare und Bindungselektronenpaare stärker ab, als sich bindende Elektronenpaare untereinander abstoßen. Bei Vorliegen von vier Bindungen oder einsamen Elektronenpaaren um ein Zentralatom herum, wie es beim Ammoniak der Fall ist, wird üblicherweise angenommen, daß die Elektronenpaare die tetraedrischen Hybridorbitale des Zentralatoms besetzen, obwohl die einfache VSEPR-Theorie nichts darüber aussagt, welche Orbitale die sich gegenseitig abstoßenden Elektronenpaare besetzen.

Wasser

Das Wassermolekül ist ein weiteres Beispiel für die Leistungsfähigkeit des Elektronenpaarabstoßungsmodells. Das Lewis-Diagramm des Wassers sieht, wie folgt, aus

H—Ö—H

wobei zwei Bindungen und zwei einsame Elektronenpaare auftreten. Wir können uns vorstellen, daß an der Bindung im Wassermolekül zwei der drei p-Orbitale des Sauerstoffs beteiligt sind, während sich die beiden einsamen Elektronenpaare im dritten

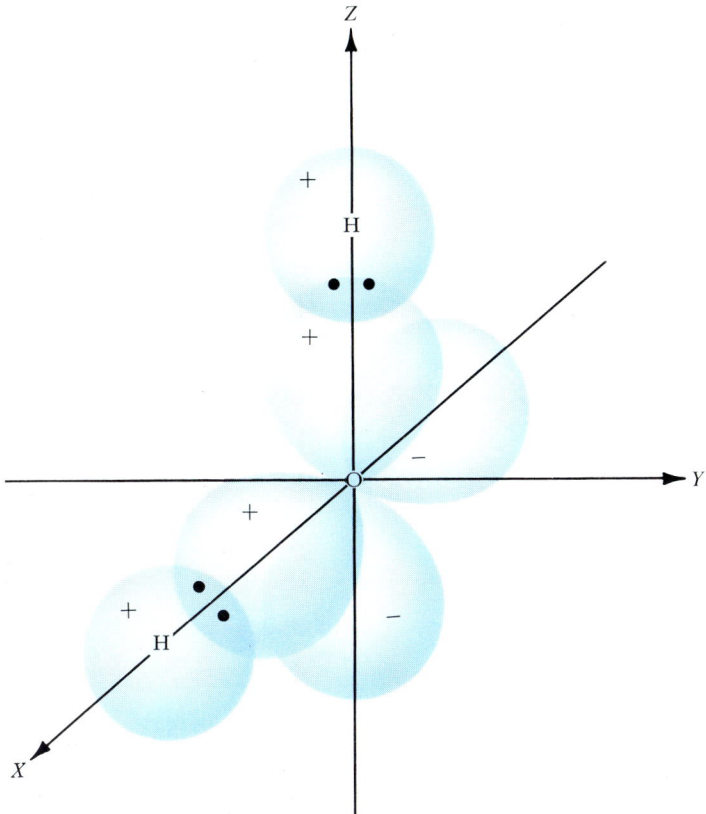

Abbildung 10–25 Ein einfaches Modell des Wassermoleküls kann dadurch aufgebaut werden, daß zwei der 2p-Orbitale des Sauerstoffs zur Bindungsbildung verwendet werden, während das dritte 2p-Orbital und das 2s-Orbital (hier nicht gezeigt) für die beiden einsamen Elektronenpaare zur Verfügung stehen.

p-Orbital und im s-Orbital befinden. In diesem Modell ist der H—O—H-Bindungswinkel gleich 90° (Abbildung 10–25).

Das Elektronenpaarabstoßungsmodell sagt wieder voraus, daß die beiden Bindungen und die beiden einsamen Elektronenpaare nach den Ecken eines Tetraeders ausgerichtet sein werden (Abbildung 10–26). Bei diesem Modell beträgt der H—O—H-Bindungswinkel 109° 28′. Der beobachtete Bindungswinkel im Wassermolekül besitzt einen Wert von 105°, somit kommt das Elektronenpaarabstoßungsmodell der Wirklichkeit sehr nahe (zumal dann, wenn man in zweiter Näherung die stärkere Abstoßung der einsamen Elektronenpaare berücksichtigt).

Mit zunehmender Größe des Zentralatoms wird der Abstand zwischen den Elektronen in den Valenzorbitalen größer, und die interelektronischen Abstoßungen verlieren bei der Bestimmung der Molekülgestalten an Bedeutung. So ist z. B. Schwefel größer als Sauerstoff, und aus den Atomspektren ist bekannt, daß die interelektronischen Abstoßungen in den Valenzorbitalen des Schwefels wesentlich kleiner sind als beim Sauerstoff. Dies ist wahrscheinlich der Grund dafür, daß der H—S—H-Bindungswinkel im H_2S nur

92° beträgt, was weitaus dichter am 90°-Wert liegt, den wir erwarten würden, wenn die Bindungen unter Benutzung der p-Orbitale gebildet würden (Abbildung 10–25).

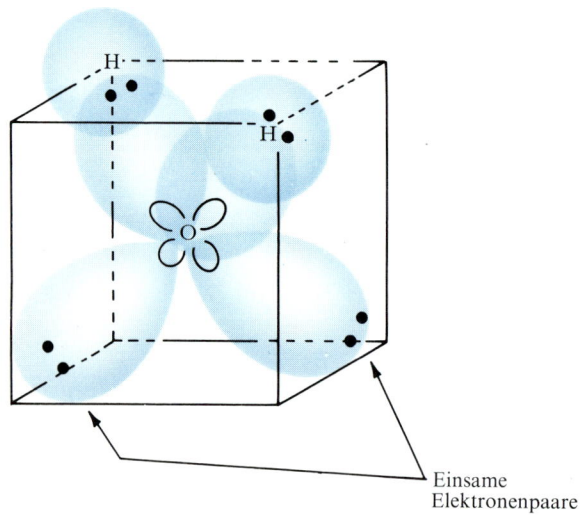

Einsame
Elektronenpaare

Abbildung 10–26 Die tetraedrischen sp³-Hybridorbitale können ebenfalls für die Konstruktion eines Modells für das H_2O-Molekül verwendet werden.

10–9   Einfach- und Mehrfachbindungen in Kohlenstoffverbindungen

Die tetraedrischen atomaren sp³-Hybridorbitale erklären die Bindungen im Methan recht gut. Sie erklären auch die Strukturen des Ethans, C_2H_6, und vieler anderer organischer Verbindungen, bei denen Kohlenstoffatome miteinander durch Einfachbindungen zu Ketten verbunden sind. Im Ethan ist jedes Kohlenstoffatom mit drei Wasserstoffatomen durch kovalente Bindungen verknüpft, die drei der vier sp³-Hybridorbitale benutzen. Das vierte sp³-Hybridorbital eines jeden Kohlenstoffatoms verbindet dann die beiden Kohlenstoffatome miteinander durch eine weitere kovalente Bindung. Bei der Ausbildung dieser Bindung kombinieren die beiden atomaren sp³-Orbitale zu einem stabilen, bindenden und einem instabilen, antibindenden Molekülorbital. Das bindende Orbital, das symmetrisch um die C—C-Achse liegt und somit ein σ^b-Orbital bildet, wird dabei von zwei spingepaarten Elektronen besetzt, wodurch die Bindung vervollständigt wird. Die Anordnung der sp³-Orbitale im Ethanmolekül zeigt Abbildung 10–27a, während die gemessenen Bindungslängen und Bindungswinkel in Abbildung 10–27b angegeben sind. Propan, CH_3—CH_2—CH_3, Butan, CH_3—CH_2—CH_2—CH_3, und alle anderen Verbindungen der großen Familie der Kohlenwasserstoffe mit geraden und verzweigten Ketten, einschließlich der Komponenten des Benzins, Petroleums und Paraffins, können mit Hilfe der tetraedrisch hybridisierten Orbitale von Kohlenstoffatomen aufgebaut werden, die entweder miteinander in Einfachbindungen oder mit atomaren Wasserstofforbitalen kombinieren.

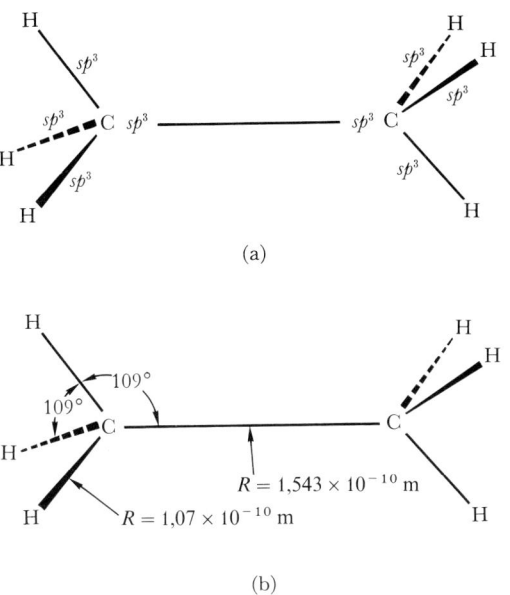

(a)

(b)

Abbildung 10–27 Bindungen im Ethan, C_2H_6. (a) Die vom Kohlenstoff eingebrachten atomaren Hybridorbitale. (b) Die am Ethan beobachteten Strukturparameter.

Das Lewis-Diagramm des Ethylens, C_2H_4, setzt eine Doppelbindung zwischen den Kohlenstoffatomen voraus

$$\begin{array}{ccc} H & & H \\ & \diagdown \!\!\!\diagup & \\ & C\!=\!C & \\ & \diagup \;\;\;\;\; \diagdown & \\ H & & H \end{array}$$

Im besten Modell für dieses Molekül benutzt jedes Kohlenstoffatom trigonale sp^2-Hybridorbitale. Zwei der drei gleichwertigen Hybridorbitale eines jeden Kohlenstoffatoms werden dazu verwendet, zwei Wasserstoffatome zu binden; das dritte sp^2-Orbital eines jeden Kohlenstoffatoms beteiligt sich an einer C—C-Einfachbindung mit σ-Symmetrie (Abbildung 10–28 a). Die zweite Bindung der Doppelbindung zwischen den Kohlenstoffatomen entsteht aus einer Kombination der zwei 2p-Atomorbitale, die an der Hybridisierung nicht beteiligt waren. Dabei bildet sich ein π-Molekülorbital auf die genau gleiche Weise wie die π_x^b- und π_y^b-Orbitale in homonuklearen zweiatomigen Molekülen (Abbildung 10–28 c). Es gibt nun im Ethylen 12 Valenzelektronen: Jeweils vier für die beiden Kohlenstoffatome und je eines für jedes der vier Wasserstoffatome. Acht dieser Elektronen werden für die vier Elektronenpaarbindungen mit den H-Atomen gebraucht, während zwei weitere Elektronen in die C—C-σ-Bindung gehen. Die letzten Valenzelektronen besetzen die C—C-π-Bindung und vervollständigen damit die von uns erwartete Doppelbindung.

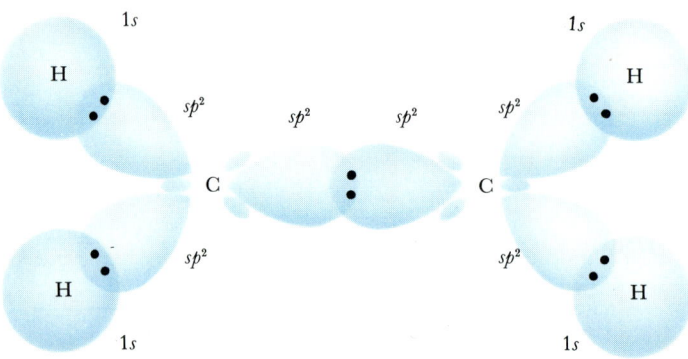

5 σ-Bindungspaare = 10 Elektronen

(a)

(b)   (c)

Abbildung 10–28   Bindungen im Ethylen, C_2H_4. (a) Die σ-Bindungsstruktur. (b) Die Lewis-Struktur. (c) Der π-Orbitalbeitrag zur Doppelbindung.

Bei diesem Modell des Ethylens müssen alle sechs Atome in einer Ebene liegen, da sonst, wenn eine – CH_2-Gruppe relativ zur anderen um die C—C-Verbindungslinie herum verdreht sein sollte, die Überlappung zwischen den 2p-Orbitalen im π^b-Molekülorbital geschwächt werden würde, wodurch die Bindung in ihrer Stärke reduziert und in eine Bindungsform umgewandelt werden würde, die sich einer einzelnen σ^b-Bindung annäherte. Die molare Bindungsenergie der C—C-Einfachbindung im Ethan beträgt 348 kJ mol^{-1} und die der Doppelbindung im Ethylen 523 kJ mol^{-1}. Die Energie, die dazu erforderlich ist, die – CH_2-Gruppen des Ethylens gegeneinander um 90° zu verdrehen, sollte gleich dem Unterschied zwischen diesen beiden Werten oder gleich 175 kJ mol^{-1} sein. Dies ist ein recht ansehnlicher Energiebetrag, somit sollte das Ethylenmolekül planar sein.

Eine Röntgenstrukturanalyse zeigt, daß Ethylen planar *ist* und daß seine Bindungswinkel in der Molekülebene gut mit den 120° in Einklang stehen, die aufgrund der sp^2-
Hybridisierung zu erwarten sind: Es ergeben sich für jeden H—C—H-Winkel 117° und
für jeden H—C—C-Winkel 121° 31′. Die Molekülstruktur des C_2H_4 stimmt also gut mit
dem Molekülorbitalbild dieser Substanz überein, und wir haben damit ein anschauliches
Beispiel für den Aufbau einer Doppelbindung.

Es gibt noch eine andere Weise, auf die die Doppelbindung des Ethylens mit Hilfe von
Molekülorbitalen erklärt werden kann, die tetraedrische sp^3-Hybridisierung: In diesem
Modell überlappen sich zwei der vier sp^3-Orbitale des einen Kohlenstoffatoms mit zwei
entsprechenden sp^3-Orbitalen des anderen Kohlenstoffatoms. Die beiden Kohlenstofftetraeder besitzen eine gemeinsame Kante, wie in Abbildung 7–7d beschrieben wurde.
Jedoch ist bei diesem Modell die Gesamtüberlappung der Atomorbitale geringer als
beim Modell der sp^2-Hybridisierung, was bedeutet, daß die Bindung nicht ganz so
stark wie beim sp^2-Modell ist. Zusätzlich sagt das Tetraedermodell mit seinen zwei
gebeugten Bindungen in der Doppelbindung voraus, daß der H—C—H-Winkel dicht
bei dem Tetraederwinkel von 109° und nicht bei dem sp^2-Wert von 120° liegen sollte.
Der beobachtete Winkel von 117° bedeutet ein starkes Argument für das Modell der
Doppelbindung in Abbildung 10–28 und spricht nicht so sehr für das sp^3-Hybridmodell
mit den gebogenen Bindungen.

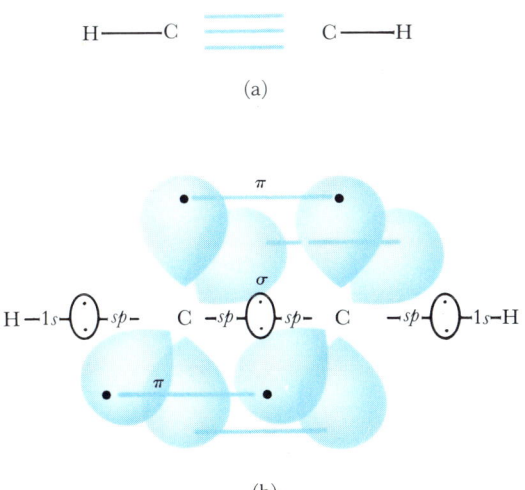

(a)

(b)

Abbildung 10–29   Bindungen im Acetylen, C_2H_2. (a) Die Lewis-Struktur. (b) Die σ-Bindung durch
die sp-Orbitale des Kohlenstoffs und die beiden π-Bindungen durch die p-Orbitale des Kohlenstoffs.

Im Acetylen, C_2H_2, ist nur noch ein Wasserstoffatom an jedes Kohlenstoffatom gebunden. Wir können für das C_2H_2 auf folgende Weise ein Bindungsmodell mit lokalisierten
Bindungen konstruieren: Das s- und ein p-Orbital eines jeden Kohlenstoffatoms kombinieren miteinander zu zwei sp-Hybridorbitalen, die unter 180° zueinander ausgerichtet

Tabelle 10–8   Auswirkungen der Bindungsordnung auf die Bindungslänge
und die molare Bindungsenergie

Molekül	C—C-Bindungs-ordnung	C—C-Bindungs-länge (10^{-10} m)	H_nC—CH_n-Energie (kJ mol^{-1})
C_2H_6	1	1,54	348
C_2H_4	2	1,35	523
C_2H_2	3	1,21	963

sind. Das eine dieser beiden sp-Orbitale wird für die Ausbildung einer σ-Bindung zu
einem Wasserstoffatom benötigt, während das andere sp-Orbital für die C—C-σ-Ein-
fachbindung verwendet wird. Jedes Kohlenstoffatom verfügt jetzt noch über zwei bisher
unbenutzte 2p-Orbitale. Diese kombinieren nun miteinander zu zwei π^b-Molekülorbita-
len. Eine Darstellung dieses Modells finden Sie in Abbildung 10–29.

Zusammenfassend können wir sagen, daß nach der Molekülorbitaltheorie die Doppelbindung im C_2H_4 aus einer σ- und einer π-Bindung besteht. Die Dreifachbindung im
C_2H_2 setzt sich danach aus einer σ-Bindung und zwei π-Bindungen zusammen. Der
Zusammenhang zwischen Bindungsordnung(-grad), Bindungslänge und Bindungsenergie wird bei diesen drei Verbindungen deutlich durch die experimentellen Daten veranschaulicht. Mit Erhöhung der C—C-Bindungsordnung nimmt die Bindungslänge ab,
während sich die Energie erhöht, die dazu erforderlich ist, die Bindung aufzubrechen,
wie aus Tabelle 10–8 ersichtlich ist.

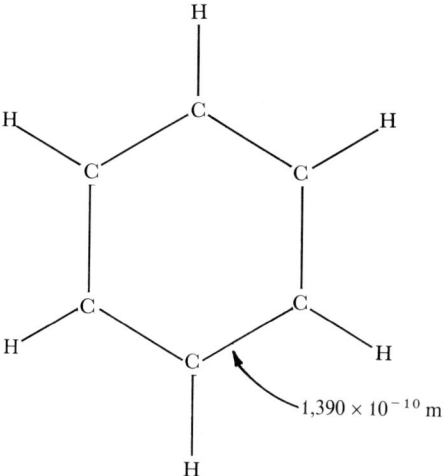

$1,390 \times 10^{-10}$ m

Abbildung 10–30   Das „Skelett" des Benzolmoleküls. Die C—C-Bindungslänge wurde durch Kristallstrukturanalyse mit Hilfe von Röntgenstrahlen bestimmt.

10–10 Das Benzolmolekül: Delokalisierte Orbitale

Beim Benzol versagt das Verfahren der lokalisierten Molekülorbitale. Genauso, wie wir keine zufriedenstellende Lewis-Struktur für das O_2-Molekül finden konnten, so gelingt es uns auch nicht, eine zufriedenstellende Molekülstruktur mit lokalisierten Orbitalen für das C_6H_6 zu konstruieren. Benzol besitzt das planare, hexagonale Skelett, das in Abbildung 10–30 dargestellt ist. Jedes Kohlenstoffatom innerhalb des Sechsecks ist an ein Wasserstoffatom und zwei anderen Kohlenstoffatomen gebunden, wobei die Bindungswinkel stets 120° betragen. Diese Bindungswinkel, für sich allein genommen, lassen auf eine sp^2-Hybridisierung schließen. Wenn wir also die sp^2-Hybridisierung für die Kohlenstoffatome benutzen, dann können wir das in Abbildung 10–31 gezeigte Netzwerk der σ-Bindungen aufbauen. Dabei ist jedes Kohlenstoffatom durch kovalente Einfachbindungen mit einem H-Atom und zwei anderen C-Atomen verbunden.

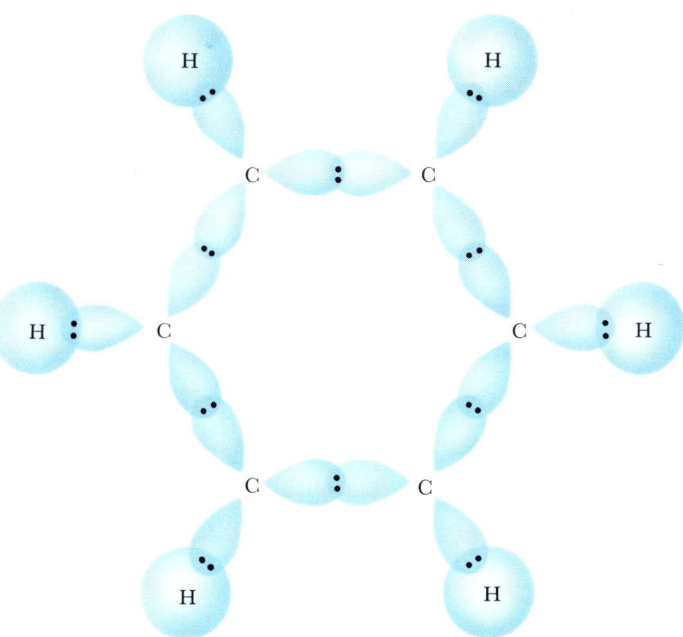

Abbildung 10–31 Das Muster der σ-Bindungen im Benzol. Diese sechs C—C-Bindungen und sechs C—H—-Bindungen benötigen 24 Atomorbitale und 24 Elektronen. Sechs 2p-Atomorbitale des Kohlenstoffs und sechs Valenzelektronen bleiben hier noch ungenutzt übrig.

Dies kann aber noch nicht alles sein, da die beim Benzol beobachtete Bindungslänge von 0,1390 nm für eine Einfachbindung (0,154 nm) zu kurz ist. Jedes Kohlenstoffatom besitzt ja auch noch ein unbenutztes 2p-Orbital senkrecht zur Ebene des hexagonalen Ringes (Abbildung 10–32). Im Benzol gibt es 30 Valenzelektronen: Vier von jedem der sechs Kohlenstoffatomen und jeweils eines von den sechs Wasserstoffatomen. 12 von

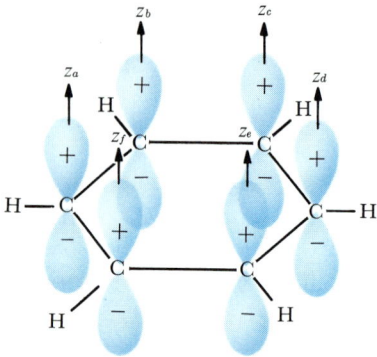

Abbildung 10–32 Die bisher noch ungenutzten sechs 2p-Atomorbitale des Kohlenstoffs im Benzol. Diese Atomorbitale kombinieren sich zu Molekülorbitalen, die die bei der Bildung der σ-Bindungen nicht benötigten sechs Valenzelektronen aufnehmen können.

ihnen werden für die sechs C—H-σ-Einfachbindungen und weitere 12 für die sechs C—C—σ-Einfachbindungen gebraucht, so daß 6 Valenzelektronen zusammen mit sechs atomaren p-Orbitalen übrigbleiben. Es erscheint logisch, diese Orbitale zur Bildung von drei weiteren kovalenten Bindungen zu drei Paaren zusammenzufassen. Aber auf welche Weise sind diese Paare auszuwählen?

Kekulé schlug vor, daß die Paare zwischen benachbarten Kohlenstoffatomen um den Ring herum gebildet werden sollten (Abbildung 10–33). Jedoch gibt es dann zwei solcher Kekulé-Strukturen, die, wenn sie auch beim Benzol nicht unterschieden werden können, verschiedene Isomere beim o-Dichlorbenzol ergeben müßten (siehe Abschnitt 7–6). Solche Isomere gibt es nicht. Und schlimmer noch, die C—C-Bindungslängen sollten nach dem Kekulé-Modell um den Benzolring herum zwischen der Bindungslänge einer Einfachbindung von 0,154 nm und 0,135 nm, der Bindungslänge der Doppelbindung im Ethylen, alternieren. Die Röntgenstrukturanalyse zeigt jedoch, daß alle sechs Bindungen gleich sind. Drei weitere Strukturen mit verschiedenen Kombinationen von drei kovalenten Bindungen zwischen den sechs p-Orbitalen wurden von Dewar vorgeschlagen (Abbildung 10–33). Jede für sich allein ist noch weniger zufriedenstellend als eine Kekulé-Struktur, und es erweist sich als unmöglich, für die Erklärung des Benzolmoleküls eine einzige Bindungsstruktur zeichnen zu können. Der Fehler liegt hier in unserer Betrachtungsweise, die davon ausgeht, daß eine Bindung etwas ist, das sozusagen auf private Weise ohne die Beteiligung der anderen Atome zwischen zwei Atomen in einem Molekül gebildet wird.

Strenggenommen sollte *jede* molekulare Wellenfunktion atomare Orbitale von *allen* Atomen eines Moleküls enthalten, wie bereits in Abschnitt 10–6 erwähnt wurde. Gewöhnlich liefern jedoch alle Atome bis auf zwei nur vernachlässigbare Beiträge zu einer bestimmten Wellenfunktion, so daß wir diese Wellenfunktion als eine genaue Beschreibung der Bindung zwischen diesen beiden Atomen betrachten können. Aber Anomalien wie beim Benzol treten häufig genug auf, um uns an die Lücken in unseren Annahmen hinsichtlich der lokalisierten Bindungen in Molekülen zu erinnern.

Mit Hilfe von Symmetriebetrachtungen, die über den Rahmen dieses Lehrbuches hinausgehen, kann ein Satz von sechs molekularen Wellenfunktionen und Orbitalen, die sich über das ganze Molekül erstrecken, aus den sechs atomaren 2p-Orbitalen be-

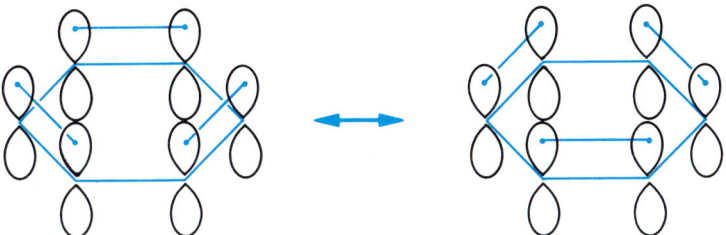

Die beiden Kekulé-Strukturen

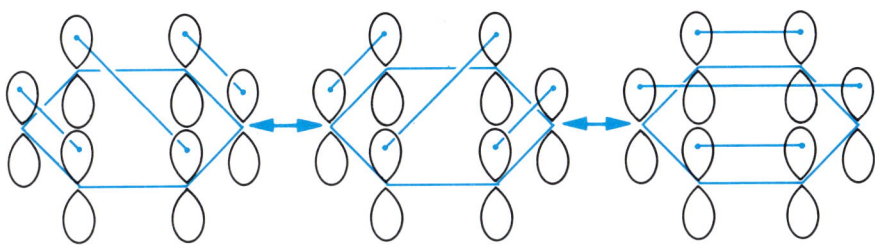

Die drei Dewar-Strukturen

Abbildung 10–33   Die sechs p-Orbitale können paarweise miteinander kombiniert werden, um auf mehrere verschiedene Weisen kovalente Bindungen zu ergeben.

stimmt werden. Lassen Sie uns diese sechs Atomorbitale wie in Abbildung 10–32 mit z_a, z_b, z_c, z_d, z_e und z_f bezeichnen, wobei das Vorzeichen eines jeden dieser z-Orbitale positiv bzw. negativ sein kann, je nachdem, ob der positive Lappen der p-Wellenfunktion in Abbildung 10–32 nach oben bzw. nach unten zeigt. Dann sind die sechs Wellenfunktionen für das ganze Molekül durch den folgenden Satz gegeben

$$\pi_1^b = z_a + z_b + z_c + z_d + z_e + z_f$$
$$\pi_2^b = 2z_a + z_b - z_c - 2z_d - z_e + z_f$$
$$\pi_3^b = z_b + z_c - z_e - z_f$$
$$\pi_1^* = 2z_a - z_b - z_c + 2z_d - z_e - z_f$$
$$\pi_2^* = z_b - z_c + z_e - z_f$$
$$\pi_3^* = z_a - z_b + z_c - z_d + z_e - z_f$$

Die Absolutquadrate dieser Wellenfunktionen ergeben die Elektronendichteverteilungen. Diese sechs Orbitale sind in Abbildung 10–34 dargestellt. Drei von ihnen sind bindend und drei sind antibindend. Die Lage ihrer Energien zeigt Abbildung 10–35. Beachten Sie, wie auch diese Orbitale die Regel bestätigen, die besagt, daß im allgemeinen ein Orbital eine um so höhere Energie besitzen wird, je mehr Knoten es hat. Sie können die Gültigkeit dieser Regel anhand der zuvor in diesem Kapitel diskutierten homonuklearen und heteronuklearen Orbitale und selbst am Beispiel der atomaren Wellenfunktionen des Wasserstoffs prüfen.

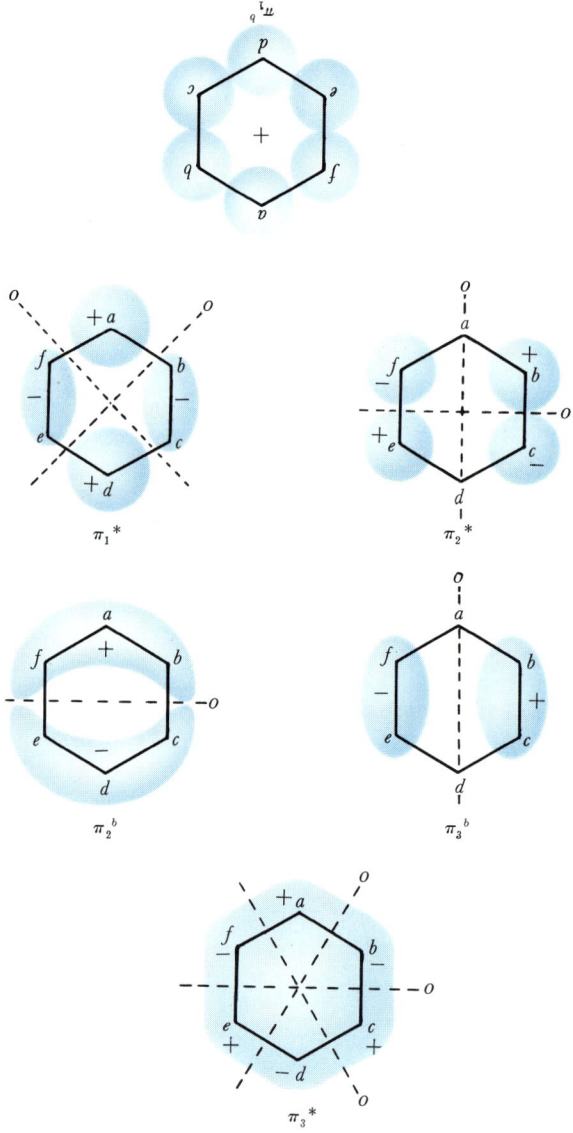

Abbildung 10–34 Die sechs über das ganze Molekül delokalisierten Molekülorbitale, die sich aus den sechs 2p-Atomorbitalen des Kohlenstoffs im Benzol ergeben. Die gestrichelten Linien deuten Knotenflächen mit der Elektronendichte null an, und die plus- und minus-Vorzeichen markieren die relativen Vorzeichen der Wellenfunktionen auf beiden Seiten einer Knotenfläche. Je größer die Anzahl der Knotenflächen ist, desto höher liegt der zu der betreffenden Wellenfunktion gehörige Energieeigenwert. Alle diese sechs π-Orbitale weisen eine Knotenebene in der Papierebene auf; so besitzt z. B. das π_1^b-Molekülorbital einen Bereich von hoher Elektronenwahrscheinlichkeitsdichte oberhalb der Ebene des Benzolrings und einen weiteren Bereich hoher Dichte unterhalb dieser Ebene, in dem die Wellenfunktion selbst das entgegengesetzte Vorzeichen zum oberen Bereich aufweist. Das π_3^*-Molekülorbital besitzt zwölf derartige Bereiche hoher Dichte („Lappen"): sechs oberhalb der Ebene des Ringes, die hier zu sehen sind, und weitere sechs unterhalb des Ringes mit entgegengesetzten Vorzeichen der Wellenfunktion in den entsprechenden Lappen.

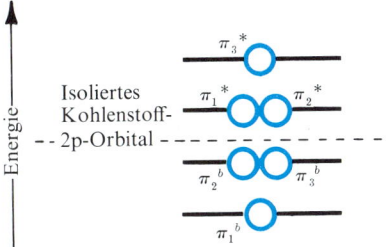

Abbildung 10–35 Energieniveauschema für die sechs delokalisierten Benzolorbitale, die in Abbildung 10–34 dargestellt sind. Ein allgemeingültiges Prinzip der Quantenmechanik besagt, daß die Energieniveaus eines Teilchens desto tiefer und enger beieinander liegen werden, je mehr Raum ihm für seine Bewegung zur Verfügung steht. Als extremes Beispiel ist dies die Ursache dafür, daß wir die Quantisierung der Energie eines Elektrons in einem Wasserstoffatom bemerken, während uns die Quantisierung der Energie eines Fußballs im Olympiastadion nicht auffällt. Die Masse des Fußballs ist so groß und das Volumen, in dem er sich bewegen kann, so riesig, daß seine quantisierten Energieniveaus zu dicht nebeneinander liegen, als daß wir sie noch auflösen können. Zusätzlich zum Massenunterschied ist das Fußballbeispiel noch ein Fall von extremer Delokalisierung. Selbst im molekularen Bereich wird das Molekül desto stabiler sein, je größer der Raum ist, in dem sich die Elektronen bewegen können (je stärker sie delokalisiert sind), wenn alle anderen Faktoren vernachlässigt werden. Die Delokalisierungsstabilisierung eines jeden der π_1^b-, π_2^b- und π_3^b-Orbitale ist in unserer Abbildung durch ihren Abstand von der horizontalen, gestrichelten Linie gegeben (nach unten negativ, d.h. stabiler), die das Energieniveau der Elektronen in den isolierten 2p-Orbitalen des Kohlenstoffs darstellt.

Die sechs noch nicht benutzten Valenzelektronen im Benzol besetzen nun die drei bindenden Orbitale in Abbildung 10–35. Keines dieser Elektronenpaare gehört zu irgendeinem Paar von C-Atomen; somit sagt man, die sechs Elektronen sind *delokalisiert*. Jede Kohlenstoff-Kohlenstoffbindung setzt sich aus einer ganzen σ-Bindung und einer halben π-Bindung zusammen. Die C—C-Bindungslänge von 0,1390 nm liegt zwischen den Werten für die Bindungslängen einer Einfach- und einer Doppelbindung.

Benzol ist tatsächlich stabiler, als wir für ein Molekül mit sechs C—C-Einfachbindungen, sechs C—H-Einfachbindungen und drei C—C-π-Bindungen erwarten würden. Diese zusätzliche Stabilität rührt von der Delokalisierung der sechs Elektronen in den drei π-Bindungen über alle sechs Kohlenstoffatome her. Das π_1^b-Orbital in Abbildung 10–34 ist bezüglich aller sechs Kohlenstoffatome symmetrisch. Die Orbitale π_2^b und π_3^b sehen unsymmetrisch aus, aber die Kombination der beiden ist symmetrisch. Die Atome a und d sind in keiner Weise speziell hervorgehoben; wir hätten π_2^b und π_3^b so schreiben können, daß die Atome f und c scheinbar die „Achse" des Moleküls bilden (oder auch b und e). Wenn wir die Delokalisierung der Elektronen im C_6H_6 nicht zuließen, würde der Aufbau der Bindungen im Benzolmolekül einer der Kekulé- oder Dewar-Strukturen in Abbildung 10–33 oder 10–36 entsprechen. Statt dessen kann die Bindungsstruktur des Benzols am besten durch die unterste Zeichnung in Abbildung 10–36 dargestellt werden. Wie wir in Abschnitt 15–4 aus den experimentellen Daten berechnen werden, ist das Molekül um 167 kJ mol^{-1} stabiler, als nach der Summe der molaren Bindungsenergien von sechs C—H-, drei C—C- und drei C=C-Bindungen zu erwarten ist.

Kekulé-Strukturen

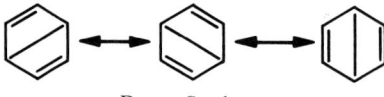

Dewar-Strukturen

Einfache Molekülorbital-Struktur

Abbildung 10–36   Die beiden Kekulé-Strukturen für das Benzolmolekül, die drei Dewar-Strukturen und eine schematische Darstellung der delokalisierten Elektronen im Benzolring. Die Kekulé- und Dewar-Strukturen werden gelegentlich noch als „Resonanzstrukturen" des Benzols bezeichnet. Der Sinngehalt dieser recht unglücklichen Bezeichnung ist nicht der, daß die Bindungen zwischen der einen und der anderen Struktur hin und her springen oder „resonieren", sondern nur der, daß die wirkliche Struktur des Benzolmoleküls, die nicht durch lokalisierte Bindungen dargestellt werden kann, etwas von dem Charakter einer jeden dieser „Grenzstrukturen" besitzt.

Eine andere Methode zur Behandlung des symmetrischen Benzolmoleküls benutzt die Resonanzvorstellung, die vorher schon bei den Lewis-Diagrammen erwähnt wurde. Bei diesem Verfahren gehen wir davon aus, daß das reale Benzolmolekül, obwohl es nicht genau durch irgendein einziges Modell mit lokalisierten Bindungen dargestellt werden kann, etwas von dem Charakter der beiden Kekulé-Strukturen und aller drei Dewar-Strukturen aus Abbildung 10–36 besitzt. Wir können dann die vollständige Wellenfunktion des Benzols als eine Linearkombination der Wellenfunktionen der zwei Kekulé-Strukturen (K_1 und K_2) und der drei Dewar-Strukturen (D_1, D_2 und D_3) darstellen

$$\psi = uK_1 + vK_2 + wD_1 + xD_2 + yD_3$$

Es gibt Verfahren, die Koeffizienten u bis y zu berechnen, und es ergibt sich aus dieser Berechnung, daß die beste Annäherung an das reale Benzolmolekül dann erfolgt, wenn wir annehmen, daß jede der Kekulé-Strukturen 39% und jede der Dewar-Strukturen 7% zum Aufbau der Molekülwellenfunktion beitragen. Diese fünf Modelle werden als die Resonanzstrukturen des Benzols bezeichnet, und die zusätzlichen $167\,\text{kJ}\,\text{mol}^{-1}$ an Stabilität werden molare Resonanz(stabilisierungs)energie genannt. Seien Sie noch einmal vor der Bezeichnungsweise gewarnt, und stellen Sie sich *nicht* etwa vor, daß das Benzolmolekül ständig von einer Resonanzstruktur in eine andere umklappt oder zwischen den „Grenzstrukturen" resoniert! Die Resonanzvorstellung ist nichts weiter als eine Hilfskonstruktion zur Berechnung der Molekülwellenfunktion, der allein eine physikalische Bedeutung zukommt.

10–11 Zusammenfassung

Wir wissen jetzt, was eine kovalente Bindung ist. Wir verfügen über eine Bindungstheorie – die Molekülorbitaltheorie –, die die Bindungslängen und die Bindungsenergien einfacher Moleküle zufriedenstellend erklärt, das Vorliegen oder Fehlen von ungepaarten Elektronen voraussagt und sogar erkennen läßt, welche Moleküle nicht existieren können. Nach dieser Theorie können wir aufgrund einer Weiterentwicklung von Vorstellungen, auf die wir hier nur qualitativ eingegangen sind, das Dipolmoment und den prozentualen Ionencharakter einer Bindung richtig voraussagen. Die Molekülorbitaltheorie erklärt die tetraedrische Geometrie von Kohlenstoffbindungen und die Gestalten von anderen kleinen Molekülen, wie z. B. H_2O, NH_3 und BF_3.

Die Molekülorbitaltheorie vervollständigt die Vorstellungen von der Elektronenpaarbindung, die von G. N. Lewis begründet wurden. Wenn die Lewis-Strukturen den Aufbau von Molekülen richtig darstellen, dann erklärt sie die Molekülorbitaltheorie; sind die Lewis-Diagramme nicht ausreichend, korrigiert sie die Molekülorbitaltheorie. Die Lewis-Diagramme sind heute praktische Gedächtnisstützen zur Erinnerung an die Schlußfolgerungen aus der Molekülorbitaltheorie. Diese Theorie liefert eine Erklärung dafür, auf welche Weise Doppel- und Dreifachbindungen gebildet werden und warum eine Struktur mit einer Doppelbindung in eine planare Konfiguration gezwungen wird.

Bei den meisten unserer Beispiele sind wir von der Annahme ausgegangen, daß wir lokalisierte Molekülorbitale vorliegen haben. Diese Annahme reicht gewöhnlich aus, eine hinreichende Beschreibung des Moleküls zu liefern, aber beim Benzol waren wir gezwungen, den Molekülaufbau mit Hilfe von delokalisierten, sich über das ganze Molekül erstreckenden Molekülorbitalen zu erklären.

Zu Beginn des Kapitels 7 zitierten wir W. H. Wollaston, der 1808 beklagte, daß „es vielleicht zuviel ist, zu hoffen, daß die geometrische Anordnung der primären Teilchen jemals vollkommen erkannt sein wird". Mehr als einundeinhalbes Jahrhundert später kennen wir viele dieser Anordnungen und, dank der Molekülorbitaltheorie, könnten wir sie sogar verstehen.

Literaturhinweise

G. M. Barrow, The Structure of Molecules, W. A. Benjamin, Menlo Park, Calif., 1963. Eine Einführung in die Molekülspektroskopie, die einen Schritt über das Niveau dieses Kapitels hinausgeht. Sagt uns, wie die Strukturen von Molekülen dadurch bestimmt werden können, wie sie Strahlung emittieren oder absorbieren.

E. Cartmell and *G. W. A. Fowles*, Valency and Molecular Structure, Reinhold, New York, 1967.

I. Cohen and *T. Bustard*, „Atomic Orbitals: Limitations and Variations", J. Chem. Educ. 43, 187 (1966).

A. Companion, Chemical Bonding, McGraw-Hill, New York, 1964.

H. B. Gray, Chemical Bonds, W. A. Benjamin, Menlo Park, Calif., 1973. Enthält eine ausführliche Einführung in die Molekülorbitaltheorie.

H. B. Gray, Electrons and Chemical Bonding, W. A. Benjamin, Menlo Park, Calif., 1965.

Deutsche Ausgabe: Elektronen und chemische Bindung, Walter de Gruyter, Berlin, 1973. Eine etwas umfassendere Behandlung des Stoffes dieses Kapitels von einem leicht veränderten Standpunkt aus.

R. C. Johnson and *R. R. Rettew*, „Shapes of Atoms", J. Chem. Educ. 42, 145 (1965).

E. A. Ogryzlo and *G. B. Porter*, „Contour Surfaces for Atomic and Molecular Orbitals", J. Chem. Educ. 40, 256 (1963).

L. Pauling, The Nature of the Chemical Bond, Cornell University Press, Ithaca, New York, 1960, 3rd ed. Deutsche Ausgabe: Die Natur der chemischen Bindung, Verlag Chemie, Weinheim/Bergstraße, 1962.

G. E. Ryschkewitsch, Chemical Bonding and the Geometry of Molecules, Reinhold, New York, 1972, 2nd ed.

D. K. Sebera, Electronic Structure and Chemical Bonding, Blaisdell, Waltham, Massachusetts, 1964.

A. C. Wahl, „Chemistry by Computer", Scientific American, April, 1970.

Fragen

1. Welche experimentellen Beweise gibt es dafür, daß O_2 die Bindungsordnung zwei und N_2 die Bindungsordnung drei besitzen?

2. Wie werden N_2, O_2 und F_2 mit Hilfe von Lewis-Diagrammen dargestellt?

3. Was bedeutet die Aussage, daß das Ammoniumion und Methan isoelektronisch sind? Wenn sie dies sind, warum besitzen sie dann nicht ähnliche chemische Eigenschaften?

4. Welche Kombination von Bor und Wasserstoff wäre mit dem Methan und dem Ammoniumion isoelektronisch? Fallen Ihnen irgendwelche guten Gründe ein, warum eine derartige Borverbindung existieren könnte oder nicht?

5. Ist die Additionsverbindung von BF_3 und NH_3 mit irgendeiner organischen Verbindung isoelektronisch?

6. Auf welche Weise unterscheiden sich Lewis-Säuren und -Basen von Brönsted-Säuren und -Basen sowie von Arrhenius-Säuren und -Basen?

7. Welche der Teilchenarten (oder die Teilchenarten, die von ihnen abgeleitet werden können) auf der linken Seite der Gleichung für die wäßrige Lösung von Ammoniak

$$NH_3 + H_2O \rightleftarrows NH_4^+ + HO^-$$

ist die Säure und welche die Base nach den Definitionen von Arrhenius, Brönsted und Lewis?

8. Was ist der Unterschied zwischen Oxidationszahl und formaler Ladung? Wie werden beide Größen für ein Atom in einem Molekül berechnet?

9. Warum besitzt die Kurve der potentiellen Energie in Abbildung 10–2 ein Minimum? Auf welche Weise stellen wir die Schwingung des H_2-Moleküls – das Dehnen und Stauchen seiner Bindungslänge – in einem Diagramm wie dem in Abbildung 10–2 dar? An welchem Punkt seiner Schwingungsbewegung besitzen seine zwei Atome ihre größte potentielle Energie und wo ihre geringste? An welchem Punkt der Schwingung besitzen die Atome die größte kinetische Energie? Wo die geringste? Welche Größe bleibt während der Schwingung des Moleküls konstant?

10. In Abbildung 10–3a sind die Profile der zwei atomaren Elektronendichtewolken, $|1s_a|^2$ und $|1s_b|^2$, sowie das Profil des bindenden Molekülorbitals, $|1s_a + 1s_b|^2$, dargestellt. Wie würden die Profile für die zwei atomaren Wellenfunktionen, $1s_a$ und $1s_b$, aussehen? Zeichnen Sie das Profil der antibindenden Molekülwellenfunktion, $1s_a - 1s_b$, sowie das Profil der sich daraus ergebenden Elektronendichteverteilung im antibindenden Molekülorbital, $|1s_a - 1s_b|^2$.

11. Worauf sollen die Symmetriesymbole für Molekülorbitale, σ und π, hinweisen?

12. Warum sagt die Molekülorbitaltheorie voraus, daß He_2 nicht existieren kann, wogegen He_2^+ unter geeigneten Bedingungen existenzfähig sein sollte?

13. Was ist in der Molekülorbitaltheorie das Äquivalent einer Lewisschen kovalenten Bindung?

14. Was ist an der allgemeinen Aussage falsch, daß bindende Orbitale niedrige Energien und antibindende Orbitale hohe Energien besitzen? Welche Eigenschaft eines bindenden Orbitals macht es zu einem bindenden Orbital?

15. In welcher Reihenfolge nimmt die Energie der Molekülorbitale zu, die bei zweiatomigen Molekülen aus den 2s- und 2p-Atomorbitalen gebildet werden? Welches experimentelle Beweismaterial gibt es dafür, daß diese Reihenfolge die richtige ist?

16. Was sind homonukleare und was heteronukleare, zweiatomige Moleküle?

17. Was bedeuten die positiven und negativen Vorzeichen bei den Orbitalwolken in Abbildung 10–7? Was bedeuten die kleinen Strichzeichnungen oben rechts von jeder Orbitaldarstellung?

18. Warum ist die Bindungsenergie im Li_2 kleiner als im H_2?

19. Jedes Boratom besitzt drei Valenzelektronen. Warum wird das B_2-Molekül dann nicht durch eine Dreifachbindung wie das N_2-Molekül zusammengehalten?

20. Wie sieht die Elektronenkonfiguration des Grundzustands des C_2-Moleküls aus?

21. Warum ist O_2 paramagnetisch, während es N_2 nicht ist? Begründen Sie Ihre Antwort mit der Elektronenkonfiguration des Grundzustands der beiden Moleküle.

22. Was geschieht mit den Molekülorbitalen, wenn zwei Atomorbitale zweier verschiedener Atome mit sehr unterschiedlichen Energien miteinander kombiniert werden? Wie würden wir die Elektronen am besten beschreiben, wenn wir zwei Atomorbitale mit sehr unterschiedlichen Energien kombinieren und das niedriger liegende der beiden sich ergebenden Energieniveaus (Molekülorbitale) mit zwei Elektronen besetzen? Sind sie bindende Elektronen?

23. Warum können in Abbildung 10–11 nicht die $2p_x$- und 1s-Atomorbitale miteinander zu zwei Molekülorbitalen kombiniert werden?

24. Ist in Abbildung 10–12 das σ^b-Molekülorbital dem 1s-Atomorbital des Wasserstoffs oder dem 2p-Atomorbital des Fluors ähnlicher? Welches Atomorbital trägt mehr zum σ^*-Molekülorbital bei?

25. Welche experimentellen Daten sagen etwas über die relativen Höhen der Energieniveaus des 1s-Atomorbitals des Wasserstoffs und der 2p-Atomorbitale des Fluors in Abbildung 10–12 aus?

26. Welche Auswirkungen würde es auf den Charakter der Bindung im HF haben, wenn das 1s-Atomorbital des Wasserstoffs und die 2p-Atomorbitale des Fluors auf irgendeine Weise energetisch gleichgemacht würden?

27. Was ist in der Sprache der Molekülorbitaltheorie und nach Abbildung 10–12 eine rein ionische Bindung?

28. In welcher Weise können uns die Dipolmomente von Molekülen Schätzwerte für den Ionencharakter einer Bindung geben? Wie ionisch ist die HF-Bindung?

29. Warum unterscheiden sich die Darstellungen der Orbitale für heteronukleare, zweiatomige Moleküle in Abbildung 10–14 von denen für homonukleare, zweiatomige Moleküle in Abbildung 10–7?

30. Was bedeuten lokalisierte und delokalisierte Molekülorbitale? An welchen experimentellen Hinweisen können wir erkennen, wann wir lokalisierte Molekülorbitale benutzen können und wann nicht?

31. Woher wissen wir, daß alle vier C—H-Bindungen im Methan einander gleichwertig sind?

32. Wenn Energie erforderlich ist, um die beiden gepaarten 2s-Elektronen in einem Kohlenstoffatom zu trennen und die Elektronenkonfiguration $2s^1 2p_x^1 2p_y^1 2p_z^1$ aufzubauen, warum bleibt dann der Kohlenstoff nicht im Zustand $2s^2 2p_x^1 2p_y^1$ mit einer Wertigkeit von zwei anstelle von vier?

33. Was geschieht mit dem dritten p-Orbital bei einer sp^2-Hybridisierung?

34. Warum ist die trigonale sp^2-Hybridisierung für das Ammoniakmolekül falsch?

35. Was besagt die VSEPR-Theorie, und auf welche Weise kann sie zur Erklärung der Strukturen von H_2O und NH_3 herangezogen werden? Warum trifft diese Theorie beim H_2S weniger gut zu als beim H_2O?

36. Auf welche Weise wird die zweite Bindung der C=C-Doppelbindung im Ethylen gebildet?

37. Warum zwingt das Vorliegen einer Doppelbindung im Ethylen das Molekül dazu, eine planare Struktur anzunehmen? Was würde geschehen, wenn die beiden Enden des Ethylenmoleküls um die C=C-Bindungsachse gegeneinander verdreht werden?

38. Warum ist das sp^3-Hybridisierungsmodell für das Ethylen weniger gut geeignet als das sp^2-Hybridisierungsmodell?

39. Welche experimentellen Beweise haben wir dafür, daß eine Kekulé-Struktur für die Bindungsverhältnisse im Benzol falsch ist?

40. Welche Beziehung besteht zwischen der Anzahl der Knotenflächen bei den Wellenfunktionen des Benzols und ihren Energien?

Aufgaben

1. Ordnen Sie bei den folgenden Teilchenarten jedem der Atome formale Ladungen zu, und geben Sie die Gesamtladung der Teilchen an:

$$[:C \equiv N:] \qquad [\ddot{S}=C=\ddot{N}]$$

$$[\ddot{N}=N=\ddot{N}] \qquad [\ddot{S}=C=\ddot{O}]$$

2. Zeichnen Sie Lewis-Diagramme für die Atome Na, C, Si, Cl und Kr.

3. Zeichnen Sie Lewis-Diagramme für die Atome oder Ionen Ca^{2+}, K^+, Ar, Cl^- und S^{2-}.

4. Wie sehen die Lewis-Diagramme der zweiatomigen Moleküle oder Ionen O_2, CO, Li_2^+ und CN^- aus?

5. Wie sehen die Lewis-Diagramme von Cl_2, N_2, NO und HCl aus? Von welchen dieser Moleküle würden Sie erwarten, daß sie paramagnetisch sind, und warum?

6. Geben Sie die Lewis-Strukturen von $BaCl_2$, PH_3, NH_4Cl, HOCl (keine H—Cl-Bindung), H_2O, H_2O_2 und NO_2^- an.

7. Geben Sie die Lewis-Strukturen von $CaCl_2$, SiH_4, CS_2 (keine S—S-Bindungen), ClO_2 (Chlordioxid), ClO_2^- (Chlorition) und N_2O an.

8. Im Diazomethan (H_2CNN) ist ein Stickstoffatom direkt an das Kohlenstoffatom gebunden, während das zweite Stickstoffatom an das erste gebunden ist. Zeichnen Sie Lewis-Diagramme für dieses Molekül, bei denen (a) die beiden N-Atome durch eine Dreifachbindung miteinander verbunden sind und (b) das mittlere Stickstoffatom zwei Doppelbindungen mit C und N bildet. Wenn die Diagramme richtig gezeichnet sind, sollte jedes C- und N-Atom acht Elektronen in seiner Valenzschale aufweisen. Welche formalen Ladungen besitzt jedes Atom in den Strukturen (a) und (b)?

9. Geben Sie für jede der folgenden Reaktionen an, welches Molekül oder Ion die Lewis-Säure und welches die Lewis-Base ist:
   (a) $Ag^+ + 2NH_3 \rightleftarrows Ag(NH_3)_2^+$
   (b) $C_2H_3O_2^- + HF \rightleftarrows HC_2H_3O_2 + F^-$
   (c) $NH_2^- + NH_4^+ \rightleftarrows 2NH_3$
   (d) $2(CH_3)_3P + O_2 \rightleftarrows 2(CH_3)_3PO$

10. Zeichnen Sie Lewis-Diagramme für BrO_4^-, SiH_4, PCl_4^+, CH_2Cl_2 und BF_4^-.

11. Beschreiben Sie die Elektronenstruktur des zweiatomigen Moleküls NO unter Verwendung von Molekülorbitalen. Würden Sie nach dem Molekülorbitaldiagramm erwarten, daß das Molekül paramagnetisch ist? Stimmt Ihre Antwort mit dem überein, was Sie nach dem Lewis-Diagramm voraussagen können? Würden Sie erwarten, daß die Dissoziationswärme des NO größer als, gleich oder kleiner als die des Ions NO^+ ist?

12. Beschreiben Sie die Elektronenstruktur des zweiatomigen Moleküls O_2 mit Hilfe der Molekülorbitaltheorie. Ist O_2 aufgrund von Voraussagen, die auf der Molekülorbitaltheorie beruhen, paramagnetisch, und steht diese Voraussage mit den Voraussagen im Einklang, die sich auf die möglichen Lewis-Diagramme gründen? Welches der beiden Moleküle, O_2 oder NO, würde Ihren Erwartungen nach die größere Dissoziationswärme besitzen?

13. Beschreiben Sie mit Hilfe der Molekülorbitale die Elektronstrukturen des Peroxidions, O_2^{2-}, und des Hyperoxidions, O_2^-. Sind diese Ionen diamagnetisch oder paramagnetisch? Wie verhält sich die Stärke der Sauerstoff-Sauerstoff-Bindung in jedem dieser Ionen zu der im O_2-Molekül?

14. Welches der drei Moleküle, O_2, N_2 oder F_2, verfügt über die größte Bindungsenergie?

15. Welche der folgenden Moleküle sind paramagnetisch: CO_2, CO, Cl_2, NO und N_2?

16. Von welchen der folgenden Moleküle würden Sie erwarten, daß sie ein Dipolmoment besitzen: H_2, O_2, HF, HI, I_2 und CH_4? Berechnen Sie das Dipolmoment der Moleküle, die ein solches aufweisen, unter der Annahme, daß diese Moleküle vollkommen ionisch sind. (Die dazu erforderlichen Daten finden Sie in den Tabellen 10–4 und 10–6.)

17. Das gemessene Dipolmoment des Kohlenmonoxids (CO) beträgt 0,112 D. Wie groß ist der partielle Ionencharakter der C—O-Bindung?

18. Kohlendioxid, CO_2, besitzt *kein* Dipolmoment. Was sagt dies über seine Molekülstruktur aus? Wasser, H_2O, besitzt *ein* Dipolmoment. Worauf deutet dies hin?

19. Welche der folgenden Substanzen besitzt Bindungen mit größerem Ionencharakter, KI oder BaO? Wie groß ist der prozentuale Ionencharakter jeder Bindung? (Daten über die Dipolmomente finden Sie z. B. im *CRC Handbook of Chemistry and Physics*.)

20. Vergleichen Sie den prozentualen Ionencharakter der Bindungen im HCl, CsCl und TlCl. Können Sie Ihre Ergebnisse mit Hilfe des Periodensystems erklären? (Tl—Cl-Bindungslänge: 0,32 nm. Gemessenes Dipolmoment der TlCl-Moleküle in der Gasphase: 4,44 D; für CsCl: 10,42 D.) Wie lauten die Werte für die Dipolmomente in SI-Einheiten?

21. Die Molekülorbitalbeschreibung des B_2-Moleküls kann, wie folgt, formuliert werden: $KK(\sigma_s^b)^2(\sigma_s^*)^2(\pi_{x,y}^b)^2$. Was bedeutet hierbei das Symbol KK? Wie sieht die Molekülorbitalbeschreibung des F_2 in derselben Schreibweise aus?

22. Wie sehen die Molekülorbitalbeschreibungen von Li_2 und Be_2 aus? Welches der Moleküle sollte nicht existieren, und warum nicht?

23. Sagen Sie unter Verwendung der Tabelle 10–7 voraus, welche Bildungswärme der unverzweigte, geradkettige Kohlenwasserstoff $C_{10}H_{22}$ besitzt.

24. Wie sieht die Geometrie der Bindungen um das Zentralatom herum bei jeder der folgenden Verbindungen aus, und welche Hybridisierung der Atomorbitale des Zentralatoms liegt bei ihnen vor: CH_4, BF_3, NF_3, ICl_4^- und H_2O?

25. Wie sieht die Geometrie der Bindungen um das Zentralatom herum bei jeder der folgenden Verbindungen aus, und welche Hybridisierung der Atomorbitale des Zentralatoms liegt bei ihnen vor: BrO_3^-, $CHCl_3$, ClO_4^- und H_2S?

26. Nennen Sie Beispiele für Ionen oder Moleküle, die die folgenden Strukturen besitzen:

    (a) $[AB_3]^{2-}$ planar   (e) $[AB_4]^-$ tetraedrisch
    (b) $[AB_3]$ planar   (f) $[AB_4]^{2-}$ tetraedrisch
    (c) $[AB_3]$ pyramidal   (g) $[AB_2]$ linear
    (d) $[AB_3]^-$ pyramidal   (h) $[AB_2]$ gewinkelt

27. Wie sieht die Geometrie der Bindungen um jedes der beiden Kohlenstoffatome herum bei der Essigsäure

$$\begin{array}{c} O \\ \| \\ H_3C—C—OH \end{array}$$

aus? Welche Hybridisierung der Atomorbitale liegt bei jedem Kohlenstoffatom und bei jedem Sauerstoffatom vor? Beschreiben Sie die Bindungsverhältnisse mit Hilfe von Molekülorbitalen. Welche Kohlenstoff-Sauerstoff-Bindung wird länger sein?

28. Wenn Essigsäure in der Lösung ionisiert wird, besitzen die beiden Kohlenstoff-Sauerstoff-Bindungen dieselbe Länge. Geben Sie zwei Resonanzstrukturen für das Acetation an, die diese Tatsache erklären. Welche experimentellen Methoden könnten wir dazu verwenden, die Frequenz zu messen, mit der das Ion zwischen den beiden Strukturen „resoniert"?

29. Wie können Sie mit Hilfe der Molekülorbitaltheorie die gleichen Bindungslängen aus Aufgabe 28 erklären? Welche der Erklärungen gefällt Ihnen besser, die nach der Molekülorbitaltheorie oder die durch die Resonanzstrukturen?

30. Die drei Isomere des Dichlorbenzols besitzen in der Gasphase experimentell bestimmte Dipolmomente von 0,00 D, 1,72 D und 2,50 D. Ordnen Sie diese drei Dipolmomente den in Abbildung 7–9 dargestellten Strukturen zu.

31. Chemiker sprechen häufig vom prozentualen s-Charakter irgendeiner bestimmten Bindung. So sagt man z.B., daß jede C—H-Bindung im Methan 25% s-Charakter besitzt, weil sich das sp^3-Hybridorbital aus einem s- und drei p-Orbitalen zusammensetzt. (a) Berechnen Sie den prozentualen s-Charakter für die sp^2- und sp-Hybridorbitale. (b) Sehen Sie sich einmal die vom Schwefel im H_2S und die vom Stickstoff im NH_3 benutzten Atomorbitale an. Berechnen Sie den prozentualen s-Charakter der von S und N benutzten Orbitale, die zur Ausbildung von S—H- und N—N-Bindungen führten.

(*Hinweis*: Der Cosinus des Winkels zwischen den Orbitalen ist gleich dem Verhältnis des s-Charakters zum s-Charakter minus eins.)

Der erste Versuch einer Verallgemeinerung ist selten erfolgreich; die Spekulation kommt vor der Erfahrung, denn die
Ergebnisse von Beobachtungen sammeln sich nur langsam
an.

I. I. Berzelius (1830)

11 Koordinationsverbindungen

Im Kapitel 7 stellten wir Ihnen einige Verbindungen von Pt, Co und anderen Übergangsmetallen vor, die seltsame empirische Formeln besitzen und die häufig leuchtend gefärbt
sind. Diese Verbindungen sind sogenannte *Koordinationsverbindungen.* Sie unterscheiden sich in der Hauptsache durch das Vorhandensein von zwei, vier, fünf, sechs und gelegentlich noch mehr chemischen Gruppen, die geometrisch um das Metallion herum
angeordnet sind. Diese Gruppen können neutrale Moleküle, Kationen oder Anionen
sein. Jede Koordinationsgruppe kann eine getrennte Einheit darstellen, oder alle Gruppen können zu einem langen, flexiblen Molekül zusammengeschlossen sein, das sich um
das Metall herumwickelt. Die Koordinationsgruppen verändern das chemische Verhalten eines Metalls beträchtlich. Die Farben der Verbindungen erlauben Rückschlüsse auf
ihre elektronischen Energieniveaus.

Das Leben einer jeden Pflanze hängt z.B. von dem grünen Koordinationskomplex
des Mg ab, der unter dem Namen Chlorophyll bekannt ist. Die Kombination des Mg
und seiner Koordinationsgruppen im Chlorophyll besitzt elektronische Eigenschaften,
die das freie Metall oder Ion nicht aufweist, und kann sichtbares Licht absorbieren sowie die dadurch gewonnene Energie zur chemischen Synthese verwenden. Jeder Sauerstoff atmende Organismus benötigt Cytochrome. Es sind dies Koordinationsverbindungen des Fe, die für den Abbau und die Verbrennung von Nährstoffen sowie die Speicherung der Energie von Bedeutung sind, die durch den Abbau freigesetzt wird. Die meisten
größeren Organismen benötigen ferner Hämoglobin, einen anderen Fe-Komplex, bei
dem es die Koordinationsgruppen dem Eisen ermöglichen, Sauerstoffmoleküle an sich
zu binden, ohne daß es oxidiert wird. Große Bereiche der Biochemie sind in Wirklichkeit
angewandte Übergangsmetall-Chemie. In diesem Kapitel werden wir uns die Strukturen
und Eigenschaften einiger Koordinationsverbindungen ansehen. Wir werden dabei versuchen, ihr Verhalten mit Hilfe der in Kapitel 10 entwickelten Molekülorbitaltheorie zu
erklären.

11–1   Eigenschaften der Übergangsmetallkomplexe

Die Übergangsmetalle werden häufig in kräftig gefärbten Verbindungen mit komplexen Formeln angetroffen. Obwohl $PtCl_4$ auch als eine einfache Verbindung existiert, gibt es andere Verbindungen, in denen $PtCl_4$ mit zwei bis sechs NH_3-Molekülen oder mit KCl verbunden ist (Tabelle 11–1). Warum sollten solche scheinbar unabhängigen, neutralen

Tabelle 11–1   Platin-Komplexe, Anzahl der gebildeten Ionen und Komplexstrukturen

Empirische Formel des Komplexes	Molare Leitfähigkeit $(\Omega^{-1}\,cm^2\,mol^{-1})$	Anzahl der durch Ag^+ ausgefällten Cl^--Ionen	Gesamtzahl der Ionen	Gebildete Ionen
$PtCl_4 \cdot 6\,NH_3$	523	4	5	$[Pt(NH_3)_6]^{4+}$; $4\,Cl^-$
$PtCl_4 \cdot 5\,NH_3$	404	3	4	$[Pt(NH_3)_5Cl]^{3+}$; $3\,Cl^-$
$PtCl_4 \cdot 4\,NH_3$	229	2	3	$[Pt(NH_3)_4Cl_2]^{2+}$; $2\,Cl^-$
$PtCl_4 \cdot 3\,NH_3$	97	1	2	$[Pt(NH_3)_3Cl_3]^+$; Cl^-
$PtCl_4 \cdot 2\,NH_3$	0	0	0	$[Pt(NH_3)_2Cl_4]^0$
$PtCl_4 \cdot NH_3 \cdot KCl$	109	0	2	K^+; $[Pt(NH_3)Cl_5]^-$
$PtCl_4 \cdot 2\,KCl$	256	0	3	$2\,K^+$; $[PtCl_6]^{2-}$

Verbindungen sich mit anderen Molekülen assoziieren, und warum sollten sie dies auch noch in unterschiedlichen Verhältnissen tun? Messungen der elektrischen Leitfähigkeit von Lösungen der Komplexverbindungen und die Fällung von Cl^--Ionen mit Ag^+ lassen erkennen, wie viele Ionen in wäßriger Lösung vorliegen. Wie wir aus Kapitel 7 wissen, führen uns diese und andere Messungen dazu, die Ionenstrukturen vorzuschlagen, die ganz rechts in der Tabelle aufgeführt sind. Die Substanzen, die Ammoniak enthalten, sind alle Koordinationsverbindungen, bei denen die NH_3-Moleküle um ein zentrales Pt^{4+}-Ion herum angeordnet sind. Die Pt(IV)-Komplexe sind oktaedrisch koordiniert. Im Gegensatz dazu besitzen die Komplexe des Pt(II) eine quadratisch planare Koordination mit einer Koordinationszahl vier. Metallkomplexe mit der Koordinationszahl vier können auch tetraedrisch sein. Die Koordinationszahl zwei wird ebenfalls angetroffen; diese Verbindungen besitzen eine lineare Struktur.

Farbe

Die Farbe ist eine kennzeichnende Eigenschaft der Koordinationsverbindungen von Übergangsmetallen. Die oktaedrischen Komplexe des Kobalts z. B. besitzen ein breites Farbspektrum, das von den mit ihm koordinierten Gruppen abhängt (Tabelle 11–2). Derartige Koordinationsgruppen werden *Liganden* genannt. In Lösung entsteht die Farbe durch die Assoziation von Lösungsmittelmolekülen als Liganden an das Metallion selbst. In konzentrierter Schwefelsäure (eine stark wasserentziehend wirkende Sub-

Tabelle 11–2 Oktaedrische Komplexe des Co(III), ihre Farben und Abschätzungen für die Übergangsenergie der Elektronen

Komplex[a]	Farbe	Absorbierte Spektral- farbe	Ungefähre Wellenlänge $(10^{-10}\,m)$	Ungefähre Übergangsenergie (Wellenzahl, cm^{-1})
$[Co(NH_3)_6]^{3+}$	gelb	indigo	4300	23 200
$[Co(NH_3)_5NCS]^{2+}$	orange	blau	4700	21 200
$[Co(NH_3)_5H_2O]^{3+}$	rot	blaugrün	5000	20 000
cis-$[Co(en)_2(H_2O)_2]^+$	rot	blaugrün	5000	20 000
$[Co(NH_3)_5OH]^{2+}$	rosa	blaugrün	5000	20 000
$[Co(NH_3)_5CO_3]^+$	rosa	blaugrün	5000	20 000
$[Co(NH_3)_5Cl]^{2+}$	purpur	grün	5300	18 900
$[Co(EDTA)]^-$	violett	gelb	5600	17 800
cis-$[Co(NH_3)_4Cl_2]^+$	violett	gelb	5600	17 800
$trans$-$[Co(en)_2Br(NCS)]^+$	blau	orange	6100	16 400
$trans$-$[Co(NH_3)_4Cl]^+$	grün	rot	6800	14 700
$trans$-$[Co(NH_3)_4Cl_2]^+$	grün	rot	6800	14 700

[a] (en) ist eine Abkürzung für Ethylendiamin, $NH_2CH_2CH_2NH_2$.

stanz) ist Cu^{2+} farblos, in Wasser ist es hellblau und in flüssigem Ammoniak tief dunkelblau gefärbt. Die Farben, die Arrhenius den Metallionen zuschrieb, sind in Wirklichkeit die Farben der Hydrate, wie z. B. $[Cu(H_2O)_6]^{2+}$ (blau), $[Co(H_2O)_6]^{2+}$ (rosa) und $[Ni(H_2O)_6]^{2+}$ (grün). Metalle in hohen Oxidationsstufen sind leuchtend gefärbt, wenn sie Licht aus dem sichtbaren Spektrum absorbieren: $[CrO_4]^{2-}$ ist hellgelb und $[MnO_4]^-$ intensiv purpurfarben gefärbt. (Die Formel des *gesamten* Komplexes wird üblicherweise in eckige Klammern gesetzt.)

Wann immer eine bestimmte Energie, E, der sichtbaren elektromagnetischen Strahlung absorbiert wird, indem in einer Verbindung ein Elektron auf einen höheren Quantenzustand angeregt wird, kann die Wellenlänge des absorbierten Lichts mit Hilfe der Beziehung

$$E = h\nu = hc\bar{\nu} = hc/\lambda$$

berechnet werden. (Wenn die Energie in Wellenzahlen, $\bar{\nu}$, angegeben wird, wie es häufig – wenn auch nicht ganz korrekt – der Fall ist, dann ergibt sich die Wellenlänge einfach als der Kehrwert der Wellenzahl: $\lambda = 1/\bar{\nu}$.) Die Farbe, die wir bei der Verbindung sehen, ist die *Komplementärfarbe* der absorbierten Farbe; es ist dies die Farbe, die im Spektrum übrigbleibt, nachdem eine bestimmte Spektralfarbe ausgefiltert wurde. Diese Farben sind in Tabelle 11–3 einander gegenübergestellt. Wenn die absorbierte Energie so klein ist, daß sie Wellenlängen im infraroten Bereich des Spektrums entspricht, oder wenn sie so groß ist, daß sie im Ultraviolett liegt (was gewöhnlich bei den Verbindungen von Hauptgruppenelementen der Fall ist), dann erscheint die Verbindung farblos oder weiß. Bei den Übergangsmetallverbindungen geschehen interessante Dinge während der Absorption von Energie im sichtbaren Bereich des Spektrums. Häufig können Sie so manches über die Trends im chemischen Verhalten durch die „Spektroskopie mit dem bloßen Auge" in Erfahrung bringen.

Tabelle 11–3   Farben von Verbindungen, Spektralfarben, Wellenlängen und Energien

Farbe der Verbindung	Absorbierte Spektralfarbe	Ungefähre Wellenlänge $(10^{-10}\,m)$	Energieunterschied zwischen elektronischen Niveaus (Wellenzahl, cm^{-1})
farblos	ultraviolett	<4000	>25 000
zitronengelb	violett	4100	24 400
gelb	indigo	4300	23 200
orange	blau	4800	20 800
rot	blaugrün	5000	20 000
purpur	grün	5300	18 900
violett	zitronengelb	5600	17 900
indigo	gelb	5800	17 300
blau	orange	6100	16 400
blaugrün	rot	6800	14 700
grün	purpurrot	7200	13 900
farblos	infrarot	>7200	<13 900

Die Farben der Übergangsmetallkomplexe erklären den Trick, mit ‚unsichtbarer' Tinte zu schreiben, die mit $CoCl_2$ hergestellt wird: Wenn Sie mit einer schwach rosa gefärbten Lösung von $CoCl_2$ schreiben, ist die Schrift auf dem Papier praktisch nicht zu entdecken. Wenn aber das Papier leicht über einer Kerzenflamme erwärmt wird, erscheint die Schrift in leuchtendem blau. Bei der Abkühlung verblaßt die Schrift langsam. Die rosa Farbe ist die des oktaedrisch hydratisierten Kobaltions, $[Co(H_2O)_6]^{2+}$. Die Erwärmung vertreibt das Wasser und läßt einen blauen Chloridkomplex mit tetraedrischer Geometrie zurück. Diese Verbindung ist jedoch *hygroskopisch*, d. h. sie absorbiert Wasser aus der Luft und verblaßt somit wieder zu dem schwach rosa gefärbten Hydrat.

Aufforderung. Um einmal festzustellen, ob Sie die Farbe einer biologisch wichtigen Koordinationsverbindung richtig vorhersagen können, versuchen Sie sich an Aufgabe 11–5 in *Ergänzungsaufgaben zu Prinzipien der Chemie* von Butler und Grosser.

Isomere und Geometrie

Die Verbindung, deren empirische Formel $CoCl_3 \cdot 4NH_3$ lautet, kann entweder grün oder violett sein. Diese Tatsache lieferte den Übergangsmetallchemikern den überzeugenden Beweis dafür, daß die Koordination in dieser Verbindung oktaedrisch ist. Diese Schlußfolgerung ergab sich aus den folgenden Überlegungen: Sowohl das grüne als auch das violette $CoCl_3 \cdot 4NH_3$ dissoziieren unter Abgabe nur eines Cl^--Ions pro Molekül, so daß das Kation $[Co(NH_3)_4Cl_2]^+$ sein mußte – mit einer Koordinationszahl sechs.

Wie sind nun die sechs Liganden um das Zentralatom herum angeordnet? Wir können dafür drei Möglichkeiten vorschlagen: Einen flachen, sechsgliedrigen Ring, ein trigonales Prisma oder ein Oktaeder. Bei jeder dieser drei Strukturen gibt es mehr als eine Möglichkeit, die beiden Cl⁻-Ionen auf die sechs Koordinationslagen zu verteilen. Solche Strukturen, die sich nur durch die Anordnung derselben Liganden um das zentrale Metallion herum unterscheiden, werden als *geometrische Isomere* bezeichnet. Wie die Abbildung 11–1 erkennen läßt, ist die Existenz von nur zwei geometrischen Isomeren des $[Co(NH_3)_4Cl_2]^+$ ein überzeugender Beweis für die oktaedrische Struktur. Die oktaedrische Koordination mit einer Koordinationszahl sechs ist die bei weitem häufigste Struktur für derartige Übergangsmetallverbindungen.

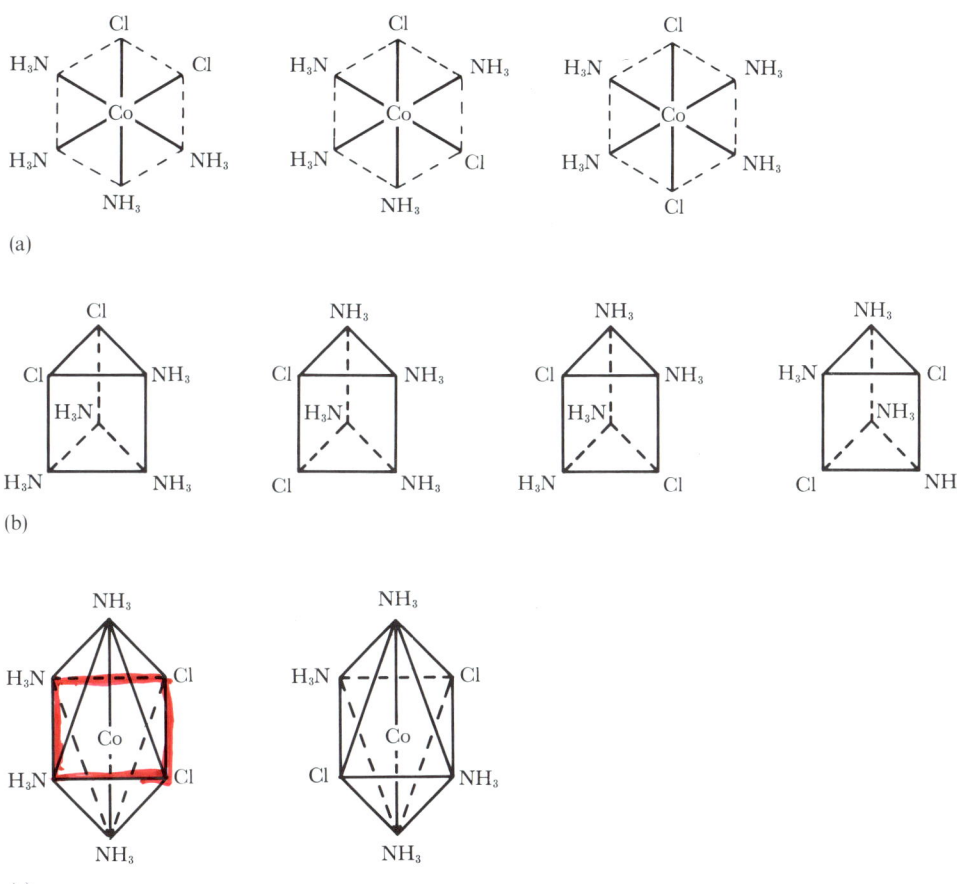

Abbildung 11–1   Die sechs Koordinationsgruppen um Co im $[Co(NH_3)_4Cl_2]^+$ können auf drei verschiedene Weisen symmetrisch angeordnet werden: ein ebenes Sechseck (a); ein dreieckiges Prisma (b) oder ein Oktaeder (c). Drei unterschiedliche Anordnungen der Koordinationsgruppen oder drei geometrische Isomere gibt es im Fall des ebenen Sechsecks, vier beim dreieckigen Prisma, aber nur zwei beim Oktaeder. Da nur zwei Isomere des $[Co(NH_3)_4Cl_2]^+$ gefunden wurden, ist ein Oktaeder die wahrscheinlichste Struktur für diese Verbindung.

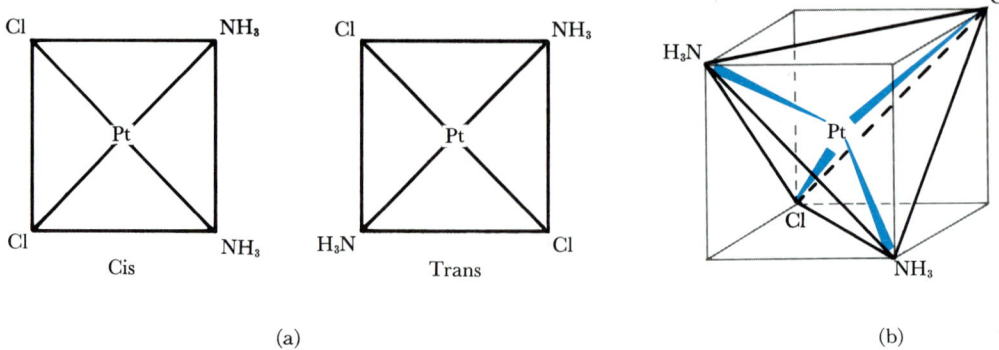

Abbildung 11–2 Wenn das neutrale Molekül $[Pt(NH_3)_2Cl_2]$ eine quadratisch planare Koordination aufwiese, wären zwei Isomere möglich (a). Wenn aber die Koordination tetraedrisch wäre, würde nur eine Anordnung möglich sein (b). Es wurden zwei Isomere gefunden, so daß die Tetraederstruktur eliminiert wurde. Warum ist dieser Beweis überzeugender als der aus Abbildung 11–1?

Eine Vierer-Koordination wird ebenfalls angetroffen. Ist nun diese Koordination tetraedrisch oder quadratisch planar? Wieder liefern Daten über die Anzahl von unterschiedlichen Formen einer Verbindung mit derselben empirischen Formel die Antwort: Die Verbindung mit der Formel $PtCl_2 \cdot 2NH_3$ oder $[Pt(NH_3)_2Cl_2]$ kommt in zwei Formen vor, die vermutlich geometrische Isomere sind. Beide Isomere sind cremig weiß gefärbt, aber sie unterscheiden sich in ihrer Löslichkeit und ihren chemischen Eigenschaften. Wie in Abbildung 11–2 gezeigt wird, kann es bei der tetraedrischen Struktur keine Isomere geben, wogegen die quadratisch planare Struktur deren zwei aufweist. Infolgedessen muß die Verbindung $[Pt(NH_3)_2Cl_2]$ quadratisch planar sein. (Als Beispiel einer vergleichbaren tetraedrischen Struktur sei das $[CH_2Cl_2]$ genannt, das nur eine und nicht zwei Formen besitzt.)

Tabelle 11–4   Valenzelektronenkonfigurationen der Übergangsmetalle[a]

Konfiguration:	d^1s^2	d^2s^2	d^3s^2	d^4s^2	d^5s^2	d^6s^2	d^7s^2	d^8s^2	d^9s^2	$d^{10}s^2$
Elemente:	Sc	Ti	V	Cr	Mn	Fe	Co	Ni	Cu	Zn
	Y	Zr	Nb	Mo	Tc	Ru	Rh	Pd	Ag	Cd
	La	Hf	Ta	W	Re	Os	Ir	Pt	Au	Hg
Anzahl der Valenzelektronen:										
Neutrales Atom	3	4	5	6	7	8	9	10	11	12
M^{2+}-Ion (d-Elektronen)	1	2	3	4	5	6	7	8	9	10
M^{3+}-Ion (d-Elektronen)	0	1	2	3	4	5	6	7	8	9

[a] Alle Konfigurationen sind in der Form $d^n s^2$ angegeben, da das, was uns hier interessiert, die Anzahl der Elektronen im Ion ist, und nicht die Elektronenkonfiguration des neutralen Atoms.

Hexammincobalt(III)
Farbe: gelb
Diamagnetisch

Hexafluoromanganat(II)
Farbe: rosa
Paramagnetisch (5 ungepaarte Elektronen)

Hexaquonickel(II)
Farbe: grün
Paramagnetisch (2 ungepaarte Elektronen)

Hexacarbonylchrom(0)
Farbe: weiß
Diamagnetisch

Hexacyanoferrat(III)
Farbe: rot
Paramagnetisch (1 ungepaartes Elektron)

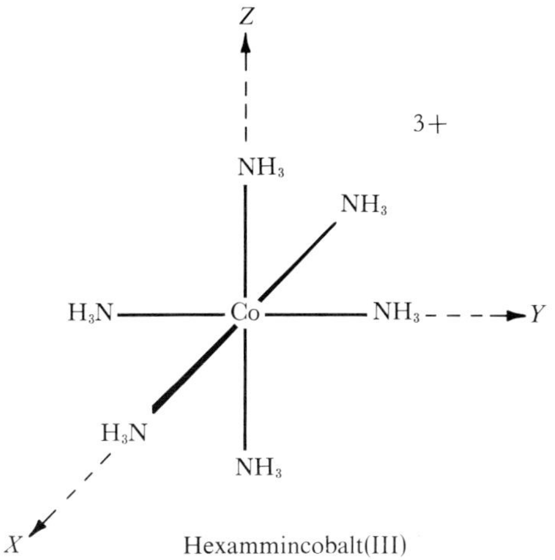

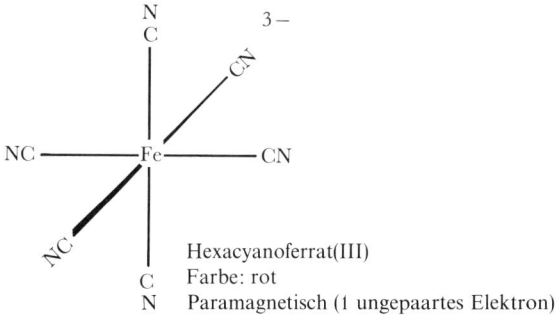

Abbildung 11–3 Verschiedene oktaedrische Komplexe mit systematischen Namen, Farben und magnetischen Eigenschaften.

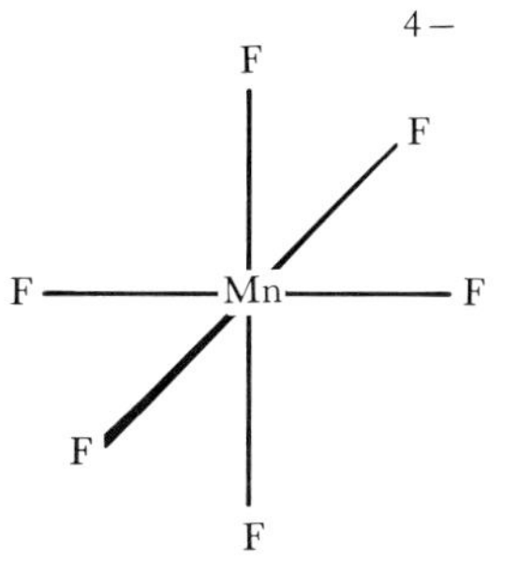

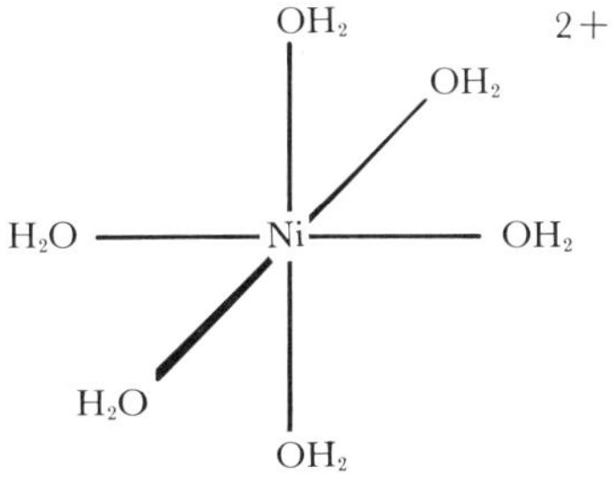

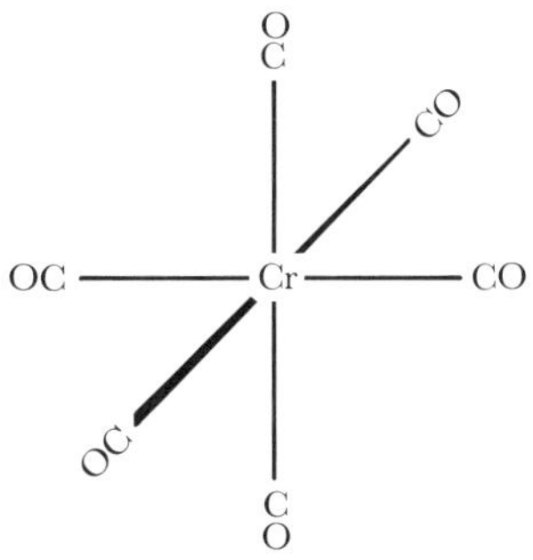

Die quadratisch planare Geometrie ist für Pd(II), Pt(II) und Au(III) charakteristisch, deren Kationen alle acht d-Elektronen oder eine d^8-Struktur besitzen (Tabelle 11–4). Die tetraedrische Koordination wird am häufigsten bei Übergangsmetallverbindungen angetroffen, bei denen die Koordinationsgruppe vom O^{2-} gebildet wird, wie es z. B. im $[CrO_4]^{2-}$ und $[MnO_4]^-$ der Fall ist. (Diese Komplexionen werden gewöhnlich mit ihren Trivialnamen als Chromation und Permanganation bezeichnet und ohne die eckigen Klammern geschrieben. Es ist halt nicht so einfach, stets konsequent zu bleiben.)

Heute können die Koordinationsstrukturen direkt mit Hilfe der Röntgenstrahlen-Kristallographie untersucht werden, und die Schlußfolgerungen über die geometrischen Isomere aufgrund anderer Experimente und Beobachtungen, wie wir sie oben diskutiert haben, sind durch die Röntgenbeugungsuntersuchungen bestätigt worden.

Magnetische Eigenschaften

Einige Übergangsmetallkomplexe sind diamagnetisch, was darauf hindeutet, daß sie keine ungepaarten Elektronen besitzen. Viele andere sind paramagnetisch und besitzen ein oder mehrere ungepaarte Elektronen. So ist z. B. $[Co(NH_3)_6]^{3+}$ diamagnetisch, wogegen $[CoF_6]^{3-}$ paramagnetisch ist und vier ungepaarte Elektronen pro Ion aufweist. Die Ionenladung ist dabei *nicht* der bestimmende Faktor für das magnetische Verhalten der Komplexverbindungen, da z. B. $[Fe(H_2O)_6]^{2+}$ paramagnetisch ist und vier ungepaarte Elektronen aufweist, wogegen $[Fe(CN)_6]^{4-}$ diamagnetisch ist. Die magnetischen Eigenschaften von verschiedenen anderen oktaedrischen Komplexen sind in Abbildung 11–3 dargestellt. Es wird eines unserer Ziele sein, dieses magnetische Verhalten mit Hilfe der Elektronenanordnung in den Komplexen zu erklären:

Labilität und Reaktionsträgheit

Ein Koordinationskomplex, der seine Liganden schnell gegen andere austauscht, ist *labil*; ein Komplex, der seine Liganden nur sehr langsam abgibt, ist *inert* oder *reaktionsträge*. Die Reaktionsträgheit ist *nicht* dasselbe wie die *Stabilität* im thermodynamischen Sinne. Ein Komplex kann instabil sein, was bedeutet, daß er sich nicht in dem am stärksten begünstigten Zustand nach den Prinzipien der Thermodynamik befindet, die wir in Kapitel 15 diskutieren werden. Wenn ihm genug Zeit gelassen wird, wird der Komplex in irgendeinen anderen, energetisch günstigeren Zustand übergehen. Wenn jedoch der Übergang in diesen Zustand extrem langsam erfolgt, dann ist der instabile Komplex inert. So können – als Beispiel für inerte und dennoch instabile Verbindungen – H_2 und O_2 jahrelang in einer Mischung nebeneinander gehalten werden, ohne daß eine merkliche, spontane Bildung von Wasser beobachtet werden kann. Sobald aber eine geringe Menge von „Platinschwarz" oder „Platinmohr" (sehr fein verteiltes Pt, das als schwarzes Pulver vorliegt) der Mischung als Katalysator zugesetzt wird oder sobald ihr eine Flamme nahekommt, erfolgt die Reaktion, die zur Bildung des stabileren H_2O führt, sofort, vollständig und äußerst heftig. Eine Mischung von H_2 und O_2 für sich allein ist zwar *instabil*, jedoch *inert*.

Kehren wir jetzt aber zu den Koordinationsverbindungen zurück. Wir stellen fest, daß $[Cu(NH_3)_4]SO_4$ in Wasser aufgelöst werden kann und daß das $[Cu(NH_3)_4]^{2+}$ mit verdünnter Säure so schnell zu NH_4^+ und $[Cu(H_2O)_6]^{2+}$ reagieren kann, wie die Lösungen gemischt werden können. Im Gegensatz dazu kann $[Co(NH_3)_6]Cl_3$ in konzentrierter Schwefelsäure erhitzt werden, wobei HCl-Gas ausgetrieben wird und sich $([Co(NH_3)_6]^{3+})_2([SO_4]^{2-})_3$ bildet, ohne daß die Bindungen zwischen Co und NH_3 angegriffen werden. Der Kupferkomplex ist labil; der Kobaltkomplex ist inert. Dreifach positiv geladene Ionen mit drei oder sechs d-Elektronen bilden besonders inerte Komplexe.

Oxidationszahl und Struktur

In Kapitel 3 hatten wir festgestellt, daß Ionen dann am stabilsten sind, wenn sie von Ionen mit entgegengesetzter Ladung umgeben sind. Die Geometrie der Ionenkristalle wird fast völlig von der Größe der Ionen und den Beträgen ihrer Ladungen bestimmt. Die Übergangsmetallionen erreichen Stabilität durch Assoziation mit Liganden. Da es die Größe der meisten Übergangsmetallionen erlaubt, sechs Liganden des üblichen Typs (H_2O, NH_3, Cl^-) um sie herum anzuordnen, ist es nicht überraschend, die Zahl sechs als die am häufigsten vorkommende Koordinationszahl anzutreffen.

Die Koordinationszahl sechs scheint für Ionen mit den Oxidationszahlen $+2$ und $+3$ optimal zu sein. Dies trifft auf viele Übergangsmetallverbindungen zu. Eine Oxidationszahl von $+1$ ist zu niedrig, um sechs Elektronendonator-Gruppen anzuziehen und ein Komplexion aufzubauen. Die meisten Komplexe von Ionen der Oxidationsstufe $+1$ besitzen niedrigere Koordinationszahlen, wie z. B. zwei beim Ag^+ und Cu^+ im $[Ag(NH_3)_2]^+$ bzw. $[CuCl_2]^-$. Stabile Komplexe mit recht hohen Koordinationszahlen kommen mit $+1$-Ionen und neutralen Atomen vor. Aber in den meisten dieser Fälle, wie z. B. beim $[Mn(CN)_6]^{5-}$ und $[Mo(CO_6)]$, weisen diese Liganden spezielle π-Bindungseigenschaften auf, die über eine einfache Elektronenabgabe hinausgehen.

Komplexe von Zentralionen mit Oxidationszahlen, die größer als $+3$ sind, sind selten. Sie existieren normalerweise nur in Verbindung mit O^{2-} und F^-. Mit zunehmender Oxidationszahl des Zentralions erwarten wir eine stärkere Bindung im Komplex. Jedoch zieht das Zentralion, wenn seine Oxidationszahl zu hoch wird, die Elektronen der Liganden so stark an, daß sie völlig vom Liganden abgezogen werden. Dann ist jedoch der Komplex nicht stabil, und das Metall wird zu einer niedrigeren Oxidationsstufe reduziert. Aus diesem Grunde bildet z. B. Fe^{3+} keinen Komplex mit I^-, sondern oxidiert I^- zu I_2. Da aber O und F so stark elektronegativ sind und da O^{2-} und F^- so schwer zu oxidieren sind, wenn sie an ein zentrales Metall gebunden sind, können sie auch in Komplexen existieren, in denen das Zentralion eine Oxidationsstufe aufweist, die höher als die üblichen $+2$ oder $+3$ ist.

Einfluß der Zahl von d-Elektronen

Ein großer Teil der Koordinationschemie kann mit Hilfe der Zahl der d-Elektronen am zentralen Metallion verständlich gemacht werden. Wie wir bereits erwähnt haben, kommen die Oxidationsstufen $+2$ und $+3$ am häufigsten vor. Die Anzahl der d-Elektronen für die neutralen Atome und für die +2- und +3-Kationen der Übergangsmetalle sind in Tabelle 11–4 zusammengestellt, auf die wir uns häufig beziehen werden. Zusätzlich zu dieser Bevorzugung der Oxidationsstufen +2 und +3 sind Ionen mit den d-Schalen-Konfigurationen d^0, d^5 und d^{10} besonders begünstigt:

Edelgasschale, d^0. Die Edelgaskonfiguration ohne d-Elektronen ist besonders stabil. Das Sc^{3+}-Ion besitzt ebenso wie das Ti(IV) im $[TiF_6]^{2-}$ diese Konfiguration. Von links nach rechts im Periodensystem wird es für die Ionen zunehmend schwieriger, die d^0-Konfiguration zu erreichen. Der Grund dafür ist der, daß sich die Ladung des zentralen Metallions erhöht. Eine Stabilisierung ist dann nur durch Koordination an Oxidionen möglich. Daher finden wir $[VO_4]^{3-}$ an Stelle von V^{5+}, $[CrO_4]^{2-}$ an Stelle von Cr^{6+} und $[MnO_4]^-$ an Stelle von Mn^{7+}.

Diese Reihe von Oxidkomplexen ist ein gutes Beispiel für die „Spektroskopie mit dem bloßen Auge". Photonen mit geeigneter Energie können Elektronen von den Sauerstoffliganden in die leeren d-Orbitale des Metalls anregen. Dieser Vorgang wird als *Ladungstransfer* bezeichnet und ist ein häufiger Grund für die Farbe von Übergangsmetallkomplexen. Je höher die Oxidationsstufe des Metalls ist, desto leichter fällt den Elektronen der Übergang, und desto niedriger wird die Energie der Photonen, die dazu erforderlich ist, den Elektronentransfer anzuregen. Die dazu benötigte Photonenenergie liegt beim VO_4^{3-} im ultravioletten Bereich; infolgedessen ist das VO_4^{3-}-Ion farblos. (Wie bereits erwähnt wurde, kann ein Koordinationskomplex durch eckige Klammern kenntlich gemacht werden, dies ist jedoch nicht in jedem Fall nötig.) Beim CrO_4^{2-} erfolgt die Absorption von Photonen im violetten Bereich des Spektrums bei ungefähr $23\,200\ cm^{-1}$; somit erscheint das Chromation in Lösung gelb infolge der Frequenzen des Lichts, die von ihm *nicht* absorbiert werden (Tabelle 11–3). (In Übereinstimmung mit der üblichen Praxis der Spektroskopie drücken wir die Photonenenergie durch die Wellenzahlen in cm^{-1} aus. Siehe Abschnitt 8–2.) Das Mn^{7+}-Ion besitzt die höchste Oxidationsstufe von allen und absorbiert grünes Licht (um $19\,000\ cm^{-1}$ herum) bei der Anregung des Ladungstransfers. Infolgedessen sieht MnO_4^- purpurfarben aus. Die Farben dieser Ladungstransfer-Komplexe sind gewöhnlich recht intensiv, was auf eine starke Absorption hindeutet. Eine Vergrößerung des Zentralions erschwert den Ladungstransfer und führt zu einer Verschiebung der Absorption in den ultravioletten Bereich. So sind MoO_4^{2-}, WO_4^{2-} und ReO_4^- alle farblos.

Die größere Anziehungskraft einer hohen, positiven Ladung am Zentralion auf die negative Ladung der Liganden spiegelt sich in der abnehmenden Neigung der Liganden des Komplexions wider, sich an andere Kationen zu binden. In der Reihe VO_4^{3-}, CrO_4^{2-} und MnO_4^- ist das Vanadation eine recht starke Base und bindet H^+ oder andere Kationen. Das Chromation ist ebenfalls eine verhältnismäßig starke Base. Das Permanganation ist jedoch eine schwache Base; die Verbindung $HMnO_4$ ist in Wasser vollständig ionisiert. Die Säure $HMnO_4$ ist eine der stärksten Säuren, die wir kennen (Tabelle 10–2). Reaktionen des Typs

$$2\,VO_4^{3-} + 2\,H^+ \rightleftarrows {}^{2-}O_3V\!-\!O\!-\!VO_3^{2-} + H_2O$$

kommen beim Vanadation häufig vor, das leicht Polyvanadate mit vielen —O—-Brücken bildet, und werden auch beim Chromation beobachtet, das in Säuren Dichromat,

$Cr_2O_7^{2-}$, bildet. Im Gegensatz dazu kann Mn_2O_7 nur in konzentrierter Schwefelsäure hergestellt werden, die stark wasserentziehend wirkt. Das Manganheptoxid oder Mangan(VII)-oxid ist, sobald es sich einmal gebildet hat, derart instabil, daß es ein gefährlicher Explosivstoff ist.

Vollbesetzte und halbbesetzte Elektronenschalen. Die vollbesetzte d^{10}-Konfiguration des Zn^{2+} und Ag^+ sowie die halbbesetzte d^5-Konfiguration des Mn^{2+} und Fe^{3+} machen diese Ionen besonders stabil, selbst wenn die Komplexe, die von Mn^{2+}, Fe^{3+} und Zn^{2+} gebildet werden, relativ schwach sind und wenig zur Stabilisierung des Metallions beitragen. Dieses Verhalten ist ein weiteres Beispiel für die Stabilität von voll- und halbbesetzten Elektronenschalen, der wir schon so oft begegnet sind.

Ionen mit d^3-, d^6- oder d^8-Konfigurationen. Das Hervortreten der Oxidationszahl $+3$ beim $Cr(d^3)$ und $Co(d^6)$ und die bemerkenswerte Reaktionsträgheit ihrer Komplexe in chemischen Reaktionen (denken Sie an das $[Co(NH_3)_6]Cl_3$ in heißer Schwefelsäure) können nicht mit Hilfe der Ihnen bisher vorgestellten Überlegungen und Modellvorstellungen erklärt werden. Noch können wir die besondere Neigung von d^8-Ionen erklären, eine quadratisch planare Koordination vor einer oktaedrischen oder tetraedrischen zu bevorzugen. Um diese Strukturen und die Existenz von Metallkomplexen mit der Oxidationszahl null erklären zu können, müssen wir untersuchen, in welcher Weise sich die d-Orbitale an Bindungen mit den Liganden beteiligen. Im Abschnitt 11–3 werden wir auf diese Probleme zurückkommen.

Die Instabilität der d^4-Konfiguration. Das Cr^{2+}-Ion (d^4) ist ein kräftiges Reduktionsmittel, das zu einer d^3-Anordnung oxidiert wird. Mn^{3+}, das ebenfalls ein d^4-Ion ist, stellt ein gleichermaßen kräftiges Oxidationsmittel dar, das zu einem d^5-Ion reduziert wird. Und das Co^{5+}, das auch die d^4-Konfiguration aufweist, ist der einzige Punkt in der Pyramide in Tabelle 7–2, für den niemals eine Verbindung gefunden wurde. Jede Bindungstheorie für Koordinationskomplexe wird diese extreme Instabilität der d^4-Konfiguration erklären müssen.

11–2   Nomenklatur der Koordinationsverbindungen

Viele komplexe Übergangsmetallsalze besitzen Trivialnamen, die ihnen gegeben wurden, bevor ihre chemische Identität bekannt war. Einige dieser Namen waren in geringem Maße informativ, wie z.B. die Namen „Kaliumferricyanid" für $K_3[Fe(CN)_6]$ und „Kaliumferrocyanid" für $K_4[Fe(CN)_6]$. Namen wie „Luteokobaltchlorid" für $[Co(NH_3)_6]Cl_3$ und „Praseokobaltchlorid" für *trans*-$[Co(NH_3)_4Cl_2]Cl$ besitzen nur dann einen gewissen Informationswert, wenn Sie die lateinischen und griechischen Wörter für gelb (*luteus*) und grün (*praseos*) kennen. „Luteoiridiumchlorid", $[Ir(NH_3)_6]Cl_3$, ist nicht einmal gelb und hat diesen Namen nur deshalb erhalten, weil es eine dem Kobaltsalz analoge chemische Formel besitzt. Und „Reineckes-Salz", „Erdmanns-Salz" und „Zeises-Salz" sind völlig unnütze Namen.

Das Stocksche Nomenklatursystem ersetzt heute diese veralteten Namen. Dieses System beruht auf den folgenden Regeln:

1. Im Namen des gesamten Komplexes wird der Name des Kations als erster und der des Anions als zweiter genannt (ebenso wie beim Natriumchlorid), ganz gleich, ob das Kation oder das Anion das komplexe Teilchen ist.

2. In den Formeln von Komplexen wird das Symbol des Zentralatoms zuerst geschrieben, dann folgen die anionischen und die neutralen Liganden. Die Formel des Komplexes wird in eckige Klammern gesetzt. (Dies ist jedoch nicht immer erforderlich. Zum Beispiel schreibt man üblicherweise für $[SO_4]^{2-}$ einfach SO_4^{2-} oder für $[MnO_4]^-$ einfach MnO_4^-.)

3. Im Namen des Komplexions werden die Namen des oder der Liganden vor den Namen des Zentralatoms gestellt. Spezielle Namen für Liganden sind „aquo" für Wasser, „ammin" für NH_3 und „carbonyl" für CO.

4. Die Namen der Liganden enden auf -o, wenn der Ligand negativ ist („chloro" für Cl^-, „cyano" für CN^-). Die Namen von neutralen Liganden bleiben ebenso wie die der kationischen Liganden unverändert („methylamin" für CH_3NH_2, „ethylendiamin" für $NH_2CH_2CH_2NH_2$). Ausnahmen bilden die in Punkt 3 genannten speziellen Namen.

5. Ein Vorsatz von griechischen Zahlwörtern (mono, di, tri, tetra, penta, hexa, hepta, okta, usw.) kennzeichnet die Anzahl der jeweiligen Liganden („mono" wird häufig bei einem einzelnen Liganden eines bestimmten Typs fortgelassen). Wenn der Name des Liganden selbst Zahlwörter enthält, wie z. B. beim Ethylendiamin, en, oder Diethylentriamin, dien, dann wird der Ligand in runden Klammern eingeschlossen, und seine Anzahl wird durch die Vorsätze „bis" und „tris" an Stelle von „di" und „tri" angegeben. Infolgedessen ist z. B. $[Pt(en)_3]Br_4$ Tris(äthylendiamin)-platin(IV)-bromid.

6. Eine römische Ziffer oder eine Null in runden Klammern hinter dem Namen des Zentralatoms gibt dessen Oxidationsstufe an.

7. Wenn das Komplexion negativ ist, endet der Name des Zentralatoms auf -at.

8. Wenn in einem Komplex mehr als eine Ligandenart vorhanden ist, werden im Namen des Komplexes die Liganden in der Reihenfolge negativ, neutral und positiv aufgeführt. Einige Beispiele für diese systematische Nomenklatur sind:

$[Pt(NH_3)_6]Cl_4$	Hexamminplatin(IV)-chlorid
$[Pt(NH_3)_5Cl]Cl_3$	Chloropentamminplatin(IV)-chlorid
$[Pt(NH_3)_3Cl_3]Cl$	Trichlorotriamminplatin(IV)-chlorid
$[Pt(NH_3)_2Cl_4]$	Tetrachlorodiamminplatin(IV)
$K[Pt(NH_3)Cl_5]$	Kalium-pentachloromonoamminplatinat(IV)
$K_2[PtCl_4]$	Kalium-tetrachloroplatinat(II)
$K_2[CuCl_4]$	Kalium-tetrachlorocuprat(II)
$[Fe(CO)_5]$	Pentacarbonyleisen(0)
$[Ni(H_2O)_6](ClO_4)_2$	Hexaquonickel(II)-perchlorat
$K_4[Fe(CN)_6]$	Kalium-hexacyanoferrat(II)
$K_3[Fe(CN)_6]$	Kalium-hexacyanoferrat(III)
$[Pt(en)_2Cl_2]Br_2$	Dichloro-bis(ethylendiammin)-platin(IV)-bromid
$[Pt(NH_3)_4](PtCl_4)$	Tetramminplatin(II)-tetrachloroplatinat(II)

Einige der am häufigsten vorkommenden Liganden sind in Tabelle 11–5 zusammen-

Tabelle 11–5   Häufig vorkommende, monofunktionelle Liganden[a]

Ligand	Name
F^-, Cl^-, Br^-, I^-	fluoro, chloro, bromo, jodo
$:NO_2^-$ und $:ONO^-$	nitro und nitrito
$:CN^-$	cyano
$:SCN^-$ und $:NCS^-$	thiocyanato und isothiocyanato
$:HO^-$	hydroxo
$CH_3COO:^-$	acetato
H_2O	aquo
NH_3	ammin
CO	carbonyl
NO^+	nitrosyl
py	pyridin, C_5H_5N

[a] Die Elektronenpaare sind mit angegeben, um Sie daran zu erinnern, welches Atom die Bindungen zum Zentralatom ausbildet. Sie werden gewöhnlich fortgelassen.

gestellt. Alle diese Liganden sind *monofunktionell*, d..h. jeder Ligand ist mit dem Zentralatom nur an einem Punkt verbunden. Andere Liganden sind bifunktionell, trifunktionell oder selbst hexafunktionell (Tabelle 11–6). Drei Moleküle des Ethylendiamins, $NH_2—CH_2—CH_2—NH_2$, können sich oktaedrisch mit Pt koordinieren, wobei sich das in Abbildung 11–4 dargestellte Kation bildet. Das Ethylendiamintetraacetato-Ion, das in Tabelle 11–6 aufgeführt ist, kann sich so um ein Metallion herumwickeln, daß es sich mit allen sechs Oktaederpositionen zugleich koordiniert (Abbildung 11–5). Ethylendiamintetraacetat oder EDTA fängt Ca, Mg, Mo, Fe, Cu und Zn so wirkungsvoll ein, daß es das für ein Enzym wesentliche Metallatom aus dem Enzym entfernt und damit seine enzymatische Aktivität vollständig lähmt. EDTA ist auch ein nützlicher „Ionen-

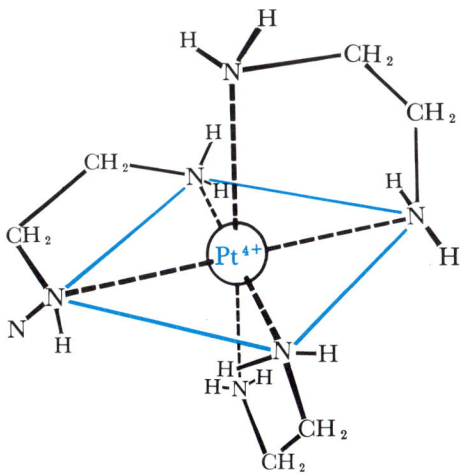

Abbildung 11–4   Die Struktur des Tris(ethylendiamin)platin(IV)-ions. Jedes Ethylendiaminmolekül, $NH_2—CH_2—CH_2—NH_2$, koordiniert sich an zwei Punkten mit dem zentralen Platinion. Derartige bifunktionelle und multifunktionelle Liganden werden als chelatisierende Gruppen und die durch sie gebildeten Verbindungen als Chelate bezeichnet nach dem Griechischen: „chele" = Krebsschere.

fänger" (*scavenger*) für das Entfernen von Metallspuren aus destilliertem und gereinig-
tem Wasser. Ein Molekül oder Ion, das sich mehr als einmal mit einem Metallion
koordiniert, wird als *chelatisierende Gruppe* bezeichnet. Den gesamten Komplex nennt
man dann ein *Chelat*.

Tabelle 11–6   Häufig vorkommende chelatisierende Gruppen oder multifunktionelle Liganden

Symbol	Ligandenname	Formel	Bin-dungen
en	Ethylendiamin	$\dot{N}H_2—CH_2—CH_2—\dot{N}H_2$	2
pn	Propylen-diamin	$\dot{N}H_2—CH_2—\underset{\underset{CH_3}{\mid}}{CH}—\dot{N}H_2$	2
dien	Diethylen-triamin	$\dot{N}H_2—CH_2CH_2—\dot{N}H—CH_2CH_2—\dot{N}H_2$	3
trien	Triethylen-tetraamin	$\dot{N}H_2—CH_2CH_2—\dot{N}H—CH_2CH_2—\dot{N}H—CH_2CH_2—\dot{N}H_2$	4
EDTA	Ethylendiamin-tetraacetato	$^-:OOC—CH_2 \qquad CH_2—COO:^-$ $:N—CH_2CH_2—N:$ $^-:OOC—CH_2 \qquad CH_2—COO:^-$	6
ox oder C_2O_4	Oxalato	$^-:OOC—COO:^-$	2

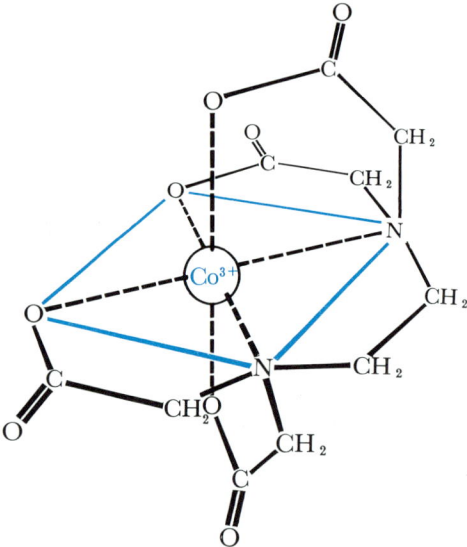

Abbildung 11–5   Ein Molekül des Ethylendi-amintetraacetats, EDTA, kann ein Metallion vollständig in oktaedrischer Koordination um-schließen. Die Anziehungskraft des EDTA auf Metalle ist so stark, daß es Metalle aus Enzymen herausholen und auf diese Weise deren kataly-tische Wirkung völlig zum Erliegen bringen kann.

Aufforderung. Sie können Ihre Kenntnisse der Nomenklatur anhand der Aufgabe 11–12 (die Wirtschaftlichkeit der Heizgaserzeugung) und Ihr Wissen von der Chelatisierung mit Hilfe der Aufgaben 11–18 und 11–19 (die Prinzipien, die der Behandlung von Schwermetall-Vergiftungen zugrunde liegen) im Buch von Butler und Grosser überprüfen.

Isomerie

In Koordinationskomplexen können wir drei Arten von Isomeren antreffen: Strukturelle, geometrische und optische oder Stereo-Isomere. *Struktur-Isomere* besitzen dieselbe

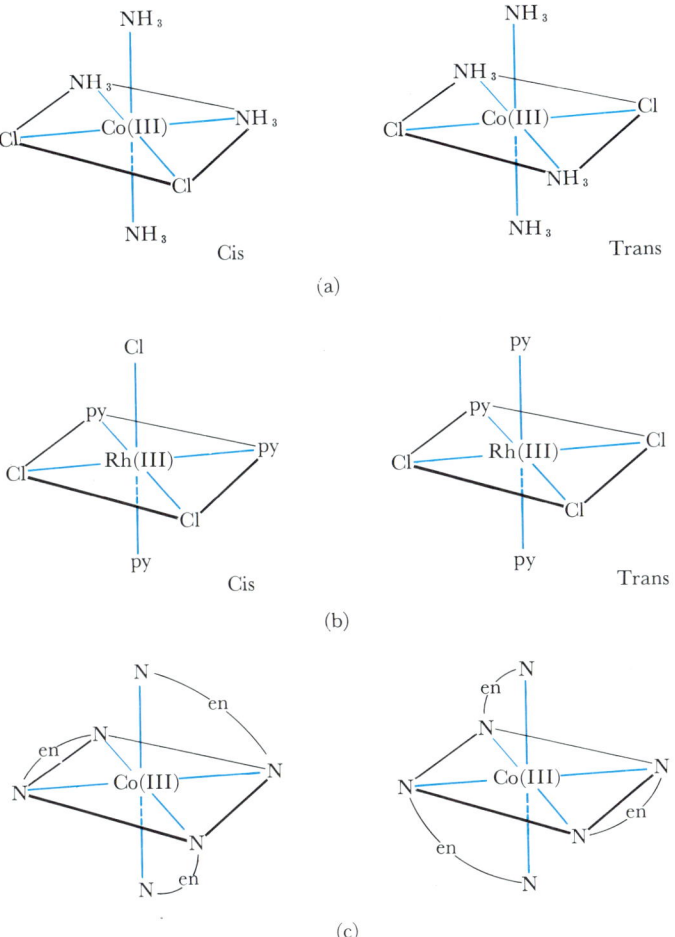

Abbildung 11–6 Geometrische und optische Isomere von oktaedrischen Komplexen. (a) cis- und trans-Dichloro-tetrammin-kobalt(III)-ionen. (b) cis- und trans-Trichloro-tripyridin-rhenium(III). Sowohl (a) als auch (b) sind Paare von geometrischen Isomeren. (c) Die beiden Stereoisomere oder optischen Isomere des Tris(ethylendiamin)-kobalt(III)-ions. Können Sie sich selbst beweisen, daß es für alle drei Verbindungen nur jeweils diese zwei Isomere gibt?

chemische Bruttoformel, aber die verschiedenen Komponenten des Moleküls sind untereinander auf verschiedene Weise verbunden. Ethylalkohol (CH_3CH_2OH) und Dimethylether ($CH_3\!-\!O\!-\!CH_3$) sind z. B. Struktur-Isomere. Die Substanz mit der Bruttoformel
$Cr(H_2O)_6Cl_3$ kommt in drei Struktur-Isomeren vor

$[Cr(H_2O)_6]^{3+}(Cl^-)_3$ \qquad Hexaquochrom(III)-chlorid
$[Cr(H_2O)_5Cl]^{2+}(Cl^-)_2 \cdot H_2O$ \; Chloropentaquochrom(III)-chlorid-monohydrat
$[Cr(H_2O)_4Cl_2]^+(Cl^-) \cdot 2\,H_2O$ \; Dichlorotetraquochrom(III)-chlorid-dihydrat

Die erste dieser Substanzen ist violett, die zweite hellgrün und die dritte dunkelgrün gefärbt. Ihre Strukturen können durch Fällung von Cl^- durch Ag^+ und durch die Eliminierung von null, ein oder zwei Wassermolekülen pro Molekül durch Trocknung über
H_2SO_4 demonstriert werden. Die in Abschnitt 7–1 erwähnte Verbindung $Co(NH_3)_5$
SO_4Br weist zwei Struktur-Isomere auf.

Geometrische Isomere unterscheiden sich in der Anordnung von Gruppen um dasselbe Zentralatom herum, wie in Abbildung 11–6 gezeigt ist. Die Vorsatzsilbe „*cis*" deutet dabei darauf hin, daß zwei identische Gruppen benachbart im Molekül oder Ion eingebaut sind, während „*trans*" bedeutet, daß sie sich gegenüberliegen oder wenigstens
nicht benachbart sind. In Abbildung 11–6a sind die beiden Cl im *cis*-Isomer einander
entlang einer Kante des Oktaeders benachbart, wogegen sie beim *trans*-Isomer auf einer
Diagonalen des Oktaeders einander gegenüber angeordnet sind. In Abbildung 11–6b
besitzt das *cis*-Isomer drei Cl, die eine Fläche des Oktaeders einschließen, während sie
bei der *trans*-Form auf einem Gürtel um das Oktaeder herum liegen.

Optische oder *Stereo-Isomere* verfügen über dieselben Gruppen in derselben relativen
Anordnung, die sich aber spiegelbildlich so unterscheiden, wie sich Ihre rechte Hand von
Ihrer linken unterscheidet. Optische Isomere, die durch die Anordnung von Gruppen
um ein Zentralatom herum entstehen, treten also immer in Paaren auf, von denen der
eine Partner das Spiegelbild des anderen ist. Man nennt diese Paare auch *Enantiomere*.
Ein Beispiel für zwei Enantiomere sind die beiden $Co(en)_3^{3+}$-Komplexe, die in Abbildung
11–6c dargestellt sind. Ein Zentralatom, um das herum solche Isomere gebildet werden können, wird als *asymmetrisches Zentrum* bezeichnet. Ein weiteres Beispiel für ein
Paar von Enantiomeren ist das in Abbildung 12–12 gezeigte L- und D-Alanin. Wenn
mehrere asymmetrische Kohlenstoffatome zu einer Kette verbunden werden, können
viele optische Isomere gebildet werden. (Wir werden auf die optische Isomerie im nächsten Kapitel zurückkommen.)

11–3   Theorie der Bindung in Koordinationskomplexen

Die Maximalzahl von σ-Bindungen, die mit Hilfe von s- und p-Valenzorbitalen aufgebaut werden können, ist vier. Somit ist vier auch die höchste Koordinationszahl, der wir
üblicherweise bei den Hauptgruppenelementen der zweiten Periode begegnen. Diese
Elemente verfügen über keine besetzten d-Orbitale, noch haben sie Zugang zu leeren
d-Orbitalen in der nächsthöheren Elektronenschale. So ist z.B. im CH_4 das zentrale
Kohlenstoffatom mit vier σ-Bindungen „gesättigt". Wenn jedoch ein Übergangsmetall

aus der ersten Übergangsperiode das Zentralatom ist, dann sind zusätzlich zu den vier s- und p-Orbitalen noch fünf d-Valenzorbitale vorhanden.

Wenn ein solches Zentralatom vollen Gebrauch von seinen d-, s- und p-Valenzorbitalen unter Ausbildung von σ-Bindungen machen würde, könnte es eine Gesamtzahl von *neun* Liganden an sich binden. Jedoch ist es wegen des Raumbedarfs der meisten Liganden äußerst schwierig, eine Koordinationszahl von neun um ein relativ kleines Zentralatom herum zu erreichen. Mit Rhenium (Re), einem großen Übergangsmetallatom aus der dritten Übergangsreihe, und Wasserstoff, einem sehr kleinen Liganden, gelingt es, eine Koordinationszahl neun im Komplex $[ReH_9]^{2-}$ zu finden, der bereits in Abschnitt 1–9 erwähnt wurde. Die Struktur dieses interessanten Komplexes ist in Abbildung 11–7 dargestellt.

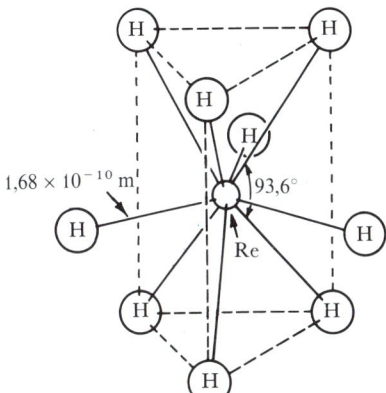

Abbildung 11–7 Die Struktur des $[ReH_9]^{2-}$-Ions. Es gibt sechs H-Atome, die an den Ecken eines trigonalen Prismas sitzen, und noch drei weitere H-Atome, die das Re-Atom in einer Ebene umgeben, die in der Mitte zwischen und parallel zu den dreieckigen Endflächen des Prismas liegt.

Die Bindungen in den meisten Koordinationskomplexen benutzen weniger als die neun Atomorbitale des zentralen Metallatoms. Wir werden uns jetzt den Theorien zuwenden, die entwickelt wurden, um diese Bindungen und die Eigenschaften der durch sie gebildeten Komplexe zu erklären. In der Entwicklung der Bindungstheorie der Übergangsmetalle gab es vier Stadien: Die einfache, elektrostatische Theorie; die Valenzbindungstheorie oder Theorie der lokalisierten Molekülorbitale; die Kristallfeld- und Ligandenfeldtheorie und schließlich die Theorie der delokalisierten Molekülorbitale. Jede dieser Theorien bedeutet gegenüber ihrem Vorgänger eine Verbesserung. Wenn man sie insgesamt betrachtet, sind sie ein gutes Beispiel dafür, wie sich Bindungsvorstellungen entwickeln und wie dieselben physikalischen Tatsachen durch unterschiedliche und sich scheinbar widersprechende Annahmen erklärt werden können.

Wir werden den größten Teil unserer Diskussion auf die oktaedrische Koordination beschränken, weil sie sowohl die am häufigsten vorkommende als auch die am leichtesten zu verstehende Koordination ist. Denken Sie stets an die folgenden vier Fragen, die wir bei der Entwicklung der einzelnen Theorien zu beantworten versuchen werden:

1. Auf welche Weise können wir den Unterschied in der Absorption von Energie durch

einen Komplex erklären (was sich in seiner Färbung ausdrückt), wenn sich das Wesen seiner Liganden ändert (erinnern Sie sich an Tabelle 11–2)?

2. Wie können wir begründen, daß ein Komplex wie $[Co(NH_3)_6]^{3+}$ diamagnetisch ist, während andere, wie z. B. $[CoF_6]^{3-}$, paramagnetisch sind und ein oder mehrere ungepaarte Elektronen aufweisen?

3. Die Stabilität der d^0-, d^5- und d^{10}-Konfigurationen kann leicht erklärt werden (siehe letzter Unterabschnitt des Abschnitts 11–1). Aber warum sind die Elektronenkonfigurationen d^3 und d^6 so stabil (denken Sie an Cr^{3+} upd Co^{3+})?

4. Warum ziehen bestimmte Ionen mit einer d^8-Konfiguration, wie z. B. Pt(II) und Pd(II), eine quadratisch planare Geometrie einer tetraedrischen oder oktaedrischen vor?

Elektrostatische Theorie

Die einfache elektrostatische Theorie geht nur von der Annahme aus, daß sich die negativ geladenen Liganden dem positiv geladenen Zentralion annähern. Liganden und Zentralion ziehen sich gegenseitig an, während sich die Liganden untereinander abstoßen. Die elektrostatische Abstoßung zwischen den Liganden führt zu den folgenden Voraussagen über den geometrischen Aufbau der Komplexe: Eine Koordinationszahl zwei führt zu einer linearen Struktur, während drei Liganden an den Ecken eines gleichseitigen Dreiecks liegen müssen, in dessen Mitte sich das Zentralion befindet. Vier Liganden ergeben eine tetraedrische und sechs Liganden eine oktaedrische Struktur.

Diese elektrostatische Theorie kann die Existenz von quadratisch planaren Komplexen nicht erklären. Auch kann sie nicht erklären, warum sich Komplexe mit neutralen Molekülen (CO, H_2O, NH_3) oder mit positiven Ionen ($NH_2NH_3^+$) bilden. Schließlich läßt diese Theorie keine Diskussion der magnetischen Eigenschaften von Komplexen oder ihrer elektronischen Energieniveaus zu, wie sie sich in den Farben der Komplexe und ihren Spektren zu erkennen geben.

Valenzbindungstheorie oder Theorie der lokalisierten Molekülorbitale

Einer der ersten, deutlichen Schritte in Richtung des Verstehens, warum oktaedrische Geometrie in Komplexen auftreten kann, erfolgte, als Pauling 1931 zeigte, daß ein Satz sechs s-, p- und d-Orbitalen auf ähnliche Weise wie bei den sp^3- und sp^2-Hybridorbitalen unter Ausbildung von sechs gleichwertigen Orbitalen miteinander kombiniert werden konnten, deren Achsen nach den Ecken eines Oktaeders ausgerichtet waren. Die dazu erforderlichen Atomorbitale waren das s-Orbital, die drei p-Orbitale und die $d_{x^2-y^2}$- und d_{z^2}-Orbitale, die im Energieniveauschema entweder gerade unter oder gerade über diesen s- und p-Orbitalen liegen. Die beiden d-Orbitale wurden gewählt, weil sie über Elektronendichtewolken verfügen, die ebenso wie die drei p-Orbitale in die sechs Axialrichtungen eines Oktaeders weisen. Die sich aus dieser Hybridisierung ergebenden sechs oktaedrisch orientierten Orbitale werden als d^{2}sp^3- oder sp^{3}d^2-Hybridorbitale bezeichnet, was davon abhängt, ob die Hauptquantenzahl der verwendeten d-Orbitale um eine Einheit kleiner als oder die gleiche wie die der s- und p-Orbitale ist.

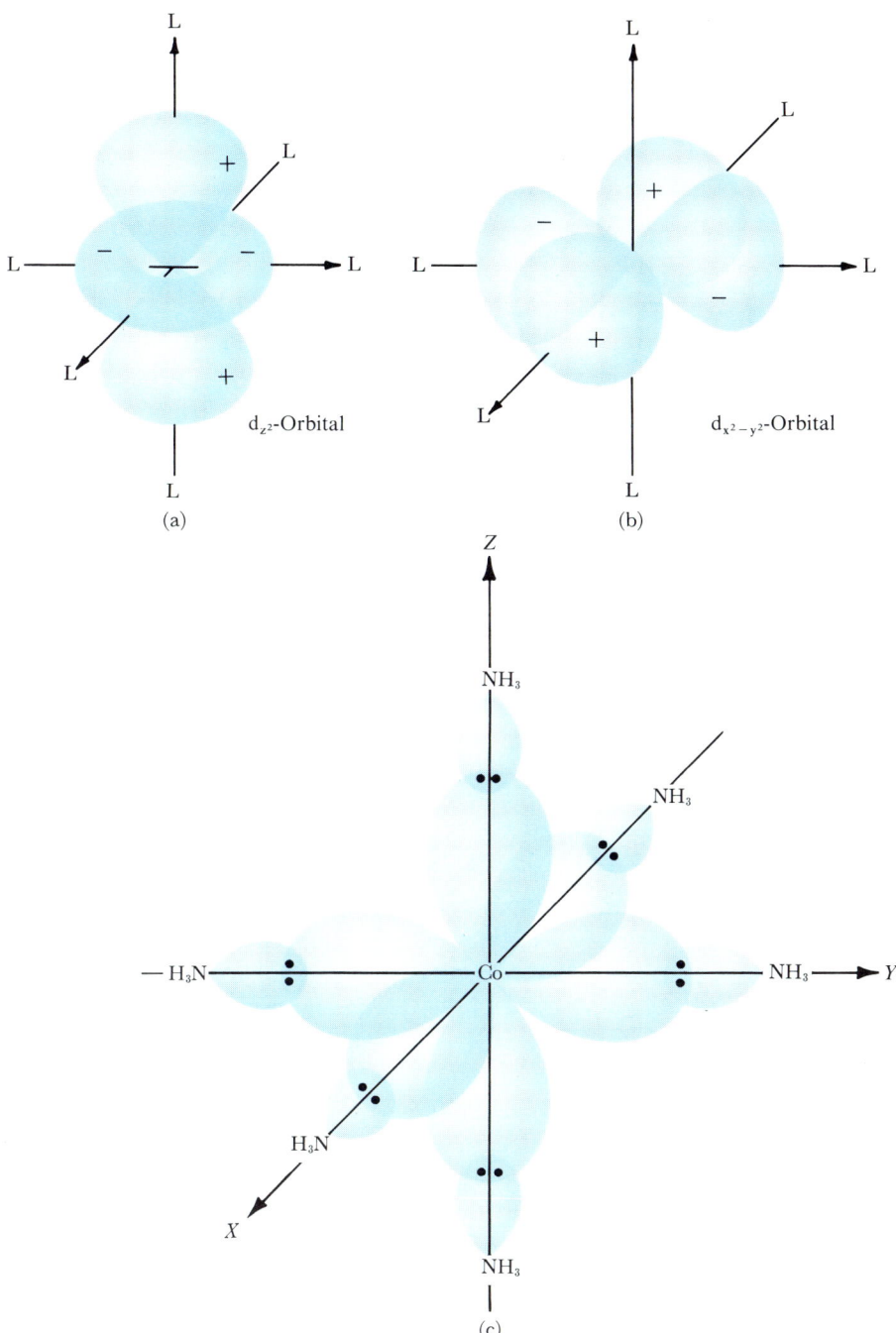

Abbildung 11–8 Die oktaedrischen, atomaren d^2sp^3-Hybridorbitale werden aus den $d_{x^2-y^2}$-, d_{z^2}-, s-, p_x-, p_y- und p_z-Orbitalen gebildet. Das s-Orbital ist kugelförmig, die p-Orbitale weisen auf die Ecken des Oktaeders, und die beiden d-Orbitale sind so orientiert, wie in (a) und (b) gezeigt ist. Die sechs oktaedrischen Hybridorbitale verbinden sich jeweils mit einem Ligandenorbital, das ein einsames Elektronenpaar enthält (c).

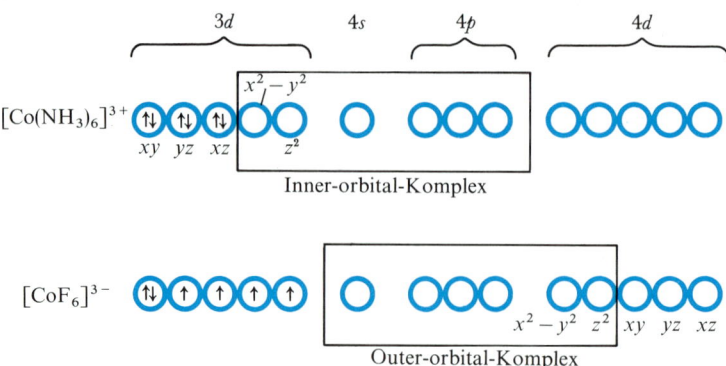

Abbildung 11–9 Die Valenzbindungstheorie postuliert, daß bei den „inner-orbital"-(„low-spin"-)
Komplexen des Kobalts, wie z. B. $[Co(NH_3)_6]^{3+}$, sechs Elektronen des Metallions mit gepaarten
Spins in den drei d_{xy}-, d_{yz}- und d_{xz}-Orbitalen sitzen; die oktaedrischen Hybridorbitale werden dann
vom s-, den drei p- und den zwei d-Orbitalen vom darunterliegenden Niveau $(n-1)$ gebildet. Bei
„outer-orbital"-(„high-spin"-)Komplexen des Kobalts werden alle fünf d-Orbitale des unteren
Niveaus von den Elektronen des Metallions besetzt, die sich jetzt nicht mehr vollständig paaren,
sondern den maximal möglichen Gesamtspin durch Parallelstellung ergeben. Die oktaedrischen
Hybridorbitale verwenden in diesem Falle zwei d-Orbitale desselben Hauptquantenniveaus wie s
und p. In jedem Fall besetzen einsame Elektronenpaare der Liganden die bindenden Molekülorbitale, die sich zwischen den Ligandenorbitalen und den sechs Hybridorbitalen des zentralen Metallions mit oktaedrischer Koordination ausbilden.

Jedes der Hybridorbitale kann mit einem Orbital eines Liganden zu einem bindenden
und einem antibindenden Orbital kombiniert werden, von denen jedes um die Metall-
Ligand-Bindungsachse herum σ-Symmetrie besitzt. Das einsame Elektronenpaar aus
dem jeweiligen an der Bindung beteiligten Orbital des Liganden besetzt das bindende
Molekülorbital, wodurch insgesamt sechs kovalente Bindungen gebildet werden (Abbildung 11–8). In ähnlicher Weise können aus den $d_{x^2-y^2}$-, s-, p_x- und p_y-Orbitalen des
zentralen Metallatoms vier gleichwertige Hybridorbitale gebildet werden, die nach den
Ecken eines Quadrats in der xy-Ebene ausgerichtet sind. Dadurch konnte auch die
Existenz von quadratisch planaren Komplexen erklärt werden.

Die Valenzbindungstheorie hatte bei der quantitativen Voraussage über die Lage von
Energieniveaus keinen Erfolg, aber sie lieferte wenigstens eine plausible Erklärung für
die magnetischen Eigenschaften von oktaedrischen Komplexen: Pauling schlug vor,
daß sich zwei Typen von Komplexen bilden können, sogenannte „outer-orbital"-sp^{3}d^2-
Komplexe, bei denen die d-Orbitale im Energieniveauschema über den s- und p-Orbitalen (also „außen") liegen, und „inner-orbital"-d^{2}sp^3-Komplexe, bei denen die d-Orbitale unter den s- und p-Orbitalen (also „innen") liegen (Abbildung 11–9). Bei den „inner-orbital"-Komplexen ist die Anzahl der d-Orbitale beschränkt, die zur Aufnahme
der d-Elektronen des Metallions übrigbleiben. Zur Aufnahme der dem Metallion verbleibenden d-Elektronen stehen ihm nur die d_{xy}-, d_{yz}- und d_{xz}-Orbitale zur Verfügung,
da die anderen beiden d-Orbitale bei der oktaedrischen Hybridisierung gebraucht werden.

Wählen wir einmal das Kobalt als Beispiel für die Erklärung der magnetischen Eigenschaften oktaedrischer Komplexe nach der Valenzbindungstheorie: Das neutrale Kobaltatom besitzt neun Elektronen mehr als die Edelgasschale des Argons. Die Elektronenkonfiguration seiner Valenzschale kann auf folgende Weise dargestellt werden

Co:

Das Co^{3+}-Ion besitzt sechs Elektronen, die sich nach der Hundschen Regel über alle fünf d-Orbitale verteilen werden

Co^{3+}:

Lassen Sie uns jetzt einmal annehmen, daß sechs Liganden, von denen jeder ein Elektronenpaar mitbringt, sechs kovalente Bindungen mit hybridisierten Metallorbitalen bilden, die oktaedrisch orientiert sind. Wenn mit den 4s-, 4p- und 4d-Orbitalen des Metalls ein äußerer Komplex gebildet wird, bleiben die Elektronen in den 3d-Orbitalen ungestört (Abbildung 11–9)

$[CoF_6]^{3-}$:

sp^3d^2

Es liegen im Komplex dann vier ungepaarte Elektronen vor, und das $[CoF_6]^{3-}$ sollte nach dieser Theorie paramagnetisch sein, was mit den experimentellen Befunden auch in Einklang steht.

Wenn im Gegensatz dazu ein innerer Komplex gebildet wird, bei dem die 3d-Orbitale an der oktaedrischen Hybridisierung beteiligt sind, dann bleiben nur drei 3d-Orbitale für die sechs Valenzelektronen übrig, die ursprünglich im Co^{3+}-Ion vorhanden waren

$[Co(NH_3)_6]^{3+}$:

d^2sp^3

Infolgedessen würden wir voraussagen, daß das $[Co(NH_3)_6]^{3+}$ diagmagnetisch sein wird, wie es auch tatsächlich der Fall ist.

In Abbildung 11–3 weist das Mn^{2+}-Ion im Hexafluoromanganat(II) eine d^5-Konfiguration auf

Mn^{2+}:

Wenn das Hexafluoromanganat(II) ein „inner-orbital"-Komplex wäre, würden die fünf Valenzelektronen des Mn^{2+} in die drei verbleibenden 3d-Orbitale gedrängt, so daß ein Elektron ungepaart bliebe

$[MnF_6]^{4-}$:

innerer Komplex

Wenn es umgekehrt ein „outer-orbital"-Komplex wäre, würden alle fünf Valenzelektronen des Mn^{2+} ungepaart in den fünf $3d$-Orbitalen bleiben. Diese beiden möglichen Komplexe würden paramagnetisch sein, aber sie würden sich durch den Betrag des magnetischen Moments unterscheiden. Die experimentellen Daten deuten darauf hin, daß der Komplex fünf ungepaarte Spins besitzt, so daß er ein „outer-orbital"-Komplex sein muß. Das Fe^{3+}-Ion weist ebenfalls eine d^5-Konfiguration auf; es wird jedoch, weil die magnetischen Daten erkennen lassen, daß das Hexacyanoferrat(III) nur ein ungepaartes Elektron besitzt, in der Valenzbindungstheorie als ein „inner-orbital"-Komplex beschrieben. Liganden wie CN^- und CO neigen zur Bildung von „inner-orbital"-Komplexen, während Liganden wie F^-, Cl^-, Br^- und I^- gewöhnlich „outer-orbital"-Komplexe bilden.

Die Valenzbindungstheorie liefert zwar die beiden richtigen Alternativen für die Anzahl von ungepaarten Elektronen, aber sie bietet nur wenig Hilfe bei der Wahl zwischen ihnen. Sie sagt voraus, daß „inner-orbital"-Komplexe relativ inert sein werden. Die experimentelle Beobachtung, daß „outer-orbital"-Komplexe (auch „high-spin"-Komplexe genannt) gewöhnlich labiler als „inner-orbital"-Komplexe (auch „low-spin"-Komplexe genannt) sind, läßt uns darauf vertrauen, daß die Valenzbindungstheorie wenigstens ein Schritt in die richtige Richtung ist. Zur Zeit ihres Erscheinens erreichte sie große Bedeutung; heute jedoch ist sie durch die Kristallfeldtheorie und eine vollständigere Molekülorbitaltheorie abgelöst worden.

Bevor Sie weitermachen. Die Beteiligung von d-Orbitalen an den Bindungen sowohl von Nichtmetallverbindungen als auch von Übergangsmetallkomplexen mit Hilfe der Theorie der lokalisierten Molekülorbitale (Valenzbindungstheorie) wird in Kurs 11 des *Begleitprogramms zu Prinzipien der Chemie* von Lassila et al. behandelt.

Kristallfeldtheorie und Ligandenfeldtheorie

Von einer Theorie der lokalisierten Molekülorbitale schwingt das Pendel jetzt nach der anderen Seite aus zu einer rein elektrostatischen Theorie, die die Bindungen zwischen Metall und Liganden als ionisch betrachtet. Die einfache elektrostatische Theorie sagte voraus, daß eine oktaedrische Koordination aus demselben Grunde auftreten wird, aus dem sich sechs Einheitsladungen, die sich frei auf der Oberfläche einer Kugel gegeneinander verschieben können, unter dem Einfluß der zwischen ihnen wirkenden elektrostatischen Kräfte zu einer oktaedrischen Konfiguration anordnen, da diese die niedrigste Energie besitzt. Dies ist einfach die Vorstellung von der Elektronenpaarabstoßung aus Abschnitt 10–7.

Die *Kristallfeldtheorie* ist realistischer. Bei dieser Theorie sehen wir uns an, was mit den fünf d-Orbitalen des Metalls geschieht, wenn sechs negative Ladungen sich dem Metall in einer oktaedrischen Anordnung entlang den drei Hauptachsen der d-Orbitale nähern. Diese negativen Ladungen stellen die einsamen Elektronenpaare der Liganden dar. Wir nehmen dabei an, daß die Elektronen bei den Liganden bleiben und nicht in irgendeine Art von kovalenter Bindung mit dem Metall verwickelt werden. Infolgedessen geht die Kristallfeltheorie von rein *ionischen* Bindungen aus.

Die $d_{x^2-y^2}$- und d_{z^2}-Orbitale werden am stärksten von den negativen Ladungen be-

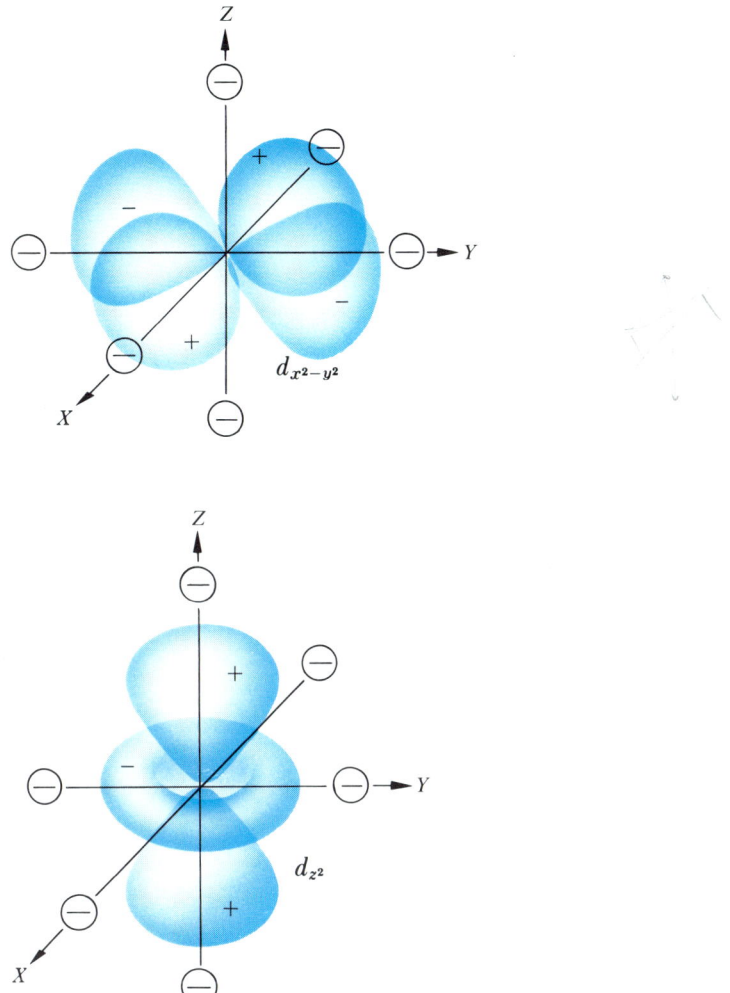

Abbildung 11–10 Nach der Kristallfeldtheorie können die sechs Liganden eines oktaedrischen Komplexes durch sechs negative Ladungen dargestellt werden, die jeweils auf beiden Seiten des Zentralatoms auf den kartesischen Achsen angeordnet sind. Infolgedessen sind die Elektronendichtelappen der $d_{x^2-y^2}$- und d_{z^2}-Orbitale des Metalls direkt auf diese negativen Ladungen gerichtet. Elektronen, die sich in diesen beiden d-Orbitalen befinden, werden daher von diesen negativen Ladungen abgestoßen. Es muß mehr Energie aufgebracht werden, um diese beiden d-Orbitale des Metalls mit Elektronen zu besetzen, als bei der Besetzung der d_{xy}-, d_{yz}- und d_{xz}-Orbitale des Metalls, die alle in Richtungen zwischen die Liganden weisen.

einflußt, die diese Liganden darstellen. Diese beiden Orbitale weisen direkt auf die Ladungen (Abbildung 11–10). Irgendwelche Elektronen, die sich in diesen d-Orbitalen befinden, werden der elektrostatischen Abstoßung durch die einsamen Elektronenpaare der Liganden unterliegen und infolgedessen höhere Energien haben als jene Elektronen, die sich in den anderen drei d-Orbitalen befinden. Im Gegensatz zu den beiden erstgenannten Orbitalen sind die Elektronendichtelappen der d_{xy}-, d_{yz}- und d_{xz}-Orbitale so ausgerichtet, daß sie *zwischen* die Liganden weisen (siehe Abbildung 8–25). Elektronen in diesen Orbitalen sind stabiler, d. h. sie besitzen eine geringere Energie als die Elektronen in den $d_{x^2-y^2}$- und d_{z^2}-Orbitalen. Das Gesamtergebnis dieser elektrostatischen Wechselwirkung mit den Liganden ist, daß die fünf d-Orbitale in zwei Energieniveaus aufspalten,

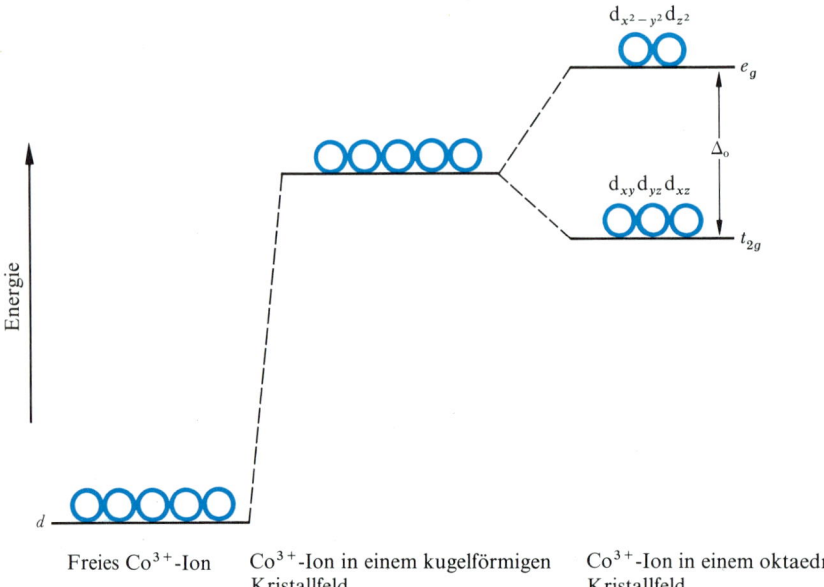

Freies Co^{3+}-Ion Co^{3+}-Ion in einem kugelförmigen Co^{3+}-Ion in einem oktaedrischen
Kristallfeld   Kristallfeld

Abbildung 11–11   Energieniveauschema für die fünf d-Orbitale eines Metallions in einem oktaedrischen Kristallfeld. Links ist die Energie der Elektronen in den d-Orbitalen eines freien Ions angegeben. In der Mitte finden Sie die Energie der Elektronen in den d-Orbitalen, wenn das Ion von einer kugelförmigen Wolke negativer, gleichmäßig verteilter Ladungen umgeben wäre. Rechts steht die Aufspaltung der Energien der d-Orbitale, die sich bei einer oktaedrischen Anordnung der negativen Ladungen um das Metall herum ergibt. Die drei d-Orbitale, die zwischen die Liganden weisen, haben niedrigere Energie als die beiden anderen Orbitale, die direkt auf die Liganden gerichtet sind.

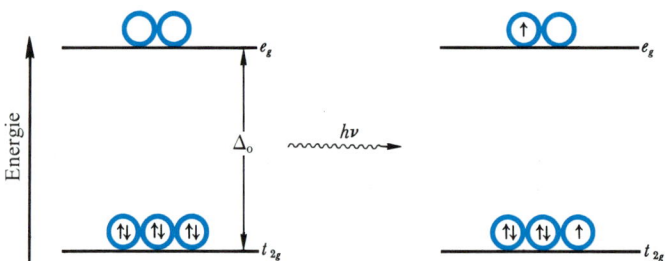

Abbildung 11–12   Wenn $[Co(NH_3)_6]^{3+}$ ein Photon von violettem Licht absorbiert und jene Frequenzen durchläßt, die ihm seine gelbe Farbe geben, ändert sich die Elektronenkonfiguration des Zentralions, Co^{3+}, von der links stehenden zur rechts stehenden.

die durch eine *Kristallfeldaufspaltungsenergie*, Δ_0, voneinander getrennt werden, wie in Abbildung 11–11 gezeigt ist. Das untere Niveau wird t_{2g}-Niveau und das obere e_g-Niveau genannt. (Die Namen stammen aus der Gruppentheorie. Ihr Ursprung soll uns aber hier nicht weiter interessieren.)

Wir erhalten die Kristallfeldaufspaltungsenergie Δ_0 durch Messung der Energie, die absorbiert wird, wenn ein Elektron zu einem Übergang vom t_{2g}-Niveau in das e_g-Niveau angeregt wird (Abbildung 11–12). Diese Aufspaltungsenergie ist für die Erklärung der magnetischen Eigenschaften von entscheidender Bedeutung: Wenn Δ_0 klein ist, wie es beim $[CoF_6]^{3-}$ der Fall ist, verteilen sich die sechs d-Elektronen des Co^{3+}-Ions über alle fünf d-Orbitale (Abbildung 11–13). Es wird Energie gespart, wenn so wenig Elektronen wie möglich gepaart sind. Wenn umgekehrt die Aufspaltungsenergie Δ_0 groß genug ist, um die Energie der Paarung von zwei Elektronen im selben Orbital zu übertreffen, dann wird die Elektronenanordnung die stabilere sein, bei der die drei tiefer liegenden Orbitale des t_{2g}-Niveaus je ein Elektronenpaar enthalten, während die beiden höheren Orbitale leer bleiben. Dies ist beim $[Co(NH_3)_6]^{3+}$ der Fall. Wegen der unterschiedlichen Zahlen von ungepaarten Elektronen in den beiden Strukturen wird $[Co(NH_3)_6]^{3+}$ als „low-spin"-Komplex bezeichnet, während $[CoF_6]^{3-}$ ein sogenannter „high-spin"-Komplex ist.

Beachten Sie einmal, auf welche Weise dieselben Tatsachen durch zwei recht verschiedene Theorien, die Valenzbindungstheorie und die Kristallfeldtheorie, erklärt werden: Beide Theorien sagen aus, daß sich oktaedrische „low-spin"-Komplexe bilden werden, wenn nur *drei* d-Orbitale niedriger Energie für die ursprünglich vom zentralen Metallion stammenden Elektronen zur Verfügung stehen. Oktaedrische „high-spin"-Komplexe treten auf, wenn es *fünf* tief liegende d-Orbitale gibt. Jedoch erklärt die Valenzbindungstheorie das Vorliegen von drei oder fünf solcher Orbitale mit Hilfe des Satzes von sechs

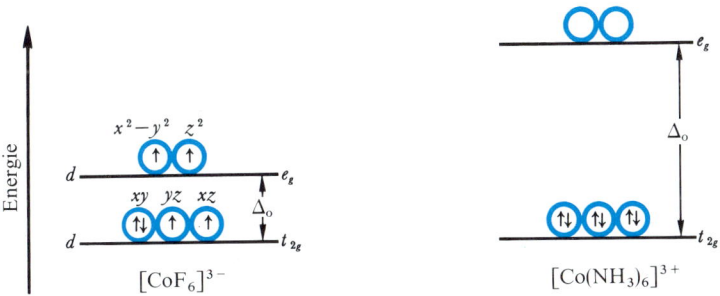

Abbildung 11–13   Die Erklärung der Kristallfeld(und Ligandenfeld)theorie für das Entstehen von „high-spin" und „low-spin"-Komplexen: Die vom F^--Ion erzeugte Kristallfeldaufspaltung ist gering, und die Energie, die benötigt wird, um zwei Elektronen in das obere Niveau zu bringen, ist kleiner als die Energie, die für die Spinpaarung erforderlich ist. Infolgedessen verteilen sich beim „high-spin"-$[CoF_6]^{3-}$-Komplex die Elektronen des Zentralions über alle fünf d-Orbitale, und wir erhalten vier ungepaarte Spins. Dagegen bewirkt die NH_3-Gruppe eine derart starke Kristallfeldaufspaltung, daß es energetisch günstiger ist, Elektronenspins in den drei unteren Niveaus zu paaren und die beiden oberen Niveaus unbesetzt zu lassen. Der „low-spin"-$[Co(NH_3)_6]^{3+}$-Komplex besitzt keine ungepaarten Elektronen und ist daher diamagnetisch.

Orbitalen, die zur oktaedrischen Hybridisierung verwendet werden. Im Gegensatz dazu zieht die Kristallfeldtheorie eine kleine oder eine große Energielücke zwischen einem tief liegenden Satz von drei d-Orbitalen und einem weniger stabilen Satz von zwei d-Orbitalen zur Erklärung heran. Bei der Valenzbindungstheorie ist die Hybridisierung der Metallorbitale der entscheidende Faktor, wobei die Bindungen mit den Liganden als vollkommen kovalent angesehen werden. Bei der Kristallfeldtheorie gibt die elektrostatische Abstoßung zwischen den Elektronenpaaren der Liganden und den Metallelektronen den Ausschlag, wobei die Bindungen mit den Liganden als rein ionisch angesehen werden. Die Auswirkungen dieser Theorien sind in beiden Fällen dieselben, aber die Erklärungen dafür sind radikal voneinander verschieden. Welche Theorie ist nun richtig?

Einige Chemiker mögen das Wort „richtig" nicht so sehr und ziehen ihm Umschreibungen wie „erfolgreich beim Erklären der Tatsachen" vor. Wenn aber der Chemiker nicht zugleich auch ein Mystiker ist, der an irgendeine Art von innerer Realität glaubt, die sich über das hinaus erstreckt, was wir mit unseren Sinnen wahrnehmen können, dann sind die beiden Beschreibungen der Wirklichkeit gleichwertig. Wir können niemals eine Theorie als im absoluten Sinne richtig beweisen. Wir können nur sagen, daß eine Theorie „richtiger" als eine andere ist, weil sie mehr von den beobachteten Eigenschaften ihres Gegenstandes erklärt als die andere Theorie. Nach diesem Kriterium ist die Kristallfeldtheorie besser als die Valenzbindungstheorie. Nach der Kristallfeldtheorie können die üblichen Liganden in einer Reihe zusammengestellt werden, die nach der Größe der Kristallfeldaufspaltung Δ_0 geordnet ist, und diese Reihenfolge läßt sich in gewissem Umfang bestätigen:

Je stärker das von dem Liganden erzeugte elektrostatische Feld ist, desto größer sollte die Aufspaltung sein. Kleine Ionen, deren einsame Elektronenpaare an einem Ort konzentriert sind, wie z. B. beim F^-, sollten eine stärkere Wirkung ausüben als größere Gruppen, bei denen die Elektronen über einen größeren Raumbereich verteilt sind, wie das beim Cl^- der Fall ist. Über dieses Größenargument hinaus können wir noch weitere Liganden in diese Reihe einordnen, aber wir können die Reihenfolge nicht erklären

$$CO, CN^- > en > NH_3 > -NCS^- > H_2O > HO^-, F^- > Cl^- > Br^- > I^-$$

Liganden mit starkem Feld	:	Liganden mit mittlerem Feld	:	Liganden mit schwachem Feld

(en steht für Ethylendiamin; siehe Tabelle 11–6. Wir schreiben hier für das Isothiocyanation $-NCS^-$, um hervorzuheben, daß die Bindung Metall-Ligand bei den Kobalt(III)-Komplexen, die wir in diesem Kapitel diskutieren, durch das N-Atom erfolgt.)

Auch ohne Spektroskope oder Prismen können wir die Reihenfolge der Liganden in dieser Liste schnell dadurch überprüfen, daß wir uns nur die Farben von Komplexen mit diesen Liganden ansehen. Die Absorption von sichtbarem Licht infolge der Anregung von d-Elektronen des Metalls von t_{2g}- in e_g-Orbitale ist neben der Absorption auf Grund des Ladungstransfers die andere wichtige Ursache für die Farben von Übergangsmetallkomplexen. Für Metalle in den Oxidationsstufen $+2$ und $+3$ liegt die Ladungstransferabsorption gewöhnlich im ultravioletten Bereich des Spektrums, während die Farben, die wir bei ihnen sehen, von der Ligandenfeldaufspaltung herrühren. Diese

Farben sind nicht so intensiv wie die der Ladungstransferabsorption des $[CrO_4]^{2-}$ und $[MnO_4]^-$. Die Tabelle 11–2 enthält eine Reihe von Kobaltkomplexen, ihre Farben, die Farben, die bei den Elektronenübergängen mit der niedrigsten Energie absorbiert werden und die ungefähren Wellenlängen und Energien dieser Übergänge. Das Ersetzen selbst nur eines NH_3-Liganden im Komplex durch —NCS^-, H_2O, HO^- oder Cl^- verringert den Energieunterschied zwischen den Niveaus oder die Übergangsenergie in der oben angegebenen Reihenfolge. Die Substitution von Br^- für —NCS^- im Ethylendiaminkomplex erniedrigt die Übergangsenergie um ungefähr 10% und verändert die Farbe des Ions von blau nach grün. Das Ersetzen von —NCS^- durch ein Halogen, Cl^-, in der Gegenwart von fünf NH_3-Liganden erniedrigt ebenfalls die Übergangsenergie um 10% und ändert die Farbe des Salzes von orange nach purpur.

Warum ist die Reihenfolge der relativen Stärken bei der Aufspaltung der Energieniveaus so, wie sie sich hier darstellt? Mit Hilfe der Kristallfeldtheorie können wir diese Frage nicht beantworten. Eine Erweiterung und Verbesserung dieser Theorie ist die *Ligandenfeldtheorie*. Bei ihr werden die Liganden als etwas mehr als nur einfache, negativ geladene Körper angesehen: Die Orbitale der Liganden werden berücksichtigt, wobei sowohl die Orbitale, in denen die Elektronenpaare enthalten sind, die die Bindung mit dem Metall aufbauen, als auch die Orbitale betrachtet werden, die einsame Elektronenpaare enthalten, die nicht direkt mit dem Metall verknüpft sind. Indem wir den Liganden auf diese Weise etwas Struktur verleihen, können wir auch mehr von der Reihenfolge der Energieaufspaltung erklären. Jedoch ist die Ligandenfeldtheorie in Wirklichkeit nicht mehr als eine Station auf dem halben Wege zu einer vollständigen Molekülorbitaltheorie. Diese erweiterte Molekülorbitaltheorie umfaßt sowohl die Kristallfeldtheorie als auch die Valenzbindungstheorie als Extremfälle so, wie der Rahmen der Molekülorbitaltheorie in Abschnitt 10–4 sowohl die ionische als auch die kovalente Bindung umschließt.

Molekülorbitaltheorie (Erweiterte Ligandenfeldtheorie)

Bei der Ligandenfeldtheorie berücksichtigen wir schon die Orbitale der Liganden und betrachten die Liganden nicht mehr als bloße kugelförmige Ladungen. Bei der Behandlung nach der *Theorie der delokalisierten Molekülorbitale* werden sechs Ligandenorbitale, von denen in erster Näherung angenommen wird, daß sie um die Metall-Ligand-Bindungsachsen σ-Symmetrie besitzen, mit sechs der neun s-, p- und d-Orbitale des Metalls kombiniert: $d_{x^2-y^2}$, d_{z^2}, s, p_x, p_y und p_z. Es sind dies dieselben Orbitale, die Pauling zum Aufbau seiner sechs Hybridorbitale verwendete. Wir werden jetzt sie alle mit den sechs Atomorbitalen der Liganden kombinieren, wodurch wir sechs delokalisierte bindende Orbitale und sechs antibindende Orbitale erhalten (Abbildung 11–14). Die d_{xy}-, d_{yz}- und d_{xz}-Orbitale, die für eine Kombination mit den σ-ähnlichen Orbitalen der Liganden die falsche Symmetrie besitzen, sind *nichtbindend*. Elektronenpaare, die diese Orbitale besetzen, haben keinerlei Auswirkungen auf den Zusammenhalt zwischen den Liganden und dem zentralen Metall und werden als einsame Elektronenpaare des Metalls beschrieben. Ein ähnliches Beispiel für eine ungeeignete Symmetrie, die ein Orbital zu einem nichtbindenden macht, ist in Abbildung 10–11 dargestellt.

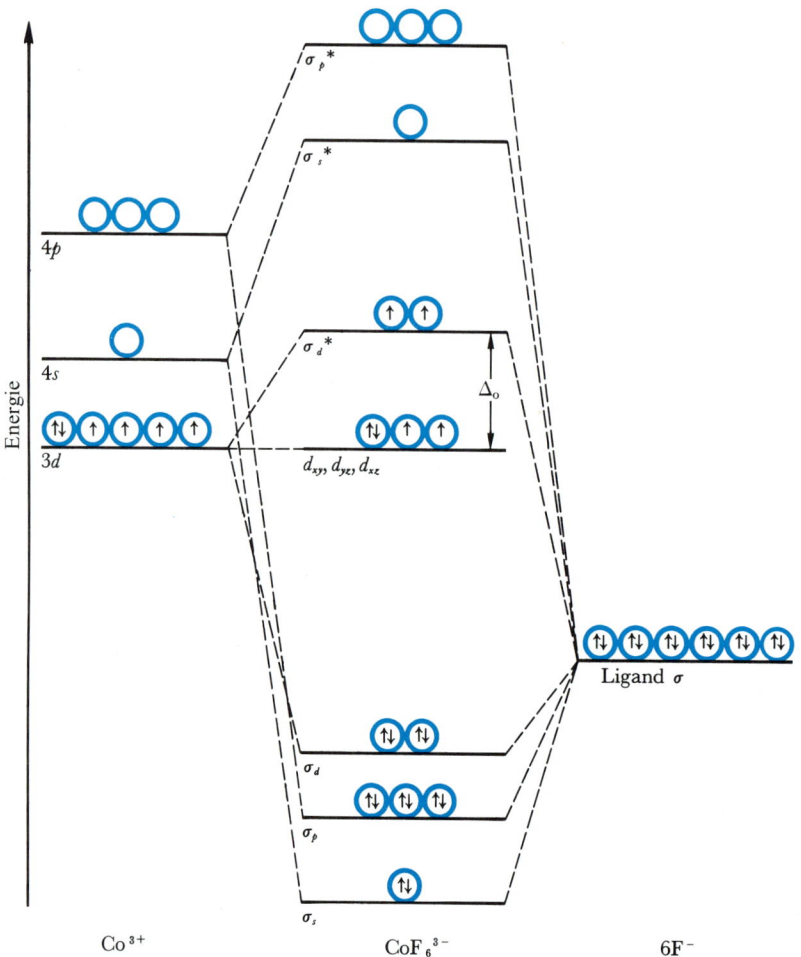

Abbildung 11–14   Bei der Behandlung der oktaedrischen Koordination mit Hilfe von delokalisierten Molekülorbitalen kombinieren sich jetzt dieselben sechs Metallorbitale, die auch in der Valenzbindungstheorie benutzt wurden ($d_{x^2-y^2}$, d_{z^2}, s, p_x, p_y und p_z), mit den sechs, von einsamen Elektronenpaaren besetzten Ligandenorbitalen zu sechs bindenden Molekülorbitalen (σ_s, σ_p und σ_d) und sechs antibindenden Orbitalen (σ_d^*, σ_s^* und σ_p^*). Die d_{xy}-, d_{yz}- und d_{xz}-Orbitale des zentralen Metallions sind *nichtbindend* (sie tragen nichts zur Bindung bei; sie sind also weder bindend noch antibindend). Die energetisch tief liegenden sechs bindenden Orbitale werden von den sechs Elektronenpaaren der Liganden besetzt, wodurch sechs Elektronenpaarbindungen zwischen dem Metall und den Liganden ausgebildet werden. Die d-Elektronen des Metallions befinden sich in den nichtbindenden und den am tiefsten liegenden antibindenden Niveaus, die voneinander durch die sogenannte Kristallfeld(Ligandenfeld)aufspaltungsenergie Δ_0 getrennt sind. Diese beiden Niveaus entsprechen denen aus Abbildung 11–11, aber die Erklärung ihres Ursprungs ist doch ganz anders.

Das sich nach der Molekülorbitaltheorie ergebende Energieniveaudiagramm zeigt die Abbildung 11–14. Die sechs bindenden Orbitale unten im Bild sind voll mit Elektronenpaaren besetzt. Wir können sie uns als die Elektronenpaare vorstellen, die von den Liganden in den Komplex eingebracht wurden, und sie dann praktisch vergessen. Die obersten vier antibindenden Orbitale sind in ähnlicher Weise ohne Bedeutung; sie werden immer leer sein, den Extremfall einer elektronischen Anregung ausgenommen, die uns hier aber nicht interessieren soll. Das nichtbindende Niveau und das am tiefsten liegende antibindende Niveau entsprechen jetzt den beiden Niveaus, t_{2g} und e_g, die in Abbildung 11–13 durch die Kristallfeldaufspaltung hervorgerufen werden. Wir werden sie weiterhin selbst bei der Behandlung nach der Molekülorbitaltheorie mit diesen Namen bezeichnen, die sich nun einmal eingebürgert haben. Aber beachten Sie den Unterschied in der Erklärung, wie diese Aufspaltung zustandekam: Bei der Kristallfeldtheorie ist sie die Folge der elektrostatischen Abstoßung; bei der Ligandenfeldtheorie und der erweiterten Molekülorbitaltheorie beruht sie auf der Kombination von Molekülorbitalen. Wie wir bereits in Kapitel 10 am Beispiel des HF und KCl sahen, kann dieselbe Molekülorbitaltheorie alles, von der rein ionischen bis zur rein kovalenten Bindung, erklären. Demgemäß ist die Wahl zwischen diesen beiden Theorien nur eine Scheinwahl, eine Folge des Sicheinlassens auf zwei extreme Modellvorstellungen. Im $[CoF_6]^{3-}$ besitzt die Bindung einen gewissen ionischen Charakter, da, wie sie in Abbildung 11–14 sehen können, die Ligandenorbitale tiefer liegen als die des Metalls und energetisch den bindenden Molekülorbitalen näher kommen. Infolgedessen werden die bindenden Orbitale mehr vom Charakter der Ligandenorbitale besitzen, und es wird eine Verschiebung von negativer Ladung zu den Liganden hin erfolgen. Somit werden die Bindungen partiell ionisch sein.

Mit Hilfe der Molekülorbitaltheorie können wir weitaus besser vorhersagen, welche Liganden große Energieunterschiede zwischen den t_{2g}- und e_g-Niveaus bei oktaedrischer Koordination hervorrufen werden und welche nur geringe Aufspaltungen bewirken. Um diese Voraussage zu treffen, müssen wir uns die Wechselwirkungen der d_{xy}-, d_{yz}- und d_{xz}-Orbitale im t_{2g}-Niveau mit Atomorbitalen der Liganden ansehen, die um die Metall-Ligand-Bindungsachse herum π-Symmetrie besitzen.

Die Kristallfeldtheorie geht davon aus, daß es solche Ligandenorbitale nicht gibt und daß jeder Ligand eine einfache Ladungskugel ohne besondere Eigenschaften ist. Die Ligandenfeldtheorie betrachtet die Ligandenorbitale, die Bindungen mit dem Metallion bilden, und auch die zwei unhybridisierten p-Orbitale der Liganden, die sich rechtwinklig zu der Metall-Ligand-Bindungsachse erstrecken. Diese unhybridisierten p-Orbitale der Liganden beeinflussen sehr stark die Ligandenfeldaufspaltungsenergie Δ_0.

Die Abbildung 11–15 stellt vier dieser p-Orbitale des Chlors dar, die sich mit einem der drei d-Orbitale des Zentralatoms im t_{2g}-Niveau überlappen. Wenn sich in diesem d-Orbital Elektronen befinden, werden sie von den einsamen Elektronenpaaren in diesen p-Orbitalen abgestoßen, und die Energie des t_{2g}-Niveaus wird erhöht. Jeder Ligand mit besetzten Orbitalen, die eine solche π-Symmetrie um die Achse Metall-Ligand herum aufweisen, erniedrigt die Ligandenfeldaufspaltungsenergie Δ_0. Wenn wir die Terminologie der Kristallfeldtheorie beibehalten, werden derartige Liganden (HO$^-$, Cl$^-$, Br$^-$, I$^-$) als *Liganden mit schwachem Feld* bezeichnet. Das Fluoridion ist bei diesem Vorgang nicht so wirkungsvoll, da es seine Elektronen so fest gebunden hält. Eine solche Wechselwirkung wird eine Ligand-auf-Metall(π)- oder $L \rightarrow M(\pi)$-Wechselwirkung genannt.

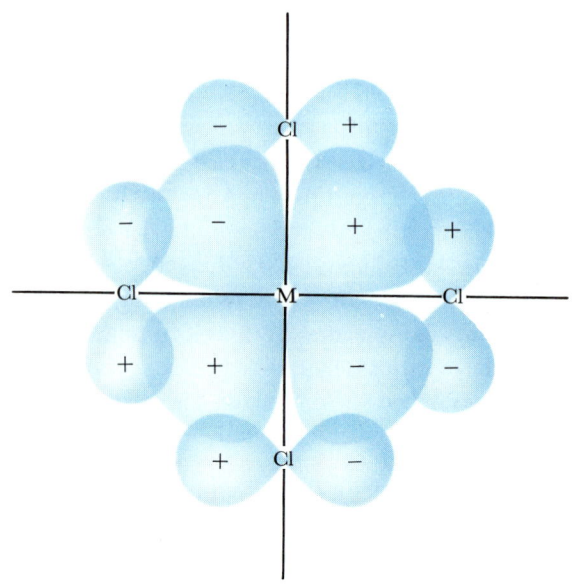

Abbildung 11–15   Die einsamen Elektronenpaare in den π-Orbitalen der Cl^--Ionen stoßen Elektronen in den d_{xy}-, d_{yz}- und d_{xz}-Orbitalen des Metallions ab und machen damit diese Niveaus weniger stabil. Das t_{2g}-Niveau in Abbildung 11–11 wird dadurch angehoben, und die Aufspaltungsenergie Δ_0 nimmt ab.

Vielatomige Gruppen, die ein unbesetztes antibindendes Orbital mit π-Symmetrie aufweisen, verhalten sich anders. Das Cyanidion (Abbildung 11–16) besitzt eine Dreifachbindung, die von einem bindenden σ^b-Orbital und zwei bindenden π^b-Molekülorbitalen gebildet wird. Eines dieser bindenden π^b-Orbitale ist in Abbildung 11–16a dargestellt. Dieses Orbital verringert die Stabilität des t_{2g}-Niveaus oder hebt das t_{2g}-Niveau an durch einen $L \rightarrow M(\pi)$-Prozeß, der genauso wie beim Cl^- abläuft. Aber der größte Teil der Elektronendichte des π^b-Orbitals liegt zwischen dem C- und dem N-Atom und *nicht* in Richtung des zentralen Metallatoms. Das antibindende π^*-Orbital (Abbildung 11–16b) zeigt dagegen eine stärkere Wechselwirkung mit dem t_{2g}-Niveau des Metalls. Hier ist der Effekt jedoch das Gegenteil der beim Cl^- auftretenden Auswirkung: Elektronen in den t_{2g}-Orbitalen des Metalls können teilweise delokalisiert werden und in das π^*-Orbital des Liganden übergehen. Diese Delokalisierung stabilisiert das t_{2g}-Orbital und setzt seine Energie herab. Infolgedessen erhöht sich die Aufspaltungsenergie Δ_0. Dieser Vorgang wird als $M \rightarrow L(\pi)$-Bindung oder Rückbindung bezeichnet. Liganden, die die Aufspaltung der Energieniveaus auf diese Weise erhöhen (CO, CN^-, NO_2^-), werden nach der Bezeichnungsweise der Kristallfeldtheorie *Liganden mit starkem Feld* genannt. Einzelne Atome mit vielen einsamen Elektronenpaaren, wie z. B. die Halogenid-ionen, sind Liganden mit schwachem Feld, weil sie Elektronen abgeben. Gruppen von aneinander gebundenen Atomen, wie z. B. CO, sind eher Liganden mit starkem Feld, weil ihre bindenden Orbitale mit π-Symmetrie zwischen Paaren von Atomen konzentriert sind und damit vom zentralen Metall entfernt gehalten werden. Dagegen erstrecken sich die leeren antibindenden Molekülorbitale dieser Liganden mehr zum Metall hin.

Die Natur des zentralen Metallatoms oder Metallions selbst übt ebenfalls einen starken Einfluß auf die Größe der Ligandenfeldaufspaltung aus. Metallatome oder -ionen, bei denen die 4d- und 5d-Valenzorbitale besetzt werden, ergeben weitaus größere Aufspaltungen als die entsprechenden Komplexe der 3d-Orbitalmetalle. So betragen z. B. die Δ_0-Werte für $[Co(NH_3)_6]^{3+}$, $[Rh(NH_3)_6]^{3+}$ bzw. $[Ir(NH_3)_6]^{3+}$ 22900 cm^{-1}, 34100 cm^{-1} bzw. 40000 cm^{-1}. Vermutlich sind die 4d- und 5d-Valenzorbitale des Zentralions besser zur σ-Bindung mit den Liganden geeignet als die 3d-Orbitale, aber den Grund dafür verstehen wir noch nicht ganz. Eine wichtige Folge der weitaus größeren Δ_0-Werte der zentralen 4d- und 5d-Metallionen ist die, daß *alle* Metallkomplexe der zweiten und dritten Übergangsmetallreihe „low-spin"-Grundzustände besitzen, selbst Komplexe wie $[RhBr_6]^{3-}$, das Liganden enthält, die in der spektrochemischen Reihe am Ende der schwachen Felder liegen.

Wir haben festgestellt, daß sowohl die magnetischen Eigenschaften als auch die Farben von Übergangsmetallkomplexen von der Natur des Liganden und des zentralen Metalls abhängen, was auf ihren Auswirkungen auf die Ligandenfeldaufspaltungsenergie Δ_0 beruht. Somit haben wir zwei unserer Ziele, die wir zu Beginn dieses Abschnitts aufgezählt haben, erreicht. Wir können auch die ungewöhnliche Stabilität der d^3- und d^6-Konfigurationen in Komplexen von Liganden mit starkem Feld erklären: Die d^3- und d^6-Konfigurationen stellen halb und voll besetzte t_{2g}-Niveaus dar. Wenn die Aufspaltung der Energieniveaus groß ist, haben diese Konfigurationen hinsichtlich der Stabilität dieselbe Bedeutung wie die d^5- und d^{10}-Konfigurationen, wenn alle fünf d-Niveaus dieselbe Energie besitzen. Die Stabilität der d^5- und d^{10}-Konfigurationen tritt am stärksten bei Komplexen mit schwachem Feld in Erscheinung, wenn die Ligandenfeldaufspaltung gering ist.

11–4   Tetraedrische und quadratisch planare Koordination

In Abbildung 11–17 werden Energieniveaus miteinander verglichen, deren relative Lagen mit Hilfe der erweiterten Ligandenfeldtheorie (Molekülorbitaltheorie) für Liganden mit gegebener Stärke in verschiedenen geometrischen Anordnungen um das Zentralatom herum abgeschätzt wurden. Bei der tetraedrischen Koordination ist die Reihenfolge der Energieniveaus gegenüber der oktaedrischen umgekehrt, und es fällt nicht schwer, zu verstehen, warum dies so ist: In einem tetraedrischen Komplex nähern sich die Liganden dem zentralen Metallatom von vier der acht Ecken eines Würfels her (Abbildung 11–2 b). Nun weisen gerade die $d_{x^2-y^2}$- und d_{z^2}-Orbitale *nicht* in die Ecken des Würfels um das Zentralatom herum. Wie Sie sich anhand von Abbildung 8–25 überzeugen können, wei-

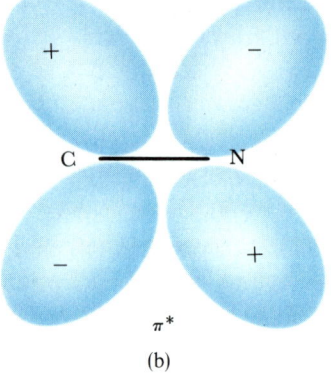

π^b

(a)

π^*

(b)

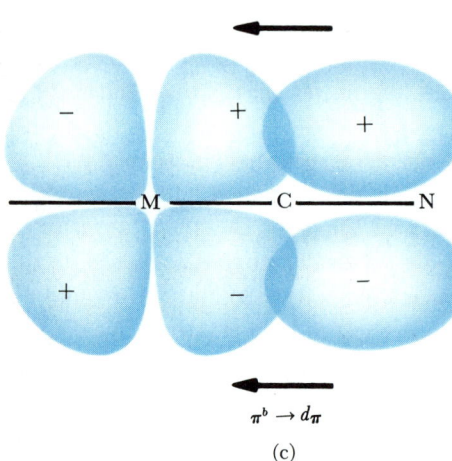

$\pi^b \rightarrow d_\pi$

(c)

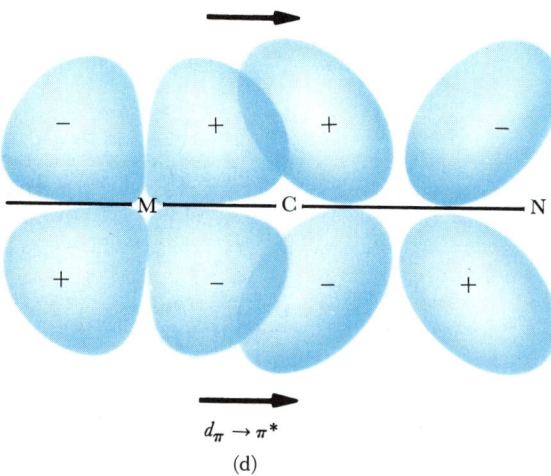

$d_\pi \rightarrow \pi^*$

(d)

sen die Elektronendichtelappen der d_{xy}-, d_{yz}- und d_{xz}-Orbitale auf die Mittelpunkte der zwölf Kanten eines Würfels, wogegen die beiden anderen Orbitale auf die Mittelpunkte der sechs Würfelflächen weisen. Der Satz der drei d-Orbitale, die den tetraedrisch angeordneten Liganden näher kommen, wird weniger stabil sein, obwohl die Aufspaltung nicht so stark sein wird wie bei der oktaedrischen Geometrie.

Die quadratisch planare Aufspaltung läßt sich fast genauso leicht erklären. Da wir gewöhnlich mit den d_{z^2}- und $d_{x^2-y^2}$-Orbitalen arbeiten, lassen Sie uns die xy-Ebene als die Ebene des Komplexes wählen und annehmen, daß sich die Liganden im gleichen Abstand $\pm x$ und $\pm y$ auf den Koordinatenachsen befinden. Das $d_{x^2-y^2}$-Orbital weist dann direkt auf alle vier Liganden und wird damit das Orbital mit der geringsten Stabilität. Das d_{z^2}-Orbital ragt senkrecht aus der Ebene der Liganden hervor, was es zum stabilsten Orbital des quadratisch planaren Komplexes macht (Abbildung 11–17). Die anderen drei Orbitale besitzen eine dazwischen liegende Stabilität; d_{yz} und d_{xz} sind stabiler als d_{xy}, weil sie nicht mit den Liganden in derselben Ebene liegen.

Die oktaedrische Anordnung ist schon von sich aus stabiler als die quadratisch planare, weil bei ihr sechs an Stelle von vier Bindungen gebildet werden. Eine typische kovalente Einfachbindung weist ebenso wie eine typische Ionenbindung eine molare Bindungsenergie von 200 kJ mol^{-1} auf. Dies entspricht etwa 18 000–35 000 cm^{-1} in den Einheiten, in denen die Aufspaltungsenergien in Tabelle 11–7 angegeben sind. Ein oktaedrischer Komplex mit zwei Bindungen mehr als der quadratisch planare oder tetraedrische Komplex verfügt allein schon dadurch über einen Energievorteil von 35 000–70 000 cm^{-1}. Obwohl es nach Abbildung 11–17 so scheint, als ob die quadratisch planare Koordination für d^1- bis d^6-Konfigurationen vorzuziehen wäre, bedingt die zusätzliche Bindungsenergie das Vorherrschen der oktaedrischen Koordination. Jedoch werden die siebenten und achten Elektronen bei der oktaedrischen Koordination in die energetisch hoch liegenden e_g-Orbitale gezwungen, wogegen ihnen bei der quadratisch planaren Koordination das weitaus stabilere d_{xy}-Orbital zur Verfügung steht. Diese zusätzliche Stabilität ist für die d^8-Konfigurationen entscheidend, bei denen die Ligandenfeldaufspaltung groß ist: Diese trifft man in quadratisch planarer Koordination an. Die Ligandenfeldaufspaltung nimmt mit wachsender Ordnungszahl zu. Infolgedessen zeigen Pt(II) und Pd(II) regelmäßig eine quadratisch planare Koordination, wogegen Ni(II) gewöhnlich oktaedrisch koordiniert ist. Die neunten und zehnten Elektronen lassen die Waage wie-

◄ **Abbildung 11–16** Die Auswirkung der π-Bindung in oktaedrischen Cyano-Komplexen: (a) Im CN$^-$-Ion enthält das bindende π^b-Molekülorbital ein Elektronenpaar, während das antibindende π^*-Orbital (b) leer bleibt. (c) Die Metallorbitale des t_{2g}-Typs sind in Gegenwart einfacher Liganden mit σ-Symmetrie stabiler, da sich die Elektronendichte bei den t_{2g}-Orbitalen nicht direkt in Richtung der Liganden konzentriert. Wenn aber die Liganden über besetzte π-Orbitale verfügen, dann treten diese Orbitale mit den t_{2g}-Orbitalen des zentralen Metallions in Wechselwirkung und verringern deren Stabilität. Infolgedessen nimmt die Aufspaltungsenergie ab. (d) Wenn das Metall voll besetzte t_{2g}-Orbitale aufweist, die mit den leeren, antibindenden π^*-Orbitalen der Liganden in Wechselwirkung treten können, dann werden die Metallelektronen delokalisiert, die Energie der Orbitale sinkt ab, und die Aufspaltungsenergie erhöht sich. Dieser letzte Effekt überwiegt bei den meisten CN$^-$-Komplexen, und wir sagen, daß CN$^-$ eine große Ligandenfeldaufspaltung hervorruft.

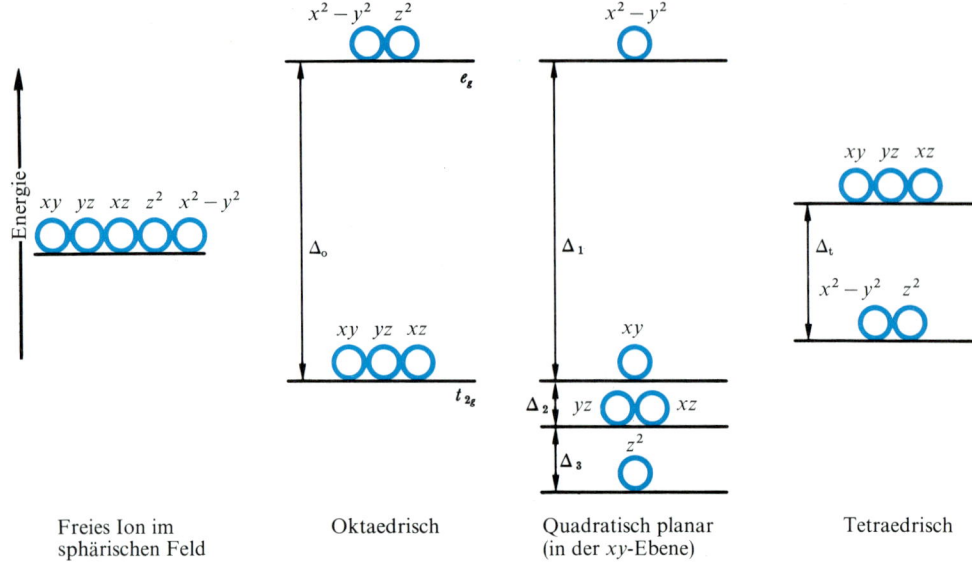

Abbildung 11–17 Energieniveaus für die fünf d-Orbitale im freien Ion in einem elektrischen Feld im Inneren einer Kugel mit homogener Ladungsverteilung (sphärischer Potentialtopf) und im Zentrum der drei am häufigsten vorkommenden Koordinationsgeometrien, alle berechnet für dieselbe Ligandenstärke. Die relative Reihenfolge der Niveaus wird im Text erläutert. Δ_0, Δ_1, Δ_2, Δ_3 und Δ_t stellen die jeweiligen Ligandenfeldaufspaltungsenergien dar.

der zu Gunsten der oktaedrischen Koordination ausschlagen, was auf der zusätzlichen Stabilität beruht, die der Komplex durch die beiden überzähligen Bindungen gewinnt.

Die tetraedrische Koordination wird selten bevorzugt und kommt daher relativ wenig vor. Zusätzlich zu der geringeren Zahl von Bindungen im Vergleich mit der oktaedrischen Koordination leidet die tetraedrische Koordination auch noch unter dem doppelten Nachteil eines weniger stabilen unteren Energieniveaus und der Notwendigkeit, mit der Besetzung des oberen Niveaus schon beim dritten an Stelle des vierten Elektrons beginnen zu müssen (bei den „high-spin"-Komplexen).

In Tabelle 11–7 ist eine Auswahl von experimentell bestimmten Ligandenfeldaufspaltungsenergien für alle drei Koordinationen zusammengestellt. Überzeugen Sie sich selbst einmal davon, ob die Daten für die oktaedrischen Komplexe mit der zuvor in diesem Abschnitt angegebenen Reihenfolge für die Stärken der Ligandenfeldaufspaltung im Einklang stehen. Beachten Sie auch einmal, wie dicht unser erratener Wert für die Aufspaltungsenergie des $[\mathrm{Co(NH_3)_6}]^{3+}$, der allein auf der Farbe des Komplexions beruhte (Tabelle 11–2), dem wahren Wert nahekommt.

Tabelle 11–7   Ligandenfeldaufspaltungsenergien für repräsentative Metallkomplexe

Oktaedrische Komplexe	Δ_0, cm^{-1}	Oktaedrische Komplexe	Δ_0, cm^{-1}
$[Ti(H_2O)_6]^{3+}$	20 300	$[CoF_6]^{3-}$	13 000
$[TiF_6]^{3-}$	17 000	$[Co(H_2O)_6]^{3+}$	18 200
$[V(H_2O)_6]^{3+}$	17 850	$[Co(NH_3)_6]^{3+}$	22 900
$[V(H_2O)_6]^{2+}$	12 400	$[Co(CN)_6]^{3-}$	34 500
$[Cr(H_2O)_6]^{3+}$	17 400	$[Co(H_2O)_6]^{2+}$	9 300
$[Cr(NH_3)_6]^{3+}$	21 600	$[Ni(H_2O)_6]^{2+}$	8 500
$[Cr(CN)_6]^{3-}$	26 600	$[Ni(NH_3)_6]^{2+}$	10 800
$[Cr(CO)_6]$	32 200	$[RhCl_6]^{3-}$	22 800
$[Fe(CN)_6]^{3-}$	35 000	$[Rh(NH_3)_6]^{3+}$	34 100
$[Fe(CN)_6]^{4-}$	33 800	$[RhBr_6]^{3-}$	19 000
$[Fe(H_2O)_6]^{3+}$	13 700	$[IrCl_6]^{3-}$	27 600
$[Fe(H_2O)_6]^{2+}$	10 400	$[Ir(NH_3)_6]^{3+}$	40 000

Tetraedrische Komplexe	Δ_t, cm^{-1}
$[VCl_4]$	9010
$[CoCl_4]^{2-}$	3300
$[CoBr_4]^{2-}$	2900
$[CoI_4]^{2-}$	2700
$[Co(NCS)_4]^{2-}$	4700

Quadratisch planare Komplexe	Δ_1, cm^{-1}	Δ_2, cm^{-1}	Δ_3, cm^{-1}	Gesamt Δ, cm^{-1}
$[PdCl_4]^{2-}$	23 600	3900	7400	34 900
$[PtCl_4]^{2-}$	29 700	4700	6800	41 200

11–5   Gleichgewichte, an denen Komplexionen beteiligt sind

Wenn wir zur Darstellung eines Ions in wäßriger Lösung Co^{2+} schreiben, setzen wir dabei stillschweigend voraus, daß uns klar ist, daß hier nicht das bloße Ion vorliegt, sondern daß hydratisierte Wassermoleküle mit dem Metallion koordiniert sind. Infolgedessen ist die Chemie der Komplexionen in Lösung eine Chemie der Substitution eines Ligandenmoleküls oder -ions in der Koordinationssphäre um das zentrale Metall herum durch einen anderen Liganden. Es ist nichtsdestoweniger üblich, aus Gründen der Einfachheit die Bildung des Amminkomplexes des Co^{2+} z. B. so zu schreiben, als ob sie die Addition von NH_3 an zweiwertige Kobaltionen wäre

$$Co^{2+} + 6\,NH_3 \;\rightleftarrows\; [Co(NH_3)_6]^{2+} \tag{11–1}$$

Für diese Reaktion können wir den Ausdruck für die Gleichgewichtskonstante angeben

$$K_k = \frac{[[Co(NH_3)_6]^{2+}]}{[Co^{2+}]\,[NH_3]^6} \tag{11–2}$$

(Beachten Sie hier die doppelte Bedeutung der eckigen Klammern: Die äußeren sollen die Konzentrationen der Substanzen kennzeichnen, während die inneren den Komplex einschließen.) Da dieses Gleichgewicht mit der Bildung eines Komplexes in Zusammenhang steht, nennt man K_k Komplexbildungskonstante. Für die Bildung des Hexamminkobalt(II)ions beträgt ihr Wert $K_k = 1 \times 10^5 \text{ mol}^{-6} \text{ l}^6$.

Es gibt keinen prinzipiellen Unterschied zwischen der Mathematik von Problemen, die es mit Bildungskonstanten zu tun haben, und der Mathematik bei der Berechnung von Dissoziationskonstanten der Säuren und Basen. Die Parallele würde noch offensichtlicher werden, wenn die Gleichung (11–1) als Dissoziation des $[\text{Co}(\text{NH}_3)_6]^{2+}$ und nicht als Assoziation geschrieben worden wäre und wenn wir eine Dissoziationskonstante verwendet hätten, die sich dann als Kehrwert von K_k ergeben hätte. Bei der Behandlung von Koordinationsverbindungen werden jedoch üblicherweise die Bildungskonstanten herangezogen.

Sobald NH_3 einer Lösung von Co^{2+}-Ionen zugesetzt wird, verbindet sich ein Teil davon mit dem Co^{2+}, und es bilden sich einige Komplexionen. Wenn sich nach der Zugabe von NH_3 das Gleichgewicht in der Lösung eingestellt hat, können die Konzentrationen des Komplexions, des NH_3 und des „freien" Co^{2+} (das in Wirklichkeit ja hydratisiert ist) nach Gleichung (11–2) berechnet werden.

Beispiel: Einer 0,100 molaren Lösung von Ag^+ wird soviel NH_3 zugesetzt, daß die anfängliche Konzentration des NH_3 1 mol l^{-1} beträgt. Wie groß werden die Konzentrationen von Ag^+ und $[\text{Ag}(\text{NH}_3)_2]^+$ nach Einstellung des Gleichgewichts sein?

Lösung: Aus Tabelle 11–8 können wir für die Bildungskonstante des $[\text{Ag}(\text{NH}_3)_2]^+$ den Wert $K_k = 1 \times 10^8 \text{ mol}^{-2} \text{ l}^2$ entnehmen. Damit erhalten wir für den Ausdruck der Gleichgewichtskonstante

$$K_k = \frac{[[\text{Ag}(\text{NH}_3)_2]^+]}{[\text{Ag}^+][\text{NH}_3]^2} = 1 \times 10^8 \text{ mol}^{-2} \text{ l}^2$$

Da die Komplexbildungskonstante einen so großen Wert besitzt, können wir annehmen, daß die Bildungsreaktion praktisch vollständig abläuft, d.h. daß die Konzentration des gebildeten $[\text{Ag}(\text{NH}_3)_2]^+$ gleich der ursprünglichen Ag^+-Konzentration ist. Da diese Konzentration beträchtlich ist, ergibt sich die Konzentration des im Gleichgewichtsfall übrigbleibenden NH_3 aus der Differenz der anfänglichen NH_3-Konzentration und dem Betrag, der bei der Reaktion mit Ag^+ verbraucht wurde

$$[[\text{Ag}(\text{NH}_3)_2]^+] = 0,100 \text{ mol l}^{-1}$$
$$[\text{NH}_3] = (1,000–0,200) \text{ mol l}^{-1} = 0,800 \text{ mol l}^{-1}$$

(Zur Bildung eines Mols $[\text{Ag}(\text{NH}_3)_2]^+$ werden zwei Mole NH_3 benötigt.) Infolgedessen erhalten wir für die Konzentration der Silberionen im Gleichgewicht

$$[\text{Ag}^+] = \frac{0,100 \text{ mol l}^{-1}}{(0,800 \text{ mol l}^{-1})^2} \times 10^{-8} \text{ mol}^2 \text{ l}^{-2}$$
$$= 1,6 \times 10^{-9} \text{ mol l}^{-1}$$

Damit ist die Annahme, daß die Komplexbildungsreaktion praktisch vollständig abläuft, durch die geringe Ag^+-Konzentration im Gleichgewichtsfall gerechtfertigt.

Übung: Wie groß wird die Konzentration des hydratisierten Ni^{2+}-Ions im Gleichgewichtsfall sein, wenn 1,00 molares NH_3 einer 0,100 molaren Ni^{2+}-Lösung zugesetzt wird? (Antwort: $[Ni^{2+}] = 4 \times 10^{-8}\ mol\,l^{-1}$.)

Übung: Wie groß wird die Konzentration des hydratisierten Ni^{2+}-Ions im Gleichgewicht sein, wenn einer 0,100 molaren Ni^{2+}-Lösung 1,00 molares Ethylendiamin (en) zugesetzt wird? (Antwort: $[Ni^{2+}] = 7,5 \times 10^{-20}\ mol\,l^{-1}$.)

[*Hinweis:* Denken Sie bei den beiden vorangehenden Übungen daran, die richtigen Potenzen der Ligandenkonzentrationen zu verwenden und die Menge des im Gleichgewichtsfall ungebunden übrigbleibenden Liganden richtig zu berechnen.]

Diese beiden Übungen veranschaulichen die beträchtlich größere Anziehung, die ein chelatbildendes Reagenz auf ein Metallion im Vergleich mit einem verwandten, monofunktionellen Liganden ausübt. Die Bildungskonstanten der Ethylendiaminkomplexe in Tabelle 11–8 sind um acht bis zehn Größenordnungen oder etwa eine Milliarde mal größer als die Bildungskonstanten für NH_3-Komplexe desselben Metallions. Die Bindungen des Ammoniaks und der Aminchelate an das Metall sind einander ähnlich: In beiden Fällen tritt ein einsames Elektronenpaar eines Ammoniak- oder Aminstickstoffatoms mit dem zentralen Metallatom in Wechselwirkung. Der Unterschied in den Bildunkskonstanten zwischen NH_3 und Ethylendiamin spiegelt die erhöhte Stabilität wider, die erreicht wird, wenn die bindenden Atome der Liganden in einem Chelatmolekül zusammengefaßt sind. Das Cyanidion, CN^-, (das über den Kohlenstoff mit dem Zentralatom verbunden ist) besitzt jedoch eine noch wesentlich stärkere Anziehung für Metalle als das Stickstoffatom eines Amins. Wie Tabelle 11–8 zeigt, sind die Komplexbildungskonstanten der Cyanidkomplexe sogar noch um drei bis dreizehn Zehnerpotenzen größer als die der entsprechenden Ethylendiaminkomplexe!

Da die Bildungskonstanten der Komplexbildung normalerweise so groß sind, können wir gewöhnlich bei Berechnungen von Komplexionengleichgewichten annehmen, daß die Konzentration des Komplexes gleich der Gesamtkonzentration des zentralen Metallions ist, wie wir es auch bei den vorangehenden Beispielen getan haben. Für die Komplexe des F^- gilt diese Näherung jedoch nicht mehr:

Beispiel: Wie groß sind die Konzentrationen von F^-, Hg^{2+} und $[HgF]^+$ im Gleichgewicht, wenn einer 0,200 molaren Hg^{2+}-Lösung von 50 ml Volumen 50 ml einer 2,00 molaren F^--Lösung zugesetzt werden?

Lösung: Wir beginnen am besten mit einer Konzentrationstabelle, wie wir sie aus Kapitel 5 kennen

Tabelle 11–8 Gesamtbildungskonstanten[a)] für einige Komplexe in wäßriger Lösung[b)] bei 298 K

Komplex, ML_n	K_k, $[ML_n]/[M][L]^n$	Komplex, ML_n	K_k, $[ML_n]/[M][L]^n$
$L = NH_3$		$L = H_2NCH_2CH_2NH_2$ (en)	
$[Ag(NH_3)_2]^+$	1×10^8	$[Mn(en)_3]^{2+}$	5×10^5
$[Cu(NH_3)_4]^{2+}$	1×10^{12}	$[Fe(en)_3]^{2+}$	4×10^9
$[Zn(NH_3)_4]^{2+}$	5×10^8	$[Co(en)_3]^{2+}$	8×10^{13}
$[Cd(NH_3)_4]^{2+}$	1×10^7	$[Ni(en)_3]^{2+}$	4×10^{18}
$[Ni(NH_3)_6]^{2+}$	6×10^8	$[Cu(en)_2]^{2+}$	$1,6 \times 10^{20}$
$[Co(NH_3)_6]^{2+}$	1×10^5	$[Zn(en)_3]^{2+}$	$1,2 \times 10^{13}$
$L = F^{-c)}$		$L = Cl^-$	
$[AlF_6]^{3-}$	7×10^{19}	$[MgCl]^+$	$4,0$
$[SnF_3]^-$	8×10^9	$[CuCl]^+$	$1,0$
$[SnF_6]^{2-}$	10^{25}	$[CuCl_4]^{2-}$	10^{-5}
$[ZnF]^+$	$5,0$	$[AgCl_2]^+$	1×10^2
$[FeF]^{2+}$	3×10^5	$[HgCl_4]^{2-}$	$1,6 \times 10^{16}$
$[MgF]^+$	65	$[TlCl_4]^-$	$7,5 \times 10^{18}$
$[HgF]^+$	10	$[BiCl_6]^{3-}$	4×10^6
$[CuF]^+$	10	$[SnCl_4]^{2-}$	$1,1 \times 10^2$
		$[PbCl_4]^{2-}$	4×10^2
		$[FeCl]^{2+}$	$3,0$
		$[FeCl_4]^-$	6×10^{-2}
$L = HO^{-d)}$		$L = CN^-$	
$[Cr(OH)]^{2+}$	1×10^{10}	$[Fe(CN)_6]^{3-}$	10^{31}
$[Fe(OH)]^{2+}$	1×10^{11}	$[Fe(CN)_6]^{4-}$	10^{24}
$[Co(OH)]^{2+}$	1×10^{12}	$[Ni(CN)_4]^{2-}$	10^{30}
$[Al(OH)]^{2+}$	2×10^{28}	$[Zn(CN)_4]^{2-}$	5×10^{16}
$[In(OH)_4]^-$	$1,5 \times 10^{35}$	$[Cd(CN)_4]^{2-}$	6×10^{18}
$[Mn(OH)]^+$	3×10^4	$[Hg(CN)_4]^{2-}$	4×10^{41}
$[Fe(OH)]^+$	1×10^7	$[Ag(CN)_2]^-$	10^{21}
$[Co(OH)]^+$	$2,5 \times 10^4$		
$[Ni(OH)]^+$	1×10^5		
$[Cu(OH)]^+$	1×10^7		
$[Zn(OH)]^+$	1×10^5		
$[Ag(OH)]$	1×10^3		
$[Zn(OH)_4]^{2-}$	5×10^{14}		
$[Pb(OH)_3]^-$	8×10^{13}		

[a)] Die Einheit für die Bildungskonstante K_k der jeweiligen Komplexe ergibt sich aus ihrer Definitionsgleichung $K_k = [ML_n]/[M][L]^n$ in $l^n\,mol^{-n}$.

[b)] Strenggenommen sollten alle Werte von einer etwas genaueren Beschreibung der Lösungsmittelmedien und der Meßmethoden begleitet sein. Die hier angegebenen Werte sind nur Näherungswerte und nur für den Vergleich gleichartiger Komplexe brauchbar. Bei $n = 1$ können Sie annehmen, daß noch drei oder fünf Wassermoleküle im Komplex enthalten sind.

[c)] Viele stabile Komplexe, wie z. B. $[SiF_6]^{2-}$ und $[AsF_6]^-$ bilden sich zwar, aber sie hydrolysieren in Wasser zu Oxyionen oder Oxiden.

$$F^- \qquad\qquad + \ Hg^{2+} \qquad\qquad \rightleftarrows \quad [HgF]^+$$

Anfang: $\quad$ 1,00 mol l^{-1} $\qquad$ 0,100 mol l^{-1} $\qquad\qquad$ 0

Gleichgewicht: $\quad$ 1,00 mol l^{-1} $- x$ $\qquad$ 0,100 mol l^{-1} $- x$ $\qquad\quad$ x

$$K_k = \frac{x}{(1,00 \ \text{mol} \ l^{-1} - x)\,(0,100 \ \text{mol} \ l^{-1} - x)} = 10 \ \text{mol}^{-1} \, l$$

Lösen Sie die Gleichung für x mit Hilfe der quadratischen Formel. Sie erhalten dann die folgenden Werte: $x = 0,090$ mol l^{-1} = $[[HgF]^+]$; $[F^-] = 0,910$ mol l^{-1} und $[Hg^{2+}]$ = $0,010$ mol l^{-1}. (Achten Sie auf die Bedeutung der eckigen Klammern!)

11–6   Zusammenfassung

Dieses Kapitel war eine kurze Einführung in ein reichhaltiges Gebiet der Chemie, das der Übergangsmetallkomplexe. Ein großer Teil dieser Vielfalt (und auch der Verwirrung der Vorstellungen) in ihrer Chemie ist eine Folge des Vorliegens von eng benachbarten Energieniveaus, an denen die d-Orbitale des Metalls beteiligt sind. Der Schlüssel zum Verständnis der Übergangsmetallchemie ist die Aufklärung, auf welche Weise die Liganden diese Energieniveaus des zentralen Metallatoms beeinflussen. Die Valenzbindungstheorie und die Kristallfeldtheorie bieten dazu Teilerklärungen an, aber gegenwärtig ist die erweiterte Ligandenfeldtheorie (Molekülorbitaltheorie) die erfolgreichste Theorie.

Die Geschichte dieser drei Theorien gibt ein anschauliches Beispiel für das Sprichwort ab: „Man kann immer beweisen, daß eine Theorie falsch ist, niemals aber, daß sie richtig ist." Der Erfolg der Valenzbindungstheorie bei der Erklärung der Koordinationsgeometrie und der magnetischen Eigenschaften ist keine Garantie dafür, daß die Theorie richtig ist, oder nicht einmal dafür, daß diese Betrachtungsweise des Problems richtig ist. Entsteht z. B. die Aufspaltung der t_{2g}- und e_g-Niveaus auf Grund der Ausbildung von Molekülorbitalen (Ligandenfeldtheorie) oder der elektrostatischen Abstoßung (Kristallfeldtheorie) oder der Auswahl von sechs Orbitalen zur Hybridisierung (Valenzbindungtheorie)? Oder sind gar alle drei Theorien unvollständig, und werden wir eines Tages die Ligandenfeldtheorie mit derselben skeptischen Toleranz betrachten, mit der wir uns heute die alte Valenzbindungstheorie ansehen?

Gegenwärtig leistet die Ligandenfeldtheorie viel auf vielen Gebieten und erklärt einen großen Teil des Verhaltens von Übergangsmetallkomplexen. Mit ihrer Hilfe können wir die Absorption von Licht und die beobachteten magnetischen Eigenschaften von Komplexionen erklären. Sie deutet mit Erfolg die Auswirkungen des Liganden auf die Aufspaltung der Energieniveaus und erklärt, warum die d^0-, d^3-, d^5-, d^6- und d^{10}-Elektronen-

---

◄ [d)] Die meisten der mehrfach positiven Metallionen neigen dazu, in der Gegenwart von HO^- polynukleare Komplexe mit

$$-O- \qquad \text{oder} \qquad H-O\!\!\diagdown$$

Brücken zu bilden, wie z. B. im $[Fe-O-Fe]^{4+}$, $[Bi_6(OH)_{12}]^{6+}$, $[Cr_2(OH)_2]^{4+}$ usw., und nicht zu vergessen: die extrem wenig löslichen Hydroxidausfällungen.

konfigurationen besonders begünstigt sind und warum eine d^8-Konfiguration zu einer quadratisch planaren Geometrie führt. Die Ligandenfeldtheorie kann uns auch dabei helfen, die relativen Reaktionsraten von Komplexen vorauszusagen, wie wir sie in Kapitel 18 untersuchen werden.

Im Abschnitt 11–7 werden Sie ein Beispiel für die Koordinationschemie in lebenden Organismen finden. Das komplexbildende Molekül Porphyrin ist ein Chelat mit vierfacher Koordination zum Metallion. Im Verlauf der folgenden Kapitel werden wir immer wieder auf Beispiele für irgendein wichtiges chemisches Verhalten aus der Koordinationschemie zurückkommen.

11–7   Postskriptum: Koordinationskomplexe und lebende Systeme

Seit der Entdeckung, daß wir auf einem Planeten leben, der eine Sonne unter vielen umkreist und nicht das Zentrum der Schöpfung ist, haben wir uns Gedanken darüber gemacht, ob wir ein einmaliges Wunder (oder ein Zufall der Schöpfung) oder ein Teil eines allgemeinen Musters von Lebewesen sind. Der Astronom Johannes Kepler (1571–1630) schrieb einen Science-Fiction-Roman, *Somnium*, in dem er das Leben auf dem Mond beschrieb, wie es mit einer neuen Erfindung, dem Teleskop, beobachtet wurde. Er stellte sich intelligente Humanoiden und schnellwachsende Pflanzen vor, die im Laufe eines einzigen Mondtages keimten, reiften und starben.

Heute wissen wir, daß irgendwelche Humanoiden auf dem Mond oder Mars Einwanderer sein werden. Jedoch besteht die Möglichkeit, daß wir die Überreste von einfachen Lebensformen oder möglichen Vorläufern von Lebensformen auf dem Mars antreffen werden, die uns Hinweise darauf geben könnten, wie sich das Leben auf der Erde entwickelt hat. Seit Jahren haben Naturwissenschaftler organische Materie aus Meteoren

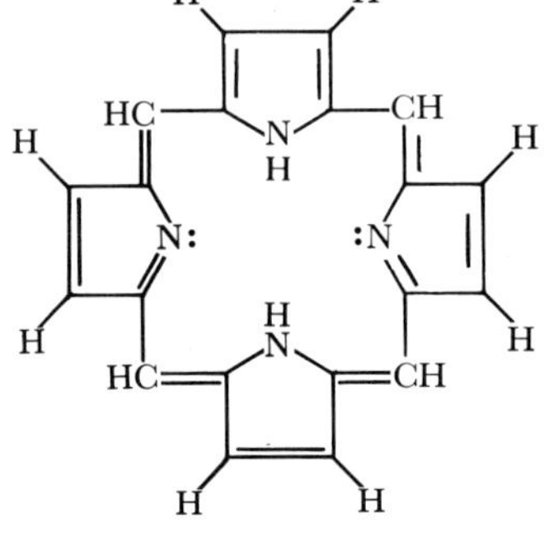

Abbildung 11–18   Das Porphinmolekül. Porphinmoleküle mit substituierten Seitengruppen an den Stellen der acht äußersten Wasserstoffatome um den Ring herum werden Porphyrine genannt. In einem Schnittpunkt mehrerer Bindungslinien, der durch kein Elementsymbol gekennzeichnet ist, sitzt nach Konvention ein Kohlenstoffatom. Die vier Kohlenstoffatome, die hier noch explizit mit „C" gekennzeichnet sind, hätten auch noch fortgelassen werden können.

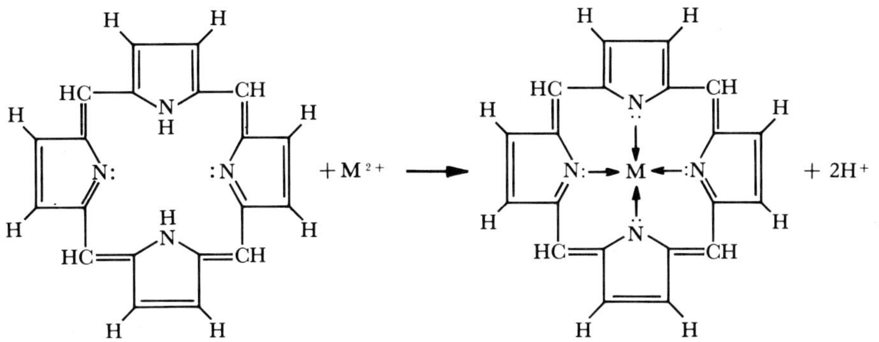

Abbildung 11–19 Ein Porphinmolekül (und die verschiedenen Porphyrinmoleküle) kann als vierzähnige chelatisierende Gruppe um ein Ion eines Metalls herum wirken, wie z.B. beim Mg, Fe, Zn oder Cu.

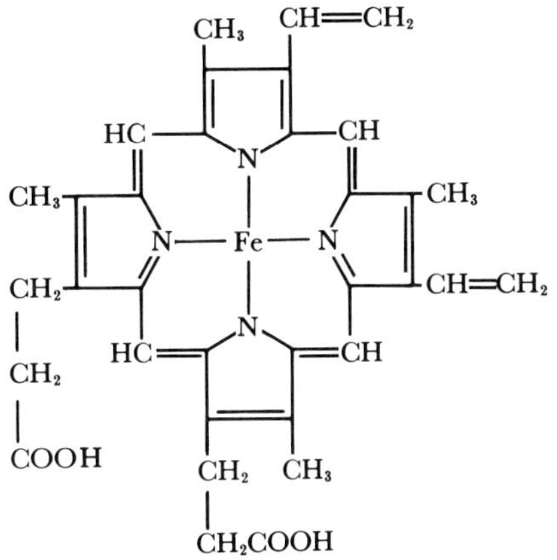

Abbildung 11–20 Der Eisen-Porphyrin-Komplex mit den hier gezeigten Seitenketten wird als Hämgruppe bezeichnet.

extrahiert und analysiert, und sie haben lange diskutiert, ob diese organischen Stoffe tatsächlich von den Meteoren mitgebracht wurden oder ob es sich bei ihnen nur um eine terrestrische Kontaminierung handelte und ob sie überhaupt biologischen Ursprungs sind.

Eine der Verbindungen, deren Vorhandensein in Meteoritenproben am stärksten auf die Existenz von extraterrestrischem Leben schließen läßt, ist das *Porphin* (Abbildung 11–18) sowie seine Derivate, die *Porphyrine*. Die Porphyrine sind flache Moleküle, die auf Metalle wie Mg, Fe, Zn, Ni, Co, Cu und Ag als „vierzähnige" Chelatgruppen oder Tetradentate[1] in einem quadratisch planaren Komplex einwirken, wie in der Abbildung

---

[1] Der Name „Chelat" kommt aus dem Griechischen für „Klaue, Krebsschere"; „Tetradentat" bedeutet wörtlich „vierzähnige Verbindung". Chelate mit zwei-, drei- oder vierfacher Koordination zum zentralen Metallion werden Bi-, Tri- oder Tetradentate genannt. Es mag zwar unlogisch erscheinen, von Klauen oder Krebsscheren mit Zähnen zu sprechen, aber die Liebhaber von Hummern oder Krebsen werden diese Sprechweise zu schätzen wissen.

11–19 gezeigt ist. Der in Abbildung 11–20 dargestellte Eisenkomplex mit den Seitenketten wird *Häm* genannt. Der Magnesiumkomplex des Porphyrins mit der organischen Seitenkette, der in Abbildung 11–21 gezeigt ist, ist das *Chlorophyll.*

Diese beiden Verbindungen, Chlorophyll und Häm, sind die Schlüsselkomponenten in dem ausgeklügelten Mechanismus, mit dessen Hilfe die Sonnenenergie eingefangen und für die Verwendung in lebenden Organismen umgewandelt wird. Wir hatten festgestellt, daß die eng benachbarten d-Niveaus eine besondere Eigenschaft der Übergangsmetallkomplexe sind, die es ihnen erlaubt, Licht aus dem sichtbaren Bereich des elektromagnetischen Spektrums zu absorbieren und infolgedessen farbig zu erscheinen. Der Porphyrinring um das Mg^{2+}-Ion im Chlorophyll herum erfüllt dieselbe Funktion: Das Chlorophyll in Pflanzen kann Photonen des sichtbaren Lichts absorbieren und in einen elektronischen Anregungszustand übergehen (Abbildung 11–22). Diese Anregungsenergie kann dann eine Kette von chemischen Synthesen in Gang setzen, die letztlich Zucker aus Kohlendioxid und Wasser bilden

$$6CO_2 + 6H_2O \xrightarrow{h\nu} C_6H_{12}O_6 + 6O_2$$

Glucose

Die meisten Verbindungen der Hauptgruppenelemente können kein sichtbares Licht absorbieren; es gibt bei ihnen keine elektronischen Energieniveaus, die dazu dicht genug beieinander liegen. Das geht auch nicht beim Mg^{2+} allein. Aber der Koordinationskom-

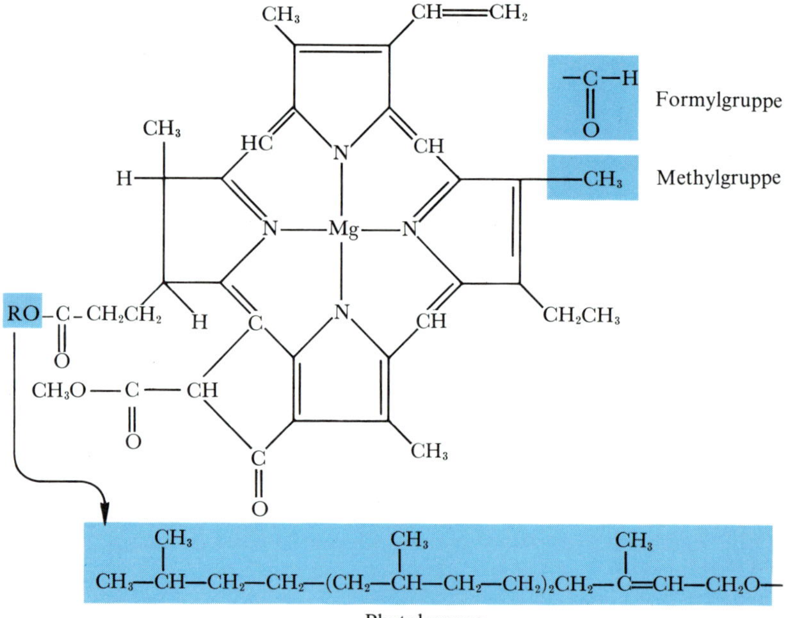

Abbildung 11–21 Das hier gezeigte Magnesium-Porphyrin-Derivat wird Chlorophyll a genannt und ist das für die Photosynthese wesentliche Molekül. Chlorophyll b besitzt an Stelle der Methylgruppe eine Formylgruppe.

plex des Mg^{2+} plus sein quadratisch planares Chelat verfügt über derartige Energieniveaus, und das Chlorophyll ist in der Lage, sichtbares Licht zu absorbieren und seine Energie zur chemischen Synthese zu benutzen.

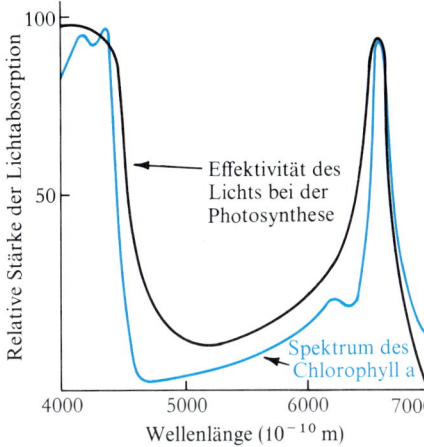

Abbildung 11–22 Chlorophyll a absorbiert sichtbares Licht mit der Ausnahme des Bereichs um 500 nm (grünes Licht) und erscheint daher grün.

Die Naturwissenschaftler glauben heute, daß sich das Leben auf der Erde in Gegenwart einer *reduzierenden* Atmosphäre entwickelte, einer Atmosphäre aus Ammoniak, Methan, Wasser und Kohlendioxid, aber *ohne* freien Sauerstoff. Freier Sauerstoff würde die organischen Verbindungen schneller zerstören, als sie durch natürliche Prozesse (elektrische Entladungen, ultraviolette Strahlung, Wärme oder natürliche Radioaktivität) synthetisiert werden könnten. Beim Fehlen von freiem Sauerstoff würden sich solche organischen Verbindungen über Äonen hinweg in den Ozeanen angesammelt haben, bis sich schließlich ein kompaktes, lokalisiertes Klümpchen von Chemikalien entwickelte, das wir heute als „lebend" bezeichnen würden.

Diese lebenden Organismen würden, sobald sie sich einmal entwickelt hätten, dadurch existieren, daß sie diese natürlich vorkommenden organischen Verbindungen um ihrer Energie willen abbauen. Jedoch wäre die Verbreitung des Lebens auf unserem Planeten ernstlich eingeschränkt geblieben, wenn dieses die einzige Energiequelle gewesen wäre. Glücklicherweise trat vor ungefähr drei Milliarden Jahren die richtige Kombination von Metall und Porphyrin in Erscheinung, und eine völlig neue Energiequelle war erschlossen – die Sonne. Der erste Schritt, der das Leben der Erde über die niedrige Rolle eines Räubers von hochenergetischen organischen Verbindungen hinausführte, war eine Anwendung der Koordinationschemie.

Unglücklicherweise setzt die Photosynthese (wie der Photoneneinfangsprozeß des Chlorophylls genannt wird) ein gefährliches Nebenprodukt frei, den Sauerstoff. Der Sauerstoff war für diese ersten Organismen nicht nur wertlos, sondern trat auch noch in Konkurrenz mit ihnen, indem er die natürlich vorkommenden organischen Verbindungen oxidierte, bevor sie im Metabolismus dieser Organismen oxidiert werden konnten.

Der Sauerstoff war ein weitaus wirkungsvollerer Räuber von hochenergetischen Verbindungen als die lebende Materie. Und noch schlimmer, der Ozon (O_3)-Schirm, der sich langsam in den oberen Schichten der Atmosphäre zu entwickeln begann, schränkte die Versorgung der Erdoberfläche mit ultravioletter Strahlung von der Sonne ein und verlangsamte dadurch die Synthese von weiteren organischen Verbindungen. Von allen zeitgenössischen Gesichtspunkten aus war das Auftreten von freiem Sauerstoff in der Erdatmossphäre also ein Unheil.

Wie es in der Entwicklungsgeschichte häufiger geschah, umging das Leben dieses Hindernis, nahm es in sich auf und wandelte ein Unheil in einen Vorteil um. Die Abfallprodukte der ursprünglichen, einfachen Organismen waren Verbindungen wie Milchsäure oder Ethanol. Diese sind bei weitem nicht so energiereich wie die Zucker, aber auch sie können beträchtliche Energiemengen freisetzen, wenn sie vollständig zu CO_2 und H_2O oxidiert werden. Es entwickelten sich lebende Organismen, die in der Lage waren, den giftigen Sauerstoff, O_2, als H_2O und CO_2 festzulegen und bei diesem Handel die Verbrennungsenergie ihrer ehemaligen Abfallprodukte zu gewinnen. Der *aerobische Metabolismus* hatte sich entwickelt.

Wieder bedeutete dabei die entscheidende Entwicklung einen Fortschritt in der Koordinationschemie: Die zentralen Komponenten im neuen Mechanismus des aerobischen Metabolismus, durch den die Verbrennung von organischen Molekülen zum vollständigen Abschluß gebracht wurde, sind die sogenannten *Cytochrome*. Diese sind Moleküle, bei denen ein Eisenatom mit einem Porphyrin zu einem Häm komplexiert ist (Abbildung 11–20), wobei das Häm seinerseits von Protein umgeben ist. Das Eisenatom wandelt sich von Eisen(II) in Eisen(III) und wieder zurück um, während Elektronen von einer Komponente in der Kette zu einer anderen transferiert werden. Der gesamte aerobische Mechanismus ist ein sorgfältig aufeinander abgestimmter und ineinandergreifender Satz von Oxidations-Reduktions- oder Redox-Reaktionen, deren Gesamtergebnis eine Umkehrung des photosynthetischen Prozesses ist

$$6\,O_2 + C_6H_{12}O_6 \rightarrow 6\,CO_2 + 6\,H_2O$$
$$\text{Glucose}$$

Die dabei freigesetzte Energie wird im Organismus gespeichert und bei Bedarf abgerufen. Das gesamte ausgeklügelte Chlorophyll-Cytochrom-System kann als ein Mechanismus für die Umwandlung der Energie von Photonen aus der Sonne in gespeicherte chemische Energie in den Muskeln von Lebewesen angesehen werden.

Eisenatome zeigen gewöhnlich eine oktaedrische Koordination. Was geschieht nun mit den beiden Koordinationspositionen oberhalb und unterhalb der Ebene des Porphyrinrings? Im Cytochrom c sitzt die Häm-Gruppe in einer Spalte in der Oberfläche des Proteinmoleküls (Abbildung 11–23). Von jeder Wand dieser Spalte erstreckt sich ein neuer Ligand zum Häm: Auf der einen Seite ist es ein einsames Elektronenpaar eines Stickstoffatoms aus einer *Histidin*-Seitenkette des Proteins und auf der anderen Seite das einsame Elektronenpaar eines Schwefelatoms aus einer *Methionin*-Seitenkette (Abbildung 11–24). Infolgedessen sind die oktaedrischen Koordinationspositionen des Eisens mit fünf Stickstoffatomen und einem Schwefelatom besetzt.

Wie arbeitet nun das Cytochrom-c-Molekül? Das ist bis jetzt noch unbekannt. Die

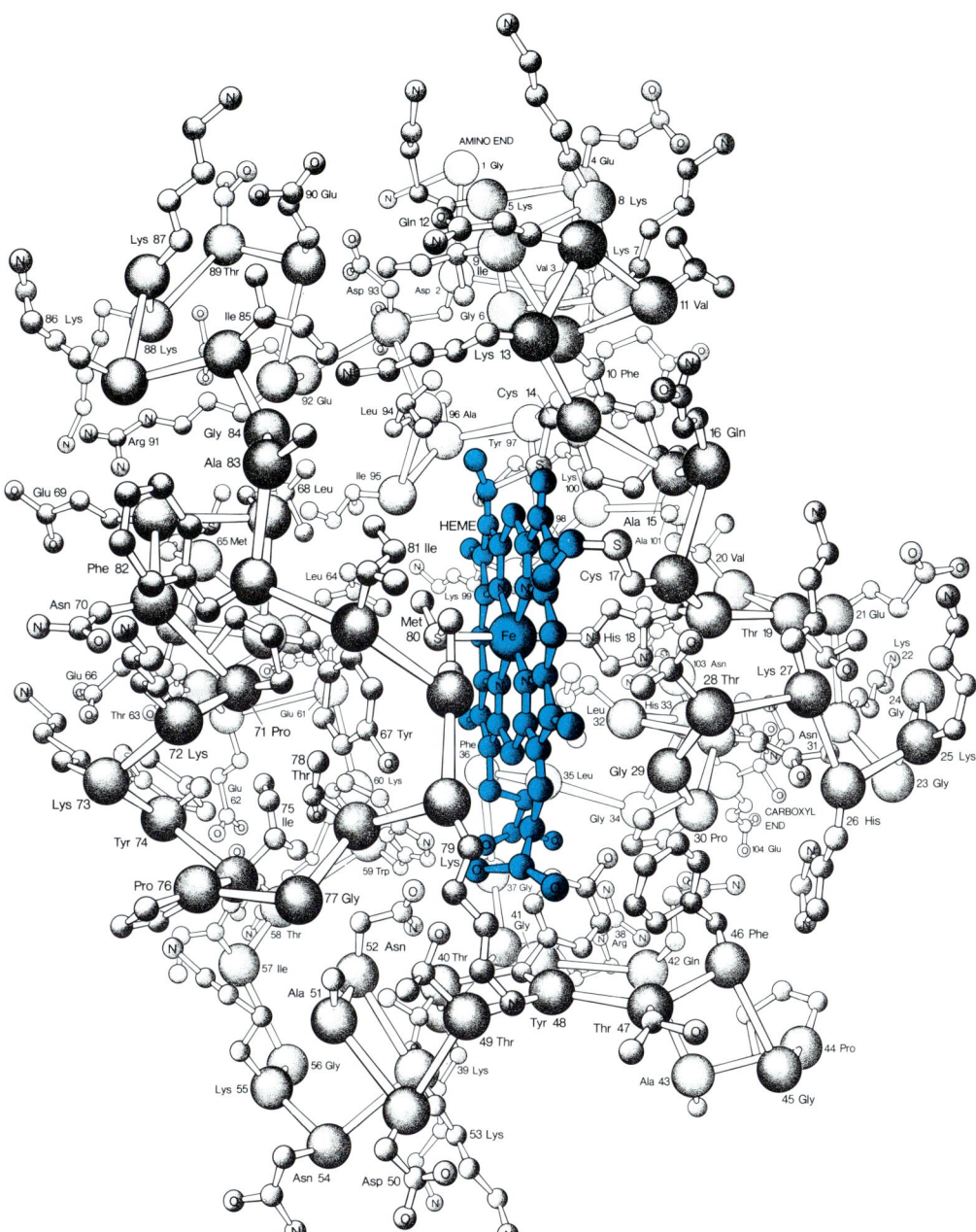

Abbildung 11–23 Cytochrom c ist ein Kugelprotein mit 104 Aminosäuren in einer Proteinkette und einer Eisen enthaltenden Hämgruppe. In dieser schematischen Darstellung ist jede Aminosäure durch eine numerierte Kugel symbolisiert und nur wichtige Aminosäureseitenketten sind vollständig gezeigt. Die farbig hervorgehobene Hämgruppe sehen wir nahezu von ihrer Kante in einem vertikalen Spalt im Molekül sitzen. (Copyright © 1972 R. E. Dickerson und J. Geis; *Scientific American*, S. 62, April 1972.)

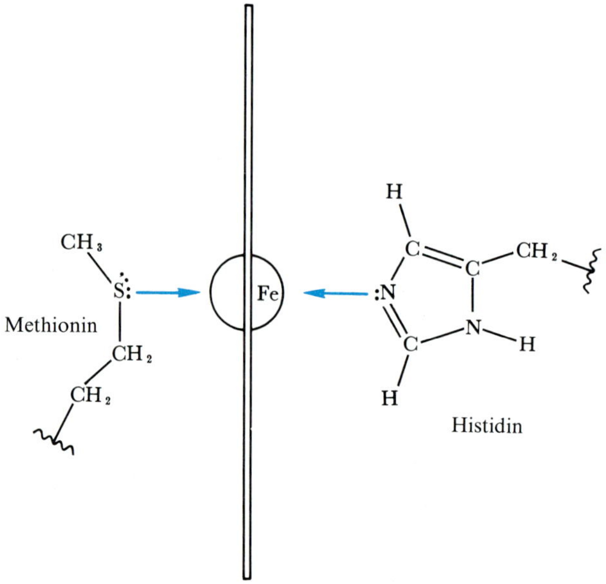

Hämgruppe, von der Kante gesehen

Abbildung 11–24   Das Eisenatom im Cytochrom c ist durch fünf Bindungen an Stickstoffatome und eine Bindung an ein Schwefelatom oktaedrisch koordiniert. Ein Stickstoffatom und das Schwefelatom stammen aus Seitengruppen der Proteinkette. Die anderen vier Stickstoffatome kommen vom Porphyrinring des Häms.

Struktur der Version mit Eisen(III) wurde erst 1969 mit Hilfe der Röntgenbeugung bestimmt und die des reduzierten Eisens erst 1971. Die Liganden im Komplex um das Eisen herum sowie das Protein, das sich um die ganze Struktur herumwickelt, beeinflussen beide die Redox-Chemie des Eisenatoms und stellen sicher, daß Oxidation und Reduktion an die vorhergehenden und folgenden Glieder der Oxidationskette gekoppelt bleiben.

Es gibt noch einen weiteren Schritt in der Geschichte der Metall-Porphyrin-Komplexe, der Parkinson dazu veranlassen könnte, einen Zusatz zu seinem wohlbekannten Gesetz zu formulieren: Organismen dehnen sich aus, um die ihnen zur Verfügung stehenden Nahrungsmengen unterzubringen. Mit der Sicherstellung neuer Energiequellen entwickelten sich die mehrzelligen Organismen. An diesem Punkt entstand das Problem nicht etwa Nahrung oder Sauerstoff zu bekommen, sondern den Sauerstoff an den richtigen Ort im Organismus zu transportieren. Eine einfache Gasdiffusion durch die Körperflüssigkeiten wird bei kleinen Organismen noch funktionieren, aber nicht mehr bei großen, vielzelligen Lebewesen. Wieder wurde der Evolution eine natürliche Grenze gesetzt.

Zum dritten Mal wurde ein Ausweg mit Hilfe der Koordinationschemie gefunden: Es entwickelten sich Moleküle aus Eisen, Porphyrin und Protein, bei denen das Eisen ein Sauerstoffmolekül an sich *binden* konnte, ohne dadurch oxidiert zu werden. Die Oxidation des Fe(II) wird nach dem ersten Bindungsschritt abgebrochen, so daß der Sauerstoff bloß mitgenommen wird, um unter den geeigneten Bedingungen von Acidität und Sauer-

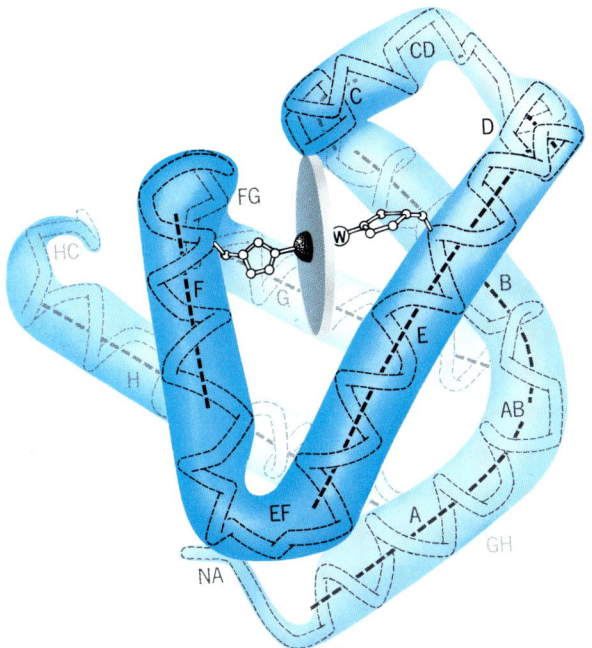

Abbildung 11–25 Das Myoglobinmolekül ist eine Speichereinheit für ein Sauerstoffmolekül im Muskelgewebe. Die Hämgruppe wird durch eine flache Scheibe dargestellt und das Eisenatom durch eine Kugel in ihrer Mitte. Der durch „W' gekennzeichnete Kreis markiert die Stelle, an der das O_2-Molekül gebunden wird. Der Verlauf der Polypeptidkette ist durch die gestrichelte Doppellinie angedeutet. (Copyright © 1969 R. E. Dickerson und I. Geis.)

stoffmangel wieder freigesetzt zu werden. Es entwickelten sich dabei zwei Verbindungen, *Hämoglobin*, das O_2 im Blut transportiert, und *Myoglobin*, das O_2 in den Muskeln aufnimmt und speichert, bis der Sauerstoff beim Cytochromprozeß benötigt wird.

Das Myoglobinmolekül ist in Abbildung 11–25 dargestellt. Wie beim Cytochrom c werden vier der sechs Oktaederpositionen des Eisens von Stickstoffatomen des Häms eingenommen. Die fünfte Position besetzt das Stickstoffatom eines Histidins. Die sechste Position weist jedoch *keinen Liganden* auf. Dies ist der Platz, an dem das Sauerstoffmolekül gebunden wird (in der Abbildung durch das eingekreiste W markiert). Im Myoglobin befindet sich das Eisen im Fe(II)-Zustand. Wenn das Eisen oxidiert wird, ist das Molekül inaktiv, und ein Wassermolekül besetzt die Sauerstoffposition W.

Hämoglobin ist ein Paket von vier myoglobinähnlichen Molekülen (Abbildung 11–26). In den letzten zehn Jahren wurden diese beiden Strukturen mit Hilfe der Röntgenbeugungskristallographie aufgeklärt. Es stellte sich heraus, daß sich die vier Untereinheiten des Hämoglobins gegeneinander um 0,7 nm verschieben, wenn Sauerstoff eingebaut wird. Hämoglobin und Myoglobin werden jetzt Modellsysteme, die die Übergangsmetallchemiker gründlich untersuchen werden. Warum verursacht die Bindung an der sechsten Ligandenposition des Eisenkomplexes eine Neuanordnung der vier Proteineinheiten? Warum spaltet sich das Sauerstoffmolekül in saurer Umgebung vom Hämoglobin ab (wie es im sauerstoffarmen Muskelgewebe der Fall ist)? Auf welche Weise ist die Koordinationschemie von Hämoglobin und Myoglobin so sorgfältig aufeinander eingestellt, daß das Myoglobin gerade dann den Sauerstoff an sich bindet, wenn das Hämoglobin ihn im Gewebe abgibt?

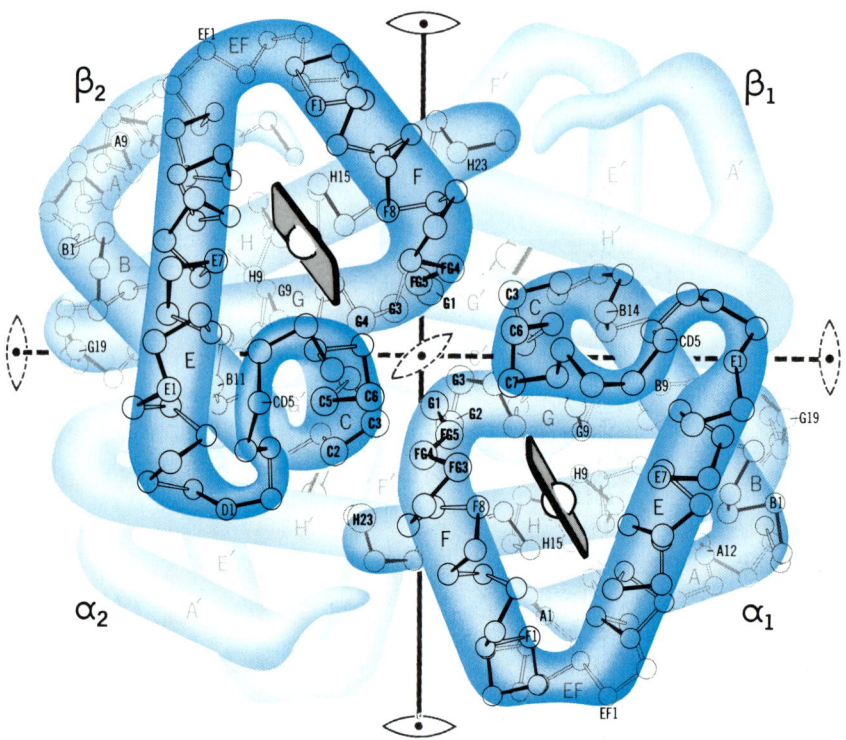

Abbildung 11–26   Das Hämoglobinmolekül ist für den Sauerstofftransport im Blutstrom verantwortlich. Es setzt sich aus vier Untereinheiten zusammen, von denen jede wie ein Myoglobinmolekül gebaut ist. Diese Abbildung sowie die vom Myoglobin sind Nachdrucke aus R. E. Dickerson und I. Geis, *The Structure and Action of Proteins*, W. A. Benjamin, Menlo Park, Calif., 1969. (Copyright © 1969 R. E. Dickerson und I. Geis.)

Häm oder Eisenporphyrin befindet sich auch an den aktiven Zentren von Enzymen, wie z. B. Peroxidase und Katalase (Abschnitt 12–9). Viele andere Übergangsmetalle sind wesentliche Bestandteile der Enzymkatalyse; wir werden einige von ihnen in Kapitel 12 besprechen. Mit der Entwicklung von Myoglobin und Hämoglobin wurde die Größenbeschränkung für lebende Organismen aufgehoben. Danach entwickelten sich all die vielzelligen Tiere, die wir üblicherweise heute um uns herum antreffen. In dem Sinne, daß Übergangsmetalle und organische Ringsysteme mit Doppelbindungen wie das Porphyrin einmalig gut geeignet sind, sichtbares Licht zu absorbieren, und daß ihre Kombinationen eine besonders reichhaltige Redox-Chemie aufweisen, ist Leben in der Tat angewandte Koordinationschemie.

Literaturhinweise

F. Basolo und *R. Johnson*, Coordination Chemistry, W.A. Benjamin, Menlo Park, Calif., 1964. Die vielleicht beste Einführung in die Koordinationschemie für Anfänger. Klar und leichtverständlich.

F.A. Cotton und *G. Wilkinson*, Advanced Inorganic Chemistry, Wiley, New York, 1972, 3rd ed. Deutsche Ausgabe: Anorganische Chemie, Verlag Chemie, Weinheim, 1974. Ein gutes Standardnachschlagewerk.

R.E. Dickerson, „The Structure and History of an Ancient Protein (Cytochrom c)", Scientific American, April, 1972.

H.B. Gray, Chemical Bonds, W.A. Benjamin, Menlo Park, Calif., 1973.

H.B. Gray, Electrons and Chemical Bonding, W.A. Benjamin, Menlo Park, Calif., 1965. Deutsche Ausgabe: Elektronen und chemische Bindung, de Gruyter, Berlin, 1973.

E.M. Larsen, Transitional Elements, W.A. Benjamin, Menlo Park, Calif., 1965. Hintergrundinformationen und beschreibende Chemie.

L.E. Orgel, An Introduction to Transition Chemistry, Methuen, London, 1966, 2nd ed. Dieses Buch und das von Basolo und Johnson sind ohne Zweifel die besten nächsten Schritte in der Koordinationschemie, die über dieses Kapitel hinausgehen.

E.G. Rochow, Organometallic Chemistry, Reinhold, New York, 1964.

Fragen

1. Wie können Sie die Reihe der Verbindungen mit den Formeln $CrCl_3$, $CrCl_3 \cdot 3NH_3$, $CrCl_3 \cdot 4NH_3$, $CrCl_3 \cdot 5NH_3$ und $CrCl_3 \cdot 6NH_3$ erklären? Warum würden Sie nicht auch erwarten, die fehlenden Glieder dieser Reihe, $CrCl_3 \cdot NH_3$ und $CrCl_3 \cdot 2NH_3$, anzutreffen?

2. Welchen Wert würden Sie für x erwarten, wenn Sie eine Verbindung mit der Formel $CrCl_3 \cdot NaCl \cdot x\,NH_3$ entdecken?

3. Wie viele verschiedene Isomere der Verbindung $CrCl_3 \cdot NaCl \cdot x\,NH_3$ würden Sie erwarten zu finden?

4. Welche Annahme machten Sie bei der Beantwortung der Frage 3 über die Geometrie der Bindungen um das Cr-Atom herum?

5. Auf welche Weise unterscheidet die Anzahl von Isomeren einer Verbindung zwischen den möglichen geometrischen Anordnungen um das zentrale Metallion herum? Veranschaulichen Sie Ihre Antwort mit Hilfe der tetraedrischen und quadratisch planaren Geometrie.

6. Wodurch unterscheiden sich paramagnetische und diamagnetische Verbindungen? Auf welche Weise kann man sie experimentell voneinander unterscheiden?

7. Was ist der Unterschied zwischen Stabilität und Reaktionsträgheit? Kann ein chemisches System stabil, aber dennoch nicht inert sein? Kann es inert, aber doch nicht stabil sein?

8. Warum sind Komplexe mit d^5- oder d^{10}-Elektronenkonfigurationen am zentralen Metallatom stabil? Warum sind Komplexe mit d^3- oder d^6-Konfigurationen stabil? Welche Konfigurationen würden Ihrer Meinung nach eine größere Bedeutung für die

Stabilität in Komplexen mit Liganden von großen Aufspaltungsenergien besitzen? Wie sieht es damit bei Liganden mit geringen Aufspaltungsenergien aus?

9. Welche systematischen Namen würden Sie den folgenden Verbindungen geben?

$$[IrCl_3(NH_3)_3] \quad [RhCl_2(en)_2] \ [IrCl_4(en)]$$
$$[Co(NH_3)_6]Cl_3 \quad [RhCl_4(en)] \ [IrCl_2(en)_2]$$
$$[Rh(en)_3] \ [IrCl_6] \quad [RhCl_6] \ [Ir(en)_3]$$

10. Skizzieren Sie den Aufbau eines jeden der vier Rh—Ir-Komplexe aus Frage 9.
11. Zeichnen Sie den Aufbau eines jeden der folgenden Komplexionen oder -moleküle:

    cis-Dichloro-tetrammin-chrom(III)-ion

    trans-Dichloro-tetrammin-chrom(III)-ion

    cis-Trichloro-tripyridin-rhodium(III)

    trans-Trichloro-tripyridin-rhodium(III)

Kennzeichnen Sie die Ladung eines jeden Komplexes.

12. Was ist der Unterschied zwischen Strukturisomeren, geometrischen Isomeren und Stereoisomeren? Finden Sie in den Fragen 9 und 11 Beispiele für Strukturisomere und geometrische Isomere.
13. Warum gibt es Komplexe, bei denen das zentrale Metallion die d^8-Elektronenkonfiguration besitzt, mit quadratisch planarer Geometrie?
14. Wie groß ist die Anzahl der ungepaarten Elektronen im $[FeCl_6]^{3-}$ und im $[Fe(CN)_6]^{3-}$?
15. Alle oktaedrischen Komplexe des Vanadium(III) besitzen dieselbe Anzahl von ungepaarten Elektronen, ganz gleich, welcher Art die Liganden sind. Warum ist das so?
16. Worin besteht der Unterschied in der Art, in der die Valenzbindungstheorie und die Kristallfeldtheorie die magnetischen Eigenschaften von Komplexionen erklären?
17. Wie erklärt die Ligandenfeldtheorie die beobachtete Reihenfolge der Liganden nach der Größe ihrer Aufspaltungsenergien?
18. Warum spalten sich in der Kristallfeldtheorie die fünf d-Orbitale des Metallatoms so in zwei Energieniveaus auf, wie sie es tun? Auf welche Weise bilden sich die entsprechenden Energieniveaus bei der Molekülorbitaltheorie der Struktur der Komplexionen (Ligandenfeldtheorie) aus?
19. Warum werden bei der tetraedrischen wie oktaedrischen Koordination die fünf d-Orbitale auf dieselbe Weise in zwei Gruppen aufgeteilt, wobei jedoch die relativen Energien der beiden Gruppen umgekehrt werden?
20. Was ist ein Chelat? Wie würden Sie Triethylentetramin, Diethylentriamin und EDTA beschreiben, wenn Porphyrin als eine vierzähnige und Ethylendiamin als eine zweizähnige chelatbildende Gruppe bezeichnet werden?
21. Was ist eine Häm-Gruppe? Welche Funktion erfüllt sie im Hämoglobin und im Cytochrom c?

Aufgaben

1. Ein Student bekam 1,00 g Ammoniumdichromat für die Präparation einer Koordinationsverbindung. Die Probe wurde angezündet, wodurch Chrom(III)-oxid, Wasser und Stickstoffgas entstanden. Das Chrom(III)-oxid wurde dann bei 600 °C mit Kohlenstofftetrachlorid zu Chrom(III)-chlorid und Phosgen ($COCl_2$) umgesetzt. Bei der Behandlung mit einem Überschuß von flüssigem Ammoniak reagierte das Chrom(III)-chlorid zu Hexamminchrom(III)-chlorid. Berechnen Sie die Maximalmenge des Hexamminchrom(III)-chlorids, die der Student aus seiner 1,00 g-Probe des Ammoniumdichromats herstellen könnte.

2. Wenn zu der Lösung einer Substanz mit der empirischen Formel $CoCl_3 \cdot 5 NH_3$ Silbernitrat zugesetzt wird, werden wie viele Mole AgCl pro Mol des vorhandenen Kobalts ausgefällt werden? Warum?

3. Co(III) kommt in oktaedrischen Komplexen mit der allgemeinen empirischen Formel $CoCl_m \cdot n NH_3$ vor. Welche Wertepaare sind für m und n möglich? Welche Werte besitzen m und n bei dem Komplex, bei dem 1 mol AgCl für jedes vorhandene Mol Co ausgefällt wird?

4. Wie viele Ionen pro Mol erwarten Sie in Lösung anzutreffen, wenn eine Verbindung mit der empirischen Formel $PtCl_4 \cdot 3 NH_3$ in Wasser aufgelöst wird? Wie sieht es damit beim $PtCl_2 \cdot 3 NH_3$ aus? Zeichnen Sie Diagramme eines jeden der beiden komplexen Kationen.

5. Jede der folgenden Substanzen wird in so viel Wasser aufgelöst, daß wir stets 0,001 molare Lösungen erhalten. Ordnen Sie die Verbindungen in der Reihenfolge abnehmender Leitfähigkeiten ihrer Lösungen ein: K_2PtCl_6, $Co(NH_3)_6Cl_3$, $Cr(NH_3)_4$ Cl_3, $Pt(NH_3)_6Cl_4$. Schreiben Sie die Formel einer jeden Verbindung noch einmal unter Verwendung der eckigen Klammern zur Hervorhebung des in wäßriger Lösung vorliegenden Komplexions.

6. Nennen Sie die systematischen Namen der folgenden Komplexe: $[CoCl_2(NH_3)_4]Br$, $K_3[Cr(CN)_6]$ und $Na_2[CoCl_4]$.

7. Geben Sie die Formeln jeder der folgenden Verbindungen an, und kennzeichnen Sie das Komplexion mit Hilfe von eckigen Klammern:
   (a) Hexaquonickel(II)-perchlorat
   (b) Trichloro-triamminplatin(IV)-bromid
   (c) Dichloro-tetramminplatin(IV)-sulfat
   (d) Kalium-monochloro-pentacyanoferrat(III)

8. Geben Sie die Formel für jede der folgenden Verbindungen unter Verwendung von eckigen Klammern zur Kennzeichnung der Komplexionen an:
   (a) Hydroxo-pentaquoaluminium(III)-chlorid
   (b) Natrium-tricarbonatocobaltat(III)
   (c) Natrium-hexacyanoferrat(II)
   (d) Ammonium-hexanitrocobaltat(III)

9. Wie viele Isomere der Verbindung $[CrCl_2(NH_3)_4]Cl$ gibt es? Skizzieren Sie sie.

10. Zeichnen Sie alle geometrischen und optischen Isomere von $[PtCl_2I_2(NH_3)_2]$ auf.

11. Wie viele geometrischen und optischen Isomere gibt es von dem Komplexion

$[CoCl_2(en)_2]^+$? Wie viele Paare von diesen Isomeren unterscheiden sich nur durch eine Spiegelung voneinander? Wie viele Isomere besitzen eine Symmetrieebene und liegen infolgedessen nicht als Paare von optischen Isomeren vor?

12. Wiederholen Sie Aufgabe 11, indem Sie Propylendiamin (pn) an die Stelle von Ethylendiamin (en) in den Komplex einsetzen. Lassen Sie optische Isomere unbeachtet, die auf Grund des Propylenkohlenstoffs entstehen.

13. Wie viele verschiedene *Struktur*isomere gibt es von einer Substanz mit der empirischen Formel $FeBrCl \cdot 3NH_3 \cdot 2H_2O$? Wie viele verschiedene *geometrische* Isomere gibt es für jedes der verschiedenen Strukturisomere? Wie viele von diesen können in rechts- und linkshändige Paare von *Stereoisomeren* eingruppiert werden?

14. In wäßriger Lösung ist das Co^{2+}-Ion oktaedrisch koordiniert und paramagnetisch, wobei es drei ungepaarte Elektronen aufweist. Welche der folgenden Aussagen ergeben sich aus dieser Beobachtung:
    (a) $[Co(H_2O)_4]^{2+}$ ist quadratisch planar.
    (b) $[Co(H_2O)_4]^{2+}$ ist tetraedrisch.
    (c) $[Co(H_2O)_6]^{2+}$ besitzt ein Δ_0, das größer als die Paarungsenergie der Elektronen ist.
    (d) Die d-Niveaus sind energetisch aufgespalten und werden folgendermaßen besetzt: $(t_{2g})^5(e_g)^2$.
    (e) Die d-Niveaus sind energetisch aufgespalten und werden, wie folgt, besetzt: $(t_{2g})^6(e_g)^1$.

15. Die Koordinationsverbindung Kalium-hexafluorochromat(III) ist paramagnetisch. Wie lautet die Formel für diese Verbindung? Wie sieht die Konfiguration der d-Elektronen des Cr aus?

16. Wie viele ungepaarte Elektronen gibt es im Cr^{3+}, Cr^{2+}, Mn^{2+}, Fe^{2+}, Co^{3+} und Co^{2+} (a) in einem starken, oktaedrischen, elektrostatischen Feld und (b) in einem sehr schwachen, oktaedrischen Feld?

17. Ein tetraedrischer „low-spin"-Komplex wurde noch nie gefunden, obwohl zahlreiche „high-spin"-Komplexe mit dieser Geometrie präpariert werden konnten. Welche Schlußfolgerung läßt sich hinsichtlich der Größe von Δ_t aus dieser Tatsache ziehen?

18. Man hat festgestellt, daß bestimmte Platinkomplexe aktiv der Tumorbildung entgegenwirken. Unter ihnen befinden sich *cis*-$[PtCl_4(NH_3)_2]$, *cis*-$[PtCl_2(NH_3)_2]$ und *cis*-$[PtCl_2(en)_2]$ (keines der *trans*-Isomere ist auf die gleiche Weise wirksam). Erklären Sie mit Hilfe der Valenzbindungstheorie den Diamagnetismus dieser Komplexe. Sind dies „inner-" oder „outer-orbital"-Komplexe? Welche Arten von Hybridorbitalen werden bei der Bindungsbildung verwendet?

19. Entwerfen Sie ein Molekülorbitaldiagramm für $[Cr(NH_3)_6]Cl_3$. Wie viele ungepaarte Elektronen liegen im Komplexion vor? Würden Sie erwarten, daß sich Δ_0 erhöht oder vermindert, wenn sechs Br^--Gruppen an die Stelle der sechs NH_3-Gruppen treten, so daß wir $[CrBr_6]^{3-}$ erhalten?

20. Zeichnen Sie Diagramme der Elektronenanordnungen im $[Fe(H_2O)_6]^{2+}$ und $[Fe(CN)_6]^{4-}$ nach den Modellvorstellungen der Valenzbindungstheorie sowie der Kristallfeldtheorie. Vergleichen Sie beide Modelle kurz miteinander.

21. Zeichnen Sie für jeden der folgenden Komplexe die Energieniveaus der d-Orbitale

auf, und geben Sie die Verteilung der d-Elektronen über diese Energieniveaus an:

(a) $[Ni(CN)_4]^{2-}$ (quadratisch planar)

(b) $[Ti(H_2O)_6]^{2+}$ (oktaedrisch)

(c) $[NiCl_4]^{2-}$ (tetraedrisch)

(d) $[CoF_6]^{3-}$ („high-spin"-Komplex)

(e) $[Co(NH_3)_6]^{3+}$ („low-spin"-Komplex)

22. Co(III) kann in dem Komplexion $[Co(NH_3)_6]^{3+}$ vorkommen. (a) Wie sieht die Geometrie dieses Ions aus? Welche Co-Orbitale werden nach der Valenzbindungstheorie zur Ausbildung der Bindungen zu den Liganden benutzt? (b) Wie lautet der systematische Name des Chlorids dieses Ions? (c) Zeichnen Sie mit Hilfe der Kristallfeldtheorie zwei mögliche d-Elektronenkonfigurationen für dieses Ion. Ordnen Sie diesen die Bezeichnungen „high-spin", „low-spin", paramagnetisch und diagmatisch zu. Welche zwei Bezeichnungen treffen für den Amminkomplex des Kobalts zu? (d) Durch Aufnahme eines Elektrons kann $[Co(NH_3)_6]^{3+}$ zu $[Co(NH_3)_6]^{2+}$ reduziert werden. Zeichnen Sie ein Diagramm der bevorzugten d-Elektronenkonfiguration dieses reduzierten Ions. Warum wird dies Konfiguration bevorzugt?

23. Pt(II) kann in dem Komplexion $[PtCl_4]^{2-}$ vorliegen. (a) Welche Geometrie besitzt dieses Ion? Welche Pt-Orbitale werden nach der Valenzbindungstheorie zur Bindungsbildung mit den Cl^--Ionen verwendet? (b) Wie lautet der systematische Name des Natriumsalzes dieses Ions? (c) Skizzieren Sie die d-Elektronenkonfiguration dieses Ions nach der Kristallfeldtheorie. Ist das Ion paramagnetisch oder diamagnetisch? (d) Pt(II) kann zu Pt(IV) oxidiert werden. Zeichnen Sie die d-Elektronenkonfiguration des Chloridkomplexions des Pt(IV). Erklären Sie den Unterschied zwischen dieser Konfiguration und der des Pt(II). Ist das Pt(IV)-chloridkomplexion paramagnetisch oder diagmagnetisch?

24. Es wird eine Lösung hergestellt, die 0,025 molar in Tetramminkupfer(II), $[Cu(NH_3)_4]^{2+}$, ist. Wie groß wird die Konzentration des hydratisierten Cu^{2+}-Ions sein, wenn die Ammoniakkonzentration 0,10 molar; 0,50 molar; 1,00 molar bzw. 3,00 molar ist? Welche Ammoniakkonzentration ist erforderlich, um die Cu^{2+}-Konzentration niedriger als 10^{-15} molar zu halten?

25. Berechnen Sie aus den Daten in Tabelle 11–8 den pH-Wert einer 0,10-molaren Lösung von Cr^{3+}-Ionen.

    Hinweis: Berücksichtigen Sie dabei die folgenden Reaktionen:

    $Cr^{3+} + H_2O \rightleftarrows Cr(OH)^{2+} + H^+$ $K = ?$

    $Cr^{3+} + HO^- \rightleftarrows Cr(OH)^{2+}$ $K_k = 1 \times 10^{10} \, mol^{-1} \, l$

    $H^+ \ + HO^- \rightleftarrows H_2O$ $K_w = ?$

26. Berechnen Sie aus den Daten in Tabelle 11–8 die pH-Werte von 0,10 molaren Lösungen von Mn^{2+}-, Fe^{2+}- und Ag^+-Ionen. (Wenn Sie dazu einen Hinweis benötigen, siehe Aufgabe 25.) Können Sie aus den Ergebnissen dieser beiden Aufgaben einen Zusammenhang zwischen der „Acidität" von positiven Ionen und ihrer Ladung ableiten?

27. Das Ion $[Co(NH_3)_6]^{3+}$ ist sehr stabil und weist eine Bildungskonstante von $2,3 \times 10^{34} \, mol^{-6} \, l^6$ auf. Zeigen Sie, daß das Gleichgewicht bei der Reaktion

$$[Co(NH_3)_6]^{3+} + 6H^+ \rightleftarrows Co^{3+} + 6NH_4^+$$

weit auf der rechten Seite liegt, wenn die Hydrolysekonstante des Ammoniumions $5 \times 10^{-10} \, mol \, l^{-1}$ beträgt. Warum bleibt dann $[Co(NH_3)_6]^{3+}$ in heißer konzentrierter Schwefelsäure unverändert bestehen?

28. Wie groß ist die Konzentration des Chromations, CrO_4^{2-}, in der Lösung, die entsteht, wenn festes $BaCrO_4$ mit Wasser in Berührung gebracht wird? Wie groß ist die Chromationenkonzentration, wenn festes $BaCrO_4$ mit einer 0,2 molaren Ba^{2+}-Lösung in Berührung gebracht wird? $BaCrO_4$ kann in einer Pyridin(py)-Lösung aufgelöst werden, wobei der Komplex $[Ba(py)_2]^{2+}$ mit einer Komplexbildungskonstante $K_k = 4 \times 10^{12} \, mol^{-2} \, l^2$ entsteht. Wie hoch ist die Konzentration der Ba^{2+}-Ionen, wenn 0,10 molares $BaCrO_4$ in einer Lösung mit einer konstanten Pyridinkonzentration von 1,0 $mol \, l^{-1}$ aufgelöst wird?

29. Wie groß ist die Löslichkeit des $Cu(OH)_2$ in reinem Wasser? In einer gepufferten Lösung mit einem pH-Wert von 6? Kupfer(II) bildet mit NH_3 einen Komplex, $[Cu(NH_3)_4]^{2+}$, der eine Komplexbildungskonstante $K_k = 1,0 \times 10^{12} \, mol^{-4} \, l^4$ besitzt. Welche Ammoniakkonzentration muß in einer Lösung aufrechterhalten werden, um 0,10 mol $Cu(OH)_2$ pro Liter der Lösung aufzulösen?

30. Berechnen Sie die Silberionenkonzentration einer gesättigten Lösung von AgCl in Wasser. Silberionen reagieren mit einem Überschuß von Cl^- in der folgenden Weise

$$Ag^+ + 2Cl^- \rightleftarrows [AgCl_2]^- \qquad K_k = 1 \times 10^2 \, mol^{-2} \, l^2$$

Berechnen Sie die $[AgCl_2]^-$-Konzentration, und zeigen Sie, daß Sie mit Recht die Komplexionenbildung bei der Berechnung der Silberionenkonzentration am Anfang der Aufgabe vernachlässigt haben.

31. Die Bildungskonstante für den Pyridinkomplex des Silbers

$$Ag^+ + 2py \rightleftarrows [Ag(py)_2]^+$$

ist $K_k = 1 \times 10^{10} \, mol^{-2} \, l^2$. Welche Werte nehmen die Konzentrationen der Silberionen, des Pyridins und der Komplexionen an, wenn eine Lösung hergestellt wird, die anfänglich 0,10 molar in $AgNO_3$ und 1,0 molar in Pyridin ist?

32. In einer 0,10 molaren NaCl-Lösung kann die Konzentration der Silberionen nicht den Wert von $10^{-9} \, mol \, l^{-1}$ übersteigen, da AgCl so wenig löslich ist. Welche Pyridinkonzentration muß eingestellt werden, um 0,10 mol AgCl pro Liter der Lösung aufzulösen?

Die organische Chemie wird so genannt, weil sie von den Substanzen handelt, die die Struktur der *organisierten* Lebewesen und ihrer Produkte bilden, seien sie nun tierischer oder pflanzlicher Herkunft.

William Gregory (1846)

12 Die besondere Rolle des Kohlenstoffs

Dieses Kapitel soll Ihnen einen kurzen Überblick über zwei große Gebiete der Chemie geben: organische Chemie und Biochemie. Einige der Kapitel dieses Buches behandeln Grundlagen und wesentliche Arbeitsmethoden der Chemie und sollten daher intensiv studiert werden. Andere Kapitel, wie z. B. dieses, haben zum Ziel, Ihnen einen allgemeinen Eindruck von einem Teilgebiet der Chemie zu vermitteln. Wenn Sie dieses Kapitel lesen, sollten Sie eher versuchen, die Fragestellungen zu verstehen und zu würdigen als sie in Ihrem Gedächtnis aufzunehmen. Wenn wir einmal die traditionellen (und damit in einigen Kreisen unmodernen) Kategorien der Chemie verwenden dürfen, würde der größte Teil des Stoffes aus den ersten elf Kapiteln dieses Buches in die anorganische und physikalische Chemie eingeordnet werden müssen, was auch größtenteils für die Kapitel 13–18 zutrifft. Hier werden wir jetzt versuchen, Ihnen in einem Kapitel einen Überblick über zwei gleichermaßen bedeutende Gebiete der Chemie zu geben. Obwohl die Gesamtmenge der Tatsachen und Fachausdrücke zu groß ist, um in ihrem ganzen Umfang aufgenommen werden zu können, werden Sie am Ende dieses Kapitels hoffentlich ein Gefühl dafür bekommen haben, worum es bei der organischen Chemie und der Biochemie im wesentlichen geht.

Die Trennungslinie zwischen diesen beiden Gebieten verläuft nicht scharf, und die Unterscheidung ist in erster Linie historisch bedingt. Das Wort „organisch" wurde 1780 von Berzelius zur Kennzeichnung von Chemikalien eingeführt, die aus lebenden Systemen und nicht aus unbelebten oder Laborreaktionen stammten. Die damals herrschende Lehrmeinung besagte, daß für die Synthese organischer Verbindungen eine spezielle „Lebenskraft" erforderlich war. 1828 widerlegte Friedrich Wöhler (1800–1882) diese Lebenskraftvorstellung, als er eine organische Verbindung, Harnstoff, dadurch herstellte, daß er eine anorganische Substanz, Ammoniumcyanat, erhitzte

$$NH_4OCN \rightarrow NH_2-\overset{\displaystyle O}{\overset{\displaystyle \|}{C}}-NH_2$$

Ammoniumcyanat   Harnstoff

Die Synthese weiterer organischer Substanzen folgte schnell, so daß der ursprüngliche Grund für die Klassifizierung der Verbindungen gegenstandslos wurde. Aber die Klassifizierung selbst erwies sich als nützlich.

Heute können wir Ihnen bessere, praktische Definitionen für die organische Chemie und die Biochemie angeben: Die *organische Chemie* ist die Chemie der *Kohlenstoffverbindungen*, und die *Biochemie* ist der Zweig der organischen Chemie, der sich mit Reaktionen in *lebenden Systemen* beschäftigt. Diese Definitionen schließen in sich die Voraussetzung ein, daß es mit dem Kohlenstoff eine besondere Bewandtnis hat. Warum ist nicht auch die Chemie der Stickstoffverbindungen oder die der Borverbindungen als eine der traditionellen Klassifizierungen der Chemie vergangener Generationen ausgezeichnet? Was ist denn am sechsten Element des Periodensystems so besonders?

„Die Chemie der Kohlenstoffverbindungen" erweist sich deshalb als eine nützliche Kategorie, weil es eine unermeßliche Vielzahl derartiger Verbindungen gibt. Es sind heute gut über eine Million verschiedener organischer Verbindungen bekannt, und es gibt keine Grenze für die Möglichkeiten, weitere Verbindungen zu synthetisieren. Im Vergleich dazu liegt die Gesamtzahl der anorganischen Verbindungen aller anderen Elemente ungefähr bei 100 000. Es existieren so viele Kohlenstoffverbindungen, weil sich der Kohlenstoff mit sich selbst zu geraden und verzweigten Ketten verbinden kann, wie es kein anders Element kann. Einige dieser Verbindungen sind in Abbildung 12–1 dargestellt. Ketten, die durch die Wiederholung einer Untereinheit gebildet werden, nennt man *Polymere*, während die wiederholten Untereinheiten als *Monomere* bezeichnet werden.

Kohlenwasserstoffe sind Polymere der Untereinheit (des Monomers) $-CH_2-$, wobei die Enden des Polymers durch Wasserstoffatome abgeschlossen werden. Butan ist ein Tetramer (d.h. es besteht aus vier Untereinheiten), und liegt als Gas vor, das zum Heizen und Kochen verwendet wird. Polymere mit fünf bis zwölf Kohlenstoffatomen sind Bestandteile des Benzins; das Heptan aus Abbildung 12–1 ist ein Beispiel aus dieser Reihe. Kerosin („Petroleum") ist eine Mischung von Molekülen mit 12 bis 16 Kohlenstoffatomen, und Schmieröle und Paraffinwachse sind Mischungen von Ketten mit 17 und mehr Kohlenstoffatomen. Der Kunststoff Polyethylen weist annähernd 1500 monomere $-CH_2-$-Einheiten pro Kette auf. Es gibt viele andere organische Ketten: Neopren-Gummi, Teflon und Dacron aus Abbildung 12–1 sind synthetische Polymere, und die Polypeptidkette unten in Abbildung 12–1 ist das Polymer, aus dem sich alle Proteine aufbauen.

Weil der Kohlenstoff bis zu vier Bindungen ausbilden kann, können verzweigte und sich kreuzende Ketten aufgebaut werden. Isobutan (Abbildung 12–1) ist ein Isomer des C_4H_{10} mit verzweigter Kohlenstoffkette. In Abbildung 12–2 werden Seide und ihr synthetisches Analogon, Nylon, aus parallelen, kovalent gebundenden Ketten aufgebaut, die untereinander durch Wasserstoffbindungen (Abschnitt 14–4) zu einem ebenen Blatt verbunden werden. Bakelit und Melamac sind harte, nicht biegbare Kunststoffe, da ihre Monomere untereinander in drei Dimensionen kovalent gebunden sind.

Die andere Eigenschaft, die Kohlenstoff vor allen anderen Elementen auszeichnet, ist seine Fähigkeit, Doppelbindungen mit sich selbst und mit anderen Elementen eingehen zu können, und dies auch in der Mitte von Kohlenstoffketten. Neopren-Gummi (Abbildung 12–1) weist solche Doppelbindungen zwischen Kohlenstoffatomen auf. Dacron zeigt Doppelbindungen zwischen C und O und verfügt auch noch über delokalisierte Mehrfachbindungen, wie wir sie im Kapitel 10 beim Benzol kennenlernten. Die

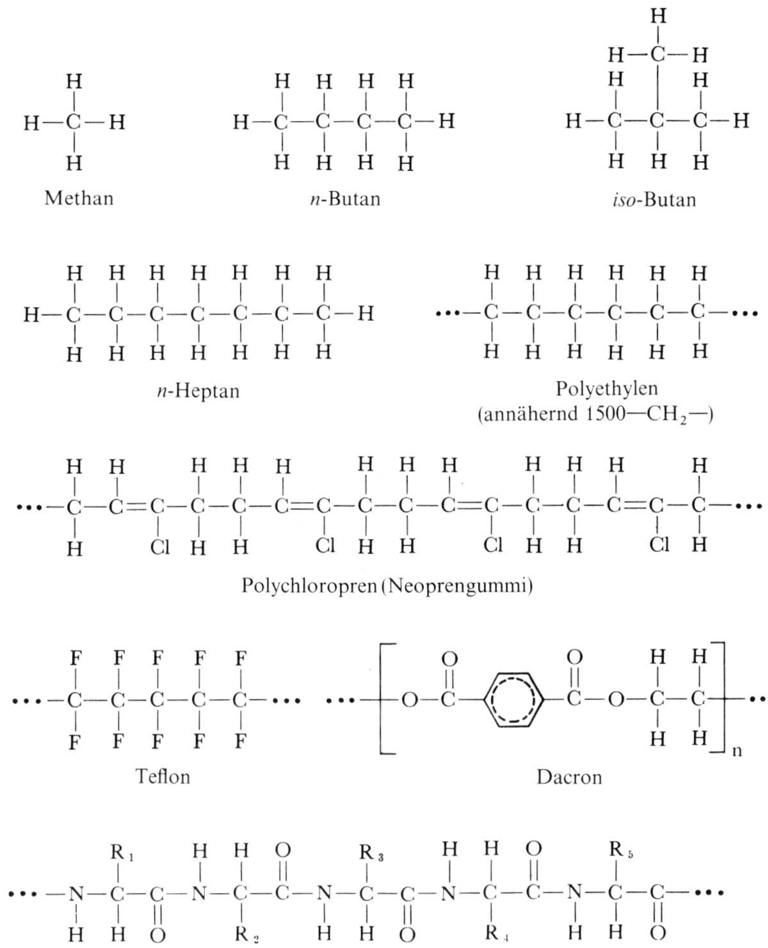

Methan   *n*-Butan   *iso*-Butan

n-Heptan   Polyethylen
(annähernd 1500—CH_2—)

Polychloropren (Neoprengummi)

Teflon   Dacron

Polypeptide oder Proteine (Seide, Wolle, Haar, Kollagen, Enzyme und Antikörper). R_1, R_2, R_3 usw. sind chemisch unterschiedliche Seitenketten.

Abbildung 12–1 Natürliche und synthetische Ketten von Kohlenstoffatomen. Die ersten beiden Reihen sind Kohlenwasserstoffe mit zunehmender Kettenlänge vom Methan über die komerziellen Heizgase (Butan) und Benzine (Heptan) bis zum Kunststoff Polyethylen. Die Doppelbindung bei jeder vierten Kohlenstoff-Kohlenstoff-Verbindung im Polychloropren ist für natürliche und künstliche Gummi typisch. Dacron zeigt zwei Arten der Mehrfachbindung: die C=O-Doppelbindungen des uns bereits vertrauten π^b-Typs und delokalisierte, benzolähnliche Bindungen. Polypeptidketten sind miteinander durch Querverbindungen vernetzt, wie in Abbildung 12–2 gezeigt wird.

Abbildung 12–3 zeigt Ihnen noch einige weitere Beispiele von Doppelbindungen und delokalisierten Bindungen in Kohlenstoffverbindungen. Da die Doppelbindung häufig dadurch in eine Einfachbindung umgewandelt werden kann, daß an jedem Ende der Bindung ein Atom addiert wird, werden solche Verbindungen als *ungesättigte Verbin-*

(a)

(b)

(c)

dungen bezeichnet

$$CH_2{=}CH_2 + H_2 \; \rightleftarrows \; CH_3{-}CH_3$$
Ethylen   Ethan

$$CH_2{=}CH_2 + HCl \rightleftarrows CH_3{-}CH_2{-}Cl$$
Ethylen   Ethylchlorid

Verbindungen mit delokalisierten, benzolähnlichen Mehrfachbindungen werden *aromatische Verbindungen* genannt. Dacron (Abbildung 12–1) und Naphthalin, DDT, Adenin und Riboflavin (Abbildung 12–3) verfügen alle über aromatische Komponenten. Adenin und Riboflavin lassen ferner erkennen, daß der Kohlenstoff auch Doppelbindungen mit Stickstoff eingehen kann und daß der Stickstoff an einem delokalisierten aromatischen Ring beteiligt werden kann. Ein großer Teil der organischen Chemie beruht auf den besonderen Eigenschaften aromatischer Ringsysteme. Ungesättigte aromatische Moleküle und Übergangsmetallkomplexe sind die beiden wichtigsten Verbindungsklassen, bei denen die Energie, die dazu erforderlich ist, ein Elektron im Molekül auf ein höheres Energieniveau anzuregen, im sichtbaren Bereich des elektromagnetischen Spektrums liegt. Infolgedessen kommen diese Verbindungen in Farbstoffen aller möglichen Zusammensetzungen vor und spielen die entscheidende Rolle in Mechanismen für den Einfang und Transfer von Photonenenergie.

Die vier herausragenden Eigenschaften von organischen Verbindungen können folgendermaßen zusammengefaßt werden:

1. Langkettige Polymere mit C—C-Bindungen.
2. Verzweigte und sich überkreuzende Ketten.
3. Doppel- und Dreifachbindungen.
4. Delokalisierte aromatische Bindungen.

Wie viele dieser charakteristischen Eigenschaften des Kohlenstoffs treffen wir noch bei seinen unmittelbaren Nachbarn im Periodensystem – B, N und Si – an? Was ist alles beim Kohlenstoff möglich, das bei diesen Elementen nicht geht, und warum ist das so? Welche besondere Kombination von Elektronen und Orbitalen macht den Kohlenstoff so vielseitig?

◀ **Abbildung 12–2**   Drei Arten von natürlichen und synthetischen Polymeren. (a) Seide, die sich aus Polypeptidketten aufbaut. Die Ketten werden durch Wasserstoffbrückenbindungen flächig vernetzt. Eine Wasserstoffbrückenbindung oder, kürzer, Wasserstoffbindung ist eine in erster Linie elektrostatische Bindung zwischen einem teilweise positiv geladenen Wasserstoffatom und einem kleinen, teilweise negativ geladenen Atom, wie z. B. O oder F. Ihre molare Bindungsenergie beträgt ungefähr 25 kJ mol^{-1}. (b) Nylon 66 ist der Seide sehr ähnlich aufgebaut. Es wurde 1935 von W. H. Carothers bei E. J. du Pont de Nemours & Co., Inc. erfunden. Es weist ähnlich der Seide Wasserstoffbrückenbindungen auf, die aber in größeren Intervallen entlang den Ketten auftreten. Bei beiden Faserstoffen verläuft die Achse der Fasern in der Abbildung horizontal und parallel zu den kovalent gebundenen Ketten. (c) Bakelit ist einer der ersten Kunststoffe. Es wurde 1909 von L. H. Baekeland, einem amerikanischen Chemiker, erfunden, der auch Beiträge zur Chemie der Photographie lieferte. Bakelit gehört zur Klasse der Phenol-Formaldehyd-Harze, die wegen ihres dreidimensionalen Netzwerks von kovalenten Bindungen fest und hart sind.

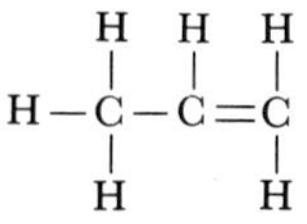

Propylen

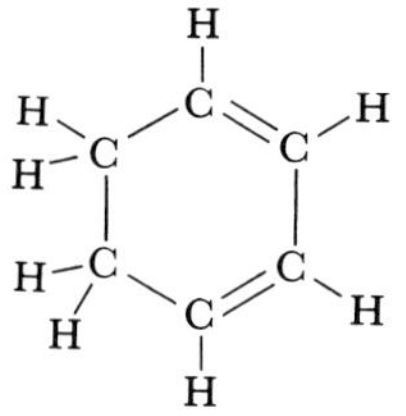

1, 3-Cyclohexadien

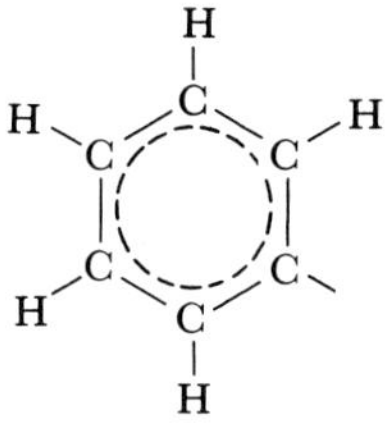

Benzol

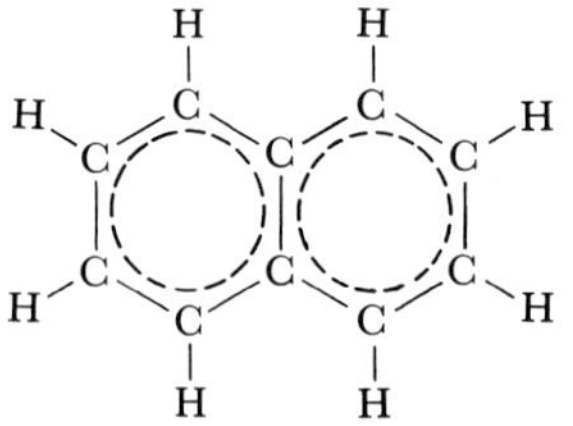

Naphthalin

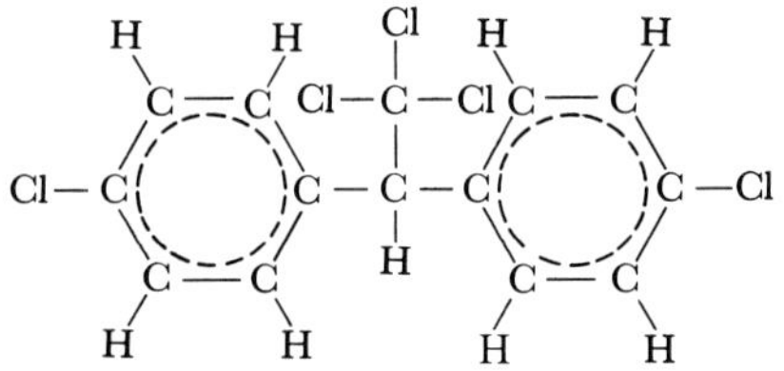

DDT

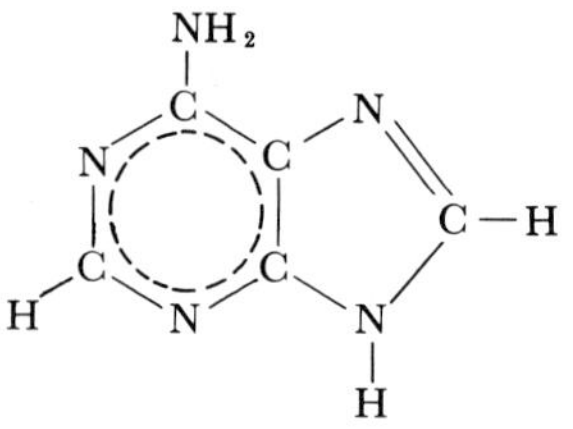

Adenin

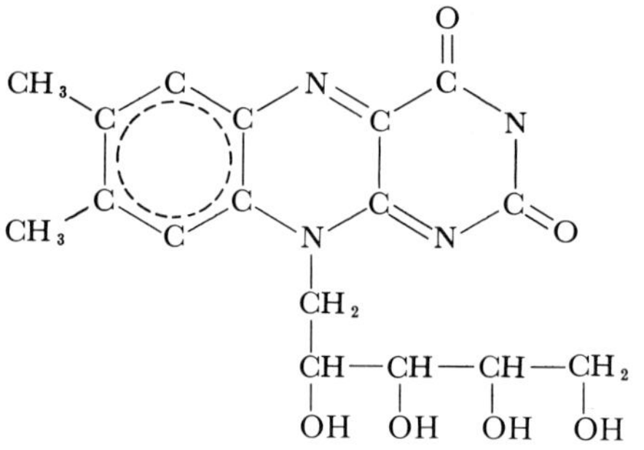

Riboflavin (Vitamin B$_2$)

Abbildung 12–3 Beispiele für Doppelbindungen und delokalisierte Bindungen in organischen Verbindungen. Adenin, eine wesentliche Komponente des genetischen Polymers DNS (Desoxyribonukleinsäure) und des Energie speichernden Moleküls ATP (Adenosintriphosphat) ist ein Pentamer von HCN. Es wurde bereits künstlich aus HCN erzeugt unter Versuchsbedingungen, die den irdischen Bedingungen in den frühen Stadien der Entwicklung des Lebens ähnlich waren.

12–1   Die Chemie der Nachbarelemente des Kohlenstoffs

Bor, Kohlenstoff und Stickstoff sind Elemente aus der zweiten Periode des Periodensystems von ähnlicher Größe. Sie unterscheiden sich vor allem durch die Anzahl ihrer Valenzelektronen: B besitzt drei, C vier und N fünf Valenzelektronen. Silicium, ein Element aus der dritten Periode, stimmt mit dem Kohlenstoff darin überein, daß es ebenfalls vier Valenzelektronen aufweist, aber diese sind ein Hauptquantenenergieniveau weiter vom Kern entfernt und besitzen die Hauptquantenzahl $n = 3$ an Stelle von $n = 2$ bei den anderen Nachbarn. Unterhalb der Valenzelektronen verfügt Si über *zehn* Innerorbitalelektronen, von denen zwei die Hauptquantenzahl 1 und acht die Hauptquantenzahl 2 besitzen. Im Gegensatz dazu liegen unter den Valenzschalen von B, C und N nur *zwei* Elektronen. Alle die Unterschiede in den chemischen Eigenschaften von B, C, N und Si, mit denen wir uns in diesem Kapitel beschäftigen werden, beruhen auf diesen beiden Faktoren: der Anzahl der Valenzelektronen und der Anzahl der Innerorbitalelektronen in tiefer liegenden, vollständig besetzten Orbitalen.

Das Bor besitzt drei Valenzelektronen und vier Valenzorbitale pro Atom. Üblicherweise benutzt es drei dieser Orbitale in sp^2-Hybridisierung für Verbindungen wie das BF_3. Der Kohlenstoff weist vier Valenzelektronen und vier Valenzorbitale auf. Bei der Bindungsbildung verwendet er sp^3-Hybridorbitale, ausgenommen die Bildung von Mehrfachbindungen. Der Stickstoff verfügt über fünf Elektronen und vier Orbitale. Für ihn ist typisch, daß er drei Bindungen mit tetraedrischer Geometrie zu anderen Atomen ausbildet, wobei das vierte sp^3-Atomorbital von dem einsamen Elektronenpaar besetzt wird (Abschnitt 10–7). Sowohl der Kohlenstoff als auch der Stickstoff können Doppel- und Dreifachbindungen ausbilden, was mit Hilfe der von uns in Abschnitt 10–9 diskutierten π-Überlappungsbindung geschieht. Die Bindungslänge nimmt bei beiden Elementen um 13% in einer Doppelbindung und 22% in einer Dreifachbindung gegenüber der Einfachbindung ab. Die Atome sind dabei wegen der Elektronen in den bindenden π^b-Molekülorbitalen, die sich aus den sich überlappenden 2p-Orbitalen der Atome herleiten lassen, stärker aneinander gebunden. Umgekehrt ist die Überlappung dieser Orbitale zu gering, um eine signifikante Bindungsstärke zu erreichen, wenn die Atome nicht dicht genug zusammenkommen. Dies ist der Grund dafür, daß Si und die anderen Elemente der dritten Periode des Periodensystems und darüber hinaus keine Mehrfachbindungen bilden können. Silicium besitzt zehn Innerorbitalelektronen an Stelle der zwei in C und N. Die Abstoßung zwischen diesen Innerorbitalelektronen erlaubt es den beiden Si-Atomen nicht, sich einander so weit zu nähern, daß sich die p-Orbitale überlappen können und sich eine Doppelbindung ausbildet. Obwohl Chemiker gezielt versuchen, Verbindungen mit Si=Si- und Si=C-Bindungen zu synthetisieren, ist es ihnen bisher noch nicht gelungen. Mit einer oder zwei Ausnahmen bleiben also Doppel- und Dreifachbindungen auf Elemente aus der zweiten Periode des Periodensystems beschränkt, die nicht mehr als zwei Innerorbitalelektronen pro Atom aufweisen. Die Ausnahmen, wie S=O, P=O und Si=O, benutzen die Überlappung zwischen p- und d-Orbitalen zur Bindungsbildung, wie wir noch später in diesem Abschnitt beim Si sehen werden.

Bor

Die Gründe, aus denen das Bor kein geeigneter Kandidat für eine kohlenstoffähnliche Chemie ist, sind leicht einzusehen, wenn wir uns die Reihe der Borhydride betrachten: Das Hydrid BH_3 existiert nicht, ausgenommen als kurzlebiges Zersetzungsprodukt höherer Hydride. Andere Hydride sind bekannt: B_2H_6, B_4H_{10}, B_5H_9, B_5H_{11}, B_6H_{10}, B_6H_{12}, B_8H_{12}, B_9H_{15} und $B_{10}H_{14}$. Das einfachste Borhydrid, B_2H_6 (Diboran), setzt sich sich aus acht Atomen und nur 12 Valenzelektronen zusammen. Wenn es eine ethanähnliche Struktur haben sollte

$$
\begin{array}{ccc}
\text{H} & \text{H} & \\
| & | & \\
\text{H}-\text{B}-\text{B}-\text{H} & \\
| & | & \\
\text{H} & \text{H} &
\end{array}
$$

würde es vierzehn Elektronen für die sieben kovalenten Bindungen benötigen. Aber das Diboran besitzt nur zwölf Valenzelektronen; es ist eine *Elektronenmangelverbindung*. Seine wahre Struktur ist

Jedes B-Atom bildet zwei normale, kovalente B—H-Zweizentrenbindungen aus, wodurch insgesamt acht Valenzelektronen verbraucht werden. Die restlichen vier Elektronen werden für zwei B—H—B-*Dreizentrenbindungen* benötigt, bei denen jedes der drei Atome ein Orbital zum bindenden Molekülorbital beisteuert. Diese Vorstellung von der Dreizentrenbindung reicht aus, um den Aufbau aller bekannten Borhydride zu erklären. Sie erklärt aber auch, warum das Bor nicht das leisten kann, wozu der Kohlenstoff imstande ist.

Für die meisten Verbindungen, in denen die Zahl der Valenzelektronen wenigstens so groß ist wie die Zahl der Valenzorbitale, hat die Vorstellung von einer chemischen Bindung zwischen zwei Atomen einen Sinn, und wir brauchen dann nur zwei Atome gleichzeitig zu betrachten. Wie wir jedoch bei der Diskussion des Benzols (Abschnitt 10–10) gelernt haben, sind solche lokalisierten Molekülorbitale nur eine Annäherung an die Wirklichkeit. Gelegentlich müssen wir delokalisierte Molekülorbitale aus Atomorbitalen mehrerer oder manchmal sogar aller Atome eines Moleküls konstruieren. Im Benzol können z.B. die C—H- und die C—C-σ-Bindungen einzeln behandelt werden, aber die sechs p-Orbitale müssen gemeinsam betrachtet werden.

Um das Verhalten des Bors zu erklären, müssen wir folgendes beachten: Die kleinste Bindungseinheit, die wir betrachten können, besteht gelegentlich aus *drei Atomen*. Drei Atomorbitale – je eines von jedem Atom – können sich zu drei Molekülorbitalen kombinieren: einem bindenden, einem antibindenden und einem nichtbindenden. Das letztere Molekülorbital besitzt praktisch dieselbe Energie wie die ursprünglichen Atomorbitale (Abbildung 12–4). Wir haben schon früher nichtbindende Orbitale kennengelernt: Beim HF (Abbildungen 10–11 und 10–12) sind die $2p_x$- und $2p_y$-Orbitale des Fluors nichtbindend, wie es auch die d_{xy}-, d_{yz}- und d_{xz}-Orbitale des Metalls in einem oktaedrischen Koordinationskomplex sind (Abbildung 11–14).

Zwei Elektronen in einem dieser *bindenden* Dreizentren-Molekülorbitale können drei Atome zusammenhalten. Diese Sparsamkeit bei der Bindungsbildung hilft, den Elektronenmangel des Bors auszugleichen, jedoch zwingt sie auch seine Verbindungen, eine

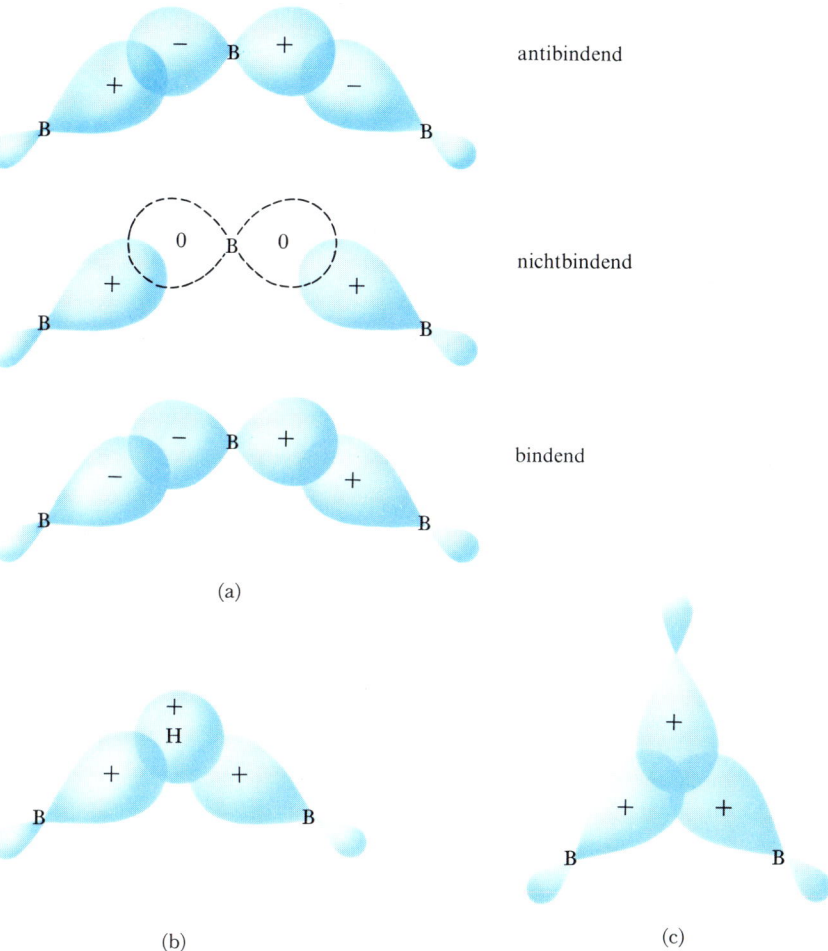

Abbildung 12–4 Dreizentrenorbitale in Borverbindungen: (a) Drei Boratome können jeweils ein Orbital (zwei sp³ und ein p) zur Bildung eines bindenden, eines nichtbindenden und eines antibindenden Orbitals beisteuern. Ein Elektronenpaar im bindenden Orbital hält alle drei Atome zusammen. Diese Anordnung wird als offene Dreizentrenbindung bezeichnet. (b) Die Anordnung der Atomorbitale in einem bindenden Orbital für eine B—H—B-Brückenbindung. (c) Die Anordnung der Atomorbitale in einer geschlossenen Dreizentrenbindung. Derartige Dreizentrenbindungen treffen wir bei Elektronenmangelverbindungen an, die unter Beteiligung von B und Al gebildet werden.

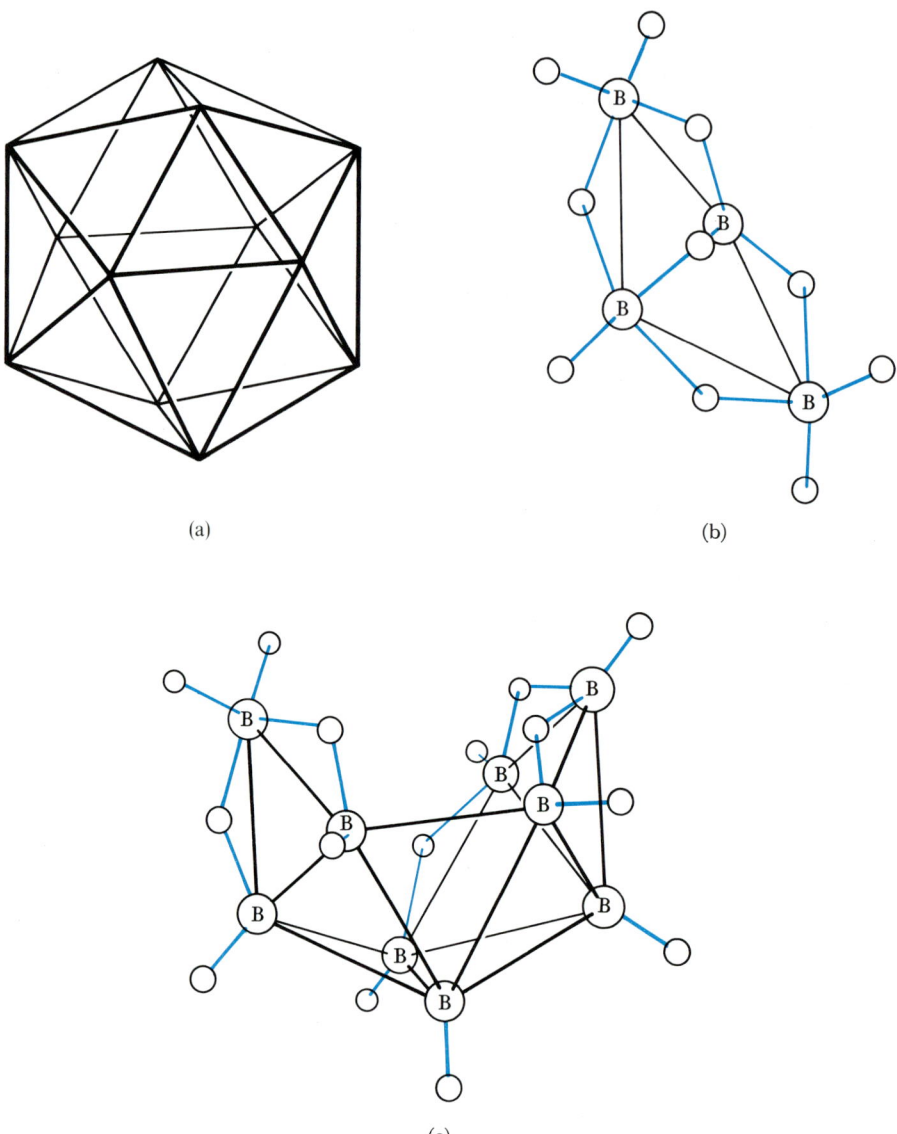

(a)

(b)

(c)

Abbildung 12–5   (a) Das Ikosaeder bildet den Bor-Rahmen für nahezu alle Borhydride. Ein Ikosaeder besitzt zwölf Ecken und zwanzig gleichseitige Dreiecksflächen. (b) Tetraboran-10, B_4H_{10}, weist vier Boratome auf, die zwei Flächen des Ikosaeders umschließen. Bindungen sind farbig eingezeichnet. Sechs der Wasserstoffatome bilden normale, zweizentrige kovalente Bindungen mit Bor; die restlichen vier sind an vier B—H—B-Brücken beteiligt. Die beiden mittleren Boratome sind über eine konventionelle Zweizentrenbindung miteinander verknüpft. (c) Enneaboran-15, B_9H_{15}, besitzt ein Bor-Gerüst, das sich aus dem Ikosaeder ableiten läßt, indem man drei beliebige, nebeneinander liegende Ecken entfernt, die aber kein gleichseitiges Dreieck bilden dürfen. Zehn Wasserstoffatome bilden zweizentrige kovalente Bindungen mit den Boratomen; die anderen fünf Wasserstoffatome beteiligen sich an B—H—B-Brücken.

verspannte Geometrie anzunehmen, die das Bor zu einem ungeeigneten Rivalen des Kohlenstoffs macht. Ausgedehnte Molekülnetzwerke können aus den geraden und verzweigten Ketten der Kohlenstoffhydride (Kohlenwasserstoffe) aufgebaut werden, bei denen die Atome untereinander paarweise verbunden sind. Im Gegensatz dazu bauen die Borhydride, bei denen die Atome in Dreiergruppen miteinander verbunden sind, Strukturen auf, deren Boratomgerüste Bruchstücke eines Ikosaeders (Zwanzigflächners) sind (Abbildung 12–5a). Das Hydrid B_4H_{10} ist ein kleines Bruchstück des Ikosaeders (Abbildung 12–5b). Es besitzt sechs normale Zweizentrenbindungen zwischen B und H,

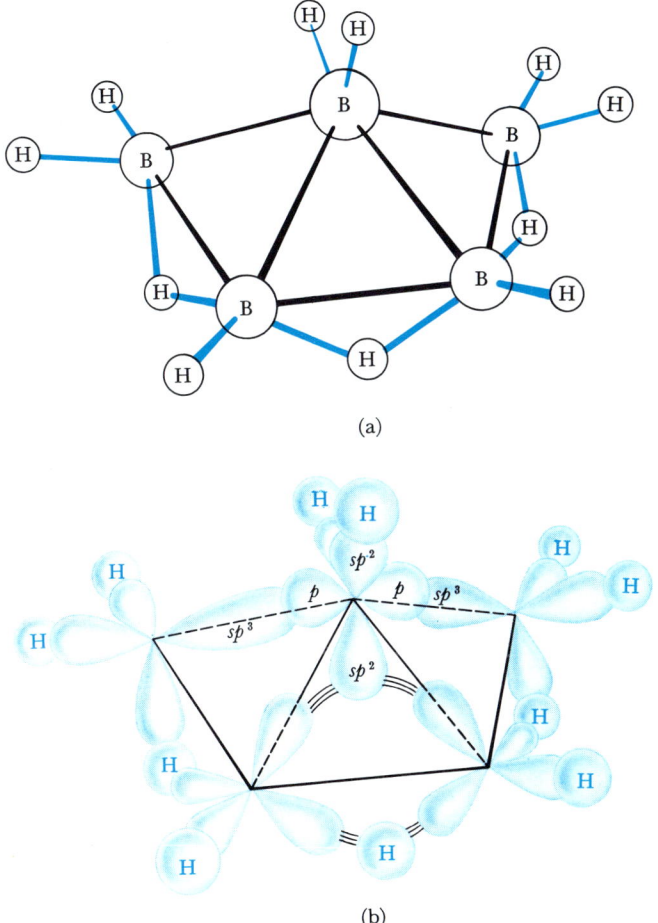

(a)

(b)

Abbildung 12–6 Struktur und Bindungsorbitale des Pentaborans-11, B_5H_{11}. Jedes Boratom, mit Ausnahme des mittleren, weist sp^3-Hybridisierung auf. Das mittlere Boratom besitzt drei sp^2-Hybridorbitale und ein nicht hybridisiertes p-Orbital. Die geschlossene Dreizentrenbindung benötigt zwei sp^3-Orbitale und ein sp^2-Orbital. Die offene Dreizentrenbindung unter Beteiligung des zentralen B-Atoms verwendet zwei sp^3-Orbitale und ein p-Orbital wie in Abbildung 12–4(a). Das gesamte Molekül benutzt 31 Atomorbitale, die jedoch nur von 26 Elektronen besetzt werden (Elektronenmangelverbindung).

eine Zweizentrenbindung zwischen B und B und vier B—H—B-Dreizentrenbindungen. Jede dieser Bindungen benötigt ein Elektronenpaar. Auf diese Art werden 14 Atome unter Verwendung von 26 Atomorbitalen durch nur 22 Elektronen zusammengehalten. Das Hydrid B_9H_{15} bildet drei Viertel eines vollständigen Ikosaeders (Abbildung 12–5c). In dieser Verbindung werden 24 Atome unter Benutzung von 51 Atomorbitalen durch nur 42 bindende Elektronen zusammengehalten. Das vollständige B_{12}-Ikosaeder findet man beim kristallinen Bor. Die Weise, in der solche Dreizentrenbindungen bei den größeren Borhydriden zur Bindungsbildung eingesetzt werden, ist für das B_5H_{11} in Abbildung 12–6 dargestellt.

Abschließend können wir sagen, daß das Bor wegen seines Elektronenmangels, der zur Ausbildung von Dreizentrenbindungen führt und das Bestreben der Borstrukturen bedingt, sich in sich selbst abzukapseln, ein ungeeigneter Kandidat für die organische Chemie ist. Was dabei noch schlimmer ist: Die sich bei der Dreizentrenbindung ergebende geometrische Anordnung der Atome macht es unmöglich, daß die p-Orbitale benachbarter Atome parallel zueinander zu liegen kommen und π-Bindungen bilden können. Vom Standpunkt der erwünschten Eigenschaften des Kohlenstoffs her gesehen, ist das Bor ein recht guter Versuch, diese Eigenschaften zu erreichen, aber eben nicht gut genug.

Stickstoff

Der Stickstoff kann wie der Kohlenstoff Doppel- und Dreifachbindungen mit sich selbst und mit anderen Atomen aus der ersten und zweiten Periode des Periodensystems eingehen. Aber der Stickstoff leidet unter einem Fehler, der dem des Bors genau entgegengesetzt ist: Er besitzt zu viele Elektronen. Die Abstoßungskräfte zwischen den einsamen Elektronenpaaren von benachbarten Stickstoffatomen lassen die molare Energie der N—N-Einfachbindung nur einen Wert von 159 kJ mol^{-1} annehmen, der mit den 348 kJ mol^{-1} für eine C—C-Einfachbindung zu vergleichen ist. In der C—N-Bindung, bei der eines dieser abstoßend wirkenden einsamen Elektronenpaare fehlt, erhöht sich die molare Bindungsenergie auf 293 kJ mol^{-1}.

Es gibt einige Verbindungen mit Ketten aneinandergereihter Stickstoffatome

Hydrazin wird als Raketentreibstoff verwendet. Die Stickstoffwasserstoffsäure ist äußerst explosiv und giftig. Sie wird gelegentlich in Zündkapseln für Sprengstoffe verwendet. Die höheren *Stickstoffwasserstoffe*, wie diese Verbindungen in Analogie zu den Kohlenwasserstoffen genannt werden, können nur selten in ihren einfachsten Formen dargestellt werden, bei denen Wasserstoffatome die R's in den vorangehenden Strukturformeln ersetzen. Die Verbindungen, die hinreichend stabil sind, um existieren zu können, weisen an Stelle des R Phenylgruppen (Benzolringe) oder Methyl- oder Ethylgruppen (CH_3- oder CH_3CH_2-) auf. Sie sind alle äußerst instabil, und die meisten sind sogar explosiv instabil. Sie zersetzen sich unter allen Bedingungen sehr schnell, oder, wie es ein Wissenschaftler einmal ausdrückte: „Sie stehen am Rande der Existenz."

Ein wichtiger Faktor bei der Instabilität von Stickstoffketten ist die ungewöhnliche Stabilität der Dreifachbindung im $N\equiv N$-Molekül. Die N_2-Dreifachbindung, deren molare Bindungsenergie $942\,kJ\,mol^{-1}$ beträgt, ist *sechsmal* so stark wie die N—N-Ein-

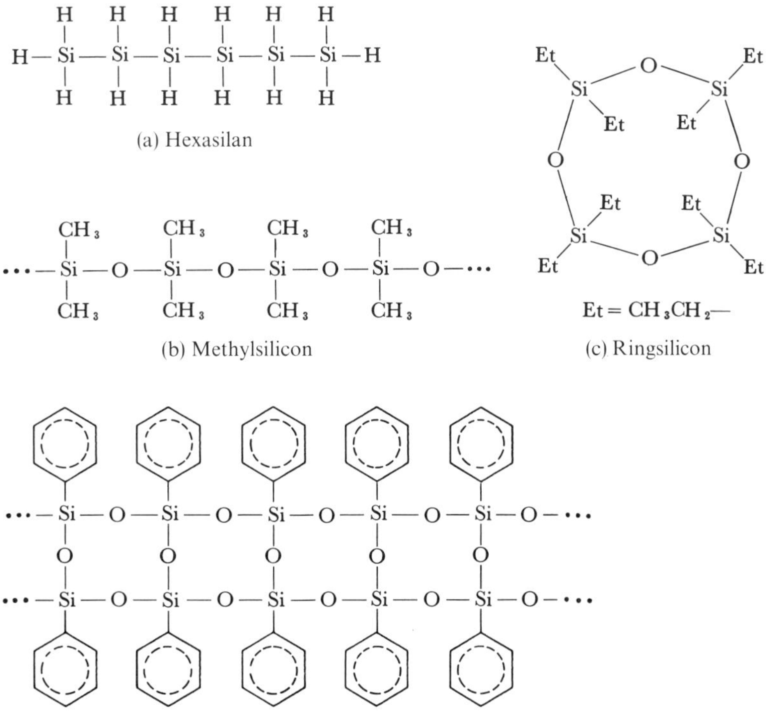

(a) Hexasilan

(b) Methylsilicon

(c) Ringsilicon

$Et = CH_3CH_2-$

(d) „Leiter"-Silicon

Abbildung 12–7 Silicium kann in zwei Arten von Polymeren vorkommen: In den reaktionsfreudigen Silanen, bei denen Si-Atome direkt aneinander gebunden sind, und in den inerten Siloxanen oder Siliconen, bei denen jede Bindung über eine Sauerstoffbrücke erfolgt. Die Silicone sind chemisch inerte, wärmebeständige, elektrisch nicht leitende Öle und Gummi, die als Schmiermittel, Isolatoren und Schutzüberzüge Verwendung finden. In den Leitersiliconen sind drei der vier Si-Bindungen mit Sauerstoffbrückenatomen verknüpft. Diese Leitersilicone sind gummiähnliche oder plastische Materialien. Wenn alle vier Si-Bindungen an Sauerstoffbrücken gebunden sind, erhalten wir die Silicatmineralien.

fachbindung, wogegen die C≡C-Dreifachbindung im Acetylen nur das 2,3fache der Stärke der C—C-Einfachbindung ausmacht. Eine lange Stickstoffkette ist also weitaus weniger stabil als das System, das vorliegt, nachdem die Kette in eine Reihe von N_2-Molekülen zerbrochen ist.

Stickstoff beteiligt sich an Ketten und Ringen mit Kohlenstoffatomen und bildet dabei Doppelbindungen wie der Kohlenstoff aus. Diazomethan

$$H_2C{=}\overset{\oplus}{N}{=}\overset{\ominus}{N}$$

ist eines der vielseitigsten und nützlichsten Reagenzien in der organischen Chemie trotz der Tatsache, daß es in hohem Maße giftig und gefährlich explosiv ist und nicht lange aufbewahrt werden kann, ohne sich zu zersetzen. Zwei oder mehr nebeneinanderliegende Stickstoffatome sind in derartigen Strukturen selten stabil.

Silicium

Der entscheidende Unterschied zwischen Si und C ist die größere Zahl der Innerorbitalelektronen beim Si und die sich daraus ergebende Unmöglichkeit, zwei Siliciumatome so dicht einander anzunähern, daß sich Doppel- und Dreifachbindungen bilden können. Das Silicium bildet *Silane*, die den gesättigten Kohlenwasserstoffen, den Alkanen, analog aufgebaut sind, die wir im Abschnitt 12-2 besprechen werden. Die Silane besitzen die allgemeine Formel Si_nH_{2n+2}. Die längste Silankette, die bisher hergestellt werden konnte, ist nur das Hexasilan (Abbildung 12-7). Diese Silane sind wie die Stickstoffwasserstoffverbindungen alle gefährlich reaktionsfreudig. Die kleinsten Silane sind im Vakuum stabil, aber entzünden sich sofort an Luft, und alle Silane reagieren mit Halogenen explosiv. Die Silane sind starke Reduktionsmittel.

Die Silane sind so instabil und oxidationsanfällig, weil die Si—O-Bindung weitaus stärker als die Si—Si-Bindung ist: $368\,kJ\,mol^{-1}$ stehen $176\,kJ\,mol^{-1}$ gegenüber. Im Gegensatz dazu betragen beim Kohlenstoff die molaren Bindungsenergien der C—O- und C—C-Bindung $352\,kJ\,mol^{-1}$ bzw. $348\,kJ\,mol^{-1}$, d.h. sie sind praktisch gleich groß (Tabelle 12-1). Die Kohlenwasserstoffe lassen sich beträchtlich weniger leicht oxidieren als die Silane. Obwohl die Reaktion

$$\begin{array}{cccc} H & H & H & H \\ | & | & | & | \\ H{-}Si{-}Si{-}Si{-}Si{-}H + 6\tfrac{1}{2}O_2 & \rightleftarrows & 4SiO_2 + 5H_2O \\ | & | & | & | \\ H & H & H & H \end{array}$$

spontan explosiv abläuft, muß die dazu analoge Reaktion mit Butan

$$\begin{array}{cccc} H & H & H & H \\ | & | & | & | \\ H{-}C{-}C{-}C{-}C{-}H + 6\tfrac{1}{2}O_2 & \rightleftarrows & 4CO_2 + 5H_2O \\ | & | & | & | \\ H & H & H & H \end{array}$$

durch Erhitzung gezündet werden und läuft unter üblichen Bedingungen nur deshalb weiter, weil die bei der Reaktion freigesetzte Wärme die Reaktionspartner auf hohen Temperaturen hält.

Ein Teil dieses Unterschieds bei der Oxidation von C- und Si-Verbindungen beruht darauf, daß die Si—Si-Bindung schwächer als die C—C-Bindung ist. Dies kann man aufgrund des größeren Durchmessers des Si-Atoms erwarten: Die bindenden Elektronen sind von jedem Kern weiter entfernt, und die Bindung ist deshalb nicht so stark.

Tabelle 12–1   Relative Bindungsfähigkeiten des Kohlenstoffs und seiner Nachbarn

Element, R	B	C	N	Si
Valenzelektronen	3	4	5	4
Übliche Koordination	Dreifach (sp^2) (oder vierfach mit Dreizentrenbindungen)	Vierfach (sp^3)	Vierfach (sp^3) (eingeschlossen: ein einsames Elektronenpaar)	Vierfach (sp^3)
Molare Energie der Einfachbindung (kJ mol^{-1}) R—R R—C R—N R—O R—H		347,9 (347,9) 291,8 351,7 413,7	160,8 291,8 (160,8) ~230 391,0	176,7 290,1 – 369,3 294,8
Elektron-zu-Orbital-Verhältnis und Bindungsverhalten	Elektronenmangel; Dreizentrenbindung (in Verbindungen mit mehreren B-Atomen)	Elektronenzahl paßt; Zweizentrenbindung.	Elektronenüberschuß; Zweizentrenbindung. Abstoßungen durch das einsame Elektronenpaar.	Elektronenzahl paßt; Zweizentrenbindung.
Verknüpfung zwischen gleichen Atomen	Ikosaederschalen	Ausgedehnte Ketten	Ketten, aber von begrenztem Ausmaß	Ketten, aber von begrenztem Ausmaß
Doppel- und Dreifachbindungen, π-Bindungen	π-Bindungen bei Dreizentrenbindungen im ikosaedrischen Rahmen nicht möglich.	Gute π-Überlappung in Doppel- und Dreifachbindungen. Die ganze Bindungsfähigkeit kann nicht durch ein anderes, gleiches Atom befriedigt werden. Baut Netzwerke auf.	Gute π-Überlappung in Doppel- und Dreifachbindungen. Die ganze Bindungsfähigkeit kann durch ein anderes, gleiches Atom abgesättigt werden. Bildet N$_2$-Moleküle.	Doppel- und Dreifachbindungen unmöglich. Baut Netzwerke auf, wozu hauptsächlich die stabile Si—O-Bindung an Stelle der weniger stabilen Si—Si-Bindung verwendet wird.

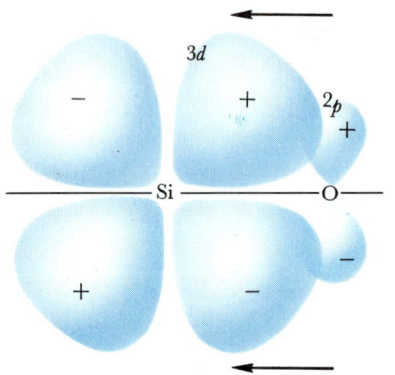

Abbildung 12–8   Die Stärke der Si—O-Bindung beruht auf einen ungewöhnlichen partiellen Doppelbindungscharakter: Eines der voll besetzten 2p-Orbitale mit einem einsamen Elektronenpaar teilt seine Elektronen mit einem leeren 3d-Orbital des Si, das eine ähnliche Energie aufweist. Aus diesem Grunde beträgt die molare Bindungsenergie der Si—O-Bindung 368 kJ mol^{-1}, wogegen die vergleichbare Siliciumbindung mit C, bei der die einsamen Elektronenpaare fehlen, nur eine molare Bindungsenergie von 289 kJ mol^{-1} besitzt.

Derselbe Effekt vermindert die Ionisierungsenergie des Si und macht es auch weniger elektronegativ gegenüber dem Kohlenstoff (Abbildungen 9–3 und 9–7). Aber ein noch entscheidenderer Faktor für den Unterschied zwischen dem Verhalten von C und Si ist die ungewöhnlich große Stärke der Si—O-Bindung. Im Kohlenstoff besitzen die leeren 3d-Orbitale eine weitaus höhere Energie als die mit einsamen Elektronenpaaren besetzten 2p-Orbitale des Sauerstoffs. Infolgedessen gibt es keine spürbare Wechselwirkung zwischen ihnen. Im Silicium erniedrigt jedoch die zusätzliche Kernladung die Energie der leeren 3d-Orbitale so weit, daß sie dichter bei der Energie der 2p-Orbitale des Sauerstoffs liegen. Der Sauerstoff kann dann einen Teil seiner einsamen Elektronenpaare an das Si abgeben (Abbildung 12–8) in einer Rückbindung, die den L → M(π)- und M → L(π)-Rückbindungen in Koordinationskomplexen ähnlich ist, wie wir sie in Abschnitt 11–3 diskutiert haben. Da sich die d$_{xy}$-artigen Orbitale des Si weiter zum O hin erstrecken als ein p-Orbital des Si aus einer π-Bindung, brauchen sich Si und O nicht so nahe zu kommen, wie wenn sie eine pπ—pπ-Doppelbindung eingehen wollten. Das Ergebnis dieses gemeinsamen Besitzes von einsamen Elektronenpaaren des Sauerstoffs lautet: Obwohl die Si—Si-Bindung um 172 kJ mol^{-1} schwächer als die C—C-Bindung ist, ist die Si—O-Bindung um 17 kJ mol^{-1} *stärker* als die C—O-Bindung.

Diese Ergebnisse lassen vermuten, daß Verbindungen, in denen Si-Atome durch brückenbildende Sauerstoffatome miteinander verbunden sind, stabil sein könnten. Dies ist in der Tat so, und diese Verbindungen sind die Silicone, denen wir schon in Abschnitt 9–6 begegnet sind. Wie in Abbildung 12–7 gezeigt ist, können Silicone in der Form von geraden Ketten, Ringen oder als „Leiter"-Verbindungen mit zwei parallelen, durch Sauerstoffbrücken miteinander verbundenen Ketten vorkommen. Diese Silicone sind, wie wir bereits erwähnt haben, äußerst reaktionsträge Verbindungen. Die Silane sind weitaus *reaktionsfreudiger* als die Kohlenwasserstoffe; die Silicone sind dagegen weitaus *inerter*.

Vergleich von B, N und Si mit C

Keines der Nachbarelemente des Kohlenstoffs ist in der Lage, die Dinge zu leisten, die den Kohlenstoff für die organische Chemie so wichtig machen: Lange, stabile Ketten mit verzweigten und sich kreuzenden Gliedern und mit Doppelbindungen sowie Ringe mit delokalisierten Elektronen aufzubauen. Das relative Verhalten dieser Elemente ist in Tabelle 12–1 zusammengefaßt. Das Bor wird durch seinen Elektronenmangel zu einer ungünstigen Geometrie gezwungen und kann dadurch keine Überlappung der p-Orbitale zur Ausbildung von Doppelbindungen erreichen. Obwohl der Stickstoff gelegentlich C in Kohlenstoffketten und -ringen ersetzen und mit derselben Leichtigkeit wie der Kohlenstoff Doppelbindungen ausbilden kann, sind lange Ketten von Stickstoffatomen instabil. Das Silicium wird durch die Schwäche seiner Si—Si-Bindung im Vergleich mit der Si—O-Bindung und durch seine Unfähigkeit, Doppelbindungen eingehen zu können, behindert.

Der Kohlenstoff ist demnach die glückliche Kombination eines kleinen Atoms, das genau so viele Valenzelektronen wie Valenzorbitale besitzt, und der Fähigkeit, mit sich selbst eine Bindung eingehen zu können, die genauso stark ist wie eine Bindung zum Sauerstoff. Sciencefiction-Schreiber haben seit langem Spekulationen über völlig andersartige, extraterrestrische Lebensformen angestellt, die sich auf einer Chemie in nichtwäßrigen Lösungsmitteln und einem anderen Schlüsselelement als dem Kohlenstoff aufbauen. Das Silicium war ihr Lieblingselement, und der Mars war die beliebteste Heimat für sich von Felsen ernährende Ungeheuer mit Fleisch aus Silicongummi. Aber je mehr wir von dem kennenlernen, was Kohlenstoffverbindungen in den Lebewesen auf der Erde leisten, desto schwerer fällt es uns, uns vorzustellen, daß Siliciumverbindungen auch nur eine entfernt ähnliche Rolle spielen können. Der Kohlenstoff *ist* etwas Besonderes, und seine Eigenschaften können von keinem anderen Element dupliziert werden.

12–2   Paraffinkohlenwasserstoffe oder Alkane

Verbindungen, die nur Kohlenstoff und Wasserstoff enthalten, werden Kohlenwasserstoffe genannt, und die Verbindungen unter ihnen, in denen alle Kohlenstoffatome vier Einfachbindungen bilden, werden als gesättigte Kohlenwasserstoffe, Paraffine oder *Alkane* bezeichnet. Das Wort „Paraffin" stammt aus dem Lateinischen und bedeutet „wenig reaktionsfreudig". Die chemischen Eigenschaften dieser Paraffine stehen auch tatsächlich in deutlichem Gegensatz zu denen der Silane und Stickstoffwasserstoffe.

Die allgemeine chemische Formel für die Alkane lautet C_nN_{2n+2}. Die Alkane zeigen eine regelmäßige Zunahme ihrer Schmelz- und Siedepunkte mit wachsender Molekülmasse. Methan, Ethan, Propan und Butan sind Gase; die gesättigten Kohlenwasserstoffe vom Pentan bis zum $C_{20}H_{42}$ sind Flüssigkeiten; und $C_{21}H_{44}$ und alle schwereren Verbindungen dieses Typs sind wachsartige Festkörper.

Einige Beispiele für Alkane finden Sie in Tabelle 12–2. Die ersten vier Verbindungen dieser Reihe besitzen übliche, aus der historischen Entwicklung stammende Namen, während die gesättigten Kohlenwasserstoffe mit fünf bis neunzehn Kohlenstoffatomen gewöhnlich durch einen griechischen Vorsatz, der die Gesamtzahl der im Molekül enthaltenen Kohlenstoffatome angibt, und die Standardendung „-an" beschrieben werden, die darauf hindeutet, daß es sich um eine gesättigte Kohlenwasserstoffverbindung handelt. Bei mehr als 19 Kohlenstoffatomen wird üblicherweise die chemische Formel an Stelle des Namens verwendet.

Tabelle 12–2   Einige übliche gesättigte Kohlenwasserstoffe

Formel	Üblicher Name	Systematischer Name
CH_4	Methan	Methan
$CH_3—CH_3$	Ethan	Ethan
$CH_3—CH_2—CH_3$	Propan	Propan
$CH_3—CH_2—CH_2—CH_3$	n-Butan	Butan
$CH_3—\underset{\underset{CH_3}{\mid}}{CH}—CH_3$	iso-Butan	Methylpropan
$CH_3—CH_2—CH_2—CH_2—CH_3$	n-Pentan	Pentan
$CH_3—CH_2—\underset{\underset{CH_3}{\mid}}{CH}—CH_3$	iso-Pentan	Methylbutan
$CH_3—\overset{\overset{CH_3}{\mid}}{\underset{\underset{CH_3}{\mid}}{C}}—CH_3$	neo-Pentan	Dimethylpropan
$CH_3—\overset{\overset{CH_3}{\mid}}{\underset{\underset{CH_3}{\mid}}{C}}—CH_2—\overset{\overset{CH_3}{\mid}}{CH}—CH_3$	iso-Octan	2,2,4-Trimethylpentan
	Cyclohexan	Cyclohexan

Wenn im Molekül vier oder mehr Kohlenstoffatome vorhanden sind, gibt es mehr als eine Art, diese Atome miteinander zu verbinden. Infolgedessen können Isomere auftreten. Die fünf möglichen Isomere des Hexans besitzen die folgenden Kohlenstoffgerüste und systematischen Namen

C—C—C—C—C—C
Hexan

$C—\overset{\overset{C}{\mid}}{C}—C—C—C$
2-Methylpentan

$C—C—\overset{\overset{C}{\mid}}{C}—C—C$
3-Methylpentan

$$C-\underset{\underset{\text{2,3-Dimethylbutan}}{}}{\overset{\overset{C}{|}}{C}}-\overset{\overset{C}{|}}{C}-C \qquad C-\overset{\overset{C}{|}}{\underset{\underset{C}{|}}{C}}-C-C$$

2,3-Dimethylbutan   2,2-Dimethylbutan

Die alten Bezeichnungen „normal" für eine gerade Kette, „iso" für eine verzweigte Kette und „neo" für ein drittes Isomer führten bald zu verwirrenden Namen, so daß die systematische Nomenklatur, die in der rechten Spalte von Tabelle 12–2 aufgeführt ist, benutzt werden mußte. Bei der systematischen Nomenklatur erhält die Verbindung ihren Namen nach der längsten Kohlenstoffkette, die durch das Molekül hindurch verfolgt werden kann. Das Molekül wird entlang dieser längsten Kette gestreckt, und die Kohlenstoffatome werden von dem Ende aus gezählt, das der ersten Verzweigung am nächsten liegt. Die Seitenketten werden dann benannt und dadurch örtlich bestimmt, daß die Nummer des Kohlenstoffatoms angegeben wird, an dem sie mit der Hauptkette verbunden sind. Kohlenwasserstoffseitenketten werden durch die Endung „-yl" (an Stelle von „-an") an den Namen der Alkane bezeichnet: CH_3-, Methyl-; CH_3CH_2-, Ethyl-; $CH_3CH_2CH_2-$, Propyl- und

$$CH_3-\underset{\underset{CH_3}{|}}{CH}-$$

Isopropyl-

Somit heißt das Neopentan in der systematischen Nomenklatur Dimethylpropan und nicht etwa Trimethylethan oder gar Tetramethylmethan, da die längste, durch das Molekül verlaufende Kohlenstoffkette drei Kohlenstoffatome wie das Propan aufweist.

Übung: Zeichnen Sie das Kohlenstoffgerüst und geben Sie die systematischen Namen für die sieben Isomere des Heptans an.
(Antwort: Sie werden ein Heptan, zwei substituierte Hexane, vier Pentane und ein Butan finden. Die letztere Verbindung ist das 2,2,3-Trimethylbutan.)

Beispiel: Wie lautet der systematische Name der folgenden Verbindung?

$$CH_3-\underset{\underset{CH_3}{|}}{\overset{\overset{CH_3}{|}}{C}}-CH_2-\underset{\underset{\underset{CH_3}{|}}{\overset{|}{C}-CH_3}}{CH}-CH_2-\underset{}{CH}-CH_3$$

Lösung: Die Molekülformel dieser Verbindung wurde so geschrieben, daß einem der systematische Name 2,4-Dimethyl-2-ethyl-6-isopropyl-heptan nahegelegt wird, aber es läßt sich in diesem Molekül noch eine Kohlenstoffkette mit mehr als sieben C-Atomen finden: Der richtige Name der Verbindung ist 2,2,3,5,7,7-Hexamethylnonan

$$
\begin{array}{c}
\underset{}{\text{CH}_3} \qquad \underset{}{\text{CH}_3} \qquad \underset{}{\text{CH}_3}\ \underset{}{\text{CH}_3} \\
\text{CH}_3-\text{CH}_2-\overset{|}{\underset{|}{\text{C}}}-\text{CH}_2-\overset{|}{\text{CH}}-\text{CH}_2-\overset{|}{\text{CH}}-\overset{|}{\underset{|}{\text{C}}}-\text{CH}_3 \\
\scriptsize(9)\qquad(8)\qquad(7)\ (6)\qquad(5)\qquad(4)\qquad(3)\qquad(2)\ (1) \\
\underset{}{\text{CH}_3} \qquad\qquad\qquad\qquad \underset{}{\text{CH}_3}
\end{array}
$$

Üblicherweise beginnt man mit der Numerierung der C-Atome an dem Ende der Kette, das der ersten Verzweigung am nächsten liegt.

Die Kohlenwasserstoffe können ebensogut Ringe wie Ketten bilden. Der kleinste ist der aus drei Kohlenstoffatomen bestehende Ring des Cyclopropans

$$
\begin{array}{c}
\text{CH}_2 \\
\diagup\ \diagdown \\
\text{H}_2\text{C} \text{———} \text{CH}_2
\end{array}
$$

Wie Sie sich leicht vorstellen können, ist dieser Ring in hohem Maße verspannt: Der optimale Bindungswinkel beträgt ja 109° (der Tetraederwinkel), wogegen die Bindungs-

Abbildung 12–9   n-Hexan, C_6H_{14}, und Cyclohexan, C_6H_{12}. (a) Der geradkettige Kohlenwasserstoff n-Hexan. (b) Die Boot- oder Wannen-Konfiguration des Cyclohexans. Die beiden obersten Wasserstoffatome am Bug und Heck des Bootes kommen sich einander zu nahe; diese Konfiguration ist daher weniger stabil als (c) die Sesselform. Derselbe Ringtyp tritt auch bei den Hexose-Zuckern auf, die ebenfalls die Sesselform annehmen.

winkel in diesem dreigliedrigen Ring nur 60° betragen. Cyclobutan und Cyclopentan sind weniger stark verspannt, und sechsgliedrige Ringe mit der Cyclohexanstruktur (Tabelle 12–2) kommen sehr häufig vor. Das Cyclohexan kann zwei verschiedene Strukturen annehmen, die als „Wannen-" und „Sesselform" bezeichnet werden (Abbildung 12–9). Die Wannenform des Moleküls besitzt die geringere Stabilität, weil sich bei ihr zwei Wasserstoffatome oberhalb des Ringes einander recht nahe kommen. Zucker und andere Substanzen, deren Moleküle einen cyclohexanähnlichen Ring aufweisen, kommen fast immer in der Sesselform vor.

Reaktionen der Alkane

Lassen Sie uns für die geringe chemische Reaktionsfreudigkeit der Alkane das folgende Beispiel nennen: Die Verbindung n-Hexan wird weder von siedendem HNO_3 noch von konzentriertem H_2SO_4, dem starken Oxidationsmittel $KMnO_4$ oder geschmolzenem NaOH angegriffen. Diese Reaktionsträgheit der Alkane macht sie als Schmiermittel, Kunststofffolien und feste Kunststoffe für Röhren und Behälter geeignet. Das Polyethylen ist ein bekanntes Beispiel dafür. Die praktisch einzigen chemischen Reaktionen der Alkane sind die Verbrennung, die Dehydrierung und die Halogenierung.

Die *Verbrennung* macht die Alkane als Brenn- und Treibstoffe nutzbar

$$CH_3\!-\!CH_2\!-\!CH_2\!-\!CH_3 + 6\tfrac{1}{2}O_2 \; \rightleftarrows \; 4CO_2 + 5H_2O$$
$$\text{Butangas}$$

Propan- und Butangas, Benzin und Kerosin sind alle Alkane, deren Bedeutung in ihrer Brennbarkeit liegt.

Die *Dehydrierung* bedeutet das Entfernen von zwei Wasserstoffatomen aus einem Alkan und die Bildung einer Doppelbindung. Dieser Vorgang läuft gewöhnlich bei hohen Temperaturen und in Gegenwart eines Katalysators, wie z. B. Cr_2O_3, ab

$$H_3C\!-\!CH_3 \xrightarrow[\text{Cr}_2\text{O}_3\text{-Katalysator}]{500\,°C} H_2C\!=\!CH_2 + H_2$$
$$\text{Ethan} \qquad\qquad\qquad\qquad \text{Ethylen}$$

Diese dehydrierten Produkte werden *Alkene* oder *Olefine* genannt. Wir werden in Abschnitt 12–4 näher auf sie eingehen.

Die *Halogenierung* ist die Reaktion eines Kohlenwasserstoffs mit F_2, Cl_2 oder Br_2 (I_2 ist unter üblichen Bedingungen zu inert) und das Ersetzen eines oder mehrerer H-Atome durch Halogenatome

$$\begin{array}{ccc}
\mathrm{H} & & \mathrm{H}\\
| & & |\\
\mathrm{H\!-\!C\!-\!H} + \mathrm{Cl\!-} & \rightleftarrows & \mathrm{H\!-\!C\!-\!Cl} + \mathrm{H\!-\!Cl}\\
| & & |\\
\mathrm{H} & & \mathrm{H}\\
\text{Methan} & & \text{Methylchlorid oder}\\
 & & \text{Monochlormethan}
\end{array}$$

Diese halogenierten Kohlenwasserstoffe bilden den Ausgangspunkt für eine große Zahl von anderen chemischen Reaktionen.

12–3   Kohlenwasserstoffderivate: Funktionelle Gruppen

Bei einer *Chlorierungsreaktion* können ein oder mehrere Wasserstoffatome durch Cl ersetzt werden, und es sind dabei viele Isomere möglich. Ein paar Beispiele dafür mit ihren systematischen Namen sind

$$
\begin{array}{ccc}
\underset{|}{Cl} \quad \underset{|}{Cl} & \underset{|}{Cl} & \underset{|}{Cl} \\
CH_2{-}CH_2 & Cl{-}CH{-}CH_3 & CH_3{-}CH_2{-}CH_2 \\
\text{1,2-Dichlorethan} & \text{1,1-Dichlorethan} & \text{1-Chlorpropan}
\end{array}
$$

$$
\begin{array}{ccc}
\underset{|}{Cl} & \underset{|}{Cl} \quad \underset{|}{Cl} & \underset{|}{Cl} \qquad \underset{|}{Cl} \\
CH_3{-}CH{-}CH_3 & CH_2{-}CH{-}CH_3 & CH_2{-}CH_2{-}CH_2 \\
\text{2-Chlorpropan} & \text{1,2-Dichlorpropan} & \text{1,3-Dichlorpropan}
\end{array}
$$

$$
\begin{array}{cc}
\underset{|}{Cl} & \underset{|}{Cl} \\
CH{-}CH_2{-}CH_3 & CH_3{-}\underset{|}{C}{-}CH_3 \\
\overset{|}{Cl} & Cl \\
\text{1,1-Dichlorpropan} & \text{2,2-Dichlorpropan}
\end{array}
$$

Übung: Wie viele verschiedene Isomere des Trichlorpropans gibt es, und welche sind sie? (Antwort: Fünf. 1,2,3; 1,2,2; 1,1,3; 1,1,2; 1,1,1.)

Diese chlorierten Kohlenwasserstoffe sind die Ausgangsstoffe für die Herstellung vieler Klassen von Verbindungen, die nicht direkt aus den Kohlenwasserstoffen dargestellt werden können. Ihr chemisches Reaktionsvermögen beruht auf der C—Cl-Bindung, während der Rest des Moleküls bei vielen Reaktionen wie eine Einheit wirkt. Es erweist sich daher als praktisch, sich den Kohlenwasserstoffteil des Moleküls als ein *Radikal* (in Formeln häufig durch R— gekennzeichnet) vorzustellen, das mit einer *funktionellen Gruppe* verbunden ist. Das Ethylchlorid, CH_3CH_2—Cl, verhält sich also chemisch so wie die Kombination eines Ethylradikals, CH_3CH_2- oder C_2H_5-, und einer Chloridgruppe, —Cl. Viele *Substitutionsreaktionen* oder Ersetzungsreaktionen können dann bei geeigneten Temperaturen in Gegenwart der richtigen Katalysatoren ablaufen

$$\underset{\text{Ethylchlorid}}{C_2H_5{-}Cl} + H_2O \quad \rightleftarrows \quad \underset{\text{Ethylalkohol}}{C_2H_5{-}OH} + HCl$$

$$C_2H_5{-}Cl + H_2S \quad \rightleftarrows \quad \underset{\text{Ethylmercaptan}}{C_2H_5{-}SH} + HCl$$

$$C_2H_5{-}Cl + NH_3 \quad \rightleftarrows \quad \underset{\text{Ethylamin}}{C_2H_5{-}NH_2} + HCl$$

$$C_2H_5{-}Cl + AgCN \quad \rightleftarrows \quad \underset{\text{Ethylcyanid}}{C_2H_5{-}CN} + AgCl$$

Bei den anschließenden Reaktionen dieser Produkte bleibt die Ethylgruppe gewöhnlich intakt, während die chemische Aktivität an der Bindung zwischen dem Ethylradikal und der jeweiligen funktionellen Gruppe stattfindet.

Tabelle 12–3 Kohlenwasserstoffderivate und funktionelle Gruppen

Derivat	Funktionelle Gruppe	Allgemeine Formel	Beispiele	
Halogenide	$-$Cl, $-$Br	R$-$Cl	CH_3-CH_2-Cl Ethylchlorid (Chlorethan)	$Cl-CH_2-CH_2-Cl$ 1,2-Dichlorethan
Alkohole	$-$OH	R$-$OH	CH_3-OH Methanol	CH_3-CH_2-OH Ethanol
Ether	$-$O$-$	R_1-O-R_2	CH_3-O-CH_3 Dimethylether	$CH_3-O-CH_2-CH_3$ Methylethylether
Ketone	$\overset{\overset{\text{O}}{\|\|}}{-\text{C}-}$	$R_1-\overset{\overset{\text{O}}{\|\|}}{\text{C}}-R_2$	$CH_3-\overset{\overset{\text{O}}{\|\|}}{\text{C}}-CH_3$ Dimethylketon oder Aceton	
Aldehyde	$\overset{\overset{\text{O}}{\|\|}}{-\text{C}-\text{H}}$	$R-\overset{\overset{\text{O}}{\|\|}}{\text{C}}-H$	$H-\overset{\overset{\text{O}}{\|\|}}{\text{C}}-H$ Formaldehyd	$CH_3-\overset{\overset{\text{O}}{\|\|}}{\text{C}}-H$ Acetaldehyd
Säuren	$\overset{\overset{\text{O}}{\|\|}}{-\text{C}-\text{OH}}$	$R-\overset{\overset{\text{O}}{\|\|}}{\text{C}}-OH$	$H-\overset{\overset{\text{O}}{\|\|}}{\text{C}}-OH$ Ameisensäure	$CH_3-\overset{\overset{\text{O}}{\|\|}}{\text{C}}-OH$ Essigsäure
Ester	$\overset{\overset{\text{O}}{\|\|}}{-\text{C}-\text{O}-}$	$R_1-\overset{\overset{\text{O}}{\|\|}}{\text{C}}-O-R_2$	$CH_3-\overset{\overset{\text{O}}{\|\|}}{\text{C}}-O-CH_2-CH_3$ Ethylacetat	
Amine	$-NH_2$	$R-NH_2$	CH_3-NH_2 Methylamin	$(CH_3)_2-NH$ Dimethylamin
Aminosäuren	$\overset{\overset{\text{NH}_2}{\|}}{-\text{CH}}$ mit $\overset{\|}{\underset{O\diagdown OH}{C}}$	$R-\overset{\overset{\text{NH}_2}{\|}}{\text{C}}-H$ mit $\overset{\|}{\underset{O\diagdown OH}{C}}$	H_2N-CH_2-COOH Glycin	$\overset{\overset{\text{CH}_3}{\|}}{H_2N-CH-COOH}$ Alanin

$\overset{CH_3\diagdown\,\diagup CH_3}{\underset{H_2N-CH-COOH}{CH}}$
Valin

$\overset{O\diagdown\,\diagup OH}{\underset{\underset{H_2N-CH-COOH}{CH_2}}{C}}$
Asparaginsäure

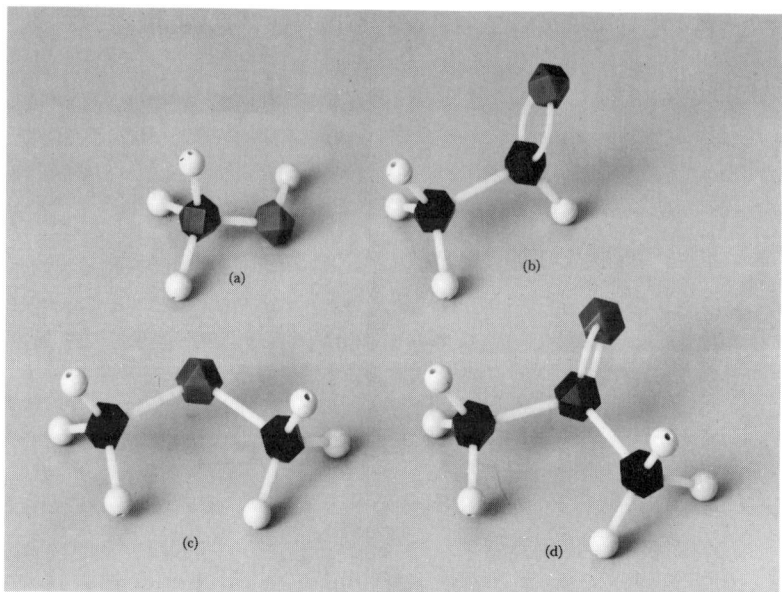

Abbildung 12–10 Beispiele für Kohlenwasserstoffderivate, die typische funktionelle Gruppen aufweisen. (a) Methylalkohol mit der —OH-Gruppe. (b) Acetaldehyd (als ein Derivat der Essigsäure, CH₃COOH, benannt) mit der Aldehydgruppe —CHO. (c) Dimethylether mit der —O—-Etherbrücke. (d) Dimethylketon oder Aceton mit der Keton-Verknüpfung

$$\begin{matrix} \text{O} \\ \| \\ -\text{C}- \end{matrix}$$

Einige der häufigsten funktionellen Gruppen sind in Tabelle 12–3 zusammengefaßt und werden in den Abbildungen 12–10 und 12–11 als dreidimensionale Modelle gezeigt. Die *Alkohole* sind gute Lösungsmittel für organische Substanzen, und die Alkohole mit niedrigen relativen Molekülmassen sind in Wasser löslich. Methanol („Holzgeist") ist ein giftiger Alkohol, der zur Erblindung und zum Tod führen kann, wenn er getrunken oder eingeatmet wird. Er greift das Nervensystem dadurch an, daß er die Fettsubstanz an den Nervenenden auflöst. Das weniger giftige Ethanol (der „Weingeist") ist das Endprodukt des Energieabbaus bei anaeroben (nicht Sauerstoff verbrauchenden) Organismen, wie z. B. Hefen

$$C_6H_{12}O_6 \xrightarrow[\text{Enzyme}]{\text{Hefe}} 2\,C_2H_5OH + 2\,CO_2$$
$$\text{Zucker}$$

Methanol und Ethanol werden in großen Mengen sowohl als Lösungsmittel als auch als Ausgangsstoffe bei der chemischen Synthese eingesetzt. Methanol wird kommerziell aus Kohlendioxid und Wasserstoff synthetisiert

$$CO_2 + 3\,H_2 \;\rightleftharpoons\; CH_3OH + H_2O$$

während Ethanol aus Ethylen gewonnen wird

$$CH_2=CH_2 + H_2O \rightleftarrows CH_3CH_2OH$$

(Die Namen einiger Alkohole und anderer Kohlenwasserstoffderivate finden Sie in Tabelle 12–4.)

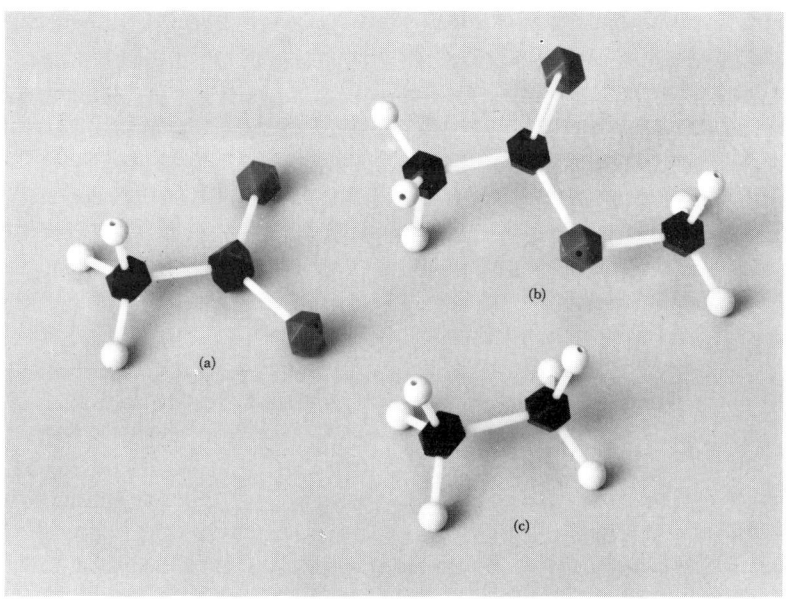

Abbildung 12–11   Organische Säuren und Basen mit ihren Derivaten: (a) Essigsäure, hier mit ionisierter Carboxylgruppe dargestellt. (b) Methylacetat mit der charakteristischen

$$\overset{O}{\underset{||}{-C-O-}}$$

Ester-Verknüpfung. (c) Methylamin mit der Amingruppe, $-NH_2$. Das Modell zeigt das Amin in seiner ionisierten Form, $-NH_3^+$.

Ether sind relativ flüchtige Verbindungen, die man erhält, wenn Alkohole in Gegenwart von Schwefelsäure kondensiert werden, die ihnen Wasser entzieht

$$\underset{\text{Ethylalkohol}}{CH_3CH_2-O\dashv H} + \underset{\text{Ehtylalkohol}}{H-O\dashv CH_2CH_3} \xrightarrow{H_2SO_4} \underset{\text{Diethylether}}{CH_3CH_2-O-CH_2CH_3} + H_2O$$

Diethylether ist der bekannte Ether, der zu Narkosezwecken verwendet wird. Ether sind als Lösungsmittel für Wachse, Fette und andere wasserunlösliche, organische Substanzen von Bedeutung.

Aldehyde und *Ketone* bilden den ersten Schritt bei der Oxidation von Alkoholen

Tabelle 12–4   Namen von Kohlenwasserstoffderivaten[a]

R	Alkohol R—OH	Aldehyd R—CHO	Säure R—COOH	Ester CH_3—COO—R	Ester R—COO—CH_3
H—	Wasser	Formaldehyd (Methanal)	Ameisen- (Methan-)	Essigsäure	Methylformiat
CH_3—	Methyl- (Methanol)	Acetaldehyd (Ethanal)	Essig- (Ethan-)	Methylacetat	Methylacetat (Methylethanoat)
C_2H_5—	Ethyl- (Ethanol)	Propionaldehyd (Propanal)	Propion- (Propan-)	Ethylacetat	Methylpropionat (Methylpropanoat)
C_3H_7—	Propyl- (Propanol)	Butyraldehyd (Butanal)	Butter- (Butan-)	Propylacetat	Methylbutyrat (Methylbutanoat)
C_4H_9—	Butyl- (Butanol)	Valeraldehyd (Pentanal)	Valerian- (Pentan-)	Butylacetat	Methylvalerat (Methylpentanoat)
C_5H_{11}—	Pentyl- (Pentanol)	Caproaldehyd (Hexanal)	Capron- (Hexan-)	Pentylacetat	Methylcaproat (Methylhexanoat)
C_6H_{13}—	Hexyl- (Hexanol)	Heptaldehyd (Heptanal)	Önanth- (Heptan-)	Hexylacetat	Methylheptylat (Methylheptanoat)
C_7H_{15}—	Heptyl- (Heptanol)	Octaldehyd (Octanal)	Capryl- (Octan-)	Heptylacetat	Methylcaprylat (Methyloctanoat)
C_8H_{17}—	Octyl- (Octanol)	Pelargonaldehyd (Nonanal)	Pelargon- (Nonan-)	Octylacetat	Methylpelargonat (Methylnonanoat)
$C_{11}H_{23}$—	Undecyl- (Undecanol)	Laurylaldehyd (Dodecanal)	Laurin- (Dodecan-)	Undecyl- acetat	Methyllaurat (Methyldodecanoat)
$C_{15}H_{31}$—	Pentadecyl- (Pentadecanol)	Palmitylaldehyd (Hexadecanal)	Palmitin- (Hexadecan-)	Pentadecyl- acetat	Methylpalmitat (Methyl- hexadecanoat)
$C_{17}H_{35}$—	Heptadecyl- (Heptadecanol)	Stearylaldehyd (Octadecanal)	Stearin- (Octadecan-)	Heptadecyl- acetat	Methylstearat (Methyl- octadecanoat)
$CH_3(CH_2)_7CH=CH(CH_2)_7$— (cis-isomer)			Olein-		Methyloleat

[a] Das Problem der Namensgebung in der organischen Chemie ist äußerst schwierig. Es gibt dabei zwei nebeneinanderstehende Systeme: die üblichen oder „Trivial"-Namen und die systematischen Namen, auf die sich die International Union of Pure and Applied Chemistry (IUPAC) geeinigt hat. Die Trivialnamen sind im allgemeinen kürzer und praktischer, aber sie sind nur Etiketten. Aus dem systematischen Namen können Sie dagegen gewöhnlich den größten Teil der Molekülstruktur ableiten. Die systematischen Namen sind in dieser Tabelle in Klammern angegeben.
Die Trivialnamen bauen sich auf zwei Reihen von organischen Verbindungen auf: auf die der Alkane und die der Carbonsäuren. Die Alkanreihe beginnt mit willkürlichen Namen, aber geht schnell zu den griechischen Vorsatzsilben über, durch die die Anzahl der Kohlenstoffatome im Molekül angegeben wird: Methyl-, Äthyl-, Propyl-, Butyl-, Pentyl-, Hexyl usw. Unglücklicherweise behält die Reihe der Carbonsäuren ihre nichtnumerischen Namen, die üblicherweise auf die ursprünglichen Quellen der Substanz Bezug nehmen.
Beachten Sie, daß die numerischen Vorsatzsilben für die Säuren um einen Schritt gegenüber den Alkoholen

$$CH_3CH_2OH + \tfrac{1}{2}O_2 \ \rightleftarrows \ CH_3\overset{\overset{\displaystyle O}{\|}}{C}{-}H + H_2O$$

Ethanol   Acetaldehyd

Diese Reaktion läuft bei mäßig hohen Temperaturen in Gegenwart eines Katalysators, wie z. B. fein verteilten Silbers oder einer Mischung von gepulvertem Eisen- und Molybdänoxid, ab. Der zweite Schritt bei der Oxidation führt dann zu einer *Carbonsäure*, einer Säure mit einer Carboxylgruppe

$$\overset{\overset{\displaystyle O}{\|}}{-C}{-}OH$$

Ein Beispiel dafür ist die Reaktion

$$CH_3\overset{\overset{\displaystyle O}{\|}}{C}{-}H + \tfrac{1}{2}O_2 \ \rightleftarrows \ CH_3\overset{\overset{\displaystyle O}{\|}}{C}{-}OH$$

Acetaldehyd   Essigsäure

Aldehyde und Ketone werden als Lösungsmittel eingesetzt und dienen als Ausgangsstoffe für chemische Synthesen. So ist z. B. Formaldehyd

$$H\overset{\overset{\displaystyle O}{\|}}{-C}{-}H$$

der Ausgangspunkt bei der Herstellung von Phenyl-Formaldehyd-Harzen wie Bakelit. Aceton

$$CH_3\overset{\overset{\displaystyle O}{\|}}{C}{-}CH_3$$

das erste Glied der Ketonreihe (die $>$CO-Gruppe oder Carbonylgruppe ist bei den Ketonen mit *zwei* Kohlenstoffatomen verbunden), ist eines der im Labor am häufigsten verwendeten Lösungsmittel.

Die Carbonsäuren sind relativ schwache Säuren; sie dissoziieren in wäßriger Lösung nur in begrenztem Umfang. Wenn die Carboxylgruppe dissoziiert, verteilt sich die zurückbleibende negative Ladung über beide Sauerstoffatome. Die drei p-Orbitale der beiden Sauerstoffatome und des sie verbindenden Kohlenstoffatoms kombinieren miteinander zu einem delokalisierten Molekülorbital

versetzt sind, weil das Kohlenstoffatom der Carboxylgruppe mitgezählt wird. Somit ist $C_5H_{11}COOH$ die *Hexan*säure und nicht die Pentansäure.
Aldehyde und die über das Kohlenstoffatom verknüpften Ester verwenden die Säurenomenklatur. Alkohole, Ether, Ketone, Amine und die über das Sauerstoffatom miteinander verknüpften Ester benutzen die Alkannomenklatur.
Sie sollten die Namen der jeweiligen Verbindungen bis C_4 kennen und die Prinzipien der systematischen Nomenklatur verstehen, die über diesen Punkt hinausgeht.

$$CH_3-C\underset{O-H}{\overset{O}{<}} \rightleftharpoons CH_3-C\underset{O^-}{\overset{O}{<}} + H^+ \text{ oder } CH_3-C\overset{O}{<}\underset{O}{} - + H^+$$

Beide Kohlenstoff-Sauerstoff-Bindungen in der ionisierten Carboxylgruppe besitzen *dieselbe Länge*. Die überschüssige negative Ladung verteilt sich über alle drei Atome. (Die mittlere Struktur in der vorangehenden Reaktionsgleichung kann als eine der zwei Resonanzstrukturen angesehen werden, die an der wahren Struktur des Carboxylions beteiligt sind. Wie würde die andere Resonanzstruktur aussehen?) Mit Metallhydroxiden und -carbonaten reagieren die Carbonsäuren wie jede andere Säure unter Bildung von Salzen

$$\underset{\text{Propionsäure}}{C_2H_5COOH} + NaOH \rightleftharpoons \underset{\text{Natriumpropionat}}{C_2H_5COONa} + H_2O$$

Natriumpropionat liegt in wäßriger Lösung in dissoziierter Form vor und läßt sich nur durch Trocknen als Salz erhalten.

Ameisensäure, HCOOH, ist das Hauptreizmittel bei Insektenstichen. Essigsäure, CH_3COOH, ist die Säure im Essig. Die Säuren von der Buttersäure (C_4) bis zur Önanthsäure (C_7) besitzen einen unangenehmen, stechenden Geruch, dem man bei ranziger Butter und kräftigem Käse begegnet.

Ester werden durch Reaktionen zwischen Carbonsäuren und Alkoholen hergestellt

$$\underset{\text{Essigsäure}}{CH_3-\overset{O}{\overset{\|}{C}}-OH} + \underset{\text{n-Butanol}}{C_4H_9OH} \rightleftharpoons \underset{\text{Butylacetat}}{CH_3-\overset{O}{\overset{\|}{C}}-OC_4H_9} + H_2O$$

Ester werden nicht ionisiert und sind flüchtige Flüssigkeiten mit angenehm fruchtigem Geruch. Das Butylacetat gibt den Bananen ihren Geruch und wird daher auch Bananenöl genannt. Ethylbutyrat, $C_3H_7COOC_2H_5$, hat den Geruch von Ananas, und Octylacetat, $CH_3COOC_8H_{17}$, duftet wie Orangen. Öle wie das Leinöl, Baumwollsamenöl und Olivenöl sowie Fette wie Butter, Schmalz und Talg sind Ester des Trihydroxylakohols Glycerin

$$\underset{OH \quad OH \quad OH}{CH_2-CH-CH_2}$$

mit Säuren, die große relative Molekülmassen aufweisen, wie z.B. Palmitinsäure, $C_{15}H_{31}COOH$; Stearinsäure, $C_{17}H_{35}COOH$ und Olein- oder Ölsäure, $C_{17}H_{33}COOH$. (Die letztere Fettsäure ist im Gegensatz zu den beiden vorangehenden ungesättigt.)

Lösliche Seifen sind die Alkalimetallsalze dieser Fettsäuren, die dadurch gewonnen werden, daß tierische Fette mit Alkalimetallhydroxiden behandelt werden (insbesondere mit NaOH)

$$\underset{\substack{\text{Glycerylstearat} \\ \text{(aus tierischem Fett)}}}{(C_{17}H_{35}COO)_3C_3H_5} + 3NaOH \rightleftharpoons \underset{\substack{\text{Natriumstearat} \\ \text{(eine Seife)}}}{3C_{17}H_{35}COONa} + \underset{\text{Glycerin}}{C_3H_5(OH)_3}$$

In wäßriger Lösung weist ein Seifenmolekül ein Kohlenstoffende und ein geladenes

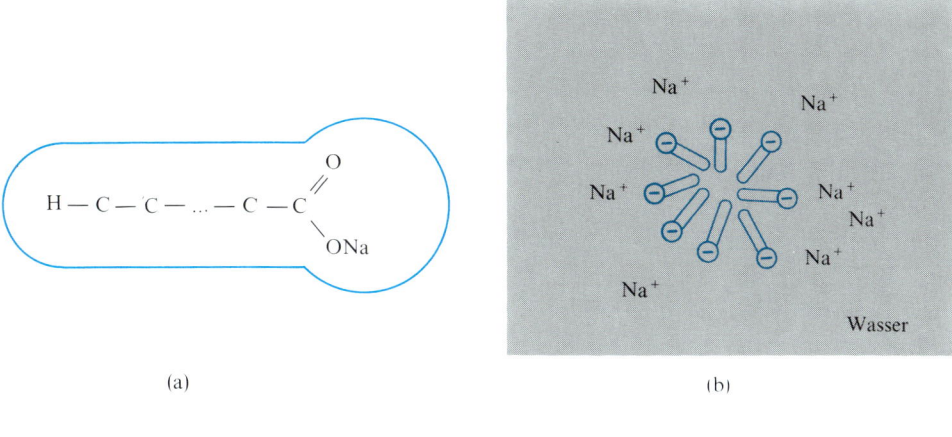

(a)   (b)

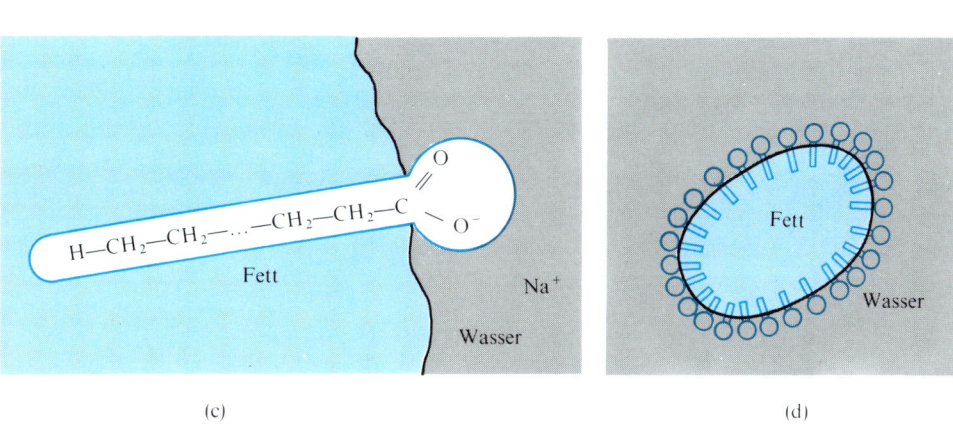

(c)   (d)

Abbildung 12–12 Die Wirkung einer Seife. (a) Ein Seifenmolekül, zum Beispiel Natriumstearat $C_{17}H_{35}COONa$ besteht aus einer langen, nichtpolaren Kohlenwasserstoffkette, an deren einem Ende eine polare Salzgruppe sitzt (Carboxylgruppe bei der entsprechenden Carbonsäure), die dieses Ende wasserlöslich macht. (b) Wenn derartige Seifenmoleküle in Wasser eingebracht werden, werden sie ionisiert, lösen sich aber nicht wirklich, sondern bilden sogenannte Micellen. In diesen Micellen ballen sich die im Wasser unlöslichen Kohlenwasserstoffenden der Stearationen zusammen (sie werden aus dem Lösungsmittel gedrängt), während die geladenen Enden der Seifenionen mit den Wassermolekülen in starke Wechselwirkung treten (im Inneren der Micellen sind die Kohlenwasserstoffe quasi in sich selbst gelöst). Röntgenbeugungsuntersuchungen von Seifensuspensionen geringer Konzentration haben gezeigt, daß die annähernd kugelförmigen Micellen einen Durchmesser von 5 nm besitzen. (c) Ein Seifenmolekül, das ein fettlösliches (lipophiles) und ein wasserlösliches (hydrophiles) Ende besitzt, wird sich an einer Fett-Wasser-Grenzfläche so orientieren, daß das Kohlenwasserstoffende in das Fett eindringt (sich im Fett „löst"), während die polare Endgruppe im Wasser „gelöst" bleibt. (d) Auf diese Weise wird ein Fettklümpchen vollständig von Seifenionen überzogen, die es damit benetzbar machen. Fette können so in Wasser emulgiert und fortgespült werden, worauf die Säuberungswirkung der Seife beruht.

Ende auf. Die Seife „löst" den Schmutz dadurch auf, daß sie kleine Fettklümpchen auf der Haut mit vielen Molekülen umgibt, deren Kohlenwasserstoffenden alle nach innen auf das Fettklümpchen gerichtet sind, während alle polaren Carboxylgruppen nach außen weisen. Die Seifenmoleküle „verpacken" auf diese Weise das Fett zu kleinen Tröpfchen oder sogenannten *Micellen*, die in die Lösung aufgenommen und fortgespült werden können (Abbildung 12–12).

Die am häufigsten vorkommenden organischen Basen sind die *Amine*, die man sich als Derivate des Ammoniaks vorstellen kann

$$CH_3{-}NH_2 \qquad CH_3CH_2{-}NH_2 \qquad CH_3{-}NH{-}CH_3$$
Methylamin   Ethylamin   Dimethylamin

$$\overset{\displaystyle CH_3}{\underset{\displaystyle }{CH_3{-}N{-}CH_3}} \qquad CH_3{-}NH{-}C_2H_5$$
Trimethylamin   Methyl-ethylamin

$$H_2N{-}CH_2{-}CH_2{-}NH_2 \qquad HO{-}NH_2$$
Ethylendiamin   Hydroxylamin

Die Amine werden als primäre, sekundäre oder tertiäre Amine bezeichnet, je nachdem wie viele der Wasserstoffatome des NH_3 gegen organische Radikale ausgetauscht wurden. Diese organischen Basen sind ungefähr so stark wie Ammoniak und nehmen ein Proton auf, wodurch die ionische Form

$$CH_3CH_2{-}NH_2 + H^+ \rightleftarrows CH_3CH_2{-}NH_3^+$$

gebildet wird. In Abbildung 12–11c ist das Methylamin in seiner ionischen Form im Modell dargestellt.

Die Amine als Gruppe besitzen fischartige Gerüche und sind im allgemeinen giftig. Trimethylamin weist in mäßigen Konzentrationen den erstickenden Geruch von verwesenden Fischen auf, während es in giftigen Konzentrationen die Geruchsnerven lähmt, so daß nur der Ammoniakgeruch wahrgenommen wird.

Die *Aminosäuren* sind eine wichtige Kombination von Carbonsäure und Amin in einem Molekül. Sie besitzen die allgemeine Formel

Amin   Säure   ionisierte Form

bei der —R die Seitengruppe kennzeichnet, die jeder Aminosäure ihre Identität und ihre chemischen Eigenschaften verleiht (Abbildung 12–13). Das Kohlenstoffatom, von dem die Seitengruppe abzweigt, nennt man den α-Kohlenstoff. Wie Abbildung 12–13 zeigt, ist das α-Kohlenstoffatom ein unsymmetrisches Kohlenstoffatom, so daß es zwei optische Isomere oder Enantiomorphe (aus dem Griechischen: *enantios* = entgegengesetzt, *morphe* = Gestalt) einer Aminosäure gibt.

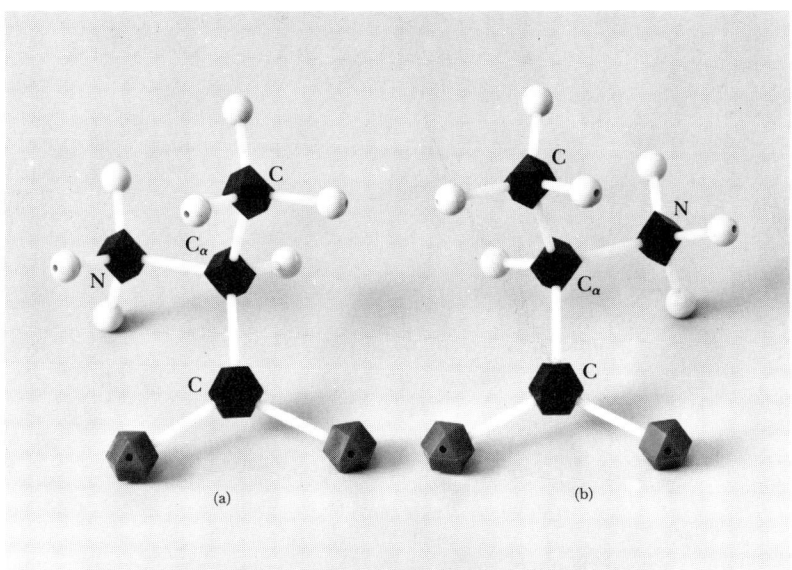

Abbildung 12–13   Die beiden optischen Isomere einer Aminosäure, die die in entgegengesetzte Richtung verlaufende Verzweigung der Seitenkette vom zentralen Kohlenstoffatom aus zeigen, das als α-Kohlenstoffatom bezeichnet wird: (a) L-Alanin und (b) D-Alanin. Sowohl die Carboxyl- als auch die Amingruppe sind hier in ihrer ionisierten Form dargestellt

$$\begin{array}{c} CH_3 \\ | \\ {}^+H_3N{-}CH{-}COO^- \end{array}$$

Die Proteine aller lebenden Organismen bauen sich nur aus L-Aminosäuren auf. Ihre Spiegelbilder, die D-Aminosäuren, werden in geringen Mengen in den Zellwänden von Bakterien und in Antibiotika angetroffen, die von einigen Mikroorganismen gebildet werden. Eines der Probleme bei der Erklärung der Entwicklung des Lebens ist die Begründung für diese Asymmetrie der Komponenten von lebenden Organismen. Jedes Kohlenstoffatom, das mit vier verschiedenen Atomen verknüpft ist, wird zwei verschiedene, mögliche Konfigurationen besitzen, die sich spiegelbildlich zueinander verhalten. Ein derartiges Kohlenstoffatom wird als asymmetrischer Kohlenstoff bezeichnet.

In Lösung sind sowohl das Aminende als auch das Carboxylende einer Aminosäure ionisiert; das geladene Molekül wird *Zwitterion* genannt. Alle Proteine bauen sich aus Polymeren von Aminosäuren auf, bei denen Wasser eliminiert wird und sich eine *Peptidbindung* bildet

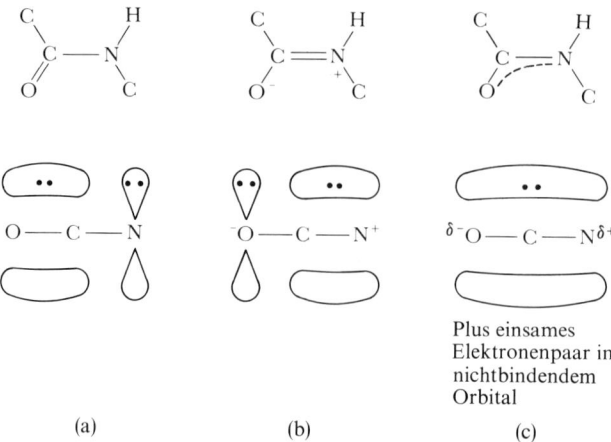

(a)   (b)   (c)

Abbildung 12–14   Es kann eine Struktur für die Peptidbindung zwischen den Aminosäuren in Proteinen angegeben werden, bei der eine Doppelbindung C und O miteinander verbindet, während die Peptidbindung selbst eine einfache C—N-Bindung ist (a). Wir können aber auch eine Struktur aufzeichnen, bei der C und O durch eine Einfachbindung und C und N durch eine Doppelbindung miteinander verknüpft sind (b). Diese Struktur macht Überschußladungen bei O und N erforderlich und ist daher weniger günstig. Der wahre Sachverhalt kann durch eine Kombination von p-Orbitalen der O-, C- und N-Atome dargestellt werden, die zur Bildung von bindenden, nichtbindenden und antibindenden delokalisierten Molekülorbitalen führt. Das delokalisierte bindende Orbital erstreckt sich dann über alle drei Atome (c) und ist infolgedessen stabiler. Das nichtbindende Orbital ist in der Abbildung nicht gezeigt. Die zusätzliche Stabilität der delokalisierten Elektronen ist mehr als nur ein Ausgleich für die geringfügige Ladungstrennung bei O und N. Der partielle Doppelbindungscharakter der C—N-Peptidbindung verhindert eine Drehung um die Bindungsachse und sorgt dafür, daß die Peptideinheit in einer Ebene liegt.

Sobald die Peptidbindung ausgebildet ist, werden die Elektronen in der C=O-Doppelbindung delokalisiert, und die C—N-Peptidbindung nimmt einen partiellen Doppelbindungscharakter an. Die Peptideinheit (Abbildung 12–14) wird auf diese Weise gezwungen, planar zu bleiben. Diese Einheit bildet den Grundstein für alle Proteinstrukturen und ist eines der wichtigsten Beispiele für die Delokalisierung von π-Bindungen in chemischen Systemen.

Bevor Sie weitermachen: Wenn Sie eine Hilfe benötigen, um die Namen und Strukturen von einfachen organischen Verbindungen kennenzulernen, arbeiten Sie den Kurs 12 des *Begleitprogramms zu Prinzipien der Chemie* von Lassila et al. durch. Der Abschnitt 12–1 behandelt die Kohlenwasserstoffe, während sich der Abschnitt 12–2 mit den funktionellen Gruppen beschäftigt.

12–4   Ungesättigte Kohlenwasserstoffe

Die dritte Reaktion von Kohlenwasserstoffen, die wir in Abschnitt 12–2 neben der Oxidation und der Halogenierung erwähnten, ist die *Dehydrierung*

$$CH_3—CH_2—CH_3 \xrightarrow{\text{Wärme}} CH_2{=}CH—CH_3 + H_2$$

Propan   Propylen

Beim Crackprozeß des Petroleums brechen Wärme und Katalysatoren langkettige Kohlenwasserstoffe in gesättigte Kohlenwasserstoffe des Benzinbereichs und ungesättigte Alkene wie Propylen, Ethylen und Butadien auf. Doppelbindungen können auch dadurch gebildet werden, daß HCl aus Alkylchloriden mit einer Lösung von KOH in Alkohol eliminiert oder H_2O mit Säure aus Alkoholen entfernt wird

$$CH_3—CH_2—Cl + KOH \xrightarrow{\text{Alkohol}} CH_2{=}CH_2 + KCl + H_2O$$

Ethylchlorid   Ethylen

$$CH_3—CH_2—OH \xrightarrow{\text{Säure}} CH_2{=}CH_2 + H_2O$$

Dreifachbindungen, wie z. B. im Acetylen, $CH{\equiv}CH$, können auch gebildet werden, aber diese besitzen weder so große Bedeutung noch sind sie so weit verbreitet wie die Doppelbindungen. In Analogie zu den Alkanen werden Verbindungen mit Doppelbindungen *Alkene* und solche mit Dreifachbindungen *Alkine* genannt, was der systematischen Nomenklatur der Internationalen Union für Reine (Pure) und Angewandte Chemie (IUPAC) entspricht. Danach lauten die systematischen Namen für Ethan, Ethylen und Acetylen Ethan, Ethen und Ethin. Vielleicht werden in einer Generation die Namen Ethylen und Acetylen den Weg des ‚karburierten Wasserstoffs‘ und des ‚Olefiantgases‘ gegangen sein, aber heute wird die unsystematische Nomenklatur noch weitaus häufiger für diese gängigen Chemikalien angewendet.

Infolge der Doppelbindung ist die Rotation um die zentrale Bindung eingeschränkt, wodurch es zu einer Bildung von *geometrischen Isomeren* kommt. Somit liegt z. B. $CH_3CH{=}CHCH_3$, das 2-Buten, in zwei Isomeren vor

cis-2-Buten   und   trans-2-Buten

Wegen der Doppelbindung liegen die beiden zentralen C-Atome und die direkt mit ihnen verbundenden C- und H-Atome in einer Ebene. Wie bei den Isomeren von Koordinationskomplexen kennzeichnet die Vorsatzsilbe „cis" das Nebeneinanderliegen von ähnlichen Gruppen, während „trans" so viel wie „gegenüber" oder wenigstens „nicht nebeneinanderliegend" bedeutet. Das trans-2-Buten ist etwas stabiler als die cis-Form, weil bei ihm die voluminösen Methylgruppen weiter voneinander entfernt sind. Wir werden noch erfahren, daß die *sterische Behinderung* oder das Zusammentreffen von derartigen voluminösen Gruppen eine wichtige Rolle bei der Strukturbestimmung von organischen und biologischen Molekülen spielt.

Bei den längeren Paraffinen führt die Dehydrierung zu einer Mischung von verschiedenen Reaktionsprodukten, bei denen die Doppelbindung jeweils an einer anderen Stelle im Molekül liegt. Das geradkettige Isomer des Butans, das n-Butan, kann zu zwei *Strukturisomeren* des Butens mit einer Doppelbindung und zwei Strukturisomeren des Butadiens mit zwei Doppelbindungen führen

$$CH_2{=}CH{-}CH_2{-}CH_3 \quad \text{1-Buten}$$
$$CH_3{-}CH{=}CH{-}CH_3 \quad \text{2-Buten}$$
$$CH_2{=}CH{-}CH{=}CH_2 \quad \text{1,3-Butadien}$$
$$CH_2{=}C{=}CH-CH_3 \quad \text{1,2-Butadien}$$

Die Zahlen 1,2 und 3 geben dabei die Lagen der Doppelbindungen an.

An den Doppelbindungen können Additionsreaktion mit H_2, HCl oder Cl_2 ablaufen. So erhalten wir z. B.

$$CH_2{=}CH{-}CH_2{-}CH_3 + Cl_2 \ \rightleftarrows \ \overset{\overset{\displaystyle Cl}{|}}{CH_2}{-}\overset{\overset{\displaystyle Cl}{|}}{CH}{-}CH_2{-}CH_3$$

1-Buten   1,2-Dichlorbutan

Die entsprechende 1,3-Butadien-Additionsreaktion verläuft eigenartig: Die Addition erfolgt an den äußeren Enden der beiden Doppelbindungen in einem anscheinend gleichzeitig ablaufenden (konzertierten) Prozeß. Eine Doppelbindung wird bei der Reaktion aufgelöst, während sich die andere in die Mitte des Moleküls verlagert

$$CH_2{=}CH{-}CH{=}CH_2 + Cl_2 \ \rightleftarrows \ \overset{\overset{\displaystyle Cl}{|}}{CH_2}{-}CH{=}CH{-}\overset{\overset{\displaystyle Cl}{|}}{CH_2}$$

1,3-Butadien   1,4-Dichlor-2-buten

Dieses ungewöhnliche Verhalten tritt auf, weil die Doppelbindungen im 1,3-Butadien-molekül delokalisiert sind. Eine derartige, alternierende Anordnung von Doppel- und Einfachbindungen ($-C{=}C{-}C{=}C-$) wird als *konjugiertes* System bezeichnet. Wenn solche konjugierten Doppelbindungen in flachen, geschlossenen Ringen vorkommen (Benzol), nennen wir die Verbindungen aromatisch.

Aufforderung: Um einmal festzustellen, ob Sie Kohlenwasserstoffe und ihre Derivate, die in Kühlmitteln und Hustenbonbons verwendet werden, erkennen und benennen können, versuchen Sie sich einmal an den Aufgaben 12–1 und 12–3 aus *Ergänzungsaufgaben zu Prinzipien der Chemie* von Butler und Grosser.

12–5   Aromatische Verbindungen

Aromatische Verbindungen sind Ringverbindungen mit delokalisierten Elektronen. Die einfachste dieser Verbindungen ist das Benzol, C_6H_6. Die delokalisierten Elektronen bedingen die speziellen Eigenschaften der aromatischen Verbindungen, durch die sie sich von den sogenannten *aliphatischen* Verbindungen unterscheiden, wie wir sie bisher betrachtet haben. Der Benzolring wird üblicherweise in Form einer der Kekulé-Strukturen dargestellt

obwohl die Delokalisierung besser durch die Symbole

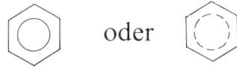 oder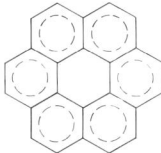

dargestellt wird. Die Delokalisierung kann sich über mehrere, benachbarte Ringe erstrecken, wie es beim Naphthalin

oder

und Anthracen der Fall ist

Coronen weist sieben aneinandergrenzende Ringe auf

Die obere Grenze dieses Aufbauprozesses ist der Graphit mit seinen Schichten von hexagonalen Kohlenstoffringen und der Delokalisierung der Elektronen über diese ganze Schicht (Abbildung 6–10). Wegen dieser delokalisierten Elektronen ist der Graphit ein guter Elektrizitätsleiter, wogegen der Diamant ein Isolator ist. In gewissem Sinne ist der Graphit ein „zweidimensionales Metall", dessen Elektronenbeweglichkeit auf die einzelnen, aufeinander gestapelten Schichten beschränkt ist.

Das Benzol ist im Vergleich mit den Alkenen, wie z. B. Buten, überraschend reaktionsträge. Mit seiner geringen Reaktivität ähnelt es mehr den gesättigten Alkanen. Es unterliegt keinen Additionsreaktionen an einer Doppelbindung; wenn es dies täte, würde durch diese Reaktion das Ausmaß der Elektronendelokalisierung vermindert (Abschnitt 10–10). Wegen dieser Delokalisierung ist das Benzol aber um $168\,kJ\,mol^{-1}$ stabiler, als es für eine Verbindung mit drei Einfach- und drei Doppelbindungen hätte erwartet werden können (Abschnitt 15–4). Allgemein gilt, je größer der Bereich in einem Molekül ist, über den sich die Delokalisierung erstreckt, desto stabiler ist das Molekül.

An die Stelle der Addition tritt als typische Reaktion der aromatischen Ringe die *Substitution*

Alkylbenzol

(Bei der Darstellung von Strukturen dieser Art ist es üblich, die H-Atome fortzulassen, die an die Kohlenstoffatome des Ringes gebunden sind: Jede Ecke eines seschseckigen Ringes stellt ein C-Atom dar, an das ein H gebunden ist.) In der ersten dieser Reaktionen fördert die Schwefelsäure die Reaktion, indem sie HNO_3 zu NO_2^+ umwandelt, die Teilchenart, die den Benzolring angreift. Sie wirkt darüber hinaus auch als wasserentziehendes Mittel, das das als Reaktionsprodukt anfallende Wasser entfernt. Bei den anderen Reaktionen sind $FeBr_3$ und $AlCl_3$ als *Katalysatoren* wirksam. Um zu erkennen, warum sie für die Reaktion erforderlich sind, müssen wir uns den Mechanismus der Reaktion ansehen: Aromatische Ringe sind besonders anfällig für Angriffe durch *elektrophile Gruppen* oder Lewis-Säuren, die eine starke Affinität für Elektronenpaare besitzen. Bei der Bromierungsreaktion ist Br_2 nicht elektrophil; bei Fehlen des $FeBr_3$-Katalysators findet innerhalb vernünftiger Zeiträume keine Reaktion statt. Jedoch besitzt das $FeBr_3$ selbst eine Affinität für ein weiteres Br^--Ion mit seinem Elektronenpaar und zerreißt ein Br_2-Molekül in Br^-- und Br^+-Ionen

Das elektrophile Br^+ greift dann den aromatischen Ring an und zieht ein Elektronenpaar an, wodurch eine C—Br-Bindung gebildet wird. Diese Zwischenverbindung ist jedoch instabil und dissoziiert entweder unter Abgabe des Br^+ wieder zur Ausgangssubstanz oder unter Abgabe eines Wasserstoffions zum Endprodukt, Brombenzol

Ausgangsstoff   Instabile   Produkt
                       Zwischenstufe

Das dabei freigesetzte H^+ reagiert mit dem $FeBr_4^-$ unter Bildung von HBr und des ursprünglichen $FeBr_3$. Das NO_2^+ in der Nitrobenzolreaktion wirkt ebenfalls als elektrophile Gruppe, und diese Reaktion verläuft nach einem ähnlichen Mechanismus.

   Zwei wichtige Gesichtspunkte bei chemischen Reaktionen werden durch diesen Mechanismus veranschaulicht: das nicht vollständige Ablaufen der meisten Reaktionen und die Anwendung von Katalysatoren. Nicht jedes Molekül der instabilen Zwischenstufe, das sich zersetzt, ergibt ein Brombenzolmolekül; viele Moleküle zerfallen so, daß sich wieder der Ausgangsstoff ergibt. Das Resultat der meisten Synthesen ist eine Mischung, in der das gewünschte Endprodukt eine Komponente (hoffentlich eine der bedeutendsten) in einer Reihe von möglichen Produkten ist. Eine der Hauptanforderungen der chemischen Synthese ist es, Verfahren und Synthesewege zu entwickeln, die die Ausbeute des gewünschten Produkts maximieren. Häufig ist dabei ein langer Umweg besser als die naheliegende Synthese in einem Schritt, wenn die umständlichere Reaktionsfolge im wesentlichen ein einziges Produkt ergibt.

Ein *Katalysator* ist eine Substanz, die den Ablauf einer chemischen Reaktion dadurch beschleunigt, daß sie der Reaktion einen leichteren Weg eröffnet, ohne selbst in der Reaktion verbraucht zu werden (Abschnitt 18–5). Dies bedeutet jedoch nicht, daß sie nicht an der Reaktion beteiligt ist. Das $FeBr_3$ spielt in dem oben geschilderten, schrittweisen Mechanismus eine wichtige Rolle, aber nach Abschluß der Reaktion ist das $FeBr_3$ zu seiner ursprünglichen Form regeneriert. Dies ist das allgemeine und kennzeichnende Verhalten eines Katalysators. Eine Mischung von H_2 und O_2 kann ohne merkliche Reaktion jahrelang bei Zimmertemperatur aufbewahrt werden, aber das Einbringen einer geringen Menge von Platinmohr (feinst verteiltes Platin) bewirkt eine sofortige Explosion des Knallgasgemisches. Platinmohr besitzt dieselbe Wirkung auf Mischungen von Butangas oder Alkoholdämpfen und O_2. (Einst wurden sogar Feuerzeuge mit Platinmohr an Stelle des Feuersteins und des Rädchens hergestellt, aber sie hörten bald auf zu funktionieren, da die katalytisch wirksame Oberfläche des Platinmohrs durch Verunreinigungen des Butangases „vergiftet" wurde.) Die katalytische Wirksamkeit des Platinmohrs beruht auf der Förderung der Dissoziation von zweiatomigen Gasmolekülen, die an seiner Oberfläche adsorbiert sind. Die dissoziierten Atome (z. B. H oder O) sind weitaus reaktionsfreudiger als die ursprünglichen Moleküle in der Gasphase. Ein Katalysator verändert nicht die *Gesamtenergie* einer Reaktion, noch geht er irreversibel in die Reaktion ein. Er ermöglicht der Reaktion nur einen leichteren Mechanismus oder Reaktionsweg, der die Reaktion schneller ablaufen läßt.

Viele Katalysatoren, aber nicht alle, sind oberflächenkatalytisch wirkende Stoffe wie das Platinmohr. Die Substanzen, die katalysiert werden (man bezeichnet sie als *Substrate*), gehen eine Bindung mit der Oberfläche des Katalysators ein. Wenn nun chemische Gruppen auf der Oberfläche des Katalysators eine Bindung in einem adsorbierten Substratmolekül schwächen, wird die Spaltung des Substrats an dieser Stelle erleichtert. Dies geschieht bei der Platinkatalyse. Das fein verteilte schwarze Platinpulver ist nur deshalb ein wirksamerer Katalysator als ein massives Stück Platin, weil seine wirksame Oberfläche weitaus größer ist als beim kompakten Metall.

Beispiel: Eine Platinprobe wird zu einer Kugel mit einem Volumen von $1\,\text{cm}^3$ geschmolzen, während eine zweite Probe derselben Masse in Form kleiner Kügelchen von 100 nm Durchmesser aus einer Lösung ausgefällt wird. Wie verhalten sich die Gesamtoberflächen der beiden Proben zueinander?

Lösung: Der Radius der großen Kugel ergibt sich aus

$$V = \tfrac{4}{3}\pi R^3 = 1\,\text{cm}^3$$

und wir erhalten $R = 0{,}621\,\text{cm}$. Damit folgt für die Oberfläche der großen Kugel

$$A = 4\pi R^2 = 4{,}85\,\text{cm}^2$$

Das Volumen einer kleinen Kugel beträgt

$$v = \tfrac{4}{3}\pi(10^{-5}\,\text{cm})^3 = 4{,}18 \times 10^{-15}\,\text{cm}^3$$

Die Anzahl der kleinen Kugeln, N, ergibt sich jetzt aus dem Verhältnis der Volumina, da ja $V = N \times v$ sein muß

$$N = \frac{V}{v} = \frac{1\,\text{cm}^3}{4{,}18 \times 10^{-15}\,\text{cm}^3} = 2{,}39 \times 10^{14}$$

Die Oberfläche einer kleinen Kugel ist nun

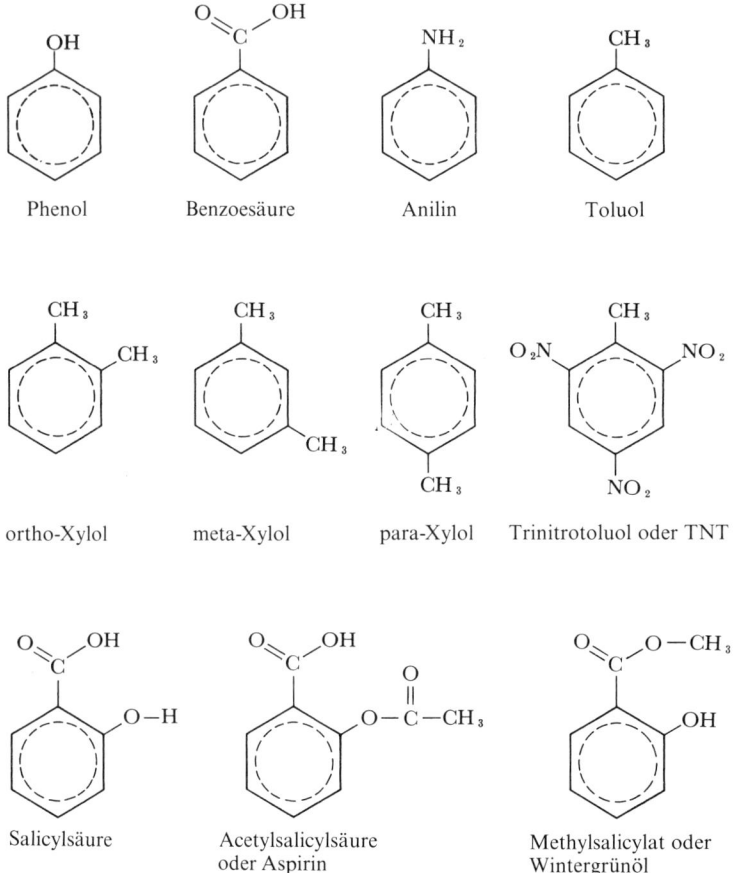

Abbildung 12–15 Einige repräsentative Benzolderivate. Salicylsäure kann auf zwei Weisen Ester bilden: indem sie entweder ihre Säuregruppe, wie beim Methylsalicylat, oder ihre Hydroxylgruppe, wie beim Aspirin, benutzt. Unähnlich den Alkoholen sind die Phenole Säuren, obwohl sie gewöhnlich weitaus schwächere Säuren als die Carbonsäuren bilden. Aromatische Amine, wie z.B. Anilin, sind schwächere Basen als aliphatische Amine. Ortho-, meta- und para- (häufig abgekürzt: o-, m- und p-) kennzeichnen die relativen Positionen von Gruppen, die am Benzolring gebunden sind, wie am Beispiel der drei Isomere des Xylols gezeigt ist.

$$a = 4\pi(10^{-5}\,\mathrm{cm})^2 = 1{,}256 \times 10^{-9}\,\mathrm{cm}^2$$

Infolgedessen erhalten wir für die Gesamtoberfläche aller kleinen Kugeln

$$a_{\mathrm{ges}} = N \times a = (2{,}39 \times 10^{14}) \times (1{,}256 \times 10^{-9}\,\mathrm{cm}^2)$$
$$= 301\,000\,\mathrm{cm}^2$$

Das Verhältnis der Flächen der fein verteilten und der massiven Pt-Proben beträgt damit

$$\frac{a_{\mathrm{ges}}}{A} = \frac{301\,000\,\mathrm{cm}^3}{4{,}85\,\mathrm{cm}^3} = 62\,000$$

Die Vorteile von Platinmohr gegenüber einer Kugel aus massivem Platin bei der Oberflächenkatalyse sind hiernach offensichtlich.

Die Verbindung $AlCl_3$ spielt eine katalytische Rolle in der Alkylisierungsreaktion bei der Herstellung von Benzolderivaten mit Alkyl-Seitenketten. Eine wichtige Klasse von biologischen Katalysatoren bilden die *Enzyme* genannten Proteinmoleküle. Diese Moleküle besitzen auf ihrer Oberfläche Bereiche, die als *aktive Zentren* bezeichnet werden, an denen die Katalyse wirksam wird. Übergangsmetalle werden häufig an den aktiven Zentren der Enzyme gebunden und sind wesentlich an der Katalyse beteiligt. Wir werden uns in Abschnitt 12–11 ein Beispiel für die enzymatische Katalyse ansehen.

Einige Benzolderivate sind in Abbildung 12–15 dargestellt. Das Phenol ist schwach sauer, wodurch es sich von den Alkoholen unterscheidet, deren aromatisches Analogon es zu sein scheint. Diese Fähigkeit des Phenols und seiner Derivate, nämlich das Hydroxylproton abzugeben, beruht darauf, daß die Elektronen des Sauerstoffs zum Teil mit in die Delokalisierung der Ringelektronen einbezogen werden. Die Bindung vom Ring zum Sauerstoff nimmt dabei einen partiellen Doppelbindungscharakter an, und das Wasserstoffion, dem dadurch ein Teil seines bindenden Elektronenpaars entzogen wird, dissoziiert leicht. Jedoch ist die Acidität der Phenole im allgemeinen geringer als die der Carboxylsäuren.

Aus demselben Grunde ist Anilin eine schwächere Base als Ammoniak oder die aliphatischen Amine: Das einsame Elektronenpaar des Stickstoffs, das ein Proton anziehen könnte, ist teilweise mit in den aromatischen Ring einbezogen und damit weniger gut geeignet, das Proton anzuziehen und dadurch das Molekül zu ionisieren.

12–6   Aromatische Verbindungen und die Absorption von Licht

Aromatische Ringverbindungen mit delokalisierten Elektronen besitzen häufig, wie die Übergangsmetallkomplexe mit d-Orbitalen, Energieniveaus, die dicht genug beieinander liegen, um sichtbares Licht zu absorbieren. Infolgedessen sind Substanzen aus diesen beiden Verbindungsklassen häufig kräftig gefärbt. Wenn die Energie eines Photons absorbiert wird, geht ein Elektron aus einem bindenden π^b-Orbital (Abbildung 10–35) in das niedrigste antibindende π^*-Orbital des Moleküls über. Daher wird dieser Absorptionsvorgang auch als $\pi \rightarrow \pi^*$-Übergang bezeichnet. Im Benzol und im Naphthalin liegen die Niveaus zu weit auseinander, als daß die Absorption im sichtbaren Bereich des Spektrums erfolgt, und deshalb sind diese Verbindungen farblos. Aber wenn zwei Nitrogruppen an das Ringsystem angelagert werden, so daß sich 1,3-Dinitronaphthalin ergibt, sinkt der Abstand der elektronischen Energieniveaus unter eine Wellenzahl von $25\,000\,\mathrm{cm}^{-1}$ ab, und die Verbindung sieht blaß gelb aus. (Die Tabelle 11–3 mit ihren Spektral- und Komplementärfarben wird sich für diesen Abschnitt als nützlich erweisen.) Dieses Phänomen tritt auf, weil das delokalisierte Elektronensystem um die zwei Nitrogruppen vergrößert worden ist, wodurch die Energieniveaus und die Abstände zwischen ihnen entsprechend abgesunken sind. Der Effekt setzt sich beim Martiusgelb fort, das eine gebräuchliche Farbe für Wolle und Seide ist: Eine zusätzliche Hydroxylgruppe vergrößert das konjugierte System noch mehr, und die Energie des $\pi \rightarrow \pi^*$-Übergangs nimmt noch weiter ab. Die Farbe der Verbindung verschiebt sich nach gelborange. Das tatsächlich von den drei Verbindungen absorbierte Licht ist ultraviolett beim Naphthalin, violett beim 1,3-Dinitronaphtalin und blau beim Martiusgelb.

Naphthalin   1,3-Dinitronaphthalin   Martiusgelb oder 2,4-Dinitro-1-naphtol

Viele Substanzen, wie z.B. Phenolphthalein, Methylorange oder Lackmus, besitzen in sauren und basischen Lösungen unterschiedliche Farben. Sie sind infolgedessen als Säure-Base-*Indikatoren* (Abbildung 5–7) nützlich. p-Nitrophenol ist kein besonders guter Indikator, weil sein Farbumschlag nicht sehr kräftig ist, aber es ist ein einfaches Molekül, an dem sich gut zeigen läßt, was geschieht, wenn ein Indikator seine Farbe ändert. Da die Phenole schwache Säuren sind, verläuft die Reaktion in der Lösung folgendermaßen

saure Lösungen   basische Lösungen

p-Nitrophenol ist in basischen Lösungen tief gelb gefärbt. Sein Absorptionsmaximum liegt bei einer Wellenlänge von 400 nm. In der basischen Form des Moleküls können sich das Sauerstoffatom und die Nitrogruppe mit dem aromatischen Ring zu einem großen, delokalisierten System vereinigen

Eine derartig ausgedehnte, delokalisierte Struktur nennt man nach dem gelben Benzochinon

$$O = \langle \rangle = O$$

eine Chinonstruktur. Bei der sauren Form des p-Nitrophenols fehlt die negative Ladung am Sauerstoffatom. Es ist nicht so leicht, die einsamen Elektronenpaare des Sauerstoffs an der Delokalisierung zu beteiligen; infolgedessen wird in saurer Lösung das Energieniveau des ersten angeregten Elektronenzustands im Molekül nicht so stark herabgesetzt, die Absorption erfolgt daher mit einem Maximum gerade innerhalb des ultraviolettenbereichs bei 320 nm, und die Verbindung erscheint blaß grüngelb gefärbt. Das Phenolphthalein, das in Säuren farblos und in Basen rosa gefärbt ist, weist ein komplizierter gebautes Molekül auf, dessen Farbumschlag aber auf genau demselben Prinzip beruht.

Einen besonders guten Weg zur Ausdehnung eines delokalisierten Systems veranschaulichen uns die Azofarbstoffe, die zwei über eine —N=N—-Brücke verbundene aromatische Ringe besitzen. Methylorange, ein weiterer Säure-Base-Indikator (Abbildung 5–6), ist ein solcher Azofarbstoff

$$\begin{array}{c} CH_3 \\ \diagdown \\ \qquad N - \langle \bigcirc \rangle - N{=}N - \langle \bigcirc \rangle - SO_3 \\ \diagup \\ CH_3 \end{array}$$

Methylorange ist in saurer Lösung rot und in basischer Lösung gelb. (Unter welchen Bedingungen sind seine elektronischen Energieniveaus stärker aufgespalten? Können Sie sich vorstellen, warum?)

Ein äußerst wichtiges Beispiel für Delokalisierung und Energieabsorption ist das Chlorophyll, das wir in Abschnitt 11–7 diskutiert haben. Der aromatische Ring, der das Mg^{2+}-Ion umgibt, ist ein vom Porphyrin (Abbildung 11–21) abgeleitetes, ausgedehntes delokalisiertes System. Die elektronischen Energieniveaus liegen so, daß eine Absorption im violetten Bereich bei 430 nm und eine zweite im roten Bereich bei 690 nm erfolgt (Abbildung 11–29). Wenn Licht von Chlorophyllmolekülen absorbiert wird, regt diese Energie ein Elektron auf ein höheres Energieniveau an, wodurch es in die Lage versetzt wird, die Fe^{3+}-Ionen im *Ferredoxin* zu reduzieren, welches ein Protein mit einer relativen Molekülmasse von 13 000 ist und zwei an Schwefel koordinierte Eisenatome besitzt. Die Reoxidation des Ferredoxins liefert die Energie, die dazu erforderlich ist, andere Reaktionen in Gang zu setzen, die irgendwann zur Spaltung von Wasser, zur Reduktion von CO_2 und schließlich zur Synthese von Glucose, $C_6H_{12}O_6$, führen.

12–7   Kohlenhydrate

Der Zucker Glucose, der in den Blättern von grünen Pflanzen gebildet wird, ist ein *Kohlenhydrat*. Der Name Kohlenhydrat beruht auf einem frühen Irrtum über den Aufbau dieser Verbindungen. Die Formel für Glucose, $C_6H_{12}O_6$, kann auch als $(C \cdot H_2O)_6$ geschrieben werden. Substanzen, deren Formeln durch gleiche Mengen von Kohlenstoff und Wasser dargestellt werden können, werden seitdem als Kohlenhydrate bezeichnet. Das Glucosemolekül wird in den Pflanzen in Ketten von Tausenden von monomeren Einheiten polymerisiert, wodurch Cellulose oder, auf etwas andere Art, Stärke gebildet werden. Ein enger Verwandter der Glucose, das N-Acetylglucosamin (NAG), wird zu Chitin polymerisiert, dem Stoff, aus dem der Panzer der Insekten gebildet ist. NAG und eine nahe Variante desselben, N-Acetylmuraminsäure (NAM), werden in wechselnder Reihenfolge zu Ketten kopolymerisiert, die einen Teil der Wände von Bakterienzellen bilden. Glucose wird schrittweise zersetzt, um die Energie zu liefern, die ein lebender Organismus benötigt. Überschüssige Glucose wird durch das Blut zur Leber transportiert und dort in die tierische Stärke Glykogen umgewandelt, die wieder in Glucose zurückverwandelt wird, wenn es nötig ist. Glucose, Cellulose, Stärke und Glykogen sind alle Kohlenhydrate.

Kohlenhydrate in der Form von Stärke sind die primären Energiequellen in den Nahrungsmitteln. Um diese Energie zu gewinnen, essen wir entweder das Getreide, in dem die Stärke gespeichert ist, oder verfüttern das Getreide an Tiere und lassen sie Eiweißstoffe synthetisieren, bevor wir sie essen. In beiden Fällen kommt die Energie, die wir in uns aufnehmen, letztlich aus der Stärke, dem Polymerisationsprodukt der Photosynthese. Wir begegnen Cellulosefasern in Baumwolle und Leinen und in den Kunstprodukten Celluloseacetat und Rayon. Das Dach über unseren Köpfen besteht wahrscheinlich zum Teil aus Cellulose in der Form von Holz. Dieses Buch hier besteht aus einer bearbeiteten Cellulose, die wir Papier nennen. Selbst unser Geld, das wir schon lange nicht mehr aus Edelmetallen herstellen, ist schon weit auf dem Weg, beurkundete Cellulose zu sein. In diesem Abschnitt werden wir uns nur sehr kurz ansehen, was Kohlenhydrate sind und wozu sie eingesetzt werden.

Die fundamentalste Einheit eines Kohlenhydrats ist ein *Monosaccharid* oder, einfach ausgedrückt, ein Zucker. Solche Zucker können drei, vier, fünf oder sechs Kohlenstoffatome enthalten, wonach sie dann als *Triosen*, *Tetrosen*, *Pentosen* oder *Hexosen* bezeichnet werden. Wir werden uns hier nur Hexosen ansehen, speziell die am häufigsten vorkommende, D-Glucose. Die Struktur der D-Glucose ist in Abbildung 12–16a bis c dargestellt. Die Abbildung 12–16a zeigt die Numerierung der sechs Kohlenstoffatome und die Fischer-Konvention für das Schreiben von Formeln, die eine Darstellung der Struktur um ein asymmetrisches Kohlenstoffatom herum erlauben.

Ein asymmetrisches Kohlenstoffatom ist ein Kohlenstoffatom, das an vier verschiedene Gruppen gebunden ist, wie es z. B. bei den Kohlenstoffatomen 1 bis 5 in der Glucose der Fall ist. Wie wir schon beim α-Kohlenstoff einer Aminosäure gesehen haben, gibt es für jedes derartige asymmetrische Kohlenstoffatom zwei verschiedene Anordnungen der vier Gruppen, die durch eine Spiegelung ineinander überführt werden können. Bei fünf asymmetrischen Kohlenstoffatomen, um jedes von denen herum zwei verschiedene

Konfigurationen möglich sind, erhalten wir insgesamt $2^5 = 32$ verschiedene Isomere der Hexosezucker.

Nach der Fischer-Konvention blicken wir so auf die vier tetraedrischen sp³-Hybrid-bindungen eines zentralen Kohlenstoffatoms, daß die Bindungen, die sich im Diagramm waagerecht nach links und rechts erstrecken, vom Zentralatom zu Atomen führen, die oberhalb der Ebene des Papiers liegen, während die Bindungen, die sich im Diagramm vom Zentralatom senkrecht nach oben und unten erstrecken, unterhalb der Zeichen-

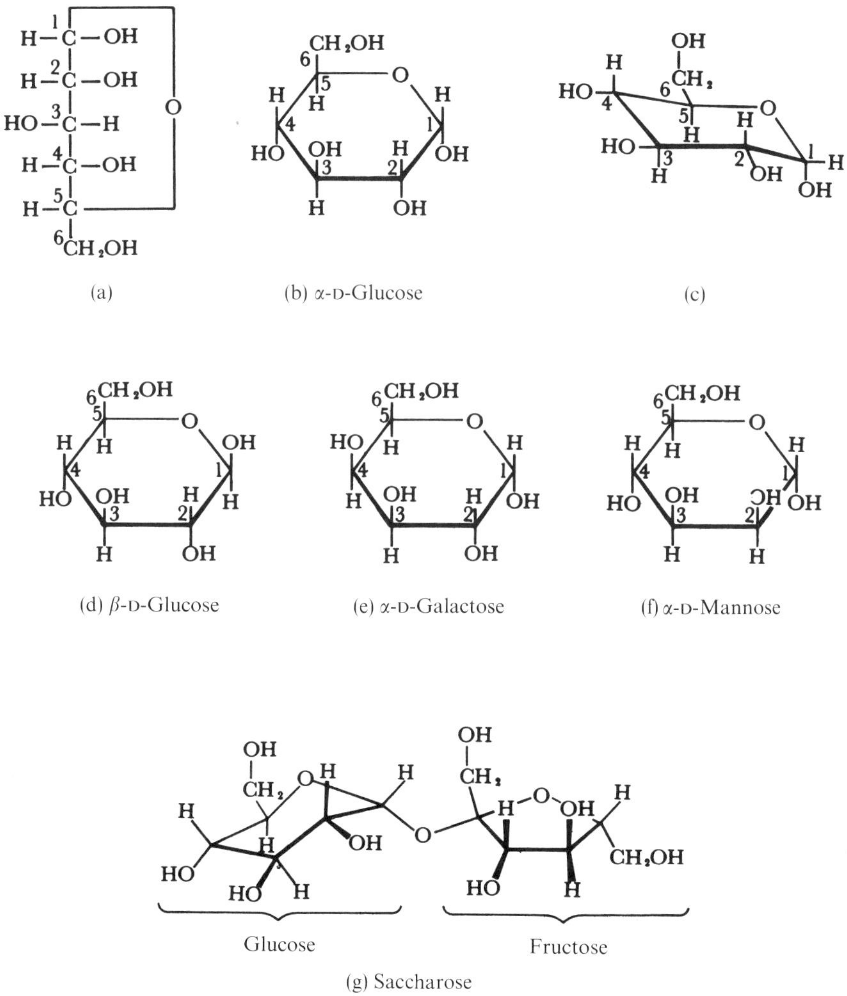

(a)   (b) α-D-Glucose   (c)

(d) β-D-Glucose   (e) α-D-Galactose   (f) α-D-Mannose

(g) Saccharose

Abbildung 12–16 (a) α-D-Glucose in der Fischer-Darstellung, (b) im flachen Sechseckdiagramm und (c) in einer Form, die der tatsächlichen Gestalt des Moleküls am nächsten kommt. (d) β-D-Glucose, die sich von der α-Form nur am Kohlenstoffatom 1 unterscheidet. (e) α-D-Galactose, die sich von der Glucose am Kohlenstoff 4 unterscheidet. β-D-Galactose erhalten wir durch Vertauschen von —H und —OH am Kohlenstoffatom 1. (f) α-D-Mannose, die sich von der α-D-Glucose nur am Kohlen-stoffatom 2 unterscheidet. (g) Saccharose, ein Dimer von α-D-Glucose und β-D-Fructose.

ebene liegen

$$a \blacktriangleleft \overset{\overset{\textstyle c}{\blacktriangle}}{\underset{\underset{\textstyle d}{\blacktriangledown}}{C}} \blacktriangleright b \quad \text{oder vereinfacht} \quad a \overset{\overset{\textstyle c}{|}}{\underset{\underset{\textstyle d}{|}}{C}} b$$

Bei der Darstellung in Abbildung 12–16a, dem Fischer-Diagramm der α-D-Glucose, wurde der Sechserring der Glucose gewissermaßen am Sauerstoff aufgeschnitten und der Länge nach auf die Zeichenebene abgewickelt, so daß die Ringebene senkrecht auf der Zeichenebene zu stehen kommt. Die auf der linken Seite dieses Diagramms eingezeichneten Atome liegen in Abbildung 12–16b oberhalb der Ringebene. Eine Änderung der Konfiguration bei irgendeinem asymmetrischen Kohlenstoffatom der Hexose wird durch das Austauschen der —H- und —OH-Gruppen von links nach rechts im Fischer-Diagramm erreicht. Diese Asymmetrie ist leichter in der Darstellung desselben Moleküls durch ein flaches Sechseck zu erkennen, wie sie Abbildung 12–16b zeigt. Die tatsächliche Gestalt des Moleküls mit der tetraedrischen Geometrie bei den Kohlenstoffatomen wird genauer durch die Abbildung 12–16c dargestellt. Die Glucose weist die „Sessel"-Konformation auf, die wir beim Cyclohexan kennengelernt haben, und nicht die „Wannen"-Form.

Bei den 32 Isomeren der Hexose, die sich aus den 32 möglichen Vertauschungen der Anordnungen an den Kohlenstoffatomen 1 bis 5 ergeben, werden die Lagen von —H und —OH am Kohlenstoffatom 1 durch die Vorsätze α- und β- gekennzeichnet. Bei den α-Hexosen weist die Hydroxylgruppe nach unten, wie aus Abbildung 12–16b oder c zu ersehen ist; bei den β-Hexosen weist sie, wie in Abbildung 12–16d, nach oben. Eine vollständige Spiegelung einer Hexose an allen fünf asymmetrischen Kohlenstoffatomen zugleich macht aus einer D-Hexose (aus dem Lateinischen *dexter* = rechts; die Polarisationsebene des Lichts wird durch diese optisch aktive Substanz nach rechts gedreht) eine L-Hexose (aus dem Lateinischen *laevus* = links; die Polaristionsebene des Lichts wird durch diese optisch aktive Substanz nach links gedreht). Infolgedessen gibt es für jeden Hexosetyp vier verschiedene Varianten: α-D, α-L, β-D und β-L, und es muß daher $^{32}/_4 = 8$ verschiedene Typen von Hexosen geben. Jedoch kommen nur drei von ihnen in der Natur vor: Glucose, Galaktose und Mannose. Diese drei Zucker unterscheiden sich an den Kohlenstoffatomen 2 und 4 und werden in Abbildung 12–16d, e und f miteinander verglichen. Galaktose kommt im Milchzucker Lactose vor, während Mannose ein Pflanzenprodukt ist (nach dem Biblischen *Manna* benannt). Die am weitaus häufigsten vorkommende Hexose ist jedoch die Glucose.

Von den Hexosezuckern mit einem fünfgliedrigen Ring ist die *Fructose* der am häufigsten vorkommende. Fructose kommt in der Natur im Honig und in Früchten vor (daher ihr Name) und ergibt in Verbindung mit Glucose den üblichen Tafelzucker *Saccharose* (Abbildung 12–16g).

Aufforderung: Die Isomerisation bei organischen Verbindungen ist für das Sexualleben der Schmetterlinge von entscheidender Bedeutung, wie auch für die Behandlung der Malaria, LSD, Antibiotika und die Rattenbekämpfung. Um kennenzulernen, was dabei geschieht, versuchen Sie einmal die Aufgaben 12–6, 12–11 und 12–13 im Buch von Butler und Grosser zu lösen.

Polysaccharide

Cellulose ist die Strukturfaser in Bäumen und Pflanzen. Sie wird als Holz, Baumwolle, Leinen und in einer modifizierten Form im Papier genutzt. Cellulose ist ein Polymer der β-D-Glucose mit einer typischen Kettenlänge von ungefähr 3000 monomeren Einheiten. Die Verbindung von einer β-Glucose zur anderen, die in Abbildung 12–17a dargestellt ist, wird als β-Glucosidbindung bezeichnet.

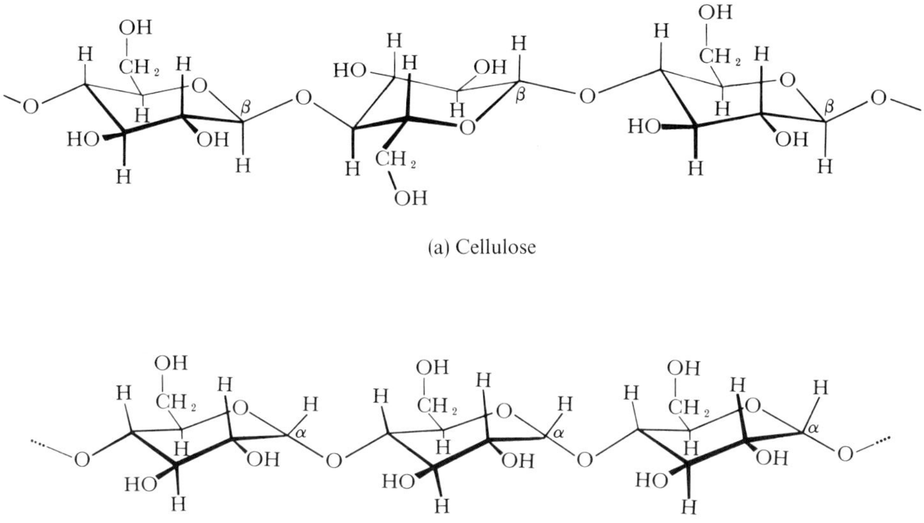

(a) Cellulose

(b) Stärke

Abbildung 12–17   (a) Cellulose, ein Polymer der β-D-Glucose. (b) Stärke, ein Polymer der α-D-Glucose.

Die Hydroxylgruppen der Glucose können Ester bilden. Die Behandlung von Cellulose mit Essigsäureanhydrid, Essigsäure und einer geringen Menge Schwefelsäure ergibt das Derivat Acetatseide (Acetatcellulose). Die Celluloseketten werden dabei auf eine Länge von 200–300 monomeren Einheiten zerlegt, und es werden durchschnittlich zwei Acetatgruppen pro Monomer gebunden. Acetatcellulose bildet die Trägerschicht bei photographischen Filmen. Sie wird auch in Aceton aufgelöst und durch feine Löcher in einer Metalldüse gepreßt, um Rayonfäden zu erhalten.

Cellulose ist keine Nahrungsquelle. Mit der Ausnahme von Termiten und den Wiederkäuern, wie z. B. den Kühen, in deren Mägen celluloseverdauende Mikroorganismen angesiedelt sind, ist es den Tieren nicht möglich, die β-Glucosidbindung aufzubrechen. Diese Spaltung ist ein enzymatisch katalysierter Prozeß, und uns fehlen die dazu benötigten Enzyme. 1967 wurde ein Verfahren für den Abbau von Cellulose zu einem künstlichen Mehl entwickelt, das, obwohl es zum Backen ebensogut wie Stärkemehl verwendet werden konnte, keinen Nährwert besaß. Es wurde kurze Zeit als Diätmehl angepriesen, aber verschwand schnell wieder in der Obskurität. (Das Magazin *Life* bezeichnete es als „non-food" und schlug vor, seinen Erfinder in „non-money" zu bezahlen.) Jedoch wurde ganz im Ernst vorgeschlagen, daß die Ernährungsprobleme der Menschheit für viele Jahrhunderte gelöst werden können, wenn es gelingen würde, den Menschen auf irgendeine Weise an eine symbiotische Gemeinschaft mit celluloseverdauenden Mikroorganismen in seinen Eingeweiden zu gewöhnen, wie es ja bei den Wiederkäuern der Fall ist.[1]

Stärke ist ebenfalls ein Polymer der Glucose, aber sie weist die α-Bindung aus Abbildung 12–17b auf. Die Stärke ist der Standardspeicher für Glucose, die als Nahrungsvorrat in den Pflanzen angesammelt wird, und bildet unsere Hauptquelle für eingefangene Sonnenenergie. Sie wird in den Stielen, Blättern, Wurzeln und Samen der Pflanzen gespeichert. Alle Organismen verfügen über die Enzyme, die zur Verdauung von Stärke erforderlich sind. Der erste Schritt bei der Fermentierung der Stärke, ob sie nun im Magen eines Lebewesens oder dem Kessel eines Brauers abläuft, ist das Aufbrechen der Stärke in Glucose. Ein Stück Brot, das Sie in Ihrem Mund behalten, wird nach einiger Zeit süß schmecken, weil die im Speichel enthaltenden Enzyme die Stärke des Brotes zu Zucker aufschließen können.

Polymere von Hexosederivaten sind die Baustoffe für Insektenpanzer (Chitin) und Zellwände von Bakterien. Im Chitin der Insekten ist ein N-Acetylglucosamin genanntes Hexosederivat ohne Querverbindungen polymerisiert. Eine Schicht in den Wänden von Bakterien besteht aus einem Polymer von Hexosederivaten, die untereinander zum Erreichen einer größeren Festigkeit durch kurze Ketten aus vier Aminosäuren verbunden sind. Der Mensch hat, wie alle anderen höheren Lebewesen, ein Enzym, Lysozym, entwickelt, das ihn schützt, indem es diese Polysaccharidstruktur der Wände von eindringenden Bakterien auflöst. Lysozym wird in den meisten äußeren Sekretionen, wie z. B. Schweiß und Tränen, angetroffen. Eine der wenigen Stellen, an denen D-Amino-

---

[1] Dies ist eine jener oberflächlich betrachtet „genialen" Patentlösungen mit möglicherweise verheerenden sozialen Folgen. Es ist ein Beispiel für die unangenehme Tatsache, daß eine naive, blinde Anwendung von Naturwissenschaft und Technologie auf isolierte Probleme häufig mehr neue Probleme schafft, als sie alte löst. Welches wären denn die wahrscheinlichsten Folgen, wenn die Cellulose plötzlich eine scheinbar unerschöpfliche Quelle billiger Nahrung würde? Wir können ein paar dieser Ergebnisse aufzählen:

1. Das Interesse an einer Lösung der Bevölkerungskrise würde schlagartig nachlassen, und die Gesamtbevölkerung unseres Planeten würde weiter wachsen.
2. Der Lebensstandard und die Lebensweise müßten sich angesichts dieses Bevölkerungszuwachses auf Grund der „unbegrenzt" zur Verfügung stehenden Nahrungsmittel stark verändern.
3. Große Flächen der Erdoberfläche würden in den Gebieten entwaldet werden, in denen die Bevölkerung hungert. Diese Entwicklung würde zu Überschwemmungen, zur Erosion des Bodens, zu Ernteausfällen bei konventionellen Nahrungsmitteln und wahrscheinlich zu neuen Hungersnöten führen.

Die Einführung von eßbarer Cellulose *allein* würde ein genauso kurzsichtiger und verheerender Schritt sein wie die Entwicklung eines wirksamen Verfahrens, den Smog von Los Angeles über den Farmen von Iowa abzublasen. Es würde die kommende Krise nicht vermeiden, sondern bloß ihren Eintritt verzögern. Das Leben auf unserem Planeten ist so sorgfältig aufeinander abgestimmt, daß fast jede größere technologische oder naturwissenschaftliche Änderung, die gedankenlos eingeführt wird, zu Schwierigkeiten führen kann. Aber wer hätte Henry Ford davon überzeugen können, daß seine Massenverkehrsmaschinen einmal ein Fluch für unsere Umwelt werden könnten?

säuren in der Natur vorkommen, befindet sich in den Wänden bestimmter Bakterien. Eine Meinung dazu besagt, daß sie von den Bakterien dort abgeschieden wurden, um sie einfach aus dem Weg zu räumen, aber es wurden auch Vermutungen angestellt, daß sie sich in der Wandstruktur als Verteidigungsmaßnahme gegen den Angriff von Enzymen entwickelt haben könnten (nicht gegen Lysozyme, die die β-Glucosidbindung angreifen), die am wirksamsten gegen die üblichen L-Aminosäuren vorgehen.

12–8   Energie und Metabolismus in lebenden Systemen

Für Bergsteiger, die ihr Hobby ernst nehmen, ist eine „dynamische Traverse" eine besonders schwierige Kletterübung. Es ist dies ein horizontales Überqueren eines schwierigen Geländeabschnitts, wobei der Kletterer sich zu jedem Zeitpunkt in einer unstabilen Lage befindet und nur durch seine ständige Bewegung vor einem verhängnisvollen Absturz bewahrt wird. In einem gewissen Sinn ist jeder lebende Organismus ständig in eine solche dynamische Traverse verwickelt: Eine der bedeutendsten Verallgemeinerungen der Naturwissenschaften, der zweite Hauptsatz der Thermodynamik, besagt, daß bei jedem Prozeß, der in einem abgeschlossenen System abläuft (d. h. das Objekt der Untersuchung plus seine gesamte Umgebung, mit der es Materie oder Energie austauscht), die Unordnung des Systems als Ganzen *zunimmt*. Wir werden uns dieses Prinzip genauer in Kapitel 15 ansehen. Ein lebender Organismus ist eine äußerst ausgeklügelte chemische Maschine, die zu einem hohen Maß von Komplexität entwickelt wurde. Er sieht sich ständig dem Dilemma ausgesetzt, daß jede chemische Reaktion, die in ihm abläuft, die Unordnung erhöht und seine Komplexität vermindert. Es ist also eine konstante Versorgung mit Energie aus äußeren Quellen erforderlich, nicht nur um die physische Arbeit zu leisten, sondern auch um das Ausmaß der Unordnung, die *Entropie*, im Inneren niedrig zu halten. Wenn diese Energieversorgung versagt, dann ist der Zusammenbruch der chemischen Maschine und der Tod des Organismus nur eine Frage der Zeit: ein Tag für die schnellebige Spitzmaus, ein paar Wochen für den Menschen. So, wie der Bergsteiger durch seinen Schwung vor dem Absturz bewahrt wird, bewahrt eine ständige Energiezufuhr die lebende Maschine vor dem Zusammenbruch. Der Abbau von hochenergetischen Brennstoffen und die Ausnutzung ihrer Energie in lebenden Organismen wird als *Metabolismus* bezeichnet. In diesem Abschnitt wollen wir kurz die Umrisse des Metabolismus aufzeigen, der allen sauerstoffatmenden Organismen gemeinsam ist. Da die Glucose ein so wichtiger Metabolit ist, werden wir sie zur Veranschaulichung benutzen.

Die Glucoseverbrennung

Wenn 180,16 g Glucose verbrannt werden (1 mol), werden 2818 kJ in Form von Wärme freigesetzt. Eine solche unkontrollierte Verbrennung ist jedoch verschwenderisch; nur ein kleiner Bruchteil der in der Glucose gespeicherten Energie wird dabei, wenn überhaupt, gut genutzt. Es ist wirksamer, Glucose an Pferde zu verfüttern und diese dann Lasten ziehen zu lassen, als Glucose zu verbrennen und damit eine Lokomotive zu betreiben. Dies liegt daran, daß im Metabolismus eines Pferdes die Glucose in einer Reihe von kleinen Schrittten abgebaut wird. Die bei jedem Schritt freigesetzte Energie wird in den chemischen Bindungen eines besonderen Moleküls, des Adenosintriphosphats (ATP), gespeichert und steht dann für den Einsatz in anderen chemischen Reaktionen zur Verfügung, die die Muskeln Arbeit leisten lassen. Die Verbrennung der Glucose im Körper des Pferdes verläuft kontrolliert und wirtschaftlich, während die Verbrennung in der Lokomotive unkontrolliert und verschwenderisch ist.

Wir könnten eine Bilanz der chemischen Energie aufstellen, indem wir uns die Reaktionswärmen oder die Enthalpieänderungen ansehen. Wir erhalten jedoch eine weitaus brauchbarere Aussage, wenn wir uns diese Wärmen nach einer Korrektur betrachten, die die durch die Reaktion verursachten Veränderungen in der Ordnung oder Unordnung des Systems berücksichtigt. Diese korrigierte Energie ist die Gesamtenergie, die uns frei zur Leistung chemischer Arbeit zur Verfügung steht. Sie wird daher auch als *freie Enthalpie, G,* bezeichnet, während die Änderung der freien Enthalpie bei einer Reaktion durch die Differenz ΔG dargestellt wird. Wir werden in Kapitel 15 noch sehen, auf welche Weise wir die Änderung der freien Enthalpie aus den Änderungen der Enthalpie und der Zu- oder Abnahme der Unordnung bei einem chemischen Prozeß berechnen können. Im Augenblick wollen wir den Betrag der freien Energie nur als buchhalterisches Hilfsmittel beim Verfolgen der Energiebilanz in metabolischen Prozessen benutzen. Die Änderung der molaren freien Standardenthalpie hat bei der Verbrennung von Glucose

$$C_6H_{12}O_6 + 6O_2 \rightleftarrows 6H_2O + 6CO_2$$

einen Wert von $\Delta \bar{G}^0 = -2872\,\text{kJ}\,\text{mol}^{-1}$. (Zum Vergleich: Die Standardenthalpieänderung oder Reaktionswärme dieser Reaktion beträgt pro Mol Glucose $\Delta \bar{H}^0 = -2818$ $\text{kJ}\,\text{mol}^{-1}$.) Im Metabolismus des Pferdes werden 44% der freigesetzten freien Enthalpie dadurch genutzt, daß für jedes abgebaute Molekül der Glucose 38 Moleküle ATP synthetisiert werden. Diesen geordneten Abbauprozeß wollen wir jetzt genauer untersuchen.

Der Drei-Stufen-Prozeß bei der metabolischen Oxidation

Der Verbrennungsprozeß in lebenden, Sauerstoff atmenden Organismen läuft in drei Schritten ab. Im ersten Schritt werden alle Nährstoffe, ganz gleich, welcher chemischen Natur sie sind, zu Brenztraubensäure („Pyruvinsäure") abgebaut

$$CH_3\!-\!\overset{\overset{\displaystyle O}{\|}}{C}\!-\!\overset{\overset{\displaystyle O}{\|}}{C}\!-\!OH$$

Bei diesem Prozeß wird nicht viel Energie gewonnen. Sein Hauptziel ist es, alle Ausgangsstoffe zu einem einfachen Satz von Chemikalien zu reduzieren und für die wirklich Energie erzeugenden Schritte vorzubereiten. Im zweiten Schritt, dem sogenannten Citronensäure-Cyclus wird die Brenztraubensäure zu CO_2 oxidiert, während ihre Wasserstoffatome zugleich zwei wichtige Trägermoleküle reduzieren, die wir uns in Kürze näher ansehen werden, das Nicotinamid-adenin-dinucleotid (NAD) und das Flavin-adenin-dinucleotid (FAD). Wieder wird in diesem Cyclus nur ein geringer Betrag von freier Enthalpie in ATP gespeichert. Sein Hauptzweck ist es, die $1143\,kJ\,mol^{-1}$ an freier Enthalpie, die die Brenztraubensäure enthält, in vier kleinere, leichter zu handhabende Portionen von etwa $200\,kJ\,mol^{-1}$ in Form von vier Molen reduzierter Trägermoleküle umzuwandeln. Im dritten Schritt des Prozesses, der Atmungskette, werden diese reduzierten Tärgermoleküle wieder oxidiert, wobei die durch die Oxidation gewonnenen Wasserstoffatome zur Reduzierung von O_2 zu Wasser verwendet werden. Die auf diese Weise freigesetzte freie Enthalpie wird zur Synthese von weiteren ATP benutzt.

Wir können zwei Zielsetzungen bei diesem Drei-Stufen-Mechanismus erkennen: Erstens werden die Tausende von verschiedenen, möglichen Nahrungsmittel, so schnell es geht, auf einen einfachen, gemeinsamen Satz von Chemikalien reduziert, und zweitens werden unhandlich große Beträge der freien Enthalpie in mehrere kleinere zerlegt, die besser von den Mechanismen zur Synthese von ATP gehandhabt werden können. Sehen wir uns jetzt einmal jede dieser drei Stufen genauer an.

Stufe 1: Glykolyse

Der erste Schritt dieses Verbrennungsprozesses benötigt keinen Sauerstoff. Er ist allen lebenden Organismen gemein und wird als *anaerobe Fermentation* bezeichnet. Wenn O_2 zur Verfügung steht, ist das Endprodukt, wie wir bereits gesagt haben, Brenztraubensäure. Aber in anderen Organismen, die keinen Sauerstoff atmen, oder in einigen Sauerstoff atmenden Mikroorganismen, denen der Sauerstoff entzogen wurde, werden andere Verbindungen gebildet. Hefezellen produzieren unter anaeroben Bedingungen Ethanol, bestimmte Arten von Bakterien erzeugen Aceton, und die menschlichen Muskelzellen bilden Milchsäure

$$\underset{\text{Glucose}}{C_6H_{12}O_6} \rightarrow \underset{\text{Milchsäure}}{2\,CH_3CH(OH)COOH} \quad \Delta G^0 = -198\,kJ$$

Die Ansammlung von Milchsäure in unseren Muskeln ist die Ursache von Muskelkrämpfen während plötzlicher Überanstrengungen, wenn der Sauerstoffvorrat in den Muskeln erschöpft ist. Wenn mehr Sauerstoff zu den Muskeln transportiert wird, wird die Milchsäure wieder zu Brenztraubensäure, dem normalen Produkt, umgewandelt

$$\underset{\text{Milchsäure}}{2\,CH_3CH(OH)COOH} + O_2 \rightleftarrows \underset{\text{Brenztraubensäure}}{2\,CH_3COCOOH} + 2\,H_2O \quad \Delta G^0 = -388\,kJ$$

Diese erste Stufe des Metabolismus wird als *Glykolyse* bezeichnet. Sie läuft in elf chemischen Schritten ab, in denen Glucose zu Fructose und dann zu Glycerinaldehydderivaten mit drei Kohlenstoffatomen abgebaut wird. Erst beim letzten Schritt oder den letzten beiden Schritten verzweigt sich der Prozeß in getrennte Wege, die zur Bildung von Brenztraubensäure, Milchsäure, Ethanol oder Aceton führen. Jeder Schritt dieses Abbauprozesses wird durch einen Katalysator geregelt (Abschnitt 18–5), einem Enzym mit einer relativen Molekülmasse von 30000 bis 500000.

Die Glykolyse ist vermutlich ein chemisches Fossil aus der Zeit, bevor Sauerstoff in der Atmosphäre in Erscheinung trat und die einzelligen Organismen vom Abbau der in der Natur vorkommenden organischen Verbindungen lebten, wie wir es in Abschnitt 11–7 andeuteten. Als die Organismen an Größe und Komplexität zunahmen und damit ihre Energieansprüche wuchsen und als der Sauerstoff in der Erdatmosphäre erschien, begann sich ein komplizierterer und weitaus mehr Energie liefernder biochemischer Prozeß zu entwickeln, der *Citronensäure-Cyclus* genannt wird (Stufe 2). Bevor wir uns diesen Prozeß genauer ansehen, müssen wir zunächst auf das universelle Verfahren zur Speicherung von chemischer Energie in jeder Art von lebenden Organismen eingehen.

Energiespeicherung und Transfermoleküle

Der Aufbau des Schlüsselmoleküls beim Energiespeicherungsprozeß, Adenosintriphosphat (ATP), ist in Abbildung 12–18 dargestellt. Es setzt sich aus Adenin (Abbildung 12–3), Ribose (ein Zucker mit fünf Kohlenstoffatomen) und drei miteinander verknüpften Phosphatgruppen zusammen. Die endständige Phosphatgruppe des ATP kann hydrolysiert oder unter Addition von HO^- und H^+ aus dem Wasser abgespalten werden, wobei Phosphat und Adenosindiphosphat (ADP) gebildet werden. ADP kann sogar noch weiter in eine Phosphatgruppe und Adenosinmonophosphat (AMP) zerlegt werden. Schließlich kann auch noch die letzte Phosphatgruppe entfernt werden, so daß wir Adenosin erhalten. Bei den ersten beiden Abspaltungen werden jeweils $33\,\mathrm{kJ\,mol^{-1}}$ an molarer freier Enthalpie freigesetzt, während bei der letzten Abspaltung nur $8\,\mathrm{kJ\,mol^{-1}}$ abgegeben werden. Diese Substanz und insbesondere die erste Phosphatbindung (die in der Abbildung am weitesten links stehende) ist in der Hauptsache für die Energiespeicherung in jeder lebenden Zelle verantwortlich. Jedesmal, wenn ein Glucosemolekül biochemisch abgebaut wird, werden zwei Moleküle Brenztraubensäure und acht ATP-Moleküle aus acht ADP-Molekülen gebildet

$$\text{Glucose} + 8\,\text{ADP} + 8\,\text{Phosphat} \rightleftarrows 2\,\text{CH}_3\text{COCOOH} + 8\,\text{ATP}$$

Auf diese Weise wird ein Betrag von $8 \times 33\,\mathrm{kJ\,mol^{-1}} = 264\,\mathrm{kJ\,mol^{-1}}$ an molarer freier Enthalpie gespeichert. Die Enzyme, die alle Schritte des Glucoseabbaus kontrollieren,

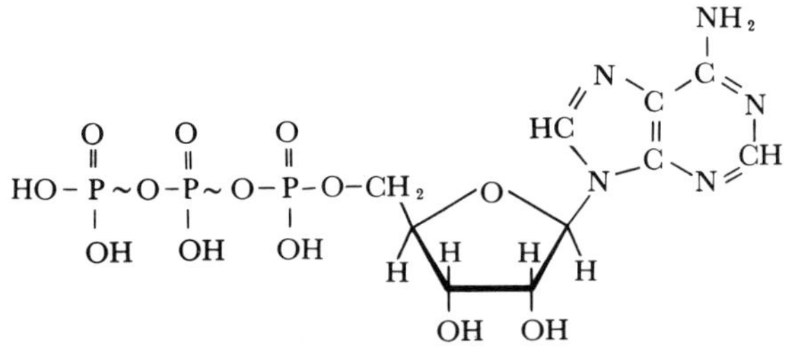

Abbildung 12–18 Die Struktur des Adenosintriphosphats (ATP). Die durch Wellenlinien bei den Phosphatgruppen gekennzeichneten Bindungen setzen einen ungewöhnlich großen Energiebetrag frei, wenn sie durch Hydrolyse abgespalten werden. Es sind dies die Stellen, an denen im ATP-Molekül chemische Energie gespeichert ist.

sorgen dafür, daß die Energie, die bei einem Schritt in diesem Prozeß freigesetzt wird, dazu verwendet wird, ein ATP-Molekül zu synthetisieren, und nicht in der Form von Wärme vergeudet wird.

Es gibt noch zwei andere Transfermoleküle, die wir uns ansehen sollten, bevor wir mit dem Citronensäure-Cyclus weitermachen. Das eine ist das Nicotinamidadenindinucleotid, dessen Struktur in Abbildung 12–19 dargestellt ist. Es ähnelt dem ATP darin, daß es auch eine Adeningruppe, Ribose und Phosphat enthält. Der wesentliche Teil dieses Moleküls ist jedoch ein Nicotinring, der reduziert und oxidiert werden kann. Dieses Molekül ist ein sogenanntes Redox-Transfermolekül: Wenn in einem Schritt des Citronensäure-Cyclus ein Metabolit oxidiert wird, kann die oxidierte Form des Nicotinamidadenindinucleotids, NAD^+, zu NADH und H^+ reduziert werden. Das andere wichtige Transfermolekül ist das Flavinadenindinucleotid (FAD), daß zu $FADH_2$ reduziert werden kann. Beide diese Transfermoleküle sind Zulieferer für die letzte Stufe des Energiespeicherungsprozesses, für die *Atmungskette.* Diese stellt einen Vorgang in vier Schritten dar, an dem Cytochromenzyme beteiligt sind. Bei diesem Prozeß werden die reduzierten Elektronenüberträger NADH und $FADH_2$ wieder oxidiert, während Sauerstoff zu Wasser reduziert und die freigesetzte Energie in ATP gespeichert wird. Jedesmal, wenn ein reduziertes Transfermolekül, das ein Elektronenpaar mit sich

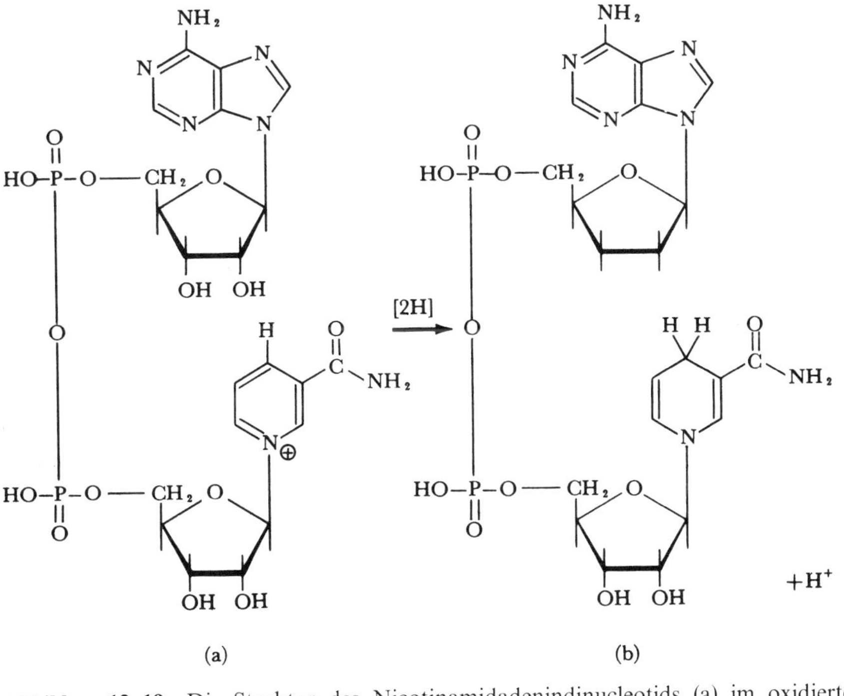

(a)   (b)

Abbildung 12–19 Die Struktur des Nicotinamidadenindinucleotids (a) im oxidierten Zustand, NAD^+, und (b) im reduzierten Zustand, NADH. Beachten Sie die Ähnlichkeit zwischen der oberen Hälfte des Moleküls, wie es hier gezeichnet wurde, und dem ATP. Reduziertes NADH ist ein Transfermolekül, das seine gespeicherte chemische Energie auf ähnliche Weise in chemischen Synthesen weitergeben kann, wie es das reduzierte Ferredoxin bei der Photosynthese tut.

führt, die Cytochromoxidationskette durchläuft und dabei seine relativ hohe Energie verliert, wird diese Energie durch die Synthese mehrerer ATP-Moleküle für den Organismus gewonnen.

Viele der lebenswichtigen Vitamine sind die halbfertigen Komponenten von Energieüberträgern wie diesen. Geringe Mengen dieser Vitamine müssen uns aus äußeren Quellen nachgeliefert werden, da wir die Fähigkeit verloren haben, sie in unserem Körper selbst zu synthetisieren. So ist z. B. die chemische Gruppe, die im FAD oxidiert und reduziert wird, ein Flavin. Einige Organismen können Flavine synthetisieren, und vielleicht konnten auch wir oder unsere Vorgänger früher einmal Flavine synthetisieren; heute können wir es aber nicht. Um nun das Energie übertragende System in Gang zu halten und die FAD-Moleküle zu ersetzen, die nach und nach verbraucht werden, benötigen wir eine Zufuhr von geringen Mengen *Riboflavin* oder Vitamin B$_2$ aus äußeren Quellen (Abbildung 12–3).

Stufe 2: Der Citronensäure-Cyclus

Jetzt können wir uns die zweite Stufe des dreistufigen Energiegewinnungsprozesses des Metabolismus ansehen. Die Hauptrolle dieser Stufe, des Citronensäure-Cyclus, besteht darin, die mehr als $1050\,\mathrm{kJ\,mol^{-1}}$ an molarer freier Enthalpie, die in den Molekülen der Brenztraubensäure enthalten sind, in vier Portionen von je $210\,\mathrm{kJ\,mol^{-1}}$ umzuwandeln, die in Form von reduziertem NADH und FADH$_2$ vorliegen. Der Startschritt, bevor der Cyclus beginnt, ist die Kombination der Brenztraubensäure mit einem Molekül, das als reduziertes Coenzym A (CoA—SH) bezeichnet wird, wobei sich Acetylcoenzym A bildet. Acetylcoenzym A ist der Ausgangsstoff für den Citronensäure-Cyclus (Abbildung 12–20)

$$CH_3COCOOH + NAD^+ + CoA{-}SH \rightleftharpoons$$
Brenztraubensäure

$$CH_3CO{-}S{-}CoA + CO_2 + NADH + H^+$$
Acetylcoenzym A

Im Cyclus werden zunächst die Acetatgruppe mit zwei Kohlenstoffatomen und ein Oxalacetation mit vier Kohlenstoffatomen zu einem Citration mit sechs Kohlenstoffatomen vereinigt. Das Citrat wird dann in sieben Schritten abgebaut, wobei es zwei seiner Kohlenstoffatome als CO$_2$ abgibt und wieder das Oxalacetat gebildet wird. Jeder der Schritte im Citronensäure-Cyclus ist entweder eine Oxidation (Isocitrat zu α-Ketoglutarat, Malat zu Oxalacetat) oder eine Umordnung der Moleküle in Vorbereitung der nächsten Oxidation (Citrat zu Isocitrat). Bei fünf der Oxidationsschritte reduziert die freigesetzte Energie ein Transfermolekül: NAD$^+$, FAD oder ADP.

Stufe 3: Die Atmungskette

Jedes NADH-Molekül, ganz gleich welcher Herkunft, leitet zur dritten Stufe des metabolischen Prozesses über, zur abschließenden Oxidationskette oder *Atmungskette*, und bildet dabei drei ATP-Moleküle. Auch jedes FADH$_2$-Molekül kommt in der Mitte

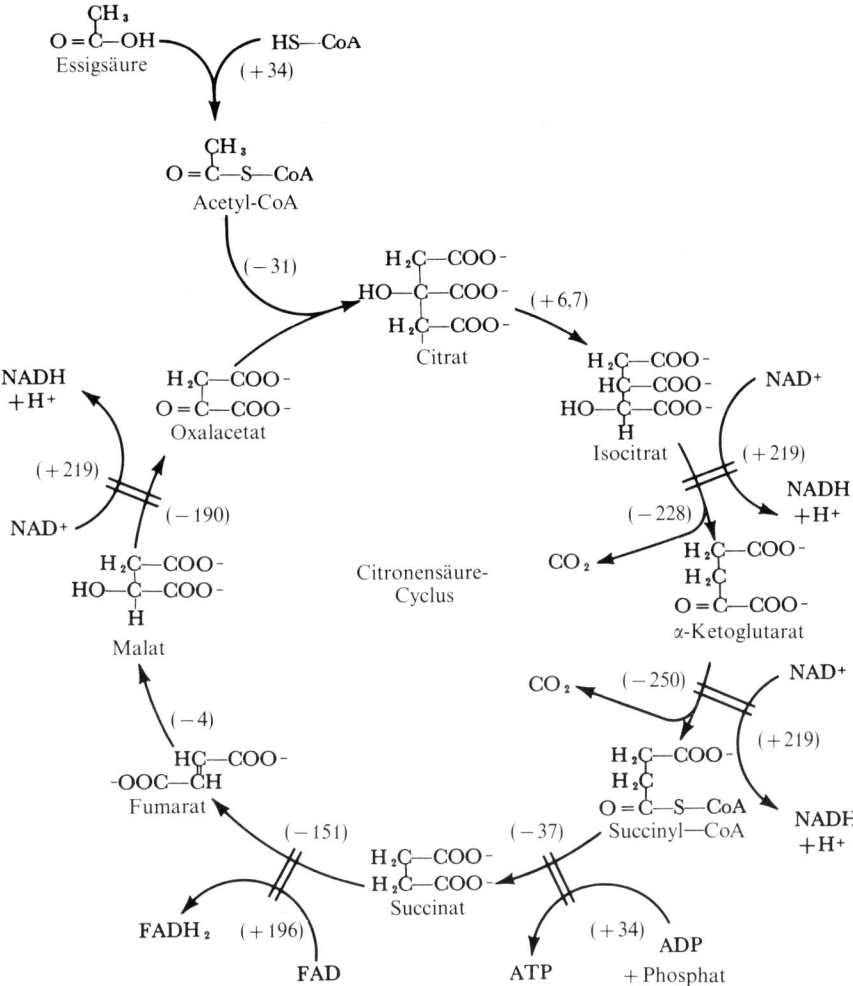

Abbildung 12–20 Der Citronensäure-Cyclus, der auch noch Krebs-Cyclus oder Tricarbonsäure-Cyclus genannt wird. Die in Klammern gesetzten Zahlen sind die molaren freien Standardenthalpien für die angegebenen Reaktionen (in kJ mol^{-1}). Ein Doppelstrich weist darauf hin, daß die Oxidation im Cyclus und die Reduktion eines Transfermoleküls durch ein Enzym zum gleichen Zeitpunkt erfolgt. Die reduzierten Transfermoleküle gehen in die Atmungskette ein, wo sie wieder oxidiert werden und O_2 zu H_2O reduziert wird.

derselben Kette an und bildet zwei ATP-Moleküle. Sie können das Ergebnis in Abbildung 12–20 abzählen und feststellen, daß bei jedem Umlauf um den Citronensäure-Cyclus durch den Abbau eines Mols Acetat schließlich 12 mol ATP synthetisiert werden. Die Gesamtreaktion ist also

$$CH_3COOH + 2O_2 \rightleftarrows 2CO_2 + 2H_2O \quad \Delta G^0 = -883\,kJ$$
$$12\,ADP + 12\,Phosphat \rightleftarrows 12\,ATP \quad \Delta G^0 = 12 \times 33,5\,kJ = 402\,kJ$$

Bei dem Gesamtabbau eines Mols Glucose – was die Glykolyse zu zwei Molen Brenz-traubensäure, ihre Umwandlung zu zwei Molen Acetat und dann zwei Umläufe um den Citronensäure-Cyclus umfaßt – sieht der Gesamtumsatz folgendermaßen aus (aus Grün-den der Vereinfachung wurde die Umwandlung von Brenztraubensäure (Pyruvat) in Acetyl-CoA mit in die Glykolyse einbezogen).

Abbau:

$$C_6H_{12}O_6 + 2O_2 \rightleftarrows 2CH_3COOH + 2H_2O + 2CO_2 \quad \Delta G^0 = -1105\,kJ$$

$$2CH_3COOH + 4O_4 \rightleftarrows 4H_2O + 4CO_2 \qquad\qquad \Delta G^0 = -1767\,kJ$$

$$\overline{C_6H_{12}O_6 + 6O_2 \rightleftarrows 6H_2O + 6CO_2 \qquad\qquad\quad \Delta G^0 = -2872\,kJ}$$

Synthese:

$$14\,ADP + 14\,Phosphat \rightleftarrows 14\,ATP \qquad \Delta G^0 = 14 \times 33,5\,kJ$$
$$= 469\,kJ$$

$$24\,ADP + 24\,Phosphat \rightleftarrows 24\,ATP \qquad \Delta G^0 = 24 \times 33,5\,kJ$$
$$= 804\,kJ$$

$$\overline{38\,ADP + 38\,Phosphat \rightleftarrows 38\,ATP \qquad \Delta G^0 = 1273\,kJ}$$

Der Gesamtwirkungsgrad der Energieumwandlung von Glucose als Nährstoff zu in den Muskeln gespeichertes ATP beträgt $1273\,kJ/2872\,kJ = 0,44 = 44\%$.

Diese kurze Schilderung sollte Sie nicht dazu verleiten, anzunehmen, daß uns der ganze Vorgang der Energieumwandlung im Metabolismus bekannt ist. Die Umrisse des Glykolyseweges, des Citronensäure-Cyclus und der Atmungskette sind bekannt, und wir verstehen auch viele Einzelheiten der an ihnen beteiligten Reaktionen. Jedoch sind die *Mechanismen*, nach denen diese Reaktionen ablaufen, noch nicht ebenso gut er-forscht. Wie sieht die molekulare Maschinerie aus, mit deren Hilfe die beim Abbau gewonnene *Degradierungsenergie* zur Verbindung einer Phosphatgruppe mit einem ADP-Molekül in einem Prozeß genutzt wird, den man als *oxidative Phosphorylierung* bezeichnet? Wir wissen es nicht, aber es sind intensive Untersuchungen im Gange, um diese Frage zu beantworten. Wodurch wird jedesmal, wenn ein Malatmolekül zu Oxal-acetat oxidiert wird, ein NAD^+-Molekül reduziert? Wir beginnen gerade damit, eine mögliche Erklärung zu erkennen. Das *Was* der metabolischen Chemie ist uns heute weitgehend klar, aber das *Warum* oder das *Wie* dieser Vorgänge ist noch unbekannt. Die alle diese metabolischen Reaktionen regelnden Wirkstoffe sind die Enzyme. Diese Moleküle wollen wir uns als nächstes ansehen.

12–9   Enzyme und Proteine

Ein Protein ist ein zusammengeknäueltes Polymer von Aminosäuren. Ein derartiges Polymer ist unten in Abbildung 12–1 dargestellt, und ein Modell einer einzelnen Amino-säure zeigt Abbildung 12–13. Enzyme bilden eine Klasse der Proteine und vielleicht die interessanteste und berühmteste Klasse. Sie sind annähernd kugelförmige Moleküle mit einer relativen Molekülmasse von 10000 bis mehrere Millionen und einem Durchmesser von 2 nm und mehr. Andere kugelförmige Proteinmoleküle, wie z. B. Myoglobin und Hämoglobin, bilden Transfer- und Speichereinheiten für molekularen Sauerstoff (Abschnitt 11–7). Die Cytochrome sind Oxidations-Reduktions-Proteine, die als Zwischenverbindungen in der im vorangehenden Abschnitt erwähnten Atmungskette dienen. Die Gammaglobuline sind Antikörpermoleküle mit einer relativen Molekülmasse von 150000. Sie heften sich an Viren, Bakterien oder andere Fremdkörper an und fällen sie aus den Körperflüssigkeiten aus, um ihren Wirt zu schützen. Alle diese Proteine sind *globuläre Proteine.*

Die andere große Klasse der Proteine bilden die *faserförmigen* oder *fibrillären Proteine.* Diese sind in der Hauptsache Baumaterialien (Skleroproteine). Keratin, das man in der Haut, den Haaren, der Wolle, den Nägeln und Schnäbeln von Tieren findet, ist ein derartiges Faserprotein. Das Kollagen in Sehnen, den unteren Hautschichten und der Hornhaut des Auges ist eine andere Art von faserförmigem Protein, wie es auch die Seiden und viele Arten von Insektenfasern sind. Proteine sind in Kombination mit Kohlenhydraten (Polysacchariden) und Lipoiden (langkettige Fette und Fettsäuren) die Baumaterialien aller lebenden Organismen.

Der Hauptunterschied zwischen einer Proteinkette und einer Kette aus Polyethylen oder Dacron besteht darin, daß sich in einem Protein nicht alle Seitenketten gleichen. Bei faserförmigen Proteinen ist die Wiederholung der Reihenfolge von Seitengruppen, die ein bestimmtes faserförmiges Protein – Seide, Haar oder Kollagen – ergibt, für seine speziellen, mechanischen Eigenschaften verantwortlich. Kugelförmige Proteine sind sogar noch komplizierter: Typische Moleküle weisen 100 bis 500 Aminosäuren auf, die zu einer langen Kette polymerisiert sind, wobei die vollständige Reihenfolge der Seitengruppen bei jedem Molekül desselben kugelförmigen Proteins dieselbe ist. Die Seitengruppen können kohlenwasserstoffähnlich, sauer, basisch oder neutral, aber polar sein. Sowohl das Zusammenknäueln der Proteinkette zu einem kompakten, kugelförmigen Molekül als auch das chemische Verhalten dieses zusammengeknäuelten Moleküls werden durch die Art und die Reihenfolge der Aminosäureseitengruppen bestimmt.

Nur 20 verschiedene Arten von Aminosäurenseitengruppen werden gewöhnlich in lebenden Organismen angetroffen. Diese Seitengruppen sind in Tabelle 12–5 zusammengestellt. Einige von ihnen, wie z. B. Val, Leu, Ile und Phe, sind kohlenwasserstoffähnlich. Diese *hydrophoben* Gruppen sind stabiler, wenn sie aus einer wäßrigen Umgebung entfernt werden können. Eine Proteinkette, die sich in einer wäßrigen Lösung befindet, ist bestrebt, sich zu einem Molekül zusammenzuknäueln, bei dem diese Gruppen *innen* liegen. Andere Seitengruppen tragen eine elektrische Ladung, wie z. B. die Säuren Asp und Glu und die Basen Lys und Arg. Andere Seitengruppen sind, obwohl sie ungeladen sind, mit einer wäßrigen Umgebung verträglich, wie z. B. Asn, Gln und Ser. Einer der wichtigsten Faktoren bei der Bestimmung, wie sich eine Proteinkette zu einem kugelförmigen Molekül zusammenknäueln wird, ist die Stabilität, die sich daraus ergibt, daß hydrophobe Gruppen im Inneren des Moleküls vergraben sind, während sich geladene Gruppen außen befinden. Obwohl uns beide in Abbildung 12–13 gezeigten optischen Isomere als gleich wahrscheinlich vorkommen, sind *alle* Aminosäuren in den Proteinen L-Aminosäuren (Abbildung 12–13a).

Eine Proteinkette ist besonders stabil, wenn sie zu einer rechtsgängigen α-Helix verdreht ist (Abbildung 12–21). Bei dieser Struktur weisen die Seitengruppen von der Schraubenachse fort, und die C=O-Gruppen einer Windung der Helix sind durch eine Wasserstoff(brücken)-bindung mit den H—N-Gruppen der nächsthöheren Windung verbunden.

Eine Wasserstoffbrückenbindung oder kürzer Wasserstoffbindung (Abschnitt 14–4) ist eine Bindung, die sich zwischen einem besonders elektronegativen Atom, wie z. B. F oder O, und einem Wasserstoffatom mit einem leichten, lokalen Überschuß von partieller, positiver Ladung ausbildet. Eine derartige Bindung ist in der Hauptsache elektrostatischer Natur und hängt davon ab, ob sich die beiden Atome sehr nahe kommen

Tabelle 12–5   Seitengruppen der zwanzig häufigsten Aminosäuren

	Symbol	Name	Seitengruppe[a]
Saure Seitengruppen:	Asp	Asparaginsäure	$-CH_2COOH$
	Glu	Glutaminsäure	$-CH_2CH_2COOH$
Basische Seitengruppen:	Lys	Lysin	$-CH_2CH_2CH_2CH_2NH_2$
	Arg	Arginin	$-CH_2CH_2CH_2NH-C(NH)NH_2$
	His	Histidin	$-CH_2-C \overset{NH}{\diagdown} CH$, $CH-N$
Ungeladene, aber polare Seitengruppen:	Asn	Asparagin	$-CH_2-CO-NH_2$
	Gln	Glutamin	$-CH_2CH_2-CO-NH_2$
	Ser	Serin	$-CH_2OH$
	Thr	Threonin	$-CH(OH)-CH_3$
	Gly	Glycin	$-H$
Schwefelhaltige Seitengruppen:	Cys	Cystein	$-CH_2SH$
	Met	Methionin	$-CH_2CH_2-S-CH_3$
Aliphatische Seitengruppen:	Ala	Alanin	$-CH_3$
	Val	Valin	$-CH-CH_3$, CH_3
	Leu	Leucin	$-CH_2-CH-CH_3$, CH_3
	Ile	Isoleucin	$-CH-CH_2-CH_3$, CH_3
	Pro	Prolin (Die gesamte Aminosäure ist hier dargestellt)	$^+H_2N-CH-COO^-$ (Ringstruktur mit CH_2, CH_2, CH_2)

Tabelle 12–5   Fortsetzung

	Symbol	Name	Seitengruppe[a]
Aromatische Seitengruppen:	Phe	Phenylalanin	$-CH_2-\bigcirc$
	Tyr	Tyrosin	$-CH_2-\bigcirc-OH$
	Trp	Tryptophan	$-CH_2-C\begin{matrix}CH\\NH\end{matrix}$

[a] Alle Aminosäuren, ausgenommen Pro, können mit Hilfe der Formel

$$+ H_3N-\overset{\displaystyle R}{\underset{\displaystyle |}{CH}}-C\begin{matrix}O\\\\O\end{matrix}\,-$$

dargestellt werden, in der die Seitengruppen, die durch —R gekennzeichnet sind, in der Tabelle aufgeführt sind. Für Pro ist das ganze Aminosäuremolekül dargestellt.

können. Aus diesem Grunde können O und F solche Bindungen eingehen, während das größere Cl dies gewöhnlich nicht kann. Wasserstoffbindungen liegen im Eis vor, wo sie die Wassermoleküle in einem offenen Gitterwerk zusammenhalten, das beim Schmelzen des Eises zusammenbricht. Dies ist der Grund dafür, daß das Eis weniger dicht als das Wasser ist und daher im Winter auf der Oberfläche eines Teiches schwimmt, anstatt auf den Grund des Gewässers abzusinken. Wasserstoffbrückenbindungen sind bei den Proteinen recht häufig, da entlang der Polypeptidkette Carbonylsauerstoff und Amin-wasserstoff nebeneinander vorliegen. Wie die Abbildung 12–14 zeigt, zwingt der partielle Doppelbindungscharakter der C—N-Peptidbindung diese Verknüpfung nicht nur in eine planare Konfiguration, sondern er gibt dem Sauerstoff auch eine geringe negative und dem Stickstoff eine geringe positive Ladung (die dann auch auf das Wasserstoff-atom wirkt, das am Stickstoffatom gebunden ist). Damit ergeben sich günstige Bedingungen für die Ausbildung von Wasserstoffbrückenbindungen.

In Haar, Wolle oder anderen Keratinen sind α-Helices zu Fibern, Fäden und Kabeln verdrillt, wodurch die Fasern entstehen, die wir sehen und handhaben können. In Seide sind die Ketten zu ihrer vollen Länge ausgestreckt und bilden keine α-Helix mehr, wobei die einzelnen Ketten durch Wasserstoffbindungen untereinander zu den Blättern verbunden werden, die in Abbildung 12–2a dargestellt sind. Bei den kugelförmigen Proteinen können die Ketten weder völlig gestreckt sein noch eine vollkommene α-Helix

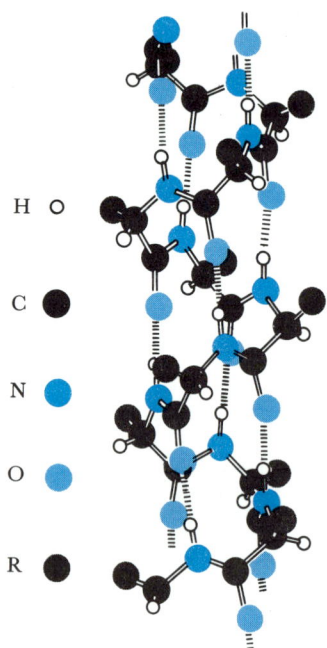

H ○

C ●

N ●

O ●

R ●

Abbildung 12–21   Die α-Helix, einer Art der Faltung von Proteinketten, die sowohl in Faserproteinen als auch in Kugelproteinen angetroffen wird. Die α-Helix wurde zuerst von L. Pauling und R. B. Corey aufgrund von Modellbauexperimenten vorgeschlagen, bei denen man von den Bindungslängen und Bindungswinkeln ausging, die durch Röntgenbeugungsanalysen von einzelnen Aminosäuren sowie von Polymeren von zwei oder drei Aminosäuren bestimmt wurden. Seitdem wurde diese Struktur in Haar und Wolle, im Keratin der Haut und in Kugelproteinen, wie z. B. Myoglobin und Hämoglobin, entdeckt.

bilden; es muß ein gewisses Maß von Hin- und Herbiegungen geben, damit das Molekül kompakt bleibt. Im Myoglobin (Abbildung 11–25) sind die 153 Aminosäuren in der Proteinkette zu 8 Teilstücken einer α-Helix verdrillt (durch die Buchstaben A bis H gekennzeichnet), die dann hin und her gefaltet wurden, um ein kompaktes Molekül zu ergeben. Die Helices E und F bilden dabei eine Tasche, in die die Hämgruppe hineinpaßt, und das Sauerstoffmolekül wird an das Eisenatom dieses Häms gebunden. Das Hämoglobin ist nach einem ähnlichen Muster aufgebaut und verfügt über vier solcher myoglobinähnlichen Einheiten (Abbildung 11–26). Das sehr kleine Protein Cytochrom c (104 Aminosäuren) besitzt keinen Platz für α-Helices. Seine Proteinkette ist wie ein Kokon um seine Hämgruppe gewickelt. In größeren Enzymen, wie z. B. im Chymotrypsin (241 Aminosäuren) und in der Carboxypeptidase (307 Aminosäuren), gibt es Bereiche in der Mitte des Moleküls, in denen die Proteinkette in mehreren, parallelen Strängen nebeneinander her verläuft, die durch Wasserstoffbrückenbindungen, sehr ähnlich wie bei der Seide (Abbildung 12–2a), zusammengehalten werden.

Der Zweck eines Enzyms ist es, eine Oberfläche zur Verfügung zu stellen, an die sich seine Substrate (die Moleküle, auf die das Enzym einwirkt) binden können, und die Bildung oder die Trennung von Bindungen in diesen Molekülen zu erleichtern. Der Platz auf der Oberfläche des Enzyms, an dem sich derartige Aktivitäten abspielen, wird als *aktives Zentrum* oder aktiver Bezirk bezeichnet. Das Enzym hat zwei Funktionen zu erfüllen: *Erkennung* und *Katalyse*. Wenn es jedes Molekül, das ihm begegnet, an sich binden würde, würde das Enzym nur während eines geringen Bruchteils seiner Zeit die Reaktion katalysieren können, die es eigentlich katalysieren sollte. Umgekehrt würde es, selbst wenn es nur die richtigen Moleküle an sich binden würde, auch nutzlos sein, wenn es nicht bei der Bildung oder Trennung der richtigen Bindungen helfen würde. Die Enzyme erkennen ihre Substrate dadurch, daß sie an ihrem aktiven Zentrum geeignet positionierte Aminosäurenseitenketten besitzen, die über Ladungswechselwirkungen, Wasserstoffbrückenbindungen oder die Anziehung zwischen hydrophoben Gruppen mit dem Substratmolekül in Wechselwirkung treten. Diese Auswahl von Molekülen, die ein Enzym an sich bindet oder nicht an sich bindet, wird seine *Spezifität* genannt.

Sobald es einmal an das Enzym gebunden ist, unterliegt das Substratmolekül den Angriffen bestimmter Gruppen des Enzyms. Viele Enzyme, die an bindungstrennenden Reaktionen beteiligt sind, setzen dazu Metalle wie Zn, Mg, Mn oder Fe ein. Manchmal wird ein Bruchstück des Substrats an das Metall koordiniert; in anderen Fällen entzieht das Metall dem Substrat Elektronen und schwächt auf diese Weise eine bestimmte Bindung. Diese beiden Rollen werden an der katalytischen Wirkung von Carboxypeptidase veranschaulicht, die wir in Abschnitt 12–11 diskutieren werden.

Den molekularen Aufbau der Proteine kennen wir erst seit kurzem. Die erste Röntgenbeugungsanalyse eines Proteins, die des Myoglobins, wurde 1959 abgeschlossen. Die des ersten Enzyms, Lysozym, wurde 1964 duchgeführt. Die Erforschung der größeren Enzyme, Elektronentransfermoleküle und Antikörper macht schnelle Fortschritte. Wir kennen heute den detaillierten Aufbau des molekularen Gerüsts von mehr als 25 Proteinen. In diesen Gebieten verschmilzt die Biochemie unmerklich mit ihrem Schwestergebiet, der Molekularbiologie.

12–10 Zusammenfassung

Wir haben in diesem Kapitel von den Überlegungen zur relativen Chemie der Elemente B, C, N und Si ausgehend einen weiten Weg zurückgelegt. Der Kohlenstoff spielt zweifellos eine besondere Rolle, die ihm auf Grund der optimal günstigen Zahl von Elektronen für die Bildung von Bindungsorbitalen, des Fehlens von abstoßend wirkenden einsamen Elektronenpaaren und der Fähigkeit, Doppel- und Dreifachbindungen auszubilden, auferlegt wurde. Die einfachen Alkane, die nur Einfachbindungen aufweisenden Verbindungen von Kohlenstoff und Wasserstoff, dienten zur Veranschaulichung der Vielfalt von Verbindungen, die mit Hilfe des Kohlenstoffs auf Grund seiner Fähigkeit aufgebaut werden können, lange und stabile Ketten zu bilden. Die Alkylhalogenide bilden die Brücke zwischen den relativ reaktionsträgen Alkanen und dem großen Reich der Kohlenwasserstoffderivate: Alkohole, Ether Aldehyde, Ketone, Ester, Säuren, Amine, Aminosäuren und anderen Verbindungen, die wir hier gar nicht erwähnt haben. Die Fähigkeit des Kohlenstoffs, Doppel- und Dreifachbindungen auszubilden, lernten wir bei den Alkenen und Alkinen kennen. Dies führte uns schließlich zu dem Spezialtyp von mehrfach gebundenen Substanzen, die unter dem Namen aromatische Verbindungen bekannt sind.

Die aromatischen Verbindungen bilden einen Spezialfall, weil eine bestimmte Anzahl ihrer Elektronen delokalisiert sind, d. h. nicht auf den Bereich zwischen zwei aneinander gebundenen Atomen beschränkt bleiben. Im allgemeinen wird das Molekül um so stabiler sein, je stärker die Delokalisierung der Elektronen im Molekül ist. Das Benzol ist um $167\,kJ\,mol^{-1}$ stabiler, als nach einer Berechnung der Bindungsenergien einer Kekulé-Struktur zu erwarten wäre. Darüber hinaus liegen die ersten unbesetzten Orbitale bei derartigen Molekülen mit delokalisierten Elektronen energetisch tiefer und dichter bei den Energieniveaus der besetzten Orbitale als bei anderen Molekülen. Die Energie, die dazu erforderlich ist, ein Elektron in diese unbesetzten Niveaus anzuregen, fällt häufig in den sichtbaren Bereich des elektromagnetischen Spektrums, wodurch diese Verbindungen farbig erscheinen. Die Fähigkeit, sichtbares Licht zu absorbieren, ist bei einem großen Molekül mit delokalisierten Ringen, dem Chlorophyll, von entscheidender Bedeutung, da bei ihm die Energie des absorbierten Lichts zur Synthese von Glucose benutzt wird. Ohne diese Photosynthese würde das Leben auf unserem Planeten auf der Stufe von seltenen und unbedeutenden Räuberorganismen stehengeblieben sein, die jene organischen Moleküle wieder abbauen würden, die in der Natur durch elektrische Entladungen oder ultravioletten Strahlung synthetisiert werden.

Das Molekül, das bei der Photosynthese als Energiespeichersubstanz synthetisiert wird ist die Glucose, ein Kohlenhydrat. Neben ihrer Aufgabe als Speicher für chemische Energie sind die Kohlenhydrate noch als Baumaterialien für Pflanzen von Bedeutung: Holz, Baumwolle, holziges Gewebe in den Stielen weicherer Pflanzen. Dabei wird Glucose zu Cellulose polymerisiert, die die Grundlage der strukturellen Kohlenhydrate bildet und nicht wieder verdaut werden kann. Andererseits wird Glucose auch zu Stärke polymerisiert, die in Samenkörnern und Wurzeln gespeichert wird und dazu bestimmt ist, später wegen ihres Glucosegehalts abgebaut zu werden.

Wenn sie als Energiequelle gebraucht wird, wird die Glucose nicht in einem Schritt verbrannt, sondern in einer Reihe von mehr als 25 Einzelschritten abgebaut. Während vieler dieser Schritte wird die freigesetzte Energie zur Synthese von ATP-Molekülen genutzt. Die Endprodukte des Glucoseabbaus sind Kohlendioxid und Wasser, die ihrerseits wieder die Ausgangsstoffe für die Photosynthese bilden. Der gesamte photosynthetische und metabolische Prozeß ist ein ausgeklügelter Mechanismus zur Umwandlung der Photonenenergie aus der Sonne in die Energie der Phosphatbindungen im ATP. Alle die Hunderte von chemischen Substanzen, die an dem Prozeß sonst noch beteiligt sind, sind in gewissem Sinne nur Vermittler bei der Energieumwandlung.

Alle diese chemischen Prozesse werden von den biologischen Katalysatoren geregelt, die unter dem Namen Enzyme bekannt sind. Diese sind Proteine – langkettige Polymere von Aminosäuren –, deren molekulare Eigenschaften durch die Reihenfolge von 20 verschiedenen Aminosäuren entlang der Proteinkette bestimmt werden. Die Enzymmoleküle bilden keine ausgestreckten Ketten, sondern sind kompakte, zusammengeknäuelte Anordnungen von Ketten, bei denen die richtigen Aminosäureseitengruppen zu einem aktiven Zentrum zusammengebracht werden, um die Moleküle zu binden, auf die das Enzym einwirkt, und dann eine chemische Reaktion dieses Moleküls zu erleichtern.

Am Ende des vorangehenden Kapitels machten wir die halb scherzhafte Bemerkung, daß Leben nur angewandte Übergangsmetallchemie ist. Das mag schon so sein in dem Sinne, wie es gemeint war, aber die Anwendung der Übergangsmetallchemie betrifft dabei Verbindungen des Kohlenstoffs.

12–11 Postskriptum: Die katalytische Wirkung der Carboxypeptidase

Der molekulare Aufbau einiger weniger Enzymmoleküle ist uns heute bekannt, und wir können damit anfangen, Mechanismen für ihre katalytische Aktivität vorzuschlagen. Eines der klarsten Beispiele dafür ist das Enzym *Carboxypeptidase A*, dessen Struktur 1967 von W. N. Lipscomb und seiner Arbeitsgruppe in Harvard aufgeklärt wurde.

Die Carboxypeptidase ist ein Enzym mit einer relativen Molekülmasse von 34 600, das eine einzige Polypeptidkette aus 307 Aminosäuren aufweist. Es ist im Sekret der Bauchspeicheldrüse enthalten und hilft bei der Verdauung von Nahrung im Darm. Seine spezielle Aufgabe ist es, den letzten Aminosäurerest vom Carboxylende einer Proteinkette abzutrennen. Es gibt zwei Formen der Carboxypeptidase, A und B. Carboxypeptidase A ist am wirksamsten, wenn die Seitenkette an der zu entfernenden Aminosäure groß und hydrophob ist. Daher ist das *Substrat* der Carboxypeptidase A eine Polypeptidkette (Ab-

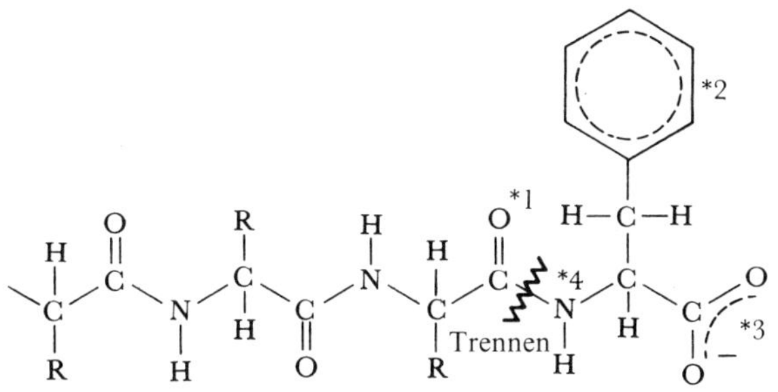

(a)

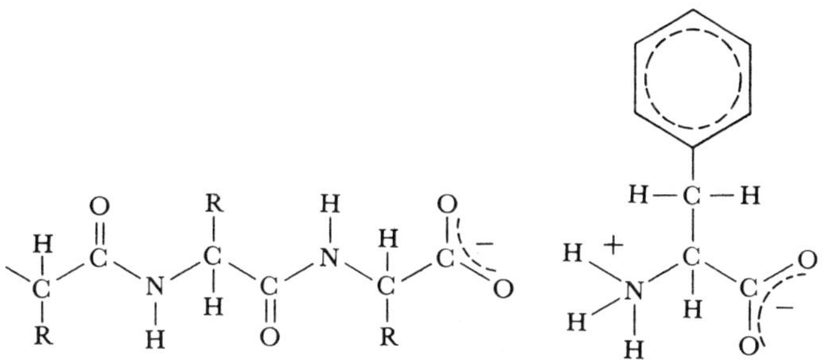

(b)

Abbildung 12–22 Die Spaltung einer Peptidbindung vom Carboxylende einer Polypeptidkette her durch Carboxypeptidase A. (a) Die Kette vor der Abspaltung: Wir erkennen die Trennstelle, die durch eine Wellenlinie getrennt ist, den Carbonylsauerstoff, der als Ligand mit dem Zn-Atom in Wechselwirkung tritt (*1), die hydrophobe Gruppe, die von der Tasche am Enzym „erkannt" wird (*2), das Carboxylende der Kette, das von einem Arginin am Protein angezogen wird (*3) und das Stickstoffatom, das ein Proton aus einer Tyrosinseitengruppe aufnimmt (*4). (b) Die Kette nach der Abspaltung. Das Stickstoffatom ist in seiner geladenen Zwitterionenform dargestellt. Das dritte Proton stammt von den H^+-Ionen der wäßrigen Lösung.

bildung 12–22), ihre *Spezifität* erstreckt sich auf Ketten mit voluminösen hydrophoben Gruppen am Carboxylende, und ihre *katalytische Aktivität* ist die Trennung der letzten Peptidbindung in der Kette (Abbildung 12–24b). Wie geht das Enzym dabei vor?

Das Enzym ist ein ellipsoidförmiges Objekt von $4,5 \times 4,5 \times 5,5\,nm^3$ Abmessung mit einer Einbuchtung an einem Ende, von der aus eine Rille um die Seite des Moleküls verläuft. Diese Einbuchtung ist das aktive Zentrum des Enzyms, und die Rille ist der Ort, an dem die Polypeptidkette, die getrennt werden soll, gebunden wird. Das Carboxylende der Kette paßt also in das aktive Zentrum.

In der Mitte der Einbuchtung des aktiven Zentrums befindet sich ein Zn(II)-Ion, das der Schlüssel zur katalytischen Aktivität des Enzyms ist. Es ist tetraedrisch koordiniert, wobei drei seiner vier Liganden N- oder O-Atome von Aminosäureseitenketten des Proteins sind (Abbildung 12–23). Diese Liganden halten das Zn-Ion an seinem Platz fest. Der vierte Koordinationsplatz bleibt unbesetzt, bis das Polypeptidsubstrat an das Enzym gebunden wird. Wenn dies geschieht, bildet der Sauerstoff der C=O-Gruppe, die der aufzutrennenden Bindung am nächsten liegt, den vierten Zn(II)-Liganden. Das Zn-Ion zieht die einsamen Elektronenpaare des Sauerstoffatoms an und polarisiert damit die C=O-Doppelbindung. Das O-Atom erhält dadurch einen kleinen negativen Ladungsüberschuß, während das C-Atom eine geringe positive Ladung annimmt (Abbildung 12–23). Diese Polarisierung der Ladungen wird durch die negative Ladung einer Glutaminsäureseitenkette des Proteins stabilisiert, die sich zum leicht positiv geladen C-Atom hin erstreckt (Abbildung 12–24a).

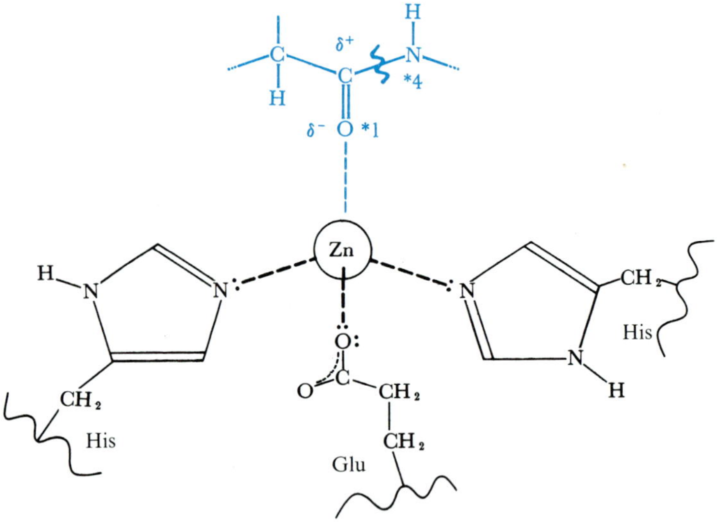

Abbildung 12–23 Die Koordination des Zn(II)-Ions im aktiven Zentrum der Carboxypeptidase A. Die drei unteren Liganden in dieser Abbildung stammen von Seitenketten der Aminosäuren im Protein selbst. Der farbig dargestellte obere Ligand ist der Carbonylsauerstoff (*1), der im Substrat neben der Peptidbindung liegt, die getrennt werden soll. Das Zn-Ion polarisiert die Doppelbindung und macht das O-Atom etwas negativ, während das C-Atom eine geringe positive Aufladung erfährt (δ^- und δ^+).

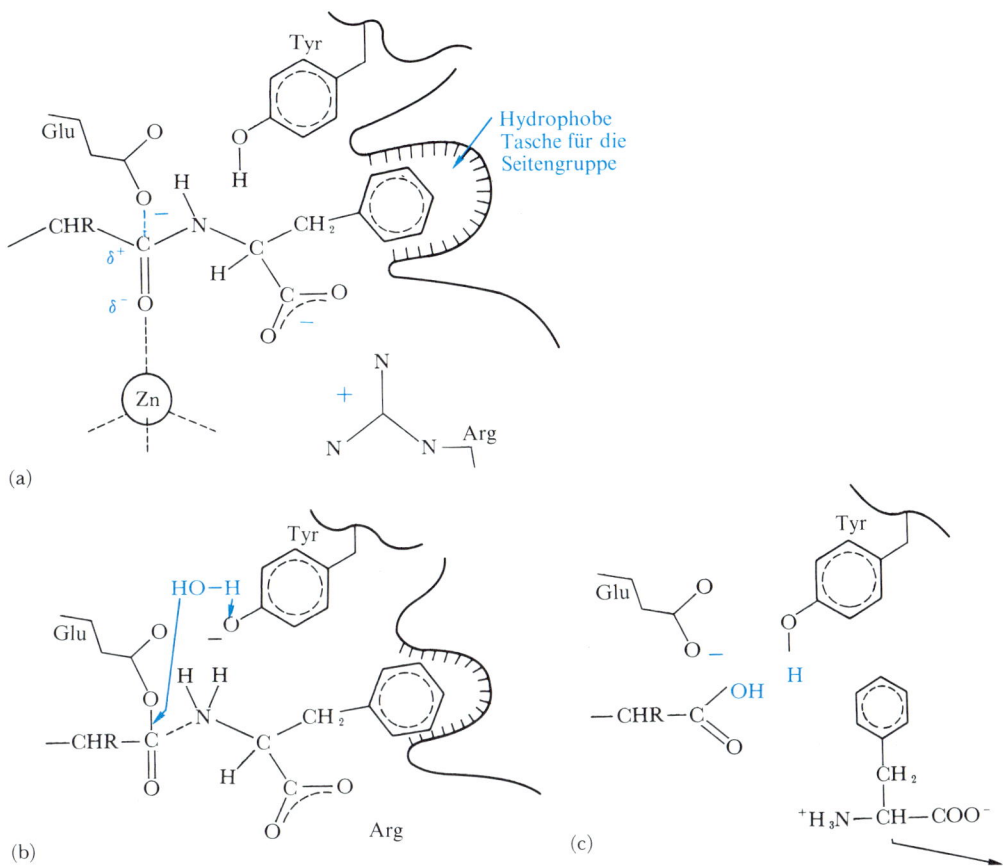

Abbildung 12–24 Der für die katalytische Spaltung bei der Carboxypeptidase A vorgeschlagene Mechanismus: (a) Die anfängliche Bindung und Dehnung des Substrats. (b) Die Spaltung der Peptidbindung und die Bildung von Bindungen mit Glu und mit einem Proton des Tyr. (c) Die Wiederherstellung des ursprünglichen Zustandes des Enzyms und die Entfernung der gespaltenen Aminosäure.

Das negativ geladene Carboxylende der zu trennenden Kette (*3 in Abbildung 12–22) wird durch die positive Ladung einer basischen Seitenkette des Proteins, Arginin, an seinem Platz festgehalten. Die voluminöse, hydrophobe Seitenkette dieser endständigen Aminosäure (*2 in Abbildung 12–22) paßt genau in eine Vertiefung oder Tasche am einen Ende der Einbuchtung des aktiven Zentrums, die mit hydrophoben Gruppen wie Valin, Leucin und Isoleucin ausgekleidet ist. Diese hydrophobe Tasche verleiht dem Enzym seine Spezifität: Eine Polypeptidkette mit einer positiv oder negativ geladenen Seitenkette würde nicht so gut in diese Tasche passen und würde mit weitaus geringerer Wahrscheinlichkeit an das Enzym gebunden und gespalten werden. Darauf beruht die Spezifität der Carboxypeptidase A für Ketten, die mit hydrophoben Gruppen enden.

Die Polypeptidkette wird also erkannt, gebunden und gestreckt. Dann beginnt die Spaltung: Während die Kette sich an das Enzym bindet, klappt ein Tyrosinmolekül mit einer aromatischen —OH-Gruppe über eine Entfernung von 1,4 nm um, wodurch diese

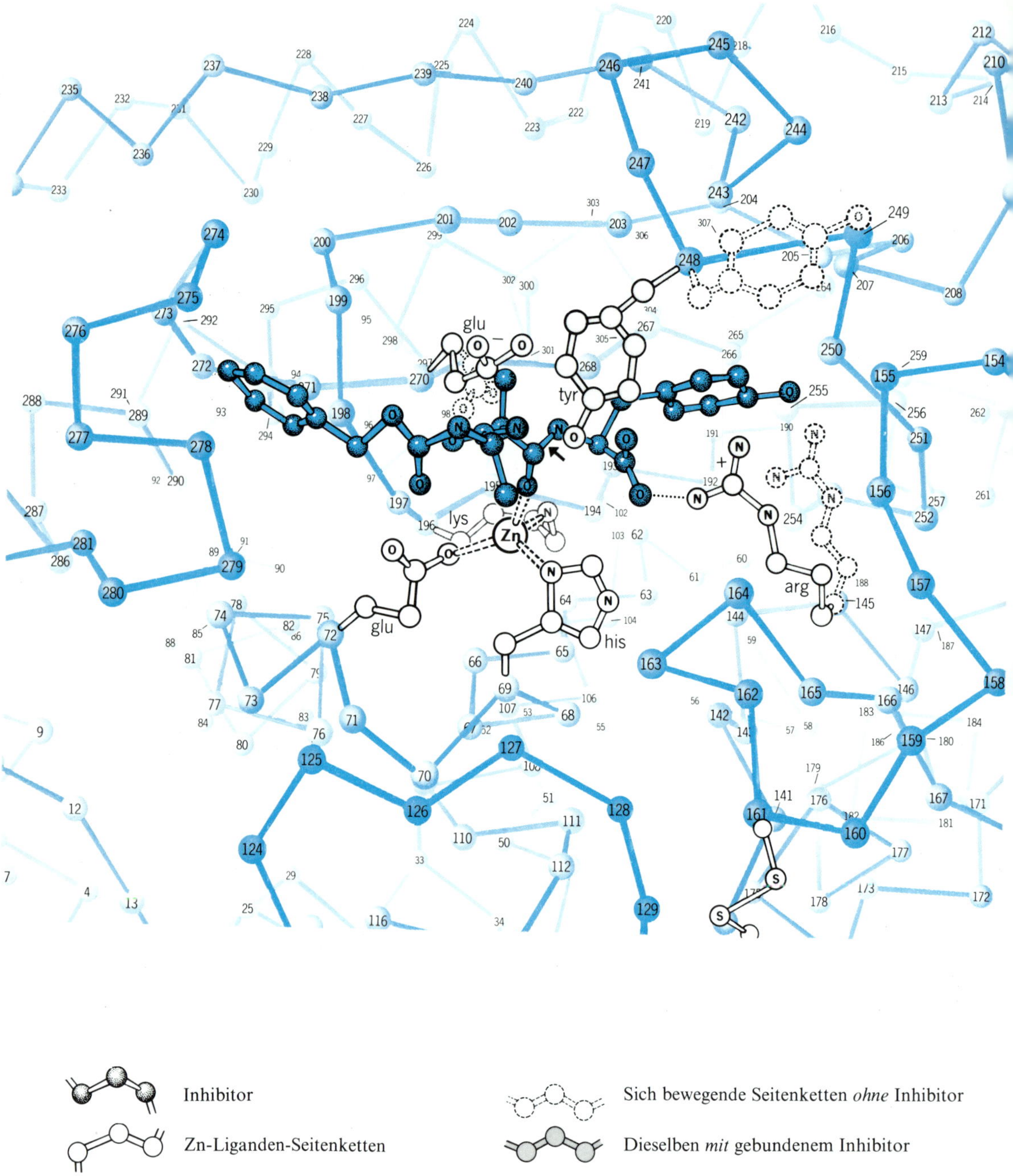

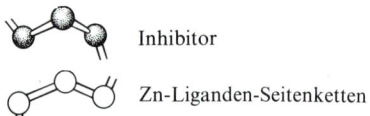

Inhibitor

Zn-Liganden-Seitenketten

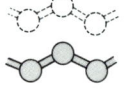

Sich bewegende Seitenketten *ohne* Inhibitor

Dieselben *mit* gebundenem Inhibitor

—OH-Gruppe in die nächste Nähe des N-Atoms der aufzutrennenden Bindung gebracht wird (Abbildung 12–24a). Das Proton dieser —OH-Gruppe zieht nun Elektronen von der C—N-Bindung ab, und auch die Polarisierung der C=O-Gruppe zieht Elektronen von der Bindung fort. Die Bindung unterliegt in derselben Weise einem elektrophilen Angriff, wie das Benzol in Abschnitt 12–5. Die Bindung wird geschwächt und gibt im selben Augenblick nach, in dem sich das Proton der Tyrosingruppe mit dem Stickstoffatom und das Kohlenstoffatom mit der Glutamingruppe verbindet (Abbildung 12–24b). Die letzte Aminosäure der Polypeptidkette ist damit abgetrennt und verläßt den Ort des Geschehens.

Der Rest der Kette ist jedoch noch kovalent an die Glutaminsäureseitenkette des Proteins gebunden, während die Tyrosinseitenkette noch ionisiert ist. Diese beiden Veränderungen werden durch die Dissoziation eines Wassermoleküls aufgehoben, wobei Tyr sein Proton zurückerhält und die Bindung an das Glu durch das Hydroxylion gespalten wird (Abbildung 12–24c). Damit sind Tyr und Glu wieder in ihren ursprünglichen Zustand versetzt, und das offene Ende der Schnittstelle in der Polypeptidkette wird durch die —OH-Gruppe verschlossen, so daß die Kette sich ebenfalls vom Enzym entfernen kann. Die Glu-, Tyr- und Arg-Gruppen drehen sich in ihre Ausgangslagen zurück, die sie im freien Enzym einnehmen, und das Enzym ist wieder bereit, eine neue Polypeptidkette zu spalten.

Die Abbildung 12–25 zeigt eine genaue Darstellung des aktiven Zentrums der Carboxypeptidase A mit einem Substratmolekül an seinem Platz. Das Original, nach dem diese Zeichnung angefertigt wurde, zeichnete ein computergesteuerter Calcomp-Plotter nach den Koordinaten der Atome. Der Aufbau des Enzyms wurde mit Hilfe der Röntgenbeugung untersucht, wobei einmal das aktive Zentrum leer blieb, während es das andere Mal von einem nichtreagierenden Analogon des Substrats besetzt wurde, um jede Bewegung der Seitenketten während der Bindung des Substrats beobachten zu können. In der Abbildung 11–25 sind die sich bewegenden Seitenketten so dargestellt, wie sie vor und nach der Bindung des Substratmoleküls angeordnet sind. Sie können die „Tasche" erkennen, in die die Seitenkette des Substrats hineinpaßt. Aus Gründen der Klarheit sind alle Aminosäuren mit Ausnahme derjenigen die an der Katalyse oder Bindung beteiligt sind, nur durch numerierte Kugeln an den Positionen ihrer α-Kohlenstoffatome dargestellt.

◀ **Abbildung 12–25**   Ein Blick in das aktive Zentrum der Carboxypeptidase A, wobei das Substrat an seinem Platz gebunden ist. Die drei Proteinseitenketten, die mit dem Substrat in Wechselwirkung treten, Arg, Tyr und Glu, sind in den Positionen gezeigt, die sie einnehmen, wenn das Substrat gebunden ist (ausgezogen) oder nicht gebunden ist (gestrichelt). Beachten Sie die tetraedrische Koordination des Zn-Atoms. Seit Anfertigung dieser Zeichnung hat eine Überprüfung der Röntgenbeugungsergebnisse gezeigt, daß die Lys-Seitenkette, die mit dem Zn koordiniert ist, wie in Abbildung 12–22 ein His sein muß. Aus Gründen der Klarheit ist die Proteinkette des Enzyms nur durch ihre α-Kohlenstoffatome dargestellt worden. Die Atomlagen, nach denen diese Zeichnung angefertigt wurde, lieferte nach Röntgenstrahlenanalyse Professor W. N. Lipscomb (Harvard), und die groben Skizzen, nach denen diese Zeichnung dann angefertigt wurde, zeichnete ein IBM-Rechner mit Plotter. Die endgültige Zeichnung stammt von I. Geis und wurde aus R. E. Dickerson und I. Geis, *The Structure and Action of Proteins*, W. A. Benjamin, Menlo Park, Calif., 1969, reproduziert, Copyright © 1967 R. E. Dickerson und I. Geis).

Wenn Enzymchemiker vor nur einer Generation vom „Mechanismus" der enzymatischen Katalyse sprachen, meinten sie es, selbst wenn sie eine wörtliche Bedeutung vor Augen hatten, bloß im übertagenen Sinne. Heute können wir einen Mechanismus aufzeichnen, der genau so wörtlich und mechanisch gemeint ist wie die Konstruktionszeichnung des Mechanismus eines Kombinationsschlosses. Was wir heute über die Carboxypeptidase und zwei oder drei andere Enzyme sagen können, sollten wir in ein paar Jahren über zahlreiche Arten von Enzymen aussagen können, die Enzyme eingeschlossen, die an dem von uns vorher untersuchten Glucosemetabolismus beteiligt sind. Schon heute können wir, da wir wissen, was Übergangsmetalle und die Seitenketten von Enzymen beider Carboxypeptidase leisten, durch intelligentes Raten Vorschläge für das Funktionieren verwandter Enzyme erarbeiten. Es bleibt noch sehr viel Forschungsarbeit übrig, aber wir können heute schon viel vorausahnen.

Literaturhinweise

N. L. Allinger and *J. Allinger*, Structures of Organic Molecules, Prentice-Hall, Englewood Cliffs, N. J., 1965.

„The Biosphere", Scientific American, September, 1970. Eine Ausgabe, die einem gemeinsamen Thema gewidmet ist: der Chemie unseres Planeten und unseres Lebens.

R. Breslow, „The Nature of Aromatic Molecules", Scientific American, August, 1972.

R. E. Dickerson and *I. Geis*, The Structure and Action of Proteins, W. A. Benjamin, Menlo Park, Calif., 1969. Eine Diskussion der Prinzipien der Proteinknäuelung und Proteinstruktur sowie der molekularen Basis für das chemische Verhalten von Enzymen und anderen Proteinen. Dem Abschnitt 12–11 im Niveau und Vorgehen ähnlich.

E. Frieden, „The Chemical Elements of Life", Scientific American, July, 1972.

W. Herz, The Shape of Carbon Compounds, W. A. Benjamin, Menlo Park, Calif., 1963. Eine elementare, einführende Monographie über die organische Chemie, die als Ergänzung zu einem Anfängerkursus geschrieben wurde. Nicht so stark strukturorientiert, wie es ihr Titel vermuten läßt. Eine gute Einführung in organische Mechanismen.

F. R. Jevons, The Biochemical Approach to Life, Basic Books, New York, 1968, 2nd ed. Eine ungewöhnlich gut lesbare Einführung in einige der zentralen Vorstellungen der Biochemie.

R. C. Johnson, Introductory Descriptive Chemistry, W. A. Benjamin, Menlo Park, Calif., 1966. Eine elementare Einführung mit nützlichen Informationen über Bor- und Stickstoffverbindungen.

J. Lambert, „The Shapes of Organic Molecules", Scientific American, January, 1970.

R. J. Light, A Brief Introduction to Biochemistry, W. A. Benjamin, Menlo Park, Calif., 1968. Breitere Behandlung von Themen als bei Jevons, aber ungefähr dasselbe einführende Niveau.

Structure and Function of Proteins at the Three-Dimensional Level, Cold Spring Harbor Symposia on Quantitative Biology, Vol. 36, 1972. Der Stand unserer Kenntnisse von der Struktur der Proteine in der Mitte des Jahres 1971. Rot-grüne Stereozeichnungen von Proteinmolekülen.

M. Yudkin and *R. Offord*, A Guidebook to Biochemistry, Cambridge University Press,

Cambridge, 1971, 3rd ed. Weitergehend als das vorangehende Kapitel, aber elementar und gut lesbar. Dem Buch von Jevons ähnlich, aber auf neuerem Stand.

Fragen

1. Warum kann Si mit Hilfe seiner p-Orbitale keine Doppelbindungen ausbilden?
2. Warum bildet B keine Doppelbindungen unter Verwendung seiner p-Orbitale aus?
3. Warum ist die N—N-Bindung schwächer als die C—C-Bindung?
4. Warum ist die Si—Si-Bindung schwächer als die C—C-Bindung?
5. Warum ist die Si—O-Bindung stärker als die C—O-Bindung?
6. Zeichnen Sie ein Diagramm der im Diboran, B_2H_6, verwendeten Atomorbitale, und zeigen Sie, wie sie zu Molekülorbitalen kombiniert werden. Wie viele Atomorbitale und wie viele Valenzelektronen werden bei der Bildung der Bindungen benutzt?
7. Wie viele Molekülorbitale erhalten wir, wenn drei Atomorbitale wie bei einer Dreizentrenbindung miteinander kombiniert werden? Welchen Bindungscharakter besitzen die Molekülorbitale? Wie viele von ihnen sind in den Borhydriden mit Elektronenpaaren besetzt?
8. Welcher weitere Faktor macht neben der Schwäche der N—N-Einfachbindung die langkettigen Stickstoffverbindungen so extrem instabil?
9. Welcher Unterschied besteht zwischen den Strukturen von Silanen und Siliconen? Worin unterscheidet sich ihre chemische Reaktivität? Wie erklären Sie diesen Unterschied?
10. Was sind Alkane? Wie sieht ihre chemische Reaktivität im Vergleich mit der der Silane, Silicone und Stickstoffwasserstoffverbindungen aus?
11. Welches ist das kleinste Alkan, für das Isomere existieren?
12. Warum sind die halogensubstituierten Alkanderivate bei der chemischen Synthese so wichtig?
13. Was ist ein organisches Radikal? Warum ist diese Bezeichnung nützlich?
14. Wodurch unterscheidet sich das chemische Verhalten des Wasserstoffatoms in den —OH-Gruppen der Verbindungen CH_3OH und CH_3—CO—OH? Welcher allgemeinen Klasse von organischen Verbindungen gehört jede dieser Verbindungen an, und wie heißt jede Verbindung?
15. Wodurch unterscheidet sich die chemische Struktur eines Esters von der eines Ethers? Welche der Substanzen kann man sich als ein Derivat einer organischen Säure vorstellen?
16. Wenn der falsche Mikroorganismus in ein frisches Faß Wein gerät oder wenn der Wein auf irgendeine von mehreren Weisen mißhandelt wird, dann wandelt sich das Ethanol in Essigsäure um, und wir erhalten Essig. Ist diese Umwandlung eine Oxidation oder eine Reduktion? Geben Sie eine ausgewogene Reaktionsgleichung an.
17. Auf welche Weise hängen Aldehyde und Ketone strukturell mit den organischen Säuren zusammen? Wie könnte man aus einem Alkohol ein Aldehyd machen? Geben Sie eine Reaktionsgleichung für einen solchen Prozeß an, wobei Sie vom Ethanol ausgehen sollten. Welches Aldehyd ergibt sich dann? Ist dies eine Oxidation oder eine Reduktion?

18. Wo findet man Ameisensäure in der Natur vor? Wo Buttersäure?

19. Was sind Seifen? Auf welche Weise wirken sie?

20. Was sind Amine? Sind sie sauer, basisch oder neutral? Geben Sie eine ausgewogene Gleichung an, die zeigt, was geschieht, wenn ein Amin in wäßriger Lösung ionisiert wird.

21. Was ist eine Aminosäure? Was ist ihre „Zwitterionen"-Form?

22. Was ist eine Peptidbindung? Warum ist sie planar? Welche Atome im Peptid liegen in einer Ebene? Welche Auswirkungen hat dies auf die Ladungsverteilung bei den O- und N-Atomen?

23. Worauf beruht der Unterschied zwischen Alkanen, Alkenen und Alkinen?

24. Welcher Unterschied besteht zwischen den Strukturen von 1-Buten und 2-Buten, und wodurch unterscheiden sie sich vom Butan? Wie viele Isomere gibt es von jedem dieser zwei Butene?

25. Welches Alken würden Sie chlorieren, um jeweils die folgenden Dichlor-Verbindungen zu erhalten?
    (a) 1,2-Dichlorbutan
    (b) 2,3-Dichlorbutan
    (c) 1,4-Dichlor-2-buten
    Auf welche Weise könnten Sie dann die folgenden Verbindungen bekommen?
    (d) 1,2,3,4-Tetrachlorbutan
    (e) 1,4-Dichlorbutan

26. Welche Form des festen Kohlenstoffs ist die logische Grenze der Reihe: Benzol, Naphthalin, Anthracen,..., Coronen,...? In welchem Sinn ist diese Form die Grenze der Fortentwicklung der Eigenschaften bei der vorgegebenen Reihe von Verbindungen?

27. Warum unterliegt das Benzol nicht wie die Butene den Angriffen von Additionsreaktionen?

28. Ist eine Lewis-Säure elektrophil oder nucleophil? Was bedeutet der Ausdruck „nucleophil"?

29. Auf welche Weise hilft eine elektrophile Gruppe bei Additionsreaktionen an Benzol?

30. Was ist eine aromatische Verbindung? Sind aromatische Hydroxylverbindungen, wie z.B. Phenol, C_6H_5—OH, mehr oder weniger sauer als aliphatische Hydroxylverbindungen, wie z.B. Methanol, CH_3—OH? Worauf beruht dieser Unterschied im Verhalten?

31. Was ist ein $\pi \rightarrow \pi^*$-Übergang bei einer aromatischen Verbindung? Veranschaulichen Sie ihn am Beispiel des Benzols.

32. Welche Auswirkungen besitzt ein größeres Ausmaß der Delokalisierung von Elektronen auf die elektronischen Energieniveaus eines Moleküls? Auf welche Weise wird dieser Effekt bei den Säure-Base-Indikatoren ausgenutzt?

33. Wodurch unterscheidet sich ein Kohlenhydrat von einem Kohlenwasserstoff?

34. Welcher Unterschied besteht zwischen den Molekülstrukturen von Stärke und Cellulose? Warum können wir die eine Substanz verdauen, aber die andere nicht? Wie sieht die monomere Einheit einer jeden dieser Substanzen aus?

35. Was ist ein asymmetrisches Kohlenstoffatom? Wie viele solcher asymmetrischen

Kohlenstoffatome kommen in der Glucose vor? Im Glykokoll (Glycin)? Besitzt irgendeine der Verbindungen in Abbildung 12–3 asymmetrische Kohlenstoffatome? Wie viele?

36. Welche der Formen des Cyclohexans ist stabiler, die Sessel- oder die Wannenform? Warum? Welche Form wird von der Glucose eingenommen?

37. Wodurch unterscheiden sich ortho-, meta- und para-Dichlorbenzol?

38. Welche Art von Unterschieden besteht, ohne auf die genauen Einzelheiten einzugehen, zwischen den drei Zuckern Glucose, Mannose und Galaktose?

39. Woher stammt die Stärke in den Pflanzen?

40. Wenn die Kohlenstoffatome im CO_2 in der Atmosphäre jedes Jahr wie guter Wein datiert würden, dann könnte ein geschickter Detektiv einer Mordkommission das Todesjahr eines Ermordeten feststellen, wenn auch nicht den genauen Zeitpunkt des Todes. Erklären Sie, warum? (Das Einatmen von CO_2 ist nicht die Antwort.)

41. Welche Wärmemenge gewinnt man, wenn ein Mol Glucose verbrannt wird? Warum erreichen lebende Organismen einen höheren Wirkungsgrad, wenn sie die Glucose langsam in mehreren Stufen abbauen? Was geschieht dabei mit der chemischen Energie, die ursprünglich in den Glucosemolekülen enthalten war? Welches sind die chemischen Endprodukte des biologischen Glucoseabbaus?

42. Wie sieht der Drei-Stufen-Prozeß aus, in dem die Glucose in lebenden Organismen abgebaut wird? Was meinen wir damit, wenn wir sagen, daß der erste Schritt bei vielen Organismen anaerob verläuft? Unter welchen Bedingungen verläuft dieser erste Schritt beim Menschen anaerob, welche Änderungen treten beim Endprodukt dieses Schritts auf, und welche physiologischen Symptome ergeben sich daraus?

43. Welches ist die Hauptaufgabe des Citronensäure-Cyclus innerhalb des umfassenderen Rahmens des Gesamtprozesses für den Abbau von Verbindungen wie Glucose? Auf welche Weise überträgt der Citronensäure-Cyclus chemische Energie an die dritte und letzte Stufe des Prozesses?

44. Was sind ATP, ADP, NAD^+ und FAD? Wozu sind sie gut?

45. Was sind Vitamine? Welche Verbindung besteht zwischen vielen Vitaminen und den Substanzen aus Frage 44?

46. Können Sie sich irgendwelche Gründe vorstellen, warum es für uns von Vorteil sein könnte, *nicht* alle chemischen Verbindungen, die wir zum Leben brauchen, in unseren Körpern selbst synthetisieren zu können? (Dies ist in Wirklichkeit eine Frage aus der Molekulargenetik und nicht der Chemie.)

47. Welche Aufgabe hat die Atmungskette? Welche Rolle spielen in ihr die Cytochrome?

48. Das Gesamtergebnis des Drei-Stufen-Prozesses des Glucoseabbaus ist die Umwandlung von Glucose und Sauerstoff in Kohlendioxid und Wasser. Bei welchen der drei Stufen wird Kohlendioxid entwickelt? Bei welchen der drei Stufen wird Wasser entwickelt? Warum werden nicht beide Produkte in derselben Stufe des Prozesses gebildet?

49. In welcher der drei Stufen wird die größte Menge ADP zu ATP umgewandelt, die Verbindung, in der die chemische Energie gespeichert ist?

50. Welcher der drei Schritte ist nach der Entwicklungsgeschichte des Lebens wahrscheinlich der älteste? Woraus können wir eine solche Schlußfolgerung ziehen?

51. Was ist ein Protein? Was ist ein Enzym? Nennen Sie einige Beispiele für Proteine, die keine Enzyme sind.

52. Wie heißen die beiden hauptsächlichen Strukturklassen der Proteine? Zu welcher Klasse gehören die folgenden Proteine: Hämoglobin, Keratin, Seide und Carboxypeptidase A?

53. Worin besteht der fundamentale Unterschied zwischen den langkettigen Molekülen, wie sie in Teflon, Dacron und Polyethylen in der einen Gruppe angetroffen werden, und Myoglobin, Hämoglobin und Carboxypeptidase in der anderen Gruppe? (Der Unterschied ist fundamentaler als das Wesen der Gerüststrukturen der Ketten.)

54. Welcher Unterschied im chemischen Verhalten besteht zwischen den Seitenketten der Aminosäuren Lysin, Leucin und Serin?

55. Was ist eine hydrophobe Seitenkette? Welchen Einfluß übt sie auf die Struktur eines Proteinmoleküls aus?

56. Auf welche Weise sind Wasserstoffbindungen an der Proteinstruktur beteiligt? Wie wird die Ausbildung von Wasserstoffbindungen durch einen Nebeneffekt der ebenen Anordnung einer Peptidgruppe in Proteinen begünstigt?

57. Welche Aufgabe besitzt ein Katalysator bei chemischen Reaktionen?

58. In welcher Weise üben Enzyme einen katalytischen Einfluß auf eine chemische Reaktion aus? Was ist das Substrat bei einer enzymatischen Reaktion?

59. Was ist damit gemeint, wenn wir sagen, daß ein Enzym zwei Aufgaben, Erkennung und Katalyse, zu erfüllen hat?

60. In Kapitel 11 bemerkten wir: „Leben ist in Wirklichkeit angewandte Übergangsmetallchemie." Wie wird diese leicht übertriebene Aussage durch die Enzymkatalyse gestützt?

Aufgaben

1. (a) Berechnen Sie die molare Bildungswärme von

$$\begin{array}{cccc} H & H & H & H \\ | & | & | & | \\ H-Si-Si-Si-Si-H \\ | & | & | & | \\ H & H & H & H \end{array}$$

Die molare Si—Si-Bindungsenergie beträgt $176\,kJ\,mol^{-1}$, die molare Si—H-Bindungsernergie $310\,kJ\,mol^{-1}$ und die molare H—H-Bindungsenergie $431\,kJ\,mol^{-1}$. Die molare Bildungswärme des Si(g) hat einen Wert von $368\,kJ\,mol^{-1}$.

(b) Berechnen Sie die bei der Reaktion

$$\begin{array}{cccc} H & H & H & H \\ | & | & | & | \\ H-Si-Si-Si-Si-H(g) + 6\tfrac{1}{2}O_2(g) & \rightleftarrows & 4SiO_2(s) + 5H_2O(l) \\ | & | & | & | \\ H & H & H & H \end{array}$$

freigesetzte Wärmemenge. Die molaren Bildungswärmen für $SiO_2(s)$ und $H_2O(l)$ betragen $860,0\,kJ\,mol^{-1}$ bzw. $286,0\,kJ\,mol^{-1}$.

2. Feste hyposalpetrige Säure ($H_2N_2O_2$) explodiert beim geringsten Anlaß. Zeichnen Sie ein Lewis-Diagramm für die Verbindung.

3. Es gibt Anzeichen dafür, daß sich das Methoniumion, CH_5^+, bildet, wenn CH_4 mit einer sehr starken Säure in Berührung steht. Geben Sie ein mögliches Modell zur Erklärung der Bindungsverhältnisse im Methoniumion an, das eine Elektronenmangelverbindung darstellt.

Aufgaben 4–9: Wie lautet der systematische Name einer jeden der folgenden Verbindungen?

4. CH_3—CH—CH—CH_3
         | |
      CH_3 CH_3

5. CH_3—CH_2—$CH(CH_3)_2$

6. CH_2=CH—CH=CH_2

7.
             CH_2—CH_3
              |
Cl—$(CH_2)_2$—CH—CH—C≡CH
                 |
               CH_3

8. CH_3 Br
   \   /
    C=C
   /   \
CH_3 Cl

9.
        O
        ‖
CH_3—C—CH_2—CH_2—CH_3

Aufgaben 10–15: Benennen Sie die folgenden Verbindungen auf irgendeine korrekte Weise, wie Sie es gerade können, mit ihren systematischen Namen oder mit ihren Trivialnamen:

10. HCOOH

11. CH_3—OH

12.
        O
        ‖
CH_3—C—H

13.
        O
        ‖
CH_3—C—O—H

14.
        O
        ‖
CH_3—C—CH_3

15.
        O
        ‖
CH_3—C—O—CH_3

Aufgaben 16–31: Zeichnen Sie die chemische Formel für jede der folgenden Verbindunge ? auf:

16. o-Nitrobrombenzol.
17. m-Nitrophenol.
18. n-Butylamin.
19. Methylethylketon.
20. Harnstoff.
21. Hydrazin.
22. Methylmercaptan.
23. Ethylcyanid.
24. Natriumpropionat.
25. Natriumstearat.
26. Ethylendiamin.
27. Brenztraubensäure.
28. Glycin.
29. Valin.
30. Glutaminsäure.
31. Glucose.

32. Nennen Sie den Namen der *funktionellen Gruppe*, die mit größter Wahrscheinlichkeit für jedes der folgenden Phänomene verantwortlich ist:

(a) Eine Verbindung reagiert mit einem Alkohol unter Bildung eines Esters.
(b) Eine Substanz besitzt einen fruchtigen Geruch.
(c) Ein Gas besitzt einen fischartigen Geruch.
(d) Zusammen mit dem Salz einer Säure wird bei der Hydrolyse eines Esters eine Verbindung gebildet.
(e) Eine Verbindung veranlaßt, daß Br_2 seine Farbe verliert, wenn sie mit einer Br_2-Lösung vermischt wird.
(f) Eine Verbindung reagiert mit einem Amin unter Bildung einer Peptidbindung.

33. L-Ascorbinsäure (Vitamin C) hat die Molekülformel $C_6H_8O_6$, ob sie nun natürlichen oder synthetischen Ursprungs ist. Das Molekül besitzt dabei die folgenden Struktureigenschaften:

(a) Es enthält einen fünfgliedrigen Ring.
(b) Zwischen den Kohlenstoffatomen 2 und 3 des Ringes besteht eine Doppelbindung.
(c) Die Kohlenstoffatome 1 und 4 sind über eine Sauerstoffbrücke miteinander verbunden.
(d) Ein Sauerstoffatom ist über eine Doppelbindung an das Kohlenstoffatom 1 gebunden.
(e) Die Kohlenstoffatome 2, 3, 5 und 6 sind an —OH-Gruppen gebunden.
Zeichnen Sie die Struktur von Vitamin C.

34. Wie viele asymmetrische Kohlenstoffatome sind in der folgenden Verbindung vorhanden?

$$CH_3-\underset{\underset{CH_3}{|}}{\overset{\overset{H}{|}}{C}}-C\equiv C-\underset{\underset{\underset{\underset{CH_3}{|}}{CH-CH_2-CH_3}}{|}}{\overset{\overset{H}{|}}{C}}-CH_3$$

35. Wie viele Isomere des Dichlormethans gibt es? Des C_2H_4BrCl?

36. Wie viele Isomere der Traubensäure gibt es?

$$HOOC-\underset{\underset{OH}{|}}{CH}-\underset{\underset{OH}{|}}{CH}-COOH$$

37. 1,3-Dichlorpentan besitzt nur eine Form, wogegen 1,3-Dichlorcyclopentan zwei geometrische Isomere aufweist. Warum ist das so? Veranschaulichen Sie Ihre Antwort mit Zeichnungen des Molekülaufbaus.

38. Berechnen Sie die Menge der Glucose in Gramm, die abgebaut werden muß, um 100 mol ATP aus ADP und Phosphat herzustellen.

Selbst wenn wir alle Materie in eine auflösen, bedarf diese eine der Erklärung. Und so geht es weiter und weiter, tiefer in die Grube hinein, auf deren Boden die Wahrheit liegt, ohne daß wir sie je erreichen. Denn die Grube ist bodenlos.

O. Heaviside

13   Kernchemie

Während die Chemiker die Ergebnisse der Quantenrevolution der zwanziger Jahre übernahmen und anzuwenden begannen, setzten die Physiker ihre Untersuchungen des Atomkerns fort. Rutherford wandelte 1919 Stickstoff in Sauerstoff um, indem er ihn mit α-Teilchen bombardierte. 1930 entwickelten J. D. Cockroft und E. T. S. Walton einen elektrostatischen Teilchenbeschleuniger, um einen Strahl schneller Protonen für den Einsatz in nuklearen Bestrahlungsexperimenten zu erzeugen. Im selben Jahr erfand E. O. Lawrence das Cyclotron, mit dem andere Kerne zu demselben Zweck beschleunigt werden konnten. Physikergruppen in Rom und Berlin, Kopenhagen und Columbia, Berkeley und Chicago begannen, die Kernreaktionen zu untersuchen und zu versuchen, Transuranelemente herzustellen. Diese Aktivitäten in den dreißiger Jahren, die größtenteils von Physikern vorangetrieben wurden, führten zur Kernspaltung und der furchterregenden Vernichtungskraft der Kernwaffen. Die meisten internationalen Beziehungen in der Zeit nach dem zweiten Weltkrieg wurden von der Existenz der Kernwaffen überschattet.

Aus der während der Kriegszeit erfolgten Beschleunigung der Erforschung von Kernreaktionen stammt das Wissen und die Verfügbarkeit über radioaktive Isotope, die zu so vielen chemischen Anwendungen führten. Isotope, sowohl radioaktive als auch stabile, haben es uns ermöglicht, Antworten auf chemische Probleme zu finden, die mit keiner anderen Methode gelöst werden konnten. Die Radioisotope gaben uns auch ein Mittel, vergangene Ereignisse, sowohl historischer als auch geologischer Bedeutung, genau zu datieren; und sie zeigten uns auch, daß die Erde und der Mond ein vergleichbares Alter besitzen, wodurch einige ältere Theorien über die Entstehung des Mondes widerlegt wurden.

13–1   Der Atomkern

Der Atomkern setzt sich aus Protonen und Neutronen zusammen, die beide als *Nukleonen* (Kernteilchen) bezeichnet werden. Er besitzt eine positive Ladung, die gleich der Summe der Protonenladungen ist, die er enthält. Die Anzahl der Protonen im Kern,

Z, ist die *Ordnungszahl* des betreffenden Atoms. Ein neutrales Atom besitzt eine gleiche Zahl von Elektronen um den Kern herum. Da diese äußeren Elektronen jedem Atom seine chemischen Eigenschaften geben, werden alle neutralen Atome mit derselben Zahl von Elektronen und Protonen als dasselbe Element klassifiziert. Infolgedessen identifiziert die Ordnungszahl ein Element.

Die Gesamtzahl von Protonen und Neutronen in einem Atomkern gibt seine *Massenzahl*, *A*, an. Atome mit derselben Zahl von Protonen, aber mit unterschiedlichen Neutronenzahlen werden *Isotope* genannt. Bei der Darstellung des Symbols eines Isotops wird die Ordnungszahl, *Z*, *links unten* vor das Elementsymbol und die Massenzahl, *A*, *links oben* vor das Elementsymbol gesetzt. So schreiben wir z. B. für das Quecksilberisotop mit 80 Protonen und 116 Neutronen das Symbol $^{196}_{80}$Hg (80 + 116 = 196). Die Masse des Kerns in atomaren Masseneinheiten (u) ist annähernd gleich seiner Massenzahl *A*. Die atomare Masseneinheit 1 u ist definiert als genau ein Zwölftel der Masse eines Kohlenstoffatoms des Isotops $^{12}_{6}$C. Es gilt: 1 u = 1,66053 × 10^{-24} g. Andere Massenumwandlungen finden Sie im Anhang 1.

Elemente, die wir in der Natur antreffen, sind gewöhnlich Mischungen aus mehreren Isotopen. So besitzt z. B. der Wasserstoff drei Isotope, $^{1}_{1}$H, $^{2}_{1}$H und $^{3}_{1}$H, von denen die ersten beiden in der Natur in den in Tabelle 13–1 angegebenen Verhältnissen vorkommen. Die Kerne dieser drei Isotope enthalten ein Proton, ein Proton und ein Neutron bzw. ein Proton und zwei Neutronen. Das Quecksilber besitzt Isotope, die 189 bis 206 Neutronen und Protonen oder 109 bis 126 Neutronen enthalten. Die in Tabelle 13–1 aufgeführten sieben Isotope kommen in den angegebenen Verhältnissen in der Natur vor. Die beobachtete relative Atommasse des Hg von 200,59 ist das gewichtete Mittel der relativen Atommassen der einzelnen, natürlich vorkommenden Isotope.

Tabelle 13–1   Natürlich vorkommende Isotope von Wasserstoff und Quecksilber[a]

Isotop	Masse (u)	Prozentualer Anteil in der Natur	Name
$^{1}_{1}$H	1,0078	99,98	Wasserstoff
$^{2}_{1}$H oder D	2,0141	0,02	Deuterium
$^{3}_{1}$H oder T	–	–	Tritium
Natürliche Mischung	1,0080		
$^{196}_{80}$Hg	195,9658	0,15	Quecksilber-196
$^{198}_{80}$Hg	197,9668	10,02	Quecksilber-198
$^{199}_{80}$Hg	198,9683	16,84	Quecksilber-199
$^{200}_{80}$Hg	199,9683	23,13	Quecksilber-200
$^{201}_{80}$Hg	200,9703	13,22	Quecksilber-201
$^{202}_{80}$Hg	201,9706	29,80	Quecksilber-202
$^{204}_{80}$Hg	203,9735	6,85	Quecksilber-204
Natürliche Mischung	200,59		

[a] Werte aus dem *Handbook of Chemistry and Physics*, Chemical Rubber Co., Cleveland, Ohio, 1971–72, 52nd ed.

Größe und Gestalt

Rutherford führte während seiner α-Teilchen-Streuexperimente die ersten Bestimmungen der Größe eines Atomkerns durch. Genauere Bestimmungen der Kernabmessungen können mit Hilfe der Neutronenstreuung gemacht werden, da die Neutronen nicht durch die elektrostatische Abstoßung abgelenkt werden. Zahlreiche Streuexperimente mit Neutronen haben gezeigt, daß der Radius eines Atomkerns proportional der Kubikwurzel aus der Zahl der Nukleonen ist, die in ihm enthalten sind

$$r = 1{,}33 \times 10^{-15}\ \mathrm{m} \sqrt[3]{A}$$

Das Isotop $^1_1\mathrm{H}$ besitzt einen Radius von $1{,}33 \times 10^{-15}$ m, während $^{238}_{92}\mathrm{U}$ einen Radius von $8{,}25 \times 10^{-15}$ m hat. Die Atomradien, die die Elektronenwolken in sich einschließen, sind zwanzigtausendmal größer als die Kernradien.

Wenn eine Ansammlung von elektrischen Ladungen nicht vollkommen sphärisch angeordnet ist, dann kann sie, selbst wenn sie kein Dipolmoment besitzt, dennoch ein sogenanntes *Quadrupolmoment* aufweisen. Diese Quadrupolmomente können bestimmt werden, obwohl sie uns hier nicht weiter interessieren sollen. Derartige Messungen haben gezeigt, daß viele Kerne eine vollkommen kugelförmige Anordnung der Kernladungen besitzen und daß die meisten der Atomkerne, die keinen sphärischen Aufbau besitzen, eine längliche Form wie ein Rugbyball aufweisen, bei der das Verhältnis des längsten zum kürzesten Durchmesser niemals den Wert 1,2 übersteigt.

Bindungsenergie

Die Massenzahl, A, und der Zahlenwert der Masse eines Kerns in atomaren Masseneinheiten (u) besitzen nicht denselben Wert, was zum Teil daran liegt, daß die Masse eines Protons oder eines Neutrons nicht genau gleich 1 u ist: Die Masse eines Protons beträgt 1,0073 u, während die Masse eines Neutrons einen Wert von 1,0087 u besitzt. Aber es gibt für diesen Unterschied noch einen weiteren Grund: Ein Atom eines stabilen Isotops besitzt eine *kleinere* Masse, als es der Summe der Massen der Elektronen, Protonen und Neutronen entspricht, aus denen sich das Atom zusammensetzt.

Beispiel: Wie groß ist die Gesamtmasse der Teilchen, aus denen sich ein Atom des Isotops $^{200}_{80}\mathrm{Hg}$ zusammensetzt?

Lösung: Die Masse eines Neutrons beträgt 1,008665 u und die Masse des Protons *und* die Masse des Elektrons in der Elektronenwolke, das die Ladung des Protons im Kern neutralisiert, ergeben zusammen 1,007763 u (siehe Anhang 1). (Gewöhnlich werden die Massen der neutralen Atome tabelliert, und nicht die der Atomkerne.) Das uns gegebene Isotop des Quecksilbers besitzt 80 Protonen und $200 - 80 = 120$ Neutronen. Die Gesamtmasse der einzelnen Bestandteile des Quecksilberatoms ergibt sich damit zu

$$
\begin{aligned}
80 \times 1{,}007763\ \mathrm{u} &= 80{,}62104\ \mathrm{u}\quad \text{Protonen und Elektronen} \\
120 \times 1{,}008665\ \mathrm{u} &= 121{,}03980\ \mathrm{u}\quad \text{Neutronen} \\
\hline
\text{Gesamtmasse} &= 201{,}66084\ \mathrm{u}\quad \text{für alle Bestandteile des } ^{200}_{90}\mathrm{Hg}
\end{aligned}
$$

Die experimentell bestimmte Atommasse des $^{200}_{80}$Hg beträgt jedoch nur 199,9683 u. Was ist mit den fehlenden 1,6925 u Materie geschehen?

Die dem Atom fehlende Masse ist in Energie umgewandelt worden, die an die Umgebung abgegeben wurde, als sich das Atom aus seinen Bestandteilen aufbaute; in Energie, die benötigt wird, wenn der Atomkern wieder in seine Bestandteile zerlegt werden soll. Diese *Bindungsenergie* des Kerns kann nach der berühmten Einsteinschen Beziehung zwischen Masse und Energie (Masse-Energie-Äquivalenzprinzip)

$$E = mc^2$$

berechnet werden. Hierbei ist $c = 2,998 \times 10^8$ m s^{-1} die Vakuumlichtgeschwindigkeit. Die Energie, in die eine atomare Masseneinheit, 1,00000 u, von Materie umgewandelt werden kann, ergibt sich danach zu

$$E = 1,00000 \text{ u} \times \frac{1,66053 \times 10^{-27} \text{ kg}}{1 \text{ u}} \times \left(2,998 \times 10^8 \frac{\text{m}}{\text{s}}\right)^2$$

$$= 1,492 \times 10^{-10} \frac{\text{kg m}^2}{\text{s}^2}$$

$$= 1,492 \times 10^{-10} \text{ J}$$

$$= 1,492 \times 10^{-10} \text{ J} \times \frac{6,2420 \times 10^{18} \text{ eV}}{1 \text{ J}}$$

$$= 9,31 \times 10^8 \text{ eV}$$

(Die Umwandlungsfaktoren von u in g und von J in eV finden Sie ebenso wie die Umwandlung 1 J = 1 kg m^2 s^{-2} in Anhang 1.) Es ist recht nützlich, sich zu merken, daß eine Masse von 1 u einer Energie von 931 MeV (Millionen Elektronenvolt) äquivalent ist.

Beim Aufbau des $^{200}_{80}$Hg aus Elektronen, Protonen und Neutronen beträgt der Massenverlust (*Massendefekt*) pro Nukleon 1,6925 u / 200 Nukleonen = 0,00846 u / Nukleon. Dies entspricht einer Bindungsenergie pro Nukleon von 0,00846 u/Nukleon × 931 MeV/u = 7,88 MeV/Nukleon. In Abbildung 13–1 ist diese Bindungsenergie pro Nukleon gegen die Massenzahl A für alle Elemente aufgetragen. Bei den ersten Elementen ist die Bindungsenergie pro Nukleon niedrig und annähernd proportional zur Zahl der Nukleonen. Vom Sauerstoff an aufwärts besitzt die Bindungsenergie pro Nukleon den nahezu konstanten Wert von 8 MeV/Nukleon. Diese Tatsache deutet darauf hin, daß die Kräfte zwischen den Nukleonen nur eine sehr geringe Reichweite besitzen und daß jedes Nukleon infolgedessen nur mit seinen unmittelbaren Nachbarn in Wechselwirkung steht. Wenn die Atomkerne durch Kräfte mit einer größeren Reichweite zusammengehalten würden, so daß jedes Nukleon im Kern mit jedem anderen Nukleon in Wechselwirkung treten könnte, dann müßte sich die *Gesamt*bindungsenergie mit dem Quadrat der Nukleonenzahl erhöhen, anstatt, wie es tatsächlich der Fall ist, linear mit der Zahl der Nukleonen anzusteigen. Das anfängliche Anwachsen der Bindungsenergie pro Nukleon mit der Nukleonenzahl ist leicht einzusehen, wenn wir uns klarmachen, daß bei derart kleinen Atomkernen nicht jedes Nukleon seinen vollen Satz von nächsten

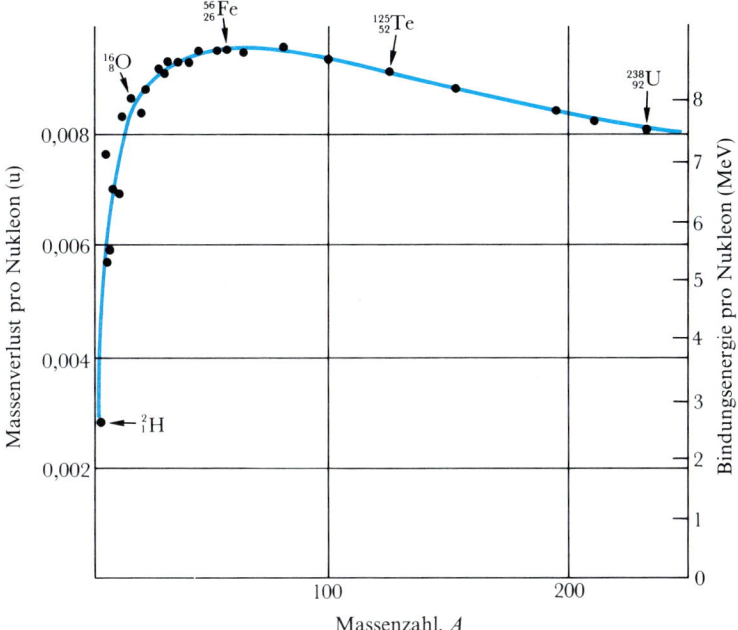

Abbildung 13–1   Der Massenverlust und die Bindungsenergie pro Nukleon für die Bildung von Atomkernen aus Elektronen, Protonen und Neutronen. Vom Sauerstoff an ist die Gesamtbindungsenergie nahezu der Anzahl von Nukleonen im Atomkern proportional, d.h. die Bindungsenergie pro Nukleon ist annähernd konstant.

Nachbarn besitzt. Infolgedessen erhöht jedes neue Nukleon, das in den Kern eingebaut wird, die Bindungsenergie eines bereits vorhandenen Nukleons dadurch, daß es die Packungskoordinationszahl dieses Nukleons erhöht. Zwar sind Protonen und Neutronen im Kern nicht einfach wie Murmeln in einer Kiste in dichtester Packung angeordnet (wir werden in Kürze Hinweise auf eine Struktur innerhalb des Atomkerns kennenlernen), aber soweit es die Bindungsenergie betrifft, verhalten sich die Nukleonen genau so.

Warum haben wir bis jetzt damit gewartet, Sie mit der Vorstellung bekannt zu machen, daß Energieänderungen bei einer Reaktion von Massenänderungen begleitet werden? Wenn die Gesamtbindungsenergie eines Quecksilberatomkerns einer Masse von 1,6925 u äquivalent ist, warum haben wir dann nicht auch vergleichbare Berechnungen für die Bindungsenergien von Molekülen durchgeführt? Die Antwort liegt in den enorm viel größeren Energien, die bei den Kernreaktionen auftreten. Lassen Sie uns als ein Beispiel die Masse berechnen, die der gesamten Bindungsenergie eines Cl_2-Moleküls äquivalent ist.

Beispiel: Die Enthalpie der folgenden Reaktion

$$Cl_2(g) \rightleftarrows 2\,Cl(g)$$

beträgt 242,9 kJ mol^{-1} Cl$_2$. Wie groß ist das Massenäquivalent dieser Energie in u/Molekül?

Lösung:

$$\Delta H = 242,9 \text{ kJ mol}^{-1} \times \frac{1 \text{ eV Molekül}^{-1}}{96,49 \text{ kJ mol}^{-1}}$$

$$= 2,52 \text{ eV Molekül}^{-1}$$

$$\Delta m = 2,52 \text{ eV} \times \frac{1 \text{ u}}{9,31 \times 10^8 \text{ eV}}$$

$$= 2,71 \times 10^{-9} \text{ u}$$

Die Gesamtenergie, die bei der Dissoziation eines Cl$_2$-Moleküls benötigt wird, entspricht einer Masse von nur fünf Millionstel einer Elektronenmasse. Bei chemischen Reaktionen treten gewöhnlich Energien von einigen Elektronenvolt auf, wogegen die Kernenergien im Millionen-Elektronenvoltbereich liegen. Ein MeV pro Molekül entspricht einer molaren Energie von 96,49 *Millionen* kJ mol^{-1}, was völlig außerhalb des Bereichs der meisten chemischen Reaktionen liegt. Daher können wir bei chemischen Reaktionen auch mit getrennten Prinzipien für die Erhaltung der Masse und die Erhaltung der Energie arbeiten – wie wir es bisher getan haben. Die Umwandlungen von Masse in Energie bzw. von Energie in Masse sind dabei nicht nachweisbar. Im Gegensatz dazu sind bei Kernreaktionen derartige Umwandlungen der Normalfall, und wir müssen hier das allgemeinere Prinzip von der Erhaltung von Masse plus Energie anwenden: Bei einer Kernreaktion bleibt die Summe von *Masse und Energie* der Reaktionsteilnehmer und ihrer Umgebung im Verlauf der Reaktion unverändert.

13–2   Der Kernzerfall

Viele Atomkerne zerfallen nicht. Es sind dies die *stabilen* Isotope. Andere Kerne zerfallen dagegen spontan in neue Elemente. Diese Kerne bezeichnen wir als die *radioaktiven* Isotope. Die Strahlung, die Becquerel 1896 beobachtete (Kapitel 8), waren α-Teilchen ($_2^4$He-Kerne) aus dem Zerfall des Urans

$$_{92}^{238}\text{U} \rightarrow {}_{90}^{234}\text{Th} + {}_2^4\text{He}$$

Ein einzelnes Poloniumisotop, das 1898 von den Curies im Uranerz entdeckt wurde, zerfällt auf drei verschiedene Weisen

$$_{84}^{207}\text{Po} \rightarrow {}_{82}^{203}\text{Pb} + {}_2^4\text{He} \quad (\alpha\text{-Emission})$$
$$_{84}^{207}\text{Po} \rightarrow {}_{83}^{207}\text{Bi} + {}_{+1}^{0}\text{e} \quad (\beta^+\text{-Emission})$$
$$_{84}^{207}\text{Po} \rightarrow {}_{83}^{207}\text{Bi} \quad \quad (\text{Elektroneneinfang})$$

Bei der ersten Reaktion wird ein α-Teilchen emittiert, und Polonium wandelt sich in Blei um. Bei der zweiten und dritten Reaktion wandelt sich ein Proton im Kern in ein

Neutron um. Dies wird bei der zweiten Reaktion durch die Ausstrahlung eines *Positrons* (β^+) erreicht, eines Teilchens mit der Masse eines Elektrons, aber mit einer positiven Elementarladung

$$_{+1}^{1}\mathrm{p} \rightarrow {}_0^1\mathrm{n} + {}_{+1}^{0}\mathrm{e}$$

Bei der dritten Reaktion wird die Umwandlung durch den Einfang eines der Elektronen aus den Orbitalen um den Kern herum bewirkt

$$_{+1}^{1}\mathrm{p} + {}_{-1}^{0}\mathrm{e} \rightarrow {}_0^1\mathrm{n}$$

(Die beiden Kernreaktionen eines Protons, die wir hier gerade niedergeschrieben haben, laufen nicht so einfach ab, wie wir hier dargestellt haben. Die Gleichungen hier zeigen nur das Gesamtergebnis der Kernreaktionen, aber der tatsächliche Mechanismus ist komplizierter. Eine derartige Vereinfachung ist der Schreibweise der meisten chemischen Reaktionen analog.) Bei jeder der beiden letzten Reaktionen verringert sich die Ordnungszahl um eine Einheit, während die Atommasse praktisch unverändert bleibt. Das Radiumisotop 228 zerfällt unter Emission eines Elektrons nach einem anderen Mechanismus

$$_{88}^{228}\mathrm{Ra} \rightarrow {}_{89}^{228}\mathrm{Ac} + {}_{-1}^{0}\mathrm{e} \quad (\beta^-\text{-Emission})$$

Diese Beispiele illustrieren die vier Zerfallstypen: β^--Emission, Elektroneneinfang, β^+-Emission und α-Teilchen-Emission.

β^-- oder Elektronenemission

Beim spontanen β^--Zerfall wandelt sich eines der Neutronen im Kern in ein Proton und ein Elektron um, das vom Atomkern ausgestrahlt wird. Zusammen mit dem Strom emitierter Elektronen aus einer Probe, die einem derartigen Zerfall unterliegt, wird auch Energie abgestrahlt, die als kinetische Energie der Elektronen in Erscheinung tritt. Die Berechnung dieser Energie ist relativ einfach: Sehen wir uns dazu einmal den Zerfall von Kohlenstoff-14 zu Stickstoff-14 an

$$_{6}^{14}\mathrm{C} \rightarrow {}_7^{14}\mathrm{N}^+ + {}_{-1}^{0}\mathrm{e}$$

Während dieser Reaktion wandelt sich ein Kohlenstoffkern mit sechs Elektronen in ein Stickstoffion mit sechs Elektronen (also einem Elektron zu wenig) und ein Elektron als β^--Teilchen um. Somit sind die Massen von Reaktionspartner und Produkten gleich den Massen der neutralen Atome $^{14}\mathrm{C}$ und $^{14}\mathrm{N}$

Reaktionspartner:	Masse des $_6^{14}$C-Atoms:	14,003242 u
Produkte:	Masse des $_7^{14}$N-Atoms:	14,003074 u
Massenverlust bei der Reaktion:		0,000168 u

Das Energieäquivalent dieses Massenverlustes beträgt

$$E = 0{,}000168 \text{ u} \times 931 \text{ MeV u}^{-1}$$
$$= 0{,}156 \text{ MeV}$$

Infolgedessen hat das beim β^--Zerfall des $^{14}_{6}C$ emittierte Elektron eine kinetische Energie von 0,156 MeV. Beim β^--Zerfall erhöht sich die Ordnungszahl des zerfallenden Elements stets um eine Einheit.

Elektroneneinfang

Beim Einfang eines Orbitalelektrons wird ein Elektron aus der den Atomkern umgebenden Elektronenwolke vom Kern eingefangen und mit einem Proton vereinigt, wobei ein Neutron gebildet wird. Ein Beispiel dafür bildet der Zerfall von Beryllium-7 in Lithium-7

$$^{7}_{4}Be \xrightarrow{\text{Elektroneneinfang}} {}^{7}_{3}Li$$

Bei dieser Reaktion werden ein Kern und vier Orbitalelektronen in einen Kern, der um ein Elektron schwerer ist, und drei Orbitalelektronen umgewandelt. Wieder sind die Massen von Reaktionspartner und Produkt dieselben wie die Massen der neutralen Atome

Reaktionspartner:	Masse des $^{7}_{4}$Be-Atoms:	7,0169 u
Produkt:	Masse des $^{7}_{3}$Li-Atoms:	7,0160 u
Massenverlust bei der Reaktion:		0,0009 u

Dieser Massenverlust entspricht einer Energie von 0,84 MeV (die in Form eines Neutrinos vom Kern ausgestrahlt wird, was uns aber hier nicht weiter interessieren soll). Beim Elektroneneinfang nimmt die Ordnungszahl des Ausgangskerns stets um eine Einheit ab.

β^+- oder Positronenemission

Das Kohlenstoffisotop 11 zerfällt unter Emission von Positronen

$$^{11}_{6}C \rightarrow {}^{11}_{5}B^- + {}^{0}_{+1}e$$

Die Berechnung der Energiebilanz dieser Reaktion enthält eine Falle: Der Kohlenstoff und seine sechs Elektronen werden in Bor mit sechs Elektronen (eines zu viel) *plus* die Masse des emittierten Positrons umgewandelt. Beim Massengleichgewicht wird also ein neutrales Kohlenstoffatom in ein neutrales Boratom und *zwei* Elektronenmassen umgewandelt, so daß wir folgende Masse-Energiebilanz erhalten

Produkte:	ein $^{11}_{5}$B-Atom:	11,009305 u
	zwei Elektronen:	0,001098 u
		11,010403 u
Reaktionspartner:	ein $^{11}_{6}$C-Atom:	11,011443 u
Massenverlust bei der Reaktion:		0,001040 u $\approx$ 0,968 MeV

Bei der Positronenemission nimmt die Ordnungszahl des radioaktiven Elements wie beim Elektroneneinfang um eine Einheit ab.

α-Teilchenemission

Bei den schwereren Elementen oberhalb $A = 200$ ist die Emission eines Heliumkerns, eines α-Teilchens, ein häufig vorkommender Zerfallsmodus

$$^{232}_{90}\text{Th} \rightarrow {}^{228}_{88}\text{Ra} + {}^{4}_{2}\text{He}$$

Bei der α-Teilchenemission nimmt die Ordnungszahl des zerfallenden Elements um zwei und die Massenzahl um vier Einheiten ab.

γ-Emission während des α-Zerfalls

Während eines Kernzerfalls kann auch hochenergetische elektromagnetische Strahlung emittiert werden. Bei der Reaktion des Urans-238

$$^{238}_{92}\text{U} \rightarrow {}^{234}_{90}\text{Th} + {}^{4}_{2}\text{He}$$

werden α-Teilchen mit zwei unterschiedlichen kinetischen Energien, 4,18 MeV und 4,13 MeV, freigesetzt. Diese α-Teilchenemission wird von der Ausstrahlung einer elektromagnetischen Strahlung begleitet, deren Energie der Differenz von 0,05 MeV der α-Teilchenenergien entspricht. Strahlung einer derart hohen Energie finden wir ganz rechts außen im elektromagnetischen Spektrum, wie es in Abbildung 8–5 dargestellt ist. Eine solche Strahlung wird γ-Strahlung genannt.

Beispiel: Wie groß ist die Wellenlänge einer 0,05 MeV-γ-Strahlung?

Lösung:

$$E = 0,05 \times 10^6 \text{ MeV} \times \frac{1,602 \times 10^{-19} \text{ J}}{1 \text{ eV}}$$

$$= 0,08 \times 10^{-13} \text{ J}$$

$$= h\nu = hc/\lambda$$

$$\lambda = hc/E$$

$$= \frac{6,626 \times 10^{-34} \text{ Js} \times 3,00 \times 10^8 \text{ m s}^{-1}}{0,08 \times 10^{-13} \text{ J}}$$

$$= 0,25 \times 10^{-10} \text{ m}$$

$$= 25 \text{ pm}$$

Strahlung in diesem Wellenlängenbereich wird entweder als Röntgen- oder γ-Strahlung bezeichnet, was von der Art der Strahlungsquelle abhängig ist. Die Strahlung, die aus einem Kernzerfall herrührt, wird traditionsgemäß γ-Strahlung genannt, während die Strahlung, die wir bei einem Bombardement einer Metallanode mit einem Elektronenstrahl erhalten, als Röntgenstrahlung bezeichnet wìrd. Beide sind elektromagnetische Strahlung.

Die 4,13 MeV-α-Teilchen werden emittiert, wenn ^{238}U in ^{234}Th in einem *angeregten*

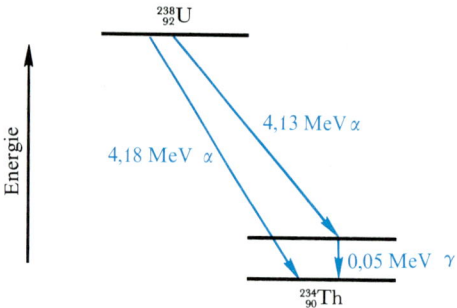

Abbildung 13–2 Ein Energieniveauschema eines Atomkerns, das den Grundzustand und einen angeregten Zustand für $^{234}_{90}$Th zeigt. Dieses Diagramm erklärt das Auftreten von α-Teilchen mit 4,18 MeV und 4,13 MeV Energie und der γ-Strahlung mit 0,05 MeV Energie beim Zerfall des $^{238}_{92}$U. Kompliziertere γ-Strahlenspektren während des Zerfalls verraten uns noch mehr über die Energieniveaus des Atomkerns.

Kernzustand umgewandelt wird. Wenn dann das angeregte ^{234}Th in seinen *Grundzustand* übergeht, wird die 0,05 MeV-γ-Strahlung ausgesandt. Die beiden möglichen Energieniveaus für den ^{234}Th-Kern sind in Abbildung 13–2 dargestellt. Auf diese Weise wird eine Art von „nuklearer Spektroskopie" ermöglicht, die der atomaren Spektroskopie analog ist, wie wir sie beim Wasserstoffatom kennengelernt haben. Derartige Untersuchungen können in der Zukunft zur Aufklärung der Substruktur des Atomkerns beitragen.

Stabilität und Halbwertszeit

Die Anzahl der Atomkerne, die in einer vorgegebenen Zeitspanne in einer Substanzprobe zerfallen, ist stets der Menge des noch nicht zerfallenen Materials proportional. Der Kernzerfall ist ein von äußeren Einflüssen unabhängiger, von Kern zu Kern ablaufender Prozeß. Die Wahrscheinlichkeit dafür, daß ein bestimmter Kern innerhalb einer bestimmten Zeitspanne zerfallen wird, ist konstant und von der Umgebung des Kerns unabhängig. Infolgedessen ist die Gesamtzahl der Atomkerne, die in einem bestimmten Zeitintervall zerfallen, der insgesamt vorhandenen Zahl von radioaktiven Kernen proportional. Wenn die Anzahl der radioaktiven Kerne durch n gegeben ist und die Änderung dieser Zahl im Zeitintervall Δt mit Δn bezeichnet wird, dann läßt sich der Zerfall der Kerne durch die folgende Gleichung beschreiben

$$\text{Anzahl der Kerne, die in der Zeiteinheit zerfallen} = -\frac{\Delta n}{\Delta t} = kn \qquad (13\text{–}1)$$

(Das negative Vorzeichen bei der Zerfallsrate weist darauf hin, daß die Anzahl der radioaktiven Kerne durch den Zerfall abnimmt.) Eine derartige Gleichung nennt man ein *Geschwindigkeitsgesetz erster Ordnung*, da bei ihm die *Reaktionsgeschwindigkeit* oder *Reaktionsrate* von der ersten Ordnung des Konzentrationsterms n abhängt. Mit Hilfe der Differentialrechnung können wir diese Geschwindigkeitsgleichung in einen Ausdruck umwandeln, der die Anzahl der Kerne, n, die zur Zeit t noch nicht zerfallen sind, mit der zur Zeit $t = 0$ ursprünglich vorhandenen Zahl, n_0, in Zusammenhang bringt. Dieser integrale Ausdruck lautet

$$n = n_0 e^{-kt} \tag{13–2}$$

Diese Beziehung ist in Abbildung 13–3 für den Zerfall von $^{14}_{6}C$ graphisch dargestellt, wobei mit $n_0 = 1$ g Kohlenstoff-14 begonnen wurde. Obwohl dies eine graphische Darstellung der Gleichung (13–2) ist, können Sie sich auch davon überzeugen, daß die Kurve mit Gleichung (13–1) in Einklang steht, indem Sie beachten, daß der Anstieg der Kurve, der annähernd gleich $\Delta n/\Delta t$ ist, an jedem Punkt auf der Kurve der Menge des noch vorhandenen Kohlenstoffs proportional ist.

Eine wichtige Eigenschaft des Zerfalls erster Ordnung ist die Tatsache, daß die Zeit, die irgendeine beliebige Menge eines radioaktiven Materials benötigt, um bis auf die Hälfte dieser Menge zu zerfallen, konstant und unabhängig von der Menge des vorhandenen Materials ist. Wenn diese Zeit als die *Halbwertszeit*, $t_{1/2}$, definiert wird, dann gilt

$$\frac{n_0}{2} = n_0 e^{-kt_{1/2}}$$

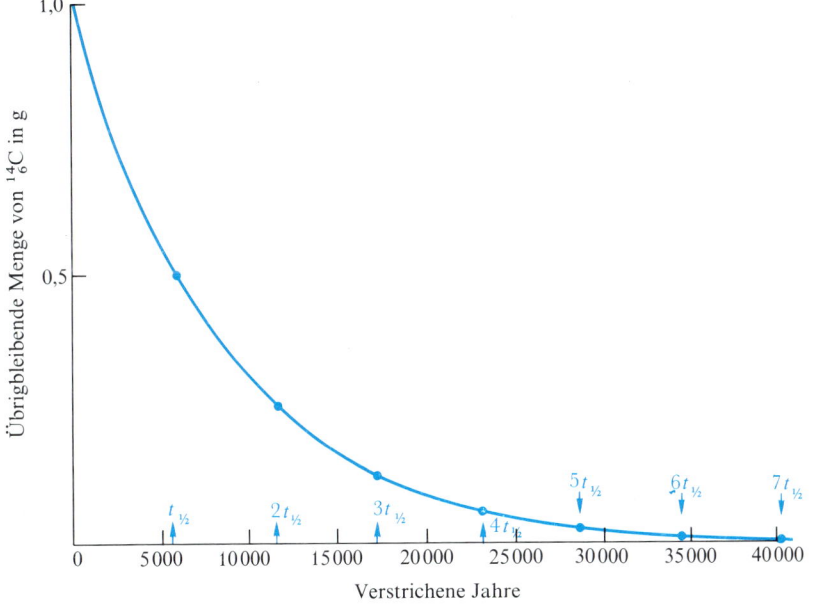

Abbildung 13–3 Die radioaktive Zerfallskurve von Kohlenstoff-14: $^{14}_{6}C \rightarrow {}^{14}_{7}N + {}_{-1}^{0}e$. Alle 5570 Jahre wird die Menge des übrigbleibenden Kohlenstoffs-14 halbiert. Diese Halbwertszeit von 5570 Jahren wird mit dem Symbol $t_{1/2}$ gekennzeichnet. Dieser regelmäßige Zerfall von Kohlenstoff-14 bildet die Grundlage für die Altersbestimmung von Kohlenstoff enthaltenden Gegenständen, die innerhalb der letzten 20000 Jahre zu leben aufhörten.

$$2 = e^{+kt_{1/2}}$$

$$t_{1/2} = \frac{\ln 2}{k} = \frac{0,693}{k}$$

Wenn entweder die Halbwertszeit, $t_{1/2}$, oder die Geschwindigkeitskonstante erster Ordnung, k, bekannt ist, kann die andere Größe berechnet werden. Wenn die Halbwertszeit einer radioaktiven Substanz 10 Tage beträgt, wird dieselbe Zeit (10 Tage) für den Zerfall von 1 g dieses Stoffes zu 0,5 g, von 16 g zu 8 g, von 10 Tonnen (t) zu 5 t oder von 2 mg zu 1 mg benötigt. Dies mag auf den ersten Blick paradox erscheinen, bis Sie sich einmal klarmachen, daß 10 t eines radioaktiven Materials sehr viel mehr Atome als 2 mg desselben Stoffes enthalten. Somit ist es ganz natürlich, daß bei der 10 t-Probe sehr viel mehr Atome innerhalb des Zeitintervalls von 10 Tagen zerfallen werden als in der 2 mg-Probe, wenn *jedes Atom* genau dieselbe Wahrscheinlichkeit dafür besitzt, innerhalb von 10 Tagen zu zerfallen.

Die Halbwertszeiten der von uns betrachteten Reaktionen erstrecken sich über einen enorm großen Bereich: Die Halbwertszeit der Reaktion

$$^{238}_{92}\text{U} \longrightarrow {}^{234}_{90}\text{Th} + {}^{4}_{2}\text{He}$$

beträgt 4,51 Milliarden Jahre. Die Halbwertszeit des Poloniumzerfalls nach der Reaktion

$$^{207}_{84}\text{Po} \longrightarrow {}^{203}_{82}\text{Pb} + {}^{4}_{2}\text{He}$$

besitzt einen Wert von 5,7 Stunden. Der Zerfall des Kohlenstoffisotops-14 aus Abbildung 13–3 besitzt eine Halbwertszeit von 5570 Jahren, und der Zerfall von Astat zu Wismut

$$^{216}_{85}\text{At} \longrightarrow {}^{212}_{83}\text{Bi} + {}^{4}_{2}\text{He}$$

läuft mit einer Halbwertszeit von nur 3×10^{-4} s ab.

13–3 Stabilitätsreihen

In Abbildung 13–4 sind die stabilen Isotope aller Elemente (schwarz) und die radioaktiven Isotope der Elemente mit Ordnungszahlen unter 35 und über 75 (farbig) aufgetragen. Beachten Sie, daß bei den stabilen Isotopen nach H und He die Zahl der Protonen niemals größer als die Zahl der Neutronen ist und daß die stabilsten Isotope einen Überschuß von Neutronen aufweisen. Die Neutronen „verdünnen" gewissermaßen die positiven Ladungen der Protonen im Kern und helfen dadurch bei der Stabilisierung des Kerns gegenüber der Ladungsabstoßung.

Beachten Sie bitte auch den Zickzackverlauf des Bandes der stabilen Isotope und das Vorherrschen von Isotopen mit geradzahliger Anzahl von Protonen oder Neutronen oder beiden. Dieses läßt irgendeine Art von Paarung und von Unterstruktur innerhalb des Kerns erahnen. Diese Bevorzugung von geraden Zahlen für jeden Typ von Nukleonen kommt in Tabelle 13–2 noch klarer zum Ausdruck.

Isotope, die rechts und unterhalb des Bereichs der größten Stabilität in Abbildung 13–4 stehen, können diesen Bereich durch Abgabe von Elektronen erreichen. Daher ist die β^--Emission beim Zerfall solcher Atomkerne die Regel. Isotope, die links und oberhalb vom stabilen Bereich stehen, können zu stabilen Isotopen zerfallen, indem sie ein Orbitalelektron einfangen oder ein Positron emittieren. Oberhalb des Bereiches von annähernd $Z = 80$ herrscht die α-Teilchenemission vor. Die β^--Emission verschiebt das Isotop in der Abbildung diagonal um ein Quadrat nach links oben; der Elektroneneinfang oder die Positronenemission wirken dagegen in entgegengesetzter Richtung (diagonale Verschiebung um ein Quadrat nach rechts unten). Die α-Teilchenemission verschiebt die Lage des Kerns diagonal um *zwei* Quadrate nach links unten, nahezu parallel zur Linie der größten Stabilität. Dieser Zerfallsmodus wird von Atomen jenseits des stabilen Bereichs in Abbildung 13–4 bevorzugt.

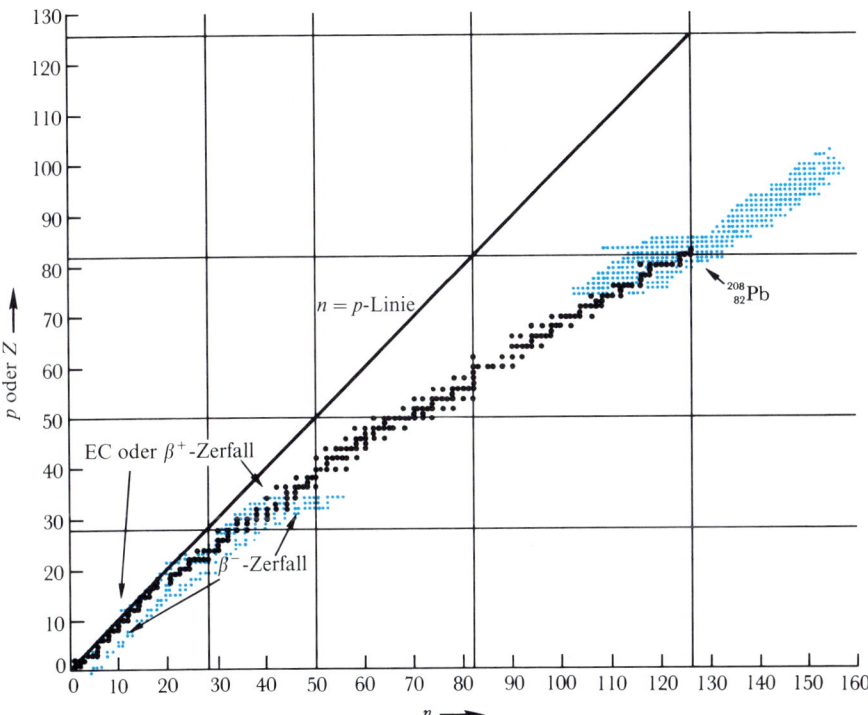

Abbildung 13–4 Eine Karte der stabilen Isotope (schwarze Punkte) und der radioaktiven Isotope (farbige Punkte) als Funktion ihrer Protonenzahl p oder Ordnungszahl Z und der Anzahl ihrer Neutronen n. Aus Gründen der Klarheit sind die radioaktiven Isotope mit den Ordnungszahlen von $Z = 35$ bis $Z = 75$ fortgelassen worden. Das Band der stabilen Isotope wird auf beiden Seiten von radioaktiven Isotopen eingefaßt. In dieser Karte zerfallen Radioisotope, die oberhalb des Bandes der stabilen Isotope liegen, durch Elektroneneinfang (EC, für „electron capture") oder Positronenemission (β^+) zu stabilen Isotopen. Radioisotope unterhalb des stabilen Bandes zerfallen durch Elektronenemission (β^-). Das stabile Band hört beim $^{209}_{83}\mathrm{Bi}$ auf, aber es gibt über diesen Punkt hinaus noch natürlich vorkommende radioaktive Isotope mit recht langen Halbwertszeiten. So besitzt z. B. $^{232}_{90}\mathrm{Th}$ eine Halbwertszeit von 13,9 Milliarden Jahren und $^{238}_{92}\mathrm{U}$ eine von 4,51 Milliarden Jahren.

Tabelle 13–2 Das Auftreten von stabilen Atomkernen mit geraden und ungeraden Zahlen von Protonen und Neutronen

	Neutronen gerade	Neutronen ungerade
Protonen gerade	166	53
Protonen ungerade	57	8

Die Abbildung 13–4 zeigt nur die *Existenz* von stabilen (nicht radioaktiven) Isotopen an, sagt jedoch weder etwas über den Grad der Stabilität ihrer Kerne noch etwas über ihr Vorkommen aus. Atomkerne sind besonders stabil und kommen am häufigsten vor, wenn bei ihnen Z oder n (die Zahl der Neutronen) gleich 2, 8, 20, 28, 50, 82 oder 126 sind. Diese Zahlen wurden *magische Zahlen* genannt (mangels einer genaueren Erklärung ihrer Bedeutung). Obwohl sie Informationen über die Schalenstruktur des Atomkerns enthalten, verfügen wir bisher noch über keine Theorie, die sie zu deuten vermag. Sie sind mit dem Satz von magischen Zahlen 2, 10, 18, 36, 54 und 86 vergleichbar, den wir für die Ordnungszahlen der besonders stabilen Edelgase erhalten. Für die nuklearen magischen Zahlen muß es eine Erklärung auf Grund einer Schalenstruktur des Atomkerns geben, und diese nuklearen Quantenschalen müßten unabhängig voneinander für Protonen und Neutronen existieren. Eine magische Zahl von Protonen oder Neutronen verleiht einem Atomkern Stabilität; Atomkerne, wie z. B. $^{208}_{82}Pb$ mit einer magischen Zahl beider Nukleonenarten, sind besonders stabil. Derartige Kerne kommen auch der Kugelgestalt am nächsten, wie sich aus ihren Quadrupolmomenten bestimmen läßt. Die Schalentheorien der Atomkerne, die bisher vorgeschlagen wurden, haben zu einigen nützlichen Voraussagen geführt, aber wir befinden uns gegenwärtig an etwa dem gleichen Punkt hinsichtlich unserer Kenntnisse von der Kernstruktur, an dem sich Bohr und Sommerfeld hinsichtlich der Elektronenstrukturen der Atome befanden, bevor die moderne Quantentheorie der Atome entwickelt wurde. Wir brauchen irgendjemand aus der nächsten Generation von Naturwissenschaftlern, der uns für die Atomkerne das Äquivalent der Schrödinger-Gleichung und der Wellenmechanik in die Hand gibt.

Natürliche radioaktive Zerfallsreihen

Die schweren, instabilen Elemente am oberen, rechten Ende der Stabilitätskurve in Abbildung 13–4 zerfallen nach einem Satz von vier Zerfallswegen. Einer dieser Wege, ausgehend vom $^{238}_{92}U$ und mit dem stabilen $^{206}_{82}Pb$ endend, ist in Abbildung 13–5 dargestellt. Dieses vergrößerte Teilstück von Abbildung 13–4 zeigt klarer die Veränderungen, die in der graphischen Darstellung durch die α-Emission, die β^--Emission, den Elektroneneinfang und die β^+-Emission bewirkt werden. Eine zweite derartige Zerfallsreihe beginnt mit $^{232}_{90}Th$ und endet nach 10 Schritten beim $^{208}_{82}Pb$. Eine dritte Zerfallsreihe verläuft vom $^{235}_{92}U$ zum $^{207}_{82}Pb$, während die vierte mit dem künstlichen $^{241}_{94}Pu$ beginnt und beim $^{209}_{83}Bi$ endet.

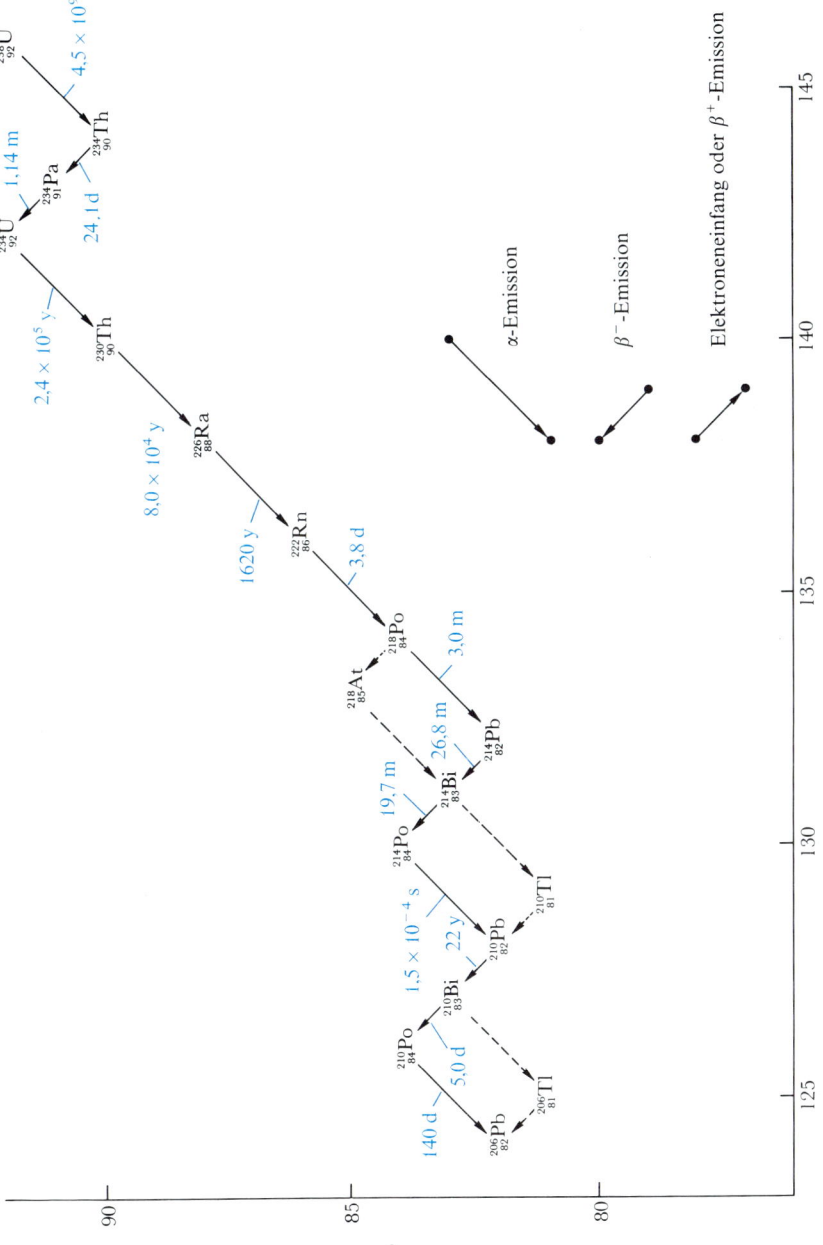

Abbildung 13–5 Die natürliche radioaktive Zerfallsreihe, die mit $^{238}_{92}$U beginnt und beim stabilen Isotop $^{206}_{82}$Pb endet. Beachten Sie, daß die Gesamtwirkung der Zerfallsreihe die ist, durch eine Serie von α-Teilchen- und β^--Emissionen das Band der stabilen Isotope zu erreichen. Die Abkürzungen bei den Angaben der Halbwertszeiten (farbig) bedeuten: y = Jahre, d = Tage, m = Minuten und s = Sekunden. Gestrichelte Zerfallslinien geben weitere Zerfallsmöglichkeiten an.

13–4   Kernreaktionen

1919 führte Rutherford die erste Umwandlung eines Elements in ein anderes durch Beschießen mit hochenergetischen Teilchen durch. Er benutzte α-Teilchen für die Umwandlung von Stickstoff in Sauerstoff

$$^{14}_{7}N + ^{4}_{2}He \rightarrow ^{17}_{8}O + ^{1}_{1}H$$

Den Ablauf dieser Reaktion wies Rutherford dadurch nach, daß er die emittierten Protonen beobachtete. Bei dieser Reaktion verschmilzt das α-Teilchen mit dem Stickstoffkern zu einem instabilen und angeregten Zwischenkern, $^{18}_{9}F$, der sich dann in Sauerstoff und ein Proton zerlegt. Bei Kernreaktionen wie der von Rutherford ist es schwierig, ein geladenes Teilchen dicht genug an den Atomkern heranzubringen, damit eine Kernreaktion überhaupt ablaufen kann. Eines der Hauptziele bei der Entwicklung von Teilchenbeschleunigern, wie z. B. des Linearbeschleunigers und des Cyclotrons, war es Strahlen von positiv geladenen Kernen zu erzeugen, die genug Energie besaßen, um mit den Kernen des Targetmaterials zu reagieren.

Neutronenstrahlen müssen dagegen nicht so energiereich sein, um bis zum Atomkern vordringen zu können, da die Neutronen selbst nicht von den Targetkernen elektrostatisch abgestoßen werden. So werden z. B. Neutronenstrahlen von Kernreaktoren zur Herstellung von Tritium, $^{3}_{1}H$, benutzt, das bei der medizinischen oder der chemischen Tracerarbeit verwendet wird

$$^{10}_{5}B + ^{1}_{0}n \rightarrow ^{3}_{1}H + 2^{4}_{2}He$$
$$^{6}_{3}Li + ^{1}_{0}n \rightarrow ^{3}_{1}H + ^{4}_{2}He$$

Radioaktives Kobalt-60, das bei der Krebstherapie eingesetzt wird, erhält man durch Neutronenbeschuß aus dem stabilen Isotop

$$^{59}_{27}Co + ^{1}_{0}n \rightarrow ^{60}_{27}Co$$

Künstliche Elemente

Eine der interessantesten Anwendungen der hochenergetischen Beschleuniger war die Erzeugung neuer *Transuran*-Elemente. Die Elemente der Ordnungszahlen 93 bis 105 wurden durch die folgenden Beschießungsreaktionen hergestellt

$$^{238}_{92}U + ^{2}_{1}H \rightarrow ^{238}_{93}Np + 2^{1}_{0}n \qquad \text{(Neptunium)}$$
$$^{238}_{92}U + ^{4}_{2}He \rightarrow ^{239}_{94}Pu + 3^{1}_{0}n \qquad \text{(Plutonium)}$$
$$^{239}_{94}Pu + ^{4}_{2}He \rightarrow ^{240}_{95}Am + ^{1}_{1}p + 2^{1}_{0}n \qquad \text{(Americium)}$$
$$^{239}_{94}Pu + ^{4}_{2}He \rightarrow ^{242}_{96}Cm + ^{1}_{0}n \qquad \text{(Curium)}$$
$$^{244}_{96}Cm + ^{4}_{2}He \rightarrow ^{245}_{97}Bk + ^{1}_{1}p + 2^{1}_{0}n \qquad \text{(Berkelium)}$$
$$^{238}_{92}U + ^{12}_{6}C \rightarrow ^{246}_{98}Cf + 4^{1}_{0}n \qquad \text{(Californium)}$$
$$^{238}_{92}U + ^{14}_{7}N \rightarrow ^{247}_{99}Es + 5^{1}_{0}n \qquad \text{(Einsteinium)}$$
$$^{238}_{92}U + ^{16}_{8}O \rightarrow ^{249}_{100}Fm + 5^{1}_{0}n \qquad \text{(Fermium)}$$
$$^{253}_{99}Es + ^{4}_{2}He \rightarrow ^{256}_{101}Md + ^{1}_{0}n \qquad \text{(Mendelevium)}$$

$$^{246}_{96}\text{Cm} + {}^{13}_{6}\text{C} \rightarrow {}^{254}_{102}\text{No} + 5\,{}^{1}_{0}\text{n} \quad \text{(Nobelium)}$$

$$^{252}_{98}\text{Cf} + {}^{10}_{5}\text{B} \rightarrow {}^{257}_{103}\text{Lr} + 5\,{}^{1}_{0}\text{n} \quad \text{(Lawrencium)}$$

$$^{249}_{98}\text{Cf} + {}^{12}_{6}\text{C} \rightarrow {}^{257}_{104}\text{-Ku} + 4\,{}^{1}_{0}\text{n} \quad \text{(Kurtschatorium)}$$

$$^{249}_{98}\text{Cf} + {}^{15}_{7}\text{N} \rightarrow {}^{260}_{105}\text{Ha} + 4\,{}^{1}_{0}\text{n} \quad \text{(Hahnium)}$$

Wie sich aus den Namen, die diesen neuen Elementen gegeben wurden, ablesen läßt, wurden viele von ihnen im Lawrence Radiation Laboratroy an der University of California in Berkely hergestellt.

Wie sieht die Zukunft für die Synthese von Transuranelementen aus? Wird es noch mehr radioaktive und äußerst kurzlebige Elemente wie die von der Ordnungszahl 97 bis 105 geben? Es sieht heute so aus, als ob eine Chance bestünde, eine neue Zone der Stabilität der Elemente zu erreichen, die sogar einige nichtradioaktive Elemente enthalten könnte. Berechnungen mit Hilfe von Kernschalenmodellen haben zu der Erwartung geführt, daß das Element $^{298}114$ mit 114 Protonen und 184 Neutronen (beides sind

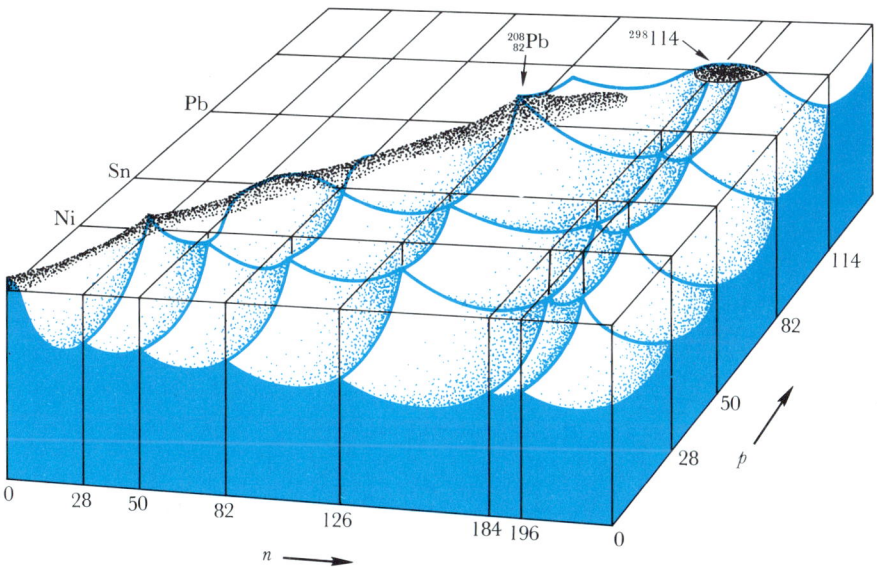

Abbildung 13–6 Die relativen Stabilitäten von Isotopen als eine Funktion der Zahl der Protonen p und Neutronen n. Die Achsen in der Horizontalebene sind die aus Abbildung 13–4. Die senkrechte Achse gibt die relative Stabilität der Atomkerne an, wobei die natürlich vorkommenden stabilen und radioaktiven Isotope über eine imaginäre „Meeresoberfläche" emporragen und eine langgestreckte „Halbinsel" bilden. Atomkerne, die eine „magische Zahl" von Protonen oder Neutronen besitzen (28, 50, 82, 126), zerfallen weniger leicht als ihre Nachbarn. Diesen magischen Zahlen entsprechen die „Bergrücken" auf dem „Meeresboden". Der doppelt magische $^{208}_{82}\text{Pb}$-Kern ist als ein Berg am Ende der Halbinsel dargestellt, während sich um das noch unbekannte Element $^{298}114$ ein vermuteter Stabilitätsbereich als Hügel über die Wasserlinie erhebt. [Neu gezeichnet nach G. T. Seaborg und J. L. Bloom, „*The Synthetic Elements: IV*", Copyright © April, 1969, by Scientific American. Siehe auch S. G. Thompson und C. F. Tsang, „*Superheavy Elements*", Science 178, 1047 (1972).]

magische Zahlen in der Kernschalentheorie) auf einer Insel der Stabilität in einem Meer der Instabilität liegen wird. In Abbildung 13–6 ist die Abbildung 13–4 noch einmal unter Hinzuziehung der dritten Dimension aufgetragen, deren vertikale Achse ein Maß für die Stabilität der Kerne angibt. Wenn wir irgendeine Methode finden könnten, die Elemente in der Nachbarschaft von $^{298}114$ zu erreichen, könnten wir dort eine Reihe von relativ langlebigen Elementen antreffen. Einige Versuche wurden in Berkeley bereits unternommen, wobei die folgenden Reaktionen möglich sein müßten

$$^{248}_{96}\text{Cm} + {}^{40}_{18}\text{Ar} \rightarrow {}^{284}114 + 4\,{}^{1}_{0}\text{n}$$
$$^{244}_{94}\text{Pu} + {}^{48}_{20}\text{Ca} \rightarrow {}^{288}114 + 4\,{}^{1}_{0}\text{n}$$

Die erste Reaktion erwies sich als nicht erfolgreich, wahrscheinlich weil ihre Produktkerne einen Neutronenmangel besitzen und infolgedessen instabil sind; sie liegen gerade links von der Insel der Stabilität in Abbildung 13–6. Die zweite Reaktion ist vielversprechender, konnte aber bis vor kurzem noch gar nicht versucht werden, da noch keine geeigneten Schwerionenbeschleuniger zur Verfügung standen.

Mit der Erkenntnis, daß es möglich sein könnte, einen neuen Bereich der Stabilität zu erreichen, wird es interessant, das Periodensystem weiter zu verlängern. Die Ab-

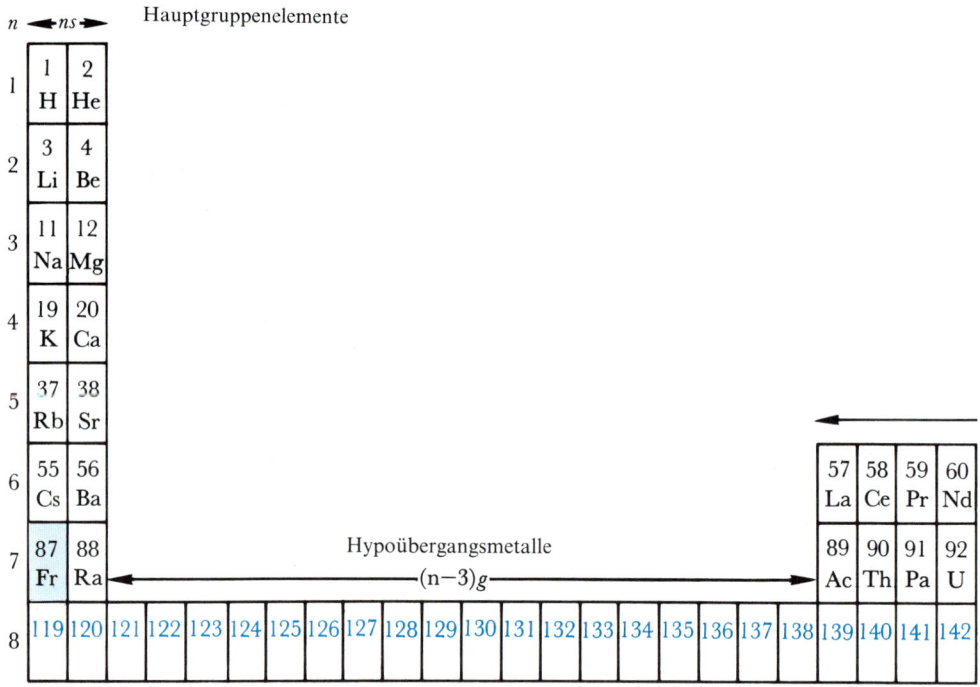

Abbildung 13–7 Die hyperlange Form des Periodensystems, die so weit gedehnt wurde, um die achte Periode und die Einfügung der 5g-Orbitale zu umfassen, die eine Reihe der Hypoübergangsmetalle schaffen. Künstliche Elemente sind farbig hervorgehoben. (Francium und Astat kommen in der Natur als kurzlebige Zwischenstufen in Kernzerfallsprozessen vor, aber man schätzt, daß zu keinem Zeitpunkt mehr als 30 g eines jeden Elements in der Erdschale (Abbildung 14–27) vorkommen.) Elemente mit farbigen Ordnungszahlen sind bisher noch nicht hergestellt worden. Die neuen,

bildung 13–7 zeigt eine Erweiterung des Periodensystems über das Ende der gegenwärtig teilweise bekannten siebenten Periode hinaus sowie eine neue achte Periode. In dieser Periode erscheinen zum ersten Mal g-Orbitale, die 5 g-Orbitale. Über die Reihenfolge der Besetzung der 5 g-, 6 f- und 7 d-Orbitale könnte es anfänglich einige Unsicherheiten geben, jedoch zeigen neuere Berechnungen in Los Alamos, daß nach dem ersten oder den ersten beiden Elektronen der Rest die 5 g-Orbitale in geordneter Weise auffüllen wird. Diese Elemente könnten als *Hypoübergangsmetalle* bezeichnet werden, nach dem Griechischen „hypo", was soviel wie „unterhalb" oder „tief begraben" bedeutet.

Kernspaltung

Eine der berühmtesten (oder verrufensten) Kernreaktionen ist die folgende

$$^{235}_{92}U + ^{1}_{0}n \rightarrow ^{139}_{56}Ba + ^{94}_{36}Kr + 3\,^{1}_{0}n$$

Es ist dies die in der ^{235}U-Atombombe ablaufende Reaktion. Als erste führten in den späten dreißiger Jahren unseres Jahrhunderts Enrico Fermi und seine Kollegen in Rom sowie Otto Hahn, Lise Meitner und Fritz Straßmann am Kaiser-Wilhelm-Institut in

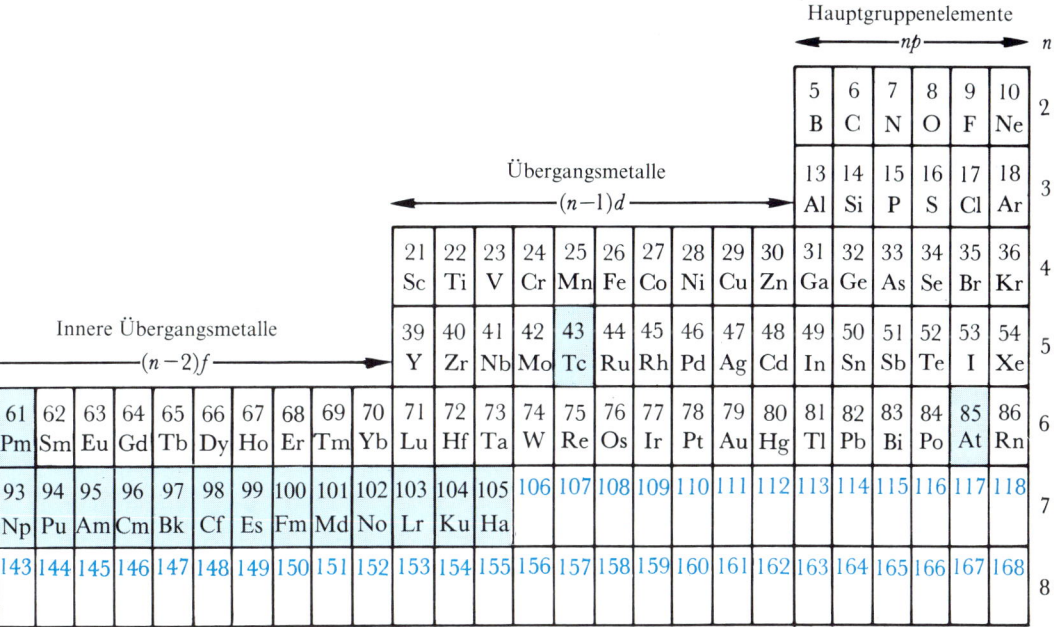

künstlichen Transuranelemente von $Z = 95$ bis 105 vervollständigten die zweite Reihe der inneren Übergangsmetalle und beginnen eine neue, vierte Übergangsmetallreihe. Die Insel der Stabilität, die Seaborg und seine Mitarbeiter in Berkeley zu finden hoffen, liegt unter dem Blei bei den neuen Hauptgruppenelementen der siebenten Periode. Die g-Orbitale, die in der ersten Reihe der Hypoübergangsmetalle aufgefüllt werden, liegen so tief, daß die Elemente äußerst schwer chemisch charakterisiert und getrennt werden können.

Berlin diese Reaktion durch. Beide Forschergruppen versuchten, Transuranelemente mit Hilfe der Methoden herzustellen, die später von der Berkeley-Gruppe und anderen mit Erfolg angewandt wurden. Niemand erwartete damals, daß eine *Kernspaltung* in zwei annähernd gleichgroße Bruchstücke eintreten würde. 1938 identifizierte Hahn eines der Spaltungsprodukte als Barium, was darauf hinwies, daß eine Kernspaltung stattgefunden haben mußte. Hahn leitete diese Neuigkeit privat durch einen Brief an Lise Meitner weiter, die gezwungen war, das nationalsozialistische Deutschland zu verlassen, und die in Skandinavien arbeitete. Otto Frisch, ihr Vetter, entdeckte, daß während der Reaktion riesige Energiemengen freigesetzt wurden, und er erkannte, daß die Kernspaltung militärische Anwendungen haben könnte. Zu der Zeit (anfangs 1939) arbeitete Frisch im Laboratorium von Niels Bohr in Kopenhagen. Bei einem Besuch in den Vereinigten Staaten im Januar 1939 gab Bohr diese Information über die Kernspaltung an die Physiker in den USA weiter. Fermi, der den Faschisten in Italien entflohen war, hielt sich an der Columbia University auf. Er bestätigte experimentell Bohrs Mitteilungen, wie es auch andere in Berkely taten.

Der ungarische Physiker Leo Szilard, einer der vielen europäischen Naturwissenschaftler, die in den späten dreißiger Jahren unseres Jahrhunderts in England und in den Vereinigten Staaten politisches Asyl suchten, trat als einer der Sprecher für viele besorgte Physiker auf. Da er die Bedeutung der Kernspaltung voraussah, überredete er Albert Einstein, im August 1939 einen Brief an Präsident Roosevelt zu schreiben. In dem heute berühmten Brief schilderte Einstein die militärischen Möglichkeiten der Anwendung der Kernspaltung und erwähnte die ernstzunehmende Möglichkeit, daß die Nazis sie als eine Waffe für den Krieg entwickeln könnten, der sich in Europa abzuzeichnen begann. Roosevelt antwortete darauf mit der Einrichtung des „Manhattan Project" und der Unterstützung der aufwendigen Forschungsvorhaben, die 1945 zum ersten Atombombenversuch bei Trinity Flats, New Mexico, und den beiden Atombomben führten, die auf Hiroshima und Nagasaki abgeworfen wurden. Die Atombombe machte mehr als jede andere wissenschaftlich-technische Entwicklung den Naturwissenschaftlern bewußt, daß sie sich auch mit den politischen und sozialen Folgen ihrer Entdeckungen auseinandersetzen müßten, und führte zu der wachsenden Anteilnahme von Naturwissenschaftlern an öffentlichen Angelegenheiten, die für die Zeit nach dem Zweiten Weltkrieg typisch ist.

Die Uranspaltung stellt eine potentielle Kettenreaktion dar, da sie für jedes Neutron, das eine Spaltung eines Kerns einleitet, drei neue Neutronen freisetzt. Im natürlich vorkommenden Uran ist nur eine geringe Menge von ^{235}U über das häufiger vorkommende ^{238}U verteilt. Wenn jedoch ^{235}U rein dargestellt und eine ausreichende Menge davon zusammengebracht wird, dann setzt jede Spaltung eines Kerns Neutronen frei, die – im Mittel – die Spaltung von *mehr* als einem Kern verursachen werden. Infolgedessen werden sich die Spaltungsketten lawinenartig verzweigen, so daß eine Explosion erfolgt (Abbildung 13–8). Wenn das Stück des ^{235}U zu klein ist, werden die Neutronenverluste an die Umgebung eine solche Kettenreaktion verhindern. Die Masse, bei der die Verluste an die Umgebung kleiner als die Zuwachsrate der neu gebildeten Neutronen werden, nennt man die *kritische Masse* des Urans.

In einem Kernreaktor läuft die Spaltungsreaktion schnell genug ab, um die Nutz-

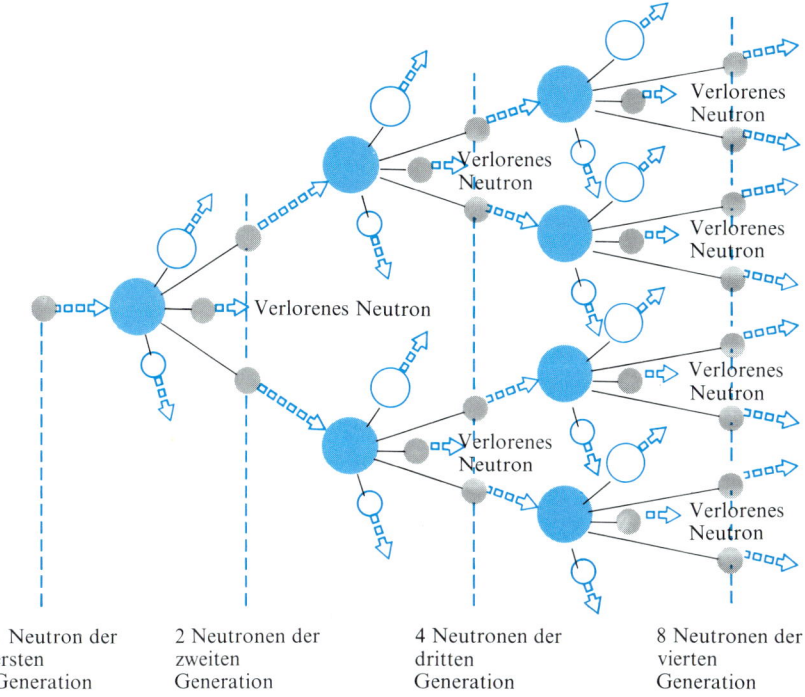

1 Neutron der
ersten
Generation

2 Neutronen der
zweiten
Generation

4 Neutronen der
dritten
Generation

8 Neutronen der
vierten
Generation

(a) Eine unkontrollierte Kettenreaktion. Das Prinzip der Atombombe.

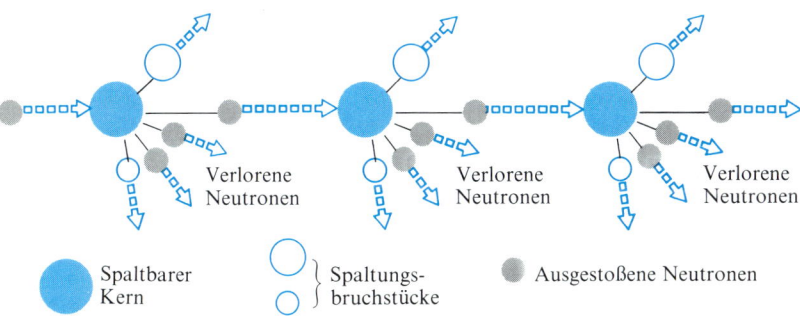

(b) Eine kontrollierte Kettenreaktion. Das Prinzip eines Kernreaktors.

Abbildung 13–8 Kettenreaktionen bei der Kernspaltung. (a) Eine unkontrollierte Kettenreaktion: Bei ihr löst im Durchschnitt mehr als ein Neutron aus jeder Kernspaltung weitere Spaltungsprozesse aus, wodurch sich die Zahl der Spaltungen lawinenartig erhöht. Auf diesem Prinzip beruht die Atombombe. (b) Eine kontrollierte Kettenreaktion, wie sie in Kernreaktoren abläuft. Bei ihr löst im Durchschnitt genau ein Neutron aus jeder Spaltung eine weitere Spaltung aus, so daß die Zahl der pro Sekunde erfolgenden Spaltungen konstant bleibt. Dadurch ist es möglich, einen konstanten Energiestrom für die Stromerzeugung zu erhalten.

wärme zu erzeugen, aber nicht schnell genug, um sich zu einer explosiven Kettenreaktion auszuweiten. Die Kontrolle der Reaktion in einem derartigen Reaktor wird mit Hilfe von Cadmiumstäben erreicht, die durch den Reaktorkern hindurch geführt sind, um Neutronen zu absorbieren, die damit der Kettenreaktion entzogen werden. Wenn die Stäbe in den Reaktorkern hinein geschoben werden, absorbieren die Cadmiumstäbe so viele Neutronen, daß die Kernspaltung nur in sehr geringem Ausmaß abläuft. Wenn nun die Stäbe herausgezogen werden, absorbieren sie weniger Neutronen, so daß sich die Spaltungsrate erhöht. Auf diese Weise läßt sich der Reaktor sehr genau auf die gewünschte Energieabgabe einstellen und regeln.

Kernfusion

Eine der Reaktionen, die bei der Energieerzeugung in der Sonne eine Rolle spielen, ist die Verschmelzung oder die Fusion zweier Wasserstoffkerne zu einem Heliumkern

$$\mathrm{^2_1H + {}^3_1H \rightarrow {}^4_2He + {}^1_0n + 17{,}6\,MeV}$$

Um die elektrostatische Abstoßung zwischen den zur Kernreaktion zu bringenden Wasserstoffkernen zu überwinden, muß die Energie des Zusammenstoßes zwischen den beiden Kernen etwa 0,02 MeV betragen. Diese Energie kann im kleinen Maßstab in Teilchenbeschleunigern erreicht werden, aber die dabei gewonnene Energie ist weitaus geringer als die Energie, die zum Betrieb der Beschleuniger benötigt wird. Wenn wir ein Verfahren entwickeln könnten, diese Reaktionen im großen Umfang und kontrolliert ablaufen zu lassen, würden uns riesige Energiemengen zur Verfügung stehen. Unglücklicherweise sind hier wieder die militärischen Anwendungen weiter fortgeschritten als die friedlichen: Temperaturen von mehr als 200 Millionen Grad Celsius sind erforderlich, um den Fusionsprozeß in Gang zu setzen. Diese Temperaturen werden in Wasserstoffbomben dadurch erreicht, daß man eine gewöhnliche Atombombe gewissermaßen als Zündholz benutzt. Es ist jedoch weitaus schwieriger, Fusionsreaktionen unter kontrollierten Bedingungen ablaufen zu lassen, und ein erfolgreicher Fusionsreaktor steht noch nicht einmal auf dem Reißbrett. Bei den für die Fusion notwendigen Temperaturen sind keine Festkörper mehr beständig, und die normalen Vorstellungen von Behältern für die miteinander reagierenden Substanzen werden bedeutungslos. Am vielversprechendsten scheint der Versuch zu sein, die heißen, ionisierten Atome mit Hilfe magnetischer Felder einzuschließen und damit von den Wänden des Reaktors fernzuhalten. Bisher war jedoch noch kein Vorgehen von Erfolg gekrönt.

Aufforderung: Der „Fallout" von radioaktivem Strontium-90 und die für Erwachsene maximal zulässige Dosis werden in den Aufgaben 13–10 bis 13–12 in *Ergänzungsaufgaben der Chemie* von Butler und Grosser behandelt.

13–5   Anwendungen der Kernchemie und der Isotope

Isotope sind bei der Untersuchung von nichtisotopen und nichtradioaktiven chemischen Reaktionen äußerst nützlich, weil sie eine Markierung darstellen, mit deren Hilfe die Bruchstücke eines Reaktionspartners unter den Produkten einer Reaktion identifiziert werden können. Nichtradioaktive Isotope, die am häufigsten als chemische Markierungen eingesetzt werden, sind ^{2}H, ^{15}N und ^{18}O. Radioaktive Isotope weisen den zusätzlichen Vorteil auf, daß durch Messung ihrer Radioaktivität sowohl ihr Vorhandensein nachgewiesen als auch ihre Konzentration bestimmt werden kann, wodurch auf eine chemische Analyse die in vielen Fällen gar nicht durchführbar ist, verzichtet werden kann. Einige radioaktive „Tracer"-Kerne sind ^{3}H, ^{14}C, ^{32}P und ^{35}S.

Chemische Markierungen

Als ein Beispiel für die Anwendungen von chemischen Markierungen zur Bestimmung eines Reaktionsmechanismus sehen Sie sich einmal die Aufspaltung von ATP in ADP und Phosphat an

Adenosintriphosphat (ATP)

Adensosintriphosphat (ATP)

Es stellt sich dabei die Frage, ob die mit a oder die mit b bezeichnete Bindung durch die Hydrolyse aufgetrennt wird. Ohne die Hilfe von Isotopen gäbe es keine Methode, dies herauszufinden. Wenn wir aber die Reaktion in Wasser ablaufen lassen, das mit dem Isotop ^{18}O angereichert ist, wird die Frage dadurch beantwortet, daß wir nachprüfen, wo ^{18}O bei den Reaktionsprodukten zu finden ist. Wenn die Aufspaltung am Punkt a erfolgt, wird sich die Hydroxidgruppe des Wassers an das ADP anlagern, und das ADP wird infolgedessen ^{18}O enthalten. Wenn die Trennung aber bei b erfolgt, finden wir das ^{18}O im Phosphat wieder. Dieses Experiment wurde durchgeführt, und die Spaltung erfolgt bei b.

An der Universität von Kalifornien bestimmten Melvin Calvin und seine Kollegen den molekularen Mechanismus der Photosynthese, wobei sie vom $^{14}CO_2$ als isotopischen Tracer ausgingen.

Radiometrische Analyse

Die radiometrische Analyse ist häufig schneller und genauer als die konventionelle chemische Analyse. Bei der Analyse von geringen Mengen von Zn(II) wird das Zink durch einen Überschuß von $(NH_4)_2HPO_4$ ausgefällt, wobei für P das Radioisotop ^{32}P eingesetzt wird. Das unlösliche Fällungsprodukt, $Zn(NH_4)PO_4$, wird gewaschen, und dann wird seine Radioaktivität gemessen. Aus der bekannten Radioaktivität des reinen ^{32}P können wir die Konzentration der Phosphatfällung und damit die des Zn berechnen. Diese Methode ist schneller als die konventionelle gravimetrische Analyse, da keine Wägungen erforderlich sind und das Fällungsprodukt nicht sauber zu sein braucht, so lange alle Spuren des radioaktiven Fällungsmittels, $(NH_4)_2HPO_4$, gründlich ausgespült wurden.

Isotopenverdünnungsmethoden

Die Isotopenverdünnung wird eingesetzt, wenn es schwierig ist, die gesamte Substanzmenge, die analysiert werden soll, von einer komplexen Mischung zu trennen. Nach dieser Methode wird eine geringe, bekannte Menge der in der Mischung zu analysierenden Substanz der Mischung zugesetzt. Jedoch enthält diese zusätzlich eingebrachte Substanz 100% (oder wenigstens einen bekannten Prozentsatz) radioaktiver Isotope an Stelle irgendeines Atoms in der zu analysierenden Verbindung. Die Radioaktivitäten werden dabei als *spezifische Aktivitäten* oder radioaktive Zerfälle pro Sekunde und pro Gramm der Substanz berechnet. Die zugesetzte, radioaktive Substanz wird nun gründlich mit der Analysenprobe vermischt. Dann wird die zu analysierende Komponente der Mischung nach einer Methode isoliert, die zwar keine quantitative Trennung ergibt, jedoch eine kleine Menge der extrem reinen Verbindung liefert. Die Verdünnung der spezifischen Aktivität der zugesetzten Verbindung durch die nichtradioaktive Version derselben Verbindung in der Mischung führt dann zur der Menge dieser Verbindung in der ursprünglichen Mischung. Wenn z.B. die spezifische Aktivität der gereinigten Probe *denselben* Wert besitzt wie die der zugesetzten Verbindung, dann war diese Verbindung in der ursprünglichen Mischung *nicht* enthalten; wir finden nur das, was wir in die Mischung hineingegeben haben. Wenn die spezifische Aktivität unserer isolierten Probe halb so groß wie die der zugesetzten Verbindung ist, dann lag die Verbindung in der ursprünglichen Mischung in der gleichen Menge vor, wie wir der Mischung zugesetzt haben. Wenn die spezifische Aktivität auf ein Zehntel ihres ursprünglichen Wertes abgesunken ist, muß neunmal so viel, wie wir zugesetzt haben, in der ursprünglichen Mischung enthalten gewesen sein. Im allgemeinen gilt mit

m_m = Masse einer Verbindung in einer Mischung

m_a = Masse der radioaktiven Version derselben Verbindung, die der Mischung zugesetzt wurde

A_i = Spezifische Aktivität oder radioaktive Zerfälle pro Sekunde und Gramm der zugesetzten Verbindung

A_p = Spezifische Aktivität der gereinigten Probe

für die Berechnung der Masse der gesuchten Verbindung in der ursprünglichen Mischung die folgende Beziehung

$$\frac{m_m}{m_a} = \frac{A_i}{A_p} - 1$$

Beispiel: Am Ende einer Benzoesäuresynthese (C_6H_5COOH) werden 10 mg reiner Benzoesäure mit einer spezifischen Aktivität von 1600 Impulsen pro Minute und Milligramm ($I\ min^{-1}\ mg^{-1}$) für das Isotop ^{14}C den Reaktionsprodukten zugesetzt und gründlich mit ihnen vermischt. Eine Probe von 40 mg reiner Benzoesäure wird anschließend aus dieser Mischung extrahiert. Sie weist für den ^{14}C-Zerfall eine spezifische Aktivität von 190 $I\ min^{-1}\ mg^{-1}$ auf. Wieviel Benzoesäure wurde bei der Reaktion gebildet?

Lösung: Aus der oben angegebenen Beziehung erhalten wir mit $m_a = 10$ mg, $A_i = 1600$ $I\ min^{-1}\ mg^{-1}$ und $A_p = 190\ I\ min^{-1}\ mg^{-1}$

$$m_m = 10\ \text{mg} \times \left(\frac{1600}{190} - 1 \right)$$

$$= 74{,}3\ \text{mg Benzoesäure}$$

Übung: Eine 10 ml-Probe einer wäßrigen Lösung, die Tritium mit einer Aktivität von 2×10^6 Impulsen pro Sekunde ($I\ s^{-1}$) enthält, wird in den Blutkreislauf eines Tieres injiziert. Nachdem eine ausreichende Zeitspanne verstrichen ist, um eine vollständige Vermischung der Probe mit dem Blut zu erreichen, wird dem Tier eine Blutprobe von 1,0 ml entnommen, die eine Aktivität von $1{,}5 \times 10^4\ I\ s^{-1}$ aufweist. Berechnen Sie das Volumen des Bluts im Körper des Tieres.
(Antwort: 133 ml. Dieses Verfahren ist sowohl genauer als auch weniger schädlich als die alte Methode, das Tier vollständig ausbluten zu lassen.)

Altersbestimmung mit radioaktivem Kohlenstoff

Kernreaktionen in den oberen Schichten der Erdatmosphäre, an denen Neutronen aus der kosmischen Strahlung beteiligt sind, erhalten nach der Reaktionsgleichung

$$^{14}_{7}N + ^{1}_{0}n \rightarrow ^{14}_{6}C + ^{1}_{1}H$$

eine konstante Konzentration von $^{14}_{6}C$ in der Atmosphäre aufrecht. Solange ein Organismus lebt, enthält er infolgedessen ein konstantes Verhältnis von Kohlenstoff-14 zum stabilen Kohlenstoff-12. Ein lebender Organismus verliert ständig Kohlenstoff in Form von CO_2 und organischen Stoffwechselprodukten an die Umgebung und nimmt ständig neuen Kohlenstoff mit seiner Nahrung in sich auf. In den Pflanzen erfolgt die Aufnahme des Kohlenstoffs direkt aus der Atmosphäre mit Hilfe der Photosynthese. Tiere, die Pflanzen fressen oder sich vom Protein anderer Tiere ernähren, die Pflanzen gefressen haben, erhalten ebenfalls eine stetige Einnahme von Kohlenstoff aus dem photosynthetischen Prozeß aufrecht. Da der Durchlauf von Kohlenstoffatomen durch die Nahrungskette im Vergleich mit der Halbwertszeit des ^{14}C-Zerfalls sehr *schnell* erfolgt, ist das Verhältnis der Kohlenstoffisotope im Körper eines lebenden Organismus *dasselbe* wie in der umgebenden Atmosphäre. Sobald aber der Organismus stirbt, wird dieser Austausch des Kohlenstoffs mit der Atmosphäre unterbrochen. Der Zerfall des

Kohlenstoff-14-Isotops nach der Reaktion

$$^{14}_{6}\text{C} \rightarrow {}^{14}_{7}\text{N} + {}^{0}_{-1}\text{e}$$

wird nicht länger durch Aufnahme von neuem Kohlenstoff im atmosphärischen Verhältnis kompensiert, so daß der Anteil von ^{14}C im toten Organismus stetig abnimmt. Daher kann das Verhältnis von ^{14}C zu ^{12}C zur Bestimmung des Alters einer Kohlenstoff enthaltenden Substanz dienen (oder, genauer gesagt, zur Bestimmung des Zeitpunktes in der Vergangenheit, an dem der Organismus zu leben aufhörte).

Lebende Organismen weisen eine Mischung von Kohlenstoff-14 und Kohlenstoff-12 auf, die $15{,}3 \pm 0{,}1$ Zerfälle von Kohlenstoff-14-Atomen pro Minute und pro Gramm Kohlenstoff ergibt. Die Anzahl n von ^{14}C-Atomen in einer Probe ist nun proportional zur Zerfallsrate z: $n \sim z$. Nach der Zerfallsgleichung, Gleichung (13–2), können wir schreiben

$$kt = \ln\left(\frac{n_0}{n}\right) = \ln\left(\frac{z_0}{z}\right)$$

wobei z die Zerfallsrate in Impulsen pro Minute und Gramm Kohlenstoff $(\text{I min}^{-1}\,\text{g}^{-1})$ ist. Da die Zerfallskonstante k (Geschwindigkeitskonstante) mit der Halbwertszeit $t_{1/2}$ über die Beziehung $t_{1/2} = 0{,}693/k$ verknüpft ist, können wir schreiben

$$t = \frac{1}{k}\ln\left(\frac{z_0}{z}\right) = \frac{t_{1/2}}{0{,}693}\ln\left(\frac{z_0}{z}\right) = t_{1/2} \times \frac{2{,}303\,\lg(z_0/z)}{0{,}693}$$

oder

$$t = t_{1/2} \times 3{,}33\,\lg\left(\frac{z_0}{z}\right) \tag{13–3}$$

Diese Gleichung gilt allgemein für radioaktive Zerfälle. Im Spezialfall des Isotops ^{14}C, das eine Halbwertszeit von 5570 Jahren besitzt und bei dem wir von einer anfänglichen spezifischen Zerfallsrate von $15{,}3\,\text{I min}^{-1}\,\text{g}^{-1}$ ausgehen, können wir weiter zusammenfassen

$$t = 18\,600\,\text{Jahre} \times \lg\left(\frac{15{,}3\,\text{I min}^{-1}\,\text{g}^{-1}}{z}\right)$$

Die Ergebnisse einiger Altersbestimmungen sind in Abbildung 13–9 dargestellt. Die ^{14}C-Zeitbestimmungen waren für das Aufstellen einer exakten Chronologie der prähistorischen Kulturen in Europa und im Mittleren Osten von größter Bedeutung. Die letzte Eiszeit endete vor ungefähr 10000 Jahren, und die sich daraus ergebenden klimatischen Veränderungen führten im Mittleren Osten zur Entwicklung des Ackerbaus und der Viehzucht und zum Beginn des seßhaften Dorflebens – kurz, zur Neolithischen Revolution. Es ist ein Glücksfall für die Archäologen, daß ein so weit verbreitetes Element wie der Kohlenstoff ein Isotop mit einer so praktischen Halbwertszeit von 5570 Jahren besitzt, das bestens für die Datierung von Ereignissen in den letzten 10000 Jahren geeignet ist. Wenn Sie sich für einige der Ergebnisse und Schwierigkeiten bei der Altersbestimmung mit Hilfe des ^{14}C in der Archäologie und der prähistorischen Forschung interessieren, lesen Sie die Arbeiten von Renfrew und Protsch und Berger, die in den Literaturhinweisen genannt sind.

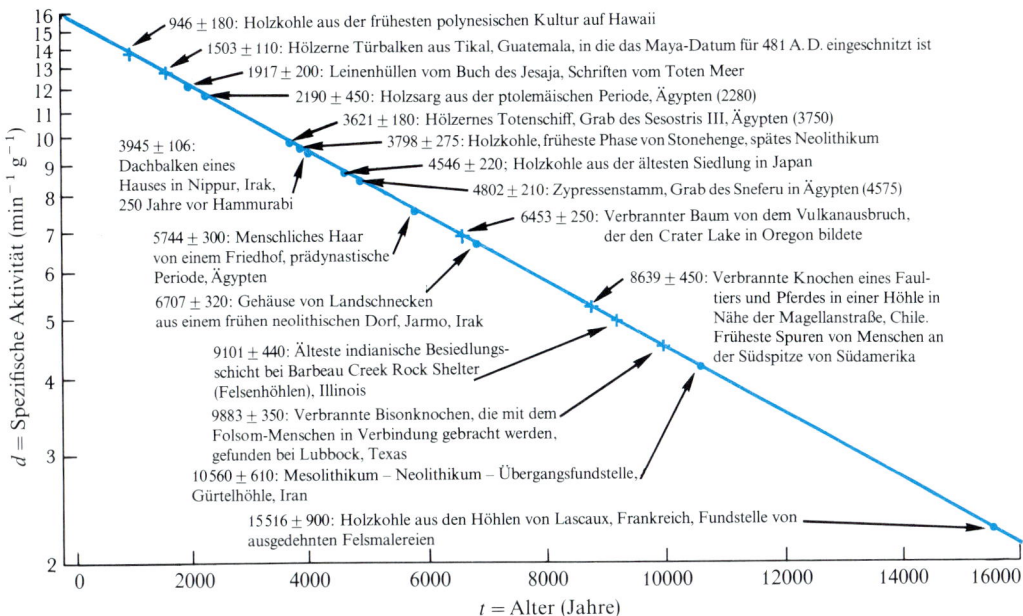

Abbildung 13–9 Darstellung der Kohlenstoff-14-Zerfallsrate (in Zerfällen pro Minute und pro Gramm Kohlenstoff aus der Probe) gegen das Alter der Probe (in Jahren). Die Kurve ergibt sich aus der Gleichung $t = 18\,600\,\mathrm{a}\,\lg(15,3\,\mathrm{min}^{-1}\,\mathrm{g}^{-1}/d)$. Sie ist eine sogenannte „halblogarithmische" Darstellung. Obwohl die senkrechte Achse in den Einheiten von d geteilt ist, wird sie wirklich in gleichen Einheiten von $\lg(d/\mathrm{min}^{-1}\,\mathrm{g}^{-1})$ gemessen. Historisch datierbare Zeitpunkte, wie z. B. die ptolemäische Periode oder die Zeit des Sneferu in Ägypten erlauben es uns, daß Verfahren der Datierung mit radioaktivem Kohlenstoff zu „eichen". Die Übereinstimmung ist hervorragend.

Das Alter der Erde und des Mondes

Die in Abbildung 13–5 gezeigte radioaktive Zerfallsreihe des ^{238}U kann dazu benutzt werden, das Alter von Gesteinen auf der Erde zu bestimmen, indem das Verhältnis von ^{238}U zum stabilen Endprodukt ^{206}Pb gemessen wird (wobei vorausgesetzt wird, daß die gesamte Menge dieses Bleiisotops aus dem Zerfall des ^{238}U stammt). Da die Halbwertszeit des ^{238}U einen Wert von 4,5 Milliarden Jahren besitzt, die um das 20 000-fache größer ist als die nächstlängste Halbwertszeit innerhalb der Zerfallsreihe, können wir davon ausgehen, daß diese Zeit für einen Zerfall des ^{238}U zum ^{234}Th gilt und daß der Rest der Zerfallsreihe praktisch sofort durchlaufen wird. Dann können wir auf diese Zerfallsreihe ebenfalls die Gleichung (13–3) anwenden, wobei $t_{1/2} = 4,5 \times 10^9$ Jahre ist.

Beispiel: In einer Uranerzprobe sind 0,277 g von ^{206}Pb auf jeweils 1,667 g des ^{238}U enthalten. Wie alt ist das Erz?

Lösung: Wenn das Blei vollständig aus dem Zerfall des ^{238}U stammt, dann mußte eine Uranmenge von

$$0{,}277 \text{ g} \times \frac{238}{206} = 0{,}320 \text{ g Uran}$$

zerfallen, um 0,277 g Blei zu ergeben. Infolgedessen erhalten wir für die ursprünglich vorhandene Menge des ^{238}U den Wert von 0,320 g + 1,667 g = 1,987 g. Da das Verhältnis der Zerfallsraten gleich dem Verhältnis der Massen sein muß, erhalten wir nach Gleichung (13–3)

$$t = 4{,}5 \times 10^9 \text{ Jahre} \times 3{,}33 \lg \frac{1{,}987}{1{,}667}$$

$$= 1{,}13 \times 10^9 \text{ Jahre}$$

Unsere vereinfachende Annahme, daß alles Blei, ^{206}Pb, aus dem Zerfall des ^{238}U stammt, können wir dadurch korrigieren, daß wir uns einmal das Verhältnis der verschiedenen Bleiisotope zueinander in Materialien ansehen, die ^{238}U enthalten bzw. kein ^{238}U enthalten. Das älteste bisher gefundene Gestein, Granit von der Westküste Grönlands, hat ein Alter von etwas mehr als $3{,}7 \times 10^9$ Jahren. Wir wissen aus den Altersbestimmungen von Steinmeteoriten, daß sich die Erde vor annähernd 4,6 Milliarden Jahren aus einer Ansammlung von steiniger Materie und Staub bildete. (Voneinander unabhängige Überprüfungen dieses Wertes sind mit Hilfe der Rubidium-Strontium- und der Kalium-Argon-Altersbestimmung möglich.) Die erste Milliarde Jahre der Geschichte unseres Planeten wurde durch den fortwährenden Prozeß des Verwitterns, der Erosion und des Neuaufbaus ausradiert, der typisch für die Erde ist.

Der Mond erzählt uns eine andere Geschichte: Die radioaktive Altersbestimmung an Stein- und Bodenproben, die von den Apollo-11–17-Expeditionen vom Mond mitgebracht wurden, hat unsere Vorstellungen vom Ursprung des Mondes und seiner Geschichte völlig verändert. Vor dem Apolloprogramm stritten sich die Astronomen darüber, ob alle Mondkrater von Meteoreinschlägen gebildet wurden oder ob etwa eine Vulkantätigkeit bei der Gestaltung der Mondoberfläche mitgewirkt hat. Für die Entstehung des Mondes wurden zwei rivalisierende Theorien vorgeschlagen; die eine besagte, daß der Mond auf dieselbe Weise und zur gleichen Zeit wie die Erde aus einer Ansammlung von Staub und Felsbrocken gebildet wurde, während die andere Theorie davon ausging, daß er sich erst viel später von der Erde abspaltete, wobei er vielleicht eine Narbe in der Erdoberfläche hinterließ, die wir heute als das Pazifische Becken bezeichnen.

Apollo 11 und 12 landeten 1969 in zwei „Maren" oder flachen Tieflandbereichen des Mondes, im „Meer der Ruhe" und dem „Ozean der Stürme". In beiden Gebieten fanden die Astronauten ein Gelände vor, das sich aus zwei Arten von Material zusammensetzte: kristallines Felsgestein vulkanischen Ursprungs, das dem Basalt ähnelt, und Breccie, ein Konglomeratgestein, das durch Zertrümmerung und Neubildung aus Bruchstücken und Staub über die Äonen hinweg gebildet wird. Die vulkanischen Basaltproben, die zur Erde gebracht wurden, wurden nach drei Methoden der Altersbestimmung mit Hilfe des Isotopen-Verhältnisses datiert: Kalium-Argon, Rubidium-Strontium und Uran-Thorium-Blei. Alle drei Methoden ergaben dasselbe bemerkenswert hohe Alter zwischen 3,6 und 4,2 Milliarden Jahren. (Die Schwankungen ergeben sich aus den verschiedenen Gesteinsproben und nicht etwa aus den Datierungsmethoden.) Es wurde damit klar, daß die „Mare" oder „Ozeane" des Mondes das Ergebnis von Lavaausbrüchen aus dem Mondinneren sind, die während der ersten Milliarde Jahre der 4,6-Milliarden-Jahre-Existenz des Mondes stattfanden. Die Kraterbildung in diesen „Ozeanen" erfolgte nach Erhärten der Lava durch Meteoreinschläge.

Aus der Altersbestimmung mit Hilfe der radioaktiven Isotope können wir sogar noch mehr entnehmen: Die Lava auf dem Boden des „Ozeans der Stürme" ist um 300 Millionen Jahre jünger als die im „Meer der Ruhe". Dies ist nicht überraschend, da der „Ozean der Stürme" nicht so dicht mit Meteorkratern übersät ist und daher auch jünger erscheint. Aber der Altersunterschied ist nicht so groß, wie der Unterschied in der Kraterdichte vermuten läßt. Um die Kraterbildung und das Alter der Meere miteinander in Einklang zu bringen, müssen wir den Schluß ziehen, daß die Meteoreinschläge während der ersten Milliarde Jahre der Mondgeschichte häufiger waren und allmählich abgenommen haben. Dies stimmt nun wieder sehr gut mit dem Bild überein, daß der Mond sich ursprünglich zusammen mit der Erde und den anderen Planeten aus einer sich um die Sonne bewegenden Masse von Staub und Trümmerbrocken gebildet hat. In der Periode der Bildung der Planeten aus diesen Bruchstücken muß die Rate der Meteoreinschläge sehr hoch gewesen sein, um dann langsam abzunehmen, als der größte Teil der festen Materie aus dem umgebenden Weltraum auf die Erde oder den Mond herabgestürzt war.

Anfang 1971 landete Apollo 14 nahe dem Fra Mauro auf einer Schicht des Materials, das bei dem Meteoreinschlag emporgeworfen wurde, der das Mare Imbrium, das „Meer des Regens", bildete. Später im selben Jahr besuchte Apollo 15 den Boden des Mare Imbrium in der Nähe der Hadley-Rille. Die Isotopendatierung mit Hilfe der Rb—Sr-, K—Ar- und ^{40}Ar—^{39}Ar-Methoden lieferte wieder eine Überraschung: An beiden Landeplätzen wurden Basaltproben gefunden, aber es zeigte sich, daß der Boden des Mare Imbrium in der Nähe der Hadley-Rille jünger war als der Trümmerschutt, der durch den Einschlag emporgeworfen wurde; 3,3 Milliarden Jahre standen 3,8 Milliarden Jahre gegenüber. Dies konnte nur bedeuten, daß viele Jahre nach der Bildung des „Meeres" ein Lavafluß den Krater auffüllte. Somit übersäten nicht nur Meteoreinschläge die Lavabetten mit ihren Pockennarben, sondern es füllten auch Lavaströme den Boden von großen Kratern auf. Beide Prozesse liefen ständig nebeneinander her und gestalteten auf diese Weise die Oberfläche des Mondes.

Der „Genesis-Felsen", der die Astronauten Scott und Irwin während ihres Mondspaziergangs bei der Apollo 15-Expedition so sehr erregte, bestand aus Anorthit, einem Calcium-Aluminium-Silicat eines Typs, das in den ältesten Felsgesteinen auf der Erde angetroffen wird, die aus geschmolzenem Magma auskristallisieren. Die Astronauten waren geschult worden, nach diesem Typ von Gestein Ausschau zu halten, da es möglicherweise ein Stück der ursprünglichen Mondoberfläche sein könnte, und ihr Genesis-Felsen erwies sich als 4,2 Milliarden Jahre alt. Die Apollo 16- und Apollo 17-Missionen zum lunaren Hochland fanden in der Hauptsache denselben alten Anorthit, der dort nicht wie in den Maren von späteren Lavaausflüssen überdeckt wurde. Diese Mineralien waren dort zu mindestens 200 m dicken Breccie-Schichten komprimiert, die den lunaren Rekord für eine Oberfläche bilden, die durch 4,2 Milliarden Jahre andauernden Meteoriteneinfall aufgepflügt, zerschmettert, eingeschmolzen und verdichtet wurde.

Das Alter des Lebens auf der Erde

Hinsichtlich der Atomkerne und dem Aufbau dieser Atomkerne befinden wir uns heute ungefähr in derselben Lage wie 1925 bezüglich der Atome und der atomaren Struktur: Wir können Messungen an den Atomkernen vornehmen, sie beschreiben und klassifizieren, aber wir verfügen noch nicht über eine allgemeine Theorie zur Erklärung aller beobachteten Erscheinungen. Atomkerne bauen sich aus Protonen und Neutronen auf, die sich zusammenschließen und am stärksten nur mit ihren unmittelbaren Nachbarn im Kern in Wechselwirkung treten. In gewisser Weise (z. B. bei der Bindungsenergie) verhalten sie sich wie aus gleichförmigen Teilchen gebildete Tröpfchen, während sie andererseits (z. B. bei der Bevorzugung der geradzahligen Nukleonenzahlen und bei den magischen Zahlen) sich so benehmen, als ob sie Schalenstrukturen besäßen, die dem Schalenaufbau der Elektronenhüllen der Atome ähneln. Auf Grund des γ-Strahlenspektrums, das bei Kernumwandlungen emittiert wird, können wir Energieniveaudiagramme für die Atomkerne aufzeichnen. Es gibt sowohl für die Atomkerne wie auch für die den Kern umgebenden Elektronen Grundzustände und angeregte Zustände.

Atomkerne zerfallen spontan durch Elektroneneinfang, Elektronen- oder Positronenemission und α-Teilchenemission. Dieser Zerfall erfolgt nach einem Geschwindigkeits- oder Ratengesetz erster Ordnung, d. h. die Zerfallsrate ist der ersten Potenz der Konzentration der radioaktiven Substanz proportional. Dabei ist die Halbwertzeit oder die Zeit, die vergeht, bis die Menge des radioaktiven Stoffes auf die Hälfte ihres ursprünglichen Wertes abgenommen hat, unabhängig von der Menge des vorhandenen radioaktiven Materials.

Kernreaktionen können auch ablaufen, wenn Target- oder Zielkerne mit anderen Atomkernen beschossen werden, die auf eine ausreichend hohe Geschwindigkeit beschleunigt wurden, um die elektrostatische Abstoßung zwischen den positiv geladenen Kernen zu überwinden (deren Energie groß genug ist, um die Abstoßungsenergie zu übertreffen). Neutronen treten weitaus leichter mit Atomkernen in Wechselwirkung, da sie keine Ladung besitzen. Eine wichtige Anwendung der Kernreaktionen ist die Herstellung von Isotopen für die Chemie, Industrie und Medizin. Eine weitere die Synthese neuer Transuranelemente. Die Elemente bis $Z = 105$ sind hergestellt worden, und es besteht die Hoffnung, daß die Elemente um die Ordnungszahl 114 herum stabiler als die jüngst hergestellten sind.

Die Kernspaltung, die ihren Anfang im Krieg hatte, wird heute zu friedlichen Zwecken als eine praktische Energiequelle genutzt. Die Kernfusion muß als friedliche Energiequelle erst noch erschlossen werden, aber sie bleibt vielversprechend.

Isotope, radioaktive und nichtradioaktive, sind in der Chemie als ein Mittel zur Kennzeichnung von Reaktionsteilnehmern und zum Verfolgen ihres Weges durch einen Reaktionsablauf hindurch bis zu den Produkten von großen Nutzen. Radioaktive Isotope erweisen sich bei der chemischen Analyse als besonders nützlich.

1650 unternahm Erzbischof Ussher einen der ersten ernsthaften Versuche, das Alter der Erde zu berechnen. Auf der Grundlage der biblischen Genealogien bestimmte er den Schöpfungstag auf das Jahr 4004 v. Chr., was für die Erde ein Alter von 5654 Jahren ergab. Neuere Werte, die sich auf die nuklearen Genealogien gründen, setzen diesen Wert auf 4,5 Milliarden Jahre herauf. Für die unter Ihnen, die Zufälle mögen, sei bemerkt, daß Usshers ursprüngliches Alter der Erde fast genau der Halbwertszeit von Kohlenstoff-14 entspricht. Die ersten lebenden Organismen, von denen wir überhaupt fossile Überreste gefunden haben, sind fossile Bakterien mit einem Alter von annähernd 3,1 Milliarden Jahren. Irgendwann in den ersten 1,4 Milliarden Jahren der Existenz unseres Planeten entwickelte sich die chemische Evolution bis zu dem Punkt, an dem sich bakterienähnliche Organismen bildeten. Aus diesen Organismen entwickelte sich während der folgenden 3,1 Milliarden Jahre die große Vielfalt der lebenden Organismen, die wir heute um uns herum (und uns eingeschlossen) antreffen.

13–6   Zusammenfassung

Irdische geologische Schichten, in denen erstmalig in größerer Menge Fossilien von wirbellosen Tieren vorkommen, lassen sich dem Kambrium-Zeitalter zuordnen. Der Beginn dieses Zeitalters wurde mit Hilfe radioaktiver Altersbestimmungsmethoden auf 600 Millionen Jahre datiert. Jedoch ist bereits fast jeder Stamm der uns heute bekannten Wirbellosen in den kambrischen Fossilien vertreten. Wo aber sind die Fossilien ihrer Vorgänger, die die Entwicklung während der Periode der Differenzierung der einzelnen Stämme aufzeigen könnten?

Diese Präkambrischen Fossilien sind schwieriger zu finden, denn die Tiere besaßen weiche Körper, und die Gesteine, zu denen sich ihr Sediment verfestigte, unterlagen Umwandlungen, die geeignet waren, diese fossilen Aufzeichnungen völlig zu zerstören. Fossile Pflanzenreste wurden in den Nonesuch-Sandsteinlagern im nördlichen Michigan ausgegraben, und die Rubidium-Strontium-Altersbestimmungsmethoden geben für diese Ablagerungen ein Alter von 1,05 Milliarden Jahre an. Fossile Pflanzen, die den blaugrünen Algen ähneln, und andere, die keiner bekannten Art ähnlich sind, wurden in den Gunflint-Eisenformationen in Ontario entdeckt. Diese Funde wurden mit Hilfe der Kalium-Argon-Methode datiert und erwiesen sich als 2 Milliarden Jahre alt. Die ältesten fossilen Überreste von – wie wir glauben – lebenden Organismen sind die fossilen Bakterien in den Fig Tree-Ablagerungen in Transvaal, Südafrika, für deren Alter die Rubidium-Strontium-Methode einen Wert von 3,1 Milliarden Jahre ergab. Während der Boden der großen „Mondozeane" von Meteoriten herausgesprengt und von Lavaströmen bedeckt wurde, erschienen die ersten Spuren des Lebens in den Ozeanen unseres Planeten Erde.

13–7   Postskriptum: Das ethische Dilemma des Naturwissenschaftlers

Der Kummer, den die Physiker mit der Atombombe hatten, veranschaulicht deutlich das ethische Dilemma, dem die Naturwissenschaftler heute häufig gegenüberstehen: In welchem Umfang ist ein Naturwissenschaftler für die Anwendungen verantwortlich, die von seinen Entdeckungen gemacht werden? Die Atombombe wurde trotz tiefgehender Bedenken vieler, die an dem Projekt arbeiteten, gebaut, weil befürchtet wurde, daß die Nazis sie als erste entwickeln könnten. Einstein sagte nach dem Krieg: „Wenn ich gewußt hätte, daß es den Deutschen nicht gelingen würde, die Atombombe zu bauen, hätte ich keinen Finger gerührt". Ein paar Physiker lehnten es ab, an dem Atombombenprojekt zu arbeiten. Andere stürzten sich aus ganzem Herzen in die Arbeit, da sie glaubten, daß sie für die Verteidigung ihres Landes nötig war. Eine größere Gruppe, die viele der Leiter des Projekts umfaßte, beteiligten sich nur an der Arbeit, weil sie die Atombombe als das kleinere von zwei Übeln ansahen.

Im Zweiten Weltkrieg lagen die Dinge klarer als in unserer heutigen Zeit der unklaren Motive und zweifelhaften Zielsetzungen. Wenn es überhaupt jemals einen „gerechten Krieg" im mittelalterlichen Sinne gab, dann war es der Zweite Weltkrieg. Das Naziregime verkündete offen rassische Überlegenheit, Eroberung und Unterwerfung der besiegten Völker als eine Sache der Staatspolitik. Die Rassenvernichtungsprogramme, deren ganzer Schrecken erst nach dem Fall Deutschlands entdeckt wurde, waren zumindest gerüchtweise bekannt, wenn sie auch nicht immer geglaubt wurden. Das Naziregime machte keine großen Umstände bei der „Befreiung" der von ihm eroberten Gebiete und sah sich gewöhnlich einer heftigen Opposition von Untergrundbewegungen der Bewohner der besetzten Gebiete gegenüber.

War es von den Physikern moralisch richtig, eine so schreckliche Waffe wie die Atombombe für den Einsatz gegen ein solches Regime zu entwickeln? Die Frage kann auf zwei verschiedene Weisen beantwortet werden: Einmal, wenn es bekannt ist, daß die Nazis dieselbe Waffe entwickeln, zum anderen, wenn es bekannt ist, daß sie dies nicht tun werden. Aber was machen Sie, wenn Sie ihre Vorhaben nicht kennen? Automatisch zu sagen, daß der Zweck niemals die Mittel heiligt, ist eine Flucht aus der Verantwortung. Wir stehen häufig vor einer Wahl nicht zwischen Gut und Böse, sondern zwischen zwei unterschiedlich großen Übeln.

Dieselben beiden Männer, Szilard und Einstein, deren Brief aus dem Jahre 1939 an Präsident Roosevelt das Atombombenprojekt in Gang setzte, schrieben ihm im April 1945 noch einmal einen Brief, in dem sie ihn baten, die Atombombe nicht tatsächlich im Krieg einzusetzen, und in dem sie vor den Gefahren eines Kernwaffenwettrüstens warnten. Dieser zweite Brief wurde nach dem plötzlichen Tod Roosevelts am 12. April 1945 ungeöffnet auf seinem Schreibtisch gefunden.

Die Bombe sollte niemals gegen das Naziregime eingesetzt werden. Deutschland kapitulierte am 7. Mai 1945. Die ganze Aufmerksamkeit der Alliierten wandte sich dann der Beendigung des Krieges im Pazifik zu. Die Physiker standen einem neuen Dilemma gegenüber: Wenn die Atombombe als Antwort auf die Bedrohung durch eine ähnliche Bombe in der Hand des Feindes entwickelt worden war und wenn diese Bedrohung nun gegenstandslos geworden war, waren wir dann moralisch in der Lage, die Bombe gegen einen anderen Feind einzusetzen, der diese Waffe auf keinen Fall besitzen konnte und sich in den letzten Stadien einer Niederlage befand? Die Schlacht um Okinawa im Mai 1945 war unerwartet bitter gewesen. 12500 amerikanische Soldaten fielen, und etwa das Dreifache dieser Zahl wurde verwundet; die Japaner verloren 110000 Menschenleben in dieser Schlacht. Wenn die Schlacht um Japan selbst genauso unerbittlich sein würde, wäre es dann nicht besser, den Krieg schnell durch den Einsatz atomarer Waffen zu beenden?

Der Franck-Report, der für die Universität von Chicago vom Nobelpreisträger James Franck, Szilard, Glen T. Seaborg und anderen Naturwissenschaftlern vorbereitet wurde, drängte darauf, daß die Bombe nicht gegen japanische Städte eingesetzt werden sollte. Er schlug eine Demonstration der Atombombe in einer Wüstengegend vor, die vor den Augen von Beobachtern der Vereinten Nationen (UN) stattfinden sollte. Dieser Report wurde am 11. Juni 1945 an das Kriegsministerium weitergeleitet und einer Gruppe von im Staatsdienst beschäftigten Naturwissenschaftlern vorgelegt. J. Robert Oppenheimer, der Direktor des Atombombenprojekts in Los Alamos, New Mexico, erinnerte sich folgendermaßen an die Reaktion der Gruppe auf den Franck-Report:

„Wir sagten, daß wir nicht glaubten, daß uns die Tatsache, daß wir Naturwissenschaftler waren, besonders dazu qualifizierte, die Frage zu beantworten, in welcher Weise die Bomben eingesetzt werden sollten oder nicht. Die Ansichten waren unter uns geteilt, wie es auch unter anderen Leuten der Fall gewesen sein dürfte, wenn sie davon wüßten. Wir dachten, daß die beiden alles entscheidenden Überlegungen die Rettung von Menschenleben im Krieg und die Auswirkung unserer Handlungsweise auf die Stabilität, auf unsere Stärke und die Stabilität der Welt in der Nachkriegszeit waren. Wir sagten, daß wir nicht der Ansicht waren, daß die Explosion eines dieser Dinge als Feuerwerkskörper über einer Wüste wahrscheinlich besonders eindrucksvoll sein würde".

Die erste Atombombe wurde am 16. Juli 1945 in der Nähe von Alamogordo, New Mexico, gezündet. Die zweite der drei gebauten Bomben vernichtete am 6. August 1945 die japanische Stadt Hiroshima und die letzte zerstörte am 9. August Nagasaki. Am 11. August kapitulierte Japan. Bei den beiden Explosionen kamen 114000 Menschen, größtenteils Zivilisten, ums Leben.

War es richtig, zwei Städte zu vernichten und 114000 Menschen zu töten, um den Tod von einer möglicherweise größeren Zahl von Soldaten und Zivilpersonen während einer langandauernden und blutigen Invasion der japanischen Inseln abzuwenden? War die völlige Zerstörung zweier Städte durch die Atombomben der stückweisen Zerstörung größerer Landstriche in einem konventionellen Bodenkrieg vorzuziehen? War die Voraussage, daß die Japaner bis zum Schluß kämpfen würden, überhaupt richtig? Waren alle Verhandlungswege zur Einleitung der Kapitulation geprüft worden, und würde eine öffentliche Demonstration der Atombombe zur Kapitulation geführt haben? Derartige Fragen waren früher einmal das Gebiet von Politik, Philosophie und Moral. Mit dem Erscheinen der Atombombe gewannen diese Fragen auch für die Naturwissenschaftler an Bedeutung, da die Naturwissenschaftler ja die Bedingungen geschaffen hatten, aus denen diese Fragen dann entstanden.

Nach dem Krieg wurden die Bedenken der Naturwissenschaftler über die Früchte ihrer

Bemühungen gelegentlich beispielhaft an der Geschichte eines Mannes, J. Robert Oppenheimer, dargestellt. Jedoch stand jeder an dem Projekt beteiligte Physiker denselben ethischen Fragen gegenüber wie Oppenheimer. Viele gaben die Physik auf; einige, wie Szilard und E. Rabinowich, lieferten wertvolle Beiträge zur Molekularbiologie. Rabinowich und andere gründeten ein einflußreiches Magazin, das *Bulletin of the Atomic Scientists*, das fortwährend auf die Gefahren aufmerksam macht, die durch falsche oder gedankenlose Anwendungen der Ergebnisse der Naturwissenschaften entstehen können. Szilard wurde auch als Autor von Artikeln und Aufsätzen bekannt, die alle dieselbe dringende Botschaft enthielten: Ein Naturwissenschaftler muß stets an die Folgen seiner Arbeit denken und muß stets dazu bereit sein, sich dafür einzusetzen, daß die Naturwissenschaft nicht zur Vernichtung der Menschheit verwendet wird.

Die Dinge liegen heute nicht mehr so klar wie 1945, aber die Gefahren lauern ständig um uns. Es gibt mehrere Methoden, eine Welt zu vernichten, nicht nur den nuklearen Weltbrand, obwohl auch diese Gefahr noch ganz sicher vorhanden ist. Wir können eine Fehlanwendung von Naturwissenschaft und Technik dulden, die unseren Planeten unbewohnbar machen kann, und wir können auch tatenlos dasitzen, während unterprivilegierte Teile der Weltbevölkerung vor Verzweiflung explodieren und uns alle in einen Krieg verwickeln. Neutralität ist ein Luxus, dessen Aufrechterhaltung zunehmend teurer wird. Zu Zeiten sich ständig erhöhender Drücke wird die Weigerung, einen festen Standpunkt einzunehmen, auch ein fester Standpunkt. Oppenheimer hatte recht, als er sagte, daß die Naturwissenschaftler kein besonderes Vorrecht auf das Treffen von ethischen Entscheidungen haben, wenn Fragen der Technologie zur Debatte stehen. Jedoch müssen die Nichtnaturwissenschaftler genug von der Naturwissenschaft und Technik verstehen, daß sie in der Lage sind, derartige Entscheidungen verstandesgemäß treffen zu können.

Literaturhinweise

G. Choppin, Nuclei and Radioactivity, Elements of Nuclear Chemistry, W.A. Benjamin, Menlo Park, Calif., 1964. Eine etwas umfassendere Einführung in die Kernchemie als dieses Kapitel, aber auf demselben Niveau.

R. Jungk, Heller als tausend Sonnen, Rowohlt-Verlag, rororo 6629, 1958. Eine außergewöhnlich gut geschriebene Geschichte des Beginns des Atomzeitalters von der Quantenmechanik der zwanziger Jahre bis zur Entwicklung der Atombombe und des kalten Krieges. Geht auf einige ethische Probleme ein, die auch heute noch von Bedeutung sind.

D.H. Kenyon and *G. Steinman*, Biochemical Predestination, McGraw-Hill, New York, 1969. Vergessen Sie den Titel; das Buch ist gut. Eine Einführung in das, was wir über die chemische Evolution des Lebens auf der primitiven Erde wissen. Kapital 2 über das Datieren mit Hilfe von Radioisotopen und das Alter des Lebens auf der Erde ist besonders wichtig.

W.F. Libby, Radiocarbon Dating, University of Chicago Press, Chicago, 1955, 2nd ed. Eine interessante Monographie mit einer Diskussion der Methoden zur Altersbestimmung von Objekten mit ^{14}C und einer Zusammenstellung der archäologischen Befunde in der westlichen Hemisphäre und im Nahen Osten.

R. Protsch and *R. Berger*, „Earliest Dates for Domestication of Animals", Science 179, 235 (1973).

C. Renfrew, „Carbon-14 and the Prehistory of Europe", Scientific American, Oktober, 1971.

G. T. Seaborg, Man-Made Transuranium Elements, Prentice-Hall, Englewood Cliffs, N. J., 1963.

S. C. Thompson and *C. F. Tsang*, „Superheavy Elements", Science 178, 1047 (1972).

Fragen

1. Auf welche Weise unterscheidet man Isotope beim Schreiben von chemischen Symbolen?
2. Wie verhält sich die Größe eines Atomkerns im Vergleich zur Größe des ganzen Atoms?
3. Was ist die Bindungsenergie eines Atomkerns? Wie wird sie berechnet, und was bedeutet sie? Woher stammt diese Energie?
4. Wodurch unterscheiden sich β^+-Emission und Elektroneneinfang, wenn beide Prozesse eine Abnahme der Ordnungszahl um eine Einheit ergeben?
5. Auf welche Weise kann uns die γ-Strahlung, die die α-Emission begleitet, Informationen über den Atomkern liefern?
6. Was ist die Halbwertszeit eines radioaktiven Elements?
7. Warum brauchen 10 g eines radioaktiven Elements dieselbe Zeit, um bis auf 5 g zu zerfallen, wie 1 g dieses Elements benötigt, um bis auf 0,5 g zu zerfallen? Wenn bei der ersten Reaktion 10 g in einem Jahr zu 5 g zerfallen, warum zerfallen dann nicht 7 g in derselben Zeit zu 2 g (auch ein Verlust von 5 g)?
8. Was sind die magischen Zahlen in der Kernphysik, und was lassen sie hinsichtlich des Aufbaus des Atomkerns vermuten? Gibt es analoge Zahlen für die Atomstruktur? Was stellen diese Zahlen dar?
9. Wie unterscheidet sich die Kernspaltung vom Kernzerfall?
10. Was ist eine nukleare Kettenreaktion?
11. Wodurch unterscheiden sich Kernspaltung und Kernfusion?
12. Warum ist die Anwendung radioaktiver Isotope oder wenigstens unüblicher Isotope bei der Untersuchung von chemischen Reaktionen so bedeutungsvoll? Welche Vorteile bieten dabei ^{32}P und ^{35}S, die ^{15}N und ^{18}O nicht besitzen?
13. Wie arbeitet die radiometrische Analyse?
14. Mit den Isotopenverdünnungsmethoden können Sie bestimmen, wieviel von einer chemischen Substanz in einer Probe vorhanden ist, *ohne* eine quantitative Trennung und Analyse durchzuführen. Auf welche Weise können Sie das machen?
15. Welche experimentellen Bestimmungen werden bei der Altersbestimmung mit Hilfe des radioaktiven Kohlenstoffs durchgeführt? Wie ergibt sich daraus das Alter der Probe?
16. Ein Wissenschaftler, der sich für das Alter eines griechischen Tempels interessierte,

untersuchte den ^{14}C-Gehalt des Holzes der Dachbalken und des $CaCO_3$ der Marmorwände des Tempels. Er fand völlig unterschiedliche Ergebnisse. Warum? Welches Ergebnis würde für die Bestimmung des Alters des Tempels das besser geeignete sein?

17. Welche Schlüsse würden Sie über die Entstehungsgeschichte des Mondes aus der Information ziehen, daß der Mond eine größere Menge von Elementen mit hohen Schmelz- und Siedepunkten als die Erde enthält.

Aufgaben

Die Massen der Isotope, die zur Lösung vieler dieser Aufgaben benötigt werden, sind im *Handbook of Chemistry and Physics* der Chemical Rubber Company und anderen Standardtabellenwerken der Physik tabelliert.

1. Stellen Sie fest, welches natürlich vorkommende Isotop einen Kernradius besitzt, der dem dreifachen Wert des Radius des Wasserstoffkerns am nächsten kommt. Welches Isotop besitzt einen Kernradius, der dem vierfachen Wert des Wasserstoffkernradius am nächsten kommt?

2. (a) Die Verbrennungswärme des $CH_4(g)$ beträgt 495,3 kJ mol^{-1}. Berechnen Sie das Massenäquivalent dieser Energie in Gramm. (b) Wenn ^{14}C zu $^{14}_{7}$N + $_{-1}^{0}$e zerfällt, tritt ein Massenverlust von 0,000168 u auf. Wie viele Mole von $CH_4(g)$ müßten verbrannt werden, um dieselbe Energiemenge freizusetzen, die beim Zerfall von einem Mol ^{14}C frei wird?

3. Wenn sich zwei $_{1}^{1}$H-Kerne und zwei Neutronen zu $_{2}^{4}$He zusammenschließen, ist die Masse des entstandenen Heliumkerns nicht dieselbe wie die Summe der Massen der Ausgangsteilchen. Berechnen Sie die Energie in Joule pro Mol Heliumatome, die der Massenänderung während der Reaktion äquivalent ist. Wie groß wäre die Wellenlänge des Photons, wenn die Energie pro Heliumatom in Form eines einzigen Photons ausgestrahlt würde? Wie sieht ein Vergleich zwischen dieser Wellenlänge und dem ungefähren Radius des Heliumkerns aus?

4. Schreiben Sie die Gleichungen für jeden der folgenden Kernprozesse auf: (a) Positronenemission durch $^{120}_{51}$Sb, (b) Elektronenemission durch $^{35}_{16}$S, (c) α-Teilchenemission durch $^{226}_{88}$Ra und (d) Elektroneneinfang durch $^{7}_{4}$Be.

5. Vervollständigen Sie die folgenden Kernreaktionsgleichungen und setzen Sie Symbole oder Werte für X oder x ein:

a) $_{88}^{x}$Ra $\rightarrow$ $_{2}^{4}$X + $^{222}_{x}$X

b) $^{14}_{x}$C $\rightarrow$ $_{x}^{x}$N + $_{-1}^{0}$e

c) $_{x}^{x}$Ne $\rightarrow$ $^{19}_{x}$F + $_{+1}^{0}$e

d) $^{73}_{x}$As + $_{-1}^{0}$e $\rightarrow$ $_{32}^{x}$X

e) $^{176}_{x}$Lu $\rightarrow$ $_{x}^{x}$X + $_{-1}^{x}$e

f) $^{235}_{x}$U + $_{0}^{1}$n $\rightarrow$ x_{0}^{1}n + $^{94}_{36}$X + $^{139}_{x}$X

g) $_{x}^{59}$Co + $_{1}^{2}$X $\rightarrow$ $^{60}_{x}$Co + $_{x}^{x}$X

h) $^{19}_{9}$X + $_{1}^{1}$H $\rightarrow$ $^{16}_{8}$X + $_{x}^{4}$X

i) $^{16}_{8}$X + $_{1}^{2}$X $\rightarrow$ $^{14}_{7}$X + $_{x}^{4}$X

j) $^{26}_{x}$Mg + $_{0}^{1}$X $\rightarrow$ $_{x}^{4}$He + $_{x}^{x}$X

6. Berechnen Sie die Bindungsenergien pro Nukleon für die folgenden Kerne: (a) $^{12}_{6}$C ($m = 12,0000$ u), (b) $^{37}_{17}$Cl ($m = 36,96590$ u), (c) $^{208}_{82}$Pb ($m = 207,9766$ u), (d) $^{32}_{16}$S ($m = 31,97207$ u) und (e) $^{16}_{8}$O ($m = 15,99491$ u).

7. Die Massen der $^{22}_{11}$Na- und $^{22}_{10}$Ne-Atome betragen 21,994435 u bzw. 21,991385 u. Ist es energetisch möglich, daß ^{22}Na durch Positronenemission zu ^{22}Ne zerfällt?

8. Das einzige stabile Isotop des Fluors ist das ^{19}F. Welche Art von Radioaktivität würden Sie von den Isotopen ^{17}F, ^{18}F und ^{21}F erwarten?

9. Wenn ein Elektron und ein Positron aufeinandertreffen, vernichten sie sich gegenseitig, und ihre Energie wandelt sich in zwei Photonen gleicher Energie um. Wie groß sind die Wellenlängen dieser Photonen?

10. Wie groß ist die Halbwertszeit des ^{99}Mo, wenn 1 g des ^{99}Mo in 200 h durch β^--Emission zu $^1/_8$ g zerfällt.

11. Die Zahl der α-Teilchen, die pro Sekunde von 1 g Radium emittiert werden, beträgt $3,608 \times 10^{10}$. Bestimmen Sie daraus die Zerfallskonstante und die Halbwertszeit.

12. Die vom Radium emittierten α-Teilchen besitzen Energien von 4,795 MeV und 4,611 MeV. Wie groß ist die Wellenlänge der γ-Strahlung, die den Zerfall begleitet?

13. Die Halbwertszeiten des Uran-235 und des Uran-238 betragen $7,1 \times 10^8$ Jahre bzw. $4,5 \times 10^9$ Jahre. Gegenwärtig setzt sich Uran aus 99,28% ^{238}U und 0,72% ^{235}U zusammen. Berechnen Sie die Zusammensetzung des natürlichen Uranvorkommens zum Zeitpunkt der Entstehung der Erde vor 4,5 Milliarden Jahren.

14. Der Zerfall des $^{234}_{92}$U führt schließlich zum $^{206}_{82}$Pb. Der Prozeß verläuft über die folgende Reihe von α- und β^--Zerfallsschritten: α, α, α, α, α, β^-, α, β^-, β^-, β^-, α. Geben Sie das Symbol für jedes der beim Zerfallsprozeß gebildeten Isotope an.

15. Der menschliche Körper enthält der Masse nach ungefähr 18% Kohlenstoff. Von diesem Kohlenstoff sind $1,56 \times 10^{-10}$% ^{14}C. Berechnen Sie die Masse des ^{14}C, die in einem Körper von 75 kg enthalten ist. Berechnen Sie die Zahl der Zerfälle pro Minute, die in einem Körper dieser Masse stattfinden. (Die Halbwertszeit des ^{14}C beträgt 5570 Jahre.)

16. Bei einem Tracer-Experiment wird einem Tier radioaktives Na mit einer Halbwertszeit von 14,8 h injiziert. Wie viele Tage wird es dauern, bis die Radioaktivität auf das 0,10-fache ihrer ursprünglichen Intensität abgesunken ist?

17. Ein Atom des ^{235}U entwickelt annähernd 200 MeV, wenn es gespalten wird. Wie sieht diese Spaltungswärme auf einer Massenbasis im Vergleich mit der Wärme aus, die bei der Verbrennung von 1 g Kohlenstoff abgegeben wird? Wie viele Tonnen Koks (Kohlenstoff) geben bei der Verbrennung ebenso viel Wärme ab, wie bei der Spaltung von 454 g Uran-235 freigesetzt wird?

18. Zehn Gramm eines Proteins werden verdaut und zu Aminosäuren zersetzt. Dieser Mischung wird eine Menge von 100 mg reines, Deuterium-substituiertes Alanin, H_2N—$CH(CD_3)$—$COOH$, zugesetzt. Nach gründlichem Mischen wird ein Teil des Alanins von der Mischung separiert und durch Kristallisation gereinigt. Dieses kristalline Alanin enthält der Masse nach 1,03% Deuterium. Wie viele Gramm Alanin waren ursprünglich im Verdauungsprodukt des Proteins enthalten?

19. Einem Mann von 70,8 kg Gewicht wurden 5,09 ml Tritium enthaltendes Wasser (9×10^9 ipm) injiziert. Nach 3 h hatte sich das Tritium-dotierte Wasser mit dem im Körper des Patienten enthalten Wasser vollkommen vermischt. Eine 1 ml-Probe von Plasmawasser zeigte dann eine Aktivität von $1,8 \times 10^5$ ipm. Schätzen Sie danach die Massenprozente des Wassers im menschlichen Körper ab.

20. Eine Holzprobe aus der Einbettung einer ägyptischen Mumie ergibt eine spezifische Aktivität von 9,4 ipm pro Gramm Kohlenstoff (^{14}C-Zerfälle). Wie alt ist der Behälter der Mumie?

21. Im Skelett eines Fisches, der im Pazifischen Ozean 1960 gefangen wurde, betrug die ^{14}C-Zerfallsrate 17,2 ipm pro Gramm Kohlenstoff. Wie kann das sein? Was bedeutet dies für die Archäologie im Pazifischen Raum?

22. In einer Probe Uraniniterz aus den Black Hills von South Dakota beträgt die Masse des Bleis 22,8% der Masse des vorhandenen Urans. Schätzen Sie aufgrund dieser Information ein Minimalalter der Erde ab.

Stellen Sie sich vor, daß zweihundert brilliante Geigenspieler dasselbe Stück mit vollkommen aufeinander abgestimmten Instrumenten spielen, dabei aber an verschiedenen Stellen beginnen, die rein zufällig ausgewählt wurden. Der Eindruck würde kaum Gefallen erwecken, und selbst das feinste Ohr würde nicht erkennen, was gespielt wird. Eine solche Musik wird uns von den Molekülen der Gase, Flüssigkeiten und gewöhnlichen Festkörper aufgespielt... Ein Kristall auf der anderen Hand entspricht dem Orchester, daß von einem energischen Dirigenten geleitet wird, wenn alle Augen angespannt seinem Kopfnicken folgen und alle Hände dem exakten Rhythmus... Für mich erklingt die Musik der physikalischen Gesetzmäßigkeit auf keinem anderen Gebiet in so vollem und reichhaltigem Einklang wie in der Kristallphysik.

W. Voigt

14 Die Bindung in Festkörpern und Flüssigkeiten

Jetzt, wo wir wissen, wie die Bindungen zwischen einer kleinen Anzahl von Atomen gebildet werden, können wir uns die Bindung in Festkörpern und Flüssigkeiten anschauen. Eine einfache, aber recht brauchbare Theorie der elektrischen Eigenschaften von Festkörpern betrachtet den gesamten Festkörper als ein großes Molekül und verwendet delokalisierte Molekülorbitale, die sich über den ganzen Festkörper erstrecken. Dies ist die Bändertheorie der Metalle und Isolatoren.

Wie werden Verbindungen, die definitiv als Moleküle existieren, im festen Zustand zusammengehalten? Warum sind bei Zimmertemperatur Br_2, I_2 und alle organischen Substanzen nicht Gase? Welche Kraft hält die Kohlenwasserstoffmoleküle des Benzins im flüssigen Zustand zusammen? Warum liegt Zucker in kristalliner Form vor, wenn keine ionischen oder kovalenten Bindungen ein Molekül mit dem anderen verbinden? Wir können die molekularen Festkörper verstehen, sobald wir die Beiträge der schwachen Wechselwirkungskräfte zur Bindung erkennen, die als van der Waals-Anziehung und Wasserstoffbindung bekannt sind.

Die vier Arten der chemischen Bindung – die kovalente Bindung, die ionische Anziehung, die Wasserstoff(brücken)bindung und die van der Waals-Anziehung (in angenäherter Reihenfolge abnehmender Stärke) – reichen aus, um die atomaren und molekularen Wechselwirkungen in Festkörpern, Flüssigkeiten und Gasen zu erklären. Jeder dieser Bindungstypen trägt auf eine andere Weise Stabilität der Atome bei, die sie aneinander bindet. Im folgenden werden wir untersuchen, wodurch sie sich unterscheiden.

Kapitel 12 war ganz der besonderen Rolle des Kohlenstoffs gewidmet, der das Gerüstmaterial für die gesamte organische und lebende Materie auf unserem Planeten bildet. Sein Nachbar im Periodensystem, das Silicium, spielt eine gleichermaßen bedeutsame Rolle als das Gerüstmaterial des Planeten selbst. Der größte Teil der Felsen, Erde, Sand und mineralischen Materie, denen wir begegnen, ist irgendeine Art von Silicatmineral.

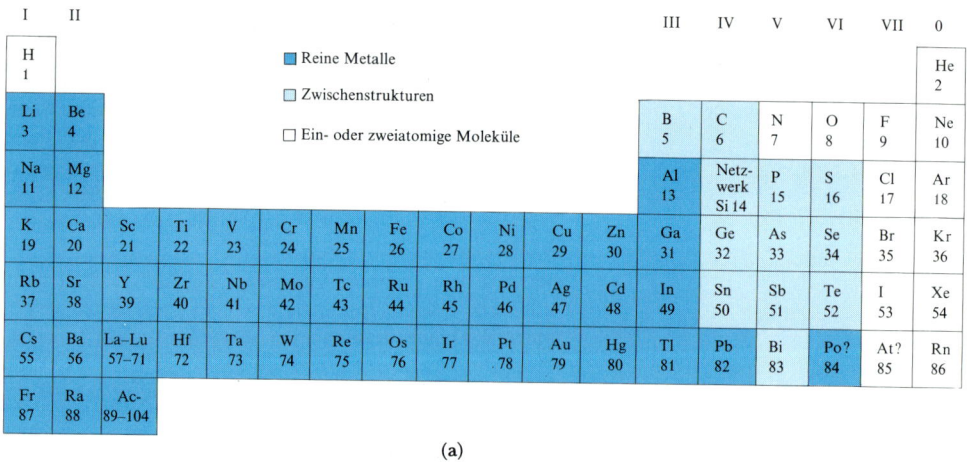

(a)

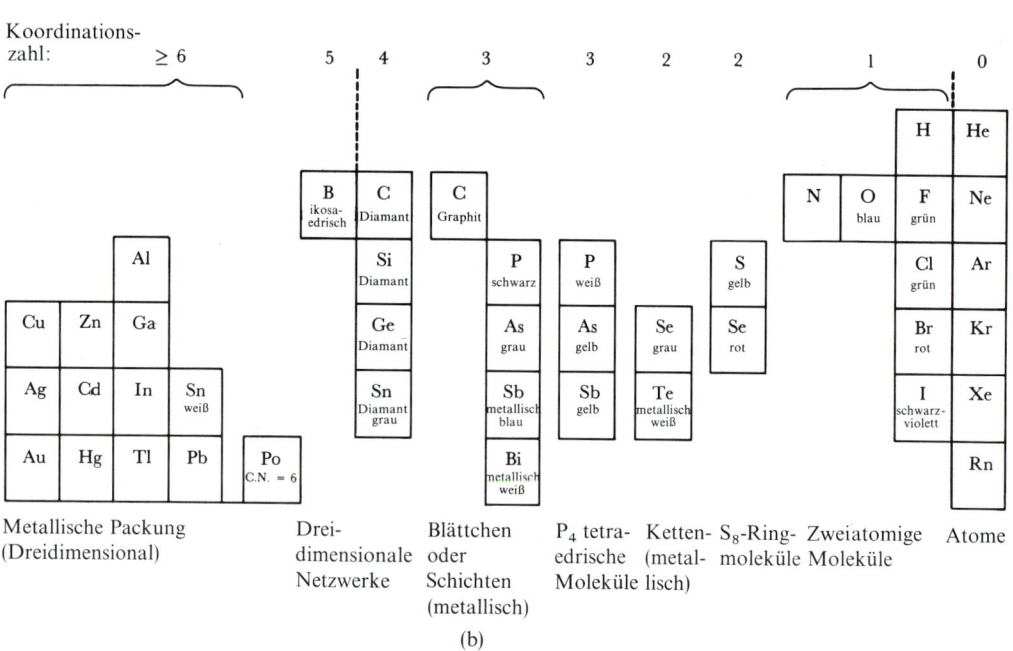

(b)

Abbildung 14–1   Strukturen der Elemente im festen Zustand. (a) Allgemeines Bindungsverhalten bei festen Elementen. (b) Die Bindungstypen in der Übergangszone von (a). Die Strukturen der Nichtmetalle werden durch ihre Koordinationszahlen bestimmt, die gleich acht minus der Gruppennummer sind, ausgenommen die Mehrfachbindungen im Graphit, N_2 und O_2. Siehe Tabelle 14–1.

Wenn die Kohlenstoffverbindungen die Pigmente sind, die unseren Planeten färben, dann sind die Silicate die Leinwand, auf der diese Farben aufgetragen sind. Wir werden uns kurz einige dieser Silicate ansehen, um zu entdecken, auf welche Weise ihr molekularer Aufbau ihre physikalischen und chemischen Eigenschaften bedingt.

Tabelle 14–1   Der Zusammenhang zwischen Koordinationszahl und Struktur bei elementaren Festkörpern

Koordinationszahl der Bindung	Typ der Festkörperstruktur
0	Atomare Festkörper, niedrige Schmelz- und Siedepunkte
1	Zweiatomige molekulare Festkörper, niedrige Schmelz- und Siedepunkte
2	Ringe oder Ketten. Festkörper mit gepackten Ringmolekülen sind weniger metallisch als die mit gepackten Ketten
3	P_4-Tetraeder oder -Schichten. Festkörper mit gepackten Tetraedermolekülen sind weniger metallisch als die mit gepackten Schichten
4	Dreidimensionale nichtmetallische Netzwerke
5	B-Schicht, die sich zu einem B_{12}-Ikosaeder krümmt
6 oder mehr	Dicht gepackte metallische Festkörper

14–1   Bindungskräfte in Festkörpern

Wir haben uns bereits in Kapitel 3 Ionen in Festkörpern, in Kapitel 4 die Bindung von nichtmetallischen Elementen und in Kapitel 11 die Theorie, die hinter solchen Bindungen steht, angesehen. Die Informationen, die wir über die festen Strukturen der Elemente gesammelt haben, sind in Abbildung 14–1 und Tabelle 14–1 zusammengestellt.

Festkörper, die durch schwache, anziehende Wechselwirkungen zwischen einzelnen Molekülen aufgebaut werden, nennt man *molekulare Festkörper*. Beispiele für molekulare Festkörper sind Iodkristalle, die sich aus diskreten I_2-Molekülen zusammensetzen, und Paraffinwachs, das aus langkettigen Alkanmolekülen besteht. Bei sehr tiefen Temperaturen liegen die Edelgase ebenfalls als molekulare Festkörper (oder besser atomare Festkörper) vor, bei denen die einzelnen Atome durch schwache interatomare Kräfte zusammengehalten werden. So erstarrt z. B. Argon bei $-189\,°C$ zu der in Abbildung 14–2 gezeigten, dichtest gepackten Struktur. Beispiele für nichtpolare Moleküle, die bei tiefen

$3,8 \times 10^{-10}\,\mathrm{m}$

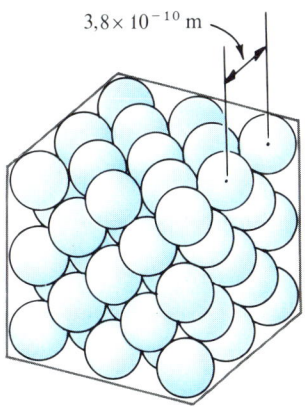

Abbildung 14–2   Die Struktur des festen Argons. Jede Kugel stellt ein einzelnes Ar-Atom dar, das sich in kubisch dichter Packung mit einem Abstand von $3,8 \times 10^{-10}\,\mathrm{m}$ zwischen den Mittelpunkten der Atome in das Kristallgitter einordnet.

Temperaturen zu molekularen Festkörpern kristallisieren, sind Br_2, das bei $-7\,°C$ zu der in Abbildung 14–3 dargestellten Struktur erstarrt, und das Methan, CH_4, das bei $-183\,°C$ zu dem Kristall mit dichtester Packung erstarrt, der in Abbildung 14–4 gezeigt ist.

Nichtmetallische Netzwerkfestkörper bestehen aus unendlichen Anordnungen aneinander gebundener Atome, wobei keine diskreten Moleküle mehr unterschieden werden können. Somit könnte jedes beliebige Stück eines solchen Netzwerkfestkörpers als ein riesiges, kovalent gebundenes Molekül angesehen werden. Netzwerkfestkörper sind im allgemeinen schlechte Wärme- und Elektrizitätsleiter. Starke kovalente Bindungen zwischen benachbarten Atomen über die ganze Struktur hinweg geben diesen Festkörpern ihre Festigkeit und ihre hohen Schmelztemperaturen. Einige der uns bekannten härtesten Stoffe sind nichtmetallische Netzwerkfestkörper.

Diamant, das härteste Allotrop des Kohlenstoffs, besitzt die in Abbildung 14–5a dargestellte Netzwerkstruktur. Diamant sublimiert eher bei Temperaturen von $3500\,°C$ und darüber (verflüchtigt sich direkt zum Gas), als daß er schmilzt. Graphit, ein weicheres Allotrop des Kohlenstoffs, besitzt die in Abbildung 14–5b gezeigte Schichtstruktur. Quarz, SiO_2, mit einem Schmelzpunkt von $1610\,°C$ besitzt eine Struktur, die der in Abbildung 14–6 dargestellten ähnlich ist.

Ein Charakteristikum, das Netzwerkfestkörper von Metallen unterscheidet, ist die niedrigere Koordinationszahl der Atome in den Netzwerkstrukturen. Bei den vorangehenden Beispielen beträgt die Koordinationszahl des C im Diamant und des Si im Quarz vier, während die des O im Quarz gleich zwei ist. Im Abschnitt 14–3 werden wir sehen, daß ein auf lokalisierte Molekülorbitale aufbauendes Bindungsbild die Eigenschaften des Diamant zufriedenstellend erklärt.

Metallische Festkörper bestehen ebenfalls aus unendlichen Anordnungen von aneinander gebundenen Atomen, aber im Gegensatz zu den Nichtmetallen besitzt jedes Atom in einem Metall eine hohe Koordinationszahl; gelegentlich vier oder sechs, aber weitaus

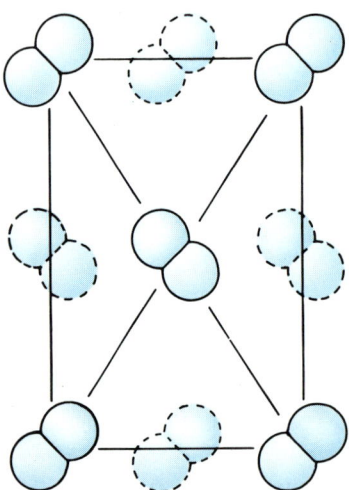

Abbildung 14–3 Die Struktur des kristallinen Broms, die sich aus Br_2-Molekülen aufbaut. Die durchgezogenen Umrisse kennzeichnen eine Schicht gepackter Moleküle, während die gestrichelten Umrisse die darunter liegende Schicht darstellen. Aus Gründen der Klarheit sind die Moleküle in dieser Abbildung zu klein eingezeichnet; tatsächlich sind sie innerhalb einer Schicht dicht gepackt, so daß sich die Moleküle einander berühren, und auch die Schichten stehen miteinander in Berührung.

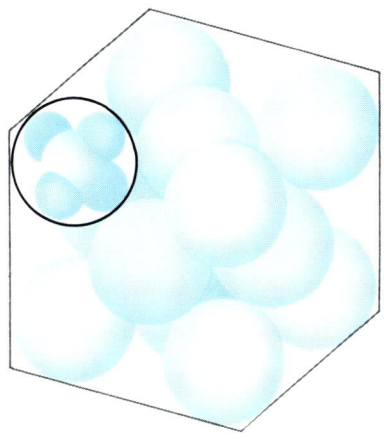

Abbildung 14–4 Die Struktur des festen Methans. Jede große Kugel stellt ein Methanmolekül, CH_4, dar, wie oben links in der Abbildung gezeigt ist. Die Methanmoleküle sind in kubisch dichter Packung angeordnet (ccp).

häufiger acht oder zwölf. Wir haben die am häufigsten vorkommenden Packungsmuster ccp, hcp und bcc in Abschnitt 3–7 diskutiert. Die Bändertheorie der delokalisierten Molekülorbitale wird in Abschnitt 14–3 entwickelt werden, um die Tatsache zu erklären, daß Metalle im allgemeinen gute Elektrizitätsleiter sind.

In dem Periodensystem, das in Abbildung 14–1 dargestellt ist, sind die festen Elemente als metallisch, Netzwerk- nichtmetallisch oder molekular klassifiziert. Der größte Teil der Metalle kristallisiert in dichtest gepackten Strukturen, bei denen jedes Atom eine hohe Koordinationszahl aufweist. Den Metallen zugerechnet werden auch Elemente

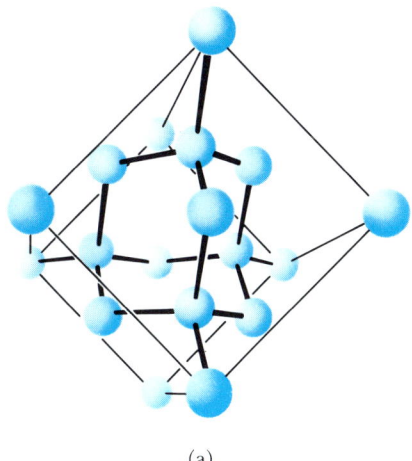

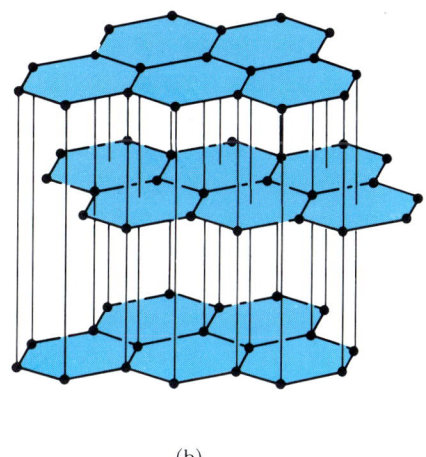

(a)   (b)

Abbildung 14–5 Kristalliner Kohlenstoff. (a) Die Diamantstruktur: Im Diamant ist die Koordinationszahl des Kohlenstoffs 4. Jedes Atom ist tetraedrisch von vier, gleich weit entfernten Nachbaratomen umgeben. Der C—C-Bindungsabstand beträgt $1,54 \times 10^{-10}$ m. (b) Die Graphitstruktur: Dies ist die stabilere Struktur des Kohlenstoffs. Innerhalb einer Schicht treten starke Kohlenstoff-Kohlenstoff-Bindungen auf, wogegen die Bindungen zwischen den Schichten schwächer sind.

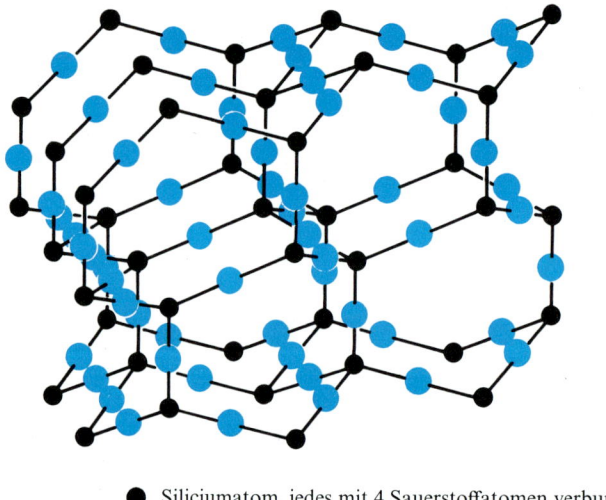

● Siliciumatom, jedes mit 4 Sauerstoffatomen verbunden

● Sauerstoffatom, jedes mit 2 Siliciumatomen verbunden

Abbildung 14–6   Das dreidimensionale Netzwerk der Silicattetraeder im Tridymit, einer kristallinen Form des Siliciumdioxids $(SiO_2)_n$. Quarz besitzt eine ähnliche Struktur, in der ebenfalls alle O-Atome im SiO_4^{4-} mit anderen Si-Atomen geteilt werden. Bei den Feldspatmineralien sind unterschiedliche Mengen Al (bis zu 50%) für Si substituiert.

wie das Zinn und das Wismut, die in Strukturen mit relativ niedrigen atomaren Koordinationszahlen kristallisieren, die aber dennoch deutlich ausgeprägte metallische Eigenschaften besitzen. Der schwach getönte Bereich in diesem Periodensystem umfaßt die Elemente, die Grenzeigenschaften aufweisen: Obwohl Germanium in einer diamantähnlichen Struktur kristallisiert, bei der die Koordinationszahl eines jeden Ge-Atoms nur vier beträgt, ähneln gewisse seiner Eigenschaften denen der Metalle. Diese Ähnlichkeit mit den Metallen deutet darauf hin, daß die Valenzelektronen im Germanium nicht so fest gebunden sind, wie man es von einem echten, nichtmetallischen Netzwerkfestkörper erwarten würde. Arsen, Antimon und Selen liegen sowohl als molekulare als auch als metallische Festkörper vor, obwohl auch hier die sogenannten metallischen Strukturen relativ niedrige atomare Koordinationszahlen aufweisen. Wir wissen, daß Tellur in einer metallischen Struktur kristallisiert, und es erscheint vernünftig, vorherzusagen, daß es auch als ein molekularer Festkörper existieren könnte. Aus seiner Stellung im Periodensystem sagen wir für Astat ebenfalls intermediäre Eigenschaften voraus, die noch nicht im einzelnen untersucht worden sind.

Ionische Festkörper setzen sich aus unendlichen Anordnungen von positiven und negativen Ionen zusammen, die durch elektrostatische Kräfte zusammengehalten werden. Diese Kräfte sind dieselben wie die, die ein NaCl-Molekül in der Gasphase zusammenhalten. Im festen NaCl sind die Na^+- und Cl^--Ionen so angeordnet, daß die elektrostatische Anziehung zwischen ihnen einen Maximalwert erreicht, wie in Abbildung 14–7 gezeigt ist. Die Koordinationszahl eines jeden Na^+-Ions beträgt sechs, und jedes Cl^--Ion

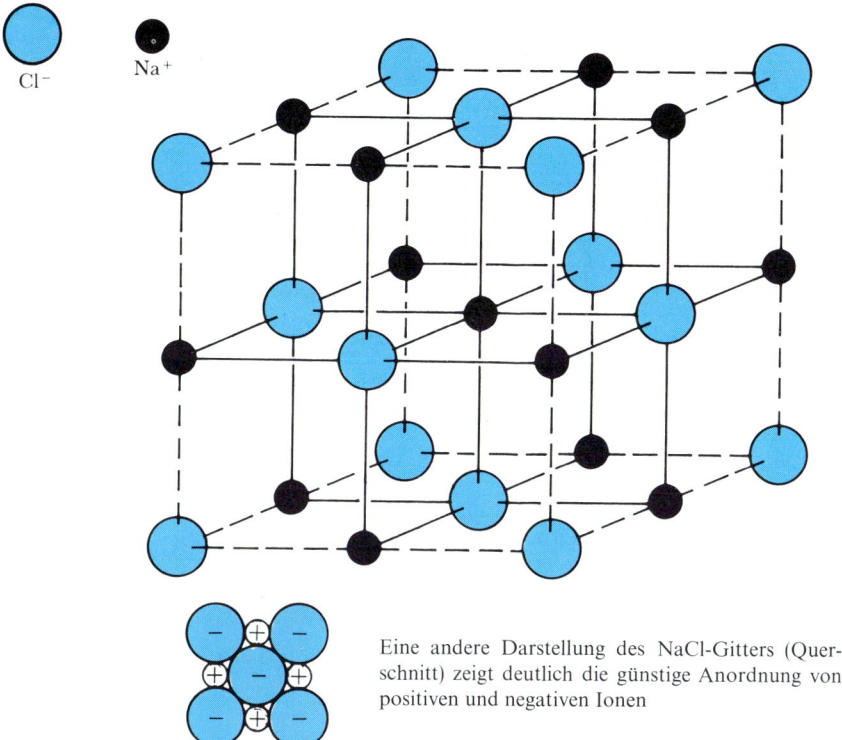

Eine andere Darstellung des NaCl-Gitters (Querschnitt) zeigt deutlich die günstige Anordnung von
positiven und negativen Ionen

Abbildung 14–7 Darstellung der ionischen NaCl-Struktur. Die darunterstehende, kleine Abbildung ist eine Darstellung eines Querschnitts durch das NaCl-Gitter.

ist in gleicher Weise von sechs Na^+-Ionen umgeben. Da Ionenbindungen sehr stark sind,
ist eine große Energie erforderlich, um die Struktur in fest–flüssig- oder flüssig–gasförmig-
Übergängen aufzubrechen. Infolge dessen besitzen Ionenverbindungen hohe Schmelz-
und Siedetemperaturen.

Die vorangehende Diskussion hat vier Arten von Festkörpern unterschieden – molekulare, nichtmetallische Netzwerk-, metallische und ionische Festkörper. Bei diesen
Typen wird die bei weitem schwächste Bindung in den molekularen Festkörpern angetroffen, bei denen nur *intermolekulare* Kräfte den Kristall zusammenhalten. Im nächsten
Abschnitt werden wir das Wesen dieser intermolekularen Kräfte eingehender behandeln.

14–2   Molekulare Festkörper und die
van der Waals-Bindung

Bei N_2, O_2, Cl_2, P_4 und S_8 werden alle Valenzorbitale entweder zur Bindung gebraucht
oder sie sind von nichtbindenden Elektronen besetzt. Somit muß im Vergleich mit der
Stärke der *innermolekularen* Bindung im Molekül jede *intermolekulare* Bindung, die

die Moleküle im festen Zustand zusammenhält, schwach sein. Die schwachen Kräfte, die für die intermolekulare Bindung verantwortlich sind, werden van der Waals-Kräfte genannt.

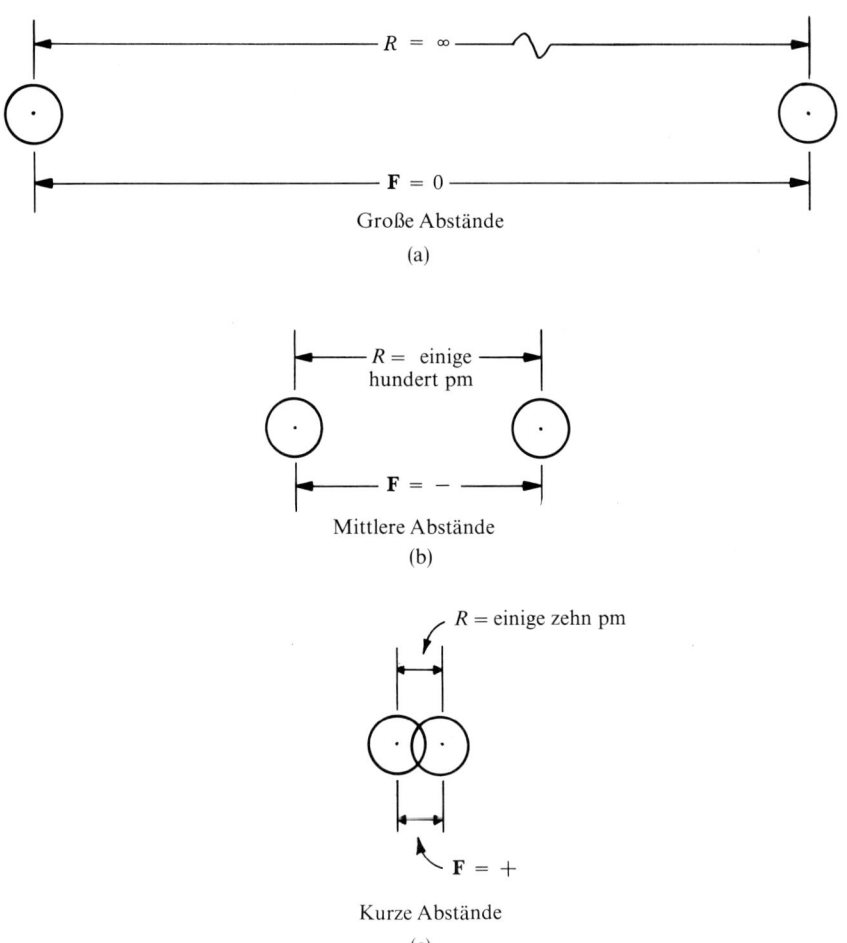

Große Abstände

(a)

Mittlere Abstände

(b)

Kurze Abstände

(c)

Abbildung 14–8   Elektronenabstoßung in besetzten Orbitalen. (a) Bei sehr großen Abständen verhalten sich zwei Atome oder Moleküle zueinander wie neutrale Teilchen und stoßen sich weder ab noch ziehen sie sich an. Die Kraft F zwischen ihnen ist gleich null. (b) Bei mittleren Abständen haben sich zwei Atome oder Moleküle noch nicht so weit genähert, daß sich die Abstoßung bemerkbar macht. Jedoch ziehen sie sich gegenseitig an (siehe Abbildung 14–9), da sich ihre Ladungswolken deformieren. (c) Bei kurzen Abständen, wenn die Elektronendichte um das eine Atom oder Molekül herum im selben Raumbereich groß ist, in dem auch die Elektronendichte des anderen Atoms oder Moleküls hohe Werte besitzt (d. h. wenn die besetzten Orbitale einander überlappen), dann überwiegt die Coulombabstoßung der Elektronenhüllen, und die beiden Teilchen stoßen sich gegenseitig ab.

Van der Waals-Kräfte

Es gibt in der Hauptsache zwei van der Waals-Kräfte: Die wichtigste Kraft bei geringem Abstand der Moleküle ist die Abstoßung zwischen den Elektronen in den vollbesetzten Orbitalen von Atomen in benachbarten Molekülen. Diese Elektronenpaarabstoßung ist in Abbildung 14–8 dargestellt. Der analytische Ausdruck, der üblicherweise zur Beschreibung der Energie verwendet wird, die sich aus dieser Wechselwirkung ergibt, lautet

$$\text{van der Waalssche Abstoßungsenergie} = be^{-aR} \tag{14–1}$$

wobei a und b Konstanten für zwei miteinander in Wechselwirkung tretende Atome sind. Beachten Sie, daß dieser Abstoßungsterm bei großen Werten des interatomaren Abstands, R, sehr klein ist.

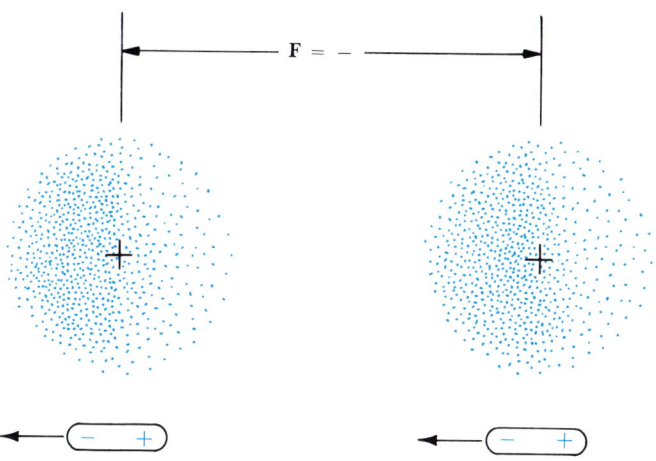

Die momentane Polarisierung eines Atoms verschiebt für einen Augenblick mehr Elektronendichte nach links und erzeugt auf diese Weise einen „momentanen Dipol".

Dieser „momentane Dipol" kann ein anderes Atom polarisieren, indem er mehr Elektronendichte des anderen Atoms nach links zieht, wodurch ein „induzierter Dipol" erzeugt wird.

Abbildung 14–9 Schematische Darstellung der Wechselwirkung zwischen einem momentanen Dipol und einem induzierten Dipol, die die Ursache einer schwachen Anziehungskraft ist. Für den kurzen Augenblick, den diese Abbildung beschreibt, gibt es eine Anziehungskraft, F, zwischen dem momentanen und dem induzierten Dipol. Die Wirkung ist natürlich wechselseitig: Jedes Atom induziert eine Polarisation im anderen.

Die zweite Kraft ist die Anziehung, die sich ergibt, wenn Elektronen in den besetzten Orbitalen der miteinander in Wechselwirkung tretenden Atome ihre Bewegungen derart synchronisieren, daß sie sich gegenseitig so weit wie möglich aus dem Wege gehen. So können z. B., wie in Abbildung 14–9 gezeigt ist, Elektronen in Orbitalen von Atomen, die zu den in Wechselwirkung stehenden Molekülen gehören, ihre Bewegungen so synchronisieren, daß sich eine Anziehung zwischen momentanem und induziertem Dipol ergibt: Wenn das linke Atom in Abbildung 14–9 zu irgendeinem Zeitpunkt eine auf seiner linken Seite stärker konzentrierte Elektronendichte aufweist – wie gezeigt ist –, dann würde dieses Atom einen kleinen Dipol darstellen, dessen negatives Ende links und dessen positives Ende rechts liegt. Diese positive Seite würde nun die Elektronen des rechten Atoms anziehen und dieses Atom ebenfalls in einen Dipol mit der gleichen Orientierung verwandeln, wie in der Abbildung dargestellt ist. Diese beiden Atome würden sich gegenseitig anziehen, da das positive Ende des linken Atoms und das negative Ende des rechten Atoms benachbart sind. Auf ähnliche Weise wird eine Fluktuation der Elektronendichte des rechten Atoms einen temporären Dipol oder eine Asymmetrie der Elektronendichte im linken Atom induzieren. Die Elektronendichten fluktuieren ständig, dennoch ergibt sich insgesamt auf Grund dieser Dipol-induzierter Dipol-Wechselwirkung eine kleine, jedoch bedeutsame Anziehung zwischen den Atomen. Die Energie der Bindung zwischen den Atomen, die auf dieser Anziehungskraft beruht, wird nach Fritz London, der die quantenmechanische Theorie für diese Anziehung 1930 ableitete, *London-Energie* genannt. Die London-Energie ändert sich umgekehrt proportional zur sechsten Potenz des Abstands zwischen den Atomen

$$\text{London-Energie} = -\frac{d}{R^6} \tag{14–2}$$

Tabelle 14–2   Van der Waals-Energieparameter

Wechsel-wirkungspaar	$a[(\text{au})^{-1\,\text{a})}]$	$b[\text{kJ mol}^{-1}]$	$d[\text{kJ mol}^{-1}\,(\text{au})^6]$
He—He	2,10	$17{,}2 \times 10^3$	$6{,}3 \times 10^3$
He—Ne	2,27	$86{,}7 \times 10^3$	$12{,}1 \times 10^3$
He—Ar	2,01	$125{,}6 \times 10^3$	$40{,}6 \times 10^3$
He—Kr	1,85	$68{,}7 \times 10^3$	$57{,}4 \times 10^3$
He—Xe	1,83	$111{,}4 \times 10^3$	$89{,}2 \times 10^3$
Ne—Ne	2,44	$438{,}8 \times 10^3$	$23{,}9 \times 10^3$
Ne—Ar	2,18	$635{,}6 \times 10^3$	$80{,}4 \times 10^3$
Ne—Kr	2,02	$346{,}7 \times 10^3$	$111{,}8 \times 10^3$
Ne—Xe	2,00	$561{,}9 \times 10^3$	$173{,}8 \times 10^3$
Ar—Ar	1,95	$919{,}0 \times 10^3$	$270{,}5 \times 10^3$
Ar—Kr	1,76	$501{,}6 \times 10^3$	$377{,}2 \times 10^3$
Ar—Xe	1,74	$813{,}9 \times 10^3$	$583{,}2 \times 10^3$
Kr—Kr	1,61	$273{,}0 \times 10^3$	$525{,}0 \times 10^3$
Kr—Xe	1,58	$443{,}8 \times 10^3$	$813{,}9 \times 10^3$
Xe—Xe	1,55	$719{,}3 \times 10^3$	$1260{,}6 \times 10^3$

[a] 1 au = 1 atomare Einheit = $0{,}529 \times 10^{-10}$ m (erster Bohrscher Radius). Der Wert von R in Gleichung (14–3) muß ebenfalls in atomaren Längeneinheiten ausgedrückt werden.

wobei d eine Konstante und R der Abstand der Atome voneinander ist. Diese der sechsten Potenz des Abstands umgekehrt porportionale Anziehungsenergie nimmt schnell mit anwachsendem R ab, aber doch bei weitem nicht so schnell wie die van der Waalssche Abstoßungsenergie. Somit überwiegt bei größeren Abständen die Londonsche Anziehung über die van der Waalssche Abstoßung, so daß insgesamt eine kleine Anziehungskraft zwischen den Atomen übrigbleibt.

Die gesamte potentielle Energie, E_p, der van der Waals-Wechselwirkungen ist die Summe aus der Anziehungsenergie nach Gleichung (14–2) und der Abstoßungsenergie nach Gleichung (14–1)

$$E_p = b e^{-aR} - \frac{d}{R^6} \tag{14–3}$$

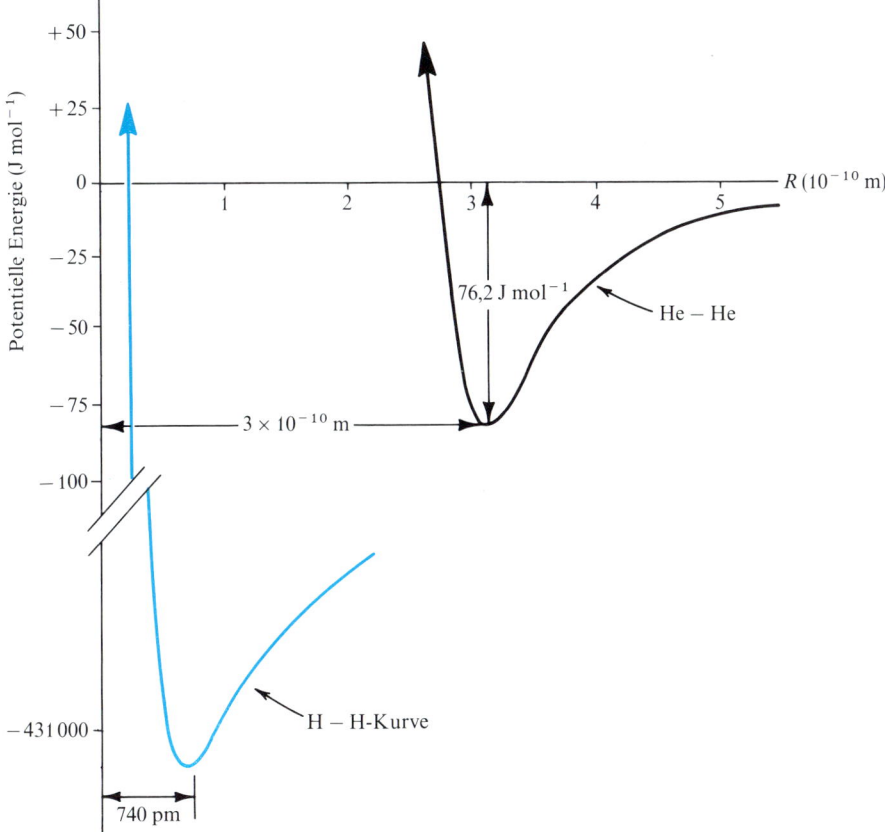

Abbildung 14–10 Ein Vergleich zwischen den Potentialenergiekurven für die van der Waals-Anziehung zwischen zwei He-Atomen (schwarze Kurve) und für die kovalente Bindung zwischen zwei H-Atomen (farbige Kurve). Beachten Sie, daß die Energieskala in J mol^{-1} geteilt ist und nicht, wie sonst üblich, in kJ mol^{-1}. Die kovalente Bindung ist über 5000 mal so stabil wie die van der Waals-Bindung.

Die gesamte van der Waalssche potentielle Energie kann quantitativ mit der gewöhnlichen, kovalenten Bindungsenergie an Systemen verglichen werden, für die der Verlauf der potentiellen Energie mit dem interatomaren Abstand R genau bekannt ist. Für die Konstanten a, b und d können wir aus experimentellen Daten über die Abweichung realer Gase vom Verhalten des idealen Gases Werte berechnen, von denen einige für die Wechselwirkungen zwischen Edelgasen in Tabelle 14–2 aufgeführt sind.

Der Verlauf der potentiellen Energie für die van der Waals-Wechselwirkungen zwischen Heliumatomen ist in Abbildung 14–10 dargestellt. Bei Abständen von mehr als 0,35 nm überwiegt der zweite Term in Gleichung (14–3). Wenn sich die Atome weiter nähern, ziehen sie sich noch stärker an, und die Energie des Systems nimmt weiter ab. Bei Abständen von weniger als 0,30 nm übertrifft die starke Elektronenpaarabstoßung die London-Anziehung, und die Kurve der potentiellen Energie steigt wieder an, wie in Abbildung 14–10 gezeigt ist. Bei einem Abstand von 0,30 nm herrscht zwischen Anziehung und Abstoßung ein Gleichgewicht, und das He---He-„Molekül" ist um 76,2 J mol^{-1} stabiler als die zwei isolierten He-Atome.

Die Abbildung 14–10 zeigt auch den deutlichen Unterschied zwischen der van der Waals-Anziehung und einer kovalenten Bindung. Im H_2-Molekül bedingen starke

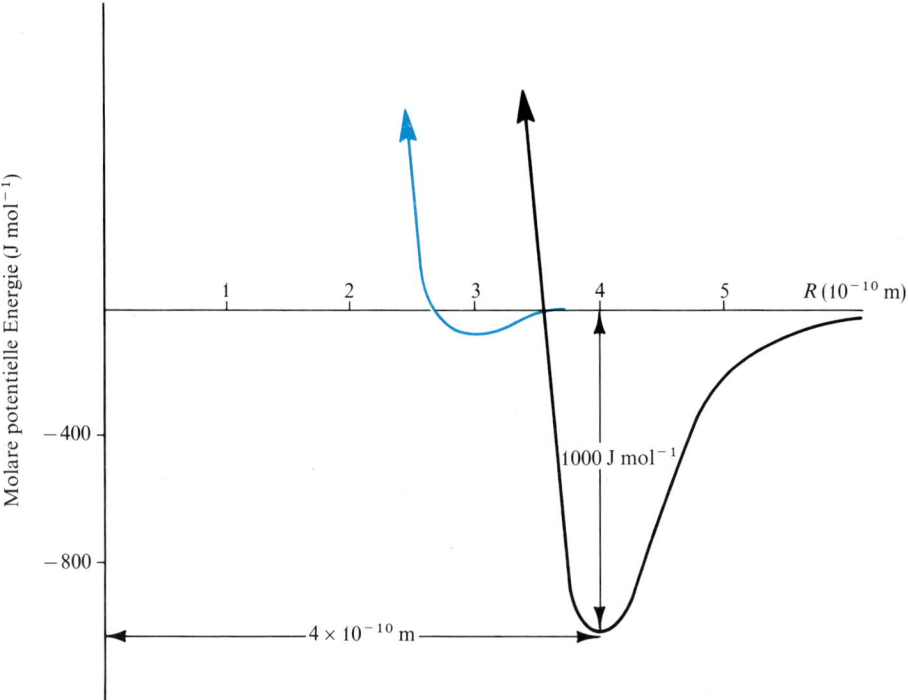

Abbildung 14–11   Ein Vergleich der Potentialenergiekurven für die van der Waals-Anziehung zwischen zwei Argonatomen (schwarze Kurve) und zwei Heliumatomen (farbige Kurve). Die größeren Argonatome werden fester gebunden, obwohl die Bindungsenergie immer noch nur ein vierhundertstel von der Bindungsenergie einer H—H-Bindung beträgt.

Elektron-Proton-Anziehungskräfte im bindenden Molekülorbital eine Abnahme der potentiellen Energie bei der Annäherung der beiden H-Atome aneinander, und es ist in diesem Falle die Proton-Proton-Abstoßung, die die Energie sprunghaft ansteigen läßt, wenn die Atome sich einander zu nahe kommen. Diese Proton-Proton-Abstoßung wird erst bei kleineren Abständen wirksam als die elektronische Abstoßung zwischen den zwei He-Atomen. Die H—H-Bindungslänge im H_2-Molekül beträgt 0,074 nm, wogegen der Gleichgewichtsabstand von van der Waals-gebundenen He-Atomen gleich 0,30 nm ist. Darüber hinaus ist eine kovalente Bindung weitaus stärker als eine schwache van der Waals-Bindung: Um zwei Heliumatome aus ihrem Gleichgewichtsabstand zu trennen, sind nur 76,2 J mol^{-1} erforderlich, während 431 200 J mol^{-1} benötigt werden, um die kovalente Bindung im H_2 aufzubrechen.

Molekulare Festkörper, die nur durch van der Waalssche intermolekulare Bindungen zusammengehalten werden, schmelzen im allgemeinen bei tiefen Temperaturen. Dies liegt daran, daß eine relativ geringe Energie der thermischen Bewegung schon ausreicht, um die Energie der van der Waals-Bindung zu übertreffen. Die flüssigen und festen Phasen des Heliums, die auf solchen schwachen van der Waals-Bindungen beruhen, existieren nur bei Temperaturen unterhalb von 4,6 K. Selbst bei Temperaturen nahe dem absoluten Nullpunkt kann festes Helium nur bei hohen Drücken (30,0 bar bei 1,76 K) hergestellt werden.

Übung: Berechnen Sie mit Hilfe der Gleichung (2–24) unter der Annahme, daß sich Helium wie ein ideales Gas verhält (was zwar nicht stimmt, aber auch wieder nicht so ganz falsch ist), die kinetische Energie eines Mols von Heliumgas bei 10 K, 5 K und 1 K. Bei welcher Temperatur erreicht diese kinetische Energie denselben Wert wie die Energie der van der Waals-Bindung im festen He? Wenn wir einmal die grobe Abschätzung aufgrund unserer Annahme eines idealen Gases berücksichtigen, sollte diese Temperatur den Schmelzpunkt des Heliums angeben.
(Antwort: 124,3 J mol^{-1}; 62,4 J mol^{-1}; 12,4 J mol^{-1}; 6,1 K.)

Van der Waals-Bindungen in molekularen Festkörpern werden im allgemeinen mit zunehmender Größe der beteiligten Atome und Moleküle stärker. So nimmt z. B. die Stärke der van der Waals-Bindung mit ansteigender Ordnungszahl der Edelgaselemente zu, wie sich an der Ar—Ar-Kurve der potentiellen Energie in Abbildung 14–11 erkennen läßt. Die Anziehung zwischen den größeren Atomen ist stärker, was vermutlich darauf beruht, daß die äußeren Elektronen etwas loser gebunden sind, wodurch größere *momentane Dipole* und *induzierte Dipole* möglich sind. Wegen dieser stärkeren van der Waals-Bindung schmilzt festes Argon bei −184 °C oder 89 K, was beträchtlich höher ist als die Schmelztemperatur des festen Heliums. Der Zusammenhang zwischen den van der Waals-Kräften und der Molekülgröße läßt sich auch an den Kohlenwasserstoffen zeigen: In Abbildung 14–12 sind die Schmelz- und Siedetemperaturen der geradkettigen Alkane, mit der Formel C_nH_{2n+2}, für $n = 1$ bis $n = 20$ dargestellt. Ein großes Molekül wie das Eicosan, $C_{20}H_{42}$, besitzt eine im Vergleich mit einem kleinen Molekül wie dem Ethan große Oberfläche für den Kontakt mit seinen Nachbarn. Die Energie, die dazu erforderlich ist, Eicosanmoleküle gegeneinander in ständige Bewegung aneinander vorbei zu versetzen, d. h. festes Eicosan zu verflüssigen, ist demnach größer als die Energie, die dazu benötigt wird, festes Ethan zu verflüssigen. Der Unterschied zwischen Eicosan und Ethan ist sogar noch größer, wenn die beiden Flüssigkeiten verdampft werden. Für die Verdampfung wird ja nicht bloß die Energie benötigt, die dazu erforderlich ist, zwei Moleküle aneinander vorbeigleiten zu lassen. Bei diesem Vorgang ist die Energie aufzubringen, die dazu ausreicht, benachbarte Moleküle völlig voneinander zu trennen und in die Gasphase zu überführen. Infolgedessen erhöhen sich die Siedetemperaturen der Substanzen stärker mit der Molekülmasse als die Schmelztemperaturen.

Die Bindung in einem anderen molekularen Festkörper, Glycin (Glykokoll, Aminoessigsäure), ist in Abbildung 14–13 dargestellt. Die Glycinmoleküle werden durch van

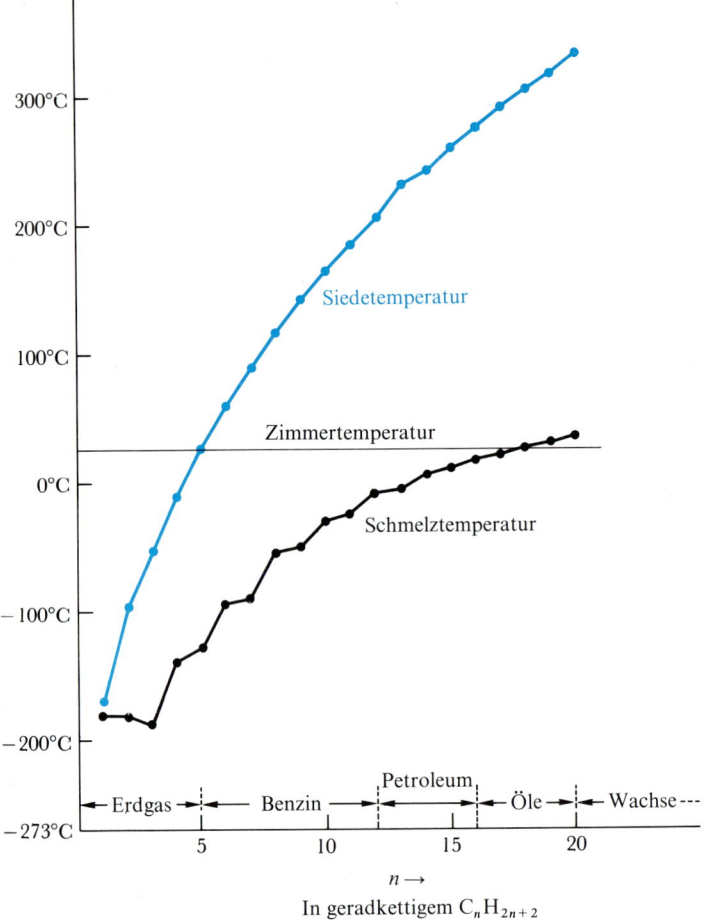

Abbildung 14–12 Schmelz- und Siedetemperaturen der geradkettigen Kohlenwasserstoffe als Funktion der Länge der Kohlenstoffkette. Es ist mehr Energie erforderlich, um zwei Moleküle des Eicosans (20 Kohlenstoffatome) voneinander zu trennen, als für die Trennung zweier Ethanmoleküle (2 Kohlenstoffatome) benötigt wird, da zwischen den beiden größeren Molekülen mehr van der Waalssche Wechselwirkungen möglich sind.

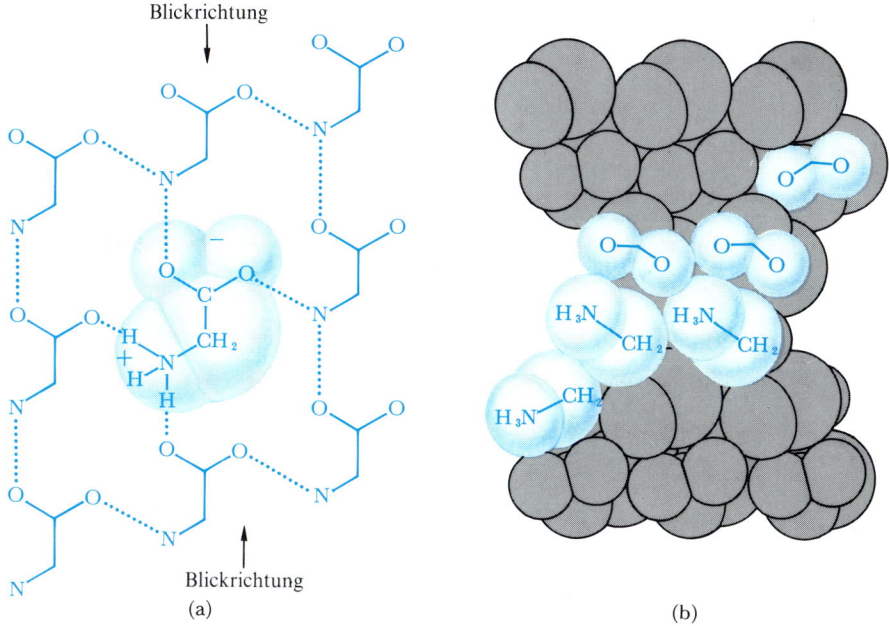

Abbildung 14–13   Die Bindungsverhältnisse im festen Glykokoll (Glycin), $^+H_3N\!-\!CH_2\!-\!COO^-$.
(a) Die Moleküle in einer Schicht sind dicht gepackt und werden durch van der Waalssche Anziehungskräfte und durch Wasserstoff(brücken)bindungen (punktiert) zusammengehalten. (b) Diese
Schichten werden übereinandergestapelt und von van der Waalsschen Anziehungskräften zusammengehalten. Unter dieser Blickrichtung sehen wir auch die Kanten der Schichten, die sich in der Horizontalebene erstrecken. Die Blickrichtung auf die Schichten in (b) ist in (a) durch Pfeile markiert.

der Waals-Kräfte und Wasserstoff(brücken)bindungen, ein zweiter, häufig vorkommender Binduntstyp bei molekularen Festkörpern, in Schichten zusammengehalten. Diese
Glycinschichten werden durch van der Waalssche Anziehungskräfte im Kristall zusammengehalten. Einige Moleküle weisen *permanente* Dipolmomente auf, die die van der
Waals-Anziehung verstärken. Derartige Dipole machen sich besonders bei Verbindungen mit N—H- und O—H-Bindungen bemerkbar. Diese Dipolmoleküle haben wir bereits in Abschnitt 10–5 kennengelernt, und wir werden ihnen noch einmal im Abschnitt
14–4 begegnen, wo sie eingehender diskutiert werden.

14–3   Metalle, Isolatoren und Halbleiter

Die meisten Elemente sind Metalle. Die Metalle werden dadurch charakterisiert, daß sie
stets viel mehr atomare Valenzorbitale aufweisen, als sie Valenzelektronen besitzen, um
diese Orbitale zu besetzen. In gewissem Sinne gibt es eine logische Weiterentwicklung
vom Kohlenstoff und den anderen Nichtmetallen über das Bor zu den Metallen hin:
Kohlenstoff und die anderen Nichtmetalle besitzen wenigstens ein Elektron pro Valenzorbital und können lokalisierte Elektronenpaarbindungen ausbilden. Das Bor besitzt

drei Elektronen für vier Atomorbitale; es muß daher delokalisierte Dreizentrenorbitale benutzen, um das Molekülgerüst zusammenzuhalten. Das Natrium weist dagegen nur ein Valenzelektron für seine 3s- und 3p-Orbitale auf. Infolgedessen ist es dem Natrium völlig unmöglich, die Art von kovalent gebundenem Netzwerk aufzubauen, wie es der Kohlenstoff tut.

Metallkristalle verhalten sich so, als ob sich ihre Valenzelektronen relativ frei durch die Kristallgitterstruktur bewegen könnten. Die Elektronen bilden einen See von negativen Ladungen, der die Atome in einem metallischen Festkörper fest zusammenhält. Die Abbildung 14–14 veranschaulicht einen Querschnitt durch eine derartige Metallstruktur: Die Punkte des Kristallgitters werden von den positiv geladenen Ionen besetzt, die übrigbleiben, wenn die Außenelektronen vom Metallatom abgezogen werden, wodurch der Kern und die voll besetzten Elektronenschalen zurückbleiben. Da die Metalle im allgemeinen hohe Schmelzpunkte und große Dichten – besonders im Vergleich zu den molekularen Festkörpern – aufweisen, muß der „Elektronensee" die positiven Ionen im Kristallgitter sehr fest binden.

Das einfache Modell des Elektronensees für die metallische Bindung steht auch mit zwei anderen, üblicherweise beobachteten Eigenschaften von Metallen im Einklang: mit der Schmiedbarkeit und der Duktilität. Ein schmiedbares Material kann leicht zu dünnen Blechen gehämmert werden, während ein duktiles Material zu dünnen Drähten gezogen werden kann. Damit die Metalle, ohne zu brechen, geformt und gezogen werden können, müssen sich die Atome in der Kristallstruktur leicht in Ebenen gegeneinander verschieben lassen. Diese Verschiebungen führen in Metallen nicht zur Ausbildung von starken Abstoßungskräften, da der bewegliche See von Elektronen einen ständig wirksamen Puffer oder Schild zwischen den positiven Ionen bereithält. Dieser Sachverhalt steht im direkten Gegensatz zu den Ionenkristallen, bei denen die Bindungskräfte fast

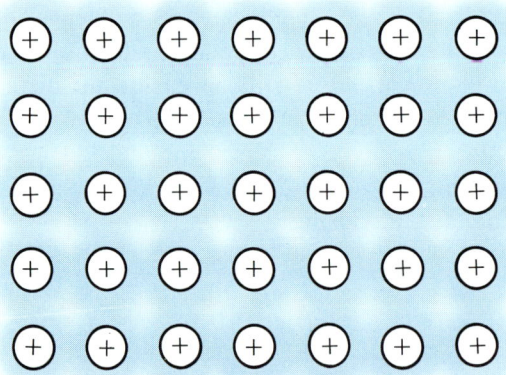

Abbildung 14–14 Querschnitt durch das Kristallgitter eines Metalls mit seinem „Elektronensee". Jeder positive Gitterpunkt stellt einen Atomkern und die voll besetzten Nichtvalenzelektronenschalen eines Metallatoms dar. Die schattierte Fläche um die positiven Metallionen herum deutet schematisch den beweglichen Elektronensee an. Die schwankende Dichte der Schattierung stellt qualitativ die größere Wahrscheinlichkeit dafür dar, daß sich ein Elektron in der Nähe eines positiven Ions aufhalten wird.

gänzlich auf den elektrostatischen Anziehungskräften zwischen entgegengesetzt geladenen Ionen beruhen. In einem Ionengitter sind die Valenzelektronen an die ionischen Gitterpunkte gebunden. Eine Verschiebung von Ionenschichten in einem derartigen Kristall würde Ionen gleicher Ladung zusammenbringen und starke Abstoßungskräfte hervorrufen, die zur Spaltung des Kristalls führen können (Abbildung 14–15).

Verschiebung eines metallischen Kristallgitters entlang einer Ebene, ohne daß große Abstoßungskräfte auftreten

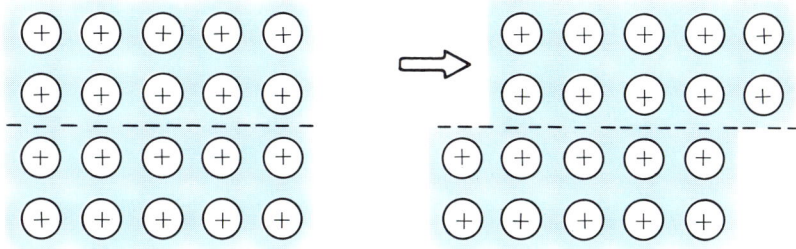

Verschiebung eines ionischen Kristallgitters entlang einer Ebene, wobei sich starke Abstoßungskräfte und Gitterverzerrungen ergeben

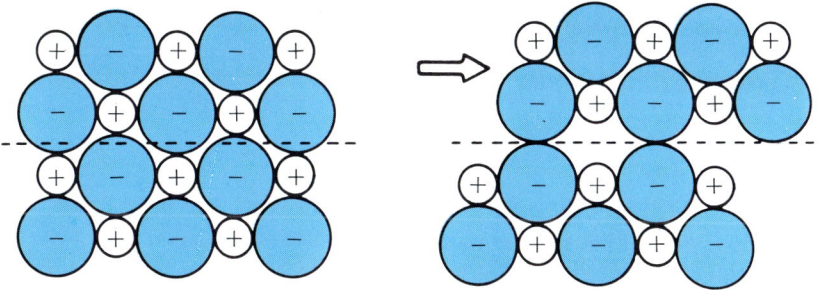

Abbildung 14–15 Die relative Weichheit der meisten Metalle im Vergleich zu ionischen Festkörpern wie NaCl und die Duktilität und Schmiedbarkeit der Metalle können durch die relative Leichtigkeit erklärt werden, mit der eine Schichtebene von Metallatomen über die benachbarte gleiten kann.

Elektronenbänder in Metallen

Die Theorie der delokalisierten Molekülorbitale liefert ein detailliertes (und aussagekräftigeres) Modell für die metallische Bindung. In diesem Modell wird das ganze Metallstück als ein Riesenmolekül angesehen, und man erhält delokalisierte Molekülorbitale, die sich über das gesamte Metallvolumen erstrecken. Alle Atomorbitale eines bestimmten Typs treten im Kristall miteinander in Wechselwirkung und bilden einen Satz von delokalisierten Orbitalen. Lassen Sie uns einmal für einen bestimmten Kristall annehmen, daß die Anzahl der Valenzorbitale in der Größenordnung von 10^{23} liegt. Die Abbildung 14–16 zeigt die Kombination von annähernd 10^{23} äquivalenten Atomorbitalen in einem Kristall zu 10^{23} delokalisierten Orbitalen. Aufgrund des Paulischen Ausschließungsprinzips können nicht alle diese Orbitale dieselbe Energie besitzen, wenn sie delokalisiert sind. Jedoch ergeben sie an Stelle eines antibindenden und eines bindenden Molekülorbitals, wie es bei einem zweiatomigen Molekül geschieht, ein *Band* von eng benachbarten Energieniveaus.

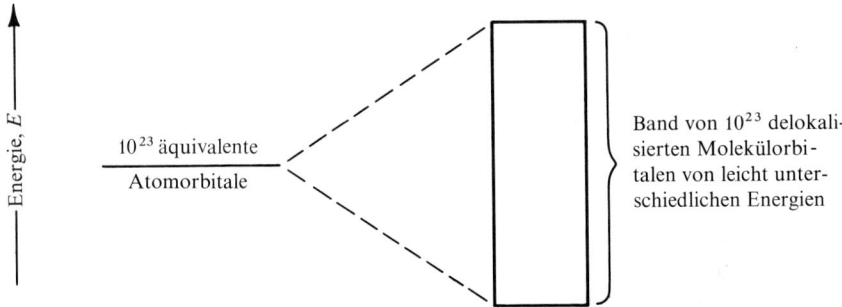

Abbildung 14–16   Zwei Atomorbitale können sich zu zwei Molekülorbitalen kombinieren, wie es z. B. im H_2-Molekül geschieht. Sechs atomare p-Orbitale können sich zu sechs delokalisierten Molekülorbitalen kombinieren, wie es im Benzol der Fall ist. Auf ähnliche Weise können sich nun auch 10^{23} Atomorbitale in einem Metall zu 10^{23} Metallorbitalen kombinieren, die energetisch so eng benachbart nebeneinander liegen, daß sie als ein kontinuierliches Energieband behandelt werden können. Die einfache Bändertheorie der Metalle kann viele der metallischen Eigenschaften erklären.

Die Abbildung 14–17 veranschaulicht die drei Bänder von Energieniveaus, die sich aus den 1s-, 2s- und 2p-Orbitalen des einfachsten metallischen Elements, des Lithiums, ergeben. Die 1s-Molekülorbitale sind vollständig besetzt, da bereits die 1s-Atomorbitale in isolierten Lithiumatomen voll besetzt sind. Diese Elektronen liefern daher auch keinen Beitrag zur Bindung. Sie sind ein Bestandteil der positiven „Ionenrümpfe" und können bei der weiteren Diskussion außer acht gelassen werden.

Das atomare Lithium besitzt ein Valenzelektron in einem 2s-Orbital. Wenn es 10^{23} Atome in einem Lithiumkristall gibt, treten die 10^{23} 2s-Orbitale dieser Atome miteinander in Wechselwirkung und bilden ein Band von 10^{23} delokalisierten Orbitalen. Wie gewöhnlich kann jedes dieser Orbitale zwei Elektronen aufnehmen, so daß die Aufnahmefähigkeit des Bandes einen Wert von 2×10^{23} Elektronen hat. Das Lithiummetall besitzt aber nur genug Elektronen, um die untere Hälfte des 2s-Bandes zu füllen, wie in Abbildung 14–17 dargestellt ist.

Das Vorliegen eines teilweise besetzten Bandes von delokalisierten Orbitalen erklärt die Bindung und die elektrische Leitfähigkeit in Metallen. Elektronen in den tiefer liegenden, voll besetzten Orbitalen bewegen sich auf rein statistische Weise durch das Git-

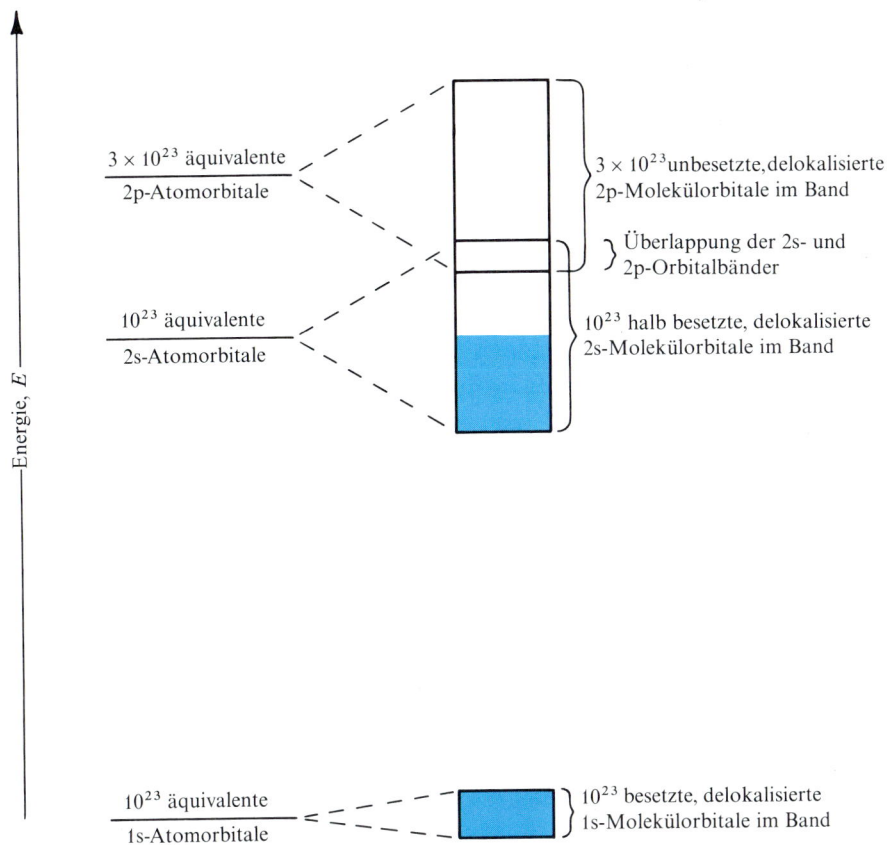

Abbildung 14–17 Delokalisierte Metallorbitalbänder im Lithium. Die ursprünglichen 2s- und 2p-Atomorbitale liegen energetisch so dicht beieinander, daß sich die sich aus ihnen ergebenden Molekül- oder Metallorbitalbänder einander überlappen. Lithium besitzt ein Elektron für jedes 2s-Atomorbital und weist damit nur halb so viel Elektronen auf, wie in den 2s-Atomorbitalen oder im delokalisierten 2s-Molekülorbitalband untergebracht werden können. Es gibt also unbesetzte Energiezustände, die nur um einen infinitesimalen Betrag höher liegen als der höchste besetzte Zustand, so daß nur eine infinitesimal kleine Energie erforderlich ist, um ein Elektron anzuregen, damit es sich durch das Metall bewegen kann. Lithium ist infolgedessen ein Elektrizitätsleiter.

ter, so daß ihre Bewegung insgesamt keine Trennung von Elektronen und positiven Ionen im Metall ergibt. Damit ein Metall einen elektrischen Strom leiten kann, müssen einzelne Elektronen in unbesetzte Kristallorbitale angeregt werden, so daß ihre Bewegung in eine bestimmte Richtung nicht ganz von der Bewegung von Elektronen in die entgegengesetzte Richtung kompensiert wird. Eine geschlossene Bewegung von Elektronen erfolgt jedoch nur, wenn zwischen zwei Punkten eines Metalls eine elektrische Potentialdifferenz besteht. Dann werden Elektronen auf die unbesetzten, delokalisierten Orbitale angeregt, die zu demselben Band gehören und nur eine geringfügig höhere Energie besitzen. Wir können daher erwarten, daß ein Metall der elektrischen Leitung nur einen geringen Widerstand entgegensetzt. Die Leitfähigkeit wird jedoch durch die häufigen Zusammenstöße der Elektronen mit den positiven Atomrümpfen begrenzt, die eine gewisse kinetische Energie aufgrund ihrer thermischen Bewegung besitzen und infolgedessen in statistischer Weise um ihre Gitterplätze schwingen. Wenn die Temperatur erhöht wird, verstärken sich die Gitterschwingungen der positiven Ionen, und die Zahl der Zusammenstöße mit den Leitungselektronen nimmt zu. Daher nimmt die elektrische Leitfähigkeit in Metallen mit steigender Temperatur ab.

Beryllium ist ein etwas komplizierteres Beispiel: Ein isoliertes Berylliumatom verfügt exakt über genug Elektronen, um sein 2s-Orbital vollständig zu besetzen. Dementsprechend besitzt auch das Berylliummetall genug Elektronen, um sein delokalisiertes 2s-Band vollständig zu füllen. Wenn das 2p-Band des Berylliums sich nicht mit dem 2s-Band überlappen würde (Abbildung 14–18), würde das Beryllium ein Isolator sein, da dann eine Energie erforderlich würde, die gleich der Lücke zwischen den Bändern ist, um die Elektronen in das sogenannte *Leitungsband* anzuheben, bevor sie sich durch den Festkörper bewegen könnten. Jedoch überlappen sich beim Beryllium die beiden Bänder und es besitzt damit unbesetzte Orbitale, deren Energie nur infinitesimal höher ist als die der energiereichsten, besetzten Orbitale. Beryllium ist infolgedessen ein metallischer Leiter.

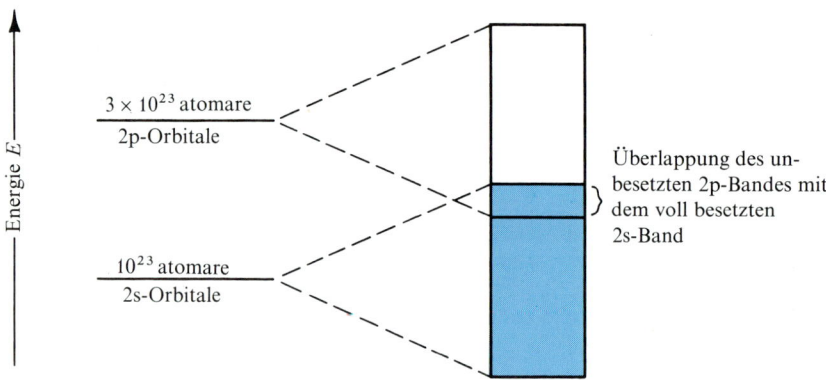

Abbildung 14–18 Metallisches Bandbesetzungsdiagramm für Beryllium. Ein Be-Atom besitzt genug Elektronen (zwei), um sein 2s-Atomorbital voll zu besetzen. Infolgedessen besitzt auch Be-Metall genug Elektronen, um sein delokalisiertes 2s-Molekülorbitalband vollständig zu besetzen. Wenn sich die 2s- und 2p-Bänder nicht überlappen würden, wäre Be ein Isolator, weil dann eine beträchtliche Energiemenge erforderlich wäre, um die Elektronen im Festkörper zum Fließen zu bringen. Aber mit der hier gezeigten Bandüberlappung regt schon ein infinitesimaler Energiebetrag Elektronen in unbesetzte Zustände der 2p-Orbitale an, und die Elektronen können sich frei durch das Metall bewegen.

Isolatoren

Nichtmetallische Netzwerkmaterialien wie Bor oder Kohlenstoff sind *Isolatoren*, d. h. sie leiten keine elektrischen Ströme. Die Abbildung 9–6 zeigt den abrupten Abfall der

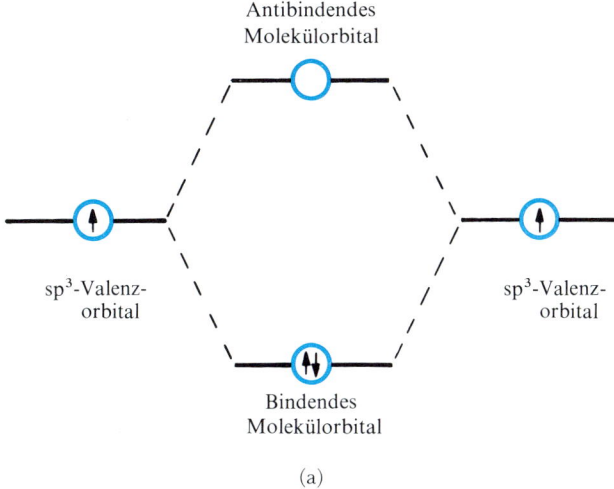

(a)

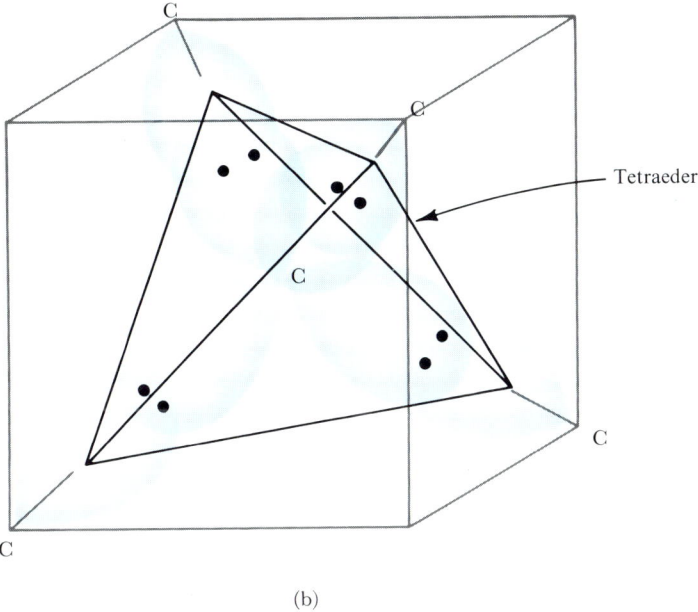

(b)

Abbildung 14–19 Bindung in Diamantkristallen. (a) Lokalisierte Orbitalenergieniveaus in Diamantkristallen. Jedes Paar von benachbarten, lokalisierten sp³-Atomorbitalen liefert ein bindendes
und ein antibindendes Molekülorbital. (b) Schematische Darstellung der Überlappung der vier
atomaren sp³-Hybridorbitale eines Kohlenstoffatoms in der Mitte eines Tetraeders mit ähnlichen
Orbitalen von vier anderen Kohlenstoffatomen an den Tetraederecken.

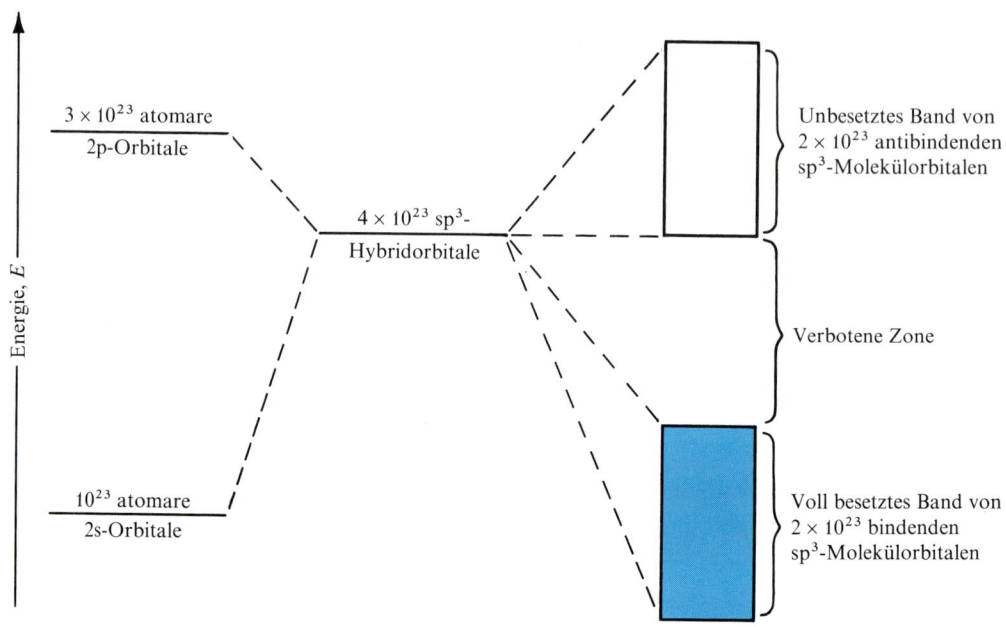

Abbildung 14–20 Delokalisierte Molekülorbitalbänder in einem Isolator, die sich aus äquivalen-ten, lokalisierten sp³-Hybridorbitalen herleiten lassen. Beachten Sie die relativ große Zone zwischen dem voll besetzten Band der bindenden sp³-Molekülorbitale und dem unbesetzten Band der anti-bindenden sp³-Molekülorbitale.

Leitfähigkeit beim Übergang vom Be zu B im Periodensystem. Eine Methode, sich den Unterschied zwischen nichtmetallischen Isolatoren und metallischen Leitern klarzu-machen, beruht auf der Anwendung der Annäherung durch lokalisierte Orbitale für Iso-latoren. Wir können lokalisierte Bindungen recht gut zur Beschreibung der Isolatoren verwenden, da die Koordinationszahlen in diesen Festkörpern relativ niedrig sind. In-folge dieser niedrigen Koordination gibt es gewöhnlich genügend viele Elektronen in den Valenzorbitalen der Atome, um drei oder vier einfache kovalente Bindungen zwischen jedem Atom und seinen nächsten Nachbarn zu bilden. Der Aufbau dieser Bindungen ähnelt der Bildung von lokalisierten Bindungen in einem mehratomigen Molekül.

Für Diamant beginnen wir mit dem Aufbau des Bindungsmodells, indem wir jedem Kohlenstoffatom vier lokalisierte, tetraedrische sp³-Hybridorbitale zuordnen. Jeweils ein derartiges Orbital von jedem von zwei benachbarten Kohlenstoffatomen kombi-niert sich mit dem anderen unter Bildung eines bindenden und eines antibindenden Mole-külorbitals (Abbildung 14–19). Die vier Valenzelektronen in jedem Kohlenstoffatom reichen aus, um diese bindenden Orbitale zu besetzen. Somit werden im Diamant alle Elektronen für die Bindungsbildung benutzt, wodurch keines mehr übrigbleibt, das sich frei bewegen und Elektrizität leiten kann.

Um das Bändermodell der delokalisierten Orbitale für einen isolierenden Netzwerk-festkörper wie Diamant aufzustellen, gehen wir, wie folgt, vor: Nehmen wir an, es liegen

10^{23} Kohlenstoffatome vor. Wenn dann die 4×10^{23} lokalisierten sp^3-Orbitale miteinander in Wechselwirkung treten, werden zwei Bänder von delokalisierten Orbitalen gebildet, von denen das eine die 2×10^{23} bindenden Orbitale aus Abbildung 14–19 umfaßt, während das andere die 2×10^{23} antibindenden Orbitale aufnimmt. Dieser Vorgang wird durch Abbildung 14–20 veranschaulicht, in der die Atomorbitale auf der linken Seite eingezeichnet sind, um Sie daran zu erinnern, daß diese Orbitale ursprünglich aus den atomaren 2s- und 2p-Orbitalen herrühren. Die wesentliche Tatsache in diesem Diagramm ist die, daß das mit Elektronen voll besetzte Band sich nicht mit dem nächsthöheren Energieband überlappt, das völlig leere Orbitale aufweist. Es gibt also eine verbotene Energiezone oder Energielücke zwischen dem sogenannten *Valenzband* unten und dem sogenannten *Leitungsband* weiter oben. Bei 10^{23} Kohlenstoffatomen gibt es 4×10^{23} Valenzelektronen, die genau ausreichen, um die 2×10^{23} Orbitale im Valenzband zu besetzen.

Damit ein Isolator leitend wird, muß eine Energie aufgebracht werden, die dazu ausreicht, Elektronen aus dem vollbesetzten Valenzband über die verbotene Zone hinweg in das leere Leitungsband (die unbesetzten Molekülorbitale) anzuregen. Diese Energie ist die Aktivierungsenergie für den Leitungsprozeß. Nur hohe Temperaturen oder extrem starke elektrische Felder können einer merklichen Anzahl von Elektronen genug Energie mitteilen, daß eine Leitung eintreten kann. Beim Diamant beträgt die Energielücke zwischen dem höchsten Punkt des Valenzbandes und dem tiefsten Punkt des Leitungsbandes 5,2 eV, was einer molaren Aktivierungsenergie von etwa 500 kJ mol^{-1} entspricht.

Halbleiter

Die Grenze zwischen metallischen Strukturen und nichtmetallischen Netzwerkstrukturen im Periodensystem besitzt keinen scharfen Verlauf (Abbildung 14–1). Dieses zeigt sich an der Tatsache, daß mehrere elementare Festkörper Eigenschaften aufweisen, die zwischen denen der Leiter und Isolatoren liegen. Silicium, Germanium und graues α-Zinn haben alle die Diamantstruktur, jedoch ist die verbotene Energiezone zwischen den voll besetzten und den leeren Bändern bei diesen Festkörpern weitaus schmaler als beim Kohlenstoff. An Stelle der 500 kJ mol^{-1} für den Kohlenstoff erhalten wir für die Energielücke des Siliciums nur 105 kJ mol^{-1}. Beim Germanium beträgt sie nur 59 kJ mol^{-1} und beim grauen α-Zinn bloß noch 7,1 kJ mol^{-1}. Die sogenannten „Metalloide" Silicium und Germanium werden als *Halbleiter* bezeichnet. Die Abbildung 14–21 zeigt das Bänderdiagramm für einen Halbleiter mit einer schmalen verbotenen Energiezone.

Ein Halbleiter kann einen Strom leiten, wenn die relativ geringe Energie aufgebracht wird, die dazu erforderlich ist, Elektronen vom tiefer liegenden, voll besetzten Valenzband in das höhere, leere Leitungsband anzuregen. Da die Zahl der angeregten Elektronen mit steigender Temperatur zunimmt, erhöht sich die Leitfähigkeit des Halbleiters mit der Temperatur. Dieses Verhalten ist das genaue Gegenteil zum Verhalten der Metalle, bei denen ja die Leitfähigkeit mit steigender Temperatur abnimmt.

Die Elektrizitätsleitung in Materialien wie Silicium und Germanium kann durch Zusetzen von geringen Mengen bestimmter „Verunreinigungen" (Dotierung von Halbleitern) verbessert werden. Obwohl es im Silicium eine verbotene Energielücke gibt, kann

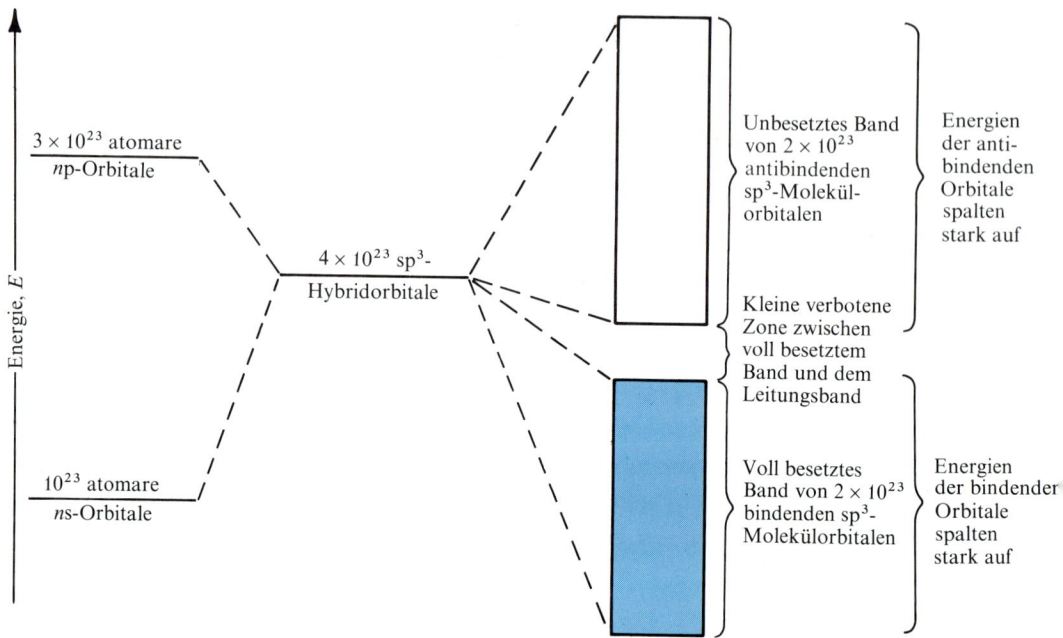

Energie, E

3×10^{23} atomare np-Orbitale

4×10^{23} sp^3-Hybridorbitale

10^{23} atomare ns-Orbitale

Unbesetztes Band von 2×10^{23} antibindenden sp^3-Molekül-orbitalen

Energien der anti-bindenden Orbitale spalten stark auf

Kleine verbotene Zone zwischen voll besetztem Band und dem Leitungsband

Voll besetztes Band von 2×10^{23} bindenden sp^3-Molekülorbitalen

Energien der bindender Orbitale spalten stark auf

Abbildung 14–21   Delokalisierte Orbitalbänder in Halbleitern, die sich aus äquivalenten, lokalisierten sp^3-Hybridorbitalen ergeben. Die verbotene Zone zwischen dem voll besetzten „Valenzband" und dem leeren „Leitungsband" ist schmaler als bei einem Isolator.

diese doch wirkungsvoll verengt werden, wenn in die Siliciumkristalle Verunreinigungen wie z. B. Bor oder Phosphor eingebaut werden. Geringe Mengen von Bor oder Phosphor (einige ppm) können beim Ziehen des Siliciumeinkristalls in das Siliciumgitter eingebaut werden, wodurch *Störstellen* im Gitter entstehen. Der Phosphor besitzt fünf Valenzelektronen und verfügt somit über ein überschüssiges, freies Elektron, selbst nachdem vier Elektronen für die vier kovalenten Bindungen in der Siliciumstruktur verbraucht worden sind. Dieses fünfte Elektron kann leicht unter dem Einfluß eines elektrischen Feldes vom Phosphoratom entfernt werden und somit zur Stromleitung beitragen. Aufgrund dieser Elektronenabgabe bezeichnen wir den Phosphor als *Elektronendonator*. Im vorliegenden Falle werden nur 1,05 kJ mol^{-1} an Aktivierungsenergie benötigt, um die Donatorelektronen freizusetzen, wodurch aus Silicium, dem eine geringe Menge Phosphor zugesetzt wurde, ein Leiter gemacht wird. Die entgegengesetzte Wirkung tritt ein, wenn an Stelle des Phosphors dem Silicium Bor zugesetzt wird: Das atomare Bor besitzt ein Elektron zu wenig für die Ausbildung der erforderlichen vier kovalenten Bindungen im Si-Gitter. Somit erhalten wir für jedes Boratom im Siliciumkristall eine Leerstelle in einem bindenden Orbital. Es ist nun möglich, die Valenzelektronen des Siliciums in diese leeren Orbitale der Boratome hinein anzuregen, wodurch eine Bewegung der Elektronen durch den Kristall ermöglicht wird. Dieser Leitungsmechanismus läuft folgendermaßen ab: Ein Elektron eines Siliciumatoms, das dem Bor benachbart ist, geht in die Leerstelle des Bororbitals über (das Bor wirkt hier als *Elektronenakzeptor*), wodurch aber eine Leerstelle bei diesem Siliciumatom entsteht. Jetzt kann ein Elektron, das zwei Atome weit von der ursprünglichen Leerstelle entfernt ist, in diese soeben entstandene Leerstelle des Siliciumatoms übergehen. Das Ergebnis dieses Leitungsmechanismus ist ein Kaskadeneffekt, durch den sich ein Elektron von jedem Atom in einer Reihe von Atomen um einen Schritt zum Nachbaratom fortbewegt. Die Physiker ziehen es vor, diesen Leitungsmechanismus als *Löcher*- oder „*Defektelektronen*"-Leitung in die entgegengesetzte Richtung zu beschreiben, wobei dem Loch oder Defektelektron eine positive Ladung zugeschrieben wird. Ganz gleich, welche Beschreibung des Leitungsphänomens auch verwendet wird, bleibt es eine Tatsache, daß weniger Energie erforderlich ist, um ein Material wie z.B. Silicium leitend zu machen, wenn der Kristall geringe Mengen entweder eines Elektronendonators wie z.B. Phosphor oder eines Elektronenakzeptors wie z.B. Bor enthält.

14–4   Ionen und Dipole in Festkörpern und Flüssigkeiten

Im festen NaCl ist jedes positive Ion von sechs negativen Ionen in oktaedrischer Koordination umgeben, während jedes negative Ion in gleicher Weise von sechs positiven Ionen eingeschlossen wird (Abbildung 14–7). Die elektrostatischen Anziehungskräfte

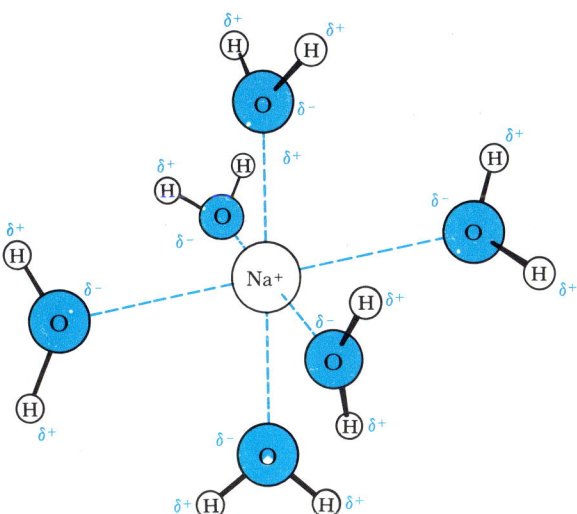

Abbildung 14–22   In wäßriger Lösung ist das Na^+-Ion von einem Oktaeder negativer Ladungen auf den Sauerstoffatomen der Lösungsmittelmoleküle, H_2O, umgeben. Dieses Oktaeder von Wassermolekülen hilft dabei, den Verlust an Stabilität zu kompensieren, den das Na^+-Ion erfuhr, als es seine sechs Cl^--Nachbarn im NaCl-Kristall (Abbildung 14–7) während des Lösungsvorganges verlor.

zwischen diesen entgegengesetzt geladenen Ionen halten den Kristall zusammen. Auf welche Weise kann dann aber Wasser NaCl auflösen? Kochsalz ist wasserlöslich, obwohl es sich in Benzin nicht auflöst. Das Wasser kann das Gitter des Festkörpers auflösen und die entgegengesetzt geladenen Ionen voneinander trennen, weil die bei der Trennung der Ionen verlorengehende Stabilität bei der Bildung der hydratisierten Ionen wiedergewonnen wird (Abbildung 14–22). Im hydratisierten Zustand ist jedes Na^+-Ion wieder von einem Oktaeder von negativen Ladungen umgeben, nur daß an die Stelle der Cl^--Ionen die negativ geladenen Sauerstoffatome der Wassermoleküle getreten sind. Wasser ist ein polares Lösungsmittel, und jedes seiner Moleküle ist ein kleiner Dipol. Die Cl^--Ionen sind ebenfalls hydratisiert, jedoch sind in diesem Fall die positiv geladenen Wasserstoffatome der Wassermoleküle den Cl^--Ionen zugewandt. Ein unpolares Lösungsmittel wie das Benzin, dessen Moleküle Kohlenwasserstoffe sind, kann keine derartigen Ion-Dipol-Bindungen mit Na^+ und Cl^- bilden. Die Ionen sind dann weitaus stabiler, wenn sie miteinander im Kochsalz assoziiert sind als wenn sie voneinander getrennt und im Benzin als Lösungsmittel verteilt sind. Infolgedessen ist NaCl (und ebensogut andere Salze) nicht in Benzin löslich.

Polare Wechselwirkungen: Die Wasserstoff(brücken)bindung

Polare Moleküle weisen eine kleine Ladungsverschiebung auf und sind infolgedessen Dipole. Im H_2O ist das Sauerstoffatom leicht negativ und die Wasserstoffatome leicht positiv geladen. Wir diskutierten bereits in Abschnitt 10–4 Moleküle mit Dipolmomenten im Zusammenhang mit dem Ionencharakter einer Bindung. Bei polaren Molekülen weisen die verschiedenen Teile des Moleküls unterschiedliche Ladungen auf, jedoch lassen sich diese Moleküle selbst nicht in Ionen zerlegen. Im festen Zustand werden die polaren Moleküle durch die Wechselwirkung der entgegengesetzt geladenen Molekülenden stabilisiert (Abbildung 14–23). Dies wird als *Dipol-Dipol-Wechselwirkung* bezeichnet. Derartige Festkörper werden von polaren Lösungsmitteln aus demselben Grund gelöst wie ionische Festkörper: Die Stabilität, die verlorengeht, wenn der Kristall auseinandergerissen wird, wird durch die Wechselwirkungen zwischen polaren Molekülen aus dem Kristall und den polaren Lösungsmittelmolekülen mehr als ausgeglichen (Abbildung 14–24). Eis ist z. B. in flüssigem Ammoniak löslich, nicht aber in Benzin. Das liegt daran, daß flüssiges Ammoniak ein polares Lösungsmittel ist, wogegen Benzin unpolar ist.

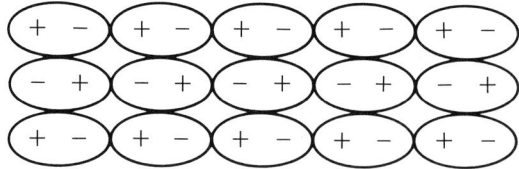

Abbildung 14–23 Schematische Darstellung der energetisch günstigsten Packung (Minimum der Energie) von polaren Molekülen in einem kristallinen Festkörper. Die Packung erfolgt so, daß die Teilladungen mit entgegengesetzten Vorzeichen möglichst dicht nebeneinander zu liegen kommen.

Energie wird benötigt, um ein festes Molekülgitter aufzubrechen

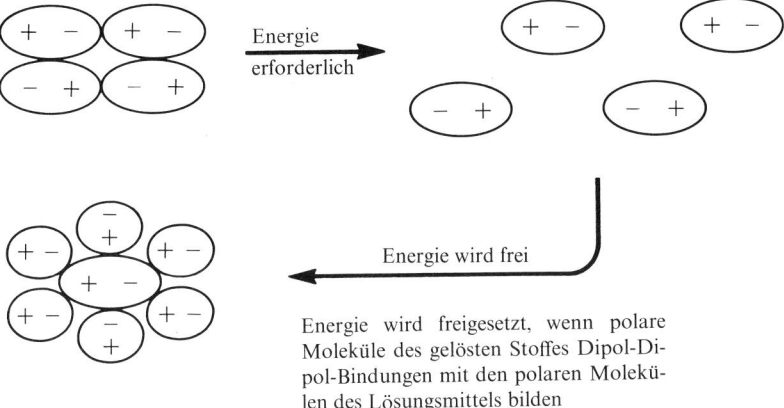

Energie wird freigesetzt, wenn polare Moleküle des gelösten Stoffes Dipol-Dipol-Bindungen mit den polaren Molekülen des Lösungsmittels bilden

Abbildung 14–24 Wenn sich ein kristalliner Festkörper mit polaren Molekülen auflöst, geht Stabilität verloren, da die entgegengesetzt geladenen Enden der benachbarten Moleküle voneinander getrennt werden. Dieser Verlust wird durch die Stabilität kompensiert, die durch die Solvatisierung (in wäßriger Lösung: Hydratisierung) der polaren Moleküle in der Lösung wiedergewonnen wird. Ein Lösungsmittel, daß keine derartige Stabilisierung bieten kann, kann den Festkörper nicht auflösen.

Eine besonders wichtige polare Wechselwirkung stellt die *Wasserstoffbrückenbindung* oder *Wasserstoffbindung* dar. Es ist dies die in der Hauptsache elektrostatische Bindung zwischen einem positiv geladenen Wasserstoffatom und einem kleinen, elektronegativen Atom, gewöhnlich F oder O. Das Eis weist derartige Bindungen auf (Abbildung 14–25). Jedes Sauerstoffatom ist tetraedrisch mit vier anderen Sauerstoffatomen koordiniert in einer Struktur, die der des Diamants ähnelt, aber doch nicht ganz dasselbe ist: Jedes Sauerstoffatom ist nämlich mit seinen vier benachbarten Sauerstoffatomen über eine „Wasserstoffbrücke" verknüpft. Eine derartige Wasserstoffbindung ist in der folgenden Abbildung durch die punktierte Linie dargestellt

$$ \underset{\delta^+}{H} \quad\quad\quad \underset{\delta^+}{H} $$
$$ \underset{\underset{\underset{\delta^+}{H}}{\overset{|}{O}}}{\underset{}{O}}\!\!-\!\!\underset{}{H} \cdots\cdots \underset{2\delta^-}{O} $$

Bei zwei dieser Wasserstoffbrückenbindungen im Eis liefert das zentrale Sauerstoffatom die Wasserstoffatome, während bei den beiden anderen Wasserstoffbindungen die Wasserstoffatome von den benachbarten Wassermolekülen stammen. Derartige Bindungen sind im Vergleich mit kovalenten Bindungen relativ schwach. Eine typische kovalente Bindungsenergie pro Mol hat einen Wert von $400 \ kJ \ mol^{-1}$, wogegen die molare Bindungsenergie einer Wasserstoffbindung zwischen H und O annähernd $20 \ kJ \ mol^{-1}$ beträgt. Aber Wasserstoffbindungen sind aus demselben Grunde wie die van der Waals-

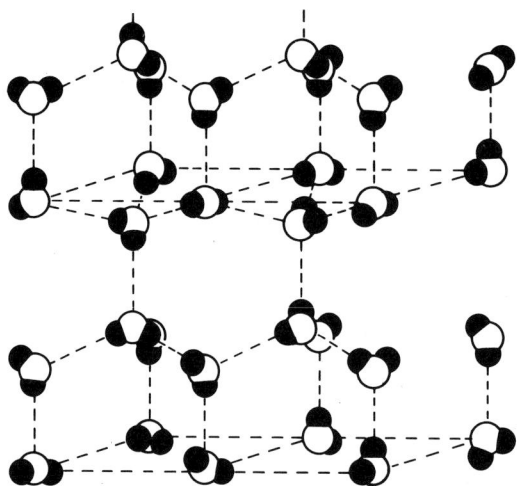

Abbildung 14–25 Im kristallinen Eis ist jedes H_2O-Molekül über Wasserstoffbrücken mit zwei anderen H_2O durch seine eigenen zwei Wasserstoffatome und mit zwei weiteren H_2O durch deren Wasserstoffatome verbunden. Die Koordination ist tetraedrisch, und das Kristallgitter ist dem des Diamants ähnlich, aber nicht dasselbe. Die Wasserstoff(brücken)bindungen geben dem Eis seine im Vergleich zum Wasser niedrigere Dichte und dem Wasser seine im Vergleich zu H_2S hohen Gefrier- und Siedetemperaturen.

Bindungen von Bedeutung: Sie mögen zwar schwach sein, aber es gibt viele von ihnen.

Die Wasserstoffbrückenbindungen im Wasser sind für viele seiner wichtigsten Eigenschaften verantwortlich: Wegen der Wasserstoffbrückenbindungen im Festkörper und in der Flüssigkeit sind sowohl der Schmelzpunkt als auch der Siedepunkt des Wassers unerwartet hoch, wenn man sie mit denen von H_2S, H_2Se und H_2Te vergleicht, welche Wasserstoffverbindungen von Elementen aus derselben Gruppe im Periodensystem sind. Festes und flüssiges Ammoniak und Fluorwasserstoff (HF) zeigen denselben Effekt aus demselben Grunde (Abbildung 16–26). Im Ammoniak sind die Wasserstoffbindungen aus zwei Gründen weniger stark ausgeprägt als im Wasser: Erstens ist N weniger stark elektronegativ als O, und zweitens besitzt das NH_3 nur ein einsames Elektronenpaar, das auf ein H-Atom eines benachbarten Moleküls anziehend wirken kann. Fluorwasserstoff ist ebenfalls weniger stark durch Wasserstoffbindungen verknüpft als H_2O, obwohl F eine größere Elektronegativität als O besitzt und sogar drei einsame Elektronenpaare am F-Atom vorhanden sind. Der Grund dafür ist der, daß das HF-Molekül nur ein H-Atom besitzt, das zur Bildung derartiger Bindungen beitragen kann.

Da die Wasserstoffbrückenbindungen im Eis eine offene Netzwerkstruktur aufbauen (Abbildung 14–25), ist die Dichte des Eises am Schmelzpunkt niedriger als die des Wassers. Beim Schmelzen des Eises bricht diese offene Käfigstruktur teilweise zusammen, so daß die Flüssigkeit kompakter als der Festkörper ist. Die für das Eis gemessene molare Schmelzwärme beträgt nur 5,9 kJ mol^{-1}, wogegen die molare Energie seiner Wasserstoffbindungen 21 kJ mol^{-1} ausmacht. Diese Tatsache deutet darauf hin, daß beim Schmelzen des Eises nur 28% seiner Wasserstoffbindungen aufgebrochen werden. Was-

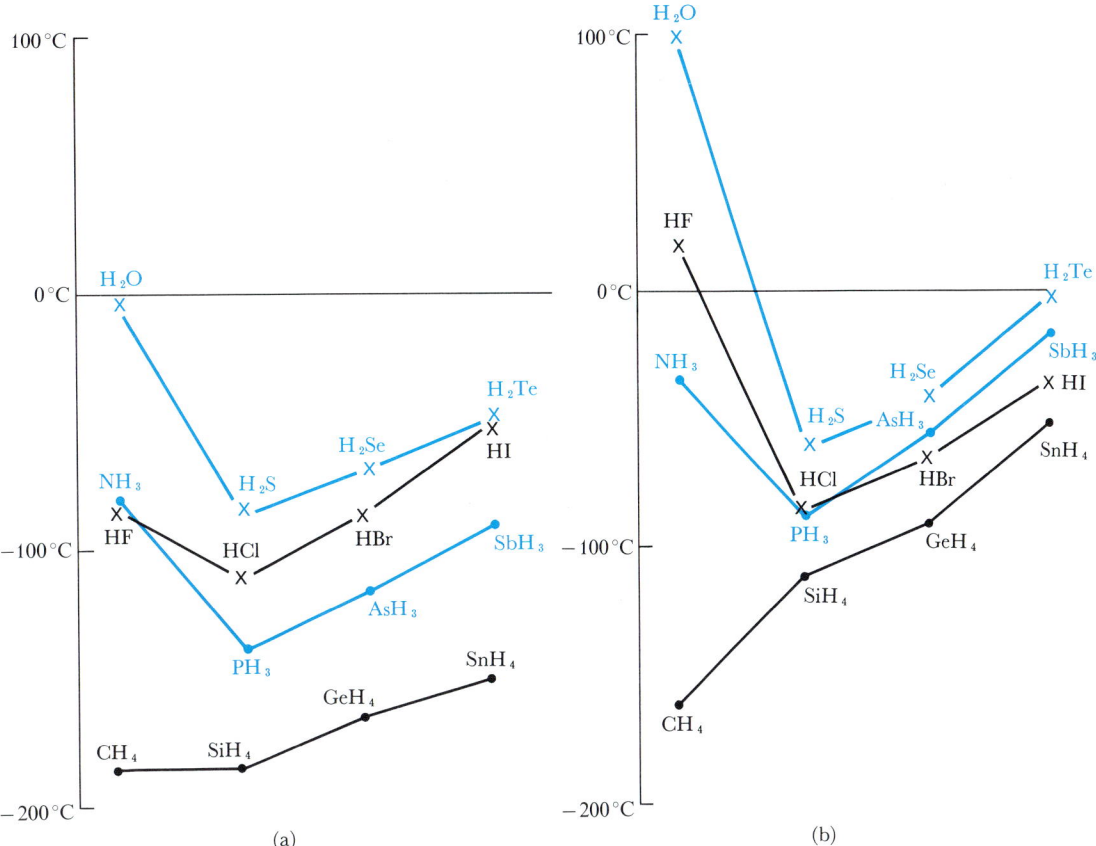

Abbildung 14–26 (a) Schmelzpunkte und (b) Siedepunkte für binäre Wasserstoffverbindungen einiger Hauptgruppenelemente. Im allgemeinen erhöhen sich innerhalb einer Gruppe des Periodensystems die Schmelzpunkte mit der Molekülmasse. Die anomalen Verbindungen, HF, H_2O und NH_3, weisen alle sowohl im festen als auch im flüssigen Zustand Wasserstoffbrückenbindungen zwischen den Molekülen auf.

ser setzt sich also nicht aus isolierten, nicht miteinander verbundenen H_2O-Molekülen zusammen, sondern enthält Bereiche oder „cluster" von Molekülen, die untereinander durch Wasserstoffbrücken verknüpft sind. Infolgedessen bleibt ein Teil der Wasserstoffbrückenstruktur des Festkörpers in der Flüssigkeit bestehen. Wenn die Temperatur erhöht wird, brechen auch diese „cluster" auf, und das Volumen der Flüssigkeit nimmt weiter ab. Wenn die Temperatur dann noch weiter erhöht wird, gewinnt die erwartete thermische Ausdehnung die Oberhand über die Volumenabnahme, die durch das Zusammenbrechen der Käfigstrukturen verursacht wird. Das flüssige Wasser durchläuft daher bei 4°C ein Minimum seines Molvolumens oder ein Maximum seiner Dichte.

Stellen Sie sich einmal vor, was geschehen würde, wenn das Wasser nicht durch Wasserstoffbrückenbindungen zusammengehalten würde: Das Eis würde auf den Boden seiner Schmelze sinken, wie es bei den meisten Festkörpern der Fall ist. Der Boden von

Seen und Ozeanen würde das ganze Jahr hindurch Eisablagerungen aufweisen, wobei das Eis im Winter zu einer dickeren Schicht gefrieren würde, um im Sommer wieder etwas abzuschmelzen. Das warme Wasser, das dann ja leichter wäre, würde stets an der Oberfläche bleiben. Es würde keine Vermischung der einzelnen Wasserschichten durch Konvektion geben, wie es jetzt der Fall ist. Die Ozeane würden dann nicht die relativ temperaturkonstanten Wärmespeicher darstellen, die sie heute sind, sondern würden radikale Temperaturänderungen mit der Tiefe aufweisen.

Da die durch Wasserstoffbindungen miteinander verknüpften „cluster" im flüssigen Wasser sich nur langsam auflösen, wenn Wärme zugeführt wird und sich die Temperatur erhöht, besitzt Wasser eine höhere spezifische Wärme als irgendeine andere der üblichen Flüssigkeiten, Ammoniak ausgenommen. (Die spezifische Wärme eines Stoffes gibt die Wärmemenge an, die dazu erforderlich ist, die Temperatur von einem Gramm dieses Stoffes um $1\,°C$ ($1\,K$) zu erhöhen.) Wasser besitzt auch eine ungewöhnlich hohe molare Schmelz- und Verdampfungswärme. Alle drei dieser Eigenschaften bedeuten, daß das Wasser auf unserem Planeten wie ein großer Thermostat wirkt, der die Temperatur auf unserer Erde in mäßige Grenzen hält. Eis absorbiert beim Schmelzen große Wärmemengen, und Wasser kann pro Einheit des Temperaturanstiegs mehr Wärme absorbieren als nahezu jeder andere Stoff. Dementsprechend gibt Wasser bei seiner Abkühlung auch mehr Wärme an seine Umgebung ab als andere Stoffe. Küstenregionen leiden daher niemals unter extremer Hitze oder Kälte, die für kontinentale Regionen wie die amerikanischen Great Plains und die Steppen von Zentralasien und Sibirien typisch sind. Es ist unwahrscheinlich, daß sich Leben auf Planeten entwickeln und zu einem hohen Niveau vervollkommnen kann, auf denen die extremen Temperaturgegensätze nicht durch eine Flüssigkeit mit einer hohen spezifischen Wärme, wie z. B. H_2O, gemildert werden.

Die Wasserstoffbrückenbindungen sind für das Leben sogar noch wichtiger als unsere Diskussion der Struktur des Wassers erkennen läßt: Sie sind eine der wichtigsten Bindungsarten für den Zusammenhalt von Proteinmolekülen, wie wir in Abschnitt 12–9 sahen. Ohne derartige Bindungen zwischen den Carbonylsauerstoffatomen und den Aminwasserstoffatomen würde sich keine Polypeptidkette richtig zu ihrem Protein zusammenknäueln.

Aufforderung: Wenn Sie sich einmal mit den Wasserstoffbrückenstrukturen in einer glasätzenden Flüssigkeit und im DNS-Molekül beschäftigen wollen, sehen Sie sich die Aufgaben 14–5 und 14–3 in *Ergänzungsaufgaben zu Prinzipien der Chemie* von Butler und Grosser an.

14–5   Das Gerüst des Planeten Erde: Die Silicatmineralien

Von der mikroskopischen Welt der durch Wasserstoffbrückenbindungen zusammengehaltenen Proteinmoleküle wenden wir uns jetzt dem Kern des Planeten Erde zu. Wir nehmen an, daß der *Kern* unseres Planeten in der Hauptsache aus Eisen und Nickel besteht und einen Radius von etwa 3500 km hat. Dieser Kern gibt der Erde ihr Magnetfeld, das dem Mond und unseren Nachbarplaneten, Mars und Venus, offensichtlich fehlt. Der Erdkern steht unter hohem Druck und hohen Temperaturen und ist wahrscheinlich flüssig, vielleicht aber auch fest (Abbildung 14–27). Eine alte Theorie über die Entstehungsgeschichte unseres Planeten nahm an, daß er sich durch Kondensation und Abkühlung heißer Gase bildete. Nach dieser Theorie ist der Erdkern ein Überbleibsel der ersten heißen Periode; er hat sich noch nicht verfestigt, weil die kalten äußeren Schichten der Erde eine isolierende Wirkung ausüben.

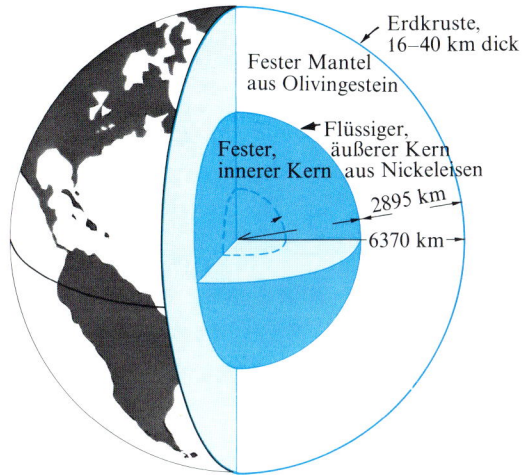

Abbildung 14–27 Der Aufbau des Erdinneren. Der Erdkern, der im Zentrum vermutlich fest ist, besteht zum größten Teil aus metallischen Eisen und Nickel. Der daran anschließende Erdmantel setzt sich aus dichten Silicatmaterialien zusammen, während die Erdkruste aus weitaus weniger dichtem Material besteht, dessen Zusammensetzung sich deutlich von der des Erdmantels unterscheidet.

Die derzeitige Meinung ist die, daß die Erde durch eine Ansammlung von kaltem, festem Trümmermaterial und Staub entstand. Nachdem eine bestimmte, kritische Masse des Erdkerns erreicht war, konnte die Wärme aus dem Inneren nicht so schnell an die Umgebung abgegeben werden, wie sie aufgrund der Gravitationsenergie der herabstürzenden Trümmerteile, der natürlichen Radioaktivität und des hohen Drucks erzeugt wurde, und das Zentrum des Planeten verflüssigte sich. Dies konnte nur mit einem Planeten oberhalb einer kritischen Größe geschehen, was vermutlich das Fehlen eines geschmolzenen Kerns und eines starken Magnetfelds beim Mars und beim Mond erklärt. Dieses Phänomen ähnelt dem der kritischen Masse bei der Uranspaltung: Unterhalb einer bestimmten Masse von ^{235}U ist der Verlust von Neutronen an die Umgebung größer als die Erzeugung neuer Neutronen durch die Kernspaltung, so daß keine Kettenreaktion erfolgt. Eine Kernexplosion erfolgt nur in ^{235}U-Stücken oberhalb dieser kritischen Masse.

Über 2900 km oberhalb des Erdkerns erstreckt sich der *Mantel*, eine Schicht, die sich wahrscheinlich aus einem dichten, basaltähnlichen Silicatmineral zusammensetzt. Die oberen 30 km unter den Kontinenten oder nur 5 km unter dem Meeresboden bilden die *Kruste* der Erde, die den einzigen Teil des Erdinneren darstellt, von dem wir tatsächliche, chemische Kenntnisse besitzen. Oben auf dieser Kruste – die selbst nur 1,5% des Volumens des Planeten ausmacht – ist die dünne Schicht ausgebreitet, die praktisch alle die Stoffe enthält, mit denen wir uns beschäftigen.

Die Erdkruste besteht der Masse nach zu 48% aus Sauerstoff in der Form von verschiedenen Silicatmineralien. Sie enthält ferner 26% Silicium, 8% Aluminium, 5% Eisen und 2–5% Calcium, Natrium, Kalium und Magnesium. Es ist bemerkenswert genug, daß diese Silicatmineralien dem *Volumen* nach zu mehr als 90% aus Sauerstoff bestehen. Der größte Teil der Kruste besteht aus irgendeiner Form der Mischung von Silicatmineralien, die als *Granit* bekannt ist.

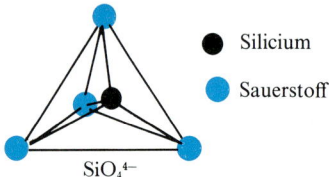

Abbildung 14–28   Das SiO_4^{4-}-Tetraeder, das den Grundbaustein für die meisten Silicatmineralien bildet. Das Si-Atom (schwarz) ist kovalent an vier Sauerstoffatome (farbig) an den Ecken eines Tetraeders gebunden. (Die schwarzen Verbindungslinien zwischen den Sauerstoffatomen wurden nur eingezeichnet, um die Gestalt des Tetraeders wiederzugeben.)

● Silicium

● Sauerstoff

SiO_4^{4-}

Der Grundbaustein der Silicate ist das Orthosilication, SiO_4^{4-}, das in Abbildung 14–28 dargestellt ist. Jedes Siliciumatom ist kovalent an vier Sauerstoffatome gebunden, die an den Ecken eines Tetraeders angeordnet sind. Das SiO_4^{4-}-Anion tritt in einfachen Mineralien wie dem Zirkon ($ZrSiO_4$), dem Granat und Topas auf. Zwei derartige Tetraeder können ein Ecksauerstoffatom gemeinsam besitzen, wodurch ein diskretes $Si_2O_7^{6-}$-Anion gebildet wird, oder drei Tetraeder können den in Abbildung 14–29 gezeigten Ring bilden. Das Mineral Benitoit, $BaTiSi_3O_9$, ist das bekannteste Beispiel für diese ungewöhnliche Art von Silicat. Beryll, $Be_3Al_2Si_6O_{18}$, ein üblicher Rohstoff für die Berylliumgewinnung, weist Anionen auf, die sich aus Ringen von sechs Tetraedern mit sechs gemeinsamen Sauerstoffatomen zusammensetzen.

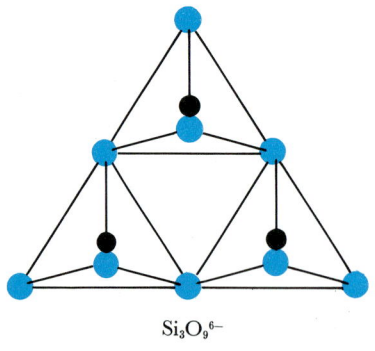

$Si_3O_9^{6-}$

Abbildung 14–29   Ein Ring von drei Tetraedern, bei dem drei Sauerstoffatome jeweils zu zwei Tetraedern gehören, besitzt die Formel $Si_3O_9^{6-}$. Diese Struktur tritt als Anion in weichen, krümeligen Gesteinen, wie z. B. dem Benitoit, $BaTiSi_3O_9$, auf.

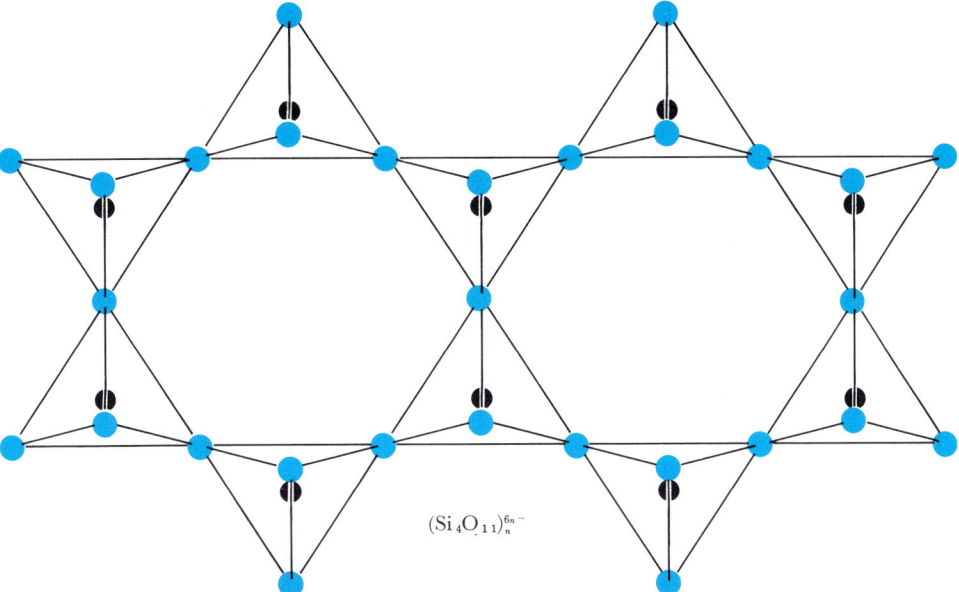

$$(Si_4O_{11})_n^{6n-}$$

Abbildung 14–30 Lange, doppelfädige Ketten von Silicattetraedern finden sich in faserförmigen Mineralien, wie z. B. Asbest.

Kettenstrukturen

Alle bisher erwähnten Silicate werden aus diskreten Anionen gebildet. Eine zweite Klasse von Silicatmineralien setzt sich aus endlosen Strängen oder Ketten von miteinander verknüpften Tetraedern zusammen. Einige der Mineralien weisen einzelne Silicatstränge mit der Formel $(SiO_3)_n^{2n-}$ auf. Eine Form des Asbests besitzt die zweisträngige Struktur, die in Abbildung 14–30 dargestellt ist. Diese zweisträngigen Ketten werden durch die elektrostatischen Kräfte zwischen ihnen selbst und den Na^+-, Fe^{2+}- und Fe^{3+}-Kationen zusammengehalten, die um sie herum angeordnet sind. Die Ketten können mit weitaus weniger Mühe voneinander getrennt werden als erforderlich ist, um die kovalenten Bindungen innerhalb einer solchen Kette aufzubrechen. Infolgedessen besitzt Asbest eine sehnige, faserförmige Textur. Aluminiumionen können bis zu einem Viertel die Siliciumionen in den Tetraedern ersetzen, jedoch macht jeder derartige Austausch eine positive Ladung von einem anderen Kation (wie z. B. K^+) mehr erforderlich, um die Ladung der Sauerstoffatome des Silicats zu kompensieren. Die physikalischen Eigenschaften der Silicatminerale werden stark davon beeinflußt, wie viele Al^{3+}-Ionen Si^{4+}-Ionen ersetzen und wie viele andere Kationen daher benötigt werden, um das Ladungsgleichgewicht wieder herzustellen.

Blättchenstrukturen

Ein ständiges flächenhaftes Aneinanderreihen von zweisträngigen Silicatketten ergibt ebene Blättchen von Silicattetraedern (Abbildung 14–31). Talk besitzt diese Struktur, bei der keines der Si^{4+} von Al^{3+} ersetzt ist. Infolgedessen sind zwischen den einzelnen Blättchen keine zusätzlichen Kationen erforderlich, um das Ladungsgleichgewicht einzustellen. Im Talk werden die Silicatblättchen hauptsächlich von van der Waals-Kräften zusammengehalten. Wegen dieser schwachen Kohäsionskräfte gleiten die Schichten relativ leicht aneinander vorbei, wodurch z. B. das charakteristische, fettige Gleitgefühl von Talkumpuder erzeugt wird.

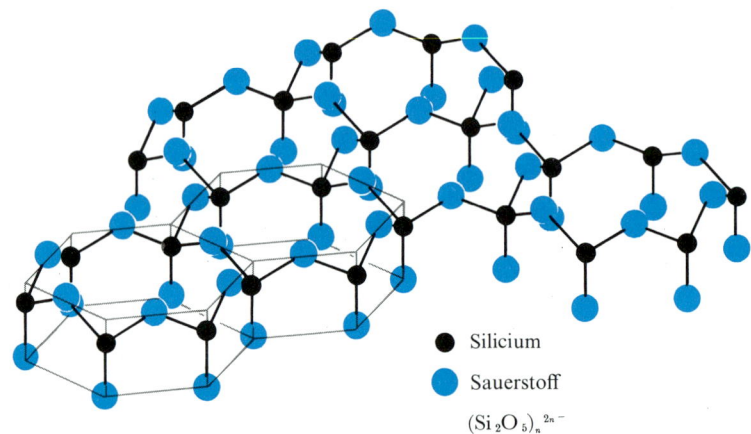

● Silicium

● Sauerstoff

$(Si_2O_5)_n^{2n-}$

Abbildung 14–31 In Talkum, Glimmer und den Tonmineralien teilen sich die Silicattetraeder jeweils drei ihrer Sauerstoffatome an den Ecken, um unendliche Blättchen aufzubauen. Alle nicht gemeinsam besessenen Sauerstoffatome zeigen in dieser Abbildung nach unten, d. h. sie liegen alle auf derselben Seite der Schicht.

Glimmer ähnelt dem Talk, aber bei ihm ist ein Viertel der Si^{4+}-Ionen in den Tetraedern durch Al^{3+} ersetzt. Somit wird für jedes ausgetauschte Ion eine zusätzliche positive Ladung benötigt, um die Ladungen zu kompensieren. Glimmer weist die in Abbildung 14–32 gezeigte Schichtstruktur auf: Die Kationenschichten (Al^{3+} dient dabei sowohl als Kation zwischen den Silicatblättchen als auch als Substituent in den Silicattetraedern) halten die Silicatblättchen elektrostatisch mit weitaus größerer Kraft als im Talk zusammen. Somit fühlt sich Glimmer nicht fettig an und ist auch kein gutes Schmiermittel. Jedoch läßt er sich leicht spalten und dadurch in Blättchen zerlegen, die parallel zu den Silicatschichten im Kristall verlaufen. Um ein Stückchen Glimmer abzuspalten, ist keine große Mühe erforderlich; weitaus größere Anstrengungen sind nötig, dieses Glimmerblättchen in der Mitte durchzubiegen und zu zerbrechen.

Die Tonmineralien sind Silicate mit Blättchenstrukturen wie im Glimmer. Diese Schichtenstrukturen besitzen riesige „innere Oberflächen" und können häufig große Wassermengen oder andere Stoffe zwischen den Silicatschichten aufnehmen. Aus diesem Grunde sind Tonböden auch ein so nützliches Substrat für das Pflanzenwachstum. Ferner bedingt diese Eigenschaft die Anwendung von Tonerden als Träger für Metallkatalysatoren. Der bekannte Katalysator Platinmohr ist fein verteiltes Platinmetall, das

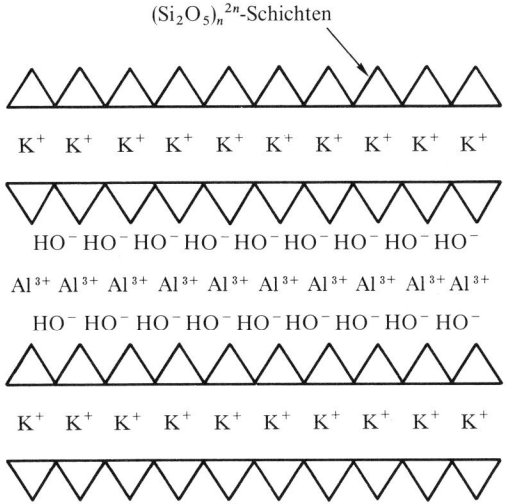

$(Si_2O_5)_n^{2n-}$-Schichten

Abbildung 14–32 Im Glimmer (Muskovit: $K_2Al_4Si_6Al_2O_{20}(OH)_4$) wechseln sich anionische Schichten von Silicattetraedern mit Schichten von Kalium- und Aluminiumionen gegenseitig ab, die schichtweise zwischen den Hydroxidionen angeordnet sind. Diese Schichtstruktur erteilt dem Glimmer seine abblätternden Spaltungseigenschaften.

durch Ausfällen aus der Lösung hergestellt wird. Die katalytische Wirkung des Platinmohrs wird durch die große, freigelegte Metalloberfläche bewirkt (siehe Abschnitt 12–5). Dieselbe Wirkung kann erreicht werden, indem man ein Metall, das als Katalysator eingesetzt werden soll (Pt, Ni oder Co), auf Tone ausfällt. Die Metallatome kleiden dann die Innenwände der Silicatschichten aus, wobei die Struktur des Tons verhindert, daß das Metall sich zu einer nutzlosen Masse verfestigt. Nach Ansicht von J. D. Bernal haben sich die ersten katalysierten Reaktionen in den frühen Stadien der Evolution des Lebens, bevor biologische Katalysatoren (Enzyme) existierten, an den Oberflächen von Tonmineralien abspielen können.

Dreidimensionale Netzwerke

Die dreidimensionalen Silicatnetzwerke, bei denen alle vier Sauerstoffatome des SiO_4^{4-} mit anderen Si^{4+}-Ionen geteilt werden, werden durch den Quarz, $(SiO_2)_n$, typisiert, dessen Struktur in Abbildung 14–6 dargestellt ist. Im Quarz enthalten alle Tetraeder Si^{4+}-Ionen, aber bei anderen Netzwerkmineralien können die Si^{4+}-Ionen bis zur Hälfte durch Al^{3+} ersetzt werden. Diese Mineralien schließen die Feldspate ein, für die eine typische, empirische Formel $KAlSi_3O_8$ lautet. Feldspate sind nahezu genauso hart wie Quarz. Basalt, der das Material des Erdmantels sein könnte, ist ein kompaktes Mineral, das mit dem Feldspat verwandt ist. Granit, die Hauptkomponente der Erdkruste, ist eine Mischung von Glimmer-, Feldspat- und Quarzkristalliten.

Gläser sind amorphe, ungeordnete, nichtkristalline Aggregate mit miteinander ver-

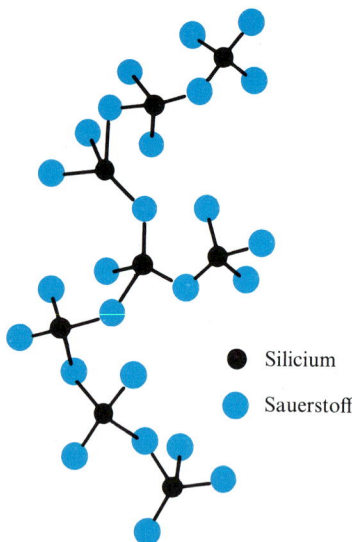

● Silicium

● Sauerstoff

Abbildung 14–33   Gläser sind amorphe, ungeordnete Ketten von Silicattetraedern, die mit Metalloxiden oder Metallcarbonaten, wie z. B. Na_2CO_3 oder $CaCO_3$, verschmolzen sind.

knüpften Silicatketten der Art, wie sie in Abbildung 14–33 dargestellt sind. Das gewöhnliche Natron-Kalk-Glas wird aus Sand (SiO_2), Kalkstein ($CaCO_3$) und Natriumcarbonat (Na_2CO_3) oder Natriumsulfat (Na_2SO_4) hergestellt, die zusammen geschmolzen werden und bei der Abkühlung zu Glas erstarren. Andere Gläser mit speziellen Eigenschaften werden unter Verwendung anderer Metallcarbonate und -oxide hergestellt. Pyrex-Glas enthält in seinem Silicatgerüst sowohl Bor als auch etwas Aluminium. Gläser sind nicht wirkliche Festkörper, sondern extrem hochviskose Flüssigkeiten. Wenn Sie die Glasfenster in sehr alten Häusern betrachten, können Sie manchmal feststellen, daß die Scheiben am unteren Ende wegen des mehrere Jahrhunderte andauernden viskosen Fließens des Glases etwas dicker sind als am oberen Ende.

14–6   Zusammenfassung

Die verschiedenen Bindungstypen in Festkörpern, die wir in diesem Kapitel kennengelernt haben, sind in Tabelle 14–3 zusammengefaßt. Ionische oder elektrostatische Bindungen und kovalente Elektronenpaarbindungen besitzen beide molare Bindungsenergien von annähernd 400 kJ mol^{-1}. Metallische Bindungen sind variabel, aber von vergleichbarer Stärke. Wasserstoffbindungen sind weitaus schwächer: Die molare Bindungsenergie zwischen O und H in einer Wasserstoffbrücke beträgt etwa 20 kJ mol^{-1}. Die van der Waalsschen Anziehungskräfte sind sogar noch schwächer: Ihre molaren Bindungsenergien liegen im Bereich von einigen Zehntel kJ mol^{-1} bis etwa zwei kJ mol^{-1}. Wasserstoffbrückenbindungen und van der Waals-Bindungen besitzen eine größere Bedeutung, als ihre geringe Stärke vermuten läßt, da eine große Anzahl derartiger Bindungen gebildet werden kann.

Die ersten vier Bindungstypen – die Ionenbindung, die kovalente Bindung, die metal-

Tabelle 14–3   Typen von Bindungen in Festkörpern

	Molekular	Nichtmetallisches Netzwerk	Metallisch	Ionisch
Struktureinheit:	Molekül	Atom	Atom	Ion
Wichtigste Bindungsart zwischen den Einheiten:	Schwache van der Waals-Bindungen und bei polaren Molekülen eine stärkere Dipol-Dipol-Bindung	Starke kovalente Bindungen	Delokalisierter Elektronensee, der sich über ein System von positiven Metallionenzentren verteilt	Starke Ionenbindungen (elektrostatisch)
Eigenschaften:	Weich Niedriger Schmelzpunkt Isolator	Hart Hochschmelzend Isolator oder Halbleiter	Weiter Härtebereich Weiter Schmelzpunktbereich Leiter	Hart Hoher Schmelzpunkt Isolator
Tritt gewöhnlich auf in:	Nichtmetalle auf der rechten Seite des Periodensystems und Verbindungen, die sich überwiegend aus Nichtmetallen zusammensetzen	Nichtmetalle in der Mitte des Periodensystems	Metalle in der linken Hälfte des Periodensystems	Verbindungen zwischen Metallen und Nichtmetallen
Beispiele:	O_2, C_6H_6, $H_2N—CH_2—COOH$	Diamant, Si, ZnS, SiO_2	Na, Zn, Au, Messing, Bronze	KI, Na_2CO_3, LiH

lische Bindung und die Wasserstoffbindung – können mit Hilfe von Molekülorbitalen interpretiert werden. Die kovalente Bindung mit lokalisierten Molekülorbitalen war das Thema von Kapitel 10. Im Abschnitt 10–5 betrachteten wir die partielle Ionenbindung in einem Molekül wie dem HF als den Grenzfall extremer Polarität einer kovalenten Bindung. Sowohl Metalle als auch kovalente Netzwerkfestkörper lassen sich mit Hilfe delokalisierter Molekülorbitale erklären, wobei sich in diesem Modell das „Molekül" über das gesamte Materiestückchen erstreckt, das wir gerade betrachten. Die auf diese Weise sich ergebende Bändertheorie erklärt viele der beobachteten Eigenschaften von Leitern, Halbleitern und Isolatoren. Die Wasserstoffbrückenbindungen können als Ionenbindungen zwischen einem positiven Wasserstoffatom und einem elektronegativen Atom von ausreichend kleinem Radius angesehen werden, so daß das Proton sich dicht genug annähern kann. Sauerstoff und Fluor können sich an solchen Wasserstoffbindungen beteiligen, wie auch in einem geringeren Umfang Stickstoff und Kohlenstoff, aber Chlor ist gewöhnlich schon zu groß dazu. Die Wasserstoffbrückenbindungen sind für viele der uns bekannten Eigenschaften von Wasser und Eis verantwortlich und sind für den richtigen Zusammenhalt von Proteinmolekülen von wesentlicher Bedeutung.

Die Silicate besitzen Gerüststrukturen von einer Vielfalt, die, wenn sie auch nicht ganz vergleichbar mit den verzweigten Ketten der Kohlenstoffverbindungen ist, doch sehr stark an sie erinnert. Die grundlegende Untereinheit der Silicate, ein SiO_4^{4-}-Tetraeder, kann zu Ringen, Ketten, Blättchen und dreidimensionalen Netzwerken angeordnet werden. Aluminium, Al^{3+}, kann einen Teil der Siliciumatome in den Tetraedern ersetzen, aber zum Ladungsausgleich müssen dann noch andere Kationen in das Silicat eingebaut werden, wodurch der elektrostatische Beitrag zum Zusammenhalt des Festkörpers vergrößert wird. An den Silicaten lassen sich vier der fünf Bindungstypen veranschaulichen, die wir in diesem Kapitel diskutiert haben: die kovalenten Bindungen zwischen Si und O in den Tetraedern, die van der Waals-Bindungen zwischen den Silicatblättchen im Talk, die Ionenbindungen zwischen geladenen Blättchen und Ketten und die Wasserstoffbindungen zwischen den Wassermolekülen und den Silicatsauerstoffatomen in den Tonerden. Wenn wir Ni-Katalysatoren, die auf Ton als Trägermaterial aufgebracht wurden, mitzählen, ist auch der fünfte Bindungstyp (metallisch) noch vertreten.

Literaturhinweise

A. H. Cottrell, „The Nature of Metals," Scientific American, September, 1967.

W. A. Deer, *R. A. Howie*, and *J. Zussman*, Rock Forming Minerals, Vols. 1–5, Wiley, New York, 1962.

T. L. Hill, Matter and Equilibrium, W. A. Benjamin, Menlo Park, Calif., 1966. Gute Abhandlungen über die Zustände der Materie, ideale und nichtideale Gase, intermolekulare Kräfte, Festkörperstrukturen und Flüssigkeiten.

W. J. Moore, Seven Solid States, W. A. Benjamin, Menlo Park, Calif., 1967. Sieben Festkörper – NaCl, Gold, Silicium, Stahl, Nickeloxid, Rubin und Anthracen – werden als Gerüst benutzt, an dem ein großer Teil der Festkörpertheorie entwickelt wird. Geht über das Niveau dieses Kapitels hinaus, aber enthält sehr viel, was für es von Bedeutung ist.

N. Mott, „The Solid State," Scientific American, September, 1967.

H. Reiss, „Chemical Properties of Materials," Scientific American, September, 1967.

A. F. Wells, Structural Inorganic Chemistry, Oxford University Press, New York 1962, 3rd ed.

Fragen

1. Welche Arten von Kräften halten Moleküle in Kristallen und Flüssigkeiten zusammen?
2. Welche Auswirkungen haben Wasserstoffbindungen auf die Siedetemperaturen von Flüssigkeiten?
3. Warum sind nichtmetallische Netzwerkfestkörper gewöhnlich recht hart?
4. Welcher physikalische Effekt ist für die Anziehungskraft bei den van der Waals-Wechselwirkungen verantwortlich? Worauf beruhen die Abstoßungskräfte bei derartigen Wechselwirkungen? Vergleichen Sie die Ursache von Anziehung und Ab-

stoßung bei den van der Waals-Wechselwirkungen mit denen bei ionischen und kovalenten Bindungen.

5. Auf welche Weise können wir experimentell einen Wert für den van der Waals-Radius des Wasserstoffs bestimmen?

6. Warum sprechen wir überhaupt von den van der Waals-Bindungen, wenn sie so extrem schwach sind?

7. Was meinen wir damit, wenn wir bei der Theorie der delokalisierten Molekülorbitale (Bändertheorie) für Metalle sagen, daß das gesamte, von uns betrachtete Metallstück ein einziges, großes Molekül darstellt?

8. Warum würde Beryllium ein Isolator sein, wenn sich seine 2s- und 2p-Molekülorbitalbänder nicht überlappen würden?

9. Welcher strukturelle Unterschied besteht zwischen Metallen, Halbleitern und Isolatoren?

10. Welche Auswirkung besitzen geringe Mengen von Bor oder Phosphor auf die elektrischen Leitungseigenschaften des Siliciums?

11. In welcher Weise sind Wasserstoffbindungen an der Struktur des Eises beteiligt? Welche Auswirkungen haben sie auf seine Eigenschaften?

12. Woher wissen wir, daß ein Teil der Wasserstoffbrückenbindungen des Wassers auch in der flüssigen Phase noch erhalten bleiben?

13. Geben Sie eine strukturelle Erklärung für die Tatsache, daß Quarz hart, Asbest faserförmig und sehnig und Glimmer plättchenförmig ist.

14. Warum sind Tonerden für die industrielle Katalyse von Bedeutung?

15. Erklären Sie den Gang in den Schmelztemperaturen der folgenden tetraedrischen Moleküle: CF_4, 90 K; CCl_4, 250 K; CBr_4, 350 K und CI_4, 440 K.

16. Wodurch entsteht das „Band" von Energieniveaus bei der Theorie der delokalisierten Molekülorbitale für die Elektronenstruktur von Metallen?

17. Auf welche Weise beteiligen sich Wasserstoffbrückenbindungen am Aufbau von Proteinstrukturen? Können Sie in den Abbildungen 12–2, 12–21 und 12–25 Beispiele für Wasserstoffbrückenbindungen entdecken?

18. Wodurch unterscheiden sich Gläser von Quarz?

19. Welchen Typ von Festkörper werden BF_3- und NF_3-Moleküle aufbauen? Welche Arten von intermolekularen Wechselwirkungen werden wahrscheinlich in jedem Falle eine Rolle spielen? Welche Verbindung sollte den höheren Schmelzpunkt besitzen?

Aufgaben

1. Zeichnen Sie Kurven für die Abhängigkeit der Abstoßungs- und Anziehungsterme der van der Waals-Wechselwirkung (Gleichungen (14–1) und (14–2)) vom Abstand R zwischen den Atomzentren. Addieren Sie diese beiden Kurven näherungsweise, und überzeugen Sie sich davon, daß sich dabei eine Potentialkurve wie in Abbildung 14–10 ergibt.

2. Man benötigt 5,2 eV oder 500 kJ mol^{-1}, um Elektronen in einem Diamantkristall aus dem Valenzband in das Leitungsband anzuregen. Welche Lichtfrequenz wäre erfor-

derlich, um eine solche Anregung zustandezubringen? Welche Wellenlänge? Welche Wellenzahl? Welchem Teil des elektromagnetischen Spektrums entspricht dies?

3. Wiederholen Sie unter Verwendung von Daten aus diesem Kapitel die Aufgabe 2 für die Halbleiter Silicium und Germanium.

4. Konstruieren Sie die Potentialenergiekurve für die Kr-Kr-van der Waals-Wechsel-wirkung. Wie stark ist die Kr-Kr-van der Waals-Bindung? Schätzen Sie die Kr-Kr-Bindungslänge im festen Krypton ab.

5. Das Molekül RbBr wird in der Hauptsache durch eine Ionenbindung zusammenge-halten. Der Abstand zwischen Rb^+ und Br^- im Molekül beträgt 0,2945 nm. Die ab-geschlossenen Elektronenschalen von Rb^+ und Br^+ besitzen beide die Konfiguration des Edelgases Krypton. Schätzen Sie nach der in Aufgabe 4 konstruierten Potential-energiekurve die van der Waals-Energie zwischen Rb^+ und Br^- ab unter der Annahme, daß diese Energie dieselbe ist wie bei einem Paar von Kr-Atomen, die voneinander einen Abstand von 0,2945 nm haben. Überwiegt in diesem Fall der abstoßende oder der anziehende Teil der Wechselwirkung? Wie bedeutend ist die van der Waals-Ener-gie im Vergleich zur gesamten molaren Bindungsenergie des RbBr von 380 kJ mol^{-1}? Sehen Sie sich die van der Waals-Energie der Kr-Kr-Bindung für die Abstände 0,2 nm und 0,1 nm an, und erklären Sie dann, was Rb^+- und Br^--Ionen daran hindert, sich in einem ionischen Festkörper zu dicht anzunähern.

Teil IV   Chemische Dynamik

Die nächsten vier Kapitel behandeln Themen, die als chemische Dynamik bezeichnet werden können. Mit der Namengebung hat man stets seine Schwierigkeiten, denn Namen verzerren unweigerlich die Dinge, die sie darstellen sollen. Sie setzen Grenzen, wo es keine Grenzen geben sollte, und sie umfassen Eigenschaften, die der so benannte Gegenstand gar nicht besitzen mag. Dennoch ist eine der primitivsten Empfindungen des Menschen das Gefühl, daß er, wenn er eine Sache beim Namen nennen kann, auch auf irgendeine Weise über sie Kontrolle gewinnt oder sie versteht. Namen sind nützliche Hebel, um Gedanken in Bewegung zu setzen, so lange sie nicht mit den Gedanken selbst verwechselt werden.

Die Chemie als ein Beruf – im Gegensatz zu dem gelegentlichen Hobby der Wohlhabenden und Neugierigen – war vor Lavoisier praktisch unbekannt. Die Metallurgen und Alchemisten waren in erster Linie Techniker und erst dann systematische Forscher. Diejenigen, die an den fundamentalen Prinzipien des Verhaltens der Materie interessiert waren, nannten sich eher Naturphilosophen als Chemiker.

Die Aufspaltung zwischen *anorganischer* und *organischer* Chemie, die zur Zeit Lavoisiers begann, ist daher genau so alt wie der Beruf des Chemikers selbst. Die Schwäche dieser Einteilung wurde offensichtlich, als Wöhler 1828 den Harnstoff synthetisierte. Dennoch wurde diese Aufteilung beibehalten, da sie sich als praktisch erwiesen hatte. Organische und anorganische Chemiker arbeiteten in jenen frühen Tagen gewöhnlich mit unterschiedlichen Substanzen und dachten über diese Stoffe auch recht unterschiedlich. In der zweiten Hälfte des letzten Jahrhunderts entwickelte sich die *analytische* Chemie als Antwort auf einen praktischen Bedarf, und die *physikalische* Chemie entstand aus der Erforschung der Theorie der chemischen Reaktionen. Die *Biochemie* erwuchs aus der Arbeit von Pasteur und anderen über Enzyme und Metabolismus. Auch noch andere Unterteilungen der Chemie wurden eingeführt: Kernchemie, Geochemie, Elektrochemie, Agrarchemie, Lebensmittelchemie, Petrochemie und mehr. Jedoch erlangten diese Unterteilungen niemals die fundamentale Bedeutung, die den ersten fünf zuerkannt wurde: Anorganische Chemie, Organische Chemie, Analytische Chemie, Physikalische Chemie und Biochemie.

Je mehr wir nun über das chemische Verhalten erfahren, desto stärker werden diese alten Kategorien in Frage gestellt. Der organische Chemiker benutzt die Quantenmechanik, um Reaktionen zu erklären, und untersucht organische Laser und Halbleiter. Der anorganische Chemiker stellt fest, daß ihn die Übergangsmetallkomplexe zur enzymatischen Katalyse führen, der Biochemiker wendet sich der Thermodynamik der metabolischen Prozesse zu, und der Physikochemiker untersucht mit Hilfe der Kernresonanz die Anordnung der Seitenketten in DNS. Wo hört die organische Chemie auf, und wo beginnt die Biochemie? Was ist die analytische Chemie anderes als die intelligente Anwendung von physikalischer, anorganischer und organischer Chemie auf eine bestimmte Art von Problem? Welcher in der Forschung tätige organische Chemiker kann auf physikalische Methoden zur Analyse und Strukturbestimmung verzichten? Worauf wendet die physikalische Chemie ihre Theorien an, wenn nicht auf die Sachverhalte aus den anderen Gebieten der Chemie? Enthalten diese alten Namen heute noch einen Sinn, oder errichten sie nur Grenzen, wo schon längst keine mehr sein sollten?

In den letzten Jahren hat eine neue Klassifizierung an Beliebtheit gewonnen: Man teilt die Chemie jetzt in *Strukturchemie, chemische Dynamik* und *chemische Synthese* ein. Das meiste von dem, was wir bisher in diesem Buch behandelt haben, könnte als Strukturchemie bezeichnet werden. Wir haben uns mit dem Aufbau von Atomen und Molekülen beschäftigt und gezeigt, wie diese Strukturen die physikalischen und chemischen Eigenschaften der Stoffe erklären. Die Unterscheidung ist dennoch nicht klar umrissen: Der Grund unseres Wunsches, die Strukturen kennenzulernen, ist der, daß sie uns dabei helfen können, die Reaktionen der Stoffe zu erklären. Die neue Klassifizierung besitzt die gleiche Willkürlichkeit und die gleichen Schwächen wie die klassische Unterteilung der Chemie. Tüchtige Chemiker müssen ein Verschnitt dieser drei neuen Kategorien sein. Ein Mann, der die Strukturen von Verbindungen bestimmt, sich aber überhaupt nichts aus ihren Reaktionen macht, ist ein sehr nützlicher Mensch, aber er ist kein Chemiker. Ein chemischer Dynamiker, der sich nicht für Strukturen interessiert, stellt sich eine hoffnungslose Aufgabe. Ein synthetischer Chemiker ohne Kenntnisse von Struktur und Dynamik seiner Substanzen wird niemals irgendetwas – außer durch Zufall – synthetisieren. Die neuen Kategorien besitzen darüber hinaus noch eine weitere Schwäche, die die alten Einteilungen vermieden: Die neuen Kategorien behaupten, zu beschreiben, wie ein Chemiker denkt, wogegen sich die alten damit zufrieden gaben, zu beschreiben, worüber er nachdenkt. Es ist stets gefährlich, Annahmen über die Denkmuster eines anderen zu machen.

Obwohl die Kategorien Struktur, Dynamik und Synthese einen nur geringen Wert für die berufliche Klassifizierung der Chemiker besitzen, erweisen sie sich für die Organisation der Chemie im Lernprozeß als sehr wertvoll. In jedem Bereich der Chemie kann man seine Aufmerksamkeit im wesentlichen auf die strukturellen, dynamischen oder synthetischen Aspekte des jeweiligen Problems konzentrieren; wenn man aber erfolgreich arbeiten will, muß man alle drei Kategorien vereinen.

In diesen letzten vier Kapiteln werden wir uns mit den dynamischen Aspekten der Chemie befassen. Die beiden im Mittelpunkt stehenden Prinzipien werden das *Gleichgewicht* und die *Reaktionsraten* sein. Wir haben bereits Gleichgewichte unter einem rein beschreibenden Gesichtspunkt in Kapitel 5 behandelt. Jetzt wollen wir diesen Vorstellungen eine thermodynamische Grundlage geben. Wir werden sehen, wie wir das Gleichgewicht einer Reaktion vorhersagen und feststellen können und wie wir Informationen über die Gleichgewichtslage bei Ungleichgewichtssituationen verwenden können. Wir werden untersuchen, wie schnell eine Reaktion sich ihrem Gleichgewichtszustand annähert und wie die Rate oder Geschwindigkeit dieser Annäherung gemessen wird. Wir werden Theorien entwickeln, die diese Reaktionsrate mit Hilfe der molekularen Mechanismen erklärt, durch die chemische Reaktionen überhaupt in Gang gesetzt werden. Bei allen diesen Themen wird die Betonung auf der *Veränderung* liegen. Wir können die Veränderung nicht verstehen, wenn wir nicht die Struktur der Dinge kennen, die sich verändern; aber sobald wir eine solide Basis in der Kenntnis von der Architektur der chemischen Substanzen aufweisen können, ist die richtige Anwendung dieser Kenntnisse das Verstehen der chemischen Umwandlungen. Dies ist das Gebiet der chemischen Dynamik.

Wärme und Kälte sind die beiden Hände der Natur, mit
denen sie hauptsächlich arbeitet.

Francis Bacon (1627)

15 Energie und Entropie in chemischen Systemen

Ein altes Motto aus der Zeit des Zweiten Weltkriegs (und wahrscheinlich schon vorher) lautet: „Schwieriges erledigen wir gleich; Unmögliches braucht etwas länger". In diesem Kapitel werden wir entdecken, was bei chemischen Reaktionen *möglich* ist. Dies bedeutet jedoch nicht, daß alles, was nach den Gesetzen der Thermodynamik möglich ist, innerhalb kurzer Zeit auch geschehen wird. Wenn ein chemischer Thermodynamiker sagt, daß eine Reaktion spontan ist, sagt er absolut nichts über die verstrichene Zeit aus. Er sagt nur, daß die Reaktion ablaufen kann, wenn man ihr dazu *genug* Zeit läßt. Für den Thermodynamiker sind die Explosion, die durch das Hineinwerfen eines Stückes Natrium in Wasser erzeugt wird, und das Verwittern und Abtragen des gesamten amerikanischen Kontinents beides spontane Prozesse.

Für den Chemiker ist es wichtig, zu wissen, ob eine Reaktion im thermodynamischen Sinne spontan verläuft. Wenn sie langsam, aber spontan abläuft, dann könnten irgendwelche Mittel gefunden werden, um den Prozeß zu beschleunigen, wie z. B. durch Katalyse. Wenn die Reaktion dagegen nicht spontan ist, ist ein derartiges Unterfangen von Beginn an zum Scheitern verurteilt. Es muß dann eine andere Methode entwickelt werden, um den Ablauf der gewünschten Reaktion zu erzwingen.

Nach welchen Kriterien entscheidet ein Chemiker nun, ob eine Reaktion spontan ist? In Kapitel 5 diskutierten wir die Vorstellungen von Spontaneität und Gleichgewicht, aber wir mußten die Werte der Gleichgewichtskonstanten auf Treu und Glauben hinnehmen. Jetzt werden wir sehen, wie diese Konstanten mit anderen meßbaren Eigenschaften einer Reaktion in Zusammenhang gebracht werden können. Die meisten spontanen Reaktionen setzen Wärme frei. Läßt sich dies für alle Reaktionen gültig verallgemeinern? Warum laufen manche Reaktionen so vollständig ab, daß praktisch keine Ausgangsstoffe mehr übrigbleiben, wogegen wieder andere anscheinend zum Stillstand kommen, wenn eine Mischung von Reaktionspartnern und Produkten erreicht ist. Können wir vorhersagen, ob sich eine bestimmte Reaktion in der einen oder anderen Weise verhalten wird? Welche Auswirkungen hat die Menge eines Reaktionspartners oder Produkts auf die Spontaneität einer Reaktion?

Dies sind einige der Fragen, die wir im Laufe dieses Kapitels beantworten wollen.

Dabei sollten Sie jedoch nicht vergessen, daß die Thermodynamik nur das beschreibt, was geschehen *kann* (oder besser, was nicht verboten ist). Es tatsächlich zustandezubringen und es in einer vernünftigen Zeit zustandezubringen, ist die Aufgabe des in der Forschung tätigen Chemikers.

15–1   Arbeit, Wärme und Kaloricum

Einer von Lavoisiers großen Beiträgen zur Chemie war die Widerlegung der Phlogistontheorie, wie wir in Kapitel 1 gesehen haben. Er zeigte, daß die Verbrennung eine Verbindung mit Sauerstoff und keine Abgabe von Phlogiston war. Weniger klarsichtig war Lavoisier jedoch in seinen Vorstellungen über den Ursprung der Wärme, die ein so herausragendes Kennzeichen der Verbrennung ist. Lavoisier prägte 1789 den Begriff „Kaloricum" für das, was er als die „unwägbare Materie der Wärme" ansah. Wärme war nach dieser Theorie eine – wahrscheinlich masselose – Flüssigkeit, die die Atome der Substanzen umgab und die bei Reaktionen, bei denen Wärme abgegeben wurde, von den Stoffen freigesetzt wurde.

Dalton entwickelte die Vorstellung, daß jedes Atom in einer „Atmosphäre" von Wärme existierte. Er schrieb 1808:

„Die wahrscheinlichste Meinung betreffs des Wesens des Kaloricums ist die, daß es eine elastische Flüssigkeit von großer Feinheit ist, deren Teilchen sich gegenseitig abstoßen, aber von allen anderen Körpern angezogen werden".

Nach dieser allgemein akzeptierten Vorstellung erwärmt sich ein Gas bei seiner Verdichtung, weil die Kaloricumteilchen, die sich ja gegenseitig abstoßen sollten, aus dem Gas herausgepreßt werden. Reibungswärme entsteht, wenn durch die reibende Bewegung Kaloricum von den Atomen abgestriffen wird. Die Kaloricumtheorie der Wärme wurde in der ersten Hälfte des neunzehnten Jahrhunderts von den meisten Naturwissenschaftlern akzeptiert.

Die Kanonen Bayerns

Im Jahre 1798 führte Benjamin Thompson (Count Rumford) einige Reibungsexperimente durch, die, wenn sie richtig gewürdigt worden wären, das Kaloricum so gründlich beseitigt hätten, wie es Lavoisier mit dem Phlogiston tat. Thompson beaufsichtigte damals das Ausbohren von Kanonenläufen im Militärarsenal von München. An dem Prozeß waren gegossene Metallrohlinge für die Kanonen und Bohreinsätze beteiligt, die über ein Getriebe von Pferden gedreht wurden. Thompson war von der beträchtlichen Wärme beeindruckt, die während des Bohrens entstand. Er versuchte, die Kanonenrohre unter Wasser auszubohren, und stellte dabei fest, daß immer dieselbe Zeitspanne erforderlich war, um durch das Bohren eine bestimmte Wassermenge zum Siedepunkt zu erhitzen. Er beobachtete auch, daß die Wärmeerzeugung offensichtlich unbegrenzt fortgesetzt werden konnte. Er interpretierte seine Beobachtungen richtig: Die Arbeit, die von den Pferden geleistet wurde, wurde in Wärme umgewandelt. Thompson schrieb:

„Es ist kaum nötig, hinzuzufügen, daß das, was einem isolierten Körper oder System von Körpern kontinuierlich und ohne Begrenzung zugeführt werden kann, unmöglich eine materielle Substanz sein kann, und es erscheint mir äußerst schwierig, wenn nicht gar unmöglich zu sein, irgendwelche klaren Vorstellungen von Irgendetwas zu entwickeln, das in der Lage ist, so angeregt und übertragen zu werden, wie die *Wärme* bei diesen Experimenten angeregt und übertragen wurde, ausgenommen es sei *Bewegung*".

Seine Experimente konnten die anderen nicht überzeugen. Jene, die an die Kaloricumtheorie glaubten, waren schnell mit der Erklärung bei der Hand, daß die Reibung des Bohreinsatzes Kaloricum von den Metallatomen abrieb und so an die Oberfläche brachte. Es gelang ihnen nicht die Bedeutung der Tatsache einzusehen, daß Count Rumford unbegrenzt Wärme erzeugen konnte. Nach der Kaloricumtheorie sollte nämlich weiteres Bohren, nachdem der Vorrat an Kaloricum vom Metall abgerieben war, keine Wärme mehr erzeugen. Unglücklicherweise waren die Naturwissenschaftler nicht daran gewöhnt, über die Wärme quantitativ nachzudenken, wie sie ja auch vor Lavoisiers Vorschlag nicht daran gewöhnt waren, über Materie quantitativ nachzudenken. Rumfords Arbeit hatte daher nur wenig Auswirkungen.

Blut, Schweiß und Getriebe

Die Männer, die schließlich die Naturwissenschaftler davon überzeugten, daß Wärme und Arbeit einander äquivalent sind und daß sie beide nur unterschiedliche Formen von Energie sind, waren Julius Robert Mayer (1814–1878) und Hermann von Helmholtz (1821–1894), beide deutsche Physiker, und James Joule (1818–1889), der Sohn eines englischen Brauers. 1840 musterte Mayer als Schiffsdoktor auf einem Schiff nach Java an. Er beobachtete auf dieser Reise, daß das Blut aus den Venen von Javanern und der Besatzung seines eigenen Schiffes heller rot gefärbt war als das Blut seiner früheren Patienten aus Deutschland. Er deutete diese Tatsache richtig als ein Anzeichen dafür, daß im Blut der Einwohner tropischer Regionen mehr Sauerstoff zurückbleibt als im Blut von Leuten aus Gebieten mit kaltem Klima, da in den Tropen zur Aufrechterhaltung einer konstanten Körpertemperatur weniger Nahrung verbrannt werden muß. Dieser Gedankengang führte ihn zu der weiteren Schlußfolgerung, daß die Verbrennungswärme der Nahrung sowohl zur Aufrechterhaltung der Körpertemperatur als auch zur Ausführung der Arbeit, die ein Individuum leistet, genutzt wird. Wärme konnte also in Arbeit umgewandelt werden, und beide waren nur unterschiedliche Erscheinungsformen ein und derselben Sache, der Energie. Nach seiner Rückkehr nach Deutschland versuchte er, den Umwandlungsfaktor zwischen Wärme und Arbeit – das sogenannte mechanische Wärmeäquivalent – zu berechnen, indem er Rührwerke für Wasser und die Expansion von Gasen in Behältern benutzte. Es war sehr schwierig, diese Experimente mit großer Genauigkeit durchzuführen, da die Temperaturerhöhungen nur Bruchteile eines Grades ausmachten. Nichtsdestoweniger erhielt Mayer einen Näherungswert für das mechanische Wärmeäquivalent und schickte einen Bericht über seine Arbeit an die *Annalen der Physik*. Die *Annalen der Physik* lehnten seinen Bericht als für eine Veröffentlichung ungeeignet ab. Mayer überarbeitete seine Schrift und sandte sie dann an die *Annalen der Chemie und Pharmacie*. Sie wurde dort 1842 veröffentlicht und blieb völlig unbeachtet. Wie Newlands hatte Mayer Auseinandersetzungen mit seiner Arbeit erwartet, aber er stieß nur auf Gleichgültigkeit.

Zur selben Zeit führte Joule in England praktisch dieselben Experimente durch und begegnete derselben Gleichgültigkeit und demselben Unglauben. Joule war ein Schüler Daltons und der Sohn eines Bierbrauers aus Lancashire. Im Alter von 19 Jahren begann er mit dem Bau von Elektromotoren und Generatoren in der Absicht, die Brauerei von der Dampfkraft auf elektrischen Strom umzustellen. Diese Versuche scheiterten, aber Joule begann sich für den Zusammenhang zwischen der Arbeit beim Drehen des Dynamos, der erzeugten Elektrizität und der von der Elektrizität erzeugten Wärme zu interessieren. Später ließ er die Elektrizität aus dieser Reihe fort und untersuchte gleich die

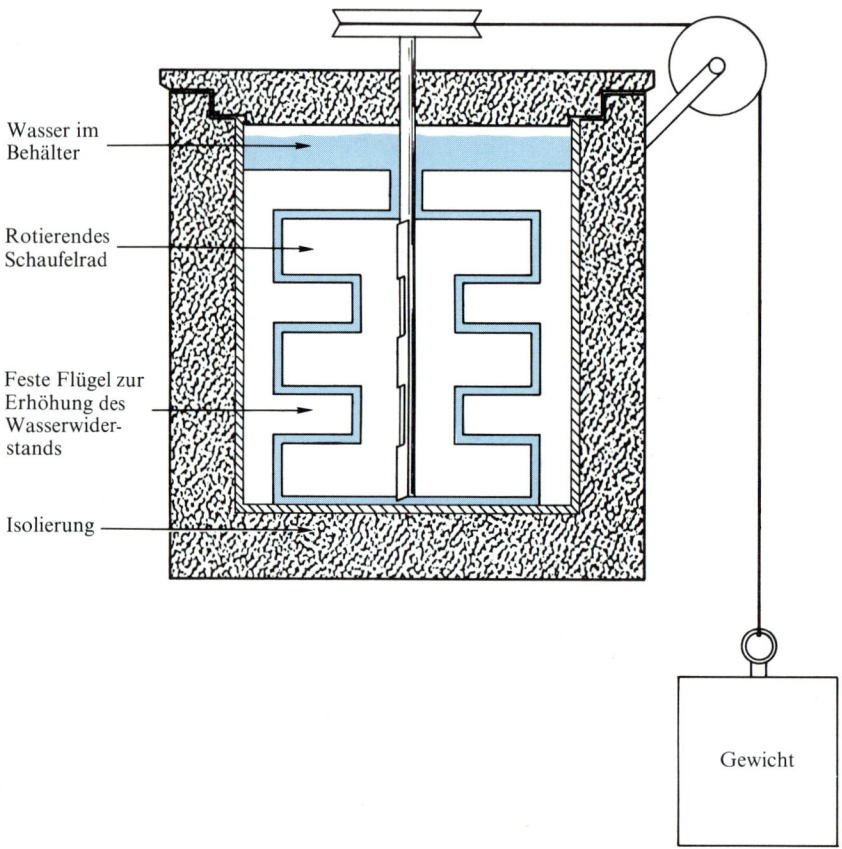

Wasser im Behälter

Rotierendes Schaufelrad

Feste Flügel zur Erhöhung des Wasserwiderstands

Isolierung

Gewicht

Abbildung 15–1 Eine Apparatur wie diese wurde von Joule bei seiner Bestimmung des mechanischen Wärmeäquivalents verwendet. Aus dem Gewicht des Metallblocks und der Strecke, die er herabfällt, kann die Arbeit berechnet werden, die das Schaufelrad am Wasser verrichtet. Die sich daraus ergebende Erhöhung der Temperatur des Wassers kann mit einem empfindlichen Thermometer gemessen werden. Da das Material, das erwärmt werden muß, neben dem Wasser auch noch das Schaufelrad, die festen Flügel und die Behälterwände umfaßt, muß die Apparatur zunächst geeicht werden, indem man bekannte Wärmemengen in sie einbringt und die sich dabei ergebenden Temperaturerhöhungen beobachtet.

Wärme, die durch mechanisches Umrühren von Wasser mit Hilfe eines Rührwerks erzeugt wurde, das durch ein herabfallendes Gewicht angetrieben wurde (Abbildung 15–1). Wie Mayer mußte auch Joule feststellen, daß die Experimente wegen der geringen, dabei entstehenden Temperaturänderungen schwierig waren. Trotz dieser Schwierigkeiten erhielt er einen Umwandlungsfaktor, der in den alten metrischen Einheiten ausgedrückt einen Wert von 42,4 kg cm cal^{-1} hatte, was innerhalb 1% des heute gültigen Wertes von 42,686 kg cm cal^{-1} liegt; d.h. ein Gewicht von der Masse 1 kg, das eine Strecke von 42,686 cm durchfällt, kann soviel Arbeit leisten (z.B. durch Drehen des Rührwerks), daß eine Wärmemenge von 1 cal an das Wasser abgegeben wird (1 cal = 4,1868 J). Wenn das Experiment in einem isolierten Wasserbehälter mit einem Inhalt von einem Liter durchgeführt wird, dann wird sich die Temperatur des Wassers in dem Behälter nur um ein Tausendstel Grad erhöhen, da die spezifische Wärme des Wassers gleich 1 cal g^{-1} K^{-1} ist. Es war eine bemerkenswerte Leistung, mit Joules selbstgebauten und selbstkalibrierten Thermometern so dicht an den modernen Bestwert für das mechanische Wärmeäquivalent heranzukommen. (Heute, mehr als hundert Jahre nach der Entdeckung der Äquivalenz von Wärme und mechanischer Arbeit, haben wir auch in unserem Einheitensystem die Konsequenzen daraus gezogen: Es gibt nur noch eine Energieeinheit, das Joule.)

1843 legte Joule seine Ergebnisse der British Association vor. Sie wurden mit Unglauben und allgemeinem Schweigen aufgenommen. Ein Jahr später wurde von der Royal Society ein Bericht über dieses Thema abgelehnt. 1845 stellte Joule erneut seine Vorstellungen von der Äquivalenz von Arbeit und Wärme der British Association vor. Zur Überprüfung und Bestätigung seiner Theorie schlug er vor, die Temperatur des Wassers oberhalb und unterhalb der Niagara-Fälle zu messen; am Fuße der Fälle sollte das Wasser um 0,2 °F (etwa 0,1 °C) wärmer sein, da es sich durch die beim Herabstürzen gewonnene Energie erwärmt haben müßte. Er stellte ferner den Gedanken eines absoluten Nullpunkts der Temperatur vor, der nach seinen Bestimmungen mit Hilfe der Wärmeausdehnung von Gasen bei −480 °F (−266 °C) liegen sollte. Niemand hörte ihm zu. Er versuchte es 1847 noch einmal, und nach Joules eigenen Worten, geschrieben 1885, geschah folgendes:

„Die Mitteilung wäre kommentarlos hingenommen worden, wenn nicht ein junger Mann in der Sektion aufgestanden wäre und durch seine intelligenten Bemerkungen ein lebhaftes Interesse an der neuen Theorie geweckt hätte. Der junge Mann war William Thomson, der zwei Jahre zuvor sein Studium an der Universität von Cambridge mit Auszeichnung abgeschlossen hatte und der heute vermutlich die hervorragendste naturwissenschaftliche Autorität seiner Zeit ist".

Thomson, der spätere Lord Kelvin, war zu dem Zeitpunkt 26 Jahre alt. Weder er noch Faraday, der ebenfalls bei diesem Treffen anwesend war, wurden von Joules Vorschlag überzeugt, dessen Gültigkeit ja von Temperaturerhöhungen von wenigen Hundertstel Grad abhing; aber Joule hatte endlich seine Kollegen dazu gezwungen, seine Vorstellungen zu diskutieren. Thomson schrieb später, daß zwei Wochen nach dem Treffen von 1847, als er von Chamonix aus eine Tour auf den Mont Blanc beginnen wollte, folgendes geschah:

„... wen sollte ich treffen, wenn nicht Joule, der mir mit einem langen Thermometer in der Hand entgegenkam, während nicht weit entfernt ein Wagen wartete, in dem eine Dame saß, Er erzählte mir, daß er seit unserer Abreise aus Oxford geheiratet hatte und daß er dabei war, Temperaturerhöhungen in Wasserfällen zu suchen".

1849 wurde der Royal Society von Faraday eine Veröffentlichung Joules mit dem Titel „über das mechanische Wärmeäquivalent" vorgelegt und erschien im nächsten Jahr in ihren *Philosophical Transactions.*

Mayer mußte dasselbe wie Newlands erleiden: Er sah, wie das, was er als seine eigenen Ideen betrachtete, von anderen gepriesen, jedoch Joule zugeschrieben wurde. Mayers Enttäuschung führte 1850 zu einem Selbstmordversuch und zu seiner Unterbringung in einem Heim für Geisteskranke für die nächsten zwei Jahre. Er erntete weiterhin wenig Ruhm noch Beachtung, bis gegen Ende seines Lebens John Tyndall in England sowie Rudolf Clausius und Hermann von Helmholtz in Deutschland gemeinsame Anstrengungen unternahmen, die richtige Würdigung und Anerkennung für Mayers Leistung sicherzustellen.

Der Mann, der die Naturwissenschaftler schließlich von der Gültigkeit der Äquivalenz von Arbeit und Wärme überzeugte, war Helmholtz. 1847 sandte er einen Bericht an die *Annalen der Physik,* der das Prinzip von der *Erhaltung der Energie* und die Äquivalenz von Arbeit und Wärme in weit allgemeinerer Form darlegte, als es Mayer oder Joule getan hatten. Der Bericht wurde abgelehnt. Helmholtz stellte dann seine Gedanken auf einer Tagung in Berlin vor und veröffentlichte sie privat.

Die Helmholtzsche Analyse von Wärme, Arbeit und Energie überzeugte Faraday und Thomson. Joules Experimente wurden nach und nach akzeptiert. Schließlich stellte 1850 der deutsche Physiker Rudolf Clausius (1822–1888) den ersten Hauptsatz der Thermodynamik in der Form auf, wie er üblicherweise heute angegeben wird: *Bei jedem beliebigen Prozeß kann Energie von einer Form in eine andere umgewandelt werden (Wärme und Arbeit eingeschlossen), aber niemals wird Energie geschaffen oder vernichtet.* Die Helmholtzsche Erhaltung der Energie trat als eine der großen Verallgemeinerungen der Naturwissenschaften neben die Lavoisiersche Erhaltung der Masse.

15–2   Der erste Hauptsatz der Thermodynamik

Thermodynamiker sprechen ständig von thermodynamischen *Systemen* und ihrer *Umgebung*, also tun wir es auch: Wir werden uns die Arbeit ansehen, die ein System an seine Umgebung abgibt, oder die Arbeit, die die Umgebung an dem System verrichtet. Wir werden den Wärmeverlust oder die Wärmeaufnahme eines Systems an oder aus seiner Umgebung beachten. Was aber ist ein thermodynamisches System?

Ein *thermodynamisches System* ist irgendein beliebiger Teil des Universums, dem wir unsere Aufmerksamkeit widmen wollen, und seine *Umgebung* ist der Teil des Universums, mit dem es Energie, Wärme oder Arbeit austauschen kann. Ein geeignetes System könnte ein mit Gas gefüllter Ballon, ein Kolben mit reagierenden Chemikalien, die Dampfmaschine einer Lokomotive oder bloß der Zylinder und der Kolben dieser Maschine sein. Wenn wir uns den Energiehaushalt unseres Planeten ansehen, dann würde die Erde selbst ein thermodynamisches System darstellen, und die Sonne wäre ein Teil ihrer Umgebung. Wir könnten auch die Erde und die Sonne zusammen als eine gute Annäherung an ein abgeschlossenes System ansehen. Ein *abgeschlossenes System* ist ein System, das mit seiner Umgebung keine Energie, Wärme oder Arbeit austauscht; so weit es die Thermodynamik angeht, besitzt ein abgeschlossenes System keine Umgebung. Das Wort „System" ist gewissermaßen der Zeigefinger eines altmodischen Hinweisschildes; es lenkt unsere Aufmerksamkeit auf die jeweilige Region von Materie, die wir untersuchen wollen.

Häufig ist es am einfachsten, sich als typisches thermodynamisches System ein ideales Gas vorzustellen, das in irgendeine Art von Behälter eingeschlossen ist. Viele der thermodynamischen Eigenschaften, die allen Systemen gemeinsam sind, sind am leichtesten bei einem derart einfachen System zu verstehen: Wenn wir ein Gas erhitzen, dehnt es sich aus, sofern es nicht daran gehindert wird. Wenn es sich ausdehnt, stößt es gegen

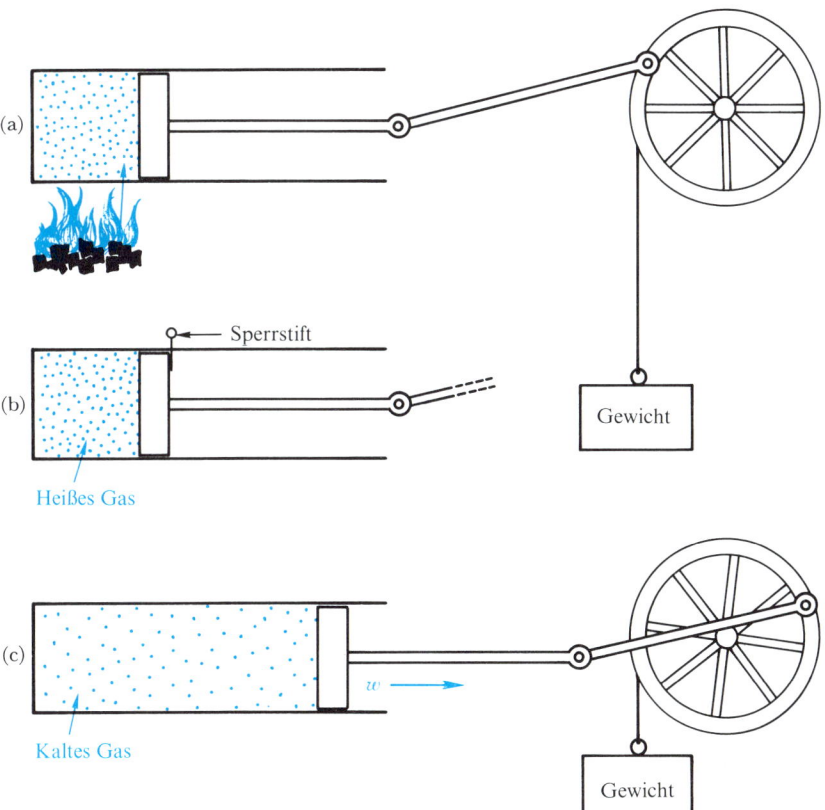

Abbildung 15–2 Wenn ein Gas in dem Zylinder erhitzt wird (a), seine Ausdehnung aber verhindert wird (b), dann erhöht sich seine Temperatur. Wenn es dagegen dem Gas erlaubt wird sich auszudehnen (c), kann es mechanische Arbeit verrichten, und seine Endtemperatur wird nicht so hoch sein. Im ersten Beispiel wird Wärme in innere Energie des Gases umgewandelt, während sie im zweiten Beispiel zur Verrichtung von mechanischer Arbeit herangezogen wird (Umwandlung von Wärme in Arbeit).

den Druck der Atmosphäre und leistet daher Arbeit gegen diesen Druck. Wir sagen, daß dem Gas eine Wärmemenge q aus seiner Umgebung zugeführt wurde und daß das Gas Arbeit an seiner Umgebung verrichtet hat. Wenn wir dem Gas Wärme zuführen, es aber so einschließen, daß es sich nicht ausdehnen kann, erhöhen sich sein Druck und seine Temperatur entsprechend dem idealen Gasgesetz

$$PV = nRT \qquad\qquad\qquad (15\text{–}1)$$

Es wurde dem Gas wieder Wärme zugeführt, aber es leistete dabei keine Arbeit. Wenn das Gas zu Beginn des Experiments unter einem hohen Druck steht, können wir es sich expandieren lassen, ohne es erwärmen zu müssen. In diesem Falle verrichtet das Gas an seiner Umgebung Arbeit, ohne daß ihm Wärme zugeführt wird. Jedoch ist das Gas dann am Ende seiner Expansion kälter als es zu Beginn dieses Experiments war.

Eine Variation dieses Experiments ist in Abbildung 15–2 dargestellt. Bei diesem Experiment kommt klarer zum Ausdruck, auf welche Weise das sich ausdehnende Gas dazu gebracht werden kann, Arbeit zu leisten. Wärme, q, kann dem Gas zugeführt werden, wobei es Arbeit leisten kann oder nicht, und Arbeit, w, kann aus dem Gas gewonnen werden, wenn ihm Wärme zugeführt wird, und gelegentlich auch dann, wenn ihm keine Wärme zugeführt wird.

Wie kann man die Arbeit, die ein sich ausdehnendes Gas verrichtet, messen? In der Physik ist die Arbeit als das Produkt aus der Kraft, gegen die eine Bewegung erfolgt, und der Strecke definiert, die bei dieser Bewegung zurückgelegt wird. Eine endlose Bewegung eines Objekts liefert keine Arbeit, wenn es keine, der Bewegung widerstehende Kraft gibt. Darüber hinaus wird keine Arbeit verrichtet, ganz gleich wie groß die der Bewegung des Gegenstands entgegenstehende Kraft auch ist, wenn sich der Gegenstand nicht gegen diese Kraft bewegt. Für eine infinitesimale Verschiebung ds gegen eine Kraft F beträgt die geleistete, infinitesimale Arbeit d$w = F$ds. Wenn sich der Körper über einen endlichen Abstand Δs gegen eine konstante Kraft F bewegt, dann beträgt die geleistete Arbeit $w = F\Delta s$.

Nehmen wir einmal an, das Gas wird durch einen frei beweglichen Kolben in einem

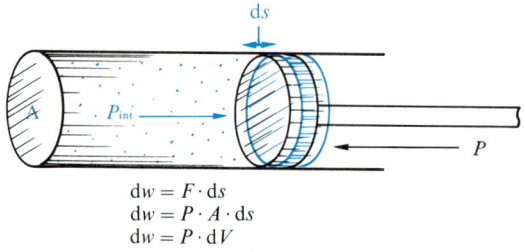

$$\mathrm{d}w = F \cdot \mathrm{d}s$$
$$\mathrm{d}w = P \cdot A \cdot \mathrm{d}s$$
$$\mathrm{d}w = P \cdot \mathrm{d}V$$

Abbildung 15–3 Die Arbeit, die vom Gas im Zylinder vernichtet wird, wenn es den Kolben um eine infinitesimale Strecke ds gegen einen der Verschiebung entgegenwirkenden, äußeren Druck P verschiebt, ist gleich d$w = Fds = PAds = PdV$. (A ist die Fläche, auf die der Druck ausgeübt wird.) Der Druck in dem Ausdruck für die verrichtete Arbeit ist der äußere Druck, gegen den die Verschiebung des Kolbens erfolgt, und nicht der innere Druck des sich ausdehnenden Gases. Damit jedoch überhaupt eine Ausdehnung erfolgen kann, muß der innere Druck P_{int} größer als der äußere Druck sein.

Zylinder eingeschlossen (Abbildung 15–3), und der Druck innerhalb des Zylinders, P_{int}, ist größer als der konstante atmosphärische Luftdruck, P, außerhalb des Zylinders. Während sich das Gas ausdehnt und den Kolben um eine infinitesimale Strecke ds nach außen verschiebt, bleibt die von außen auf den Kolben einwirkende Kraft konstant. Diese Kraft ist gleich dem Produkt aus dem Druck P und der Fläche A des Kolbens, auf die dieser Druck einwirkt. Die geleistete Arbeit ergibt sich, wie in der Abbildung gezeigt ist, als das Produkt aus der Volumenvergrößerung und dem äußeren Druck, gegen den die Expansion des Gases stattfindet: d$w = P$dV. Bei einer Expansion wie dieser, bei der der äußere Druck konstant bleibt, erhalten wir für die Arbeit, die bei einer meßbaren Volumenveränderung ΔV geleistet wird, den Wert $w = P\Delta V$. Obwohl diese Beziehungen hier nur für ein Gas abgeleitet wurden, das sich in einem Zylinder ausdehnt, gelten sie allgemein für alle Gasexpansionen. Diese Art von Arbeit wird gewöhnlich als „Expansionsarbeit" oder „PV-Arbeit" bezeichnet. Es sind auch andere Arten von Arbeit möglich: Wir können Gravitationsarbeit leisten, indem wir ein Gewicht auf eine Position anheben, an der es eine höhere potentielle Energie besitzt und auf seine ursprüngliche Position zurückfallen kann. Wir können elektrische Arbeit leisten, indem wir geladene Ionen oder andere geladene Körper in einem elektrischen Feld bewegen. Wir können magnetische Arbeit leisten, indem wir eine Kompaßnadel aus der Richtung auslenken, in die sie zeigt, wenn sie ungestört gelassen wird. Alle diese Arbeitstypen werden in der Verallgemeinerung zusammengefaßt, die als der erste Hauptsatz der Thermodynamik bekannt ist.

Wärme kann einem thermodynamischen System zugeführt oder entzogen werden, und Arbeit kann vom System geleistet oder am System verrichtet werden. Der *erste Hauptsatz* besagt, daß bei allen diesen Prozessen *im System Energie weder geschaffen noch vernichtet wird*. Die Energie des Systems ist nicht notwendigerweise konstant; sie kann zu- oder abnehmen, je nachdem, was wir mit dem System machen. Aber die *Änderung* in der Energie des Systems ist stets gleich der *Gesamtwärme*, die dem System zugeführt wurde, *minus* der *Gesamtarbeit*, die das System an seiner Umgebung verrichtet hat

$$\Delta E = q - w \tag{15–2}$$

(Grundsätzlich wird jeder Energiebetrag, der dem betrachteten System zugeführt wird, positiv gezählt, während Energiebeträge, die das System an seine Umgebung abgibt, ein negatives Vorzeichen erhalten.)

Eine andere Deutung des ersten Hauptsatzes

Eine andere Betrachtungsweise des ersten Hauptsatzes der Thermodynamik ist für Chemiker bedeutungsvoller: Dabei stellen wir uns unter der Gleichung (15–2) nichts weiter vor als die Definition einer Funktion, die als *innere Energie, E*, bezeichnet wird, mit deren Hilfe wir eine Buchführung über den Verbleib von Energiebeträgen einrichten können. Erinnern Sie sich an die Diskussion von Abbildung 15–2: Wir können ein Gas erwärmen und es Arbeit leisten lassen. Wir können den Prozeß aber auch umkehren: Wir können an einem Gas Arbeit verrichten, indem wir es komprimieren, und ihm die dabei entstehende Wärme entziehen. Wir können ferner ein Gas erhitzen, ohne daß wir es Arbeit leisten lassen, und seine Temperatur erhöht sich. Umgekehrt können wir ein unter hohem Druck stehendes Gas sich ausdehnen und Arbeit leisten lassen, ohne daß wir ihm Wärme zuführen, aber wir werden feststellen, daß sich das Gas bei diesem Prozeß abkühlt. Unter geeigneten Bedingungen können q und w unabhängig voneinander manipuliert werden. Wir können das, was mit dem System geschieht, besser verfolgen, wenn wir die Änderung der inneren Energie des Systems, ΔE, als den *Unterschied* zwischen der dem System zugeführten Wärme und der von ihm geleisteten Arbeit, wie in Gleichung (15–2), definieren. Wenn dem System Wärme zugeführt und von ihm eine genau äquivalente Menge Arbeit geleistet wird, dann bleibt die innere Energie des Systems unverändert. Wenn wir das Gas erwärmen, es aber so einschließen, daß es sich nicht ausdehnen und dabei Arbeit leisten kann, dann erhöht sich die innere Energie des Gases um einen Betrag, der gleich der ihm zugeführten Wärmemenge ist. Wenn wir schließlich das Gas Arbeit verrichten lassen, ohne ihm Wärme zuzuführen, dann nimmt seine innere Energie um einen Betrag ab, der gleich der von ihm geleisteten Arbeit ist. Aus den in diesem Absatz angestellten Beobachtungen über die Vorgänge beim Erwärmen und Abkühlen eines Gases läßt unser gesunder Menschenverstand vermuten, daß zwischen der inneren Energie eines Systems und seiner Temperatur ein Zusammenhang bestehen muß.

Bis jetzt haben wir noch nichts Bemerkenswertes geleistet. Unter dem von uns hier vertretenen Gesichtspunkt ist die Gleichung (15–2) nicht der erste Hauptsatz, sondern nur die Definition einer Buchhaltungsfunktion. Der erste Hauptsatz ist dann die Aussage, daß diese neue Buchhaltungsfunktion eine *Zustandsfunktion* ist.

Zustandsfunktionen

Zustandsfunktionen sind in der Thermodynamik, insbesondere für den Chemiker, von größter Bedeutung. Eine *Zustandsfunktion* oder *Zustandsgröße* ist eine Eigenschaft eines Systems, deren Wert vollständig durch den Zustand des Systems zu einem gegebenen Zeitpunkt bestimmt ist und nicht von der Vergangenheit des Systems abhängt. Was dies bedeutet, lassen Sie uns einmal an einer imaginären Begebenheit aus dem Kalten Krieg veranschaulichen:

Bei Einstadt fließt ein Fluß aus der Bundesrepublik Deutschland in die Deutsche Demokratische Republik und tritt bei Ausdorf, viele Kilometer stromab, in der Bundesrepublik wieder aus. Westdeutsche Beobachter sind hinter dem Eisernen Vorhang nicht zugelassen. Man vermutet nun, daß die ostdeutsche Regierung am Flußufer ein Atomkraftwerk errichten ließ, in dem sie das Flußwasser als Kühlmittel und Arbeitsmedium für ihre Dampfturbinen einsetzt. Kann das Vorhandensein eines Kernreaktors von westdeutschen Beobachtern festgestellt werden?

Lassen Sie uns einmal annehmen, daß im Kernkraftwerk Flußwasser durch die Reaktorwärme in Dampf umgewandelt wird, der dann Dampfturbinen antreibt und damit Elektrizität erzeugt. Das Flußwasser stellt jetzt unser thermodynamisches System dar: Das Wasser wird durch die vom Kernreaktor gelieferte Wärme erhitzt und verdampft, um sich dann bei der Expansion in der Turbine wieder abzukühlen, wobei es durch das Drehen des Turbinenrotors Arbeit leistet. Die DDR-Behörden vermuten, daß ihre westdeutschen Kollegen ihnen nachspüren, und sie kühlen das Wasser sorgfältig ab, bevor sie es wieder in den Fluß einleiten, so daß es dieselbe Temperatur hat wie am Einlaßkanal des Kernkraftwerks.

Nehmen Sie schließlich noch an, daß am 1. Mai ein Feiertag im Kernkraftwerk ist und daß am Maifeiertag eines jeden Jahres die Ingenieure den Reaktor abschalten und den Einlaßkanal schließen. Können die westdeutschen Beobachter die Existenz des Kraftwerks durch Messungen am Fluß bei Einstadt und Ausdorf feststellen?

Zum Leidwesen der westlichen Nachrichtendienste können sie dies jedoch nicht. Welche physikalischen Messungen könnte man an dem thermodynamischen System (dem Fluß) durchführen? Man könnte die Wassertemperatur, seine Dichte, Viskosität, Molvolumen, elektrische Leitfähigkeit, das ^{16}O- zu ^{18}O-Isotopenverhältnis, die Schmelz- und Siedepunkte, die chemische Reinheit und noch viele andere Eigenschaften messen. Alle diese Eigenschaften sind Zustandsfunktionen: Die Temperatur des Wassers hängt von seinem gegenwärtigen Zustand und nicht von seiner Vergangenheit ab. (Das heißt, die gegenwärtige Temperatur kann zwar eine Folge dessen sein, was in der Vergangenheit geschah, aber wir brauchen die Vergangenheit nicht zu kennen, um die Temperatur zu messen, noch können wir aus dieser Temperaturmessung auf die Vergangenheit schließen.) Die Temperaturänderung des Wassers, während es von Einstadt nach Ausdorf fließt, kann dadurch bestimmt werden, daß man die Temperatur an den beiden Orten mißt

$$\Delta T = T_{\text{Aus}} - T_{\text{Ein}} = T_2 - T_1$$

Auf ähnliche Weise lassen sich die Veränderungen in der Dichte, Viskosität oder irgendeiner anderen Zustandsfunktion bestimmen, indem die Differenz zwischen der Dichte, Viskosität oder der anderen Zustandsgröße bei Einstadt und Ausdorf gebildet wird. Wir brauchen dazu nicht zu wissen, was mit dem Fluß auf dem Gebiet der DDR geschah.

Dies alles mag Ihnen trivial erscheinen, bis Sie bemerken, daß wir mit Wärme oder Arbeit nicht dasselbe machen können. Es gibt keinen „Wärmeinhalt", den wir bei Einstadt und Ausdorf messen könnten und der uns anzeigte, wieviel Wärme dem Wasser auf seinem Weg durch Ostdeutschland zugeführt wurde. Ebenso gibt es keine Eigenschaft, die man als „Arbeitsinhalt" bezeichnen könnte, durch deren Messung an den beiden Orten wir bestimmen könnten, wieviel Arbeit die Ostdeutschen dem Flußwasser entzogen haben. So lange sich die Energiebehörden der DDR die Mühe machen, die Temperatur des Abwassers vom Reaktor der Temperatur des Wasserzulaufs anzugleichen, wird sich kein Unterschied im Wasser bei Ausdorf gegenüber dem in Einstadt feststellen lassen, weder beim Betrieb des Reaktors, noch am Maifeiertag, wenn er abgeschaltet ist. Die Existenz oder Nichtexistenz des Kraftwerks wird für die westlichen Beobachter ein Geheimnis bleiben, wenigstens soweit es ihre Messungen am Flußwasser angeht.

Wenn wir feststellen, daß die Änderung der Wassertemperatur bei Einstadt und Ausdorf am Maifeiertag dieselbe ist wie an jedem anderen Tag, dann können wir sagen – sofern wir aus einer anderen Quelle von der Existenz des Kraftwerks erfahren haben –, daß die dem Wasser durch den Reaktor zugeführte Wärme genau durch die in den Turbinen geleistete Arbeit (und durch das weitere Abkühlen, bevor das Wasser wieder in den Fluß eingeleitet wird) kompensiert wird. Umgekehrt muß jedes bißchen Arbeit, die in den Turbinen gewonnen wurde, durch die Reaktorwärme kompensiert werden, denn sonst müßte das Wasser in Ausdorf kühler sein als bei Einstadt. Keine Information über das Wasser bei den beiden Städten wird etwas über die dem Wasser zugeführte Wärmemenge q noch über die von ihm geleistete Arbeit w aussagen; denn weder Wärme noch Arbeit sind Zustandsfunktionen, *aber ihre Differenz ist eine Zustandsfunktion.* Wenn die Größe $q - w$ nicht konstant gehalten wird, werden sich meßbare Unterschiede in den Eigenschaften des Wassers bei Ausdorf bemerkbar machen. Die auffallendste dieser Eigenschaften ist die Temperatur, aber auch das Molvolumen, die Dichte, die elektrische Leitfähigkeit und die anderen Eigenschaften des Wassers werden sich ebenfalls ändern. Wenn wir diese Aussage umkehren, erhalten wir daraus die folgende Erkenntnis: Wenn wir den Zustand des Wassers bei Einstadt und Ausdorf beschreiben, dann haben wir die Größe $q - w$ während des Durchgangs durch die DDR angegeben, selbst wenn wir q und w allein nicht kennen. Ihr Unterschied ist die *Änderung einer Zustandsfunktion, E.*

Diese innere Energie, E, ist dieselbe Funktion wie die mittlere kinetische Energie der Moleküle, E_k, der wir bereits in Abschnitt 2–6 begegnet sind. Beim idealen Gas ist die molare innere Energie direkt der Temperatur proportional

$$\overline{E} = \tfrac{3}{2}P\overline{V} = \tfrac{3}{2}RT \quad \text{(für 1 mol des idealen einatomigen Gases)} \tag{2–24}$$

Bei nichtidealen, realen Gasen wird $\overline{E}$ der Temperatur annähernd proportional sein; und bei allen Substanzen wird allgemein eine Temperaturerhöhung bzw. eine Temperaturabnahme von einem Anstieg bzw. einer Verringerung der inneren Energie begleitet.

Für Chemiker sind die Zustandsfunktionen gerade deshalb so nützlich, weil sie nicht von der Vorgeschichte eines chemischen Systems abhängig sind. Die Energie eines Systems ist eine solche Zustandsfunktion. Auch der Druck, die Temperatur, das Volumen und alle die anderen Größen, die wir gewöhnlich als Eigenschaften einer Substanz bezeichnen, sind Zustandsfunktionen. Das Wort „Eigenschaft" selbst deutet ja schon darauf hin, daß es sich hierbei um etwas handelt, was eine Substanz besitzt, unabhängig von allen anderen Faktoren außer ihrem gegenwärtigen Zustand. Wir sprechen niemals von der Arbeit, die eine Substanz besitzt, und sollten auch nicht von der Wärme sprechen, die sie besitzt. Wenn der Endzustand eines Systems, wie üblich, durch den Index „2" und sein Anfangszustand durch den Index „1" gekennzeichnet wird, dann wird aus der Gleichung (15–2) der erste Hauptsatz der Thermodynamik, wenn wir sie zu

$$\Delta E = E_2 - E_1 = q - w \tag{15–3}$$

erweitern. Die Eigenschaften der Zustandsfunktion sind im mittleren Term dieser Gleichung zum Ausdruck gebracht: Die Größe ΔE hängt nur vom Anfangs(1)- und Endzustand(2) des Systems ab.

15–3   Der erste Hauptsatz und chemische Reaktionen

Als die Chemiker mit der systematischen Untersuchung von Reaktionswärmen begannen, entdeckten sie, daß ein besonders praktischer Reaktionstyp der war, bei dem die Reaktion auf ein konstantes Volumen beschränkt in einem *Bombenkalorimeter* ablief (Abbildung 4–2). Das Bombenkalorimeter ist ein stabiler Stahlbehälter mit dichtem Verschluß, der in ein Wasserbad eingetaucht ist und elektrische Zuführungen besitzt, durch die die Reaktion in seinem Inneren gezündet wird. Die bei einer derartigen Reaktion unter (hoffentlich) konstantem Volumen entwickelte Wärme wird durch die Bestimmung der Temperaturerhöhung des Wasserbades gemessen.

Wenn das chemische System im Inneren des Metallbehälters sein Volumen nicht verändern kann, dann kann es auch keine PV-Arbeit leisten. Wenn an dem Experiment keine anderen Arbeitstypen beteiligt sind, ist die durch die Reaktion freigesetzte Wärmemenge gleich der Abnahme der inneren Energie des Systems im Stahlbehälter. Das heißt wir erhalten

$$\Delta E = q_V \quad \text{(bei konstantem Volumen)} \tag{15–4}$$

(Der Index „V" bei q_V soll darauf hindeuten, daß der Wert bei konstantem Volumen gemessen wurde.) Bei Fehlen irgendwelcher Arbeitseffekte ist die Aufnahme oder Abgabe von Wärme durch den Inhalt des Stahlbehälters ein direktes Maß für die Erhöhung oder Erniedrigung der inneren Energie der reagierenden Substanzen. Wenn die Reaktion Wärme freisetzt, wird sie als *exotherme* Reaktion bezeichnet; nimmt sie dagegen Wärme auf, nennt man sie *endotherm*.

Die meisten chemischen Reaktionen laufen jedoch unter konstantem Druck und nicht bei konstantem Volumen ab, und es wäre recht nützlich, eine thermodynamische Zustandsfunktion zu besitzen, die sich unter konstantem Druck so verhält wie E bei konstantem Volumen, d.h., die ein Maß für die Reaktionswärme unter diesen Bedingungen ist. Eine solche Funktion ist die *Enthalpie*, H, die folgendermaßen definiert ist

$$H = E + PV \tag{15–5}$$

Unter konstantem Druck beträgt die Enthalpieänderung eines Systems

$$\Delta H = \Delta E + P\Delta V$$

Nach dem ersten Hauptsatz können wir dafür auch schreiben

$$\Delta H = q - w + P\Delta V$$

Wenn wir Gravitationsarbeit, elektrische, magnetische und alle anderen Arten von Arbeit außer der PV-Arbeit ausschließen, heben sich in diesem Ausdruck die beiden letzten Terme auf, da dann nämlich als einzige Arbeit die Expansionsarbeit $w = P\Delta V$ übrigbleibt. Wir erhalten damit die Aussage, daß die Reaktionswärme unter konstantem Druck gleich der Enthalpieänderung des Systems ist

$$\Delta H = q_P \tag{15–6}$$

(Der Index „P" bei q_P weist darauf hin, daß die Wärmeänderung bei konstantem Druck erfolgt.) Unter konstantem Druck *erhöht* sich die Enthalpie eines Systems bei einer *endothermen* Reaktion, bei der Wärme in das System einströmt, während sich bei einem *exothermen* Prozeß, bei dem das System Wärme an die Umgebung abgibt, die Enthalpie des Systems *erniedrigt*.

Alle Funktionen auf der rechten Seite des Gleichheitszeichens in Gleichung (15–5) sind Zustandsfunktionen, somit ist auch H eine Zustandsfunktion. Die Enthalpieänderung eines Systems hängt nur von der Enthalpie des Systems vor und nach einem Prozeß ab und ist völlig unabhängig vom Weg, über den das System vom Anfangszustand in den Endzustand überführt wurde, d. h.

$$\Delta H = H_2 - H_1 \qquad\qquad (15\text{–}6a)$$

Die Gleichung (15–6a) ist für die Chemie die wichtigste Einzelfolgerung aus dem ersten Hauptsatz der Thermodynamik. Sie besagt, daß die Reaktionswärme einer Reaktion, die unter konstantem Druck abläuft, eine Zustandsfunktion ist. Die Reaktionswärme einer Reaktion unter konstantem Druck ist gleich der Differenz zwischen der Enthalpie der Reaktionsprodukte und der Enthalpie der Ausgangsstoffe, und sie besitzt stets denselben Wert, ob nun die tatsächliche Reaktion in einem Schritt oder in einer beliebigen Reihe von Zwischenschritten abläuft. Bei unserem Beispiel aus Abschnitt 4–5 über die Diamantsynthese ist die Bildungswärme des Diamants aus Methan dieselbe, ganz gleich, ob wir den Diamant direkt aus Methan herstellen oder ob wir das Methan zunächst zu Kohlendioxid oxidieren und dann das Kohlendioxid zur Diamantherstellung verwenden

$$
\begin{array}{lll}
CH_4(g) + 2\,O_2(g) & \rightleftarrows\; CO_2(g) + 2\,H_2O(l) & \Delta H_{298} = -891{,}0\ \text{kJ} \\
CO_2(g) & \rightleftarrows\; O_2(g)\; + C(dia) & \Delta H_{298} = +395{,}7\ \text{kJ} \\
\hline
CH_4(g) + O_2(g) & \rightleftarrows\; C(dia)\; + 2\,H_2O(l) & \Delta H_{298} = -495{,}3\ \text{kJ}
\end{array}
$$

Weil die Enthalpie H eine Zustandsfunktion ist, sind die Reaktionswärmen auf dieselbe

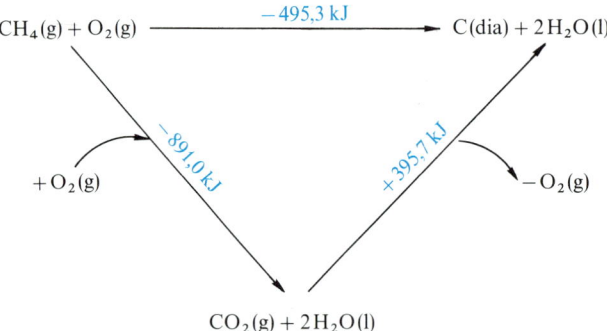

Abbildung 15–4 Die Bildungswärme für die Herstellung von Diamant aus Methan ist die gleiche, ob nun die Reaktion in einem Schritt erfolgt oder ob CO_2 aus Methan hergestellt wird und dann Diamant aus CO_2 gebildet wird. Eine derartige Aussage kann nur gemacht werden, weil die Reaktionswärme bei konstantem Druck und konstanter Temperatur gleich der Änderung der Enthalpie H ist und die Enthalpie eine *Zustandsfunktion* darstellt.

Weise additiv, wie es die Reaktionen sind, auf die sie sich beziehen. Diese Aussage ist der sogenannte *Hess'sche Satz*.

Diese Unabhängigkeit der Enthalpieänderung vom Reaktionsweg kann für die Diamantsynthesereaktionen durch einen Kreisprozeß wie in Abbildung 15–4 dargestellt werden. Der erste Hauptsatz besagt, daß sich, ganz gleich, welcher Weg um diesen Cyclus herum eingeschlagen wird (die Reaktion also in einem oder in zwei Schritten abläuft), dasselbe ΔH und damit dieselbe Reaktionswärme ergibt. Die Enthalpieänderungen können auch in einem Energieniveaudiagramm dargestellt werden, wie in Abbildung 15–5 gezeigt ist. Beachten Sie, daß dabei der absolute Zahlenwert der Enthalpie nicht definiert ist, sondern nur die Enthalpieänderungen beim Übergang von einem Zustand der Reaktionspartner oder Produkte zu einem anderen. Jedesmal, wenn wir früher ein Energieniveaudiagramm zeichneten, machten wir uns unbewußt die Zustandsfunktionseigenschaften der Energie zunutze. Weder Wärme noch Arbeit können in einem solchen Diagramm dargestellt werden (ausgenommen die Spezialfälle, in denen die eine oder andere von ihnen gleich einer Zustandsfunktion ist.)

Die ganze Diskussion aus Abschnitt 4–5 behält ihre Gültigkeit, weil H eine Zustandsfunktion ist. Es ist nicht nötig, die Reaktionswärmen aller bekannten Reaktionen zu tabellieren; wir brauchen nur die Reaktionen zusammenzustellen, aus denen sich alle anderen Reaktionen durch eine geeignete Kombination der tabellierten Reaktionen herleiten lassen. Die dafür ausgewählten Reaktionen sind die Reaktionen zur Bildung der Verbindungen aus ihren Elementen im Standardzustand. Der *Standardzustand* eines Gases bei einer gewählten Temperatur ist durch den Partialdruck von 1,013 bar ($= 1$ atm, nach der alten Definition) definiert; der einer Flüssigkeit oder eines Festkörpers durch die reine Flüssigkeit oder den reinen Festkörper unter 1,013 bar äußeren Druck. Die für

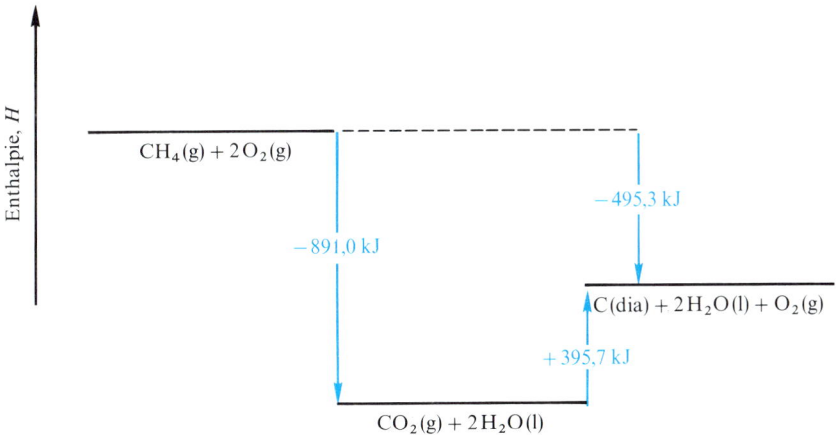

Abbildung 15–5 Aus denselben Gründen, aus denen die Reaktionen aus Abbildung 15–4 als ein Kreisprozeß dargestellt werden können, können die Enthalpien in einem Energieniveaudiagramm, wie dem hier gezeigten, dargestellt werden. Die Enthalpieänderung beim Übergang von einem Zustand zum anderen hängt *nur* von den *Energieniveaus* der beiden Zustände in diesem Diagramm ab und nicht von der Art und Weise, wie der Übergang zwischen den beiden Zuständen in Wirklichkeit erfolgt.

den Standardzustand gewählte Temperatur ist für die meisten thermodynamischen Tabellen 25 °C. Die molaren Standardbildungswärmen einiger Stoffe sind im Anhang 2 aufgeführt.

Beispiel: Wie groß ist die Standardreaktionswärme für die Bildung von wasserfreiem, kristallinen Kupfersulfat aus seinen Elementen in ihren Standardzuständen?

Lösung: Die Reaktion lautet

$$Cu(s) + S(s) + 2\,O_2(g) \rightleftarrows CuSO_4(s)$$

Dies ist die Reaktion, deren molare Bildungswärme im Anhang 2 tabelliert ist. Für diese Reaktion finden wir $\Delta \bar{H}^0_{298} = -770{,}37\ \text{kJ mol}^{-1}$. (Wir kennzeichnen die molaren Größen durch Überstreichen des betreffenden Symbols.)

Beispiel: Die molare Standardbildungswärme für gasförmiges B_5H_9 ist im Anhang 2 zu $+62{,}8\ \text{kJ mol}^{-1}$ angegeben. Von welcher Reaktion ist dieser Wert die Reaktionswärme?

Lösung: Die Reaktion ist die Synthese eines Mols B_5H_9 aus elementarem, festem Bor und Wasserstoffgas bei 1,013 bar und 298 K

$$5\,B(s) + 4\tfrac{1}{2}\,H_2(g) \quad \rightleftarrows \quad B_5H_9(g) \quad \Delta H^0_{298} = +62{,}8\ \text{kJ}$$

Wenn die Reaktionswärme, wie oben, hinter einer Reaktionsgleichung angegeben wird, dann gibt sie die Reaktionswärme der Reaktion so an, *wie sie geschrieben ist.* Die molaren Reaktionswärmen ergeben sich nach der obigen Gleichung aus den entsprechenden stöchiometrischen Koeffizienten dieser Reaktionsgleichung. So beträgt die molare Reaktionswärme des B_5H_9 $+62{,}8\ \text{kJ mol}^{-1}$, während sie für das Bor nur ein Fünftel dieses Betrages, $12{,}56\ \text{kJ mol}^{-1}$, und für das Wasserstoffgas $62{,}8\ \text{kJ}/4{,}5\ \text{mol} = 13{,}96\ \text{kJ mol}^{-1}$ ausmacht. Die Bildungswärmen von Verbindungen werden stets als *molare Bildungswärmen* in kJ *pro Mol der gebildeten Verbindung* angegeben.

Beispiel: B_5H_9 entzündet sich mit einem grünen Blitz spontan an der Luft, wobei B_2O_3 und Wasser gebildet wird. Wie groß ist die Reaktionswärme dieser Reaktion unter Standardbedingungen?

Lösung: In unausgewogener Form lautet die Reaktion

$$B_5H_9(g) + O_2(g) \longrightarrow B_2O_3(s) + H_2O(l)$$

Für je fünf Mol B_2O_3 werden zwei Mol B_5H_9 benötigt, damit wir die gleichen Mengen Bor auf beiden Seiten der Gleichung erhalten. Infolgedessen müssen die 18 Wasserstoffatome als neun Wassermoleküle erscheinen. Wenn dann noch der Sauerstoff ausgeglichen wird, ergibt sich die ausgewogene Reaktionsgleichung

$$2\,B_5H_9(g) + 12\,O_2(g) \rightleftarrows 5\,B_2O_3(s) + 9\,H_2O(l)$$

Die tabellierten molaren Standardbildungswärmen der Reaktionspartner und Produkte sind

Substanz	$\Delta\bar{H}^0_{298}$
$B_5H_9(g)$	$+62{,}8\ \mathrm{kJ\ mol^{-1}}$
$O_2(g)$	$0{,}0\ \mathrm{kJ\ mol^{-1}}$
$B_2O_3(s)$	$-1264{,}4\ \mathrm{kJ\ mol^{-1}}$
$H_2O(l)$	$-286{,}0\ \mathrm{kJ\ mol^{-1}}$

Die drei Reaktionswärmen, die bei ihrer Addition die Reaktionswärme der gesuchten Reaktion ergeben, sind die folgenden ($\Delta H = n\,\Delta\bar{H}$)

	ΔH^0_{298}
$2\,B_5H_9(g) \rightleftarrows 10\,B(s) + 9\,H_2(g)$	$-2\ \mathrm{mol} \times (+62{,}8\ \mathrm{kJ\ mol^{-1}}) = -125{,}6\ \mathrm{kJ}$
$10\,B(s) + 7\frac{1}{2}O_2(g) \rightleftarrows 5\,B_2O_3(s)$	$+5\ \mathrm{mol} \times (-1264{,}4\ \mathrm{kJ\ mol^{-1}}) = -6322{,}0\ \mathrm{kJ}$
$9\,H_2(g) + 4\frac{1}{2}O_2(g) \rightleftarrows 9\,H_2O(l)$	$+9\ \mathrm{mol} \times (-286{,}0\ \mathrm{kJ\ mol^{-1}}) = -2574{,}0\ \mathrm{kJ}$
$2\,B_5H_9(g) + 12\,O_2(g) \rightleftarrows 5\,B_2O_3(s) + 9\,H_2O(l)$	$\Delta H^0_{298} = -9021{,}6\ \mathrm{kJ}$

(Die Borhydride wurden wegen ihrer extrem hohen Verbrennungswärmen einmal als brauchbare Raketentreibstoffe angesehen.)

Wir können bei der Benutzung dieser Tabellen der molaren Enthalpien oder Bildungswärmen eine Verkürzung des Rechengangs vornehmen, indem wir so tun, als ob diese Werte die absoluten Enthalpien der Verbindungen und nicht deren Bildungsenthalpien aus den Elementen darstellen. Das Ergebnis ist dabei dasselbe, da Reaktionspartner und Produkte aus derselben Zahl und derselben Art von Atomen zusammengesetzt sein müssen. Dann ist für die Reaktion

$$2\,B_5H_9(g) + 12\,O_2(g) \rightleftarrows 5\,B_2O_3(s) + 9\,H_2O(l)$$

die Reaktionsenthalpie gleich der Summe der Produkte von neun Mol mal der molaren Standardenthalpie des flüssigen Wassers plus fünf Mol mal der molaren Standardenthalpie des festen B_2O_3 minus zwei Mol mal der molaren Standardenthalpie des gasförmigen B_5H_9. Die molare Standardenthalpie des elementaren O_2 ist definitionsgemäß gleich null.

Übung: B_5H_9 kann aus Diboran, B_2H_6, hergestellt werden, das bei geeigneter Temperatur zu B_5H_9 und H_2 reagiert. Ist diese Reaktion exotherm oder endotherm? Wie groß ist die molare Reaktionswärme des verbrauchten Diborans?
(Antwort: Exotherm; $\Delta\bar{H}^0_{298} = -6{,}3\ \mathrm{kJ\ mol^{-1}}$.)

Bevor Sie weitermachen. Sie finden einen Kurs über Energiediagramme und Bildungswärmen zusammen mit ihren Definitionen und Additionsmethoden in Abschnitt 4–5 des *Begleitprogramms zu Prinzipien der Chemie* von Lassila et al.

15–4   Bindungsenergien

Nach dem Modell mit lokalisierten Bindungen für das Methan, CH_4, sagen wir, daß das Molekül durch vier einander gleichwertige C—H-Einfachbindungen zusammengehalten wird. Wenn diese Vorstellung Gültigkeit besitzt, dann sollte die Zersetzungswärme des Methans in isolierte Kohlenstoff- und Wasserstoffatome das Vierfache der *Bindungsenergie* einer C—H-Bindung betragen. (Obwohl wir es hier durchweg mit Bindungsenthalpien zu tun haben und auch stets mit ihnen arbeiten werden, übernehmen wir die übliche, wenn auch ungenaue Terminologie und nennen unsere Ergebnisse Bindungsenergien anstatt Bindungsenthalpien. Der Unterschied zwischen ihnen ist klein und liegt innerhalb der Genauigkeitsgrenzen der Bindungsenergiebetrachtungen selbst.) Die Bildungswärme des Methans beträgt

$$C(gr) + 2\,H_2(g) \; \rightleftarrows \; CH_4(g) \qquad \Delta H^0_{298} = -74{,}898 \text{ kJ}$$

wobei (gr) für Graphit steht. Für die Bindungsenergien benötigen wir aber die Zersetzung zu atomaren, gasförmigen Kohlenstoff und Wasserstoff und nicht zu festem Graphit und zweiatomigem H_2. Die Atomisierungsreaktionen der beiden Elemente sind

$$C(gr) \; \rightleftarrows \; C(g) \qquad \Delta H^0_{298} = +718{,}865 \text{ kJ}$$
$$\tfrac{1}{2}H_2(g) \; \rightleftarrows \; H(g) \qquad \Delta H^0_{298} = +218{,}086 \text{ kJ}$$

Dies sind die Standardbildungswärmen der gasförmigen Atome aus den Elementen in ihren Standardzuständen, wie sie in Anhang 2 zusammen mit den anderen molaren Bildungswärmen tabelliert sind.

Die gesuchte Reaktion für die Zersetzung von Methan in isolierte Atome kann aus den vorangehenden Reaktionen zusammengestellt werden

	ΔH^0_{298}
$CH_4(g) \; \rightleftarrows \; C(gr) + 2\,H_2(g)$	$-1 \text{ mol} \times (-74{,}898 \text{ kJ mol}^{-1}) = \quad +74{,}898 \text{ kJ}$
$C(gr) \; \rightleftarrows \; C(g)$	$+1 \text{ mol} \times (+718{,}865 \text{ kJ mol}^{-1}) = \quad +718{,}865 \text{ kJ}$
$2\,H_2(g) \; \rightleftarrows \; 4\,H(g)$	$+4 \text{ mol} \times (+218{,}086 \text{ kJ mol}^{-1}) = \quad +872{,}345 \text{ kJ}$
$CH_4(g) \; \rightleftarrows \; C(g) + 4\,H(g)$	$\Delta H^0_{298} = +1666{,}108 \text{ kJ}$

Wenn dies die Wärme ist, die gebraucht wird, um in einem Mol Methan die vier C—H-Bindungen pro Molekül aufzubrechen, dann beträgt die molare Bindungsenergie (genau genommen, die molare Bindungsenthalpie) einer C—H-Bindung ein Viertel dieses Wertes. Die Bindungsenergie einer C—H-Einfachbindung im Methan beträgt 416,6 kJ pro Mol Bindungen.

Bindungsenergie einer C—C-Einfachbindung

Aus der molaren Bildungswärme des Ethans, C_2H_6, können wir einen Wert für die molare Bindungsenergie einer Kohlenstoff-Kohlenstoff-Einfachbindung berechnen. Aus der Tabelle in Anhang 2 erhalten wir

$$\Delta H^0_{298}$$

$C_2H_6(g) \rightleftarrows 2C(gr) + 3H_2(g)$	$-1 \text{ mol} \times (-84,74 \text{ kJ mol}^{-1}) = +84,74 \text{ kJ}$
$2C(gr) \rightleftarrows 2C(g)$	$+2 \text{ mol} \times (+718,87 \text{ kJ mol}^{-1}) = +1437,74 \text{ kJ}$
$3H_2(g) \rightleftarrows 6H(g)$	$+6 \text{ mol} \times (+218,09 \text{ kJ mol}^{-1}) = +1308,54 \text{ kJ}$
$C_2H_6(g) \rightleftarrows 2C(g) + 6H(g)$	$\Delta H^0_{298} = +2831,02 \text{ kJ}$

Nach dem Modell der lokalisierten Bindungen für das Ethan besitzt das Molekül sechs C—H-Bindungen und eine C—C-Bindung. Wenn wir den Wert von $416,6 \text{ kJ mol}^{-1}$ für die C—H-Bindungen im Methan auch hier als gültig für die C—H-Bindungen des Ethans akzeptieren, dann ergeben die sechs C—H-Bindungen des Ethans eine molare Energie von $2499,6 \text{ kJ mol}^{-1}$. Die restlichen $331,4 \text{ kJ mol}^{-1}$ müssen dann die Bindungsenergie eines Mols von C—C-Einfachbindungen sein.

Wir können die Gültigkeit dieses ganzen Vorgehens dadurch prüfen, daß wir die zu erwartende molare Bildungswärme des Propans, C_3H_8, aus Graphit und Wasserstoffgas berechnen. Nach dem Modell der lokalisierten Bindungen besitzt das Propan zwei C—C- und acht C—H-Bindungen. Die molare Bildungswärme wird, wie folgt, berechnet

$$\Delta H^0_{298}$$

$3C(g) + 8H(g) \rightleftarrows C_3H_8(g)$	$2 \text{ mol} \times (-331,4 \text{ kJ mol}^{-1})$
	$+ 8 \text{ mol} + (-416,6 \text{ kJ mol}^{-1}) = -3995,6 \text{ kJ}$
$3C(gr) \rightleftarrows 3C(g)$	$3 \text{ mol} \times (+718,9 \text{ kJ mol}^{-1}) = +2156,7 \text{ kJ}$
$4H_2(g) \rightleftarrows 8H(g)$	$8 \text{ mol} \times (+218,1 \text{ kJ mol}^{-1}) = +1744,8 \text{ kJ}$
$3C(gr) + 4H_2(g) \rightleftarrows C_3H_8(g)$	$\Delta H^0_{298} = (-3995,6 + 3901,5) \text{ kJ} = -94,1 \text{ kJ}$

Die für Propan gemessene molare Bildungswärme beträgt $103,8 \text{ kJ mol}^{-1}$, was Ihnen eine Vorstellung von der Genauigkeit von Bindungsenergieberechnungen vermittelt. Wir befinden uns hier unglücklicherweise in der schwierigen Lage, den kleinen Unterschied zwischen zwei großen Werten bestimmen zu wollen. Fehler und Näherungen bei den Ausgangsdaten und bei der Annahme von streng lokalisierten Bindungen tragen zu einem Fehler von $9,7 \text{ kJ mol}^{-1}$ bei.

Tabellierung der Bindungsenergien

Wir können jetzt damit fortfahren, die molaren Bindungsenergien von Bindungen aller Arten zu berechnen.

Übung: Berechnen Sie aus den in Anhang 2 angegebenen Daten für Ethylen die molare Bindungsenergie einer C=C-Doppelbindung.
(Antwort: $591,6 \text{ kJ mol}^{-1}$.)

Übung: Berechnen Sie die molare Bindungsenergie einer —O—H-Bindung aus den in Anhang 2 für Wasser angegebenen Daten.
(Antwort: $463,1 \text{ kJ mol}^{-1}$. Beachten Sie, daß Sie die molare Atomisierungswärme des

Sauerstoffs benötigen und daß Sie die molare Bildungswärme des Wasserdampfs und nicht die des flüssigen Wassers verwenden müssen.)

Die brauchbarsten Werte für die Bindungsenergien erhält man nicht aus den Bindungsenergien einzelner Verbindungen wie Methan oder Ethan, sondern durch Bildung der Mittelwerte aus den Bindungsenergien ganzer Verbindungsklassen, wie z.B. aus denen der Kohlenwasserstoffe für die C—H- und C—C-Bindungsenergien. Diese angepaßten Bestwerte der molaren Bindungsenergien sind in Tabelle 15–1 für einige Bindungstypen angegeben. Beachten Sie, daß der angepaßte Wert für eine C—H-Bindung um 2,9 kJ mol^{-1} von dem Wert abweicht, der sich aus dem Methan allein ergibt. Abweichungen von 4 bis 8 kJ mol^{-1} werden bei Berechnungen der molaren Bindungsenergien als durchaus akzeptabel angesehen.

Noch ein Wort zu dem leider oft recht losen Gebrauch der Begriffe Bindungsenergie und molare Bindungsenergie:

Die *Bindungsenergie* ist, wie ihr Name sagt, eine Energie, die in kJ oder J angegeben wird. Sie ist eine *extensive* Größe (wie z.B. die Masse), d.h. ihr Betrag hängt von den jeweils umgesetzten Stoffmengen ab und damit auch von der jeweiligen Schreibweise der Reaktionsgleichungen. Extensive Größen wie die Bindungsenergie sind additiv, d.h. dreifache Mengen ergeben dreifache Energien usw. Die Bindungsenergie wird durch ein entsprechendes Symbol, wie z.B. H oder E, gekennzeichnet. (Im atomistischen Grenzfall ist sie die Bindungsenergie eines einzigen Moleküls, jedoch haben es die Chemiker gewöhnlich mit weitaus größeren Mengen zu tun.)

Die *molare Bindungsenergie* ist eine stoffmengenbezogene Energie, die in kJ mol^{-1} oder J mol^{-1} angegeben wird. Sie ist eine *intensive* Größe (wie z.B. die Dichte), d.h. ihr Betrag hängt nicht von irgendwelchen Mengen ab, sondern ist für eine bestimmte

Tabelle 15–1   Näherungswerte für die molaren Bindungsenergien[a] bei 298 K (in kJ mol^{-1})[b][c]

	C	N	O	F	Si	P	S	Cl	Br	I
H—	413,7	391,0	463,1	563,5	294,8	319,9	339,5	432,1	366,3	298,9
C—	347,9	291,8	351,7	441,3	290,1		259,6	328,7	275,9	240,3
C=	615	615	729				477			
C≡	812	892								
N—	291,8	160,8		270,0				199,7		
N=	615	419								
N≡	892	946								
O—	351,7		139,0	185,1	369,3			203,1		
O=	729									

[a] Dies ist ein Beispiel für eine etwas lockere, aber praktische Bezeichnungsweise: Die Werte sind tatsächlich die molaren Bindungs*enthalpien* bei 298 K in dem Sinne, daß sie aus den molaren Bildungsenthalpien bestimmt wurden.

[b] Nach L. Pauling, *Die Natur der chemischen Bindung*, Verlag Chemie, Weinheim/Bergstraße, (1962). Siehe auch T. L. Cottrell, *The Strengths of Chemical Bonds*, Butterworths, London, (1958), 2nd ed.

[c] Die Atomisierungswärmen pro Mol der Elemente in ihren Standardzuständen finden Sie im Anhang 2.

Verbindung eine Konstante. Damit ist sie auch von der Schreibweise der Reaktions-gleichungen unabhängig, was sie für den Chemiker so nützlich macht. Sie wird durch Überstreichen des entsprechenden Symbols, $\bar{H}$ oder $\bar{E}$, gekennzeichnet.

Die Bindungsenergie H einer Menge n (in Mol) einer bestimmten Verbindung ergibt sich aus dem Produkt dieser Molzahl mit der molaren Bindungsenergie $\bar{H}$ dieser Ver-bindung

$$H = n\,\bar{H}$$

Die Bildungswärme des Benzols

Bei der Vorhersage der Bindungsenergie des Benzols versagt die von uns hier darge-stellte Methode zur Berechnung der Bindungsenergien in auffälliger Weise. Dieses Ver-sagen läßt eine ganze Menge Vermutungen über das Benzolmolekül zu. Nehmen wir einmal an, daß das Benzol eine der Kekulé-Strukturen besitzt.

Nach diesem Modell enthält Benzol sechs C—H-Einfachbindungen, drei C—C-Ein-fachbindungen und drei C=C-Doppelbindungen. Infolgedessen beträgt die gesamte Bindungsenergie pro Mol Benzol (unter Benutzung der Werte aus Tabelle 15–1)

Sechs C—H-Bindungen:	$6\ \text{mol} \times 413{,}7\ \text{kJ mol}^{-1} = 2482\ \text{kJ}$
Drei C—C-Bindungen:	$3\ \text{mol} \times 347{,}9\ \text{kJ mol}^{-1} = 1044\ \text{kJ}$
Drei C=C-Bindungen:	$3\ \text{mol} \times 615{,}5\ \text{kJ mol}^{-1} = 1846\ \text{kJ}$
	Gesamtbindungsenergie $= 5372\ \text{kJ}$

Die Reaktion zur Bestimmung der Bildungswärme läßt sich dann folgendermaßen zu-sammenstellen

	ΔH^0_{298}
$6\,\text{C(g)} + 6\,\text{H(g)} \rightleftarrows \text{C}_6\text{H}_6(\text{g})$	$-(\text{Bindungsenergie}) = -5372\ \text{kJ}$
$6\,\text{C(gr)} \rightleftarrows 6\,\text{C(g)}$	$6\ \text{mol} \times 718{,}9\ \text{kJ mol}^{-1} = +4313\ \text{kJ}$
$3\,\text{H}_2(\text{g}) \rightleftarrows 6\,\text{H(g)}$	$6\ \text{mol} \times 218{,}1\ \text{kJ mol}^{-1} = +1309\ \text{kJ}$
$6\,\text{C(gr)} + 3\,\text{H}_2(\text{g}) \rightleftarrows \text{C}_6\text{H}_6(\text{g})$	$\Delta H^0_{298} = +250\ \text{kJ}$

Wir müssen irgendwo in dieser Berechnung einen Fehler gemacht haben, da die molare Standardbildungswärme des gasförmigen Benzols, wie sie im Labor gemessen werden kann, nicht $250\ \text{kJ mol}^{-1}$ beträgt, sondern nur einen Wert von $82{,}98\ \text{kJ mol}^{-1}$ aufweist.

Das Benzolmolekül ist um 167 kJ mol^{-1} stabiler, als sich für ein Molekül mit der Kekulé-Struktur voraussagen läßt.

Der Fehler liegt in der Annahme, daß das Benzolmolekül die Kekulé-Struktur besitzt. Wir sahen erstmals in Abschnitt 7–6, daß die Kekulé-Struktur des Benzols nicht mit der beim Dichlorbenzol beobachteten Zahl von Isomeren im Einklang steht. In Abschnitt 10–10 entdeckten wir, daß die Kekulé-Struktur dabei versagte, die sechs gleichen Bindungslängen zwischen den Kohlenstoffatomen im Benzolring zu erklären, wogegen eine Theorie der delokalisierten Molekülorbitale diese Bindungen zufriedenstellend deuten konnte. In Abschnitt 12–5 sahen wir uns die große Klasse der aromatischen Verbindungen an – Verbindungen mit eben solchen delokalisierten Elektronen. Wir haben erwähnt, daß die Delokalisierung das Molekül dadurch stabiler macht, daß sie die Energie der delokalisierten Elektronen erniedrigt. Jetzt verfügen wir über eine Methode, mit deren Hilfe wir diese Stabilisierung aus den Messungen der Bildungswärmen von aromatischen Verbindungen berechnen können.

Übung: Das Hinzufügen von sechs Wasserstoffatomen zum Benzol ergibt Cyclohexan, C_6H_{12}. Berechnen Sie aus den Bindungsenergien die molare Standardbildungswärme des gasförmigen Cyclohexans, und vergleichen Sie sie mit dem Meßwert von $-123{,}22$ kJ mol^{-1}. Würden Sie beim Cyclohexan auf Grund ihrer Berechnungen irgendeine Stabilisierung durch Delokalisierung erwarten?
(Antwort: $-123{,}1$ kJ mol^{-1}; nein.)

Übung: Berechnen Sie die molare Standardbildungswärme des Kohlendioxids, O=C=O. Nehmen Sie dazu das Vorliegen von zwei C=O-Doppelbindungen an. Vergleichen Sie Ihr Ergebnis mit dem experimentellen Wert aus Anhang 2. Sagen Ihre Werte eine Delokalisierung beim CO_2 voraus?
(Antwort: $\Delta \bar{H}_{298}^{0} = -243$ kJ mol^{-1}. Ja, die molare Stabilisierungsenergie beträgt 151 kJ mol^{-1}.)

15–5   Spontaneität, Reversibilität und Gleichgewicht

Wenn wir äquivalente Mengen Wasserstoff- und Sauerstoffgas in einen Behälter füllen und die Mischung durch eine Flamme oder einen Platinkatalysator entzünden, dann gibt es eine heftige Explosion. Dabei verschwinden H_2 und O_2, und es bildet sich an ihrer Stelle Wasserdampf. Auf ähnliche Weise wird eine Mischung von H_2 und Cl_2 explodieren, wenn sie durch Einstrahlung von Licht gezündet wird, wobei HCl-Gas entsteht. Im Gegensatz dazu wird eine Mischung von H_2- und N_2-Gas weit weniger heftig reagieren, und das Endprodukt dieser Reaktion wird eine Mischung von H_2-, N_2- und NH_3-Gas sein.

Die Wasser- und HCl-Reaktionen sind gute Beispiele für hochgradig spontane Prozesse. Wie wir schon in Kapitel 5 gesehen haben, ist ein *spontaner Prozeß* ein solcher, der über genug eigenen Antrieb verfügt, um von allein abzulaufen, ohne daß irgendetwas aus dem Rest des Universums in ihn eingebracht werden muß. (Im strengen Sinn hat

Spontaneität nichts mit der Zeit zu tun. Eine thermodynamisch spontane Reaktion ist eine solche, die von allein ablaufen wird, selbst wenn sie dafür eine Ewigkeit benötigt. Die Rolle eines Katalysators ist dabei die, in kurzer Zeit das zu vollbringen, was sowieso geschehen wird, aber nur in einem längeren Zeitraum. Die Thermodynamik beantwortet die Frage: „Wird es irgendwann einmal geschehen?" Um eine Antwort auf die Frage: „Wie bald wird es geschehen?" zu erhalten, müssen wir uns an die Kinetik wenden (Kapitel 18).) Im Abschnitt 15–8 werden wir kennenlernen, wie diese Triebkraft gemessen werden kann. Im Augenblick können wir nur sagen, daß die Bildungsreaktion des HCl aus H_2 und Cl_2

$$H_2 + Cl_2 \rightleftarrows 2HCl$$

eine weitaus stärkere Tendenz hat, abzulaufen, als die umgekehrte Reaktion der Dissoziation des HCl

$$2HCl \rightleftarrows H_2 + Cl_2$$

Die Reaktion zur Ammoniaksynthese aus H_2 und N_2 hat zu Beginn auch eine stärkere Neigung, abzulaufen, als ihre gegenläufige Zersetzungsreaktion. Reaktion (15–7) besitzt eine größere Triebkraft als Reaktion (15–8)

$$3H_2 + N_2 \rightleftarrows 2NH_3 \tag{15–7}$$

$$2NH_3 \rightleftarrows 3H_2 + N_2 \tag{15–8}$$

Aber je mehr NH_3 sich ansammelt und je weniger N_2 und H_2 übrigbleiben, desto langsamer wird Reaktion (15–7) und desto mehr beschleunigt sich Reaktion (15–8). Es zersetzt sich um so mehr Ammoniak in der Zeiteinheit, je mehr von ihm vorhanden ist. Bei irgendeiner Konzentration von H_2, N_2 und NH_3 werden die Reaktionen (15–7) und (15–8) mit derselben Geschwindigkeit (Rate) ablaufen, und es wird genauso schnell Ammoniak gebildet, wie es sich zersetzt. Obwohl dann auf der molekularen Ebene Synthese und Zersetzung noch weiter ablaufen, erkennen wir keine Veränderung in der Zusammensetzung des Gasgemisches mehr. Das Gas erweckt den Anschein, als ob es aufgehört hätte, sich zu verändern. Dieser Zustand der Ausgewogenheit zwischen zwei entgegengesetzten Reaktionen wird als *chemisches Gleichgewicht* bezeichnet.

Eine Reaktion, die sich im Gleichgewicht befindet, ist eine *reversible* Reaktion. Um zu verstehen, was dies bedeutet, lassen Sie uns einmal unsere Gleichgewichtsmischung aus H_2, N_2 und NH_3 untersuchen: Eine Druckerhöhung begünstigt die Reaktion (15–7) gegenüber der Reaktion (15–8), da (15–7) zu einer geringeren Zahl von Molen (oder Molekülen) des Gases führt und den Zwang auf das System vermindert, der durch die Druckerhöhung verursacht wurde. Auf ähnliche Weise begünstigt eine Druckerniedrigung die Zersetzung des Ammoniaks, wobei ja mehr Mole Gas gebildet werden. Diese beiden Effekte sind Anwendungen des *Le Chatelierschen Prinzips*: *Wenn ein System im Gleichgewicht irgendeinem Zwang unterliegt, geht das System so in eine neue Gleichgewichtslage über, daß dieser Zwang vermindert wird*. Die Synthese des Ammoniaks aus seinen Elementen ist ein exothermer Prozeß: Der ΔH^0_{298}-Wert der Reaktion (15–7) beträgt $-92{,}44$ kJ oder $-46{,}22$ kJ pro Mol Ammoniak. Wenn die Temperatur des Behälters, in dem diese Reaktion abläuft, erhöht wird, dann wird Reaktion (15–7) behindert und Reaktion (15–8) begünstigt, da (15–8) Wärme aufnimmt und damit zum Teil der Temperaturerhöhung entgegenwirkt. Wenn mehr Ammoniak aus einer äußeren Quelle in den Behälter eingebracht wird, wird wieder Reaktion (15–7) behindert und Reaktion (15–8) begünstigt, weil (15–8) den durch das zusätzliche Ammoniak ausgeübten Zwang verringert. Das Le Chateliersche Prinzip ist für die qualitative Voraussage nützlich, was ein System, das sich im Gleichgewicht befindet, tun wird, wenn auf es ein äußerer Einfluß ausgeübt wird.

Wenn sich das H_2-N_2-NH_3-System wirklich im Gleichgewicht befindet, dann sind die Veränderungen des Drucks, der Temperatur oder der Konzentration einer Komponente, die dazu erforderlich sind, die relativen Raten (Geschwindigkeiten) der Reaktionen (15–7) und (15–8) zu ändern, infinitesimal klein. Ebenso, wie das kleinste Gewicht eine Waage im mechanischen Gleichgewicht zum Ausschlagen bringen kann, kann die kleinste Veränderung ein System im chemischen Gleichgewicht nach der einen oder anderen Seite beeinflussen. Aus diesem Grunde wird der Begriff „reversibel" auf derartige Sachverhalte angewendet. Mit einer Fingerspitze kann man keinen herabstürzenden Felsblock aufhalten, und eine infinitesimale Änderung des Drucks, der Temperatur, der Konzentration oder irgendeiner anderen Variablen des Systems kann nicht die Explosion einer Mischung von H_2 und Cl_2 oder die weniger spektakuläre Reaktion von N_2 und H_2 zum Stehen bringen, bevor das Gleichgewicht erreicht ist. Derartige chemische Systeme befinden sich nicht im Gleichgewicht; ihre Prozesse sind *irreversibel*.

Zusammenfassend können wir sagen, ein Gleichgewichtsprozeß ist reversibel, während ein Ungleichgewichtsprozeß oder spontaner Prozeß irreversibel ist. Wir werden wissen wollen, wie die Gleichgewichtsbedingungen für ein System von chemischen Substanzen zu berechnen sind, weil es häufig nützlich ist, die relativen Mengen von Reaktionspartnern und Produkten im Gleichgewicht zu kennen, und weil die Entfernung einer bestimmten chemischen Sachlage vom Gleichgewicht ein Maß dafür ist, wie stark die Triebkraft der Reaktion in Richtung auf das Gleichgewicht zu ist.

Aufforderung: Wenn Sie einmal die Vorstellungen von Wärme- und Energieproblemen auf die Ernährung, die Meteorologie und das Entwerfen eines dampfgetriebenen Automobils anwenden wollen, versuchen Sie sich an den Aufgaben 15–1, 15–2, 15–5 und 15–7 in *Ergänzungsaufgaben zu Prinzipien der Chemie* von Butler und Grosser.

15–6   Wärme, Energie und Molekularbewegung

Wenn ein Körper erwärmt wird, verstärkt sich seine Molekularbewegung. Wärme ist keine Flüssigkeit, die den Atomen durch Reibung entzogen werden kann, sondern ein Ausdruck für den *Bewegungszustand* der Moleküle und Atome, die durch die mechanischen Kräfte der Reibung in schnellere Bewegung versetzt werden. Diese Schlußfolgerungen ergaben sich aus Experimenten, die die mechanische Äquivalenz von Arbeit und Wärme zeigten, und wurden den Naturwissenschaftlern durch die kinetische Theorie der Gase und ihren Erweiterungen auf die molekulare Theorie der Flüssigkeiten und Festkörper schmackhaft gemacht.

In vorangehenden Kapiteln haben wir von zwei Arten von Energie gesprochen, die ein Körper besitzen kann: kinetische Energie und potentielle Energie. Ein sich bewegender Körper besitzt kinetische Energie, die durch die Beziehung $E_k = \frac{1}{2}mv^2$ gegeben ist. Potentielle Energie besitzt ein Körper auf Grund seiner Lage im Raum: Wenn eine Masse Arbeit leisten kann, indem sie sich im Raum von Punkt A nach Punkt B bewegt, dann sagen wir, daß der Körper bei A eine höhere potentielle Gravitationsenergie besitzt als bei B. Wenn wir wollen, können wir von einem Gravitationspotentialfeld sprechen, in dem sich der Körper bewegt, aber damit beschreiben wir die Beobachtung nur anders und erklären sie nicht. Die Vorstellung von einem Gravitationsfeld *entspringt* der Beobachtung, daß Arbeit geleistet werden kann, wenn sich der Körper vom einen Ort zum anderen bewegt. In ähnlicher Weise sagen wir, wenn eine positive oder negative Ladung dazu gebracht werden kann, Arbeit zu leisten, indem sie sich im Raum von einem Punkt A zu einem Punkt B bewegt, daß die Ladung bei A eine höhere elektrostatische potentielle Energie besitzt als bei B. Wieder können wir die Beobachtung dadurch beschreiben (nicht erklären), daß wir von einem elektrischen Feld sprechen.

Jetzt haben wir es mit einer dritten Art von Energie zu tun: der Energie, die ein Körper besitzt, weil seine Atome und Moleküle sich im Zustand ständiger Bewegung befinden, obwohl sich der Körper selbst in der Ruhelage befinden kann. Diese Molekularbewegung ist Wärme, und sie wird durch die Temperatur des Körpers gemessen. Die Temperaturskala basiert auf dem Expansionsverhalten des idealen Gases, wie wir in Kapitel 2 bemerkten. Wärme wird in der gleichen Einheit wie Arbeit und Energie gemessen. Die Wärmemenge, die dazu erforderlich ist, die Temperatur eines Mols einer Substanz um 1 °C (oder 1 K) zu erhöhen, wird als *molare Wärmekapazität* der Substanz bezeichnet und in $JK^{-1}mol^{-1}$ gemessen.

Wenn es diese dritte Art von Energie nicht geben würde, würde der erste Hauptsatz der Thermodynamik lauten

$$\Delta E = E_2 - E_1 = -w$$

und würde folgendermaßen gelesen werden: Die Änderung in der inneren Energie eines Systems steht im Gleichgewicht mit jeder Arbeit, die das System an seiner Umgebung leistet. Oder, da ja $-w$ die Arbeit darstellt, die von der Umgebung am System geleistet wird, würde die Gleichung auch besagen, daß der Zuwachs an innerer Energie des Systems gleich der an ihm von außen geleisteten Arbeit ist. Diese Arbeit könnte dazu benutzt werden, Körper in dem System zu beschleunigen und ihnen dadurch eine höhere kinetische Energie zu geben, oder sie könnte dazu verwendet werden, Körper in dem System anzuheben und ihnen dadurch eine höhere potentielle Energie zu erteilen.

Die vollständige Formulierung des ersten Hauptsatzes

$$\Delta E = E_2 - E_1 = q - w$$

besagt Folgendes: Die Änderung in der inneren Energie eines Systems ist gleich der Summe aus der an ihm durch die Umgebung geleisteten Arbeit und dem Zuwachs in der statistischen Bewegung, die seine Moleküle aus der Umgebung erfahren. Dieser Zuwachs in der Molekularbewegung wird als Wärmefluß beschrieben.

Es ist immer möglich, Arbeit in Wärme umzuwandeln. Die Reibung wird häufig als Beispiel gewählt, weil sie so einfach ist: Ein Körper, der sich mit großer Geschwindigkeit als Ganzes bewegt, dessen Moleküle sich aber in relativ langsamer statistischer Bewegung befinden, wird auf einer Oberfläche durch die Reibung bis zum Stillstand abgebremst. Nach dem Anhalten besitzt er als Ganzes keine Geschwindigkeit mehr, jedoch bewegen sich seine Moleküle und die Moleküle in der Oberfläche, über die der Körper hinweggeglitten ist, mit größeren Einzelgeschwindigkeiten als vorher. Wenn der Körper zum Teil aus einem Gas besteht, kann diese Bewegung die geradlinige Bewegung durch den Behälter hindurch sein. Wenn er ein Festkörper ist, wird die Bewegung die Schwingung von Atomen und Molekülen um ihre durchschnittlichen Positionen im Kristallgitter sein. In jedem Fall wurde dabei eine Bewegung im großen Maßstab als Ganzes in mikroskopisch ungeordnete Bewegung umgewandelt.

Dieser Prozeß ist nicht vollständig reversibel. Das Beispiel eines rutschenden Automobils in Abschnitt 2–6 veranschaulicht diese Tatsache. Im allgemeinen können wir nicht statistische Molekularbewegung in gerichtete Bewegung des ganzen Körpers mit einem Wirkungsgrad von 100% umwandeln. Der Ausdruck unserer Unfähigkeit, dies zu tun, ist der *zweite Hauptsatz der Thermodynamik*. In der Mitte des neunzehnten Jahrhunderts wurden zwei etwas unterschiedliche Versionen des zweiten Hauptsatzes formuliert. Eine Version, von William Thomson vorgeschlagen, besagt: *Man kann eine Wärmemenge nicht vollständig in Arbeit umwandeln, ohne einen Teil dieser Wärme bei einer tieferen Temperatur zu vergeuden.* Die andere Version, die von Rudolf Clausius stammt, besagt: *Man kann nicht Wärme von einem kalten Körper auf einen warmen Körper übertragen, ohne Arbeit für diese Übertragung zu leisten.* Beide Aussagen sind *Zusammenfassungen von Erfahrungen* und sind „Aussagen des Nichtkönnens". Sie sind Aussagen über die *Grenzen* dessen, was wir in der *Realität* tun können. Es kann gezeigt werden, daß jede der beiden Formulierungen des zweiten Hauptsatzes aus der anderen folgt, wenn diese als vorausgesetzt gilt.

15–7   Entropie und Unordnung

Jede der beiden Formulierungen des zweiten Hauptsatzes der Thermodynamik führt unter Zuhilfenahme von etwas Mathematik, die wir Ihnen hier jedoch nicht vorführen werden, zu einer neuen Zustandsfunktion S. Diese neue Zustandsfunktion wird als die *Entropie* des Systems bezeichnet und in $J\,K^{-1}$ gemessen. Wir werden nicht den allgemeinsten Ausdruck für die Entropie verwenden, sondern nur auf einen Spezialfall eingehen, der für uns besonders nützlich ist: Wenn eine Wärmemenge q einem System *auf eine reversible Art* bei einer Temperatur T zugeführt wird, dann erhöht sich die Entropie des Systems um

$$\Delta S = \frac{q}{T} \tag{15-9}$$

Wenn die Wärme dem System auf irreversible Weise zugeführt wird, erhöht sich seine

Entropie um mehr als q/T

$$\Delta S > \frac{q_{\text{irr}}}{T} \tag{15–9a}$$

Die Größe q/T stellt also eine untere Grenze für die Entropieerhöhung dar, die nur dann erreicht wird, wenn der Wärmeübergang reversibel erfolgt, d.h. wenn der zu erwärmende Körper im thermischen Gleichgewicht mit dem Körper steht, der an ihn die Wärme abgibt. Nun fließt Wärme nur deshalb von einem Körper zum anderen, weil sie eben *nicht* miteinander im Gleichgewicht stehen, und man würde unendlich lange Zeiten benötigen, damit ein reversibler Wärmefluß stattfinden könnte. Wirklich reversible Prozesse sind Idealvorstellungen für reale, irreversible Prozesse. Was wir sagen sollten, ist also Folgendes: Bei jedem realen (irreversiblen) Prozeß wird die Entropieerhöhung größer als q/T sein, aber je langsamer und sorgfältiger wir den Wärmeübergang durchführen, desto weniger wird ΔS den Wert q/T übersteigen.

So, wie sie sich aus dem zweiten Hauptsatz herleiten läßt, besitzt die Entropie keine offensichtliche molekulare Erklärung. Aber Ludwig Boltzmann (1844–1906), ein österreichischer Physiker, zeigte 1877, daß die Entropie eine grundlegende molekulare Bedeutung hat. Die Entropie eines Systems von chemischen Stoffen ist ein Maß für die *Unordnung* des Systems. Die Boltzmannsche Gleichung, die die Entropie mit der Unordnung verknüpft (und die in seinen Grabstein in Wien eingemeißelt ist), lautet

$$S = k \ln W \tag{15–10}$$

In einer für Berechnungen praktischeren Form läßt sich dafür schreiben

$$S = 2{,}303\, k \lg W \tag{15–10a}$$

wobei der natürliche Logarithmus (ln) durch den dekadischen Logarithmus (lg) ersetzt wurde. Die Größe W, die sogenannte Wahrscheinlichkeit, ist die Anzahl von äquivalenten Möglichkeiten, ein System anzuordnen, wie wir zunächst einmal an einem Kartenspiel als unser System veranschaulichen werden. Die Konstante k wird Boltzmannkonstante genannt und ist gleich der Gaskonstanten, R, dividiert durch die Loschmidtsche Zahl, N_{L}. Sie ist also die Gaskonstante pro Molekül anstatt pro Mol. Ihr Wert beträgt $k = 1{,}38062 \times 10^{-23}\,\text{J K}^{-1}$.

Poker – Entropie

Um kennenzulernen, was die Boltzmannsche Formel bedeutet, lassen Sie uns statt eines Kastens, der annähernd 10^{23} Moleküle enthält, erst einmal ein Kartenspiel mit 52 Karten betrachten. Anstatt die meßbaren Anordnungen von Molekülen zu untersuchen, lassen Sie uns die traditionell üblichen Poker-Hände anschauen: Wenn Ihnen fünf Karten gegeben werden, eine nach der anderen, dann gibt es 52 Möglichkeiten für die erste Karte. Für die zweite Karte gibt es nur noch 51 Möglichkeiten, da eine Karte bereits ausgegeben wurde. Für die dritte Karte sind es 50 Möglichkeiten, für die vierte 49 und für die fünfte und letzte Karte Ihrer Poker-Hand 48. Die Gesamtzahl der Möglichkeiten, in denen Ihnen eine Poker-Hand zugeteilt werden kann, ist das Produkt aus den fünf Faktoren: $52 \cdot 51 \cdot 50 \cdot 49 \cdot 48$.

Dieses Ergebnis ist richtig, wenn Sie die Karten genau in der Reihenfolge vor sich ablegen, in der sie Ihnen zugeteilt wurden. Jedoch ist beim Pokern die Reihenfolge, in der Sie die Karten erhielten, ohne Bedeutung. Jedes Mischen dieser fünf Karten läßt die Poker-Hand unverändert. Daher müssen wir das obige Produkt durch die Anzahl der Möglichkeiten dividieren, in denen fünf Karten untereinander zu vertauschen sind. Um diese Zahl zu ermitteln, nehmen wir einmal an, daß Sie einem Freund sagen: „Zieh diese fünf Karten eine nach der anderen, und schreib dir die Reihenfolge auf, in der du sie gezogen hast!" Auf wie viele verschiedene Weisen kann er dies tun? Er hat fünf Auswahlmöglichkeiten für die erste Karte, die er zieht, vier für die zweite, drei für die dritte, zwei für die vierte und nur noch eine für die fünfte und letzte Karte der Poker-Hand. Die Anordnung, die er zieht, ist eine von $5 \cdot 4 \cdot 3 \cdot 2 \cdot 1$ möglichen Anordnungen dieser fünf Karten. Diese Zahl wird als 5! geschrieben und „fünf Fakultät" gelesen. Die Gesamtzahl von verschiedenen Möglichkeiten, eine Poker-Hand zu geben, bei der die Reihenfolge der fünf Karten unbedeutend ist, ist daher

$$W_T = \frac{52 \cdot 51 \cdot 50 \cdot 49 \cdot 48}{5 \cdot 4 \cdot 3 \cdot 2 \cdot 1} = 2\,598\,960$$

Die höchste Hand beim Pokern ist der Royal Flush, der aus As, König, Dame, Bube und 10 einer Farbe besteht. Es gibt nur vier Royal Flushes unter den $2\,598\,960$ möglichen Poker-Händen. Der Straight Flush ist eine Folge von fünf Karten aus einer Farbe; es müssen nicht notwendigerweise die obersten fünf sein. Von ihnen gibt es 40 oder 36, wenn der Royal Flush als eine getrennte Hand gewertet wird. Die Wahrscheinlichkeit für vier gleiche Karten ist in ihrer Konstruktion interessant: Die erste Karte kann jede beliebige der 52 Karten sein. Sobald wir aber diese Karte erhalten haben, ist der Wert für die vier Karten fixiert. Die zweite Karte kann nur eine von den insgesamt drei Karten mit demselben Kartenwert in den anderen Farben sein. In ähnlicher Weise kann die dritte Karte nur eine der zwei übriggebliebenen Karten mit demselben Wert sein, und die vierte Karte ist vorherbestimmt, wenn sich die ergebende Hand aus vier gleichen Karten aus vier verschiedenen Farben zusammensetzen soll. Die fünfte Karte kann jeden beliebigen Wert und jede beliebige Farbe haben; da bereits 4 Karten ausgeteilt sind, gibt es 48 Möglichkeiten für die fünfte Karte. Daher ist die Anzahl der Möglichkeiten, vier gleiche Karten zu erhalten, durch das Produkt $52 \cdot 3 \cdot 2 \cdot 1 \cdot 48$ gegeben. Aber wieder haben wir zuviele Möglichkeiten gezählt. Die Anzahl der Vertauschungsmöglichkeiten der vier Karten, deren Reihenfolge bei dem oben beachteten Gebe-Schema noch berücksichtigt wurde (die vier Karten desselben Kartenwerts), ist innerhalb der Poker-hand $4 \cdot 3 \cdot 2 \cdot 1$. Wenn wir unser Ergebnis hinsichtlich der Bedeutungslosigkeit der Reihenfolge der vier gleichen Karten in der Poker-Hand korrigieren, erhalten wir für die Anzahl der verschiedenen Möglichkeiten, vier gleiche Karten zu bekommen

$$W = \frac{52 \cdot 3 \cdot 2 \cdot 1 \cdot 48}{4 \cdot 3 \cdot 2 \cdot 1} = 624$$

Eine Tabelle der 10 Poker-Hände, die auch die wertlose „Bust"-Kategorie einschließt, die alle übrigbleibenden Hände umfaßt, die nicht zu den ersten neun zählen, ist in Tabelle 15–2 angegeben. Für jede dieser Poker-Hände wurde nun die Boltzmann-Entropie berechnet. Sowohl W als auch S sind in Abbildung 15–6 aufgetragen. Die fundamental wichtige Eigenschaft der Entropiedefinition ist ihre logarithmische Abhängigkeit von der Anzahl der Möglichkeiten, eine bestimmte Anordnung zu erzeugen, und nicht etwa die Konstante vor dem Logarithmus. In unserem Beispiel haben wir aus rein praktischen Gründen, um die Zahlenwerte einfach zu halten, die Gaskonstante R an Stelle der Boltzmann-Konstante k verwendet.

Tabelle 15–2   Poker-Entropie

Hand	W	$\bar{S} = R \ln W$ [a]
Royal flush (AKDB 10, eine Farbe)	4	11,56
Straight flush (Folge, eine Farbe)	36	29,85
Vier gleiche Karten (XXXXo)	624	53,63
Volles Haus (XXYYY)	3 744	68,66
Flush (alle dieselbe Farbe)	5 108	71,26
Straße (5 Karten in Folge)	10 200	77,04
Drei gleiche Karten (XXXoo)	54 912	90,94
Zwei Paare (XXYYo)	123 552	97,55
Ein Paar (XXooo)	1 098 240	115,56
Nichts	1 302 540	117,65
Gesamtzahl der möglichen Kombinationen bei 52 Karten	2 598 960	122,88

[a] Um die Zahlen einfach zu halten, haben wir R an Stelle von k verwendet. Infolgedessen gilt die Entropie für 1 Mol von Pokerhänden und wird in $J\,K^{-1}\,mol^{-1}$ gemessen.

Beachten Sie die folgenden Vorteile, die die Benutzung von Entropien, S, an Stelle der Wahrscheinlichkeiten, W, (Anzahl der Möglichkeiten) mit sich bringt:

1. Da die Entropien logarithmisch mit W ansteigen, verändern sie sich langsamer als W. Wo W von 4 auf 2,5 Millionen anwächst, verändert sich S nur zwischen 3 und 30. Der Grund dafür ist derselbe wie bei der Benutzung der exponentiellen Zehnerpotenz-Schreibweise für große Zahlen.
2. Auf Grund dieser logarithmischen Darstellung sind die Entropien additiv, wogegen sich die Wahrscheinlichkeiten (die Anzahl der Möglichkeiten) multiplikativ verhalten: Wenn ein Gasbehälter fünf verschiedene Zustände besitzen kann, während ein anderer Gasbehälter sechs verschiedene Zustände einnehmen kann, dann gibt es $5 \cdot 6 = 30$ verschiedene Kombinationen der zwei Gasproben. Die Entropie der beiden Behälter ist jedoch die *Summe* der Entropien der beiden einzelnen Behälter

$$S = k \ln(5 \cdot 6) = k \ln 5 + k \ln 6$$

Die Entropie ist eine additive (extensive) Eigenschaft eines Systems, wie auch seine Energie, seine Enthalpie und sein Volumen es sind.

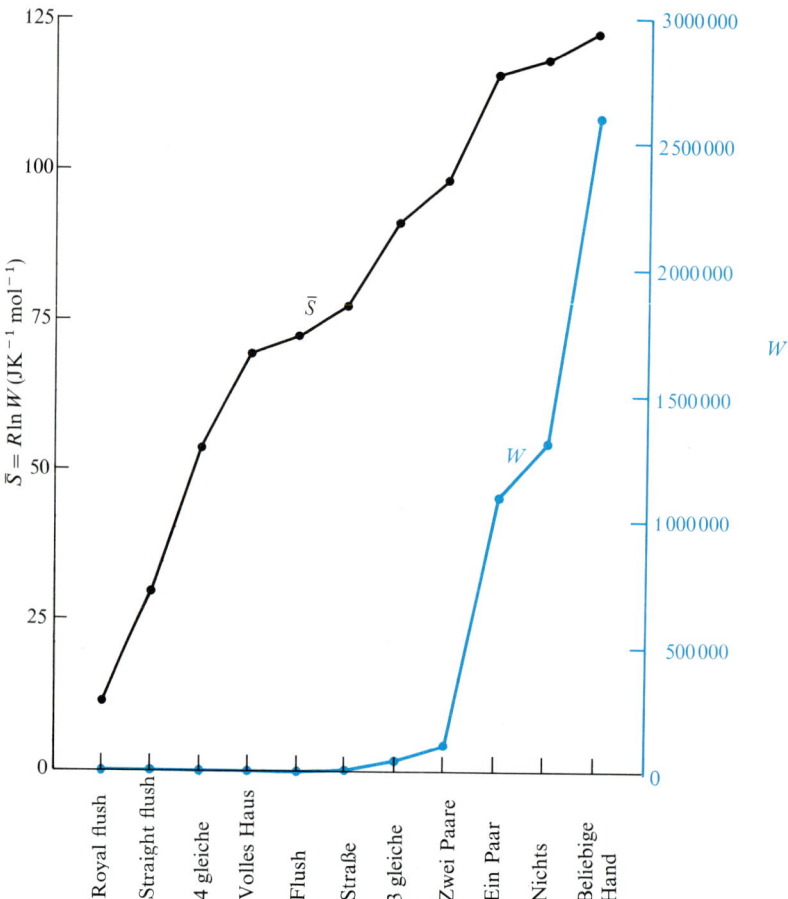

Abbildung 15–6 Eine graphische Darstellung der Wahrscheinlichkeit W für die verschiedenen möglichen Pokerhände (ausgedrückt durch die Zahl der verschiedenen Möglichkeiten, eine der geltenden Pokerhände zu erhalten) und der Entropie $\bar{S}$ eines Mols von jeder Pokerhand, die dem Logarithmus von W proportional ist. Die Darstellung von W sagt weniger aus als die $\bar{S}$-Darstellung, da sich bei ihr die Kurve für mehr als die Hälfte aller Pokerhände flach an die horizontale Achse anschmiegt und nicht mehr ablesbar ist.

3. Wenn zwei Zustände denselben Entropie*unterschied*, ΔS, aufweisen wie zwei andere Zustände, dann besitzen die beiden Paare von Zuständen dieselbe relative Wahrscheinlichkeit. So beträgt z. B. bei unseren Poker-Händen der Entropieunterschied zwischen vier gleichen Karten und einem Straight Flush $(53,63 - 29,85)\,\mathrm{J\,K^{-1}\,mol^{-1}}$ $= 23,78\,\mathrm{J\,K^{-1}\,mol^{-1}}$. Der Entropieunterschied zwischen einem Straight und vier gleichen Karten beträgt $(77,04 - 53,63)\,\mathrm{J\,K^{-1}\,mol^{-1}} = 23,41\,\mathrm{J\,K^{-1}\,mol^{-1}}$, was annähernd dasselbe wie der erste Entropieunterschied ist. Somit sollten auch die Verhältnisse der Wahrscheinlichkeiten in beiden Fällen annähernd gleich groß sein: Wir erhalten nach Tabelle 15–2, daß vier gleiche Karten $624 : 36 = 17,3$ mal wahrscheinlicher sind als ein

Straight Flush und daß ein einfacher Straight $10\,200 : 624 = 16,4$ mal wahrscheinlicher ist als vier gleiche Karten.

Eine unausgesprochene Annahme bei der ganzen vorangehenden Diskussion war es, daß der Kartengeber nicht betrügt und daß jede einzelne Kombination von fünf Karten die gleiche Wahrscheinlichkeit, wie jede andere Kombination auch, besitzt. Ihre Chancen, ein Full House in einem solchen ehrlichen Spiel zu bekommen, hängen nur davon ab, wie viele der $2\,598\,960$ möglichen Hände mit gleicher Wahrscheinlichkeit als Full House klassifiziert sind. Nach Tabelle 15–2 lautet die Antwort: 33744 Hände. Je mehr verschiedene Hände als eine bestimmte Poker-Hand klassifiziert sind, desto häufiger wird diese Hand ausgegeben werden. Ein intelligenter Pokerspieler gründet seine Setz-Strategie zum Teil auf seine Kenntnis der relativen Wahrscheinlichkeiten der verschiedenen Poker-Hände, da der Rang der Poker-Hände nach den Spielregeln dieser Wahrscheinlichkeitsliste folgt.

Reale Substanzen

In der Thermodynamik und statistischen Mechanik ersetzen wir die 52 Karten durch eine Ansammlung von Atomen oder Molekülen. Die „Poker-Hände" sind dann die verschiedenen, experimentell unterscheidbaren Zustände der Teilchen, wie z. B. „alle Moleküle in einem Kristall der Substanz" oder „alle Moleküle der Substanz, die sich im zur Verfügung stehenden Volumen als ein Gas frei bewegen" oder „die eine Hälfte der Moleküle in einer Flüssigkeit und die andere Hälfte in einem Gas über der Flüssigkeit". Die einzelnen „Hände" sind die individuellen mikroskopischen Anordnungen, die die im großen Maßstab meßbaren Zustände ergeben. Diese Verteilungen werden als *Mikrozustände* bezeichnet, während die meßbaren Zustände *Makrozustände* genannt werden. Der Wert von W gibt die Anzahl der verschiedenen Mikrozustände an, die denselben beobachtbaren Makrozustand ergeben (624 verschiedene Hände ergeben die Poker-Hand „vier gleiche Karten"). Wenn wir annehmen, daß der kosmische Kartengeber nicht betrügt (was bedeutet, daß es keine uns unbekannten physikalischen Gesetze gibt, die die Mikrozustände untereinander verknüpfen und die wir infolgedessen nicht beachtet haben, wodurch das Ergebnis verändert werden könnte), dann nehmen wir damit an, daß jeder Mikrozustand dieselbe Wahrscheinlichkeit wie jeder andere Mikrozustand besitzt. Wenn dies gilt, dann ist die Wahrscheinlichkeit, eine bestimmte experimentelle Sachlage anzutreffen, proportional zu W.

Die Wahrscheinlichkeit, einen bestimmten experimentellen Sachverhalt anzutreffen, nimmt ab, je mehr Bedingungen wir der Beschreibung des Zustands auferlegen. Wenn wir fragen, „wie groß ist die Zahl der Möglichkeiten oder die relative Wahrscheinlichkeit, irgendeine beliebige Poker-Hand zu erhalten?", dann lautet die Antwort: $2\,598\,960$ Möglichkeiten. Wenn wir jetzt aber die Einschränkung hinzufügen, daß alle fünf Karten von derselben Farbe sein müssen, verringert sich die Zahl auf 5 108; und wenn wir noch weiter fordern, daß die Karten in einer Folge von fünf benachbarten Kartenwerten vorliegen sollen, dann nimmt sie auf $36 + 4 = 40$ Möglichkeiten ab. In ähnlicher Weise finden wir, wenn wir fragen, wie groß die Wahrscheinlichkeit sein wird, einen Briefbeschwerer anzutreffen, dessen Moleküle sich in statistischer (zufälliger) Schwingung um feste Gleichgewichtslagen befinden, eine hohe Wahrscheinlichkeit. Wenn wir aber fragen, wie groß die Wahrscheinlichkeit dafür ist, daß sich *jedes* Molekül dieses Briefbeschwerers in einem bestimmten Augenblick in dieselbe Richtung bewegt, so daß der Briefbeschwerer plötzlich durch die Luft fliegt, stellen wir fest, daß diese Wahrscheinlichkeit äußerst gering ist; sie ist so klein, daß wir gewöhnlich dieses Geschehen als unmöglich ansehen.

Die Spezifikationen für einen kristallinen Festkörper sind stärker einschränkend als die, die für ein Gas gelten. Im Festkörper sitzt jeweils ein Atom oder Molekül an jedem von vielen, durch das Kristallgitter vorherbestimmten Plätzen. Beim Gas wissen wir nur, daß eine bestimmte Anzahl von Atomen oder Molekülen in einem bestimmten Volumen vorhanden sind, aber über die Positionen der einzelnen Teilchen sagen wir nichts weiter aus, als daß sie sich gleichmäßig über das Volumen des Behälters verteilen. Der Festkörper entspricht einem Royal Flush, und das Gas ähnelt einem Paar. Infolgedessen wird die molare Entropie eines Festkörpers kleiner sein als die eines Gases. Wenn wir das Wort „Unordnung" benutzen, wenden wir es in folgendem Sinne an: Je mehr mikroskopisch mögliche Zustände es gibt, die denselben Makrozustand ergeben, desto ungeordneter ist dieser Makrozustand, und desto wahrscheinlicher ist es, daß wir einen solchen Zustand in der Natur antreffen.

Entropien nach dem dritten Hauptsatz

Dies ist der Beitrag zur Anschauung der Entropie, den Boltzmann geliefert hat. Im Anhang 2 sind zusammen mit den molaren Standardbildungswärmen auch die molaren Standardentropien, $\bar{S}^0_{298}$, der Substanzen tabelliert. Diese Werte ergeben sich *nicht* aus dem Boltzmannschen Ausdruck $S = k \ln W$. Sie sind vielmehr das Ergebnis von thermischen Messungen von molaren Wärmekapazitäten, Schmelz- und Verdampfungswärmen. Sie werden in weiterführenden Vorlesungen lernen, wie Sie die Werte für S aus derartigen thermischen Daten berechnen können. Diese $\bar{S}^0_{298}$-Werte werden gelegentlich als „molare Entropien nach dem dritten Hauptsatz" bezeichnet, da der Zusammenhang zwischen der thermischen Entropie und der Boltzmann-Entropie ohne die Annahme des *dritten Hauptsatzes der Thermodynamik* nicht vollständig war. Dieser dritte Hauptsatz lautet: *Die Entropie eines idealen Kristalls am absoluten Nullpunkt besitzt den Wert null.*

Das Schöne an den Entropien nach dem dritten Hauptsatz ist die Tatsache, daß sie, obwohl sie nicht nach der statistischen Deutung Boltzmanns abgeleitet wurden, mit ihr so gut übereinstimmen. In Abbildung 15–7 sind die molaren Entropien für die reinen Hauptgruppenelemente in verschiedenen physikalischen Zuständen aufgetragen. Alle metallischen Festkörper weisen molare Entropien unterhalb von $85 \, \mathrm{J \, K^{-1} \, mol^{-1}}$ auf, einatomige Gase liegen zwischen 125 und $190 \, \mathrm{J \, K^{-1} \, mol^{-1}}$, und zwei- oder mehratomige Gase besitzen noch höhere molare Entropien. Einige der Abhängigkeiten der molaren Entropie von den physikalischen Eigenschaften der Stoffe sind in Tabelle 15–3 zusammengestellt. Gase weisen eine höhere molare Entropie als Flüssigkeiten auf, und Flüssigkeiten besitzen ihrerseits größere molare Entropien als Festkörper. Weiche Stoffe haben eine höhere molare Entropie als harte Substanzen; die Bindungen im Blei sind

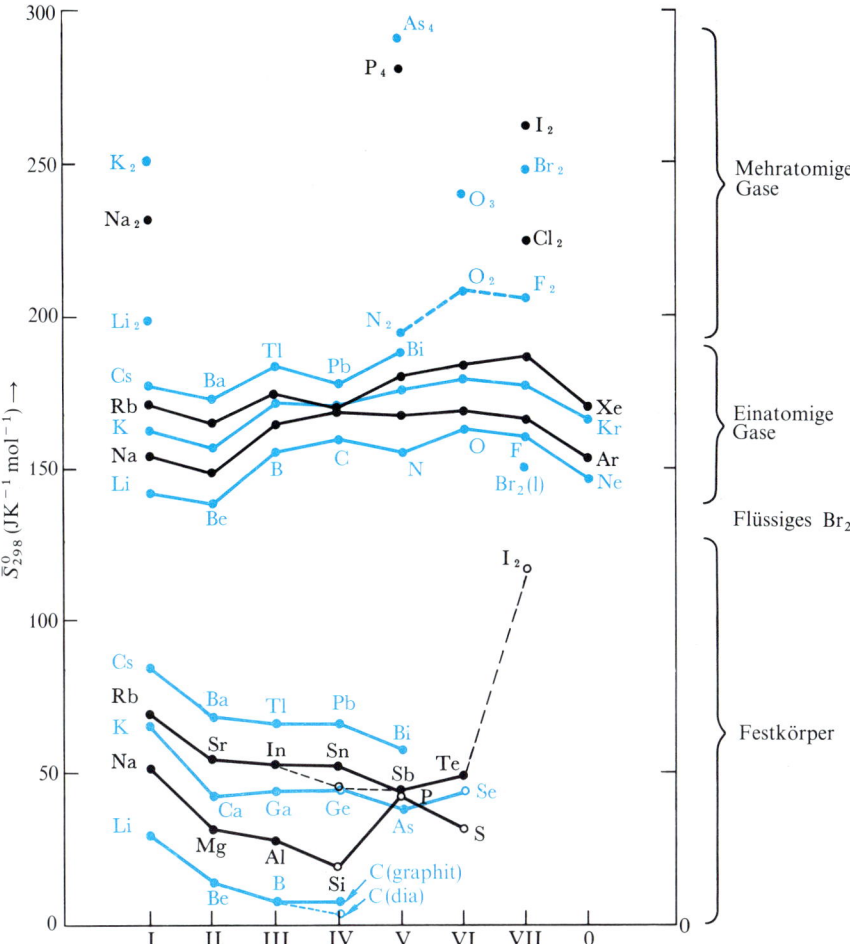

Abbildung 15–7 Molare Entropien nach dem dritten Hauptsatz in J K^{-1} mol^{-1} für verschiedene Elemente als Festkörper, Flüssigkeiten und einatomige oder mehratomige Gase. Mehratomige Gase besitzen größere molare Entropien als einatomige Gase, weil die Masse der Moleküleinheit größer ist. Alle einatomigen Gase haben annähernd die gleiche molare Entropie, wobei sich diese allmählich mit der Masse der Atome erhöht. Festkörper mit stärkeren Bindungen besitzen kleinere molare Entropien. Volle Kreise bei den Festkörpern deuten auf metallisches Verhalten hin, während offene Kreise nichtmetallische Strukturen kennzeichnen. Die beiden Strukturen für den Kohlenstoff sind Graphit (voll) und Diamant (offen). Die beiden Strukturen beim Zinn sind metallisches weißes Zinn (voll) und graues Zinn mit der Diamantstruktur (offen). Die molare Entropie des molekularen Festkörpers aus I$_2$-Molekülen ist der molaren Entropie von Kristallen anderer mehratomiger, kleiner Moleküle ähnlich, wie z. B. ICN (129,0 J K^{-1} mol^{-1}), Glykokoll (Glycin; 109,3 J K^{-1} mol^{-1}), Oxalsäure (120,2 J K^{-1} mol^{-1}) und Harnstoff (104,7 J K^{-1} mol^{-1}).

Tabelle 15–3   Molare Entropie und physikalische Eigenschaften[a]

A. Die Entropie erhöht sich mit der Masse:

$F_2(g)$	$Cl_2(g)$	$Br_2(g)$	$I_2(g)$	$O(g)$	$O_2(g)$	$O_3(g)$	$P_4(g)$	$As_4(g)$
203,5	223,2	245,3	260,8	161,2	205,2	237,8	280,1	288,9

B. Die Entropie erhöht sich bei der Verdampfung oder Sublimation zu einem Gas:

$I_2(s)$	$I_2(g)$	$Br_2(l)$	$Br_2(g)$	$H_2O(l)$	$H_2O(g)$	$CH_3OH(l)$	$CH_3OH(g)$
116,8	260,8	152,4	245,3	69,9	188,8	126,9	237,8

C. Die Entropie erhöht sich bei der Auflösung eines Festkörpers oder einer Flüssigkeit in Wasser:

$HCOOH(l)$	$HCOOH(aq)$	$CH_3OH(l)$	$CH_3OH(aq)$	$NaCl(s)$	$Na^+(aq) + Cl^-(aq)$
129,04	163,7	126,9	132,3	72,4	60,3 + 55,3

D. Die Entropie nimmt ab bei der Auflösung eines Gases in Wasser:

$HCOOH(g)$	$HCOOH(aq)$	$CH_3OH(g)$	$CH_3OH(aq)$	$HCl(g)$	$H^+(aq) + Cl^-(aq)$
251,2	163,7	237,8	132,3	186,7	0 + 55,3

E. Die Entropie ist in Netzwerkfestkörpern niedriger als in metallischen Festkörpern:

$C(gr)$	$C(dia)$	Sn (weiß, metallisch)	Sn (grau, Diamant)
5,69	2,43	51,5	44,8

F. Die Entropie erhöht sich mit der Weichheit und der Schwäche der Bindungen zwischen den Atomen:

$C(dia)$	$W(s)$	$SiO_2(s)$	$Pb(s)$	$Hg(l)$	$Hg(g)$
2,43	33,5	41,9	64,9	77,5	175,0

G. Die Entropie erhöht sich mit der chemischen Komplexität einer Verbindung:

$Mg(s)$	$NaCl(s)$	$MgCl_2(s)$	$AlCl_3(s)$	$CuSO_4(s)$	$CuSO_4 \cdot H_2O(s)$	$CuSO_4 \cdot 3H_2O(s)$
32,7	72,4	89,6	167	113,5	149,9	225,2

$CuSO_4 \cdot 5H_2O(s)$	$CH_4(g)$	$C_2H_6(g)$	$C_3H_8(g)$	$n\text{-}C_4H_{10}(g)$	$iso\text{-}C_4H_{10}(g)$
305,6	184,2	229,9	270,0	310,2	294,8

---

[a] Alle molaren Entropien sind in $J\,K^{-1}\,mol^{-1}$ angegeben.

nicht so starr wie die im Diamant, und die „Spezifikationen" für festes Blei sind nicht so streng wie für festen Diamant. Wenn eine Substanz zwei kristalline Formen (Modifikationen) besitzt, von denen die eine metallisch ist, während die andere ein nichtmetallisches Netzwerk aufweist, dann ist die molare Entropie der nichtmetallischen Netzwerkform kleiner. (Siehe C und Sn in Tabelle 15–3 E.) Die molare Entropie von Festkörpern und Flüssigkeiten nimmt zu, wenn sie in einem Lösungsmittel, wie z. B. Wasser, aufgelöst werden; die molare Entropie von Gasen nimmt dagegen ab, wenn sie sich in einem Lösungsmittel lösen. Das Ausmaß der Unordnung ist in einer Lösung größer als in einem Festkörper oder in einer reinen Flüssigkeit, aber geringer als in einem Gas. Die molare Entropie wächst mit der chemischen Komplexität an, ganz gleich, ob diese Komplexität nun von der Anzahl der verschiedenen Ionen in einem Gitter, der Zahl von verschiedenen Molekülen, die mit einem Salz auskristallisieren (wie z. B. das Kristallwasser bei der Hydratation) oder der Anzahl von Atomen in einem Molekül herrührt (Tabelle 15–3 G). Die molare Entropie erhöht sich auch mit zunehmender Masse der Moleküle, was ohne Quantenmechanik nicht so leicht zu verstehen ist. Wie wir aber bereits mehrmals erwähnt haben, nimmt der Abstand zwischen den Energieniveaus, die einer Substanz zur Verfügung stehen, mit steigender Masse ihrer Teilchen ab (dies ist einer der Gründe, warum wir die Quantisierung bei Elektronen bemerken, nicht aber bei Tennisbällen). Bei derselben Temperatur stehen einem schwereren Körper mehr Quantenniveaus zur Verfügung, und er besitzt infolgedessen mehr Möglichkeiten (Mikrozustände), den beobachtbaren Makrozustand zu verwirklichen. Dementsprechend weist er dann auch eine höhere molare Entropie auf.

Lassen Sie uns jetzt, indem wir uns stets diese allgemeinen Zusammenhänge vor Augen halten, einmal sehen, welche Auswirkungen die Entropie auf chemische Reaktionen hat.

15–8   Freie Enthalpie und Spontaneität bei chemischen Reaktionen

Welche Faktoren bestimmen, ob eine chemische Reaktion spontan abläuft oder nicht? Welche meßbaren oder berechenbaren Eigenschaften des Systems aus H_2, Cl_2 und HCl deuten darauf hin, daß die Reaktion zwischen H_2 und Cl_2 unter Bedingungen explosiv spontan verläuft, unter denen die Zersetzung des HCl zu H_2 und Cl_2 kaum nachweisbar ist? Marcellin Berthelot und Julius Thomsen[1], ein französischer und ein dänischer Thermodynamiker, schlugen 1878 eine *falsche* Antwort auf diese Fragen vor in der Form ihres *Prinzips von Berthelot und Thomsen:* Jede chemische Veränderung, die ohne Intervention irgendeiner äußeren Energie abläuft, ist bestrebt, den Körper oder das System von Körpern zu bilden, die die meiste Wärme freisetzen. Anders gesagt: Alle spontanen Reaktionen sind exotherm.

Wenn das Prinzip von Berhelot und Thomsen richtig wäre und wenn die Enthalpie eines Systems miteinander reagierender Chemikalien während jedes spontanen Prozesses *abnehmen* würde, dann würde das Gleichgewicht im Minimum der Enthalpie eintreten, da sich jeder spontane Prozeß auf das Gleichgewicht zu bewegt. Die Darstellung der Enthalpie H gegen das Ausmaß (den Umsatz) der Reaktion entlang der horizontalen Achse würde dann wie Abbildung 15–8 aussehen, die für eine typische Reaktion gezeichnet wurde.

---

[1] Dieser Berthelot ist nicht der Berthollet, der Ihnen bereits begegnet ist, noch ist dieser Thomsen einer von den Thomsons oder Thompsons, von denen wir bisher gehört haben. Um derartige Verwechselungen zu vermeiden, geben wir Ihnen hier eine kurze Zusammenstellung dieser Herren an:

Claude Berthollet (1748–1822). Französischer Chemiker, Gegner der Vorstellung von den definierten Verhältnissen der Elemente in Verbindungen.

Marcellin Berthelot (1827–1907). Französischer Thermodynamiker.

Benjamin Thompson (1753–1814). Amerikanischer Abenteurer und Spion, bayrischer Munitionsfabrikant, Gründer der Royal Institution, London.

William Thomson (1824–1907). Britischer Thermodynamiker, der spätere Lord Kelvin.

Julius Thomsen (1826–1909). Dänischer Thermodynamiker.

J. J. Thomson (1856–1940). Britischer Physiker, Entdecker des Elektrons, Nobelpreis 1906.

G. P. Thomson (1892). Britischer Physiker, Nobelpreis 1937 für Elektronenbeugung, Sohn von J.J. Thomson.

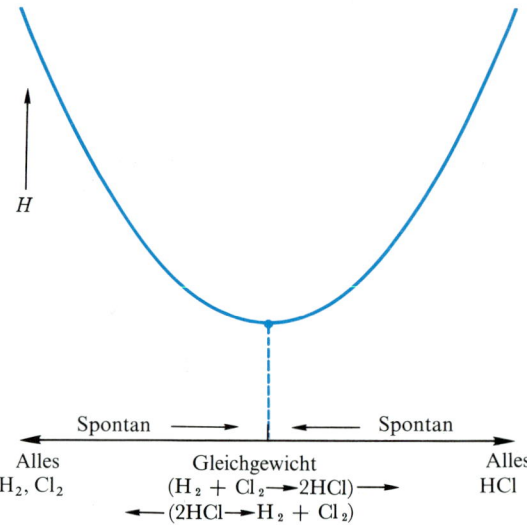

Abbildung 15–8   Wenn das Prinzip von Berthelot und Thomsen richtig wäre und alle spontanen Reaktionen Wärme freisetzen würden, dann wäre die Enthalpie H eine chemische Potentialfunktion, die am Gleichgewichtspunkt ein Minimum aufwiese. Dies ist aber nicht der Fall: Wir können spontane Prozesse finden, die Wärme aufnehmen. Eines der deutlichsten Beispiele dafür ist die Verdampfung einer Flüssigkeit.

Unglücklicherweise (für das Prinzip) können wir Ausnahmen von ihm finden: Reaktionen, die spontan verlaufen, aber dabei Wärme aufnehmen. Eine dieser Reaktionen ist die Verdampfung des Wassers oder irgendeiner anderen Substanz bei einem Partialdruck, der kleiner als der Dampfdruck des betreffenden Stoffes ist. Wenn eine Schüssel Wasser verdampft, wird vom System Wärme aufgenommen

$$H_2O(l) \; \rightleftarrows \; H_2O(g) \qquad \Delta \bar{H}^0_{298} = +44{,}05 \; \text{kJ mol}^{-1}$$

Wenn das Prinzip von Berthelot und Thomsen richtig wäre, dann müßten sich alle Gase spontan zu Flüssigkeiten kondensieren, und alle Flüssigkeiten müßten ihrerseits zu Festkörpern erstarren, da sie dabei Enthalpie nach außen abgeben würden.

In ähnlicher Weise ist die Auflösung von Ammoniumchloridkristallen in Wasser sowohl spontan als auch endotherm

$$NH_4Cl(s) + H_2O \; \rightarrow \; NH_4(aq)^+ + Cl(aq)^- \qquad \Delta H^0_{298} = +15{,}16 \; \text{kJ}$$

Die Zugabe von Wasser zu einem Kolben mit festem NH_4Cl läßt diesen Kolben kalt genug werden, so daß das Kondenswasser auf der Außenseite des Kolbens erstarrt. Dennoch haben wir noch nie gesehen, daß sich verdünnte Lösungen von Ammoniumchlorid spontan in Kristalle und reines Wasser trennen, nur weil bei diesem Prozeß Wärme freigesetzt würde.

Noch ein letztes Beispiel: Distickstoffpentoxid ist ein instabiler Festkörper, der – manchmal explosiv – zu NO_2 und O_2 zerfällt

$$N_2O_5(s) \rightleftarrows 2NO_2(g) + \tfrac{1}{2}O_2(g) \qquad \Delta H^0_{298} = +109,61 \text{ kJ}$$

Bei dieser spontanen Zersetzung wird jedoch eine große Wärmemenge vom System aufgenommen.

Es gibt viele weitere Beispiele für spontane Prozesse, die Wärme aufnehmen. Daraus folgt ganz klar, daß wir den Gleichgewichtspunkt nicht durch Minimierung von H ermitteln können. Die Enthalpie ist damit kein Maß für das Bestreben einer Reaktion, spontan abzulaufen.

Die drei oben erwähnten Reaktionen laufen trotz ihres Wärmebedarfs ab, weil ihre Produkte einen Zustand viel höherer Unordnung einnehmen als ihre Ausgangsstoffe: Wasserdampf ist ungeordneter und besitzt infolgedessen eine höhere Entropie als flüssiges Wasser. Hydratisierte NH_4^+- und Cl^--Ionen weisen eine höhere Entropie auf als kristallines NH_4Cl. Gasförmiges NO_2 und O_2 sind ungeordneter und besitzen eine größere Entropie als festes N_2O_5. Ein chemisches System sucht nicht nur den Zustand der niedrigsten Energie oder Enthalpie auf, sondern strebt auch den Zustand der größten Unordnung, Wahrscheinlichkeit oder Entropie an. Es kann eine neue Zustandsfunktion definiert werden, die *freie Enthalpie G* (auch als Gibbssche freie Energie bezeichnet)

$$G = H - TS \qquad\qquad (15\text{–}11)$$

Wir können sehr einfach zeigen, daß bei Reaktionen unter konstantem Druck und bei konstanter Temperatur *jede Reaktion spontan ist, deren freie Enthalpie abnimmt.* Wenn wir uns die gesamte freie Enthalpie G einer Ansammlung von Verbindungen in einem Behälter bei konstanter Temperatur und Druck ansehen, dann hängt die Änderung der gesamten freien Enthalpie, die durch chemische Reaktionen verursacht wird, mit den Änderungen der Enthalpie und Entropie über die Beziehung

$$\Delta G = \Delta H - T\Delta S \qquad\qquad (15\text{–}12)$$

zusammen. Nun ist aber $H = E + PV$, und bei konstantem Druck erhalten wir daraus

$$\Delta H = \Delta E + P\Delta V$$

Nach dem ersten Hauptsatz der Thermodynamik gilt ferner

$$\Delta E = q - w$$

Lassen Sie uns jetzt noch annehmen, daß, abgesehen von der PV-Arbeit, keine elektrische oder andere Arbeit geleistet wird, während sich die Reaktionspartner und Produkte ausdehnen oder zusammenziehen. Dann ist $w = P\Delta V$. Wenn wir dies nun in umgekehrter Reihenfolge in die vorangehenden Gleichungen substituieren, erhalten wir

$$\Delta E = q - P\Delta V$$
$$\Delta H = q - P\Delta V + P\Delta V = q$$

Diese letzte Gleichung besagt, daß unter konstantem Druck die Enthalpieänderung gleich der Reaktionswärme ist, was uns bereits bekannt ist. Wenn wir q an Stelle von ΔH in Gleichung (15–12) einsetzen, bekommen wir

$$\Delta G = q - T\Delta S \qquad\qquad (15\text{–}13)$$

Wie wir bereits vorher erwähnt haben (Gleichung (15–9)), gilt bei einer reversiblen Reaktion $\Delta S = q/T$. Damit folgt $q = T\Delta S$ und

$$\Delta G = 0 \quad \text{(für eine reversible Reaktion, die bei konstantem Druck} \quad (15\text{–}14)$$
$$\text{und konstanter Temperatur abläuft)}$$

Was geschieht nun bei einer irreversiblen Reaktion? Erhöht sich dabei die freie Enthalpie oder nimmt sie ab oder ist sogar je nach den Umständen beides möglich?

Wir können diese Frage mit Hilfe der Gleichung (15–9a) beantworten: Bei jeder realen, irreversiblen Reaktion ist die Entropieänderung *größer* als q/T: $\Delta S > q/T$ oder $T\Delta S > q$. Daher folgt nach Gleichung (15–13) für eine derartige Reaktion: $\Delta G < 0$.

Beide Ergebnisse können folgendermaßen zusammengefaßt werden: *Bei jeder spontanen Reaktion unter konstantem Druck und konstanter Temperatur nimmt die freie Enthalpie G stets ab. Wenn das Reaktionssystem sein Gleichgewicht erreicht, befindet sich G bei einem Minimum, und ΔG ist gleich null.* Dieses Verhalten von G ist in Abbildung 15–9 dargestellt.

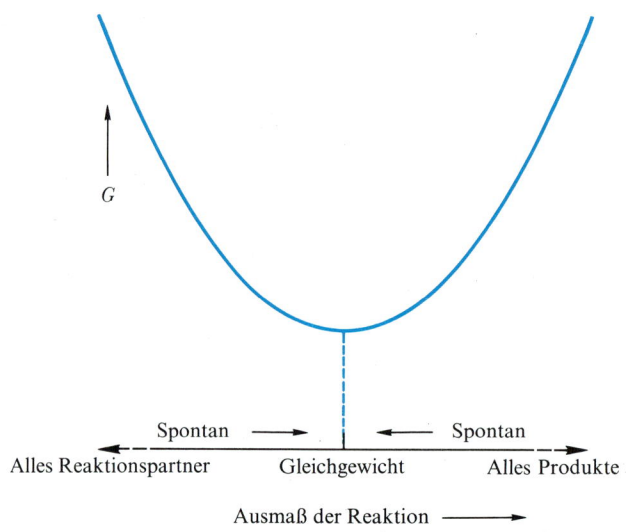

Abbildung 15–9 Die richtige chemische Potentialfunktion unter den Bedingungen von konstantem Druck und konstanter Temperatur ist die freie Enthalpie (oder Gibbssche freie Energie) G. Bei allen spontanen Reaktionen nimmt die freie Enthalpie ab, und im Gleichgewichtsfall ist die Änderung der freien Enthalpie der Reaktion in beiden Richtungen gleich null (Minimum der freien Enthalpie).

Es dürfte schwerfallen, die Bedeutung dieser Ergebnisse für die Chemiker zu überschätzen: Die freie Enthalpie ist jetzt der Prüfstein, mit dessen Hilfe wir vorherbestimmen können, ob irgendeine bestimmte Reaktion spontan abläuft, im Gleichgewicht verharrt oder spontan in entgegengesetzter Richtung verläuft.

Einen letzten Punkt des thermodynamischen Einfallsreichtums müssen wir noch erwähnen: Da G, wie die Funktionen H, T und S, aus denen es sich zusammensetzt, eine Zustandsfunktion ist, macht es nichts aus, ob sich der Druck oder die Temperatur im Verlaufe einer Reaktion ändern, solange sie am Ende der Reaktion wieder auf den Anfangsdruck und die Anfangstemperatur zurückgebracht werden. Die vorangehenden Bemerkungen über G und das Gleichgewicht gelten, obwohl sie für einen unveränderlichen Druck und eine unveränderliche Temperatur abgeleitet wurden, genauso gut für eine Explosion mit hohen Temperaturen, vorausgesetzt, daß das Reaktionsgefäß und sein Inhalt am Ende der Reaktion auf 298 K und 1,013 bar (1 atm) zurückgebracht werden. (In diesem Kapitel beschäftigen wir uns nur mit Reaktionen bei 298 K. Die freien Enthalpien reagieren empfindlich auf Temperaturveränderungen, und wir werden Beispiele dafür in Abschnitt 16–4 kennenlernen.)

Aufforderung: Sie sollten jetzt in der Lage sein, den Begriff der freien Enthalpie auf die Lösung von Problemen des Abbaus von Polymeren und des Pflanzenwachstums anzuwenden. Versuchen Sie einmal die Aufgaben 15–21 und 15–22 aus *Ergänzungsaufgaben zu Prinzipien der Chemie* von Butler und Grosser.

Änderung der freien Enthalpie bei der Verrichtung äußerer Arbeit

Wir haben gerade gezeigt, daß sich in einem reversiblen Prozeß, an dem keine äußere Arbeit beteiligt ist, die freie Enthalpie eines Reaktionssystems nicht ändert: $\Delta G = 0$. Was geschieht nun aber, wenn während des reversiblen Prozesses vom System elektrische, magnetische oder Gravitationsarbeit an seiner Umgebung verrichtet wird? Wir werden die Antwort auf diese Frage in Kapitel 17 brauchen, wo wir die elektrochemischen Zellen behandeln.

Wenn die PV-Arbeit nicht die einzige Art von Arbeit ist, die an dem Prozeß beteiligt ist, dann gilt

$$w = P\Delta V + w_{ext} \qquad (15\text{–}15)$$

wobei w_{ext} alle anderen Arten von Arbeit darstellt. Daraus folgt

$$\Delta E = q - P\Delta V - w_{ext}$$

und die Änderungen der Enthalpie und der freien Enthalpie lassen sich wie auf den vorangehenden Seiten ableiten

$$\Delta H = q - w_{ext}$$
$$\Delta G = q - T\Delta S - w_{ext} = -w_{ext}$$

Dieses Ergebnis ist das Ziel unserer Ableitung

$$\Delta G = -w_{ext} \qquad (15\text{–}16)$$

Wenn ein chemisches System auf reversible Weise an seiner Umgebung Arbeit verrichtet, dann entspricht die Abnahme der freien Enthalpie des Systems genau der außer der PV-

Arbeit geleisteten Arbeit. Bei einer elektrochemischen Zelle ist die von der Zelle geleistete Arbeit ein Maß für die Abnahme der freien Enthalpie innerhalb der Zelle. Umgekehrt ist dann auch, wenn eine Spannung an die Elektroden einer elektrolytischen Zelle gelegt wird, wie sie in Abschnitt 3–1 diskutiert wurde, die an der Zelle verrichtete Arbeit (die nach Methoden bestimmt wird, die wir in Kapitel 17 besprechen werden) identisch mit der Zunahme der freien Enthalpie der Chemikalien in der Zelle. Wenn Wasser durch einen elektrischen Strom elektrolytisch dissoziiert wird, dann wird die dazu erforderliche elektrische Arbeit als Zuwachs in der freien Enthalpie des Wasserstoff- und Sauerstoffgases gegenüber der freien Enthalpie des flüssigen Wassers gespeichert

$$H_2O(l) \rightleftarrows H_2(g) + \tfrac{1}{2}O_2(g) \qquad \Delta G^0_{298} = +237{,}35\ kJ$$

Diese freie Enthalpie kann in Form von Wärme wiedergewonnen werden, wenn das Wasserstoffgas und das Sauerstoffgas verbrannt werden. Andererseits kann, wenn eine dafür geeignete Apparatur verwendet wird, die freie Enthalpie wieder in Arbeit umgewandelt werden. (Eine Brennstoffzelle, wie sie zur Stromerzeugung in Mondlandefahrzeugen eingesetzt wurde, arbeitet mit dieser $H_2 + \tfrac{1}{2}O_2$-Reaktion. Wenn die Gase einfach verbrannt werden, wird ein Teil der freien Enthalpie in Wärme umgewandelt und ist damit – nach dem zweiten Hauptsatz – nicht mehr als Arbeit wiederzugewinnen. Der Kunstgriff bei der sparsamen und wirkungsvollen Nutzung von Energie ist der, es zu vermeiden, bei irgendeinem Schritt im Prozeß die Energie in Wärme umzuwandeln. Dies ist das Geheimnis des hohen Wirkungsgrades von metabolischen Prozessen, wie wir in Abschnitt 12–8 feststellten, und von Brennstoffzellen, wie wir noch in Abschnitt 17–9 sehen werden.)

Berechnungen mit freien Standardenthalpien

Die molaren freien Standardbildungsenthalpien von Verbindungen aus den Elementen in ihren Standardzuständen sind in Anhang 2 tabelliert. Der Standardzustand für ein Gas, eine reine Flüssigkeit oder einen reinen Festkörper ist derselbe wie bei den Enthalpien: Gas unter einem Partialdruck von 1,013 bar (1 atm), reine Flüssigkeit, reiner Festkörper – gewöhnlich bei 298 K. Der Standardzustand für einen gelösten Stoff in einer Lösung ist eine Konzentration von 1 mol pro Liter Lösung, eine 1-molare Lösung. Für die Tabellierung der molaren Enthalpie war der Standardzustand einer Lösungskomponente nicht diese 1-molare Lösung, sondern eine hinreichend verdünnte Lösung, so daß die Zugabe von weiterem Lösungsmittel keinen zusätzlichen Wärmeeffekt mehr hatte. Da sich jedoch die molare Enthalpie nicht sehr stark mit der Konzentration ändert (was bei der molaren freien Enthalpie ganz anders ist, wie wir in Abschnitt 15–9 noch sehen werden), können wir auch die tabellierten Werte der molaren Enthalpie so benutzen, als ob sie für 1-molare Lösungen gelten würden.

Lassen Sie uns jetzt auf unsere chemischen Beispiele zurückkommen und sie mit Hilfe der freien Enthalpie erklären: Die explosive Reaktion von H_2 mit Cl_2 (Abschnitt 15–5) weist die folgenden Werte für die molare Enthalpie, molare freie Enthalpie und molare Entropie der Reaktion auf

	$H_2(g)$	+	$Cl_2(g)$	$\rightleftarrows$	$2\,HCl(g)$
$\Delta\bar{H}^0_{298}$:	0,0		0,0		$-92,36\ \text{kJ mol}^{-1}$
$\Delta\bar{G}^0_{298}$:	0,0		0,0		$-95,33\ \text{kJ mol}^{-1}$
$\Delta\bar{S}^0_{298}$:	$130,67\ \text{J K}^{-1}\,\text{mol}^{-1}$		$223,11\ \text{J K}^{-1}\,\text{mol}^{-1}$		$186,82\ \text{J K}^{-1}\,\text{mol}^{-1}$

Die Reaktion setzt eine Wärmemenge von 92,36 kJ *pro Mol* des gebildeten HCl frei, und die molare freie Enthalpie nimmt um einen noch größeren Betrag ab: 95,33 kJ mol^{-1} HCl. Woher stammt dieser zusätzliche Antrieb zur Reaktion?

Für die Reaktion gilt so, wie sie geschrieben ist, wobei 2 mol HCl gebildet werden, $\Delta H^0_{298} = -184,72$ kJ und $\Delta G^0_{298} = -190,66$ kJ. Die Entropieänderung bei der Reaktion lautet: $\Delta S^0_{298} = 2\ \text{mol} \times 186,82\ \text{J K}^{-1}\,\text{mol}^{-1} - 1\ \text{mol} \times 223,11\ \text{J K}^{-1}\,\text{mol}^{-1} - 1\ \text{mol} \times 130,67\ \text{J K}^{-1}\,\text{mol}^{-1} = +19,86\ \text{J K}^{-1}$. Damit erhalten wir: $T\Delta S^0_{298} = 298\ \text{K} \times 19,86\ \text{J K}^{-1} = 5918\ \text{J}$ oder 5,918 kJ. Die Gleichung (15–12) wird damit bestätigt

$$\Delta G = \Delta H - T\Delta S$$
$$-190,66\ \text{kJ} = -184,72\ \text{kJ} - 5,92\ \text{kJ}$$
$$-190,66\ \text{kJ} \approx -190,64\ \text{kJ}$$

Die Diskrepanz liegt innerhalb der Fehlergrenzen der Meßwerte. Zwei Mole HCl sind etwas stärker ungeordnet und besitzen infolgedessen eine etwas höhere Entropie als je ein Mol H$_2$- und Cl$_2$-Gas. Der größte Teil des Antriebs für die Reaktion, wie er durch die freie Enthalpie der Reaktion zum Ausdruck kommt, stammt aus der Freisetzung von Wärme, aber 3% davon beruhen darauf, daß die Reaktionsprodukte eine größere Entropie als die Ausgangsstoffe besitzen.

Eine freie Standardenthalpie von -190 kJ weist auf eine äußerst starke Triebkraft für die Reaktion hin – eine Triebkraft, die häufig eine Explosion begleitet. Lassen Sie uns jetzt einmal eine etwas weniger heftig verlaufende Reaktion betrachten, die der Ammoniaksynthese aus Stickstoff und Wasserstoff.

Beispiel: Wie groß sind die Änderungen in der freien Standardenthalpie, der Standardenthalpie und der Standardentropie für die Reaktion

$$3\,H_2(g) + N_2(g) \rightleftarrows 2\,NH_3(g)$$

Fördern die Wärme- und die Unordnungsfaktoren diese Reaktion so, wie sie geschrieben ist, oder wirken sie ihr entgegen?

Lösung: Aus den Werten in Anhang 2 erhalten wir für die gesuchten Größen

$$\Delta G^0_{298} = 2\ \text{mol} \times (-16,66\ \text{kJ mol}^{-1}) - 3\ \text{mol} \times 0,0 - 1\ \text{mol} \times 0,0$$
$$= -33,32\ \text{kJ}$$

$$\Delta H^0_{298} = 2\ \text{mol} \times (-46,22\ \text{kJ mol}^{-1}) - 3\ \text{mol} \times 0,0 - 1\ \text{mol} \times 0,0$$
$$= -92,44\ \text{kJ}$$

$$\Delta S_{298}^0 = 2 \, mol \times 192{,}63 \, J \, K^{-1} \, mol^{-1} - 3 \, mol \times 130{,}67 \, J \, K^{-1} \, mol^{-1}$$
$$- \, 1 \, mol$$
$$\times \, 191{,}63 \, J \, K^{-1} \, mol^{-1}$$
$$= - \, 198{,}38 \, J \, K^{-1}$$

und bei 298 K erhalten wir damit für die Größe $T\Delta S_{298}^0 = -59{,}12 \, kJ$.

Wenn wir mit diesen Werten in die Gleichung (15–12) gehen, dann finden wir

$$\Delta G \qquad = \Delta H \qquad - T\Delta S$$
$$-33{,}32 \, kJ = (-92{,}44 + 59{,}12) \, kJ$$

Die Reaktion wird durch die Freisetzung einer Wärmemenge von 92,44 kJ begünstigt. Ihr wirken aber 59,12 kJ entgegen, weil die Produkte um sovieles stärker geordnet sind und eine um 198,38 J K^{-1} niedrigere Entropie aufweisen als die Reaktionspartner. Eine andere Betrachtungsweise dieser Reaktion würde besagen, daß von den 92,44 kJ freigesetzter Wärme 59,12 kJ dazu erforderlich waren, für die Schaffung eines stärker geordneten Systems aufzukommen, so daß als Triebkraft für die Reaktion nur 33,32 kJ übrigbleiben.

Der Antrieb zur Ammoniaksynthese ist viel schwächer als die Triebkraft für die HCl-Bildung, was in erster Linie auf den Entropiefaktor zurückzuführen ist. Ist es nun auch möglich, daß der Entropieterm den Wärmeterm in Gleichung (15–12) übertrifft und die Reaktion in die der durch die Enthalpieänderung angezeigten Richtung entgegengesetzten Richtung ablaufen läßt? Die Antwort ist, ja, und dies sind genau die Beispiele, bei denen das Prinzip von Berthelot und Thomsen versagt.

Übung: Berechnen Sie die freien Enthalpie-, die Enthalpie- und die Entropieänderungen für die Verdampfung von flüssigem Wasser. Prüfen Sie die Gleichung (15–12) mit Ihren Ergebnissen. Welcher Term ist für die Verdampfung verantwortlich?
(Antwort: Dies ist eine hinterhältige Frage! Die *Standardwerte* sind $\Delta G_{298}^0 = +8{,}62 \, kJ$, $\Delta H_{298}^0 = +44{,}05 \, kJ$, $\Delta S_{298}^0 = 118{,}86 \, J \, K^{-1}$ und $T\Delta S_{298}^0 = +35{,}42 \, kJ$. Danach sieht es so aus, als ob Wasser nicht verdampfen könnte. Aber all dies bedeutet nur, daß sich Wasserdampf, wenn er unter einem Partialdruck von 1,013 bar bei 298 K vorliegt, spontan zu Wasser kondensieren wird. Wenn der Partialdruck des Wasserdampfs über dem Wasser nur wenige mbar beträgt, wird das Wasser stattdessen spontan verdampfen. Die Abhängigkeit von ΔG von der Konzentration ist das Thema des nächsten Abschnitts.)

Übung: Berechnen Sie die Änderungen in der freien Enthalpie, Enthalpie und Entropie für die Reaktion

$$NH_4Cl(s) \rightleftarrows NH_4(aq)^+ + Cl(aq)^-$$

(Wir nehmen dabei an, daß das Lösungsmittel, Wasser, vor und nach der Reaktion in gleicher Konzentration vorhanden ist und daher aus unserer Betrachtung fortgelassen werden kann.) Fördern die Wärme- und Entropieterme die Auflösung des Ammonium-chlorids oder wirken sie ihr entgegen?

(Antwort: $\Delta G^0_{298} = -6{,}78$ kJ; $\Delta H^0_{298} = +15{,}16$ kJ; $\Delta S^0_{298} = +73{,}69$ J K^{-1}; $T\Delta S^0_{298} = +21{,}96$ kJ. Die Enthalpieänderung von 15,16 kJ wirkt der Reaktion entgegen, aber die Entropieänderung begünstigt sie mit 21,96 kJ. Damit ergibt sich für die Reaktion eine Triebkraft von 6,8 kJ an freier Enthalpie.)

Beispiel: Berechnen Sie die Änderungen der freien Enthalpie, Enthalpie und Entropie für die Zersetzung des N_2O_5

$$N_2O_5(s) \rightleftarrows 2\,NO_2(g) + \tfrac{1}{2}O_2(g)$$

Lösung:

$$\Delta G^0_{298} = 2\ \text{mol} \times 51{,}87\ \text{kJ mol}^{-1} + \tfrac{1}{2}\ \text{mol} \times 0{,}0 - 1\ \text{mol} \times 133{,}98\ \text{kJ mol}^{-1}$$
$$= -30{,}24\ \text{kJ}$$

$$\Delta H^0_{298} = 2\ \text{mol} \times 33{,}87\ \text{kJ mol}^{-1} + \tfrac{1}{2}\ \text{mol} \times 0{,}0 - 1\ \text{mol} \times (-41{,}87\ \text{kJ mol}^{-1})$$
$$= +109{,}61\ \text{kJ}$$

$$\Delta S^0_{298} = 2\ \text{mol} \times 240{,}62\ \text{J K}^{-1}\ \text{mol}^{-1} + \tfrac{1}{2}\ \text{mol} \times 205{,}15\ \text{J K}^{-1}\ \text{mol}^{-1}$$
$$- 1\ \text{mol} \times 113{,}46\ \text{J K}^{-1}\ \text{mol}^{-1}$$
$$= +470{,}36\ \text{J K}^{-1}$$

$$T\Delta S^0_{298} = 298\ \text{K} \times 470{,}36\ \text{J K}^{-1} = +140\,180\ \text{J} = +140{,}18\ \text{kJ}$$

$$\Delta G^0_{298} = \Delta H^0_{298} - T\Delta S^0_{298}$$
$$-30{,}24\ \text{kJ} = +109{,}61\ \text{kJ} - 140{,}18\ \text{kJ}$$
$$-30{,}24\ \text{kJ} \approx -30{,}57\ \text{kJ}$$

Der Nachteil, bei der Zersetzung annähernd 110 kJ an Wärme aufnehmen zu müssen, wird durch die größere Entropie der gasförmigen Produkte mehr als aufgewogen, und die Reaktion läuft mit einer Standardtriebkraft von ungefähr 30 kJ an freier Enthalpie ab.

Zusammenfassend können wir sagen, die Triebkraft einer Reaktion, die unter konstantem Druck und bei konstanter Temperatur abläuft, wird durch die Änderung der freien Enthalpie zwischen Produkten und Reaktionspartnern gemessen. Wenn die Änderung der freien Enthalpie negativ ist, verläuft die Reaktion spontan in die Richtung, die von der Reaktionsgleichung angegeben wird. Wenn die Änderung der freien Enthalpie positiv ist, verläuft die Reaktion spontan in die entgegengesetzte Richtung. Ist die freie Enthalpieänderung gleich null, dann befinden sich Reaktionspartner und Produkte miteinander im Gleichgewicht. Die Änderung der freien Enthalpie setzt sich aus zwei Komponenten zusammen: $\Delta G = \Delta H - T\Delta S$. Eine große Enthalpieabnahme ($\Delta H < 0$), was gleichbedeutend mit einer starken Wärmeabgabe ist, begünstigt eine Reaktion (Prinzip von Berthelot und Thomsen). Aber es muß noch der zweite Faktor berücksichtigt werden: Eine starke Erhöhung der Entropie beim Übergang von den Reaktionspartnern zu den Produkten begünstigt auch die Reaktion. Der Entropieterm ist bei normalen Temperaturen im allgemeinen klein, so daß ΔG und ΔH dasselbe Vorzeichen besitzen. In derartigen Fällen sind spontane Reaktionen exotherm. Jedoch gibt es andere Beispiele, bei denen die Entropie- und Enthalpieterme gegeneinander arbeiten, und sogar solche, bei denen der Entropieterm überwiegt. Dies ist besonders häufig bei Reaktionen der Fall, bei denen sich Festkörper oder Flüssigkeiten in Produkte umwandeln, die als Gase oder Lösungen vorliegen.

Bisher haben wir nur Standardkonzentrationen verwendet, d. h. einen Partialdruck von 1,013 bar für Gase, reine Flüssigkeiten und reine Festkörper für die kondensierten Phasen und 1-molare Lösungen für gelöste Stoffe. Wie ändert sich nun die freie Enthalpie mit Veränderungen in der Konzentration der Substanzen?

15–9   Freie Enthalpie und Konzentration

Bis zu diesem Punkt ist es uns gelungen, die Differentialrechnung zu vermeiden. Jetzt werden wir sie aber kurz in Anspruch nehmen müssen, um die Beziehung für die Abhängigkeit der freien Enthalpie von der Konzentration abzuleiten; danach brauchen wir sie nicht mehr. Erinnern Sie sich an die grundlegende Definition der freien Enthalpie

$$G = H - TS = E + PV - TS$$

Statt uns kleine, aber endliche Veränderungen (ΔG, ΔE, ΔS) bei konstanter Temperatur wie in Gleichung (15–12) anzusehen, lassen Sie uns jetzt unendlich kleine, infinitesimale Änderungen (dG, dE, dS) unter den allgemeinsten experimentellen Bedingungen betrachten. Dann wird aus der Gleichung für die Definition der freien Enthalpie

$$dG = dE + PdV + VdP - TdS - SdT$$

In der Form der infinitesimalen Veränderungen ausgedrückt, lautet der erste Hauptsatz der Thermodynamik

$$dE = dq - dw$$

und aus dem Ausdruck für die freie Enthalpie wird damit

$$dG = dq - dw + PdV + VdP - TdS - SdT$$

Wir können diesen Ausdruck jetzt beträchtlich vereinfachen: Wenn die Reaktion bei konstanter Temperatur stattfindet, dann ist $SdT = 0$, da dT, die Temperaturänderung, gleich null ist. Wenn dazu noch die Reaktion reversibel ist, dann gilt: $dq = TdS$, und wenn wir nur Expansions- oder PV-Arbeit zulassen, gilt ferner noch: $dw = PdV$. Damit heben sich alle Terme bis auf einen auf der rechten Seite der Gleichung auf, und wir erhalten

$$dG = VdP$$

Nun gilt für 1 mol eines idealen Gases

$$\bar{V} = \frac{RT}{P}$$

wobei $\bar{V}$ das molare Volumen des Gases ist. Damit erhalten wir für die molare freie Enthalpieänderung eines idealen Gases

$$d\bar{G} = RT\,\frac{dP}{P} = RT\,d\ln(P/P^1)$$

(P^1 ist die Einheitsgröße des Drucks. Durch sie muß der Druck P dividiert werden, um aus der physikalischen Größe P, von der kein Logarithmus gebildet werden kann, einen reinen Zahlenwert zu erhalten, für den der Logarithmus definiert ist.) Unsere letzte Anwendung der höheren Mathematik ist jetzt noch die Integration (das Summieren aller infinitesimalen Veränderungen) dieser Gleichung

$$\bar{G}_2 = \bar{G}_1 + RT\ln\left(\frac{P_2}{P_1}\right) \tag{15-17}$$

Diese Gleichung bedeutet, daß, wenn wir die molare freie Enthalpie $\bar{G}_1$ eines idealen Gases unter einem Partialdruck P_1 kennen, die molare freie Enthalpie dieses Gases unter einem anderen Partialdruck P_2 gleich $\bar{G}_2$ ist. Obwohl wir dieses Ergebnis für einen reversiblen Übergang der Bedingungen von P_1 nach P_2 abgeleitet haben, können wir es jetzt, wo wir es haben, auch genausogut für irreversible Veränderungen benutzen; denn wegen der *Zustandsfunktions*eigenschaften von $\bar{G}$ spielt es überhaupt keine Rolle, auf welche Weise wir vom Zustand 1 zum Zustand 2 gelangen.

Lassen Sie uns jetzt den Zustand 1 zu unserem gewählten Standardzustand von 1,013 bar Partialdruck machen, während Zustand 2 irgendein beliebiger Zustand sein kann. Die allgemeinere Form von Gleichung (15–17) lautet dann

$$\bar{G} = \bar{G}^0 + RT\ln\left(\frac{P}{P^0}\right)$$

wobei $P^0 = 1,013$ bar (1 atm), der Standarddruck, ist. An Stelle der molaren freien Enthalpie der Verbindung im Standardzustand, $\bar{G}^0$, können wir die molare freie Bildungsenthalpie, $\Delta\bar{G}^0_{298}$ bei 298 K, aus Anhang 2 verwenden. Da bei jeder chemischen Reaktion Materie weder erschaffen noch vernichtet wird und sowohl Reaktionspartner als auch Produkte aus *derselben Art* und *derselben Menge* von Elementen bestehen müssen, ist diese Annahme zulässig.

Jetzt können wir berechnen, in welcher Weise die molare freie Enthalpie des Ammoniaks von seinem Partialdruck in einer Gasmischung abhängt (oder genauer gesagt, die molare freie Bildungsenthalpie des Ammoniaks aus seinen Elementen in ihren Standardzuständen). Da die molare freie Standardbildungsenthalpie des Ammoniaks bei 298 K gleich $-16,647$ kJ mol^{-1} ist, erhalten wir

$$\bar{G}_{NH_3} = -16,647\ \text{kJ mol}^{-1} + RT\ln\left(\frac{p_{NH_3}}{1,013\ \text{bar}}\right)$$

$$= -16{,}647 \text{ kJ mol}^{-1} + 2{,}303 \, RT \lg \left(\frac{p_{NH_3}}{1{,}013 \text{ bar}} \right)$$

Mit $R = 8{,}3143 \text{ J K}^{-1} \text{ mol}^{-1}$ und $T = 298 \text{ K}$ ergibt sich für $2{,}303 \, RT$ der Wert 5706 J mol^{-1} oder $5{,}706 \text{ kJ mol}^{-1}$ (es ist ganz praktisch, sich diesen Wert zu merken). Damit folgt

$$\bar{G}_{NH_3} = -16{,}647 \text{ kJ mol}^{-1} + 5{,}706 \text{ kJ mol}^{-1} \lg \left(\frac{p_{NH_3}}{1{,}013 \text{ bar}} \right)$$

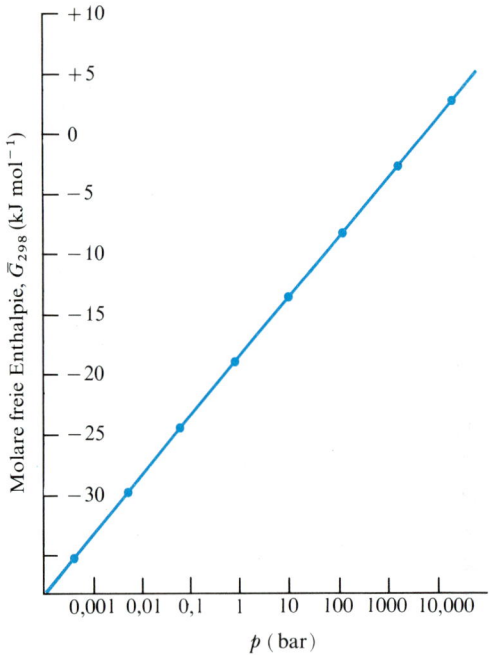

Abbildung 15–10 Die molare freie Enthalpie eines Gases hängt von seinem Partialdruck nach der Gleichung $\bar{G} = \bar{G}^0 + RT\ln(p/p^0)$ ab. In dieser Abbildung ist die molare freie Enthalpie des Ammoniaks dargestellt, die durch die Beziehung $\bar{G}_{NH_3} = -16{,}647 \text{ kJ mol}^{-1} + 5{,}706 \text{ kJ mol}^{-1} \times \lg(p_{NH_3}/1{,}013 \text{ bar})$ bei einer Temperatur von 298 K beschrieben wird. Der Druck p ist im logarithmischen Maßstab dargestellt.

In Abbildung 15–10 ist die molare freie Enthalpie des Ammoniaks gegen seinen Partialdruck aufgetragen. Beachten Sie, daß der Verlauf eine gerade Linie ergibt, weil der Druck in einer logarithmischen Skala aufgetragen wurde. Das Verhältnis des jeweiligen Partialdrucks zum Partialdruck im Standardzustand wird gewöhnlich als die *Aktivität, a,* bezeichnet

$$a = \frac{p}{p^0}$$

Mit Hilfe der Aktivitäten können wir jetzt die Reaktionsneigung von Substanzen beschreiben, die nicht in ihren Standardzuständen vorliegen. Dabei wird die chemische Aktivität als das Verhältnis der „effektiven" Konzentration einer Komponente zu ihrer Konzentration im Standardzustand definiert: Die Konzentration von Gasen kann durch ihren Partialdruck bestimmt werden, also erweist es sich als praktisch, die Aktivität eines idealen Gases gleich seinem tatsächlichen Druck dividiert durch seinen Standarddruck zu setzen. Bei flüssigen Lösungen wird die Aktivität eines gelösten Stoffes im allgemeinen durch das Verhältnis der idealen molaren Konzentration des gelösten Stoffes zu seiner Molarität im Standardzustand angegeben. Durch diese Division durch die Werte für den Standardzustand erhalten wir Aktivitäten, die einen Vergleich mit einem Standardzustand verkörpern und die als *dimensionslose Größen* (Einheit 1) in die im folgenden zu besprechenden Gleichungen eingehen.

Zusammenfassend können wir für den allgemeinen Ausdruck der Beziehung zwischen der molaren freien Enthalpie und der Aktivität des Ammoniaks schreiben

$$\bar{G}_{NH_3} = \bar{G}^0_{NH_3} + RT \ln a_{NH_3}$$

Dasselbe können wir für alle Reaktionspartner und Produkte, j, tun, die an einem chemischen Prozeß beteiligt sind

$$\bar{G}_j = \bar{G}^0_j + RT \ln a_j = \bar{G}^0_j + 2{,}303\, RT \lg a_j \tag{15–18}$$

Lassen Sie uns dies einmal auf die Ammoniaksynthese anwenden, um zu sehen, was wir dabei lernen können. Indem wir die Gleichung folgendermaßen schreiben

$$N_2 + 3H_2 \rightleftarrows 2NH_3$$

geben wir jetzt dem Doppelpfeil, der bisher nur bedeutete, daß die Reaktionsgleichung ausgewogen ist, noch eine zusätzliche Bedeutung: Er soll darauf hinweisen, daß wir sowohl die Hin- als auch die Rückreaktion betrachten. Für jeden der Reaktionspartner und Produkte können wir schreiben

$$\bar{G}_{N_2} = \bar{G}^0_{N_2} + RT \ln a_{N_2}$$
$$\bar{G}_{H_2} = \bar{G}^0_{H_2} + RT \ln a_{H_2}$$
$$\bar{G}_{NH_3} = \bar{G}^0_{NH_3} + RT \ln a_{NH_3}$$

Die gesamte freie Enthalpie der chemischen Reaktion ergibt sich dann so, wie die Reaktionsgleichung geschrieben ist, zu

$$\begin{aligned}
\Delta G &= 2\,\text{mol} \times \bar{G}_{NH_3} - 1\,\text{mol} \times \bar{G}_{N_2} - 3\,\text{mol} \times \bar{G}_{H_2} \\
&= 2\,\text{mol} \times \bar{G}^0_{NH_3} - 1\,\text{mol} \times \bar{G}^0_{N_2} - 3\,\text{mol} \times \bar{G}^0_{H_2} \\
&\quad + 2\,\text{mol} \times RT \ln a_{NH_3} - 1\,\text{mol} \times RT \ln a_{N_2} - 3\,\text{mol} \times RT \ln a_{H_2}
\end{aligned} \tag{15–19}$$

Die ersten drei Terme auf der rechten Seite von Gleichung (15–19) sind die freie *Standard*enthalpie der Reaktion, die wir bereits kennen und benutzt haben und die zu ΔG^0 zusammengefaßt werden. Wenn wir dann noch die Koeffizienten der Molzahlen vor den RT-Ausdrücken als Exponenten in das Argument der Logarithmen hineinnehmen ($a \ln x = \ln x^a$), erhalten wir

$$\Delta G = \Delta G^0 + 1 \text{ mol} \times RT \ln a_{\text{NH}_3}^2 - 1 \text{ mol} \times RT \ln a_{\text{N}_2} - 1 \text{ mol} \times RT \ln a_{\text{H}_2}^3$$

und somit schließlich

$$\Delta G = \Delta G^0 + 1 \text{ mol} \times RT \ln \left(\frac{a_{\text{NH}_3}^2}{a_{\text{N}_2} \times a_{\text{H}_2}^3} \right) \qquad (15\text{–}20)$$

(Es mag Sie zunächst etwas verwundern, daß beim zweiten Term auf der rechten Seite von Gleichung (15–20) noch der Faktor 1 mol auftritt. Dies ist jedoch eine unmittelbare Folge der Tatsache, daß ein dimensionsbehafteter Exponent sinnlos (nicht definiert) ist. So können wir bei dem Ausdruck $2 \text{ mol } RT \ln a$ nur den Zahlenwert der Molzahl als Exponenten in das Argument des Logarithmus hineinnehmen: $\text{mol } RT \ln a^2$. Auch die Aktivität im Argument des Logarithmus ist ja als Verhältnis zweier gleichartiger Größen dimensionslos (Einheit 1). An der Dimension (J mol^{-1}) von RT können Sie auch erkennen, daß es sich hier um eine *molare* Energie handelt, aus der sich erst nach der Multiplikation mit der Einheit mol eine Energie ergibt. Da wir in diesem Buch grundsätzlich Größengleichungen schreiben, muß also dieser Faktor erhalten bleiben. Wenn Ihnen dies auf den ersten Blick auch als unnötig kompliziert erscheinen mag, werden Sie beim Umgang mit derartigen Gleichungen sehr schnell ihre Vorzüge schätzen lernen.)

Sehen Sie sich jetzt einmal das Verhältnis zwischen den Klammern genau an. Es ist das Verhältnis der Aktivitäten von Produkten zu Reaktionspartnern – potenziert mit den stöchiometrischen Koeffizienten – und tatsächlich einfach der Reaktionsquotient Q, aus Kapitel 5, wobei die Konzentration anstatt in mol l^{-1} durch die Aktivitäten ausgedrückt werden

$$Q = \left(\frac{a_{\text{NH}_3}^2}{a_{\text{N}_2} \times a_{\text{H}_2}^3} \right) \qquad (15\text{–}21)$$

Dies hier ist nun eine allgemeingültigere Behandlung als die, die wir bisher kennengelernt haben, und sie wird uns auch zu einer allgemeineren Vorstellung vom chemischen Gleichgewicht führen. Der Reaktionsquotient Q kann für jeden beliebigen Satz von experimentellen Bedingungen aus den Partialdrücken der Reaktionspartner und Produkte berechnet werden.

Die tatsächliche Änderung der freien Enthalpie bei der Ammoniakreaktion ergibt sich nun aus der Kombination der Änderung der freien Standardenthalpie (für die gilt $Q = 1$ und $\ln Q = 0$) mit dem Reaktionsquotiententerm, der die vorliegenden experimentellen Bedingungen beschreibt. Wenn wir die Werte in Gleichung (15–20) einsetzen, erhalten wir

$$\Delta G = -33{,}32 \text{ kJ} + 5{,}706 \text{ kJ} \lg Q \qquad (15\text{–}22)$$

Beachten Sie bitte, daß der Wert für die freie Enthalpie in Gleichung (15–22) das Doppelte des in Anhang 2 tabellierten Wertes für die freie Bildungsenthalpie von einem Mol NH_3-Gas ausmacht, da $\Delta G^0 = 2 \text{ mol} \times \bar{G}_{\text{NH}_3}^0 - 1 \text{ mol} \times \bar{G}_{\text{N}_2}^0 - 3 \text{ mol} \times \bar{G}_{\text{H}_2}^0 = 2 \text{ mol} \times \times \Delta \bar{G}_{\text{NH}_3}^0$ ist.

In Tabelle 15–4 sind die Ergebnisse nach Gleichung (15–22) bei elf verschiedenen Aus-

Tabelle 15–4   Die freie Enthalpie der Ammoniaksynthese bei 298 K

$$N_2(g) + 3H_2(g) \rightleftarrows 2NH_3(g) \quad \Delta G = -33{,}293 \text{ kJ} + 5{,}706 \text{ kJ} \cdot \lg Q \qquad Q = \frac{a_{NH_3}^2}{a_{N_2} a_{H_2}^3}$$

Experiment	a_{N_2}	a_{H_2}	a_{NH_3}	Q	$5{,}706 \text{ kJ} \cdot \lg Q$	ΔG
					(kJ)	(kJ)
a	1	1	0	0	$-\infty$	$-\infty$
b	1	1	0,001	10^{-6}	$-34{,}265$	$-67{,}558$
c	1	1	0,1	10^{-2}	$-11{,}422$	$-44{,}715$
d	1	1	1	1	0	$-33{,}293$
e	1	1	100	10^4	$+22{,}843$	$-10{,}450$
f	1	1	825	$6{,}8 \times 10^5$	$+33{,}293$	0
g	1,47	0,01	1	$6{,}8 \times 10^5$	$+33{,}293$	0
h	0,01	0,1	2,61	$6{,}8 \times 10^5$	$+33{,}293$	0
i	0,01	0,1	26,1	$6{,}8 \times 10^7$	$+44{,}799$	$+11{,}505$
j	0,01	0,01	100	10^{12}	$+68{,}530$	$+35{,}236$
k	0	1	1	∞	$+\infty$	$+\infty$

gangsbedingungen für die Ammoniaksynthese zusammengestellt. Es sind dies nicht aufeinander folgende Punkte derselben Reaktion nach denselben Ausgangsbedingungen, sondern jedesmal getrennte Anfangsbedingungen. Wie groß werden die Änderungen der freien Enthalpie bei der Ammoniaksynthesereaktion sein, wenn die Konzentrationen von Reaktionspartnern und Produkten die Werte besitzen, die bei jedem einzelnen Experiment angegeben sind? Die Antwort auf diese Frage geben die ΔG-Werte in der Spalte rechts außen in der Tabelle. Die Frage, wie man eine bestimmte Reaktion von Anfang bis Ende verfolgen kann, werden wir auf Kapitel 16 verschieben.

Im Experiment a befinden sich Stickstoff- und Wasserstoffgas unter einem Partialdruck von 1,013 bar, und es ist zu Beginn der Reaktion kein Ammoniak vorhanden. Infolgedessen ist die Triebkraft für die Ammoniakbildung unendlich stark. Sobald aber die Ammoniakkonzentration Werte von nur 10^{-3} bar erreicht hat, hat sich die Änderung der freien Enthalpie von $-\infty$ auf $-67{,}558$ kJ erhöht, und der Antrieb, mehr Ammoniak zu bilden, hat sich abgeschwächt (Experiment b). Wenn wir das Experiment c durchführen sollten, bei dem sich N_2 und H_2 unter einem Partialdruck von 1,013 bar befinden, während der des NH_3 einen Wert von 0,1013 bar aufweist, würden wir feststellen, daß die Änderung der freien Enthalpie $-44{,}715$ kJ beträgt. Je mehr Produkte und je weniger Ausgangsstoffe (Reaktionspartner) vorhanden sind, desto geringer ist die Triebkraft, noch mehr Produkte zu bilden. Bei gleichen Konzentrationen von 1,013 bar ergibt sich die freie Standardbildungsenthalpie (Experiment d). Im Experiment e macht der Ammoniaküberschuß die Triebkraft kleiner als im Standardzustand. Bei den Experimenten f, g und h ist der Antrieb, Produkte zu bilden, völlig zum Erliegen gekommen; dies ist der *Gleichgewichtszustand*. Im Gleichgewicht gilt

$$\Delta G = 0 \quad \text{und} \quad \Delta G^0 = -\text{mol } RT \ln Q$$

Wie wir bereits in Kapitel 5 gesehen haben, ist der Reaktionsquotient im Gleichgewichtszustand gleich der *Gleichgewichtskonstante,* K_e . Wir können den Wert dieser Gleichgewichtskonstante aus der molaren freien Standardreaktionsenthalpie berechnen

$$K_{eq} = \frac{a_{NH_3}^2}{a_{N_2} \times a_{H_2}^3} = e^{-(\Delta G_{298}^0/mol\,RT)}$$

$$= 10^{-(-33,293\,kJ\,mol^{-1}/2,303\,RT)}$$

$$= 6,8 \times 10^5$$

(Diese Gleichgewichtskonstante ist auf Grund ihrer Definition über die Aktivitäten eine reine Zahl ohne Dimensionen.) Wenn der Reaktionsquotient kleiner als die Gleichgewichtskonstante ist, werden sich spontan mehr Produkte bilden. Wann immer die Bedingungen derart sind, daß der Reaktionsquotient größer als die Gleichgewichtskonstante, K_e , ist, dann verläuft die Reaktion in der umgekehrten Richtung (Experimente i, j und k in Tabelle 15–4). Wenn der Reaktionsquotient gleich der Gleichgewichtskonstante ist, $Q = K_{eq}$, dann verlaufen die Hin- und die Rückreaktion mit derselben Geschwindigkeit, und das System der miteinander reagierenden Chemikalien befindet sich im Gleichgewicht.

Allgemeine Ausdrücke

Bis hierher haben wir die Ableitung der Ausdrücke für die freie Enthalpie nur anhand der Ammoniakreaktion dargestellt. Lassen Sie uns dies jetzt auf eine Reaktion verallgemeinern, bei der sich eine Molmenge r der Verbindung R mit einer Molmenge s der Verbindung S zu einer Molmenge t von T und u von U verbinden. Wenn wir wieder, wie bereits in Kapitel 5, für die stöchiometrischen Koeffizienten der chemischen Reaktionsgleichung gerade Buchstaben verwenden, während die Molmengen als physikalische Größen kursiv geschrieben werden, also z. B.

$$r = r \times mol; \; s = s \times mol; \; usw.$$

erhalten wir für die allgemeine Reaktionsgleichung

$$rR + sS \; \rightleftarrows \; tT + uU \tag{15–23}$$

Die Änderung der freien Enthalpie, ΔG, für diese Reaktion ergibt sich dann zu

$$\Delta G = t\bar{G}_T + u\bar{G}_U - r\bar{G}_R - s\bar{G}_S \tag{15–24}$$

wobei sich die Beiträge der einzelnen Komponenten zur gesamten freien Enthalpie der Reaktion aus den Produkten von Molzahl und molarer freier Enthalpie der jeweiligen Komponenten bestimmen lassen. Jede der molaren freien Enthalpien auf der rechten Seite von Gleichung (15–24) kann nun mit Hilfe der Aktivität der entsprechenden Verbindung ausgedrückt werden

$$\begin{aligned} \bar{G}_R &= \bar{G}_R^0 + RT \ln a_R \\ \bar{G}_S &= \bar{G}_S^0 + RT \ln a_S \\ \bar{G}_T &= \bar{G}_T^0 + RT \ln a_T \\ \bar{G}_U &= \bar{G}_U^0 + RT \ln a_U \end{aligned} \tag{15–25}$$

Dies kann jetzt in Gleichung (15–24) eingesetzt werden

$$\Delta G = \Delta G^0 + \text{mol } RT \ln Q \qquad (15\text{--}26)$$

wobei gilt

$$\Delta G^0 = t\bar{G}_T^0 + u\bar{G}_U^0 - r\bar{G}_R^0 - s\bar{G}_S^0 \qquad (15\text{--}27)$$

und

$$Q = \frac{a_T^t \times a_U^u}{a_R^r \times a_S^s} \qquad (15\text{--}28)$$

wobei r, s, t und u in Gleichung (15–28) die stöchiometrischen Koeffizienten der Reaktionsgleichung und r, s, t und u in Gleichung (15–27) die ihnen entsprechenden Molzahlen sind.

Die Gleichung (15–26) gibt die Änderung der freien Enthalpie für die Reaktion unter beliebigen Bedingungen an. Für den speziellen Fall des Gleichgewichts gilt nun $\Delta G = 0$, und es folgt

$$Q = K_{eq} \qquad (15\text{--}29)$$
$$-\Delta G^0 = \text{mol} \times RT \ln K_{eq} \qquad (15\text{--}30)$$
$$K_{eq} = e^{(-\Delta G^0/\text{mol} \times RT)} \qquad (15\text{--}31)$$

Beachten Sie, daß die Form des Reaktionsquotienten Q und der Gleichgewichtskonstante K_{eq} nur von der Gesamtstöchiometrie der Reaktion abhängt und nicht etwa von irgendeinem besonderen Reaktionsmechanismus. Man braucht den Ablauf einer Reaktion nicht in allen molekularen Einzelheiten zu kennen, um den Ausdruck für die Gleichgewichtskonstante angeben zu können. Wir erwähnten diese Arbeit sparende Tatsache zuerst in Kapitel 5; jetzt haben wir dafür einen thermodynamischen Beweis geliefert, der letztlich auf der Zustandsfunktionseigenschaft der freien Enthalpie G beruht.

Beispiel: Berechnen Sie die Gleichgewichtskonstante bei 298 K für die Reaktion

$$H_2(g) + Cl_2(g) \rightleftarrows 2\,HCl(g)$$

und vergleichen Sie sie mit der Gleichgewichtskonstante der Ammoniaksynthese.

Lösung: Wir berechneten in einem vorangehenden Beispiel, daß die freie Enthalpie dieser Reaktion $-95{,}329$ kJ pro Mol HCl ist oder daß sie so, wie die Reaktion geschrieben ist, wobei sich 2 mol HCl bilden, $-190{,}658$ kJ ausmacht. Damit folgt

$$
\begin{aligned}
K_{eq} &= e^{\,[-(-190{,}658\,\text{kJ})/\text{mol} \times RT\,]} \\
&= 10^{\,+190{,}658\,\text{kJ}/5{,}706\,\text{kJ}} \\
&= 10^{33{,}4} \\
&= 2{,}5 \times 10^{33}
\end{aligned}
$$

Der Wert von K_{eq} für die Ammoniaksynthese beträgt dagegen nur $6{,}8 \times 10^5$. Die HCl-Reaktion unterscheidet sich deutlich von ihr: Ihr Gleichgewicht liegt weit auf der Seite von viel HCl und wenig Ausgangsstoffen. Der Ausdruck für die Mengen von H_2, Cl_2

und HCl im Gleichgewicht lautet

$$\frac{a_{HCl}^2}{a_{H_2} \times a_{Cl_2}} = K_{eq} = 2{,}5 \times 10^{33}$$

Wenn reines HCl-Gas unter einem Druck von 1,013 bar in einem Behälter eingeschlossen wird, kann genug HCl spontan dissoziieren, daß sich für H_2 und Cl_2 Partialdrücke von annähernd 2×10^{-17} bar einstellen, was kaum irgendeiner bedeutenden Menge eines jeden Reaktionspartners entspricht. In Kapitel 16 werden wir sehen, wie wir derartige Aussagen für Reaktionen machen können, deren Gleichgewichtslagen weniger stark auf einer Seite liegen, als es bei der HCl-Reaktion der Fall ist.

15–10 Kolligative Eigenschaften

Wenn eine Flüssigkeit und ein Dampf miteinander im Gleichgewicht stehen, dann muß die molare freie Enthalpie der Substanz in jeder Phase dieselbe sein, sonst würde es eine spontane Verdampfung von mehr Flüssigkeit oder eine spontane Kondensation von mehr Dampf geben. Wir können den Verdampfungs-Kondensationsprozeß wie eine chemische Reaktion behandeln

$$H_2O(l) \rightleftarrows H_2O(g)$$

Bei 298 K ergibt sich für die Änderung der molaren freien Enthalpie bei dieser Reaktion

$$\Delta\bar{G} = \Delta\bar{G}_{298}^0 + RT\ln\frac{a(g)}{a(l)} \tag{15–32}$$

Die molare freie Standardverdampfungsenthalpie des Wassers ist nach Anhang 2

$$\begin{aligned}\Delta\bar{G}^0 &= (-228{,}746 \text{ kJ mol}^{-1}) - (-237{,}350 \text{ kJ mol}^{-1}) \\ &= +8{,}604 \text{ kJ mol}^{-1}\end{aligned}$$

Dieser Wert deutet darauf hin, daß sich Wasserdampf, wenn er bei 298 K unter einem Partialdruck von 1,013 bar vorliegt, spontan zur Flüssigkeit kondensieren wird. Wir können jetzt aber berechnen, wie niedrig der Partialdruck des Wasserdampfs sein muß, bevor er im Gleichgewicht mit flüssigem Wasser steht. Da der Standardzustand einer Flüssigkeit als die reine Flüssigkeit bei Standardtemperatur und Druck definiert ist, besitzt die Aktivität des flüssigen Wassers den Wert eins, $a(l) = 1$. Wir können dann für Gleichung (15–32) schreiben

$$\Delta\bar{G} = 8{,}604 \text{ kJ mol}^{-1} + 5{,}706 \text{ kJ mol}^{-1}\lg a(g)$$

Im Falle des Gleichgewichts ist nun $\Delta\bar{G} = 0$, und wir erhalten

$$\begin{aligned}a(g) &= 10^{-(8{,}604/5{,}706)} \\ &= 10^{-1{,}508} \\ &= 0{,}0311\end{aligned}$$

Der Partialdruck des Wasserdampfs im Gleichgewicht mit flüssigem Wasser beträgt daher $p = ap^0 = 0,0311 \times 1,013$ bar $= 0,0315$ bar. Der Dampfdruck einer Flüssigkeit ist der Partialdruck ihres Dampfes, der mit ihr bei der angegebenen Temperatur im Gleichgewicht steht. Der Dampfdruck einer Flüssigkeit erhöht sich mit ihrer Temperatur. Der normale Siedepunkt ist die Temperatur, bei der der Dampfdruck oder der Gleichgewichtspartialdruck den Wert von 1,013 bar erreicht. Bei 100 °C steht flüssiges Wasser im Gleichgewicht mit Wasserdampf von 1,013 bar Partialdruck, und das Phänomen des Siedens tritt auf.

Die vier kolligativen Eigenschaften

Vier Phänomene, die für die ersten Chemiker von großer Bedeutung waren, da sie ihnen Auskunft über die Anzahl von Teilchen eines gelösten Stoffes in einer Lösung gaben, werden zusammen als die *kolligativen Eigenschaften* bezeichnet. Diese Phänomene sind:

1. Die Erniedrigung des Dampfdrucks eines Lösungsmittels durch einen gelösten Stoff.
2. Die Erhöhung des Siedepunkts eines Lösungsmittels durch einen gelösten Stoff.
3. Die Erniedrigung des Gefrierpunkts eines Lösungsmittels durch einen gelösten Stoff.
4. Der osmotische Druck.

Alle vier Phänomene hängen davon ab, *wie viele Teilchen* des gelösten Stoffes in der Lösung vorhanden sind, nicht aber davon, welcher Art diese gelösten Teilchen sind (solange sie nicht flüchtig sind und nur in der flüssigen Phase vorkommen). Die Gleichungen, die wir hier ableiten werden, sind Idealisierungen des tatsächlichen Verhaltens, wie z. B. auch das ideale Gasgesetz. In strengem Sinne sind sie nur im Grenzfall der unendlich verdünnten Lösungen gültig, aber sie erweisen sich auch für reale, verdünnte Lösungen als nützlich.

Diese kolligativen Eigenschaften waren für Arrhenius besonders wertvoll, da er zeigen konnte, daß ihre Auswirkungen in Elektrolytlösungen das Vorhandensein von mehr Teilchen anzeigten, als es Moleküle des gelösten Stoffes in der Lösung gab. Dies war ein starker Beweis dafür, daß die Moleküle des gelösten Stoffes in der Lösung auseinanderbrachen (zu Ionen dissoziierten). Heute werden diese kolligativen Eigenschaften am häufigsten zur Bestimmung der relativen Molekülmassen von unbekannten Substanzen benutzt. Wir werden noch sehen, wie das gemacht wird.

Dampfdruckerniedrigung. Wenn eine reine Flüssigkeit, B, mit ihrem Dampf im Gleichgewicht steht, dann muß die molare freie Enthalpie des flüssigen und des gasförmigen B dieselbe sein. Verdampfung und Kondensation verlaufen dabei mit derselben Geschwindigkeit (Rate). Wenn der Flüssigkeit eine geringe Menge eines nicht flüchtigen gelösten Stoffes, A, zugesetzt wird, wird die molare freie Enthalpie oder die Neigung, aus der flüssigen Phase in die Gasphase überzugehen, von B in der Lösung herabgesetzt. Die diesem entgegengesetzte Tendenz des Dampfes, sich zur Flüssigkeit zu kondensieren, bleibt davon jedoch unberührt. Bei einer konstanten Temperatur ist die Häufigkeit, mit der ein Molekül in der Lösung sich mit ausreichender kinetischer Energie der Oberfläche nähert, um in die Gasphase überzugehen, sowohl in reinem B als auch in der Lösung dieselbe (Abbildung 15–11). Aber nicht alle Moleküle, die mit der richtigen Energie an der Oberfläche ankommen, können aus der Lösung in die Gasphase übergehen, da ja ein bestimmter Bruchteil dieser Moleküle jetzt zum nicht flüchtigen gelösten Stoff A anstatt zu B gehört. Wenn 1% der Moleküle in der Lösung zu A gehören, dann wird der Dampfdruck von B nur noch 99% von dem des reinen B betragen. Wenn wir den Molenbruch, X_B, von B als die Molzahl von B, dividiert durch die Gesamtmolzahl, definieren

$$X_B = \frac{n_B}{n_A + n_B}$$

dann beträgt der Dampfdruck von B in einer Lösung der Konzentration X_B

$$P_B = X_B P_B^0$$

Der Term P_B^0 ist hierbei der Dampfdruck des reinen B, der aus der molaren freien Verdampfungsenthalpie berechnet werden kann, wie wir es zu Beginn dieses Abschnitts getan haben. Die Dampfdruckänderung ergibt sich dann zu

$$\Delta P = P_B - P_B^0 = -(1 - X_B)P_B^0 = -X_A P_B^0 \qquad (15-33)$$

Die Dampfdruckerniedrigung ($\Delta P < 0$) ist der vorliegenden *Menge* von A proportional, hängt jedoch *nicht* von der *Art* der A-Moleküle ab.

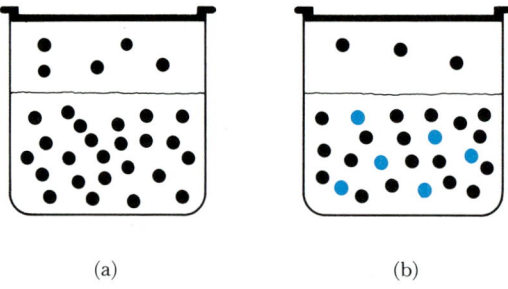

(a)   (b)

Abbildung 15–11   (a) Zwischen einer Flüssigkeit und ihrem Dampf herrscht Gleichgewicht, wenn die molare freie Enthalpie oder Neigung zur Umwandlung in der Flüssigkeit und ihrem Dampf dieselbe ist. (b) Die Zugabe eines gelösten Stoffes (farbige Punkte) zur flüssigen Phase vermindert die Verdampfungsneigung des Lösungsmittels und veranlaßt das System, sich in Richtung einer stärkeren Kondensation von Gas zu verschieben. Das Le Chateliersche Prinzip kann hier zur Deutung herangezogen werden: Wenn ein Lösungsmittel durch einen gelösten Stoff verdünnt wird, dann wird sich das Gleichgewicht in eine Richtung verschieben, durch die der Lösung mehr Lösungsmittel zugeführt wird.

Siedepunktserhöhung. Sehen Sie sich noch einmal die Abbildung 15–11 an, die in (a) die Flüssigkeit im Gleichgewicht mit ihrem Dampf zeigt. Wenn wir diese Flüssigkeit durch die Zugabe von Molekülen einer nicht flüchtigen Substanz A (farbig) verdünnen, wird die Tendenz von B, aus der Flüssigkeit in die Gasphase überzugehen, wie sie sich durch die molare freie Enthalpie ausdrücken läßt, verringert

$$\bar{G}_B(l) < \bar{G}_B(g)$$

Wenn sich die reine Flüssigkeit an ihrem Siedepunkt befunden hätte, wäre dies bei der Lösung nicht mehr der Fall. Wir müssen jetzt die Temperatur so lange erhöhen, bis die dabei zunehmende Flüchtigkeit der B-Moleküle, die noch in der Lösung verblieben sind, einen Ausgleich für den geringeren Anteil von B-Molekülen geschaffen hat. Wir können hier nicht den Ausdruck für die Temperaturerhöhung ableiten, die dazu erforderlich ist, die Lösung wieder zum Sieden zu bringen, da wir keinen Ausdruck für die Abhängigkeit der molaren freien Enthalpie von der Temperatur zur Verfügung haben. Die Ableitung einer solchen Beziehung erfordert wieder die Anwendung von Differential- und Integralrechnung und liegt jenseits der Grenzen dieses Buches. Jedoch besagt das Prinzip, das wir dazu heranziehen, daß die Temperatur so lange erhöht werden muß, bis die molare freie Enthalpie von B wieder in der Flüssigkeit und im Gas denselben Wert besitzt

$$\bar{G}_B(l) = \bar{G}_B(g) \quad \text{(bei einer höheren Temperatur)}$$

Das Ergebnis dieser Ableitung führt zu der Aussage, daß die Siedepunktserhöhung, ΔT_S, der *molalen* Konzentration des gelösten Stoffs A, m_A, proportional ist

$$\Delta T_S = k_S m_A \tag{15–34}$$

Die *Molalität* einer Lösung, m, wie sie in Abschnitt 4–4 definiert wurde, ist gleich der Zahl von Molen des gelösten Stoffes pro 1 kg Lösungsmittel. Die Konstante k_S, die molale Siedepunktserhöhung oder molale ebullioskopische Konstante, hängt nur von Eigenschaften des Lösungsmittels B ab

$$k_S = \frac{RT_S^2\, M_B}{1000\, \Delta \bar{H}_v^0}$$

wobei T_S der normale Siedepunkt von B, M_B die relative Molekülmasse von B und $\Delta \bar{H}_v^0$ die molare Verdampfungswärme des reinen B bedeuten. Die Erhöhung des Siedepunkts des Lösungsmittels hängt nur davon ab, *wie viele* Teilchen des gelösten Stoffes in der Lösung vorhanden sind, und *nicht* etwa davon, *welche Art* von Teilchen es sind. Die Gleichung (15–34) gilt nur für verdünnte Lösungen, da wir bei verschiedenen Stufen ihrer Ableitung die Annahme machen, daß X_A sehr viel kleiner als X_B ist und daß X_B dicht bei 1,00 liegt.

Gefrierpunktserniedrigung. In Abbildung 15–12a steht die reine Flüssigkeit B im Gleichgewicht mit festem B, und die molaren freien Enthalpien von B in den beiden Phasen sind dieselben

$$\bar{G}_B(s) = \bar{G}_B(l)$$

Wenn ein gelöster Stoff A in die flüssige Phase eingebracht wird, dann kann nicht jedes Molekül, das auf die Oberfläche des Festkörpers auftrifft, auf ihm haften bleiben. Dadurch wird die Tendenz von B, aus der Lösung auszukristallisieren, vermindert, während sich im Festkörper nichts ändert. Infolgedessen ist die molare freie Enthalpie von B in der Lösung kleiner als in der festen Phase, und der Festkörper wird sich aufzulösen beginnen. (Aus diesem Grunde schmilzt das Eis, wenn im Winter $CaCl_2$ oder NaCl auf vereiste Straßen gestreut wird.) Die Reaktion

$$B(s) \rightarrow B(l)$$

besitzt dann eine negative freie Enthalpie, $\Delta G < 0$, und verläuft damit spontan.

Um das Gleichgewicht zwischen den Phasen wiederherzustellen, müssen wir die Temperatur erniedrigen, bis die Tendenz der verminderten Zahl von B-Molekülen, aus der Lösung auszukristallisieren, gleich der der größeren Zahl von B-Molekülen in der reinen Flüssigkeit ist. Am neuen Gefrierpunkt treffen weniger B-Moleküle aus der Lösung auf den Festkörper auf, aber sie bewegen sich auch langsamer und besitzen daher eine größere Wahrscheinlichkeit dafür, von der festen Phase eingefangen zu werden.

Wie zuvor werden wir nicht den Ausdruck für die Gefrierpunktserniedrigung ableiten, sondern ihn Ihnen nur einfach angeben. Er lautet

$$\Delta T_g = - k_g m_A \tag{15-35}$$

Die Konstante k_g, die molale Gefrierpunktserniedrigung, hängt wieder nur von der Art

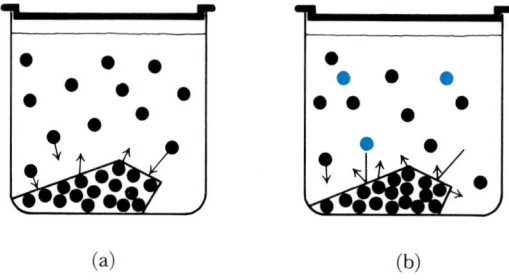

(a)   (b)

Abbildung 15–12   Reine Flüssigkeit im Gleichgewicht mit ihrer festen Phase (a). Wenn ein gelöster Stoff (farbige Punkte) der flüssigen Phase zugesetzt wird (b), dann verschiebt sich die Gleichgewichtslage zugunsten der Auflösung des reinen Festkörpers. Nur durch eine Temperaturerniedrigung kann das Gleichgewicht wiederhergestellt werden. Es ist dies das Phänomen der Gefrierpunktserniedrigung.

des Lösungsmittels B ab und wird durch die Gleichung

$$k_g = \frac{R T_g^2 M_B}{1000 \, \Delta \bar{H}_g^0}$$

gegeben, in der T_g den normalen Gefrierpunkt des reinen Lösungsmittels B, M_B seine relative Molekülmasse und $\Delta \bar{H}_g^0$ seine molare Schmelzwärme bedeuten. Wieder hängt der Betrag der Gefrierpunktserniedrigung, wie der der Siedepunktserhöhung, nur von der Anzahl der Teilchen von A und nicht von ihrem chemischen Charakter ab.

In Tabelle 15–5 sind die molale Gefrierpunktserniedrigung und die molale Siedepunktserhöhung für einige übliche Lösungsmittel angegeben. Versuchen wir jetzt einmal, einige Aufgaben zu lösen, die sich mit Veränderungen von Gefrier- und Siedepunkten beschäftigen, um kennenzulernen, wie man mit Hilfe dieser Veränderungen relative Molekülmassen bestimmen kann.

Tabelle 15–5 Gefrierpunkts- und Siedepunktskonstanten für einige übliche Lösungsmittel[a]

Lösungsmittel	T_g(K)	k_g^b	T_s(K)	k_s^b	M(g/mol)
Wasser (H_2O)	273,16	1,86	373,0	$+0,52$	18,0
Kohlenstofftetrachlorid (CCl_4)	250,5	$\sim 30,00$	350,0	5,03	154,0
Chloroform ($CHCl_3$)	209,6	4,70	334,4	3,63	119,5
Benzol (C_6H_6)	278,6	5,12	353,3	2,53	78,0
Schwefelkohlenstoff (CS_2)	164,2	3,83	319,4	2,34	76,0
Ether ($C_4H_{10}O$)	156,9	1,79	307,8	2,02	74,0
Campher ($C_{10}H_{16}O$)	453,0	40,0			152,2

[a] T_g ist die Temperatur des normalen Gefrierpunkts; k_g die molale Gefrierpunktserniedrigungskonstante; T_s der normale Siedepunkt; k_s die molale Siedepunktserhöhungskonstante und M die Molmasse der Substanz.
[b] In $K \, kg \, mol^{-1}$.

Bestimmung der relativen Molekülmasse

Beispiel: Eine Lösung von 1 g Acetamid (CH_3CONH_2) in 100 ml Wasser wird hergestellt. Wie groß ist ihre Gefrierpunktserniedrigung?

Lösung: Die relative Molekülmasse des Acetamids beträgt 59,07. Eine Masse von 1 g in 100 ml Wasser entspricht 10 g in 1 kg Wasser. Eine Masse von 10 g Acetamid ist $10 \, g/59,07 \, g \, mol^{-1} = 0,169$ mol Acetamid. Die Molalität der Lösung ist daher 0,169 molal. Die Gefrierpunktserniedrigung ist das 1,86-fache dieses Wertes oder $0,32 \, °C$.

Beispiel: Eine gesättigte Lösung von Glutaminsäure in Wasser enthält 1,500 g Glutaminsäure pro 100 g Wasser. Die Gefrierpunktserniedrigung dieser Lösung beträgt $-0,189 \, °C$. Wie groß ist die Molmasse der Glutaminsäure?

Lösung: Nach dem Ausdruck für die Gefrierpunktserniedrigung, Gleichung (15–35), ergibt sich

$$\Delta T_g = -k_g m_A$$
$$-0,189 \, °C = -1,86 \, °C \, mol^{-1} \, kg \times m_A$$
$$m_A = 0,189 \, °C/1,86 \, °C \, mol^{-1} \, kg$$
$$= 0,102 \, mol \, kg^{-1}$$

Die Lösung wurde aus 1,500 g Glutaminsäure pro 100 g Wasser oder $15,00 \, g \, kg^{-1}$ hergestellt. Somit sind 0,102 mol Glutaminsäure gleich 15,00 g, und wir erhalten für die Molmasse (molare Masse) der Glutaminsäure

$$M_A = \frac{15,00 \, g}{0,102 \, mol} = 147 \, g \, mol^{-1}$$

Übung: Eine Verbindung mit einer relativen Molekülmasse von 329,26 wird in Wasser aufgelöst, wobei 300 mg der Verbindung (300×10^{-3} g) auf 10 ml Wasser kommen.

Wo wird der Gefrierpunkt dieser Lösung liegen?
(Antwort: Der erwartete Gefrierpunkt liegt bei $-0,169\,°C$.)

Übung: Bei dem Experiment aus der vorangehenden Übung beobachten wir aber einen Gefrierpunkt von $-0,676\,°C$. Was können Sie dazu sagen, was geschieht, wenn sich die Verbindung in Wasser auflöst? (Die Verbindung ist $K_3[Fe(CN)_6]$.)
(Antwort: Die Verbindung löst sich unter Dissoziation in vier Ionen pro Formeleinheit auf.)

Übung: Eine Menge von 200 mg des Proteins Cytochrom c wird in 10 ml Wasser aufgelöst. Die relative Molekülmasse des Cytochrom c beträgt 12400. Wie groß wird die Gefrierpunktserniedrigung dieser Lösung sein?
(Antwort: Die Gefrierpunktserniedrigung ergibt sich zu $-0,003\,°C$.)

Wie das Beispiel des Cytochrom c veranschaulicht, sind Gefrierpunktserniedrigungs- und Siedepunktserhöhungs-Methoden für die Bestimmung der relativen Molekülmassen von großen „Makromolekülen" unbrauchbar, da die Temperaturänderungen zu klein werden, um mit ausreichender Genauigkeit gemessen werden zu können. Die vierte und letzte der kolligativen Eigenschaften ist dagegen für derartig große Moleküle besonders nützlich:

Osmotischer Druck. Viele Membranen haben Poren, die groß genug sind, um einige kleine Moleküle hindurchzulassen, andererseits aber zu klein sind, um anderen größeren Molekülen den Durchgang zu gestatten. Derartige Membranen werden als *semipermeable* Membranen bezeichnet. Einige von ihnen lassen Wasser durch, aber keine Salzionen. Andere, mit größeren Poren, lassen Wasser, Salze und kleine Moleküle durch, aber keine Makromoleküle mit relativen Molekülmassen von mehreren tausend. Derartige Membranen werden in großem Umfang für Trennungszwecke eingesetzt, aber sie können auch zur Bestimmung der relativen Molekülmassen von großen Molekülen verwendet werden.

Nehmen Sie einmal an, daß das Becherglas in Abbildung 15–13a reines Wasser enthält, während sich in der unten durch eine semipermeable Membran verschlossenen Glasglocke eine wäßrige Lösung irgendeiner aufgelösten Substanz A befindet. Nehmen Sie weiterhin an, daß A nicht durch die Membran hindurchgehen kann. Die Strömungsrate der Wassermoleküle aus dem Becherglas in die Glasglocke hinein wird durch die Membran nicht gestört, dagegen ist die Strömungsrate aus der Glasglocke heraus vermindert. Die molare freie Enthalpie des Wassers in der Glasglocke wird durch das Vorhandensein der Teilchen des gelösten Stoffes A genauso vermindert, wie es bei den drei anderen kolligativen Eigenschaften der Fall war. Es wird mehr Wasser in die Glasglocke hineinströmen als aus ihr herausfließt, und die Lösung wird in dem an der Glasglocke angebrachten, oben offenen Rohr emporsteigen, wie in Abbildung 15–13b dargestellt ist.

Wenn sich der Druck im Inneren der Glasglocke erhöht (diese Druckerhöhung kann mit Hilfe der Höhe der Lösungssäule im Glasrohr gemessen werden), nimmt die molare freie Enthalpie der Wassermoleküle in der Glasglocke zu. Irgendwann einmal wird dann der Punkt erreicht, an dem die Erhöhung der molaren freien Enthalpie des Wassers in der Glasglocke infolge des erhöhten Druckes genau gleich der Abnahme der molaren

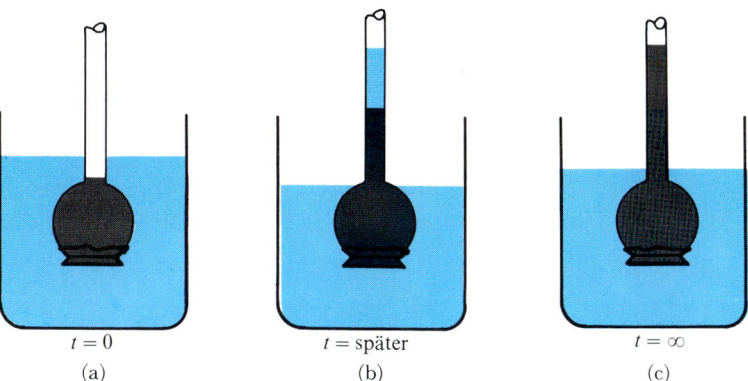

Abbildung 15–13 Wenn ein gelöster Stoff in einem Lösungsmittel aufgelöst ist und die Lösung von einem Vorratsbehälter mit reinem Lösungsmittel durch eine Membran abgetrennt wird, die es den Molekülen des Lösungsmittels erlaubt, sie zu durchdringen, nicht aber den Molekülen des gelösten Stoffes, dann strömt so lange Lösungsmittel in die Kammer mit der Lösung, bis sich in ihr ein Überdruck aufbaut, der als osmotischer Druck bezeichnet wird und der seinerseits dieser Strömung entgegenwirkt. (a) Lösung in der Glasglocke (grau), reines Lösungsmittel außen (farbig). (b) Nach einiger Zeit ist die Lösung im Rohr gestiegen. (c) Gleichgewicht, wobei die Lösung im Rohr nicht mehr ansteigt. Der osmotische Druck kann aus der Höhe der Lösung im Rohr und der Dichte der Lösung berechnet werden.

freien Enthalpie aufgrund des Vorhandenseins von Teilchen des gelösten Stoffes A ist. Bei diesem *osmotischen Druck*, π, ist das Gleichgewicht zwischen den Wassermolekülen auf beiden Seiten der Membran wiederhergestellt, und die Strömungsrate in beiden Richtungen ist wieder dieselbe. (Im strengen Sinn ist der Druck, der durch die Höhe der Lösungssäule im Glasrohr gemessen wird, nur dann gleich dem osmotischen Druck π, wenn der Durchmesser der Säule so klein ist, daß die Verdünnung der Lösung im Inneren der Glasglocke infolge des durch die Membran einströmenden Lösungsmittels vernachlässigbar klein bleibt. Der osmotische Druck ist in Wirklichkeit der Druck, der auf die Lösung in der Glasglocke ausgeübt werden muß, um ein Einströmen von Lösungsmittel durch die Membran hindurch in die Lösung hinein zu *verhindern*.)

Die Ableitung des Ausdrucks für den osmotischen Druck führt zu der folgenden Beziehung

$$\pi = c_A RT \tag{15–36}$$

Der osmotische Druck, der dazu erforderlich ist, das Gleichgewicht wiederherzustellen, ist der Molarität c_A (und nicht der Molalität m_A) der Lösung im Inneren der Glasglocke proportional.

Beispiel: Eine Menge von 200 mg Cytochrom c wird in genug Wasser aufgelöst, um 10 ml Lösung zu ergeben. Die relative Molekülmasse des Cytochrom c beträgt 12 400. Wenn die Lösung in das Innere der Glasglocke aus Abbildung 15–13 gefüllt wird und deren Boden durch eine Membran verschlossen wird, die zwar Wassermoleküle, jedoch keine Moleküle des Cytochrom c hindurchläßt, dann wird die Lösung im Glasrohr emporsteigen, bis das osmotische Gleichgewicht wiederhergestellt ist. Wie hoch ist dann die Lösungssäule über der Wasseroberfläche im Becherglas?

Lösung: Die 200 mg in 10 ml entsprechen einer Menge von 20 g in 1000 ml Lösung. Und 20 g entsprechen $20 \text{ g}/12\,400 \text{ g mol}^{-1} = 1{,}61 \times 10^{-3}$ mol; somit ist die Lösung $1{,}61 \times 10^{-3}$-molar. Der osmotische Druck (bei 298 K) ergibt sich damit zu

$$\begin{aligned}
\pi &= 1{,}61 \times 10^{-3} \text{ mol l}^{-1} \times 8{,}314 \text{ Nm K}^{-1} \text{ mol}^{-1} \times 298 \text{ K} \\
&= 1{,}61 \text{ mol m}^{-3} \times 8{,}314 \text{ Nm K}^{-1} \text{ mol}^{-1} \times 298 \text{ K} \\
&= 3990 \text{ N m}^{-2} \\
&= 0{,}0399 \text{ bar}
\end{aligned}$$

Nun trägt ein Druck von 1 bar eine Wassersäule von 10,2 m Höhe. (Rechnen Sie dies einmal aus, um sich an die SI-Einheit zu gewöhnen!) Damit entspricht der von uns berechnete Druck von 0,0399 bar einer Wassersäule von 10,2 m bar^{-1} × 0,0399 bar = 0,41 m oder 41 cm Höhe.

Die Messung einer Wassersäule von 41 cm Höhe kann nun mit einer weitaus größeren Genauigkeit durchgeführt werden als die Messung einer Gefrierpunktserniedrigung von 0,003 °C. Zur Bestimmung der relativen Molekülmassen großer Moleküle sind Messungen des osmotischen Drucks den anderen Verfahren eindeutig vorzuziehen.

Bevor Sie weitermachen. Falls Sie die Berechnungen unter Verwendung der kolligativen Eigenschaften noch nicht ganz verstanden haben, können Sie ja einmal die Aufgaben über Molalität und Molenbruch, Dampfdruckerniedrigung, Siedepunktserhöhung, Gefrierpunktserniedrigung und osmotischen Druck in Kurs 13 des *Begleitprogramms zu Prinzipien der Chemie* von Lassila et al. durcharbeiten.

15–11 Zusammenfassung

Dieses Kapitel enthält wahrscheinlich mehr wichtige neue Gedanken und Vorstellungen als irgendein anderes Kapitel bisher. Dieses Kapitel sollte Ihnen nicht Tatsachen vermitteln, sondern Sie mit neuen Begriffen und Denkweisen für das Verständnis von chemischen Tatsachen vertraut machen. Die Hauptgedanken, die Sie aus diesem Kapitel in sich aufnehmen sollten, sind die folgenden:

1. Wärme und Arbeit sind ineinander umwandelbare Formen von Energie. Bei jeder chemischen Reaktion bleibt die Energie erhalten. Die Änderung der Energie des Reaktionssystems ist genau gleich der Energieaufnahme aus der Umgebung oder der Energieabgabe an die Umgebung.
2. Energie und Enthalpie sind Zustandsfunktionen. Die Änderung dieser beiden Größen während einer Reaktion hängt daher nur vom Anfangs- und Endpunkt der Reaktion ab, nicht aber vom Ablauf der Reaktion. Reaktionswärmen sind infolgedessen in derselben Weise additiv, wie es die Reaktionen selbst sind.

3. Die Enthalpie eines Moleküls kann durch die Summe der Bindungsenergien von lokalisierten Bindungen zwischen jeweils zwei Atomen annähernd berechnet werden. Die Vorstellung von den lokalisierten Bindungen wird auf diese Weise experimentell gestützt. Bei einigen Klassen von Molekülen, insbesondere bei den aromatischen Ringsystemen, ist diese Vorstellung der lokalisierten Bindungen jedoch unzureichend und kann infolgedessen nicht verwendet werden. Die Delokalisierung von Elektronen in einem Molekül macht das Molekül stabiler.

4. Die Entropie, eine weitere Zustandsfunktion, ist ein Maß für die Unordnung eines Systems. Sie kann aus der Anzahl der verschiedenen mikroskopischen Anordnungen für den Aufbau derselben beobachtbaren Sachlage berechnet werden. Die mit Hilfe des dritten Hauptsatzes der Thermodynamik berechneten Entropien, die sich aus rein thermischen Messungen ergeben, stimmen gut mit dem überein, was wir für verschiedene Substanzen aus der statistischen Deutung der Entropie erwarten.

5. Die Spontaneität einer Reaktion unter konstantem Druck und bei konstanter Temperatur wird mit Hilfe ihrer freien Enthalpieänderung pro stöchiometrischer Reaktionseinheit gemessen. Eine Reaktion, bei der keine andere Arbeit als Druck-Volumen-Arbeit geleistet wird, verläuft spontan, wenn ΔG negativ ist. Wenn ΔG positiv ist, verläuft die Reaktion in umgekehrter Richtung spontan. Wenn ΔG gleich null ist, befindet sich die Reaktion im Gleichgewicht. Anders ausgedrückt, die freie Enthalpie ist die chemische Potentialfunktion, die wir minimieren müssen, um den Punkt des chemischen Gleichgewichts zu finden.

6. Wenn elektrische Arbeit oder irgendeine andere Form von Arbeit außer der Druck-Volumen-Arbeit an einem chemischen Prozeß beteiligt ist, der reversibel abläuft, dann ist die Änderung der freien Enthalpie während der Reaktion nicht null wie bei Punkt 5). Stattdessen nimmt die freie Enthalpie des Reaktionssystems um einen Betrag ab, der gleich der Arbeit ist, die vom Reaktionssystem an der Umgebung verrichtet wird: $\Delta G = -w_{\text{ext}}$.

7. Die freie Enthalpie einer Reaktion ist das Ergebnis zweier Effekte, Wärme und Unordnung: $\Delta G = \Delta H - T\Delta S$. Eine Reaktion wird begünstigt, wenn sie Wärme freisetzt (ΔH ist dann negativ) und wenn ihre Produkte stärker ungeordnet sind als die Reaktionspartner ($-T\Delta S$ ist negativ oder ΔS ist positiv). ΔH ist gewöhnlich, aber nicht immer, der beherrschende Term auf der rechten Seite der Gleichung.

8. Die molare freie Enthalpie eines idealen Gases ändert sich mit seinem Partialdruck nach der Beziehung: $\bar{G}_2 = \bar{G}_1 + RT\ln(p_2/p_1)$. Die Aktivität a des Gases ist das Verhältnis seines Drucks zu dem Druck in einem Standardzustand von 1,013 bar. Somit ist die molare freie Enthalpie eines idealen Gases unter einem beliebigen Druck durch den Ausdruck: $\bar{G} = \bar{G}^0 + RT\ln a$ gegeben. Für $n = n$ mol eines idealen Gases erhalten wir die allgemeine Beziehung für die freie Enthalpie: $G = G^0 + nRT\ln a = = G^0 + \text{mol } RT\ln a^{\text{n}}$.

9. Die Änderung der freien Enthalpie einer Gasreaktion ändert sich mit den Partialdrücken ihrer Komponenten entsprechend dem Ausdruck: $\Delta G = \Delta G^0 + \text{mol } RT\ln Q$. Für den Spezialfall des Gleichgewichts ist die freie Reaktionsenthalpie gleich null: $\Delta G = 0$. Der Reaktionsquotient Q ist dann gleich der Gleichgewichtskonstante K_{eq}. Die Gleichgewichtskonstante und die freie Standardreaktionsenthalpie hängen über

folgende Beziehungen miteinander zusammen

$$\Delta G^0 = - \text{mol } RT \ln K_{eq} \quad \text{oder} \quad K_{eq} = e^{-(\Delta G^0/\text{mol } RT)}$$

In diesen beiden Beziehungen stehen jeweils auf beiden Seiten der Gleichung zwei *extensive* Größen, ΔG^0 und K_{eq}, die von den bei der Reaktion umgesetzten Stoffmengen nach Maßgabe der Reaktionsgleichung abhängig sind.

10. Wenn für irgendeinen Satz von experimentellen Bedingungen der Reaktionsquotient Q kleiner als die Gleichgewichtskonstante ist, dann verläuft die Reaktion spontan. Wenn der Reaktionsquotient größer als K_{eq} ist, verläuft die Rückreaktion spontan. Im Gleichgewicht gilt: $Q = K_{eq}$.

11. Das Gleichgewicht zwischen verschiedenen Phasen wird erreicht, wenn jede chemische Substanz in jeder Phase, in der sie vorkommt, dieselbe molare freie Enthalpie besitzt. Phasenumwandlungen können mit demselben mathematischen Handwerkzeug behandelt werden wie chemische Reaktionen. Der Dampfdruck einer Flüssigkeit ist der Partialdruck ihres Gases, für den die molare freie Enthalpie des Gases dieselbe ist wie die der Flüssigkeit.

12. Wenn einer reinen Flüssigkeit ein gelöster Stoff zugesetzt wird, wird die molare freie Enthalpie der Flüssigkeit herabgesetzt. Diese Verminderung der molaren freien Enthalpie bewirkt, daß mehr reine Flüssigkeit entweder aus der Gasphase, dem reinen Festkörper oder durch eine Membran aus einem Vorrat der reinen Flüssigkeit in die Lösung übergeht. Dieser Zufluß neuer Flüssigkeit infolge der Kondensation des Gases kann durch Erhöhung der Temperatur aufgehalten werden, der Zufluß infolge des Schmelzens der festen Phase kann durch Erniedrigung der Temperatur aufgehalten werden, und der Zufluß infolge der Diffusion durch eine poröse Membran kann durch Druckerhöhung aufgehalten werden. Wenn das Gleichgewicht wiederhergestellt ist und die molare freie Enthalpie des Lösungsmittels in allen Phasen wieder dieselbe ist, beobachten wir die Siedepunktserhöhung, die Gefrierpunktserniedrigung oder die Phänomene des osmotischen Drucks.

Das nächste Kapitel über die freie Enthalpie und das Gleichgewicht wird sich weitgehend auf die Gedanken in Punkt 8, 9 und 10 stützen. Diese und die Punkte 5 und 7 werden im Kapitel 18 gebraucht, wenn wir die Reaktionsraten mit Hilfe der Raten des Auseinanderbrechens von aktivierten Komplexen (Übergangszuständen) deuten. Punkt 6 ist besonders für Kapitel 17 von Bedeutung, in dem wir auf die Elektrochemie eingehen werden.

15–12 Postskriptum: Count Rumford gegen die Welt

In ihrem Buch *Order and Chaos* bemerken S. W. Angrist und L. G. Hepler:

„Es steht fest, daß Menschen der unterschiedlichsten Herkunft und gesellschaftlichen Stellung bedeutende Beiträge zur Theorie der Wärme und Energie geliefert haben. Sehen Sie sich dazu einmal die folgende Liste von Leuten an, die einen Beitrag zur Wissenschaft und praktischen Anwendung der Wärme geleistet haben: 1. Ein Spion der britischen Regierung im Dienst von General Gage, der zur Zeit der Amerikanischen

Revolution der britische Kommandant in Boston war. 2. Der Sekretär der Provinz Georgia im britischen Außenministerium im Jahre 1779. 3. Der Unterstaatssekretär für die Abteilung Nord im britischen Außenministerium im Jahre 1780. 4. Ein Lieutenant – Colonel bei den Königlich Amerikanischen Dragonern. 5. Ein Ritter am Hofe Georgs des Dritten. 6. Ein britischer Spion am Hofe des bayrischen Thronfolgers. 7. Der Gründer der Münchner Militär-Arbeitshäuser. 8. Der Planer der Münchner Englischen Gärten. 9. Ein Generalleutnant im Dienste des bayrischen Thronfolgers. 10. Ein Angehöriger des polnischen Ordens von St. Stanislaus mit dem Rang eines Weißen Adlers. 11. Ein Graf des Heiligen Römischen Reiches. 12. Der Gründer der Royal Institution, London. 13. Ein ausländisches Mitglied der französischen Akademie der Wissenschaften. 14. Der zweite Mann der Witwe Lavoisiers."

Wie die Autoren dann zeigen, sind alle diese Leute in Wirklichkeit nur eine einzige Person, Benjamin Thompson, der spätere Count Rumford.

Dieser Liste hätten sie noch hinzufügen können: der Erfinder des Verbrennungs-kalorimeters, des vergleichenden Photometers mit der Internationalen Standardkerze, des Küchenherdes oder Kochofens, des Doppelkessels (Wasserbades), des Backofens, des transportablen Ofens und der Armeefeldküche, der Tropfkaffeemaschine, des modernen Dampfheizungssystems, des Rauchfang- und Rauchklappensystems, das noch heute in allen Heizöfen verwendet wird, einer verbesserten Öleselampe von bislang unerreichter Helligkeit, eines von Großbritannien verwendeten Marinesignalsystems und eines verbesserten ballistischen Pendels zur Messung der Stärke von Schießpulver; der Entdecker der Konvektionsströme in Gasen und Flüssigkeiten, der maximalen Dichte des Wassers bei $4\,°C$ und der überlegenen Absorption und Emission von Strahlung durch schwarze anstelle von polierten Gegenständen; einer der frühesten Erforscher der Reißfestigkeit von Fasern und der Isolationseigenschaften von Geweben; der Gründer einer der ersten Public Schools und Stifter der ersten internationalen naturwissenschaftlichen Medaille und Preises (wird noch heute verliehen); und der vorgesehene erste Leiter der Militärakademie von West Point (durch vorherige Absprache aus politischen Gründen abgelehnt). Diese Liste ist immer noch unvollständig. Thompson war ein praktisches Genie und Erfinder vom Range Thomas Edisons. Er revolutionierte die Ernährung in Europa gegen Ende des 17. Jahrhunderts in der gleichen Weise, wie Edison ein Jahrhundert später unser Leben durch die praktische Anwendung der Elektrizität revolutionierte. Er war ganz sicher ein vielseitigerer Erfinder als Franklin und wahrscheinlich auch ein besserer Naturwissenschaftler. Warum ist Thompson dann aber, Historiker der Naturwissenschaft und Studenten der Thermodynamik ausgenommen, praktisch unbekannt?

Der Grund dafür liegt größtenteils in der Persönlichkeit dieses Mannes: Thompson war ehrgeizig und völlig skrupel- und prinzipienlos. Er schmeichelte seinen Vorgesetzten, war bissig und verräterisch zu seinesgleichen und tyrannisch gegenüber seinen Untergebenen. Keiner konnte mit ihm zusammenarbeiten, und er verschaffte sich eine Schar von Feinden, wo immer er auch hinkam. Er war, kurz gesagt, ein unerträgliches Genie.

Thompson wurde 1753 in Woburn, Massachusetts, geboren. Er war ein Angehöriger einer großen Farmerfamilie. Er scheint ein besessener Organisator und Student gewesen zu sein. Notizbücher aus seiner Jugend zeigen ein tägliches Schema der Themen, die zu studieren waren („Montag – Anatomie, Dienstag – Anatomie, Mittwoch – Physikalische Institute, Donnerstag – Chirurgie, Freitag – Chemie mit den Materia Medica, Sonnabend – Physik $\frac{1}{2}$ und Chirurgie $\frac{1}{2}$"), als auch Stundenpläne für jeden Tag. Er ging zunächst bei einem Tuchhändler in die Lehre und dann zu einem ortsansässigen Doktor. Weder die eine noch die andere Lehre stellte ihn zufrieden, und er wurde Lehrer an einer Schule in Concord, New Hampshire (das ursprünglich Rumford, N.H., hieß). Dort machte Thompson seinen ersten – und in vieler Hinsicht typischen – Schritt nach oben in seinem Leben: 1772 heiratete er die junge Witwe eines wohlhabenden Grundbesitzers aus New Hampshire.

Thompsons natürliche selbstherrliche Neigungen und die Verbindungen seiner Frau und ihres verstorbenen ersten Mannes ermöglichten es ihm, ein Günstling des Königlich Britischen Gouverneurs von New Hampshire zu werden. Er wurde ein Informant und Spion für die Briten, die Informationen über Waffen- und Vorratslager brauchten, die die koloniale Miliz und die Minuteman-Gruppen überall in New England heimlich anlegten. Er wurde verdächtigt, ein Informant zu sein, und das New Hampshire Komitee für öffentliche Sicherheit lud ihn vor, um sich gegenüber Vorwürfen zu rechtfertigen, daß er „der Sache der Freiheit unfreundlich gesonnen sei". Ihm konnte nichts nachgewiesen werden. Aber eine Woche vor Weihnachten 1774 erfuhr Thompson, daß ihn eine Gruppe von „Patrioten" diesen Abend mit Teer und Federn besuchen wollte. Er verließ seine Frau, seine kleine Tochter und seinen ältlichen Schwiegervater, die dem Mob allein entgegentreten mußten, und ritt nach Boston. Er kam nie mehr zurück.

Thompson setzte seine Spionagetätigkeit für die Briten in Massachusetts fort und hatte eine weitere Auseinandersetzung mit dem Komitee für öffentliche Sicherheit dieses Staates. Wieder erwies er sich als zu schlau, so daß nichts gegen ihn zu beweisen war, aber er wurde danach so sorgfältig beobachtet, daß er seinen Vorteil als Spion verlor. Als die britische Armee im März 1776 gezwungen wurde, Boston zu verlassen, zog Thompson mit ihr fort. Er traf bald danach in London ein, wo er zunächst Beschäftigung als ein Experte für den Revolutionären Krieg (das Äquivalent zu unseren heutigen „Ostblockexperten") und dann in verschiedenen Regierungsämtern fand. Nach sieben Jahren, während der er mehrere wichtige Erfindungen machte, verdächtigt wurde, britische Marineinformationen an die Franzosen im La Motte-Fall zu liefern, und sich unzählige persönliche Feinde gemacht hatte, sah er sich gezwungen, anderswo Beschäftigung zu suchen. Er erschien bald in München als Colonel und Militärberater von Thronfolger Karl Theodor von Bayern. (Er schickte mehrere militärische Spionageberichte über den Zustand der Armee seines neuen Arbeitgebers verschlüsselt nach England.)

Die bayrische Armee befand sich in einem völlig heruntergekommenen Zustand. Sie besaß weder Disziplin, Ausbildung, brauchbare Ausrüstung, Versorgungsmöglichkeiten noch Moral und war von Bestechung, Korruption und Unfähigkeit geplagt. Thompson erhielt den Auftrag, aus ihr eine brauchbare Kampftruppe zu machen. Seine Stellung in München ähnelte der Lavoisiers in der *Ferme Générale*, dem französischen Steuereintreibungsunternehmen: Die Geschäftsleute der *Ferme Générale* schlossen einen Kontrakt mit der Französischen Krone ab, der Schatzkammer jedes Jahr eine bestimmte Summe an Steuereinnahmen zu zahlen. Jede Steuer, die sie über diese Summe hinaus kassierten, konnten sie für sich behalten. Colonel Thompson erhielt für den Unterhalt der bayrischen Armee jedes Jahr eine feste Summe. Falls das Unterhalten der Armee effektiver würde und Thompson gleichzeitig Wege fände, die Ausgaben zu verringern, würde das ersparte Geld ihm gehören. Es lohnte sich also sowohl für Lavoisier als auch für Thompson, ihre Pflichten in der möglich rationellsten Weise zu erfüllen. Thompsons Experimente mit der Kleidung, der Ernährung, dem Bohren von Kanonen und den Münchner Militär-Arbeitshäusern waren alle Teile seines Plans zur Steigerung der Effektivität der bayrischen Armee. Als sich die konservativen Manufakturen weigerten, nach seinen Angaben Tuch zu weben und Ausrüstungsgegenstände herzustellen, trieb er mit Hilfe der Armee in einer nächtlichen Razzia die tausende von Straßenbettlern in München zusammen und richtete die Militär-Arbeitshäuser als seine Fabriken ein. Er gab jedem Arbeiter Unterkunft und Verpflegung und richtete freie Schulen für ihre Kinder ein (bis sie alt genug waren, um zu arbeiten). Er legte die berühmten „Englischen Gärten" in München an als Demonstrationsgärten für seine neuen Methoden der Landwirtschaft und der Ernährung. Seine „Rumford-Suppe", die für die Arbeitshäuser entwickelt wurde, war ein Versuch, eine vollwertige Nahrung zu möglichst niedrigen Kosten zu liefern. Er führte die Kartoffel in Bayern ein, obwohl er die ersten Kartoffeln heimlich in seine Küchen einschmuggeln mußte, da die Bayern sie als für die Ernährung ungeeignet ansahen. Er propagierte Kaffee als ein stimulierendes Ersatzmittel an Stelle des Alkohols und erfand die Tropfkaffeemaschine, um ihn populär zu machen. Die Soldaten in den europäischen Armeen dieser Zeit holten sich ihre Nahrungsmittel dort, wo sie sie fanden, und bereiteten sie selbst über offenen Feuern im Lager zu. Thompson entwarf zunächst einen zerlegbaren Ein-Mann-Kochofen und kam dann auf die Idee einer fahrbaren Feldküche, die für die Truppe kochen sollte. Seine Kanonenbohrexperimente – praktisch die einzige Leistung, für die man sich noch an ihn erinnert – waren nur ein weiteres Vorhaben in seiner so bunten Karriere in München.

Vom Colonel in der bayrischen Armee stieg Thompson zum Kriegsminister, Polizeiminister, Generalmajor, Kammerherrn des Bayrischen Hofes und Staatsrat auf. Er hatte alle diese Posten gleichzeitig inne und war damit nach dem Thronfolger selbst der zweitmächtigste Mann in Bayern. Sein höchster Titel war der eines Grafen des Heiligen Römischen Reiches. Thompson wählte als Adelsnamen den ursprünglichen Namen von Concord, New Hampshire, und bestand nach 1792 darauf, als „Count Rumford" an Stelle von Benjamin Thompson angeredet zu werden. Die Wahl von „Rumford" mag eine verspätete Anerkennung seiner Frau und seines Kindes gewesen sein, die er 18 Jahre zuvor verlassen hatte, oder mag sich aus seiner Großtuerei in Europa herleiten lassen, daß er aus einer wohlhabenden Grundbesitzerfamilie aus den Kolonien stammte.

Um 1795 hatte seine intensive Arbeit begonnen, seiner Gesundheit zu schaden, und seine vielen Feinde am Bayrischen Hofe wurden zu mächtig. Er verließ München und kehrte im Triumph nach London zurück. Ihm wurde eine nahezu überwältigende Verehrung als großer Philanthrop, Philosoph und Wohltäter entgegengebracht, in die sich sowohl Angehörige der Regierung als auch die allgemeine Öffentlichkeit teilten. Ganz gleich, wie groß auch seine Schwierigkeiten im Umgang mit Menschen und seine persönlichen Fehler gewesen sein mögen, Rumfords Verbesserungen im Wohnungsbau, in der Beleuchtungstechnik, der Kleidung und der Ernährung bedeuteten einen echten Unterschied für den Durchschnittsbürger im Europa dieser Zeit. Die Royal Institution of

Abbildung 15–14 Count Rumford bei der Aufsicht über eine öffentliche Vorlesung an seiner Royal Institution in London, 1802. Rumford ist die hakennasige Gestalt oben rechts im Bild, die freundlich lächelnd zuschaut. Der Vortragende ist Thomas Young, ein Professor der Naturphilosophie an der Royal Institution, und sein Assistent mit dem Blasebalg und dem schadenfrohen Grinsen ist der junge Humphry Davy. Das „Opfer" der Demonstration ist Sir John Hippisley, der Geschäftsführer der Royal Institution. Davy arbeitete lange über die physiologischen Auswirkungen der verschiedenen Gase. Er hatte sich zwei Jahre zuvor durch Inhalieren von Methan beinah selbst umgebracht und verursachte eine Sensation, als er 1801 Lachgas (Distickstoffmonoxid) während einer Vorlesung an Freiwillige aus der Hörerschaft verabreichte. James Gillray, der Karikaturist, war einer der bedeutendsten seiner Zeit und für seine vernichtenden politischen Karikaturen berühmt. Er betrachtete diese Vorlesungen an der Royal Institution als Unfug, da sie, obwohl sie zur Ausbildung der arbeitenden Bevölkerung gedacht waren, sehr schnell zu einer modischen Unterhaltung der Wohlhabenden entarteten, wie hier karikiert ist. Davy und Michael Faraday führten die Tradition der öffentlichen Vorlesungen fort, die bis heute erhalten blieb. Einer von uns [R. E. D.] hielt 1970 eine Vorlesung an der Royal Institution in einem Hörsaal, der erkennbar derselbe war wie der hier gezeigte von 1802. (Photographie des Originalstichs mit Erlaubnis der Fisher Collection.)

Great Britain, heute ein angesehenes Forschungslaboratorium, wurde ursprünglich zur Schaustellung von Thompsons Erfindungen und Erneuerungen geschaffen. Er selbst holte sich einen Jungen vom Lande mit dem Namen Humphry Davy (der Sir Humphry Davy aus dem Postskriptum über Dalton am Ende von Kapitel 2), der ihm bei seinen öffentlichen Demonstrationen und Vorlesungen assistieren sollte (Abbildung 15–14). Typischerweise stellte sich Thompson die Royal Institution als einen Ort vor, zu dem die Unwissenden kommen würden, um Count Rumford zu fragen, wie sie ihr Leben führen sollten. Die Tatsache, daß er so oft recht hatte, machte für die, die von seiner Arroganz abgestoßen wurden, nur wenig Unterschied. Innerhalb von zwei Jahren wurde er gezwungen, die aktive Kontrolle der Royal Institution aufzugeben, obwohl die Institution das brilliante Schaustück und Laboratorium für Humphry Davy, Michael Faraday und einer fortdauernden Reihe von anerkannten Naturwissenschaftlern blieb.

Zu diesem Zeitpunkt seiner Karriere war Rumford erst 49 Jahre alt. Wir verlassen jetzt seine Lebensgeschichte mit der Bemerkung, daß er in Frankreich eine neue Karriere begann, indem er die Witwe Lavoisiers heiratete. Seine erste Frau war passenderweise zu dieser Zeit verstorben. Die neue Ehe war bekannt stürmisch und dauerte nur zwei Jahre. Aber am Ende dieser Zeit war Rumford genauso fest in französischen Affären etabliert, wie er es in denen von München und London war.

Rumford starb plötzlich im Jahre 1814. Er verwaltete seinen Tod genauso sorgfältig, wie er sein Leben geführt hatte. In einem seltsamen Testament überließ er seinen ganzen Besitz der Harvard Universität, die noch heute sein Grab in Auteuil, Frankreich, pflegt. Mit seinem Tod versank er so schnell in die Vergessenheit, wie er aus der Unbekanntheit emporgestiegen war. Man erinnert sich nicht mehr an ihn so, wie man sich an Lavoisier, Dalton oder Franklin erinnert. Menschen, die versucht hatten, mit ihm zusammen zu leben und zu arbeiten, fanden es so schwierig, seine wahren Leistungen anzuerkennen, daß sie ihn so schnell wie möglich einfach vergaßen, als sein Leben zu Ende war. Er hatte so oft in seinem Leben verkündet, was für ein großer Mann er war, daß die Leute zufrieden waren, dieses Thema nach seinem Tode in Ruhe zu lassen.

In seiner Grabrede vor der Französischen Akademie faßte der Naturforscher Baron Cuvier die Fehler dieses bemerkenswerten Mannes wie folgt zusammen:

„Er sah die chinesische Regierung als die der Vollkommenheit am nächsten kommende an, da sie durch die Auslieferung des Volkes an die absolute Macht von Männern des Wissens allein und durch die Einordnung eines jeden von ihnen in die Hierarchie allein nach dem Grad seines Wissens in gewissem Maße so viele Millionen Hände zu passiven Organen des Willens einiger weniger guter Köpfe machte. Ein Imperium, wie er es sich vorstellte, würde für ihn nicht schwieriger zu führen sein als seine Baracken und Armenhäuser .... Die Welt verlangt [jedoch] ein wenig mehr Freiheit und ist so gestaltet, daß eine gewisse Höhe der Vollkommenheit ihr häufig als ein Fehler erscheint, wenn sich die Person nicht ebensoviel Mühe macht, ihr Wissen zu verbergen, wie sie sich gemacht hat, es zu erwerben."

Literaturhinweise

S. W. Angrist and *L. G. Hepler*, Order and Chaos: Laws of Energy and Entropy, Basic Books, New York, 1967. Die beste nichtmathematische Einführung in die Bedeutung der Thermodynamik. Ausführliche Diskussion von Anwendungen der Thermodynamik im Alltagsleben eines Nichtnaturwissenschaftlers. Gut geschrieben und wärmstens empfohlen.

H. A. Bent, The Second Law: An Introduction to Classical and Statistical Thermodynamics, Oxford University Press, New York, 1965. Ein schwieriges Buch, um danach Thermodynamik zu lernen, da sein Vorgehen in hohem Maße unorthodox ist, aber mit Freude zu lesen, sobald Sie das Thema einmal durchgearbeitet haben. Solide, gut geschrieben mit einem Auge für ungewöhnliche Seitenblicke auf das jeweilige Thema. Viele gute Aufgaben.

S. C. Brown, Count Rumford, Physicist Extraordinary, Anchor, New York, 1962. Eine unterhaltsame Biographie eines der größten praktischen Genies und Abenteurers in der Geschichte der Naturwissenschaften.

R. E. Dickerson, Molecular Thermodynamics, W. A. Benjamin, Menlo Park, Calif., 1969. Etwas tiefgehender als Mahan, Nash oder Waser, aber mit starker Betonung der statistischen Interpretation der Entropie.

I. M. Klotz and *R. M. Rosenberg*, Introduction to Chemical Thermodynamics, W. A. Benjamin, Menlo Park, Calif., 1972, 2nd ed.

B. H. Mahan, Elementary Chemical Thermodynamics, W. A. Benjamin, Menlo Park, Calif., 1963. Eine gute Einführung in die klassische Thermodynamik (was soviel bedeutet wie, ohne die stastische Interpretation der Entropie). Mäßiger Gebrauch von Differential- und Integralrechnung, der größtenteils bei seiner Einführung erklärt wird.

L. Nash, ChemThermo: A Statistical Approach to Classical Chemical Thermodynamics, Addison-Wesley, Reading, Mass., 1972. Ähnlich Dickerson darin, daß das Vorgehen die statistische Methode an Stelle der Wärmekraftmaschinen-Methode zur Darstellung der Thermodynamik bevorzugt.

L. Nash, Introduction to Chemical Thermodynamics, Addison-Wesley, Reading, Mass., 1963.

J. Waser, Basic Chemical Thermodynamics, W. A. Benjamin, Menlo Park, Calif., 1966. Sowohl dieses Buch als auch das von Nash besitzen ein Niveau, das dem von Mahan und diesem Kapitel ähnelt. Wärmstens empfohlen.

Fragen

1. Was ist der Unterschied zwischen einem spontanen und einem schnellen Prozeß?
2. Da wir jetzt über eine thermodynamische Definition der Spontaneität verfügen, läßt sich die folgende Frage beantworten: Was ist der Unterschied zwischen einem stabilen Komplex und einem inerten Komplex, wie wir sie in Kapitel 11 diskutiert haben?
3. Wenn wir die molare Energie eines einatomigen idealen Gases als die Summe der kinetischen Energien der einzelnen Moleküle oder als die Loschmidtsche Konstante multipliziert mit der durchschnittlichen molekularen kinetischen Energie definieren,

wie wir es in Kapitel 2 getan haben, sagen wir damit unbewußt, daß E eine Zustandsfunktion ist. Warum ist das so?

4. Erklären Sie das Beispiel des rutschenden Automobils aus Abschnitt 2–6 mit Hilfe des ersten und zweiten Hauptsatzes der Thermodynamik.

5. Elektrischer Strom fließt nicht spontan durch Faradays Elektrolysezellen aus Abschnitt 3–1; es ist Arbeit in der Form eines angelegten elektrischen Potentialunterschieds (Spannung) nötig, um den Strom fließen zu lassen. Wo bleibt diese Arbeit in einer derartigen Zelle und kann sie jemals wiedergewonnen werden?

6. Bei den Gefrierpunktsexperimenten aus Abschnitt 3–5 *erniedrigt* sich der Gefrierpunkt einer Flüssigkeit, anstatt zuzunehmen, wie es beim Siedepunkt der Fall ist, wenn ein nichtflüchtiger gelöster Stoff hinzugesetzt wird. Warum ist das so? Was sagte die Beobachtung, daß die Gefrierpunktserniedrigung bei diesen Experimenten größer war, als nach den molaren Konzentrationen des gelösten Stoffes zu erwarten war, über den gelösten Stoff in der Lösung aus?

7. Warum läßt der erste Hauptsatz der Thermodynamik die Addition der Reaktionswärmen zusammen mit den Reaktionen selbst zu, wie wir es in Abschnitt 4–6 getan haben?

8. Einmal angenommen, daß Sie zwei identische Uhrfedern nehmen, von denen Sie die eine ungespannt lassen, während Sie die andere fest zusammendrehen und mit einem Kunststoffaden festlegen. Dann lösen Sie beide Federn jeweils in einem Becherglas mit Säure auf. Was geschieht mit der Arbeit, die Sie aufwenden mußten, um die zweite Feder zu spannen?

9. In Abbildung 6–7 untersuchten wir die Stabilität des hydratisierten Ca^{2+}-Ions, indem wir uns einem Prozeß ansahen, bei dem metallisches Ca zu Dampf sublimiert wird, der Dampf dann ionisiert wird, und die Ionen schließlich in Wasser gelöst und hydratisiert werden. Warum sind die Schlußfolgerungen aus dieser Untersuchung auch dann gültig, wenn wirkliche Ca^{2+}-Ionen in einer Lösung nicht auf diese Weise gebildet werden?

10. Was ist ein thermodynamisches System, und worin besteht der Unterschied zwischen einem geschlossenen und einem offenen System? Ist ein Mensch ein geschlossenes oder ein offenes thermodynamisches System? Können Sie sich eine Methode vorstellen, mit deren Hilfe Sie einen Menschen in die andere Art von System umwandeln könnten, und was wäre das Ergebnis dieser Umwandlungen?

11. Was ist „PV-Arbeit"? Welche andere Arten von Arbeit gibt es? Wieviel PV-Arbeit kann bei konstantem Druck geleistet werden? Wieviel bei konstantem Volumen?

12. Warum besitzen in dem Ausdruck $\Delta E = q - w$ die Größen q und w entgegengesetzte Vorzeichen? Was bedeutet jedes Symbol?

13. Was ist der Unterschied in der Bedeutung der zwei Symbole ΔE und dE?

14. Angenommen, Sie entschließen sich, von Hamburg nach München zu fahren. Eine Funktion, die für diesen Prozeß ganz offensichtlich keine Zustandsfunktion ist, ist die Zeit, die Sie für Ihre Reise benötigen. Nennen Sie drei weitere Funktionen, die ebenfalls keine Zustandsfunktionen sind (außer den naheliegenden q und w). Nennen Sie zwei andere Funktionen, die Zustandsfunktionen sind (außer den naheliegenden Zustandsfunktionen aus diesem Kapitel: P, T, V, E, H, S und G).

15. Was würde mit der Erdölindustrie geschehen, wenn Arbeit eine Zustandsfunktion wäre?
16. Warum können wir die molaren Standardbildungsenthalpien, die in Anhang 2 tabelliert sind, so verwenden, als ob sie die tatsächlichen molaren Enthalpien der gebildeten Verbindungen wären?
17. Warum können wir, wenn die tatsächlichen freien Enthalpien von Verbindungen wie in Gleichung (15–17) und der anschließenden Ableitung verlangt werden, stattdessen die freien Bildungsenthalpien dieser Verbindungen aus den Elementen verwenden?
18. Wie können Sie die experimentelle Bindungsenergie der C—H-Bindungen im Methan bestimmen?
19. Angenommen, Sie wollen eine experimentelle Bindungsenergie einer C—O-Einfachbindung in Methanol, CH_3OH, berechnen, verfügen dazu aber über keine anderen Informationen als die, die in Anhang 2 enthalten sind. Wie gehen Sie dabei vor?
20. Für welche Arten von Verbindungen sind Bindungsenergietabellen nützlich, und für welche Arten von Verbindungen führen sie zu fehlerhaften Ergebnissen?
21. Unter welchen Bedingungen ist $q = T\Delta S$? Unter welchen Bedingungen ist diese Gleichung falsch? Was ist dann größer, q oder $T\Delta S$?
22. Was bedeutet W in der Gleichung $S = k \ln W$?
23. Warum ist die Entropie der festen Phase eines Stoffes kleiner als die seines Gases?
24. Besitzt eine wäßrige Lösung von Ca^{2+}-Ionen vor oder nach der Hydratation der Ionen eine größere Entropie? Warum werden die Ionen dann hydratisiert?
25. Was ist bei der folgenden Aussage falsch: „Bei einem spontanen chemischen Prozeß geht das System in einen Zustand niedrigerer Energie über"? Wie lautet die entsprechende richtige Aussage?
26. Was geschieht mit der freien Enthalpie eines Systems in einem reversiblen Prozeß, wenn nur PV-Arbeit geleistet wird? Was geschieht, wenn noch andere Arten von Arbeit, wie z.B. elektrische Arbeit, verrichtet werden?
27. Was geschieht mit der freien Enthalpie eines Systems in einem irreversiblen Prozeß, wenn nur PV-Arbeit geleistet wird? Wenn auch noch andere Arten von Arbeit verrichtet werden?
28. Wie hängt die freie Enthalpie eines idealen Gases von seinem Druck ab? Wie hängt die Enthalpie eines idealen Gases von seinem Druck ab?
29. Was besagt, thermodynamisch ausgedrückt, die Aktivität einer Substanz? Wie hängen Aktivität und Partialdruck eines idealen Gases in einer Mischung zusammen?
30. Welche Beziehung besteht zwischen dem Reaktionsquotienten und der Gleichgewichtskonstante einer Reaktion?
31. Wie ändert sich die freie Enthalpie einer Ansammlung von Gasen mit der Zusammensetzung der Gasmischung?
32. Wie können Sie aus der Kenntnis des Wertes des Reaktionsquotienten vorhersagen, ob eine bestimmte Reaktion sich im Gleichgewicht befindet, dazu neigt, spontan weiterzulaufen, oder spontan in die umgekehrte Richtung verlaufen wird? (Nehmen Sie dazu an, daß Sie die molare freie Standardenthalpie der Reaktion kennen.)
33. Warum wird der Dampfdruck eines Lösungsmittels herabgesetzt, wenn ihm ein nichtflüchtiger gelöster Stoff zugesetzt wird?

34. Warum sind Gefrierpunkts- und Siedepunktsveränderungen zur Bestimmung der relativen Molekülmassen von Proteinen unbrauchbar?
35. Worauf beruht das Phänomen des osmotischen Drucks?

Aufgaben

1. Wenn eine Flasche, die Kupferkügelchen enthält, geschüttelt wird, erhöht sich ihre Temperatur. Erklären Sie dies mit Hilfe des ersten Hauptsatzes der Thermodynamik.
2. Wie groß ist die Enthalpieänderung ΔH^0 für die Reaktion

$$CH_4(g) \rightleftarrows C(gr) + 2H_2(g)$$

Wenn die Reaktion unter einem Druck von 2700 Pa bei 1500 °C durchgeführt wird, dann ist $\Delta \bar{H}$ gleich -515 kJ mol^{-1} Methan. Wie groß ist die Änderung der inneren Energie ΔE für die Reaktion unter diesen Bedingungen?
3. Das thermodynamische System aus Aufgabe 2 kann als die Mischung der zwei Gase und dem festen Graphit angesehen werden. Wird während der Reaktion von der Umgebung an dem System Arbeit verrichtet, oder leistet das System dabei Arbeit an seiner Umgebung?
4. Schätzen Sie mit Hilfe von molaren Bindungsenergien und Bildungswärmen der freien Atome die molare Bildungswärme von Äthanoldampf bei 25 °C ab. Wie sieht dieser Wert im Vergleich mit dem experimentell bestimmten Wert aus?
5. Berechnen Sie aus den molaren Bindungsenergien (Tabelle 15–1) und den atomaren molaren Bildungswärmen (Anhang 2) die molaren Standardbildungswärmen des $C_2H_6(g)$, $CH_3SH(g)$ und $HCOOH(g)$. Vergleichen Sie Ihre Ergebnisse mit den gemessenen Werten aus Anhang 2.
6. Schätzen Sie die Bildungswärme eines Mols Wasserdampf aus 1 mol Wasserstoffgas und $\frac{1}{2}$ mol Sauerstoffgas unter Verwendung der molaren Bindungsenergien aus Tabelle 15–1 ab. Wie sieht Ihr Schätzwert im Vergleich zum Meßwert aus Anhang 2 aus?
7. Die molare Verbrennungswärme des gasförmigen Isoprens

$$CH_2{=}CH{-}C(CH_3){=}CH_2$$

zu $CO_2(g)$ und $H_2O(l)$ beträgt -3188 kJ mol^{-1}. Berechnen Sie die molare Bildungswärme, und schätzen Sie durch einen Vergleich mit einer Berechnung der molaren Bindungsenergie die molare Resonanzenergie des Isoprens ab. Können Sie mögliche Resonanzstrukturen aufzeichnen?
8. Welcher Zustand von jedem der folgenden Zustandspaare besitzt die höhere Entropie:
(a) Ein Mol flüssiges Wasser oder ein Mol Wasserdampf bei 1,013 bar und 373 K?
(b) Ein Mol Trockeneis oder ein Mol CO_2-Dampf bei 1,013 bar und 195 K? (c) Fünf Pfennige auf einer Tischplatte, die viermal die Zahl und einmal das Eichenblatt zeigen, oder fünf Pfennige, die dreimal die Zahl und zweimal das Eichenblatt zeigen?
(d) Ein Mol flüssiges H_2O in einem Becherglas und ein Mol flüssiges D_2O in einem anderen Becherglas oder beide Flüssigkeiten zusammengemischt im ersten Becherglas? (D ist ein anderes Symbol für ^2_1H, dem Deuterium.)

9. Wird die Entropieänderung bei jedem der folgenden Prozesse positiv oder negativ sein? Wird die Unordnung bei jedem Prozeß zu- oder abnehmen?

(a) 1 mol festes Methanol $\rightarrow$ 1 mol gasförmiges Methanol

(b) 1 mol festes Methanol $\rightarrow$ 1 mol flüssiges Methanol

(c) $\frac{1}{2}$ mol gasförmiges O_2 + 2 mol festes Na $\rightarrow$ 1 mol festes Na_2O

(d) 1 mol festes XeO_4 $\rightarrow$ 1 mol gasförmiges Xe + 2 mol gasförmiges O_2

Ordnen Sie diese Prozesse in der Reihenfolge anwachsenden ΔS ein.

10. 1884 entdeckte Frederick Trouton, daß die molare Verdampfungswärme vieler Flüssigkeiten direkt proportional zu ihrem normalen Siedepunkt ist oder daß das Verhältnis der molaren Verdampfungswärme zur Temperatur des Siedepunkts eine Konstante ist

$$\frac{\Delta \bar{H}_v}{T_s} = 88 \text{ J K}^{-1} \text{ mol}^{-1}$$

Wir würden jetzt die Troutonsche Regel dadurch erklären, daß wir sagen, die molare Verdampfungsentropie vieler Flüssigkeiten ist annähernd gleich groß. Die molare Verdampfungsentropie des flüssigen HF ist jedoch mit 109 J K^{-1} mol^{-1} signifikant höher. Woran liegt das? (Die molare Entropie des HF-Gases unterscheidet sich nicht hinreichend stark von der anderer Gase, um diesen Unterschied erklärlich zu machen.)

11. Die Reaktion

$$2H_2(g) + O_2(g) \rightleftarrows 2H_2O(g)$$

verläuft spontan, obwohl eine Erhöhung der Ordnung im System stattfindet. Wie kann das geschehen?

12. Berechnen Sie die Änderung der freien Standardenthalpie, ΔG^0, für die Reaktion

$$Fe_2O_3(s) + 3C(gr) \rightleftarrows 2Fe(s) + 3CO(g)$$

Verläuft diese Reaktion bei 25 °C spontan? Berechnen Sie die Standardenthalpie, ΔH^0, und die Standardentropie, ΔS^0, dieser Reaktion bei 25 °C, und zeigen Sie, daß gilt: $\Delta G^0 = \Delta H^0 - T\Delta S^0$. Arbeiten bei dieser Reaktion die Enthalpieänderung und die Entropieänderung für oder gegen die Spontaneität der Reaktion? Welcher Term überwiegt?

13. Berechnen Sie für 25 °C die Werte von ΔG^0, ΔH^0 und ΔS^0 bei der Reaktion

$$2Ag(s) + Hg_2Cl_2(s) \rightleftarrows 2AgCl(s) + 2Hg(l)$$

Zeigen Sie, daß gilt: $\Delta G^0 = \Delta H^0 - T\Delta S^0$. Ist die Reaktion endotherm oder exotherm? Verläuft sie spontan oder nicht? Arbeiten die Enthalpieänderung und die Entropieänderung jeweils für oder gegen die Spontaneität der Reaktion? Welcher Term überwiegt? Erklären Sie den Entropieeffekt physikalisch.

14. Wie groß ist die Änderung der freien Standardenthalpie bei 25 °C für die Reaktion

$$Cl_2(g) + I_2(s) \rightleftarrows 2ICl(g)$$

Wird die Reaktion so, wie sie geschrieben ist, spontan verlaufen? Wie groß ist die Gleichgewichtskonstante, K_{eq}, für diese Reaktion?

15. (a) Für die Reaktion

$$2\,C(gr) + H_2(g) \;\rightleftarrows\; HC \equiv CH$$

hat $\Delta \bar{G}^0$ den Wert 209 kJ mol^{-1}. Glauben Sie, daß $HC \equiv CH$(Acetylen) mit Hilfe dieser Reaktion hergestellt werden kann? Glauben Sie, daß es überhaupt durch irgendeine Reaktion hergestellt werden kann? (b) Berechnen Sie die Änderung der freien Standardenthalpie, ΔG^0, für die Reaktion

$$2\,CH_4(g) + \tfrac{3}{2}O_2(g) \;\rightleftarrows\; HC \equiv CH + 3\,H_2O(g)$$

Äußern Sie sich zu der Spontaneität der Reaktion.

16. Berechnen Sie die Änderung der freien Standardenthalpie für die folgende Reaktion

$$C\,(Diamant) \;\rightleftarrows\; C\,(Graphit)$$

Warum wandelt sich Diamant nicht spontan in Graphit um?

17. Wenn eine Wärmemenge von 334 J erforderlich ist, um 1 g Eis bei 0 °C zu schmelzen, wie groß ist dann die molare Schmelzwärme des Eises bei dieser Temperatur? Wie groß ist die Entropieänderung, wenn 1 g Eis bei 0 °C schmilzt? Wie groß ist die Änderung der freien Enthalpie bei diesem Vorgang?

18. Bei 25 °C reagiert Ammoniak mit HCl zu Ammoniumchlorid

$$NH_3(g) + HCl(g) \;\rightleftarrows\; NH_4Cl(s)$$

Wie groß ist die Änderung der freien Standardenthalpie für diese Reaktion? Wie groß ist die Änderung der Standardenthalpie? Verwenden Sie diese beiden Größen zur Berechnung der Standardentropieänderung, und vergleichen Sie Ihr Ergebnis mit dem Wert, den Sie direkt aus den Tabellen in Anhang 2 ablesen können. Geben Sie eine physikalische Erklärung für das Vorzeichen des Entropieterms.

19. Ein Mol Benzol wird unter einem konstanten Druck von 1,013 bar an seinem Siedepunkt verdampft. Die in einem Kalorimeter bei konstantem Druck gemessene molare Verdampfungswärme beträgt 30 600 J mol^{-1}. Der Siedepunkt des Benzols bei 1,013 bar liegt bei 80 °C. Berechnen Sie für diesen Prozeß ΔH^0, ΔG^0 und ΔS^0. Berechnen Sie ΔE^0 für diesen Prozeß unter der Annahme, daß Benzoldampf ein ideales Gas ist.

20. Vergleichen Sie Ihr Ergebnis von Aufgabe 19 mit der molaren Standardverdampfungswärme aus Anhang 2. Warum unterscheiden sich diese Werte? Können Sie den Unterschied mit Hilfe des Le Chatelierschen Prinzips erklären?

21. Schritt I: Eine Reaktion, $A \rightleftarrows B$, wurde bei 298 K so durchgeführt, daß keine nutzbare Arbeit geleistet wurde. Bei diesem Prozeß wurde eine molare Wärmemenge von 10 000 J mol^{-1} entwickelt.

Schritt II: Dieselbe Reaktion wurde so durchgeführt, daß die maximal mögliche Nutzarbeit geleistet wurde. Bei diesem Prozeß wurde eine molare Wärmemenge von 400 J mol^{-1} entwickelt. Berechnen Sie für Schritt I und II $\bar{q}$, $\bar{w}$, $\Delta \bar{E}^0$, $\Delta \bar{H}^0$, $\Delta \bar{S}^0$ und $\Delta \bar{G}^0$.

22. Die Änderung der molaren freien Enthalpie, die mit der Reaktion

$$CH_3OH(l) + \tfrac{3}{2}O_2(g) \;\rightleftarrows\; CO_2(g) + 2\,H_2O(l)$$

verknüpft ist, beträgt $-703{,}0$ kJ mol^{-1}. Die molare freie Bildungsenthalpie des $CO_2(g)$ ist gleich -395 kJ mol^{-1} und die des $H_2O(l)$ gleich -237 kJ mol^{-1}. Berechnen Sie die molare freie Bildungsenthalpie des $CH_3OH(l)$ aus diesen Daten. Welche Auswirkung würde eine Temperaturerhöhung auf die Spontaneität dieser Reaktion haben?

23. (a) Für den Verdampfungs-Kondensations-Prozeß

$$H_2O(l) \rightleftarrows H_2O(g)$$

sollen Sie ΔH^0, ΔG^0 und ΔS^0 aus den folgenden Daten bei 298 K berechnen:

	$\Delta \bar{H}^0_{298}$	$\Delta \bar{G}^0_{298}$
$H_2O(l)$	$-286{,}03$ kJ mol^{-1}	$-237{,}35$ kJ mol^{-1}
$H_2O(g)$	$-241{,}99$ kJ mol^{-1}	$-228{,}75$ kJ mol^{-1}

(b) Leiten Sie, indem Sie sich daran erinnern, daß $\Delta \bar{H}^0 - T\Delta \bar{S}^0 = -2{,}30\, RT$ $\lg[a(g)/a(l)]$ ist, einen Ausdruck für den Dampfdruck des Wassers als Funktion der Temperatur ab.

(c) Berechnen Sie den Gleichgewichtsdampfdruck des Wassers bei 50 °C und 100 °C. (Die Größen $\Delta \bar{H}$ und $\Delta \bar{S}$ sind in diesem Temperaturbereich im wesentlichen als konstant anzusehen.)

24. Der Dampfdruck des reinen Benzols (C_6H_6) bei 20 °C beträgt 10000 Pa (0,1 bar), wogegen der des Toluols (C_7H_8) gleich 2900 Pa ist. Berechnen Sie den Dampfdruck einer Lösung, die aus 10 g Benzol und 10 g Toluol besteht. Berechnen Sie den Molenbruch jeder Komponente in der Dampfphase.

25. Zeigen Sie, daß es 54912 verschiedene Möglichkeiten gibt, beim Pokern drei gleiche Karten in einer Hand zu erhalten.

26. Wie groß ist die freie Standardenthalpie für die Ammoniaksynthese bei 25 °C nach der Reaktionsgleichung

$$3\,H_2(g) + N_2(g) \rightleftarrows 2\,NH_3(g)$$

Berechnen Sie die Gleichgewichtskonstante, K_{eq}, und geben Sie den Ausdruck für K_{eq} mit Hilfe der Aktivitäten von Reaktionspartnern und Produkten im Gleichgewicht an.

27. Welche der folgenden Substanzen würde Ihrer Erwartung nach eine 0,1 molale wäßrige Lösung mit dem tiefsten Gefrierpunkt ergeben: HNO_3, Glucose, NaCl, $CuSO_4$ oder $BaCl_2$?

28. Welche der beiden Substanzmengen wird eine stärkere Auswirkung auf die kolligativen Eigenschaften einer wäßrigen Lösung haben: 20 g NaCl oder 10 g $MgCl_2$? Nehmen Sie in jedem Fall vollständige Löslichkeit an.

29. Berechnen Sie den Gefrierpunkt einer Lösung, die dadurch hergestellt wurde, daß 1 g NaCl in 10 g Wasser aufgelöst wurden. Wiederholen Sie Ihre Berechnung unter Verwendung von 1 g $CaCl_2$ an Stelle des NaCl. Welches dieser beiden Salze ist auf einer Massenbasis das wirksamere Frostschutzmittel?

30. Um wieviel erniedrigt sich der Dampfdruck des flüssigen Methans, wenn 35,5 g

festes Chlor (Cl$_2$) in 32 g flüssiges Methan (CH$_4$) am Siedepunkt des Methans aufgelöst werden?

31. Eine Lösung wird durch Auflösen von 20 g eines nichtflüchtigen gelösten Stoffes, der eine Molmasse von 100 g mol^{-1} besitzt, in 500 g eines Lösungsmittels hergestellt, das eine relative Molekülmasse von 75 besitzt. Der Siedepunkt des Lösungsmittels erhöht sich dabei von 84,00 °C auf 85,00 °C. Berechnen Sie daraus die Siedepunktserhöhungskonstante für das Lösungsmittel.

32. Wie viele Gramm Methanol müssen 10,0 kg Wasser zugesetzt werden, um den Gefrierpunkt der Lösung auf 263 K zu erniedrigen? Wo liegt der normale Siedepunkt dieser Lösung?

33. Eine Lösung wird dadurch hergestellt, daß 0,40 g eines unbekannten Kohlenwasserstoffs in 25,0 g Essigsäure aufgelöst werden. Der Gefrierpunkt der Lösung sinkt von 16,60 °C für die reine Essigsäure auf 16,15 °C ab. Die molale Gefrierpunktserniedrigungskonstante der Essigsäure beträgt 3,60 K mol^{-1} kg. Wie groß ist die Molmasse des Kohlenwasserstoffs? Eine Analyse dieser Verbindung zeigt, daß sie der Masse nach 93,75% Kohlenstoff und 6,25% Wasserstoff enthält. Wie lautet ihre Molekülformel?

34. Benzoesäure besteht der Masse nach zu 68,9% Kohlenstoff, 26,2% Sauerstoff und 4,96% Wasserstoff. Eine Lösung von 1 g Benzoesäure in 20 g Wasser gefriert bei 272,38 K, wogegen 1 g Benzoesäure in 20 g Benzol bei 277,56 K erstarrt. Wie lautet die scheinbare Molekülformel der Benzoesäure in jedem dieser Lösungsmittel?

35. Ein wichtiges Hormon, das die Rate des Metabolismus (Stoffwechsels) im menschlichen Körper regelt, das Thyroxin, kann aus der Schilddrüse isoliert werden. Wenn 0,455 g Thyroxin in 10,0 g Benzol aufgelöst werden, beträgt der Gefrierpunkt der Lösung 5,144 °C. Reines Benzol gefriert bei 5,444 °C. Wie groß ist die Molmasse des Thyroxins?

Ich sehe Freundschaft und Feindschaft als Eigenschaften von intelligenten Wesen an, und ich habe bis jetzt noch niemanden gefunden, der mir erklären konnte, wie diese Regungen unbelebten Körpern zugeschrieben werden könnten, denen jedes Wissen oder auch nur die Sinne fehlen.

Robert Boyle (1661)

16 Freie Enthalpie und chemisches Gleichgewicht

In diesem Kapitel werden wir Ihnen eine theoretische Grundlage für einige Vorstellungen von Spontaneität und Gleichgewicht vermitteln, die in Kapitel 5 nur als beobachtete Tatsachen dargestellt wurden. Als wir den Gleichgewichtskonstanten erstmals begegneten, waren sie für uns nur rein experimentelle Werte, die sich als praktisch für die Voraussage erwiesen, wie sich eine chemische Reaktion nach Ablauf einer genügend langen Zeitspanne verhalten würde. Er gab keine Methode, die Gleichgewichtskonstanten aus anderen, meßbaren Eigenschaften der chemischen Substanzen zu berechnen, noch konnten wir beweisen, daß überhaupt eine Gleichgewichtskonstante, K_{eq}, die sich mit der Temperatur verändert, aber von den Konzentrationen unabhängig ist, für eine Reaktion existieren *müßte*. Wir versuchten K_{eq} mit Hilfe von Massenwirkungsargumenten zu rationalisieren, wobei wir warnend darauf hinwiesen, daß diese Argumente nur für die einfachsten, in einem Schritt ablaufenden Reaktionen Gültigkeit besaßen. Alles, was wir wirklich sagen konnten, war, daß sich die Natur nach den Beobachtungen so verhielt.

Die im vorangehenden Kapitel diskutierte Thermodynamik stellte K_{eq} auf weitaus stabilere Füße. Wir können jetzt beweisen, daß ein K_{eq} nach der Gleichung

$$\Delta G^0 = - \text{mol} \, RT \ln K_{eq} \qquad \text{oder} \qquad K_{eq} = e^{-(\Delta G^0/\text{mol} \, RT)}$$

für jede Reaktion existiert, wobei ΔG^0 die freie Enthalpie der Reaktion bei einer spezifizierten Temperatur ist und sich alle Reaktionspartner und Produkte in ihren Standardzuständen befinden. Da dadurch die Konzentrationen (1 molar für Lösungen, 1,013 bar Partialdruck für Gase usw.) bestimmt sind, ist die freie Standardenthalpie, ΔG^0, unabhängig von den tatsächlichen Konzentrationen in irgendeinem wirklichen Experiment. Infolgedessen ist auch K_{eq} von den Konzentrationen unabhängig. Da jedoch die freie Standardenthalpie nur für eine bestimmte Temperatur definiert ist und bei verschiedenen Temperaturen verschiedene Werte besitzen wird, ist auch die Gleichgewichtskonstante eine Funktion der Temperatur.

In diesem Kapitel werden wir uns die Beziehungen zwischen ΔG, K_{eq} und T genauer ansehen. Dabei werden wir noch einmal auf die wichtigsten Eigenschaften des Gleichgewichtszustandes und der Gleichgewichtskonstante zu sprechen kommen, die Ihnen in Kapitel 5 empirisch vorgestellt wurden. Jetzt aber werden wir in der Lage sein, Ihnen zufriedenstellendere Erklärungen für diese Eigenschaften zu geben.

16–1   Die Eigenschaften des Gleichgewichts

Einige grundlegende Züge des Gleichgewichtszustands sollten Sie sich fest einprägen, bevor Sie dieses Kapitel durcharbeiten:

1. Gleichgewicht ist ein dynamischer Prozeß und kein statischer Zustand. Betrachten Sie dazu einmal die Dissoziationsreaktion von Phosphorpentachloriddampf, die vom reinen PCl_5 ausgeht

$$\overset{\text{Dissoziation} \rightarrow}{PCl_5(g) \underset{\leftarrow \text{Rekombination}}{\rightleftarrows} PCl_3(g) + Cl_2(g)} \qquad (16\text{–}1)$$

Wenn Reaktionspartner und Produkte in einem verschlossenen Gefäß eingesperrt sind, wird es irgendwann einmal so aussehen, als ob sich scheinbar kein Chlorgas mehr bildet. Wenn die Reaktion dadurch überwacht wird, daß der Gesamtdruck im Reaktionsgefäß mit einem Manometer gemessen wird, entdecken wir, daß sich der Druck mit der Zeit immer langsamer erhöht und schließlich einen konstanten Maximalwert erreicht. Jedoch hat dabei die Dissoziation des PCl_5 nicht aufgehört; vielmehr laufen dann Dissoziation und Rekombination mit gleichen Reaktionsraten (-geschwindigkeiten) ab, so daß es *insgesamt* keine Veränderung mehr gibt. Sie können dieses ständige Weiterlaufen der Reaktionen auf dem molekularen Niveau dadurch beweisen, daß Sie ein Experiment unter Gleichgewichtsbedingungen durchführen, bei dem Sie Chlorgas verwenden, das sich aus dem reinen ^{37}Cl-Isotop an Stelle der natürlich vorkommenden $3:1$-Mischung von $^{35}Cl:^{37}Cl$ zusammensetzt. Selbst wenn das Gleichgewicht aufrechterhalten bleibt und keine Reaktion abzulaufen scheint, werden Sie bald feststellen, daß das zugesetzte ^{37}Cl-Isotop sowohl im PCl_5 als auch im PCl_3 auftritt. Ein Teil des „markierten" Cl_2 hat sich mit PCl_3 kombiniert, das das normale Isotopenverhältnis des Chlors aufwies, wodurch sich ein mit ^{37}Cl angereichertes PCl_5 ergab; dann ist ein Teil dieses PCl_5 wieder dissoziiert, wobei sich PCl_3 ergab, das mit ^{37}Cl angereichert ist.

   Das reversible Wesen des chemischen Gleichgewichts wird in chemischen Gleichungen durch die Verwendung von horizontalen Doppelpfeilen symbolisiert, die in einander entgegengesetzte Richtung weisen: „$\rightleftarrows$". (In unserer Nomenklatur kennzeichnet dieser Doppelpfeil zugleich eine ausgewogene Reaktionsgleichung.)

2. Es gibt eine spontane Neigung dazu, den Gleichgewichtszustand einzunehmen. Diese Aussage sagt nichts über die *Rate* aus, mit der eine Reaktion das Gleichgewicht anstrebt; sie beschäftigt sich nur mit dem *Antrieb* auf das Gleichgewicht zu. Diese chemische Triebkraft wird als freie Enthalpie der Reaktion gemessen. Die *Änderung der freien Enthalpie* stellt die Energiemenge dar, die entweder zur Verfügung steht, um Arbeit zu leisten, oder die als Triebkraft für eine chemische Reaktion dient. Ein hydrostatisches Analogon zur freien Reaktionsenthalpie ist in Abbildung 16–1 dargestellt,

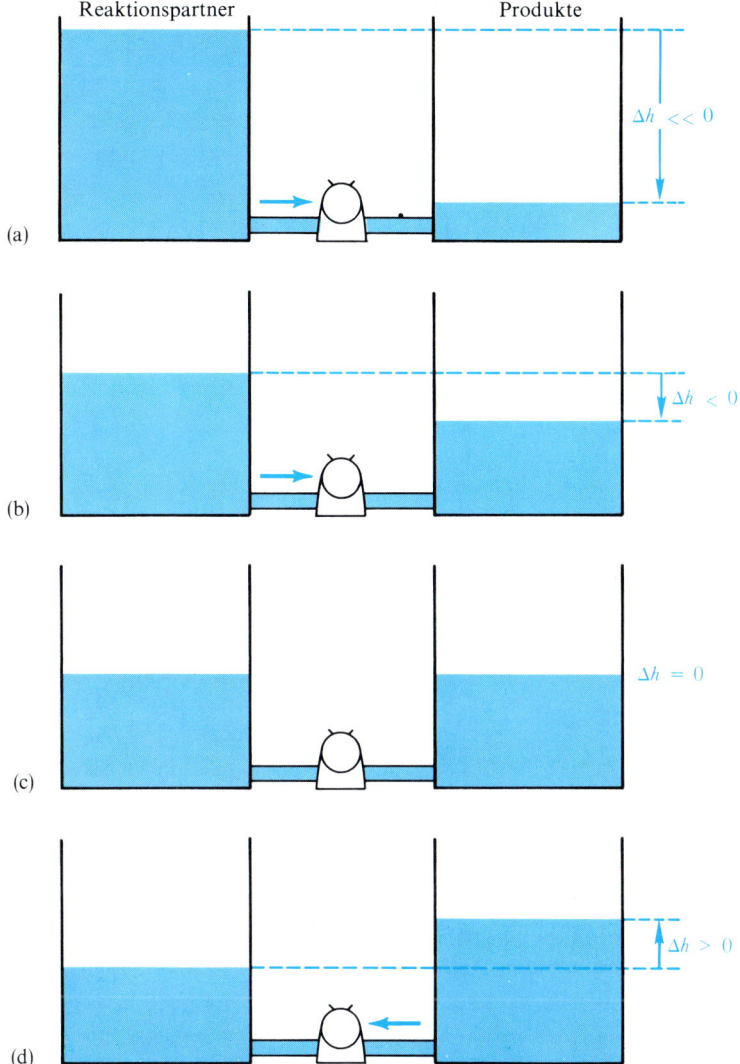

Abbildung 16–1   Hydrostatisches Analogon zur freien Enthalpie einer Reaktion. Stellen Sie sich vor, daß zwei Wassertanks durch ein Rohr verbunden sind, das das Wasser durch eine Turbine zur Elektrizitätserzeugung leitet. Die Arbeit, die jeder Kubikmeter Wasser verrichten kann, während er durch die Turbine fließt, hängt von dem hydrostatischen Druck oder dem Höhenunterschied zwischen dem „Reaktionspartner"-Wasserniveau und dem „Produkt"-Wasserniveau ab, der mit Δh bezeichnet wird. (a) Zu Beginn wird eine maximale Arbeitsmenge pro Kubikmeter Wasser erhalten, da Δh groß und negativ ist. Aber jeder Kubikmeter Wasser, der die Turbine durchströmt, vermindert den Unterschied zwischen den Wasserniveaus und verringert damit die Arbeitsmenge, die der nächste Kubikmeter leisten kann. (b) In diesem Stadium des Prozesses ergibt jeder Kubikmeter Wasser weniger als ein Drittel der Arbeit wie beim Beginn. (c) Wenn sich die Wasserniveaus in beiden Tanks auf derselben Höhe befinden, kann keine Arbeit mehr gewonnen werden. Das System befindet sich im Gleichgewicht, und es gilt $\Delta h = 0$. (d) Dieser letzte Zustand wird sich aus dem ersten niemals spontan ergeben, da sich Δh niemals spontan in positiver Richtung vergrößern kann. Wenn das Experiment in einem Zustand wie (d) begonnen wird, wird das Wasser spontan in die entgegengesetzte Richtung fließen.

bei dem der Abfall der Wasserhöhe zwischen Reservoir und Aufnahmetank die Rolle der freien Enthalpieänderung, ΔG, spielt.

3. Die Triebkraft auf das Gleichgewicht zu nimmt bei Annäherung an das Gleichgewicht stetig ab. So vermindert das Auftreten von Produkten die Vorwärtstriebkraft der Reaktion, und die Änderung der freien Enthalpie, ΔG, wird weniger stark negativ. Jeder folgende Teilschritt im Ablauf der Reaktion bedingt eine geringere Änderung der freien Enthalpie und kann infolgedessen weniger Arbeit verrichten.

4. Das Gleichgewicht ist erreicht, wenn ΔG gleich null ist. Das hydrostatische Analogon zum chemischen Gleichgewicht ist in Abbildung 16–1c dargestellt. Das chemische Gleichgewicht beruht auf der Ausgewogenheit von zwei Effekten, Wärme und Entropie oder Unordnung. Im Gleichgewicht gilt

$$\Delta G = 0 = \Delta H - T\Delta S$$
$$\Delta H = T\Delta S$$

Die Reaktion in einer Richtung ist begünstigt, wenn sie Wärme freisetzt und zu einer niedrigeren Enthalpie führt. Die Reaktion in der anderen Richtung ist begünstigt, wenn sie zu weniger geordneten Substanzen mit höherer Entropie führt. Im Gleichgewicht heben sich diese beiden Effekte gegenseitig auf.

5. Die Gleichgewichtslage ist bei konstanter Temperatur stets dieselbe, ganz gleich von welcher Richtung sie angestrebt wird. So sind bei der Dissoziation des N_2O_4

$$N_2O_4(g) \rightleftarrows 2NO_2(g) \tag{16–2}$$

die *relativen* Konzentrationen von N_2O_4 und NO_2 im Gleichgewicht immer die gleichen (konstanter Druck und konstante Temperatur vorausgesetzt), ob nun der Ausgangsstoff fast reines N_2O_4 oder fast reines NO_2 war. Es ist wichtig, sich daran zu erinnern, daß wir voraussetzen, daß die relativen Molzahlen von Reaktionspartnern und Produkten entsprechend der Stöchiometrie der Gleichgewichtsgleichung richtig gewählt werden. Bei der Dissoziation des PCl_5 z. B. (Gleichung (16–1)) wird die Gleichgewichtslage dieselbe sein, wenn Sie von reinem PCl_5 oder von *äquimolaren Mengen* von PCl_3 und Cl_2 ausgehen, da PCl_3 und Cl_2 sich in äquimolaren Mengen zu PCl_5 kombinieren. Wenn Sie jedoch mit einer gegenüber dem Cl_2 doppelt so großen Molzahl von PCl_3 beginnen, dann wird sich das Gleichgewicht von dem Gleichgewicht unterscheiden, das Sie erreichen werden, wenn Sie vom reinen PCl_5 ausgehen.

6. Selbst ohne Berücksichtigung der richtigen Stöchiometrie ist das Gleichgewicht einer Reaktion immer durch eine Gleichgewichtskonstante, K_{eq}, charakterisiert, die mit Hilfe der Aktivitäten, a, von Reaktionspartnern und Produkten ausgedrückt wird

$$K_{eq} = \frac{a_{PCl_3} \times a_{Cl_2}}{a_{PCl_5}} \quad \text{(für Reaktion (16–1))} \tag{16–3}$$

Jede Mengen von PCl_5, PCl_3 und Cl_2, die den Ausdruck für die Gleichgewichtskonstante befriedigen, führen zu einer Gleichgewichtslage. Bei nichtidealen Systemen ist die Aktivität einer Substanz ihrer Konzentration proportional und wird gelegentlich als ihre „effektive" Konzentration bezeichnet.

7. Die Gleichgewichtskonstante einer chemischen Reaktion kann aus der Änderung der

molaren freien Standardreaktionsenthalpie $\Delta \bar{G}^0$ berechnet werden

$$\Delta \bar{G}^0 = - RT \ln K_{eq} \quad \text{oder} \quad K_{eq} = e^{-(\Delta \bar{G}^0/RT)} \tag{16–4}$$

Da wir bei der Änderung der molaren freien Standardenthalpie der Reaktion, $\Delta \bar{G}^0$, annehmen, daß die Partialdrücke aller Komponenten 1,013 bar betragen, ist die Änderung der molaren freien Standardenthalpie keine Funktion des Drucks. Jede Änderungen des Drucks bei Reaktionspartnern oder Produkten werden durch den logarithmischen Term in der allgemeinen Gleichung für die molare freie Enthalpie erfaßt

$$\Delta \bar{G} = \Delta \bar{G}^0 + RT \ln Q \tag{16–5}$$

(wobei Q wieder durch die Aktivitäten und nicht durch die Konzentrationen auszudrücken ist). Da $\Delta \bar{G}^0$ unabhängig vom Druck ist, ist auch die Gleichgewichtskonstante K_{eq}, unabhängig vom Druck. Ganz gleich, wie stark wir eine Mischung von PCl_5-, PCl_3- und Cl_2-Gasen komprimieren, das *Verhältnis* ihrer Aktivitäten im Gleichgewicht (Gleichung (16–3)) wird sich nicht ändern. Wenn die Gase komprimiert werden, werden sich die Gleichgewichtsbedingungen so verschieben, daß die Gleichgewichtskonstante nach der Verschiebung *dieselbe* ist wie vorher.

Die Änderung der molaren freien Standardenthalpie *ändert* sich mit der Temperatur. Bei all unseren Berechnungen der molaren freien Enthalpie haben wir angenommen, daß die Temperatur 298 K beträgt, und haben häufig den Index 298 beim Term $\Delta \bar{G}^0_{298}$ fortgelassen. Aber die freie Enthalpie einer Gasreaktion, bei der alle beteiligten Gase einen Partialdruck von 1,013 bar aufweisen, wird im allgemeinen bei 1000 K nicht dieselbe sein wie bei 298 K. Infolgedessen wird sich auch die Gleichgewichtskonstante, K_{eq}, mit der Temperatur ändern. Im folgenden werden wir einige Beispiele für dieses Verhalten kennenlernen.

Stöchiometrie und die Gleichgewichtskonstante

Der Ausdruck für die Gleichgewichtskonstante hängt davon ab, wie die Reaktionsgleichung geschrieben wird. So kann z. B. die Reaktion für die Ammoniaksynthese so formuliert werden, daß sich auf der rechten Seite der Gleichung ein Mol Ammoniak ergibt

$$(1) \qquad \tfrac{1}{2}N_2(g) + \tfrac{3}{2}H_2(g) \; \rightleftarrows \; NH_3(g) \qquad K_1 = \frac{a_{NH_3}}{a_{N_2}^{1/2} \times a_{H_5}^{3/2}}$$

oder auch unter Einsatz eines Mols Stickstoff oder eines Mols Wasserstoff

$$(2) \qquad N_2(g) + 3H_2(g) \; \rightleftarrows \; 2NH_3(g) \qquad K_2 = \frac{a_{NH_3}^2}{a_{N_2} \times a_{H_2}^3}$$

$$(3) \qquad \tfrac{1}{3}N_2(g) + H_2(g) \; \rightleftarrows \; \tfrac{2}{3}NH_3(g) \qquad K_3 = \frac{a_{NH_3}^{2/3}}{a_{N_2}^{1/3} \times a_{H_2}}$$

In jedem Fall ist der Exponent der Aktivität, a, im Ausdruck für die Gleichgewichtskonstante gleich dem stöchiometrischen Koeffizienten dieser Substanz in der chemischen Reaktionsgleichung. Reaktion 2 ist das Doppelte der Reaktion 1 und das Dreifache der

Reaktion 3; infolgedessen ist die Gleichgewichtskonstante K_2 gleich dem Quadrat von K_1 und der dritten Potenz von K_3. Im allgemeinen erhebt die Multiplikation der Reaktionsgleichung mit einer beliebigen Zahl n die entsprechende Gleichgewichtskonstante in die n-te Potenz.

Die Umkehrung der Reaktion 2 ist

(4) $2\,NH_3(g) \rightleftarrows N_2(g) + 3\,H_2(g)$ $K_4 = \dfrac{a_{N_2} \times a_{H_5}^3}{a_{NH_3}^2} = \dfrac{1}{K_2}$

Somit ergibt sich die Gleichgewichtskonstante für die Rückreaktion als der Kehrwert der Gleichgewichtskonstante für die Hinreaktion.

Wenn wir zwei Reaktionen zu einer dritten Reaktion addieren, ist die Gleichgewichtskonstante dieser dritten Reaktion gleich dem *Produkt* der Gleichgewichtskonstanten der beiden ersten Reaktionen

(1) $C(s) + O_2(g)$ $\rightleftarrows CO_2(g)$ $K_1 = \dfrac{a_{CO_2}}{a_C \times a_{O_2}}$

(2) $H_2(g) + CO_2(g)$ $\rightleftarrows H_2O(g) + CO(g)$ $K_2 = \dfrac{a_{H_2O} \times a_{CO}}{a_{H_2} \times a_{CO_2}}$

(3) $H_2(g) + C(s) + O_2(g) \rightleftarrows H_2O(g) + CO(g)$ $K_3 = \dfrac{a_{H_2O} \times a_{CO}}{a_{H_5} \times a_C \times a_{O_2}}$

$= K_1 K_2$

Wenn gilt: $(1) + (2) = (3)$, dann folgt: $K_1 K_2 = K_3$.

Standardzustände und Aktivitäten

Wir können jetzt den Begriff der Aktivität erweitern – und damit auch die Vorstellungen von den Änderungen der freien Enthalpie und den Gleichgewichtskonstanten – und ihn auch auf Festkörper, Flüssigkeiten und Komponenten von Lösungen erstrecken, indem wir die Aktivität irgendeines Stoffes als das Verhältnis der Konzentration dieses Stoffes zu seiner Konzentration in einem gewählten Standardzustand definieren. Zur Berechnung von Gleichgewichtskonstanten muß dieser Standardzustand offensichtlich derselbe sein wie der Standardzustand, für den die thermodynamischen Daten tabelliert sind, wenn wir K_{eq} aus derartigen Daten berechnen wollen. Die bei der Berechnung der Werte der molaren freien Enthalpien in Anhang 2 verwendeten Standardzustände sind in Tabelle 16–1 zusammengestellt.

Bei Gasreaktionen sind die Aktivitäten von Reaktionspartnern und Produkten einheitenlose Größen, die sich durch Division der Partialdrücke durch den Standarddruck von 1,013 bar ergeben. Es ist jedoch (noch) üblich, Gleichgewichtskonstanten zu verwenden, die aus den Partialdrücken von Reaktionspartnern und Produkten berechnet werden; so z. B.

$K_p = \dfrac{p_{PCl_3} \times p_{Cl_2}}{p_{PCl_5}}$

Tabelle 16–1 Standardzustände und Aktivitäten in Tabellen der freien Enthalpie und für die Berechnung von Gleichgewichtskonstanten

Substanz	Standardzustand	Aktivität a
Gas, rein oder in einer Mischung	1,013 bar Partialdruck des betreffenden Gases	Gleich dem Verhältnis von Partialdruck zu Standarddruck: $a_j = p_j/p_j^0$
Reine Flüssigkeit oder reiner Festkörper	Reine Flüssigkeit oder reiner Festkörper	Einheitsaktivität: $a_j = 1$
Lösungsmittel in einer verdünnten Lösung	Reines Lösungsmittel	Aktivität annähernd gleich 1: $a_j \sim 1$
Gelöster Stoff	1-molare Lösung des gelösten Stoffes	Gleich dem Verhältnis der molaren Konzentration zur Standardkonzentration: $a_j = c_j/c_j^0$

Diese Gleichgewichtskonstante ist jetzt nicht mehr einheitenlos! Wir werden diese Terminologie gelegentlich (Kapitel 5) benutzen, weil sie so weit verbreitet ist, jedoch sollten Sie immer daran denken, daß im strengen Sinne mit diesen „Partialdrücken" die Aktivitäten der einzelnen Gase gemeint sind, die gleich den Verhältnissen der Partialdrücke unter den Experimentalbedingungen zu dem Partialdruck von 1,013 bar im Standardzustand sind. Wenn die Aktivitäten im Ausdruck für die Gleichgewichtskonstante benutzt werden, ist K_{eq} eine reine Zahl, wie es auch sein muß, wenn $\ln K_{eq}$ einen Sinn haben soll.

Eine reine feste oder flüssige Komponente in einer Reaktion wirkt wie ein unendlich großer Vorrat dieser Substanz, und die Menge des Festkörpers oder der Flüssigkeit beeinflußt das Gleichgewicht nicht, solange noch etwas von dem Festkörper oder der Flüssigkeit vorhanden ist. Bei der Zersetzung von Kalkstein zu Kalk und Kohlendioxid (Kalkbrennen)

$$CaCO_3(s) \rightleftarrows CaO(s) + CO_2(g)$$

hängt die molare freie Enthalpie der Reaktion nur vom Partialdruck des Kohlendioxids über den festen Phasen ab und keineswegs von der Menge des Kalksteins oder des Kalks, die an der Reaktion beteiligt ist. Die Auswahl des Standardzustands für Festkörper als den reinen Festkörper selbst macht die Aktivitäten der festen Phasen zu eins und eliminiert sie so aus den Ausdrücken für die Gleichgewichtskonstante und für den Reaktionsquotienten

$$\Delta\bar{G} = \Delta\bar{G}^0 + RT \ln\left(\frac{1 \times a_{CO_2}}{1}\right)$$
$$= \Delta\bar{G}^0 + RT \ln a_{CO_2}$$
$$K_{eq} = e^{-(\Delta\bar{G}^0/RT)}$$
$$= a_{CO_2}$$

Im Gleichgewichtsfall ist der Partialdruck des CO_2 in einem Behälter mit CaO und

CaCO$_3$ bei einer bestimmten Temperatur konstant, wie es die Gleichungen voraussagen. Bei allen unseren Anwendungen kann ein Lösungsmittel in einer *verdünnten* Lösung ebenfalls als eine derartige unerschöpfliche Quelle der reinen Lösungsmittelsubstanz angesehen werden. Somit ist bei verdünnten Lösungen die Aktivität des Lösungsmittels auch (annähernd) gleich eins und geht damit nicht in den Ausdruck für die Gleichgewichtskonstante ein.

Aufforderung: Wenn Sie einmal sehen wollen, in welcher Weise das Gleichgewicht beim Speichern von Energie im menschlichen Körper eine Rolle spielt, versuchen Sie Aufgabe 16–6 im Buch von Butler und Grosser.

16–2   Reaktionen mit Gasen

Lassen Sie uns jetzt einmal die vorangehenden Schlußfolgerungen auf Reaktionen anwenden, bei denen alle Reaktionspartner und Produkte Gase sind. Wir werden dies in einer Reihe von Beispielen tun, von denen jedes einen neuen Gedanken veranschaulichen wird.

Experimentelle Bestimmung der Gleichgewichtskonstanten

Ammoniak, Stickstoff und Wasserstoff stehen in einem Stahltank bei 298 K miteinander im Gleichgewicht. Eine Analyse des Tankinhalts ergibt die folgenden Partialdrücke für die drei Gase

$$p_{N_2} = 0,081 \text{ bar}$$
$$p_{H_2} = 0,051 \text{ bar}$$
$$p_{NH_3} = 2,63 \text{ bar}$$

Wie lautet dann der Wert für die Gleichgewichtskonstante, K_{eq}, der Reaktion

$$N_2(g) + 3H_2(g) \rightleftarrows 2NH_3(g) \tag{16–6}$$

Für die Gleichgewichtskonstante errechnen wir den Wert

$$K_{eq} = \frac{a_{NH_3}^2}{a_{N_2} \times a_{H_2}^3} = \frac{(p_{NH_3}/p^0)^2}{(p_{N_2}/p^0) \times (p_{H_2}/p^0)^3}$$
$$= \frac{(2,60)^2}{(0,080) \times (0,050)^3}$$
$$= 6,8 \times 10^5$$

Übung: Die Erzeugung von Schwefeltrioxid aus Schwefeldioxid ist ein wichtiger Schritt bei der Schwefelsäureherstellung. Eine Mischung von SO$_2$- und O$_2$-Gasen wird langsam durch ein Rohr geleitet, das einen Platinkatalysator enthält, der auf 1000 K erhitzt ist. Die ausströmenden Gase werden analysiert, wobei sich die folgenden Partialdrücke ergeben

$$p_{SO_2} = 0,566 \text{ bar}$$
$$p_{O_2} = 0,102 \text{ bar}$$
$$p_{SO_3} = 0,335 \text{ bar}$$

Wie lautet die Gleichgewichtskonstante, K_{eq}, für die Reaktion

$$2SO_2(g) + O_2(g) \rightleftarrows 2SO_3(g) \qquad\qquad (16\text{--}7)$$

(Antwort: $K_{eq} = 3,47$.)

Berechnung der Gleichgewichtskonstanten

Wir können jetzt Gleichgewichtskonstanten aus thermodynamischen Daten berechnen, was wir in Kapitel 5 noch nicht tun konnten. Wir können, wenn uns entweder die Gleichgewichtskonstante oder die freie Standardenthalpie einer Reaktion bekannt ist, die jeweils andere Größe berechnen.

Beispiel: Berechnen Sie die Gleichgewichtskonstante für die Reaktion (16–6) aus den molaren freien Standardbildungsenthalpien.

Lösung: $\Delta G^0 = 2\,\text{mol} \times (-16,647\,\text{kJ mol}^{-1}) - (0,0) - 3\,\text{mol} \times (0,0)$

$$= -33,294\,\text{kJ}$$

$$K_{eq} = e^{-(\Delta G^0/\text{mol}\,RT)} = 10^{-(\Delta G^0/2,303\,\text{mol}\,RT)}$$

$$= 10^{-(-33,294/5,706)} = 10^{+5,83}$$

$$= 6,8 \times 10^5$$

Der Tatsache, daß dies derselbe Wert ist, den wir schon zuvor aus den Partialdrücken berechnet haben, sollten Sie keine allzu große Bedeutung beimessen: Gleichgewichtskonstanten sind selten mit einer größeren Genauigkeit als $\pm 5\%$ bekannt.

Beispiel: Berechnen Sie mit Hilfe der freien Enthalpietabellen in Anhang 2 die Dissoziationskonstante der Essigsäure.

Lösung: Die Reaktion lautet

$$CH_3COOH(aq) \rightleftarrows H^+(aq) + CH_3COO^-(aq)$$

und die freie Dissoziationsenthalpie beträgt

$$\Delta G^0 = 0,0 + 1\,\text{mol} \times (-372,71\,\text{kJ mol}^{-1}) - 1\,\text{mol} \times (-399,88\,\text{kJ mol}^{-1})$$
$$= 27,17\,\text{kJ}$$

Die Dissoziationskonstante erhalten wir aus dem Ausdruck

$$K_{eq} = e^{-(\Delta G^0/\text{mol}\,RT)}$$
$$= 10^{-(27,17\,\text{kJ}/5,706\,\text{kJ})}$$
$$= 10^{-4,76}$$
$$= 1,74 \times 10^{-5}$$

$$pK_a = 4,76$$
$$K_a = 1,74 \times 10^{-5} \text{ mol l}^{-1}$$

Sie können dieses Ergebnis mit dem Wert aus der Tabelle der Dissoziationskonstanten in Kapitel 5 vergleichen. Beachten Sie, daß das Ergebnis dasselbe wäre, wenn Sie die Dissoziationskonstante unter Verwendung der Daten aus Anhang 2 nach der Reaktionsgleichung

$$CH_3COOH(aq) + H_2O \rightleftarrows CH_3COO^-(aq) + H_3O^+(aq)$$

berechnet hätten.

Übung: Ermitteln Sie aus dem Wert der Gleichgewichtskonstante, den Sie für die Schwefeltrioxidreaktion bereits berechnet haben, die freie Standardenthalpie der Reaktion (16–7) bei 1000 K.
(Antwort: $\Delta G^0_{1000} = -10,34$ kJ oder $\Delta \bar{G}^0_{1000} = -5,17$ kJ mol^{-1} SO$_3$.)

Der Partialdruck einer Komponente

Wir können den Partialdruck einer Komponente eines Systems im Gleichgewichtszustand berechnen, wenn wir K_{eq} und die Partialdrücke der anderen Komponenten des Systems kennen.

Beispiel: Bei einem anderen Experiment mit der Ammoniakreaktion im abgeschlossenen Stahlbehälter ergaben sich die Partialdrücke von Ammoniak und Wasserstoff bei 298 K zu

$$p_{NH_3} = 1,55 \text{ bar} \quad \text{und} \quad p_{H_2} = 0,51 \text{ bar}$$

Es wurde jedoch kein Stickstoff gefunden. Wie groß hätte der Partialdruck des Stickstoffs sein müssen, wenn sich der Tankinhalt im Gleichgewicht befunden hätte?

Lösung: Lassen Sie y die unbekannte Aktivität des Stickstoffs in der Gleichgewichtsmischung sein. Dann gilt mit $a_{NH_3} = 1,55$ bar/1,013 bar = 1,53 und $a_{H_2} = 0,51$ bar/1,013 bar = 0,50

$$K_{eq} = \frac{(1,53)^2}{y(0,50)^3} = 6,8 \times 10^5$$

$$y = \frac{(1,53)^2}{0,125 \times 6,8 \times 10^5} = 2,75 \times 10^{-5}$$

$$p_{N_2} = yp^0 = 2,79 \times 10^{-5} \text{ bar} \approx 2,8 \times 10^{-5} \text{ bar}$$

Da wir den Wert der Gleichgewichtskonstante für diese Reaktion aus anderen Experimenten mit etwa nahezu gleichen Mengen von Reaktionspartnern und Produkten berechnet haben, ist es uns jetzt möglich, zu berechnen, wieviel Stickstoff vorhanden ist, selbst wenn wir ihn nicht messen können.

Übung: Wie groß muß beim SO_3-Gleichgewicht bei 1000 K (Gleichung (16–7)) der Partialdruck des Sauerstoffgases sein, damit wir gleiche Mengen von SO_2 und SO_3 vorliegen haben?
(Antwort: $p_{O_2} = 0,292$ bar.)

Änderung der Stöchiometrie

Wie lautet die Gleichgewichtskonstante für die Reaktion

$$2\,NH_3(g) \; \rightleftarrows \; N_2(g) + 3\,H_2(g) \tag{16–8}$$

Diese Reaktion ist die Umkehrung der Reaktion (16–6). Somit ergibt sich ihre Gleichgewichtskonstante als der Kehrwert der Gleichgewichtskonstante der Hinreaktion

$$K_{eq} = \frac{a_{N_2} \times a_{H_2}^3}{a_{NH_3}^2} = \frac{1}{6,8 \times 10^5} = 1,5 \times 10^{-6}$$

Übung: Wie lautet die Gleichgewichtskonstante für die Reaktion

$$NH_3(g) \; \rightleftarrows \; \tfrac{1}{2}N_2(g) + \tfrac{3}{2}H_2(g) \tag{16–9}$$

(Antwort: $K_{eq} = 1,2 \times 10^{-3}$.)

Umfang der Reaktion

Häufig erweist es sich als nützlich, wenn man den Umfang einer Reaktion im Gleichgewicht berechnen kann, der als der Bruchteil oder Prozentsatz des reinen Ausgangsmaterials ausgedrückt wird, das sich umgesetzt hat. So können wir z. B. das Fortschreiten der Zersetzung von Ammoniak in Stickstoff und Wasserstoff mit Hilfe der *prozentualen Dissoziation* des reinen Ammoniaks beschreiben. Reines Ammoniak unter einem Gesamtdruck von 1,013 bar wird (in geringem Umfang) spontan zu H_2 und N_2 dissoziieren. Wenn der Druck bei 1,013 bar konstant gehalten wird und die Temperatur 298 K beträgt, wird nun welcher Bruchteil des Ammoniaks dissoziiert?

Die Reaktion ist in Gleichung (16–8) und oben in der Tabelle 16–2 gezeigt. Da der Ausdruck für die Gleichgewichtskonstante mit Hilfe der Partialdrücke formuliert wurde, ist es unsere erste Aufgabe, die Konzentrationen ebenfalls in Partialdrücken auszudrücken. Wir können dann den Ausdruck für die Gleichgewichtskonstante aufstellen, den bekannten Wert für die Gleichgewichtskonstante verwenden und nach der prozentualen Dissoziation auflösen.

Es ist recht nützlich, sich eine Tabelle wie die Tabelle 16–2 anzulegen. Nehmen Sie dazu an, daß am Anfang des Experiments reines NH_3 vorlag und kein N_2 oder H_2 vorhanden war. Diese Beschreibung der Ausgangssituation braucht keinem realen experimentellen Sachverhalt zu entsprechen, sondern gibt uns bloß einen Rahmen für die Berechnung von Konzentrationen im Gleichgewichtszustand. Da so, wie die Reaktion geschrieben wurde, zwei Mole Ammoniak an ihr beteiligt sind, nehmen Sie einmal an, daß $2n$ Mole Ammoniak zu Beginn der Reaktion vorhanden sind. Nehmen Sie jetzt

Tabelle 16–2   Dissoziation des Ammoniaks bei 298 K

	$2\,NH_3(g) \rightleftarrows$	$N_2(g)$	$+$	$3\,H_2(g)$	insgesamt
Anfang:	$2n$	0		0	$2n$
Gleichgewicht:	$2n(1-\alpha)$	$n\alpha$		$3n\alpha$	$2n(1+\alpha)$
Molenbruch:	$\dfrac{(1-\alpha)}{1+\alpha}$	$\dfrac{\alpha}{2(1+\alpha)}$		$\dfrac{3\alpha}{2(1+\alpha)}$	1
Partialdruck:	$\dfrac{(1-\alpha)P}{1+\alpha}$	$\dfrac{\alpha P}{2(1+\alpha)}$		$\dfrac{3\alpha P}{2(1+\alpha)}$	P

$$K_{eq} = \frac{\alpha_{N_2}\,\alpha_{H_2}^3}{a_{NH_3}^2} = \frac{\alpha P}{2(1+\alpha)P^0} \cdot \frac{27\alpha^3 P^3}{8(1+\alpha)^3(P^0)^3} \cdot \frac{(1+\alpha)^2(P^0)^2}{(1-\alpha)^2 P^2} = \frac{27}{16}\frac{\alpha^4 P^2}{(1-\alpha^2)^2(P^0)^2}$$

$$\Delta G^0 = (0,0) + 3\,\text{mol}\,(0,0) - 2\,\text{mol}(-16{,}647\;\text{kJ mol}^{-1}) = +33{,}294\;\text{kJ}$$

$$K_{eq} = 10^{-(33{,}294/5{,}706)} = 10^{-5{,}830} = 1{,}5 \times 10^{-6}$$

$$K_{eq} = \frac{27}{16}\frac{\alpha^4 P^2}{(1-\alpha^2)^2(P^0)^2} = 1{,}5 \times 10^{-6}$$

$$\frac{\alpha^2 P}{(1-\alpha^2)P^0} = 0{,}94 \times 10^{-3}$$

weiter an, daß das System zu irgendeinem späteren Zeitpunkt den Gleichgewichtszustand erreicht, wenn sich ein Bruchteil, α, des Ammoniaks zersetzt hat. Dann haben von den ursprünglichen $2n$ Molen Ammoniak $2n\alpha$ Mole reagiert, während $2n(1-\alpha)$ Mole Ammoniak undissoziiert übrigbleiben.

Für jeweils zwei Mole Ammoniak, die sich zersetzen, werden ein Mol Stickstoff und drei Mole Wasserstoff gebildet. Im Gleichgewichtsfall ergeben damit die $2n\alpha$ Mole des dissoziierenden Ammoniaks $n\alpha$ Mole Stickstoff und $3n\alpha$ Mole Wasserstoff, wie in der mit „Gleichgewicht" bezeichneten Zeile in Tabelle 16–2 gezeigt ist. Die Gesamtmolzahl der drei Molekülarten hat sich infolge der Dissoziation erhöht: Im Gleichgewicht liegen $2n(1-\alpha) + n\alpha + 3n\alpha = 2n(1+\alpha)$ Mole Gas vor, wogegen es vor der Dissoziation nur $2n$ Mole waren. Die Gesamtmolzahl wird in der Spalte rechts außen in der Tabelle angegeben.

Der Molenbruch einer jeden Komponente in der Reaktionsmischung ergibt sich durch Division der Molzahl einer jeden Komponente durch die Gesamtmolzahl. An diesem Punkt unserer Ableitung wird der Vorteil der Benutzung des sogenannten *Dissoziationsgrades*, α, offensichtlich, da die Molzahl, n, aus der Aufgabenstellung eliminiert werden kann. In der dritten Zeile der Tabelle mit der Bezeichnung „Molenbruch" wird der Molenbruch jeder Komponente im Gleichgewichtsfall durch den Dissoziationsgrad (der prozentualen Zersetzung) des Ammoniaks ausgedrückt.

In der nächsten Zeile der Tabelle wird jeder Molenbruch mit dem Gesamtdruck der Gasmischung multipliziert, um den Partialdruck der jeweiligen Komponente zu erhalten. Aus diesen Partialdrücken werden dann durch Division durch den Standarddruck $P^0 = 1{,}013$ bar die Aktivitäten der einzelnen Komponenten ermittelt, die dann in den

Ausdruck für die Gleichgewichtskonstante eingesetzt werden. Nach bestmöglichem Zusammenfassen erhalten wir einen Ausdruck für die Gleichgewichtskonstante in Abhängigkeit vom Dissoziationsgrad

$$K_{eq} = \frac{27\alpha^4 P^2}{16(1-\alpha^2)^2 (P^0)^2}$$

Aus der Änderung der freien Enthalpie der Reaktion von $+33{,}294$ kJ können wir nach Gleichung (16–4) den Wert der Gleichgewichtskonstante berechnen

$$K_{eq} = 1{,}5 \times 10^{-6}$$

Mit diesem Wert erhalten wir den Ausdruck

$$\frac{27\alpha^4 P^2}{16(1-\alpha^2)^2 (P^0)^2} = 1{,}5 \times 10^{-6}$$

der nach dem Zusammenfassen der Zahlenwerte und dem Ziehen der Quadratwurzel auf beiden Seiten der Gleichung zu

$$\frac{\alpha^2 P}{(1-\alpha^2)P^0} = 0{,}94 \times 10^{-3}$$

umgewandelt werden kann. Dieser Ausdruck kann exakt nach α^2 aufgelöst werden

$$\alpha^2 = \frac{0{,}00094}{P/P^0 + 0{,}00094}$$

Da nun $P = 1{,}013$ bar ist, können wir den Term $0{,}00094$ gegenüber $P/P^0 = 1$ im Nenner vernachlässigen und erhalten damit $\alpha = 0{,}0307$. Somit lautet die Antwort auf unsere ursprüngliche Frage, daß bei 298 K und einem Druck von 1,013 bar Ammoniak zu ungefähr 3% dissoziiert ist.

Übung: Ein Molekül des N_2O_4-Gases dissoziiert spontan in zwei NO_2-Moleküle. Leiten Sie einen Ausdruck für den Dissoziationsgrad α als Funktion des Gesamtdrucks P des Systems bei 298 K ab. Welcher Bruchteil des N_2O_4 wird bei einem Druck von 1,013 bar dissoziiert sein?
(Antwort: Die Ableitung ist in Tabelle 16–3 zusammengefaßt, auf die Sie sich beziehen können, wenn Sie in Schwierigkeiten geraten. Der Ausdruck für K_{eq} in der Tabelle kann wieder exakt nach α^2 aufgelöst werden

$$\alpha^2 = \frac{K_{eq}}{4P/P^0 + K_{eq}} = \frac{1}{4P/P^0 K_{eq} + 1} \tag{16–10}$$

und bei $P = 1{,}013$ bar $(= P^0)$ und $K_{eq} = 0{,}114$ erhalten wir daraus: $\alpha = 0{,}167$. Bei 1,013 bar und 298 K ist eines von sechs N_2O_4-Molekülen dissoziiert. Beachten Sie, daß bei dieser Aufgabe K_{eq} so groß war, daß es im Nenner im Vergleich zu $4P/P^0$ mit $P = 1{,}013$ bar nicht vernachlässigt werden konnte.)

Welche Auswirkungen wird nun eine Erhöhung des Druckes auf die Dissoziation des

Tabelle 16–3 Dissoziation von N_2O_4 bei 298 K

	$N_2O_4(g)$	$\rightleftarrows$ $2\,NO_2(g)$	insgesamt
Anfang:	n	0	n
Gleichgewicht:	$n(1-\alpha)$	$2n\alpha$	$n(1+\alpha)$
Molenbruch:	$\dfrac{1-\alpha}{1+\alpha}$	$\dfrac{2\alpha}{1+\alpha}$	1
Partialbruch:	$\dfrac{1-\alpha}{1+\alpha}\cdot P$	$\dfrac{2\alpha}{1+\alpha}\cdot P$	P

$$K_{eq}=\frac{a^2_{NO_2}}{a_{N_2O_4}}=\frac{4\alpha^2 P^2}{(1+\alpha)^2(P^0)^2}\cdot\frac{(1+\alpha)P^0}{(1-\alpha)P}=\frac{4\alpha^2 P}{(1-\alpha^2)P^0}$$

$$\Delta G^0 = 2\,\text{mol}(51{,}874\ \text{kJ mol}^{-1}) - 1\,\text{mol}(98{,}352\ \text{kJ mol}^{-1}) = +5{,}396\ \text{kJ}$$

$$K_{eq}=\mathrm{e}^{-(5{,}396\,\text{kJ/mol}\,RT)}=10^{-(5{,}396/5{,}706)}=10^{-0{,}945}=0{,}114$$

$$\frac{4\alpha^2 P}{(1-\alpha^2)P^0}=0{,}114 \qquad \text{oder} \qquad \frac{\alpha^2 P}{(1-\alpha^2)P^0}=0{,}0285$$

N_2O_4 haben? Da eine Rekombination oder Reassoziation der NO_2-Moleküle zu N_2O_4 die Gesamtmolzahl verringert, sagt das Le Chateliersche Prinzip voraus, daß eine Druck-erhöhung die Reassoziation begünstigen wird. In Abbildung 16–2a ist der Dissozia-tionsgrad α, der sich nach Gleichung (16–10) berechnen läßt, gegen den Gesamtdruck aufgetragen. Wie Sie sehen können, wird das Le Chateliersche Prinzip bestätigt: Ober-halb eines Druckes von 1000 bar besteht die Gasmischung nahezu vollkommen aus N_2O_4 unterhalb 0,001 bar setzt sie sich dagegen fast völlig aus NO_2 zusammen. In Abbildung 16–2a wurde der Druck logarithmisch aufgetragen, d. h. nach sich erhöhenden Zehner-potenzen. Die Änderung von α mit dem sich ändernden Druck kommt dabei klar zum Ausdruck. Im Gegensatz dazu schmiegt sich die Kurve in Abbildung 16–2b, bei der der Druck linear aufgetragen ist, über den halben Wertbereich von α an die vertikale Achse an, so daß die Abbildung 16–2b für irgendeinen α-Wert oberhalb von 0,5 keine klare Beschreibung dessen zuläßt, was wirklich geschieht. Jede andere Wahl eines Be-reiches für eine lineare Auftragung des Druckes (0 bis 150 bar, 0 bis 1,5 bar oder 0 bis 0,15 bar) würde ähnliche Nachteile ergeben. Wir werden noch sehen, daß aus diesem Grund logarithmische Darstellungen bei Gleichgewichtsproblemen sehr häufig verwen-det werden.

Diese beiden Beispiele, die Ammoniakreaktion und die Dissoziation des N_2O_4, er-gaben denselben mathematischen Ausdruck für den Dissoziationsgrad. Beim Ammoniak erhielten wir unter Standardbedingungen einen Dissoziationsgrad von 3 %, während sich beim N_2O_4 ein Wert von 16,7 % ergab. Diese relativen Werte hätten auch aus den Änderungen der molaren freien Standardenthalpien für diese Reaktionen von +16,647 kJ mol^{-1} für NH_3 und +5,396 kJ mol^{-1} für N_2O_4 vorausgesagt werden können: Die Änderung der molaren freien Standardenthalpie der Dissoziation ist für NH_3 größer als

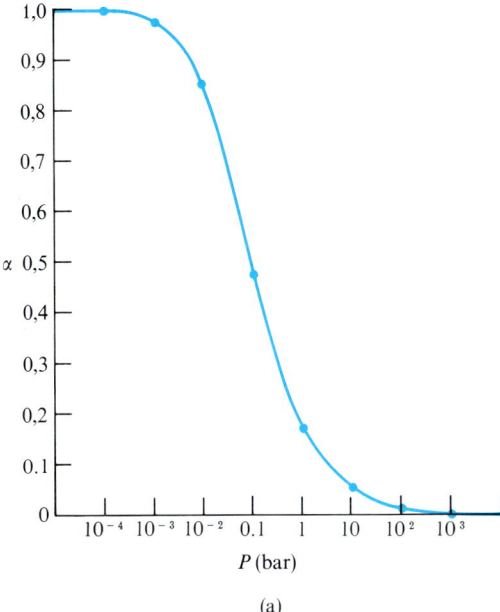

(a)

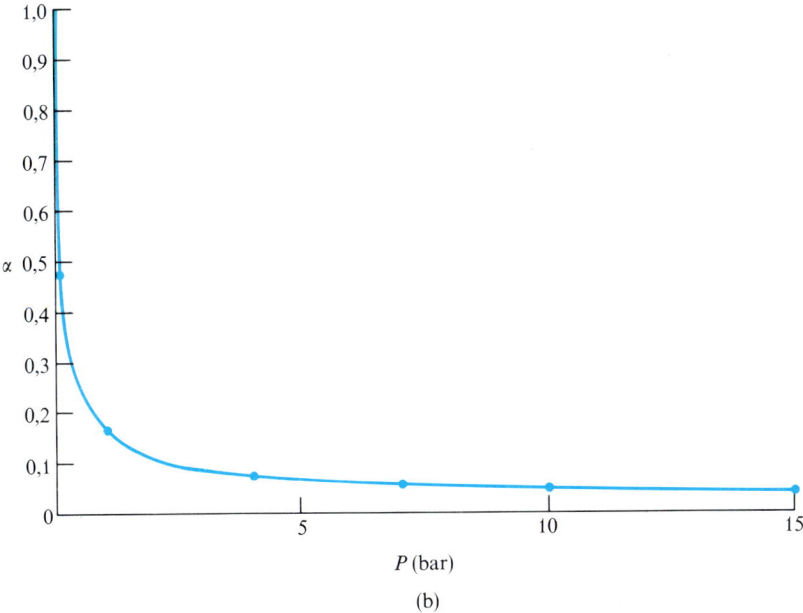

(b)

Abbildung 16–2 Darstellungen des Dissoziationsgrades α von N_2O_4 als Funktion des Druckes bei 298 K. Die dargestellte Funktion ist Gleichung (16–10). (a) Darstellung von α gegen $\lg P/1$ bar, die alle Einzelheiten über den ganzen Bereich von α zeigt. (b) Eine weniger informative Darstellung von α gegen P, die das Verhalten der Kurve oberhalb $\alpha = 0{,}5$ nicht mehr erkennen läßt.

für N_2O_4; infolgedessen ist beim NH_3 die Triebkraft der Dissoziation geringer, und der Gleichgewichtspunkt liegt weiter auf der undissoziierten Seite der Reaktion.

Bevor Sie weitermachen. Im Abschnitt 5–1 *des Begleitprogramms zu Prinzipien der Chemie* von Lassila et al. werden Gleichgewichtsberechnungen für homogene Reaktionen mit Konzentrationen (in $mol\,l^{-1}$) und Partialdrücken behandelt.

16–3 Das Le Chateliersche Prinzip

Das Le Chateliersche Prinzip besagt, daß sich die Gleichgewichtsbedingungen bei Ausübung eines Zwanges auf ein System im Gleichgewicht so verschieben, daß der Zwang gemildert wird. Bei den beiden Dissoziationsreaktionen, die wir bisher untersucht haben (die des NH_3 und des N_2O_4), erschien die Druckabhängigkeit im Nenner des Ausdrucks für die Gleichgewichtskonstante. Da K_{eq} selbst nicht vom Druck abhängt, muß α abnehmen, wenn P sich erhöht, falls die Größe auf der rechten Seite des Ausdrucks für die Gleichgewichtskonstante unverändert bleiben soll. Das Le Chateliersche Prinzip sagt voraus, daß sich die Gleichgewichtsbedingungen bei höheren Drücken in die Richtung verschieben werden, die die geringere Molzahl Gas ergibt, was mit den Ableitungen aus den Gleichgewichtskonstanten in Einklang steht.

Was würde nun dieses Prinzip über das Gleichgewicht der Wassergas-Reaktion

$$H_2(g) + CO_2(g) \rightleftarrows H_2O(g) + CO(g) \tag{16–11}$$

bei höheren Drücken voraussagen? Wenn Sie für diese Reaktion eine Tabelle wie Tabelle 16–2 aufstellen und mit α den Bruchteil des H_2 bezeichnen, der sich umgesetzt hat, werden Sie für die Gleichgewichtskonstante den folgenden Ausdruck erhalten

$$K_{eq} = \frac{\alpha_{H_2O} \times a_{CO}}{a_{H_2} \times a_{CO_2}} = \frac{\alpha^2}{(1-\alpha)^2} \tag{16–12}$$

und damit feststellen, daß der Druck im Ausdruck für die Gleichgewichtskonstante nicht erscheint. Das liegt daran, daß auf jeder Seite der Reaktionsgleichung dieselbe Molzahl an Gas angetroffen wird und sich infolgedessen alle Druckterme gegeneinander kürzen lassen. Aus demselben Grunde sagt auch das Le Chateliersche Prinzip voraus, daß das Wassergas-Gleichgewicht gegenüber Druckänderungen unempfindlich sein wird.

Die Auswirkung der Temperatur

Was sagt nun das Le Chateliersche Prinzip über die Auswirkung der Temperatur auf die Gleichgewichtskonstante aus? Die Temperatur eines Reaktionssystems wird dadurch erhöht, daß ihm Wärme zugeführt wird. Der durch die zugeführte Wärme ausgeübte Zwang kann dadurch vermindert werden, daß sich die Gleichgewichtsbedingungen in die Richtung verschieben, in der vom System Wärme aufgenommen wird. Wenn eine Reaktion endotherm verläuft, wird ihre Gleichgewichtskonstante mit steigender Temperatur zunehmen; verläuft die Reaktion exotherm, nimmt ihre Gleichgewichtskonstante mit steigender Temperatur ab.

Tabelle 16–4   Änderung von K_{eq} mit der Temperatur für die Reaktion $2\,SO_3(g) \rightleftarrows 2\,SO_2(g) + O_2(g)$

$$K_{eq} = \frac{a_{SO_2}^2 \, a_{O_2}}{a_{SO_3}^2}$$

Temperatur (K)	ΔG^0 (kJ pro 2 mol SO_3)	K_{eq}	
298	140,09	2,82	$\times 10^{-25}$
400	120,79	1,78	$\times 10^{-16}$
500	101,53	2,51	$\times 10^{-11}$
600	82,19	1,94	$\times 10^{-8}$
700	64,64	1,82	$\times 10^{-5}$
800	44,38	1,29	$\times 10^{-3}$
900	27,76	0,0248	
1000	11,10	0,264	
1100	−5,86	1,89	
1200	−23,03	10,0	
1300	−40,19	40,8	
1400	−57,07	132	

Die Dissoziation des SO_3

$$2\,SO_3(g) \rightleftarrows 2\,SO_2(g) + O_2(g)$$

ist in hohem Maße exotherm. Bei einer Temperatur von 298 K gelten die Werte

$$\Delta G^0 = 2\,mol \times (-300{,}57\ kJ\ mol^{-1}) - 2\,mol \times (-370{,}62\ kJ\ mol^{-1})$$
$$= +140{,}09\ kJ\ (pro\ 2\,mol\ SO_3)$$

$$\Delta H^0 = 2\,mol \times (-296{,}26\ kJ\ mol^{-1}) - 2\,mol\,(-395{,}44\ kJ\ mol^{-1})$$
$$= +198{,}37\ kJ\ (pro\ 2\,mol\ SO_3)$$

$$\Delta S^0 = 2\,mol \times 248{,}70\ J\ K^{-1}\ mol^{-1} + 1\,mol \times 205{,}15\ J\ K^{-1}\,mol^{-1}$$
$$- 2\,mol \times 256{,}40\ J\ K^{-1}\ mol^{-1}$$
$$= +189{,}75\ J\ K^{-1}\ (pro\ 2\,mol\ dissoziiertes\ SO_3)$$

Da bei dieser Dissoziation so viel Wärme absorbiert wird, wird sie stark durch höhere Temperaturen begünstigt. So kommt es, daß ein Unterschied von 1100 K eine Änderung von K_{eq} um 27 Zehnerpotenzen bewirkt (siehe Tabelle 16–4).

16–4   Die Anatomie einer Reaktion

Das Le Chateliersche Prinzip gibt einen Hinweis darauf, wie eine Reaktion verlaufen wird, aber es erklärt nicht – oder nur auf ganz intuitive Weise –, warum die Reaktion so abläuft. Warum verändert sich die Lage des Gleichgewichts mit der Temperatur? Warum nimmt die Triebkraft der SO_3-Dissoziationsreaktion so stark mit der Temperatur zu? Um diese Fragen zu beantworten, müssen wir uns das Verhalten der freien Enthalpie, der Enthalpie und der Entropie der Reaktion bei Temperaturänderungen ansehen.

Bei einer vorgegebenen Temperatur hängen die Standardwerte der freien Enthalpie, der Enthalpie und der Entropie nach der folgenden Beziehung zusammen

$$\Delta G^0 = \Delta H^0 - T\Delta S^0 \qquad (16-13)$$

Die Änderungen der freien Standardenthalpie für die SO_3-Dissoziationsreaktion bei verschiedenen Temperaturen, wie sie sich aus den experimentell bestimmten Dissoziationskonstanten berechnen lassen, sind in Tabelle 16–4 zusammengestellt. Wenn die Temperatur erhöht wird, wird die Änderung der freien Standardenthalpie negativer (nimmt ab), wird die Gleichgewichtskonstante größer und verschiebt sich die Reaktion weiter nach rechts in der Reaktionsgleichung, bevor das Gleichgewicht erreicht ist. In diesen Daten sind aber auch die Reaktionswärmen und Reaktionsentropien versteckt enthalten. Aus der Gleichung (16–13) können wir mit Hilfe der Differential- und Integralrechnung eine Beziehung ableiten, die unter dem Namen Gibbs-Helmholtz-Glei-

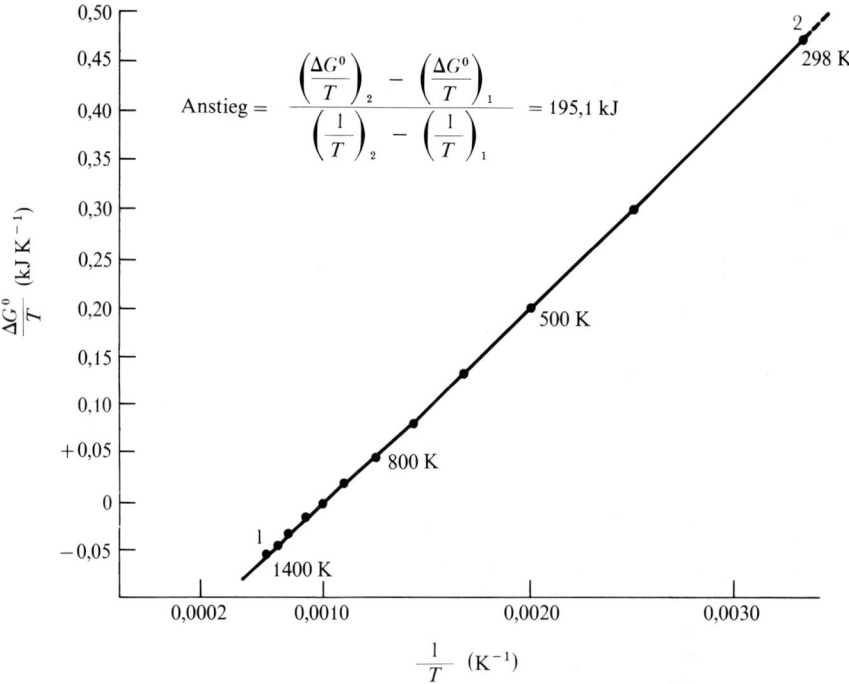

Abbildung 16–3 Eine Gibbs-Helmholtz-Darstellung für die Dissoziation von SO_3 zu SO_2 und O_2. Der Anstieg an jedem beliebigen Punkt der Kurve (die hier nahezu eine gerade Linie zu sein scheint) ergibt die Reaktionswärme an diesem Punkt. Die Enthalpie der SO_3-Dissoziation ändert sich nicht wesentlich mit der Temperatur im Bereich von 298 K bis 1400 K. Die Werte für ΔG^0 sind der Tabelle 16–4 entnommen.

chung bekannt ist. Diese Gleichung braucht uns hier nicht weiter zu beschäftigen bis auf ihre Voraussage, daß bei einer Auftragung von $\Delta G^0/T$ gegen $1/T$ der Anstieg der Kurve in jedem Punkt gleich ΔH^0 bei dieser Temperatur ist.

Eine solche Darstellung der Daten aus Tabelle 16–4 finden Sie in Abbildung 16–3. Die Kurve ist nahezu eine gerade Linie, was darauf hindeutet, daß sich die Standardreaktionswärme der SO_3-Dissoziation zwischen 298 K und 1400 K nicht sehr stark ändert. Der durchschnittliche Anstieg über diesen gesamten Temperaturbereich ergibt eine durchschnittliche Reaktionsenthalpie von +195,1 kJ wogegen der gemessene Wert an dem einen extremen Ende des Bereichs, bei 298 K, +198,37 kJ beträgt. Wir können also in guter Näherung die Reaktionswärme für alle Temperaturen als konstant ansehen.

Die Reaktionswärme ΔH^0 und die Änderung der freien Enthalpie ΔG^0 sind beide in Abbildung 16–4 gegen die Temperatur T aufgetragen. Die Differenz zwischen ihnen, $\Delta H^0 - \Delta G^0$, ist gleich $T\Delta S^0$. Wenn sowohl der Verlauf von ΔH^0 als auch der von ΔG^0 durch gerade Linien angenähert werden, dann ist $T\Delta S^0$ proportional zu T; somit ist auch ΔS^0 annähernd temperaturunabhängig. Wenn wir die ΔH^0- und ΔG^0-Linien bis zum absoluten Nullpunkt extrapolieren, sehen wir, daß sie sich dort treffen. Bei 0K gilt also:

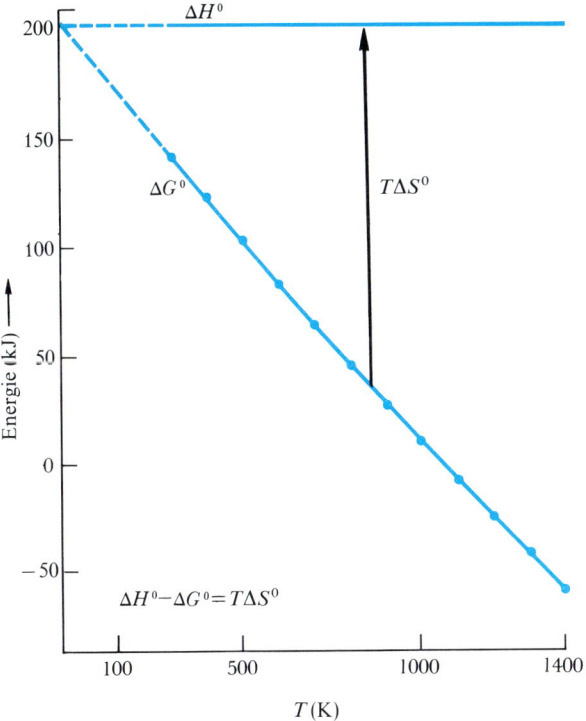

Abbildung 16–4 Enthalpie, Entropie und freie Enthalpie für die SO_3-Dissoziation als Funktionen der Temperatur. Bei dieser Reaktion sind die Enthalpie und die Entropie annähernd unabhängig von der Temperatur. Die freie Enthalpie nimmt mit wachsender Temperatur ab, was auf den Faktor T in der Gleichung $\Delta G^0 = \Delta H^0 - T\Delta S^0$ beruht.

$$T\Delta S^0 = 0 \quad \text{und} \quad \Delta H^0 = \Delta G^0$$

Jetzt können wir erklären, was bei dieser Reaktion geschieht, wenn sich die Temperatur ändert. Wenn zwei SO_3-Moleküle dissoziieren

$$2SO_3(g) \rightleftharpoons 2SO_2(g) + O_2(g) \tag{16--14}$$

werden zwei S—O-Bindungen getrennt und eine O—O-Bindung neu gebildet. Die Enthalpie, die dazu erforderlich ist, 197 kJ für 2 mol SO_3, ist so groß, daß die geringfügigen Veränderungen, die durch die Temperaturänderungen bewirkt werden, vernachlässigt werden können und ΔH^0 annähernd konstant ist. Für sich allein würde dieser Enthalpiefaktor das gesamte SO_3 undissoziiert zusammenhalten. Berthelot und Thomsen würden mit dieser Schlußfolgerung zufrieden sein (Abschnitt 15–8).

Jedoch gibt es noch einen zweiten Faktor, der beachtet werden muß, die Entropie. Zwei Moleküle SO_2 und ein Molekül O_2 stellen eine größere Unordnung dar als zwei Moleküle SO_3. Die relativen molaren Standardentropien haben genau die Werte, die Sie für diese drei Moleküle auf Grund der Komplexität eines jeden Moleküls voraussagen würden. Aus Anhang 2 erhalten wir

Molekül:	O_2	SO_2	SO_3
Molare Entropie, $\bar{S}^0$:	205,15	248,70	256,40
(in $J\,K^{-1}\,mol^{-1}$)			

Die Zahlenwerte der molaren Entropien sind sich für diese drei Molekülarten jedoch so ähnlich, daß der entscheidende Faktor die Änderung der Anzahl von Molekülen während der Reaktion ist: Zwei Moleküle des Ausgangsstoffes ($2\,SO_3$) ergeben drei Moleküle des Produkts ($2\,SO_2$, O_2), und die Gesamtentropieänderung bei der Reaktion ergibt sich zu

$$\begin{aligned}\Delta S^0 &= 2\,\text{mol} \times 248,70\,J\,K^{-1}\,mol^{-1} + 1\,\text{mol} \times 205,15\,J\,K^{-1}\,mol^{-1} \\ &\quad - 2\,\text{mol} \times 256,40\,J\,K^{-1}\,mol^{-1} \\ &= +189,75\,J\,K^{-1}\end{aligned}$$

Die Entropie ist wie die Enthalpie gegenüber der Temperatur nicht sehr empfindlich. Die Unordnung, die pro Reaktionseinheit bei 298 K erzeugt wird, ist annähernd dieselbe wie bei 1400 K. Nichtsdestoweniger ist die Auswirkung dieser Entropieänderung bei höheren Temperaturen größer, da der Entropieterm mit der absoluten Temperatur T multipliziert wird. Je höher die Temperatur ist, desto stärker wirkt sich eine vorgegebene Erhöhung der Unordnung auf die Reaktion aus. Die Triebkraft der Reaktion oder die Änderung der freien Standardenthalpie ist die Kombination des Wärmeeffekts und des Entropieeffekts. Wie Sie aus Abbildung 16–4 ersehen können, wirkt die Enthalpie ständig mit annähernd gleicher Stärke bei allen Temperaturen der Dissoziation des SO_3 entgegen. Die Entropie aber liefert eine sich stetig vergrößernde Triebkraft zu Gunsten der Dissoziation. So beträgt bei 298 K die Dissoziationskonstante nur $2,82 \times 10^{-25}$, wogegen sie bei 1400 K auf 132 angewachsen ist.

Übung: Wie groß würde der Wert der Dissoziationskonstante, K_{eq}, sein, wenn die Ausgangsstoffe und Produkte bei der SO_3-Dissoziation die gleiche Entropie aufwiesen? Dieser Wert würde auch gleich der Dissoziationskonstante am absoluten Nullpunkt

sein, wenn die in Abbildung 16–4 gestrichelt eingezeichneten Extrapolationen gültig wären. (Sie sind es nahezu.)
(Antwort: $K_{eq} = 6 \times 10^{-35}$.)

Bisher haben wir unsere Schlußfolgerungen nur aus einem Spezialfall abgeleitet, nämlich der Dissoziation des SO_3. Es gilt jedoch allgemein, daß bei niedrigen Temperaturen die Enthalpie oder Reaktionswärme für die Bestimmung der Richtung einer chemischen Reaktion von größerer Bedeutung ist, während bei hohen Temperaturen die Entropie oder Unordnung die wichtigere Rolle spielt.

16–5   Gleichgewichte bei Vorliegen von kondensierten Phasen

In Abschnitt 16–1 sagten wir, daß die Gleichgewichtskonstante, K_{eq}, bei Festkörpern und Flüssigkeiten genausogut wie bei Gasen verwendet werden kann, wenn die Standardzustände der kondensierten Phasen richtig definiert werden. Ein reiner Festkörper oder eine reine Flüssigkeit wird so lange als ein unerschöpflicher Vorrat der betreffenden Substanz angesehen, wie noch etwas von dem Festkörper oder der Flüssigkeit vorhanden ist. Das Gleichgewicht wird nicht von der Menge der festen oder flüssigen Phase beeinflußt.

Warum können wir das sagen? Bringt z. B. der Dampfdruck des Wassers über dem flüssigen Wasser nicht Verwirrung in das Problem? Bei der Reaktion

$$H_2(g) + CO_2(g) \; \rightleftarrows \; H_2O(l) + CO(g) \tag{16–15}$$

sollten wir doch vielleicht besser den Dampfdruck des Wassers zur Bestimmung von a_{H_2O} heranziehen, anstatt $a_{H_2O} = 1$ zu setzen?

Tatsächlich benutzen wir auch den Dampfdruck des Wassers für a_{H_2O}, obwohl diese Tatsache etwas verschleiert ist. Für eine Reaktion, die nur zwischen Gasen abläuft, gilt

$$H_2(g) + CO_2(g) \; \rightleftarrows \; H_2O(g) + CO(g)$$

$$\Delta G_1^0 = \Delta G_{H_2O(g)}^0 + \Delta G_{CO(g)}^0 - \Delta G_{H_2(g)}^0 - \Delta G_{CO_2(g)}^0 \tag{16–16}$$

$$K_1 \quad = e^{-(\Delta G_1^0/mol\,RT)} \quad = \frac{a_{H_2O(g)} \times a_{CO(g)}}{a_{H_2(g)} \times a_{CO_2(g)}}$$

Wenn nun der Wasserdampf mit flüssigem Wasser im Gleichgewicht steht, dann ist der Wert von $a_{H_2O(g)}$ auf den Dampfdruck des Wassers bei der herrschenden Temperatur beschränkt. Wie wir in Abschnitt 15–10 sahen, hängt der Dampfdruck mit der molaren freien Verdampfungsenthalpie, $\Delta \bar{G}_v^0$, zusammen

$$H_2O(l) \; \rightleftarrows \; H_2O(g)$$

$$\Delta \bar{G}_v^0 = \Delta \bar{G}_{H_2O(g)}^0 - \Delta \bar{G}_{H_2O(l)}^0$$

$$= -RT \ln a_{H_2O(g)}$$

wobei die Aktivität des Wasserdampfes gleich seinem durch den Standarddruck P^0 dividierten Partialdruck $P_{H_2O(g)}$ ist

$$a_{H_2O(g)} = P_{H_2O(g)}/P^0 = e^{-(\Delta \bar{G}_v^0/RT)}$$

Wenn flüssiges Wasser vorhanden ist, so daß $a_{H_2O(g)}$ festgelegt ist, können wir diese konstante Aktivität auf die andere Seite der Gleichung für die Gleichgewichtskonstante bringen und sie mit dieser zusammenfassen

$$K_2 = \frac{K_1}{a_{H_2O(g)}} = \frac{a_{CO(g)}}{a_{H_2(g)} \times a_{CO_2(g)}}$$
$$= e^{-(\Delta G_1^0/mol\,RT)} \times e^{+(\Delta \bar{G}_v^0/RT)}$$
$$= e^{-[(\Delta G_1^0 - \Delta G_v^0)/mol\,RT]}$$

Die freien Enthalpien im Exponenten, aus denen K_2 berechnet wird, sind

$$\Delta G_2^0 = \Delta G_1^0 - \Delta G_v^0$$

Wenn Sie diese Werte berechnen würden, würden Sie feststellen, daß ΔG_2^0 einfach die freie Standardenthalpie der Reaktion (16–15) ist, bei der *flüssiges* Wasser an die Stelle des Wasserdampfs getreten ist. Somit können wir uns das, was wir getan haben, so vorstellen, als ob wir die Aktivität des H_2O mit in die Gleichgewichtskonstante einbezogen haben, weil diese Aktivität durch ein Gleichgewicht zwischen dem Dampf und einer kondensierten Phase festgelegt ist. Wir können uns dies aber auch so vorstellen, daß wir die Gleichgewichtskonstante aus Daten über die freien Bildungsenthalpien berechnen, indem wir an Stelle der Gasphase die *kondensierte* Phase verwenden, deren Aktivität wir gleich eins setzen. Beide Verfahren liefern dasselbe Ergebnis. In der Sprache der Mathematiker würden wir sagen, daß jede neue Gleichung, die die Variablen des Problems miteinander verknüpft (wie z. B. eine Gleichgewichtsgleichung zwischen der Flüssigkeit und dem Dampf einer Komponente), die Anzahl der unabhängigen Variablen um eins vermindert.

Beispiel: Wird das Dissoziationsgleichgewicht des H_2S-Gases

$$H_2S \rightleftarrows H_2 + S$$

bei 1000 K durch Druckänderungen beeinflußt? Bei 298 K?

Lösung: Bei 1000 K sind beide Produkte Gase. Für jedes Mol dissoziierten H_2S werden zwei Mole Gas gebildet. (In Wirklichkeit ist dieser Wert kleiner als zwei Mol, was davon abhängt, wieviel S_8 im Schwefeldampf vorhanden ist, aber es sind immer mehr Mole von Produkten als von Ausgangsstoffen vorhanden.) Das Le Chateliersche Prinzip sagt voraus, daß eine Druckerhöhung bei 1000 K die Dissoziation des H_2S behindern wird.

Im Gegensatz dazu ist bei 298 K der größte Teil des Schwefels fest. Der Dampfdruck über dem festen Schwefel wird nicht davon beeinflußt, wieviel H_2S dissoziiert ist, da sich bei einer fortgesetzten H_2S-Dissoziation nur mehr Schwefeldampf zur festen Phase kondensiert. In ähnlicher Weise sublimiert nur mehr fester Schwefel, wenn die Reaktion nach links verläuft; der Dampfdruck des Schwefels bleibt infolgedessen konstant. Bei 298 K ist die Molzahl des Gases vor und nach der Dissoziation des H_2S dieselbe, und somit sagt das Le Chateliersche Prinzip voraus, daß Druckänderungen die Lage des Gleichgewichts nicht beeinflussen werden.

16–6   Zusammenfassung

Wir wissen jetzt, wie wir mit Gleichgewichten umzugehen haben, an denen reine Gase und Gasmischungen sowie reine Festkörper und Flüssigkeiten beteiligt sind. Wir können Gleichgewichtskonstanten entweder aus experimentellen Daten über die Konzentrationen im Gleichgewicht oder aus thermodynamischen Daten über die freien Standardbildungsenthalpien berechnen. Wir können den Bruchteil, α, einer Komponente, der reagiert hat, mit Hilfe der Gleichgewichtskonstante ausdrücken, und wir können berechnen, wieviel von einem Ausgangsstoff unter bestimmten Bedingungen für Temperatur und Gesamtdruck reagieren wird.

Das Le Chateliersche Prinzip faßt das Verhalten von Gleichgewichtssystemen zusammen. Es besagt, daß sich, sobald auf ein System im Gleichgewicht ein Zwang ausgeübt wird, die Gleichgewichtsbedingungen in einer solchen Weise verschieben werden, daß der Zwang vermindert wird: Eine Reaktion, die Wärme aufnimmt (eine endotherme Reaktion), wird durch eine Temperaturerhöhung begünstigt. Eine Reaktion, die zur Abnahme der Gesamtmolzahl eines Gases führt, wird durch eine Erhöhung des Gesamtdrucks begünstigt. Jede Reaktion wird durch die Zufuhr von mehr Produkten behindert und durch die Entfernung ihrer Produkte begünstigt.

Die Triebkraft jeder chemischen Reaktion, ΔG, ist eine Kombination aus dem Bestreben eines chemischen Systems, in den Zustand niedrigster Enthalpie überzugehen und zugleich einen Zustand geringster Ordnung oder größter Entropie einzunehmen. Bei tiefen Temperaturen überwiegt der Einfluß des Enthalpieterms (ΔH) im Ausdruck

$$\Delta G = \Delta H - T\Delta S$$

während bei hohen Temperaturen der Entropieterm immer mehr an Bedeutung gewinnt. Beim Beispiel des SO_3 wirkte die Enthalpie gegen die Dissoziation, während die Entropie sie förderte. Infolgedessen nahm die Neigung zu dissoziieren mit steigender Temperatur zu. Bei anderen Reaktionen kann das Gegenteil der Fall sein. Das heißt, wenn die Produkte eine geringere Entropie als die Reaktionspartner besitzen, werden höhere Temperaturen die Reaktionspartner und nicht die Produkte begünstigen.

Literaturhinweise

A. J. Bard, Chemical Equilibrium, Harper and Row, New York, 1966.
R. E. Dickerson, Molecular Thermodynamics, W. A. Benjamin, Menlo Park, Calif., 1969. Kapitel 5, „Thermodynamik der Phasenumwandlungen und chemischen Reaktionen", enthält eine mehr ins einzelne gehende Beschreibung der Thermodynamik und des Gleichgewichts.

W. Kauzmann, Thermodynamics and Statistics, with Applications to Gases, W.A. Benjamin, Menlo Park, Calif., 1967. Kapitel 5 enthält eine gute Behandlung der Thermodynamik und der Gleichgewichtskonstanten.

I.M. Klotz and *R.M. Rosenberg*, Introduction to Chemical Thermodynamics, W.A. Benjamin, Menlo Park, Calif., 1972, 2nd ed.

B.H. Mahan, Elementary Chemical Thermodynamics, W.A. Benjamin, Menlo Park, Calif., 1964. Kapitel 3, „Der zweite Hauptsatz", enthält eine einfachere Behandlung von Thermodynamik und Gleichgewicht als das Buch von Dickerson, aber keine Anwendungen auf wirkliche Probleme.

L. Nash, ChemThermo: A Statistical Approach to Classical Chemical Thermodynamics, Addison-Wesley, Reading, Mass., 1972.

M.J. Sienko, Chemistry Problems, W.A. Benjamin, Menlo Park, Calif., 1972, 2nd ed. Enthält einige hundert Aufgaben über chemische Gleichgewichte mit Antworten und häufig mit Erklärungen der verwendeten Lösungsmethoden. Benutzt an Stelle der Aufgaben bei konstantem Druck mit Konzentrationsangaben unter Verwendung des Patialdrucks selbst für Gasreaktionen Aufgaben bei konstantem Volumen mit Konzentrationen in mol l^{-1}. Die Betonung liegt auf dem Lösen praktischer Probleme und nicht so sehr auf der thermodynamischen Interpretation des Gleichgewichts.

Fragen

1. In welchem Zusammenhang steht die Gleichgewichtskonstante einer Reaktion mit thermodynamischen Größen? Wie läßt dieser Zusammenhang erkennen, daß die Gleichgewichtskonstante von den Konzentrationen der Reaktionspartner und Produkte unabhängig ist?

2. Was können Sie über die freie Standardenthalpieänderung einer Reaktion aussagen, wenn diese Reaktion spontan verläuft, wenn ihre Ausgangsstoffe und Produkte sich in ihren Standardzuständen befinden? Was können Sie von der Gleichgewichtskonstante dieser Reaktion sagen?
   (*Hinweis:* Was ist der Reaktionsquotient, Q, für Reaktionspartner und Produkte in den Standardzuständen?)

3. Verläuft eine Reaktion unter allen Bedingungen spontan, wenn die Änderung der freien Standardenthalpie negativ ist?

4. Wenn die Wärme, die durch die Verbrennung von Benzin gewonnen werden kann, mehr oder weniger konstant und unabhängig von den Verbrennungsbedingungen ist, warum nimmt dann die Nutzarbeit, die pro Gramm des Treibstoffs gewonnen werden kann, bei der Annäherung an das Gleichgewicht stetig ab? (Sehen Sie sich noch einmal das hydrostatische Analogon aus Abbildung 16–1 an.) Warum ist dies für einen Automotor von untergeordneter Bedeutung?

5. In Kapitel 5 verwendeten wir die Konzentrationen von Reaktionspartnern und Produkten in Partialdrücken (Gase) oder Mol pro Liter (gelöste Stoffe). In diesem Kapitel verwendeten wir stattdessen die Aktivitäten. Welcher Zusammenhang besteht zwischen diesen beiden Ausdrucksweisen, und warum sind die Aktivitäten so nützlich?

6. In welcher Weise vereinfacht die Benutzung von Aktivitäten in den Gleichgewichtsausdrücken die Behandlung von kondensierten Phasen?

7. Warum sind die Tabellen 16–2 und 16–3, die bei der Aufstellung von Ausdrücken für die Gleichgewichtskonstanten hilfreich sind, komplizierter als die Tabellen mit einem ähnlichen Ziel in Abschnitt 5–3? Gibt Ihnen dies einen Hinweis darauf, warum wir in Kapitel 5 so schnell wie möglich von Gasen auf Ionenlösungen übergingen?

8. Wenn Wasserstoff und Iod bei 300 °C miteinander reagieren, dann hängt die Änderung der freien Reaktionsenthalpie von den Konzentrationen (Partialdrücken) von H_2, I_2 und HI ab. Im Gegensatz dazu haben, wenn die Reaktion bei Zimmertemperatur durchgeführt wird, nur die Konzentrationen von H_2 und HI einen Einfluß auf die Änderung der freien Enthalpie der Reaktion. Warum ist das so?

9. Welche Auswirkungen wird eine Druckerhöhung auf die PCl_5-Reaktion nach Gleichung (16–1) haben?

10. Welche Auswirkungen wird eine Temperaturerhöhung auf die PCl_5-Reaktion nach Gleichung (16–1) haben?

11. Was würde Ihrer Meinung nach mit dem Gleichgewicht von Gleichung (16–1) geschehen, wenn Sie (a) Stickstoffgas unter konstantem Druck, (b) Stickstoffgas bei konstantem Volumen oder (c) Chlorgas unter konstantem Druck in die Reaktionsmischung einleiten?

12. Wie beeinflussen das Aufbrechen von Bindungen und das Schaffen von Unordnung die Gleichgewichtsbedingungen für eine chemische Reaktion? Welchen Wert würde die Gleichgewichtskonstante für die Dissoziation von Wasserstoffgasmolekülen in Atome besitzen, wenn die Bindungsenergie der einzig entscheidende Faktor für das Gleichgewicht wären? Welchen Wert würde die Gleichgewichtskonstante für die Wasserstoffdissoziation annehmen, wenn nur der Einfluß der Entropie zur Geltung kommen würde? Erklären Sie mit Hilfe der obigen Antworten und der Beziehung zwischen G, H und S, warum die Dissoziation des Wasserstoffgases bei höheren Temperaturen stärker ausgeprägt ist.

13. Wie kann der Dampfdruck einer Flüssigkeit aus den thermodynamischen Daten in Anhang 2 berechnet werden? Welches Gleichgewicht ist daran beteiligt, und wie helfen uns unsere Konventionen hinsichtlich der Behandlung von kondensierten Phasen bei solchen Berechnungen?

Aufgaben

1. Einem System aus Stickstoff, Wasserstoff und Ammoniak – alles Gase – wird erlaubt, unter einem Gesamtdruck von 5 bar in den Gleichgewichtszustand überzugehen. Die Partialdrücke der drei Gase wurden zu $p_{N_2} = 1$ bar, $p_{H_2} = 2$ bar und $p_{NH_3} = 2$ bar gemessen. Wie groß ist K_{eq} für die Reaktion

$$N_2(g) + 3\,H_2(g) \rightleftarrows 2\,NH_3(g)$$

Wie groß ist K_{eq} für die Reaktion

$$NH_3(g) \rightleftarrows \tfrac{1}{2}N_2(g) + \tfrac{3}{2}H_2(g)$$

2. Dampf reagiert mit Eisen bei 500 °C zu Wasserstoffgas und Fe_3O_4. Geben Sie den

Ausdruck für die Gleichgewichtskonstante unter Verwendung der Mengen (Aktivitäten) der vorhandenen Reaktionspartner und Produkte an.

3. Bei einem Experiment unter einer erhöhten Temperatur wird einer Mischung von SO_2, O_2 und SO_3 gestattet, nach der Reaktion

$$SO_2(g) + \tfrac{1}{2}O_2(g) \rightleftarrows SO_3(g)$$

das Gleichgewicht einzunehmen. Die Partialdrücke der einzelnen Komponenten werden dann zu $p_{SO_2} = 5300$ Pa, $p_{O_2} = 2700$ Pa und $p_{SO_3} = 106\,600$ Pa gemessen. Berechnen Sie den Wert der Gleichgewichtskonstante, K_{eq}, für diese Reaktion so, wie sie geschrieben ist.

4. Für die Reaktion der Salpetersäure mit Schwefelwasserstoff bei 25 °C

$$2H^+(aq) + 2NO_3^-(aq) + 3H_2S(aq) \rightleftarrows 2NO(g) + 4H_2O(l) + 3S(s)$$

ist $K_{eq} = 1 \times 10^{81}$. Vorausgesetzt, daß die Dissoziationskonstante des H_2S gleich 1×10^{-19} und das Löslichkeitsprodukt des CdS gleich 8×10^{-27} ist, läßt sich die Gleichgewichtskonstante der Reaktion

$$3CdS(s) + 8H^+(aq) + 2NO_3^-(aq) \rightleftarrows 2NO(g) + 4H_2O(l) + 3Cd^{2+}(aq) + 3S(s)$$

berechnen. Glauben Sie, daß sich CdS in wäßriger Salpetersäure auflösen wird? Berechnen Sie ΔG für diese Reaktion.

5. Phosphoniumchlorid, PH_4Cl, das selbst bei tiefen Temperaturen instabil ist, dissoziiert in PH_3 und HCl. Wenn sich ein Mol PH_4Cl in einem 5l-Behälter teilweise zersetzt, bestimmen Sie einmal die Gleichgewichtskonstante für die Reaktion

$$PH_4Cl(s) \rightleftarrows PH_3(g) + HCl(g)$$

wenn der Partialdruck des PH_3 5,1 bar ausmacht.

6. Die Dichte von Eis bei 273 K beträgt 0,917 g cm^{-3}, während die Dichte des flüssigen Wassers bei derselben Temperatur einen Wert von 1,00 g cm^{-3} besitzt. Welche Auswirkungen wird eine Druckerhöhung auf den Gefrierpunkt des Wassers haben?

7. Ist die Reaktion

$$2NO(g) + O_2(g) \rightleftarrows 2NO_2(g)$$

endotherm oder exotherm, wenn sie unter Standardbedingungen abläuft? Wird sich K_{eq} bei einer Temperaturerhöhung vergrößern, verkleinern oder unverändert bleiben? Wird K_{eq} bei einer Druckerhöhung zunehmen, abnehmen oder unverändert bleiben? Wird bei Zugabe eines Katalysators K_{eq} größer, kleiner oder unverändert bleiben?

8. Bei 25 °C und 20 bar weist die Reaktion

$$N_2(g) + 3H_2(g) \rightleftarrows 2NH_3(g)$$

ein ΔH von $-92,5$ kJ auf. Wird im Gleichgewichtsfall mehr oder weniger Ammoniak vorhanden sein, wenn die Temperatur auf 300 °C erhöht wird, während der Druck bei 20 bar konstant gehalten wird? Wird im Vergleich zu den Anfangsbedingungen mehr oder weniger Ammoniak im Reaktionsgemisch vorliegen, wenn der Druck auf

30 bar erhöht wird, während die Temperatur auf 25 °C konstant gehalten wird? Wird sich die Menge des vorhandenen Stickstoffgases vermehren oder verringern, wenn die Hälfte des Ammoniaks entfernt wird und dem System erlaubt wird, wieder in den Gleichgewichtszustand zurückzukehren? Welche Auswirkungen wird es auf die ursprüngliche Gleichgewichtsmischung haben, wenn ein Katalysator für die Ammoniaksynthese in das System eingebracht wird?

9. Wenn ein Mol gasförmiges HI bei 225 °C in einen 1 l-Behälter eingeschlossen wird, zersetzt es sich unter Bildung von jeweils 0,182 mol Wasserstoff und Iod

$$2\,HI(g) \;\rightleftarrows\; H_2(g) + I_2(g)$$

Wie groß ist der Wert der Gleichgewichtskonstante, K_{eq}, bei 225 °C? Berechnen Sie die Änderung der freien Standardenthalpie, ΔG^0, für die Reaktion bei 225 °C. Berechnen Sie aus den Daten in Anhang 2 die Änderung der freien Standardenthalpie und die Gleichgewichtskonstante bei 25 °C. Wie kommt es zu dem Unterschied zwischen den Werten bei 25 °C und 225 °C?

10. Wie groß ist die Änderung der Standardenthalpie der Reaktion

$$2\,NO_2(g) \;\rightleftarrows\; N_2O_4(g)$$

bei 298 K? Berechnen Sie die Gleichgewichtskonstante dieser Reaktion. In welcher Weise wird der Umfang der Umwandlung von NO_2 zu N_2O_4 durch eine Temperaturerhöhung beeinflußt? Durch eine Druckerhöhung? Durch eine Vergrößerung des Volumens bei konstanter Temperatur? Festes Na_2O reagiert mit NO_2 unter Bildung von $NaNO_3$, aber reagiert nicht mit N_2O_4. Welche Auswirkungen hat es auf den Umfang der Umwandlung von NO_2 zu N_2O_4, wenn Na_2O in die Reaktionsmischung eingebracht wird? Welche Wirkung hat dies auf K_{eq}?

11. Bei einer bestimmten Temperatur, T, und einem Gesamtdruck von 2,02 bar ist Phosphorpentachlorid zu 75,0 % dissoziiert

$$PCl_5(g) \;\rightleftarrows\; PCl_3(g) + Cl_2(g)$$

Wie groß ist K_{eq} bei dieser Temperatur? Wie groß ist K_{eq} bei 298 K? Meinen Sie, daß die Temperatur T größer oder kleiner als 298 K ist? Auf welche Beweisstücke gründen Sie Ihre Meinung?

12. Berechnen Sie aus den Daten in Anhang 2 die freie Standardenthalpie der Reaktion

$$CH_3COOH(aq) \;\rightleftarrows\; H^+(aq) + CH_3COO^-(aq)$$

Benutzen Sie diesen Wert zur Berechnung von K_{eq} für die Reaktion. Vergleichen Sie Ihren Wert mit dem aus Tabelle 5–4.

13. Berechnen Sie mit Hilfe der Daten in Anhang 2 die Dissoziationskonstante für Ameisensäure in wäßriger Lösung. Vergleichen Sie Ihr Ergebnis mit dem Wert aus Tabelle 5–4. Wie groß ist der pH-Wert einer 0,075-molaren Lösung von Ameisensäure?

14. Metacresol (das wir HCre schreiben werden) ist eine schwache organische Säure mit $K_{eq} = 1,0 \times 10^{-10}$. Geben Sie den Ausdruck für die Gleichgewichtskonstante dieses Prozesses an. Wie groß ist die Konzentration des Cre^--Ions in einer 1,00-molaren

Lösung von Metacresol in Wasser? Wie groß ist der pH-Wert dieser Lösung? Wie groß ist die Änderung der freien Standardenthalpie der Metacresol-Dissoziationsreaktion in wäßriger Lösung?

15. Hydrazin ist eine schwache Base, die in Wasser nach der Gleichung

$$N_2H_4 + H_2O \ \rightleftarrows \ N_2H_5^+ + HO^-$$

dissoziiert. Die Gleichgewichtskonstante für diese Reaktion hat bei 25 °C einen Wert von $2,0 \times 10^{-6}$, und die molare freie Standardenthalpie des undissoziierten Hydrazins in wäßriger Lösung beträgt 127,95 kJ mol^{-1}. Berechnen Sie, indem Sie sich daran erinnern, daß dem hydratisierten H$^+$-Ion (nach Konvention) eine molare freie Standardenthalpie von 0,00 kJ mol^{-1} zugeschrieben wird, die molare freie Standardenthalpie des Hydrazinium-Ions.

16. Die Löslichkeit von Kaliumchlorid in Wasser beträgt bei 20 °C 347 g l^{-1} und bei 1000 °C 802 g l^{-1}. Berechnen Sie das Löslichkeitsprodukt, K_{lp}, des KCl bei jeder Temperatur. Berechnen Sie mit Hilfe einer Gibbs-Helmholtz-Auftragung wie in Abbildung 16–3 die Lösungswärme des KCl. Verläuft der Auflösungsprozeß exotherm oder endotherm?

17. Bei 25 °C hat ΔH^0 für die Reaktion

$$PCl_5(g) \ \rightleftarrows \ PCl_3(g) + Cl_2(g)$$

einen Wert von 92,65 kJ. Eine Gleichgewichtsmischung von PCl$_5$(g), PCl$_3$(g) und Cl$_2$(g) wird verschiedenen Operationen (a–e) unterworfen. Bestimmen Sie für jede dieser Operationen, ob sich die Lage des Gleichgewichts nach rechts oder nach links verschiebt oder ob sie unverändert bleibt. Bestimmen Sie ferner, ob der Wert der Gleichgewichtskonstante zunimmt, abnimmt oder derselbe bleibt:
(a) Ein Katalysator wird zugesetzt.
(b) Das Volumen des Behälters wird verkleinert.
(c) Cl$_2$(g) wird zugesetzt.
(d) Die Temperatur wird erhöht.
(e) Ein inertes ideales Gas wird zugesetzt.

18. Leiten Sie einen Ausdruck für den Dissoziationsgrad, α, des PCl$_5$(g) als eine Funktion des Gesamtdrucks des Systems ab. Welcher Bruchteil des PCl$_5$(g) wird bei 1 bar und 25 °C dissoziiert sein?

19. Wenn 0,50 g N$_2$O$_4$ bei 25 °C in einem 2 l-Behälter verdampft werden, läuft die Reaktion

$$N_2O_4(g) \ \rightleftarrows \ 2NO_2(g)$$

ab. Berechnen Sie den vom N$_2$O$_4$ ausgeübten Partialdruck. K_{eq} hat für diese Reaktion bei 25 °C einen Wert von 0,114.

Ich denke, daß ich mich nicht selbst täuschen kann, wenn
ich die Lehre von der definierten elektrochemischen Wirkung für äußerst wichtig halte.

Michael Faraday (1834)

17 Oxidations-Reduktions-Gleichgewichte und Elektrochemie

Die gegenwärtigen Marktpreise für alte griechische Münzen werden nicht nur durch den
Wert des in ihnen enthaltenen Goldes, Silbers oder Kupfers bestimmt, noch allein durch
die relative Seltenheit der einzelnen Prägungen. Eine Goldmünze des Croesus oder eine
silberne Tetradrachme Alexanders des Großen können 2500 Jahre nach ihrer Prägung
Miniaturkunstwerke sein, deren Erhaltungszustand ihrem Alter keineswegs zu entsprechen scheint. Im Gegensatz dazu ist eine typische Bronze- oder Kupfermünze aus derselben Zeit korrodiert, von Löchern zerfressen und häßlich, besonders dann, wenn sie
über lange Zeiten der Nässe ausgesetzt war oder in feuchter Erde gelegen hatte. Warum
korrodiert Kupfer, wogegen Gold und Silber dies nicht tun? Die Antwort liegt in den
unterschiedlichen Affinitäten der drei Metalle für ihre Elektronen.

Unter gewissen Umständen macht es großen Kummer, wenn man sowohl Goldguß-
füllungen als auch Silberamalgamplomben in seinen Zähnen hat. Jedesmal, wenn man
zubeißt und dabei die beiden Metalle miteinander in Berührung bringt, erhält man einen
Schock, der das Essen recht unangenehm machen kann. Woher kommt dieser Schock?
Wieder ist dies eine Sache der unterschiedlichen Affinitäten der Substanzen für Elektronen und des Übergehens von Elektronen aus Bereichen, in denen sie nicht besonders
erwünscht sind, in Bereiche, in denen sie sehr begehrt sind.

In diesem Kapitel werden wir Methoden diskutieren, mit deren Hilfe wir chemische
Reaktionen in zwei physikalisch unterschiedliche Teile zerlegen können: in einen, der
leicht Elektronen abgibt, und einen, der sie bereitwillig aufnimmt. Wenn wir diese
Elektronen fangen könnten, während sie „bergab" fließen (um ein Analogon mit der
Schwerkraft zu verwenden), könnten wir vielleicht diesen Elektronenfluß dazu benutzen,
äußere Arbeit zu verrichten. Dies ist das Prinzip der *galvanischen Zelle*. Wenn wir darüber hinaus Wege finden könnten, die Elektronen aus Bereichen, in denen sie erwünscht
sind, „bergauf" in Bereiche zu überführen, in denen sie unerwünscht sind, dann könnten
wir damit entweder die Energie speichern, die dazu erforderlich ist, oder wir könnten
dadurch chemische Reaktionen in Gang sezten, die normalerweise nicht spontan ablaufen. Dies ist das Prinzip der *elektrolytischen Zelle*.

Wie im vorangehenden Kapitel werden wir uns auch hier wieder für die Begriffe Spontaneität und Gleichgewicht interessieren. Nur werden wir diesmal zur Spontaneität eine neue Dimension zugefügt haben, die des Elektronenflusses.

17–1   Die Nutzbarmachung spontaner Reaktionen

Wenn wir eine mit Wasserstoffgas gefüllte Stahlflasche, in der ein Druck von zehn Bar herrscht, öffnen und dem Gas damit gestatten zu entweichen, dann wird es dies spontan tun. Bei diesem Experiment gewinnen wir keine Nutzarbeit. Wenn wir jedoch das Austrittsrohr mit einem Plastikbeutel oder einem Kolben in einem Druckzylinder verbinden, können wir mit Hilfe des ausströmenden Gases Gewichte heben, oder wir können, wenn wir eine Windmühle in den Weg des ausströmenden Gases stellen, die im Gas gespeicherte Energie in mechanische Arbeit umwandeln (Abbildung 17–1). Die Gesamtreaktion dabei ist

$$H_2(g, 10\,bar) \rightarrow H_2(g, 1\,bar)$$

Nach Kapitel 15 erhalten wir für die maximal zu gewinnende freie Enthalpie pro Mol H_2

$$\begin{aligned}
\Delta \bar{G} &= \Delta \bar{G}^0 + RT \ln(p_2/p_1) \\
&= 0 \quad + RT \ln(1\,bar/10\,bar) \\
&= -RT \ln 10 \\
&= -5{,}711\,kJ\,mol^{-1}
\end{aligned}$$

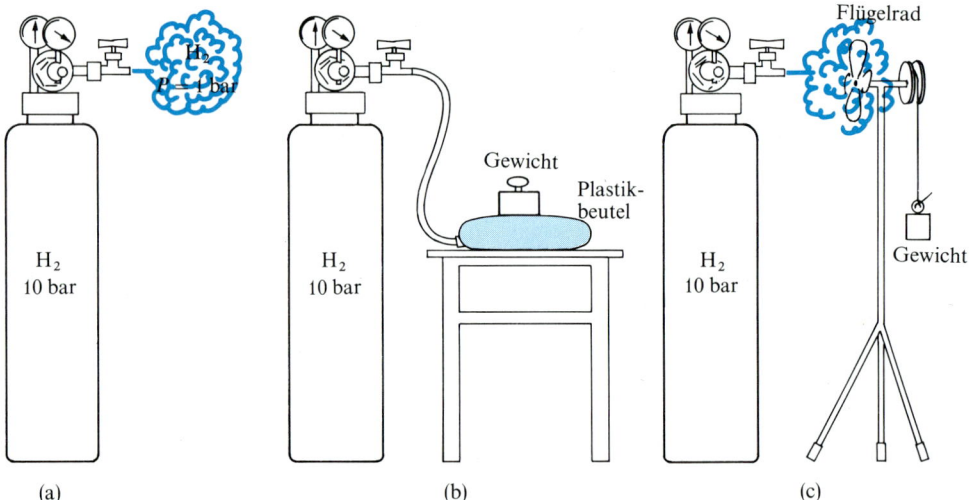

Abbildung 17–1   Nichtproduktive und produktive Verwendung der freien Enthalpie, die in Wasserstoffgas unter einem Druck von 10 bar gespeichert ist. (a) Expansion auf 1 bar mit dem Verlust der Energie. (b) Die Ausnutzung eines Teils der zur Verfügung stehenden Energie zum Anheben eines Gewichts durch Aufblasen eines Plastikbeutels. (c) Die Ausnutzung eines Teils der freien Enthalpie zum Anheben eines Gewichtes durch das Antreiben eines Flügelrades oder einer Windmühle.

(Die Änderung der molaren freien Standardenthalpie, $\Delta \bar{G}^0$, für die Reaktion $H_2(g) \rightarrow H_2(g)$ ist offensichtlich gleich null.) Diese Abnahme der molaren freien Enthalpie um 5,711 kJ mol^{-1} stellt die *Maximal*arbeit dar, die wir erhalten, wenn der Prozeß *reversibel* durchgeführt wird, was eine unpraktische obere Grenze darstellt, da der Prozeß dann unendlich lange dauern würde. Für jeden realen, spontanen, in endlicher Zeit ablaufenden Prozeß wird eine Energie von etwas weniger als 5,711 kJ mol^{-1} für die Nutzarbeit zur Verfügung stehen.

Es gibt eine andere Methode, nach der wir uns die freie Enthalpie des entweichenden Gases nutzbar machen können, die sogenannte Druckzelle (Abbildung 17–2). Obwohl diese Druckzelle ein recht künstliches Gerät zu sein scheint, wird sie uns direkt zu anderen Arten von chemischen Zellen führen. Die in Abbildung 17–2 gezeigte Druckzelle

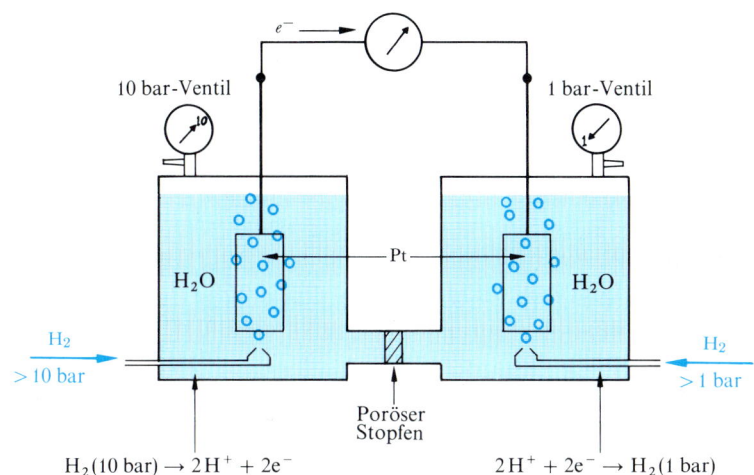

Abbildung 17–2 Eine Wasserstoff-Druckzelle zur Umwandlung der freien Enthalpie der Expansion von H_2 unter einem Druck von 10 bar in nutzbare Arbeit: Zwei Platinelektroden werden in reines Wasser getaucht (Wasserstoffionenkonzentration 10^{-7} mol l^{-1}), das sich in zwei Tanks befindet, die über ein Rohr miteinander verbunden sind, das durch einen porösen Stopfen verschlossen ist. Dieser poröse Stopfen erlaubt es, einen Druckunterschied auf seinen beiden Seiten aufrechtzuerhalten, während Ionen durch ihn hindurchgehen können. Wasserstoffgas wird über jede Elektrode geperlt, wobei Reduzierventile und Druckregler den H_2-Druck im linken Tank auf 10 bar und im rechten Tank auf 1 bar aufrechterhalten. Beim Betrieb der Druckzelle laufen spontan die folgenden Reaktionen ab:

Linker Tank:	$H_2(g, 10\ bar) \rightleftarrows 2H^+ + 2e^-$
Rechter Tank:	$2H^+ + 2e^- \rightleftarrows H_2(g, 1\ bar)$
Insgesamt:	$H_2(g, 10\ bar) \rightleftarrows H_2(g, 1\ bar)$

Die bei der Reaktion im linken Tank gebildeten Elektronen fließen durch den äußeren Stromkreis zur rechten Elektrode, wo sie zur Reaktion mit den Wasserstoffionen gebraucht werden. (Der Kreis mit dem Zeiger im äußeren elektrischen Stromkreis symbolisiert irgendein Strommeßgerät oder eine Arbeit erzeugende Maschine.) Hydroxidionen diffundieren langsam durch den porösen Stopfen von rechts nach links, um die elektrische Neutralität aufrechtzuerhalten, und schließen sich mit den im linken Tank gebildeten Protonen zusammen.

führt dieselbe Reaktion in zwei Schritten aus: Im linken Behälter wird Wasserstoffgas unter 10 bar in Protonen und Elektronen zerlegt, während im rechten Behälter Wasserstoffgas unter 1 bar aus Protonen und Elektronen zusammengesetzt wird. Dabei lautet die Gesamtreaktion immer noch

$$H_2(g, 10\,bar) \longrightarrow H_2(g, 1\,bar)$$

und auch der gesamte Gewinn an freier Enthalpie muß ebenfalls unverändert bleiben.

Da an der linken Elektrode ein Überschuß von Elektronen erzeugt wird und die Reaktion an der rechten Elektrode ohne Elektronen nicht ablaufen kann, tritt ein Elektronenfluß von links nach rechts ein, wenn die beiden Anschlußklemmen mit einem Draht verbunden werden. (Dieser Vorgang ist dem Öffnen des Ventils an einem mit komprimiertem Gas gefüllten Behälter analog: Gas unter hohem Druck wird zu Gas unter niedrigem Druck umgewandelt, ohne Nutzarbeit zu leisten.) Dieses Bestreben der Elektronen, durch den Draht zu fließen, oder dieser „Elektronendruck" wird durch eine Spannungsdifferenz zwischen den Klemmen gemessen. Wenn wir die Elektronen am Fließen hindern wollen, müssen wir eine Gegenspannung an die Klemmen legen, die der von der Druckzelle entwickelten Spannung entgegengesetzt gleich ist. Andererseits können wir diesen „Elektronendruck" dazu verwenden, irgendeine nützliche Arbeit zu verrichten (das Druckzellen-Analogon zum Anheben von Gewichten mit Hilfe einer Windmühle). Wenn wir dies mit Hilfe der Triebkraft für das Leisten von Arbeit ausdrücken, können wir sagen, daß der Druck des komprimierten Wasserstoffgases in eine Spannungsdifferenz zwischen einer elektronenreichen Klemme und einer elektronenarmen Klemme umgewandelt wurde. Für diese spezielle Zelle, die wir hier betrachten, ist die Spannung recht gering: 0,0296 Volt (V) oder 29,6 Millivolt (mV). Somit ist dies keine besonders brauchbare Art von Zelle, was die praktische Anwendung betrifft.

Die Druckzelle zerlegt die Gesamtreaktion in zwei Teile: Oxidation und Reduktion. Im linken Behälter wird das H_2-Molekül zu H^+ oxidiert, wobei es Elektronen verliert, während im rechten Behälter H^+ zu H_2 reduziert wird, wobei es Elektronen aufnimmt. Die beiden Klemmen oder Elektroden werden dementsprechend benannt, ob – von außen auf das System gesehen – Elektronen in sie hinein- oder aus ihnen herausfließen. Elektronen fließen während der Reduktion von der rechten Elektrode in die Lösung hinein (wobei entweder aus einer neutralen Substanz ein negatives Ion gebildet wird oder sich ein positives Ion mit Elektronen verbindet und neutralisiert wird), daher wird diese Elektrode als die *Kathode* bezeichnet. (*Kata-* hat die Bedeutung „fort von", wie in „Katapult".) Umgekehrt gehen während der Oxidation Elektronen aus der Lösung in die linke Elektrode über, die infolgedessen als *Anode* bezeichnet wird. (*Ana-* bedeutet „zurück". Für diejenigen unter uns, für die Griechisch keine zweite Muttersprache ist, dürfte es sicher leichter sein, sich zu merken, das „Anode" und „Oxidation" mit einem Vokal beginnen, während die ersten Buchstaben von „Kathode" und „Reduktion" Konsonanten sind.)

Konzentrationszellen

Die Druckzelle ist eine Art Konzentrationszelle. Sie kann einen äußeren Elektronenfluß erzeugen, weil die Konzentrationen des H_2-Gases in den beiden Elektronenkammern unterschiedlich sind. Wir können unter Verwendung von Cu und $CuSO_4$ eine ähnliche Konzentrationszelle herstellen. Wenn zwei Lösungen mit unterschiedlichen Konzentrationen von Kupfersulfat miteinander in Berührung gebracht werden, werden sie sich spontan vermischen (Abbildung 17–3a). Wir können diese spontane Reaktion nutzbar machen, indem wir eine Zelle, wie die in Abbildung 17–3b gezeigte, herstellen. In der linken Kammer mit einer verdünnten Lösung wird die Kupferelektrode langsam auf-

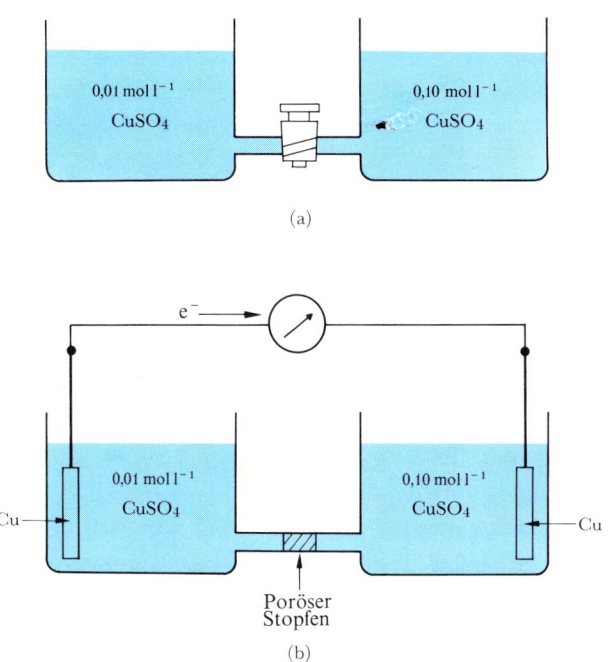

Abbildung 17–3 Eine Kupfersulfat-Konzentrationszelle. (a) Wenn der die beiden Tanks verbindende Hahn geöffnet wird, vermischen sich die konzentrierte und die verdünnte Lösung, ohne daß sie irgendwelche nutzbare Arbeit liefern. (b) Eine Konzentrationszelle zur Umwandlung der freien Enthalpie, die im Konzentrationsgefälle enthalten ist, in nutzbare Arbeit: Zwei Kupferelektroden werden in die 0,01-molare und 0,10-molare Lösungen von $CuSO_4$ eingetaucht, die über einen porösen Stopfen miteinander verbunden sind, der einen Ionenfluß ohne Vermischung der beiden Lösungen zuläßt. Die folgenden Reaktionen verlaufen beim Schließen des äußeren Stromkreises spontan:

$$
\begin{array}{ll}
\text{Linke Kammer:} & \mathrm{Cu(s)} \rightleftarrows \mathrm{Cu}^{2+}(0{,}01\ \mathrm{mol\,l}^{-1}) + 2\,\mathrm{e}^- \\
\text{Rechte Kammer:} & \mathrm{Cu}^{2+}(0{,}10\ \mathrm{mol\,l}^{-1}) + 2\,\mathrm{e}^- \rightleftarrows \mathrm{Cu(s)} \\
\hline
\text{Insgesamt:} & \mathrm{Cu}^{2+}(0{,}10\ \mathrm{mol\,l}^{-1}) \rightleftarrows \mathrm{Cu}^{2+}(0{,}01\ \mathrm{mol\,l}^{-1})
\end{array}
$$

Die in der linken Kammer gebildeten Elektronen fließen durch den äußeren Stromkreis nach rechts, wo sie mit den Kupferionen reagieren. Die Konzentration der Lösung in der linken Kammer nimmt dabei allmählich zu, während die in der rechten Kammer entsprechend abnimmt. Wenn die Konzentrationen gleich groß geworden sind, erfolgt kein Elektronenstrom mehr.

gefressen, während das Kupfer zu weiteren Cu^{2+}-Ionen oxidiert wird. Infolgedessen ist die linke Elektrode die Anode, die einen Überschuß von Elektronen ansammelt. In der rechten Kammer mit einer hohen Cu^{2+}-Konzentration werden einige von diesen Kupferionen reduziert, und es wird sich Cu auf der Kupferkathode abscheiden. Wenn jetzt die beiden Elektroden verbunden werden, werden Elektronen von links nach rechts fließen, während Sulfationen durch den porösen Stopfen diffundieren werden, um die elektrische Neutralität der Lösung aufrechtzuerhalten. Das Ergebnis dieses ganzen Vorgangs ist, daß in der linken Kammer mit der verdünnten Lösung die Konzentration des $CuSO_4$ ansteigt, während sie in der rechten Kammer mit der konzentrierten Lösung abnimmt, genauso, wie es beim freien Mischungsprozeß auch der Fall wäre. Wenn in beiden Kammern die gleiche Konzentration erreicht ist, hört der Elektronenfluß auf.

Die Gesamtreaktion

$$Cu^{2+}(0,10 \, mol\,l^{-1}) \rightarrow Cu^{2+}(0,01 \, mol\,l^{-1})$$

weist eine Änderung der molaren freien Enthalpie auf, die nach der Beziehung

$$\Delta \bar{G} = \Delta \bar{G}^0 + RT \ln(c_2/c_1)$$

berechnet werden kann, wobei c_2 die Endkonzentration und c_1 die Anfangskonzentration der Cu^{2+}-Ionen in $mol\,l^{-1}$ sind. Für das vorliegende Beispiel erhalten wir danach

$$\Delta \bar{G} = 0 \ + RT \ln(0,01/0,10)$$
$$= -5,711 \, kJ\,mol^{-1}$$

Die Änderung der molaren freien Enthalpie ist in diesem Fall dieselbe wie für die H_2-Druckzelle, da das Verhältnis der Konzentrationen in beiden Fällen dasselbe ist. Wenn die Reaktion fortschreitet und sich die Konzentrationen immer mehr angleichen, nimmt die molare freie Reaktionsenthalpie ständig ab. (Eine bestimmte Masse Wasser, die von einem zwei Meter hohen Damm herabfällt, kann nicht soviel Arbeit leisten wie dieselbe Masse Wasser, die von einem zwanzig Meter hohen Damm herabfällt; siehe Abbildung 16–1.) Die Anfangsspannung oder Anfangspotentialdifferenz zwischen den Elektroden ist wie bei der H_2-Druckzelle gleich 29,6 mV und nimmt allmählich auf null ab, wenn sich die Cu^{2+}-Konzentrationen in den beiden Kammern immer mehr angleichen und die Zelle entladen wird.

17–2   Elektrochemische Zellen

Die beiden in einer elektrochemischen Zelle ablaufenden Reaktionen brauchen nicht Umkehrungen der jeweils anderen Reaktion zu sein, um eine brauchbare Zelle zu ergeben. Alles, was zum Aufbau einer solchen Zelle erforderlich ist, sind zwei Substanzen mit stark unterschiedlichem Bestreben, Elektronen aufzunehmen oder abzugeben. Dieser Unterschied in der Affinität für Elektronen kann dann zur Leistung von Nutzarbeit verwendet werden.

Zink und Kupfer: Das Daniell-Element

Wenn ein Stück leicht verunreinigten Zinks in eine Lösung von Kupfersulfat gelegt wird, werden sich in ihm mit der Zeit Löcher bilden, und es wird immer mehr zerfressen. Zur gleichen Zeit wird auf der Zinkoberfläche Kupfer als ein schwammiger, brauner Überzug abgeschieden, und die charakteristische blaue Farbe der Kupfersulfatlösung

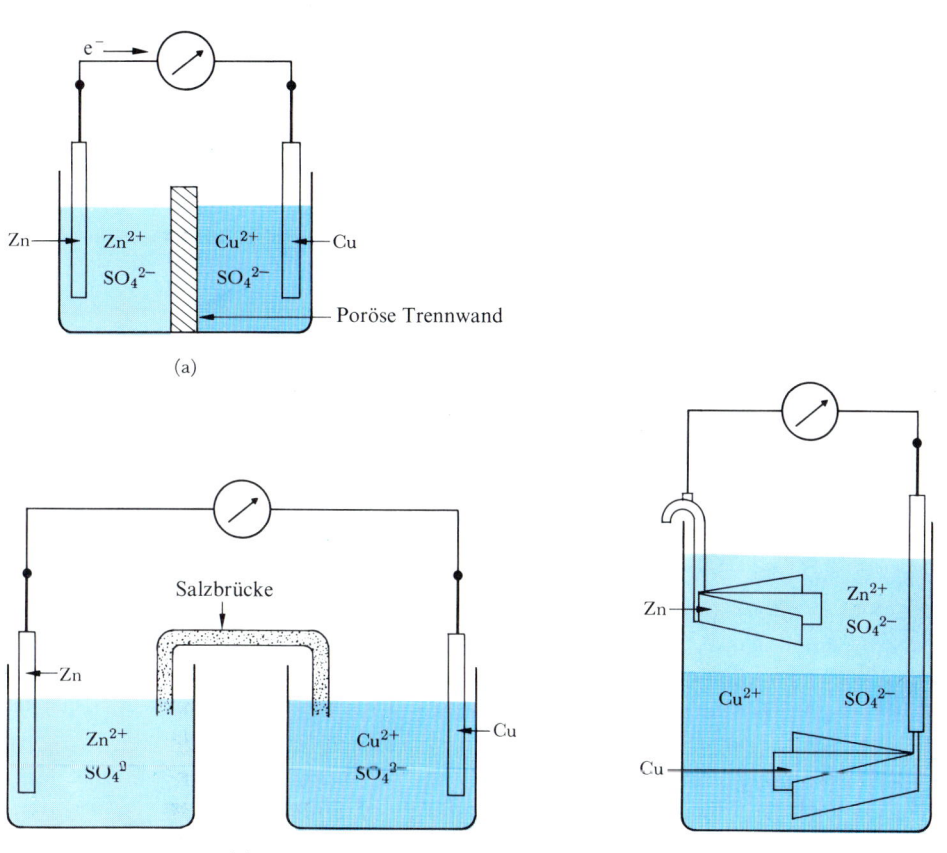

(a)

(b)

(c)

Abbildung 17–4 Drei Versionen einer einfachen Zink-Kupfer-Zelle. In jedem Fall ist die Oxidationsreaktion an der Anode auf der linken Seite

$$Zn(s) \rightleftarrows Zn^{2+} + 2e^-$$

und die Reduktionsreaktion an der Kathode auf der rechten Seite

$$Cu^{2+} + 2e^- \rightleftarrows Cu(s)$$

Die Zinkanode wird aufgezehrt, während sich an der Kathode Kupfer abscheidet. Wenn $ZnSO_4$ und $CuSO_4$ in 1-molaren Konzentrationen vorliegen, dann entwickelt diese Zelle eine elektromotorische Kraft (EMK) oder eine Spannung von $+1{,}10$ V. (a) Die beiden Lösungen werden durch eine poröse Trennwand voneinander getrennt. (b) Die Lösungen werden durch eine Salzbrücke voneinander getrennt. (c) In einem Daniell-Element werden die Lösungen durch die Schwerkraft voneinander getrennt, wobei man die unterschiedlichen Dichten der Lösungen ausnutzt.

wird allmählich verschwinden. Das Zink ersetzt spontan die Kupferionen in der Lösung durch die Reaktion

$$Zn(s) + Cu^{2+} \rightleftarrows Zn^{2+} + Cu(s)$$

da die Kupferionen in Lösung eine größere Elektronenaffinität als die Zinkionen besitzen.

Nutzarbeit können wir gewinnen, wenn wir diese beiden Stoffe in einer einfachen Zelle voneinander trennen, wie in Abbildung 17–4a gezeigt ist: Zink wird spontan an der Anode (links) oxidiert, während die Kupferionen zum Metall reduziert werden, das sich auf der Kathode (rechts) abscheidet. Die Elektronen fließen durch den äußeren Schaltkreis von der Anode zur Kathode, wobei sich ein Potentialunterschied von 1,10 V aufbaut, wenn beide Lösungen jeweils 1-molar sind. Anionen diffundieren durch die poröse Trennwand nach links, um die elektrische Neutralität der Lösung aufrechtzuerhalten.

Mit ein wenig Nachdenken sollte es klar werden, daß weder das $ZnSO_4$ noch der Kupferstab bei dieser Zelle eine wesentliche Rolle spielen: Metallisches Kupfer wird sich an der Kathode auf jeden anderen guten Leiter, wie z. B. einen Platindraht, abscheiden, während die Zinksulfatlösung in der Anodenkammer durch irgendeine andere leitende Salzlösung ersetzt werden kann, die nicht selbst mit der Zinkanode reagiert, wie z. B. durch eine Natriumchloridlösung.

Die poröse Trennwand besitzt einen relativ hohen Widerstand gegen die Ionendiffusion und bewirkt infolgedessen einen relativ hohen elektrischen Widerstand der Zelle, der den Strom herabsetzt, der der Zelle entnommen werden kann. Eine bessere Methode ist es, beim Aufbau der Zelle an Stelle dieser Trennwand eine sogenannte Salzbrücke zu verwenden, die aus einem gläsernen U-Rohr besteht, das einen mit Agar-Agar oder Gelatine vermischten Elektrolyten, wie z. B. KNO_3, enthält, der durch den Gelatinezusatz im Rohr festgehalten wird (Abbildung 17–4b).

Der beste Aufbau für eine Zelle, die nicht bewegt wird, ist der, bei dem die Schwerkraft die Lösungen voneinander trennt, so daß keine innere Trennwand mehr benötigt wird (Abbildung 17–4c). Bei dieser Zelle wird eine konzentrierte, dichtere Kupfersulfatlösung sorgfältig mit einer verdünnten, nicht so dichten Zinksulfatlösung überschichtet. Bei Fehlen jedweder Bewegung oder Erschütterung arbeitet die Zelle recht gut. Ihr sehr geringer Innenwiderstand erlaubt es, ihr große Ströme zu entnehmen. Dieses Daniell-Element wurde einst in großem Umfang als stationäre Stromquelle in Telegraphenbüros und für Haushaltsanwendungen, z. B. zum Betreiben von Türklingeln, eingesetzt.

Die Wasserstoffelektrode

Andere Metallkombinationen können in einer Zelle verwendet werden, die ähnlich der in Abbildung 17–4b gezeigten Zelle aufgebaut sind. Wenn die Metalle Nickel und Kupfer sind, wird Nickel an der Anode oxidiert, werden Cu^{2+}-Ionen an der Kathode reduziert, und die Zelle besitzt eine Spannung oder elektromotorische Kraft (EMK) von 0,57 V. Wenn Zink und Nickel verwendet werden, wird Zink oxidiert, während die Ni^{2+}-Ionen reduziert werden, wobei die EMK der Zelle 0,53 V beträgt (vorausgesetzt, daß die Ionenkonzentration in der Elektrolytlösung 1-molar ist). Beachten Sie, daß die EMKs der

Zellen in derselben Weise wie die Reaktionen additiv sind, was sich, wie wir in Abschnitt 17–3 noch sehen werden, auf Grund des Zusammenhanges zwischen der EMK und der freien Enthalpie leicht erklären läßt

$$
\begin{array}{ll}
\mathrm{Ni} + \mathrm{Cu}^{2+} \rightleftarrows \mathrm{Ni}^{2+} + \mathrm{Cu} & U^0 = +0,57\,\mathrm{V} \\
\mathrm{Zn} + \mathrm{Ni}^{2+} \rightleftarrows \mathrm{Zn}^{2+} + \mathrm{Ni} & U^0 = +0,53\,\mathrm{V} \\
\hline
\mathrm{Zn} + \mathrm{Cu}^{2+} \rightleftarrows \mathrm{Zn}^{2+} + \mathrm{Cu} & U^0 = +1,10\,\mathrm{V}
\end{array}
$$

Die Summe dieser beiden Zellenreaktionen ist die Zn-Cu-Reaktion des Daniell-Elements, und die Summe der beiden Zellenpotentiale ergibt die EMK des Daniell-Elements. (Weitere Schlußfolgerungen aus diesen Beobachtungen werden wir, wie schon gesagt, später ziehen.) Das Symbol U^0 mit dem Exponenten null kennzeichnet ein *Standard-potential*, bei dem alle miteinander reagierenden Ionen in 1-molaren Konzentrationen bei einer Temperatur von 298 K vorliegen. Das positive Vorzeichen der EMK bedeutet, daß die Zellengleichung so, wie sie geschrieben ist, spontan von links nach rechts abläuft. (Da sich konzentrierte Lösungen nicht ideal verhalten, sollte die *Aktivität* oder die „effektive Konzentration" an Stelle der Molarität verwendet werden. Tatsächlich werden die Standardpotentiale auch bei der Aktivität eins und nicht bei der Molarität eins definiert. Da unser Ziel aber ein Verständnis der grundlegenden Prinzipien und nicht der Labortechniken ist, wollen wir in diesem Kapitel den Unterschied zwischen Aktivität und Molarität unbeachtet lassen.)

An einer Elektrodenreaktion braucht nicht immer ein Metall beteiligt zu sein; Metalle sind bloß Stoffe, die man besonders leicht formen und bearbeiten kann. Die Abbildung 17–5 zeigt eine Zelle, in der die Kathodenreaktion die Freisetzung von Wasserstoffgas ist

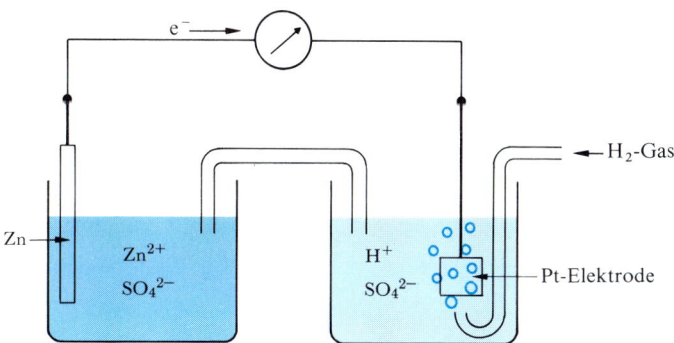

Abbildung 17–5   Zelle mit einer Wasserstoffelektrode. Die beiden Zellenreaktionen sind

Anode:	$\mathrm{Zn(s)} \rightleftarrows \mathrm{Zn}^{2+} + 2\,\mathrm{e}^-$
Kathode:	$2\,\mathrm{H}^+ + 2\,\mathrm{e}^- \rightleftarrows \mathrm{H}_2(\mathrm{g})$
Insgesamt:	$\mathrm{Zn(s)} + 2\,\mathrm{H}^+ \rightleftarrows \mathrm{Zn}^{2+} + \mathrm{H}_2(\mathrm{g})$

Dieselbe Gesamtreaktion könnte man weniger produktiv dadurch erhalten, daß man einen Zink-streifen in Schwefelsäure taucht. Das Metall würde aufgezehrt werden (wie auch an der Anode dieser Zelle), und Bläschen von Wasserstoffgas würden aus der Lösung aufsteigen (wie an der Kathode).

$$2H^+ + 2e^- \; \rightleftarrows \; H_2(g)$$

Für eine Zelle mit der Gesamtreaktion

$$Zn(s) + 2H^+ \; \rightleftarrows \; Zn^{2+} + H_2(g)$$

beträgt die Standard-EMK $+0{,}76\,V$. Wenn die Zn-Anode durch Cu und das $ZnSO_4$ durch $CuSO_4$ ersetzt werden, werden in dieser Zelle die Elektronen in die andere Richtung fließen, von rechts nach links, da die Kupferionen für Elektronen eine größere Affinität besitzen als die Wasserstoffionen. Kupferionen werden also spontan an der linken Elektrode reduziert, die infolgedessen zur Kathode der Zelle wird

$$\text{Kathode: } Cu^{2+} + 2e^- \; \rightleftarrows \; Cu(s)$$

An der Anode auf der rechten Seite wird dann Wasserstoffgas zu Wasserstoffionen oxidiert

$$\text{Anode: } H_2(g) \; \rightleftarrows \; 2H^+ + 2e^-$$

Die spontane Gesamtreaktion lautet damit

$$Cu^{2+} + H_2(g) \; \rightleftarrows \; Cu(s) + 2H^+$$

und das Standardpotential dieser Zelle beträgt $U^0 = +0{,}34\,V$. Beachten Sie wieder die Additivität der Zellenpotentiale: Diese beiden Reaktionen mit der Wasserstoffelektrode können wieder zur Reaktion des Daniell-Elements addiert werden, und die Summe ihrer EMKs ist gleich der EMK des Daniell-Elements

$$
\begin{array}{ll}
Zn(s) + 2H^+ \; \rightleftarrows \; Zn^{2+} + H_2(g) & U^0 = +0.76\,V \\
Cu^{2+} + H_2(g) \; \rightleftarrows \; Cu(s) + 2H^+ & U^0 = +0.34\,V \\
\hline
Zn(s) + Cu^{2+} \; \rightleftarrows \; Zn^{2+} + Cu(s) & U^0 = +1.10\,V
\end{array}
$$

Das Trockenelement

Jede Zelle, an deren Aufbau Flüssigkeiten beteiligt sind, wird schwierig oder gar unmöglich zu verwenden sein, wenn sie Bewegungen ausgesetzt ist. (Stellen Sie sich einmal eine Taschenlampe vor, die mit einem Daniell-Element betrieben wird!) Das in Abbildung 17–6 gezeigte „Trockenelement" ist besonders praktisch, weil alle seine Bestandteile entweder fest oder feuchte Pasten sind, die fest von der Umgebung abgeschlossen sind. Die Anode bildet der Zinkbehälter des Trockenelements selbst. Um die aus einem Kohlenstoff(Graphit)-Stab bestehende Kathode befindet sich eine Paste aus MnO_2, NH_4Cl und H_2O. An der Anode wird Zink zu Zn^{2+}-Ionen oxidiert, während an der Kathode MnO_2 zu einer Mischung von verschiedenen Verbindungen des Mangans in seiner $+3$-Oxidationsstufe reduziert wird. Wenn diese Zelle schnell entladen wird, kann Ammoniak, das bei der Kathodenreaktion gebildet wird, den Zellenstrom dadurch herabsetzen, daß es eine isolierende Gasschicht um den Graphitstab erzeugt. Bei einer langsameren Entladung diffundieren Zinkionen von der Anode zur Kathode und vereinigen sich mit dem Ammoniak zu Komplexionen, wie z. B. $[Zn(NH_3)_4]^{2+}$.

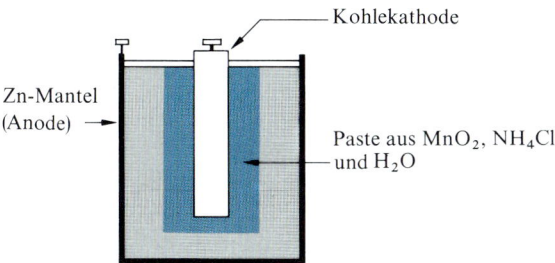

Abbildung 17–6 Trockenelement. Die einzelnen Elektrodenreaktionen sind

Anode (Zinkmantel): $Zn(s) \rightleftarrows Zn^{2+} + 2e^-$
Kathode (Kohlenstift): $2MnO_2(s) + 8NH_4^+ + 2e^- \rightleftarrows 2Mn^{3+} + 4H_2O + 8NH_3$
Insgesamt: $\overline{Zn(s) + 2MnO_2(s) + 8NH_4^+ \rightleftarrows Zn^{2+} + 2Mn^{3+} + 8NH_3 + 4H_2O}$

Alle chemischen Komponenten liegen entweder fest oder in Form einer Paste vor, und die Zelle als Ganzes ist fest verschlossen (daher der Name der Zelle). Infolgedessen ist das Trockenelement eine äußerst gut handhabbare Zelle für Taschenlampen, Radios, Blitzleuchten und andere tragbare elektrische und elektronische Geräte.

Reversible Zellen: Der Bleiakkumulator

Die meisten der bisher erwähnten Zellen sind reversibel, d. h., wenn eine Spannung von außen an die Anschlußklemmen der Zelle gelegt wird, die größer als die Zellenspannung ist, dann können dadurch die Zellenreaktionen umgekehrt werden, und es kann elektrische Energie zur späteren Entnahme in der Zelle gespeichert werden. So wird in einer Zelle wie in Abbildung 17–3b, wenn Elektronen durch eine äußere Spannung von rechts nach links getrieben werden, die CuSO$_4$-Lösung in der linken Kammer noch stärker verdünnt werden, während die CuSO$_4$-Konzentration in der rechten Kammer weiter zunimmt. In einer Zelle, wie der in Abbildung 17–4c dargestellten, kann eine äußere Spannung eine zusätzliche Abscheidung von Zn an der linken Elektrode des Daniell-Elements bewirken, während von der rechten Elektrode gleichzeitig mehr Kupfer in die Lösung übergeht. Somit wird die freie Enthalpie der Zelle noch mehr vergrößert, und zu einem späteren Zeitpunkt kann diese zusätzliche freie Enthalpie in Form von Nutzarbeit wiedergewonnen werden. Unglücklicherweise kann das kommerzielle Trockenelement auf diese Weise nicht wieder aufgeladen werden: Das gebildete Zn^{2+} diffundiert von der Anode fort, und das bei der Kathodenreaktion entstehende Ammoniakgas bildet mit ihm Komplexe. Es gibt nun keinen praktischen Mechanismus, der ein Auseinanderbrechen dieses Komplexions ermöglicht, so daß jede Komponente in ihre ursprüngliche Position zurückkehren kann.

Was für die Wiederaufladbarkeit benötigt wird, ist eine Zelle, in der die Elektrodenprodukte an den Elektroden an ihrem Ort bleiben, wo sie zur Rückumwandlung bereitstehen, wenn die Zelle geladen wird. Ein Beispiel für eine derartige Zelle ist der Bleiakkumulator, der in Abbildung 17–7 schematisch dargestellt ist. Die Anode besteht aus einem Bleigitter, das mit schwammigem Blei ausgefüllt ist. Wenn jetzt das Blei zu Bleisulfat oxidiert wird, bleibt es an seinem Platz im Gitter. In ähnlicher Weise bleiben die

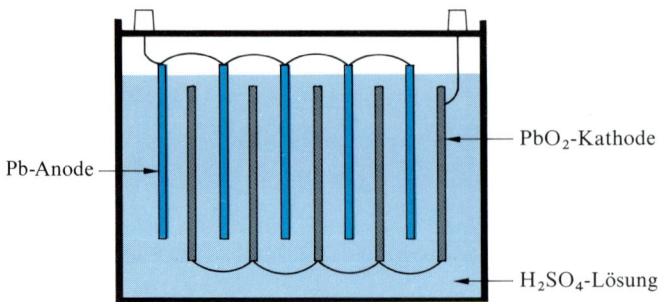

Abbildung 17–7   Bleiakkumulator. Die Elektrodenreaktionen sind

Anode: $Pb(s) + SO_4^{2-} \rightleftarrows PbSO_4(s) + 2e^-$

Kathode: $PbO_2(s) + 4H^+ + SO_4^{2-} + 2e^- \rightleftarrows PbSO_4(s) + 2H_2O$

Diese Zelle ist reversibel (wiederaufladbar), da das Produkt der Zellenreaktion, Bleisulfat an beiden Elektroden, an den Elektrodenplatten haftet und nicht fortdiffundiert oder abfällt. Eine Zelle eines Bleiakkumulators, wie sie hier gezeigt ist, liefert eine Spannung von annähernd 2 V, und 6 V- bzw. 12 V-Batterien besitzen drei bzw. sechs derartige, in Reihe geschaltete Zellen.

Reduktionsprodukte an ihrem Ort, wenn an der Kathode das ebenfalls durch ein Blei-gitter festgehaltene Bleioxid zu Bleisulfat reduziert wird. Die während der Entladung in der Zelle auffallendste Erscheinung ist die Verdünnung der anfangs starken Schwefel-säurelösung. Daher kann der Ladungszustand einer solchen Batterie durch Bestimmung der Säuredichte mit Hilfe eines Aräometers gemessen werden, woraus sich dann die Stärke der Schwefelsäurelösung ergibt. Die EMK dieser Zelle beträgt 2 V, jedoch kön-nen mehrere Zellen in Reihe geschaltet werden, so daß wir die bekannten 6 V- und 12 V-Batterien erhalten.

Wenn die Zelle entladen ist, kann sie dadurch wieder aufgeladen werden, daß an sie eine äußere Spannung von mehr als die normale EMK von 2 V pro Zelle angelegt wird. Dabei verlaufen die Reaktionen, die in der Legende zu Abbildung 17–7 für den Entladungsprozeß angegeben sind, in umgekehrter Richtung, und das Bleisulfat wird zu Blei und zu Bleioxid umgewandelt. Wenn das Bleisulfat bei der Entladung des Akku-mulators auf den Boden des Batteriebehälters herabfallen würde, wäre diese Rück-reaktion unmöglich. Aber dies geschieht nicht; das Bleisulfat bleibt an seinem Ort im Bleigitter, bereit zur Rückumwandlung. Infolgedessen ist der Bleiakkumulator ein in der Praxis bewährtes Gerät zur Speicherung von elektrischer Energie in der Form von chemischer freier Enthalpie.

Elektrolytische Zellen

Die in Abbildung 17–8 gezeigte Zelle kann dazu verwendet werden, hochreines Kupfer herzustellen, wenn eine äußere Batterie oder irgendeine andere Stromquelle dazu be-nutzt wird, die Zelle in eine Richtung zu treiben, die sie selbst nicht spontan einschla-gen würde. Ein Barren von verunreinigtem „Blasen"-Kupfer, der durch die Reduktion von Kupferoxid (CuO) mit Koks (C) hergestellt wurde, wird zusammen mit einem „Kern"-Draht aus sehr reinem Kupfer in eine Kupfersulfatlösung gehängt. Dann wird Strom in der Richtung durch die Zelle geschickt, die den Rohkupferbarren zur Anode und den Reinstkupferdraht zur Kathode der Zelle macht. Der Barren wird dann langsam aufgefressen, während sich Kupferionen an der Kathode entladen und sich als sehr reines Metall abscheiden, wobei sich die Verunreinigungen, die *edler* als das Kupfer sind, am Boden des Behälters unterhalb der Anode ansammeln.

Andere Arten von elektrolytischen Zellen können zur Herstellung von Gold- oder Silberüberzügen über unedle Metalle in der Schmuckindustrie oder in der Elektronik oder zur Anfertigung von genauen Kopien von gravierten Platten für Druckzwecke verwendet werden. Das Papiergeld der Vereinigten Staaten von Amerika wird in Platten von zwölf Noten gedruckt. Der Graveur fertigt nur eine „Master"-Gravur für jeden Banknotenwert in Stahl an, die nach ihrer Härtung durch den in Abbildung 17–9 dargestellten Elektroplattierprozeß kopiert wird. Die elektrolytisch abgeschiedene Kopie, die als ein „alto" bezeichnet wird, da sich die in der ursprünglichen Platte ein-gravierten Linien auf ihr im Relief zeigen, wird dann noch einmal elektrolytisch kopiert, um ein „basso" zu ergeben, dessen eingeschnittene Linie jetzt eine exakte Kopie der Schnittlinien auf der gravierten „Master"-Platte sind. Diese „basso"-Kopien werden dann zu einer Platte von zwölf Banknoten zusammengefaßt, die entweder direkt für den Druck oder zur Herstellung von einteiligen Druckplatten durch Wiederholung des elektrolytischen Kopierprozesses verwendet werden können.

Zellen wie diese, bei denen eine äußere Stromquelle zur Erzeugung des Elektronen-flusses eingesetzt wird, werden als *elektrolytische* Zellen bezeichnet, während jene Zellen, die wir davor diskutiert haben und bei denen innere chemische Reaktionen zur Erzeu-

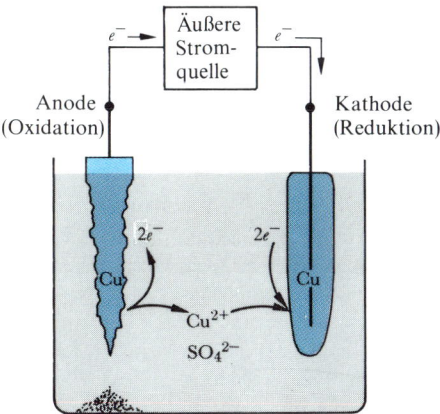

Abbildung 17–8 Elektrolytische Reinigung von Rohkupfer. Unreines Kupfer wird an der Anode oxidiert, und reines Kupfer scheidet sich an der Kathode ab. Verunreinigungen sammeln sich unter der Anode als „Anodenschlamm" an. Die selteneren Metalle, die aus dem Anodenschlamm gewonnen werden können, wie z. B. Gold, Silber und Platin, sind häufig wertvoll genug, um die Kosten des Reinigungsprozesses zu decken.

gung eines elektrischen Stroms genutzt werden, *galvanische* Zellen genannt werden. Bei beiden Arten von Zellen ist die Elektrode, an der die Oxidation erfolgt, die Anode, während die Kathode der Ort der Reduktion ist.

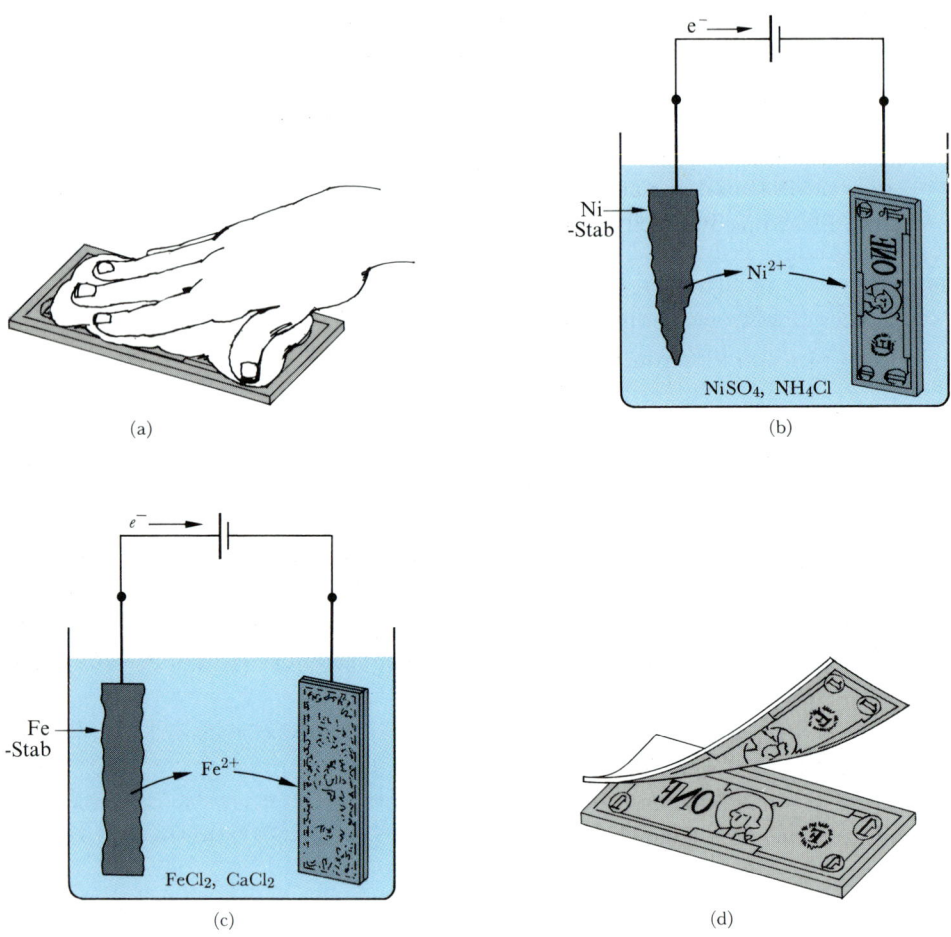

(a)

(b)

(c)

(d)

Abbildung 17–9 Reproduktion von gravierten Platten für die U.S.-Währung mit Hilfe der Elektroplattierung (Galvanisierung): (a) Die gravierte stählerne „Mater"-Platte wird gründlich mit nassem Graphitpuder abgerieben und dann sauber abgespült. Der dadurch entstehende, hauchdünne Graphitüberzug hilft bei der elektrolytischen Abscheidung und macht es möglich, daß am Ende des Abscheidungsvorganges Mater und Kopie voneinander getrennt werden können. (b) Die Mater-Platte wird in einem zehn Stunden dauernden Prozeß mit einer 0,025 mm dicken Nickelschicht elektrolytisch überzogen. (Die lange und kurze Linie, die oben im Bild den Stromkreis senkrecht unterbrechen, sind das gebräuchliche Symbol für eine Gleichstromquelle (Batterie), wobei die kurze Linie die Elektronenquelle – die Anode der Batterie – darstellt.) (c) Auf die Nickelschicht wird zur Verstärkung während eines vierzehnstündigen elektrolytischen Abscheidungsprozesses noch eine 0,1 mm starke Eisenschicht aufgebracht. (d) Das elektrolytisch erzeugte Spiegelbild der Mater-Platte wird von dieser abgezogen und auf eine Stahlplatte gelötet. Die Wiederholung des eben beschriebenen Vorgangs mit dem so erhaltenen Spiegelbild der Materplatte führt zu einer Kopie der Mater, die zum Drucken von Banknoten oder zur Herstellung weiterer Kopien verwendet werden kann.

17–3   Zellen-EMK und freie Enthalpie

Wenn sich eine Ladung, q, spontan durch ein Potentialgefälle, U, bewegt, beträgt die äußere elektrische Arbeit, die sie an ihrer Umgebung verrichten kann, $w_{ext} = qU$. Daher ergibt sich aus Gleichung (15–16) die Änderung der freien Enthalpie des Systems, das die sich bewegende elektrische Ladung enthält, zu

$$\Delta G = -w_{ext} = -qU \qquad (17\text{--}1)$$

Da das Elektron eine negative Ladung besitzt, wird es sich spontan aus einem Bereich mit niedrigem Potential in einen Bereich mit hohem Potential bewegen. Bei der Bewegung eines Elektrons durch einen Potentialanstieg, U, ergibt sich für die Änderung der freien Enthalpie

$$\Delta G = -eU$$

und für ein Mol von Elektronen

$$\Delta \bar{G} = -NeU = -FU$$

wobei N die Loschmidtsche (Avogadrosche) Konstante und $F = Ne$ die Ladung eines Mols von Elektronen, $96\,500\,C\,mol^{-1}$ (oder 1 Faraday), sind. Bei einer Reaktion, an der n_e Elektronen pro an der Reaktion teilnehmendes Molekül beteiligt sind (oder n_e Faradays „pro Mol"), erhalten wir für die Änderung der molaren freien Enthalpie

$$\Delta \bar{G} = -n_e FU \qquad (17\text{--}2)$$

(Beachten Sie, daß n_e eine reine Zahl ist, und verwechseln Sie es nicht mit der Molzahl n, die in Mol angegeben wird.)

Wenn eine galvanische Zelle auf einer Reaktion beruht, die eine molare freie Enthalpie, $\Delta \bar{G}$, hergibt, und wenn bei ihr n_e Mole von Elektronen pro Mol der reagierenden Substanz durch den äußeren Stromkreis transferiert werden, dann wird die Potentialdifferenz zwischen den Klemmen, $U = U_{Kathode} - U_{Anode}$, durch die folgende Beziehung gegeben

$$U = U_{Kathode} - U_{Anode}$$
$$= -\Delta \bar{G}/n_e F$$

(Für die Umrechnung von der mikroskopischen oder atomaren Energieeinheit, Elektronenvolt pro Elektron, auf die makroskopische oder molare Energie, $kJ\,mol^{-1}$, brauchen Sie sich nur zu merken, daß $1\,eV\,Elektron^{-1}$ einer molaren Energie von $96{,}5\,kJ\,mol^{-1}$ entspricht.)

Die in Abschnitt 17–1 diskutierte Druckzelle, bei der die Zweielektronen-Reaktion eine molare freie Standardenthalpie von $-5{,}711\,kJ\,mol^{-1}$ aufwies, besitzt daher ein Standardzellenpotential von

$$U^0 = -\frac{-5{,}711\,kJ\,mol^{-1}}{2 \times 96{,}5\,kC\,mol^{-1}}$$
$$= +0{,}0296\,V$$

Die Reaktion des Daniell-Elements

$$Zn(s) + Cu^{2+} \; \rightleftarrows \; Zn^{2+} + Cu(s)$$

hat ein Standardzellenpotential von $+1,10$ V. Infolgedessen muß die molare freie Standardenthalpieänderung bei dieser Reaktion einen Wert von

$$\Delta \bar{G} = -2 \times 96,5 \, kC \, mol^{-1} \times 1,10 \, V$$
$$= -212,30 \, kJ \, mol^{-1}$$

besitzen. In diesem Ausdruck ist $n_e = 2$ gesetzt worden, weil zwei Elektronen pro Ion transferiert werden. Sie können jetzt die Änderungen der molaren freien Standardenthalpien der anderen Zellen berechnen, die wir bisher diskutiert haben.

Übung: Berechnen Sie die Änderungen der molaren freien Standardenthalpien der Ni − Cu-, Zn − Cu- und Zn − Ni-Zellen, die wir in Abschnitt 17–2 diskutiert haben. Zeigen Sie, daß die freien Enthalpien additiv sind, wie es auch die Reaktionen und Potentiale sind.
(Antwort: Ni −Cu-Zelle: $U^0 = +0,57 \, V$; $\Delta \bar{G} = -110,1 \, kJ \, mol^{-1}$
Zn −Ni-Zelle: $U^0 = +0,53 \, V$; $\Delta \bar{G} = -102,2 \, kJ \, mol^{-1}$
Zn −Cu-Zelle: $U^0 = +1,10 \, V$; $\Delta \bar{G} = -212,3 \, kJ \, mol^{-1}$)

Wie sich hieraus ersehen läßt, ist eine Zellenreaktion mit einer recht großen Änderung der molaren freien Enthalpie erforderlich, damit eine Zelle auch nur eine Potentialdifferenz von einem Volt zwischen ihren Klemmen liefert. Da die freien Enthalpien

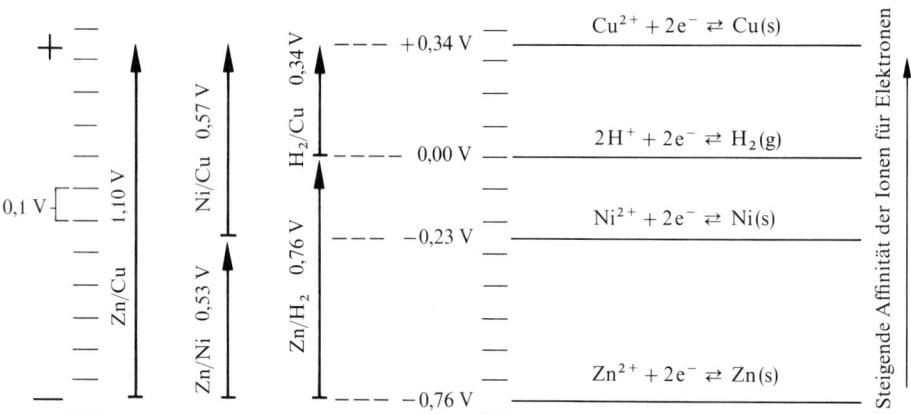

Abbildung 17–10 Da die Potentiale für die verschiedenen Zellen, an denen die Elemente Zn, Cu, Ni und H_2 beteiligt sind und die wir in den vorangehenden Abschnitten diskutiert haben, sich zueinander additiv verhalten, können sie auch als additive Abstände auf einer senkrechten Skala dargestellt werden, die in Volt geteilt ist. Die Wahl des Nullpotentials entlang dieser Achse ist willkürlich, aber sobald sie einmal getroffen wurde, können alle Spannungen relativ zu diesem Nullpunkt angegeben werden. In dieser Abbildung wurde die Wasserstoffelektrode als Bezugspunkt für das Nullpotential gewählt. Es ist dies die Standardkonvention in den Tabellen, obwohl ebensogut Ni, Zn oder irgendeine andere Elektrode dafür hätte bestimmt werden können.

additiv sein müssen (nach dem ersten Hauptsatz der Thermodynamik), sollte es Sie nicht weiter überraschen, daß auch die EMKs additiv sind, wie bereits in Abschnitt 17–2 diskutiert wurde.

Diese Additivität der EMKs ist in Abbildung 17–10 dargestellt. Erinnern Sie sich an die Diskussion der freien Enthalpie in Kapitel 15, wo wir sagten, daß wir nicht die Änderung der freien Enthalpie für jede mögliche Reaktion zu tabellieren brauchen. Sobald wir einmal die Änderungen der molaren freien Enthalpien für eine bestimmte Art von Reaktion tabelliert haben – nämlich für die Bildung einer jeden Verbindung aus ihren Elementen in deren Standardzuständen –, dann können wir die Änderung der freien Enthalpie für jede beliebige Reaktion berechnen, an der diese Verbindungen beteiligt sind, da die freien Enthalpien additiv sind. In ähnlicher Weise brauchen wir auch nicht das Potential jeder möglichen Zelle oder jeder vorstellbaren Kombination von Anoden- und Kathodenreaktionen zu tabellieren. Stattdessen brauchen wir nur die Spannungen von Zellen zu tabellieren, bei denen alle Elektroden-Reaktionen mit einer Standardelektrode gepaart sind. Dies ist gleichbedeutend mit der Wahl eines willkürlichen Nullpunkts in Abbildung 17–10. Wir können jede Zellenreaktion in zwei Halbreaktionen zerlegen, von denen die eine an der Anode und die andere an der Kathode abläuft, und können dann jeder Halbreaktion die Spannung zuordnen, die wir in einer Zelle beobachten würden, in der diese Halbreaktion mit der Standardhalbreaktion

$$H_2(g) \rightleftarrows 2H^+ + 2e^-$$

gepaart wäre. Dies ist die Grundlage für die Bestimmung der Reduktionspotentiale in den Tabellen 17–1 und 17–2.

17–4   Halbreaktionen und Reduktionspotentiale

Die Reduktionspotentiale in Tabelle 17–1 sind die Potentiale, die wir beobachten würden, wenn die Reduktionsgleichung so, wie sie in der Tabelle geschrieben ist, mit der Oxidationsgleichung des Wasserstoffs gepaart wird

$$H_2(g) \rightleftarrows 2H^+ + 2e^-$$

Ein positives Vorzeichen bei der Zellenspannung deutet darauf hin, daß die Zellenreaktion spontan in der angegebenen Richtung ablaufen wird. Ein negatives Vorzeichen läßt dagegen erkennen, daß die umgekehrte Reaktion spontan sein wird; d. h. die betreffende Substanz wird oxidiert werden, während Protonen zu Wasserstoffgas reduziert werden. Je stärker positiv das Reduktionspotential ist, desto stärker ist auch das Bestreben der betreffenden Substanz, Elektronen aufzunehmen und sich reduzieren zu lassen. Ein großes, negatives Reduktionspotential kennzeichnet eine starke Bevorzugung des oxidierten Zustands. (Dies hier sind die *Standard*werte, was besagt, daß alle reagierenden Ionen bei 298 K in einer Konzentration von 1 mol l^{-1} und alle Gase unter einem Partialdruck von 1,013 bar vorliegen.)

Beispiel: Wie sieht die Gesamtreaktion der Zelle aus, und wie groß wird ihre EMK sein,

Tabelle 17–1   Standardreduktionspotentiale in saurer Lösung[a)] bei 298 K

Halbreaktion	U^0 (V)
$F_2 + 2e^- \rightleftarrows 2F^-$	2,87
$Ag^{2+} + e^- \rightleftarrows Ag^+$	1,99
$H_2O_2 + 2H^+ + 2e^- \rightleftarrows 2H_2O$	1,78
$MnO_4^- + 4H^+ + 3e^- \rightleftarrows MnO_2 + 2H_2O$	1,68
$PbO_2 + 4H^+ + SO_4^{2-} + 2e^- \rightleftarrows PbSO_4 + 2H_2O$	1,69
$MnO_4^- + 8H^+ + 5e^- \rightleftarrows Mn^{2+} + 4H_2O$	1,49
$PbO_2 + 4H^+ + 2e^- \rightleftarrows Pb^{2+} + 2H_2O$	1,46
$Cl_2 + 2e^- \rightleftarrows 2Cl^-$	1,36
$Cr_2O_7^{2-} + 14H^+ + 6e^- \rightleftarrows 2Cr^{3+} + 7H_2O$	1,33
$MnO_2 + 4H^+ + 2e^- \rightleftarrows Mn^{2+} + 2H_2O$	1,21
$O_2 + 4H^+ + 4e^- \rightleftarrows 2H_2O$	1,23
$Br_2(l) + 2e^- \rightleftarrows 2Br^-$	1,06
$AuCl_4^- + 3e^- \rightleftarrows Au + 4Cl^-$	0,99
$NO_3^- + 4H^+ + 3e^- \rightleftarrows NO + 2H_2O$	0,96
$2Hg^{2+} + 2e^- \rightleftarrows Hg_2^{2+}$	0,90
$Ag^+ + e^- \rightleftarrows Ag$	0,80
$Hg_2^{2+} + 2e^- \rightleftarrows 2Hg$	0,80
$Fe^{3+} + e^- \rightleftarrows Fe^{2+}$	0,77
$O_2 + 2H^+ + 2e^- \rightleftarrows H_2O_2$	0,68
$MnO_4^- + e^- \rightleftarrows MnO_4^{2-}$	0,56
$I_2 + 2e^- \rightleftarrows 2I^-$	0,54
$Cu^+ + e^- \rightleftarrows Cu$	0,52
$Cu^{2+} + 2e^- \rightleftarrows Cu$	0,34
$Hg_2Cl_2 + 2e^- \rightleftarrows 2Hg + 2Cl^-$	0,27
$AgCl + e^- \rightleftarrows Ag + Cl^-$	0,22
$SO_4^{2-} + 4H^+ + 2e^- \rightleftarrows H_2SO_3 + H_2O$	0,20
$Cu^{2+} + e^- \rightleftarrows Cu^+$	0,16
$2H^+ + 2e^- \rightleftarrows H_2$	0,00
$Pb^{2+} + 2e^- \rightleftarrows Pb$	−0,13
$Sn^{2+} + 2e^- \rightleftarrows Sn$	−0,14
$Ni^{2+} + 2e^- \rightleftarrows Ni$	−0,23
$PbSO_4 + 2e^- \rightleftarrows Pb + SO_4^{2-}$	−0,36
$Cd^{2+} + 2e^- \rightleftarrows Cd$	−0,40
$Cr^{3+} + e^- \rightleftarrows Cr^{2+}$	−0,41
$Fe^{2+} + 2e^- \rightleftarrows Fe$	−0,41
$Zn^{2+} + 2e^- \rightleftarrows Zn$	−0,76
$Mn^{2+} + 2e^- \rightleftarrows Mn$	−1,03
$Al^{3+} + 3e^- \rightleftarrows Al$	−1,66
$H_2 + 2e^- \rightleftarrows 2H^-$	−2,23
$Mg^{2+} + 2e^- \rightleftarrows Mg$	−2,37

Tabelle 17–1   (Fortsetzung)

Halbreaktion	U^0 (V)
$La^{3+} + 3e^- \rightleftarrows La$	$-2,37$
$Na^+ + e^- \rightleftarrows Na$	$-2,71$
$Ca^{2+} + 2e^- \rightleftarrows Ca$	$-2,76$
$Ba^{2+} + 2e^- \rightleftarrows Ba$	$-2,90$
$K^+ + e^- \rightleftarrows K$	$-2,92$
$Li^+ + e^- \rightleftarrows Li$	$-3,05$

[a] Werte aus dem *Handbook of Chemistry and Physics*, Chemical Rubber Co., Cleveland, Ohio, 1971–72, 52nd ed.

Tabelle 17–2   Standardreduktionspotentiale in basischer Lösung bei 298 K

Halbreaktion[a]	U^0 (V)
$HO_2^- + H_2O + 2e^- \rightleftarrows 3HO^-$	$0,87$
$MnO_4^- + 2H_2O + 3e^- \rightleftarrows MnO_2 + 4HO^-$	$0,59$
$O_2 + 4e^- + 2H_2O \rightleftarrows 4HO^-$	$0,40$
$[Co(NH_3)_6]^{3+} + e^- \rightleftarrows [Co(NH_3)_6]^{2+}$	$0,10$
$HgO + H_2O + 2e^- \rightleftarrows Hg + 2HO^-$	$0,10$
$MnO_2 + H_2O + 2e^- \rightleftarrows Mn(OH)_2 + 2HO^-$	$-0,05$
$O_2 + H_2O + 2e^- \rightleftarrows HO_2^- + HO^-$	$-0,08$
$Cu(NH_3)_2^+ + e^- \rightleftarrows Cu + 2NH_3$	$-0,12$
$Ag(CN)_2^- + e^- \rightleftarrows Ag + 2CN^-$	$-0,31$
$Hg(CN)_4^{2-} + 2e^- \rightleftarrows Hg + 4CN^-$	$-0,37$
$S + 2e^- \rightleftarrows S^{2-}$	$-0,51$
$Pb(OH)_3^- + 2e^- \rightleftarrows Pb + 3HO^-$	$-0,54$
$Fe(OH)_3 + e^- \rightleftarrows Fe(OH)_2 + HO$	$-0,56$
$Cd(OH)_2 + 2e^- \rightleftarrows Cd + 2HO^-$	$-0,81$
$SO_4^{2-} + H_2O + 2e^- \rightleftarrows SO_3^{2-} + 2HO^-$	$-0,92$
$[Zn(NH_3)_4]^{2+} + 2e^- \rightleftarrows Zn + 4NH_3$	$-1,03$
$[Zn(OH)_4]^{2-} + 2e \rightleftarrows Zn + 4HO^-$	$-1,22$
$Mn(OH)_2 + 2e^- \rightleftarrows Mn + 2HO^-$	$-1,47$
$Mg(OH)_2 + 2e^- \rightleftarrows Mg + 2HO^-$	$-2,67$
$Ca(OH)_2 + 2e^- \rightleftarrows Ca + 2HO^-$	$-3,02$

[a] *Anmerkung*: Halbreaktionen, an denen Ionen beteiligt sind, die durch Änderungen des pH-Werts nicht beeinflußt werden (wie z. B. Na^+/Na), besitzen in saurer und basischer Lösung dasselbe Potential.

wenn Chlorgas unter 1,013 bar über eine Platinelektrode in einer Salzsäurelösung geperlt wird, während auf der anderen Seite der Zelle Wasserstoffgas über eine ähnliche Elektrode geleitet wird, wobei sein Partialdruck ebenfalls 1,013 bar beträgt?

Lösung: Das Standardreduktionspotential für die Reaktion

$$Cl_2(g) + 2e^- \rightleftarrows 2Cl^-$$

ist $U^0 = +1,36\,V$. Dies bedeutet, daß die Chlorelektrode in Kombination mit der Wasserstoffelektrode die Kathode bildet (an der die Reduktion abläuft), während die Wasserstoffelektrode die Anode ist. Die Gesamtreaktion

$$Cl_2 + H_2(g) \rightleftarrows 2Cl^- + 2H^+$$

verläuft spontan von links nach rechts und weist eine Änderung der molaren freien Standardenthalpie von

$$\begin{aligned} \Delta \bar{G}^0 &= -n_e F U^0 \\ &= -2 \times 96,5 \times 10^3\,C\,mol^{-1} \times 1,36\,V \\ &= -262,5\,kJ\,mol^{-1}Cl_2 \text{ oder } H_2 \end{aligned}$$

auf. Bestätigen Sie diesen Wert auf Grund der Daten in Anhang 2.

Beispiel: Wie lautet die spontane Reaktion, wenn eine Cadmiumelektrode und eine Wasserstoffelektrode in saurer Lösung miteinander gepaart werden? Wie groß ist das Standardzellenpotential?

Lösung: Das Standardreduktionspotential für die Halbreaktion

$$Cd^{2+} + 2e^- \rightleftarrows Cd(s)$$

besitzt einen Wert von $-0,40\,V$. Somit verläuft die Gesamtreaktion

$$Cd^{2+} + H_2(g) \rightleftarrows Cd(s) + 2H^+$$

spontan *in umgekehrter Richtung* von rechts nach links. Cadmium wird an der Anode spontan zu Ionen oxidiert, während an der Kathode Wasserstoffionen zu Wasserstoffgas reduziert werden. Das Zellenpotential ist dann gleich $+0,40\,V$.

Beispiel: Wird ein Stück Cadmium, das in eine 1-molare Säurelösung gelegt wird, Wasserstoffbläschen entwickeln? Wie sieht das bei einem Stück Silber aus?

Lösung: Nach dem vorangehenden Beispiel ist die Reaktion

$$Cd(s) + 2H^+ \rightleftarrows Cd^{2+} + H_2(g)$$

unter Standardbedingungen spontan, so daß sich Wasserstoffbläschen bilden werden, während das Cadmiummetall von der Säurelösung angeätzt wird. Im Gegensatz dazu besitzt das Silber ein positives Reduktionspotential und ein stärkeres Bestreben, im reduzierten Zustand zu verbleiben, als der Wasserstoff. Somit wird Silber, wenn es in eine schwache Säurelösung gelegt, wird, von dieser nicht angegriffen. Das „edle" Verhalten der Edelmetalle Gold, Silber und Platin beruht in erster Linie auf ihren hohen, positiven Reduktionspotentialen.

Zellenpotentiale aus Reduktionspotentialen von Halbreaktionen

Um das Potential einer Zelle zu ermitteln, in der eine vorgegebene Reaktion abläuft, muß man zunächst einmal die Reaktion in ihre beiden Halbreaktionen zerlegen. Bestimmen Sie willkürlich eine dieser Halbreaktionen zur Reduktionsreaktion an der Kathode, während Sie die andere Halbreaktion zu einer Oxidationsreaktion an der Anode machen. Dazu müssen Sie die zweite Reaktion in umgekehrter Richtung als eine Oxidation schreiben. Lesen Sie dann die Standardreduktionspotentiale für diese beiden Halbreaktionen aus der Tabelle ab, und kehren Sie das Vorzeichen von U^0 für die Reaktion um, die Sie als Oxidationsreaktion gewählt haben. Addieren Sie die beiden Halbreaktionen zur Probe, um sicherzugehen, daß Sie die ursprüngliche Gesamtreaktion erhalten, und addieren Sie gleichzeitig die beiden Potentiale der Halbreaktionen. Wenn Sie dabei ein positives Gesamtpotential erhalten, verläuft die Reaktion so, wie sie geschrieben ist, spontan. Wenn sich ein negatives Gesamtpotential ergibt, haben Sie die falsche Annahme über die Anode gewählt, und die umgekehrte Reaktion verläuft dann spontan.

Beispiel: Ermitteln Sie die EMK einer Zelle, die sich aus einer Zn-Elektrode in einer $ZnSO_4$-Lösung und einer Cu-Elektrode in einer $CuSO_4$-Lösung aufbaut. Welche Elektrode ist die Anode und welche die Kathode?

Lösung: Dies ist das Daniell-Element, und Sie kennen daher schon die Antwort: Die Zn-Elektrode wird die Anode sein. Aber nehmen wir einmal an, daß Sie dies nicht wissen und (falsch) geraten haben, daß die Kupferlektrode die Anode ist. Die beiden Halbreaktionen lauten (als Reduktionsreaktionen geschrieben)

$$Zn^{2+} + 2e^- \rightleftarrows Zn(s) \qquad U^0 = -0,76\,V$$
$$Cu^{2+} + 2e^- \rightleftarrows Cu(s) \qquad U^0 = +0,34\,V$$

Schon hier wird es ganz klar, daß wir eine positive Gesamt-EMK für die Cu-Zn-Zelle erhalten werden, wenn wir die Zn-Reaktion umkehren und das Vorzeichen ihrer EMK ändern. Lassen Sie uns jedoch trotzdem weiterhin annehmen, daß die Cu-Elektrode die Anode in unserem System bildet. Wir erhalten dann für die beiden Reaktionen, die wir addieren müssen

$$
\begin{array}{lll}
Zn^{2+} + 2e^- & \rightleftarrows Zn(s) & U^0 = -0,76\,V \\
Cu(s) & \rightleftarrows Cu^{2+} + 2e^- & U^0 = -0,34\,V \\
\hline
Zn^{2+} + Cu(s) & \rightleftarrows Zn(s) + Cu^{2+} & U^0 = -1,10\,V
\end{array}
$$

Das negative Potential sagt uns jetzt, daß die umgekehrte Reaktion spontan verläuft und daß eine solche Zelle dann eine EMK von $+1,10\,V$ aufweisen wird. Diese Methode ist hinsichtlich der Fehler bei der ursprünglichen Annahme bezüglich Anode und Kathode narrensicher.

Beispiel: Wie lautet die spontane Reaktion in einer Zelle, die sich aus einer Eisen(II)-Eisen(III)-Ionenelektrode und einer Iod-Iodidionenelektrode zusammensetzt? Wie groß wird die EMK der Zelle sein?

Lösung: Die Halbreaktionen sind

$$Fe^{3+} + e^- \rightleftarrows Fe^{2+} \qquad U^0 = +0{,}77\,V$$
$$I_2 + 2e^- \rightleftarrows 2I^- \qquad U^0 = +0{,}54\,V$$

Offensichtlich erhalten wir eine positive Gesamtspannung, wenn wir die zweite Halbreaktion von der ersten abziehen, wobei wir das Vorzeichen des 0,54 V-Terms umkehren. Die spontane Gesamtreaktion lautet dann

$$2Fe^{3+} + 2I^- \rightleftarrows 2Fe^{2+} + I_2 \qquad U^0 = +0{,}23\,V$$

Vor der Subtraktion mußten wir die erste Halbreaktionsgleichung mit zwei multiplizieren, da an ihr nur ein Elektron beteiligt ist, wogegen in der Iodhalbreaktion zwei Elektronen auftreten. Wenn wir die freien Enthalpien dieser beiden Reaktionen voneinander abziehen würden, müßten wir die Änderung der molaren freien Standardenthalpie für die Eisenreaktion mit dem Faktor 2 mol multiplizieren, ehe wir die Differenz bilden könnten. Sollten wir dann nicht auch das Potential von + 0,77 V mit zwei multiplizieren? Nein, denn die Zahl der Elektronen wird in den Ausdrücken

$$\Delta \bar{G}^0 = -n_e F U^0 \quad \text{und} \quad U^0 = -\Delta \bar{G}^0 / n_e F$$

durch den Faktor n_e berücksichtigt.

Die Halbzellenpotentiale werden bereits „pro Elektron" angegeben und können daher direkt miteinander kombiniert werden. Um wieder einmal unser hydrostatisches Analogon zu benutzen, können wir sagen, daß diese Potentiale Elektronen-„Drücken" entsprechen (intensive Größen). Der Wasserdruck am Fuße eines Damms von bestimmter Höhe (Spannung) hängt nicht davon ab, ob wir das Wasser unten in 1 l- oder 2 l-Portionen entnehmen, wohl aber die Arbeit oder Energie, die wir pro Portion erhalten.

Der Faktor zwei für zwei Elektronen wird berücksichtigt, sobald wir die Änderungen der freien Enthalpien berechnen. Für die Eisenhalbreaktion benötigen wir zwei Mole, um auf dieselbe Elektronenzahl wie bei der Iodhalbreaktion zu kommen ($n_{e,Fe} = 1$)

$$2Fe^{3+} + 2e^- \rightleftarrows 2Fe^{2+}$$
$$\Delta G^0 = -2\,mol \times 1 \times F U^0$$
$$= -2\,mol \times 96\,500\,C\,mol^{-1} \times 0{,}77\,V$$
$$= -148{,}6\,kJ$$

Für die Iodhalbreaktion erhalten wir

$$I_2(s) + 2e^- \rightleftarrows 2I^-$$
$$\Delta G^0 = -1\,\text{mol} \times 2 \times FU^0$$
$$= -2\,\text{mol} \times 96\,500\,C\,\text{mol}^{-1} \times 0,54\,V$$
$$= -104,2\,kJ$$

Wenn wir die zweite Halbreaktion von der ersten abziehen und die zweite Änderung der freien Enthalpie von der ersten subtrahieren, so erhalten wir

$$\Delta G^0 = -148,6\,kJ + 104,2\,kJ = -44,4\,kJ$$

Bestätigen Sie einmal zur Probe, daß dieser Wert der Änderung der freien Enthalpie das Gesamtzellpotential nach der Beziehung $\Delta \bar{G}^0 = -n_e FU^0$ ergibt.

Jede Halbreaktion mit einem höheren positiven Reduktionspotential wird eine Halbreaktion mit einem niedrigeren Reduktionspotential beherrschen und diese in der umgekehrten Richtung ablaufen lassen, wenn die beiden Halbreaktionen in einer Zelle zusammengefaßt werden. So lauten z. B. die beiden Halbreaktionen im Bleiakkumulator

$$PbO_2 + 4H^+ + SO_4^{2-} + 2e^- \rightleftarrows PbSO_4 + 2H_2O \qquad U^0 = +1,69\,V$$
$$PbSO_4 + 2e^- \rightleftarrows Pb + SO_4^{2-} \qquad U^0 = -0,36\,V$$

Da die erste Reaktion über das höhere Reduktionspotential verfügt, wird sie an der Kathode ablaufen, während die Umkehrung der zweiten Reaktion an der Anode stattfindet. Für das Gesamtzellpotential erhalten wir

$$U^0 = (+1,69\,V) - (-0,36\,V) = +2,05\,V$$

Ionen irgendeines Metalls in der Tabelle der Reduktionspotentiale werden in Gegenwart eines Metalls reduziert, das weiter unten in der Tabelle steht. So wird Silber aus einer Silbernitratlösung in Gegenwart von Zink, Eisen, Cadmium oder sogar Kupfer oder Quecksilber ausgefällt. Wird Eisen in der Gegenwart von Ag^+ als Fe^{2+} oder Fe^{3+} vorliegen?

Aus der Tabelle 17–1 erhalten wir für die Halbreaktionen

(1) $\quad Ag^+ + e^- \rightleftarrows Ag \qquad\qquad U^0 = +0,80\,V$
$$\Delta \bar{G}^0 = -1 \times 96,5\,kC\,\text{mol}^{-1} \times 0,80\,V$$
$$= -77,20\,kJ\,\text{mol}^{-1}$$

(2) $\quad Fe^{3+} + e^- \rightleftarrows Fe^{2+} \qquad U^0 = +0,77\,V$
$$\Delta \bar{G}^0 = -1 \times 96,5\,kC\,\text{mol}^{-1} \times 0,77\,V$$
$$= -74,31\,kJ\,\text{mol}^{-1}$$

(3) $\quad Fe^{2+} + 2e^- \rightleftarrows Fe(s) \qquad U^0 = -0,41\,V$
$$\Delta \bar{G}^0 = -2 \times 96,5\,kC\,\text{mol}^{-1} \times (-0,41\,V)$$
$$= +79,13\,kJ\,\text{mol}^{-1}$$

Aber warum finden wir in der Tabelle keine Reaktion für die Reduktion von Fe^{3+} zu metallischem Eisen? Die Reaktion, die wir suchen

$$Fe^{3+} + 3e^- \rightleftarrows Fe(s)$$

können wir durch einfache Addition der Halbreaktion 2. und 3. erhalten. Können wir dann auch das Potential für diese Reaktion durch die Addition der Potentiale dieser beiden Halbreaktionen bestimmen? Dann wäre

$$U^0 = +0,77\,\text{V} - 0,41\,\text{V} = +0,36\,\text{V}$$

Die Antwort lautet: *Nein*, das können wir nicht. Die EMK der Reduktion von Fe^{3+} zu Fe(s) ist nicht $+0,36$ V. Es ist erlaubt, ein Halbzellen*potential* von einem anderen abzuziehen, wenn die entsprechenden Halbzellen*reaktionen* so subtrahiert werden, daß sich eine richtige Gesamtzellenreaktion mit einem richtigen Ausgleich von Elektronenaufnahme und Elektronenabgabe ergibt. Es ist jedoch nicht erlaubt, die Potentiale einer Ein-Elektron-Halbreaktion und einer Zwei-Elektronen-Halbreaktion zu einem Potential der sich dadurch ergebenden Drei-Elektronen-Halbreaktion zu addieren.

Man geht immer sicher, wenn man mit den molaren freien Enthalpien arbeitet; darum haben wir uns auch die Mühe gemacht, die Änderungen der molaren freien Enthalpien für die drei obigen Reaktionen zu berechnen. Bei der Berechnung von $\Delta \bar{G}^0$ aus den Zellenpotentialen werden die an der Reaktion beteiligten Elektronen explizit durch den Faktor n_e im Ausdruck $\Delta \bar{G}^0 = -n_e F U^0$ gezählt. Da die von uns gesuchte Halbzellenreaktion die Summe der Halbreaktionen 2. und 3. ist, ergibt sich die Änderung der molaren freien Enthalpie der Gesamtreaktion als Summe der molaren freien Enthalpieänderungen der beiden Halbreaktionen

$$Fe^{3+} + 3e^- \ \rightleftarrows \ Fe(s) \qquad \Delta \bar{G}^0 = (-74,31 + 79,13)\,\text{kJ}\,\text{mol}^{-1}$$
$$= +4,82\,\text{kJ}\,\text{mol}^{-1}$$

(Eigentlich dürften wir die molaren freien Enthalpieänderungen als intensive Größen nicht einfach addieren; additiv sind im allgemeinen nur die extensiven Größen. Da wir bei beiden Halbreaktionen aber von einer Stoffmenge von einem Mol ausgegangen sind, brauchen wir nicht erst die freie Enthalpie ΔG^0 mit Hilfe der Molzahl n (in mol) aus der molaren freien Enthalpie $\Delta \bar{G}^0$ nach $\Delta G^0 = n \Delta \bar{G}^0$ auszurechnen, die freien Enthalpien (als extensive Größen) zu addieren und die Summe wieder durch die Molzahl n zu dividieren, um die zur Berechnung des Halbzellpotentials benötigte Änderung der molaren freien Enthalpie $\Delta \bar{G}^0$ zu erhalten. In unserem Spezialfall ist die Addition (wie z. B. auch die Addition von Partialdrücken bei konstantem Volumen) von intensiven Größen erlaubt.) Die Standard-EMK für die Reduktion des Fe^{3+} zu Fe(s) ergibt sich jetzt aus der molaren freien Enthalpieänderung durch Division durch $-3F$, da es sich hierbei um eine Drei-Elektronen-Reaktion handelt

$$U^0 = -\Delta \bar{G}^0/3F$$
$$= -4,82\,\text{kJ}\,\text{mol}^{-1}/3 \times 96,5\,\text{kC}\,\text{mol}^{-1}$$
$$= -0,017\,\text{V}$$

Dies ist jedoch keine realistische Halbreaktion! Wenn sowohl Fe^{3+} als auch metallisches Eisen nebeneinander vorliegen, würden sie sich spontan zu Fe^{2+} umwandeln, wie aus den freien Enthalpien zu ersehen ist

$$
\begin{array}{ll}
Fe(s) \rightleftarrows Fe^{2+} + 2e^- & \Delta G^0 = -79,13\,\text{kJ} \\
2\,Fe^{3+} + 2e^- \rightleftarrows 2\,Fe^{2+} & \Delta G^0 = 2(-74,31)\,\text{kJ} \\
\hline
Fe(s) + 2\,Fe^{3+} \rightleftarrows 3\,Fe^{2+} & \Delta G^0 = -227,75\,\text{kJ}
\end{array}
$$

Dies ist eine in hohem Maße spontane Reaktion mit einer großen negativen Änderung der freien Standardenthalpie. Da eine $Fe - Fe^{3+}$-Halbzelle also physikalisch unrealistisch ist, wurde ihr Potential auch nicht tabelliert.

Wir haben jetzt die ursprüngliche Frage beantwortet: Wenn sich metallisches Silber in der Gegenwart von metallischen Eisen aus einer Ag^+-Lösung abscheidet, dann geht das Eisen in Form von Fe^{2+}-Ionen in Lösung. Wenn etwas Fe^{3+} vorhanden wäre, würde es sich sofort mit metallischem Eisen nach den vorangehend beschriebenen Reaktionen zu Fe^{2+} zusammenschließen. Somit lauten die beiden an der ursprünglich diskutierten Reaktion beteiligten elektrochemischen Reaktionen

$$Ag^+ + e^- \;\rightleftarrows\; Ag(s) \qquad U^0 = +0{,}80\,V; \qquad \Delta\bar{G}^0 = -77{,}20\,kJ\,mol^{-1}$$
$$Fe^{2+} + 2e^- \;\rightleftarrows\; Fe(s) \qquad U^0 = -0{,}41\,V; \qquad \Delta\bar{G}^0 = +79{,}13\,kJ\,mol^{-1}$$

Der Umgang mit Elektrodenpotentialen kann häufig zu Irrtümern führen. Sie gehen jedoch völlig sicher, wenn Sie den Rat befolgen: *Wenn Sie Zweifel haben, arbeiten Sie mit den freien Enthalpieänderungen.*

Kurzschreibweise für elektrochemische Zellen

In der üblichen verkürzten Schreibweise für eine elektrochemische Zelle werden die Reaktionspartner und Produkte von links nach rechts in der Form

$$\text{Anode|Anodenlösung||Kathodenlösung|Kathode}$$

angegeben. Eine einzelne, vertikale Linie, |, kennzeichnet eine Phasenänderung: Festkörper, Flüssigkeit, Gas oder Lösung. Eine doppelte, vertikale Linie, ||, kennzeichnet eine poröse Trennwand oder eine Salzbrücke zwischen zwei Lösungen, die deren Durchmischung verhindern soll. Somit würden einige der von uns zuvor diskutierten Zellen folgendermaßen geschrieben werden

H_2-Druckzelle:	$Pt\|H_2(g, 10\,bar)\|H_2O\|\|H_2O\|H_2(g, 1\,bar)\|Pt$
Cu-Konzentrationszelle:	$Cu\|Cu^{2+}(0{,}01\,mol\,l^{-1})\|\|Cu^{2+}(0{,}10\,mol\,l^{-1})\|Cu$
Daniell-Element: (wobei x und y die Molaritäten der Ionenlösungen sind)	$Zn\|Zn^{2+}(x)\|\|Cu^{2+}(y)\|Cu$
Bleiakkumulator:	$Pb\|H_2SO_4(aq)\|PbO_2$

Aufforderung: Um einmal zu sehen, wie die Halbzellenpotentiale beim Entwurf einer neuen elektrochemischen Zelle für den Antrieb von Automobilen eingesetzt werden können, versuchen Sie einmal, die Aufgaben 17–14 bis 17–17 im Buch von Butler und Grosser zu lösen.

17–5   Die Auswirkung der Konzentration auf die Zellenspannung: Die Nernstsche Gleichung

Die Reduktionspotentiale, mit denen wir bisher gearbeitet haben, waren alle Standardpotentiale, d. h. die Konzentrationen aller gelösten Stoffe wiesen einen Wert von $1 \, \mathrm{mol \, l^{-1}}$
auf und alle Gase besaßen einen Partialdruck von 1,013 bar (oder, um es völlig korrekt
auszudrücken, alle Substanzen lagen mit der Aktivität eins vor) bei einer Temperatur
von 298 K. Ändert sich nun die EMK einer Zelle mit der Konzentration? Das tut sie,
und zwar aus denselben Gründen, aus denen sich die freie Enthalpie der Zellenreaktion
mit der Konzentration ändert. Wir lernten spezielle Beispiele für dieses Verhalten zu
Beginn dieses Kapitels im Zusammenhang mit den Konzentrationszellen kennen und
werden jetzt eine allgemeingültigere Beziehung für die Konzentrationsabhängigkeit der
Zellen-EMK ableiten.

Die Beziehung zwischen der freien Enthalpie und der Konzentration wird durch
Gleichung (15–26) angegeben

$$\Delta G = \Delta G^0 + 1 \, \mathrm{mol} \times RT \ln Q$$

in der der Reaktionsquotient, Q, das Verhältnis der Aktivitäten von Produkten zu Ausgangsstoffen ist, wobei jede Aktivität mit dem zu ihr gehörenden stöchiometrischen
Koeffizienten potenziert ist (siehe Abschnitt 15–9). Wir können diesen Ausdruck nun in
eine Gleichung für Zellen-EMK umwandeln, indem wir mit Hilfe der Beziehung
$\Delta \bar{G} = -n_e F U$ erhalten

$$U = U^0 - \frac{RT}{n_e F} \ln Q$$

Diese Beziehung wird *Nernstsche Gleichung* genannt nach Walther Nernst, der sie 1881
als erster vorschlug. U^0 ist das Standardpotential der Zelle, Q ist das Verhältnis der
Konzentrationen (Aktivitäten) unter den Bedingungen des jeweiligen Experiments, und
U ist die Zellenspannung unter denselben Bedingungen. Für die Kupfer-Konzentrationszelle, die wir zu Beginn dieses Kapitels diskutiert haben, folgt damit

$$\Delta \bar{G} = 0 + RT \ln(c_2/c_1)$$
$$= 5{,}706 \, \mathrm{kJ \, mol^{-1}} \times \lg(c_2/c_1) \quad \text{bei } 298 \, \mathrm{K}$$
$$U = 0 - \frac{RT}{2F} \ln(c_2/c_1)$$
$$= -\frac{5{,}706 \, \mathrm{kJ \, mol^{-1}}}{2F} \times \lg(c_2/c_1) \quad \text{bei } 298 \, \mathrm{K}$$

Der Größe RT/F bei 298 K begegnen wir so häufig, daß wir als erstes ihren Wert ausrechnen wollen

$$RT/F = \frac{8{,}31 \, \mathrm{J \, mol^{-1} K^{-1}} \times 298 \, \mathrm{K}}{96\,500 \, \mathrm{C \, mol^{-1}}}$$

$$= 0{,}0257 \, \text{JC}^{-1}$$
$$= 0{,}0257 \, \text{V} \, 2 \, \text{H}^+$$
$$2{,}303 \, RT/F = 0{,}0592 \, \text{V}$$

Somit erhalten wir für den allgemeinen Ausdruck bei 298 K

$$U = U^0 - \frac{0{,}0592 \, \text{V}}{n_\text{e}} \lg Q$$

und die EMK der Kupfer-Konzentrationszelle ergibt sich damit zu

$$U = -0{,}0296 \, \text{V} \times \lg(c_2/c_1)$$

Wie wir vorher schon berechnet hatten, beträgt die EMK für ein Konzentrationsverhältnis von $1:10 + 0{,}0296$ V oder $+29{,}6$ mV. Dieser Wert gilt nun für *jede beliebige* Zwei-Elektronen-Konzentrationszelle mit einem Konzentrationsverhältnis von $1:10$ an den Elektroden, ganz gleich, welche chemische Reaktion dabei tatsächlich abläuft. So erhielten wir auch vorher schon dieselben Spannungen für die Wasserstoff-Druckzelle und für die Kupfer-Konzentrationszelle. Bei einem Konzentrationsverhältnis von $1:5$ ergibt sich für die EMK der Zelle

$$U = +29{,}6 \, \text{mV} \times \lg 5 = +20{,}7 \, \text{mV}$$

Beispiel: Wie groß sind EMK und Änderung der molaren freien Enthalpie bei der Zelle

$$\text{Cd} | \text{Cd}^{2+} (0{,}0500 \, \text{moll}^{-1}) \| \text{Cl}^- (0{,}100 \, \text{moll}^{-1}) | \text{Cl}_2 (1{,}013 \, \text{bar}) | \text{Pt}$$

Lösung: Die Halbreaktionen sind

$$\text{Cd}^{2+} + 2 \, \text{e}^- \rightleftarrows \text{Cd(s)} \qquad U^0 = -0{,}40 \, \text{V}$$
$$\text{Cl}_2(\text{g}) + 2 \, \text{e}^- \rightleftarrows 2 \, \text{Cl}^- \qquad U^0 = +1{,}36 \, \text{V}$$

Wir werden eine positive Gesamtspannung erhalten, wenn wir die $\text{Cd} | \text{Cd}^{2+}$-Elektrode zur Anode machen, an der die Oxidation abläuft. Wenn wir dann die Oxidationshalbreaktion von der Cl_2-Reaktion subtrahieren, erhalten wir

$$\text{Cl}_2(\text{g}) + \text{Cd(s)} \rightleftarrows 2 \, \text{Cl}^- + \text{Cd}^{2+} \qquad U^0 = 1{,}36 \, \text{V} - (-0{,}40 \, \text{V})$$
$$= +1{,}76 \, \text{V}$$

Die Zellenspannung unter anderen Bedingungen als den Standardbedingungen ergibt sich aus der Beziehung

$$U = +1{,}76 \, \text{V} - \frac{0{,}0592 \, \text{V}}{2} \lg \frac{([\text{Cl}^-]/ \, \text{moll}^{-1})^2 \times [\text{Cd}^{2+}]/\text{moll}^{-1}}{1 \times 1}$$

Chlorgas bei 1,013 bar und festes Cadmium befinden sich bei 298 K beide in ihren Standardzuständen; infolgedessen stehen im Nenner jeweils die Aktivitäten eins. Daraus folgt

$$U = +1,76\,V - 0,0296\,V \times \lg[(0,100)^2 \times (0,0500)]$$
$$= +1,76\,V - 0,0296\,V \times \lg(0,000500)$$
$$= +1,76\,V + 0,0296\,V \times 3,301$$
$$= +1,86\,V$$
$$\Delta\bar{G} = -2\,FU$$
$$= -2 \times 96\,500\,C\,mol^{-1} \times 1,86\,V$$
$$= -359\,kJ\,mol^{-1}$$

Halbzellenpotentiale

Es erweist sich häufig als weitaus praktischer, sich mit der Konzentrationsabhängigkeit einer jeden Halbreaktion getrennt zu beschäftigen und dann die Ergebnisse miteinander zu kombinieren. Die Nernstsche Gleichung kann dadurch zerlegt werden, daß wir uns vorstellen, daß jede Halbreaktion, Oxidation und Reduktion, mit der Standardwasserstoffreaktion gepaart wird

$$2\,H^+\,(1,0\,mol\,l^{-1}) + 2\,e^- \rightleftarrows H_2(g;\,1,013\,bar)\quad U^0 = 0,000\,V$$

bei der sowohl H^+ als auch H_2 die Aktivität eins besitzen. Somit erhalten wir für die $Zn^{2+}|Zn(s)$-Halbreaktion

$$U = -0,76\,V - 0,0296\,V \times \lg \frac{1}{[Zn^{2+}]/mol\,l^{-1}}$$

da die Aktivität des festen Zinks im Zähler gleich eins ist. Die EMK der Wasserstoffelektrode, $H^+|H_2(g)$, hängt vom pH-Wert ab. Wenn der Druck des Wasserstoffgases auf 1,013 bar aufrechterhalten wird, dann lautet diese Abhängigkeit

$$U = 0,000\,V - 0,0592\,V \times pH$$

(Zeigen Sie einmal, daß dies stimmt.) Für die Halbreaktion $Fe^{3+}|Fe^{2+}$ ergibt sich

$$U = +0,77\,V - 0,0592\,V \times \lg \frac{[Fe^{2+}]}{[Fe^{3+}]}$$

Und für die Reaktion

$$MnO_4^- + 8\,H^+ + 5\,e^- \rightleftarrows Mn^{2+} + 4\,H_2O$$

erhalten wir

$$U = +1,49\,V - 0,0118\,V \times \lg \frac{[Mn^{2+}]}{[MnO_4^-] \times ([H^+]/mol\,l^{-1})^8}$$

$$= +1,49\,V - 0,0118\,V \times \lg \frac{[Mn^{2+}]}{[MnO_4^-]} - 0,0947\,V \times pH$$

(Beachten Sie die Division von 0,0592 V durch 5, wobei wir 0,0118 V erhalten, und die Multiplikation dieses Wertes mit 8 ganz rechts.) Daher werden alle Faktoren, die einen Einfluß auf die Ionenkonzentrationen haben, auch die Elektrodenpotentiale beeinflussen.

Sobald einmal diese individuellen Halbreaktionsgleichungen in der richtigen Form hinsichtlich der Ionenkonzentrationen niedergeschrieben sind, können sie miteinander zur Nernstschen Gleichung für die Zelle als Ganzes kombiniert werden.

Beispiel: Geben Sie eine ausgewogene Reaktionsgleichung für die Reaktion zwischen den $Fe^{3+}|Fe^{2+}$- und $H^+, MnO_4^-|Mn^{2+}$-Paaren an, und berechnen Sie K_{eq} für diese Reaktion.

Lösung:

(a) $$5e^- + 8H^+ + MnO_4^- \rightleftarrows Mn^{2+} + 4H_2O$$

$$U = 1,49\,V - \frac{0,0592\,V}{5} \lg \frac{[Mn^{2+}]}{[MnO_4^-]([H^+]/moll^{-1})^8}$$

(b)   (umgekehrt) $Fe^{2+} \rightleftarrows Fe^{3+} + e^-$

$$U = -0,77\,V - \frac{0,0592\,V}{1} \lg \frac{[Fe^{3+}]}{[Fe^{2+}]}$$

Um genug Elektronen zu erhalten, damit eine ausgewogene Gleichung mit der Manganreaktion aufgestellt werden kann, müssen wir die Einzelreaktion mit 5 multiplizieren

(c) $$5Fe^{2+} \rightleftarrows 5Fe^{3+} + 5e^-$$

$$U = -0,77\,V - \frac{0,0592\,V}{5} \lg \frac{[Fe^{3+}]^5}{[Fe^{2+}]^5}$$

Beachten Sie, wie die stöchiometrischen Koeffizienten der Eisengleichungen im Nenner des 0,0592 V-Terms und in den Exponenten des logarithmischen Terms behandelt wurden. Denken Sie daran, daß gilt

$$\frac{1}{n} \lg a^n = \lg a$$

Addieren Sie jetzt (a) und (c)

(d) $$8H^+ + MnO_4^- + 5Fe^{2+} \rightleftarrows Mn^{2+} + 4H_2O + 5Fe^{3+}$$

$$U = 0,72\,V - \frac{0,0592\,V}{5} \lg \frac{[Mn^{2+}][Fe^{3+}]^5}{([H+]/mol\,l^{-1})^8[MnO_4^-][Fe^{2+}]^5}$$

Im Gleichgewicht gilt nun $U = 0$ und damit

$$U_{Zelle}^0 = 0,72\,V = \frac{0,0592\,V}{5} \lg K_{eq}$$

und wir erhalten für die Gleichgewichtskonstante

$$K_{eq} = 5 \times 10^{62} = \frac{[Mn^{2+}][Fe^{3+}]^5}{([H^+]/moll^{-1})^8[MnO_4^-][Fe^{2+}]^5}$$

Um noch einmal auf die Behandlung der Stöchiometrie hinzuweisen, sollten wir beachten, daß bei der Betrachtung der Halbreaktion

$$Fe^{3+} + e^- \rightleftarrows Fe^{2+}$$

die Größe des Potentials unabhängig von der Molzahl ist, mit der diese Halbreaktion in die ausgewogene Reaktionsgleichung eingeht

$$U = U^0 - 0{,}0592\,V \lg \frac{[Fe^{2+}]}{[Fe^{3+}]}$$

$$= U^0 - \frac{0{,}0592\,V}{5} \lg \frac{[Fe^{2+}]^5}{[Fe^{3+}]^5}$$

Als intensive Größe ist das Zellenpotential wie die molare freie Enthalpie einer Reaktion unabhängig von der eingesetzten Stoffmenge. Erst durch Multiplikation mit den entsprechenden extensiven Größen (Ladungsmenge bzw. Molzahl) erhalten wir aus ihnen die Nutzarbeit, die ein bestimmtes chemisches System leisten kann.

Der Bereich von K_{eq} bei Redoxreaktionen

Wenn wir uns die Reduktionspotentiale in den Tabellen 17–1 und 17–2 ansehen, stellen wir fest, daß sie sich über einen Bereich von $+3\,V$ bis $-3\,V$ erstrecken. Ein Unterschied von sechs Volt bei den Halbreaktionspotentialen entspricht nun einer Gleichgewichtskonstante von $10^{100\,n_e}$, wobei n_e die Zahl der in einem Redoxprozeß transferierten Elektronen ist

$$U^0 \frac{0{,}0592\,V}{n_e} \lg K_{eq} = 6{,}0\,V$$

$$\lg K_{eq} \approx 100\,n_e$$
$$K_{eq} \approx 10^{100\,n_e}$$

Dies ist eine immens große Gleichgewichtskonstante im Vergleich mit dem maximalen K_{eq}-Wert von ungefähr 10^{14}, der uns bei den Protonentransferreaktionen in wäßriger Lösung begegnete. Dieser riesige Bereich von Werten für die Gleichgewichtskonstanten innerhalb eines Redoxpotentialbereichs von sechs Volt bedeutet, daß die Chance recht klein ist, zwei Halbzellenpotentiale zu finden, die dicht genug beieinander liegen, so daß sich zwischen ihnen ein Gleichgewicht einstellen kann, bei dem sowohl von den Reaktionspartner als auch von den Produkten noch signifikante Mengen vorhanden sind. Eine so große Gleichgewichtskonstante wie 10^{20} würde bei einer Zwei-Elektronen-Reaktion nur einen Redoxpotentialunterschied von $0{,}59\,V$ bedingen. Redoxreaktionen neigen dazu, Alles-oder-Nichts-Prozesse zu sein, bei denen entweder die Reaktionspartner oder die Produkte in spürbaren, signifikanten Mengen vorkommen, aber nicht beide zusammen. Für derartige Reaktionen, bei denen eine Bestimmung der Konzentrationen nach herkömmlichen Verfahren ein hoffnungsloses Unterfangen wäre, bieten die Messungen der Zellen-EMK eine bequeme und praktische Methode zur Bestimmung der Gleichgewichtskonstanten an.

17–6   Löslichkeitsgleichgewichte und Potentiale

Eine der Schwierigkeiten bei der direkten Messung von Löslichkeitsprodukten ist die, daß bei nur wenig löslichen Salzen, wie z. B. AgCl, die Konzentrationen im Gleichgewichtsfall zu gering sind, um genau gemessen werden zu können. Jedoch kann die Halbreaktion

$$Ag^+ + e^- \rightleftarrows Ag$$

für die gilt

$$U = 0{,}80\,V - 0{,}0592\,V \lg \frac{mol\,l^{-1}}{[Ag^+]}$$
$$= 0{,}80\,V + 0{,}0592\,V \lg \frac{[Ag^+]}{mol\,l^{-1}}$$

zur Messung der Löslichkeit herangezogen werden. Wenn z. B. die Silberionenkonzentration so gering wie 10^{-30}-molar wäre, würde das Elektrodenpotential des Silbers noch immer $-1{,}0\,V$ ausmachen, was ganz offensichtlich ein sehr gut meßbarer Wert ist.

Beispiel: Berechnen Sie K_{lp} für AgCl bei 298 K aus den Werten für geeignete Elektrodenpaare in Tabelle 17–1.

Lösung: Beginnen Sie mit den beiden Halbreaktionen

$$AgCl + e^- \rightleftarrows Ag + Cl^- \qquad U^0 = 0{,}22\,V \text{ (Reduktion)}$$
$$Ag \rightleftarrows Ag^+ + e^- \qquad U^0 = -0{,}80\,V \text{ (Oxidation)}$$

Addieren Sie diese Gleichungen, um die Gleichung für die Auflösung von AgCl zu erhalten

$$ACl \rightleftarrows Ag^+ + Cl^- \qquad U^0 = -0{,}58\,V$$

U^0 ist negativ, da die Reaktion spontan von rechts nach links verläuft, wenn Ag^+ und Cl^- in 1-molarer Standardkonzentration vorliegen. Für die Gesamtreaktion gilt

$$\Delta \bar{G}^0 = -RT \ln K_{lp} = -n_e F U^0$$

da ja im Falle des Gleichgewichts U in der Nernstschen Gleichung gleich null ist. Wir erhalten daraus

$$\ln K_{lp} = -\frac{1\,F}{RT} \times 0{,}58\,V$$

$$\lg K_{lp} = -\frac{0{,}58}{0{,}0592} = -9{,}8$$

$$K_{lp} = 1{,}6 \times 10^{-10}$$

Beispiel: Berechnen Sie aus den Daten in Tabelle 17–1 den Wert von K_{lp} für Hg_2Cl_2 bei 298 K.

Lösung: Das Löslichkeitsgleichgewicht lautet

$$Hg_2Cl_2(s) \rightleftarrows Hg_2^{2+} + 2Cl^-$$
$$K_{lp} = ([Hg_2^{2+}]/mol\,l^{-1}) \times ([Cl^-]/mol\,l^{-1})^2$$

Die Halbreaktionen für dieses Gleichgewicht sind

$$Hg_2Cl_2 + 2e^- \rightleftarrows 2Hg + 2Cl^- \qquad U^0 = +0{,}27\,V$$
$$Hg_2^{2+} + 2e^- \rightleftarrows 2Hg \qquad U^0 = +0{,}80\,V$$

Wenn wir jetzt die erste Halbreaktion zur Umkehrung der zweiten addieren, erhalten wir

$$Hg_2Cl_2 \rightleftarrows Hg_2^{2+} + 2Cl^- \qquad U^0 = (0{,}27 - 0{,}80)\,V = -0{,}53\,V$$

Der Ausdruck für das Löslichkeitsprodukt ergibt sich damit zu

$$0 = -0{,}53\,V - \frac{0{,}0592\,V}{2}\,\lg K_{lp}$$

$$\lg K_{lp} = -17{,}9$$
$$K_{lp} = 1{,}3 \times 10^{-18}$$

Eine interessante Schlußfolgerung aus der Auswirkung der Löslichkeit auf die Elektrodenpotentiale kann anhand einer Betrachtung der Reaktion zwischen Silberionen und Iodidionen aufgezeigt werden: Die Tabelle 17–1 „sagt voraus", daß Silberionen Iodidionen oxidieren sollten nach der Reaktion

$$2Ag^+ + 2I^- \rightleftarrows 2Ag + I_2$$

Wenn wir eine Zelle herstellen, in der die beiden Halbreaktionen voneinander getrennt ablaufen, dann scheidet sich Silber, wie vorhergesagt, an der Kathode ab, und an der Anode entsteht Iod. Wenn jedoch die beiden Ionenarten direkt gemischt werden, ist die Bildung des unlöslichen Silberiodids die einzige Reaktion, die wir beobachten können

$$Ag^+ + I^- \rightleftarrows AgI(s)$$

Da K_{lp} für AgI einen Wert von annähernd 10^{16} besitzt, können wir mit Hilfe der Nernstschen Gleichung zeigen, daß das Potential des $Ag^+|Ag$-Paares um $16 \times 0{,}0592\,V$ oder ungefähr $1{,}0\,V$ in einer 1,0-molaren I^--Lösung verringert wird, wogegen sich das Potential des $I_2|I^-$-Paares um nahezu denselben Betrag in einer 1,0-molaren Ag^+-Lösung erhöht. Da nun aber das $I_2|I^-$-Paar nur um annähernd $0{,}25\,V$ unter dem $Ag^+|Ag$-Paar steht, sind diese beiden Veränderungen mehr als genug, um die Positionen der Paare in der Tabelle umzukehren.

Die Bildung von Komplexionen und Reduktionspotentiale

Sehen Sie sich einmal das Gleichgewicht zwischen Silberionen und Cyanidionen an

$$Ag^+ + 2\,CN^- \rightleftarrows Ag(CN)_2^-$$

(Um eine Verwechslung mit den eckigen Klammern zu vermeiden, die in den Ausdrücken für die Gleichgewichtskonstanten die Konzentrationen der einzelnen Komponenten symbolisieren, wurde das Komplexion $[Ag(CN)_2]^-$ ohne die sonst üblichen eckigen Klammern geschrieben.) Der Ausdruck für die Gleichgewichtskonstante lautet dann

$$K_{eq} = \frac{[Ag(CN)_2^-]}{[Ag^+]([CN^-]/mol\,l^{-1})^2}$$

oder

$$[Ag^+] = \frac{[Ag(CN)_2^-]}{K_{eq}([CN^-]/mol\,l^{-1})^2}$$

Für eine Silberelektrode, die in eine Lösung eintaucht, die $0{,}01\ mol\,l^{-1}$ Silberionen mit einem Überschuß von Cyanidionen enthält, sind praktisch alle Silberionen komplex gebunden. Das Potential ist dann gegeben durch

$$U = 0{,}80\,V + 0{,}0592\,V\,lg\,\frac{[Ag(CN)_2^-]}{K_{eq}([CN^-]/mol\,l^{-1})^2}$$

$$= 0{,}80\,V - 0{,}1184\,V - 0{,}0592\,V\,lg\,K_{eq} - 0{,}1184\,V\,lg\,\frac{[CN^-]}{mol\,l^{-1}}$$

Derartige Beziehungen werden bei der Untersuchung von Gleichgewichten verwendet, an denen Komplexionen beteiligt sind.

17–7 Redoxchemie auf Abwegen: Korrosion

Die Korrosion von Metallen ist ein Redoxprozeß. So kann z. B. Eisen entweder durch molekularen Sauerstoff oder durch Säure oxidiert werden, wenn genug Feuchtigkeit vorhanden ist, damit die chemischen Reaktionen mit einer spürbaren Geschwindigkeit ablaufen können

$$\text{Oxidation:}\quad Fe(s) \rightleftarrows Fe^{2+} + 2e^- \qquad U^0 = +0{,}41\,V$$

$$\text{Reduktion:}\begin{cases} \frac{1}{2}O_2(g) + H_2O(l) + 2e^- \rightleftarrows 2\,HO^- & U^0 = +0{,}40\,V \\ 2\,H^+ + 2e^- \rightleftarrows H_2(g) & U^0 = 0{,}00\,V \end{cases}$$

Wenn Eisen rostet, wird metallisches Eisen zur $+2$-Oxidationsstufe oxidiert, wobei es Schuppen von FeO oder anderer Eisenoxide bildet. Aluminium korrodiert sogar noch heftiger

$$Al(s) \rightleftarrows Al^{3+} + 3e^- \qquad U^0 = +1{,}66\,V$$

Auf der Skala der Reduktionspotentiale besitzt also das Aluminium eine weitaus stärkere Neigung, in den oxidierten Zustand überzugehen, als das Eisen. Dennoch halten wir das Aluminium gegenüber der Korrosion für relativ inert, während das Rosten von Eisen und Stahl ein ernstes und kostspieliges Problem ist. Woran liegt das?

Diese Frage läßt sich nur beantworten, wenn wir uns die Kristallstrukturen von Aluminium, Eisen und ihren jeweiligen Oxiden ansehen. Die Elementarzellen- oder Packungsabstände im Aluminium und seinem Oxid sind einander sehr ähnlich, so daß das an der Metalloberfläche sich bildende Aluminiumoxid fest an dem nichtkorrodierten Aluminium haftet, das unter der Oxidschicht liegt. Die oxidierte Oberfläche bildet auf diese Weise eine Schutzschicht, die verhindert, daß der Sauerstoff weiter zu dem Metall unter ihr vordringen kann. Anodisch oxidiertes oder „eloxiertes" Aluminium bei Küchengeräten besitzt eine besonders feste Oxidschicht, die ihm dadurch verliehen wird, daß der betreffende Aluminiumgegenstand in eine Situation gebracht wird, die seine Korrosion sehr stark begünstigt – indem man ihn zur Anode in einer elektrochemischen Reaktion macht.

Im Gegensatz dazu liegen die Packungsdimensionen des metallischen Eisens und des FeO nicht besonders dicht beieinander; somit besteht für eine Eisenoxidschicht keine Neigung, fest auf dem metallischen Eisen zu haften. Der Fluch des Rosts ist es nicht, daß er sich bildet, sondern daß er ständig abblättert und eine frische Eisenoberfläche dem erneuten Angriff aussetzt (Abbildung 17–11). Eine Methode, das Rosten zu verhindern, ist die, Feuchtigkeit und Sauerstoff von der Oberfläche eines eisernen Gegenstands dadurch fernzuhalten, daß man ihm einen künstlichen Überzug, wie z. B. einen Anstrich, gibt. Ein guter Farbanstrich haftet besser als FeO, aber er hält auch nicht ewig.

Eine andere und weitaus wirksamere Methode ist es, die Elektrochemie für sich arbeiten zu lassen. Genauso, wie man Aluminium mit einem Oxidfilm überziehen kann, indem man es zur Anode in einer elektrochemischen Zelle macht, kann man die Oxidation des Eisens *verhindern*, indem man es zur Kathode macht. Eine Art, dieses zu erreichen, ist die, das Eisen mit einem reaktionsfreudigeren (unedleren) Metall zu überziehen oder zu plattieren, das seinerseits jedoch eine schützende Oxidschicht ausbildet: Wenn Eisen und Aluminium miteinander in Berührung stehen, wird sich das Eisen als Kathode

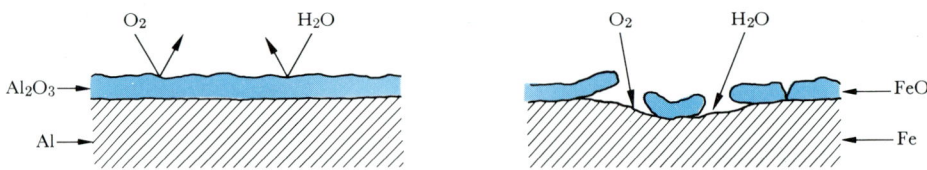

Abbildung 17–11 Eine Schicht von Aluminiumoxid haftet, sobald sie sich einmal gebildet hat, fest an der Oberfläche des metallischen Aluminiums und schützt diese vor weiterer Korrosion (links). Unglücklicherweise haftet Eisenoxid nicht genauso gut auf einer Eisenoberfläche, sondern blättert ständig als Rost ab und setzt eine saubere Oberfläche den weiteren Angriffen von Sauerstoff und Feuchtigkeit aus (rechts). Daher muß die Oberfläche von Gegenständen aus Eisen und Stahl durch irgendeine künstliche Methode geschützt werden.

und das Aluminium als Anode verhalten, wie auch ihre Reduktionspotentiale erkennen lassen

$$Fe^{2+} + 2e^- \rightleftarrows Fe(s) \qquad U^0 = -0,41\,V$$
$$Al^{3+} + 3e^- \rightleftarrows Al(s) \qquad U^0 = -1,66\,V$$

Das Aluminium wird die Oxidation des Eisens verhindern, während sein eigenes Oxid das Aluminium vor einer fortwährenden, zerstörenden Korrosion schützt.

Aber wenn Sie sich schon daranmachen, Eisen mit Aluminium zu überziehen, dann könnten Sie genausogut die Gegenstände gleich aus Aluminium herstellen, wodurch Sie noch den Vorteil des geringeren Gewichts hätten. Unglücklicherweise ist Aluminium aber recht teuer. Eine ältere und billigere Alternative ist das Verfahren, das Eisen zu „galvanisieren", d. h. mit einer dünnen Zinkschicht zu überziehen. Sie können aus Tabelle 17–1 entnehmen, daß das Prinzip dasselbe ist, obwohl die Reduktionspotentiale von Zink und Eisen dichter beieinanderliegen. Ein verzinkter Stahleimer ist korrosionsfrei nicht bloß, weil der Zinküberzug das Eisen wie ein Farbanstrich schützt, sondern weil das Zink das Eisen auch elektrochemisch davor bewahrt, oxidiert zu werden: Zerkratzen Sie die Zinkschicht eines verzinkten Eimers, er wird dennoch nicht zu rosten beginnen; im Prinzip braucht der eiserne Gegenstand nicht einmal gänzlich von dem Überzug bedeckt zu sein.

Mit dem Zinn ist es eine andere Geschichte. Eine „Weißblech"-Büchse besteht aus mit Zinn überzogenem Eisen. Aus der Tabelle 17–1 können Sie entnehmen, daß Sn im Reduktionspotential über Fe steht, das Sn^{2+}-Ion also eine stärkere Neigung als das Fe^{2+}-Ion besitzt, sich zum Metall reduzieren zu lassen. Der Zinnüberzug *fördert* in der Tat die Oxidation und infolgedessen die Korrosion des Eisens. Eine Weißblechbüchse ist nur so lange gegen Korrosion geschützt, wie der gesamte Zinnüberzug unverletzt ist. Wenn Sie eine Weißblechbüchse ankratzen, wird sie ganz sicher zu rosten beginnen. Der Zinnüberzug wirkt hier nur als besonders fest haftender und sehr widerstandsfähiger „Super-

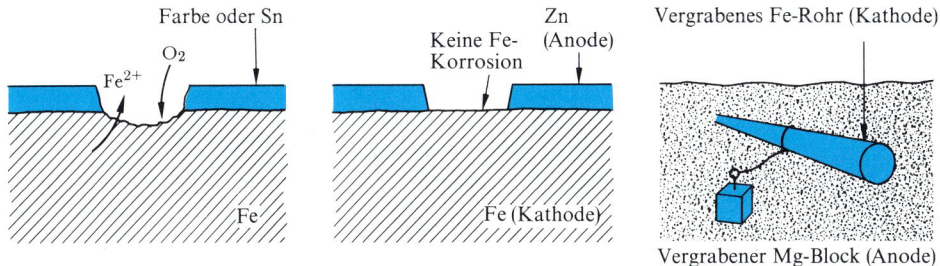

Abbildung 17–12 Einen Schutz für einen eisernen Gegenstand bietet ein luftdichter Überzug aus Farbe oder einem anderen Metall wie z. B. Zinn. Dies geht so lange gut, wie der Überzug unverletzt bleibt, aber wenn sich ein Loch oder Kratzer im Überzug bildet, dann beginnt die Korrosion (links). Ein Zinküberzug liefert einen zusätzlichen elektrochemischen Schutz, da Eisen ein höheres Reduktionspotential als Zink besitzt und daher im reduzierten Zustand bleibt, während das Zink oxidiert wird (Mitte). Auf ähnliche Weise kann ein Magnesiumblock ein Eisenrohr schützen, indem er an dessen Stelle korrodiert (rechts). Bei diesen beiden Anwendungsbeispielen bezeichnet man Zink und Magnesium als „Opfermetalle".

anstrich". Für unsere Umwelt ist dies vielleicht ein Glücksfall: Weißblechbüchsen zerstören sich irgendwann einmal von selbst; Aluminiumbüchsen tun dies nicht.

Derselbe elektrochemische Kunstgriff kann auch dazu verwendet werden, die Korrosion von eisernen Rohren in feuchtem Boden oder von stählernen Schiffsrümpfen in Salzwasser zu verhindern. Magnesiumstäbe, die in regelmäßigen Abständen entlang einer eisernen Rohrleitung in den Boden getrieben werden und die mit der Rohrleitung elektrisch verbunden sind, lassen das Eisen zur Kathode werden und verhindern auf diese Weise seine Korrosion. Zwar korrodiert dabei das Magnesium, aber es ist leichter und billiger, die Magnesiumstäbe auszutauschen als die gesamte Rohrleitung auszugraben und zu erneuern (Abbildung 17–12). Magnesiumblöcke, die im Meerwasser am Rumpf eines Schiffes befestigt werden, erfüllen denselben Zweck. Das Magnesium wird als „Opfermetall" bezeichnet, dessen Korrosion als Alternative zur Korrosion des eisernen Körpers hingenommen werden kann.

17–8   Zusammenfassung

Einige Atome und Ionen ziehen Elektronen stärker als andere an. Wenn wir zulassen, daß Elektronen von den weniger stark anziehenden Ionen oder Atomen zu den stärker anziehenden übergehen, entsteht eine stabilere Sachlage, und Energie wird freigesetzt. Wenn keine besonderen Vorkehrungen getroffen werden, wird diese Energie als Wärme oder als eine Erhöhung der Unordnung (Entropie) vergeudet. Wenn aber die Elektronen freisetzenden und Elektronen aufnehmenden Halbreaktionen physikalisch getrennt werden können, dann kann der Elektronenfluß vom einen Ort zum anderen zur Leistung elektrischer Arbeit nutzbar gemacht werden. Dies ist das Prinzip aller elektrochemischen Zellen.

Die Substanz, die die Elektronen abgibt, wird *oxidiert*, und die Elektrode, an der das geschieht, ist die *Anode*. Die Substanz, die die Elektronen aufnimmt, wird an der *Kathode reduziert*. Der „Druck", den diese Elektronen dabei ausüben und der zwischen Anode und Kathode gemessen wird, ist die Zellenspannung oder die elektromotorische Kraft (EMK) der Zelle. Eine positive Zellenspannung bedeutet, daß die Zellenreaktion spontan ablaufen wird, wobei Elektronen durch den äußeren Stromkreis von der Anode zur Kathode fließen. Eine negative Zellenspannung bedeutet, daß die umgekehrte Reaktion (Rückreaktion) spontan verläuft. Die Zellenspannung hängt über den Ausdruck

$$\Delta \bar{G} = - n_e F U$$

mit der molaren freien Enthalpie der Zellenreaktion zusammen.

Eine Zellenreaktion kann in zwei Halbreaktionen zerlegt werden, die die Prozesse an der Anode und Kathode einzeln darstellen. Jeder dieser Halbreaktionen kann ein eigenes Halbzellenpotential zugeschrieben werden, daß als das Potential definiert ist, das wir beobachten würden, wenn wir die betreffende Halbreaktion mit der Wasserstoffhalbzelle

$$2H^+ + 2e^- \ \rightleftarrows \ H_2(g)$$

paaren würden. (Dies ist gleichbedeutend mit einer Definition der Spannung der Wasser-stoffhalbreaktion als $U^0 = 0,0000\,V$.) Nach Konvention werden die Halbzellenreak-tionen als *Reduktionen* (Aufnahme von Elektronen) geschrieben, und das entsprechende *Reduktionspotential* ist daher ein Maß für die relative Neigung zur Reduktion. (Einige ältere Lehrbücher verwenden Oxidationsreaktionen und Oxidationspotentiale: Das Oxidationspotential ist gleich dem negativen Wert des Reduktionspotentials.) Ein hohes, positives Reduktionspotential läßt eine starke Neigung zur Reduktion erkennen, während ein großes, negatives Potential auf ein starkes Bestreben hinweist, in den oxidierten Zustand überzugehen. Wenn eine Halbreaktion von einer anderen abgezogen wird, um eine vollständige Zellenreaktion zu erhalten, werden auch die entsprechenden Reduktionspotentiale subtrahiert. Obwohl dabei gegebenenfalls eine der Halbzellen-reaktionen mit einem stöchiometrischen Faktor multipliziert werden muß, damit sich in der Gesamtreaktion die Zahlen der abgegebenen und aufgenommenen Elektronen gegenseitig aufheben, wird das entsprechende Reduktionspotential nicht mit diesem Faktor multipliziert: Die Reduktionspotentiale sind als effektive „Elektronendrücke" intensive Größen und bereits auf einer Ein-Elektronen-Basis ermittelt. Die Stöchio-metrie der Elektronen wird durch die Größe n_e in dem Ausdruck

$$\Delta\overline{G} = -n_e F U$$

berücksichtigt.

Wenn die Konzentrationen aller Ionenarten einen Wert von $1\,mol\,l^{-1}$ besitzen und alle Gase unter einem Partialdruck von $1,013\,bar$ stehen, haben wir den *Standardzustand* für die EMK vorliegen, die dann durch U^0 symbolisiert wird (analog zur molaren freien Standardenthalpie, $\Delta\overline{G}^0$, mit dem hochgestellten Index null). Wenn die Reaktions-partner und Produkte nicht alle in ihren Standardkonzentrationen vorliegen, dann wird die Zellenspannung durch die *Nernstsche Gleichung* gegeben

$$U = U^0 - \frac{RT}{n_e F}\ln Q$$

die das elektrochemische Analogon zu der in den Kapiteln 15 und 16 diskutierten Glei-chung für den Zusammenhang zwischen der freien Enthalpie und der Konzentration ist. Genauso, wie eine Gesamtzellenreaktion in zwei Halbreaktionen zerlegt werden kann, können auch für jeden Halbzellenprozeß getrennte Nernstsche Gleichungen auf-gestellt werden.

Ein bemerkenswerter Zug der Redoxreaktionen ist es, daß sie im Gegensatz zu den meisten anderen chemischen Reaktionen über einen derart großen Bereich von Gleich-gewichtskonstanten vorkommen. Bei einer Zwei-Elektronen-Reaktion entspräche eine Zellenspannung von sechs Volt einer Gleichgewichtskonstante von $K_{eq} = 10^{200}$! Dies bedeutet, daß zwei Halbreaktionen nur selten einander so ähnliche Zellenpotentiale besitzen werden, daß die Gleichgewichtskonstante der Gesamtreaktion eine mittlere Größe besitzt. Die meisten Redoxreaktionen laufen entweder vollständig ab (d.h. prak-tisch vollständig, so daß mit herkömmlichen chemischen Analysenmethoden keine Ausgangsstoffe mehr nachgewiesen werden können) oder überhaupt nicht. Jedoch können wir mit Hilfe elektrochemischer Methoden Gleichgewichte, Löslichkeitsprodukte und Komplexionenbildung unter Bedingungen untersuchen, bei denen die eine oder andere Komponente am Gleichgewichtspunkt in Mengen vorliegt, die bei weitem zu klein sind, um mit analytischen Standardmethoden noch entdeckt werden zu können.

Mit Hilfe dessen, was wir von der Elektrochemie wissen, können wir Zellen und Batterien entwerfen und bauen, die elektrische Energie in kleinen Mengen an den gewünschten Orten liefern, und wir können die elektrische Energie dazu benutzen, von uns erwünschte chemische Reaktionen herbeizuführen. Das Herstellen von Metallüberzügen auf elektrolytischem Wege und die Aluminiumgewinnung sind Beispiele dafür. Wir können auch elektrochemische Prinzipien dazu verwenden, die Korrosion von Metallen zu verhindern, die niedrige Reduktionspotentiale besitzen. Bis jetzt können wir weder eine billige, leichtgewichtige Speicherbatterie mit einer hohen Energiedichte noch eine elektrochemische Brennstoffzelle (siehe Nachwort) herstellen, die mit überall zur Verfügung stehenden Brennstoffen arbeitet.

17–9   Postskriptum: Es geht nichts über einen alten Brennstoff – oder doch?

Seit Jahrtausenden wußte der Mensch aus Erfahrung, daß man irgendetwas verbrennen mußte, wenn man Energie haben wollte. Der erste Brennstoff war Holz, und später kamen Kohle und einige der Öle und Gase, die aus Sumpfgebieten austraten. Die erste industrielle Revolution in England gründete sich auf eine Energiequelle – Kohle –, die seit dem Anfang der geschriebenen Geschichte der Menschheit allgemein bekannt war. Der Mensch konnte auch tierische Fette und Talg verbrennen, um Energie zu gewinnen, aber erst in den letzten zweihundert Jahren seiner Geschichte erkannte er, daß dies genau das war, was die Tiere auch mit ihnen taten: Die Energie für den Betrieb fast aller Lebewesen wird durch Verbrennung gewonnen, d. h. durch das Verbrennen irgendeiner energiereichen Verbindung in der Gegenwart von Sauerstoff. Auf einem Planeten wie dem unseren, der bis heute einen ausreichend hohen Sauerstoffvorrat besessen hat, ist diese Art der Energiegewinnung eine ganz sinnvolle und vernünftige Sache.

Bei der Gewinnung von nutzbarer Energie aus chemischen Verbindungen gibt es zwei Hauptprobleme: Erstens, die Substanzen mit der größten Energie zu finden, und zweitens, die Methoden zu finden, mit deren Hilfe aus ihnen die Maximalenergie in einer nutzbaren Form gewonnen werden kann. Beide Probleme gewinnen an Bedeutung, wenn der Vorrat an möglichen Brennstoffen knapp wird, wenn ihre Ausnutzung die Umwelt durch Abfallprodukte schädigt, wenn der Sauerstoffvorrat nicht unbegrenzt ist oder wenn wir die Brennstoffe von ihrer natürlichen Quelle über große Entfernungen transportieren müssen, wie es bei der Raumfahrt am extremsten der Fall ist.

Die auf der Erde am gründlichsten erprobten Brennstoffsysteme sind die, die in den lebenden Organismen eingesetzt sind. Die Versuche dazu laufen seit drei Milliarden Jahren oder mehr, und die Bestrafung für ein schlechtes Experiment ist das Aussterben der Art. Wenn wir uns die Tabelle 17–3 ansehen, müssen wir feststellen, daß die lebenden Organismen dabei nicht zu schlecht abschneiden. Die ergiebigste Quelle für Verbren-

Tabelle 17–3 Die pro Gramm von einigen typischen Brennstoffen gelieferte Energie bei der Verbrennung mit Sauerstoffgas

Brennstoff	Aggregatzustand	Molmasse $(g \, mol^{-1})$	$\Delta \bar{H}_{298}^0$ für die Verbrennung $(kJ \, mol^{-1})$	$\Delta \bar{H}_{298}^0 / M$ $(kJ \, g^{-1})$
H_2	g	2	−286,0	−143,2
C_8H_{18} (Octan, ein typisches Benzin)	l	114	−5455	−47,7
$C_{17}H_{35}COOH$ (Stearinsäure, typisch für Fette)	s	285	−11355	−39,8
$H_2NCH(CH_3)COOH$ (Alanin, typisch für Proteine)	s	89	−1624	−18,4
$C_6H_{12}O_6$ (Glucose, typisch für Kohlenhydrate)	s	180	−2818	−15,5

nungsenergie, ausgedrückt in Kilojoule pro Gramm des Brennstoffs, ist Wasserstoffgas. Jedoch haben sich Organismen in Form von schwebenden Gasballonen nie entwickelt, da, einmal von den logistischen Problemen abgesehen, die natürlichen Quellen von Wasserstoffgas nicht so häufig sind. Kohlenwasserstoffe, wie z. B. das Benzin, liefern zwar nur ein Drittel der Energie pro Gramm, haben aber den Vorteil, daß sie in der kompakteren flüssigen Phase vorliegen. Tiere speichern den größten Teil ihrer Energie in der Form von Fetten, die Ester von langen, benzinähnlichen Fettsäuren, wie z. B. der Stearinsäure, sind. Wie die Tabelle 17–3 zeigt, sind diese Fette auf der Energie-pro-Gramm-Basis fast genauso gute Energie-Speicherverbindungen wie das Benzin. Die Veresterung hilft dabei, aus ihnen feste Stoffe an Stelle der Flüssigkeiten zu machen, was einen zusätzlichen, praktischen Vorteil für ein Lebewesen mitsichbringt, das sich umherbewegen muß.

Proteine (vertreten durch die Daten für das Alanin) und Kohlenhydrate (vertreten durch die Glucose) sind bei der Energiespeicherung nur halb so wirksam. Aber für Pflanzen, die sich ja nicht umherbewegen, ist die Energieausbeute *pro Gramm* des Brennstoffs wirklich nicht so wichtig. Eine Fichte braucht nicht auf ihr Gewicht zu achten. Es zeigt sich nun, daß die Biochemie, die dazu erforderlich ist, Energie in Fettsäuremolekülen und Fetten zu speichern und sie bei Bedarf daraus wiederzugewinnen, recht kompliziert ist. Im Gegensatz dazu sind die Kohlenhydratsynthese und der Kohlenhydratabbau einfacher und schneller. Die Pflanzen geben den für sie unbedeutenden Vorteil der höheren Energieausbeute pro Gramm bei den Fetten zu Gunsten des beträchtlichen Vorteils der einfacheren Kohlenhydrat-Biochemie auf. In grünen Pflanzen wird die Energie in Form von Stärke und nicht in Form von Fetten gespeichert. Selbst die Tiere nutzen die schnelle Zugriffszeit des Kohlenhydrat-Energiespeichers: Wir speichern in unserem Blut eine begrenzte Energiemenge in Form von Glykogen, einem stärkeähnlichem Molekül, das als Puffer für plötzlich auftretende Energieanforderungen dient.

Wenn wir nun unseren Heimatplaneten verlassen und mit der Erforschung des Weltraums beginnen, wird das Energie-pro-Gramm-Problem aller Tiere noch ernster. Selbst Benzin ist dann zu energiearm, und wir gehen zur direkten Verbrennung von Wasserstoff für den Antrieb der ersten Stufe der Saturn-Raketen über. Wir suchen auch nach neuen und besseren Methoden für die Erzeugung von elektrischer Energie zum Betreiben der Raumschiffsysteme. Ein Weg ist der, nicht zu versuchen, Energie von unserem Heimatplaneten auf dem Mini-Planeten mitzunehmen, den unser Raumschiff darstellt, sondern mit Hilfe von Sonnenbatterien Elektrizität direkt aus der Sonnenenergie zu gewinnen. Bis jetzt verfügen wir noch nicht über eine Technologie, daraus eine Quelle großer Energiemengen zu machen. Wenn wir aber schon irdische Brennstoffe einsetzen müssen, dann sollte es wenigstens der ergiebigste Brennstoff auf Massenbasis sein: Die Antwort darauf ist die Erzeugung von elektrischer Energie mit einer Brennstoffzelle die als Energiequelle die Verbrennung von Wasserstoff benutzt

$$H_2(g) + \tfrac{1}{2}O_2(g) \rightleftarrows H_2O(l) \qquad \Delta H^0_{298} = -286{,}0\,\mathrm{kJ}$$
$$\Delta G^0_{298} = -237{,}4\,\mathrm{kJ}$$

Ungefähr das Schlimmste, was wir mit dem Wasserstoff in unserem Raumschiff tun könnten, wäre es, wenn wir ihn verbrennen würden, wie wir es mit den meisten Brennstoffen auf der Erde tun, um mit der so gewonnenen Wärme Elektrizität zu erzeugen. Bei einer typischen Flammentemperatur von annähernd 1500 K und bei Einsatz einer Wärmekraftmaschine, deren Kondensator eine Temperatur von 300 K besitzt, können wir nach dem zweiten Hauptsatz der Thermodynamik nur auf einen maximalen Wirkungsgrad der Energieumwandlung von

$$\text{Wirkungsgrad} = \frac{1500\,\text{K} - 300\,\text{K}}{1500\,\text{K}} = 0{,}80 = 80\%$$

hoffen. Dieser Wert ist das Maximum, das thermodynamisch möglich ist. Zusätzlich dazu müßten wir noch den weitaus geringeren Wirkungsgrad irgendeiner realen Wärmekraftmaschine und die Verluste hinnehmen, die anschließend bei der Umwandlung der mechanischen Energie in Elektrizität mittels irgendeines Generators entstehen. Wir würden Glück haben, wenn wir etwa 25% der von der chemischen Reaktion zur Verfügung gestellten Energie in Elektrizität umgewandelt hätten. Und wer hätte schon gerne Ofen, Kessel, Turbine und Generator an Bord eines Raumschiffs?

Es gibt eine bessere Methode: Warum sollten wir chemische Energie in Wärmeenergie und diese dann in elektrische Energie umwandeln, wenn wir den Wärmeschritt auch ganz fortlassen können. Mit der Wärme verhält es sich wie mit ungarischen Forints: Sie sind schwer ohne Verluste zu bekommen und sogar noch schwerer gegen eine andere Währung umzutauschen, sobald Sie sie einmal haben. Eine *Brennstoffzelle* in der eine direkte Umwandlung von chemischer Energie in elektrische Energie abläuft, zeigt Abbildung 17–13. Die Gesamtreaktion in ihr ist die Verbrennung von Wasserstoff. Wie bei jeder anderen elektrochemischen Zelle wurden die Halbreaktionen an den Elektroden getrennt, so daß die Elektronen gezwungen werden, durch einen äußeren Stromkreis von der Anode zur Kathode überzugehen. Diese Zelle unterscheidet sich prinzipiell nichts von jenen Zellen, die wir Ihnen in den Abbildungen 17–2 bis 17–7 vorgestellt haben. Das Neue an dieser Zelle ist, daß ständig frische Reaktionspartner (H_2 und O_2) in die Zelle eingeleitet werden und daß das Produkt (H_2O) fortwährend abgesaugt wird, so daß die Spannung der Zelle konstant bleibt und die Energieabgabe nicht unterbrochen wird. Wenn wir im Daniell-Element (Abbildung 17–4) fortwährend Zinkionen entfernen und Kupferionen nachliefern würden, dann würde es ebenfalls eine Brennstoffzelle darstellen. Der große Vorteil aller Brennstoffzellen ist der, daß sie chemische freie Enthalpie direkt in elektrische Energie umwandeln (Wirkungsgrad $\approx 90\%$), ohne den Umweg über die Wärmeenergie zu nehmen. Die thermodynamischen Begrenzungen des Wirkungsgrades einer Wärmekraftmaschine (Wirkungsgrad 40–50%) werden dadurch vermieden.

Die Standard-EMK der Wasserstoff-Brennstoffzelle läßt sich zu

$$U^0 = -\frac{\Delta \bar{G}^0}{n_e F} = -\frac{-237{,}35 \, \text{kJ mol}^{-1}}{2 \times 96{,}5 \, \text{kC mol}^{-1}} = +1{,}23 \, \text{V}$$

berechnen, während die Abhängigkeit der EMK vom Gasdruck durch die Nernstsche Gleichung gegeben wird

$$U = +1{,}23 \, \text{V} - 0{,}0296 \, \text{V} \lg \left(\frac{(1{,}013 \, \text{bar})^{3/2}}{p_{H_2} \times p_{O_2}^{1/2}} \right)$$

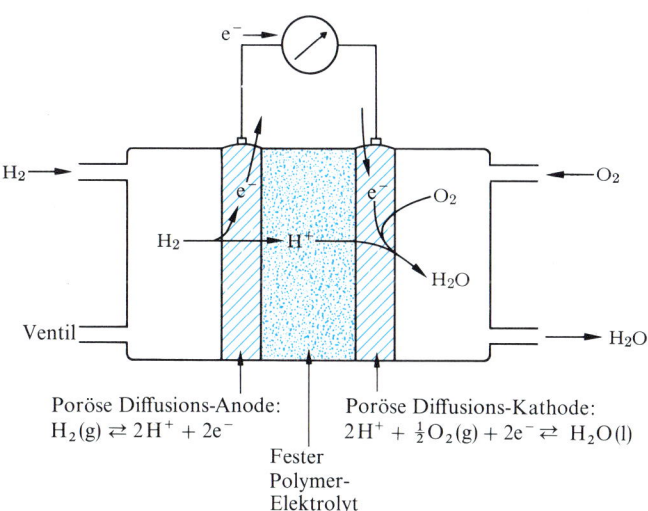

Poröse Diffusions-Anode:
$H_2(g) \rightleftarrows 2H^+ + 2e^-$

Poröse Diffusions-Kathode:
$2H^+ + \frac{1}{2}O_2(g) + 2e^- \rightleftarrows H_2O(l)$

Fester Polymer-Elektrolyt

Abbildung 17–13 Eine Wasserstoff-Sauerstoff-Brennstoffzelle: Links zugeführtes Wasserstoffgas dissoziiert in der porösen, leitenden Trennwand auf der linken Seite der Kammer. Wasserstoffionen wandern durch den Elektrolyten nach rechts (bei Anwendungen in der Raumfahrt ein festes Polymer), und die Elektronen fließen durch den äußeren Stromkreis. An der rechten, porösen Diffusionstrennwand verbinden sich diese Elektronen, Wasserstoffionen aus dem Elektrolyten und molekularer Sauerstoff zu Wasser. In einem Gravitationsfeld wird das gebildete Wasser in einen Vorratsbehälter ablaufen; im freien Weltraum kann es mit Hilfe eines Dochtes von der Diffusions-Kathode abgesaugt werden. In jedem Fall kann das sich ergebende Wasser für den menschlichen Gebrauch weiterverwendet werden.

Methoden, die an Bord eines Raumschiffs tragbar sind, das durch den NASA-Etat finanziert wird, müssen nicht notwendigerweise auch auf der Erde wirtschaftlich arbeiten. Warum bleiben wir bei den veralteten, Kohle verbrennenden Kraftwerken, die unsere Luft mit Rauch verschmutzen und unsere Flüsse mit ihrer Abwärme belasten? Warum lassen wir nicht Kohle oder wenigstens das leicht verfügbare Methangas direkt in einer Brennstoffzelle reagieren? Die Probleme sind alle praktischer Natur und nicht theoretisch bedingt. Uns ist keine reversible Elektrode bekannt, die für die Methanhalbreaktion

$$CH_4(g) + 2 H_2O(l) \rightleftarrows CO_2(g) + 8 H^+ + 8 e^-$$

geeignet wäre. Wenn wir sie hätten, könnten wir sofort eine Methan-Brennstoffzelle ähnlich der in Abbildung 17–13 gezeigten H_2-Brennstoffzelle herstellen, und es stünde uns eine Revolution der Energieerzeugung bevor. Viele hundert Mann-Jahre wurden bereits auf der Suche nach geeigneten reversiblen Elektroden für Kohlenwasserstoff-Brennstoffe oder Kohle eingesetzt, aber bisher nur mit recht begrenztem Erfolg.

So haben wir trotz aller unserer Kenntnisse über elektrochemische Zellen die eine Schlüsselantwort noch nicht gefunden, die unsere Ausnutzung der Brennstoffe entscheidend verändern könnte. Die altbekannten Brennstoffe sind gut, aber was wir mit ihnen bei dem Prozeß

$$\text{Bindungsenergie} \rightarrow \text{Wärme} \rightarrow \text{Elektrische Energie} \rightarrow \text{Andere Nutzung}$$

machen, ist schludrig, unwirtschaftlich und umweltverschmutzend. Dieser thermodynamischen Falle können wir auch mit unserer ruhmreichen, neuen Atomenergie nicht entgehen: Denn was tun wir nach der Entwicklung dieser neuen Energiequelle aus Kernreaktionen mit ihr als ersten Schritt bei der Stromerzeugung? Wir bringen mit ihrer Hilfe Wasser zum Sieden! James Watt und Ernest Rutherford – wo immer sie sein mögen – müssen lachen.

Literaturhinweise

A. J. Bard, Chemical Equilibrium, Harper and Row, New York, 1966.
L. Hepler, „Electrochemistry", in Chemical Principles, Chapter 16, Blaisdell, New York, 1964.
W. M. Latimer, Oxidation Potentials, Prentice-Hall, Englewood Cliffs, N. J., 1952, 2nd ed.
C. A. Vander Werf, Oxidation–Reduction, Reinhold, New York, 1961.
„Selected Values of Chemical Thermodynamic Properties", National Bureau of Standards Circular 500. Department of Commerce, Washington, D. C., 1952.

Fragen

1. Welche der beiden Elektroden, Anode oder Kathode, ist bei allen elektrochemischen Zellen mit der Oxidation verknüpft? Welche mit der Reduktion?
2. Worauf beruht die Triebkraft, die das Potential in einer Konzentrationszelle erzeugt?

3. Was würde geschehen, wenn Sie die halbdurchlässige Trennwand in einer Konzentrationszelle durch eine völlig undurchlässige Wand ersetzen würden? Was, wenn Sie die Trennwand ganz und gar entfernen würden?

4. Wie hängt das Zellenpotential in einer Konzentrationszelle mit den Konzentrationen zusammen?

5. Wie ist ein Daniell-Element aufgebaut, und was ist die Quelle seines elektrischen Potentials? Aus welchem Grund ist es zur Versorgung von Taschenlampen oder Elektroautos nicht geeignet?

6. Warum ist eine Trockenbatterie für die oben genannten Anwendungsbereiche besser geeignet? Welche chemischen Reaktionen laufen in einem Trockenelement ab? Welche Reaktion erzeugt Elektronen, und wie werden sie verbraucht? Welche Reaktion findet an der Anode und welche an der Kathode statt?

7. In welchem Zusammenhang steht das Zellenpotential mit der molaren freien Enthalpie der Zellenreaktion? Was ist mit dem Begriff „Standardpotential" gemeint?

8. Sind die molaren freien Enthalpien von Halbzellenreaktionen stets additiv? Sind die Halbzellenpotentiale immer additiv? Nennen Sie die Bedingungen, unter denen jede der vorangehenden Aussagen richtig und nicht richtig ist.

9. Weist ein hohes positives Reduktionspotential für eine Halbzellenreaktion auf ein starkes Bestreben des Redox-Paares hin, andere Stoffe zu reduzieren?

10. Wie erhält man die Gesamtspannung einer Zelle aus zwei Halbzellenreaktionen mit unterschiedlichen Halbzellenpotentialen? Was besagt es hinsichtlich der Zellenreaktion, wenn das sich ergebende Zellenpotential positiv ist?

11. Die beiden Mangan-Halbreaktionen in Tabelle 17–1 mit den Standardreduktionspotentialen von + 1,68 V und + 1,21 V können addiert werden, so daß sich eine dritte Reaktion ergibt, die in der Tabelle mit einem Potential von + 1,49 V eingetragen ist. Erklären Sie, warum das Reduktionspotential dieser dritten Reaktion nicht gleich der Summe der anderen beiden Reduktionspotentiale ist, d. h. nicht gleich 1,68 V + 1,21 V < + 2,89 V ist. Leiten Sie den beobachteten Wert von + 1,49 V mit Hilfe der tabellierten Potentiale für die ersten beiden Reaktionen ab.

12. Wie lautet die Nernstsche Gleichung, und wie verknüpft sie die Zellenpotentiale mit den Konzentrationen?

13. Warum ist der erste Term der Nernstschen Gleichung bei einer Konzentrationszelle gleich null?

14. Warum weisen Konzentrationszellen mit demselben Konzentrationsverhältnis immer dasselbe Zellenpotential auf, ganz gleich, welcher Art die an der Reaktion beteiligten chemischen Stoffe sind?

15. Wie kann man aus Oxidations-Reduktions-Messungen die Löslichkeit einer Substanz bestimmen, wenn die gelöste Substanz nicht in solcher Menge vorhanden ist, daß sie mit üblichen Analysenmethoden nachgewiesen werden kann?

16. Auf welche Weise wird die Korrosion von Eisen durch einen Anstrich verhindert? Durch eine Beschichtung mit metallischem Zink? Durch einen Zinnüberzug? Warum sind diese Methoden beim Aluminium nicht erforderlich? Was ist ein „Opfermetall" bei der Korrosionsverhütung?

Aufgaben

Die zur Lösung dieser Aufgaben benötigten Daten finden Sie in den Tabellen 17–1 und 17–2 und im *CRC Handbook of Chemistry and Physics* oder ähnlichen Nachschlagewerken.

1. Bestimmen Sie die Nutzarbeit, die geleistet wird, wenn man ein Mol Zinkpulver mit einer 1,00-molaren $Cu(NO_3)_2$-Lösung in einem Kalorimeter mit konstanter Temperatur reagieren läßt. Wieviel Nutzarbeit könnte geleistet werden, wenn die Reaktion reversibel durchgeführt werden würde? ΔH^0_{298} für diese Reaktion ist gleich $-215,20\,kJ$. Berechnen Sie die Wärme, die freigesetzt wird, wenn die Reaktion reversibel durchgeführt wird.

2. Eine Standard-$Cl_2|Cl^-$-Halbzelle wird mit einer $Cl_2(1,013\,bar)|Cl^-(0,010\,moll^{-1})$-Halbzelle gepaart. Wie groß ist die Zellenspannung? Bestimmen Sie $\Delta \bar{G}_{298}$ für die Reaktion.

3. Bestimmen Sie, welche der folgenden Reaktionen spontan ablaufen werden, wenn Sie voraussetzen, daß alle Substanzen mit der Aktivität eins vorliegen:
   (a) $Zn + Mg^{2+} \rightleftarrows Zn^{2+} + Mg$
   (b) $Fe + Cl_2 \rightleftarrows Fe^{2+} + 2Cl^-$
   (c) $4Ag + O_2 + 4H^+ \rightleftarrows 4Ag^+ + 2H_2O$
   (d) $2AgCl \rightleftarrows 2Ag + Cl_2$

4. Welche Potentiale besitzen die folgenden Zellen oder Halbzellen:
   (a) U^0 für die Zelle $Zn(s)|Zn^{2+}||Cu^{2+}|Cu(s)$
   (b) U für die Halbzelle $Zn(s)|Zn^{2+}(0,0010\,moll^{-1})$
   (c) U für die Halbzelle $Cu^{2+}(10^{-36}\,moll^{-1})|Cu(s)$

5. Wie lauten die Standardpotentiale, U^0, für die Halbzellen:
   (a) $S^{2-}|CuS(s)|Cu(s)$
   (b) $NH_3(aq),[Zn(NH_3)_4]^{2+}|Zn(s)$

6. Sehen Sie sich die folgende Zelle an

$$Ag(s)|Ag^+(1,0\,moll^{-1})||Cu^{2+}(1,0\,moll^{-1})|Cu(s)$$

   (a) Geben Sie die chemische Reaktion an, die in dieser Zelle abläuft. In welcher Richtung wird diese Reaktion spontan verlaufen? (b) Wie groß ist U^0 bei dieser Zelle? (c) Fließen die Elektronen im äußeren Stromkreis vom Ag zum Cu oder anders lang?

7. Die folgenden beiden Reaktionen besitzen die angegebenen U^0-Werte

$$2Ag + Pt^{2+} \rightleftarrows 2Ag^+ + Pt \qquad U^0 = +0,40\,V$$
$$2Ag + F_2 \rightleftarrows 2Ag^+ + 2F^- \qquad U^0 = +2,07\,V$$

   Berechnen Sie einmal die Potentiale für die Halbreaktionen
   (a) $Ag \rightleftarrows Ag^+ + e^-$
   (b) $F^- \rightleftarrows \frac{1}{2}F_2 + e^-$
   wenn dem Potential für die Reaktion $Pt \rightleftarrows Pt^{2+} + 2e^-$ ein Wert von null zugeschrieben wird.

8. Sehen Sie sich folgende Zelle an

$Ni|Ni^{2+}(0,010\,mol\,l^{-1})||Sn^{2+}(1,0\,mol\,l^{-1})|Sn$

(a) Sagen Sie die Richtung voraus, in der die Reaktionen spontan ablaufen werden. (b) Welches Metall, Ni oder Sn, wird die Kathode und welches die Anode dieser Zelle bilden? (c) Wie groß ist U^0 für diese Zelle? (d) Wie groß wird U für die Zelle bei den angegebenen Konzentrationen und einer Temperatur von 25 °C sein?

9. Benutzen Sie die Kurzschreibweise für die elektrochemischen Zellen, wie sie bei den vorangehenden Aufgaben verwendet wurde, um eine Zelle zu beschreiben, die auf den folgenden Halbreaktionen beruht

$$PbO_2 + 4H^+ + 2e^- \rightleftarrows Pb^{2+} + 2H_2O$$
$$PbSO_4 + 2e^- \rightleftarrows Pb + SO_4^{2-}$$

(a) Welche Reaktion läuft an der Kathode der Zelle ab? In welcher Richtung fließen die Elektronen im äußeren Stromkreis? (b) Wie groß ist U^0 für diese Zelle?

10. Zeigen Sie, daß Wasserstoffperoxid thermodynamisch instabil ist und zu Wasser und Sauerstoff disproportionieren sollte.

11. Aus den Daten in den Tabellen 17–1 und 17–2 sind folgende Probleme zu lösen: (a) Wird Fe das Fe^{3+}-Ion zu Fe^{2+} reduzieren? (Nehmen Sie für alle Aktivitäten den Wert eins an.) (b) Berechnen Sie die Gleichgewichtskonstante, K_{eq}, für die Reaktion bei 25 °C

$$Fe + 2Fe^{3+} \rightleftarrows 3Fe^{2+}$$

12. Bestimmen Sie die fehlenden Standardreduktionspotentiale für die folgenden Halb-reaktionen aus Tabelle 17–1:

Halbreaktion	$U^0(V)$
$MnO_4^- + 8H^+ + 5e^- \rightleftarrows Mn^{2+} + 4H_2O$	+ 1,49
$Au^{3+} + 3e^- \rightleftarrows Au(s)$	+ 1,42
$Cl_2 + 2e^- \rightleftarrows 2Cl^-$	?
$AuCl_4^- + 3e^- \rightleftarrows Au(s) + 4Cl^-$	?
$4H^+ + NO_3^- + 3e^- \rightleftarrows NO + 2H_2O$	?

Wenn wir annehmen, daß alle Reaktionspartner und Produkte mit der Aktivität eins vorliegen: (a) Welche Substanz in den obigen Halbreaktionen ist das beste Oxidationsmittel? Welche das beste Reduktionsmittel? (b) Wird Permanganat metallisches Gold oxidieren? (c) Wird metallisches Gold Salpetersäure reduzieren? (d) Wird Salpetersäure metallisches Gold in Gegenwart von Cl^--Ionen oxidieren? (e) Wird metallisches Gold reines Cl_2-Gas in Gegenwart von Wasser reduzieren? (f) Wird Chlor oxidieren? (g) Wird Permanganat das Chloridion oxidieren?

13. Sehen Sie sich einmal die folgende Zelle an

$Sn|SnCl_2(0,10\,mol\,l^{-1})||AgCl(s)|Ag$

(a) Werden Elektronen spontan vom Sn zum Ag oder in die entgegengesetzte Richtung fließen? (b) Wie groß ist das Standardpotential, U^0, für diese Zelle? (c) Wie groß ist das Zellenpotential, U, bei 25 °C?

14. Welche qualitativen Auswirkungen wird die Zugabe von Äthylendiamin, eines Liganden, der sich stark mit Cu^{2+}, jedoch nicht mit Al^{3+} koordiniert, auf das Zellenpotential einer elektrochemischen Zelle haben, in der die spontane Reaktion

$$3\,Cu^{2+} + 2\,Al \;\rightleftarrows\; 2\,Al^{3+} + 3\,Cu$$

abläuft?

15. Ermitteln Sie die Standardreduktionspotentiale für die folgenden Halbreaktionen

$$MnO_4^- + 8\,H^+ + 5\,e^- \;\rightleftarrows\; Mn^{2+} + 4\,H_2O$$
$$Al^{3+} + 3\,e^- \;\rightleftarrows\; Al$$
$$Cl_2 + 2\,e^- \;\rightleftarrows\; 2\,Cl^-$$
$$Mg^{2+} + 2\,e^- \;\rightleftarrows\; Mg$$

(a) Welche Substanz ist das stärkste Reduktionsmittel? Welche das stärkste Oxidationsmittel? (b) Geben Sie die Gesamtreaktion für eine erfolgreich arbeitende Zelle an, die sich aus den Mg- und Cl_2-Paaren aufbaut. (c) Geben Sie in Kurzschreibweise den Aufbau dieser Zelle an. (d) Was ist die Anode und was die Kathode dieser Zelle? (e) Wie groß ist U^0 für diese Zelle? (f) Wie lautet der Ausdruck für die Gleichgewichtskonstante dieser Zellenreaktion? Berechnen Sie den Wert der Gleichgewichtskonstante bei 25 °C.

16. Bestimmen Sie die Standardreduktionspotentiale für die folgenden Halbreaktionen

$$SO_4^{2-} + 4\,H^+ + 2\,e^- \;\rightleftarrows\; H_2SO_3 + H_2O$$
$$Ag^+ + e^- \;\rightleftarrows\; Ag$$

(a) Geben Sie eine ausgewogene Gleichung für die Gesamtreaktion in einer erfolgreich arbeitenden Zelle an, die mit Hilfe dieser beiden Halbreaktionen aufgebaut wird. (b) Geben Sie den Aufbau dieser Zelle in Kurzschreibweise an. (c) Wie groß ist U^0 für diese Zelle? (d) Wie groß ist die Gleichgewichtskonstante für die Zellenreaktion bei 25 °C? (e) Berechnen Sie das Verhältnis der Aktivitäten von Produkten zu Ausgangsstoffen, Q, das eine Zellenspannung von 0,51 V ergeben würde.

17. Bestimmen Sie die Standardreduktionspotentiale für die folgenden Halbreaktionen

$$Hg_2^{2+} + 2\,e^- \;\rightleftarrows\; 2\,Hg$$
$$Cu^{2+} + 2\,e^- \;\rightleftarrows\; Cu$$

(a) Geben Sie die Gesamtreaktion für eine erfolgreich arbeitende Zelle an, die sich aus diesen beiden Halbreaktionen aufbaut. (b) Geben Sie die Kurzschreibweise für diese Zelle an. Welches Material, Hg oder Cu, bildet bei ihr die Anode? (c) Wie groß ist U^0 bei dieser Zelle? (d) Wie groß ist die Gleichgewichtskonstante für diese Zelle? (e) Wie groß ist die Spannung der Zelle, wenn $[Hg_2^{2+}] = 0{,}10\ mol\,l^{-1}$ und $[Cu^{2+}] = 0{,}010\ mol\,l^{-1}$ sind?

18. Eine galvanische Zelle besteht aus einem Kupferstab, der in eine 10,0-molare $CuSO_4$-Lösung eintaucht, und einem Eisenstab, der in eine 0,10-molare $FeSO_4$-Lösung eintaucht. Berechnen Sie mit Hilfe der Nernstschen Gleichung und der Reduktions-

potentiale für

$$Fe^{2+} + 2e^- \rightleftarrows Fe$$
$$Cu^{2+} + 2e^- \rightleftarrows Cu$$

die Spannung der hier beschriebenen Zelle.

19. Welche Spannung wird von einer Zelle erzeugt, die aus einem Eisenstab, der in eine 1,00-molare $FeSO_4$-Lösung eintaucht, und aus einem Manganstab besteht, der in eine 0,10-molare $MnSO_4$-Lösung eintaucht?

20. Eine Kupfer-Zink-Batterie wird unter Standardbedingungen in Betrieb genommen, bei denen alle Stoffarten mit der Aktivität eins vorliegen. Anfangs beträgt die von dieser Zelle abgegebene Spannung 1,10 V. Während des Betriebs der Batterie nimmt die Konzentration des Kupfer(II)-ions allmählich ab, während sich die des Zinkions erhöht. Sollte sich nach dem Le Chatelierschen Prinzip die Spannung der Zelle erhöhen oder verringern? Wie groß ist das Verhältnis, Q, der Konzentrationen von Zink- zu Kupferionen, wenn die Zellenspannung gleich 1,00 V ist?

21. Zwei Kupferelektroden werden in zwei Kupfersulfatlösungen gleicher Konzentration eingetaucht und miteinander zu einer Konzentrationszelle verbunden. Wie groß ist die Spannung dieser Zelle. Eine der Lösungen wird dann so lange verdünnt, bis die Konzentration der Kupferionen in ihr ein Fünftel ihres ursprünglichen Werts erreicht hat. Wie groß ist die Zellenspannung nach der Verdünnung?

22. Die folgende Zelle

$$Ag|Ag^+(0,10\,mol\,l^{-1})||Ag^+(1,0\,mol\,l^{-1})|Ag$$

ist eine Konzentrationszelle und kann elektrische Arbeit leisten. (a) Wie groß ist das Potential der Zelle? (b) Welche Seite der Zelle ist die Kathode, und welche die Anode? (c) Wie groß ist $\Delta \overline{G}$ für die spontane Zellenreaktion?

23. Sehen Sie sich einmal das folgende Perpetuum mobile an, das mit Hilfe einer Konzentrationszelle gebaut werden soll: (a) Zwei Kupferelektroden werden in Kupfersulfatlösungen gleicher Konzentration eingetaucht und miteinander zu einer Konzentrationszelle verbunden. Anfangs liefert diese Zelle keine Spannung. Nehmen Sie ferner an, daß die beiden Elektroden jeweils mehr Kupfer enthalten, als in jeder Lösung vorhanden ist. (b) Die Lösung A wird nun so lange verdünnt, bis ihre Cu^{2+}-Konzentration halbiert ist, wobei die Zelle das Potential U besitzt. Die Zelle wird dann in Betrieb genommen und leistet Nutzarbeit an ihrer Umgebung, bis sich die Konzentrationen in den beiden Lösungen ausgeglichen haben, zu welchem Zeitpunkt auch die Zellenspannung wieder auf null abgenommen hat. (c) Jetzt wird die Lösung B verdünnt, bis ihre Cu^{2+}-Konzentration halbiert ist, zu welchem Zeitpunkt die Zelle dasselbe Potential, U, wie zuvor besitzt, das aber entgegengesetzt gerichtet ist. Wieder wird die Zelle betrieben und leistet Arbeit, bis die Konzentrationen in Lösung A und B wieder ausgeglichen sind. (d) Die Schritte (b) und (c) werden wiederholt, wobei erst die eine und dann die andere Lösung verdünnt wird, indem ihre Cu^{2+}-Konzentration halbiert wird, wenn im vorangehenden Schritt das Gleichgewicht erreicht worden ist. Da keine der beiden Konzentrationen durch den Halbierungsprozeß jemals bis auf null abnehmen kann, können wir diesen Prozeß so

lange fortsetzen, wie wir wollen, und damit der Zelle eine unbegrenzte Menge an Nutzarbeit entnehmen. Das Betreiben der Zelle hilft uns dabei tatsächlich noch, denn es *erhöht* die Konzentration der Lösung, die wir gerade verdünnt haben! Was ist bei dieser Analyse des Sachverhalts falsch?

24. Sehen Sie sich einmal folgende Zelle an

$$Zn|Zn^{2+}(0,0010\,mol\,l^{-1})||Cu^{2+}(0,0010\,mol\,l^{-1})|Cu$$

für die gilt: $U^0 = +1,10\,V$. Erhöht sich die Zellenspannung, U, nimmt sie ab oder bleibt sie unverändert, wenn jede der folgenden Änderungen vorgenommen wird: (a) Ein Überschuß von 1,0-molarem Ammoniak wird der Kathodenkammer zugesetzt. (b) Ein Überschuß von 1,0-molarem Ammoniak wird der Anodenkammer zugesetzt. (c) Ein Überschuß von 1,0 molarem Ammoniak wird beiden Kammern zur gleichen Zeit zugesetzt. (d) H_2S-Gas wird in die Zn^{2+}-Lösung eingeleitet. (e) H_2S-Gas wird in die Zn^{2+}-Lösung eingeleitet, während zur gleichen Zeit der anderen Lösung ein Überschuß von 1,0-molarem Ammoniak zugesetzt wird.

25. Zeigen Sie mit Hilfe der Halbreaktionen, daß Ag^+ und I^- spontan AgI(s) bilden, wenn sie bei der jeweiligen Aktivität eins direkt miteinander gemischt werden. Zeigen Sie, daß K_{lp} für AgI gleich $10^{-16}\,mol^2\,l^{-2}$ ist.

26. Sehen Sie sich einmal die folgende galvanische Zelle an

$$Zn|Zn^{2+}||Cu^{2+}|Cu$$

Berechnen Sie das Verhältnis von $[Zn^{2+}]$ zu $[Cu^{2+}]$, wenn die Spannung der Zelle auf 1,05 V, 1,00 V und 0,90 V abgenommen hat. Beachten Sie, daß eine geringe Spannungsabnahme mit einer großen Konzentrationsänderung einhergeht. Daher ist eine Batterie, die nur noch 1,00 V liefert, schon fast „leer".

27. Eine Silberelektrode wird in eine 1,00-molare $AgNO_3$-Lösung eingetaucht. Diese Halbzelle wird mit einer Wasserstoffhalbzelle verbunden, in der der Wasserstoffdruck 1,013 bar beträgt, während die H^+-Konzentration unbekannt ist. Die Spannung der Zelle beträgt 0,78 V. Berechnen Sie den pH-Wert der Lösung.

28. Eine Standard-Wasserstoffhalbzelle wird mit einer Standard-Silberhalbzelle verbunden. Dann wird der Silberhalbzelle Natriumbromid zugesetzt, was eine Fällung von AgBr verursacht, bis eine Br^--Konzentration von $1,00\,mol\,l^{-1}$ erreicht ist. An diesem Punkt beträgt die Zellenspannung 0,072 V. Berechnen Sie K_{lp} für das Silberbromid.

29. Die Chromüberzüge an Automobilzierteilen werden auf einen eisernen Kern aufgetragen, der mit einer dicken Nickelschicht überzogen ist, auf die dann das Chrom aufgebracht wird. Ordnen Sie die Metalle in der Reihenfolge leichter Oxidation. Zu welchem Zweck dient die Chromschicht? Wozu die Nickelschicht?

Chemische Phänomene müssen so behandelt werden, als
ob sie Probleme der Mechanik wären.

Lothar Meyer (1868)

18 Reaktionsraten und Mechanismen chemischer Reaktionen

Wenn Chemikalien nicht miteinander reagieren würden, müßten die Chemiker sich irgendeine andere Tätigkeit suchen. (Wenn Chemikalien nicht miteinander reagieren, würden weder Chemiker noch irgendein anderer überhaupt irgendetwas machen.) Das Ziel eines jeden Chemikers, ganz gleich, mit welcher Art von chemischen Verbindungen er arbeitet, ist das Verständnis dafür, wie und warum diese Chemikalien miteinander reagieren und sich verändern. Dies ist jedoch die schwierigste Aufgabe von allen. Es genügt nicht, die Strukturen aller Reaktionspartner und Produkte zu kennen, obwohl ein derartiges Wissen einen wichtigen Ausgangspunkt bildet. Wir müssen dazu auch wissen, wie sich diese Moleküle einander nähern und mit welchen Energien und mit welcher gegenseitigen Orientierung sie in Wechselwirkung treten. Für das Verständnis chemischer Reaktionen sind die beiden Begriffe Energie und Entropie von Bedeutung. Im vorliegenden Kapitel werden wir uns mit einigen der Probleme befassen, denen wir uns gegenüber sehen, da wir nicht einzelne molekulare Ereignisse untersuchen können. Wir werden lernen, wie komplizierte, experimentell gefundene Ausdrücke für die Reaktionsrate (Reaktionsgeschwindigkeit) mit Hilfe eines sogenannten Reaktionsmechanismus oder einer Reihe von aufeinander folgenden, einfachen Reaktionen erklärt werden können, die zur insgesamt beobachteten chemischen Veränderung führen. Wir werden zwei Theorien untersuchen, die die Raten für derart einfache Reaktionen vorauszusagen gestatten, und ihre dabei erzielten Erfolge oder Mißerfolge miteinander vergleichen. Wir werden uns die beiden Faktoren ansehen, die häufig eine Reaktion langsam machen – Energie und Entropie –, und sehen, wie Katalysatoren diese Faktoren überwinden und chemische Veränderungen beschleunigen können. Obwohl wir Ihnen keine vollständige Theorie der chemischen Reaktionen vorstellen können (das kann bis heute keiner), werden wir Ihnen den Umriß der Fundamente zeigen, auf denen eines Tages diese Theorie errichtet werden wird.

18–1   Was geschieht, wenn Moleküle miteinander reagieren?

Nehmen wir einmal an, daß wir auf irgendeine Weise beobachten können, was geschieht, wenn zwei Moleküle miteinander reagieren. Betrachten wir dazu als Beispiel die Reaktion eines Moleküls des Thioacetamids, CH_3—CS—NH_2, mit Wasser, wobei sich Acetamid, CH_3—CO—NH_2, und H_2S ergeben (Abbildung 18–1).

Im ursprünglichen Thioacetamidmolekül ist das zentrale Kohlenstoffatom durch σ-Bindungen an C und N gebunden, während es mit dem S-Atom durch eine σ, π-Doppelbindung verbunden ist (Abbildung 18–1 a). Da sowohl S als auch N elektronegativer als C sind, sind die Elektronenpaare in ihren Bindungen mit C ein wenig zum S und N hin verschoben. Infolgedessen tragen diese beiden Atome eine kleine negative Ladung, während das zentrale C-Atom eine kleine positive Ladung aufweist. Alle vier Atome liegen in einer Ebene.

Die günstigste Annäherungsrichtung für ein Wassermolekül an das Thioacetamidmolekül ist die Senkrechte auf die Ebene der vier schweren Atome auf beiden Seiten des Moleküls. Die günstigste Orientierung für das sich annähernde Wassermolekül ist die in Abbildung 18–1 a gezeigte: Bei ihr wird ein einsames Elektronenpaar des Wassermoleküls von der positiven Ladung des zentralen C angezogen. Während sich das Wassermolekül diesem C-Atom nähert, werden die Elektronen des einsamen Paares zu ihm hingezogen und beginnen eine partielle Bindung zu bilden. Die Ausbildung dieser partiellen Bindung bewirkt nun zweierlei: Sie schwächt die Bindung zwischen C und S, indem sie die Elektronen dieser Bindung noch mehr zum S hin drängt, und sie schwächt gleichzeitig die —O—H-Bindungen im Wasser, indem sie die Elektronen aus diesen Bindungen mehr zum O hin zieht, während die Elektronen des einsamen Paares des O vom C-Atom angezogen werden. Dieser Zwischenzustand ist in Abbildung 18–1 b dargestellt: Das zentrale C-Atom besitzt jetzt zwei Einfachbindungen zu C und N und zwei partielle Bindungen zu S und O.

Dieser Zwischenzustand ist nicht stabil. Wenn das Wassermolekül sich wieder vom Thioacetamidmolekül trennt und der Sachverhalt wieder zu dem in Abbildung 18–1 a gezeigten zurückkehrt (und es gibt keinen Grund, warum das nicht geschehen sollte), dann beobachten wir keine Reaktion: Das Wassermolekül prallt von einem Zusammenstoß mit dem Thioacetamidmolekül zurück und fliegt auf seiner eigenen Bahn weiter. Es könnte aber auch geschehen, daß sich das *Schwefelatom* vom Zwischenzustand trennt, wie in Abbildung 18–1 c dargestellt ist. In diesem Falle werden die beiden Protonen, die vom O bei der Ausbildung seiner Doppelbindung mit dem zentralen C freigesetzt werden, vom Schwefelion mit den vier Elektronenpaaren angezogen, und es bildet sich ein H_2S-Molekül. Die Reaktion

$$CH_3—CS—NH_2 + H_2O \rightleftarrows CH_3—CO—NH_2 + H_2S$$

ist damit abgeschlossen. Die Rückreaktion kann– wie schon die Verwendung des Doppelpfeils „$\rightleftarrows$" in der obigen Gleichung andeutet– ebenfalls erfolgen: Ein H_2S-Molekül kann mit einem Acetamidmolekül zusammenstoßen, wobei sich Wasser und Thioacet-

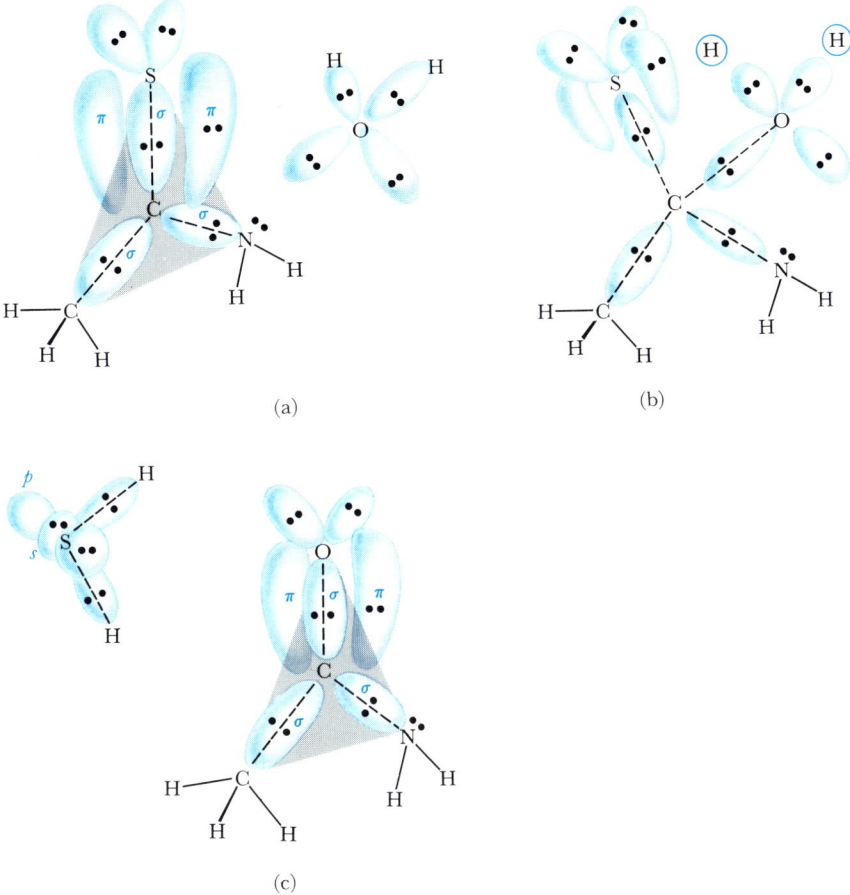

(a)

(b)

(c)

Abbildung 18–1 Ein Mechanismus für die Reaktion von Thioacetamid, CH_3—CS—NH_2, mit Wasser zu Acetamid, CH_3—CO—NH_2, und Schwefelwasserstoff, H_2S. (a) Das Thioacetamidmolekül besitzt vier schwere Atome, die alle in einer Ebene liegen, wobei S, C und N ein gleichseitiges Dreieck um ein zentrales C-Atom herum bilden. Das zentrale C-Atom weist sp^2-Hybridisierung auf und bildet eine σ-Einfachbindung zu C und N sowie eine σ, π-Doppelbindung zu S aus. Molekülorbitale und von einsamen Elektronen besetzte Orbitale sind farbig dargestellt. Die Orbitale der Doppelbindung sind zum S-Atom hin verzerrt, wodurch dessen größere Elektronegativität zum Ausdruck kommt. Orbitale, die bei der Reaktion keine Rolle spielen (C—H, N—H, einsames Elektronenpaar des N) sind nicht mit eingezeichnet. (b) Zwischen- oder Übergangszustand mit partiellen Bindungen vom zentralen C-Atom sowohl zum S als auch zum O. Die vorher bindenden O—H-Elektronenpaare wandeln sich zu einsamen Elektronenpaaren um. (c) Reaktionsprodukte: Acetamid und H_2S. Die tetraedrische Geometrie des Übergangszustands hat sich wieder in die trigonale, planare Geometrie zurückverwandelt, nachdem das Schwefelatom aus dem Molekül ausgeschieden ist. Die Bindungsverhältnisse um das S-Atom herum sind durch unhybridisierte s- und p-Orbitale dargestellt, was im Gegensatz zur sp^3-Hybridisierung des Wassers steht. Dies entspricht wahrscheinlich am ehesten den wirklichen Verhältnissen, da der Bindungswinkel im H_2S 92° beträgt, was im Gegensatz zu den 105° des H_2O steht.

amid bilden. Es ist nur weniger wahrscheinlich, daß wir ein derartiges Ereignis sehen werden, wenn wir Reaktionen auf der Ebene der Moleküle beobachten könnten, da in unserer Atmosphäre einfach sehr wenige H_2S-Moleküle im Vergleich zu Wassermolekülen vorhanden sind.

Welche Faktoren könnten die Reaktion des Thioacetamids beeinflussen? Ein Faktor ist ganz sicher die Geometrie der Annäherung des Wassermoleküls an das Thioacetamidmolekül. Wenn sich das Wassermolekül *in der Ebene* des Thioacetamidmoleküls näherte, würde es seinen Zugang zum zentralen C-Atom durch einsame Elektronenpaare des Schwefels und durch Wasserstoffatome versperrt finden (in einem größeren Umfang, als aus den skelettförmigen Zeichnungen in Abbildung 18–1 ersichtlich ist). Darüber hinaus würde das Wassermolekül, wenn es sich so dem Thioacetamidmolekül näherte, daß an Stelle des einsamen Elektronenpaares eines seiner beiden *Wasserstoffatome* auf das zentrale C-Atom weist, nicht so stark von dem Thioacetamidmolekül angezogen werden und mit größerer Wahrscheinlichkeit von ihm ohne Reaktion abprallen. Wenn wir jeden dieser Zusammenstöße beobachten könnten, bei denen ein Wasser- und ein Thioacetamidmolekül aufeinander treffen, würden wir feststellen, daß vielleicht nur ein Zusammenstoß von zehn oder von hundert unter den für eine Reaktion günstigen Orientierungsbedingungen erfolgt.

Ein zweiter Faktor ist die Energie der beiden Moleküle. In den einfachsten Theorien wird sie nur durch die relative *Geschwindigkeit* der beiden Moleküle beim Zusammenstoß ausgedrückt. Wenn die relative Geschwindigkeit der beiden Moleküle beim Zusammenstoß klein ist, wird sich der Zwischenzustand mit größerer Wahrscheinlichkeit in die Ausgangsmoleküle rückumwandeln: Ein sich langsam bewegendes Wassermolekül kann harmlos am Thioacetamid abprallen. Im Gegensatz dazu besitzt ein Wassermolekül, das mit größerer Wucht auf das Thioacetamid trifft, eine größere Chance, das Schwefelatom zu vertreiben und dadurch H_2S und Acetamid zu bilden. Wir könnten dabei feststellen, daß wir eine Kurve der Reaktionswahrscheinlichkeit in Abhängigkeit von der Annäherungsgeschwindigkeit der beiden Moleküle entlang der Verbindungslinie ihrer beiden Zentren auftragen können.

Unglücklicherweise sind die Beobachtungsarten, die wir hier für eine Reaktion beschrieben haben, nur ein unerreichbarer Traum. Wir müssen auf eine weitaus indirektere Weise versuchen, herauszufinden, was während einer Reaktion geschieht. Häufig ist es schon das Äußerste, was wir über einen vorgeschlagenen Reaktionsmechanismus aussagen können, daß er nicht im Widerspruch zu den Meßdaten steht. Dabei besteht stets noch im Hintergrund die Möglichkeit, daß irgendein anderer Reaktionsmechanismus dieselben Daten ebensogut erklären könnte. Ein klassisches Beispiel für diese Zweideutigkeit ist die Reaktion zwischen H_2 und I_2. 1893 untersuchte Max Bodenstein in Deutschland die Reaktion

$$H_2 + I_2 \rightleftarrows 2HI$$

Es war dies die erste, umfassende Untersuchung der Kinetik einer Reaktion in der Gasphase. Von da an bis 1967 verwendete praktisch jedes Lehrbuch und jede Abhandlung über die Kinetik diese Reaktion als das ideale Beispiel für einen Zwei-Körper-Zusammenstoß-Mechanismus: Ein Gasmolekül des H_2 stößt mit einem Molekül des gasförmigen I_2 zusammen, die Atome ordnen sich neu an, und es bilden sich zwei HI-Moleküle. Aber 1967 zeigte J. H. Sullivan, daß diese Reaktion ganz und gar nicht nach dem Mechanismus eines Zwei-Körper-Zusammenstoßes abläuft, sondern über eine komplizierte Kettenreaktion. Wir werden später noch sehen, warum die vor 1967 gemessenen Daten gleich gut mit dem Zwei-Körper- und einem Drei-Körper-Modell erklärt werden konnten.

Wir sind nicht nur nicht in der Lage, einzelne Moleküle zu beobachten, sondern können auch nicht die Orientierung der Moleküle beim Zusammenstoß feststellen. Das

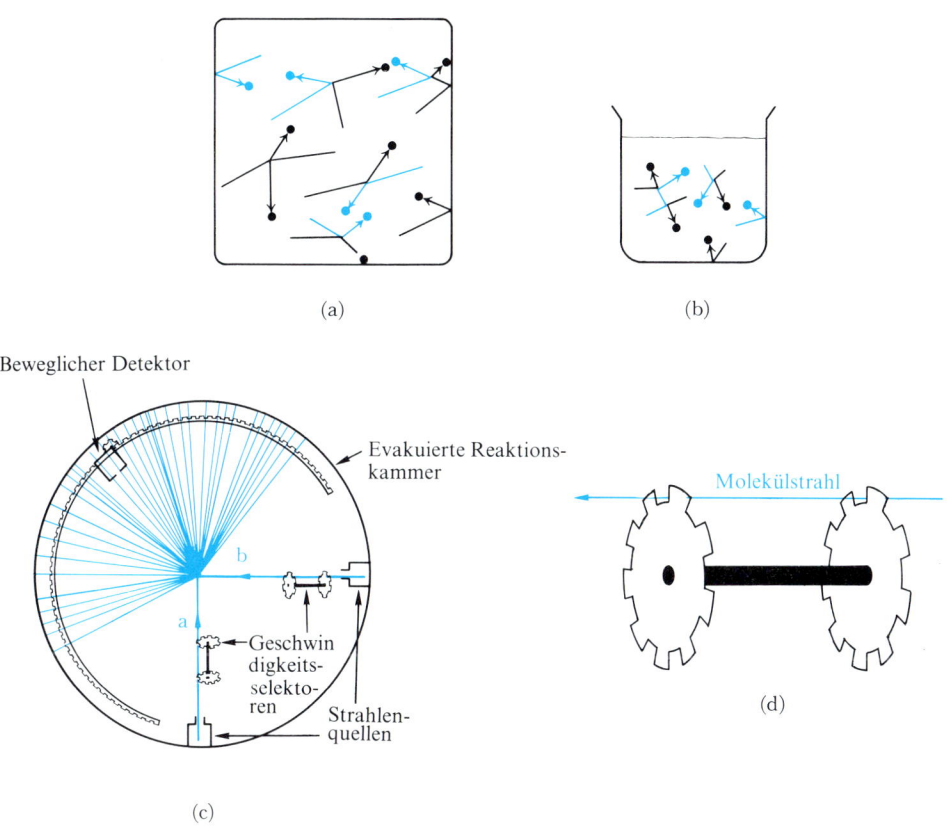

Abbildung 18–2   Die beiden Hauptklassen von Experimenten in der chemischen Kinetik: Bei Volumenreaktionen in der Gasphase (a) oder der flüssigen Phase (b) bleibt die Orientierung der reagierenden Moleküle zueinander unkontrolliert, und es besteht eine Verteilung der Molekülgeschwindigkeiten, die von hohen zu niedrigen Werten reicht. In einem Experiment mit sich kreuzenden Molekülstrahlen (c) bleibt die Orientierung der Moleküle zueinander auch noch unkontrolliert, aber es werden nur Moleküle oder Ionen mit bestimmten Geschwindigkeiten verwendet. Eine typische Vorrichtung zur Auswahl der Geschwindigkeit (d) ist ein Paar von rotierenden Zahnscheiben mit geeignet ausgeschnittenen Sektoren. so daß nur Moleküle, die zur Zurücklegung der Strecke zwischen den Zahnscheiben eine bestimmte Zeit benötigen, durch offene Sektoren an beiden Scheiben hindurchgehen können. Typische Strahlungsquellen sind Öfen, die einen Strom von Gasmolekülen emittieren, und elektrostatische Felder, die Ionen beschleunigen.

Beste, was wir tun können, ist es, die Wahrscheinlichkeit dafür abzuschätzen, daß das Molekül richtig orientiert ist, und dann unsere Berechnungen der Reaktionsraten durch einen geeigneten Faktor zu modifizieren. Eine derartige Korrektur wird gelegentlich durchgeführt, wobei der dadurch eingeführte Faktor als *sterischer Faktor* bezeichnet wird.

Bei einer Gasreaktion oder einer Reaktion, die in einer Lösung abläuft, können wir nicht einmal die Annäherungsgeschwindigkeit der miteinander reagierenden Moleküle frei wählen: Die Moleküle in einer Gasprobe weisen eine Geschwindigkeitsverteilung wie die in Abbildung 2–11 gezeigte auf. Wir können die Geschwindigkeitsverteilung dadurch verschieben, daß wir die Temperatur des Gases ändern. Wie in Abbildung 2–11 dargestellt ist, nimmt im Stickstoffgas der Bruchteil aller der Moleküle, die eine Geschwindigkeit besitzen, die größer als irgendein beliebiger Wert, wie z. B. $1000\ ms^{-1}$, ist, mit steigender Temperatur zu. Bei 273 K besitzen nur 0,44% der N_2-Moleküle Geschwindigkeiten von $1000\ ms^{-1}$ oder mehr; bei 1273 K haben 35% diese oder größere Geschwindigkeiten; bei 2273 K hat sich dieser Bruchteil auf 55% erhöht. Jedoch können wir mit dem System machen, was wir wollen, wir werden nie *eine bestimmte* Geschwindigkeit erhalten.

Wir können die Geschwindigkeitsverteilung bei bestimmten Reaktionen mit Hilfe der Methode der sich kreuzenden Molekularstrahlen ausschalten (Abbildung 18–2): An Stelle von Reaktionen zwischen Molekülen, die in einer Lösung oder in einem Gas verteilt sind, werden Strahlen von Molekülen (oder Ionen) in einer evakuierten Kammer unter einem Winkel aufeinandergeschossen, wobei nur eine vernachlässigbar kleine Menge von anderen Molekülen im Restgas vorhanden ist. Die Moleküle in den sich kreuzenden Strahlen reagieren miteinander und werden aus den Strahlen heraus gestreut. Die Reaktionsprodukte und die nicht umgesetzten Ausgangsmoleküle können mit Hilfe eines beweglichen Detektors, der im Innern der Kammer angebracht ist, in Abhängigkeit vom Streuwinkel beobachtet werden. Diese Anordnung hat den großen Vorteil, daß die Geschwindigkeitsselektoren den Strahl auf Moleküle mit Geschwindigkeiten in einem ausgewählten, schmalen Bereich eingrenzen. Eine Kenntnis der Reaktionsprodukte in Abhängigkeit vom Ablenkungs- oder Streuwinkel liefert weitaus mehr Informationen über den Reaktionsvorgang als die Beobachtung einer Gasreaktion im Gesamtraum. Das Problem der Orientierung der Moleküle wird auch durch das Molekularstrahl-Experiment nicht gelöst, aber man kann sich Experimente vorstellen, bei denen auch dieser Faktor noch kontrolliert werden kann: Starke elektrische oder magnetische Felder, die so angeordnet sind, daß sie unmittelbar vor dem Kreuzungspunkt der Strahlen auf diese einwirken, könnten der Mehrzahl der Moleküle im Strahl eine Vorzugsrichtung im Raum aufprägen, wenn die Moleküle elektrische oder magnetische Dipolmomente besitzen.

Einige der Reaktionen, die mit Hilfe der Methode der gekreuzten Molekularstrahlen untersucht wurden, sind

$$K + HBr \rightleftarrows KBr + H$$
$$K + CH_3I \rightleftarrows CH_3 + KI$$
$$K + C_2H_5I \rightleftarrows C_2H_5 + KI$$

Die Reaktionspartner, Strahlen von K-Atomen, HBr-, CH$_3$I- und C$_2$H$_5$I-Molekülen, werden aus erhitzten Öfen in die evakuierte Kammer hinein gestrahlt. Den Detektor bildet ein beheizter Metallfaden, der als *Oberflächenionisierungsdetektor* bezeichnet wird und empfindlich für Alkalimetalle oder Alkalimetallverbindungen ist.

Der Nachteil der Molekularstrahl-Experimente ist der, daß nicht alle chemischen Reaktionen für eine Untersuchung mit Hilfe von Molekularstrahlen in evakuierten Kammern geeignet sind. Die Molekularstrahl-Methoden bleiben ein spezielles Werkzeug für die vollständige Untersuchung bestimmter spezieller Reaktionen. Der größte Teil der chemischen Reaktionen muß mit Hilfe von integralen Methoden untersucht werden: Gasmischungen, Lösungen und (weniger oft) Festkörper.

18–2   Messung von Reaktionsraten

Die Reaktionsrate wird gewöhnlich mit integralen Methoden durch die Beobachtung des Verschwindens eines Reaktionspartners oder des Auftretens eines Produkts in einer bestimmten Zeit verfolgt. Wenn die chemische Reaktion durch

$$A + 2B \; \rightleftarrows \; 3C$$

gegeben ist, dann ist die Rate des Auftretens des Produkts C in einem Zeitintervall Δt gleich

$$\frac{\Delta[C]}{\Delta t} \tag{18–1}$$

wobei die Konzentration von C, $[C]$, gewöhnlich in mol l^{-1} ausgedrückt wird. Dies ist der Durchschnittswert der Rate des Auftretens des Produktes C während des Zeitintervalls Δt. Diese Durchschnittsrate des Auftretens von C nähert sich mit Verkleinerung des Zeitintervalls Δt einem Grenzwert, der als die *Rate des Auftretens von C zur Zeit t* bezeichnet wird. Es ist dies der Anstieg der Kurve, die sich aus einer Auftragung von $[C]$ gegen t ergibt, im Punkt t. Dieser momentane Anstieg (die momentane Reaktionsrate) wird als Differential d$[C]$/dt geschrieben. Da für jeweils drei gebildete C-Moleküle ein A-Molekül verschwindet und zwei B-Moleküle während desselben Prozesses verbraucht werden, hängen die Raten für das Verschwinden und Auftreten der verschiedenen chemischen Komponenten des Reaktionssystems miteinander über den folgenden Ausdruck zusammen

$$-\frac{d[A]}{dt} = -\frac{1}{2}\frac{d[B]}{dt} = +\frac{1}{3}\frac{d[C]}{dt}$$

Die Rate (Geschwindigkeit) einer chemischen Reaktion wird von den Konzentrationen der Reaktionspartner abhängen, obwohl nicht immer in der Art, die auf Grund der Gesamtgleichung für die chemische Reaktion erwartet werden könnte. Für die Reaktion von Wasserstoffgas mit gasförmigem Iod zu HI

$$H_2 + I_2 \; \rightleftarrows \; 2HI$$

lautet die Beziehung zwischen den Reaktionsraten

$$\frac{d[HI]}{dt} = -2\frac{d[H_2]}{dt} = -2\frac{d[I_2]}{dt}$$

und das Geschwindigkeitsgesetz lautet – wie Sie vielleicht intuitiv erwarten würden –

$$\frac{d[HI]}{dt} = k[H_2][I_2] \qquad (18-2)$$

Die Rate oder Geschwindigkeit dieser Reaktion ist sowohl der Konzentration des H_2 als auch der des I_2 proportional und hängt von der ersten Potenz einer jeden Konzentration ab. Dies bedeutet jedoch nicht, daß die Reaktion über einen Zusammenstoß eines H_2-Moleküls mit einem I_2-Molekül abläuft, wie zunächst angenommen wurde: Seit 1967 wissen wir, daß dies nicht der Fall ist. Wir müssen klar zwischen der Ordnung einer Reaktion und der Molekularität der Reaktion unterscheiden:

Die *Ordnung* einer Reaktion ist die Summe aller Exponenten der Konzentrationsterme im Geschwindigkeitsgesetz (Ratengesetz). Die HI-Reaktion ist also erster Ordnung in jeder der Reaktionspartnerkonzentrationen und insgesamt zweiter Ordnung. Die Reaktionsordnung ist ein rein experimenteller Parameter und beschreibt nur, was bezüglich des Geschwindigkeitsgesetzes beobachtet wurde. Sie macht keinerlei Aussagen über den Mechanismus einer Reaktion.

Die *Molekularität* einer einfachen Ein-Stufen-Reaktion ist gleich der Zahl von einzelnen Molekülen, die bei der Reaktion miteinander in Wechselwirkung treten. Die Molekularität erfordert die Kenntnis des Reaktionsmechanismus. Eine Reaktion wie die zwischen Wasserstoff und Iod könnte tatsächlich in einer Reihe von einem halben Dutzend einzelner Reaktionen ablaufen, für die wir die Molekularität eines jeden Reaktionsschrittes angeben müßten. Der Begriff der Molekularität einer Gesamtreaktion, die in einer Reihe von aufeinander folgenden Schritten abläuft, besitzt keinen Sinn. Die meisten der einfachen Ein-Stufen-Reaktionen, die auch als *Elementarreaktionen* bezeichnet werden, sind *unimolekular* (spontaner Zerfall) oder *bimolekular* (Zusammenstoß). Echte *trimolekulare* Reaktionen sind selten, da Drei-Körper-Zusammenstöße recht unwahrscheinlich sind. Tetramolekulare und höhere Reaktionen sind praktisch unbekannt. Reaktionen, die auf Grund ihrer Stöchiometrie so aussehen, als ob sie trimolekular oder höher wären, erweisen sich gewöhnlich nach einer sorgfältigen Untersuchung als die Summe einer Reihe von einfachen unimolekularen oder bimolekularen Schritten. Eine der Hauptaufgaben der chemischen Kinetik ist die Bestimmung des wahren Satzes von Elementarreaktionen für einen solchen Fall.

Die Reaktion von Wasserstoffgas mit Brom steht vollständig im Gegensatz zu der Reaktion mit Iod, obwohl die Gesamtreaktion ähnlich ist

$$H_2 + Br_2 \rightleftarrows 2HBr$$

aber die experimentelle Abhängigkeit der Erzeugungsrate des HBr von den Konzentrationen der Reaktionspartner und Produkte unterscheidet sich völlig von Gleichung (18–2)

$$\frac{d[HBr]}{dt} = \frac{k[H_2][Br_2]^{1/2}}{1 + k'([HBr]/[Br_2])} \qquad (18-3)$$

Dieser Ausdruck enthält zwei experimentell gefundene Geschwindigkeitskonstanten (Ratenkonstanten), k und k'. Wir können nichts über die Molekularität der Reaktion aussagen, da der Gesamtprozeß das Ergebnis einer komplizierten Kette von Reaktionen ist, auf die wir später noch zurückkommen werden. Selbst die Reaktionsordnung ist hier ein Puzzlespiel: Am Beginn einer Reaktion zwischen H_2 und Br_2, wenn nur wenig HBr vorhanden ist, kann der zweite Term im Nenner von Gleichung (18–3) gegen 1 vernachlässigt werden; die Reaktion ist dann praktisch von der Ordnung $1\frac{1}{2}$: erster Ordnung in H_2 und halber Ordnung in Br_2. Wenn sich immer mehr vom Produkt, HBr, ansammelt, wird die Rate der Bildung von noch mehr HBr herabgesetzt. Infolgedessen wird das HBr als ein *Inhibitor* der Reaktion bezeichnet.

Die Bildung des HCl verläuft sogar noch komplizierter: Die Bildung von HCl wird durch Licht mit der Intensität I beschleunigt und in Gegenwart von Sauerstoffgas, selbst bei niedrigen Sauerstoffkonzentrationen, behindert. Die Schwierigkeit des Reinigens der H_2- und Cl_2-Gase sowie des Entfernens aller O_2-Spuren führte für viele Jahre zu irrtümlichen Schlußfolgerungen über die Kinetik dieser Reaktion. Das bisher beste, experimentelle Geschwindigkeitsgesetz für die Bildung von HCl lautet

$$\frac{d[HCl]}{dt} = \frac{k_1 I [H_2] [Cl_2]}{k_2 [Cl_2] + [O_2] ([H_2] + k_3 [Cl_2])} \tag{18–4}$$

Beachten Sie, daß im Grenzfall des völligen Fehlens von Sauerstoffgas die Reaktionsrate proportional zur Konzentration des H_2-Gases ist und überhaupt nicht von der Konzentration des Cl_2-Gases abhängt! (Der zweite Term im Nenner von Gleichung (18–4) ist gleich null, und die übrigbleibenden Cl_2-Konzentrationen im Zähler und Nenner kürzen sich weg.) Die Reaktion wird zusätzlich noch durch Seitenreaktionen kompliziert, die an den Oberflächen der Reaktionsgefäße ablaufen, so daß die Meßergebnisse gelegentlich von der Größe und der Form der Reaktionsbehälter beeinflußt werden. All dies ist weit von der Einfachheit des HI-Systems entfernt. Zwar gibt es auch im HI-System Seitenreaktionen, aber unterhalb von 800 K spielen sie keine Rolle.

Das Verfolgen des Verlaufs einer Reaktion

Auf welche Weise messen wir die Konzentrationen von Reaktionspartnern und Produkten während einer Reaktion, um die Geschwindigkeitsgesetze zu finden, die wir schon untersucht haben? Wenn sich die Gesamtmolzahl eines Gases während einer Gasreaktion ändert, kann der Verlauf der Reaktion mit Hilfe der Druckänderung bei konstantem Volumen oder der Volumenänderung bei konstantem Druck verfolgt werden. Dies sind Beispiele für *physikalische* Messungen, die am System vorgenommen werden können, während es reagiert. Sie haben den Vorteil, daß sie das Reaktionssystem nicht stören und daß sie gewöhnlich recht schnell durchzuführen sind. Mit automatischen Registriergeräten können wir eine physikalische Größe während der Reaktion kontinuierlich überwachen.

Andere physikalische Messungen, die häufig bei kinetischen Untersuchungen eingesetzt werden, umfassen optische Methoden, wie die Drehung der Polarisationsebene des Lichts durch eine Lösung (anwendbar, wenn Reaktionspartner und Produkte unterschiedliche Fähigkeiten zur Drehung von polarisiertem Licht besitzen), die Änderung des Brechungsindex einer Lösung, die Farbe und die Absorptionsspektren. Übliche elektrische Methoden verwenden die elektrische Leitfähigkeit einer Lösung (besonders günstig, wenn Ionen gebildet oder verbraucht werden), das elektrische Potential in einer Zelle und die Massenspektrometrie. Auch die thermische Leitfähigkeit, die Viskosität einer polymerisierenden Lösung, die Reaktionswärmen und die Gefrierpunkte wurden bereits bei kinetischen Messungen verwendet. Der Nachteil all dieser Methoden ist der, daß sie indirekt sind: Die jeweils beobachtete Eigenschaft muß in Konzentrationen von Reaktionspartnern und Produkten *geeicht* werden. Diese Eichung kann durch systematische Fehler beeinflußt werden, besonders dann, wenn Seitenreaktionen auftreten.

Chemische Methoden sind geradliniger und liefern direkt die Konzentrationen. Bei derartigen Methoden wird der Reaktionsmischung eine kleine Probe entnommen, in der die Reaktion durch Verdünnung oder Abkühlung lange genug aufgehalten wird, um die Konzentrationen zu bestimmen. Der schwerwiegende Nachteil dabei ist der, daß wir einen Teil des Reaktionssystems entfernen müssen und es allmählich dadurch verändern. Wenn darüber hinaus die Reaktion in der zur Analyse entnommenen Probe nicht angehalten werden kann, dann ist die Analyse um soviel ungenauer. Bei den Gasphasenreaktionen zwischen H_2 und Cl_2, Br_2 oder I_2 ändert sich die Molzahl des Gases vor und nach der Reaktion nicht, so daß Druck- oder Volumenänderungsmethoden nicht eingesetzt werden können. Um diese Reaktionen untersuchen zu können, werden Proben aus dem Reaktionsgemisch entnommen und die Gasmischungen chemisch auf ihre Zusammensetzungen hin analysiert.

Ein Geschwindigkeitsgesetz erster Ordnung und der Zerfall von ^{14}C

Bei einem Prozeß erster Ordnung ist die Rate des Verschwindens des Ausgangsstoffes proportional zur Menge des vorhandenen Ausgangsstoffes. Jedes Molekül des Ausgangsmaterials besitzt dieselbe Wahrscheinlichkeit, in einem bestimmten Zeitintervall auseinanderzubrechen, und die Gesamtzerfallsrate hängt infolgedessen einfach davon ab, wie viele Moleküle vorhanden sind. Wir begegneten diesem Geschwindigkeits(Raten)gesetz erstmalig in Abschnitt 13–2. Der Ausdruck dafür lautet

$$\frac{dn}{dt} = -kn \tag{13--1}$$

wobei n die Gesamtzahl der vorhandenen Moleküle des Ausgangsstoffes ist. Dieses Geschwindigkeitsgesetz kann integriert werden, wobei sich die Konzentration als Funktion der Zeit ergibt

$$n = n_0 e^{-kt} \tag{13--2}$$

Dieses Geschwindigkeitsgesetz wurde in Abschnitt 13–5 bei dem Beispiel der Altersbestimmung mit Kohlenstoff-14 benutzt, wo die Ausdrücke mit der Konzentration des ^{14}C lauteten

$$\frac{d[^{14}C]}{dt} = -k[^{14}C] \tag{18--5}$$

$$[^{14}C] = [^{14}C]_0 \, e^{-kt} \qquad\qquad (18\text{–}6)$$

Die integrierte Gleichung (18–6) ist in Abbildung 13–3 dargestellt. Wenn wir beide Seiten von Gleichung (18–6) logarithmieren, erhalten wir

$$\ln\left[^{14}C\right] = \ln\left[^{14}C\right]_0 - kt \qquad\qquad (18\text{–}7)$$

Dies ist die Gleichung, die der Abbildung 13–8 zugrunde liegt. Die graphische Darstellung ergibt eine gerade Linie mit einem negativen Anstieg, der gleich der Geschwindigkeitskonstante, k, ist. Der Anstieg der graphischen Darstellung von Gleichung (18–6) zu einer Zeit t ist, wie in Abbildung 13–3 gezeigt ist, proportional zur Konzentration des ^{14}C, die zu diesem Zeitpunkt noch vorhanden ist. Dies ist, in Worten ausgedrückt, der Inhalt von Gleichung (18–5).

Tabelle 18–1 Zersetzung von N_2O_5 in CCl_4-Lösung bei 45 °C [a]

$N_2O_5 \rightleftarrows 2NO_2 + \frac{1}{2}O_2(g)$

Zeit t (s)	$[N_2O_5]$ (mol l^{-1})	$\Delta[N_2O_5]$ (mol l^{-1})	Δt (s)	$-\dfrac{\Delta[N_2O_5]}{\Delta t}$ (mol $l^{-1}s^{-1}$)	$k^{[b]} = -\dfrac{1}{[N_2O_5]} \cdot \dfrac{\Delta[N_2O_5]}{\Delta t}$
0	2,33				
		−0,25	184	$1,36 \times 10^{-3}$	$6,2 \times 10^{-4}$
184	2,08				
		−0,17	135	$1,26 \times 10^{-3}$	$6,3 \times 10^{-4}$
319	1,91				
		−0,24	207	$1,16 \times 10^{-3}$	$6,5 \times 10^{-4}$
526	1,67				
		−0,32	341	$0,94 \times 10^{-3}$	$6,2 \times 10^{-4}$
867	1,35				
		−0,24	331	$0,72 \times 10^{-3}$	$5,9 \times 10^{-4}$
1198	1,11				
		−0,39	679	$0,57 \times 10^{-3}$	$6,2 \times 10^{-4}$
1877	0,72				

[a] Nach H. Eyring und F. Daniels, *J. Am. Chem. Soc.* **52**, 1472 (1930).
[b] $[N_2O_5]$ = Durchschnittswert der Konzentrationen zu Anfang und Ende des betreffenden Zeitintervalls: Für die erste Eintragung also $[N_2O_5] = \frac{1}{2}(2,33 + 2,08)$ mol l^{-1} = 2,21 moll^{-1}.

Die Zersetzung von N_2O_5

In Abschnitt 15–8 begegneten wir der Zersetzung von festem N_2O_5 als einem Beispiel für eine Reaktion, die spontan jedoch stark endotherm verläuft. Jetzt werden wir uns die Zersetzung von in Kohlenstofftetrachlorid aufgelöstem N_2O_5 als ein Beispiel für eine chemische Reaktion erster Ordnung ansehen. Festes N_2O_5 sowie eines der Produkte, NO_2, sind beide in CCl_4 löslich; das andere Produkt, O_2, ist dagegen nicht löslich. Die Reaktion

$$N_2O_5 \rightleftarrows 2NO_2 + \tfrac{1}{2}O_2(g)$$

kann mit Hilfe einer Bestimmung des Gesamtvolumens des Sauerstoffgases verfolgt werden, das sich aus der Lösung abscheidet.

Die Daten für diese Reaktion sind in Tabelle 18–1 zusammengestellt, wobei die Volumenmessungen des O_2 bereits in die Konzentrationen des noch in der Lösung verbleibenden N_2O_5 umgerechnet worden sind. Diese Daten sind in Abbildung 18–3 graphisch dargestellt als ein Beispiel dafür, wie die Konzentrationsdaten zu behandeln sind. In der Abbildung finden Sie die Konzentration des N_2O_5 zu jedem Zeitpunkt, die Änderungsrate dieser Konzentration und diese Änderungsrate dividiert durch die Konzentration. Diese letztere Größe ist gleich der Geschwindigkeitskonstante. Daß die durch die Konzentration dividierte Änderungsrate einen konstanten Wert besitzt (innerhalb der Gren-

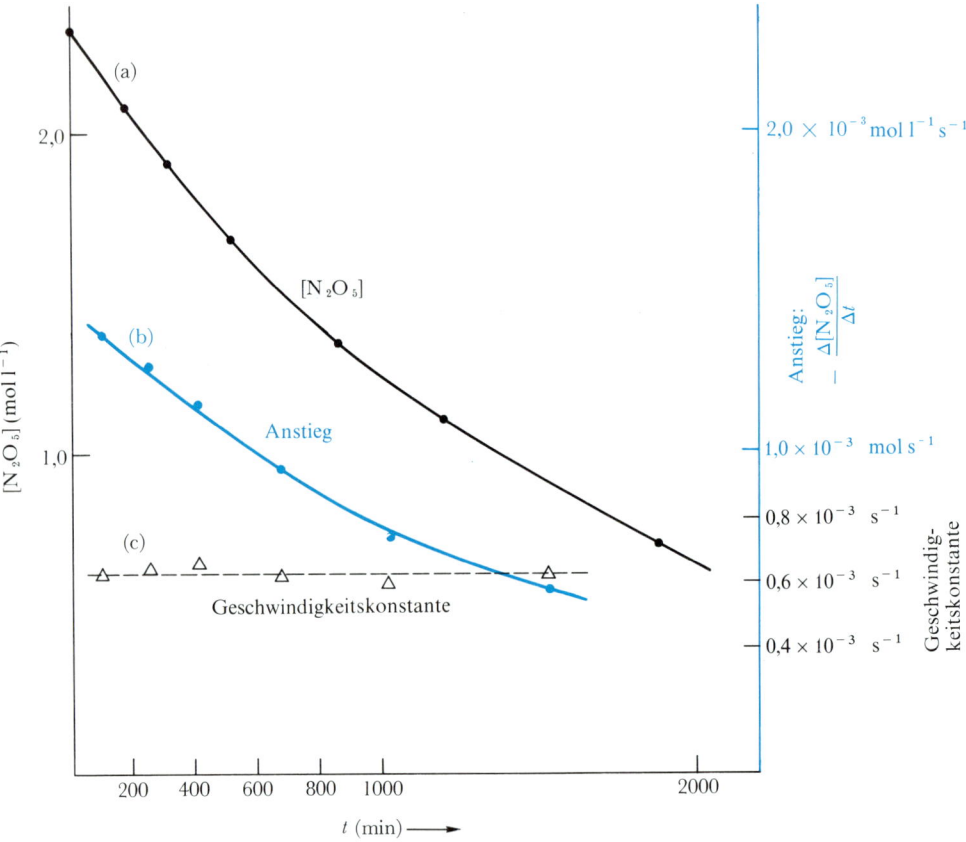

Abbildung 18–3 Die Kinetik der Reaktion $N_2O_5 \rightleftarrows 2NO_2 + \tfrac{1}{2}O_2$ nach den Daten aus Tabelle 18–1. (a) Darstellung der N_2O_5-Konzentration als Funktion der Zeit. (b) Darstellung des negativen Anstiegs der Kurve (a) als Funktion der Zeit oder von $-\Delta[N_2O_5]/\Delta t$ gegen t. (c) Darstellung des Quotienten aus dem Anstieg zu jedem Zeitpunkt und der Konzentration zu diesem Zeitpunkt oder von $-(\Delta[N_2O_5]/\Delta t)/[N_2O_5] = k$, der Geschwindigkeitskonstante erster Ordnung. Die Konstanz dieses Wertes beweist, daß die Reaktion einem Geschwindigkeitsgesetz erster Ordnung gehorcht.

zen des experimentellen Fehlers in den Daten aus Tabelle 18–1), beweist, daß diese Reaktion tatsächlich erster Ordnung ist.

Stöchiometrie und Geschwindigkeitsgesetze

Die Reaktion

$$2\,NO(g) + O_2(g) \; \rightleftarrows \; 2\,NO_2(g)$$

verläuft nach einem experimentell beobachteten Geschwindigkeitsgesetz der Form

$$\frac{d[NO_2]}{dt} = k[NO]^2[O_2]$$

Die Reaktion ist von zweiter Ordnung in NO und von erster Ordnung in O_2 und ist damit insgesamt von dritter Ordnung. Das Geschwindigkeitsgesetz stimmt mehr oder weniger zufällig mit der Stöchiometrie der chemischen überein; diese Übereinstimmung läßt vermuten (aber beweist keinesfalls), daß es sich hier um eine einfache Ein-Stufen-Reaktion handelt, an der drei Moleküle beteiligt sind.

Im Gegensatz dazu reagieren Ethanol und Decaboran in Lösung nach der Gleichung

$$30\,C_2H_5OH + B_{10}H_{14} \; \rightleftarrows \; 10\,B(OC_2H_5)_3 + 22\,H_2$$

Man könnte naiv erwarten, daß diese Reaktion ein Geschwindigkeitsgesetz einunddreißigster Ordnung besitzen muß. Tatsächlich ist die Reaktion zweiter Ordnung, wobei sie in jedem der beiden Reaktionspartner von erster Ordnung ist. Für die Rate des Verschwindens von Ethanol gilt

$$-\frac{d[C_2H_5OH]}{dt} = k[C_2H_5OH][B_{10}H_{14}]$$

Zusammenfassung: Die Zielsetzungen der chemischen Kinetik

Einige chemische Prozesse sind einfache Ein-Stufen-Reaktionen, an denen ein, zwei oder gelegentlich auch drei Moleküle beteiligt sind. Weitaus mehr Prozesse sind Kombinationen von mehreren solcher einfachen Reaktionen. Eines der Ziele der chemischen Kinetik ist es, herauszufinden, wie der wahre molekulare Mechanismus eines komplexen Prozesses aussieht. Warum besitzen HI, HBr und HCl derart unterschiedliche experimentelle Geschwindigkeitsgesetze für eine Reaktion, die oberflächlich betrachtet, in allen drei Fällen gleich aussieht? Die Frage: „Welchen Mechanismus besitzt die Reaktion?" bedeutet für einen Kinetiker soviel wie: „Wie lautet die Folge von einfachen Elementarreaktionen, die die beobachtete Kinetik und Stöchiometrie der Gesamtreaktion ergibt?" Zu dieser Frage haben die organischen Chemiker und die Strukturchemiker noch die folgende hinzugefügt: „Wie sieht die Geometrie der Reaktion für jeden einfachen Elementarschritt im Gesamtprozeß aus?" Das Ziel dieser Fragestellungen ist es, voraussagen zu können, warum die Elementarreaktionen so ablaufen, wie sie es tun, und die Raten voraussagen zu können, mit denen sie ablaufen. Die Theorien, die zur Berechnung der Geschwindigkeitskonstanten für einfache unimolekulare und bimolekulare Elementarreaktionen entwickelt wurden, sind unser nächstes Thema.

Bevor Sie weitermachen. Wenn Sie Hilfe brauchen, um die Auswirkung der Konzentration auf die Reaktionskinetik zu verstehen, wenden Sie sich an Kurs 14 im *Begleitprogramm zu Prinzipien der Chemie* von Lassila et al.

18–3   Berechnung der Geschwindigkeitskonstanten aus Moleküldaten

Lassen Sie uns eine einfache bimolekulare Reaktion voraussetzen

$$A + B \rightleftharpoons C + D \tag{18–8}$$

mit einem Geschwindigkeitsgesetz

$$-\frac{d[A]}{dt} = k[A][B]$$

Wie weit können wir bei der Berechnung von k aus den Moleküleigenschaften von A, B, C und D gehen? Eine der ersten Beobachtungen war die, daß k sich mit der Temperatur ändert: Bei höheren Temperaturen ist die Geschwindigkeitskonstante größer und damit die Reaktionsrate höher.

Die Arrheniussche Aktivierungsenergie

Wenn wir den Logarithmus der Geschwindigkeitskonstante gegen den Kehrwert der Temperatur auftragen, erhalten wir gewöhnlich eine gerade Linie. Obwohl Arrhenius nicht der erste war, der dies tat, entwickelte er den Begriff und gab ihm eine Erklärung. Seitdem wird eine derartige Auftragung als Arrhenius-Darstellung bezeichnet. Was bedeutet dies nun für den Reaktionsmechanismus?

Van't Hoff und andere arbeiteten gegen Ende des neunzehnten Jahrhunderts an der Abhängigkeit der freien Reaktionsenthalpieänderung und der Gleichgewichtskonstante von der Temperatur. Sie entdeckten, daß die Gleichgewichtskonstante K_{eq} sich mit der absoluten Temperatur T und der Reaktionswärme unter Standardbedingungen, ΔH^0, in folgender Weise ändert

$$\frac{d \ln K_{eq}}{dT} = \frac{\Delta H^0}{mol\ RT^2} \tag{18–9}$$

Dieser Ausdruck kann aus der Gibbs-Helmholtzschen Gleichung abgeleitet werden, die wir im Zusammenhang mit Abbildung 16–3 erwähnten, und ergibt sich letztlich streng aus der Thermodynamik. Zur gleichen Zeit entdeckten G. M. Guldberg und P. Waage, daß sie die Gleichgewichtskonstante aus kinetischen Überlegungen ableiten konnten. Wenn die Hinreaktion in Gleichung (18–8) die Rate

$$\text{Rate}_1 = k_1 \,[\text{A}]\,[\text{B}]$$

und die entsprechende Rückreaktion die Rate

$$\text{Rate}_2 = k_2 \,[\text{C}]\,[\text{D}]$$

besitzen, dann nahmen sie an, daß das *Gleichgewicht* der Zustand ist, bei dem die Raten von Hin- und Rückreaktion einander gleich sind, so daß keine zeitlichen Veränderungen im Reaktionssystem mehr auftreten können. Dann muß gelten

$$[\text{A}]\,[\text{B}]\,k_1 = k_2 \,[\text{C}]\,[\text{D}]$$

$$K_{\text{eq}} = \frac{k_1}{k_2} = \frac{[\text{C}]\,[\text{D}]}{[\text{A}]\,[\text{B}]}$$

Nach diesen Überlegungen ergibt sich die Gleichgewichtskonstante als das Verhältnis der Geschwindigkeitskonstanten für die Hin- und Rückreaktion.

Diese Ableitung ist irreführend! Sie gilt nur dann, wenn die Reaktion in einem einfachen Ein-Stufen-Prozeß abläuft, bei dem sich die Stöchiometrie der Reaktion in den Koeffizienten der Konzentrationsterme im Geschwindigkeitsgesetz widerspiegelt. Nichtsdestoweniger ist sie für die Art von Reaktionen gültig, die wir hier betrachten: einfache, *bimolekulare Elementarreaktionen*. Wenn die Gleichgewichtskonstante das Verhältnis der Geschwindigkeitskonstanten von Hin- zu Rückreaktion ist, dann läßt Gleichung (18–9) vermuten, daß die Reaktionsenthalpie sich als Differenz zwischen zwei Energien, E_1 und E_2, ergeben könnte

$$K_{\text{eq}} = \frac{k_1}{k_2} \qquad \Delta H^0 = E_1 - E_2$$

Mit der Gleichung (18–9) erhalten wir daraus

$$\frac{\mathrm{d}\ln(k_1/k_2)}{\mathrm{d}T} = \frac{E_1 - E_2}{\text{mol}\,RT^2}$$

$$\frac{\mathrm{d}\ln(k_1/k_1^0)}{\mathrm{d}T} = \frac{E_1}{\text{mol}\,RT^2}$$

$$\frac{\mathrm{d}\ln(k_2/k_2^0)}{\mathrm{d}T} = \frac{E_2}{\text{mol}\,RT^2}$$

oder allgemein ausgedrückt

$$\frac{\mathrm{d}\ln(k/k^0)}{\mathrm{d}T} = \frac{E_{\text{a}}}{\text{mol}\,RT^2} \tag{18–10a}$$

wobei k^0 die entsprechende Einheit der Geschwindigkeitskonstante ist, da als Argument des Logarithmus eine reine Zahl erscheinen muß. Die Größe E_{a} wird als *Arrheniussche Aktivierungsenergie* bezeichnet. Die Gleichung (18–10a) kann umgeformt werden, so daß sich ergibt

$$\frac{\mathrm{d}\ln(k/k^0)}{\mathrm{d}(1/T)} = -\frac{E_{\mathrm{a}}}{\mathrm{mol}\,R} \tag{18–10b}$$

Wenn die Arrheniussche Aktivierungsenergie selbst keine Funktion der Temperatur ist, sagt Gleichung (18–10b) voraus, daß eine Darstellung von $\ln(k/k^0)$ in Abhängigkeit vom Kehrwert der absoluten Temperatur eine gerade Linie ergeben wird. Dies ist bei vielen Reaktionen der Fall, und die Aktivierungsenergie ist einer der üblichen experimentellen Parameter, mit deren Hilfe eine chemische Reaktion beschrieben wird. Wenn E_{a} keine Funktion der Temperatur ist, kann die Gleichung (18–10b) integriert werden, und wir erhalten

$$k = K e^{-(E_{\mathrm{a}}/\mathrm{mol}\,RT)} \tag{18–11}$$

wobei K die Geschwindigkeitskonstante ist, die sich ergeben würde, wenn für die Reaktion keine Aktivierungsenergie erforderlich wäre. (Die Einheit der Geschwindigkeitskonstante, k^0, ist in diese Größe einbezogen.)

Die Aktivierungsenergie ist eine Barriere, die die zusammenstoßenden Moleküle überwinden müssen, wenn sie miteinander reagieren sollten, anstatt aneinander abzu-

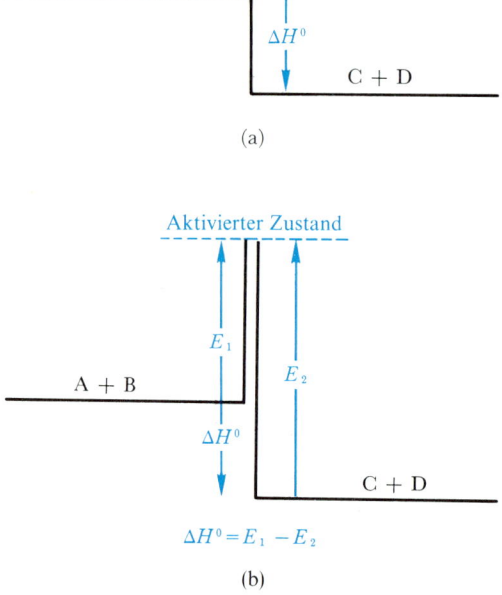

(a)

(b)

Abbildung 18–4 (a) Die Enthalpie oder Reaktionswärme einer Reaktion ist gleich der Änderung der Enthalpie, wenn sich die Reaktionspartner oder Ausgangsstoffe in Produkte umwandeln. (b) Die Aktivierungsenergie für die Reaktion von A und B, E_1, ist die Energie, die aufgebracht werden muß, damit die Teilchen A und B miteinander reagieren und nicht voneinander abprallen. Die Rückreaktion, bei der C und D sich zu A und B zurückumwandeln, besitzt ebenfalls eine Aktivierungsenergie, E_2. Die Differenz dieser beiden Aktivierungsenergien ergibt die Enthalpie der Reaktion: $\Delta H^0 = E_1 - E_2$.

prallen. Wir haben diese Vorstellung bereits bei der Thioacetamidreaktion in Abschnitt 18–1 verwendet: Wir postulierten dabei, daß keine Neuverteilung der Bindungen in Abbildung 18–1b und 18–1c erfolgen wird, wenn die Thioacetamid- und Wassermoleküle nicht zentral mit genügend Energie zusammenstoßen. Wenn die Energie des Zusammenstoßes nicht ausreicht, wird das Wassermolekül am Thioacetamidmolekül abprallen, und es findet keine Reaktion statt. Jetzt haben wir den experimentellen Beweis – in der Form der Temperaturabhängigkeit von k –, daß irgendeine derartige Schwellenenergie bei den chemischen Reaktionen eine Rolle spielt. Die Arrheniussche Erklärung der Aktivierungsenergien nimmt an, daß jedes Paar von Molekülen mit einer Energie kleiner als E_a nicht miteinander reagiert, wogegen jedes Paar mit einer Energie größer oder gleich E_a miteinander reagieren wird. Die Theorie ist ganz sicher zu einfach, aber sie ist ein Anfang.

Durch die Aktivierungsenergie wird nichts an der Thermodynamik der Gesamtreaktion verändert, wie in Abbildung 18–4 gezeigt ist. Die Aktivierungsbarrieren E_1 und E_2, die der Hin- bzw. Rückreaktion im Wege stehen, sind so beschaffen, daß ihre Differenz, $\Delta H^0 = E_1 - E_2$, gleich der thermodynamischen Reaktionswärme ist. Je höher die Barriere E_1 ist, desto langsamer wird die Hinreaktion ablaufen. Da jedoch E_2 um denselben Betrag wie E_1 ansteigen muß, wenn ihre Differenz einen festen Wert hat, wird die Rückreaktion um denselben Betrag verlangsamt. Die Lage des Gleichgewichts wird nicht von den einzelnen Zahlenwerten der Aktivierungsenergien für die Hin- und Rückreaktion beeinflußt, sondern nur von der Differenz zwischen ihnen, die gleich ΔH^0 ist.

Aufforderung: Enzym-katalysierte Reaktionen, Dampfkochtöpfe und die Kochkunst in großen Höhen sind die Themen der Aufgaben 18–1 und 18–9 bis 18–11 im Buch von Butler und Grosser, *Ergänzungsaufgaben zu Prinzipien der Chemie.*

Stoßtheorie der bimolekularen Gasreaktionen

Der nächste logische Schritt ist die Aufstellung einer Stoßtheorie für Gasreaktionen. Nach dieser Theorie tritt eine Reaktion zwischen zwei Gasmolekülen ein, wenn die Moleküle mit einer Energie zusammenstoßen, die größer oder gleich E_a ist. Eine Theorie könnte kaum einfacher sein. Es gibt zwei Fragen, die beantwortet werden müssen, bevor die Geschwindigkeitskonstante berechnet werden kann:

1. Wie oft stoßen zwei Moleküle pro Kubikzentimeter der Gasmischung miteinander zusammen?
2. Bei welchem Bruchteil der Zusammenstöße übertrifft die kombinierte Energie der beiden Moleküle den Wert E_a?

Die Häufigkeit der Zusammenstöße oder die Stoßfrequenz kann nach der einfachen kinetischen Theorie der Gase mit Hilfe der Methoden berechnet werden, die wir Ihnen in Kapitel 2 vorgestellt haben. Die Stoßfrequenz hängt von den Konzentrationen der beiden miteinander reagierenden Gase ab sowie von ihren Molekülmassen, dem Abstand zwischen den Molekülzentren während des Zusammenstoßes und der Quadratwurzel der absoluten Temperatur. Da sich die Moleküle bei höheren Temperaturen schneller bewegen, stoßen sie auch häufiger miteinander zusammen. Der Bruchteil von Molekülpaaren, die beim Zusammenstoß eine Energie besitzen, die größer oder gleich E_a ist, ergibt sich zu

$$e^{-(E_a/\text{mol}\,RT)}$$

wenn wir den Typ der Boltzmannschen Molekulargeschwindigkeitsverteilung annehmen, den wir in Abbildung 2–11 kennengelernt haben. Nach der einfachen Stoßtheorie ergibt sich dann die Reaktionsrate zu

$$\text{Rate} = (\text{Stoßfrequenz}) \times (\text{Wahrscheinlichkeit } E \geq E_a)$$

$$-\frac{d[A]}{dt} = (K[A][B]) \times e^{-(E_a/\text{mol}\,RT)}$$

$$= K\,e^{-(E_a/\text{mol}\,RT)}[A][B]$$

Bei höheren Temperaturen ist die Rate einer Reaktion größer, da die Zusammenstöße häufiger sind und da auch die Wahrscheinlichkeit, daß ein miteinander zusammenstoßendes Paar eine Energie besitzen wird, die größer als E_a ist, mit höheren Temperaturen zunimmt. Die Konstante K kann aus den Molekülmassen und den Durchmessern der miteinander reagierenden Moleküle berechnet werden, indem man diese näherungsweise als Kugeln ansieht. Die bimolekulare Geschwindigkeitskonstante k ergibt sich dann zu

$$k = K\,e^{-(E_a/\text{mol}\,RT)} \tag{18–12}$$

Diese Theorie läßt sich mit Hilfe der Daten in Tabelle 18–2 prüfen. In ihr sind die Arrheniusschen Aktivierungsenergien für sechs bimolekulare Gasreaktionen zusammen mit dem beobachteten präexponentiellen Faktor K sowie seinem theoretischen Wert tabelliert, wie er sich nach der Stoßtheorie und der Theorie der absoluten Reaktionsraten berechnen läßt, die wir in den folgenden Abschnitten diskutieren werden. Denken Sie daran, daß in der Tabelle die *Logarithmen* von K/K^0 angegeben sind; somit bedeutet eine Abweichung von 1,0 zwischen Theorie und Experiment einen Fehler von einem Faktor 10 bei der Geschwindigkeitskonstante. Die Übereinstimmung ist im allgemeinen

Tabelle 18–2   Berechnung von Geschwindigkeitskonstanten für bimolekulare Reaktionen

$A + B \rightleftarrows$ Produkte   Rate $= Z\,e^{-(E_a/RT)}[A][B]$

Reaktion	$\bar{E}_a$ (kJ mol^{-1})[a]	lg Z Beobachtet	Stoßtheorie	Theorie der absoluten Reaktionsraten	$\Delta\bar{H}^0$ (kJ mol^{-1})[a]
$NO + O_3 \rightleftarrows NO_2 + O_2$	10,5	11,9	13,7	11,6	$-200,1$
$NO + Cl_2 \rightleftarrows NOCl + Cl$	85,0	12,6	14,0	12,1	$+83,7$
$NO_2 + CO \rightleftarrows NO + CO_2$	132,3	13,1	13,6	12,8	$-226,5$
$2\,NO_2 \rightleftarrows 2\,NO + O_2$	111,4	12,3	13,6	12,7	$+113,0$
$2\,NOCl \rightleftarrows 2\,NO + Cl_2$	102,6	13,0	13,8	11,6	$+75,8$
$2\,ClO \rightleftarrows Cl_2 + O_2$	0,0	10,8	13,4	10,0	$-138,2$

[a] Pro Mol der Reaktionspartner.

für eine derart einfache Theorie, die keine weiteren Annahmen als die der kinetischen Theorie der Gase voraussetzt, recht ermutigend. Es gibt jedoch auch starke Unstimmigkeiten: So ist z. B. die Reaktionsrate des ClO um einen Faktor 400 zwischen Experiment und Theorie unterschiedlich. Wenn derartige Unstimmigkeiten auftreten, leistet die Theorie der absoluten Reaktionsraten bei der Voraussage von K gewöhnlich bessere Arbeit als die Stoßtheorie.

In der Spalte rechts außen in Tabelle 18–2 sind die Standardenthalpien oder Standardreaktionswärmen angegeben. Die relative Enthalpie von Reaktionspartnern und Produkten sowie die zwischen ihnen liegende Aktivierungsbarriere sind für diese sechs Reaktionen in Abbildung 18–5 aufgetragen. Einige der Reaktionen, wie z. B. $NO_2 + CO$, müssen eine beträchtliche Aktivierungsenergiebarriere überwinden. Für andere Reaktionen, wie z. B. beim $2\,ClO$, existiert keine solche Barriere. Für wieder andere Reaktionen, wie z. B. beim $2\,NO_2$, ist die Energiebarriere, die der Reaktion entgegensteht, nur die

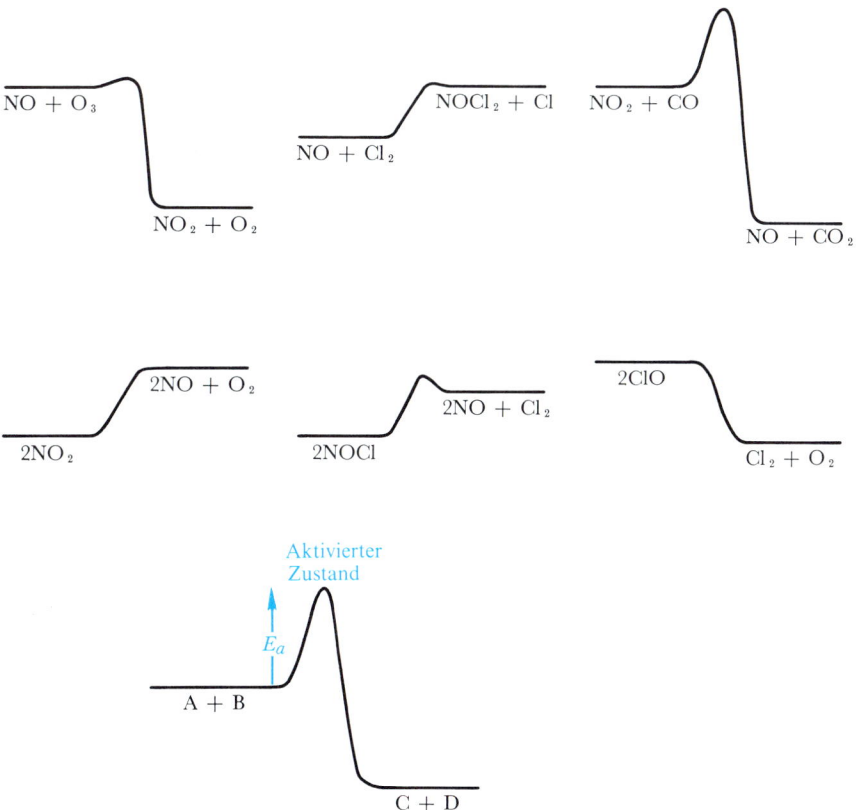

Abbildung 18–5   Die Aktivierungsenergiebarrieren für die sechs in Tabelle 18–2 aufgeführten Reaktionen. Einige dieser Reaktionen weisen merkliche Barrieren auf, während andere, wie z. B. die $2\,ClO$-Reaktion, gar keine besitzen. Das allgemeine Diagramm für die Aktivierungsenergie ist unten in der Abbildung dargestellt. (Die horizontale Achse stellt die Reaktionskoordinate oder den Reaktionsweg dar.)

Reaktionswärme selbst, und die Rückreaktion besitzt die Aktivierungsenergie null. Der allgemeinste Fall ist im untersten Diagramm in Abbildung 18–5 dargestellt.

Aktivierte Komplexe

Bevor wir auf die Theorie der absoluten Reaktionsraten eingehen, müssen wir uns den Zustand der miteinander reagierenden Moleküle beim Überschreiten der Aktivierungsbarriere genauer ansehen: Bei der Reaktion

$$2\,ClO \;\rightleftarrows\; Cl_2 + O_2$$

sind zu Beginn die Cl- und O-Atome miteinander verbunden, und die beiden ClO-Moleküle sind voneinander zu weit entfernt, als daß sie sich gegenseitig beeinflussen können. Am Ende der Reaktion sind die Cl-Atome voneinander 0,199 nm entfernt in einem Cl_2-Molekül, die O-Atome sind 0,121 nm voneinander entfernt in einem O_2-Molekül, und diese beiden Moleküle selbst sind voneinander sehr weit entfernt. Wie sieht nun der aktivierte Zwischenzustand aus?

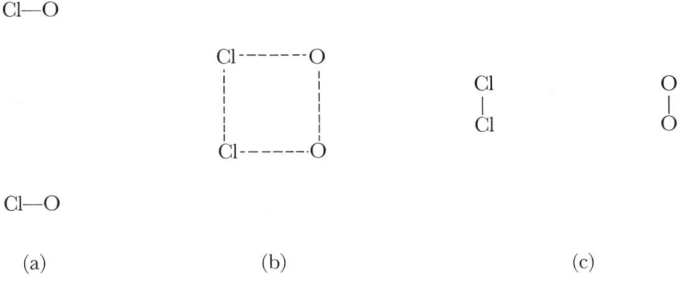

(a)   (b)   (c)

Abbildung 18–6   (a) Der Anfangszustand bei der Reaktion $2\,ClO \rightleftarrows Cl_2 + O_2$, in dem sich zwei ClO-Moleküle unendlich weit voneinander entfernt befinden. (b) Ein möglicher Übergangszustand. (c) Der Endzustand, in dem sich die Cl_2- und O_2-Moleküle unendlich weit voneinander entfernt befinden.

Der aktivierte Komplex ist in Abbildung 18–6b dargestellt. Alle vier Atome haben einen nicht genau bekannten Abstand voneinander, der etwas größer sein müßte, als wenn die Atome im stabilen Zustand aneinander gebunden sind. Wir können sicher sein, daß der aktivierte Komplex *kein* Zustand ist, bei dem alle vier Atome so weit voneinander entfernt sind, daß sie aufeinander keinen Einfluß ausüben; irgendeine Art von losem Zusammenhang zwischen ihnen muß bestehen. Die Grundlage für diese Annahme bildet die Kenntnis der Bindungsenergien der drei Moleküle und die Tatsache, daß die Aktivierungsenergie für die 2 ClO-Reaktion gleich null ist. Die Bindungsenergien oder die Energien, die dazu erforderlich sind, die Atome eines zweiatomigen Moleküls völlig voneinander zu trennen, betragen für jeweils ein Mol der betreffenden Moleküle

Molekül	Molare Bindungsenergie
ClO	$270{,}0 \text{ kJ mol}^{-1}$
O_2	$494{,}0 \text{ kJ mol}^{-1}$
Cl_2	$239{,}5 \text{ kJ mol}^{-1}$

Wenn während der Reaktion die beiden ClO-Moleküle zunächst völlig getrennt und dann erst die isolierten Atome zu Cl_2 und O_2 vereint würden, müßte die Aktivierungsenergie für diese Reaktion das Zweifache der Bindungsenergie des ClO oder 540 kJ pro 2 mol ClO ausmachen. Stattdessen ist die beobachtete Aktivierungsenergie null. Der aktivierte Komplex muß also eine Kombination der vier Atome sein, die derart erfolgt, daß jede Instabilität, die entsteht, während sich Cl und O voneinander trennen, sofort durch den stabilisierenden Einfluß der Zusammenschlüsse zwischen Cl und Cl sowie O und O kompensiert wird.

Wir können uns den aktivierten Komplex als ein instabiles „Molekül" vorstellen, das viele der Eigenschaften eines echten Moleküls besitzt mit der Ausnahme, daß es spontan entweder in die Reaktionspartner oder die Produkte zerfällt. Die Thioacetamid- und Wassermoleküle in Abbildung 18–1b bilden einen solchen aktivierten Komplex, und die Energie dieses Komplexes ist sowohl größer als die Energie von Thioacetamid und Wasser als auch größer als die von Acetamid und Schwefelwasserstoff.

Potentialflächen

Die 2ClO-Reaktion legt nahe, daß wir im Prinzip in der Lage sein sollten, die gesamte potentielle Energie einer Ansammlung von Atomen als Funktion ihrer Lage im Raum zu berechnen. Eine derartige Berechnung würde eine Fläche der potentiellen Energie oder eine Potentialfläche ergeben, die Hügel und Hochebenen von hoher Energie sowie Täler von geringer Energie aufweisen wird. Jede Region auf dieser Potentialfläche mit einem Minimum der potentiellen Energie wird ein stabiles Molekül darstellen. Selbst bei nur vier Atomen, wie z. B. bei der 2ClO-Reaktion, würden wir zu dieser Darstellung jedoch unglücklicherweise schon sechs Variable benötigen, um die Anordnung der Atome zu beschreiben: z. B. die Bindungslängen zwischen jedem Atom und den anderen drei Atomen. Unsere Darstellung der potentiellen Energie müßte dann im siebendimensionalen Raum angesiedelt werden. Dies kann man sich nur sehr schwer vorstellen und unmöglich aufzeichnen.

Was wir brauchen, ist ein Beispiel mit nur zwei Variablen, so daß die Karte der Potentialfläche im dreidimensionalen Raum dargestellt werden kann. Eine der ersten dieser Karten, die von Henry Eyring 1935 berechnet wurden, stellt die Potentialfläche für die Reaktion

$$H + H_2 \rightleftarrows H_2 + H$$

dar, bei der alle drei Atome auf einer geraden Linie liegen müssen, entlang der sie sich nur bewegen können. Die beiden einzigen Variablen sind dann die Abstände der beiden

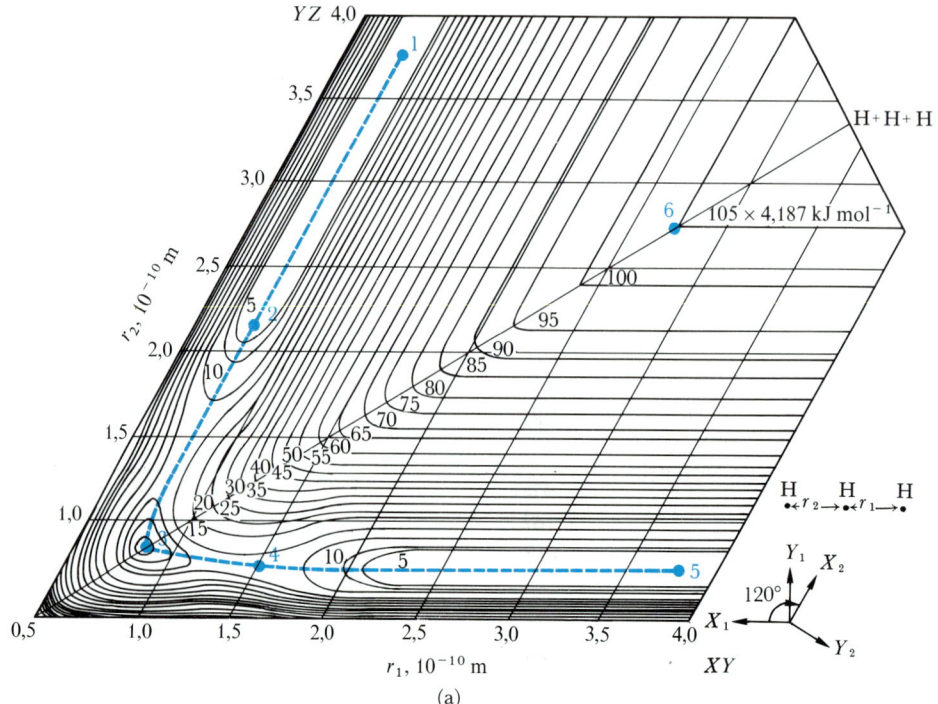

(a)

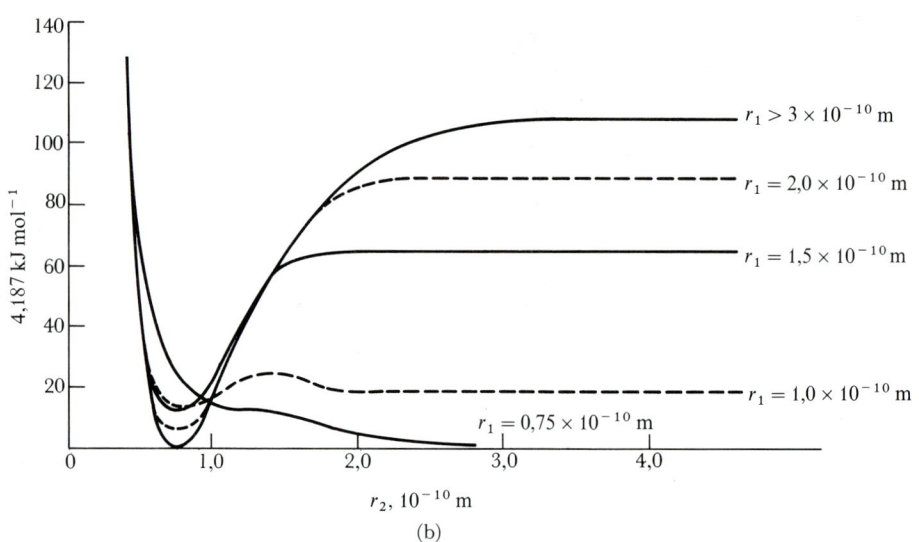

(b)

anderen Atome vom Zentralatom, r_1 und r_2, wie man an der folgenden Darstellung leicht erkennen kann

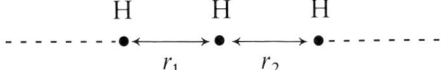

Die potentielle Energie des Drei-Atom-Systems als eine Funktion von r_1 und r_2 ist in Abbildung 18–7a dargestellt. Die tatsächlichen Anordnungen der drei Atome an den sechs numerierten, farbig markierten Punkten in diesem Diagramm sind in Abbildung 18–8 dargestellt. Schnitte durch diese Potentialfläche bei festen Werten von r_1 werden in Abbildung 18–7b gezeigt.

Wenn entweder r_1 oder r_2 groß ist, liegen die drei Wasserstoffatome in der Form eines H_2-Moleküls und eines isolierten H-Atoms vor. Der Schnitt durch die Fläche der potentiellen Energie bei konstantem r_1 für ein r_1 größer als 0,3 nm in Abbildung 18–7b zeigt dasselbe Bild wie die Potentialenergiekurve für ein isoliertes H_2-Molekül in Abbildung 10–2. Während sich ein H-Atom einem H_2-Molekül von rechts nähert (Punkte 1 und 2 in den Abbildungen 18–7 und 18–8), ist der erste bemerkenswerte Effekt eine Erhöhung der potentiellen Energie des Systems der drei Atome: Das sich annähernde Atom wird vom Molekül abgestoßen, und es ergibt sich eine stabilere Sachlage, wenn das Atom am Molekül abprallt und sich wieder von ihm entfernt. Wenn das Atom genügend kinetisch Energie besitzt, um sich dem H_2-Molekül weiter zu nähern, wird es damit beginnen, die H—H-Bindung im H_2-Molekül zu schwächen. Am Punkt 3 sind die beiden äußeren Atome gleichweit vom Zentralatom entfernt, wobei ihr Abstand vom Zentralatom etwas größer als eine normale H—H-Bindungslänge ist, aber die potentielle Energie des Atomsystems ist um 25 kJ mol^{-1} größer als die des isolierten H_2 und H. Punkt 3 stellt den aktivierten Komplex für die Reaktion dar.

◀ **Abbildung 18–7** Die potentielle Energie der drei in einer Reihe angeordneten Wasserstoffatome in kJ mol^{-1} als Funktion des Abstandes der beiden äußeren Wasserstoffatome vom zentralen Wasserstoffatom, r_1 und r_2. Im Bild (a) wurden die an den Höhenlinien stehenden Zahlenwerte der molaren Energie des Systems – in veralteten Einheiten von kcal mol^{-1} angegeben – nicht direkt in kJ mol^{-1} umgerechnet, was gebrochene Zahlenwerte ergeben hätte, sondern in 4,187 kJ mol^{-1}-Einheiten angegeben. Die Potentialoberfläche hat die Form von zwei tiefen Tälern, die parallel zu den r_1- und r_2-Achsen verlaufen. Diese beiden Täler besitzen zu den Achsen hin sehr steil ansteigende Wände, was man an der Dichte der Konturlinien erkennen kann, während sie auf der jeweils innen liegenden Seite weniger steil zu einem Plateau in der oberen, rechten Ecke von (a) ansteigen. Die beiden Täler sind miteinander durch einen Weg über einen Paß oder Sattel verbunden, dessen Scheitelpunkt bei $r_1 = r_2 = 0{,}8 \times 10^{-10}$ m liegt. Die Berechnungen für das Drei-Atom-System wurden 1935 von Henry Eyring und seinen Mitarbeitern mit Hilfe halbempirischer Verfahren durchgeführt. Jüngst haben exaktere quantenmechanische Berechnungen gezeigt, daß die Vertiefung am Scheitel des Passes nicht wirklich vorhanden zu sein scheint. (b) Verschiedene Querschnitte durch diese Potentialfläche für verschiedene Werte von r_1. Bei genügend großen Werten von r_1 (über 3×10^{-10} m) ist die Potentialenergiekurve die eines zweiatomigen H_2-Moleküls, das praktisch durch das dritte H-Atom nicht beeinflußt wird: Vergleichen Sie die Potentialenergiekurve für $r_1 > 3 \times 10^{-10}$ m mit der Abb. 10–2. In dieser Darstellung sind die Achsen schiefwinklig gezeichnet, so daß eine Murmel, die auf einem Modell dieser Oberfläche entlangrollt, genau die Schwingungen des dreiatomigen Systems darstellt. Die farbig hervorgehobenen Punkte 1 bis 6 entsprechen den in Abbildung 18–8 gezeigten Atomanordnungen.

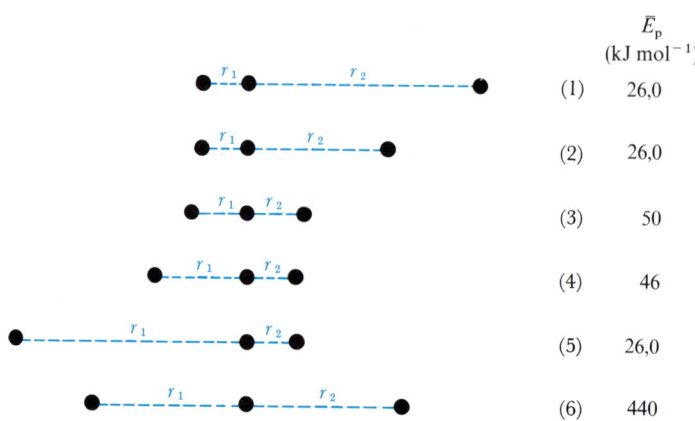

Abbildung 18–8 Relative Positionen der drei Wasserstoffatome für die sechs in Abbildung 18–7a farbig hervorgehobenen Punkte. Die Punkte 1 bis 5 stellen verschiedene Stadien bei der Reaktion eines Wasserstoffmoleküls mit einem Wasserstoffatom dar. Der Punkt 6 stellt die drei Atome mit einem Abstand von $2{,}5 \times 10^{-10}$ m entlang einer geraden Linie dar. Dieser Zustand ist um ungefähr 380 kJ mol^{-1} weniger stabil als irgendein anderer Zustand entlang des Reaktionsweges. Die molare Potentialenergie $\bar{E}_p$ (in kJ mol^{-1}) für die einzelnen Zustände ist rechts im Bild angegeben.

Der aktivierte Komplex kann nun entweder in die Produktteilchen oder die Ausgangsteilchen zerfallen. Es gibt keinen Grund, warum die drei Atome aus dem Zustand in Punkt 3 nicht genausogut zu Punkt 1 wie zu Punkt 5 übergehen können. Was feststeht, ist, daß der aktivierte Komplex instabil ist und infolgedessen zerfallen muß. Die Punkte 1 bis 5 in Abbildung 18–7 sind durch eine farbige, gestrichelte Linie verbunden, die als *Reaktionsweg* bezeichnet wird. Wenn wir die potentielle Energie des Systems entlang dieses Reaktionsweges auftragen, erhalten wir eine Energieschwellenkurve, wie die in Abbildung 18–5 gezeigte. Beachten Sie, daß der Reaktionsweg zu jedem Zeitpunkt ein Pfad entlang eines Tales zwischen steilen Bergwänden ist. Wir benötigen 25 kJ mol^{-1}, um den aktivierten Komplex in Punkt 3 aufzubauen, aber es wird eine Energie von ungefähr 420 kJ mol^{-1} erforderlich, wenn wir die Atome wie in Punkt 6 voneinander trennen wollen.

Ähnliche Potentialenergieoberflächen sind auch für andere Atomsysteme berechnet worden; die für die Reaktion: $H_2 + Br \rightleftarrows H + HBr$ ist in Abbildung 18–9 dargestellt. In diesem Falle sieht die Form der Oberfläche anders aus als im vorangehenden Beispiel, da das H_2-Molekül stabiler als das HBr-Molekül ist. Der aktivierte Komplex (Punkt 2) sieht so aus, daß die beiden H-Atome zweimal so weit voneinander entfernt sind wie im H_2-Molekül, wogegen H und Br schon nahezu ihren endgültigen Bindungsabstand im HBr eingenommen haben. Der aktivierte Komplex ist fast dasselbe wie ein HBr-Molekül und ist tatsächlich nur um etwa 15 kJ mol^{-1} weniger stabil als das HBr. Derartige Berechnungen der Potentialenergieoberflächen, wie sie in Abbildung 18–9 dargestellt sind, bilden die Grundlage für die üblichen graphischen Darstellungen der Reaktionsschwellen, wie sie in Abbildung 18–5 gezeigt sind. Ein Profil des Verlaufs der potentiellen Energie wie in Abbildung 18–9b ist selbst dann noch von Nutzen, wenn die Reaktionen

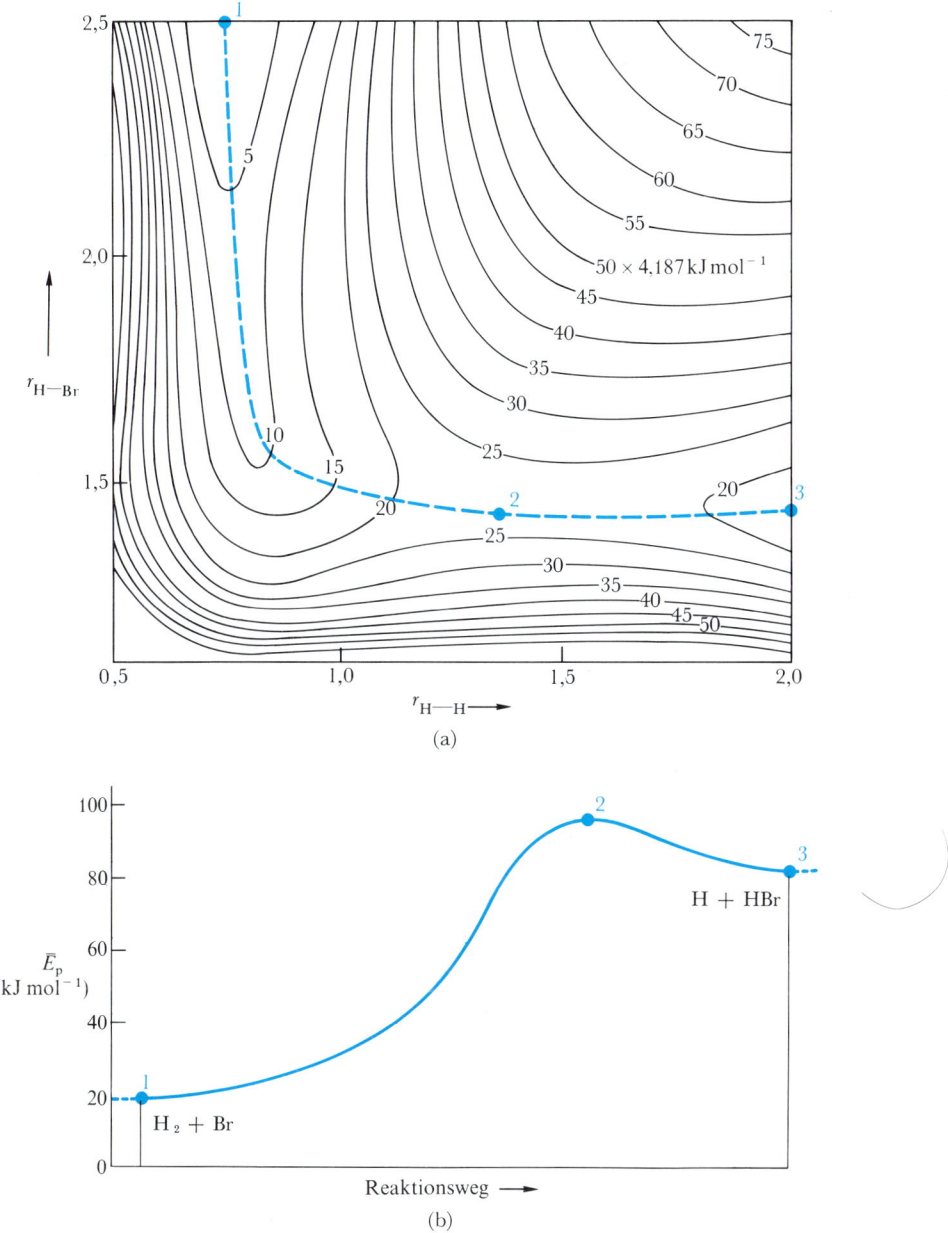

Abbildung 18–9 (a) Die Potentialenergieoberfläche für die lineare Anordnung H----H----Br. Die Höhenlinien mit gleicher potentieller Energie sind in Einheiten von 4,1868 kJ mol^{-1} angegeben, was die Energie für ein Mol dieser dreiatomigen „Moleküle" ist. Die Atomabstände sind in 10^{-10} m geteilt. Der Reaktionsweg für die Reaktion $H_2 + Br \rightleftarrows H + HBr$ ist durch die gestrichelte, farbige Linie markiert. (b) Ein Profil der potentiellen Energie entlang des Reaktionsweges. Die Punkte 1, 2 und 3 entsprechen den so bezeichneten Punkten auf dem Reaktionsweg im oberen Bild. Punkt 2 stellt den aktivierten Komplex der Reaktion dar. Mit Hilfe der Daten aus Anhang 2 über die Standardbildungswärmen von Atomen und Molekülen können Sie sich davon überzeugen, daß der Unterschied der potentiellen Energie an den Punkten 1 und 3 annähernd die richtige Größe besitzt.

zwischen den Molekülen so kompliziert sind, daß wir ihre vollständige, mehrdimensionale Potentialenergieoberfläche weder berechnen noch darstellen können.

Theorie der absoluten Reaktionsraten (Übergangszustände)

Nach der Theorie der absoluten Reaktionsraten findet eine Reaktion immer dann statt, wenn ein aktivierter Komplex in Produkte zerfällt. Infolgedessen ist die Reaktionsrate das Produkt von drei Faktoren:

1. Die Konzentration von aktivierten Komplexen pro Kubikzentimeter.
2. Die Rate des Zerfalls der einzelnen aktivierten Komplexe oder ihre Rate des Übergangs über die Aktivierungsenergieschwelle.
3. Die Wahrscheinlichkeit dafür, daß ein Zerfall zur Bildung von Produkten führt und nicht wieder Ausgangsstoffe ergibt.

Da der aktivierte Komplex einen instabilen Zustand des Übergangs zwischen Reaktionspartnern (Ausgangsstoffen) und Produkten darstellt, wird er häufig auch als *Übergangszustand* bezeichnet, und die Theorie der absoluten Reaktionsraten wird auch die Theorie der Übergangszustände genannt. Wir werden diese Ausdrücke gleichwertig nebeneinander verwenden.

Die Theorie der Übergangszustände geht von einem Gleichgewicht zwischen den Reaktionspartnern und dem aktivierten Komplex aus, der gewöhnlich durch ein hochgestelltes Doppelkreuz „‡" gekennzeichnet wird

$$A + B \rightleftarrows AB^{\ddagger}$$

$$K^{\ddagger} = \frac{[AB^{\ddagger}]}{[A][B]}$$

Infolgedessen ist die Konzentration des aktivierten Komplexes gegeben durch

$$[AB^{\ddagger}] = K^{\ddagger}[A][B]$$

Die Rate der Zersetzung ist etwas schwieriger zu berechnen, aber es zeigt sich, daß sie bei einer bestimmten Temperatur eine universelle Konstante für alle bimolekularen Reaktionen ist

$$\text{Zersetzungsrate} = \frac{kT}{h}$$

wobei k = Boltzmannkonstante und h = Plancksches Wirkungsquantum sind. Die Wahrscheinlichkeit dafür, daß ein Zerfall zur Bildung von Produkten und nicht zur Rückbildung von Reaktionspartnern führt, wird durch den Übergangs- oder Transmissionskoeffizienten κ beschrieben. Dieser kann bei den meisten Reaktionen nur auf einen Wert zwischen 0,5 und 1,0 abgeschätzt werden. Daher erhalten wir für die Gesamtreaktionsrate

$$-\frac{d[A]}{dt} = \kappa\, \frac{kT}{h}\, K^{\ddagger}[A][B]$$

und die Geschwindigkeitskonstante k_2 ergibt sich damit zu

$$k_2 = \kappa \, \frac{kT}{h} \, K^{\ddagger} \tag{18–13}$$

(Das Symbol k_2 wird hier verwendet, um die Geschwindigkeitskonstante einer bimolekularen Reaktion zu kennzeichnen, so daß eine Verwechslung mit der Boltzmannkonstante k vermieden wird.)

Es ist möglich, die Gleichgewichtskonstante $K^{\ddagger}$ zwischen den Reaktionspartnern und dem aktivierten Komplex mit Hilfe der statistischen Mechanik aus den Moleküleigenschaften zu berechnen. Wir werden diese Berechnung hier nicht einmal andeutungsweise versuchen. Stattdessen werden wir uns einmal die thermodynamische Interpretation des Ausdrucks für die Geschwindigkeitskonstante ansehen:

Die Gleichgewichtskonstante hängt mit der freien Standardbildungsenthalpie des aktivierten Komplexes aus den Reaktionspartnern zusammen, und diese wiederum steht im Zusammenhang mit der Standardenthalpie und Standardentropie der Bildung des aktivierten Komplexes

$$- \text{mol} \, RT \ln K^{\ddagger} = \Delta G^{0\,\ddagger} = \Delta H^{0\,\ddagger} - T \Delta S^{0\,\ddagger} \tag{18–14}$$

Somit können wir für die bimolekulare Geschwindigkeitskonstante k_2 schreiben

$$k_2 = \kappa \, \frac{kT}{h} \, e^{-(\Delta G^{0\,\ddagger}/\text{mol}\,RT)}$$

$$= \kappa \, \frac{kT}{h} \, e^{+(\Delta S^{0\,\ddagger}/\text{mol}\,R)} \, e^{-(\Delta H^{0\,\ddagger}/\text{mol}\,RT)} \tag{18–15}$$

Die Aktivierungsenthalpie, $\Delta H^{0\,\ddagger}$, ist nahezu dieselbe Größe wie die Aktivierungsenergie, E_a. Der Unterschied zwischen beiden Größen ist für unsere Diskussion hier ohne Bedeutung. Die Gleichung (18–15) läßt dann erkennen, daß die Reaktionsrate kleiner ist, wenn die Aktivierungsenergie einen hohen Wert besitzt. Dieses Ergebnis hatten wir auch schon bei der Stoßtheorie erhalten, da bei einer hohen Aktivierungsenergie nur ein geringer Bruchteil der Moleküle genug Energie besitzen wird, um die Energieschwelle zu überwinden und zu reagieren, anstatt beim Zusammenstoß aneinander abzuprallen. Die Gleichung (18–15) läßt aber auch erkennen, daß die Reaktionsgeschwindigkeit größer ist, wenn die Aktivierungs*entropie* einen hohen Wert besitzt. Wenn der aktivierte Komplex viel stärker ungeordnet ist als die Reaktionspartner, wird die Reaktion beschleunigt, weil die Gleichgewichtskonstante für die Bildung des aktivierten Komplexes groß ist und mehr von ihm vorhanden ist. Im Gegensatz dazu wird die Reaktion behindert, wenn die Reaktionspartner bei ihrem Zusammenschluß zum aktivierten Komplex einem strengen Ordnungszwang unterworfen sind: Wir könnten raten, daß die Aktivierungsentropie bei der Reaktion zwischen Thioacetamid und Wasser negativ ist, da sich die beiden Moleküle zu einer Einheit im Komplex zusammenschließen. Beide Moleküle unterliegen strengen Einschränkungen hinsichtlich ihrer anfänglichen Orientierungen, wenn sie sich erfolgreich zum aktivierten Komplex in Abbildung 18–1b zusammenschließen sollen. Bei bimolekularen Reaktionen ist die Aktivierungsentropie fast immer groß und negativ, da die beiden Reaktionspartner an Entropie verlieren, wenn sie sich zum aktivierten Komplex zusammenschließen. Häufig ist die nützlichste Anwendung der Theorie der absoluten Reaktionsraten nicht die direkte Berechnung der Geschwindigkeitskonstante, sondern die Berechnung der Aktivierungsentropie aus der beobachteten Geschwindigkeitskonstante mit Hilfe von Gleichung (18–15). Die Aktivierungsentropie liefert uns Informationen über den Aufbau des aktivierten Komplexes. So muß z. B. jeder Reaktionsmechanismus abgelehnt werden, der über einen streng organisierten aktivierten Komplex verläuft, wenn die für ihn berechnete Aktivierungsentropie positiv ist.

Als ein Beispiel werden wir uns im nächsten Abschnitt zwei Reaktionen des Typs

$$R_3C\text{—}Br + HO^- \rightleftarrows R_3C\text{—}OH + Br^-$$

ansehen, die nach unterschiedlichen Mechanismen ablaufen, die von der Art der R-Gruppen abhängen. Bei einem Mechanismus wird das Br^- während der Annäherung des HO^- auf die gleiche Weise verdrängt, wie es bei der Thioacetamidreaktion mit dem Schwefelatom der Fall war. Der aktivierte Komplex ist dann eine Kombination von $R_3C\text{—}Br$ und HO^-

$$R_3C\text{—}Br + HO^- \rightleftarrows \left[\begin{matrix} & R \quad\ R & \\ & \diagdown \ \diagup & \\ Br & \cdots C \cdots & OH \\ & | & \\ & R & \end{matrix}\right]^- \rightleftarrows Br^- + R_3C\text{—}OH \qquad (18\text{–}16)$$

Diese Reaktion wird als eine S_N2-Reaktion bezeichnet, was bedeutet, daß es sich hier um eine *Substitution* einer Gruppe durch eine andere handelt, daß die Gruppen *nucleophil* sind (Elektronen abgeben und Kerne anziehen, also Lewis-Basen sind) und daß *zwei* Moleküle an der Reaktion beteiligt sind.

Der andere Mechanismus ist der für die spontane Dissoziation der $R_3C\text{—}Br$-Moleküls in Br^- und ein sogenanntes *Carboniumion*, R_3C^+, und für die schnelle Reaktion der HO^--Ionen mit den freien Carboniumionen in einem getrennten Reaktionsschritt. Bei diesem Mechanismus ist der aktivierte Komplex oder Übergangszustand durch den Reaktionspartner $R_3C\text{—}Br$ kurz vor der Dissoziation gegeben

$$R_3C\text{—}Br \rightleftarrows [R_3C\text{—}Br]^{\ddagger} \rightleftarrows R_3C^+ + Br^-$$
$$R_3C^+ + HO^- \rightleftarrows R_3C\text{—}OH \qquad (18\text{–}17)$$

Dieser Mechanismus wird als S_N1-Mechanismus bezeichnet, da er eine nucleophile Substitution darstellt, bei der der langsamste Schritt unimolekular ist. Man sollte auf Grund der Aktivierungsentropien der jeweiligen Reaktionen, die sich mit Hilfe von Gleichung (18–15) aus den gemessenen Geschwindigkeitskonstanten berechnen lassen, zwischen diesen beiden Mechanismen unterscheiden können: Der S_N2-Mechanismus wird eine hohe, negative Aktivierungsentropie aufweisen, da bei ihm der aktivierte Komplex durch den Zusammenschluß zweier Moleküle gebildet wird. Im Gegensatz dazu muß der S_N1-Mechanismus praktisch die Aktivierungsentropie null besitzen, da sich der aktivierte Komplex nur geringfügig vom Ausgangsmolekül unterscheidet.

Zusammenfassung: Vergleich der Theorien

Sowohl die Stoßtheorie als auch die Theorie der absoluten Reaktionsraten bauen auf der Vorstellung von einer Aktivierungsenergie auf, die für die Reaktion als Barriere wirkt. Beide Theorien gründen sich in dieser Hinsicht auf die ältere Arrheniussche Deutung der Abhängigkeit der Geschwindigkeitskonstanten von der Temperatur. Die Stoßtheorie konzentriert sich auf den Zusammenstoß zweier Reaktionspartnermoleküle, wogegen die Theorie der absoluten Reaktionsraten sich mehr mit dem aktivierten Komplex oder Übergangszustand beschäftigt, der sich nach dem Zusammenstoß bildet, und von einem Gleichgewicht zwischen diesem Komplex und den Reaktionspartnern ausgeht. Die Stoßtheorie verwendet den Begriff der Aktivierungsenergie, indem sie sagt, daß alle Molekülpaare, die beim Zusammenstoß eine geringere Energie als die Aktivierungsenergie besitzen, voneinander abprallen werden, anstatt zu reagieren. Die Theorie der absoluten Reaktionsraten geht stattdessen davon aus, daß eine hohe Aktivierungsenthalpie (annähernd gleich der Aktivierungsenergie, s. o.) des aktivierten Komplexes bedeutet, daß die Gleichgewichtskonstante und damit die Konzentration des Komplexes klein sein wird. Wenn Sie sich den aktivierten Komplex als das vorstellen, was gebildet wird, wenn zwei Moleküle beim Zusammenstoß die Energie besitzen, die nach der Stoßtheorie erforderlich ist, um zu einer Reaktion zu führen, dann können Sie erkennen, was die beiden Theorien in Wirklichkeit sind: verschiedene Betrachtungsweisen ein und derselben Erscheinung.

Wie schon früher erwähnt wurde, kann die Gleichgewichtskonstante für die Bildung des aktivierten Komplexes, K^+, aus den Eigenschaften der Reaktionspartnermoleküle und den angenommenen Eigenschaften des Übergangszustands berechnet werden. Dies bedeutet, daß die Geschwindigkeitskonstante, k (oder in diesem Abschnitt k_2), aus Grundprinzipien berechnet werden kann, wie das genauso bei der Stoßtheorie der Fall war. Die nach diesen beiden Theorien berechneten Werte werden in Tabelle 18–2 mit den beobachteten Werten verglichen. Wie Sie erkennen können, ist gewöhnlich die Theorie der absoluten Reaktionsraten der Stoßtheorie ein wenig bei der Voraussage der Geschwindigkeitskonstanten überlegen. Die Stoßtheorie ist nicht falsch; sie ist nur ein zu einfaches Bild von dem, was geschieht, wenn eine chemische Reaktion abläuft.

18–4   Komplexe Reaktionen

Die meisten chemischen Reaktionen sind keine einfachen unimolekularen oder bimolekularen Elementarreaktionen, sondern sind Kombinationen von diesen. Dies ist der Grund dafür, daß sich für solche komplexen Reaktionen derart komplizierte Geschwindigkeitsgesetze wie die Gleichungen (18–3) oder (18–4) ergeben. Selbst die Iodwasserstoffreaktion, die für mehr als ein halbes Jahrhundert als das klassische Beispiel für eine einfache, bimolekulare Reaktion galt (Gleichung (18–2)), ist in Wirklichkeit eine komplexe Reaktion.

Die Iodwasserstoffreaktion

Für die Reaktion

$$H_2 + I_2 \ \rightleftarrows\ 2\,HI \tag{18–18}$$

lautet das experimentell bestimmte Geschwindigkeitsgesetz

$$-\frac{d[H_2]}{dt} = k\,[H_2]\,[I_2] \tag{18–18a}$$

Oberhalb 800 K treten Seitenreaktionen mit verschiedenen Mechanismen auf, jedoch können diese bei mittleren Temperaturen vernachlässigt werden. Sowohl N. N. Semenow als auch Henry Eyring haben vorgeschlagen, daß der wahre Mechanismus nicht der von Gleichung (18–18) sein könnte, sondern ein Zwei-Stufen-Mechanismus sein sollte, an dem die reversible Dissoziation von I_2 zu $2\,I$ beteiligt ist, der eine trimolekulare Reaktion zwischen $2\,I$ und H_2 folgt

$$\begin{aligned} I_2 &\rightleftarrows 2\,I \\ H_2 + 2\,I &\rightleftarrows 2\,HI \end{aligned} \tag{18–19}$$

Der Ausdruck für die Rate der Reaktion zwischen einem H_2-Molekül und zwei I-Atomen lautet

$$-\frac{d[H_2]}{dt} = k'\,[H_2]\,[I]^2 \tag{18–20}$$

Wenn die Dissoziation des I_2 reversibel ist und sich im Gleichgewicht befindet, können wir dafür einen Ausdruck für die Gleichgewichtskonstante angeben

$$K = \frac{[I]^2}{[I_2]} \quad \text{oder} \quad [I]^2 = K\,[I_2] \tag{18–21}$$

Wenn wir jedoch für die Konzentration der I-Atome in Gleichung (18–20) den Wert aus der Gleichgewichtsbetrachtung von Gleichung (18–21) einsetzen, erhalten wir

$$-\frac{d[H_2]}{dt} = k'\,K\,[H_2]\,[I_2] \tag{18–22}$$

Das ist *dasselbe* Geschwindigkeitsgesetz, als wenn der Mechanismus der Reaktion tatsächlich der eines bimolekularen Zusammenstoßes wäre. Wir haben somit zwei verschiedene Reaktionsmechanismen vorliegen, die nach demselben Geschwindigkeitsgesetz ablaufen. Wie können wir nun zwischen ihnen unterscheiden?

Die beiden Mechanismen besitzen dasselbe Geschwindigkeitsgesetz *so lange, wie* sich die Dissoziation des I_2 im thermischen Gleichgewicht befindet und die Menge der vorhandenen I-Atome durch die thermische Gleichgewichtskonstante aus Gleichung (18–21) gegeben ist. Bei höheren Temperaturen dissoziiert mehr I_2, wodurch derselbe Effekt hervorgerufen wird, der sich aus einer größeren bimolekularen Geschwindigkeitskonstante im bimolekularen Mechanismus ergeben würde. J. H. Sullivan entschloß sich, die beiden Theorien dadurch zu prüfen, daß er die Konzentration der Iodatome gegenüber der Konzentration veränderte, die sich normalerweise bei der thermischen Dissoziation des I_2 einstellt. Er erreichte dies, indem er das I_2 mit Licht der Wellenlänge 578 nm aus einer Quecksilberdampflampe bestrahlte. Dieses Licht sollte nur eine geringe Auswirkung auf die Reaktionsrate haben, abgesehen von einer geringfügigen Abnahme der I_2-Konzentration, wenn die Reaktion tatsächlich nach dem bimolekularen Mechanismus abliefe. Umgekehrt sollte sich die Reaktionsrate mit der Intensität des eingestrahlten Lichts erhöhen, wenn die trimolekulare Reaktion mit den I-Atomen die richtige wäre, da dann mehr Iodatome erzeugt werden.

Sullivan berechnete die Konzentration der I-Atome, die bei verschiedenen Intensitäten des eingestrahlten Lichts vorliegen, und stellte fest, daß die Rate der Bildung von HI proportional dem *Quadrat* der I-Atomkonzentration ist. Infolgedessen ist der Mechanismus nach Gleichung (18–19) der richtige: Die klassische $H_2 + I_2$-Reaktion ist also eine trimolekulare Reaktion, die wegen des thermischen Gleichgewichts, das normalerweise zwischen I_2 und $2I$ existiert, als eine einfachere, bimolekulare Reaktion in Erscheinung tritt. (Dies gilt wenigstens so lange, bis irgendjemand ein noch einfallsreicheres Experiment durchführt, das beweist, daß diese Reaktion noch komplizierter ist und sich nur als trimolekular maskiert. Wie schon Sullivan aufzeigte [*J. Chem. Phys.* 46, 73, (1967)], kann die trimolekulare Reaktion

$$H_2 + 2I \rightleftarrows 2HI$$

durch zwei bimolekulare Schritte ersetzt werden

$$H_2 + I \rightleftarrows H_2I$$
$$H_2I + I \rightleftarrows 2HI$$

Wenn die erste dieser beiden Reaktionen schnell und reversibel verläuft, so daß sich bei ihr die Reaktionspartner und Produkte im Gleichgewicht befinden, dann ist das Geschwindigkeitsgesetz das gleiche wie beim trimolekularen Prozeß, und die beiden Mechanismen können wieder nicht durch die Reaktionsraten unterschieden werden.)

Dieses Beispiel macht einen Punkt klar, an den wir jederzeit denken müssen: Wir können niemals beweisen, daß ein vorgeschlagener Reaktionsmechanismus richtig ist, sondern nur, daß er sich bis jetzt noch nicht als falsch erwiesen hat. Es besteht immer die Möglichkeit, daß ein noch weiter verfeinertes Experiment, wie das von Sullivan, der das thermische Gleichgewicht mit der Hilfe des Lichts störte, die Schwächen eines bereits allgemein akzeptierten Mechanismus offenbart. Wenn zwei Theorien vorgeschlagen werden, ist man versucht – und gewöhnlich ist es auch die klügere Wahl –, die einfachere von ihnen zu akzeptieren. Aber Sie sollten stets darauf vorbereitet sein, Ihre Meinung zu ändern, wenn es neuere Meßergebnisse erforderlich machen.

Raten und Mechanismen von Substitutionsreaktionen

Die Reaktion des tertiären Butylbromids mit HO^-

$$(CH_3)_3CBr + HO^- \rightleftarrows (CH_3)_3COH + Br^- \tag{18–23}$$

verläuft nach dem experimentell ermittelten Geschwindigkeitsgesetz

$$-\frac{d\left[(CH_3)_3CBr\right]}{dt} = k\left[(CH_3)_3CBr\right] \tag{18–24}$$

Die Reaktionsrate scheint dabei überhaupt nicht von der HO^--Konzentration abzuhängen. Im Gegensatz dazu verläuft die ähnliche Reaktion mit einem weniger stark substituierten Kohlenstoffatom im Ethylbromid

$$CH_3CH_2Br + HO^- \rightleftarrows CH_3CH_2OH + Br^- \tag{18–25}$$

nach einem Geschwindigkeitsgesetz, wie wir es auf Grund der chemischen Reaktionsgleichung erwarten würden

$$-\frac{d\left[CH_3CH_2Br\right]}{dt} = k\left[CH_3CH_2Br\right]\left[HO^-\right] \tag{18–26}$$

Warum sollten diese beiden einander so ähnlichen Reaktionen nach verschiedenen Mechanismen ablaufen und unterschiedliche Geschwindigkeitsgesetze besitzen? Und wie kommt es, daß die Reaktionsrate in Gleichung (18–24) von der Konzentration des einen der Reaktionspartner unabhängig sein kann?

Die Reaktion (18–23) läuft nach dem S_N1-Mechanismus von Gleichung (18–17) ab. Das tertiäre Butylbromid („tertiär" besagt, daß das betrachtete Kohlenstoffatom mit drei anderen Kohlenstoffatomen verbunden ist) dissoziiert zunächst in einer langsamen Reaktion, und das dabei gebildete Carboniumion reagiert sofort mit HO^-. Wann immer ein Prozeß in einer Reihe von schnellen Schritten mit einem relativ langsamen Schritt abläuft, wird die Gesamtreaktionsrate von diesem langsamen Schritt, dem sogenannten *geschwindigkeitsbestimmenden Schritt*, bestimmt werden. Die Rate in unserer S_N1-Reaktion hängt ganz allein davon ab, wie schnell sich die $(CH_3)_3CBr$-Moleküle zersetzen. Die Kapazität für die Reaktion von HO^- mit den dabei gebildeten Carboniumionen übertrifft vermutlich bei weitem die Menge der Carboniumionen, die durch die Dissoziation gebildet werden. Infolgedessen ist die Gesamtmenge der vorhandenen HO^--Ionen ohne Einfluß auf die Reaktionsrate.

Im Gegensatz dazu verläuft die Ethylbromidreaktion nach einem S_N2-Mechanismus (Gleichung (18–16)). Hier findet die Reaktion zwischen einem Ethylbromidmolekül und einem HO^--Ion statt, so daß beide Konzentrationen die Reaktionsrate beeinflussen.

Warum verlaufen die Reaktionen nun nach verschiedenen Mechanismen? Für das Ethylbromid ist der S_N2-Mechanismus möglich, da in diesem Fall der Platz für drei Substituenten des C-Atoms (CH_3 und zwei H) sowie für HO^- und Br^- vorhanden ist. Der aktivierte Komplex

$$\left[\begin{array}{c} H \quad\quad H \\ \diagdown \quad \diagup \\ Br\cdots C\cdots OH \\ | \\ CH_3 \end{array}\right]^{\pm}$$

ist sterisch (von der räumlichen Anordnung der Teilchen her) möglich. Im Gegensatz dazu sind beim tertiären Butylbromid die mit dem Kohlenstoffatom (an dem die Substitution erfolgt) verbundenen Gruppen (drei CH_3) groß genug, so daß sich ihm HO^-

und Br⁻ nicht gleichzeitig annähern können. Damit ist aber der aktivierte Komplex der S_N2-Reaktion nicht möglich. Es findet keine Reaktion statt, bevor nicht ein Molekül des tertiären Butylbromids spontan dissoziiert. Das dissoziierte Carboniumion unterliegt dann dem Angriff des Br⁻, wobei sich wieder die Ausgangssubstanz bildet, oder des HO⁻, wodurch das Produkt entsteht. Wenn Br⁻ nur als Ergebnis vorangehender Dissoziationsreaktionen des teriären Butylbromids vorhanden ist, wird seine Konzentration vermutlich viel kleiner als die des HO⁻ sein, und der größte Teil der Carboniumionen wird zu tertiären Butylalkohol, $(CH_3)_3COH$, umgewandelt werden.

Im allgemeinen ist ein Geschwindigkeitsgesetz, das im Widerspruch zu der Stöchiometrie der Gesamtreaktion steht, ein Hinweis darauf, daß die Reaktion über eine Reihe von Reaktionsschritten abläuft. Häufig ist es dann das Problem, eine Folge von Elementarreaktionen zu finden, die einen langsamen, *geschwindigkeitsbestimmenden* Schritt enthalten, der das beobachtete Geschwindigkeitsgesetz erklärt.

Der Unterschied in den Reaktionsmechanismen, den wir beim tertiären Butylbromid und Ethylbromid angetroffen haben, läßt sich auch in oktaedrischen und quadratisch planaren Komplexen der Übergangsmetalle finden. Quadratisch planare Komplexe des Pt(II) und anderer Metalle können mit neuen Liganden nach dem S_N2-Mechanismus reagieren, da das zentrale Metallatom von beiden Seiten oberhalb und unterhalb der Ebene seiner vier Liganden zugänglich ist. Der S_N2-Mechanismus der Reaktion

$$[Pt(NH_3)_3Cl]^+ + Br^- \rightleftarrows [Pt(NH_3)_3Br]^+ + Cl^-$$

kann folgendermaßen dargestellt werden

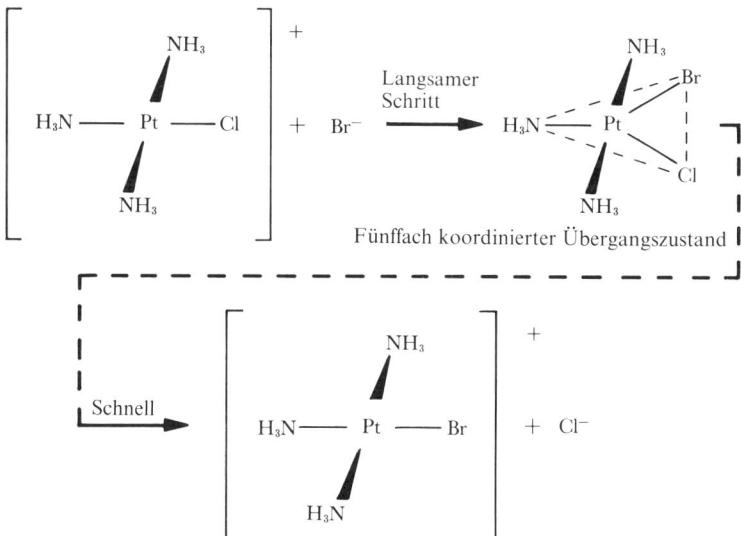

Der aktivierte Komplex ist fünffach koordiniertes Platin, das schnell in die Produkte zerfällt. Die Rate der Gesamtreaktion hängt von der Rate der Bildung des aktivierten Komplexes ab. Diese wiederum wird stark von der Art der sich annähernden Gruppe beeinflußt (Br⁻ in unserem Beispiel). Liganden, die in der Lage sind, starke Bindungen mit dem Zentralatom einzugehen, sind die wirksamsten Angreifer, d. h. sie ersetzen die verdrängte Gruppe (Cl⁻ in unserem Beispiel) am schnellsten. Die Ionen CN⁻ und I⁻ sind starke Angreifer für Pt(II)-Komplexe, wogegen NH_3 und H_2O relativ schwach sind.

Für die sechsfach koordinierten oktaedrischen Komplexe ist es weitaus schwieriger, nach einem S_N2-Mechanismus zu reagieren, da die sechs Liganden um ein zentrales Metallatom herum, wie z. B. um Co(III), wenig oder gar keinen Platz für die Anlagerung einer angreifenden Gruppe in einem Übergangszustand lassen. Untersuchungen der Substitutionsreaktionen von oktaedrischen Co(III)-Komplexen haben gezeigt, daß der entscheidende, geschwindigkeitsbestimmende Schritt die Dissoziation der Bindung zwischen dem Co(III) und der zu verdrängenden Gruppe ist. Die angreifende Gruppe ist an diesem anfänglichen Dissoziationsschritt nicht beteiligt. So verdrängt z. B. H_2O in wäßriger Lösung Cl⁻ aus dem Komplex $[Co(NH_3)_5Cl]^{2+}$, wodurch sich $[Co(NH_3)_5H_2O]^{3+}$ ergibt. Der Mechanismus, der am besten mit den Untersuchungen der Reaktionsraten dieser und ähnlicher Reaktionen im Einklang steht, ist der S_N1-Mechanismus, den wir, wie folgt, darstellen können

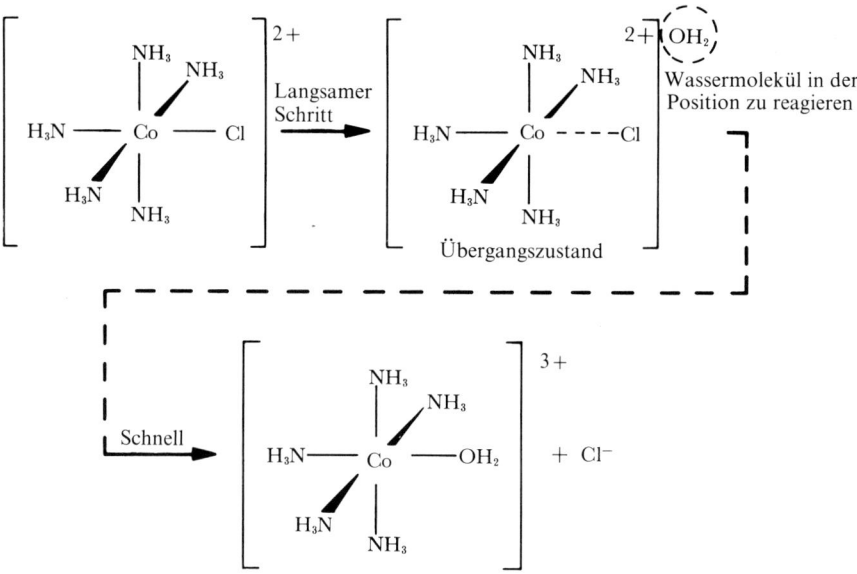

Für einen derartigen Mechanismus spielt die Art der angreifenden Gruppe bei der Bildung des Übergangszustands keine wesentliche Rolle und ist daher für die Rate der Gesamtreaktion unbedeutend. Ein Charakteristikum der meisten Substitutionsreaktionen an oktaedrischen Komplexen ist das *Fehlen* eines Einflusses der angreifenden Gruppen auf die Rate der Reaktion.

Bei oktaedrischen Komplexen hängt die Rate des Austauschs von Liganden von der Dissoziationsrate eines Liganden des Komplexes ab. Die Geschwindigkeitskonstanten für den Austausch eines Wassermoleküls gegen ein anderes in Aquo-Komplexen

$$[M(H_2O)_6]^{n+} + H_2O^* \xrightarrow{k} [M(H_2O)_5H_2O^*]^{n+} + H_2O$$

sind für einige Übergangsmetallionen in Tabelle 18–3 angegeben. (Wie können Sie die Austauschrate eines Wassermoleküls gegen ein anderes messen? Wie können Sie die Wassermoleküle voneinander unterscheiden? Wenn Ihnen keine Methode dafür einfällt, lesen Sie doch noch einmal in Kapitel 13 nach.)

Tabelle 18–3   Reaktionsvermögen von Komplexen bei 298 K

Metallion	d-Valenz-elektronen-konfiguration	Aquokomplex	Geschwindigkeits-konstante[a] (s^{-1})	Klasse
Cu^{2+}	d^9	$[Cu(H_2O)_6]^{2+}$	2×10^8	I
Zn^{2+}	d^{10}	$[Zn(H_2O)_6]^{2+}$	3×10^7	II
Fe^{2+}	d^6	$[Fe(H_2O)_6]^{2+}$	3×10^6	II
Co^{2+}	d^7	$[Co(H_2O)_6]^{2+}$	2×10^5	II
Ni^{2+}	d^8	$[Ni(H_2O)_6]^{2+}$	$2{,}5 \times 10^4$	II
Fe^{3+}	d^5	$[Fe(H_2O)_6]^{3+}$	$2{,}5 \times 10^2$	III
Cr^{3+}	d^3	$[Cr(H_2O)_6]^{3+}$	2×10^{-5}	IV
Co^{3+}	d^6	$[Co(NH_3)_5H_2O]^{3+}$	6×10^{-6}	IV

[a] Rate der Ligandenaustauschreaktion $M(H_2O)_x + H_2O^* \rightleftarrows M(H_2O)_{x-1}(H_2O^*) + H_2O$

Wir können vier Kategorien von Ionen definieren, die beim Austausch der Wassermoleküle in oktaedrischen Komplexen eine Rolle spielen:

Klasse I: Der Austausch von Wassermolekülen, die an das Metallion gebunden sind, erfolgt sehr schnell und wird dadurch bestimmt, wie schnell die Wassermoleküle auf das Komplexion zu oder von ihm fort diffundieren können. Die Geschwindigkeitskonstanten erster Ordnung (Tabelle 18–3) besitzen Werte von $10^8\,s^{-1}$ oder größer. Diese Klasse umfaßt die Alkalimetallionen und die Erdalkalimetallionen, ausgenommen Mg^{2+} und Be^{2+}.

Klasse II: Die Geschwindigkeitskonstanten erster Ordnung für den Wasseraustausch liegen im Bereich von $10^7\,s^{-1}$ bis $10^4\,s^{-1}$. Die zweifach positiv geladenen Übergangsmetallionen und die dreifach positiv geladenen Lanthanoidionen gehören zusammen mit Mg^{2+} zu dieser Klasse.

Klasse III: Die Geschwindigkeitskonstanten erster Ordnung liegen im Bereich von $1\,s^{-1}$ bis $10^4\,s^{-1}$. Zu dieser Klasse gehören das dreifach positiv geladene Übergangsmetallion Fe^{3+}, sowie Be^{2+} und Al^{3+}.

Klasse IV: Hierher gehören die relativ inerten Komplexe mit Geschwindigkeitskonstanten erster Ordnung, die üblicherweise im Bereich von $10^{-3}\,s^{-1}$ bis $10^{-6}\,s^{-1}$ liegen und gelegentlich bis zu $10^{-9}\,s^{-1}$ hinuntergehen. Diese Klasse umfaßt unter anderen die Ionen Cr^{3+}, Co^{3+} und Pt^{2+}.

Die Stellung der Angehörigen dieser Klassen im Periodensystem zeigt Abbildung 18–10. Warum gibt es derart große Unterschiede bei den Reaktionsraten? Die relativen

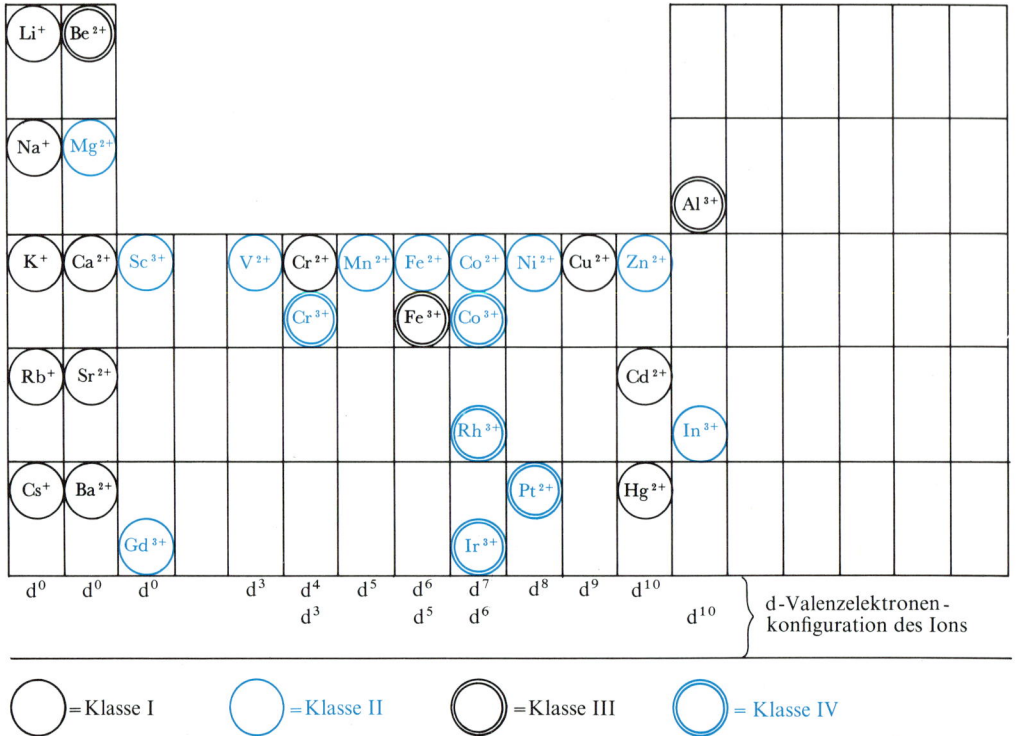

Abbildung 18–10 Die Verteilung der Metallionen der Klassen I bis IV über das Periodensystem. Die reaktionsfreudigsten Ionen in der Klasse I sind groß und besitzen nur kleine Ladungen. Die weniger reaktionsfreudigen Komplexe der Klasse III sind klein und tragen eine hohe Ladung. Die Ionen der Klasse IV besitzen ungewöhnlich geringe Reaktivitäten, die nicht allein durch Ladungs- und Größenargumente erklärt werden können.

Reaktionsraten von $[Cu(H_2O)_6]^{2+}$ und $[Cr(H_2O)_6]^{3+}$ unterscheiden sich um einen Faktor 10^{13} voneinander: Ein Ereignis, das auf der Zeitskala des Cu-Komplexes alle 4 Stunden vorkommt, wird sich auf der Zeitskala des Cr-Komplexes nur einmal seit der Entstehung der Erde vor 4,5 Milliarden Jahren ereignet haben!

Zwei wichtige Faktoren dafür sind die Größe und die Ladung des zentralen Metallions. Je größer die positive Ladung des Ions ist, desto fester werden die Liganden gebunden sein, und desto langsamer wird die Reaktion ablaufen, die ja von der Dissoziation eines Liganden als geschwindigkeitsbestimmenden Schritt abhängt. Auf ähnliche Weise können sich die Liganden dem Metallion stärker annähern, je kleiner dieses ist. Die elektrostatische Anziehung wird dann größer sein, so daß die Liganden fester an das Zentralion gebunden sind.

Das Verhältnis der positiven Ladung des Metallions, q, zum Ionenradius, r, ist in Abbildung 18–11 dargestellt. Der Zusammenhang mit der sich erhöhenden Ladung und der abnehmenden Größe ist offensichtlich. (Wenn Sie sich nicht mehr an den Verlauf der Ionenradien im Periodensystem erinnern, sehen Sie sich noch einmal die Abbildung 6–9 an.) Die Klasse I umfaßt alle einfach positiven Ionen und viele der größeren, zweifach positiven (M^{2+})-Ionen. Die Klasse II enthält die kleineren, zweifach positiven und die größeren, dreifach positiven Ionen. Die Klasse III schließt das recht kleine Be^{2+}-Ion und die beiden kleinen Ionen Fe^{3+} und Al^{3+} ein, während schließlich die Ionen aus Klasse IV Anomalien zu sein scheinen. Ihr geringes Reaktionsvermögen können wir nicht mit einfachen Größen- und Ladungsargumenten erklären.

Die Ionen der Klasse IV verfügen über d-Elektronenkonfigurationen mit besonders stabilen Grundzuständen in ihrer oktaedrischen oder quadratisch planaren Koordination: Für oktaedrische „low-spin"-Komplexe ist die Lücke zwischen den t_{2g}- und e_g-

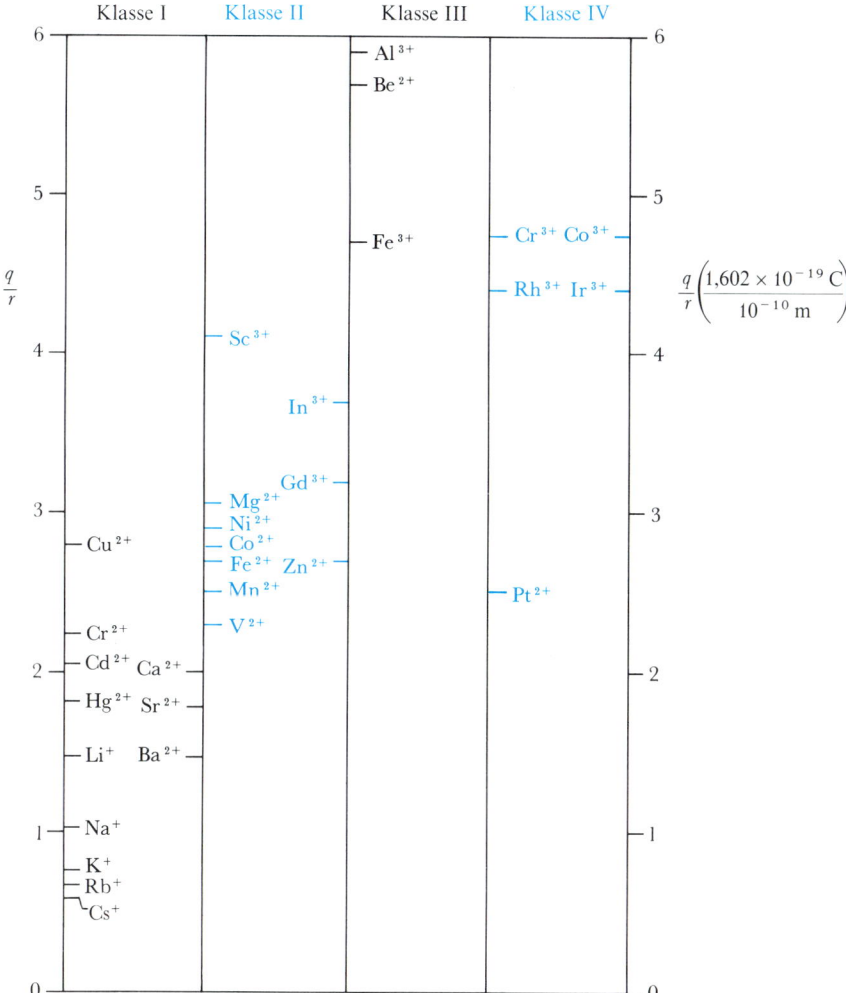

Abbildung 18–11 Das Verhältnis von Ionenladung q zu Ionenradius r für die Ionen der vier Klassen aus Abbildung 18–10. Beachten Sie den Gang von Klasse I bis Klasse III und das anomale Verhalten der Ionen der Klasse IV.

Energieniveaus groß (Abbildung 11–17). Zustände, in denen bei derartigen „low-spin"-Sachverhalten die drei t_{2g}-Orbitale halb- oder vollbesetzt sind, sind besonders stabil und reaktionsträge. Die beiden d-Orbitale des Metalls, die direkt auf die oktaedrischen Liganden weisen ($d_{x^2-y^2}$ und d_{z^2}), sind unbesetzt, und die Orbitale, die besetzt oder halbbesetzt sind (d_{xy}, d_{yz} und d_{xz}), zeigen auf eine Seite eines jeden Liganden. Das Cr^{3+}-Ion besitzt die d^3-Konfiguration; Co^{3+}, Rh^{3+} und Ir^{3+} haben d^6-Konfiguration, und ihre Aquo-Komplexe sind vom „low-spin"-Typ. Im Gegensatz dazu ist der Hexaquo-Komplex des Fe^{2+} (Tabelle 18–3) vom „high-spin"-Typ und besitzt eine d^6-Elektronenkonfiguration. Elektronen besetzen dabei auch die beiden Orbitale, die direkt auf die oktaedrisch koordinierten Liganden weisen, wodurch es diesen Liganden leichter fällt, vom Zentralion zu dissoziieren, und die S_N1-Reaktion beschleunigt wird. Auf ähnliche Weise sind auch die oberen e_g-Energieniveaus des Cu^{2+} und Zn^{2+} (mit d^9- bzw. d^{10}-Konfiguration) von Elektronen besetzt, wodurch diese Komplexe besonders reaktionsfreudig sind. Bei der quadratisch planaren Koordination sind die vier tiefliegenden Energieniveaus (Abbildung 11–17) durch die d^8-„low-spin"-Elektronenkonfiguration des Pt^{2+} exakt vollbesetzt, so daß der Pt^{2+}-Komplex relativ inert ist.

Der Kohlenstoff ist aus denselben Gründen relativ reaktionsträge, aus denen die „low-spin"-Komplexe des Co(III) reaktionsträge sind: Im Kohlenstoff sind die vier bindenden sp^3-Orbitale von Elektronen besetzt, somit gibt es für die von den Liganden stammenden Elektronen keine leeren Orbitale mit einer ähnlichen Energie. Die vier Liganden, die an ein Kohlenstoffatom gebunden sind, besitzen wenig Neigung, zu dissoziieren oder sich verdrängen zu lassen; infolgedessen verlaufen Reaktionen des Kohlenstoffs langsam. Dieses Verhalten erklärt die Existenz vieler Kohlenstoffverbindungen, die thermodynamisch nicht stabil sind. Wenn ihnen genug Zeit gelassen wird, werden sie sich zu stabileren Verbindungen zersetzen, aber ihre Zersetzungsrate ist so klein, daß sie in spürbaren Mengen in der Natur vorkommen können. So sind z. B. alle Zucker relativ zu Wasser und Kohlendioxid thermodynamisch instabil und setzen freie Enthalpie frei, wenn sie zu diesen Produkten oxidiert werden. Wenn der Kohlenstoff nicht so langsam reagieren würde und wenn die Produkte der Photosynthese sofort wieder in ihre thermodynamisch stabileren Bestandteile zerfallen würden, dann würde Leben unmöglich sein, da es dann keine Methode gäbe, freie Enthalpie einzufangen und zu speichern. Die Kohlenstoffverbindungen veranschaulichen einmal mehr den grundlegenden Unterschied zwischen *Stabilität* im thermodynamischen Sinne und *Reaktionsträgheit* im dynamischen Sinne.

Kettenreaktionen

Die Reaktion

$$H_2 + Br_2 \rightleftarrows 2\,HBr$$

verläuft, wie wir bereits erwähnt haben, nach dem seltsamen Geschwindigkeitsgesetz

$$\frac{d[HBr]}{dt} = \frac{k[H_2][Br_2]^{1/2}}{1 + k'([HBr]/[Br_2])} \tag{18–3}$$

Noch 13 Jahre nach der Entdeckung dieses Geschwindigkeitsgesetzes konnte es niemand erklären. Dann klärten drei Forschungsgruppen fast gleichzeitig dieses Problem, die von Henry Eyring, K. F. Herzfeld und Michael Polanyi: Sie schlugen vor, daß die Reaktion nach einem Kettenmechanismus abläuft, an dem zwei *kettenfortsetzende Schritte* beteiligt sind, die den eigentlichen *Reaktionszyklus* bilden

(1) $H_2 + Br \xrightarrow{k_1} H + HBr$

(2) $H + Br_2 \xrightarrow{k_2} HBr + Br$

Wenn ein Molekül in ungeladene Fragmente auseinanderbricht, die ungepaarte Elektronen aufweisen, bezeichnet man diese Bruchstücke des Moleküls als *Radikale*. Die ungepaarten Elektronen (z. B. in H und Br) machen die Bruchstücke chemisch reaktionsfreudig. Bei dem oben angegebenen Reaktionszyklus ist das atomare Produkt eines jeden dieser Schritte ein Reaktionspartner für den anderen Schritt, und beide Schritte führen zur Bildung von HBr. Somit ergibt sich das HBr nicht aus einem bimolekularen Zusammenstoß, sondern aus einer endlosen Kette von Reaktionen (1) und (2). Der erste dieser beiden Schritte ist die Reaktion aus Abbildung 18–9. Aber woher kommen diese Atome von H und Br? Es wird postuliert, daß die Br-Atome anfangs in einer *Startreaktion* gebildet werden

(3) $Br_2 \xrightarrow{k_3} Br + Br$

Warum wird die Dissoziation des H_2 nicht auch hierfür herangezogen? Der wahre Grund dafür ist der, daß es für die Erklärung von Gleichung (18–3) nicht erforderlich ist und daß wir, wenn wir die H_2-Dissoziation noch hinzunehmen, ein falsches Geschwindigkeitsgesetz erhalten. Wir können dieses Fortlassen aber auch auf eine andere Weise begründen: Die molare Dissoziationsenergie des H_2 beträgt 431 kJ mol^{-1}, wogegen die des Br_2 nur 188 kJ mol^{-1} ausmacht.

Eine hohe HBr-Konzentration verzögert die Reaktion, wie wir aus dem HBr-Term im Nenner von Gleichung (18–3) ersehen können. Weiterhin können wir erkennen, daß eine hohe Br_2-Konzentration dieser Verzögerung oder *Inhibierung* entgegenwirkt. Somit wetteifern HBr und Br_2 offensichtlich um dieselbe chemische Substanz im Reaktionsgemisch. Welche Substanz könnte das sein?

Der aussichtsreichste Kandidat dafür sind die Wasserstoffatome, und die Verzögerungsreaktion würde dann lauten

(4) $H + HBr \xrightarrow{k_4} H_2 + Br$

Dies ist eine *Ketteninhibierungsreaktion*, der entgegengewirkt wird, wenn ein Überschuß von Br_2 die Reaktion (2) schnell ablaufen läßt, wie auch nach dem Geschwindigkeitsgesetz (18–3) zu erwarten ist. Schließlich wird die Reaktionskette durch eine *Kettenabbruchsreaktion* beendet, die in unserem Falle die Rekombination des Br ist

(5) $Br + Br \xrightarrow{k_5} Br_2$

Auf welche Weise erhalten wir nun Gleichung (18–3) aus diesen fünf Reaktionen? Wenn uns dies gelingt, würde es ein starkes Argument für die Richtigkeit des Kettenmechanismus sein, obwohl es *kein* absoluter Beweis für diesen Mechanismus wäre, wie wir beim HI gesehen haben.

Die Rate der Bildung des HBr ist gegeben durch

$$\frac{d[HBr]}{dt} = +k_1[H_2][Br] + k_2[H][Br_2] - k_4[H][HBr] \tag{18-27}$$

da HBr als Produkt der Reaktionen (1) und (2) erscheint und bei der Reaktion (4) als Reaktionspartner verschwindet. Die Bildungsraten der H- und Br-Atome werden gegeben durch

$$\frac{d[H]}{dt} = k_1[H_2][Br] - k_2[H][Br_2] - k_4[H][HBr] \tag{18-28}$$

$$\frac{d[Br]}{dt} = -k_1[H_2][Br] + k_2[H][Br_2] + k_4[H][HBr] \\ + 2k_3[Br_2] - 2k_5[Br]^2 \tag{18-29}$$

Die Koeffizienten 2 vor k_3 und k_5 kommen daher, weil jeder Einheit der Reaktion (3) zwei Br-Atome ergibt und jede Einheit der Reaktion (5) zwei Br-Atome aus der Reaktionsmischung entfernt.

An diesem Punkt müssen wir eine wesentliche Vereinfachung vornehmen: Die tatsächliche Menge von H- und Br-Atomen, die zu jedem Zeitpunkt der Reaktion vorhanden ist, muß klein sein, da die Atome nahezu mit derselben Geschwindigkeit aufgezehrt werden, wie sie gebildet werden. Infolgedessen werden die Konzentrationen von H und Br bald nach Einsetzen der Reaktion einen *stationären Zustand* erreichen und konstant bleiben, solange die Reaktion mit einem reichlichen Vorrat von Ausgangsstoffen abläuft. Wenn das gilt, dann können wir die zeitlichen Änderungen der H- bzw. Br-Konzentrationen (die Reaktionsraten) in den Geschwindigkeitsgesetzen (18–28) und (18–29) gleich null setzen

$$0 = k_1[H_2][Br] - k_2[H][Br_2] - k_4[H][HBr] \tag{18-30}$$

$$0 = -k_1[H_2][Br] + k_2[H][Br_2] + k_4[H][HBr] \\ + 2k_3[Br_2] - 2k_5[Br]^2 \tag{18-31}$$

und wir erhalten durch Addition dieser beiden Gleichungen

$$2k_5[Br]^2 = 2k_3[Br_2]$$

$$[Br] = \left(\frac{k_3}{k_5}\right)^{1/2} [Br_2]^{1/2} \tag{18-32}$$

Diese Berechnung liefert uns eine Konzentration der Br-Atome im stationären Zustand, ausgedrückt durch die Konzentration der Br_2-Moleküle.

Das HBr-Geschwindigkeitsgesetz kann zu

$$\frac{d[HBr]}{dt} = k_1[H_2][Br] + \{k_2[Br_2] - k_4[HBr]\}[H] \tag{18-33}$$

umgeformt werden. Daraus können wir die H-Konzentration eliminieren, indem wir sie mit Hilfe der Br-Konzentration aus Gleichung (18–30) ausdrücken

$$[H] = \left(\frac{k_1[H_2]}{k_2[Br_2] + k_4[HBr]} \right) [Br] \tag{18–34}$$

Wenn wir jetzt die Gleichung (18–34) in die Gleichung (18–33) einsetzen, alles auf einen Nenner bringen und kürzen, ergibt sich

$$\frac{d[HBr]}{dt} = \frac{2k_1 k_2 [H_2][Br_2][Br]}{k_2[Br_2] + k_4[HBr]} \tag{18–35}$$

Wenn wir jetzt noch Zähler und Nenner durch $[Br_2]$ teilen und dann $[Br]$ mit Hilfe der Gleichung (18–32) eliminieren, dann folgt

$$\frac{d[HBr]}{dt} = \frac{2k_1(k_3/k_5)^{1/2}[H_2][Br_2]^{1/2}}{1 + (k_4/k_2)\dfrac{[HBr]}{[Br_2]}} \tag{18–36}$$

Dies ist genau das experimentell gefundene Geschwindigkeitsgesetz, bei dem die experimentellen Geschwindigkeitskonstanten, k und k', mit denen für die individuellen Reaktionen in der Reaktionskette, $k_1, \ldots, k_5$, über die Beziehungen

$$k = 2k_1 \left(\frac{k_3}{k_5} \right)^{1/2}$$

$$k' = \frac{k_4}{k_2}$$

verknüpft sind.

Da wir jetzt wissen, was diese beiden experimentellen Konstanten im Zusammenhang mit den einzelnen Reaktionsschritten bedeuten, können wir eine weitaus vollständigere Erklärung für das Geschwindigkeitsgesetz, Gleichung (18–36), geben. Nehmen Sie einmal an, daß wir die Geschwindigkeitskonstanten der einzelnen Reaktionsschritte, k_1 bis k_5, willkürlich verändern können. Welche Auswirkungen würden diese Veränderungen auf die Gesamtreaktionsrate haben? Die Gesamtrate der Bildung von HBr wird erhöht, wenn die Geschwindigkeitskonstanten k_1, k_2 und k_3 groß sind oder die Elementarreaktionen (1), (2) und (3) schnell ablaufen. Die ersten beiden dieser Reaktionen bilden HBr, während die dritte eine Vorstufe dafür ist, indem sie mehr Br-Atome erzeugt. Die HBr-Bildung wird verlangsamt, wenn k_4 und k_5 groß sind oder die Ketteninhibierungs- und die Kettenabbruchsreaktion schnell verlaufen. Solange sich k_3 und k_5 gemeinsam ändern, gibt es bei der Gesamtrate der Reaktion keine Veränderung: Die Reaktionen (3) und (5) sind die einander entgegenwirkenden Start- und Abbruchschritte. In ähnlicher Weise bleibt die Reaktionsrate von einer gemeinsamen Änderung von k_2 und k_4 (so daß sich ihr Verhältnis zueinander nicht ändert) unberührt. Auch dies erscheint vernünftig; denn die Reaktionen (2) und (4) ähneln sich darin, daß beide ein H verbrauchen und ein Br erzeugen, aber sie unterscheiden sich dadurch, daß bei Reaktion (2) ein HBr gebildet wird, während in Reaktion (4) ein HBr verbraucht wird. Eine Inhibierung durch HBr tritt ein, weil durch eine Erhöhung der HBr-Konzentration die Reaktion (4) verstärkt wird. Diese Inhibierung wird durch eine Erhöhung der Br_2-Konzentration abgeschwächt, da dadurch die Reaktion (2) verstärkt wird.

18–5   Katalyse

Eine Mischung von Wasserstoff- und Sauerstoffgas (Knallgas) kann jahrelang aufbewahrt werden, ohne daß eine merkliche Reaktion zur Bildung von Wasser einsetzen wird. Wenn aber in das Gasgemisch eine kleine Menge Platinmohr (feinstverteiltes, schwarzes Platin) eingebracht wird, explodiert die Mischung sofort: Das Pt wirkt als Katalysator für die Reaktion.

Wie wir bereits in Kapitel 12 gesehen haben, ist ein *Katalysator* eine Substanz, die das Erreichen des thermodynamischen Gleichgewichts beschleunigt, ohne selbst während des Prozesses verbraucht zu werden. Der Katalysator erreicht dies, indem er der Reaktion einen anderen Mechanismus oder Weg ermöglicht, der eine kleinere Aktivierungsenergie benötigt. Wenn die Aktivierungsenergie für die Hinreaktion (E_1 in Abbildung 18–4) erniedrigt wird, dann muß auch die Aktivierungsenergie der Rückreaktion (E_2) um denselben Betrag erniedrigt werden, wenn die Reaktionswärme unverändert bleiben soll. Ein Katalysator beschleunigt also sowohl die Hin- als auch die Rückreaktion, indem er die Aktivierungsenergie senkt. Er verändert nicht die Lage des Gleichgewichts bei einer Reaktion, sondern nur die Geschwindigkeit, mit der es erreicht wird. Der Pt-Katalysator dissoziiert bei der Knallgasreaktion auf der Metalloberfläche H_2-Gas in einzelne Wasserstoffatome. Diese H-Atome reagieren dann weitaus schneller mit den O_2-Molekülen, die ihnen an der Metalloberfläche begegnen, als es die H_2-Moleküle mit den O_2-Molekülen in der Gasphase tun.

Dies ist ein Beispiel für eine *heterogene Katalyse*, an der eine Gasphase oder eine flüssige Phase und eine feste Oberfläche beteiligt sind. Noch weiter verbreitet ist die *homogene Katalyse*, bei der sowohl die Reaktionspartner als auch der Katalysator in Lösung vorliegen.

Homogene Katalyse: Ce^{4+} und TL^+

Die Reaktion

$$2Ce^{4+} + Tl^+ \rightleftarrows 2Ce^{3+} + Tl^{3+} \tag{18–37}$$

verläuft extrem langsam, obwohl die Änderung der freien Enthalpie die Reaktion thermodynamisch begünstigt. Durch Zugabe von geringen Mengen des Mangan(II)-ions, Mn^{2+}, wird sie jedoch sehr stark beschleunigt, selbst wenn das Mangan(II)-ion bei der Reaktion nicht verbraucht wird. Bei Fehlen des Mangan(II)-ions ist die Reaktion langsam, da sie für ihren Ablauf einen Drei-Körper-Zusammenstoß erfordert, der äußerst unwahrscheinlich ist. Der Mechanismus mit dem Mn^{2+}-Katalysator benötigt stattdessen eine Folge von drei Zwei-Körper-Zusammenstößen

$$Mn^{2+} + Ce^{4+} \rightleftarrows Mn^{3+} + Ce^{3+}$$
$$Mn^{3+} + Ce^{4+} \rightleftarrows Mn^{4+} + Ce^{3+} \qquad (18\text{–}38)$$
$$Mn^{4+} + Tl^{+} \rightleftarrows Mn^{2+} + Tl^{3+}$$

Das Mn^{2+}-Ion spielt hier die Rolle eines Elektronenüberträgers und ist ein Mittel zur Umwandlung eines schwierigen Einstufenprozesses in eine Folge von einfachen Prozessen. Es besitzt in dieser Reaktion dieselbe katalytische Funktion, die das Cytochrom c bei der Oxidation von Metaboliten in der abschließenden Oxidationskette einnimmt (Abschnitt 11–7). In der Sprache der Theorie der absoluten Reaktionsraten ist der aktivierte Komplex in Reaktion (18–37) eine Anordnung von drei Ionen, für die die Aktivierungsentropie extrem groß und negativ ist. Die Geschwindigkeitskonstante ist daher klein. Im Gegensatz dazu weisen die Reaktionen der Gleichungen (18–38) jeweils einen aktivierten Komplex auf, der sich nur aus zwei Ionen zusammensetzt und eine beträchtlich *weniger* negative Aktivierungsentropie besitzt. Daher ist jede Geschwindigkeitskonstante größer, und der Satz von drei Reaktionen läuft schneller ab als die Reaktion (18–37).

Säurekatalyse

Die Ionisierung des Methanols in wäßriger Lösung

$$CH_3OH + H_2O \rightleftarrows CH_3O^- + H_3O^+ \qquad (18\text{–}39)$$

läuft schnell ab (aber nur zu einem geringen Umfang), in der Tat zu schnell, als daß sie mit klassischen Untersuchungsmethoden (Entnahme von Proben zur Analyse) verfolgt werden kann. Im Gegensatz dazu läuft die analoge Reaktion zwischen Wasser und Dimethylether

$$CH_3\text{—}O\text{—}CH_3 + H_2O \rightleftarrows CH_3O^- + CH_3OH_2^+ \qquad (18\text{–}40)$$

in keinem meßbaren Umfang ab. Dies liegt daran, daß das Wasserstoffatom der Hydroxylgruppe am Alkohol so klein und so exponiert ist, daß es von einem nucleophilen Reaktionsmittel, wie z.B. Wasser angegriffen werden kann (Abbildung 18–12a), wogegen die analoge —CH_3-Gruppe am Ether die Annäherung des H_2O an die O—C-Bindung blockiert (Abbildung 18–12b). Die *sterische Behinderung* – das Aufeinanderprallen und die gegenseitige Abstoßung von fest an das jeweilige Molekül gebundenen Atomen – ist der wichtigste Einzelfaktor bei der Bestimmung der Aktivierungsenergien von miteinander reagierenden Molekülen. Das H^+-Ion, das ja ein einsames Proton ist, unterliegt keiner derartigen sterischen Behinderung. Es ist so klein, daß es derartige Barrieren, die einer Reaktion im Wege stehen, umgehen kann. Protonentransferreaktionen sind gewöhnlich recht schnell. Wenn an einem alternativen Mechanismus zu einer bestimmten Reaktion Protonentransferschritte beteiligt sind, dann ist es wahrscheinlich, daß die Reaktion durch Säuren katalysiert wird, die ja eine Quelle von Protonen darstellen. Aus diesem Grunde ist die Säurekatalyse für die Chemie so bedeutend. Die Reaktion

$$CH_3COOCH_3 + H_2O \rightleftarrows CH_3COOH + CH_3OH$$

verläuft nach dem folgenden Geschwindigkeitsgesetz

$$-\frac{d[CH_3COOCH_3]}{dt} = k'[H_2O][CH_3COOCH_3]$$

$$= k[CH_3COOCH_3]$$

Obwohl dieses Geschwindigkeitsgesetz wirklich von zweiter Ordnung ist, ist es praktisch von erster Ordnung, da die Wasserkonzentration in wäßriger Lösung während der Reaktion praktisch konstant bleibt. Diese Reaktion wird durch Säuren katalysiert und wurde schon vor der Jahrhundertwende von Ostwald untersucht. Ostwald stellte fest, daß die Geschwindigkeitskonstante der Reaktion durch die Zugabe von HCl um einen Faktor 300 vergrößert wurde und daß andere Säuren die Zunahmen ergaben, die in Tabelle 18–4 zusammengestellt sind. Sie können einen Zusammenhang zwischen der Geschwindigkeitskonstante und der Dissoziationskonstante der Säure feststellen. Wir wissen heute, daß die Wirkung der Säure als Katalysator (wie sie sich in den Geschwindigkeitskonstanten widerspiegelt) von der Konzentration der H^+-Ionen (wie sie sich in der Dissoziationskonstante widerspiegelt) herrührt, die von der Säure gebildet werden. Alle die vollständig dissoziierten starken Säuren ergeben annähernd dieselbe Geschwindigkeitskonstante für die Reaktion. Wie wir in Abschnitt 3–5 erwähnten, verwendete

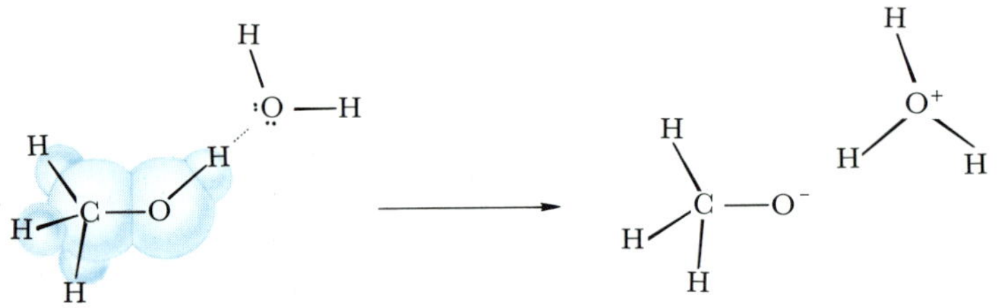

(a)

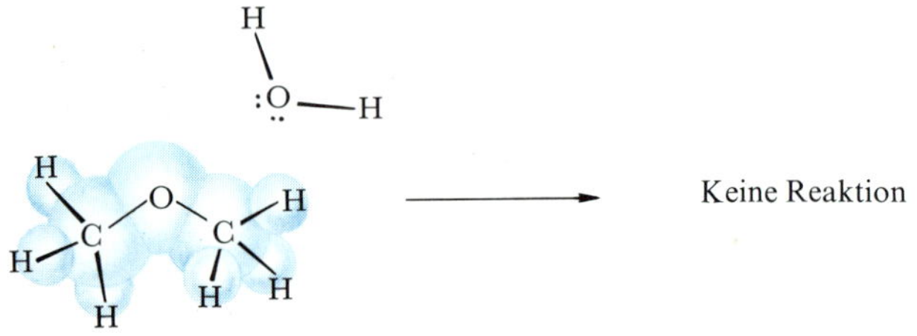

(b)

Abbildung 18–12   (a) Wenn Methanol in Wasser aufgelöst wird, ist das Proton an der Hydroxylgruppe des Methanols klein genug, daß sich ihm ein Wassermolekül nähern und es einer nucleophilen Attacke unterwerfen kann. Das Ergebnis ist eine Trennung der O—H-Bindung im Methanol und eine Bindung des Protons an das Lösungsmittel. (b) Im Dimethylether ist das Proton durch eine CH_3-Gruppe ersetzt. Diese Gruppe ist so groß und sperrig, daß sich das Wassermolekül nicht nahe genug annähern kann, um sie wie beim Methanol das Proton anzugreifen. Die O—C-Bindung im Dimethylether wird daher nicht getrennt, und es bildet sich kein CH_3O^-. Die farbigen Umrisse markieren die ungefähren, relativen Größen der Atome, wie sie sich aus den van der Waalsschen Berührungsabständen zwischen nicht gebundenen Atomen bestimmen lassen.

Tabelle 18–4 Erhöhung der Geschwindigkeitskonstante der Reaktion $CH_3COOCH_3 + H_2O$ $\rightleftarrows CH_3COOH + CH_3OH$ durch Säurekatalyse

$$- \frac{d[CH_3COOCH_3]}{dt} = k[CH_3COOCH_3]$$

Säure	$k/k_{HOAc}^{a)}$	K_a (Tabelle 5–4)
Essigsäure, CH_3COOH (bei der Reaktion gebildet)	1,0	$1,76 \times 10^{-5}$
Ameisensäure, $HCOOH$	3,8	$1,77 \times 10^{-4}$
Dichloressigsäure, $CHCl_2COOH$	66,7	$3,32 \times 10^{-2}$
Trichloressigsäure, CCl_3COOH	198,0	0,20
Schwefelsäure, H_2SO_4	214,0	–
Salpetersäure, HNO_3	267,0	–
Bromwasserstoffsäure, HBr	284,0	–
Salzsäure, HCl	290,0	–

[a] Verhältnis der Geschwindigkeitskonstante, k, für die gegebene Säure zur Geschwindigkeitskonstante der Essigsäure bei derselben Konzentration.

Arrhenius Ostwalds Ergebnisse über die katalytische Wirkung von schwachen Säuren, um seine Ionisierungstheorie zu stützen.

Heterogene Katalyse: Carboxypeptidase A

Wir wir bereits zuvor erwähnt haben, wird die Katalyse, bei der die Moleküle, auf die die katalytische Wirkung ausgeübt wird, – die sogenannten *Substrate* – an die Oberfläche einer festen Phase gebunden sind, als heterogene Katalyse bezeichnet. Die Bindung von H_2-Molekülen an die Oberfläche von Pt bei der katalysierten Wassersynthese ist ein Beispiel dafür. Eine weitere Klasse der heterogenen Katalyse bilden die enzymatischen Reaktionen. Bei der Carboxypeptidase-Reaktion aus Abschnitt 12–11 ist die katalysierte Reaktion

$$R'—CO—NH—CHR—COOH + H_2O$$
$$\rightleftarrows R'—CO—OH + N_2H—CHR—COOH$$

wobei R eine Aminosäureseitenkette ist und R' den Rest der Polypeptidkette des Proteins darstellt. Der Zweck des Enzyms mit seinem Zn-Atom in seinem aktiven Zentrum ist es, einen alternativen Mechanismus für eine einfache Lösungsreaktion anzubieten, einen Mechanismus, bei dem die Aktivierungsenergie geringer ist. Die Zeichnung in Abbildung 12–24a zeigt einen aktivierten Komplex, bei dem sowohl Zn als auch Glu dazu beitragen, die Bindung zwischen C und N zu schwächen. Das Wassermolekül in Abbildung 12–24b kann die Bindung weitaus leichter angreifen, nachdem die Bindung durch den Abzug von Elektronen zum Zn-Atom hin geschwächt wurde. Der Angriff des Wassers wird auch durch das Tyr erleichtert, das ein Proton vom Wassermolekül abzieht. Bei dieser Reaktion ist der aktivierte Komplex eine Kombination aus der zu trennenden Polypeptidkette, dem Wassermolekül, dem Zn-Atom des aktiven Zentrums sowie der

Glu- und Tyr-Seitengruppen des Enzyms. Zusätzlich zu der Aufgabe, die notwendigen, chemischen Gruppen zur Verfügung zu stellen, muß das Enzym sie noch am richtigen Ort in der richtigen Orientierung bereithalten. Durch die enzymatische Katalyse werden sowohl die Aktivierungsenergie als auch die Aktivierungsentropie verändert.

Aufforderung: Versuchen Sie einmal, die Aufgaben 18–21 bis 18–24 im Buch von Butler und Grosser zu lösen. Sie handeln von der Anwendung des Michaelis-Menten-Mechanismus für die Enzym-Katalyse und dem biochemisch wichtigen Krebs-Zyklus.

18–6   Zusammenfassung

Dieses Kapitel war wie Kapitel 12 eine kurze Einführung in ein sehr großes Gebiet der Chemie. Auf dem uns hier zur Verfügung stehenden, kleinen Raum ist es nicht möglich, Ihnen mehr als einen kurzen Überblick über die Probleme zu geben, die bei der Aufklärung des Reaktionsverhaltens von Molekülen eine Rolle spielen, und Ihnen einige Methoden für deren Lösung zu nennen. Die chemische Dynamik ist gegenwärtig weniger gut entwickelt als die Strukturchemie, da ihre Probleme grundsätzlich schwieriger sind. Die chemische Dynamik braucht jedes kleine Stückchen von Informationen über die Struktur der miteinander reagierenden Teilchen, das wir finden können, aber diese Informationen sind nur der Ausgangspunkt für den Entwurf von Mechanismen für den Ablauf der Reaktionen und für die Planung von Experimenten zur Prüfung dieser vorgeschlagenen Mechanismen.

Die wesentliche Frage, die wir beantworten müssen, ist die folgende: „Auf welche Weise reagiert ein Molekül mit einem anderen Molekül?" Da wir jedoch nicht einzelne Moleküle untersuchen können, sind wir gezwungen, mit einer großen Zahl von Molekülen zu arbeiten, die eine Energieverteilung auf Grund ihrer statistischen Bewegung aufweisen und deren relative Orientierungen zueinander unbekannt sind. Der Einfluß der Energieverteilung kann bei gewissen speziellen Reaktionen mit Hilfe der Molekülstrahlmethoden vermieden werden, aber das Problem der gegenseitigen Orientierung bleibt bestehen.

Das Geschwindigkeitsgesetz oder der Ausdruck für die Rate des Auftretens von Produkten steht nicht notwendigerweise mit dem im Einklang, was wir nach der Molzahl eines jeden Reaktionspartners in der Gesamtreaktionsgleichung erwarten würden. Wenn eine Übereinstimmung besteht, läßt dies vermuten, daß die Reaktion so in einem Einstufenprozeß abläuft, wie sie in der Reaktionsgleichung geschrieben wurde (obwohl man sich dabei auch täuschen kann, wie wir im Falle der HI-Reaktion gesehen haben). Wenn das Geschwindigkeitsgesetz und die Gesamtreaktionsgleichung nicht miteinander im Einklang stehen, wie es beim HBr der Fall war, deutet dies darauf hin, daß die Gesamtreaktion in Wirklichkeit in einer Reihe von einfacheren Schritten abläuft. Wenn einer dieser Schritte viel langsamer als die anderen ist, wird die Kinetik der Gesamtreaktion von diesem geschwindigkeitsbestimmenden Schritt beherrscht.

Die Ordnung und die Molekularität einer Reaktion sind zwei völlig verschiedene Größen, die den Unterschied zwischen der Gesamtstöchiometrie und dem Mechanis-

mus einer Reaktion widerspiegeln. Die Ordnung einer Reaktion ist einfach die Summe
der Exponenten aller Konzentrationsterme im Geschwindigkeitsgesetz, das ein Produkt
derartiger Terme ist. Die Molekularität einer einfachen Elementarreaktion ist gleich der
Anzahl von Molekülen oder Ionen, die bei dieser Reaktion miteinander zusammenstoßen
und in Wechselwirkung treten. Eine Gesamtreaktion mit vielen Elementarreaktions-
schritten besitzt keine Molekularität, obwohl ihre Ordnung wohldefiniert sein mag.
Aber das Geschwindigkeitsgesetz für die HBr-Reaktion ist derart kompliziert, daß selbst
der Begriff der Reaktionsordnung seinen Sinn verliert, ausgenommen bei vernachlässig-
baren HBr-Konzentrationen.

Für die bimolekularen Elementarreaktionen gibt es zwei Theorien: die Stoßtheorie
und die Theorie der absoluten Reaktionsraten. Beide gründen sich auf die Arrheniussche
Deutung der Abhängigkeit der Geschwindigkeitskonstanten von der Temperatur, ausgedrückt durch eine Aktivierungsenergie. Die Stoßtheorie konzentriert sich auf den Zusammenstoß, der einer Reaktion vorangeht, während die Theorie der absoluten Reaktionsraten ihre Aufmerksamkeit der Anordnung der Atome im aktivierten Komplex
oder Übergangszustand unmittelbar nach dem Zusammenstoß, aber vor dem Zerfall in
die Produkte widmet. Beide Theorien liefern eine vernünftige Erklärung der beobachteten Geschwindigkeitskonstanten; die Theorie der absoluten Reaktionsraten erweist sich
dabei als etwas besser.

Bei der Bestimmung der Größe der Energiebarriere, die der Reaktion im Wege steht,
sind sowohl die Aktivierungsenthalpie als auch die Aktivierungsentropie von Bedeutung.
Eine Reaktion wird begünstigt, wenn die Enthalpiebarriere niedrig und die Aktivierungsentropie groß und positiv ist (oder wenigstens nicht negativ ist). Wenn der aktivierte
Komplex weitaus stärker geordnet ist als die Reaktionspartner, dann ist die Entropie
der Aktivierung groß und negativ, so daß die Reaktion verlangsamt wird.

Ein Katalysator beschleunigt eine Reaktion, indem er einen anderen Reaktionsweg
oder Mechanismus ermöglicht, der eine geringere freie Aktivierungsenthalpie benötigt.
Er kann dies dadurch erreichen, daß er die Energie für eine Dissoziation liefert oder beim
Ordnen der Reaktionspartner im aktivierten Komplex hilft. Beim ersten Weg wird die
Aktivierungsenthalpie herabgesetzt (wie es beim H_2 auf einer Pt-Oberfläche der Fall
war oder wie es beim Abzug von Elektronen aus einer kovalenten Bindung durch das
Zn-Atom in der Carboxypeptidase geschah). Der zweite Weg erhöht die Wahrscheinlich-
keit dafür, daß die Reaktionspartner besser zueinander angeordnet sind, als es durch den
Zufall in einer Lösung geschehen könnte. In jedem Falle verläuft dann die Reaktion
schneller, da $\Delta G^{0\neq}$ kleiner und $K^{\neq}$ größer ist.

Die Thermodynamik sagt nichts über die Zeit aus, die benötigt wird, um das Gleichgewicht zu erreichen, wie wir schon mehrmals zuvor betont haben. Die Thermodynamik
beschäftigt sich nur mit dem Vergleich der Anfangs- und Endzustände eines Reaktionssystems, die durch Größen wie T, P, V, E, H, S und G beschrieben werden, die Zustandsfunktionen sind. Die Änderung dieser Größen ist dieselbe, ob nun die Reaktion in einer
Nanosekunde (10^{-9} s) oder einem Äon (10^9 Jahre) abläuft und ob die Reaktion in einem
Schritt oder in einigen tausend Schritten erfolgt, solange die Anfangsbedingungen und
die Endbedingungen dieselben sind.

Im Gegensatz dazu beschäftigt sich die chemische Kinetik mit der Frage, wie schnell

Reaktionen ablaufen. Ein Stein, der einen Abhang hinunterrollt, wird zum Stillstand kommen und für immer liegenbleiben, wenn er auf eine Barriere trifft, die selbst nur einen kleinen Bruchteil der Höhe des Berges besitzt. Wenn dieser Stein nun zufällig von vorbeikommenden Wanderern angestoßen wird, dann hängt die Wahrscheinlichkeit dafür, daß er über das Hindernis hinweggestoßen wird und innerhalb einer bestimmten Zeitspanne weiter den Abhang hinunterrollt, von der Höhe dieses Hindernisses ab (unter anderen Faktoren). Die Aufgabe eines chemischen Kinetikers ist es, diese Barrieren, die den chemischen Reaktionen im Wege stehen, zu untersuchen, zu erkennen, welche Auswirkungen sie bei der Verlangsamung von Reaktionen haben, und Wege zu finden, sie zu vermeiden, indem sie entweder durch geeignete chemische Bedingungen überwunden werden oder indem sie durch Katalyse umgangen werden.

Literaturhinweise

S.W. Benson, Foundations of Chemical Kinetics, McGraw-Hill, New York, 1960.

J.O. Edwards, Inorganic Reaction Mechanisms: An Introduction, W.A. Benjamin, Menlo Park, Calif., 1965.

H. Eyring and *E.M. Eyring*, Modern Chemical Kinetics, Reinhold, New York, 1963. Etwas höher im Niveau als King, aber eine gute Ergänzung des Stoffes in diesem Kapitel.

A.A. Frost and *R.G. Pearson*, Kinetics and Mechanisms, Wiley, New York, 1961, 2nd ed.

S.Glasstone, K.J. Laidler, and *H. Eyring*, The Theory of Rate Processes, McGraw-Hill, New York, 1941.

E.L. King, How Chemical Reactions Occur, W.A. Benjamin, Menlo Park, Calif., 1963. Eine elementare Einführung auf dem Niveau dieses Kapitels.

Fragen

1. Warum hängt die Wahrscheinlichkeit der Reaktion zwischen Thioacetamid und Wasser in Abbildung 18–1 von den relativen Orientierungen der beiden Moleküle bei ihrer Annäherung ab?

2. Warum hängt die Wahrscheinlichkeit aus Frage 1 ferner noch von der relativen Geschwindigkeit der Annäherung der beiden Moleküle ab?

3. Warum schwächt die Annäherung des Wassermoleküls an das Thioacetamidmolekül die C—S-Bindung? Warum schwächt sie gleichzeitig auch die O—H-Bindungen?

4. Warum sind die Moleküle des H_2O (Abbildung 18–1a) und des H_2S (Abbildung 18–1c) nicht in derselben Weise gezeichnet?

5. Welcher der beiden Faktoren, die bei der Bestimmung der Reaktionsrate von Bedeutung sind, Energie und Entropie, kann bei den Molekülstrahlexperimenten gesteuert werden? Auf welche Weise geschieht dies?

6. Warum sind die Molekülstrahlexperimente für die Untersuchung von Säure-Base-Reaktionen, wie wir sie in Kapitel 5 diskutiert haben, nicht geeignet? Welche Arten von Reaktionen können mit Hilfe der Molekülstrahlmethoden untersucht werden?

7. Wie ist die Geschwindigkeitskonstante einer Reaktion definiert? Welche Bedeutung haben die d's im Geschwindigkeitsgesetz für die HI-Reaktion (Gleichung (18–2)),

die auf der linken Seite der Gleichung in Zähler und Nenner auftreten? Was bedeuten die chemischen Symbole in den eckigen Klammern?

8. Welcher Unterschied besteht zwischen der Ordnung und der Molekularität einer chemischen Reaktion? Wie groß ist die Gesamtordnung der Reaktionen nach Gleichung (18–23) und (18–25)? Welches ist ihre Molekularität? Unter welchen Umständen unterscheiden sich Ordnung und Molekularität einer Reaktion voneinander? Für welche Arten von Reaktionen ist der Begriff der Molekularität bedeutungslos? Für welche Arten von Reaktionen ist auch der Begriff der Reaktionsordnung bedeutungslos?

9. Welche physikalischen Methoden können verwendet werden, um den Ablauf einer Reaktion zu verfolgen? Welches sind die relativen Vorteile der physikalischen und chemischen Techniken für die Beobachtung der Reaktionskinetik?

10. Woran können Sie erkennen, wann eine chemische Reaktion von erster Ordnung ist?

11. Können Sie irgendeine Erklärung dafür abgeben, warum die Reaktion zwischen Ethanol und Decaboran in Abschnitt 18–2 nicht von einunddreißigster Ordnung ist? Können Sie sich irgendeinen möglichen Mechanismus vorstellen, der das beobachtete Geschwindigkeitsgesetz erklären könnte?

12. Welche physikalischen Tatsachen führen zum Begriff der Aktivierungsenergie einer Reaktion? Wie wird diese Aktivierungsenergie mit Hilfe des Reaktionsmechanismus erklärt?

13. Was ist an der Ableitung des Ausdrucks für die Gleichgewichtskonstante einer Reaktion mit Hilfe der Hin- und Rückreaktionen, die mit denselben Raten ablaufen, fragwürdig? Wann gilt diese Ableitung?

14. Wie ändert sich die Enthalpie einer Reaktion bei konstanter Temperatur, wenn sich die Aktivierungsenergie der Hinreaktion ändert? Auf welche Weise kann die Aktivierungsenergie verändert werden?

15. Wie wird die Aktivierungsenergie bei der Stoßtheorie einer Reaktion eingesetzt? Welche Faktoren beeinflussen bei dieser Theorie die Reaktionsrate? Auf welchen zwei Wegen beeinflußt die Temperatur die Reaktionsrate in der Stoßtheorie?

16. Warum können wir aus den Daten in Tabelle 18–2 und Abbildung 18–5 den Schluß ziehen, daß der aktivierte Komplex für die Reaktion

$$2\,ClO \rightleftarrows Cl_2 + O_2$$

kein Komplex ist, bei dem sich vier Atome in großer Entfernung voneinander befinden?

17. Wenn drei Wasserstoffatome in Abständen von 0,20 nm entlang einer geraden Linie angeordnet wären, wie groß würde dann die potentielle Energie sein (ausgedrückt in $kJ\,mol^{-1}$ solcher Dreiergruppen von Atomen), wie sie sich aus Abbildung 18–7 ergibt? Um wieviel weniger stabil ist dieser Zustand als der tiefste Punkt auf dem Reaktionsweg von $H + H_2$ zu $H_2 + H$?

18. Was ist ein aktivierter Komplex? Was ist der aktivierte Komplex in Abbildung 18–1? Welche Annahme wird in der Theorie der absoluten Reaktionsraten über die Menge des vorhandenen aktivierten Komplexes gemacht?

19. Begünstigt eine große, positive Aktivierungsenthalpie eine schnelle Reaktion? Begünstigt eine große, positive Aktivierungsentropie eine schnelle Reaktion?

20. Warum ist es sinnvoll, die Aktivierungsentropie nach der Theorie der absoluten Reaktionsraten aus den gemessenen Geschwindigkeitskonstanten zu berechnen? Welche Informationen liefern uns derartige Ergebnisse über den Reaktionsmechanismus?

21. Was bedeuten die Symbole beim S_N1- und S_N2-Mechanismus? Wodurch unterscheiden sich diese Mechanismen voneinander? Wie sieht der aktivierte Komplex bei jedem Mechanismus aus? Bei welchem Mechanismus besitzt die Art der angreifenden Gruppe eine größere Bedeutung? Welche Faktoren bestimmen, ob eine Reaktion nach einem S_N1- oder S_N2-Mechanismus ablaufen wird?

22. Verläuft die Reaktion zwischen Thioacetamid und Wasser nach dem S_N1- oder S_N2-Mechanismus?

23. Welcher der beiden Mechanismen aus den vorangehenden zwei Fragen wird eine größere Aktivierungsentropie besitzen? Welche Auswirkungen wird dies auf die Reaktionsrate haben?

24. Welcher der beiden Mechanismen aus den Fragen 21 und 22 wird eine größere Aktivierungsenthalpie besitzen, wenn alle anderen Faktoren dieselben sind? Welche Auswirkungen wird dies auf die Reaktionsrate haben?

25. Warum kann man, angesichts der Antworten auf die vorangehenden zwei Fragen, keine dogmatischen Aussagen über die relativen Raten von Reaktionen machen, die nach S_N1- und S_N2-Mechanismen ablaufen?

26. Welche Beweise gibt es für die Behauptung, daß die Reaktion von H_2 mit I_2 zu HI keine einfache, bimolekulare Reaktion ist, wie es über einen so langen Zeitraum hinweg angenommen wurde?

27. Welcher Mechanismus, S_N1 oder S_N2, wird mit größerer Wahrscheinlichkeit bei den oktaedrischen Komplexionen angetroffen? Welcher bei quadratisch planaren Komplexionen? Warum?

28. Auf welche Weise beeinflussen Ionengröße und Ionenladung die Reaktionsraten von Übergangsmetallkomplexen? Was ist die Basis für die Klassifizierung der Komplexionen in Abschnitt 18–4?

29. Warum sind Komplexionen des Cr(III) und Co(III) so reaktionsträge? Warum sind die Aquo-Komplexe des Na^+ und K^+ reaktionsfreudiger als die des Fe^{3+}?

30. Warum ist der Aquo-Komplex des Fe(II) soviel reaktionsfreudiger als der des Co(III), wenn sowohl Fe(II) als auch Co(III) die d^6-Elektronenkonfiguration besitzen? (Der größere Ionenradius des Fe(II) und seine kleinere Ladung sind ein Teil der Antwort, aber es gibt noch einen weitaus wichtigeren Faktor.)

31. Mit seinem derart kleinen Ladungs-zu-Radius-Verhältnis (siehe Abbildung 18–11) sollte V(II) das am schnellsten reagierende Mitglied der Klasse II sein. Stattdessen ist seine Geschwindigkeitskonstante für den Ligandenaustausch in Aquo-Komplexen so klein, daß es beinahe in die Klasse III gehören könnte. Sowohl V(II) als auch Co(III) sind reaktionsträger, als nach ihrer Größe und Ladung zu erwarten wäre. Wie können Sie dieses Verhalten auf Grund der Elektronenkonfigurationen dieser Ionen erklären? Sind Verbindungen dieser Ionen eher vom „high-spin"- oder vom „low-spin"-Typ? Hat eine solche Frage für diese Ionen irgendeine Bedeutung? Warum oder warum nicht?

32. Warum ist das Geschwindigkeitsgesetz für die Reaktion von H_2 mit Br_2 um so vieles komplizierter als das für die Reaktion von H_2 mit I_2?

33. Was ist das Charakteristikum einer Kettenreaktion? Was ist eine Startreaktion? Was ist einketteninhibierender Schritt? Welcher ketteninhibierende Schritt wird in den Kernreaktoren ausgenutzt? (Siehe Abschnitt 13–4).

34. Was bedeutet die Annahme eines stationären Zustands bei der Lösung von Ausdrücken für die Geschwindigkeitsgesetze?

35. Warum ist die Säurekatalyse so weit verbreitet und so wirksam?

36. Warum ist die Hydrolysereaktion des Methylacetats in wäßriger Lösung eine Reaktion erster Ordnung, wie sie üblicherweise gemessen wird?

37. Auf welche Weise arbeitet ein Katalysator nach den in diesem Kapitel erwähnten Theorien der Reaktionsraten? Wem entspricht der aktivierte Komplex in einer katalytischen Reaktion? Wie kann der Katalysator die Aktivierungsenthalpie beeinflussen? Die Aktivierungsentropie?

Aufgaben

1. Für die hypothetische Reaktion

$$2A + 3B \rightleftarrows 3C + 2D$$

wurden die folgenden Daten in drei Experimenten bei derselben Temperatur erhalten

Anfängliches $[A]$ (mol l^{-1})	Anfängliches $[B]$ (mol l^{-1})	Anfängliche Rate (mol A l^{-1} s^{-1})
0,10	0,10	0,10
0,20	0,10	0,40
0,20	0,20	0,40

(a) Ermitteln Sie das experimentelle Geschwindigkeitsgesetz für die Reaktion. (b) Berechnen Sie die Geschwindigkeitskonstante, k. (c) Wie groß ist die Reaktionsrate dieser Reaktion, wenn $[A] = 0,30$ mol l^{-1} und $[B] = 0,30$ mol l^{-1} sind?

2. Für die hypothetische Reaktion

$$2A + B \rightleftarrows 2C$$

wurden in drei Experimenten bei 25 °C die folgenden Daten ermittelt

Anfängliches $[A]$ (mol l^{-1})	Anfängliches $[B]$ (mol l^{-1})	Anfängliche Rate (mol A l^{-1} s^{-1})
0,10	0,20	300
0,30	0,40	3 600
0,30	0,80	14 400

(a) Wie lautet das experimentelle Geschwindigkeitsgesetz für diese Reaktion?

(b) Berechnen Sie die Geschwindigkeitskonstante dieser Reaktion.

3. Bei der Reaktion

$$2\,NO + Cl_2 \rightleftarrows 2\,NOCl$$

sind bei der Reaktionstemperatur die Reaktionspartner und Produkte Gase. In drei Experimenten wurden die folgenden Daten gemessen

Anfangs-p_{NO} (mbar)	Anfangs-p_{Cl_2} (mbar)	Anfängliche Rate (bar s^{-1})
507	507	$5{,}2 \times 10^{-3}$
1013	1013	$4{,}1 \times 10^{-2}$
507	1013	$1{,}0 \times 10^{-2}$

(a) Bestimmen Sie nach diesen Daten das Geschwindigkeitsgesetz für diese Gasreaktion. Welcher Ordnung ist diese Reaktion in NO, Cl$_2$ und insgesamt? (b) Berechnen Sie die Geschwindigkeitskonstante für diese Reaktion.

4. Die Reaktion $2\,NO + O_2 \rightleftarrows 2\,NO_2$ ist von erster Ordnung im Sauerstoffpartialdruck und von zweiter Ordnung im Druck des Stickstoffmonoxids (Stickstoff(II)-oxid). Geben Sie das Geschwindigkeitsgesetz an.

5. Die hier nach den Reaktionsgleichungen angegebenen Geschwindigkeitsgesetze wurden für jede der unten aufgeführten Reaktionen experimentell ermittelt. Wenn diese Geschwindigkeitsgesetze gültig sind, selbst im Falle des Gleichgewichts, wie lauten dann die Geschwindigkeitsgesetze für die Rückreaktionen im Gleichgewichtsfall?

(a) $C_2H_2 + H_2 \rightleftarrows C_2H_4$ Rate $= k\,[H_2]/[C_2H_2]$

(b) $C_2H_4 + H_2 \rightleftarrows C_2H_6$ Rate $= k\,[H_2]$

(c) $\quad 2\,H_2 + O_2 \rightleftarrows 2\,H_2O$ Rate $= k\,[H_2]\,[O_2]^{4/3}$

(d) $\qquad N_2O_5 \rightleftarrows 2\,NO_2 + \tfrac{1}{2}O_2$ Rate $= k\,[N_2O_5]$

6. Für die Reaktion

seien Ihnen die folgenden Daten gegeben

Zeit (min):	0	10	20	30
Mole trans:	1,00	0,90	0,81	0,73

Wie lautet die Ordnung der Reaktion? Wie lange wird es dauern, bis sich die Hälfte der ursprünglich vorhandenen Menge der trans-Verbindung umgewandelt hat?

7. Es wurde festgestellt, daß die Reaktion

$$A + B + C \rightleftarrows D + F$$

von nullter Ordnung in A ist. Es wurde eine Lösung der Reaktionspartner A, B und C hergestellt, die die folgenden Anfangskonzentrationen aufwies: $0{,}2$ mol l^{-1} A; $0{,}4$ mol l^{-1} B und $0{,}6$ mol l^{-1} C. Die Konzentration von A in dieser Lösung sank innerhalb von fünf Minuten praktisch auf den Wert null ab. Eine zweite Lösung wurde hergestellt, die folgende Anfangskonzentrationen hatte: $0{,}03$ mol l^{-1} A; $0{,}4$ mol l^{-1} B und $0{,}6$ mol l^{-1} C. Wie lange wird es dauern, bis A praktisch verschwunden ist?

8. Für die Reaktion

$$2\,NO + H_2 \rightleftarrows N_2O + H_2O$$

wurden die folgenden Daten in drei aufeinanderfolgenden Experimenten bei derselben Temperatur ermittelt

Anfangs-[NO] (mol l^{-1})	Anfangs-[H$_2$] (mol l^{-1})	Anfangs-Rate (mol l^{-1} min^{-1})
0,60	0,37	0,18
1,20	0,37	0,72
1,20	0,74	1,44

Bestimmen Sie mit Hilfe dieser experimentellen Daten das Geschwindigkeitsgesetz dieser Reaktion.

9. Die Reaktion

$$2\,HCrO_4^- + 3\,HSO_3^- + 5\,H^+ \rightleftarrows 2\,Cr^{3+} + 3\,SO_4^{2-} + 5\,H_2O$$

folgt dem Geschwindigkeitsgesetz

$$Rate = k\,[HCrO_4^-]\,[HSO_3^-]^2\,[H^+]$$

Warum ist die Reaktionsrate nicht den Zahlen der Ionen jeder Art proportional, die in der Reaktionsgleichung aufgeführt sind?

10. Die Reaktion

$$I^- + OCl^- \rightleftarrows Cl^- + OI^-$$

verläuft nach dem experimentell ermittelten Geschwindigkeitsgesetz

$$\text{Rate des Verschwindens von } OCl^- = k\,[I^-]\,[OCl^-]$$

Wie würden Sie die Ordnung dieser Reaktion beschreiben?

11. Die Geschwindigkeitskonstante in Aufgabe 10 hängt von der Hydroxidionenkonzentration in der wäßrigen Lösung ab. Für diese Abhängigkeit wurden folgende Werte gemessen

$[HO^{-1}]$ $(mol\,l^{-1})$	k $(l\,mol^{-1}\,s^{-1})$
1,10	60
0,50	120
0,25	240

Welche Ordnung hat die Reaktion hinsichtlich der Hydroxidionenkonzentration?

12. Die Reaktion $SO_2Cl_2 \rightleftarrows SO_2 + Cl_2$ ist eine Reaktion erster Ordnung mit einer Geschwindigkeitskonstante $k = 2,2 \times 10^{-5}\,s^{-1}$ bei 320 °C. Welcher Bruchteil des ursprünglich vorhandenen SO_2Cl_2 wird bei der Erwärmung auf 320 °C in einem Zeitraum von 90 min zersetzt?

13. Für die Reaktion erster Ordnung $A \rightleftarrows C$ gilt $k = 5\,min^{-1}$. Wenn die Reaktion erster Ordnung $D \rightleftarrows B$ abläuft, wandeln sich nur 10 % von D in derselben Zeitspanne um, in der sich bei der ersten Reaktion 50 % von A umgewandelt haben. Berechnen Sie den Wert von k für die zweite Reaktion.

14. Für die Zersetzung von Ammoniak wurden die folgenden Daten gemessen

Zeit t (s):	0	1	2	$t_{1/2}$
$[NH_3]$ $(mol\,l^{-1})$:	2,000	1,993	1,987	1,000

Geben Sie für diese Reaktion erster Ordnung einen Ausdruck für die Reaktionsrate und die Geschwindigkeitskonstante, k, an, und berechnen Sie die Halbwertszeit, $t_{1/2}$.

15. Für die Zersetzung des N_2O_5 in CCl_4 ergibt eine Auftragung von $\lg[N_2O_5]$ gegen die Zeit eine gerade Linie. Die Geschwindigkeitskonstante für die Reaktion beträgt $6,2 \times 10^{-4}\,s^{-1}$ bei 45 °C. Wenn man von 1 mol N_2O_5 in einem 1 l-Kolben ausgeht, benötigt man wie lange, bis 20 % des N_2O_5 zersetzt sind? Wie groß ist die Halbwertszeit für diese Reaktion?

16. Es wird häufig gesagt, daß sich im Bereich der Zimmertemperatur eine Reaktionsrate verdoppelt, wenn die Temperatur um 10 °C erhöht wird. Berechnen Sie die Aktivierungsenergie einer Reaktion, deren Rate sich zwischen 27 °C und 37 °C genau verdoppelt.

17. Wie groß ist die Aktivierungsenergie für eine Reaktion, für die eine Temperaturerhöhung von 20 °C auf 30 °C die Reaktionsgeschwindigkeit oder Reaktionsrate genau verdreifacht?

T (K)	k (s^{-1})
273	$7,87 \times 10^{-7}$
298	$3,40 \times 10^{-5}$
308	$1,35 \times 10^{-4}$
318	$4,98 \times 10^{-4}$
328	$1,50 \times 10^{-3}$
338	$4,87 \times 10^{-3}$

18. Die folgenden Daten geben die Temperaturabhängigkeit der Geschwindigkeitskonstante für die Reaktion $N_2O_5 \rightleftharpoons 2NO_2 + \frac{1}{2}O_2$ an. Tragen Sie diese Daten in einem Diagramm auf, und berechnen Sie die Aktivierungsenergie der Reaktion.

19. Für die Zersetzung des CH_3I bei 285 K beträgt die Aktivierungsenergie 180 kJ mol^{-1}. Berechnen Sie unter der Annahme, daß die Aktivierungsenergie konstant ist, die prozentuale Erhöhung des Bruchteils der Moleküle, deren Energie größer oder gleich E_a ist, wenn die Temperatur auf 300 K erhöht wird.

20. Die Geschwindigkeitskonstante für die Zersetzung von N_2O_5 in Kohlenstofftetrachlorid beträgt $6,2 \times 10^{-4}$ s^{-1} bei 45 °C. Berechnen Sie die Geschwindigkeitskonstante bei 100 °C, wenn die Aktivierungsenergie 103,4 kJ mol^{-1} beträgt.

21. Warum braucht man länger, um ein Ei auf dem Gipfel des Mt San Jacinto (3350 m) zu kochen als in Pasadena (230 m)? (Smog ist nicht die Antwort.)

22. Für die Reaktion $Ni + \frac{1}{2}O_2 \rightleftharpoons NiO$ beträgt die Reaktionsenthalpie $\Delta H^0 = -248,3$ kJ bei 298 K, und der Wert ändert sich nicht drastisch mit der Temperatur. Angenommen, daß die Reaktion an der Oberfläche des Ni so schnell abläuft, daß die gesamte Reaktionswärme zur Erwärmung des übrigbleibenden Nickels dient. Wenn bei 25 °C je ein Sauerstoffatom mit jeweils 0,1 nm^2 der Ni-Oberfläche reagiert, wie hoch wird dann die Endtemperatur sein, wenn ein Nickelwürfel von 1,00 cm Kantenlänge mit Sauerstoff reagiert? Die Dichte des Nickels beträgt ungefähr 9 g cm^{-3}. Wie hoch wird die Endtemperatur sein, wenn der 1 cm^3-Würfel zu 10^{15} gleichgroßen Würfeln zermahlen wird und dieselbe Reaktion mit diesen kleinen Würfeln abläuft? (Vernachlässigen Sie die Änderung der Wärmekapazität infolge der Nickeloxidbildung. Nehmen Sie an, daß das Gesetz von Dulong und Petit aus Kapitel 1 gültig ist.)

23. Wenn ein NaCl-Würfel von 1,00 cm Kantenlänge in einer riesigen Wassermenge aufgelöst wird, die dabei in einem Behälter umgerührt wird, benötigt man sechs Stunden, bevor der Würfel vollständig aufgelöst ist. Wenn dieser Würfel aber zu einem feinen Pulver zermahlen wird, das 10^{15} gleichgroße Kugeln enthält, wie lange wird es dann dauern, bis alles NaCl aufgelöst ist, wenn die dazu benötigte Zeit umgekehrt proportional zur anfänglichen Berührungsfläche zwischen NaCl und Wasser ist?

24. Die Reaktion $H_2 + Cl_2 \rightleftharpoons 2HCl$ verläuft unter Lichteinwirkung explosiv. Nehmen Sie an, daß diese Explosion über einen Kettenreaktionsmechanismus abläuft und durch die Bildung von (a) Wasserstoffatomen und (b) Chloratomen gestartet wird. Berechnen Sie mit Hilfe der Bindungsenergien des H_2 und Cl_2 die Wellenlängen des Lichts, das für (a) und (b) benötigt wird.

25. Berechnen Sie die Änderung der freien Standardenthalpie der Reaktion

$$2C_6H_6(g) \rightleftharpoons 3CH_4(g) + 9C(gr)$$

bei 298 K, und bestimmen Sie die Gleichgewichtskonstante K_{eq}. Andere typische Reaktionen, denen Sie begegnet sein könnten, sind die Fällung von AgCl aus einer Lösung

$$Ag^+ + Cl^- \rightleftharpoons AgCl(s) \qquad K_{eq} \approx 10^{10}$$

und die Bildung des Diammin-Komplexes des Silbers in wäßriger Lösung

$$Ag^+ + 2NH_3 \rightleftharpoons [Ag(NH_3)_2]^+ \qquad K_{eq} \approx 10^8$$

Nach den Kriterien aus Kapitel 15 sind diese drei Reaktionen in hohem Maße spontan. Jedoch verlaufen die beiden letzten Reaktionen im Laboratorium im wesentlichen augenblicklich, wogegen die Zersetzung des Benzols zu Methan und Graphit anscheinend überhaupt nicht stattfindet. Erklären Sie diesen fantastischen Unterschied in den Reaktionsraten.

26. Die Zersetzung des gasförmigen N_2O_5 verläuft nach der Reaktion

$$N_2O_5 \rightleftarrows 2NO_2 + \tfrac{1}{2}O_2$$

Das experimentell ermittelte Geschwindigkeitsgesetz lautet

$$-\frac{d[N_2O_5]}{dt} = k[N_2O_5]$$

und es wurde der folgende Reaktionsmechanismus vorgeschlagen:

(1) Gleichgewicht: $N_2O_5 \overset{k}{\rightleftarrows} NO_2 + NO_3$

(2) Langsame Reaktion: $NO_2 + NO_3 \overset{k_2}{\rightleftarrows} NO_2 + O_2 + NO$

(3) Schnelle Reaktion: $NO + NO_3 \overset{k_3}{\rightleftarrows} 2NO_2$

(a) Zeigen Sie, daß das beobachtete Geschwindigkeitsgesetz mit diesem Mechanismus in Einklang steht. (b) Wenn $k = 5 \times 10^{-4}\,s^{-1}$ ist, wird welche Zeitspanne benötigt, bis die Konzentration des N_2O_5 auf ein Zehntel ihres ursprünglichen Wertes abgesunken ist?

27. Sehen Sie sich einmal die folgende Reaktion an

$$CH_4 + Cl_2 \xrightarrow{\text{Licht}} CH_3Cl + HCl$$

Der Mechanismus ist eine Kettenreaktion, an der Cl-Atome und CH_3-Radikale beteiligt sind. Welcher der folgenden Schritte führt nicht zum Abbruch dieser Kettenreaktion?

(a) $CH_3 + Cl \;\;\rightleftarrows CH_3Cl$

(b) $CH_3 + HCl \rightleftarrows CH_4 + Cl$

(c) $CH_3 + CH_3 \rightleftarrows C_2H_6$

(d) $Cl \;\;+ Cl \;\;\rightleftarrows Cl_2$

28. Nehmen Sie einmal an, daß die Reaktion

$$5Br^- + BrO_3^- + 6H^+ \rightleftarrows 3Br_2 + 3H_2O$$

nach dem folgenden Mechanismus verläuft

(1) Schnelle Reaktion: $BrO_3^- + 2H^+ \overset{k_1}{\longrightarrow} H_2BrO_3^+$

(2) Schnelle Reaktion: $H_2BrO_3^+ \overset{k_{-1}}{\longrightarrow} BrO_3^- + 2H^+$

(3) Langsame Reaktion: $Br^- + H_2BrO_3^+ \overset{k_2}{\longrightarrow} Br—BrO_2 + H_2O$

(4) Schnelle Reaktion: $Br—BrO_2 + 4H^+ + 4Br^- \overset{k_3}{\longrightarrow} 3Br_2 + 2H_2O$

Leiten Sie das Geschwindigkeitsgesetz ab, das mit diesem Mechanismus in Einklang steht; drücken Sie die Geschwindigkeitskonstante der Gesamtreaktion mit Hilfe der

Geschwindigkeitskonstanten der einzelnen Reaktionsschritte (Elementarreaktionen) aus. Das Geschwindigkeitsgesetz hängt von den Konzentrationen von H^+, Br^- und BrO_3^- ab.

29. Sehen Sie sich einmal die folgende Reaktion an

$$5H^+ + [Co(NH_3)_5Cl]^{2+} + [Cr(H_2O)_6]^{2+} \xrightarrow{H_2O}$$
$$[Co(H_2O)_6]^{2+} + [Cr(H_2O)_5Cl]^{2+} + 5NH_4^+$$

Wenn diese Reaktion in Gegenwart von radioaktiv markierten Chloridionen durchgeführt wird, stellt man fest, daß die radioaktiven Ionen im Produkt nicht erscheinen. Indem Sie sich daran erinnern, daß die Rate des Austauschs der Liganden von Cr^{2+} und Co^{2+} recht hoch ist, wogegen sie für Cr^{3+} und Co^{3+} sehr niedrig ist, schlagen Sie einen Mechanismus für diese Reaktion vor. [Siehe *J. Am. Chem. Soc.* 75, 4118 (1953)].

Der abschließende Eindruck, der sich unserem Verstand
bei der Betrachtung dieser fundamentalen Beziehungen
einprägt, ist der eines wundervollen Mechanismus der
Natur, dessen Funktionen mit niemals versagender Sicherheit ablaufen, obwohl ihnen unser Verstand nur schwer zu
folgen vermag, mit einem demütigenden Gefühl der Un-
vollständigkeit seiner Erkenntnisfähigkeit.

J. J. Balmer

Ausblick

Langsam entwickelt sich eine neue Art von Chemie. In der Vergangenheit war das End-
ergebnis chemischer Bemühungen gewöhnlich ein Produkt: Kunststoffe, Öle, Lösungsmittel, Farbstoffe, Pharmazeutika, Düngemittel, Insektenvernichtungsmittel, bessere
Brennstoffreaktoren oder -maschinen. Diese Periode, die nicht mißachtet werden sollte,
könnte als die Ära der *Produktchemie* bezeichnet werden. Heute stehen wir, teils wegen
des Anwachsens der Erdbevölkerung und teils wegen der Probleme, die von der Produktchemie geschaffen wurden, einer neuen Art von chemischer Herausforderung gegenüber: Zukünftige Chemiker müssen sich über ganze Systeme von chemischen Prozessen
Gedanken machen. Die Umweltchemiker, die die Verschmutzungsprobleme des Los
Angeles-Beckens untersuchen, sind ein Beispiel für *Systemchemiker*. Die Landwirtschafts-
wissenschaftler, die die Ökologie und die miteinander konkurrierenden Nutzungsmög-
lichkeiten einer ganzen geographischen Zone untersuchen, sind ein weiteres Beispiel.
Die Grenze zwischen der technischen Chemie und der Chemie wird wahrscheinlich ver-
wischt werden, wenn die technischen Chemiker ihre Methoden zur Untersuchung großer
chemischer Systeme verbessern und sich die Chemiker mehr Gedanken über die letztendlichen Auswirkungen ihrer Arbeit machen.

Die in der Natur vorkommenden chemischen Systeme, die uns zur Untersuchung und
als Modelle zur Verfügung stehen, sind die lebenden Systeme dieses Planeten. Wenn
Perikles Athen während seines goldenen Zeitalters als die „Schule Hellas" bezeichnen
konnte, so können wir die Natur als die „Schule der Chemie" betrachten. Was wir von
ihr über das Gleichgewicht zwischen zahlreichen, miteinander verknüpften chemischen
Reaktionen lernen, kann für den Entwurf von Systemen für unsere eigenen Zwecke nützlich sein. Der Einfallsreichtum einer Zelle als Energiewandler übertrifft alles, was wir
bisher in einem Kolben oder einer Maschine verwirklichen konnten. Darüber hinaus
steht uns das auf dem Chlorophyll aufbauende System der Speicherung von Sonnenenergie für eine Untersuchung zur Verfügung. Wenn wir wirklich die *Prinzipien* solcher
stark verflochtenen und miteinander gekoppelten Systeme verstünden, könnten wir vielleicht nichtbiologische Systeme zur Energiespeicherung entwickeln, die uns von den
„schmutzigen" Methoden der Energiegewinnung befreien, wie z. B. die Verbrennung
von fossilen Rohstoffen oder den Abbau radioaktiver Elemente. Das Problem ist nicht

das Auffinden von Energie – es ist mehr von ihr vorhanden, als wir möglicherweise verbrauchen könnten. Das Problem ist es, eine Energiequelle zu finden, die wir nutzen können, *ohne* unsere Umwelt dabei zu gefährden.

Als ein weiteres Beispiel für die Systemchemie lassen Sie uns das Problem der Bekämpfung von unerwünschten Insekten (sobald wir ganz sicher sind, daß sie wirklich unerwünscht sind) ohne die Vernichtung aller Insekten und anderer Kleintiere nennen, was ein Problem der *Selektivität* ist. Unser Vertrauen auf die heutigen Insektenvernichtungsmittel ist ein blindes „Schrotflinten"-Verfahren. Wir fangen an, etwas über die Sexualduftstoffe und chemischen Lockmittel der Insekten zu lernen, die in unglaublich geringen Mengen wirksam sind und sich gegen nur eine Art von Insekten gezielt einsetzen lassen. Vielleicht ist es bald möglich, mit Hilfe spezifischer chemischer Methoden gegen Moskitos und Ernten vernichtende Insekten vorzugehen, ohne das natürliche Gleichgewicht noch weiter zu stören, das in der Tat ein sehr empfindliches Gleichgewicht zwischen ineinandergreifenden chemischen Systemen ist. Die Schraubenwurm-Fliege, ein Rinderparasit, wurde in Süd-Texas durch eine einfache Anwendung derartiger Methoden praktisch ausgerottet: Millionen von männlichen Schraubenwurm-Fliegen wurden künstlich aufgezogen, durch Bestrahlung sterilisiert und in den befallenen Landstrichen ausgesetzt. Jede Paarung zwischen einem dieser sterilisierten Männchen und einem normalen Fliegenweibchen blieb ohne Nachkommen. Das Ergebnis war eine drastische Reduzierung der Fliegenpopulation in der nächsten Generation. Nach ein paar Jahren der Anwendung dieser Methoden hatte man das Problem in der Hand. Die Methode ist kaum kostspieliger als das massive Spritzen mit nichtselektiven Vernichtungsmitteln, was in diesem speziellen Fall schon ohne Erfolg versucht worden war. Sie belastet auch die Umwelt in weitaus geringerem Umfang.

Es ist stets leichter, *mit* einem laufenden chemischen System zu arbeiten, anstatt ihm entgegenzuwirken – wenn Sie herausfinden können, wie Sie es machen müssen. Genau dieses ist die kommende Aufgabe der Chemie. Es gibt bessere Methoden, eine Lokomotive anzuhalten, als eine Stahlstange durch ihre Antriebsräder zu stecken. Wir haben als Chemiker gelernt, produktiv zu sein. Jetzt müssen wir lernen, effizient und klug zu sein.

Anhang 1
Nützliche physikalische Konstanten und Umrechnungsfaktoren

Physikalische Konstanten

Atomare Masseneinheit	$1\,u = 1{,}66053 \times 10^{-24}\,g$
Bohrscher Radius	$a_x = 5{,}2918 \times 10^{-11}\,m$
Boltzmannkonstante	$k = 1{,}38062 \times 10^{-23}\,JK^{-1}$
Elektrische Feldkonstante	$\varepsilon_0 = 8{,}8542 \times 10^{-12}\,AsV^{-1}m^{-1}$
	$1/4\pi\varepsilon_0 = 8{,}9875 \times 10^9\,Nm^2C^{-2}$
Elektronenladung	$e = 1{,}6021 \times 10^{-19}\,C$
Elektronenruhemasse	$m_e = 9{,}1095 \times 10^{-28}\,g$
	$= 0{,}0004859\,u$
Faradaykonstante	$F = Ne = 96487\,C\,mol^{-1}$
Gaskonstante	$R = Nk = 8{,}3143\,JK^{-1}mol^{-1}$
Lichtgeschwindigkeit	$c = 2{,}9979 \times 10^8\,ms^{-1}$
Loschmidtsche Konstante	$N = 6{,}022169 \times 10^{23}\,mol^{-1}$
Neutronenruhemasse	$m_n = 1{,}67492 \times 10^{-24}\,g$
	$= 1{,}008665\,u$
Plancksche Konstante	$h = 6{,}6262 \times 10^{-34}\,Js$
Protonenruhemasse	$m_p - 1{,}67261 \times 10^{-24}\,g$
	$= 1{,}007277\,u$
Proton + Elektron	$m_p + m_e = 1{,}007763\,u$
Rydbergkonstante	$R_H = 109677{,}581\,cm^{-1}$

Umrechnungsfaktoren

1 Elektronenvolt $= 1\,eV = 1{,}6021 \times 10^{-19}\,J$

$1\,erg = 1\,gcm^2s^{-2} = 10^{-7}\,J = 6{,}2420 \times 10^{11}\,eV$

$1\,cal = 4{,}1868\,J = 2{,}613 \times 10^{19}\,eV$

$1\,J = 1\,VC = 1\,VAs = 10^7\,erg = 0{,}23885\,cal$

$1\,eV$ Molekül$^{-1} \cong 96{,}487\,kJ\,mol^{-1} \cong 8065\,cm^{-1}$

$100\,kcal\,mol^{-1} \cong 34982\,cm^{-1}$

$$1 \text{ atomare Energieeinheit} = 27,21 \text{ eV Molekül}^{-1}$$
$$= 4,3592 \times 10^{-18} \text{ J Molekül}^{-1}$$
$$= 2628,10 \text{ kJ mol}^{-1}$$
$$\triangleq 219470 \text{ cm}^{-1}$$

$1 \text{ u} \triangleq 931,481 \times 10^6 \text{ eV} \qquad = 931,481 \text{ MeV}$

$2,303 \, RT = 5,706 \text{ kJ mol}^{-1} \text{ bei } 298 \text{ K}$

Internationales Einheitensystem (SI)

Im Jahr 1960 wurde vom *Internationalen Büro für Maße und Gewichte* das Internationale Einheitensystem mit dem Kurzzeichen SI (vom französischen **S**ystème **I**nternational d'Unités) festgelegt, um die Verständigung zwischen Naturwissenschaftlern und Technikern auf der ganzen Welt zu vereinfachen. Am 2. Juli 1969 wurde das „Gesetz über Einheiten im Meßwesen" und am 26. Juni 1970 die „Ausführungsverordnung zum Gesetz über Einheiten im Meßwesen" für die Bundesrepublik Deutschland unterzeichnet, womit die Einführung des SI-Systems als gesetzliches Einheitensystem beschlossen war. Beim Erscheinen dieses Buches sind auch die letzten Übergangsfristen für die veralteten Einheiten abgelaufen, so daß es zweckmäßig erschien, das vorliegende Buch völlig auf SI-Einheiten umzustellen, zumal auch die internationale Entwicklung ganz eindeutig der Verwendung dieser Einheiten zustrebt.

Das Internationale Einheitensystem weist sieben Basiseinheiten auf: Meter (m), Kilogramm (kg), Sekunde (s), Ampere (A), Kelvin (K), Mol (mol) und Candela (cd). Alle anderen SI-Einheiten werden aus diesen Basiseinheiten abgeleitet und können daher durch sie dargestellt werden. Die folgende Tabelle führt einige Beispiele an. Mehr über dieses Thema finden Sie bei W. Haeder und E. Gärtner, *Die gesetzlichen Einheiten in der Technik*, 3. Auflage, Beuth-Vertrieb GmbH, 1973.

Physikalische Größe	SI-Einheit (Symbol)	Umrechnungsfaktoren (veraltete Einheiten in [...])
Länge	Meter (m)	[1 Ångström (Å) $= 10^{-10}$ m]
Volumen	Kubikmeter (m^3)	1 Liter (l) $= 10^{-3}$ m^3
		(Liter ist weitere SI-Einheit!)
Masse	Kilogramm (kg)	1 u $= 1,66054 \times 10^{-27}$ kg
		(Die atomare Masseneinheit u ist weitere SI-Einheit!) 1 g $= 10^{-3}$ kg
Zeit	Sekunde (s)	1 Minute (min) $= 60$ s
		1 Stunde (h) $= 3600$ s
		1 Tag (d) $= 86400$ s
		(Weitere SI-Einheiten.)
Frequenz	Hertz (Hz)	1 Hz $= 1$ s^{-1}
Kraft	Newton (N)	1 N $= 1$ m kg s^{-2} [1 dyn $= 10^{-5}$ N]

Physikalische Größe	SI-Einheit (Symbol)	Umrechnungsfaktoren (veraltete Einheiten in [...])
Druck	Pascal (Pa)	$1\,\text{Pa} = 1\,\text{Nm}^{-2}$ $1\,\text{bar} = 10^5\,\text{Pa}$ $[1\,\text{atm} = 101\,325\,\text{Pa}]$ $[1\,\text{Torr} = 133{,}32\,\text{Pa}]$
Energie	Joule (J)	$1\,\text{J} = 1\,\text{Nm} = 1\,\text{VAs}$ $1\,\text{Elektronenvolt (eV)} = 1{,}60219 \times 10^{-19}\,\text{J}$ $[1\,\text{erg} = 10^{-7}\,\text{J}]$ $[1\,\text{cal} = 4{,}1868\,\text{J}]$
Stromstärke	Ampere (A)	
Ladung	Coulomb (C)	$1\,\text{C} = 1\,\text{As}$ $e = 1{,}60219 \times 10^{-19}\,\text{C}$
Absolute Temperatur (T)	Kelvin (K)	Celsius-Temperatur (t) in $^\circ\text{C} = T - 273{,}15\,\text{K}$
Stoffmenge	Mol (mol)	
Konzentration	Mol pro Kubikmeter $(\text{mol}\,\text{m}^{-3})$	$1\,\text{mol}\,\text{l}^{-1} = 10^3\,\text{mol}\,\text{m}^{-3}$

Anhang 2
Molare Standardbildungsenthalpien, molare freie Standardbildungsenthalpien und molare Standardentropien nach dem dritten Hauptsatz bei 298 K

Die Tabelle gibt Ihnen die molaren Standardbildungswärmen (-enthalpien), $\Delta \bar{H}_{298}^0$, und die molaren freien Standardbildungsenthalpien, $\Delta \bar{G}_{298}^0$, für die Bildung der Verbindungen aus den Elementen in ihren Standardzuständen bei 298 K sowie die molare thermodynamische Standardenthalpie nach dem dritten Hauptsatz, $\bar{S}_{298}^0$, für die Verbindungen bei 298 K an. Der Zustand der Verbindung wird durch die folgenden Symbole gekennzeichnet: (g) = gasförmig; (l) = flüssig (‚liquidus‘); (s) = fest (‚solidus‘); (aq) = wäßrige Lösung. Gelegentlich wird die Kristallisationsform der festen Phase ebenfalls angegeben. Die Verbindungen sind nach der Gruppennummer eines Hauptgruppenelements geordnet, wobei die Metalle den Vorrang vor den Nichtmetallen haben und O und H als am wenigsten wichtig (für diese Einordnung) angesehen werden.

Diese Tabelle ist eine gekürzte Version einer etwas vollständigeren aus R. E. Dickerson, *Molecular Thermodynamics*, W. A. Benjamin, Menlo Park, Calif., 1969. Andere praktische Tabellen (noch in cal!) finden Sie im *Chemical Rubber Company Handbook of Chemistry and Physics* und in *Lange's Handbook of Chemistry*. In der hier vorliegenden deutschen Ausgabe wurden die kcal in kJ umgerechnet.

	Substanz	$\Delta \bar{H}_{298}^0$ (kJ mol^{-1})	$\Delta \bar{G}_{298}^0$ (kJ mol^{-1})	$\bar{S}_{298}^0$ (JK^{-1} mol^{-1})
	H(g)	218,086	203,374	114,689
	H$^+$(aq)	0,0	0,0	0,0
	H$_3$O$^+$(aq)	−286,030	−237,350	69,987
	H$_2$(g)	0,0	0,0	130,674
IA	Li(g)	155,20	122,21	138,763
	Li(s)	0,0	0,0	28,05
	Li$^+$(aq)	−278,648	−294,00	14,2
	LiF(s)	−612,5	−584,5	35,88

Substanz	$\Delta \bar{H}^0_{298}$ (kJ mol^{-1})	$\Delta \bar{G}^0_{298}$ (kJ mol^{-1})	$\bar{S}^0_{298}$ (JK^{-1}mol^{-1})
LiCl(s)	$-409,05$	$-383,9$	$(55,3)$
LiBr(s)	$-350,52$	$-340,0$	$(69,1)$
LiI(s)	$-271,26$	-268	—
Na(g)	$108,77$	$78,17$	$153,718$
Na(s)	$0,0$	$0,0$	$51,1$
Na$^+$(aq)	$-239,816$	$-262,048$	$60,3$
Na$_2$(g)	$142,23$	$104,04$	$230,36$
NaO$_2$(s)	$-259,2$	$-194,7$	—
Na$_2$O(s)	$-416,2$	$-376,8$	$72,9$
Na$_2$O$_2$(s)	$-504,9$	$-430,4$	$(67,0)$
NaF(s)	$-569,4$	$-541,4$	$58,6$
NaCl(s)	$-411,278$	$-384,285$	$72,4$
NaBr(s)	$-360,190$	$-347,9$	—
NaI(s)	$-288,22$	$-237,4$	—
Na$_2$CO$_3$(s)	$-1131,7$	$-1048,4$	$136,1$
K(g)	$90,06$	$61,21$	$160,338$
K(s)	$0,0$	$0,0$	$63,6$
K$^+$(aq)	$-251,38$	$-282,44$	$102,6$
KCl(s)	$-436,160$	$-408,598$	$82,73$
KCl(g)	$-216,0$	$-235,3$	$239,65$
Rb(g)	$85,87$	$55,89$	$170,101$
Rb(s)	$0,0$	$0,0$	$69,5$
Rb$^+$(aq)	$-246,6$	$-282,40$	$124,3$
RbF(s)	$-552,2$	$-520,4$	$113,9$
RbCl(s)	$-430,86$	$-405,3$	—
RbBr(s)	$-389,50$	$-378,40$	$108,35$
RbI(s)	$-328,7$	$-325,7$	$118,11$
Cs(g)	$78,84$	$51,25$	$175,611$
Cs(s)	$0,0$	$0,0$	$82,9$
Cs$^+$(aq)	$-247,9$	$-282,23$	$133,1$
CsF(s)	$-531,3$	$-500,3$	—
CsCl(s)	$-433,3$	$-404,4$	—
CsBr(s)	$-394,8$	$-383,5$	121
CsI(s)	$-337,0$	$-333,7$	130

	Substanz	$\Delta \bar{H}^0_{298}$	$\Delta \bar{G}^0_{298}$	$\bar{S}^0_{298}$
IIA	Be(g)	$320,83$	$283,03$	$136,259$
	Be(s)	$0,0$	$0,0$	$9,55$
	Be^{2+}(aq)	-389	$-356,7$	—
	Mg(g)	$150,3$	$115,6$	$148,648$
	Mg(s)	$0,0$	$0,0$	$32,53$
	Mg^{2+}(aq)	$-462,26$	$-456,32$	$-118,1$

	Substanz	$\Delta \bar{H}^0_{298}$ (kJ mol^{-1})	$\Delta \bar{G}^0_{298}$ (kJ mol^{-1})	$\bar{S}^0_{298}$ (JK^{-1}mol^{-1})
	MgCl$_2$(s)	−642,26	−592,73	89,6
	MgCl$_2 \cdot$6H$_2$O(s)	−2501,28	−2117,06	366,3
	Ca(g)	192,8	159,01	154,87
	Ca(s)	0,0	0,0	41,66
	Ca^{2+}(aq)	−543,32	−553,41	−55,3
	CaCO$_3$(s, Calcit)	−1207,68	−1129,51	92,9
	CaCO$_3$(s, Aragonit)	−1207,85	−1128,47	88,8
	Sr(g)	164,1	110,1	164,646
	Sr(s)	0,0	0,0	54,4
	Sr^{2+}(aq)	−545,87	−557,7	−39,4
	Ba(g)	175,68	144,86	170,399
	Ba(s)	0,0	0,0	67
	Ba^{2+}(aq)	−538,72	−561,0	13
	BaCl$_2$(s)	−860,64	−811,4	126
	BaCl$_2 \cdot$H$_2$O(s)	−1165,6	−1059,7	167
	BaCl$_2 \cdot$2H$_2$O(s)	−1462,66	−1297,1	203,1
IVB	Ti(g)	469	423	180,32
	Ti(s)	0,0	0,0	30,31
	TiO$_2$(s, Rutil III)	−912,7	−853,3	50,28
	TiO^{2+}(aq)	—	−578	—
	Ti$_2$O$_3$(s)	−1537	−1449	78,84
	Ti$_3$O$_5$(s)	−2445	−2303	129,46
VIB	W(g)	844,1	802,2	173,970
	W(s)	0,0	0,0	33,5
VIII	Fe(g)	404,78	359,06	180,49
	Fe(s)	0,0	0,0	27,17
	Fe^{2+}(aq)	−87,9	−84,99	−113,5
	Fe^{3+}(aq)	−47,7	−10,59	−293,5
	Fe$_2$O$_3$(s, Hämatit)	−822,7	−741,5	90,0
	Fe$_3$O$_4$(s, Magnetit)	−1121,6	−1014,9	146,5
IB	Cu(g)	341,31	301,62	166,400
	Cu(s)	0,0	0,0	33,33
	Cu$^+$(aq)	(51,9)	50,2	(−26,4)
	Cu^{2+}(aq)	64,43	65,02	−98,81
	CuSO$_4$(s)	770,37	−662,4	113,5
	Ag(g)	289,39	250,54	173,0074
	Ag(s)	0,0	0,0	42,730

	Substanz	$\Delta \bar{H}_{298}^0$ (kJ mol^{-1})	$\Delta \bar{G}_{298}^0$ (kJ mol^{-1})	$\bar{S}_{298}^0$ (JK^{-1}mol^{-1})
	AgCl(s)	$-127{,}120$	$-109{,}795$	$96{,}17$
	AgNO$_2$(s)	$-44{,}401$	$19{,}862$	$128{,}20$
	AgNO$_3$(s)	$-123{,}22$	$-32{,}20$	$141{,}01$
IIB	Hg(g)	$60{,}88$	$31{,}78$	$175{,}01$
	Hg(l)	$0{,}0$	$0{,}0$	$77{,}5$
	HgCl$_2$(s)	$-230{,}3$	$-185{,}9$	$(144{,}4)$
	Hg$_2$Cl$_2$(s)	$-265{,}11$	$-210{,}81$	$195{,}9$
IIIA	B(g)	$407{,}0$	$363{,}0$	$153{,}442$
	B(s)	$0{,}0$	$0{,}0$	$6{,}53$
	B$_2$O$_3$(s)	$-1264{,}4$	$-1184{,}9$	$54{,}05$
	B$_2$H$_6$(g)	$31{,}4$	$82{,}9$	$233{,}04$
	B$_5$H$_9$(g)	$62{,}8$	$165{,}8$	$275{,}83$
	BF$_3$(g)	$-1111{,}2$	$-1094{,}0$	$254{,}14$
	BF$_4^-$(aq)	-1528	-1436	167
	BCl$_3$(g)	$-395{,}7$	$-380{,}6$	$290{,}10$
	BCl$_3$(l)	$-418{,}7$	$-379{,}3$	$209{,}3$
	BBr$_3$(g)	$-186{,}7$	$-213{,}5$	$324{,}44$
	BBr$_3$(l)	$-221{,}1$	$-219{,}4$	$229{,}0$
	Al(g)	$314{,}0$	$273{,}4$	$164{,}554$
	Al(s)	$0{,}0$	$0{,}0$	$28{,}340$
	Al^{3+}(aq)	$-525{,}0$	$-481{,}5$	$-313{,}6$
	Al$_2$O$_3$(s)	$-1670{,}91$	$-1577{,}46$	$51{,}020$
	AlCl$_3$(s)	$-695{,}8$	$-637{,}2$	167
	TlI(g)	33	-13	$274{,}7$
	TlI(s)	$-124{,}3$	$-124{,}3$	$123{,}1$
IVA	C(g)	$718{,}865$	$673{,}426$	$158{,}098$
	C(s, Diamant)	$1{,}8975$	$2{,}8680$	$2{,}4405$
	C(s, Graphit)	$0{,}0$	$0{,}0$	$5{,}6978$
	CO(g)	$-110{,}5973$	$-137{,}3601$	$198{,}040$
	CO$_2$(g)	$-393{,}7761$	$-394{,}6469$	$213{,}782$
	CO$_2$(aq)	$-413{,}20$	$-386{,}48$	$121{,}4$
	CH$_4$(g)	$-74{,}898$	$-50{,}828$	$186{,}31$
	C$_2$H$_2$(g)	$226{,}899$	$209{,}3$	$200{,}954$
	C$_2$H$_4$(g)	$52{,}318$	$68{,}169$	$219{,}60$
	C$_2$H$_6$(g)	$-84{,}724$	$-32{,}908$	$229{,}65$
	C$_3$H$_8$(g)	$-103{,}92$	$-23{,}49$	$270{,}09$
	n $-$ C$_4$H$_{10}$(g)	$-124{,}81$	$-15{,}70$	$310{,}24$
	i $-$ C$_4$H$_{10}$(g)	$-131{,}67$	$-18{,}00$	$294{,}83$

Substanz	$\Delta \bar{H}_{298}^0$ (kJ mol^{-1})	$\Delta \bar{G}_{298}^0$ (kJ mol^{-1})	$\bar{S}_{298}^0$ (JK^{-1} mol^{-1})
C$_6$H$_6$(g)	82,982	129,745	269,38
C$_6$H$_6$(l)	49,061	124,582	172,91
HCOOH(g)	$-362,87$	$-335,95$	251,2
HCOOH(l)	$-409,5$	$-346,2$	129,04
HCOOH(aq)	$-410,3$	$-356,3$	163,7
HCOO$^-$(aq)	$-410,3$	$-334,9$	91,7
H$_2$CO$_3$(aq)	$-699,2$	$-623,83$	191,3
HCO$_3^-$(aq)	$-691,58$	$-587,45$	95,0
CO$_3^{2-}$(aq)	$-676,71$	$-528,46$	$-53,2$
CH$_3$COOH(l)	$-487,3$	$-392,7$	159,9
CH$_3$COOH(aq)	$-488,780$	$-399,88$	—
CH$_3$COO$^-$(aq)	$-489,198$	$-372,71$	—
(COOH)$_2$(s)	$-827,3$	$-698,4$	120,2
(COOH)$_2$(aq)	$-818,81$	$-698,4$	—
HC$_2$O$_4^-$(aq)	$-819,4$	$-699,6$	153,7
C$_2$O$_4^{2-}$(aq)	$-824,8$	$-675,3$	51,1
HCHO(g)	$-116,0$	$-109,7$	218,80
HCHO(aq)	—	$-129,8$	—
CH$_3$OH(g)	$-201,39$	$-162,03$	237,8
CH$_3$OH(l)	$-238,798$	$-166,43$	126,9
CH$_3$OH(aq)	$-246,06$	$-175,34$	132,43
C$_2$H$_5$OH(g)	$-235,59$	$-168,73$	282,2
C$_2$H$_5$OH(l)	$-277,819$	$-174,88$	160,8
CH$_3$CHO(g)	$-166,47$	$-133,81$	265,9
CH$_3$CHO(aq)	$-208,84$	—	—
CH$_3$NH$_2$(g)	$-28,1$	27,6	241,70
CH$_3$SH(g)	$-12,43$	0,88	254,98
Si(g)	368,61	324,10	167,974
Si(s)	0,0	0,0	18,71
SiO(g)	$-111,87$	$-137,20$	206,24
SiO$_2$(s, Quarz)	$-860,0$	$-805,5$	41,87
Ge(g)	328,41	290,98	167,916
Ge(s)	0,0	0,0	42,45
Sn(g)	301	268	168,498
Sn(s, grau)	2,5	4,6	44,8
Sn(s, weiß)	0,0	0,0	51,5
Pb(g)	194,02	161,07	175,385
Pb(s)	0,0	0,0	64,94
Pb^{2+}(aq)	1,63	$-24,33$	21,4
PbO(s,rot)	$-219,39$	$-189,45$	67,8
PbO(s, gelb)	$-218,01$	$-188,62$	69,5

	Substanz	$\Delta \bar{H}^0_{298}$ (kJ mol^{-1})	$\Delta \bar{G}^0_{298}$ (kJ mol^{-1})	$\bar{S}^0_{298}$ (JK^{-1} mol^{-1})
V A	N(g)	472,962	455,817	153,2976
	N$_2$(g)	0,0	0,0	191,617
	N$_3^-$(aq)	252,5	325,3	(134)
	NO(g)	90,435	86,746	210,759
	NO$_2$(g)	33,875	51,874	240,62
	NO$_2^-$(aq)	−106,3	−34,54	125,2
	NO$_3^-$(aq)	−206,711	−110,66	146,5
	N$_2$O(g)	81,60	103,67	220,14
	N$_2$O$_2^-$(aq)	−10,84	138,2	27,6
	N$_2$O$_4$(g)	9,667	98,352	304,51
	N$_2$O$_5$(s)	−41,9	134	113,5
	NH$_3$(g)	−46,22	−16,647	192,63
	NH$_3$(aq)	−80,89	−26,63	110,1
	NH$_4^+$(aq)	−132,89	−79,55	112,92
	NH$_4$Cl(s)	−315,60	−204,02	94,6
	(NH$_4$)$_2$SO$_4$(s)	−1180,09	−900,96	220,44
	P(g)	314,76	279,30	163,20
	P(s, weiß)	0,0	0,0	44,4
	P(s, rot)	−18,4	−13,8	(29,3)
	P$_4$(g)	54,93	24,37	280,10
	PCl$_3$(g)	−306,56	−286,46	311,87
	PCl$_5$(g)	−399,21	−324,77	352,95
	As(g)	253,89	212,44	174,25
	As(s, graues Metall)	0,0	0,0	35,2
	As$_4$(g)	149,5	105,5	289
VI A	O(g)	247,687	230,249	161,062
	O$_2$(g)	0,0	0,0	205,166
	O$_3$(g)	142,4	163,54	237,8
	HO(g)	42,12	37,39	183,750
	HO$^-$(aq)	−230,094	−157,403	−10,55
	H$_2$O(g)	−241,989	−228,746	188,850
	H$_2$O(l)	−286,030	−237,350	69,987
	H$_2$O$_2$(l)	−187,74	−114,048	(92)
	H$_2$O$_2$(aq)	−191,25	−131,76	—
	S(g)	222,95	182,42	167,828
	S(s, rhombisch)	0,0	0,0	31,90
	S(s, monoklin)	0,297	0,096	32,57
	S^{2-}(aq)	41,9	83,7	—
	SO(g)	79,63	53,51	222,07
	SO$_2$(g)	−296,26	−300,57	248,70

	Substanz	$\Delta \bar{H}^0_{298}$ (kJ mol^{-1})	$\Delta \bar{G}^0_{298}$ (kJ mol^{-1})	$\bar{S}^0_{298}$ (JK^{-1} mol^{-1})
	SO$_3$(g)	$-395,44$	$-370,62$	256,40
	H$_2$S(g)	$-20,159$	$-33,042$	205,781
	H$_2$S(aq)	$-39,4$	$-27,38$	122,3
VII B	F(g)	76,6	59,5	158,751
	F$^-$(aq)	$-329,33$	$-276,66$	$-9,6$
	F$_2$(g)	0,0	0,0	203,5
	HF(g)	$-268,8$	$-270,9$	173,63
	Cl(g)	121,467	105,474	165,199
	Cl$^-$(aq)	$-167,568$	$-131,256$	55,3
	Cl$_2$(g)	0,0	0,0	223,098
	ClO$^-$(aq)	—	$-37,3$	43,1
	ClO$_2$(g)	103,4	123,5	249,5
	ClO$_2^-$(aq)	$-69,1$	$-10,72$	100,9
	ClO$_3^-$(aq)	$-98,39$	$-2,60$	163
	ClO$_4^-$(aq)	$-131,51$	-8	182,1
	Cl$_2$O(g)	76,20	93,78	266,70
	HCl(g)	$-92,373$	$-95,329$	186,802
	HCl(aq)	$-167,568$	$-131,256$	55,3
	HClO(aq)	$-116,52$	$-80,010$	129,8
	ClF$_3$(g)	$-154,9$	$-113,9$	278,88
	Br(g)	111,83	82,44	175,0300
	Br$^-$(aq)	$-121,00$	$-102,886$	80,76
	Br$_2$(g)	30,73	3,144	245,510
	Br$_2$(l)	0,0	0,0	152,4
	HBr(g)	$-36,26$	$-53,26$	198,609
	I(g)	106,688	70,196	180,803
	I$^-$(aq)	$-55,98$	$-51,71$	109,44
	I$_2$(g)	62,283	19,38	260,754
	I$_2$(s)	0,0	0,0	116,8
	I$_2$(aq)	20,9	16,437	—
	I$_3^-$(aq)	$-51,9$	$-51,54$	173,8
	HI(g)	26,0	1,30	206,468
	ICl(g)	17,6	$-5,53$	247,52
	ICl$_3$(s)	$-88,3$	$-22,61$	172,1
	IBr(g)	40,82	3,81	258,7
O	He(g)	0,0	0,0	126,15
	Ne(g)	0,0	0,0	144,24
	Ar(g)	0,0	0,0	154,83
	Kr(g)	0,0	0,0	164,08

Substanz	$\Delta \bar{H}^0_{298}$ (kJ mol^{-1})	$\Delta \bar{G}^0_{298}$ (kJ mol^{-1})	$\bar{S}^0_{298}$ (J K^{-1} mol^{-1})
Xe(g)	0,0	0,0	169,69
Rn(g)	0,0	0,0	176,26

Anhang 3
Eine exaktere Behandlung
von Säure-Base-Gleichgewichten

In Kapitel 5 stellten wir Ihnen einige einfache Säure-Base-Gleichgewichte vor, bei denen die Ausdrücke für die Gleichgewichtskonstante so unkompliziert waren, daß sie mit Hilfe der quadratischen Formel oder mit Näherungsmethoden zu lösen waren. In vielen Fällen waren diese Ausdrücke nur für verdünnte Lösungen gültig oder für Sachverhalte, bei denen eine Komponente nur in geringer Menge vorhanden war. Diese Methoden sind gewöhnlich gut genug, abgesehen von ungewöhnlichen Umständen. In diesem Anhang werden wir die exakten Ausdrücke ableiten, die verwendet werden müssen, wenn die Näherungsverfahren von Kapitel 5 versagen. Wir werden kennenlernen, wie Gleichgewichtsprobleme zu behandeln sind, wenn der Beitrag der Protonen oder Hydroxidionen aus der Dissoziation des Wassers nicht vernachlässigt werden kann. Wir werden eine exakte Ableitung der Gleichgewichtsbeziehungen für schwache Säuren und ihre Salze durchführen und erkennen, daß die Gleichgewichte für schwache Säuren aus Abschnitt 5–8 und die Hydrolyse-Gleichgewichte aus Abschnitt 5–9 in Wirklichkeit nur Spezialfälle desselben allgemeinen Prozesses sind. Die exakten Gleichungen werden es uns dann erlauben, das Verhalten einer schwachen Säure bei der Titration mit einer starken Base zu berechnen und diese Ergebnissen mit denen der Titration einer starken Säure aus Abschnitt 5–6 zu vergleichen. Schließlich werden wir sehen, wie Dissoziationsgleichgewichte zu behandeln sind, wenn ein dissoziierendes Molekül mehr als ein Proton abgibt.

A 3–1 Starke und schwache Säuren: Der Beitrag der Dissoziation des Wassers

In Abschnitt 5–6 sagten wir, daß bei der Zugabe einer starken Säure zu Wasser der Effekt derselbe ist wie die Zugabe der entsprechenden Menge von Wasserstoffionen, da die Säure vollständig dissoziiert ist. Aber die Säure ist nicht die einzige Quelle von Wasserstoffionen; das Wasser selbst dissoziiert

$$H_2O \rightleftarrows H^+ + HO^-$$

mit einer Dissoziationskonstante, dem Ionenprodukt, von

$$[H^+][HO^-] = K_w = 10^{-14} \, mol^2 l^{-2}$$

Hat diese Protonenquelle nun irgendeine Bedeutung für das Gleichgewicht?

Bei einer 0,01-molaren Lösung von Salpetersäure lautet die Antwort, nein. Die von der Säure stammende Wasserstoffionenkonzentration beträgt $10^{-2}\,\text{moll}^{-1}$, wogegen $[H^+]$ aus der Wasserdissoziation selbst in reinem Wasser nur $10^{-7}\,\text{moll}^{-1}$ ausmacht, also nur ein hunderttausendstel davon. Da die zugegebenen H^+-Ionen der Säure die Dissoziation des Wassers weiter zurückdrängen, wird der tatsächliche Beitrag des Wassers zur H^+-Konzentration, $[H^+]$, noch geringer sein. Wir können die Hydroxidionenkonzentration (die nur von der Dissoziation des Wassers herrührt) aus der Gleichgewichtsbeziehung berechnen

$$[HO^-] = \frac{K_w}{[H^+]_{ges}} = \frac{10^{-14}\,\text{mol}^2\text{l}^{-2}}{10^{-2}\,\text{moll}^{-1}} = 10^{-12}\,\text{moll}^{-1}$$

wobei $[H^+]_{ges}$ die Gesamtkonzentration der Wasserstoffionen aus allen Quellen ist.

Protonen tragen keine Etiketten. Für jedes Hydroxidion, das durch die Dissoziation des Wassers entsteht, wird ein Wasserstoffion gebildet. Somit ergibt sich für die Konzentration der Wasserstoffionen, *die allein aus der Dissoziation des Wassers stammen*

$$[H^+]_w = [HO^-] = 10^{-12}\,\text{moll}^{-1}$$

und dies ist nun tatsächlich ein gegenüber $10^{-2}\,\text{moll}^{-1}$ völlig vernachlässigbarer Wert.

Beispiel: Wie groß ist der pH-Wert von 10^{-6}-molarem HCl?

Näherungslösung:

$$[H^+] = 10^{-6}\,\text{moll}^{-1} \quad \text{und} \quad pH = 6{,}0$$

Zur Prüfung des Einflusses der Wasserdissoziation berechnen wir

$$[H^+]_w = [HO^-] = \frac{10^{-14}\,\text{mol}^2\text{l}^{-2}}{10^{-6}\,\text{moll}^{-1}} = 10^{-8}\,\text{moll}^{-1}$$

D. h. der Beitrag des Wassers zur Wasserstoffionenkonzentration macht immer noch nur ein Prozent des Beitrags von der zugesetzten Säure aus. Die Vernachlässigung von $[H^+]_w$ bewirkt also nur einen Fehler von etwa 1% bei der Gesamtwasserstoffionenkonzentration.

Exakte Lösung: Eine exakte Lösung muß zwei simultane Gleichungen berücksichtigen, die jeweils die Gesamtwasserstoffionenkonzentration, $[H^+]_{ges}$, mit der allein durch die Dissoziation des Wassers bedingten Wasserstoffionenkonzentration, $[H^+]_w$, verknüpfen. Es sind dies

$$\text{Massenerhaltung:} \quad [H^+]_{ges} = 10^{-6}\,\text{moll}^{-1} + [H^+]_w$$

$$\text{Wassergleichgewicht:} \quad [H^+]_w = [HO^-] = \frac{10^{-14}\,\text{mol}^2\text{l}^{-2}}{[H^+]_{ges}}$$

Die Massenerhaltungsgleichung besagt einfach, daß die Gesamtmasse der Protonen gleich der Summe der Beiträge von jeder der beiden Quellen ist – Säure und Wasser.

Um diese beiden Gleichungen auflösen zu können, setzen wir $[H^+]_{ges} = y$ und eliminieren $[H^+]_w$. Dann erhalten wir

$$y = 10^{-6}\,mol\,l^{-1} + \frac{10^{-14}}{y}\,mol^2\,l^{-2}$$

$$y^2 - 10^{-6}\,mol\,l^{-1} \times y - 10^{-14}\,mol^2\,l^{-2} = 0$$

$$y = 1,01 \times 10^{-6}\,mol\,l^{-1} = [H^+]_{ges}$$

Die wahre Wasserstoffionenkonzentration ist um 1% höher, als unsere Näherungslösung ergab, da bei ihr der Beitrag von der Dissoziation des Wassers unberücksichtigt blieb. Diese Korrektur ist bei starken Säuren unwichtig, kann aber recht bedeutend werden, wenn wir es mit schwachen Säuren zu tun haben.

Schwache Säuren und die Dissoziation des Wassers

In Abschnitt 5–7 verwendeten wir den einfachen Ausdruck für die Dissoziationskonstante

$$K_a = 1,76 \times 10^{-5}\,mol\,l^{-1} = \frac{y^2}{0,0010\,mol\,l^{-1} - y}$$

um die Wasserstoffionenkonzentration von einer 0,0010-molaren Essigsäurelösung in Wasser zu berechnen

$$[H^+] = y = 1,24 \times 10^{-4}\,mol\,l^{-1}$$

Dabei wurde nichts über einen Beitrag von dem anderen noch vorhandenen Gleichgewicht gesagt

$$K_w = [H^+][HO^-]$$

Kommen wir durch die Vernachlässigung dieser Komponente in Schwierigkeiten? Um diese Frage zu beantworten, können wir eine schnelle Probe machen: Da jede Dissoziation eines Wassermoleküls ein Proton und ein Hydroxidion ergibt, können wir die Konzentration der Protonen auf Grund der Dissoziation des Wassers dadurch verfolgen, daß wir die Hydroxidionenkonzentration berechnen. Die Protonen, die von der Dissoziation der Säure herrühren, werden das Wassergleichgewicht zurückdrängen, und die Hydroxidionenkonzentration wird nur

$$[HO^-] = \frac{10^{-14}\,mol^2\,l^{-2}}{1,24 \times 10^{-4}\,mol\,l^{-1}} = 8,1 \times 10^{-11}\,mol\,l^{-1}$$

betragen. Da dies zugleich auch die H^+-Konzentration ist, die von der Dissoziation des Wassers herrührt, machen wir offensichtlich keinen großen Fehler, wenn wir diesen Beitrag gegenüber $[H^+]$ von der Säure mit $1,24 \times 10^{-4}\,mol\,l^{-1}$ vernachlässigen. Für eine noch schwächere Säure, wie z. B. HCN, kann die Sache ganz anders aussehen.

Übung: Berechnen Sie den pH-Wert und die prozentuale Dissoziation von HCN in wäßrigen Lösungen, die 10^{-2}-, 10^{-3}- und 10^{-7}-molar sind.

(Antwort: HCN ist eine extrem schwache Säure mit einer Dissoziationskonstante $K_a = 4{,}93 \times 10^{-10}\,\text{moll}^{-1}$. Die Ergebnisse dieser Übung lauten

Konzentration (moll^{-1}):	10^{-2}	10^{-3}	10^{-7}
pH-Wert:	5,7	6,2	8,2
Prozentuale Dissoziation:	0,02%	0,07%	6,8%)

Die vorangehende Übung liefert das erstaunliche Ergebnis, daß wir durch eine ausreichend hohe Verdünnung ($10^{-7}\,\text{moll}^{-1}$) einer Säurelösung die Lösung anscheinend basisch machen können! Das kann aber unmöglich richtig sein. Unser Fehler beruht darauf, daß wir schließlich die die von der Säure stammende Wasserstoffionenkonzentration bis zu dem Punkt reduziert haben, an dem sie in die Nähe der Wasserstoffionenkonzentration kommt, die aus der Dissoziation des Wassers herrührt. Der einfache Ausdruck zur Berechnung des Gleichgewichts ist dazu nicht mehr geeignet. Bei der exakten Behandlung für die allgemeine Säure HA gibt es vier unbekannte Konzentrationen: $[H^+]$, $[HA]$, $[A^-]$ und $[HO^-]$, sowie vier simultane Gleichungen, die diese vier Unbekannten miteinander verknüpfen

Säuredissoziation:
$$K_a = \frac{[H^+][A^-]}{[HA]}$$

Wasserdissoziation: $\qquad K_w = [H^+][HO^-]$

Massenerhaltung für das Säureanion: $\qquad c_o = [HA] + [A^-]$

Ladungsausgleich: $\qquad [H^+] = [A^-] + [HO^-]$

Der Schlüssel zur Lösung dieses scheinbar sehr komplizierten Satzes von Gleichungen ist das Verstehen der physikalischen Bedeutung der Gleichung für den Ladungsausgleich: Da die Hydroxidionenkonzentration $[HO^-]$ auch gleich der Wasserstoffionenkonzentration ist, die sich aus der Dissoziation des Wassers ergibt, zeigt die Gleichung für den Ladungsausgleich, daß die Konzentration des Säureanions $[A^-]$ kleiner ist als die Gesamtwasserstoffkonzentration, und zwar genau um den Beitrag von H^+, der vom Wasser und nicht vom HA herrührt

Ladungsausgleich: $[A^-] = [H^+] - [HO^-]$

Wenn wir, wie schon früher, die gesuchte Wasserstoffionenkonzentration mit y bezeichnen und $[HO^-]$ mit Hilfe der Gleichung für die Wasserdissoziation eliminieren, erhalten wir

Ladungsausgleich: $[A^-] = y - \dfrac{K_w}{y}$

Der Rest der Ableitung verläuft wie zuvor, wobei die Konzentration der undissoziierten Säure $[HA]$ gleich der anfänglichen Gesamtkonzentration c_0 ist minus dem, was dissoziiert ist

Massenerhaltung: $[HA] = c_o - [A^-]$

$$= c_o - y + \frac{K_w}{y}$$

Diese beiden Konzentrationen, [HA] und [A⁻], können jetzt in den Ausdruck für das Dissoziationsgleichgewicht der Säure eingesetzt werden

$$K_a = \frac{y(y - K_w/y)}{c_o - y + K_w/y}$$

(Zur Prüfung dieser ganzen Ableitung könnten wir durch Eliminierung der K_w/y-Terme unsere alten Vernachlässigungen einführen, so daß wir zu unserem früheren Ausdruck für die Näherungslösung kommen müßten. Dies ist hier auch der Fall, wie Sie sich leicht überzeugen können.)

Wenn wir jetzt diese vollständige Gleichung für die Berechnung des Problems mit der 10^{-7}-molaren HCN-Lösung benutzen, bei der das Näherungsverfahren versagte, dann erhalten wir $[H^+] = 1,0025 \times 10^{-7}$ mol l^{-1} und pH = 6,999, was innerhalb der Genauigkeitsgrenzen von K_a auf pH = 7,00 abgerundet werden sollte. Das HCN ist eine derart schwache Säure und ist so wenig dissoziiert, daß sein Beitrag zur Gesamtwasserstoffionenkonzentration bei dieser Konzentration im Vergleich mit dem aus der Dissoziation des Wassers vernachlässigt werden kann.

Wir wissen jetzt, wie wir die Dissoziation des Wassers zu behandeln haben, und wir wissen, daß mit der Ausnahme sehr stark verdünnter Lösungen von sehr schwachen Säuren das Wasser als Protonenquelle im Vergleich mit den Protonen, die von anderen, in der Lösung vorhandenen Säuren geliefert werden, vernachlässigt werden kann. Die mathematischen Überlegungen, die wir hier angewendet haben, unter Beachtung der Massenerhaltung und des Ladungsausgleichs werden unmittelbar bei der Lösung der Gleichgewichtsgleichungen für eine Lösung einer schwachen Säure und ihres Salzes in Wasser von Nutzen sein.

A 3–2 Schwache Säuren und ihre Salze: Vollständige Behandlung

In Abschnitt 5–7 berechneten wir den pH-Wert einer Lösung einer schwachen Säure und in Abschnitt 5–9 den pH-Wert einer Lösung des Salzes einer solchen Säure mit einer starken Base. Diese Beispiele und die Pufferlösungen aus Abschnitt 5–8 sind nur verschiedene Extreme desselben Problems: das der Bestimmung des pH-Werts einer Lösung mit einer Konzentration c_a einer schwachen Säure und einer Konzentration c_s ihres Salzes mit einer starken Base, wobei c_a und c_s sich von hohen Werten bis herunter zu null verändern können. Wenn wir es mit Pufferlösungen zu tun hatten, nahmen wir an, daß c_s entweder kleiner als c_a oder von derselben Größenordnung war. Beim Hydrolyseproblem war c_s von beträchtlicher Größe, während $c_a = 0$ galt. Im Bereich zwischen diesen beiden Extremen wird die Mathematik (nicht die Chemie) etwas schwieriger. Es lohnt sich, den allgemeinen Ausdruck abzuleiten, um mit seiner Hilfe zu zeigen, wie sich aus ihm die einfacheren Ausdrücke ergeben und warum die Puffermischung und die Hydrolyse zwei Beispiele desselben Phänomens sind.

Das Herzstück des Problems ist immer noch der Gleichgewichtsausdruck für eine schwache Säure

$$K_a = \frac{[\text{H}^+][\text{A}^-]}{[\text{HA}]}$$

Weiterhin gilt stets der Ausdruck für die Dissoziation des Wassers

$$K_w = [\text{H}^+][\text{HO}^-]$$

obwohl er gelegentlich keine wesentliche Bedeutung hat. Eine Massenerhaltungs-Aussage für das Säureanion ist die, daß der Gesamtvorrat der Substanz, entweder als Anion oder als undissoziierte Säure, gleich der Summe der Anfangskonzentrationen von schwacher Säure und ihres Salzes sein muß

$$c_a + c_s = [\text{HA}] + [\text{A}^-]$$

Eine weitere Massenerhaltungs-Aussage besagt, daß die Gesamtkonzentration des Salzkations (lassen Sie uns hier annehmen, daß es sich um das Natriumion, Na^+, handelt) gleich der anfänglichen Salzkonzentration ist (d.h. das Salz ist vollständig dissoziiert), da das Salzkation bei den Reaktionen keine Rolle spielt

$$c_s = [\text{Na}^+]$$

Die nächste Gleichung ist ein Ladungsausgleich, der besagt, daß die Gesamtlösung elektrisch neutral ist

$$[\text{H}^+] + [\text{Na}^+] = [\text{A}^-] + [\text{HO}^-]$$

Lassen Sie uns jetzt, wie schon zuvor, aus Gründen der einfacheren Darstellung die Wasserstoffionenkonzentration mit y und die Hydroxidionenkonzentration mit z bezeichnen. (Das Ziel bei der Lösung dieser Gleichungen ist die Eliminierung von $[\text{A}^-]$ und $[\text{HA}]$ aus dem Ausdruck für das Säuregleichgewicht.) Damit kann die Gleichung für den Ladungsausgleich zu

$$\begin{aligned}[\text{A}^-] &= [\text{Na}^+] + y - z \\ &= c_s + y - z\end{aligned}$$

umgeformt werden. Die erste Massenerhaltungsgleichung ergibt dann

$$\begin{aligned}[\text{HA}] &= c_a + c_s - [\text{A}^-] \\ &= c_a + c_s - c_s - y + z \\ &= c_a - y + z\end{aligned}$$

Wenn wir dies in den Gleichgewichtsausdruck einsetzen, erhalten wir für die vollständige Ableitung

$$K_a = \frac{y(c_s + y - z)}{(c_a - y + z)}$$

Wie läßt sich nun dieser allgemeine Ausdruck zu den Ausdrücken vereinfachen, die wir früher kennengelernt haben? Unter sauren Bedingungen wird die Hydroxidionenkonzentration keine Rolle spielen, und z kann gegenüber y, der Wasserstoffionenkonzentration, vernachlässigt werden. Der allgemeine Ausdruck vereinfacht sich dann zu

$$K_a = \frac{y(c_s + y)}{c_a - y} \quad \text{(saure Lösung)}$$

einem Ausdruck, den wir bereits bei den schwache Säure-Salz- und den Puffer-Problemen in Abschnitt 5–8 verwendet haben.

Unter basischen Bedingungen, für die umgekehrt y gegenüber z vernachlässigt werden kann, erhalten wir aus dem allgemeinen Ausdruck

$$K_a = \frac{y(c_s - z)}{c_a + z}$$

$$= \frac{K_w(c_s - z)}{z(c_a + z)} \quad \text{(basische Lösung)}$$

oder durch Umstellung

$$\frac{z(c_a + z)}{c_s - z} = \frac{K_w}{K_a} = K_b \quad \text{(basische Lösung)}$$

(Beachten Sie, daß wir y nur dann vernachlässigen können, wenn es mit einer größeren Größe verglichen wird, d.h. zu ihr addiert oder von ihr subtrahiert wird, aber nicht dann, wenn es allein als Multiplikator auftritt.) Wenn die Säurekonzentration, c_a, gleich null ist, erhalten wir aus der obigen Gleichung den Ausdruck für das Hydrolysegleichgewicht, wie wir ihn in Abschnitt 5–9 verwendet haben.

A 3–3 Die Titration einer schwachen Säure mit einer starken Base

In Abbildung 5–5 hatten wir die Ergebnisse der Titration von 50 ml einer 0,10-molaren Lösung einer starken Säure, HNO_3, mit einer 0,10-molaren Lösung einer starken Base, KOH, aufgetragen. Lassen Sie uns jetzt dieses Experiment mit einer schwachen Säure an Stelle der starken wiederholen, wobei wir Essigsäure, HAc, verwenden wollen. Der allgemeine Ausdruck, den wir gerade abgeleitet haben, ist der für dieses Problem geeignete, wenn wir berücksichtigen, daß die Wirkung einer Zugabe von Natriumhydroxid (an Stelle der starken Base, KOH, in Abbildung 5–5, was absolut nichts an unserer Betrachtung ändert) die ist, Essigsäure in Natriumacetat nach der Neutralisationsreaktion

$$HAc + NaOH \rightleftarrows H_2O + NaAc$$

umzuwandeln, oder genauer gesagt

$$HAc + HO^- \rightleftarrows H_2O + Ac^-$$

Die Berechnungen für die verschiedenen Mengen der zugesetzten NaOH-Lösung sind in Tabelle A 3–1 zusammengestellt, und die Ergebnisse sind in Abbildung A 3–1 dargestellt. Der Punkt α in dieser graphischen Darstellung wurde nach dem einfachen Ausdruck für das Gleichgewicht einer schwachen Säure aus Abschnitt 5–7 bestimmt

$$K_a = \frac{y^2}{c_a - y}$$

Die Punkte b bis f wurden mit Hilfe des Gleichgewichtsausdrucks für eine schwache Säure und ihr Salz aus Abschnitt 5–8 berechnet

$$K_a = \frac{y(c_s + y)}{c_a - y}$$

Tabelle A 3–1   Titration von 50 ml einer 0,10-molaren Essigsäurelösung mit einer 0,10-molaren Natriumhydroxidlösung

Punkt	a	b	c	d
v = zugegebene Base (ml)	0	10	20	25
V = Gesamtvolumen (ml)	50	60	70	75
[HAc] noch vorhanden (mol l^{-1})	0,1000	0,0833	0,0714	0,0667
[NaOH] wie zugegeben (mol l^{-1})	0,0000	0,0167	0,0286	0,0333
[HAc]$_{net}$ = c_a (mol l^{-1})	0,1000	0,0667	0,0428	0,0333
[NaAc]$_{net}$ = c_s (mol l^{-1})	0,0000	0,0167	0,0286	0,0333
[H$^+$] (mol l^{-1})	$1,33 \times 10^{-3}$	$7,04 \times 10^{-5}$	$2,64 \times 10^{-5}$	$1,76 \times 10^{-5}$
pH	2,88	4,15	4,58	4,76

Punkt	e	f	g	h
v = zugegebene Base (ml)	30	40	45	50
V = Gesamtvolumen (ml)	80	90	95	100
[HAc] noch vorhanden (mol l^{-1})	0,0625	0,0555	0,0525	0,0500
[NaOH] wie zugegeben (mol l^{-1})	0,0375	0,0444	0,0474	0,0500
[HAc]$_{net}$ = c_a (mol l^{-1})	0,0250	0,0111	0,0052	0,0000
[NaAc]$_{net}$ = c_s (mol l^{-1})	0,0375	0,0444	0,0474	0 0500
[H$^+$] (mol l^{-1})	$1,17 \times 10^{-5}$	$4,4 \times 10^{-5}$	$1,9 \times 10^{-5}$	$1 89 \times 10^{-9}$
pH	4,93	5,36	6,72	8,68

Der Endpunkt, g, bei gleichen Konzentrationen von Säure und Base ergab sich schließlich aus dem Ausdruck für das Hydrolysegleichgewicht aus Abschnitt 5–9

$$K_b = \frac{K_w}{K_a} = \frac{z^2}{c_s - z}$$

Alle diese Gleichungen sind Vereinfachungen des allgemeinen Ausdrucks, der in Abschnitt A 3–2 abgeleitet wurde, die bei den jeweiligen Verhältnissen gültig sind. Bei einer Titration über den Endpunkt hinaus, wo praktisch mehr Base zu einer Natriumacetatlösung zugesetzt wird, unterscheidet sich die Titrationskurve wenig von der einer Titration einer starken Säure und Base. Nur im Bereich zwischen den Punkten f und g müßte man sich mit dem vollständigen, allgemeinen Ausdruck herumplagen.

Der Halbneutralisationspunkt, *d*, ist der Punkt, an dem die Konzentrationen von Essigsäure und Natriumacetat einander gleich sind (die Hälfte der ursprünglich vorhandenen Essigsäure ist dann durch das Natriumhydroxid neutralisiert worden). Daher ist der pH-Wert an diesem Punkt gleich dem pK_a-Wert der Essigsäure. Der Endpunkt, *g*, liegt nicht innerhalb eines derart großen pH-Bereiches wie in Abbildung 5–5, und es wird daher für die hier durchgeführte Titration wichtig sein, einen Indikator zu wählen, dessen pK_a-Wert im Bereich zwischen 8 und 9 liegt. So könnte z.B. Methylorange nicht zur Bestimmung des Endpunkts dieser Essigsäure-Titration verwendet werden (siehe Abbildung 5–7), wogegen Phenolphthalein oder Thymolblau ideal wären.

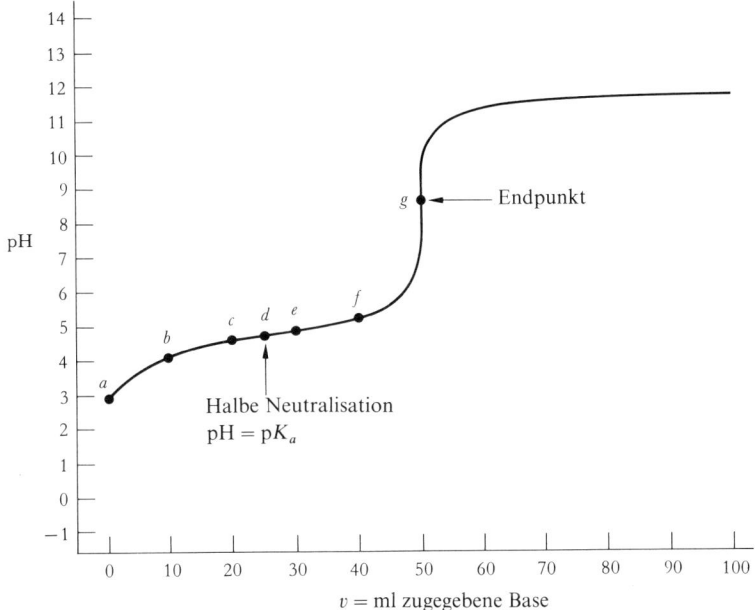

Abbildung A 3–1 Titrationskurve für eine typische schwache Säure mit einer starken Base, in diesem Fall Essigsäure, CH_3COOH, und Natriumhydroxid, NaOH. Daten für diese Darstellung finden Sie in Tabelle A–1. Vergleichen Sie diese Titrationskurve mit der aus Abbildung 5–5. Der pH-Wert nimmt bei dieser Kurve hier nach der anfänglichen Zugabe von Base zu, da selbst nach einer teilweisen Neutralisation das Acetation weiterhin die Dissoziation der noch übrigbleibenden Essigsäure unterdrückt: Die Neutralisierung einer bestimmten Menge Essigsäure mit NaOH bedeutet dasselbe wie das Entfernen der entsprechenden Menge Essigsäure und das Ersetzen durch eine äquivalente Menge Natriumacetat. Aus diesem Grunde ist die Abbildung hier auch der Abbildung 5–8 ähnlich. Für die vollständig dissoziierende starke Säure HNO_3 in Abbildung 5–5 besitzt das Nitratanion keine derartige unterdrückende Wirkung, und die Titrationskurve steigt anfangs nur langsam an. In der hier gezeigten Abbildung ist der Verlauf der Titrationskurve nach Überschreiten des Endpunkts dem für eine starke Säure ähnlich.

A 3–4 Mehrbasige Säuren: Säuren, die mehr als ein Wasserstoffion freisetzen

Die Schwefelsäure, H_2SO_4, gibt als eine starke Säure ein Proton mit einer unmeßbar großen Dissoziationskonstante ab (in Wasser als Lösungsmittel)

$$H_2SO_4 \rightleftarrows H^+ + HSO_4^-$$

Sie kann auch noch als schwache Säure das zweite Proton mit einer meßbaren Dissoziationskonstante verlieren

$$HSO_4^- \rightleftarrows H^+ + SO_4^{2-} \qquad K_{a_2} = 1,20 \times 10^{-2} \, mol \, l^{-1}$$
$$pK_{a_2} = 1,92$$

Bei der Kohlensäure, die ebenfalls eine zweibasige Säure ist, sind beide Dissoziationen schwach

$$H_2CO_3 \rightleftarrows H^+ + HCO_3^- \qquad K_{a_1} = 4,3 \times 10^{-7} \, mol \, l^{-1} \qquad pK_{a_1} = 6,37$$
$$HCO_3^- \rightleftarrows H^+ + CO_3^{2-} \qquad K_{a_2} = 5,61 \times 10^{-11} \, mol \, l^{-1} \qquad pK_{a_2} = 10,25$$

Die relativen Werte von K_{a_1} und K_{a_2} sind intuitiv verständlich: Man würde erwarten, daß das HCO_3^-, das bereits eine negative Ladung besitzt, weniger bereitwillig ein weiteres Proton abgibt als das neutrale H_2CO_3.

Die Phosphorsäure besitzt sogar drei Dissoziationsstufen

$$H_3PO_4 \rightleftarrows H^+ + H_2PO_4^- \qquad pK_{a_1} = 2,12$$
$$H_2PO_4^- \rightleftarrows H^+ + HPO_4^{2-} \qquad pK_{a_2} = 7,21$$
$$HPO_4^{2-} \rightleftarrows H^+ + PO_4^{3-} \qquad pK_{a_3} = 12,67$$

Somit liegen in einer Phosphorsäurelösung sieben verschiedene Ionen- und Molekülarten nebeneinander vor: H_3PO_4, $H_2PO_4^-$, HPO_4^{2-}, PO_4^{3-}, H_2O, H^+ und HO^-. Das Ganze könnte uns als unmöglich kompliziert erscheinen, wenn wir nicht in der Lage wären, einige vereinfachende Näherungsannahmen zu machen.

Bei einem pH-Wert, der gleich dem pK_a-Wert einer Dissoziationsstufe ist, sind die beiden Formen der dissoziierenden Teilchenart in gleichen Konzentrationen vorhanden (Halbneutralisationspunkt). Für die zweite Dissoziation der Phosphorsäure, für die $pK_{a_2} = 7,21$ ist, erhalten wir

$$K_{a_2} = \frac{[H^+][HPO_4^{2-}]}{[H_2PO_4^-]}$$

$$\lg \frac{[HPO_4^{2-}]}{[H_2PO_4^-]} = pH - pK_{a_2}$$

Wenn nun $pH = pK_{a_2}$ ist, haben wir das Verhältnis

$$\frac{[HPO_4^{2-}]}{[H_2PO_4^-]} = 1$$

Infolgedessen liegen in einer neutralen Lösung HPO_4^{2-} und $H_2PO_4^-$ in annähernd gleichgroßen Konzentrationen vor. Sehr wenig undissoziiertes H_3PO_4 wird vorhanden sein, da nach der ersten Dissoziationskonstante folgt

$$K_{a_1} = \frac{[H^+][H_2PO_4^-]}{[H_3PO_4]}$$

$$\lg \frac{[H_2PO_4^-]}{[H_3PO_4]} = pH - pK_{a_1} = 7,0 - 2,2 = 4,8$$

$$\frac{[H_2PO_4^-]}{[H_3PO_4]} = 6,3 \times 10^4 = 63\,000$$

Auf Grund ähnlicher Überlegungen wird auch nur wenig PO_4^{3-} vorhanden sein

$$\lg \frac{[PO_4^{3-}]}{[HPO_4^{2-}]} = pH - pK_{a_3} = 7,0 - 12,7 = -5,7$$

$$\frac{[PO_4^{3-}]}{[HPO_4^{2-}]} = 2 \times 10^{-6} = \frac{1}{500000}$$

Die einzigen beiden Phosphatarten, die wir in der Nähe von pH = 7 zu beachten haben, sind $H_2PO_4^-$ und HPO_4^{2-}. Auf ähnliche Weise spielen in stark sauren Lösungen im Bereich von pH = 3 nur H_3PO_4 und $H_2PO_4^-$ eine Rolle. Solange sich die pK_a-Werte von aufeinanderfolgenden Dissoziationsschritten um drei oder vier Einheiten voneinander unterscheiden (was sie fast immer tun), werden die Verhältnisse also vereinfacht.

Es gibt noch eine weitere Vereinfachung: Wenn eine mehrbasige Säure, wie z. B. die Kohlensäure, H_2CO_3, dissoziiert, dann stammt der größte Teil der vorhandenen Protonen aus der ersten Dissoziation

$$H_2CO_3 \rightleftarrows H^+ + HCO_3^- \qquad pK_{a_1} = 6,37$$

Da die zweite Dissoziationskonstante um vier Größenordnungen kleiner ist (und damit pK_{a_2} um vier Einheiten größer), wird der Beitrag zur Gesamtwasserstoffionenkonzentration aus der zweiten Dissoziation nur ein Zehntausendstel des ersten Beitrages ausmachen. Dementsprechend hat die zweite Dissoziationsstufe nur eine vernachlässigbare Auswirkung auf die Konzentration des Produktes aus der ersten Dissoziation, HCO_3^-.

Beispiel: Bei Zimmertemperatur und einem CO_2-Druck von 1,013 bar weist Wasser, das mit CO_2 gesättigt ist, eine Kohlensäurekonzentration von annähernd $0,040\,\text{mol}\,l^{-1}$ auf. Berechnen Sie den pH-Wert und die Konzentrationen aller Carbonatarten für eine 0,040-molare H_2CO_3-Lösung.

Lösung: Wenn wir zunächst nur die erste Dissoziation betrachten, erhalten wir

$$K_{a_1} = 4,3 \times 10^{-7}\,\text{mol}\,l^{-1}$$

$$= \frac{y^2}{0,040\,\text{mol}\,l^{-1} - y} \quad \text{mit } y = [H^+]$$

Nach unseren Erfahrungen mit der Essigsäure, die sogar ein noch größeres K_a besitzt, sollten wir erwarten, daß wir das y im Nenner vernachlässigen können. Das Ausmaß der

Dissoziation einer Säure mit einem derart kleinen K_a wird sehr gering sein

$$y^2 = 4{,}3 \times 10^{-7}\,\text{mol}\,1^{-1} \times 0{,}040\,\text{mol}\,1^{-1}$$
$$= 1{,}72 \times 10^{-8}\,\text{mol}^2\,1^{-2}$$
$$y = 1{,}31 \times 10^{-4}\,\text{mol}\,1^{-1}$$

Dies ist sowohl die Konzentration des Wasserstoffions als auch die des Hydrogencarbonations, HCO_3^-

$$[H^+] = [HCO_3^-] = 1{,}31 \times 10^{-4}\,\text{mol}\,1^{-1}$$
$$[H_2CO_3] = (0{,}040 - 0{,}00013)\,\text{mol}\,1^{-1}$$
$$= 0{,}040\,\text{mol}\,1^{-1}$$
$$pH = 4 - 0{,}12 = 3{,}88$$

Infolgedessen besitzen Getränke, die mit Kohlensäure versetzt worden sind, eine Acidität, deren Wert zwischen dem von Wein und Tomatensaft liegt (siehe Tabelle 5–3). Für die zweite Dissoziation erhalten wir

$$HCO_3^- \rightleftarrows H^+ + CO_3^{2-}$$

$$K_{a_2} = 5{,}6 \times 10^{-11}\,\text{mol}\,1^{-1} = \frac{[H^+][CO_3^{2-}]}{[HCO_3^-]}$$

Da diese zweite Dissoziation nur eine vernachlässigbare Auswirkung auf die erste Dissoziation besitzt, können wir annehmen, daß die Wasserstoffionenkonzentration und die Hydrogencarbonationenkonzentration praktisch denselben Wert wie zuvor haben. Dann folgt

$$[CO_3^{2-}] = \frac{[HCO_3^-]}{[H^+]} \times K_{a_2} = K_{a_2}$$
$$= 5{,}6 \times 10^{-11}\,\text{mol}\,1^{-1}$$

Beachten Sie das recht erstaunliche Ergebnis, daß die Konzentration des zweiten Dissoziationsproduktes gleich der zweiten Dissoziationskonstante ist!

Beispiel: Berechnen Sie die Sulfidionenkonzentration einer mit H_2S gesättigten Lösung $(0{,}10\,\text{mol}\,1^{-1})$ erstens, wenn die Lösung mit destilliertem Wasser hergestellt wird, und zweitens, wenn die Lösung mit HCl auf den pH-Wert 3 gebracht wird. Verwenden Sie dazu die K_a-Werte aus Tabelle 5–4.

Lösung: In destilliertem Wasser lautet die erste Dissoziation

$$K_{a_1} = 9{,}1 \times 10^{-8}\,\text{mol}\,1^{-1} = \frac{y^2}{0{,}10\,\text{mol}\,1^{-1}}$$

Die Dissoziationskonstante ist so klein, daß das y im Nenner sofort vernachlässigt werden kann. Die Dissoziation wird äußerst geringfügig sein

$$y = [H^+] = [HS^-] = 9{,}5 \times 10^{-5}\,\text{mol}\,l^{-1}$$
$$pH = 5 - 0{,}98 = 4{,}02$$

Aus der zweiten Dissoziation erhalten wir

$$[S^{2-}] = \frac{[HS^-]}{[H^+]} \times K_{a_2} = K_{a_2} = 1{,}1 \times 10^{-12}\,\text{mol}\,l^{-1}$$

Wie beim H_2CO_3-Beispiel besitzt das bei der zweiten Dissoziation gebildete Anion eine Konzentration, die gleich der zweiten Dissoziationskonstante ist.

Im Gegensatz dazu folgt für die HCl-Lösung mit pH = 3

$$K_{a_1} = \frac{[H^+][HS^-]}{[H_2S]} = \frac{10^{-3}}{0{,}10}\,[HS^-] = 9{,}1 \times 10^{-8}\,\text{mol}\,l^{-1}$$

$$[HS^-] = 9{,}1 \times 10^{-6}\,\text{mol}\,l^{-1}$$

$$K_{a_2} = \frac{[H^+][S^{2-}]}{[HS^-]} = \frac{10^{-3}}{9{,}1 \times 10^{-6}}\,[S^{2-}] = 1{,}1 \times 10^{-12}\,\text{mol}\,l^{-1}$$

$$[S^{2-}] = \frac{9{,}1 \times 10^{-6} \times 1{,}1 \times 10^{-12}}{10^{-3}}\,\text{mol}\,l^{-1} = 1{,}0 \times 10^{-14}\,\text{mol}\,l^{-1}$$

Die Salzsäure hat hier die Dissoziation des H_2S zurückgedrängt, so daß die Sulfidionenkonzentration nur ein Hundertstel des Wertes erreicht, den sie in reinem Wasser hat. Wie wir in Abschnitt 5–10 sahen, kann man durch Ansäuern eine Feineinstellung der Sulfidionenkonzentration bei analytischen Methoden erreichen, indem man den pH-Wert genau einstellt.

Anhang 4
Lösungen der geradzahligen Aufgaben

Kapitel 1

2. 0,0949 g
4. $1,54 \times 10^{22}$ Moleküle
6. 24,31
8. 141 g; $1,93 \times 10^{24}$ Moleküle
10. $89,1 \, \text{g mol}^{-1}$
12. $2,2 \times 10^{19}$ Teilchen pro Mol weniger
14. 0,960 g; 0,0600 g-atom
16. $26,58\% \, \text{K}$; $35,35\% \, \text{Cr}$; $38,07\% \, \text{O}$
18. Ca_3SiO_5
20. $51,9 \, \text{g mol}^{-1}$ (Cr)
22. P_4O_{10}
24. 0,283 g S bleiben übrig
26. $7,48 \, \text{g} \, CuBr_2$; $4,95 \, \text{g} \, Br_2$ bleiben übrig
28. $6,08 \times 10^{-6}$ mol Pb
30. $10,0 \, \text{l} \, H_2O(g)$; $5,00 \, \text{l} \, O_2$ bleiben übrig
32. Empirische Formel CH_2O; Molmasse $= 60 \, \text{g mol}^{-1}$;
    Molekülformel: $C_2H_4O_2$ (Essigsäure, CH_3COOH)
34. H_3C_3O; $109 \, \text{g mol}^{-1}$; $H_6C_6O_3$; $1,8 \times 10^{22}$ Moleküle
36. Wertigkeit $= 15,3$; relative Atommasse $= 45,9$
38. Relative Atommasse $= 240$; Wertigkeit $= 3$

Kapitel 2

2. 4,67
4. $619 \, \text{cm}^3$
6. $5,01 \times 10^{13}$ Moleküle
8. 1,25 bar
10. $11,0 \, \text{g l}^{-1}$
12. $1,42 \, \text{g l}^{-1}$
14. 15,99; CH_4
16. $C_2H_2F_4$

18. $p_{Ar} = 76\,Torr$; $p_{He} = 764\,Torr$

20. 2026 Pa

22. (a)1,01 bar; (b) 0,601 bar; (c) 1,614 bar; (d) 0,02 mol; (e) 0,63 ml bleiben übrig

24. 1,59 l

26. $2,79 \times 10^3\,cm\,s^{-1}$; $1,28 \times 10^{-7}\,K$

28. $4990\,km\,h^{-1}$; Wasserstoff

30. $5,65 \times 10^{-21}\,J$; $7,73 \times 10^{-21}\,J$; $6,71 \times 10^5\,cm\,s^{-1}$

32. Behälter 1/Behälter 2: (a) 0,420; (b) 0,690; (c) 0,290; (d) 0,690; (e) 0,476

Kapitel 3

2. 0,0246 Faraday; 2370 Coulomb

4. 176 Coulomb

6. 40 Stunden

8. 1,92 g

10. $1,61 \times 10^6\,kg$ Al; 1,86 Dämme

12. $-0,56\,°C$

14. (a) $-0,930\,°C$; (b) $-0,279\,°C$; (c) $-0,744\,°C$; (d) $-0,558\,°C$

16. Die Ionen sind $[Pt(NH_3)_4Cl_2]^{2+}$ und $2\,Cl^-$.

18. Das Radiusverhältnis ist nicht der einzige Faktor, der die Struktur bestimmt; die Art der Bindung spielt auch eine Rolle.

20. 151 pm

Kapitel 4

2. (a) $Fe_2O_3 + 2\,Al \rightleftarrows 2\,Fe + Al_2O_3$
   (b) $Na_2SO_3 + 2\,HCl \rightleftarrows 2\,NaCl + SO_2 + H_2O$
   (c) $Mg_3N_2 + 6\,H_2O \rightleftarrows 3\,Mg(OH)_2 + 2\,NH_3$
   (d) $Pb + PbO_2 + 2\,H_2SO_4 \rightleftarrows 2\,PbSO_4 + 2\,H_2O$

4. (a) $2\,Al + 6\,HCl \rightleftarrows 2\,AlCl_3 + 3\,H_2$
   (b) $4\,NH_3 + 5\,O_2 \rightleftarrows 4\,NO + 6\,H_2O$
   (c) $3\,Zn + 2\,P \rightleftarrows Zn_3P_2$
   (d) $2\,HNO_3 + Zn(OH)_2 \rightleftarrows Zn(NO_3)_2 + 2\,H_2O$

6. $NH_4NO_3 \rightleftarrows 2\,H_2O + N_2O$; 2,35 l

8. (a) 0,128 mol; (b) 0,128 mol; (c) 4,36 g; (d) 2,87 l

10. $2\,VO + 3\,Fe_2O_3 \rightleftarrows V_2O_5 + 6\,FeO$
    $8,84\,g\;V_2O_5$; $2,18\,g\;V_2O_5$

12. H_2O ist die Säure (Protonendonator); NH_3 ist die Base (Protonenakzeptor).

14. 0,054 molar

16. 1,13 molal; 1,09 molar; 2,18 normal; $1,07\,g\,ml^{-1}$

18. 300 ml

20. (a) 2.38 ml; (b) 11 ml; (c) 1200 ml

22. $3,71 \times 10^{-4}$ molar; $7,42 \times 10^{-4}$ normal

24. $0,025$ molar Ba^{2+}; $0,020$ molar Cl^-; $[H^+] \simeq 0$; $0,030$ molar HO^-

26. 11,971

28. 2; 0,509 normal

30. 94,5 ml

32. 0,23 g

34. Brenztraubensäure

36. 2,96 mg

38. 104

40. 135; CH_3—C_6H_4—COOH

42. (a) 34,8%; (b) $x = 5$

44. $2 NCl_3 \rightleftarrows N_2 + 3 Cl_2 + 461 kJ$; 19,3 kJ

46. Endotherm; $\Delta \bar{H}^0 = 293 kJ mol^{-1} Ti_3O_5$; $3 TiO_2 \rightleftarrows Ti_3O_5 + \frac{1}{2} O_2 - 293 kJ$

48. $-322 kJ mol^{-1} Na_2CO_3$

50. $\Delta H^0 = -452,6 kJ$

52. $\Delta H^0 = -381,4 kJ$

Kapitel 5

2. 20

4. $[HI] = 1,88 mol l^{-1}$; $[H_2] = 0,11 mol l^{-1}$; $[I_2] = 0,61 mol l^{-1}$

6. 12

8. 2,89; $1,71 \times 10^{-5}$

10. $1,79 \times 10^{-5}$; Nein; $NH_3 + H_2O \rightleftarrows NH_4^+ + HO^-$; 10,63

12. 5,11; 11,11

14. $2,22 \times 10^{-5} mol l^{-1}$; 9,35

16. $1,1 \times 10^{-2} mol l^{-1}$; 1,96; 4,4%

18. 5

20. $OBr^- + H_2O \rightleftarrows HOBr + HO^-$; $K_b = \dfrac{[HOBr][HO^-]}{[OBr^-]}$;

   $K_b = 5,01 \times 10^{-6} mol l^{-1}$; $K_a = 2,00 \times 10^{-9} mol l^{-1}$

22. $K_b = 1,99 \times 10^{-11} mol l^{-1}$; $K_a = 5,03 \times 10^{-4} mol l^{-1}$

24. 9,31

26. 4,75

28. 2,75

30. 9,08; 9,01; die Pufferkonzentration reicht nicht aus, um eine beträchtliche Änderung des pH-Wertes zu verhindern.

32. (a) 11,48; (b) 5,48; (c) Ja

34. (a) 0,77; (b) 0,0499; (c) 173; (d) 180; $NH_4^+ < HSO_3^- < CH_3COOH < HF < HNO_2$

36. $1,6 \times 10^{-5}$

38. $2,23 \times 10^{-11} mol l^{-1}$; $5 \times 10^{-21} mol l^{-1}$

40. $2,1 \times 10^{-4} mol l^{-1}$

42. 11 g
44. $-0{,}20$
46. $3{,}1 \times 10^{-16}\,\text{mol}\,l^{-1}$; $0{,}031\,\text{mol}\,l^{-1}$; durch Anpassung des pH-Wertes ist es möglich, FeS selektiv auszufällen.
48. 12,7; Ja

Kapitel 6

2. Die beiden Linien entstehen aus zwei verschiedenen Frequenzen im Spektrum eines jeden Atoms. Es hätten noch mehr Linien aufgetragen werden können, da jedes Atom viele Energieniveaus besitzt.
4. $9460\,\text{kJ}\,\text{mol}^{-1}$
6. Die nichtmetallischen Eigenschaften nehmen von Si bis Pb ab.
8. (d) ist richtig.
10. (a) ist richtig.
12. $CaH_2 + 2\,H_2O \rightleftarrows Ca(OH)_2\downarrow + 2\,H_2\uparrow$
14. CaH_2: ionisch; H^- anionisch; stärkste Base.
    H_2Te: überwiegend kovalent; H^+-Kationen in wäßriger Lösung; sauer.
    GeH_4: kovalent, in Wasser unlöslich.
    H_2S: überwiegend kovalent; H^+-Kationen in wäßriger Lösung; weniger sauer als H_2Te.
    WH_6: kovalent; anionische Wasserstoffionen.

Kapitel 7

2. Nein. Die Geometrie eines Komplexes wird durch das Polygon definiert, das von den Substituenten (Liganden) gebildet wird, die an das Zentralatom gebunden sind. Sechs Substituenten bilden ein Oktaeder (*acht Flächen*).
4. 6(Si), 3(B), 4(N), 6(Ni), 6(Co); $+4$(Si), $+3$(B), -3(N), $+2$(Ni), $+2$(Co)
6. XeF_7^-: KZ = 7, KZ = $+6$; XeF_8^-: KZ = 8, KZ = $+7$
8. 5(Co), 6(Pt), 3(C), 4(S), 6(Mn)
10. OZ = 4, OZ = $+2$ n.
12. $+5$(V), $+5$(P), -3(P), $+3$(N), -1(O), -1(H), -3(N), $+3$(N), $+5$(I), $+1$(Ag)
14. (a) MnO_4^-, SO_3^{2-}, SO_3^{2-}, MnO_4^-; (c) Cl_2 für alle; (b) und (d) sind keine Redoxreaktionen.
16. $2\,MnO_4^- + 6\,H^+ + 5\,H_2S \rightleftarrows 2\,Mn^{2+} + 8\,H_2O + 5\,S$
    $+7$; S in H_2S; Mn in MnO_4^-; reduziert
18. (a) $2\,MnO_2 + 4\,KOH + O_2 \rightleftarrows 2\,K_2MnO_4 + 2\,H_2O$
    (b) $CuCl_4^{2-} + Cu \rightleftarrows 2\,CuCl_2^-$
    (c) $NO_3^- + 4\,Zn + 10\,H^+ \rightleftarrows NH_4^+ + 4\,Zn^{2+} + 3\,H_2O$
    (d) $2\,ClO_2 + 2\,HO^- \rightleftarrows ClO_2^- + ClO_3^- + H_2O$
    (e) $6\,Fe^{2+} + Cr_2O_7^{2-} + 14\,H^+ \rightleftarrows 6\,Fe^{3+} + 2\,Cr^{3+} + 7\,H_2O$
    (f) $3\,Cu + 2\,NO_3^- + 8\,H^+ \rightleftarrows 3\,Cu^{2+} + 2\,NO + 4\,H_2O$

20. 0,0759 molar; 0,228 normal, 52,68; 0,0759 normal, 158,04; 0,304 normal, 39,51; 0,380 normal, 31,61

22. 52,3

24. (a) 0,50 l; (b) 0,50 l; (c) 0,17 l; (d) 0,25 l

26. (a) 0,02 normal; (b) 0,02 normal

28. $3,13 \times 10^{-4}$ mol

30. 0,0125 molar

32. (a) Mn + 7 in MnO_4^-, + 2 in Mn^{2+}; C + 3 in $(COOH)_2$, + 4 in CO_2; (b) $2 MnO_4^-$ + $5(COOH)_2 + 6 H^+ \rightleftarrows 2 Mn^{2+} + 10 CO_2 + 8 H_2O$; (c) $KMnO_4$: 158,04 g mol^{-1}, 31,61 g äquiv^{-1}; $(COOH)_2$; 90,04 g mol^{-1}; 45,02 g äquiv^{-1}; (d) 0,004; (e) 0,04; (f) 0,500 normal; (g) 0,05 molar; (h) 1,34 g.

Kapitel 8

2. $\lambda = 250$ nm; $7,9 \times 10^{-19}$ J; 477 kJ; ultraviolettes Licht

4. $6,63 \times 10^{-28}$ J; $\lambda = 3,00 \times 10^4$ cm; die Energie von Radiowellen ist weitaus kleiner als die einer C—C-Bindung; daher können derartige Wellen keine chemischen Reaktion bewirken.

6. $E = h\nu = -k'/n^2$ mit $k' = (m_e e^4/8\varepsilon_0^2 h^2)Z^2$. Da $h\nu$ proportional zu Z^2 ist, sollte eine Auftragung von Z gegen $\sqrt{\nu}$ eine gerade Linie ergeben.

8. (a)

10. (e)

12. (a)

14. (c)

16. $-0,85$ eV

18. (e)

20. 0,1,2,3

22. 0, ± 1, ± 2, ± 3; ein f-Elektron

24. $\lambda = 7,29 \times 10^{-9}$ cm; die Unschärfe des Impulses ist ungefähr fünfmal so groß wie der Impuls selbst.

Kapitel 9

2. (a) As: $1s^2 2s^2 2p^6 3s^2 3p^6 4s^2 3d^{10} 4p^3$; oder [Ar] $4s^2 3d^{10} 4p^3$

 (b) Co^{2+}: [Ar] $4s^0 3d^7$. (Warum nicht [Ar] $4s^2 3d^5$?)

 (c) Cu: [Ar] $4s^1 3d^{10}$. (Warum nicht [Ar] $4s^2 3d^9$?)

 (d) S^{2-}: [Ne] $3s^2 3p^6$ oder [Ar]

 (e) Kr: $1s^2 2s^2 2p^6 3s^2 3p^6 3d^{10} 4s^2 4p^6$, oder [Ar] $3d^{10} 4s^2 4p^6$

 (f) C: $1s^2 2s^2 2p^2$

 (g) W: [Xe] $6s^2 4f^{14} 5d^4$

 (h) H^+: 0

 (i) H^-: $1s^2$

 (j) Cl^-: $1s^2 2s^2 2p^6 3s^2 3p^6$, or [Ar]

4. (a) neutral, angeregt   (b) Anion, Grundzustand
   (c) neutral, Grundzustand   (d) neutral, nicht möglich
   (e) neutral, nicht möglich   (f) Kation, angeregt
   (g) Anion, angeregt   (h) Kation, nicht möglich
   (i) neutral, Grundzustand   (j) Kation, Grundzustand

6. 3,1

8. Obwohl das 3s-Elektron des Natriums teilweise durch die anderen 10 Elektronen abgeschirmt wird, unterliegt es doch der Wirkung einer effektiven Kernladung, die größer als $+1e$ ist. Daher erfordert seine Entfernung aus dem Atom mehr Energie als die des 3s-Elektrons des H.

10. Die Energie, die zur Entfernung des zweiten Elektrons aus Mg benötigt wird, ist größer als die, die zur Entfernung des ersten Elektrons erforderlich ist, da das zweite Elektron weniger stark als das erste vom positiv geladenen Kern abgeschirmt ist. Die zweite Ionisierungsenergie des Mg ist kleiner als die zweite Ionisierungsenergie des Na, weil im Falle des Na das betroffene Elektron aus einer Edelgaskonfiguration entfernt wird. Na tritt bei chemischen Reaktionen in der Oxidationsstufe $+1$ auf, weil seine erste Ionisierungsenergie klein ist, die zweite aber zu groß ist, als daß sich Verbindungen des Na^{2+} bilden können. Die niedrige erste Ionisierungsenergie des Na erklärt auch seine große Reaktionsfreudigkeit. Mg erscheint in Verbindungen als Mg^{2+}, da seine zweite Ionisierungsenergie klein genug ist, um leicht die Bildung von Mg^{2+} zuzulassen. Die dritte Ionisierungsenergie ist jedoch zu groß, als daß sich Mg^{3+} bilden kann.

12. Die Schmelzpunkte erhöhen sich in der angegebenen Reihenfolge, weil die Verbindungen in dieser Reihe zunehmend stärker ionisch werden und infolgedessen zunehmende Mengen von thermischer Energie erfordern, um die Bindungen aufzubrechen und das Schmelzen herbeizuführen.

14. Cl besitzt die größte Elektronenaffinität aller Elemente. Sie ist größer als die des Na und O, weil Cl eine größere Kernladung besitzt, um ein Elektron anzuziehen. Seine Elektronenaffinität ist größer als die des I, weil der Kern des Cl weniger stark abgeschirmt ist als der des I und daher auf ein Elektron eine stärkere Anziehung ausübt.

16. P

18. Hydrid, MH_2
    Oxid, MO
    Oxidationsstufe, $+2$
    Elektronegativität, $\leq 0,9$
    Schmelzpunkt des Chlorids, MCl_2, $\approx 1062\,°C$. Festes MCl_2 wird keinen Strom leiten, weil die Ionen nicht frei beweglich sind. Flüssiges MCl_2 wird dagegen Elektrizität leiten, da die Ionen sich dann frei bewegen können.

Kapitel 10

2. $Na\cdot$, $\cdot\ddot{C}:$, $\cdot\ddot{S}i:$, $:\ddot{\underset{\cdot\cdot}{C}}l\cdot$, $:\ddot{\underset{\cdot\cdot}{K}}r:$

4. $:\ddot{O}::\ddot{O}:$

(Die ungepaarten Elektronen, die tatsächlich in O_2 vorhanden sind, werden durch die Lewissche Punktschreibweise nicht vorausgesagt.)

$:C:::O:$, $Li\cdot Li^+$, $:C:::N:^-$

6. $:\ddot{\underset{\cdot\cdot}{C}}l:^-Ba^{2+}:\ddot{\underset{\cdot\cdot}{C}}l:^-$, $H:\overset{\displaystyle H}{\underset{\displaystyle \ddot{H}}{\ddot{P}}}:H$, $H:\overset{\displaystyle H}{\underset{\displaystyle \ddot{H}}{\overset{+}{N}}}:H:\ddot{\underset{\cdot\cdot}{C}}l:^-$

$:\overset{\displaystyle H:\ddot{O}:}{\underset{\displaystyle H}{\ddot{\underset{\cdot\cdot}{C}}l:}}$, $H:\overset{}{\underset{\displaystyle H}{\ddot{O}}}:$, $:\overset{\displaystyle H}{\underset{\displaystyle H}{\ddot{O}:\ddot{O}}}:$

$\overset{\displaystyle .\ddot{N}.}{\underset{\displaystyle \cdot\ddot{O}:}{\ddot{O}:}}$ $\cdot\ddot{O}:^- \leftrightarrow ^-:\ddot{O}\cdot$ $\overset{\displaystyle .\ddot{N}.}{\underset{\displaystyle :\ddot{O}}{}}$

8. (a) $H:\overset{-}{\underset{\displaystyle H}{\ddot{C}}}:\overset{+}{N}:::N:$

(Atome, die nicht mit $+$ oder $-$ gekennzeichnet sind, besitzen die formale Ladung null.)

(b) $H:\overset{+}{\underset{\displaystyle H}{C}}:\overset{-}{:}N::\ddot{N}:$

10. $\left[\overset{\displaystyle :\ddot{O}:}{\underset{\displaystyle :\ddot{O}:}{:\ddot{O}:\ddot{B}r:\ddot{O}:}}\right]^-$ $H:\overset{\displaystyle H}{\underset{\displaystyle H}{\ddot{S}i}}:H$ $\left[\overset{\displaystyle :\ddot{C}l:}{\underset{\displaystyle :\ddot{C}l:}{:\ddot{C}l:\ddot{P}:\ddot{C}l:}}\right]^+$ $H:\overset{\displaystyle H}{\underset{\displaystyle :\ddot{C}l:}{C}}:\ddot{C}l:$ $\left[\overset{\displaystyle :\ddot{F}:}{\underset{\displaystyle :\ddot{F}:}{:\ddot{F}:\ddot{B}:\ddot{F}:}}\right]^-$

12. O_2: $KK(\sigma_s^b)^2(\sigma_s^*)^2(\sigma_z^b)^2(\pi_{x,y}^b)^4(\pi_{x,y}^*)^2$

Das Molekül ist paramagnetisch. Die Lewis-Struktur (siehe Aufgabe 4) führt nicht zu einer Voraussage des Paramagnetismus von O_2. Die Dissoziationswärme des O_2 sollte kleiner sein als die des NO, da die Bindungsordnung des O_2 gleich 2 und die des NO gleich 2,5 ist (siehe Aufgabe 11).

14. N_2

16. Dipolmomente: $D = 1,5 \times 10^{-29}$ Cm $(= 4,4$ D$)$ für HF;
$D = 2,57 \times 10^{-29}$ Cm $(= 7,7$ D$)$ für HI.

18. Das CO_2-Molekül ist linear; H_2O ist gewinkelt.

20. HCl: 17% Ionencharakter; CsCl: 75%; TlCl: 29%

22. Li_2: $KK(\sigma_s^b)^2$, Bindungsordnung $= 1$
Be_2: $KK(\sigma_s^b)^2(\sigma_s^*)^2$, Bindungsordnung $= 0$; sollte nicht existieren.

24.

Molekül	Hybridisierung	Elektronengeometrie	Molekülgeometrie
CH_4	sp^3	tetraedrisch	tetraedrisch
BF_3	sp^2	trigonal planar	trigonal planar
NF_3	sp^3	tetraedrisch	trigonal pyramidal
ICl_4^-	sp^3d^2	oktaedrisch	quadratisch planar
H_2O	sp^3	tetraedrisch	gewinkelt

26. (a) CO_3^{2-}; (b) BF_3; (c) NH_3; (d) ClO_3^-; (e) ClO_4^-; (f) SO_4^{2-}; (g) CO_2; (h) SO_2

28. $CH_3-C\overset{\displaystyle O}{\underset{\displaystyle O^-}{}}$ und $CH_3-C\overset{\displaystyle O^-}{\underset{\displaystyle O}{}}$

Keine Methoden; das Ion resoniert *nicht*.

30. Abbildung 7–9e: $D = 8,34 \times 10^{-30}\,Cm\,(= 2,50\,D)$;
    Abbildung 7–9f: $D = 5,74 \times 10^{-30}\,Cm\,(= 5,74\,D)$;
    Abbildung 7–9g: $D = 0,00$.

Kapitel 11

2. Die Verbindung ist $[Co(NH_3)_5Cl]^{2+}2Cl^-$. Mit ihr lassen sich zwei Mole AgCl pro Mol des Komplexes ausfällen. Da die Geometrie des Co(III)-Komplexes oktaedrisch ist, sind die fünf neutralen NH_3-Gruppen und ein Cl^--Ion an das Co koordiniert. Infolgedessen müssen zwei der drei Chloridionen außerhalb der Koordinationssphäre des Komplexes als Ionen vorliegen.

4. $PtCl_4 \cdot 3NH_3$ ist $[Pt(NH_3)_3Cl_3]^+Cl^-$; zwei Ionen pro Molekül; das Kation ist oktaedrisch koordiniert.

   $PtCl_2 \cdot 3NH_3$ ist $[Pt(NH_3)_3Cl]^+Cl^-$; zwei Ionen pro Molekül; das Kation ist quadratisch planar koordiniert.

6. Dichloro-tetramminkobalt(III)-bromid; Kalium-hexacyanochromat(III); Natrium-tetrachlorokobaltat(II)

8. (a) $[Al(H_2O)_5OH]Cl_2$
   (b) $Na_3[Co(CO_3)_3]$
   (c) $Na_4[Fe(CN)_6]$
   (d) $(NH_4)_3[Co(NO_2)_6]$

10. Es gibt fünf geometrische Isomere, von denen eines ein optisches Isomer besitzt.

12. siehe Bild Seite 939.
    wobei ● = Cl^- und ⌒ = $H_2N-CH_2-CH(CH_3)-NH_2$ ist. Alle anderen Möglichkeiten können durch geeignete Drehung des Ions in eine von diesen acht Möglichkeiten überführt werden. Die Strukturen (f), (g) ind (h) unterscheiden sich jeweils durch eine Spiegelung von (c), (d) und (e). Die Struktur (a) besitzt eine Symmetrieebene.

14. (d) läßt sich daraus herleiten; alles andere nicht.

Bild zu Seite 938, Aufgabe 12.

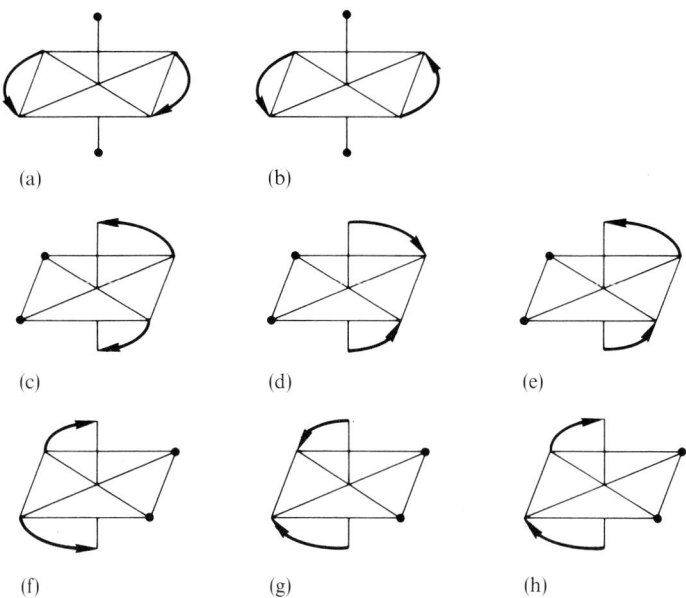

16. (a) 3, 2, 1, 0, 0, 1

(b) 3, 4, 5, 4, 4, 3

18. cis-$[Pt(NH_3)_2Cl_4]$ verwendet d^2sp^3-Hybridorbitale, während die anderen beiden Komplexe dsp^2-Hybridorbitale benutzen. In jedem Fall sind alle Elektronen gepaart, und alle Komplexe sind „inner-orbital"-Komplexe.

20. Valenzbindung:

$[Fe(H_2O)_6]^{2+}$ 3d   4s   4p   4d sp^3d^2, äußerer Komplex

$[Fe(CN)_6]^{4-}$ 3d   4s   4p d^2sp^3, innerer Komplex

Kristallfeld:

$[Fe(H_2O)_6]^{2+}$ e_g t_{2g} schwaches Feld

$[Fe(CN)_6]^{4-}$ e_g t_{2g} starkes Feld

Die Kristallfeldtheorie geht von der elektrostatischen Abstoßung zwischen den Elektronenpaaren der Liganden und den d-Orbitalen der Metalle aus, wogegen die Valenzbindungstheorie annimmt, daß die Metall-Ligand-Bindung kovalent ist und sich aus der Überlappung von hybridisierten Metallorbitalen und Ligandenorbitalen bildet. Mit Hilfe dieser beiden Theorien kann die Zahl der ungepaarten Elektronen in einem Komplex erklärt werden. Die Valenzbindungstheorie liefert jedoch keine Erklärung für die Spektren, wogegen die Kristallfeldtheorie dies in ausreichendem Umfang tut.

22. (a) Oktaedrisch; d^2sp^3-Hybridisierung unter Verwendung von $3d_{z^2}$-, $3d_{x^2-y^2}$-, $4s$-, $4p_x$-, $4p_y$- und $4p_z$-Atomorbitalen.
    (b) Hexamminkobalt(III)-chlorid
    (c)

    „low-spin"
    diamagnetisch
    (richtig)
    (d) $[Co(NH_3)_6]^{2+}$

    „high spin"
    paramagnetisch

    Die „high-spin"-Form wird bevorzugt, da die Kristallfeldaufspaltungsenergie des Co^{2+} kleiner als die des Co^{3+} ist.

24.

$[NH_3]$	$[Cu^{2+}(aq)]$
$(mol\,l^{-1})$	$(mol\,l^{-1})$
0,10	$2,5 \times 10^{-10}$
0,50	$4,0 \times 10^{-13}$
1,00	$2,5 \times 10^{-14}$
3,00	$3,1 \times 10^{-16}$

Um $[Cu^{2+}]$ kleiner als 10^{-15}-molar zu halten, muß $[NH_3]$ mehr als 2,24-molar sein.

26. Mn^{2+}, $pH = 5,26$
    Fe^{2+}, $pH = 4,00$
    Ag^+, $pH = 6,00$
    $Cr^{3+} > Fe^{2+} > Mn^{2+} > Ag^+$
    Je höher die Ionenladung, desto größer die Acidität.

28. $9,2 \times 10^{-6}\,mol\,l^{-1}$; $4,3 \times 10^{-10}\,mol\,l^{-1}$; $2,5 \times 10^{-14}\,mol\,l^{-1}$

30. $1,3 \times 10^{-5}\,mol\,l^{-1}$; $2 \times 10^{-13}\,mol\,l^{-1}$, was klein im Vergleich mit $[Ag^+]$ ist und damit vernachlässigt werden kann.

32. $0,1\,mol\,l^{-1}$

Kapitel 12

2. Mögliche Strukturen:

4. 2,3-Dimethylbutan

6. 1,3-Butadien

8. 1-Brom-1-chlor-2-methylpropen

10. Ameisensäure

12. Acetaldehyd oder Ethanal

14. Aceton, Propanon oder Dimethylketon

16.

18. $CH_3—CH_2—CH_2—CH_2—NH_2$

20.

$$H_2N—\overset{\overset{\textstyle O}{\|}}{C}—NH_2$$

22. $CH_3—SH$

24. $Na^+ \ ^-OCC—CH_2—CH_3$

26. $H_2N—CH_2—CH_2—NH_2$

28.

$$H_2N—CH_2—\overset{\overset{\textstyle O}{\|}}{C}—OH \quad oder \quad {}^+H_3N—CH_2—\overset{\overset{\textstyle O}{\|}}{C}—O^-$$

30.

$$HO—\overset{\overset{\textstyle O}{\|}}{C}—CH_2—CH_2—\underset{\underset{\textstyle NH_2}{|}}{CH}—\overset{\overset{\textstyle O}{\|}}{C}—OH$$

32. (a) —COOH (Carboxyl)

(b) —COOR (Ester)

(c) NH_2 (Amin)

(d) —OH (Alkohol)

(e) $\diagdown C{=}C \diagup$ oder $C{\equiv}C$ (Alken oder Alkin)

(f) $\diagup COO^-$ (Carboxyl)

34.

$$CH_3—\underset{\underset{\textstyle CH_3}{|}}{\overset{\overset{\textstyle H}{|}}{C}}—C{\equiv}C—\underset{\underset{\textstyle CH_2}{|}}{\overset{\overset{\textstyle H}{|}}{C}}^*—CH_3$$
$$\underset{\underset{\textstyle CH_3}{|}}{{}^*CH—CH_2—CH_3}$$

*asymmetrisches Kohlenstoffatom

36. Drei Isomere: D-, L- und *meso*-.

38. 2252 g

Kapitel 13

2. (a) $5{,}507 \times 10^{-10}$ g; (b) $3{,}05 \times 10^4$ mol

4. (a) $^{120}_{51}\text{Sb} \rightarrow {}^{0}_{+1}\text{e} + {}^{120}_{50}\text{Sn}$

   (b) $^{35}_{16}\text{S} \rightarrow {}^{0}_{-1}\text{e} + {}^{35}_{17}\text{Cl}$

   (c) $^{226}_{88}\text{Ra} \rightarrow {}^{4}_{2}\text{He} + {}^{222}_{86}\text{Rn}$

   (d) $^{7}_{4}\text{Be} \xrightarrow{\text{EC}} {}^{7}_{3}\text{Li}$

6. (a) $7{,}65$ MeV nucleon^{-1}

   (b) $8{,}51$ MeV nucleon^{-1}

   (c) $7{,}84$ MeV nucleon^{-1}

   (d) $8{,}46$ MeV nucleon^{-1}

   (e) $7{,}94$ MeV nucleon^{-1}

8. ^{17}F, ^{18}F: EC oder β^{+}-Emission
   ^{21}F: β^{-}-Emission

10. $t_{1/2} = 66{,}7$ h

12. $\lambda = 6{,}77$ pm

14. $^{230}_{90}\text{Th}$, $^{226}_{88}\text{Ra}$, $^{222}_{86}\text{Rn}$, $^{218}_{84}\text{Po}$, $^{214}_{82}\text{Pb}$, $^{214}_{83}\text{Bi}$, $^{210}_{81}\text{Tl}$, $^{210}_{82}\text{Pb}$, $^{210}_{83}\text{Bi}$, $^{210}_{84}\text{Po}$, $^{206}_{82}\text{Pb}$

16. $2{,}05$ Tage

18. $0{,}537$ g

20. 3940 Jahre

22. $1{,}50 \times 10^9$ Jahre

Kapitel 14

2. $1{,}3 \times 10^{15}\,\text{s}^{-1}$; $2{,}3 \times 10^{-5}$ cm; $4{,}3 \times 10^4\,\text{cm}^{-1}$; ultraviolett

4. $1{,}415\,\text{kJ mol}^{-1}$; $0{,}4$ nm

Kapitel 15

2. $\Delta H^0 = 74{,}898$ kJ

   $\Delta E = \Delta H - \Delta PV = \Delta H - \Delta nRT$

   $= -515\,\text{kJ} - 14{,}7\,\text{kJ} = -530\,\text{kJ}$

4. $\Delta \bar{H}^0 = -237{,}0\,\text{kJ mol}^{-1}$ im Vergleich zum gemessenen Wert von $-235{,}6\,\text{kJ mol}^{-1}$

6. $\Delta \bar{H}^0 = -242{,}0\,\text{kJ mol}^{-1}$ im Vergleich zum gemessenen Wert von $-241{,}99\,\text{kJ mol}^{-1}$

8. (a) Dampf

   (b) Dampf

   (c) $3 \times$ Kopf und $2 \times$ Zahl

   (d) Mischung

10. Wasserstoffbindungen in der flüssigen Phase erniedrigen die Entropie des flüssigen HF und erhöhen infolgedessen ΔS_d.

12. Nicht spontan: $\Delta G^0 = +329{,}5$ kJ; $\Delta H^0 = +490{,}7$ kJ; $\Delta S^0 = +541{,}4\,\text{JK}^{-1}$; $T\Delta S^0 = +161{,}2$ kJ; $\Delta H^0 - T\Delta S^0 = +329{,}5$ kJ. Die Enthalpie wirkt der Reaktion entgegen; die Entropie begünstigt sie; die Enthalpie überwiegt.

14. $\Delta G^0 = -11,05\,\mathrm{kJ}$ für die Gleichung, wie sie geschrieben ist. Spontan. $K_{eB} = 87$.

16. $\Delta \bar{G}^0 = -2,8680\,\mathrm{kJ\,mol^{-1}}$; die Umwandlung ist kinetisch ungünstig.

18. $\Delta G^0 = -92,03\,\mathrm{kJ}$; $\Delta H^0 = -177,02\,\mathrm{kJ}$;
$\Delta S^0 = (\Delta H^0 - \Delta G^0)/T = -285,1\,\mathrm{JK^{-1}}$;
ΔS^0(Tabellenwert $= -284,7\,\mathrm{JK^{-1}}$.
Wenn sich ein Festkörper aus zwei Gasen bildet, erhöht sich die Ordnung, und die Entropie nimmt ab.

20. $\Delta \bar{H}_v^0 = 33,91\,\mathrm{kJ\,mol^{-1}}$ bei $25\,^\circ\mathrm{C}$ und $30,56\,\mathrm{kJ\,mol^{-1}}$ bei $80\,^\circ\mathrm{C}$. Die Moleküle der Flüssigkeit haben bei $80\,^\circ\mathrm{C}$ eine höhere Energie, somit ist weniger Energie für ihre Verdampfung erforderlich. Nach dem Le Chatelierschen Prinzip bewirkt eine Temperaturerhöhung eine Verschiebung des Gleichgewichts zur Bildung von mehr Gas hin.

22. $\Delta \bar{G}^0 = -166,6\,\mathrm{kJ\,mol^{-1}}\ CH_3OH$; die Reaktion würde weniger spontan werden.

24. 6800 Pa; 0,80 für Benzol; 0,20 für Toluol.

26. $\Delta G^0 = -33,293\,\mathrm{kJ}$;

$$K_{eq} = \frac{a_{NH_3}^2}{a_{N_2} \times a_{H_2}^3} = 6,8 \times 10^5$$

28. 20 g NaCl

30. 0,203 bar

32. 1720 g; $102,8\,^\circ\mathrm{C}$

34. $C_7H_6O_2$; Benzoesäure liegt im Benzol als Dimer vor.

Kapitel 16

2. $4\,H_2O(g) + 3\,Fe(s) \rightleftarrows 4\,H_2(g) + Fe_3O_4(s)$

$$K_{eq} = \frac{a_{H_2}^4}{a_{H_2O}^4}$$

4. $K_{eq} = 5 \times 10^{59}$; Ja; $\Delta G = -335\,\mathrm{kJ}$

6. Eine Druckerhöhung wird den Gefrierpunkt erniedrigen.

8. Weniger; mehr; Abnahme; keine Auswirkung.

10. $K_{eq} = 8,81$; weniger Umwandlung; mehr; weniger; weniger Umwandlung, aber K_{eq} bleibt unverändert.

12. $\Delta G^0 = +27,17\,\mathrm{kJ}$; $K_{eq} = 1,74 \times 10^{-5}$ im Vergleich zu $1,76 \times 10^{-5}$ in Tabelle 5–4.

14. $K_{eq} = \dfrac{[H_3O^+][Cre^-]}{[HCre]} = 1,0 \times 10^{-10}\,\mathrm{mol\,l^{-1}}$

$[Cre^-] = 1,0 \times 10^{-5}\,\mathrm{mol\,l^{-1}}$

pH $= 5$

$\Delta G^0 = 57,11\,\mathrm{kJ}$

16. Bei $20\,^\circ\mathrm{C}$: $K_{lp} = 21,8\,\mathrm{mol^2 l^{-2}}$ und $\Delta G^0 = -7,45\,\mathrm{kJ}$
Bei $100\,^\circ\mathrm{C}$: $K_{lp} = 116\,\mathrm{mol^2 l^{-2}}$ und $\Delta G^0 = -14,74\,\mathrm{kJ}$
Aus der Gibbs-Helmholtz-Auftragung, $\Delta H^0 \approx +19,22\,\mathrm{kJ}$. Der Prozeß verläuft endotherm.

18. $\alpha = \left(\dfrac{K_{eq}}{P + K_{eq}}\right)^{1/2}$; $1{,}95 \times 10^{-7}$

Kapitel 17

2. $0{,}118$ V; $22{,}78$ kJ

4. (a) $+1{,}10$ V; (b) $+0{,}85$ V; (c) $-0{,}72$ V

6. (a) $2\,Ag + Cu^{2+} \rightleftarrows 2\,Ag^+ + Cu$

Diese Reaktion verläuft in *umgekehrter* Richtung spontan.

(b) $U^0 = -0{,}46$ V

(c) Cu zu Ag

8. (a) Spontan: $Ni + Sn^{2+} \rightleftarrows Ni^{2+} + Sn$

(b) Sn ist Kathode; Ni ist Anode

(c) $U^0 = +0{,}09$ V

(d) $U = +0{,}15$ V

(*Beachten Sie:* Ni-Daten müssen einem Tabellenwerk entnommen werden.)

10. $2\,H_2O_2 \rightleftarrows 2\,H_2O + O_2$; $U^0 = 1{,}77$ V $- 0{,}68$ V $= 1{,}09$ V

Da U^0 positiv ist, erfolgt die Disproportionierung spontan.

12. $+1{,}36$ V; $+0{,}99$ V; $+0{,}96$ V

(a) MnO_4^- ist das beste Oxidationsmittel; NO ist das beste Reduktionsmittel.

(b) $U^0 = +1{,}49$ V $- 1{,}42$ V $= +0{,}07$ V; ja, kaum.

(c) $U^0 = +0{,}96$ V $- 1{,}42$ V $= -0{,}46$ V; nein

(d) $U^0 = +0{,}96$ V $- 0{,}99$ V $= -0{,}03$ V; nein

(e) $U^0 = +1{,}36$ V $- 1{,}42$ V $= -0{,}06$ V; nein.

(f) $U^0 = +1{,}36$ V $- 0{,}99$ V $= +0{,}37$ V; ja.

(g) $U^0 = +1{,}49$ V $- 1{,}36$ V $= +0{,}13$ V; ja.

14. U nimmt ab, wenn Cu^{2+} durch Komplexbildung mit Ethylendiamin aus der Lösung entfernt wird.

16. (a) $2\,Ag^+ + H_2SO_3 + H_2O \rightleftarrows 2\,Ag + SO_4^{2-} + 4\,H^+$

(b) $H_2SO_3 | SO_4^{2-} \| Ag^+ | Ag$

(c) $U^0 = (+0{,}80 - 0{,}20)\,V = +0{,}60$ V

(d) $K_{eq} = 2{,}0 \times 10^{20}$

(e) $Q = 1{,}1 \times 10^3$

18. $Fe + Cu^{2+} \rightleftarrows Fe^{2+} + Cu$

$U^0 = (+0{,}34 + 0{,}41)\,V = +0{,}75$ V.

$U = +0{,}81$ V

20. Die Spannung nimmt zu.

$Q = [Zn^{2+}]/[Cu^{2+}] = 2{,}15 \times 10^3$

22. (a) $U = +0{,}059$ V

(b) Kathode: $1{,}0\ \mathrm{mol\,l^{-1}}\ Ag^+$; Anode: $0{,}1\ \mathrm{mol\,l^{-1}}\ Ag^+$

(c) $\Delta G = -5{,}69$ kJ

24. $Zn + Cu^{2+} \rightleftarrows Zn^{2+} + Cu$

(a) U nimmt ab; ($[Cu(NH_3)_4]^{2+}$ wird gebildet)

(b) U nimmt zu; ($[Zn(NH_3)_4]^{2+}$ wird gebildet)

(c) U nimmt ab; (Cu-Komplex stabiler als Zn-Komplex)

(d) U nimmt zu; (Zn^{2+} wird als ZnS entfernt)

(e) Einander entgegengesetzte Einflüsse; schwierig vorherzusagen, aber die Spannung nimmt wahrscheinlich zu.

26. 48,9; $2,40 \times 10^3$; $5,8 \times 10^6$

28. 5×10^{-13}

Kapitel 18

2. (a) Rate $= \dfrac{-d[A]}{dt} = k[A][B]^2$

(b) $k = 75\,000\,l^2\,mol^{-2}\,s^{-1}$

4. $\dfrac{dp_{NOf}}{dt} = kp^2{}_{NO}p_{O_2}$

6. Erster Ordnung; $k = 0,0105\,min^{-1}$; $t_{1/2} = 66\,min$

8. Rate $= k[NO]^2[H_2]$

10. Erster Ordnung in I^- und in OCl^-; zweiter Ordnung insgesamt.

12. 0,11

14. $\dfrac{-d[NH_3]}{dt} = k[NH_3]$

$k = 0,00338\,s^{-1}$; $t_{1/2} = 205\,s$

16. $11,7\,kJ\,mol^{-1}$

18. $\bar{E}_a = 19,39\,kJ\,mol^{-1}$

20. $0,20\,s^{-1}$

22. $32\,°C$; $95\,°C$

24. (a) $2,78 \times 10^{-5}\,cm$

(b) $5,01 \times 10^{-5}\,cm$

26. (a) Rate$_2 = k_2[NO_2][NO_3] = \dfrac{k_2 k_1}{k_{-1}}[N_2O_5] = k[N_2O_5]$

(b) $5 \times 10^3\,s$

28. Rate$_2 = k[BrO_3{}^-][H^+]^2[Br^-]$

Sachregister

Walter de Gruyter
Berlin · New York

Holleman – Wiberg

Lehrbuch der Anorganischen Chemie

Begründet von A. F. Holleman. 81.–90. sorgfältig revidierte, verbesserte und stark erweiterte Auflage von Egon Wiberg.

17,5 cm x 25 cm. XXIV, 1323 Seiten. Mit 216 Abbildungen und 1 Klapptafel „Periodensystem der Elemente". 1976.
Gebunden DM 78,– ISBN 3 11 005962 2

Aus Rezensionen:
„Nachdem bereits die vorangehende Auflage weitgehend umgearbeitet, ergänzt und verbessert wurde, hat die vorliegende Auflage erneut eine starke Umarbeitung und Erweiterung erfahren . . . Das Sachregister erfuhr eine Erweiterung von bisher 22 000 Stichwörtern auf nunmehr rund 30 000. Es wurde ein spezielles Sachregister II geschaffen, das nur die gegenüber der letzten Auflage neu hinzugekommenen Stichwörter aufführt. . . .
Der Holleman-Wiberg ist sicher weiterhin das grundlegende Lehrbuch für den beginnenden Chemiestudenten, es gibt auf dem deutschen Markt kein vergleichbares Werk, das die anorganische Chemie so verständlich und geschlossen darstellt. Aber auch der im Beruf Stehende wird als Einstieg für spezielle Probleme immer wieder gern auf dieses Buch zurückgreifen, die zahlreichen Schrifttumshinweise bieten ausreichend Hinweise auf weiterführende oder ergänzende Literatur."

K. R. Atkins

Physik

Übersetzt und bearbeitet von H.-W. Sichting.

17 cm x 24 cm. XX, 843 Seiten. Mit 432 Abbildungen und 20 Tabellen. 1974. Gebunden DM 68,– ISBN 3 11 003360 7

Dieses Lehrbuch eignet sich aufgrund seiner Geschlossenheit in der Darstellung hervorragend als Einführung für Hauptfachstudenten sowie als Examensgrundlage für Nebenfachstudenten. Auf jegliche höhere Mathematik wurde verzichtet, dennoch wird ein didaktisch gelungener Einblick in sämtliche grundlegenden Theorien der modernen Physik geboten.
Folgende Kapitel werden behandelt: Teilchen in Bewegung – Newtonsche Mechanik – Atome und Wärme – Elektrizität und Magnetismus: Teilchen und Felder – Wellen – Relativitätstheorie – Quantenmechanik – Die Suche nach den elementarsten Bestandteilen.
Eine reichhaltige Sammlung von Beispielen, Fragen und Aufgaben, ein mathematischer Anhang und die Lösungen der Aufgaben vervollständigen den Text, in dem durchgehend das Internationale Einheitssystem verwendet wird.

Preisänderungen vorbehalten

Relative Atommassen der Elemente
bezogen auf $^{12}C = 12,0000$

Name	Symbol	Ordnungs-zahl	Relative Atommasse	Name	Symbol	Ordnungs-zahl	Relative Atommasse
Actinium	Ac	89	227,0278	Gallium	Ga	31	69,72
Aluminium	Al	13	26,98154	Germanium	Ge	32	72,59
Americium	Am	95	(243)	Gold	Au	79	196,9665
Antimon	Sb	51	121,75	Hafnium	Hf	72	178,49
Argon	Ar	18	39,948	[Hahnium[1])	Ha	105	(262)]
Arsen	As	33	74,9216	Helium	He	2	4,00260
Astat	At	85	(210)	Holmium	Ho	67	164,9304
Barium	Ba	56	137,33	Indium	In	49	114.82
Berkelium	Bk	97	(247)	Iod	I	53	126,9045
Beryllium	Be	4	9,01218	Iridium	Ir	77	192,22
Bismut	Bi	83	208,9804	Kalium	K	19	39,0983
Blei	Pb	82	207,2	Kohlenstoff	C	6	12,011
Bor	B	5	10,81	Krypton	Kr	36	83,80
Brom	Br	35	79,904	Kupfer	Cu	29	63,546
Cadmium	Cd	48	112,41	[Kurtschatovium[2])Ku		104	(261)]
Caesium	Cs	55	132,9054	Lanthan	La	57	138,9055
Calcium	Ca	20	40,08	Lawrencium	Lr	103	(260)
Californium	Cf	98	(251)	Lithium	Li	3	6,941
Cer	Ce	58	140,12	Lutetium	Lu	71	174,97
Chlor	Cl	17	35,453	Magnesium	Mg	12	24,305
Chrom	Cr	24	51,996	Mangan	Mn	25	54,9380
Cobalt	Co	27	58.9332	Mendelevium	Md	101	(258)
Curium	Cm	96	(247)	Molybdän	Mo	42	95,94
Dysprosium	Dy	66	162,50	Natrium	Na	11	22,98977
Einsteinium	Es	99	(254)	Neodym	Nd	60	144,24
Eisen	Fe	26	55,847	Neon	Ne	10	20,179
Erbium	Er	68	167,26	Neptunium	Np	93	237,0482
Europium	Eu	63	151,96	Nickel	Ni	28	58,70
Fermium	Fm	100	(257)	Niob	Nb	41	92,9064
Fluor	F	9	18,998403	Nobelium	No	102	(259)
Francium	Fr	87	(223)	Osmium	Os	76	190,2
Gadolinium	Gd	64	157,25	Palladium	Pd	46	106,4

1) auch Ns, Nielsbohrium   2) auch Rf, Rutherfordium

Die verbindlichen Namen für die Elemente 104 und 105
sind von der IUPAC noch nicht festgelegt worden.